NCS기반 단기완성
조경기능사 필기

NCS조경시험연구회 지음

피앤피북

머리말

> 조경은 자연환경과 인문환경에 대한 현장조사 및 현황 분석을 기초로 기본구상 및 기본계획을 수립하고 실시설계를 작성하여, 현장여건을 고려한 시공 및 감리업무를 통해 조경 결과물을 도출하고 이를 유지·관리하는 행위를 수행하는 직무이다.

급속한 산업화의 도시화에 따른 환경의 파괴로 인하여 환경 복원과 주거환경 문제에 대한 관심과 그 중요성이 급부각되고, 자연과 함께하는 환경을 선호하게 됨에 따라 조경 관리 업무의 전문인력 양성의 수요가 증가하면서 조경과 관련된 자격증들의 인기가 점차 높아지고 있다.

조경기능사는 관련 분야 취업 등에 필수적인 자격증으로 해마다 응시인원이 빠르게 늘어 인기 자격으로 자리매김한 한국산업인력공단 주관으로 시행되고 있는 국가기술자격이다.

본 연구회는 조경기능사를 포함한 조경직 공무원, 공기업 조경직 인·적성 시험을 준비하는 수험생을 일선에서 지도하며 기존 수험서의 한계를 느껴, 가장 기본에 충실하면서 체계적이고 쉬운 기본서로서의 수험서 개발에 대한 필요성을 공감하여 집필을 시작하였다.

본서는 한국산업인력공단의 조경기능사 출제기준을 내용 체계로 교육부의 NCS기반교육과정에서 제시하는 수준을 반영하여 다음과 같은 부분에 중점을 두었다.

1. 조경기능사를 준비하는 수험생 누구나 혼자서도 학습할 수 있도록 구성하였다.
2. 기본이론을 충실히 구성하여 전체적 개념을 이해하게 하고 기출 내용은 밑줄로 표시하여 중요 부분을 인지시켜 암기량을 최소화하도록 구성하였다.

---

1) 조경의 뜻

① 기원 : 안전하고 쾌적한 곳에 정착하면서 점차 주변을 편리하고 아름답게 가꾸고자 하는 변화
② 고대, 중세시대 기록이나 유적 : 지배 세력이던 왕이나 귀족들의 궁전이나 대규모 정원
③ 산업혁명 시기 : 환경 악화에 따른 도시 차원의 위생, 치안, 정신적 문제까지 해결
  ⇒ 왕실 소유의 정원 시민들에게 개방 ———— 개념이해 부분

④ 19C 중반 미국 뉴욕 센트럴파크 건설 : 도시공원 조성에 조경기술자들이 전문가로 참여
  ⇒ 정원 식물 가꾸는 것 뿐 아니라 광범위한 옥외 공간 설계 참여 (근대적 의미에서 조경학 시작된 계기)
⑤ 정원을 포함한 옥외 공간을 조형적으로 다루는 일 / 넓은 의미의 조경(광범위한 옥외 공간 건설)
  [TIP] 한국 : 조경(造景), 중국 : 원림(園林), 일본 : 조원(造園), 북한 : 원림(園林)

———— 기출 내용으로 암기필요 부분

3. 2010년부터 최근 CBT복원문제까지 10년간 기출문제를 최대로 수록하여 수험생이 출제 경향성 및 유형을 파악하고 관련 문제를 반복적으로 연습하여 단기간 준비가 가능하도록 구성하였다.
4. 기본이론과 기출문제의 배열 순서를 일치시켜 챕터별 이론과 기출문제를 학습하기 용이하게 구성하였으며 해설을 최대한 상세히 기술하여 단기학습에 활용하도록 하였다.
5. 기출 분석을 통한 출제 가능성이 높은 모의고사를 수록하여 문제적응력을 향상시키고 최종 정리에 용이하도록 하였다.
6. 공기업 NCS기반 인·적성고사, 조경직 공무원 등 조경 관련 시험에도 광범위하게 활용 가능하도록 내용을 반영하였다.

본 연구회는 이 책이 조경 시험을 준비하는 수험생들의 기본서로써 도움을 주기 바라고 추후 조경 산업 분야의 유능한 인재로서 자질을 길러 조경 분야의 밑거름이 되기를 바란다. 또한 부족한 부분은 지속적으로 반영하여 보완하고자 한다.

시험정보

출제기준(필기)

직무분야	건설	중직무분야	조경	자격종목	조경기능사	적용기간	2017. 1. 1. ~ 2020. 12. 31.

○ 직무내용
자연환경과 인문환경에 대한 현장조사를 수행하여 기본구상 및 기본계획을 이해하고 부분적 실시설계를 이해하고, 현장여건을 고려하여 시공을 통해 조경 결과물을 도출하고 이를 관리하는 행위를 수행하는 직무

필기검정방법	객관식	문제수	60	시험시간	1시간

필기과목명	문제수	주요항목	세부항목	세세항목
조경일반, 조경재료, 조경시공 및 관리	60	1. 조경계획 및 설계	1. 조경일반	1. 조경의 목적 및 필요성 2. 조경과 환경요소 3. 조경의 범위 및 조경의 분류
			2. 조경양식 일반	1. 조경양식과 발생요인 2. 서양 조경 3. 중국조경 4. 일본조경 5. 한국조경
			3. 조경계획과 설계일반	1. 조경계획 및 설계의 기초 2. 기초조사 및 분석 3. 기본계획 및 설계 4. 실시설계 5. 조경미 6. 주택정원, 공동주택조경, 공원 계획 및 설계 7. 공장조경, 골프장조경, 학교조경, 사적지조경 계획 및 설계 8. 생태복원, 옥상조경, 실내조경 계획 및 설계
		2. 조경재료	1. 식물재료	1. 조경식물의 종류 2. 조경식물의 분류 3. 조경수목, 지피식물, 초화류의 특성
			2. 목질재료	1. 목재 및 목재부산물
			3. 석질 및 점토질 재료	1. 석재, 점토질재, 벽돌 및 타일 재료의 특징

필기과목명	문제수	주요항목	세부항목	세세항목
			4. 시멘트와 콘크리트 재료	1. 시멘트, 모르타르, 콘크리트, 미장재료
			5. 금속재료	1. 철·비철금속
			6. 기타재료	1. 플라스틱, 도장재
				2. 섬유질, 유리 및 기타 조경재료
		3. 조경 시공 및 관리	1. 조경시공의 기초	1. 조경시공의 특성
				2. 조경 시공계획
				3. 조경 시공관리
				4. 공사의 일반적 순서
			2. 식재공사	1. 분뜨기
				2. 옮겨심기(이식)
				3. 조경수의 운반
				4. 조경수의 가식
				5. 조경수의 식재방법
				6. 잔디 및 초화류 파종 및 식재
				7. 실내식물식재
			3. 조경시설물시공	1. 토공시공
				2. 급·배수
				3. 콘크리트공사
				4. 돌쌓기와 놓기
				5. 포장공사
				6. 유희 및 운동시설물 공사
				7. 휴게 및 편익시설물 공사
				8. 관리시설 및 조명시설물 공사
				9. 기타 시설물 공사
			4. 적산	1.조경 적산
				2.조경 표준품셈
			5. 조경식물 관리	1. 정지 및 전정
				2. 비배관리
				3. 잔디관리
				4. 지피 및 초화류관리
				5. 수목보호관리
				6. 전염성병관리
				7. 비전염성병관리
				8. 해충관리
				9. 작물보호제 및 방제법
				10.기타 조경관리(관수, 지주목, 멀칭, 월동 청결유지 등)

시험정보

필기과목명	문제수	주요항목	세부항목	세세항목
			6. 조경시설물 관리	1. 유희시설물 2. 휴게 및 편의시설물 3. 운동시설물 4. 조명시설물 5. 안내시설물 6. 기타시설물
			7. 기반시설물관리	1. 급·배수시설물 2. 포장시설물 3. 옹벽 등 구조물 4. 수경시설물 5. 부속 건축물 6. 기타 기반시설물
			8. 기타조경관리	1. 안전관리 2. 자재관리

출제기준(실기)

직무분야	건설	중직무분야	조경	자격종목	조경기능사	적용기간	2017. 1. 1. ~ 2020.12.31.

○직무내용
  자연환경과 인문환경에 대한 현장조사를 수행하여 기본구상 및 기본계획을 이해하고 부분적 실시설계를 이해하고, 현장여건을 고려하여 시공을 통해 조경 결과물을 도출하고 이를 관리하는 행위를 수행하는 직무

○수행준거
  1. 대상지 주변의 현황을 분석할 수 있다.
  2. 기본설계도를 보고 전체적인 도면의 내용을 파악하고, 도면에 따른 작업을 할 수 있다.
  3. 조경용으로 사용되는 각종 식물재료의 생리적인 특성과 감별을 할 수 있다.
  4. 기타 조경의 잔디시공, 원로포장, 수목의 식재, 정지와 전정, 돌쌓기, 지주목 세우기 등의 조경 시공작업과 관련된 작업을 할 수 있다.

실기검정방법	작업형	시험시간	3시간 30분 정도

실기과목명	주요항목	세부항목	세세항목
조경작업	1. 지형기반 시설 설계	1. 포장 설계하기	1. 설계의 목적에 부합하는 포장 디자인과 최적의 포장 공법을 선정할 수 있다. 2. 경관성 및 기능성에 부합하는 최적의 포장재료를 선정할 수 있다. 3. 토목, 건축 등 관련분야와 협력하여 설계 업무를 명확히 구분할 수 있다. 4. 포장단면 및 이질 재료의 접합부 등의 처리를 검토하여 그 적합성을 확보할 수 있다.
	2. 조경 시설설계	조경시설도면작성하기	1. 휴게, 유희, 수경시설과 관련한 설계도면을 작성할 수 있다.
	3. 식재설계	1. 수종 선정하기	1. 공간개념에 부합하는 다양한 수종을 선택할 수 있다. 2. 식재 설계의 기능과 효과를 발휘할 수 있도록 대상지에 생육 가능한 식물 재료를 선택할 수 있다. 3. 식재 목적에 따라 심미적 특성과 공간구성기능을 고려한 수종을 선정할 수 있다. 4. 수목의 생태적 특성 및 여건을 고려한 수종 선정을 할 수 있다.

시험정보

실기과목명	주요항목	세부항목	세세항목
		2. 수목식재 설계하기	1. 식재구상에 의해 선정된 교목의 특성을 고려하여 공간에 배식설계를 할 수 있다. 2. 식재구상과 교목의 식재에 조화되도록 관목을 배식할 수 있다. 3. 공간의 기능과 경관 생육조건 등을 감안하여 개별 수목의 규모를 설정할 수 있다. 4. 식물들의 생육조건에 따른 규격과 밀도를 적용하여 상세설계를 할 수 있다. 5. 법적 조건과 공간의 기능, 예산 등을 감안하여 적정한 수목의 수량을 결정할 수 있다.
		3. 지피 초화류 설계하기	1. 식재개념에 부합하고 생육조건 및 향토성에 부합하는 지피 초화류를 선정할 수 있다. 2. 식재개념에 의해 선정된 초종의 배치구상에 따라 초화류 및 지피류의 위치를 선정할 수 있다. 3. 생육조건 등을 감안하여 지피 초화류의 밀도 및 규모를 고려한 식재 설계를 할 수 있다. 4. 공간의 특성과 예산 등을 감안하여 적정한 수량을 결정할 수 있다.
		4. 식재도면 작성하기	1. 계획된 수목의 종류, 크기, 수량, 위치 등이 반영된 평면식재계획도를 작성할 수 있다. 2. 계획된 지피 초화류의 종류, 규격, 수량 및 위치 등이 반영된 평면식재계획도를 작성할 수 있다. 3. 세부 공간별로 교목, 관목, 초화류의 배치 및 구성에 대한 평면계획도와 입면도를 작성할 수 있다. 4. 관목 및 초화류의 식재 밀도와 패턴을 보여주는 상세도를 작성할 수 있다. 5. 식재 시 생육을 보존할 수 있는 식재 보조 기법에 관한 상세도면을 작성할 수 있다.

실기과목명	주요항목	세부항목	세세항목
	4. 수목식재 공사	1. 굴취하기	1. 설계도서에 의한 수목의 종류, 규격, 수량을 파악할 수 있다. 2. 굴취지의 현장여건을 파악할 수 있다. 3. 수목뿌리 특성에 적합한 뿌리분 형태를 만들 수 있다. 4. 철사, 고무바, 새끼 등의 결속재료를 이용하여 뿌리분 감기를 할 수 있다. 5. 굴취 후 운반을 위한 보호조치를 할 수 있다.
		2. 수목 가식하기	1. 전체공정과 공사여건을 고려하여 최적의 가식장 위치를 확보할 수 있다. 2. 가식수목의 종류, 규격, 수량을 검토하여 가식장의 면적을 산출할 수 있다. 3. 타 공종의 토지이용, 수목의 반입·식재시기를 파악하여 가식장을 운용할 수 있다. 4. 가식수목이 활착될 수 있도록 식재하고 보호할 수 있다.
		3. 식재기반 조성하기	1. 식물의 생육과 이용에 장해가 되는 것을 파악하고 조치 할 수 있다. 2. 식재수목의 종류, 규격, 수량을 고려하여 식재기반을 조성할 수 있다. 3. 토양분석 결과에 의한 토양개량 계획을 수립하고 불량지반을 개량할 수 있다. 4. 식재기반에 적합한 배수계획을 수립할 수 있다.
		4. 교목 식재하기	1. 수목별 생리특성, 형태, 식재시기를 고려하여 시공할 수 있다. 2. 설계도서에 따라 적절한 식재패턴으로 식재할 수 있다. 3. 식재할 수목 종류 및 규격에 적합한 식재 구덩이 만들기, 거름 넣기, 물 심기 등을 할 수 있다. 4. 식재 전 정지·전정을 하여 수목의 수형과 생리를 조절할 수 있다. 5. 식재 전후 수목의 활착을 위하여 수간보호, 물집 만들기, 지주목 설치 등의 적절한 조치를 수행할 수 있다.

시험정보

실기과목명	주요항목	세부항목	세세항목
		5. 관목 식재하기	1. 설계서에 의거 관목을 기능적, 생태적, 심미적 측면을 고려하여 식재할 수 있다. 2. 관목 종류별 생리특성, 형태, 식재시기를 고려하여 단위면적당 적정수량으로 식재할 수 있다. 3. 관목의 종류, 규격, 특성에 적합하게 식재구덩이 만들기, 거름 넣기, 흙덮기, 전정 등을 할 수 있다. 4. 식재 전후 관목의 활착을 위한 보호조치를 수행할 수 있다.
		6. 지피 초화류 식재하기	1. 지피 초화류의 생리적, 기능적, 심미적 측면을 고려하여 설계도서와 현장상황의 적합성을 판단할 수 있다. 2. 지피 초화류의 종류별 식재시기를 고려하여 식재할 수 있다. 3. 설계서에 따라 지피·초화류의 종류별 생태 특성을 고려하여 단위 면적당 적정 수량으로 식재할 수 있다. 4. 활착을 위한 농약, 비료, 토양개량제의 사용과 관수 등 적절한 보호조치를 할 수 있다.
	5. 잔디식재 공사	1. 잔디 기반 조성하기	1. 설계도서와 현장상황의 적합성을 파악할 수 있다. 2. 설계도서에 따라 식재기반을 조성할 수 있다. 3. 잔디의 규모와 특성에 따른 적정한 관수시설을 설치할 수 있다.
		2. 잔디 식재하기	1. 설계도서에 따라 잔디수량을 산출하여 적기에 반입할 수 있다. 2. 설계도서와 잔디식재 지반에 따라 평떼, 줄떼, 롤잔디, 런너 등의 시공을 할 수 있다. 3. 인력 또는 장비를 사용하여 배토 및 전압을 할 수 있다. 4. 런너 식새 후에는 활착을 위한 차광망, 섬유네트를 설치할 수 있다. 5. 잔디식재 후의 생육을 위하여 시비, 관수, 깎기 등의 관리조치를 할 수 있다.

실기과목명	주요항목	세부항목	세세항목
		3. 잔디 파종하기	1. 설계도서에 따라 적정 종자수, 발아율 등을 파악할 수 있다. 2. 설계도서에 따라 파종시기를 판단하고 파종할 수 있다. 3. 파종 시 적정 피복 두께를 유지하여 시공할 수 있다. 4. 설계도서에 따라 파종공간에 잔디를 균일하게 파종을 할 수 있다. 5. 파종 후 발아상태를 확인해서 보파할 수 있다.
	6. 조경시설물 공사	1. 옥외시설물 설치하기	1. 설계된 옥외시설물의 현장시공 적합성을 검토할 수 있다. 2. 설계도서를 근거로 옥외시설물을 현장에 적합하게 시공할 수 있다. 3. 옥외시설물의 높이, 폭, 포장처리, 기울기 등을 적합하게 시공할 수 있다.
	7. 조경포장 공사	1. 조립블록 포장 공사하기	1. 설계도서에 따라 건식, 습식 공사법으로 시공할 수 있다. 2. 설계도서에 명시된 문양으로 마감부부터 연속적으로 포설할 수 있다. 3. 곡선부위, 블록절단부위는 절단기로 정교하게 절단하여 정밀 시공할 수 있다. 4. 모래를 깔고, 평면진동기로 표면을 고르게 다지는 등 블록 마감공사를 할 수 있다.
	8. 실내조경 공사	1. 실내식물 식재하기	1. 설계도서의 계획개념에 따라 식물을 특성별로 식재할 수 있다. 2. 실내식물의 품질기준과 조성 후 식물의 변화를 고려하여 배치할 수 있다. 3. 식물군의 최소조도에 적합한 세부위치와 간격을 유지하여 식재할 수 있다.
	9. 정지전정 관리	1. 굵은 가지치기	1. 정지전정 목적에 따라 대상 수목 및 대상 가지를 선정할 수 있다. 2. 수목의 생리적 특성 등을 고려하여 작업시기를 결정할 수 있다. 3. 작업 대상 가지의 굵기, 위치, 주변 작업 요건 등을 고려하여 작업 방법 및 작업 양을 결정할 수 있다.

시험정보

실기과목명	주요항목	세부항목	세세항목
			4. 작업 후 상처 부위의 크기와 유합조직 형성 등을 예찰하고 사후 관리 계획을 수립할 수 있다. 5. 작업의 효율성과 안정성을 고려하여 작업 대상 수목의 작업 우선순위를 결정할 수 있다. 6. 작업 방법 및 작업 순서에 따라 작업 장비와 기구, 인력 투입 계획을 세울 수 있다. 7. 작업 중 발생하는 잔재물 처리 계획을 세울 수 있다.
		2. 가지 길이 줄이기	1. 수목의 생장 속도나 수형의 균형을 잡아주기 위하여 필요 이상으로 길게 자라난 가지를 선정할 수 있다. 2. 수목의 생리적 특성과 개화 시기 등을 고려하여 작업시기를 결정할 수 있다. 3. 작업 후의 고른 생육을 위하여 눈의 위치와 방향을 파악한 후 정지전정 부위를 결정할 수 있다. 4. 겨울의 적설량과 여름의 강우량, 강풍 등에 대비하여 가지가 부러지거나 휘지 않도록 작업량을 적당히 조절할 수 있다.
		3. 가지 솎기	1. 수형 향상, 채광, 통풍 또는 병해충 예방 등의 목적에 따라 밀생가지가 있는 대상 수목 및 대상 가지를 선정할 수 있다. 2. 수목의 생리 및 작업 효율성을 고려하여 작업 시기 및 작업 횟수, 작업량을 결정할 수 있다. 3. 수관 내부가 환하게 되도록 골고루 가지를 솎아줄 수 있다. 4. 수종별 고유 형태가 형성될 수 있도록 수관 외부의 끝선을 고르게 정리할 수 있다. 5. 가지의 위치에 따라 효율적으로 작업하기 위하여 고지가위 등 작업 목적에 적합한 작업 장비, 도구, 기구를 선정할 수 있다.

실기과목명	주요항목	세부항목	세세항목
		4. 생울타리 다듬기	1. 생울타리의 용도에 따라 생울타리의 형상과 높이, 폭을 결정할 수 있다. 2. 결정된 형상과 높이, 폭에 따라 각각의 수종별 생장속도, 맹아력, 화기 등을 파악하고 작업 횟수와 작업시기를 결정할 수 있다. 3. 작업 횟수와 작업시기에 따라 작업량을 결정할 수 있다. 4. 생울타리의 높이와 폭을 일정하게 하기 위하여 지주를 세우고 수평줄을 칠 수 있다. 5. 생울타리의 높이에 따라 윗면과 옆면의 작업 순서를 결정할 수 있다. 6. 생장 속도를 고려하여 아래쪽은 약하게, 위쪽은 강하게 사다리모양으로 정지전정하되 고사된 가지, 병든 가지 등을 제거하고, 밀생된 가지는 솎아준 다음 정지전정 작업을 할 수 있다.
		5. 상록교목 수관 다듬기	1. 정지전정할 나무 수관의 형태를 보고 수목의 생리적 특성에 따라 만들고자 하는 수형을 결정하고, 기존에 수형이 형성되어 있으면 그 형성된 형태를 기준으로 수관을 다듬을 수 있다. 2. 수형을 다듬기 전에 수목의 생리적 특성에 따라 작업시기와 작업 횟수, 작업량을 결정할 수 있다. 3. 작업의 효율성을 높이기 위하여 작업 우선순위를 결정할 수 있다. 4. 작업 우선순위에 따라 죽은 가지와 마른 잎, 웃자란 가지, 밀생된 가지, 병든 가지, 허약한 가지를 우선 제거할 수 있다. 5. 내부는 굵은 가지를 몇 개만 남기고 잔가지는 충분히 솎아내어 통풍과 채광이 잘되도록 하여 나무가 건강하게 잘 자라도록 할 수 있다. 6. 겨울철 폭설에 나뭇가지가 부러지지 않도록 충분히 솎아낼 수 있다. 7. 수종별 고유 형태가 형성될 수 있도록 수관 외부의 끝선을 고르게 정리할 수 있다.

시험정보

실기과목명	주요항목	세부항목	세세항목
		6. 화목류 정지전정하기	1. 정지전정을 통하여 수목의 전체 크기를 줄이고 다듬어 아름다운 수형을 형성하고, 분지를 많이 발생시켜 개화수량을 늘릴 수 있다. 2. 수목의 크기를 줄이거나 다듬는 양에 따라 정지전정 횟수와 작업량을 결정할 수 있다. 3. 수목별 개화습성을 고려하여 정지전정시기를 결정할 수 있다. 4. 정지전정 후 정지전정 잔재물을 깨끗이 털어내고 청소하여 병해충 발생을 미연에 방지할 수 있다.
		7. 형상수 만들기	1. 그동안 자라면서 형성된 수형에 따라 형상수를 만들 수 있는 수목을 선택할 수 있다. 2. 만들고자 하는 수형을 수목의 생리적 특성을 고려하여 결정할 수 있다. 3. 결정된 형상수의 형태를 만들기 위하여 수형을 잡는 방법을 결정할 수 있다. 4. 불필요한 가지는 제거하고 남은 가지는 수목의 생리적 기능에 맞도록 줄기나 가지를 유인하거나 구부려 수형을 만들 수 있다. 5. 오랜 기간을 정하여 연차적으로 원하는 수형을 만들 수 있다.
		8. 소나무류 순 자르기	1. 소나무 정지전정시기를 생리적 특성 및 목적에 따라 결정하고 정지전정횟수와 정지전정방법을 결정할 수 있다. 2. 정지전정의 유형에 따라 굵은 가지자르기, 가지 길이 줄이기, 가지 솎기, 깎아 다듬기 등으로 구분하여 불필요한 가지를 제거하면서 전체적인 수형을 만들 수 있다. 3. 적아와 적심을 통하여 가지의 수량과 신장을 조절할 수 있다. 4. 운치가 있고 아름다운 수형을 만들기 위하여 가지를 유인하는 방법과 시기를 결정할 수 있다. 5. 가지의 강약과 균형을 잡기 위한 신초 따기의 시기와 방법을 결정할 수 있다.

실기과목명	주요항목	세부항목	세세항목
			6. 나무 수형을 안정성이 있게 하기 위하여 순따기의 시기와 방법을 결정할 수 있다.
	9. 초화류 관리	1. 초화류 식재하기	1. 시공도면에 따라 식재지에 초화류를 배치할 수 있다. 2. 초화류 식재 후 생육을 고려하여 식재구덩이, 식재시간, 토양 내 수분, 식재깊이 등 양호한 생육이 가능하도록 식재할 수 있다. 3. 식재후 착근을 고려하여 식재묘가 쓰러지지 않도록 호스를 이용해서 물을 흠뻑 줄 수 있다.
		2. 초화류 관수 관리하기	1. 초화류의 규모에 따라 관수방법을 검토 및 시행할 수 있다. 2. 기상조건을 고려하여 계절별 관수횟수와 관수시간을 적정하게 결정할 수 있다. 3. 초화류 및 토양수분상태를 관찰하여 잎이 시들기 전에 물을 흠뻑주고, 뿌리턱에만 닿도록 관수할 수 있다.
		3. 초화류 월동 관리하기	1. 월동계획에 의거 내한성이 약하여 동해가 우려되는 식재소재에 대해 적기에 월동대책을 수립할 수 있다. 2. 부지가 낮아 겨울철 피해가 우려되는 지역은 바람의 영향을 최소화하는 대책을 강구할 수 있다. 3. 연중 관리계획에 따라 숙근초화 식재지의 지나친 저온낙하 방지를 위하여 멀칭 등을 실시할 수 있다.
	10. 잔디관리	1. 잔디 깎아주기	1. 예초의 기준과 잔디의 생육상태를 고려하여 예초주기를 결정할 수 있다. 2. 예초 시 잔디의 생리적 반응을 이해하여 기후 및 환경변화에 따라 적합하게 응용할 수 있다. 3. 잔디면의 이용목적 및 면적에 따라 예초장비를 적합하게 선택하고 조작할 수 있다. 4. 예초 시 잔디생육, 기상, 미관, 유지관리, 안전 등을 고려하여 작업할 수 있다.

시험정보

실기과목명	주요항목	세부항목	세세항목
		2. 잔디 관수하기	1. 관수대상지역의 면적과 관수량을 참고하여 소요물의 양을 결정할 수 있다. 2. 엽색의 변형, 잎 말림, 발자국 등 발생시 수분 부족을 예측하여 관수량과 관수시기를 판단할 수 있다. 3. 스프링쿨러 기종별 특성에 대한 지식을 토대로 용도에 적합한 방식을 선택할 수 있다. 4. 혹서기 증산작용억제와 지표면 온도 낮춤을 위하여 시행하는 시린징 관수를 잔디의 생육 및 기상여건에 따라 실시할 수 있다.
	11. 비배관리	1. 화학비료주기	1. 해당 조경공간의 조경식물 중 개화, 결실 등 기능성이 요구되는 식물의 위치, 수량 등을 파악할 수 있다. 2. 개화, 결실 등 기능성에 필요한 식물의 영양소를 파악할 수 있다. 3. 영양소에 따른 화학성분을 결정하고 식물의 크기, 수량 등에 따라 화학비료의 양, 주기방법 등을 결정할 수 있다. 4. 개화, 결실 등의 시기에 따라 화학비료 주기의 시기를 결정할 수 있다. 5. 화학비료주기 후 개화, 결실 등에 따라 다음에 주는 화학비료의 양, 방법, 시기 등을 모니터링 할 수 있다.
		2. 유기질비료주기	1. 해당 조경공간의 조경식물 중 수관, 뿌리기능 저하, 개화, 결실 등에 따라 쇠약해진 식물을 파악할 수 있다. 2. 토양에 화학비료 등 화학성분의 과다는 토양을 산성화 시켜 식물에 피해를 줄 수 있기 때문에 유기질비료를 시비할 수 있다. 3. 식물의 크기 등에 따라 유기질비료 주기의 방법과 양, 시기를 결정할 수 있다. 4. 유기질비료주기 후 개엽, 개화 등에 따라 다음에 주는 유기질비료의 양과 방법, 시기 등을 모니터링할 수 있다.

실기과목명	주요항목	세부항목	세세항목
		3. 영양제 엽면 시비하기	1. 해당 조경공간의 조경식물 중 잎의 크기, 색이 건강한 식물에 비하여 크기가 작고, 색이 옅은 것의 수량 및 위치를 파악할 수 있다. 2. 잎의 영양상태가 좋지 않은 식물의 경우 식물의 미량원소를 물에 녹여 공급하여 빠르게 건강상태를 회복시킬 수 있다. 3. 잎에 미량원소를 희석하여 영양제 엽면시비 후 뿌리부위의 건강상태를 모니터링하여 수목의 전체적인 건강상태를 확인할 수 있다.
		4. 영양제 수간 주사하기	1. 해당 조경공간의 조경 수목 중 수관부에 영양상태가 건강하지 못하지만 영양제 엽면시비가 관란하거나 효과가 낮을 것으로 판단되는 수목의 위치 및 수량을 파악할 수 있다. 2. 수관의 상태가 좋지 않지만 영양제 엽면시비 등의 방법을 시행하지 못할 경우 미량원소를 수간주사에 담아 시행할 수 있다. 3. 영양제 수간주사의 경우 수액의 분출에 따라 수간주사의 주입이 원활하지 않으므로 수간주사 후 수액주입 완료 시까지 확인할 수 있다. 4. 수간주사에 미량원소를 희석하여 수간주사 후 뿌리부위의 건강상태도 모니터링하여 수목의 전체적인 건강상태를 확인할 수 있다.
	12. 관수 및 기타 조경관리	1. 관수하기	1. 관수대상의 규모에 따라 관수방법을 검토 및 시행할 수 있다. 2. 관수대상지역의 면적과 단위 관수량을 참고하여 소요되는 물의 양을 결정할 수 있다. 3. 기상조건을 고려하여 계절별 관수횟수와 관수시간을 적정하게 결정할 수 있다. 4. 관수대상 및 토양의 수분상태를 관찰하여 잎이 시들기 전에 물을 흠뻑주고, 뿌리턱에만 닿도록 관수할 수 있다.

시험정보

실기과목명	주요항목	세부항목	세세항목
		2. 지주목 관리하기	1. 계절별 요인 및 지역의 고유 특성에 따라 지주목의 크기와 종류를 선택하여 설치할 수 있다. 2. 이용자의 안전을 고려한 지주목의 종류와 재료를 선택하여 안전사고발생을 미연에 방지할 수 있다. 3 일상점검계획표에 따라 지주목의 노후 및 결속 상태를 점검하고 보수 및 교체 작업을 할 수 있다.
		3. 멀칭 관리하기	1. 수목의 생리적 특성 및 잡초 발생, 병해충 발생율을 근거로 멀칭 대상 지역을 선정할 수 있다. 2. 멀칭 대상 지역에 따라 멀칭재료 및 멀칭 방법을 선택할 수 있다. 3. 멀칭재료 및 멀칭 방법과 대상 지역의 훼손 가능성에 따라 멀칭대상 지역의 멀칭상태를 수시로 점검하여 원래상태가 유지되고 있는지 관찰할 수 있다. 4. 멀칭 대상 지역의 훼손 정도에 따라 필요한 장소에 추가로 멀칭을 실시 할 수 있다.
		4. 월동 관리하기	1. 식재 년수, 식재위치, 내한성 등에 따라 월동 관리대상 식물을 선정할 수 있다. 2. 선정된 식물과 식재 지역의 기후에 따라 월동 재료와 월동 방법을 결정할 수 있다. 3. 대상 수목의 생육상태와 종류, 식재지역의 온도와 풍속 등을 근거로 하여 월동작업 및 해체시기를 결정할 수 있다. 4. 해체된 월동재료는 병해충 발생의 전염원이 될 수 있으므로 관리지역 밖으로 반출하거나 소각 처리할 수 있다.
		5. 장비 유지 관리하기	1. 보유 장비를 용도에 따라 분류하고 보유장비 대장을 만들어 장비 보관소에 비치하며 관리자를 지정할 수 있다. 2. 보유 장비의 효율적인 관리를 위하여 보관 위치를 정하고 점검에 필요한 항목을 결정할 수 있다.

실기과목명	주요항목	세부항목	세세항목
			3. 보유한 장비는 점검에 필요한 항목에 따라 수시로 점검하여 언제든지 사용할 수 있도록 청결하게 유지할 수 있다. 4. 장비별 관리자는 점검일정에 따라 항상 점검 후 그 결과를 장비대장에 기록할 수 있다. 5. 관리에 필요한 장비 장비는 점검 일정 및 점검 항목에 따라 점검하여 항상 청결을 유지할 수 있다.
		6. 청결 유지 관리하기	1. 관리대상지역을 일상점검 계획표에 따라 항상 점검하여 청결을 유지할 수 있다. 2. 작업 시작 전과 후에 각 1회씩 1일 2회 청소 작업을 실시하여 항상 청결을 유지함으로써 이용자에게 아름다운 환경과 경관을 제공할 수 있다. 3. 항상 청결을 유지하여 병.해충 발생의 근원을 제거할 수 있다. 4. 항상 청결을 유지하여 이용자 및 작업자의 안전사고를 예방할 수 있다. 5. 관리지역을 세분화하여 일정한 순서대로 빠짐없이 청소할 수 있다. 6. 청소 점검은 도보로 순회하여 확인하며 미비한 지역이 발견되면 즉시 재청소를 하여 항상 청결 상태가 유지되도록 할 수 있다.
		7. 실내 식물 관리하기	1. 해당 실내공간 및 식재된 실내식물의 특성을 파악하여 연간 실내식물 관리 계획을 수립할 수 있다. 2. 실내식물의 위치, 생육상태를 확인하는 점검표를 작성할 수 있다. 3. 실내식물의 배수시설을 점검표를 작성하여 주기적으로 확인할 수 있다. 4. 실내식물의 관수, 영양공급 등 생육상태 개선을 위한 작업을 실시할 수 있다. 5. 실내식물의 고사, 생육조건(채광, 통풍, 온·습도, 등) 변경에 따른 실내식물의 선택, 교체를 할 수 있다. 6. 화분의 위치변경 및 새로운 화분 교체를 할 수 있다.

차례

PART 01 핵심요약 이론

CHAPTER 01 조경계획 및 설계
- 01 | 조경 일반 ········· 25
- 02 | 조경양식과 발생 요인 ········· 30
- 03 | 조경사 ········· 33
- 04 | 조경계획 ········· 61
- 05 | 조경설계 ········· 76
- ■ 기출문제 ········· 111

CHAPTER 02 조경재료
- 01 | 조경재료의 특성 및 분류 ········· 187
- 02 | 식물 재료 ········· 188
- 03 | 목질 재료 ········· 214
- 04 | 석질 재료 ········· 220
- 05 | 점토질 재료 ········· 225
- 06 | 시멘트 및 콘크리트 재료 ········· 226
- 07 | 금속 재료 ········· 233
- 08 | 기타 재료 ········· 234
- ■ 기출문제 ········· 239

CHAPTER 03 조경시공
- 01 | 조경시공의 기초 ········· 319
- 02 | 식재공사 ········· 327
- 03 | 조경 시설물 공사 ········· 340
- ■ 기출문제 ········· 381

CHAPTER 04 조경관리

01 | 조경관리 일반 ·· 443
02 | 조경 수목관리 ··· 447
03 | 잔디 및 초화류 관리 ··· 468
04 | 병충해 관리 ·· 477
05 | 조경 시설물 관리 ··· 501
　■ 기출문제 ··· 511

PART 02　모의고사 문제&해설

CHAPTER 01 모의고사 문제

제1회 모의고사 문제 ·· 555
제2회 모의고사 문제 ·· 562
제3회 모의고사 문제 ·· 569

CHAPTER 02 모의고사 정답 및 해설

제1회 모의고사 정답 및 해설 ··· 577
제2회 모의고사 정답 및 해설 ··· 585
제3회 모의고사 정답 및 해설 ··· 591

PART 01

조경기능사 필기
핵심요약 이론

Craftsman Landscape Architecture

CONTENTS

CHAPTER 01 | 조경계획 및 설계 ……………… 25
CHAPTER 02 | 조경재료 ………………………… 187
CHAPTER 03 | 조경시공 ………………………… 319
CHAPTER 04 | 조경관리 ………………………… 443

CHAPTER 01 조경계획 및 설계

01 조경 일반

1 조경의 목적 및 필요성

1) 조경의 뜻

① 기원 : 안전하고 쾌적한 곳에 정착하면서 점차 주변을 편리하고 아름답게 가꾸고자 하는 변화
② 고대, 중세시대 기록이나 유적 : 지배 세력이던 왕이나 귀족들의 궁전이나 대규모 정원
③ 산업혁명 시기 : 환경 악화에 따른 도시 차원의 위생, 치안, 정신적 문제까지 해결
  ⇒ 왕실 소유의 정원 시민들에게 개방
④ 19C 중반 미국 뉴욕 센트럴파크 건설 : 도시공원 조성에 조경기술자들이 전문가로 참여
  ⇒ 정원 식물 가꾸는 것 뿐 아니라 광범위한 옥외 공간 설계 참여(근대적 의미에서 조경학 시작된 계기)
⑤ 정원을 포함한 옥외 공간을 조형적으로 다루는 일 / 넓은 의미의 조경(광범위한 옥외 공간 건설)
  [TIP] 한국 : 조경(造景), 중국 : 원림(園林), 일본 : 조원(造園), 북한 : 원림(園林)

2) 조경의 목적

① 인간의 생활환경을 편리하고 안정되게 하여 즐겁고 쾌적한 분위기를 조성할 수 있다.
② 인간이 이용하는 모든 옥외 공간과 토지를 이용하여 개발·창조함에 있어서 보다 기능적이고 경제적이며 시각적인 환경을 조성 및 보존한다.
③ 조경은 유용하고 즐거움을 줄 수 있는 환경 조성에 목표를 두고 자원의 보전 및 관리를 고려하며, 문화적·과학적 지식의 응용을 통해 설계, 계획 혹은 토지의 관리 및 자연과 인공요소를 구성하는 기술이다.
④ 과학적이고 조형적으로 국토 전체 경관을 보존, 정비하는 기술이다.
⑤ 도시 조경의 목적
  ㉠ 도시환경에서 조경의 역할은 자연(식물) 자원과 인공물의 조화를 통하여 옥외에서의 운동, 산책, 휴양 등의 효과를 내는 건강하고 환경친화적인 도시를 만들고 사회적 교류를

활성화시켜 인간적인 도시사회를 형성하는 것이다.
ⓒ 도시의 정체성 확립을 통하여 개성 있고 아름답고 생태적으로 건강한 도시를 건설하는 것이다.

3) 조경의 필요성

① 우리나라에서는 1970년대 초 경제개발계획에 따라 국토 훼손이 심각해지면서 자연환경보호와 경관관리의 필요성을 느껴 조경이라는 용어를 사용하기 시작하였다.
② 도시화가 진전되면서 환경오염이 증대되었으며, 기온 또한 상승하였다.
③ 도시화가 이루어지면서 하천의 범람 횟수가 많아졌다.
④ 건물이나 인간 활동의 집중으로 도시 중심부의 온도가 올라가는 히트 아일랜드(Heat Island) 현상이 일어나고 있는 지역 주변에서 강우량이 증가하고 있다.

[TIP] 조경의 효과 : 공기정화, 소음차단, 대기오염의 감소, 수질오염의 감소
[TIP] 도시환경에서 조경의 역할 : 자연환경의 보호 유지, 훼손 지역의 복구, 토지의 경제적이고 기능적인 이용

4) 조경의 개념

① 1858년 조경이라는 전문직업은 '자연과 인간에게 봉사하는 분야'라고 정의
 (1856년, 미국 뉴욕 맨하탄 중심 – 옴스테드가 센트럴 파크 설계)

[TIP] 옴스테드 : Landscape gardener 대신 Landscape architect(조경가)라는 말을 처음 사용

② 1900년 미국 하버드 대학 – 조경학과 신설(근대적 의미의 조경교육 시작)
③ 미국 조경가 협회(ASLA) 창설(1899년)
  ㉠ 1909년 : 조경은 인간의 이용과 즐거움을 위하여 토지를 다루는 기술
  ㉡ 1975년 : 실용성과 즐거움을 줄 수 있는 환경조성에 목표를 두고, 자원의 보전과 효율적 관리를 도모하며, 문화적 및 과학적 지식의 응용을 통하여 설계, 계획하고, 토지를 관리하며, 자연 및 인공 요소를 구성하는 기술
  ㉢ 1990년 : 조경은 "자연 환경과 인공 환경의 연구, 계획, 설계, 시공, 관리 등을 위하여 예술적, 과학적 원리를 적용하는 전문 분야"라고 정의

[TIP] 19세기 말 조경은 토목공학기술, 전위적인 예술 등에 영향을 받음

④ 1967년 한국 공원법 제정 / 1970년대 초반 "조경" 용어 사용

[TIP] 경제개발계획에 따른 고속도로, 댐 등의 사회기반시설 건설, 간척한 해안 매립지에 중화학공업육성 공장건설로 국토훼손 → 우리나라의 조경 필요성이 대두된 이유

⑤ 1973년 대학에 조경학과 – 조원 분야에서 조경학으로 탈바꿈하는 선언적 의미
⑥ 1973년 서울대학교, 영남대학교 – 조경학과 신설, 서울대학교 환경대학원 신설

⑦ 정부주도로 조경산업 양성을 위한 공기업 마련
　㉠ 1974년 한국도로공사, 수자원개발공사, 대한주택공사, 산업은행 등 국영기업체가 출자해서 만든 한국종합조경공사
　㉡ 과제 : 고속도로 건설로 의한 산자락의 절성토 사면 안정과 녹화, 도로와 중앙분리대의 식재공사, 해안매립지 주변 조경

5) 우리나라 건설부(국토해양부) 조경설계기준, 1975년

경관을 조성하는 예술이다. 옥외 공간과 토지를 이용, 보다 기능적이고 경제적이며 시각적인 환경을 조성하고 보존하는 생태적 예술성을 띤 종합과학예술이다.

❷ 조경의 범위 및 조경의 분류

1) 조경의 대상

① 조경 자연 및 인조 공간을 포함한 광범위한 옥외 공간으로 주택정원에서부터 아파트, 공업단지, 학교, 도시공원 및 녹지, 자연공원, 관광지 등에 이르기까지 광범위하고, 사적인 공간에서부터 공적인 공간에 이르기까지 다양한 규모를 가진다.

② <u>기능별 구분</u>
　㉠ 정원 : 주택정원, 아파트 등 공동 주거단지와 학교정원, 옥상정원, 실내정원 등
　㉡ 도시공원과 녹지 : 어린이공원, 근린공원, 묘지공원, 도시자연공원, 체육공원, 완충녹지, 경관녹지, 광장 등
　㉢ 자연공원 : 국립공원, 도립공원, 군립공원, 천연기념물 보호구역 등
　㉣ 문화재 : 목조와 석조 건축물, 궁궐 터, 전통민가, 사찰, 성터, 고분 등의 사적지
　㉤ 위락관광시설 : 골프장, 야영장, 경마장, 스키장, 해수욕장, 관광농원, 휴양지, 삼림욕장, 낚시터, 유원지 등
　㉥ 기타 시설 : 공업단지, 고속도로, 자전거도로 보행자 전용도로 등

③ 수행과정 : 계획 → 설계 → 시공 → 관리
　㉠ 조경계획 : 자료의 수집, 분석, 종합
　㉡ 조경설계 : 자료를 활용하여 3차원적 공간을 창조
　㉢ 조경시공 : 공학적 지식과 생물을 다루는 특별한 기술을 요구
　㉣ 조경관리 : 식생과 시설물의 이용관리

　　　[TIP] 1974년 9월 건설업법시행령에 특수공사업으로 조경공사업 등록 : 산업으로서 조경이 우리나라에 도입됨.

> **체크 POINT** 수행단계로 본 과정으로서의 조경 : 계획 – 설계 – 시공 – 관리
>
> ① 조경계획 설계분야(각종 개발 계획의 수립과 자료를 활용한 기능적, 미적인 3차원적 공간 창조)
> ② 조경시공분야(식물과 시설물의 설치 / 공학적 지식 / <u>생물을 다룬다는 점에서 특수한 기술 요구</u>)
> ③ 조경관리분야(식재한 수목과 시설물을 최상의 상태로 유지, 관리)
> ④ 조경소재 산업분야(자생초화류, 지피식물, 조경 수목 등의 소재 개발, 신소재를 이용한 공사용 자재 개발)
> ⑤ 환경생태 복원분야(훼손된 자연의 생태 환경을 본래의 상태로 복원)
>   **[TIP]** 환경생태복원 녹화공사의 예 : 비탈면 녹화공사, 옥상 및 벽체녹화공사, 자연하천 및 저수지 공사

2) 조경가의 역할

사생활의 쾌적성 추구와 향상된 환경의 구현에 관심, 예술적 소질이 있어 창조력을 발휘하고 식물의 생리, 형태와 재배 및 관리를 할 수 있어야 한다.

  [TIP] <u>공공을 위한 녹지의 조성이 가장 우선시 될 것</u>

① 조경계획 및 평가
  ㉠ 생태학과 자연과학 기초
  ㉡ 토지의 평가와 그에 대한 용도상의 적합도 및 능력 판단
  ㉢ 토지이용계획 등을 개발
② 단지계획
  ㉠ 대지분석과 종합, 이용자 분석
  ㉡ 자연요소와 시설물을 기능적 관계나 대지의 특성에 맞추어 배치
③ 조경설계
  ㉠ 식재, 포장, 분수 등가 같은 한정된 문제를 해결
  ㉡ 구성요소, 재료와 수목 등을 선정하여 기능적이고 미적인 3차원적 공간을 구체적으로 창조하는 데 초점을 두어 세부적인 설계로 발전시키는 것
④ 조경시공
  ㉠ 조경식재 시공, 시설물 시공, 법면 녹화 및 생태복원 시공
⑤ 조경관리
  ㉠ 정원, 주거단지, 공원, 관공서 등의 조경수목 일반 관리
  ㉡ 자연공원, 유원지, 휴양지 등의 자연자원과 시설 및 이용자 관리
  ㉢ 천연기념물, 보호수 등의 수목 보호와 관리

3) 조경 전공 전문가의 직업 진로

구분	직무 내용	진로 분야
조경설계기술자	도면제도, 전산응용설계(CAD) 기본계획수립, 세부디자인, 스케치 물량산출 및 시방서 작성, 시공감리	종합 및 전문 엔지니어링 회사 조경설계사무소 건축설계사무소
조경시공기술자	공사업무, 식재공사시공, 시설물 공사시공 설계변경, 적산 및 견적 조경시설물 및 자재의 생산	조경식재 전문공사업체 조경시설물 전문공사업체 건설회사
조경관리기술자	조경수목 생산 및 관리, 병충해 방제 피해수목 보호 및 처리, 전정 및 시비 공원녹지 관리 행정	수목생산농장 식물병원, 골프장 관리 공원녹지 관련 공무원

4) 조경산업의 분야와 업무내용

구분	주요 업무 내용
조경 재료의 생산 분야	• 조경 수목, 지피식물, 초화류 등 조경 식물 재료의 생산과 유통 • 자연석, 포장재, 인공 토양, 환경 친화적인 생태 복원 재료 등의 자재 생산 • 유희 시설, 체육 시설, 휴게 시설 등 조경 시설물 제품 생산
조경설계 분야	• 조경관리 개발사업의 타당성 조사 및 기본 계획 • 기반 조성에 관련된 부지 정지, 배수 등 단지 계획 및 설계 • 조경 식재 · 시설물 계획 및 설계
조경시공 분야	• 조경 식재 시공 • 조경 시설물 시공 • 법면 녹화와 생태 복원 시공
조경관리 분야	• 정원, 주거 단지, 공원, 관공서, 공장 등의 조경 수목 일반 관리 • 공원, 유원지, 리조트 등의 자연 자원, 시설과 이용자 관리 보전 • 천연기념물, 보호수 등의 수목 보호와 관리

■ 조경 관련 기술자격

기술사	+ 경력 4년	기사	+ 경력 1년	산업기사	+ 경력 1년	기능사
• 산업기사+실무 5년 • 기능사+실무 경력 7년 • 대졸+실무 경력 6년 • 실무 경력 9년	←	• 대졸 • 전문대졸+실무 2년 • 기능사+실무 경력 3년 • 실무 경력 4년	←	• 전문대졸 • 실무 경력 2년	←	• 자격 제한 없음

- 조경수관리기술사 : 가로수와 조경 수목의 전지, 전정
- 수목보호기술자 : 수목 치료, 관리
- 골프코스관리사 : 골프장 잔디 관리

- 문화재수리(조경, 식물보호)기술자 : 문화재 수리에 관한 업무, 작업지도
- 나무의사 : 수목 진료 업무를 담당(진단·처방 및 예방·치료)
- 수목치료기술자 : 나무의사의 진단·처방에 따라 예방과 치료를 담당

5) 조경가의 자질

① 식물과 자연과학적 분야에 대한 지식 – 수목, 토양, 지질, 수문, 기후 등
② 공학적 지식 – 건축, 토목
③ 아름다운 경관을 상상해낼 수 있는 창의력, 공간지각력, 표현할 수 있는 디자인 감각
④ 인문사회과학적 지식 – 인류학, 지리학, 사회학, 환경심리학, 법규
⑤ 컴퓨터 활용능력
⑥ 원활한 의사소통과 원만한 대인관계, 합리적 사고
⑦ 살아 있는 생명체를 다루고, 인간의 이용을 전제하므로 생명 존중의 사고, 안전과 신뢰에 기반하는 태도와 가치관

02 조경양식과 발생 요인

1 조경양식

1) 조경양식의 분류

(1) 정형식 조경

① 서아시아, 유럽 / 건물에서 뻗는 강한 축을 중심으로 좌우 대칭형으로 구성한 기하학적(비스타), 입체적 정원
② 터 가르기, 원로, 수로 등에 직선, 규칙적인 곡선, 원, 원호 등 주로 사용
③ 전정한 수목, 수고 낮은 매듭 화단
  ㉠ 평면기하학식 – 평야지대(프랑스 정원 / 평면상의 대칭적 구성, 비스타기법)
  ㉡ 노단식 – 경사지(이탈리아 정원 / 경사지에 계단식 처리 / 바빌로니아 공중정원 / 이탈리아 빌라정원)
  [TIP] 르네상스 문화와 더불어 최초로 노단건축식 정원 발달 : 피렌체
  ㉢ 중정식 – 건물로 둘러싸인 내부 / 소규모 분수나 연못 중심(스페인 정원, 중세 수도원 정원) 파티오, 회랑식

(2) 자연식 조경

① 동아시아, 유럽의 18세기 영국 / 정원 구성에서 자연적 형태 이용

② 연못, 호수, 인공 동산의 우세 경관 요소를 도입하여 자연 그대로의 풍경 모방, 축소하여 재현

　㉠ 자연풍경식 – 영국, 독일 / 넓은 잔디밭을 이용한 전원적이며 목가적인 자연 풍경

　㉡ 회유임천식
- 중국 : 자연과 대담한 대비 / 숲과 깊은 굴곡의 수변 이용
- 일본 : 자연 풍경의 섬세한 조화 / 곳곳에 다리 설치로 정원 회유 주변을 돌 수 있는 산책로, 다양한 경관 즐김

③ 고산수식 – 일본(불교 영향 – 용안사 : 평정고산수)
물을 전혀 이용하지 않음 / 나무(산봉우리), 바위(폭포), 왕모래(물)를 사용

(3) 절충식 조경

① 정형식 조경과 자연식 조경의 형태적 특성을 동시에 지님

② 조선시대(기본 성격은 회유임천식 : 자연식 + 정형적 형태를 포용)

2) 조경양식의 발생 요인

(1) 자연환경 요인

지형, 기후, 식생, 수량, 암석 등(가장 중요한 요소 – 지형)

① 지형과 지세

　㉠ 산악 지역 : 이탈리아, 경사지를 이용한 노단식 정원 조성

　㉡ 평탄 지역 : 프랑스, 건축물의 중앙 축선을 중심으로 한 좌우대칭적 평면기하학식 정원 발달

　㉢ 낮은 구릉지와 저습 지역 : 영국, 경사진 잔디밭과 곡선으로 이루어진 원로 전개, 자연풍경식 발달

② 기후(방풍 식재 패턴, 온화한 지역에는 수종 풍부)

　㉠ 지중해 중심의 남부 유럽 : 쾌적한 기후로 다양한 옥외활동, 광장, 공공조경 발달

　㉡ 습한 기후의 라인강 이북 북부 유럽 : 온실 기능 포함한 실내 정원 발달

　㉢ 사막 건조 기후인 이슬람 국가 : 물과 녹음을 신성시하는 조경 문화 발달

③ 식생 : 재배, 이동, 재식, 관리 방법에 따라 생기는 수형의 변화도 조경양식의 형성에 영향

④ 수량 : 연못, 수로, 분수의 적극적 도입 또는 제한

⑤ 암석 : 사경(寫景)에 중점을 둔 중국, 일본 정원에 암석 자연 그대로 사용 / 이탈리아, 프랑스 풍부한 대리석으로 조각

(2) 사회환경 요인

사상과 종교, 민족성, 역사성, 시대상과 예술사조, 기타(정치, 경제, 건축, 예술 등)

① 사상(우주관, 철학)과 종교
  ㉠ 동양
    • 신선사상(불로장생하는 신선의 거처를 현실화 시키고자 함)의 영향 – 백제의 궁남지, 신라의 안압지
    • 불교의 극락정토 사상의 영향 – 일본의 고산수식 정원
  ㉡ 서양
    • 기독교 세계관이 담긴 중세 수도원 정원
    • 코란의 낙원을 상징하는 이슬람 정원

② 민족성(관습, 풍속)
  ㉠ 영국은 목가적인 전원생활을 좋아하고 전통을 고수하려는 영국 풍경식 정원 – 유럽의 기하학적 정원 양식에서 경관과 자연을 찬미하던 18C 영국의 시대적 풍토
  ㉡ 대륙의 기질을 가진 중국이나 프랑스 사람들은 광대한 면적에 자연을 압도하는 인공적 질서와 힘 과시
  ㉢ 섬세하고 절제된 아름다움을 추구하는 일본인들의 회유임천식 정원, 고산수식 정원
  ㉣ 자연 그대로를 받아들이고자 하였던 조선조 선비들은 전정과 같은 인공 기교 기피

③ 역사성
  ㉠ 고대 이집트의 담으로 둘러싸인 주택정원, 신바빌로니아의 공중정원, 그리스의 신성한 숲, 중세 시대 회랑에 둘러싸인 수도원 정원
  ㉡ 15, 16세기 르네상스 시대에 들어와 이탈리아 노단건축식 정원, 17세기 프랑스 평면기하학적 정원, 18세기 영국 자연풍경식 정원

④ 시대상과 예술사조
  ㉠ 절대 왕정 시대인 17세기 프랑스, 고전주의 유행
    강력한 축을 중심으로 좌우 대칭 배치, 기하학적 형태, 왕의 절대 권력 과시
  ㉡ 18세기 유럽 '자연으로 돌아가라'는 계몽주의 영향, 낭만주의 사조, 풍경화의 보급
    영국을 중심으로 자연풍경식 정원 유행

⑤ 과학 기술의 발전
  ㉠ 중세 시대 아랍의 식물학자 및 정원사들 : 과수, 꽃, 구근식물 재배

ⓒ 이베리아 반도, 서유럽의 정원사들 : 약용, 식용 등 실용적 특성 식물 재배
⇒ 르네상스 시대 인쇄술 발명이 기폭제 : 정원 양식의 변화 주도
(식물 연구에 대한 새로운 과학적 태도 생성 및 재배, 이동의 변화, 새로운 식물 유입)

03 조경사

1 한국의 조경양식

시대			대표 작품	
고조선			유(囿) : 대동사강에 기록된 우리나라 최초의 정원, 금수를 기르던 곳으로 중국에서 유래	
삼국	고구려		동명왕릉의 진주지, 안학궁 정원(못은 자연곡선으로 윤곽처리), 장안성	
	백제		임류각(경관조망), 궁남지(무왕의 탄생설화), 석연지(정원 첨경물)	
	신라		황룡사 정전법(격자형 가로망 계획)	
통일신라			임해전지원(안압지) – 신선사상을 배경으로 한 해안 풍경을 묘사한 정원	
			포석정의 곡수거 – 왕희지의 난정고사 유상곡수연	
			사절유택 – 귀족들의 별장	
			최치원 은둔생활로 별서 풍습 시작	
고려	궁궐정원		구영각지원(동지) – 공적 기능의 정원	① 강한 대비, 사치스러운 양식 ② 관상 위주의 정원
			격구장 – 동적 기능의 정원	
			화원, 석가산정원(중국에서 도입)	
	민간정원		문수원 남지, 이규보의 사륜정	
	객관정원		순천관(고려조의 가장 대표적인 것)	
조선	궁궐정원	경복궁	경회루지원	공적기능의 정원 (방지방도)	① 한국의 색채가 농후한 것으로 발달 ② 풍수지리설의 영향으로 후원이 발달
			아미산원 (교태전후원)	왕비의 사적 정원 (계단식 후원)	
			향원정지원	방지원도	
			자경전의 화문장	화문장과 십장생 굴뚝	
		창덕궁	후원(비원)	부용정역	방지원도

		애련정역	계단식 화계
		반월지역	반월지상의 곡선형
		옥류천역	후정의 가장 안쪽 위치 곡수거와 인공 폭포
	낙선재후원		계단식후원
	대조전후원		화계
	창경궁		통명전
	덕수궁		석조전 – 우리나라 최초의 서양식 건물 침상원 – 우리나라 최초의 유럽식 정원
민간정원	주택정원		유교사상 영향, 남녀를 엄격히 구분
	별서정원		양산보 소쇄원, 윤선도 부용동 원림, 정약용의 다산정원
	별업정원		윤개보 조석루원
	누정정원		광한루지원, 활래정지원(방지방도), 명옥헌원, 전신민의 독수정원림
	별당정원		서석지원, 하환정 국담원(방지방도), 다산초당원림

1) 고조선시대

- 아사달 일대 지도자 단군왕검, 지도자를 제정일치 존재로 여김.
- 삼국유사 기록 : 단군이 태백산 산상 신단수 아래 내려와 신시를 열었다는 개국 설화
- 단군 조선의 노을왕이 유(囿 : 새와 짐승을 놓아 기르는 동산으로 조경 행위의 시작)를 만들었다는 기록

2) 삼국시대

(1) 고구려

① 안학궁(427) : 신선사상을 배경으로 한 자연 풍경 묘사, 자연 풍경식 정원, 자연 곡선형 연못과 인공적 축산
② 장안성(평양성)(586) : 장안성과 안학궁 터에서 정원의 유구 남아 있음(양원왕)

③ 대성산성 : 장수왕 때 축조

(2) 백제(조경 문화 가장 발달)

① 동성왕 22년(AD500년) / 임류각, 공주산성
　임류각 : 삼국사기에 전각과 임류각을 지어 희귀새와 짐승을 길렀던 연못이 있었다고 함.
② 무왕 35년(634년) : 서동요(서동과 선화공주)
　㉠ 궁남지 : 우리나라 최초의 신선사상을 배경으로 한 지원으로 못의 형태는 방형(方形 : 네모반듯한 모양)
　　궁남 쪽에 연못을 파고 20여 리나 긴 수로로 물을 끌어와 조성, 주위 버드나무, 신선이 산다는 방장선산 상징, 못 안에는 봉래산을 상징하는 방장(섬)이 있고 연못 가운데의 포룡정을 향해 다리가 있음, 현존(부여)
　㉡ 석연지 : 백제 말 의자왕 때 정원용 첨경물로 화강암질의 돌을 둥근 어항과 같은 생김새로 만들어 그 안에 물을 담아 연꽃을 심음. 궁남지를 바라볼 수 있는 곳에 위치, 조선시대의 세심석으로 발전
　㉢ 노자공(612년) : 백제인으로 일본 남정(南庭)에 수미산과 오교 만듦 - 일본 정원 최초 기록(일본서기), 일본에 정원 축조수법 전해준 시기(6세기 초엽)
　㉣ 몽촌토성 : 백제 초기의 움집터와 기와 및 백제의 대표적 토기라 할 수 있는 삼족토기 다량 출토, 백제 성곽

(3) 신라(5세기 중엽 불교 공인)

① 불국사의 청운교와 백운교 앞의 구품 연지 : 타원형의 인공지
　누각, 석탑, 자하문, 청운교, 백운교 그림자 비춰 영지(影池)로서의 기능, 극락정토의 불교 이상향을 표현함.
② 신라 제27대 선덕여왕(646)
　자장율사가 창건한 통도사의 구룡지 : 창건 당시 배 띄울 정도의 큰 연지(蓮池), 현재는 4~5평 타원형 못

(4) 통일신라

① 문무왕 14년 2월(674년) / 안압지, 임해전, 포석정
　㉠ 임해전 지원(안압지, 월지) 삼국사기, 동사강목에 기록(cf.안압지는 동국여지승람)
　　• 안압지 : 궁중에 못을 파고 산을 만들어 진금이수를 길렀다는 기록

- 직선처리와 복잡 다양한 곡선처리(북쪽 굴곡 있는 해안, 동쪽 돌출하는 반도형, 남쪽과 서쪽은 직선, 바른층쌓기)
- 면적 40,000㎡(약 5,100평), 연못 17,000㎡,
- 못 안에 신선사상을 배경으로 한 대·중·소 세 개의 섬(해안 풍경 묘사)
- 임해전 동쪽에 가장 큰 섬과 작은 섬 위치
- 거북 모양의 섬, 석가산은 무산십이봉 상징, 입수부에 도수조와 인공폭포 조성
- 못의 관배수 시설(입수부, 배수부 분리), 반석 사용, 유속의 감소를 위한 수로의 정교함.
• 임해전 : 정원을 바다로 표현, 직선과 다양한 곡선 처리
ⓒ 포석정지 : 신라 헌강왕 어무상심무 춤을 추고, 유상곡수연 하던 곳, 현재 곡수거만 남아있음
cf. 중국 왕희지의 유상곡수연을 모방(시 짓기, 술 3잔)
② 보은 법주사 석연지 : 8각 받침석 위 3단 굄, 한층 복련대, 그 위 구름무늬 장식 간석을 놓아 석연지를 받쳐서 연꽃이 둥둥 떠 있는 듯한 모습을 표현, 아름다움 간직

[TIP] 동사강목의 기록 : 왕사제책장원("장원" – 봉건사회의 경제적 단위를 이루는 군주의 토지소유 형태)
[TIP] 삼국사기 기록 : 흥덕왕(828)이 당에서 돌아온 사신 대렴이 가져온 차의 종자를 지리산에 심게 함

3) 고려시대

(1) 궁궐 정원

만월대와 궁원 : 풍수지리상 명당, 귀령각지원(동지), 격구장, 화원, 정자중심, 석가산
① 귀령각지원(동지) : 왕과 신하의 위락공간, 경종(977)(백제의 궁남지, 신라의 안압지와 유사한 기능)
② 석가산 정원 : 예종 11년경 중국 석가산이 우리나라 처음 도입

(2) 민간 정원

① 문수원 남지(청평사 문수원 정원 영지는 사다리꼴의 장방형지)
  ㉠ 석가산 기법, 자연석을 인공적이지 않은 형태로 조성, 상하 2단의 사다리꼴, 가장자리 자연석 축조, 연못에 부용봉 투영(影池)
  ㉡ 북쪽이 넓고 남쪽이 좁은 사다리꼴의 방지로 연못 안에 몇 개의 자연석이 놓임

(3) 고려시대 정원의 특징

① 중국 문물의 교류를 통한 이국적 정원 조성
  ㉠ 강한 대비, 호화, 사치스런 양식 발달, 격구장
  ㉡ 송의 영향, 화려한 관상 위주의 정원 조성, 송나라 때 수법을 모방한 화원, 석가산, 누각

등이 나타남
② 중국 정원 역사 가운데 가장 화려했던 송나라의 영향을 받아 화려한 관상 위주의 정원을 꾸미고 송나라 때의 수법을 모방한 화원과 석가산 및 누각 등이 많이 나타남
③ 모란, 작약, 연화, 국화 등의 화훼류를 이용한 정원 조성
④ 내원서 : 충렬왕 때 궁궐의 원림을 맡아 보는 관서
⑤ 휴식과 조망을 위한 정자가 정원시설의 일부로서 기능 가짐
⑥ 고려시대 원림의 건축물(귀령각, 태평정)
　㉠ 만월대 : 김홍도가 그린 기로세련계도의 소재
　㉡ 태평정 : 괴석을 모아 선산 만들고 멀리서 물을 끌어 비천을 만들었다는 정원
⑦ 고려시대 정원 관장 부서 : 내원서
　　[TIP] 최충헌 자택 : 민가 백여 채 규모, 별당 십자각, 토목 부역 극심(고려사)

4) 조선시대

(1) 조선시대 정원의 특징

① 중국 조경양식의 모방에서 벗어나 한국적 색채가 농후하게 발달, 정원기법 확립
② 풍수지리설의 영향 : 후원식 화계, 식재의 방위 및 수종 선택, 후원이 주가 되는 정원 수법(계단식 노단)
　후원 장식 : 괴석, 굴뚝, 세심석
③ 신선사상 : 삼신상, 십장생의 불로장생, 연못 내 중도 설치
④ 음양오행사상 : 정원 연못의 형태(방지원도) / 오행 － 木, 火, 土, 金, 水
⑤ 은일사상 성행
⑥ 자연 존중
⑦ 궁궐침전 후정에서 볼 수 있는 대표적인 것 : 경사지를 이용해 만든 계단식 노단
⑧ 조선시대 정원 관장 부서 : 장원서-상림원을 고쳐 원유를 관리하게 함, 원유 : 과원 및 궁궐의 정원

(2) 태조(1395)

경복궁 : 남북 축선에 외조, 치조, 연조, 후원 등의 정연한 배치

(3) 태종12년(1412)

궁궐 조경(후원, 후정 / 경사지를 돈대로 처리 / 굴뚝, 담장의 미화 처리)
① 경복궁 경회루 : 기하학적 형태의 정원, 섬이 있는 방지(方池)

　　　　방지(세 개의 방도, 방지방도, 가장 큰 섬에 경회루, 나머지 소나무, 외국 사신 영접, 연회, 유락)
　② 창덕궁 : 동궐, 후원을 금원, 비원이라 부름
　　　㉠ 경복궁과 달리 후원 자연 지형을 적절히 이용한 궁궐 안의 원림 공간
　　　㉡ 600년 된 다래나무, 향나무 있음
　　　㉢ 부채꼴 모양 정자 : 관람정 / 중국 사자림의 선지정, 졸정원의 여수동좌헌
　　　　cf. 6각 겹지붕 정자 : 존덕정

(4) 세조 12년 : 상림원을 장원서로 고쳐 원유 관리
　① 강희안의 양화소록 : 조경식물에 관한 최초 문헌
　② 박세당의 색경 : 실학사상 배경(과학 기술에 관한 문물과 정보 도입)
　③ 홍만선의 산림경제 : 농가 생활에 필요한 백과전서
　④ 서유구의 임원경제지 : 정원 식물의 종류와 경승지 소개
　　　　[TIP] 궁궐 정원 담당관서
　　　　고려 : 내원서(충렬왕) / 조선 : 상림원(태조), 산택사(태종), 장원서(세조), 원유사(연산군)
　　　　동산바치 : 동산을 다스리는 사람, 정원사
　⑤ 20세기 대한제국시대 : 서구식 건물과 정원 조성
　　　㉠ 우리나라 최초 공원 : 1897년 영국 브라운에 의해 설계된 탑동공원
　　　㉡ 1906년 영국인 하딩에 의한 우리나라 최초 서양식 건물과 유럽식 정원
　　　　• 덕수궁 석조전(이오니아식)
　　　　• 덕수궁 침상정원(석조전 앞 좌우 대칭적 기하학식 정원, 분수 연못 중심 프랑스식)

■ 조선시대 전통 조경의 유형별 특징

　① 궁궐 조경 : 풍수지리와 음양오행사상
　　• 조선시대 궁궐 조경 수법
　　　- 후원 발달, 경사지의 화계 처리, 굴뚝, 담장 등 수식 미화 처리
　　㉠ 경복궁
　　• 경복궁 교태전 후원(아미산원)
　　　- 교태전 후원에 단을 쌓아 선산인 아미산 상징하는 화계 조성
　　　- 괴석, 석지, 물확, 6각형 굴뚝 4개(십장생무늬), 해시계 배치, 꽃나무(쉬나무, 말채나무, 돌배나무)
　　• 경복궁 경회루 방지 : 연못 안에 세 개의 섬 설치(방지방도), 한 개의 섬에는 경회루 건립
　　　- 경회루 : 천원지방(天圓地方) 1층 내부 기둥은 원기둥, 외부 기둥은 사각기둥
　　• 향원정 : 경복궁 후원에 중심을 이룬 연못 주위 정원

- 방지원도, 섬 위에 정육각형 2층 누각인 향원정, 취향교 : 못과 중도를 연결하는 다리
- 자경전의 화문장과 십장생 굴뚝 : 대비가 거처하는 침전으로 가장 아름다운 화문담(꽃담)과 십장생 굴뚝
    - 십장생 굴뚝 : 십장생(해, 산, 구름, 바위, 소나무, 거북, 사슴, 학, 불로초, 물)과 포도, 연꽃, 대나무가 장식
    - 자경전 꽃담 벽화 : 꽃, 나비, 국화, 대나무, 석류, 천도, 매화 표현

ⓒ 이궁으로 조성된 창덕궁 [동궐, 비원(祕苑), 금원(禁園), 북원(北園)]
- 지세에 따른 자연스러운 건물 배치, 경복궁과 달리 후원의 자연지형을 적절히 이용한 궁궐 안의 원림 공간
- 낮은 곳에 못(연못)을 파고, 높은 곳에 정자를 세워 관상, 휴식공간으로 사용
- 600년 된 다래나무, 향나무가 있음
- 대조전 후원 : 계단식 화계를 만들어 살구, 앵두나무 식재, 창덕궁에서 가장 자연스럽고 아담하며 조용한 분위기 연출(넓은 잔디밭)
- 낙선재 후원 : 단청하지 않은 건물, 창덕궁의 연침, 5단의 계단식 화계, 키 작은 식물 배치
    - 괴석, 굴뚝은 후원 첨경물 역할
    - 육각형 누각 상량전
- 후원(금원, 비원, 북원)
    - 주합루와 부용지 일원 : 후원 입구 가장 가까운 거리, 방지원도
    - 연경당과 애련지 일원 : 연경당(민가 모방, 99칸 건물, 단청 없음), 계단식 화계로 철쭉류, 단풍나무, 소나무 식재
    - 관람정과 반도지 일원 : 반도지(한반도 모양 곡선지), 상지에 존덕정(6각 지붕 정자), 하지에 관람정(부채꼴 정자)
    - 청의정(초정)과 옥류천 일원 : 후원의 가장 안쪽에 위치, 계류를 중심으로 5개의 정자, 인공폭포와 곡수거를 만들어 위락공간화 한 장소
    cf. 부채꼴 모양 정자 : 관람정, 선자정, 졸정원

ⓒ 창경궁
- 통명전 : 통명전을 중심으로 한 후원과 서쪽의 석난지(중도형 장방지) 있음
    - 통명전 지당 : 네모난 방지(장방형)의 네 벽을 장대석으로 쌓아 올리고, 석난간을 돌림, 중간에 아치형(무지개형)의 석교가 놓여짐. 긴 돌에 홈을 파서 지하수를 지당으로 흘러내림, 괴석 2개와 앙련(仰蓮) 받침대석 있음
- 낙선재 : 창덕궁 인정전의 동남쪽, 창경궁과 경계를 이루는 곳에 자리 잡은 건물, 왕의 서재 겸 사랑채

ⓔ 덕수궁
- 석조전(우리나라 최초의 서양 건물)
- 침상원(우리나라 최초의 유럽식 정원, 분수와 연못을 중심으로 한 프랑스식 정형 정원)

② 주택 조경 : 사회적 신분에 따라 주택 규모 규제
- 경사지를 이용한 주택 조성, 뒷산과 만나는 곳에 화계조성, 사랑채 주변에 연못, 정자, 괴석 배치

- 마당 : 가사 처리 생활공간 뿐 아니라 채소, 약초를 재배하는 생육 환경으로 이용
- 좌청룡(물), 우백호(도로), 뒤배산현무(구릉), 앞임수주작(연못)

③ 별서(別墅) 정원 : 사대부가 본가와 떨어진 초야에 집을 지어 세상의 이목을 피하여 번거로움 없이 지내고자 택함
- 유교사상 : 선비된 도리를 지키며 수신하는 은거지의 성격, 낙향한 선비들에게 별서는 이상적인 생활공간
  cf. 노장사상 : 무위자연, 도(道), 자연에 은둔하여 산천을 가꾸고 즐기는 중국의 자연관과 밀접 노장사상은 도가의 중심인물인 노자(老子)와 장자(莊子)에 의하여 형성된 사상
  노자는 도의 개념 철학사상을 처음 제기(사람은 땅을 법칙 삼아, 땅은 하늘을, 하늘은 도를, 도는 자연을~)
- 사절우로 선비의 절개 상징 : 매화나무, 소나무, 국화, 대나무 / 사군자 : 매, 란, 국, 죽
- 연못에 연꽃 재식 : 군자의 상징을 연꽃에 비유한 중국 송나라 유학자인 주돈이의 애련설과 관련
- 소쇄원 : 전남 담양군 남면 소재 양산보 조성
  - 자연 계류의 비탈면을 깎아 자연석으로 단과 담을 쌓아 자연식에 정형미를 가미함
  - 대봉대역(소쇄원 접근로)/매대역(계류 위 비탈면 계단식 정원, 오곡문과 제월정 사이)/광풍각(산수 속 정자)/애양단(오곡문 곁 마당)/오도(광풍각 뒤편 언덕)/수차
- 다산초당 : 전남 강진 정약용의 별장
  - 바닷가 괴석을 방지 안에 설치하여 석가산 구성 / 용천에서 물을 끌어 비폭(飛瀑)
- 부용동 원림 : 전남 완도 소재 윤선도의 소유(세연정역 / 낭음계역 / 동천석실역)
  - 내침인 낙선재 / 동천식실(암벽 위에 소옥 짓고 암벽 밑에 석실 축조)
- 서석지 : 경북 영양군 입암면 소재, 정영방 조영, 중도 없는 방지가 마당을 거의 차지(대부분 수경)
- 명옥헌 원림 : 전남 담양군 고서면 소재 / 전남 담양지역 정자 : 소쇄원, 명옥헌, 식영정 (**cf.** 임대정 화순)
- 임대정 원림 : 전남 화순군 남면 소재
- 옥호정원(주택정원 성격) : 김조순의 별장
  - 서울 삼청동 계곡 비탈면에 입구(口)자형 주거 중심으로 한 계단후원식 / 직선적 공간처리와 화계

④ 누와 정 : 경관 좋은 곳에서 자연을 즐기고 정신수양, 자녀 및 후학 양성의 장, 문인 토론의 장
- 누(정치, 행사, 연회 등 공적 이용 / 대체로 규모 크고 사각형 / 방 거의 없음)
- 정(시 짓기, 읊기 등 사적 이용 / 소규모 사각, 육각, 팔각 등 다양한 형태 / 방 50% 있음)
  예 광한루(전북 남원시), 촉석루(경남 진주시), 거연정(경남 함양군), 활래정지원(강원도 강릉시)

⑤ 사찰 조경
- 사대부 억불, 국왕과 왕실은 불교 호의적
- 왕이나 왕비의 능침 수호, 고인의 명복을 빌기 위해 능 근처에 원찰 세움
  - 흥천사, 연경사, 개경사, 봉선사, 용주사, 신륵사
- 쌍탑식 가람(雙塔式 伽藍) : 사찰 내에 동서 방향으로 두개의 탑을 둔 절, 경주 감은사

⑥ 서원 조경 : 서원(고려말 주자학 도입 후 사화당쟁으로 인해 지방으로 낙향하여 은둔하며 성립)
- 충효를 중심으로 인륜 내세워 교육 강화, 생활 규범 실천
- 경승지에 해당하는 계류가에 조성
- 공간 구성(좌우대칭 기본) : 진입공간 ⇒ 강학공간(동재, 서재) ⇒ 제향공간(사당) ⇒ 고직공간(고직사)
  - 진입공간에는 홍살문을 세우고, 하마비, 하마석 놓음
- 도산서원 : 퇴계 이황 사후 제자들이 그의 학덕을 숭모하기 위해 지음(경북 안동시 도산면) 정우당(서당 동쪽 연못 안에 연꽃), 몽천(정우당 동쪽 우물), 절우사(매,죽,송,국 식재), 사립문(유정문), 동네 어귀(곡구암)
- 무성서원 : 서원 전면 하천에 위치하는 유상대는 고운이 태안현감으로 재임 시 계류상에 대를 조성하여 유상곡수로 음풍영월하던 장소, 후세에 감운정이 건립(전북 정읍시 칠보면)
- 소수서원 : 주자학의 대가 안향 선생을 배향하기 위해 주세붕이 세운 우리나라 최초 서원인 백운동서원의 후신(경북 영풍군 순흥면 내죽리)
- 옥산서원 : 조선 명종 때 성리학자 이언적의 위패를 모신 곳(경북 월성군 안강읍 옥산리)
- 병산서원 : 경북 안동시 풍천면
- 남계서원 : 지당에 연꽃 식재(경남 함양군 수동면)
  - 도산서원의 정우당, 남계서원의 지당에 식재한 연꽃은 주렴계의 애련설 영향
- 대표적인 수목은 은행나무 식재, 행단(杏壇 학문을 수양하는 곳)과 관련

⑦ 능원 조경
- 능침 주산 배경, 좌우 청룡백호가 산세를 이룸, 왕릉 앞쪽 물, 앞에 안산, 멀리 보이는 조산 중첩, 소나무 배경 숲
- 조선왕릉(2010 세계문화유산등재), 동구릉(경기 구리시), 광릉, 홍유릉(경기 남양주시), 태릉(서울시 노원구), 융건릉(수원 화성시), 정릉, 의릉(서울), 장릉(강원도 영월), 홍릉(고종, 명성황후 능), 유릉(순종, 동비인 순명효왕후, 동계비인 순정효황후능)

⑧ 전통마을과 읍성 조경
- 전통마을 : 산을 등지고, 남향으로 경작지와 경작 용수로서 하천을 마주하는 형태
  - 하회마을(경북 안동군), 양동마을(경북 월성군), 외암마을(충남 아산시)
- 읍성 : 조선시대 지방행정의 중심지, 풍수지리설에 의존
  - 낙안읍성(전남 승주군), 정의읍성(제주도 서귀포시), 해미읍성(충남 서산시), 고창읍성(전북 고창군)

[TIP] 방지방도 : 강릉 활래정지원, 윤선도 보길도 부용동 세연정지원, 경남 하환정 국담원, 경복궁 경회루 지원
방지원도(방지 땅, 음/원도 하늘, 양) : 창덕궁 부용정, 경복궁 향원정, 정양용의 다산초당, 대구 달성 하엽정 정원

[TIP] 정원식물
- 꽃을 보기 위한 수종 많음
- 고대 문헌의 표현 : 무궁화(木槿花목근화), 배롱나무(紫微花자미화), 연(赴擧부거), 목련(木筆花목필화), 동백(山茶花산다화), 모란(목단), 살구(杏木행목), 대추나무-조(棗) / 회화나무-괴나무(괴화, 괴

의 중국 발음 회 – 회화나무, 회나무, 귀신 붙은 나무, 토착신앙과 관련)

[TIP] 조선시대 외국 사신을 맞이하던 객관
① 모화관 : 중국 사신, 돈의문 서북 쪽
② 태평관 : 명나라 사신 접대, 숭례문 안 황화방
③ 동평관 : 일본 사신
④ 북평관 : 야인(여진)
⑤ 남별궁 : 조선시대 중국 사신 머물던 관
cf. 순천관 : 고려시대 중국 사신 머물던 관(개성)

[TIP] 조경 관련 문헌
- 임원경제지(서유구) : 정원식물의 종류와 경승지 등 소개
- 촬요신서(박흥생)
- 색경(박세당)
- 홍만선(산림경제) : 농가생활에 필요한 백과사전
- 이중환(택리지)
- 이수광(지봉유설)
- 강희안(양화소록) : 조경 식물에 관한 최초의 문헌, 정원 식물의 특성과 번식법, 괴석의 배치법, 꽃을 화분에 심는 법, 꽃이 꺼리는 것, 꽃을 취하는 법과 기르는 법 등을 수록
- 강희안(화암소록) : 양화소록 부록

[TIP] 조경관리 부서(궁궐 정원담당 관서)
- 고구려 : 궁원 – 유리왕
- 고려 : 내원서 – 충렬왕
- 조선 : 상림원(태조) → 산택사(태종) → 장원서(세조) → 원유사(연산군)
- 동산바치 : 동산을 다스리는 사람, 조선시대 정원사

[TIP] 조선 왕릉의 조경관리 담당하던 관직 : 능참봉

[TIP] 조선시대 경승지 : 방화수류정

5) 전통 조경 요소

(1) 식물

① 제한된 식재와 상징성 부여 : 인격 도야의 상징 소나무, 대나무, 매화, 국화, 연꽃 선호
  ㉠ 계절미를 느낄 수 있는 낙엽활엽수 도입
  ㉡ 운치 있는 곡선 선호, 자연스러운 타원형 수목, 과실수, 화목류 선호
② 식재 유형 : 구덩이에 직접 심기 / 분재, 취병, 절화 등 / 화단, 화오, 화계 두어 화목, 초화류 심기
③ 식재 방식과 장소
  ㉠ 큰 나무는 안마당에 심기를 꺼림, 소나무와 대나무를 집 주위에 식재
  ㉡ 문 앞에 회화나무, 대추나무 권장, 뜰 안의 석류는 자손 번성 기원, 문 밖 동쪽에 버드나무

가축 번성 기원
ⓒ 무궁화, 탱자나무, 사철나무로 경계 표시, 시각적 차폐, 동물의 침입을 막는 기능 식재
④ 식재 방위 : 쾌적한 주거 환경 조성을 위한 풍수적 비보(裨補)로 생태적 특성을 고려하면서 지형 한계성 개선
  ㉠ 홍만선의 산림경제(동 : 복숭아나무, 버드나무/남 : 매화나무, 대추나무/서 : 치자나무, 느릅나무/북 : 능금, 살구나무)
⑤ 조선시대 전통 조경 수목 특징
  ㉠ 감나무, 복숭아나무, 앵두나무, 대추나무 등 과수목 선호
  ㉡ 수종과 식재 장소 선택에 풍수설 영향
  ㉢ 모란, 산수유, 작약 등 화목 애용
  ㉣ 고려시대부터 많은 외래종 도입

(2) 수경

① 연못 : 네모난 연못 많고, 연못 가운데 작고 둥근 작은 섬(둥근 섬 : 하늘 / 네모 연못 : 땅 음양 결합)
  물가의 처리 : 다듬은 돌, 못 가 : 버드나무, 배롱나무, 섬 : 괴석, 소나무, 대나무, 배롱나무, 버드나무
② 폭포 : 인공적으로 조영된 축경형
③ 수로 : 투시 담장을 통해 자연 계류 수경관 감상, 인공 수로, 규모가 큰 정원의 자연 수로(간수, 송간, 죽간)

(3) 석물의 활용

① 석가산 : 감상 가치가 있는 여러 개의 돌을 쌓아 산의 형태를 축소, 재현한 점경물(관상 가치, 재질이 단단한 화강암 이용)
  조선 중기 이후 석가산 기법은 줄어들고 좁은 뜰에 도입이 용이한 기이한 형태의 괴석 선호
② 괴석 : 개체미가 뛰어난 기이하게 생긴 1m 미만의 자연석을 정원에 도입한 경물
  ㉠ 주택 정원의 화계 위, 담장 아래, 연못 주변, 후원 등에 초화류와 더불어 세운 돌
  ㉡ 괴석을 세우는 석분에 불로장생 희원한 영주(瀛州)라는 글자를 새기기도 함
③ 석분 : 세운 돌 형태의 괴석을 심기 위하여 돌로 다듬어 만든 분
④ 석지(석연지)와 돌확(석지와 비슷한 용도, 규모 작고 원형, 돌절구, 생활용수 등 실용적 기능 겸하기도 함)
  석지 : 물을 담아 연꽃 등 수생식물을 심고, 부엽식물을 곁들어 하늘의 투영미 감상

⑤ 석상과 석탑
  ㉠ 석상 : 크고 넓적한 돌을 일정한 두께로 다듬어 네 귀에 받침대를 괴어 놓아 앉아서 쉬기 편하게 만듦.
  ㉡ 석탑(石榻 : 돌의자) : 적당한 크기의 돌을 가공하거나 자연 그대로를 땅에 치석하여 애용
⑥ 정자 : 풍류, 주변 경치 감상, 후학 양성
  ㉠ 평면 구성은 방과 마루의 구성 방법에 따라 무실형과 유실형(배면형, 측면형, 중앙형, 분리형)으로 분류

	배면형	부암정, 거연정
유실형	측면형	남간정사, 옥류각, 암서재, 초간당, 제월당
	중앙형	광풍각, 임대정, 명옥헌, 세연정(주로 호남형)
	분리형	경정, 다산초당

  ㉡ 기둥은 목재, 지붕은 기와나 풀, 바닥은 평편한 판재, 벽체를 두지 않고 마룻바닥을 지면에서 높게 개방형으로 도입

  [TIP] ※ 한국 전통 오방색
  청(木 동쪽, 봄) / 백(金 서쪽, 가을) / 적(火 남쪽, 여름) / 흑(水 북쪽, 겨울) / 황(土 중앙)

6) 한국 조경의 특징

① 자연 환경과의 조화 : 종교 및 사상 체계를 기반으로 주변 자연환경과 조화되도록 구성
② 수목에 상징성 부여(사군자 / 절개와 장수 상징하는 소나무 식재)
③ 후원의 발달(은일하면서 경물을 읊는 민족성, 선비사상 내포)
  ㉠ 경복궁 교태전 후원, 창덕궁 낙선재 후원, 덕수궁 준명당 후원
  ㉡ 풍수지리의 영향, 주정원의 역할, 장대석을 쌓아 낙엽 활엽수 식재(계절 변화), 괴석이나 세심석, 장식 굴뚝 세움
  ㉢ 후원 양식에 불교, 음양오행설, 풍수지리설의 영향을 받음
④ 방지원도의 연못 형태 : 단순미 추구 cf. 일본 연못은 변화가 많은 다양한 형태
⑤ 여백으로서의 마당 : 식재하지 않고 비워 둠
⑥ 공간 처리는 직선(예 경복궁)을 디자인의 기본으로 함 / 직선적 윤곽 처리, 방지
  cf. 안압지(직선+곡선)
⑦ 신선사상 배경 : 음양오행설 가미
  cf. 경회루, 남원 광한루, 백제 궁남지, 신라 안압지(봉래산, 방장산, 영주산)
⑧ 유교사상은 도연명의 안빈낙도, 순박한 민족성의 표현으로 자연과의 일체, 마음을 수양하는 정원

⑨ 십장생 : 소나무, 거북, 학, 사슴, 불로초, 해, 산, 물, 바위, 구름
⑩ 단조로운 공간 구성
⑪ 자연과의 일체감 형성 : 정원이 자연의 일부
⑫ 정원의 연못 형태와 구성이 단조로움 : 직선적인 방지를 기본으로 함.

[TIP] 우리나라 국립공원
지리산, 경주, 계룡산, 한려해상, 설악산, 속리산, 한라산, 내장산, 가야산, 덕유산, 오대산, 주왕산, 태안해안, 다도해해상, 북한산, 치악산, 월악산, 소백산, 월출산, 변산반도, 무등산(총 21개)

[TIP] 우리나라 최초의 공원(1897년) : 탑골(파고다)공원

[TIP] 덕수궁의 석조전(1909년) : 우리나라 최초 서양식 건물

[TIP] 덕수궁 침상원 : 석조전 앞 좌우대칭적 기하학식 정원(프랑스), 우리나라 최초 유럽식 정원, 영국인 브라운 지도

[TIP] 조선시대 선비들이 즐겨 심고 가꾸었던 사절우(四節友) : 매화, 소나무, 국화, 대나무

2 중국의 조경양식

[중국 대표 조경 유형]

- 황가원림 : 한과 당대의 장안 및 낙양, 송대의 변경과 임안, 명과 청대의 북경에 집중
- 사가원림 : 양자강 하류를 중심으로 한 소주, 항주 중심으로 위치

1) 중국 정원의 특징

① 경관의 조화보다는 대비에 초점, 비례성
② 자연의 미와 인공의 미를 같이 사용 : 수려한 자연 경관에 인위적으로 암석 및 수목 배치
③ 원시적 공원 성격 : 수려한 경관에 누각, 정자(차경수법 사용)
④ 건물 좌우, 뒤편 공지에 조성되는 정원 – 태호석을 이용한 석가산, 거석으로 주경관 구성
⑤ 건축물로 둘러싸인 공간(중정) 내에 회화적 정원 : 벽돌 포장, 몇 그루 수목, 화분 배치
⑥ 직선+곡선의 사용, 여러 비율을 혼합하여 사용
⑦ 사실주의 보다 상징적 축조로 사의주의(事意主義)적 표현을 함.

2) 은, 주시대(B.C.11세기~B.C.249년)

① 영대(靈臺) : 문왕 때 연못 파고 흙을 쌓아 영대를 만듦.
② 혜왕 때 포(圃)를 징발하여 유(囿)를 두었다는 기록
③ 후한시대 '설문해자'에 과(果) 심는 곳 원(園), 채소 심는 곳 포(圃), 금수 키우는 곳 유(囿) 기록

3) 진(秦)시대(B.C.249~207) : 아방궁(중국 진 시황제가 세운 궁전, 소실됨)
    ① 난지궁 : 동서 500보, 남북 50장(丈) 규모의 궁궐 누상 / 누 아래 연못에 봉래산, 거대한 고래 조각상
    ② 진시황의 난지궁 연못 봉래산 : 신선사상

4) 한시대(B.C.206~A.D.220) 금원(禁苑)
    ① 상림원 : 무제, 장안 서쪽, 중국 최초 정원 : 현존하지 않음, 희귀 3,000여 종 꽃나무 식재, 수렵장
      곤명호를 비롯한 6개의 대호수를 원내에 축조(상림원 곤명호 동쪽 양쪽 물가에 견우직녀 석상 은하수 비유)
    ② 태액지원(건장궁) : 봉래, 방장, 영주의 세 섬을 축조하고 청동, 대리석으로 만든 조수(鳥獸)와 용어(龍魚)를 조각
      연못이 넓어 태액이라고 지음(신선사상 반영)
    ③ 신선사상
    ④ 한나라 정원시설
      관(觀 : 높은 곳에서 경관을 바라보는 건물) / 원(苑 : 정원) / 대(臺 : 상단을 쌓아 올려 그 위에 높이 지은 건물)

5) 위, 진(晉), 남북조 시대
    ① 왕희지(307~365)의 난정기(난정에서 즐긴 유상곡수연 풍류문화)
    ② 안빈낙도하는 전원생활과 자연미를 노래한 도연명의 귀거래사

6) 수, 당(618~906)시대
    ① 수 : 현인궁, 수 양재의 대서원
    ② 당 : 항주의 서호와 같은 명승지가 많아 시인 묵객들에 의해 묘사
      ㉠ 온천궁 이궁(화청궁으로 개칭, 현종이 양귀비를 총애하면서 한층 호화스러워짐, 백거이의 장한가, 두보의 시에서 칭송)
      ㉡ 백거이(백낙천) 최초 조원가(직접 원림 설계 조성, 백모란, 동파종화 같은 시는 원림누화 발전에 기여), 백련, 학, 천축석
      ㉢ 이덕유의 평천산장, 왕유의 망천별업 등 대표적인 산수화풍 정원들
      ㉣ 금원으로 장안궁원, 대명궁원 조성

7) 송(960~1279)시대

남방의 온화한 풍경이 주요 소재, 원림이 일반 서민의 민가까지 확대
① 이격비의 낙양명원기(20여 개소의 명원 소개), 원(園)을 가리키는 말로 원지, 원정, 택원 사용
② 주밀의 오흥원림기(명원 33곳 소개, 오흥 : 태호 남쪽에 위치한 도시로 명원 많음)
③ 휘종 : 산수화에 심취, 강남의 기이한 돌(태호석)을 수집하여 교량, 제방을 끊고 임금 거소까지 배로 운반
  ㉠ 만세산(휘종이 세자를 얻기 위해 쌓아 만든 가산, 항주 봉황산을 본떠서 만든 정원), 간산으로 이름 변경
④ 북송 주돈이의 애련설 : 조경 문화에 영향
⑤ 잔산잉수 : 중국 남송 때 완성된 산수화 기법, 자연의 한 부분만을 그리고 암시적인 공간을 크게 묘사하는 특색 있음.

8) 금시대

금원(북해공원)

9) 원시대

소주의 사자림(태호석 이용한 석가산이 유명)

10) 명(1368~1644)시대

① 민간정원 : 미만종의 작원(명시대 대표적 정원)
② 졸정원 : 소주에 조영한 중국 대표적 사가정원, 3/5 이상이 수경, 심원(深遠)을 형성하며 경관대비, 차경미
   cf. 부채꼴 모양의 정자(창덕궁 후원의 관람정, 중국 사자림의 선지정, 졸정원의 여수동좌헌)
③ 창랑정 : 산과 물의 조화 뛰어난 원림
④ 서적 : 이계성의 원야 3권(차경수법강조, 설계자의 중요성 강조), 문진향의 장물지(조경배식), 왕세정의 유금릉 제원기, 이격비의 낙양명원기, 주밀의 오흥원림기

11) 청(1616~1912)시대

① 자금성 금원
   ㉠ 어화원 : 자금성의 신무문과 곤녕궁 사이에 위치, 동백나무 식재

ⓒ 건륭화원 : 석가산과 건축물이 입체적 공간으로 이루어짐.
② 원명원 이궁 : 청나라 강희제가 조성한 대표적 정원(서양식), 건륭제가 원명원 40경으로 확대, 35% 수면
   ㉠ 영국 윌리엄 챔버 : 우리의 눈과 마음을 즐겁게 하는 대자연의 아름다운 모든 물건을 수집하여 가장 감동적인 결과물로 완성
   ㉡ 켄트 큐가든에 최초의 중국식 정원을 도입하는 계기가 됨.
   ㉢ 건륭제는 서양식 건물 앞에 동양 최초 프랑스식 정원 조성 – 아편전쟁 때 불타서 폐허됨.
③ 이화원(만수산 이궁) : 불에 탄 후 서태후가 재건, 현존 규모 중 최대(300ha)
   ㉠ 황제의 여름 피서지인 승덕 열하의 피서산장 : 560만㎡ 규모, 강희제와 건륭제가 경치 36경 명명
   ㉡ 곤명호 중심에 만수산이 있고 3/4이 수경(불광각 중심으로 한 水苑수원), 가장 잘 보존된 고대 정원
   ㉢ 물과 산이 어우러진 원림, 신선사상
   ※ 소주의 4대 명원 : 졸정원(명), 사자림(원), 유원, 창랑정(북송)

[TIP]
상경용천부 : 발해 도성 중 가장 오랫동안 수도로 유지됨, 중국 흑룡강성 영안시 발해진

3 일본의 조경양식

1) 일본 조경의 특징

① 중국의 영향 받은 사의주의 자연풍경식 발달
② 조화에 비중, 축소지향적, 인공적 기교, 추상적 구성
③ 차경수법이 가장 활발

시기	특징
아스카(飛鳥비조)시대 (593~709)	612년 백제의 노자공이 수미산과 오교 조성
헤이안(平安평안)시대 (794~1192)	침전조 지원양식(9세기), 동삼조전, 임천식정원 or 회유임천식정원
가마쿠라(鎌倉겸창)시대 (1192~1338)	정토정원에서 선종정원(서방사, 서천사, 남선원)으로 발달, 회유식정원, 침전식 건물
무로마치(室町실정)시대	불교 선(禪)사상, 축산고산수정원(대덕사 대선원), 평정고산

시기	특징
(1334~1573)	수정원(용안사)
모모야마(桃山도산)시대 (1574~1603)	와비, 사비를 바탕으로 하는 다정양식
에도(江戶강호)시대 (1603~1867)	지천회유식
메이지(明治명치)시대 (1868~1912)	축경식, 서양식 정원 도입, 신숙어원, 적판이궁, 히비야 공원

㉠ 회유임천식 : 자연경관을 인공으로 축경화하여 산을 쌓고, 연못, 계류, 수림 조성
㉡ 축산고산수식 : 바위(폭포), 왕모래(냇물), 다듬은 수목(산봉우리) 등으로 추상적인 정원 꾸밈(축경식)
㉢ 평정고산수식 : 용안사 / 불교 영향 – 물과 수목을 완전히 배제(바위가 포인트)
㉣ 다정양식 : 다실 중심으로 소박한 상록활엽수의 멋을 풍기는 양식, 윤곽선 처리에 곡선을 사용
㉤ 원주파 임천식 : 임천식 + 다정식
㉥ 축경식 : 일본의 독특한 양식으로 풍경, 수목, 명승고적 등을 그대로 정원에 축소시켜 구성

  [TIP] 일본 정원 변화 과정 : 자연 재현 → 추상화 → 축경화
  [TIP] 조경양식의 변화 : 상고시대, 아스카시대(임천식) ⇒ 헤이안시대(침전식) ⇒ 가마쿠라시대(회유임천식) ⇒ 무로마치시대(고산수식) ⇒ 모모야마시대(다정양식) ⇒ 에도시대(회유식) ⇒ 메이지시대(축경식)

일본 정원 초기 기본형 : 임천식(자연경관을 인공으로 축경화, 산을 쌓고, 연못, 계류, 수림 조성, 신선사상의 영향으로 연못 중앙에 섬을 설치한 중도임천식 정원 발달)

2) 아스카(飛鳥비조)시대(서기 503~79)

612년 노자공이 수미산과 오교로 된 궁전정원 축조(일본서기에 기록)

3) 헤이안(平安평안)시대(793~1185)

① 전기 : 임천식 정원 / 중기 : 침전조 정원(동삼조전) / 후기 : 정토 정원(평등원, 모월사, 정유리사)
② 작정기(일본 최초 조원지침서, 침전조 건물에 어울리는 조원법 수록)

4) 가마쿠라(鎌倉겸창)시대(1185~1392)

① 정토식 지천(池泉) 정원에서 회유임천식으로 바뀜.

② 평지에 정원을 꾸몄던 이전 시대와 달리 입체감과 음영 요소가 곁들여진 석조 조경술 발달
③ 몽창국사(정토사상 토대, 선종 자연관) : 서방사 정원, 서천사 정원, 영보사 정원, 혜림사 정원, 천룡사 정원

5) 무로마치(室町실정)시대(1392~1568)

① 정토정원 : 금각사, 은각사 ⇒ 선종의 융성과 함께 고산수식 정원 양식 확립된 시기
　　[TIP] 금각사 : 정토정원이면서 회유식 정원 / 은각사 : 모래펄, 향월대
② 고산수정원(14~15세기) : 정토사상, 신선사상, 불교의 선(禪)사상을 바탕으로 극도의 상징화, 추상화, 축소지향적인 일본 민족성을 표현. 정원이 건물로부터 독립 회화적(암석 : 폭포나 섬 형상화, 동물의 움직임을 표현하고 물 대신 모래를 사용, 모래 무늬로 물의 흐름 및 바다를 형상화)
　㉠ 축산고산수 : 신선사상, 바위(폭포), 왕모래(냇물), 다듬은 수목(산봉우리) 사용. 대덕사 대선원 방장(方丈) 정원
　㉡ 평정고산수 : 식물의 사용을 없애고 왕모래와 몇 개의 바위만 사용하여 바다의 경치 표현. 용안사의 석정(石庭) 정원
　　　[TIP] 용안사 석정 : 교토, 모래 바탕 위 5,2,3,2,3 석조 배치(15개)
　㉢ 굴준망의 작정기 "못도 없고 유수도 없는 곳에 돌을 세우는 것" : 물, 나무를 쓰지 않고 산수 풍경을 상징적으로 표현. 원지를 만드는 법, 지형의 취급방법, 입석의 의장법 등 수록

6) 모모야마(桃山도산)시대(1568~1615)

① 집권 무인들 중심으로 대저택 건립 호화로운 정원 : 땅 가름, 석조기법이 호방하고 화려
② 다정원 : 노지형 자연식, 화목류를 일체 사용하지 않고 음지식물을 사용. 징검돌, 자갈, 쓰쿠바이, 세수통, 석등, 이끼 낀 원로
　㉠ 와비(가난함이나 부족함 속에서도 아름다움 찾아 검소하고 한적하게 삶)
　㉡ 사비(오래되어 이끼가 낀 정원석에 고담과 단아를 느낌) 이념을 분위기로 한 다정 양식
③ 대표적 다정 : 고전직부의 연암, 소굴원주의 고봉암, 삼보원

7) 에도(江戶강호)시대(1615~1867)

① 도산시대의 호화롭고 화려했던 정원 수법이 이어지고 다양한 형태의 정원 조성
② 원주파 임천식(회유임천식 + 다정양식)
　㉠ 뜰에 독립된 연못과 섬, 산을 만들고 다리와 원로를 통하여 동선 연결, 다정을 배치하여 노지 연결
　㉡ 대표적인 예로, 수학원 이궁, 계리궁(가쓰라 이궁), 소석천의 후락원

8) 메이지(明治명치)시대(1868~1912), 다이쇼(大正대정)시대(1912~1926)

① 문화 개방으로 서양풍 조경 문화 도입 : 프랑스의 정형식, 영국의 자연풍경식 영향(화단, 암석원 도입)
② 메이지시대 : 축경식 정원 – 자연 풍경 그대로 축소시켜 묘사(경도의 무린암이 대표적)
③ 다이쇼시대 : 대규모 정원이나 서구 모방의 시대는 지나가고 보다 실용적인 현대 정원이 나타남
④ 히비야 공원 : 일본 최초의 서양식 공원

4 서양 조경양식

1) 고대의 조경

(1) 이집트

- 나일강 중심으로 인류 문명 발상지
- 이집트 정원 특징 : 사각형 부지, 높은 담장, 방형 또는 장방형 연못, 과실나무 식재

① 주택정원 : 현존하지 않지만 무덤 벽화로 유추
  ㉠ 식물 : 시커모어, 파피루스, 연꽃(종교적, 상징적, 장식적)
  ㉡ 강한 햇빛을 가려줄 수 있는 수목 신성 시 : 원예 발달
  ㉢ 시커모어 : 녹음수, 고대 이집트인들이 신성 시, 사자(死者)를 시커모어 그늘 아래에 쉬게 하는 풍습
  ㉣ 파피루스 : 이집트 건축 주두(柱頭)에 사용, 연못에 식재, 즐거움과 승리를 의미하며 신과 사자에게 바침.
② 신전정원(신원)
  ㉠ 합셉수트 여왕이 태양신 아몬을 모신 델엘바하리의 장제신전(종교)
    • 산기슭 절벽 밑에 위치, 중앙에 경사로 있는 2단 테라스, 각 테라스 전면에 열주와 회랑이 조화
  ㉡ Punt 보랑 벽화 : 외국에서 수목 옮기는 모습
③ 사자(死者)의 정원
  ㉠ 레크미르 분묘 벽화
    • 중심에 직사각형(구형) 연못, 연못 사방에 3겹 수목 열식, 연못 한편에 키오스크(kiosk)
    • 죽은 이는 뱃속, 이 배는 연안의 나무에 묶어둔 두 개의 밧줄로 끌려지며, 노예들은 수목에 물 줌.
  ㉡ 시누혜 이야기 : 죽은 자 위로하기 위해 무덤 앞에 소정원 설치

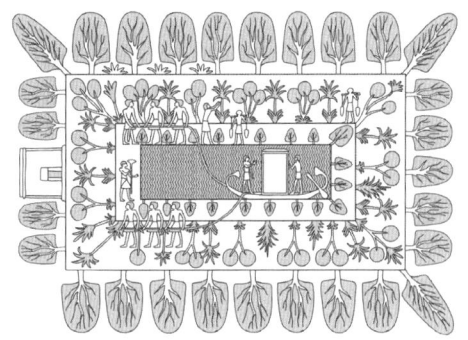 

레크미르 분묘(무덤) 벽화　　　　　메소포타미아 공중정원

출처 : 위키백과사전

(2) 서아시아의 정원

유프라테스 강과 티그리스 강 유역에 펼쳐지는 광대한 평야 지대에 바빌로니아 왕국의 메소포타미아 문명 형성

① 수렵원 : 오늘날 공원의 시초, 수렵, 야영, 훈련장, 제사장, 향연장
　　㉠ 길가메시 이야기 : 사냥터 경관을 전하는 최고의 문헌
　　㉡ 호르샤바드 수렵도 : 수렵원에 인공 언덕, 그 정상에 신전, 낮은 땅에 인공 호수 조성, 소나무, 사이프러스

② 공중정원 : 서양 최초의 옥상정원(동양에서는 상림원이 최초) 바빌론의 왕 네부카드네자르 2세가 왕비 아미티스를 위해 축조(세계 7대 불가사의)
　　㉠ 지구라트에 연속된 계단식 테라스로 된 노대에 성토하여 꽃과 나무 식재 : 멀리서 보면 삼림으로 뒤덮인 산의 형상

③ 지구라트 : 대규모 동산을 만들어 정상에 수호신 모심

④ 파라다이스 정원 : 방형 공간에 수로가 교차하는 4분원 형성

(3) 그리스 정원

① 지중해성 기후, 연중 온화, 쾌청, 옥외 생활 즐김.
　　- 정원 가꾸기에 활발하지 않으며, 도시 건설에 정원보다 건물을 중심으로 함.

② 아고라 : 건물로 둘러싸여 상업 및 집회에 이용되는 옥외공간, 광장을 말하며 로마시대는 포룸(Forum)으로 사용

③ 짐나지움 : 체육 훈련을 하는 장소(대중 정원으로 발달)

④ 구릉이 많은 지형에 영향, 최초 도시계획가 : 히포데이무스(격자형 도시계획)

⑤ 성림 : 신전 주위에 수목 식재, 성스러운 정원 조성
⑥ 주택정원 : 아도니스원(포트 가든 or 옥상정원 or 윈도우 가든), 아프로디테 사랑 받던 아도니스 죽음을 기림.
　㉠ 아도니스원 : 포트에 밀, 보리 등을 심어 장식, 옥상정원과 포트 가든으로 발달

(4) 로마의 정원 : 별장 주택인 빌라 발달(고대 로마 별장 : 하드리아누스 왕)
① 주택 정원의 구성 : 2개의 중정과 1개의 후정
　㉠ 제1중정(아트리움) : 공적 공간, 손님이나 상담 용도 – 거실 개념 / 무열주중정, 컴플루비움(천창), 임플루비움(빗물받이)
　㉡ 제2중정(페리스틸리움) : 가족, 사적 공간 – 방 개념 / 주랑식 중정, 포장하지 않음.
　㉢ 후원(지스터스, 호르투스) : 수로 중심 좌우에 원로로 화단, 산책로, 5점형 식재

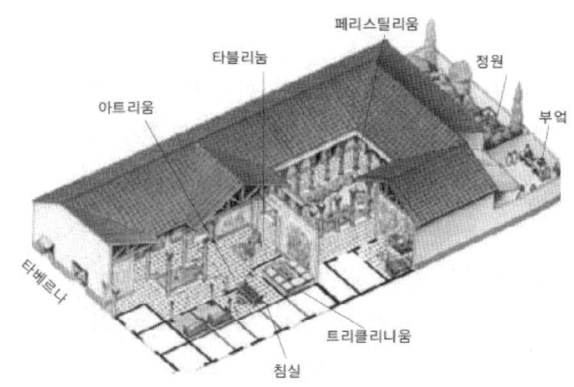

② 포룸(Forum)
　㉠ 아고라에 비해 시장 기능은 제외, 업무 중심 지역으로 왕의 행진, 집단이 모여 토론할 수 있는 광장의 성격
　㉡ 공공 건물과 주랑으로 둘러싸인 열린 공간
③ 별장(Villa) 발달 : 자연 환경, 기후의 영향
　㉠ 대표적 빌라 : 라우렌티아나장, 투스카니장, 아드리아누스장

2) 중세의 조경

(1) 중세 유럽의 정원

문화적 암흑의 시대로 수도원과 성관 중심. 과수원, 약초원, 회랑식 정원
① 수도원 정원(클로이스터 가든cloister garden, 회랑식 중정)

㉠ 회랑으로 둘러싸인 중정을 4개로 구획, 에덴동상 상징(기원이 된 회교정원 양식 : 차하르 바그)
㉡ 각 회랑 중앙에서 중정으로 향한 출입구가 열려 원로를 구성하며 그 교차점인 중정의 중앙에 샘이나 수반, 분수가 있는 정원의 형태
㉢ 자급자족을 위한 약초원, 채소원, 과수원 등의 실용적 정원 조성
㉣ 성갈 수도원이 대표적

② 성관 정원
㉠ 잔디밭과 미원, 토피어리, 화단 등에 의하여 소규모 정원 꾸며짐
[TIP] 성관 정원(castle garden) : 봉건 영주의 거처인 성관에 조성된 정원으로 성곽으로 둘러진 한정된 공간에 건물이 지어지고 남은 자투리땅에 조성되었기 때문에, 전체를 연결하는 체계적인 구성보다는 일부분을 꾸미는 장식적인 측면이 강하였다. 성관 정원에 대한 내용은 삽화가 그려진 소설책 장미이야기에 나타나 있다. **cf.** 회랑식 중정은 폐쇄적 / 페리스틸리움은 개방적 중정

■ 중세 유럽 특징
① 매듭 화단(주목, 회양목 이용, 중세에서 시작하여 영국에서 크게 발달)
  ㉠ open knot : 매듭 안쪽 공간에 다채로운 색채의 흙을 채워 넣는 방법
  ㉡ closed knot : 매듭 안쪽 공간을 한 종류의 키 작은 화훼를 덩어리로 채워 넣는 방법
② 미원(Maze) : 무늬식재 양식
③ 토피어리 : 주목과 회양목 이용, 로마정원과는 달리 사람, 동물의 생김새가 없음.
  형상수(토피어리) 기원 : 정원에 전정하는 노예 우두머리
④ 정원 요소 : 분수(Fountain), 파고라(Pergola), 수벽(Water Fence), 넝쿨의자(Turfseat)
[TIP] 이탈리아 바로크 정원 양식의 특징 : 미원, 토피어리, 다양한 물의 기교

(2) 이슬람 정원

아라비아 반도 아랍 민족의 문화에 크리스트교, 비잔틴 문화, 인도 문화 등을 흡수하여 이슬람 문화를 형성

① 중세 이슬람 정원(원천지는 페르시아) : 모든 정원의 핵심은 죄를 씻는 의미(물)
  ㉠ 정원 속의 도시(정원 도시) : 소정원을 이어서 도시 자체가 거대한 정원으로 조영된 형태
    • 대표적 도시 : 이스파한 / 대표적 정원 : 비하슈트
    • 사막지대에 위치한 오아시스 도시는 페르시아 정원을 발전시킨 4분원의 형식
    • 체하르(차할) 바그 : 도로 중앙에 약 7km 수로와 화단 포함, 사이프러스와 플라타너스 두 줄 식재
    [TIP] 차할(4개), 바그(정원) : 상호 교차하는 수로에 의해 정원을 네 부분으로 나눔, 그 중앙에 연못, 분천 설치(알라신 앞에 평등)

[TIP] 차할 바그 : 중세 클로이스터 가든에 나타나는 사분원(四分園)의 기원이 된 회교 정원 양식

  ⓒ 화려한 40주궁, 주요 식물 오렌지, 왕의 광장(maidan)은 장방형 광장
② 스페인(에스파냐)의 파티오(patio) : 가장 중요한 구성요소는 물이다. 스페인 최남단 안달루시아 지방에서 발달
  ㉠ 회교식(회랑식) 건축 수법, 중정식(patio), 물과 분수의 풍부한 이용, 다채로운 색채 타일, 기하학적 터 가르기
  ⓒ 난대, 열매 수목이나 꽃나무를 화분에 심어 중요한 자리에 배치
  ⓒ 그라나다의 알함브라 궁원(홍궁 : 붉은벽돌)
   • 이슬람 영향 : 알베르카의 중정(도금향, 천인화 열식)
    사자(lion)의 중정(주랑식, 가장 화려, 12마리 사자, 4개의 수로로 4분되는 파라다이스, 왕의 사정원)
   • 기독교 영향 : 다라하의 중정(린다라야, 회양목으로 가장자리에 식재 화단, 가장 여성스러움, 두 자매의 방에 딸림)
    레하의 중정(창격자, 사이프러스 식재)
  ㉣ 헤네랄리페 이궁(전체가 정원, 건축가의 정원, 높이 솟은 정원)
   • 그라나다 왕들의 피서를 위한 은둔처
   • 경사지의 계단식 처리와 기하학적 구성
   • 수로가 있는 중정 : 양 끝에 대리석으로 만든 연꽃 모양 수반, 캐널로 흐르게 조성, 회양목 구성
③ 인도 무굴 정원 : 스페인 정원 양식과 유사, 풍부한 수량 이용한 수로
  ㉠ 열대 지방이므로 녹음수가 중요시되고, 연못은 장식, 목욕, 종교적 행사를 위한 주요소
  ⓒ 물, 그늘, 꽃이 중심이 되고 높은 담을 설치
  ⓒ 무굴 인도 정원의 장소별 정원 유형
   • 캐시미르 지방 : 고원지대, 경치가 수려하고 물 풍부, 별장(bagh) 발달
    − 아샤발 바그, 샬리마르 바그
    − 니샤트 바그 : 무굴제국 중 가장 화려, 12단 테라스, 중앙부에 캐스케이드 위치
   • 아그라, 델리 지방 : 평지
    − 아크바르 대제의 능묘
    − 타지마할 사원(16세기 무굴제국의 인도 정원) : 샤자한 왕비의 묘
     (높은 울담, 수로가 넓은 정원을 4분원 함. 흰 대리석의 능묘, 물의 반사성으로 능묘를 더욱 돋보이게 설치)
    [TIP] 무굴 인도 샤자한 왕 시대 − 라호르의 샬리마르 바그, 아그라의 타지마할, 차스마−샤히(왕의 샘)

3) 르네상스, 바로크 정원

- 고전주의에 대한 반발, 인간의 정체성, 자연을 있는 그대로 관찰하는 인간 중심의 문화(인본주의)
- 르네상스 시대(정원이 건축의 일부로 종속되던 시대에서 벗어나 건축물을 정원 양식의 일부로 다루려는 경향)

르네상스 시대의 정원 전성기는 15~16세기 이탈리아 별장 중심, 17세기 프랑스 중심이다. 네델란드 르네상스는 프랑스 조경 수법을 받아들이지 않아 구릉지가 없고 노단식 없음. 정원 구조물로는 창살울타리가 유명하다.

(1) 이탈리아 정원

노단건축식(지형 극복), 테라스 정원, 축선 상에 여러 개의 분수 조성

> [TIP] 이탈리아 정원의 3대 요소 : 총림, 테라스, 화단
> [TIP] 15C 빌라 조경
> 피에졸레에 위치한 빌라 메디치 : 전원풍 빌라, 알베르티 부지 설계원칙 적용, 급경사 잘 이용
> [TIP] 16C 빌라 조경
> 벨베데레원 : 16세기 초 대표적 정원, 교황이 여름 거주지, 노단식의 시초, 기하학적 대칭 축(3단 테라스)
> 빌라 에스테 : 티볼리 위치, 리고리오 설계, 수경 올리비에리 설계

① 높이가 다른 네 개의 노단의 조화로 좋은 조망 확보(각 노단 독립적), 물의 다양한 사용
  1노단(워터오르간), 2노단(용의 분수), 3노단(100개의 분수), 4노단(흰 대리석의 카지노 위치)
② 평면적으로 강한 축을 중심으로 정형적 대칭
③ 축을 따라 또는 축을 직교하여 분수, 연못, 벽천, 장식 화분 설치
  빌라 란테 : 바냐이아 위치, 비뇰라 설계
④ 총림, 테라스, 화단 정원의 3대 원칙
⑤ 4개 테라스로 구성 : 물의 축
  ㉠ 최저 테라스(카지노가 경사면에 2개 위치), 2테라스(빛의 분수)
  ㉡ 3테라스(거인의 분수), 4테라스(돌고래 인공분수, 벽감, 2개 원정, 인공폭포인 water chain)

> [TIP] 17C 바로크 정원
> - 특징 : 세부 기교 치중, 수경, 토피어리 과다 사용, 강렬한 명암 대비, 총림, 미원, 정원동굴(grotto)
> - 후기 르네상스 조경 유적 : 감베라이아장, 알도브란디니장, 이솔라벨라장, 란셀로티장, 가르조니장
> - 이솔라벨라장 : 이탈리아 르네상스 정원으로 10층의 테라스 최고 노단에 물 극장이 배치된 바로크 정원
> - 정원 형태는 엄격한 고전적 비례, 입지 구릉이나 산간 경사지 선호, 강한 축 중심으로 정형적 대칭

(2) 프랑스 정원

평면기하학식 정원으로, 17세기 말 유럽 각국에 프랑스 정원 양식 유행

① 보르 비 콩트 정원(남북 1.2km, 동서 600m)
　㉠ 최초 평면기하학식 정원 / 건축 루이르보 / 조경은 앙드레 르 노트르 / 니콜라스 푸케의 정원
　　주축선 중심으로 비스타 형성, 총림, 장식 화단과 수로 위치, 산책로
　㉡ 베르사이유 궁원(면적 약 300ha)
　　• 세계 최대 규모의 정형식 정원 / 앙드레 르 노트르 설계
　　• 루이 14세의 왕권 과시용 건물 또는 연못 중심으로 태양 모습의 방사상의 축선 복합적으로 전개
　　• 총림, 롱프윙(사냥의 중심지), 미원, 소로, 연못, 야외극장 / 강한 축과 총림(보스케)에 의한 비스타 형성
　　• 수경 시설 : 아폴로 분수, 라토나 분수, 물 극장
　㉢ 앙드레 르 노트르 : 이탈리아 노단식 정원을 프랑스 지형과 풍토에 알맞은 평면기하학식 수법으로 조성
　㉣ 작품 : 생클루, 퐁텐블로 정원, 샹틸리 재설계, 보르 비 콩트, 베르사이유 궁원

　　[TIP] 프랑스 정원 특징
　　① 비스타(통경선, 초점 경관) : 좌우로의 시선이 숲 등에 의해 제한되고 정면의 한 점으로 모이도록 구성되어 주축선이 두드러지게 하는 수법
　　② 삼림 내의 소로를 적극적으로 이용하여 흥미로운 지점들 연결, 계속 다른 경치를 볼 수 있도록 조성
　　③ 축선을 중심으로 조성 / 운하(canal)
　　④ 화려하고 장식적인 정원 : 산림으로 둘러싸인 내부 공간에 화단(파르테르 / 자수, 대칭, 구획, 감귤, 물 화단)

(3) 영국의 정형식 정원

① 건물에서 뻗어 나가는 축을 중심으로 한 기하학적 구성, 프랑스 양식과 유사
② 튜터 왕조 : 매듭 화단(knot garden), 미원 유행
　매듭 화단 : 낮게 깎은 회양목 등으로 화단을 여러 가지 기하학적 문양으로 구획 짓는 것

　　[TIP] 소정원 운동(1850~1900)
　　• 볼름 필트 : 1892년 영국의 정형식 정원에서 풍경식 정원의 비합리성 지적, 소주택의 정원은 건축적이어야 함
　　• 윌리엄 로빈슨과 재킬 여사 : 영국의 자생식물이나 귀화식물로 야생정원 조성
　　• 재킬 여사 : 월 가든, 워터 가든 등 소주택에 어울리는 정원 고안

4) 근대의 조경

(1) 영국의 자연풍경식 정원(자연과의 비율이 1 : 1)

① 정형식 정원은 11~17세기, 자연풍경식 정원(전원풍경식 정원)은 18세기 낭만주의
② 스투어헤드(Stourhead) 정원 – 강을 둑으로 막아 만든 호수 있는 계곡에 위치, 수변에 판테온 신전, 아폴로 신전 재현
③ <u>스토우(Stowe Garden) 정원</u>(Ha – Ha 기법의 도입 – 중세 프랑스의 군사용 호(濠)의 도입) 켄트 브라운 수정
<u>Ha – Ha 기법</u> : 담장 대신 정원 부지의 경계선에 도랑(수로) 파서 외부로부터의 침입 막음.

④ <u>찰스 브리지맨 : 스토우 정원에 하하 개념 최초 도입, 치즈윅 하우스, 로스햄, 스투어 헤드 설계</u>
⑤ 윌리엄 켄트 : 근대 조경의 아버지 / 자연은 직선을 싫어한다.
⑥ 브라운 : 풍경식 정원의 거장
⑦ 험프리 랩튼 : 풍경식 정원의 완성자, Landscape Gardener를 최초 사용, <u>Red Book(정원 개조 전후 모습)</u>
⑧ 윌리엄 챔버 : 큐 가든에 최초로 중국식 건물과 탑을 축조했으며, <u>브라운파를 비판</u>, 동양 정원론에 중국 정원 소개

> **[TIP]** 영국 풍경식 정원가
> - 브라운파: 풍경 위주로 정원을 거닐며 자연스러움을 즐긴다.
>   스테판 스위처, 찰스 브리지맨, 윌리엄 켄트, 란셀로트브라운, 험프리 랩튼
> - 회화파: 정원에서 경탄, 감흥 느끼기 위해 고전적 조상, 골동품적 유파, 작은 사당, 중국식 탑 배치
>   브라운 파의 역사적 중요성이나 경관미, 정서를 무시한 주저하지 않는 정원개조를 비난
>   윌리엄 챔버, 나이트, 프라이스

⑨ 영국 정원의 특징 : 곧은 길 / 축산(가산), 보울링 그린
매듭 화단(낮게 깎은 회양목 등으로 화단을 여러 가지 기하학적 문양으로 구획 짓는 것), 미원
⑩ 공공 정원(공적인 대중 공원) : 1843년 버큰헤드 공원(조셉 펙스턴 계획), 시민들의 요구로 조성된 최초의 공원
　㉠ 산업 혁명 이후 개인 소유 정원을 일반에게 개방, 사적인 주택단지와 공적인 위락용으로 나눔(리젠트 공원과 동일)
　㉡ Public park : 상류층 거주 지역에 존재, 하류층의 생활환경은 열악
　㉢ 미국 옴스테드의 공원 개념 형성과 공원 녹지 계획에 영향
⑪ 조셉 펙스턴 : 생물학자, 정원사, 런던 국제박람회장 건물 수정궁 설계(온실 구조)
　　cf. 리젠트 파크 : 존 내쉬 조성, 런던 주요 가로 개조, 띠 모양 숲

(2) 독일 정원 : 풍경식

① 무스코(Muskau) 정원 : 수경 시설에 역점, 인공 지류 끌어와 흐르게 하고 굽어진 도로와 산책로를 어울리게 하여 목가적으로 조성

② 분구원 : 한 단위 200㎡ 소정원을 시민에게 대여 – 정원의 실용적 측면 강조

③ 독일 정원의 특징 : 식물생태학, 식물지리학 등의 과학적 지식 이용으로 실용적 정원 발달 – 향토 수종 배식

(3) 미국의 공공 정원

① 최초의 도시 공원 : 센트럴파크(1858년, 19세기 중엽, 뉴욕시 중앙부에 344ha / 옴스테드)

> **[TIP]** 센트럴파크 설계안인 그린스워드의 특징
> - 입체적 동선 체계, 방음 차폐 위한 외주부 식재, 마차 드라이브 코스, 산책로, 잘 가꾸어진 넓고 평탄한 잔디밭
> - 아름다운 자연 경관이 바탕이 된 view 추구(격자형 도시 패턴 반대), 교육적 효과 위한 화단과 수목원

② 현대 조경의 아버지 : 옴스테드 / 조경이라는 용어 최초 사용(1858년)

> **[TIP]** 옴스테드 설계 3대 공원 : 센트럴 파크, 프로스펙트 파크, 프랭클린 파크
> **cf.** 버큰헤드 파크(조셉 팩스턴)

③ 옐로스톤 파크 : 미국 최초의 국립 공원

④ 보스톤 광역 공원 계획(녹지를 네트워크화) / 수도권 공원 계통 : 찰스 엘리어트(Charles Eliot)

　녹지의 가로 체계를 확립하는 계기

⑤ 보스톤 공원 계통 : 찰스 엘리어트 + 옴스테드

⑥ 브루클린 식물원 : 미국 뉴욕시 1만2,000여 종 이상 식물, 맹인들을 위한 향기 정원, 셰익스피어 정원, 야생화 정원

> **cf.** 큐가든 : 영국 왕립식물원 / 옥스퍼드 식물원 : 영국 최초 식물원

> **[TIP]** 서양 조경양식의 흐름
> 스페인(중정식) – 이탈리아(노단식) – 프랑스(평면기하학식) – 영국(전원풍경식) – 독일(풍경식/과학적) – 미국(도시공원식/현대식)

5 현대 조경의 방향

1) 세계적인 경향

① 도시 미화 운동 : 시카고 박람회의 영향으로 시민 운동 발생, 로빈슨과 다니엘 번함에 의해 주도됨.

- 아름다운 도시 창조, 공익 확보, 시빅 센터 건설, 도심부 재개발, 캠퍼스 계획
② 시카고 만국박람회(콜럼비아 박람회) : 1893년 미대륙 발견 400주년 기념 계획 / 옴스테드(조경), 번함(건축)
③ 리버사이드 단지계획 구상(1869)
  ㉠ 리버사이드와 시카고를 연결하는 특징적인 도로 유형 구상
  ㉡ 전원생활과 도시문화를 결합하는 이상주의적 도시공원 설계 개념
④ 전원 도시(영국)
  ㉠ 내일의 전원 도시(Garden Cities of Tomorrow) 발간 : 하워드
    인구 도시집중, 공업 도시화의 문제 해결 : 낮은 인구밀도, 기능적 그린벨트, 위성적 지역사회에 중점
  ㉡ 미국 뉴저지의 레드번 도시계획 : 라이트, 스타인에 의해 소규모 전원도시 창조(1920년)
    - 하워드의 전원도시이론 계승, 쿨데삭으로 근린성 높임, 보차 분리
    - 위락 중심지, 학교, 타운센터, 쇼핑시설을 주거지에서부터 공원과 같은 보도로 연결, 광역 조경계획
    - 녹지 체계 : 주거 중앙단지 총면적의 30%가 넘는 녹지 확보, 보행자가 녹지만을 통과하여 모든 목적지에 도달하게 함.

    [TIP] 쿨데삭(cul-de-sac) : 사람들이 이동하는 흐름 속 혹은 그 근방에서 별다른 노력 없이 사람들을 끌어들여 편안하게 이야기할 수 있도록 만드는 요소 그리고 열린 공간을 뜻함.
    - 도시계획에서의 cul-de-sac이란 막다른 골목을 말하며 통과 교통을 배제하기 위해 설계한 도로를 뜻함.
    - 통과 교통 배제, 소음 완화, 주민 편의도모, 단지 내부에 보행도로 및 녹지체계도입, 방재 및 방법상 불리

    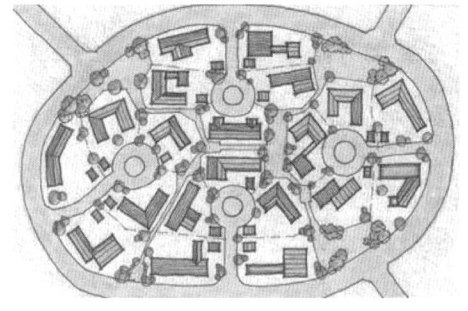

  ㉢ 광역 조경 계획 : TVA(테네시 강 유역 개발) – 광역 지방 계획, 수자원. 지역 개발의 효시
  ㉣ 큐비즘으로 유럽 조경계의 현대적 재인식 형성에 영향 : 서구 예술과 디자인에 새로운 양식과 형태 모색
  ㉤ 아르누보 운동 성행 / 독일 바우하우스 설립
  ㉥ 세계조경가협회(IFLA, 1948년) 구성 : 젤리코와 레셀 페이지에 의해 주도
  ㉦ 포스트 모더니즘 : 기능주의 탈피와 공간의 효율성을 추구하지 않음, 허구적 미학 공간 추구, 소비 강조
    - 보행중심의 경관, 환경 친화적인 공간, 개성과 친근감 있는 경관

ⓞ 1893년 시카고 헐 하우스(제인 애덤스) : 헐 하우스, 대표적 사회복지관, 이민자들의 미국 사회 적응
ⓩ 도니(Dorney) : 도시의 생태적 설계 및 관리 주장
ⓩ 케빈 린치 : 도시 설계에 공공 이미지 개념 도입, 저서 The Image of the City

[TIP] 히포데이무스(BC 5세기, 격자형 도로 패턴 제창)

2) 우리나라의 경향

① 조선시대는 한국적 개성 유지, 20세기 전반~60년대 말까지 일본 정원의 영향으로 향나무 전정
② 1970년 미국 조경의 영향으로 넓은 잔디밭과 수목 군식
③ 1980년 후 한국적 분위기를 창출하는 데 관심, 품위 있는 소나무, 정자목인 느티나무를 도입 (비정형형)

[TIP] 국내 조경의 경향과 과제
- 1960년대 : 환경 문제 해결을 위한 조경 분야 태동
- 1970년대 : 중앙 정부의 강력한 주도로 조경 분야 발전
  - 국립공원 지정, 유적지 보수 및 발굴, 문화유적지의 관광단지화, 성역사업 등으로 전통성 표현
- 1980년대 : 한국 전통정원 재조명, 조경의 모티브를 한국적 이미지에서 찾기, 한국적 분위기 창출
- 1990년대 : 전통의 현대적 계승, 한국성이 화두, 1992년 세계조경가대회 주최
- 2000년 이후 : 우리나라 특유의 멋이 담긴 독창적 양식 구축

04 조경계획

1 조경계획의 접근 방법

1) 토지이용계획으로서의 조경계획

① 토지의 가장 적절하고 효율적인 이용을 위한 계획, 조경계획은 이를 최적으로 이용하는 방법론(D. Lovejoy)
② 경관의 생리적 요소에 대한 기술적 지식과 경관의 형상에 대한 미적인 이해를 바탕으로 토지의 이용을 결합시켜 새로운 차원의 경관을 발전시킴(B. Hackett)

2) 레크리에이션 계획으로서의 조경계획(S. Gold)

① 자원 접근 방법 : 물리적, 자연 자원이 레크리에이션의 유형과 양을 결정, 인간의 요구보다

자연환경에 대한 고려
② 활동 접근 방법 : 과거 참가 사례가 앞으로의 레크리에이션 기회를 결정하도록 계획, 일반 대중의 선호 유형, 참여율
③ 경제 접근 방법 : 지역사회의 경제적 기반이나 예산규모가 레크리에이션의 총량, 유형, 입지를 결정
④ 행태 접근 방법 : 이용자의 구체적 행동 패턴에 맞추어 계획, 가치판단의 문제, 조사 방법의 개발, 시민 참여도 등이 중요
⑤ 종합 접근 방법 : 위 4가지의 긍정적 측면만을 취하여 이용자의 요구와 자원의 활용 가능성을 함께 조화

[TIP] 레크리에이션 수요
- 표출 수요 : 기존 레크리에이션에 참여 또는 소비하고 있는 수요
- 잠재 수요 : 사람들에게 잠재되어 있는 수요로 적당한 조건이 제공되면 참여 가능한 수요
- 유도 수요 : 광고, 선전, 교육 등을 통해 이용을 유도할 수 있는 수요
- 유효 수요 : 재화에 대한 욕구가 실제로 그 재화를 구입할 만큼의 구매력을 뒷받침할 경우의 수요

[TIP] 맥하그(Ian McHarg)가 주장한 생태적 결정론
자연계는 생태계의 원리에 의해 구성되어 있으며, 생태적 질서가 인간환경의 물리적 형태를 지배한다.

2 조경계획 과정

1) 기본 전제(목표 설정 및 프로그램 작성)

설계의 의도 및 방향 제시(프로젝트에서 추구하는 개발의 기본 방향)
① 필요성과 욕망(의뢰인과 대화, 문헌조사, 현장관찰 등 광범위한 작업을 통해 충족)
② 이상과 현실의 차이 극복(미래 환경의 아이디어 제공, 현실적인 해결안 마련, 미래지향적, 실현 가능)
③ 프로그램 작성(목표보다 구체적 세분화된 설계의도, 명확한 기술, 제약 한계성, 이용자 특성, 시설물 요건 등 고려)

2) 현황 분석 및 종합

계획의 기본 구성에 초점을 맞추어 시간적, 경제적 여건을 감안한 자료 수집, 정리, 분석, 통합

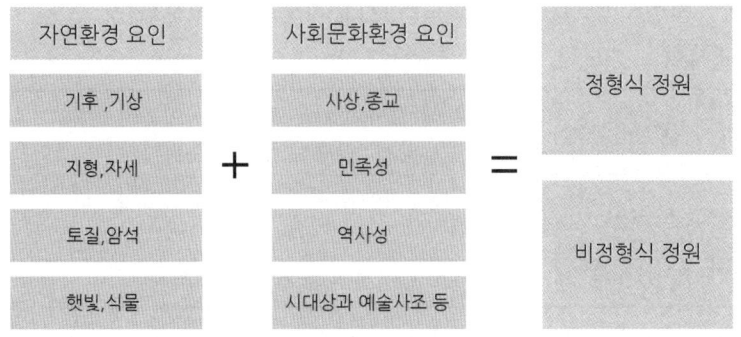

[조경 양식과 발생 요인]

(1) 자연 환경 분석(물리·생태적 분석)
- 해당 지역의 자연 생태계를 파악하기 위해 실시
- 지형, 지질, 수문, 야생동물, 기후, 식생, 토양

① 식생조사 : 전수조사(빈약한 식물상, 좁은 면적), 표본조사(식물상이 자연 상태 군락을 이룬 경우, 군락구조 해석)

쿼드라트법	정방, 장방, 원형 지역 설정 경지잡초군락 0.1~1㎡, 방목초원군락 5~10㎡, 산림군락 200~500㎡
접선법	군락 내에 일정한 길이의 선을 긋고 그 선 안에 나타나는 식생을 조사
포인트법	높이가 낮은 군락에서만 사용 가능, 관목에 사용
간격법	두 식물 간의 거리 또는 임의의 점과 개체 간의 거리 측정 교목과 아교목에 적용

㉠ 식생 분포도 : 항공사진, 임상도, 임야도(산림청) / 단순림, 혼효림, 천이초지, 관리초지, 농경지역, 도시화 지역

㉡ 식생 구조도
- 평면도 : 대표 지역을 10~15m 정방형 크기로 구획 / 교목, 중교목, 관목, 지피류로 구분 / 키맵 필요
- 입면도 : 수목의 높이, 수종 구성, 지형 등 파악

㉢ 녹지 자연도 : 1 : 50,000 지형도상 1km 간격으로 정방형 격자 그리고 녹지자연도 등급 표시(0~10등급)
- 자연성, 식생 천이 상황 및 개발 가능 지역, 보조 지역 찾는 데 유용

㉣ 생태 자연도 : 식생, 야생동식물 등 자연환경 종합 평가 1 : 25,000 지도 1, 2, 3등급 구분(3등급 산림, 기타 지역으로 구분)

② 지형 : 지형도 관찰, 고저분석도, 경사분석도를 통해 분석
　㉠ 표시법

음영법	빛이 비출 때 경사에 따른 그림자를 이용한 방법 평탄한 것은 엷게, 급경사는 어둡게 나타냄.
점고법	지표면과 수면 상에 일정한 간격으로 점의 표고와 수심을 숫자로 기입하는 방법
등고선법	지표와 같은 높이의 점을 연결하는 곡선

　㉡ 지형도 판독 방법 : 최고점과 최저점 위치 높이, 등고선 간격(완급), 계획과 능선, 산봉우리와 웅덩이, 절벽, 폭포
　㉢ 고저분석도 : 계획 구역 내 높은 곳, 낮은 곳 쉽게 알아볼 수 있도록 일정 높이마다 점진적으로 채색
　　• 한 계통의 색 사용, 높은 곳을 짙게 표시(미국형은 반대), 선 사용 시 고도가 높을수록 좁은 간격 표시

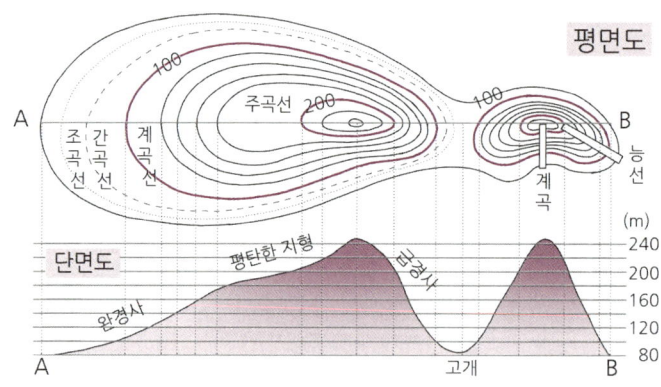

	1 : 50,000	1 : 25,000	형태	1/25,000 지형도 계곡선 50m, 주곡선 10m, 간곡선 5m, 조곡선 2.5m 1/50,000 지형도 계곡선 100m, 주곡선 20m, 간곡선 10m, 조곡선 5m
계곡선	100m	50m	———	
주곡선	20m	10m	———	
간곡선	10m	5m	---------	
조곡선	5m	2.5m	·········	

　㉣ 등고선의 성질
　　• 등고선 위의 모든 점은 높이가 같다.
　　• 등고선 도면의 안이나 밖에서 폐합되며, 도중에 없어지지 않는다.
　　• 산정과 오목지에서는 도면 안에서 폐합된다.
　　• 급경사지는 등고선의 간격이 좁고, 완경사지는 등고선의 간격이 넓다.

- 등고선 간격이 일정할 경우 일정한 경사도 지형
- S자 등고선이 인접한 경우
  - 높은 곳으로 내민 곡선 : 계곡 / 낮은 곳으로 내민 곡선 : 능선

[TIP] 능선(稜線)은 산이나 언덕의 높은 꼭대기가 일정 간격을 두고 연결되어 연속적으로 솟아오른 지형 산의 등줄기, 산등성이(산등성)으로 표기, 능선의 좌우를 경계로 빗물이 흐름

[TIP] 계곡(溪谷, canyon, gole, valley)은 길고 움푹하게 들어간 지형으로, 너비에 비해 길이가 현저하게 긴 지형

- 요(凹)사면은 높은 쪽에서 간격 밀집, 낮은 쪽에서 간격 넓음
  철(凸)사면은 낮은 쪽에서 간격 밀집, 높은 쪽에서 간격 넓음
- 닫혀 있는 곡선의 안쪽으로 갈수록 높아지면 산봉우리, 낮아지면 웅덩이

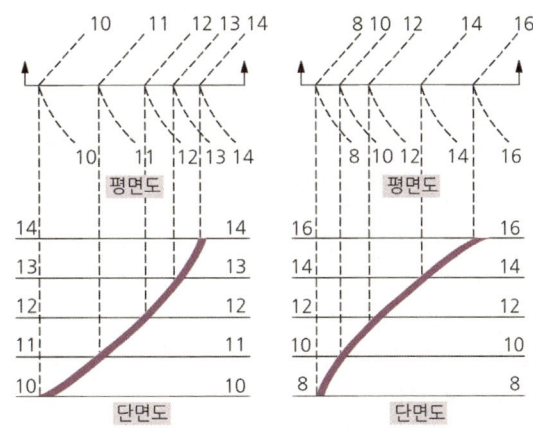

[요(凹)사면 지형과 철(凸)사면 지형]

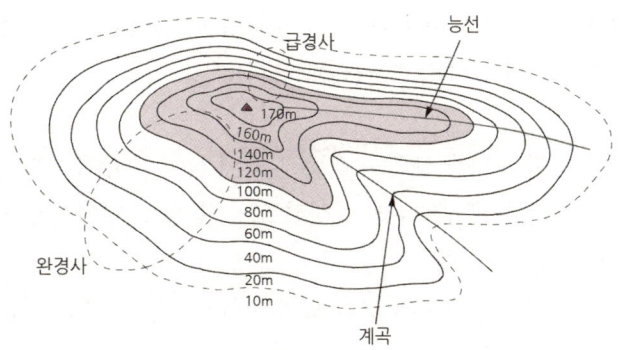

[계곡과 능선, 완경사와 급경사]

⑩ 등고선의 종류와 축척(단위 : m)

종류	간격	1 : 50,000	1 : 25,000	1 : 10,000
계곡선	주곡선 5개마다 굵게 표시한 선, 굵은 실선	100	50	25
주곡선	지형 표시의 기본선, 가는 실선	20	10	5
간곡선	주곡선 간격의 1/2, 세파선으로 표시	10	5	2.5
조곡선	간곡선 간격의 1/2, 세점선으로 표시	5	2.5	1.25

ⓑ 경사분석도 : 완급경사지의 분포를 쉽게 알아볼 수 있도록 경사도에 따라 점진적 색 변화
- 2개의 인접 등고선의 수직거리는 항상 일정하고 수평거리만 변하게 되며 일정 경사도는 일정 수평거리를 가짐
- 경사도(G)%=D/L×100 : D=등고선 간격 L=등고선에 직각인 두 등고선 간의 평면 거리

경사도에 따른 토지 이용	등고선 간격에 의한 경사분석도 작성법
• 1% 이하 : 완만, 배수가 안 된다. • 2~5% : 평탄, 운동장(보통 2%), 넓고 평탄지가 필요한 경우 • 5~10% : 약간 경사, 적은 대지의 활용이 가능, 경사도에 따라 선택 가능 • 15~25% : 경사지 중 아주 좁은 대지로 쓸 수 있는 상한선 • 25% : 잔디 심을 수 있는 상한선 • 25% 이상 : 일반적으로 사용하기 힘들며, 침식으로 흙이 파괴됨. • 도로 경사 10%, 고속도로는 4% 이하, 진입로는 15%까지 허용	

③ 토양 : 개략토양도(1/50,000 작성), 정밀토양도(1/25,000), 간이산림토양도(1~5등급/암석지, 농경지, 조사 불능지, 방목지로 표시)

㉠ 토양의 종류
- 토양군 : 전혀 다른 토양이 같은 지역에 섞여져 함께 나타나는 것
- 토양통 : 같은 모재로부터 형성된 토양, 동일 소재에서 발달, 지명
  (예 오산통, 예천통)
- 토양구 : 같은 토양통과 같은 토성(土性)을 지닌 토양. 토양통+토성
  (예 예천 식양토)
- 토양상 : 동일 토양이면서 토양통(동일 토성), 동일 침식 정도, 경사도를 갖는 토양 (정밀토양도 상의 작도 단위)

예 So C₂ : So는 토양의 종류, 즉 토양통을 설명하는 것으로 어느 모암에서 나온 토양인지를 설명

C : 경사, A에서 F로 갈수록 경사가 높아지는 것을 의미

2 : 침식의 정도(1.침식 없거나 적은, 2.침식 있는, 3.침식 심한, 4.침식 매우 심한)

  ⓒ 토양 단면도 : 토양은 광물성 입자, 유기물, 수분, 공기 등 네 가지 주요 성분으로 구성
- A0층(유기물층) : 낙엽과 분해물질 등 유기물 토양 고유의 층(L, F, H 3층으로 분리)
  - L층 : 낙엽층으로 신선한 낙엽이거나 낙엽지가 원래의 형태를 유지하고 있는 상태(부패되지 않음)
  - F층 : 분해층으로서 낙엽층의 하부에서 나타나며 일부는 분해 진행 중이나 원래 형태가 무엇인지 알 수 있는 상태
  - H층 : 부식층으로서 분해가 잘되어 원래 형태를 구별할 수 없는 고분자화합물(식물 조직이 불분명)
- A층(표층, 용탈층) : 광물 토양의 최상층으로 외계와 접촉되어 그 영향을 받는 층, 흑갈색, 식물 양분 풍부
- B층(집적층, 심토층) : 표층에 비해 부식 함량 적고, 모래 풍화 충분히 진행된 갈색 토양
- C층(모재층) : 광물질이 풍화된 층, 지하수로 포화
- R층(모암층) : 암반 구조

[TIP] 표토 : 토양 오염의 자체 정화 진행, 우수의 배수 능력, 토양미생물이나 식물 뿌리 등이 활발히 활동

  ⓒ 토성분류방법 : 토양 삼각도표법(토성 : 모래, 미사, 점토의 함유 비율)
- 사토(대부분 모래), 사질양토(모래, 점토 50%), 식토(대부분 점토)

[TIP] 토양 공극의 크기 : 식토＜식양토＜양토＜사양토＜사토(← 점토 함량이 높음)

  ② 점질토와 사질토의 특성
- 압밀속도는 사질토가 점질토보다 빠르다.
- 내부마찰각은 사질토가 점질토보다 크다.
- 투수계수는 사질토가 점질토보다 크다.
- 건조 수축량은 점질토가 사질토보다 크다.

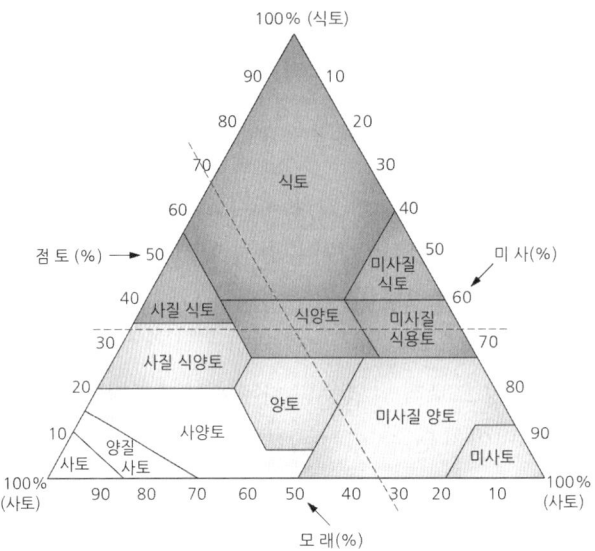

[토성 삼각도표(모래, 미사, 점토의 비율)] -네이버 지식백과

주로 토양의 구성 물질과 같이 어떤 물질을 세 가지 주요 성분들이 구성하는 경우, 이들 세 가지 구성 물질 각각의 전체에 대한 백분비를 나타내는 방법으로 정삼각형을 이용하여 표시하는 도표로, 삼각좌표라고도 한다. 정삼각형의 밑변에서 정점까지의 사이를 100%로 하면 이 정삼각형 중 임의의 한 점에서 각 변에 이어지는 세 개 수선(垂線)의 합계도 항상 100%가 된다는 원리를 응용하는 것이다. 각 정점과 변과의 사이를 100%로 등분하여 각 변은 0%, 각 정점은 100%를 나타내는 좌표를 만들고, 각 밑변에서 정점을 향하여 세 구성 부분의 비율을 기입하면 된다.

ⓜ 토양 수분

- 결합수(화합수) : 토양에 결합되어 분리 안 됨(pF 7)
- 흡습수 : 토양 입자 표면에 피막처럼 흡착되어 있는 물(pF 4.5~7)
- 모관수 : 흡습수 둘레에 싸고 있는 물, 토양 공극 사이를 채우고 있는 수분, 식물 유효 수분(pF 2.7~4.5)
- 중력수(자유수) : 중력에 의하여 자유롭게 흐르는 물, 지하수(pF 0~2.7)
    cf. 섬유포화점 : 목재 세포가 최대한도의 수분을 흡착한 상태. 함수율이 약 30%의 상태. 목재의 세기는 섬유포화점 이상의 함수율에서는 변화 없지만 그 이하가 되면 함수율이 작을수록 세기는 증대

ⓑ 토양 통기성

- 기체는 농도가 높은 곳에서 낮은 곳으로 확산작용에 의해 이동한다.
- 건조한 토양에서는 이산화탄소와 산소의 이동이나 교환이 쉽다.
- 토양 속에는 대기와 마찬가지로 질소, 산소, 이산화탄소 등의 기체가 존재한다.
- 토양생물의 호흡과 분해로 인해 토양 공기 중에는 대기에 비하여 산소가 적고 이산화탄소가 많다.

[TIP] 토양에 따른 경도와 식물생육의 관계를 나타낼 때 나지화가 시작되는 값(kgf/㎠)
(단, 지표면의 경도는 Yamanaka 경도계로 측정한 것으로 한다.)
- 바깥 힘에 대한 토양의 저항력을 말하며, 토양입자 사이의 응집력과 입자 간의 마찰력에 의해서 생기는 것
- 나지화가 시작되는 값 5.8 이상

④ 수문조사, 하천조사(수문계획에서 고려할 사항) : 집수구역, 홍수, 범람지역, 지하수 유입지역

- 방사형(화산 작용으로 형성, 원추형 산), 수지형(우리나라 하천 화강암질 영향), 창살형(습곡, 단층 등 지질학적 작용)
- 집수구역 : 단위 면적당 강우량 × 집수 면적 = 총 강우량

Q 집수면적 100,000㎡, 시간당 강수량 10mm, 비 8시간 내림, 수면 면적 2,000㎡일 때 수위 상승 높이는?

정답 10×8 = 80mm = 0.08m 0.08m×100,000 = 8,000㎥ 8,000㎥÷2,000㎡ = 4m

⑤ 야생동물 : 먹이그물, 서식처, 야생동물의 종류별 조사
⑥ 기후 : 기후량, 일조시간, 풍속, 풍향 등 조사
  ㉠ 지역 기후 : 기존 자료 활용
  ㉡ 미기후 : 지형이나 풍향 등에 따라 부분적 장소의 독특한 기상 상태, 태양복사열 정도, 공기 유통정도, 안개, 서리해 유무, 일조시간, 대기오염 자료 등 조사
  ㉢ 미기후의 특징 : 미기후는 자료를 얻기 어렵다(서리, 안개, 자외선, 이산화탄소)
    예 빌딩바람
    - 국지성 바람, 낮에는 계곡에서 산 정상으로 밤에는 반대로 불며 차가운 곳에서 따뜻한 곳으로 분다. 낮 해풍, 밤 육풍
    - 호수, 바닷바람은 겨울 따뜻, 여름 시원
  ㉣ 알베도 : 표면에 닿는 복사열이 흡수되지 않고 반사되는 퍼센트. 알베도가 낮고 전도율 높으면 미기후는 온화, 안정
    (거울 : 1, 잔디면 산림 : 0.1~0.2, 초지 : 0.15~0.25, 바다 : 0.06~0.08, 완전흡수 : 0)
    (바다<산림<초지<오래된 눈<갓 내린 눈)
  ㉤ 태양열(복사열 정도 나타내는 향 분석도), 안개, 서리(지형 낮고, 배수 불량인 곳)
  ㉥ 쾌적 기후 : 우리나라 온도 18~21℃
  ㉦ 동결 심도 : 겨울철 땅이 어는 깊이(서울 1m, 남부 40~50cm)
  ㉧ 일조 : 오전 9시~오후 3시 중 연속하여 최저 2시간의 일조시간 법적으로 제한(동지기준)

[TIP] 도시의 미기후 : 도시 열섬, 대기상승, 강우량 증가, 일조량 감소, 고층건물 사이에서 풍동현상
- 개선 방법 : 나무 심기, 차광시설로 복사광선 차단, 콘크리트 또는 아스팔트 억제, 수경 요소 도입, 기존 식생보존, 서리 끼는 지역, 환기 안 되는 지역, 돌풍 지역 개선

⑦ 원격탐사 : 단시간에 광범위한 지역의 정보수집, 내면 심층부 정보는 간접적 확보, 고비용
검은색 : 물(하천, 저수지, 강), 탄광지대, 침엽수림, 활엽수림
회색 · 회백색 : 도로, 백색 : 모래사장

⑧ 종합분석 : 상호관련성 분석, 사대권 작용분석(암석권, 수권, 생물권, 대기권) 인간 활동 영향분석, 현황종합도

(2) 인문환경 분석(사회, 행태적 분석)

- <u>계획 구역 내 거주자와 이용자를 이해하기 위해 실시</u>
- <u>인구, 교통, 토지이용, 시설물, 역사문화, 이용 행태, 선호도</u>

① 역사성 분석 : 지방사

㉠ <u>토지이용조사 : 주거(노랑), 농경(갈색), 상업(빨강), 공원(녹색), 공업(보라), 개발제한지역(연녹색), 업무(파랑), 녹지(녹색), 학교(파랑)</u>

② 이용자 분석 : 이용자, 이용자 중심적 분석 접근, 태도 조사, 이용형태 조사

③ 공간이용 분석

㉠ 공간 유형 조사 : 영역성 확보가 가장 중요, 물리적 공간 구성과 이용 형태의 관계성 분석

㉡ 환경 심리 파악 : 대인 거리에 따른 의사소통의 유형(개인적 공간의 분류 : 홀 Hall)
- 친밀한 거리(0~45cm) : 아기를 안아주는 가까운 사람들, 스포츠(레슬링, 씨름 : 공격적 거리)
- 개인적 거리(45~120cm) : 친한 친구 또는 잘 아는 사람 간의 일상적 대화 유지 거리
- 사회적 거리(120~360cm) : 업무상 대화에서 유지되는 거리
- 공적인 거리(360cm 이상) : 연사, 배우 등의 개인과 청중 사이에 유지되는 거리

㉢ 영역성 : 집을 중심으로 볼 수 있는 고정된 일정 지역 또는 공간

[TIP] 인간의 영역 구분
Altman : 사회적 단위 측면의 영역성 분류
- 1차 영역 : 일상 생활의 중심이 되는 반영구적으로 점유되는 공간, 가정이나 사무실로 높은 사생활 보호 요구
- 2차 영역 : 사회적인 특정 그룹 소속들이 점유하는 공간, 교실, 기숙사, 교회 등 어느 정도 개인화
- 공적 영역 : 모든 사람 접근 허용, 광장이나 해변
Newman : 영역 개념을 옥외 공간 설계에 응용(공간 귀속감 주기 위해 중정, 문주, 벽, 담장, 식재 등 도입)

④ 관련법규 조사 : 토지이용 관리법, 자연공원법, 도시계획법 등
⑤ 공간 수요량 계획
   ㉠ 원수 : 연간 이용자 수
   ㉡ 일 이용자 수 : 연간 관광객 수에 대한 비율(최대 일률, 최대일 집중률, 피크율)
   ㉢ 최대일률(집중률) : 최대일 방문객의 연간 방문객에 대한 비율로 계절형에 따라 차이
   ㉣ 최대일률 = 최대일 이용자 수 / 연간 이용자 수(1계절 1/30, 2계절 1/40, 3계절 1/60, 4계절 1/100)
   ㉤ 회전율 : 1일 중 가장 많은 이용자 수(최대 시 이용자 수) / 그날 총 이용자 수 비율(최대일 이용자 수)
   ㉥ 수요량 산정
      - 연간 이용자수×최대일률 = 최대일 이용자수
      - 최대일 이용자수×회전율 = 최대시 이용자수
   ㉦ 동시 수용력 = 연간이용자수×최대일률×서비스율(최대일 이용자 수의 60~80%)×회전율

(3) 시각환경 분석(경관 분석)
- 경관 요소, 경관 단위, 경관에 대한 반응, 이미지
- 기존 경관의 특성을 더 높이 부각, 이용자에게 지각되는 전반적 이미지 및 이용자가 선호하는 내용에 초점

① 경관 요소 : 점, 선, 면적 요소 / 수평 수직적 요소 / 닫힌 공간, 열린 공간 / 랜드마크 / 전망과 통경선 / 축, 연속성(스카이라인)

점·선·면적인 요소	• 정자목, 집 : 점적 요소 • 하천, 도로, 가로수 : 선적 요소 • 초지, 전답, 운동장, 호수 : 면적 요소
수직·수평적 요소	• 수평적 요소 : 저수지, 호수, 수면 • 수직적 요소 : 절벽, 전신주
닫힌·열린 공간	• 닫힌 공간 : 계곡, 수림 • 열린 공간 : 들판, 초지
랜드마크	• 식별성 높은 지형, 지질
전망(view), 비스타(vista)	• 전망(view) : 일정 지점에서 볼 때 파노라믹 하게 펼쳐지는 공간 • 비스타(vista) : 좌우로의 시선이 제한되고 일정지점으로 시선이 모이도록 구성된 공간

질감	• 지표 상태에 따라 영향
색채	• 인공적 시설물의 주변과의 조화·대비되는 색 선택
주요 경사	• 급경사 훼손 시 경관의 질을 크게 해치며 이를 위한 배려가 요구됨

② 산림경관의 유형

파노라믹 경관	• 시야를 제한받지 않고 멀리 트인 경관 • 수평선, 지평선, 높은 곳에 내려다보는 경관 • 조감도적 성격과 자연의 웅장함과 존경심
지형 경관	• 독특한 형태와 큰 규모의 지형지물이 지배적 • 주변 환경의 지표(landmark) • 자연의 큰 힘에 존경과 감탄
위요 경관	• 수목, 경사면 등의 주위 경관요소들에 의해 울타리처럼 둘러쌈 • 평탄한 중심공간에 숲이나 산으로 둘러싸인 듯한 경관
초점 경관	• 관찰자의 시선이 경관 내의 어느 한 점으로 유도되도록 구성된 경관 • 초점을 중심으로 강한 시각적 통일성을 지닌 안정된 구조(vista 경관)
관개 경관	• 교목의 수관 아래 형성되는 경관 • 숲속의 오솔길, 노폭이 좁고 가로수 수관이 큰 도로
세부 경관	• 내부지형적, 낭만적 경관 • 사방으로 시야가 제한되고 협소한 공간 규모 • 관찰자가 가까이 접근하여 나무의 모양, 잎, 열매 등을 상세히 보며 감상
일시적 경관	• 경관 유형에 부수적으로 중복되어 나타남 • 기상변화, 계절감, 시간성의 다양한 모습을 경험

③ 경관 단위 : 전체 경관을 동질적 성격을 지닌 경관으로 구분, 주로 지형 및 지표 상태에 의해 좌우

④ 경관에 대한 반응 : 선호도, 식별성(랜드마크)

⑤ 이미지 : 각자 학교에서 집까지 가는 길을 약도로 그려보자(Kevin Lynch 주장)

　㉠ 도시 공간 이루는 물리적 5가지 : 통로, 모서리, 지역, 결절점, 랜드마크

　㉡ 인간 환경의 전체적인 패턴의 이해와 식별성을 높이는 데 관계되는 개념

　　• 통로(path) : 연속성, 방향성 제시, 길, 고속도로

　　• 모서리(edges) : 지역과 지역을 갈라놓거나 관찰자가 통행이 단절되는 부분

　　• 지역(district) : 용도면에서 분류(중심지역, 사대문 안의 상업지역)

　　• 결절점(node) : 도로의 접합점(광장, 로터리)

　　• 랜드마크(landmark) : 눈에 뚜렷이 인지되는 지표물(시계탑, 63빌딩)

⑥ 가시권 분석 : 시각적으로 민감한 지역은 개발 지양, 시각적으로 노출이 잘 안 되는 곳은 시설을 입지시켜도 시각적 영향력 없음.
  ㉠ 시각적 흡수성 : 들판과 숲은 어느 쪽이 더 흡수성 높은가?(건물이 들어섰을 때 얼마나 그 건물을 흡수하나?)
  ㉡ 시각적 복잡성 : 농촌과 도시는 어느 곳이 더 시각적 복잡성 높은가?
⑦ 도시 광장의 척도(Kevin Lynch)
  ㉠ 건물 높이(H)와 가로폭(D)의 비율에 따라 폐쇄감의 정도나 인간 척도에 맞는 공간감이 달라짐.
  ㉡ D/H = 1 : 2, 1 : 3이 적당, 24m 인간 척도
  ㉢ 건물의 높이에 비해 간격이 2배 이상 되면 광장에 폐쇄성이 작용하기 어려움.
    1 ≤ D/H ≤ 2가 적당(긴장감)
  ㉣ 건물 높이(H)와 거리(D)의 비

D/H비	앙각(°)	인지 결과
D/H = 1	45	건물이 시야의 상한선인 30°보다 높음, 상당한 폐쇄성 느낌
D/H = 2	27	정상적인 시야의 상한선과 일치, 적당한 폐쇄성
D/H = 3	18	폐쇄성에서 다소 벗어나 주 대상물에 시선을 더 느낌
D/H = 4	12	공간의 폐쇄성은 완전히 소멸, 특정적인 공간으로서 장소 식별 불가능

3) 기본 구상 및 대안 작성

종합한 자료들을 바탕으로 아이디어 도출, 개략적인 계획안 결정
① 계획안에 대한 물리적, 공간적 윤곽이 드러나기 시작(버블 다이어그램으로 표현됨)
② 프로그램에 제시된 문제 해결을 위한 구체적 계획 개념 도출
③ 대안 작성(기본적인 측면에서 상이한 안을 만드는 것이 바람직함)
④ 아이디어 도출 – 몇 개의 대안 제시 – 장단점 비교 평가 – 최종안 선택

[TIP] 다이어그램 : 설계자의 의도를 개략적인 형태로 나타낸 일종의 시각 언어, 단순화, 상징화, 기본 구상 단계에서 계획안에 대한 물리적, 공간적 윤곽을 각종 다이어그램으로 표현

4) 기본 계획(최종 작성안 : 마스터플랜)

기본 골격, 마스터플랜, 큰 아이디어, 몇 개의 대안 비교 평가하여 최종안 선택
① 부문별 계획 : 토지이용계획, 교통동선계획, 시설물 배치계획, 식재계획, 하부구조계획, 집행계획 등
  ㉠ 토지이용계획(토지 본래의 잠재력, 이용행위의 관련성)

- 토지이용 분류 : 예상되는 토지 이용의 종류 구분
- 적지 분석 : 토지의 잠재력, 사회적 수요에 기초하여 각 용도별로 이루어진다.
- 종합 배분 : 중복과 분산이 없도록 각 공간의 수요를 고려하고 타 용도와의 기능적 관계를 고려함.

ⓒ 교통동선계획
- 교통량 발생 : 계절에 영향(유원지, 해수욕장 경기장), 연중 거의 일정(주거지)
- 교통량 배분 : 지역 간의 기능을 연결하는 의미
- 통행로 선정 : 차량 짧은 직선 도로 바람직, 전망에 따라 우회, 보행동선과 차량동선 만날 때 보행동선 우선
- 교통, 동선체계 : 자동차, 자전거, 보행 동선 등의 상호 연결과 분리 적절, 가능한 막힘 없는 순환체계
- 도로체계 : 격자형(균일분포, 도심지와 고밀도 토지, 평지) / 위계형(주거단지, 공원, 유원지, 구릉지)

ⓒ 시설물 배치계획 : 유사한 기능의 구조물 모아 집단 배치, 무질서한 분산 억제, 환경적 영향 최소화

ⓔ 식재계획 : 기후적 여건 검토, 자생종 검토, 식재 기능에 따른 수종 선택

ⓜ 하부구조계획 : 가능한 한 지하로 매설, 지하 매설 시 공동구를 설치하여 안전성을 높이고, 보수도 용이하게 함.

ⓗ <u>집행계획 : 투자계획, 법규 검토, 유지관리계획, 도면으로 표현되는 작업이 아님.</u>

5) 기본 설계

공간의 형태, 배치 및 규모, 시각적 특징, 기능성 등이 구체적으로 확정되는 단계

① 설계 원칙의 추출 → 공간 구성 다이어그램 → 입체적 공간의 창조(설계도 작성)
② 기본 계획의 각 부분을 더욱 구체적으로 발전, <u>각 공간의 정확한 규모, 사용 재료, 마감 방법 등 제시</u>
③ 입체적 공간의 창조 : 배치설계도, 식재계획도, 시설물 배치도, 시설물 설계도 등의 도면 작성
④ 설계 개요서, 개략 공사비, 시방서 등의 서류 작성

6) 실시 설계

- 설계안이 직접 현장에서 완성될 수 있도록 시공 상세도 작성하고 공사비 내역을 산출하는 단계
- <u>시공상세도(평면도, 입면도, 상세도), 시방서, 공사비 내역서, 수량산출서, 일위대가표, 공정표 등의 설계 도서 작성</u>

① 평면도와 단면도
② 배식 설계
③ 시설물 상세
④ 시방서(사양서) : 설계, 제조, 시공 등 도면으로 나타낼 수 없는 사항을 문서로 적어서 규정
　㉠ 표준시방서 : 조경공사 시행의 적정을 기하기 위한 표준 시방
　㉡ 특기시방서 : 해당 공사만의 특별한 사항 및 전문적인 사항 기재, 표준시방서에 우선
⑤ 내역서(적산) : 공사비 산출 서류
　㉠ 공사비 구성 : 순공사원가(재료비, 노무비, 경비), 일반관리비, 이윤, 세금
　㉡ 수량 산출 : 물량 집계

　　[TIP] 수량 산출 방법
　　　• 수량 산출 순서는 중복되지 않도록 세분화
　　　• 수평 방향에서 수직 방향으로
　　　• 시공 순서대로
　　　• 내부에서 외부로
　　　• 큰 곳에서 작은 곳 순으로

⑥ 품셈 : 단위 물량당 소요 노력(품과 물질을 수량으로 표시)
어떤 일에 들어가는 일의 양이나 노동시간(기계, 인간, 동물) 등을 품셈이라 하고, 공사 예정 가격 산출 등에서 사용하는 정부 공시의 노무가격 등을 표준품셈이라 한다.

　　[TIP] 표준 품셈에서 수목을 인력시공 식재 후 지주목을 세우지 않을 경우 인력품의 10%를 감하며, 기계시공의 경우에는 인력품의 20%를 감한다.

　　[TIP] 규정된 소운반 거리는 20m 이내의 거리를 말하며, 20m를 초과할 경우 초과분에 대하여 이를 별도로 계산한다.

⑦ 일위대가표 : 공사 목적물 단위 물량당의 공사비를 산출한 것(단위 가격은 0.1원)
하나의 작업을 하는데 필요한 자재의 수량과 표준적인 인력의 소요량을 산출 기록한 것
　예 조경 수목 1그루를 심는데 필요한 재료비(수목, 지주목, 비료 구입비 등), 노무비(조경공, 보통 인부), 경비 등을 산출
⑧ 적산 : 공사에 소요되는 자재의 수량, 품, 기계 사용량 등을 산출하여 공사비를 계산하는 것

7) 시공 및 감리

설계 도면에 따라 현장에서 공사 실시
① 시공 : 공학적 지식을 바탕으로 다른 분야와는 달리 생물을 다룬다는 특수한 기술이 필요한 단계

② 감리 : 공사의 진행을 설계도면에 따라 충실히 실현하기 위해 공정한 입장에서 공사 시공을 지도, 감독

8) 유지 및 관리
① 조성된 공간의 기능을 유지, 계속 사용하기 위해 점검, 보수, 청소, 경비 등의 업무 실시
② 시설물, 수목 등에 관한 유지 및 관리 계획을 작성하여 관리

05 조경설계

1 설계의 기초

1) 제도 용구
① 원형 템플릿 : 수목의 표현 / 다각형 템플릿은 파고라, 벤치, 음수전 등 시설물에 이용
② 삼각자 : 직각 잡기, 45°와 60°(30°)가 한 쌍 / <u>삼각자 한 쌍으로 작도할 수 있는 각도 105°</u>
③ 50cm자 : T자 대신으로 윤곽선 / 30cm, 10cm자 : 설계 작업 시 작은 자 꼭 필요
④ 샤프 : 0.5mm 두 자루(HB, H), 홀더 or 0.9mm 샤프
⑤ 제도용지 : 복사지 A3용지 / 트레이싱 페이퍼
　1 : $\sqrt{2}$ (A0 841×1,189 / A1 594×841 / A2 420×594 / A3 297×420)
　　[TIP] 도면 크기 : 조경기능사 A3 용지, 조경산업기사 A2 용지

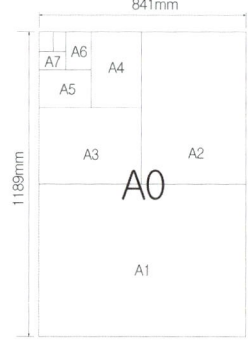

A0	811*1189	B0	1030*1456
A1	594*841	B1	728*1030
A2	420*594	B2	515*728
A3	297*420	B3	364*515
A4	210*297	B4	257*364
A5	148*210	B5	182*257

⑥ 곡선자 : 운형자, 자유곡선자
⑦ 삼각스케일 : 단면이 삼각형 모양, 1/100~1/600까지의 축척 표시, 도면의 확대나 축소
⑧ 기타 : 제도용 빗자루, 지우개판, 마스킹테이프, 제도기

CHAPTER 01 조경계획 및 설계

2) 조경 기호

① 수목 : 원으로 표현하되 침엽수는 직선, 톱날형으로 표현 / 활엽수는 부드러운 질감으로 표현

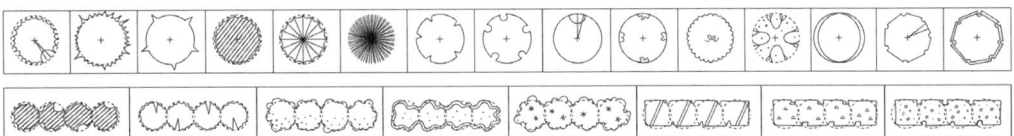

② 시설물 : 실물의 평면 형태를 단순화시켜서 표현

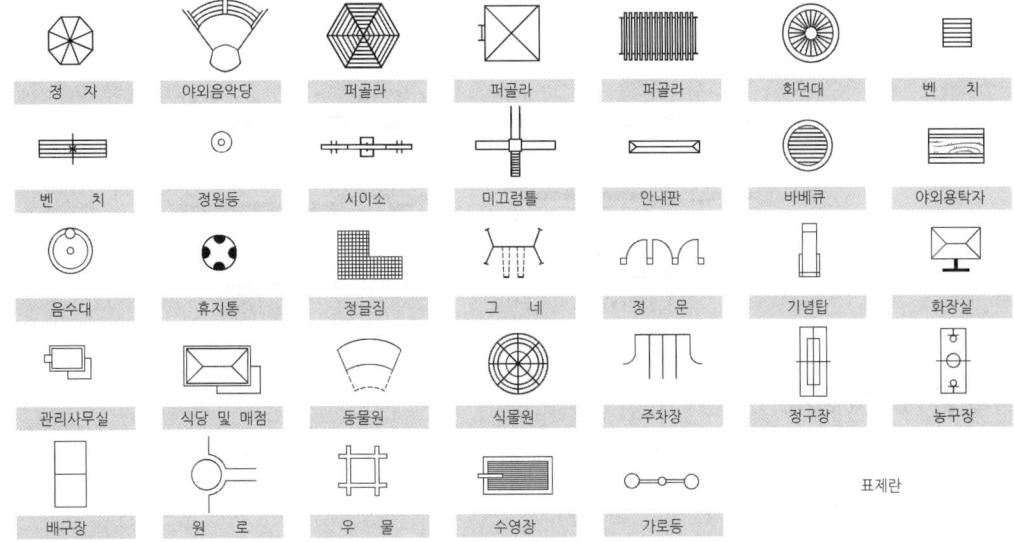

③ 재료 단면 표기

표기법	내용	표기법	내용	표기법	내용	표기법	내용
	지반		잡석다짐 (깬돌)		목재 (거친면)		자갈
	석재 (가공)		잡석다짐 (자갈)		목재 (다듬은면)		모래
	금속 (대규모)		벽돌		와이어메시		
	금속 (소규모)		콘크리트 (부근)		콘크리트 (철근)		

④ 방위 : 설계자에 따라 원형으로 개성 있게 표시, 북을 위로 하여 작도함이 일반적

방위각 : 진북에서 시계 방향으로 측정한 각도로, 각의 위치 표시

예 N 30°E(30°), S 30°E(150°), S 30°W(210°), N 30°W(330°)

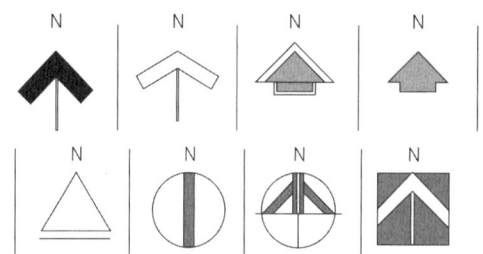

⑤ 축척 : 막대 축척으로 표제란 하단에 표시(막대 축척 : 도면의 확대나 축소상에 편리)

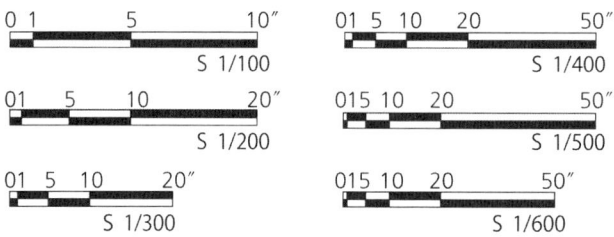

3) 조경 제도의 순서

축척 및 도면 크기의 결정 → 윤곽선 및 표제란 설정 → 도면의 배치(위치 결정) → 제도

① 축척과 도면 크기 결정

　㉠ 축척 : 실물을 도면에 나타낼 때의 비율

　　cf. 척도 : 물체의 실체 치수에 대한 도면에 표시한 대상물의 비

　㉡ 현척(실물과 같은 크기) 1 : 1

　　배척(크게) 20 : 1

　　감척(작게) 1 : 200

　　A(도면에서의 크기) : B(물체의 실제 크기)

　㉢ 주택정원, 근린공원, 가로변 공원, 소공원일 경우 보통 1/100 축척 사용

② 윤곽선과 표제란 설정

　㉠ 윤곽선 : 가장자리에 10mm 정도의 여백(왼쪽 철할 때는 25mm)

　㉡ 표제란 위치 : 오른쪽 끝에 상하로 길게 또는 특수하게 도면 하단부에 좌우로 길게

　㉢ 표제란 기입 : 공사명, 도면명, 범례, 수목수량표, 시설물수량표, 축척, 방위(북쪽이 위로 일반적)

③ 도면 내용의 배치

균형 있고 질서 있게 배치, 도면의 내용 파악 용이

④ 제도

4) 선 그리기

① 선 긋기 요령

㉠ 선은 일관성과 통일성 유지 / 같은 목적으로 사용되는 선의 굵기, 진하기 동일

㉡ 선 긋는 방향 왼쪽 → 오른쪽, 아래 → 위

㉢ 선의 처음부터 끝나는 부분까지 일정한 힘으로 선의 연결과 교차부분을 정확하게 작성

② 선의 유형 및 용도

명칭	굵기(mm)	용도명칭	용도
실선	전선 0.3~0.8	외형선, 단면선	물체의 보이는 부분, 절단면의 윤곽선
	가는선 0.2 이하	치수선, 치수보조선, 지시선, 해칭선	설명, 보조, 지시, 치수단면의 표시
파선	반선, 전선의 1/2	숨은선	물체 보이지 않는 모양, 지하주차장, 퍼걸러, 벤치, 기존 등고선
일점쇄선	0.2~0.8	중심선, 경계선, 절단선, 단면선	물체의 중심축, 대칭축, 물체 절단한 위치, 단면선, 대지경계선
이점쇄선	0.2~0.8	가상선, 경계선	물체가 있을 것으로 가상되는 부분

5) 치수 및 인출선

① 치수 표시 : 단위는 mm로 표시, 치수선은 치수보조선에 직각으로, 가는 실선 사용

좌에서 우로, 아래에서 위로 읽을 수 있도록 기입

② 인출선 : 대상 자체에 기입하지 못할 때 사용

수목명, 수량, 규격 기입 위해 수목인출선 가장 많이 사용

인출선의 굵기, 긋는 방향, 기울기 통일

③ 문자 쓰기 : 15° 정도 기울여서 작성

6) 약어

① E.L 표고 / G.L 지반고 / F.L 계획고 / W.L 수면높이
② T, THK 300 재료 두께(mm)
③ DN, UP(내려감, 올라감)
④ RAMP 경사로
⑤ EXP, JT 신축줄눈(Expansion Joint)
⑥ D이형 철근(∅ 원형 철근) 지름, R 반지름
⑦ D10@300(철근 지름@간격) 10mm 철근을 간격 300mm로 배근
⑧ H 높이 / EA 개수 / A 면적 / MH 맨홀 / WT 무게 / ST(Steel) 철재

7) 축척과 거리 및 면적

① 실제 거리와 도면상의 거리가 주어지고 축척을 구할 때
   1/축척 = 도면상 거리 / 실제 거리

> 설계 도면에서 표제란에 위치한 막대 축척이 1/200이다. 도면에서 1cm는 실제 몇 m인가?

풀이 1/200 = 0.01m/실제 거리 m
정답 2m

② 도면상의 면적이 주어지고 실제 면적을 구할 때
   $(1/축척)^2$ = 도면상 면적 / 실제 면적 $(1/500)^2$ = 도면상 면적 / 실제 면적
   실제 면적 = 도상 면적 × $(축척)^2$ 실제 면적 = 도상 면적 × $(500)^2$

> 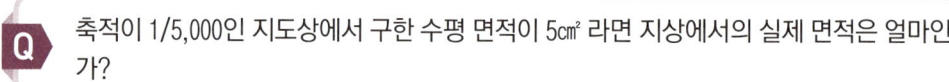 축척이 1/5,000인 지도상에서 구한 수평 면적이 5㎠ 라면 지상에서의 실제 면적은 얼마인가?

풀이 실제 면적 = 0.0005㎡ × $(5,000)^2$ (10,000㎠ = 1㎡)
정답 12,500㎡

8) 설계도의 종류

① 평면도 : 물체를 위에서 수직 투영된 모양을 작도, 2차원으로 입체감 없음, 조경 설계의 기본적 도면
   ㉠ 배치도 : 계획의 전반적 사항 표시(축척, 시설물 위치, 도로, 식생, 지형, 부지 or 대지 경계 등)

- ⓒ 현황도 : 기본 계획 시 가장 기초로 이용되는 도면
- ⓒ 식재 평면도 : 수목의 위치, 종류, 수량, 규격 표시
- ⓔ 시설물 평면도 : 건축물, 벤치, 분수 등 옥외 시설물
② 입면도 : 구조물의 정면에서 본 외적 형태, 정면도, 배면도, 측면도
③ 단면도 : 구조물을 수직으로 자른 단면을 나타내며 단면 부위는 반드시 평면도상에 나타내야 함
④ 상세도 : 실제 시공 가능하도록 표현, 재료, 치수, 시공 방법 등 세부 사항을 표현, 확대된 축척 (1/10~1/50)
⑤ 투영도 : 일정한 사물이나 공간을 입체적으로 표현하기 위한 수단
⑥ 투시도 : 설계 안이 완공되었을 경우를 가정해 설계내용을 입체적으로 표현한 그림
⑦ 조감도 : 시점 위치가 높음, 시공 후 전체적인 모습을 알아보기 쉽도록 그린 그림(소점 3개)
⑧ 스케치 : 눈높이나 눈보다 조금 높은 위치에서 보이는 공간을 실제 보이는 대로 자연스럽게 표현, 아이디어를 정착시키는 초기 단계에 해당하는 그림
⑨ 투상도
  - ⓐ 사투상도 : 물체를 투상면에 대하여 한쪽으로 경사지게 투상하여 입체적으로 나타낸 투상도로 물체를 입체적으로 나타내기 위해 수평선에 대하여 30, 45, 60°의 각도로 경사를 주어 그림

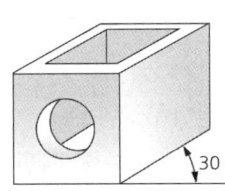 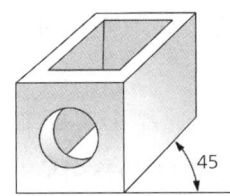 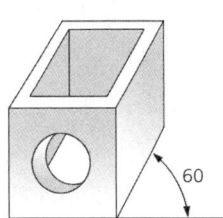

  - ⓑ 투시투상도 : 물체의 앞 또는 뒤에 화면을 놓고 시점에서 물체를 본 시선이 화면과 만나는 각 점을 연결하여 눈에 비치는 모양과 같게 물체를 그린 것, 물체의 멀고 가까운 거리감을 느낄 수 있도록 하나의 시점과 물체의 각 점을 방사선으로 이어서 그리는 도법

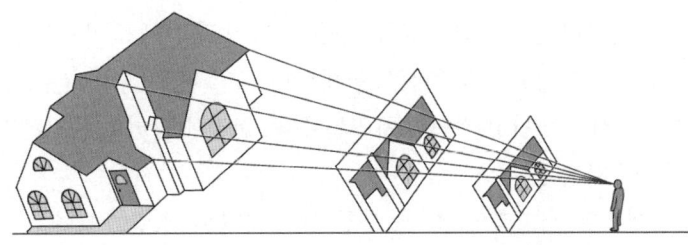

ⓒ 정투상도

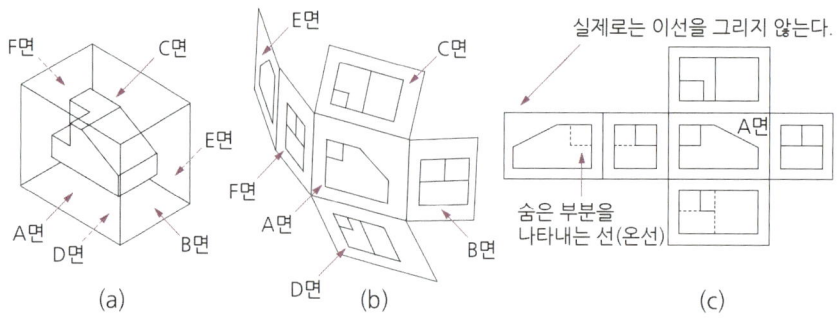

ⓓ 등각투상도 : 직육면체의 직각으로 만나는 2개의 모서리가 모두 120°를 이루는 투상도
ⓔ 부등각투상도 : 화면의 중심으로 좌우와 상하의 각도가 각기 다른 축측 투상

2 조경 설계 기준

1) 식재 설계

(1) 식재 기능별 적용 수종

① 공간조절(경계식재, 유도식재)
- 경계식재 : 지엽 치밀, 전정에 강한 수종, 생장이 빠르고 용이한 유지관리, 가지가 말라죽지 않은 나무
  예 독일가문비, 서양 측백, 화백, 해당화, 박태기나무, 사철나무, 광나무
- 유도식재 : 수관이 커서 캐노피(덮개)를 이루거나 원뿔형 정돈된 수형, 치밀한 지엽
  예 왕벚나무, 회화나무, 은행나무, 미선나무, 사철나무

② 경관조절
- 지표식재 : 꽃, 열매, 등이 특징적일 것, 상징적 의미가 있는 수종, 높은 식별
  예 피나무, 계수나무, 주목, 구상나무, 금송, 솔송나무
- 경관식재 : 아름다운 꽃, 열매, 단풍 수종, 수형이 단정하고 아름다운 수종
  예 칠엽수(마로니에), 모감주나무, 참빗살나무, 소나무, 후박나무, 구상나무, 주목
- 차폐식재 : 지하고가 낮고 지엽이 치밀한 수종, 전정에 강하고 유지관리 용이한 수종, 아래가지가 말라죽지 않는 수종
  예 주목, 잣나무, 서양측백, 화백, 사철나무, 식나무, 호랑가시나무
    [TIP] 캄뮤플라즈(camouflage) : 대상물이 눈에 띄지 않도록 하는 방법

의장 수법, 미채 수법, 경사지 법면의 잔디 녹화, 담쟁이덩굴에 의한 벽면 녹화

③ 환경조절
- 녹음식재 : 지하고가 높은 낙엽활엽수, 병충해 기타 유해 요소 없는 수종
  - 예) 느티나무, 회화나무, 피나무, 물푸레나무, 칠엽수, 가중나무, 느릅나무, 오동나무, 팽나무
- 방풍, 방설식재 : 지엽이 치밀하고 가지나 줄기가 견고한 수종, 지하고가 낮고 심성, 아래 가지가 말라죽지 않는 상록수, 심근성 수종

  ※ 방풍 효과가 미치는 범위
  - 바람의 위쪽에 대해서는 수고의 6~10배, 바람 아래쪽에 대해서는 25~30배 거리
  - 가장 효과가 큰 곳 : 바람 아래쪽의 수고 3~5배에 해당하는 지점 (풍속 65% 감속)
  - 수목의 높이와 관계를 가지며 감속량은 밀도에 따라 좌우

  ※ 방풍 식재 조성
  - 1.5~2m 간격의 정삼각형 식재로 5~7열로 식재
  - 식재대의 폭은 10~20m, 수림대의 길이는 수고의 12배 이상
  - 수림대의 배치는 주풍과 직각이 되는 방향
  - 예) 은행나무, 느릅나무, 독일가문비, 소나무, 잣나무, 화백, 사철나무, 향나무, 편백, 화백, 녹나무, 가시나무, 후박나무, 동백나무, 감탕나무, 곰솔(해안방풍림, 내조력이 강함)
    방풍용 울타리 : 무궁화, 사철나무, 편백, 화백, 아왜나무, 가시나무

- 방음식재 : 낮은 지하고, 잎이 수직방향으로 치밀한 상록 교목, 배기가스 등에 강한 수종
  ※ 방음 식재의 구조
  - 식수대는 도로 가까이 자리 잡도록 하는 것이 효과적
  - 식수대의 가장자리 위치는 도로 중심선으로부터 15~24m 떨어진 곳에 위치
  - 식수대의 너비는 20~30m, 수고의 식수대의 중앙부분에서 13.5m 이상 되도록 식재
  - 식수대와 가옥과의 사이는 최소 30m 이상 떨어져야 함
  - 시가지의 경우 도로 중심선으로부터 3~15m 되는 곳에 위치하고 너비가 3~15m
  - 수림대의 앞 뒤 부분에는 상록수를 심고 낙엽수를 중심부분에 식재하는 것이 효과적
  - 식수대의 길이는 음원과 수음원 거리의 2배가 적합
  - 예) 식나무, 사철나무, 회화나무, 광나무

- 방화식재 : 잎이 두껍고 함수량 많은 수종, 잎이 넓으며 밀생하는 수종
  ※ 방화용 수목 조건
  - WD 지수, T=W×D (T:시간, W:잎의 함수량, D:잎의 두께)
  - 잎이 두껍고 함수량이 많으며 넓은 잎을 가진 치밀한 수관 부위의 상록활엽수가 적당
  - 수관의 중심이 추녀보다 낮은 위치에 있는 수종
  - 예) 가시나무, 아왜나무, 동백나무, 후박나무, 식나무, 사철나무, 다정큼나무, 광나무, 은행나무, 상수리나무, 단풍나무

부적합한 수종 : 침엽수류, 구실잣밤나무, 메밀잣밤나무, 목서, 비자나무, 태산목
- 잎에 수지 함유한 나무 : 인화하면 타오름
• 가로수 식재
- 열식 (정형식)
- 수간거리 6~10m(8m)
- 차도 곁으로부터 0.65m 이상 떨어진 곳에 식재, 건물로부터 5~7m 떨어지게 식재
- 특별한 거리를 제외하고 구간 내 동일 수종 식재

④ 지피식재

키가 작고 지피를 밀생하게 하는 수종, 번식과 생장이 양호하고 답압에 견디는 수종, 다년생 식물

예 조릿대, 이대, 사철나무, 금테사철, 광나무, 맥문동

⑤ 임해식재

내염, 내조성이 있는 식물, 척박한 땅에서도 잘 자라는 수종, 토양 고정력 수종(비료목) 식재

예 모감주나무, 해송, 후박나무, 박태기나무, 물푸레나무

※ 식물 생육에 영향을 미치는 염분의 한계 농도 : 수목 0.05%, 채소류 0.04%, 잔디 0.1%
※ 매립지의 염분제거 방법 : 성토법, 토량개량재로 토성 개량, 사구법

⑥ 고속도로 식재

■ 주행관련 식재

시선유도 식재	• 주행 중 운전자가 도로선형변화를 미리 판단할 수 있도록 유도 • 수종은 주변 식생과 뚜렷한 식별이 가능한 수종 (향나무, 측백, 광나무, 사철나무 등) • 곡률반경(R)=700m 이하의 도로 외측은 관목 또는 교목을 열식
지표 식재	• 랜드마크적인 역할로 운전자에게 현재의 위치를 알리고자 하는 식재수법 • 휴게소, 서비스지역, 주차지역, 인터체인지 등을 알려주는 식재

■ 사고방지를 위한 식재

차광식재	• 대향에서 오는 차량이나 측도로부터의 광선을 차단하기 위한 식재 • 양 차선, 양 도로변에 상록수 식재(광나무, 사철나무, 가이즈까향나무)
명암순응 식재	• 눈이 빛의 밝기에 순응해서 물체를 본다는 것 • 터널에 들어갈 때와 나갈 때의 밝기가 급격히 변하지 않도록 식재 • 터널 주위에서 명암 순응 시간을 단축시키기 위한 식재, 주로 암순응(명→암) 단축의 목적 암순응 : 밝은 곳에서 갑자기 어두운 곳으로 들어갔을 때, 처음에는 아무것도 보이지 않다가 차차 어둠에 눈이 익어 주위가 보이게 되는 현상 • 터널 입구로부터 200~300m 구간에 상록 교목을 식재 • 식재 방법 터널 입구 부분 : 명 → 암(암순응), 점차적으로 수고가 높아지도록 어둡게 함 터널 출구 부분 : 암 → 명, 밝게 식재
진입방지 식재	• 위험방지를 위해 금지된 곳으로 사람이나 동물이 진입하거나 횡단하는 행위를 막기 위한 식재
쿠션 식재(완층)	• 차선 밖으로 뛰어 나간 차량의 충격을 완화하여 사고를 감소하기 위한 식재 • 가지에 탄력성이 큰 관목류가 적합 (무궁화, 찔레)

■ 중앙분리대에 적합한 수종
 - 배기가스나 건조에 강한 수종
 - 맹아력이 강하며, 아래 가지 밑까지 잘 발달한 상록수가 적당
 예 가이즈까향나무, 종가시

⑦ 공장주변 식재
■ 식재지반 조성

성토법	타 지역에서 반입한 흙을 성토하는 방법
객토법	지반을 파내고 외부에서 반입한 토양 교체 : 전면 객토, 대상 객토 등
사주법	오니층(더러운 흙)에 샌드파일 공법에 의해 길이 6~7m, 직경 40cm 정도 철 파이프를 오니층 아래에 자리 잡은 다음, 원래 지표층까지 넣어 흙을 파낸 후 파이프 속에 모래나 모래가 섞인 산 흙 따위로 채운 다음 철 파이프를 빼내는 방법(기둥)
사구법	오니층에 가라앉은 가장 낮은 중심부에서 주변부를 통해 배수구를 파놓은 다음 이 배수구 속에 모래흙을 혼합하여 넣고 이곳에 수목을 식재하는 방법

예 남부지방 : 태산목, 후피향나무, 돈나무, 굴거리, 아왜나무, 가시나무, 동백, 호랑가시나무, 돈나무 등
  중부지방 : 은행나무, 튤립나무, 플라타너스, 무궁화, 잣나무, 향나무, 화백 등

[TIP] 참고 : 식재 기능별 적용 수준

① 경계식재 : 지엽 치밀, 전정에 강한 수종, 생장이 빠른 상록수, 울타리
② 유도식재 : 수관이 커서 캐노피 형성, 원뿔형, 출입구 등 유도 (도면 → 공원입구 식재 : 왕벚나무)
③ 지표식재 : 꽃, 열매, 등이 특징적인 수종, 수형이 단정 아름다운 수종, 높은 식별성
④ 경관식재 : 아름다운 꽃, 열매 수종(도면 → 소나무 군식 아래 : 영산홍, 철쭉, 피라칸사)
⑤ 차폐식재 : 지하고(나무 첫 번째 가지)가 낮고 전정에 강한 상록수(도면 → 주차장 : 스트로브잣나무)
⑥ 녹음식재 : 지하고가 높은 낙엽활엽수(도면 → 나무그늘 : 수목 보호대 + 느티나무)
⑦ 방풍, 방설식재 : 지엽이 치밀
⑧ 방음식재 : 낮은 지하고, 잎이 수직방향으로 치밀한 상록 교목
⑨ 방화식재 : 잎이 두껍고 함수량 많은 수종
⑩ 지피식재 : 키가 작고 지표를 조밀하게 함, 답압에 견디는 다년생 식물
⑪ 임해, 매립지 식재 : 내염, 내조성, 척박한 토양에 잘 견디는 수종, 해송
⑫ 침식지, 사면식재 : 척박토, 건조에 강한 수종

- 공간조절의 유도식재(길잡이 역할) - 캐노피를 이루거나 원뿔형
- 경관조절 - 지표식재(높은 식별성), 차폐식재(담장 역할)
- 환경조절의 녹음식재(그늘 제공) - 지하고가 높은 낙엽활엽수
- 지피식재 - 맨 땅이 드러나지 않게 함

기능		위치	수종의 특성	수종
공간 조절	경계 식재	부지, 공간 외주부 원로변	지엽이 치밀, 전정에 강한 수종 가지가 잘 말라죽지 않는 수종	잣나무, 독일가문비, 서양측백, 편백, 화백, 해당화, 명자, 무궁화, 사철나무, 개나리, 쥐똥나무
	유도 식재	보행로변 산책로변	수형이 단정하고 아름다운 수종 가지가 잘 말라죽지 않는 수종	회화나무, 은행나무, 가중나무, 미선나무, 보리수나무, 사철나무, 회양목, 철쭉, 개나리, 산수유, 눈향, 조팝나무
경관 조절	경관 식재	상징적 가로부 개방식재지, 산책로	아름다운 꽃, 열매, 단풍 등이 특징적인 수종	회화나무, 계수나무, 은행나무, 칠엽수, 모감주나무, 붉나무, 쉬나무, 구상나무, 주목, 미선나무, 벚나무, 산수유, 목련, 벚나무, 자작나무, 수수꽃다리
	지표 식재	진입부 주요결절부 상징적 위치	수형 단정 꽃, 열매, 단풍 등이 특징적인 수종 상징성, 높은 식별성 가진 수종	회화나무, 피나무, 계수나무, 주목, 구상나무, 소나무, 금송, 메타세쿼이아, 느티나무, 칠엽수
	요점 식재	지표식재 동일	지표식재 동일	소나무, 반송, 주목, 모과나무, 단풍나무
	차폐 식재	부지 외주부 공간 분리대 화장실	지하고가 낮고 지엽이 치밀한 수종 전정에 강하고 아래 가지가 말라죽지 않는 수종	주목, 독일가문비, 잣나무, 서양 측백, 화백, 편백, 사철나무, 스트로브잣나무, 쥐똥나무, 무궁화, 말발도리
환경 조절	녹음 식재	휴게 공간, 시설 보행로, 주차장	<u>지하고가 높고 수관 폭이 큰 낙엽 활엽수</u> <u>답압, 병충해 등에 강한 수종</u>	회화나무, 피나무, 계수나무, 물푸레나무, 칠엽수, 가중나무, 느티나무, 모감주나무, 버즘나무, 단풍나무, 백합나무, 이팝나무, 층층나무, 쪽동백나무

방풍 식재		지엽이 치밀, 가지나 줄기가 견고한 수종 지하고가 낮은 심근성 수종, 아랫 가지가 말라죽지 않는 수종	은행나무, 느릅나무, 독일가문비, 소나무, 잣나무, 화백, 사철나무, 향나무, 편백, 화백, 녹나무, 가시나무, 후박나무, 동백나무, 감탕나무, 곰솔(해안방풍림, 내조력이 강함)
가로 식재	도로변 완충공간	공해 및 답압에 강하고 유해요소가 없는 수종 지하고가 높고 수형이 아름다운 수종	은행나무, 느티나무, 중국단풍, 버즘나무, 메타세쿼이아

(2) 식재의 기법

공간의 분위기, 주변 환경, 설계자의 의도에 따라 선택
- 점식 : 큰 나무 한 그루씩 심기(수형 좋은 대형목)
- 열식 : 줄을 긋고 줄 맞춰 심기(일열, 이열, 삼열 등) 정형식 조경양식
- 부등변삼각형 식재 : 크기나 종류가 다른 3가지를 거리가 다르게 식재, 자연풍경식 조경
- 군식 : 여러 그루를 심어 무리를 만듦, 홀수 식재
- 혼식 : 낙엽수와 상록수를 적절히 배합(군식의 한 유형)
- 배경 식재 : 주의/집중되는 부분은 관목과 화훼
- 가로막이 식재 : 시선 차단 등 경관 조절과 유도, 경계 등 공간 조절, 광선 방지 등의 환경 조절의 목적

① 정형식 식재 : 축선, 대칭 식재, 비스타 구성
  - 단식 : 수형이 우수하고 중량감을 갖춘 정형수를 단독으로 식재
  - 대식 : 시선축의 좌우에 같은 형태, 같은 종류의 나무 두 그루를 한 짝으로 대칭 식재
  - 열식 : 같은 형태와 종류의 나무를 일정한 간격의 직선상에 식재하는 수법
  - 교호 식재 : 두 줄의 열식을 서로 어긋나게 배치하여 식재열의 폭을 늘리기 위한 수법
  - 집단 식재 (군식) : 수목을 집단적으로 일정한 간격을 두어 심어, 식재한 지역을 완전히 덮어 버리는 수법으로 하나의 덩어리로써 질량감을 필요로 하는 경우에 이용

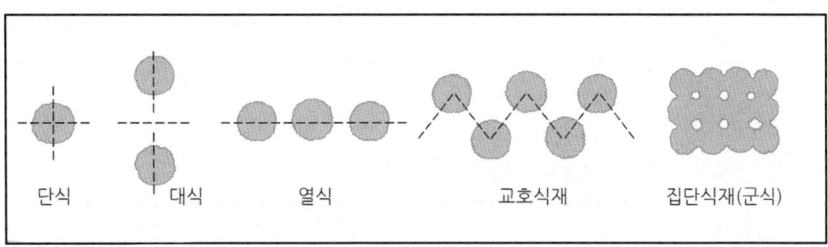

② 자연식 식재(자연풍경식 식재) : 비대칭적 균형감, 안정된 심리적 질서감에 기초
- 사실적 식재(영국 풍경식 정원) : 윌리엄 로빈슨의 야생원(wild garden), 벌 막스의 암석원(rock garden)
  - 부등변 삼각형 식재: 크기나 종류가 다른 세 그루의 나무를 부등변 삼각형 3개의 꼭짓점 위치에 식재하여 서로 균형을 이루고 자연스럽게 보이도록 식재하는 수법
  - 임의 식재 : 부등변 삼각형 식재의 삼각망을 순차적으로 확대, 연결하는 수법
  - 무리 심기 : 자연 상태의 식생 구성을 모방하여, 수종, 크기, 수형이 다른 두 가지 이상의 수목을 모아 무더기로 한 자리에 식재하는 수법
  - 배경 식재 : 의도하는 경관을 두드러지게 보이도록 하기 위해 그 경관의 후방에 식재군을 조성하여 배경을 구성하는 수법

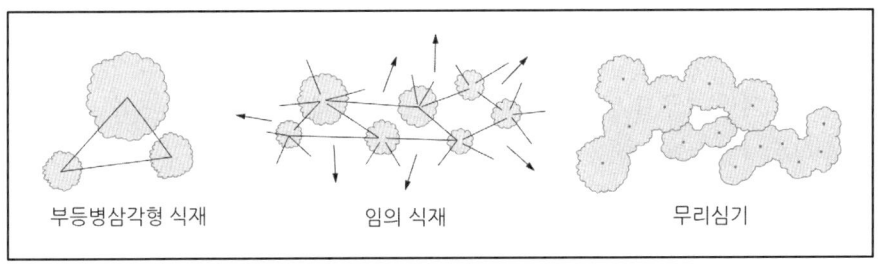

③ 자유식 식재 : 기능 중시, 단순한 배식, 적은 수의 우량목으로 요점 식재, 직선 형태가 많음
- 자유로운 형식, 설계자의 아이디어에 의해 새로운 식재 형식 창조
  - 루버형, 번개형, 아메바형, 절선형 등

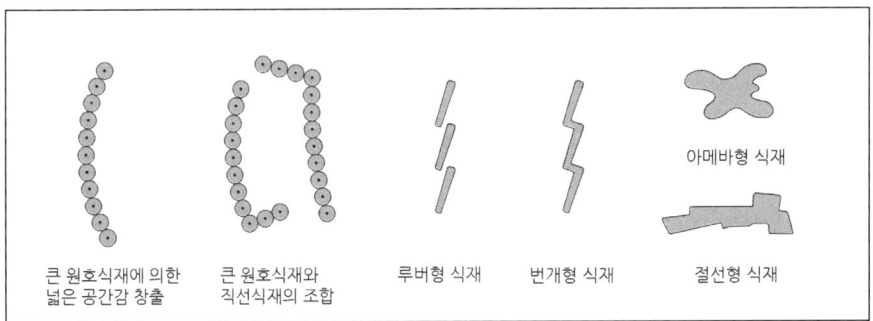

④ 군락 식재
- 식물 군락을 성립시키는 외적 환경 요인

기후 요인	기온, 광선, 수분, 바람
토양 요인	토질, 토양 수분, 토양 동물, 토양 미생물
생물적 요인	벌목, 경작, 방목, 답압

- 식물 군락을 성립시키는 내적 환경요인

경합	자기보존에 필요한 공간과 광선, 수분을 확보하기 위해 개체 간 또는 공간에 경합이 생겨 그 결과 개체 또는 종이 변천하는 현상
공존	생존상의 요구 조건이 어느 정도 일치하는 식물 사이에 있어서는 하나의 기반으로 공동으로 이용하는 형태로 집단생활을 영위

- 생태학(ecology)

개체군 생태학	• 특정 공간을 점유하고 있는 동일종의 단위생물집단을 연구 • 지표종 : 환경 변화 현재의 상태를 가르쳐 주는 종
군집 생태학	• 특정 지역 혹은 물리적 서식지에 살고 있는 개체군의 집단을 연구 • 식물군집의 수직적 층화 (상층 → 중층 → 하층) • 추이대 : 산림과 주변 개활지, 초지와 산림, 해상과 육상 등과 같이 둘 이상의 이질적인 군집의 경계부 • 주연부 효과(가장자리 효과, edge effect) : 추이대가 형성되면 가장자리 효과라는 것도 나타나는데, 이는 경계 부근에 다양한 종류의 생물들이 서식하고 종풍부도와 밀도가 높아지는 경향을 말함

- 생태적 천이
    - 천이 : 일정한 땅에 있어서의 식물 군락의 시간적 변화 과정
    - 극상 : 생물 집단이 생성-발전-안정되는 과정에서 최종적으로 도달하는 안정되고 영속성 있는 단계(climax)
    - 천이 과정 : 나지 - 1년생 초본 - 다년생 초본 - 음수 관목(양수 관목) - 양수 교목 - 음수 교목
- 식생에 대한 인간의 영향

자연식생	인간에 의한 영향을 입지 않고 자연 그대로의 상태로 생육하고 있는 식생
원식생	인간에 의한 영향을 받기 이전의 자연 식생
대상식생	인간에 의한 영향으로 대치된 식생, 인간의 생활 영역 속에 현존하는 대부분의 식생
잠재자연식생	변화된 입지 조건하에 인간에 의한 영향이 제거되었다고 가정할 때 성립이 예상되는 자연식생

- 식생 조사
    - 식물종의 조합과 입지조건이 균질하며 군락이 가장 잘 발달한 지역 선정
    - 조사 구역 : 교목림 150~500㎡, 관목림 50~200㎡

피도	조사 구역 내 존재하는 각 식물종이 차지하는 수관의 투영면적 비율
밀도	단위면적당 개체 수
빈도	전체 조사구에서 어떤 종의 출현 정도
수도	어떤 종이 출현한 조사구에서의 총 개체 수
식생조사 방법	쿼트라드법, 접선법, 포인트법, 간격법

- 군락식재 설계
    - 현존 식생이 자연 식생인지 대상 식생인지 조사하여 잠재 자연식생을 파악
    - 군락의 기본 단위인 군집을 본보기로 식재

(3) 식재 기반 조성 기준

(잔디 초본 15~30, 소관목 30~45, 대관목 45~60, 천근성 60~90, 심근성 90~150cm)

① 교목 : 키가 큰 나무(토심 심근성 90~150cm 이상, 천근성 60~90cm)

② 관목 : 키가 작은 나무(토심 30~60cm 이상)

③ 지피, 초화류(토심 15~30cm 이상)

(4) 식재 간격, 밀도

성목이 되었을 때 수관나비 확보, 관목류 4본/m^2, 조릿대 10본/m^2, 맥문동 20~30본/m^2

■ 관목, 초화류의 식재밀도

구분	식재 간격(m)	비고
대교목	6	느티나무
중소 교목	4.5	단풍나무
작고 성장이 느린 관목	0.45~0.6	회양목
크고 성장이 보통인 관목	1.0~1.2	철쭉
성장이 빠른 관목	1.5~1.8	나무수국
산울타리용 관목	0.25~0.75	쥐똥나무
지피, 초화류	0.2~0.3	잔디

■ 관목의 식재 밀도

W0.6/m^2 : 4주, W0.5/m^2 : 5주, W0.4/m^2 : 6주, W0.3/m^2 : 10주

(cf. W0.5/m^2 : 4주로 계산하기도 함)

군식(무리심기)하는 수목은 식재밀도(단위 면적당 식재되어지는 그루 수)를 식재 면적에 곱하여 수량 산출

예 가로 2m×세로 50m의 공간에 H0.4×W0.5 규격의 영산홍으로 산울타리를 만들 때 사용되는 관목의 수량은?
- 영산홍의 폭은 0.5m이므로 1㎡당 4주 식재할 수 있음.
- 식재 공간은 2m×50m = 100㎡ 임
- 100㎡×4그루 = 400주

2) 시설물 설계

안내표지, 휴식시설, 편익시설, 조명시설, 경계시설, 관리시설, 놀이시설, 운동시설, 도로, 주차시설 등

(1) 휴게시설

① 퍼걸러(그늘 시렁)
- 기둥과 보로 구성, 그늘 제공, 높이 220~260cm, 해가림 덮개 투영 밀폐도는 70%
- 높이에 비해 넓이가 약간 넓게 축조
- 경관의 초점이 되는 곳, 조망이 좋고 한적한 곳, 건물에 붙여서 만들어진 테라스 위
- 통경선이 끝나는 부분이나 공원의 휴게 공간 및 산책로의 결절점에 설치
- 하지의 12~14시 기준으로 내부 벤치 위치 결정

② 벤치
- 폭 2.5m 이하 산책로 변에는 1.5~2m 포켓 공간에 배치 / 휴지통과의 이격 거리는 0.9m, 음수전과는 1.5m
- 공공 공간에는 고정식, 정원 등 관리 쉬운 곳은 이동식 배치
- 등받이 각도 95~110°, 앉음판 H=35~40cm(45cm 내외), W=38~45cm, 2인용 벤치 1.2m
- 벤치 2~4개당 휴지통 1개, 20~60cm 간격마다 1개

③ 그늘막(쉘터)
- 기둥과 지붕, 비바람과 햇볕 / 처마 높이는 250~300cm

(2) 놀이시설 : 북향 또는 동향
- 그네, 회전 무대 등 충돌위험 시설은 통과 동선과 겹치지 않도록
- 통과 동선에 로프, 전선이 비스듬하지 않게

- 철봉, 사다리 등 추락지점과 그네, 회전무대의 착지점에 다른 시설 설치가 안 되도록
- 미끄럼틀 등 2m 넘는 시설물은 인접 주택과 정면 배치 피함.
- 심토층 배수시설은 평균 5m 간격으로 배치

① 미끄럼대
- 높이 1.2m(유아용)~2.2m(어린이용) / 활주판과 지면각도 30~35° / 미끄럼판 폭 40~45cm
- 착지판 길이 50㎝ 이상, 바깥쪽으로 2~4° 기울기, 착지면 높이 10㎝ 이하

② 그네
- 높이 2.3~2.5m, 길이 3.0~3.5m, 폭 4.5~5.0m / 그네 줄 길이 150cm / 안장과 모래밭과의 높이 35~45cm
- 그네 보호책 : 그네 길이보다 최소 1m 이상 이격, 높이 60cm 기준

③ 모래밭 : 안전을 고려하여 최소 30.5cm로 설계

(3) 관리시설

① 경계시설
- 볼라드(단주) 차량 진입을 막을 수 있게 설계, 높이 30~70cm
- 울타리 : 단순 경계표시 0.5m 이하 / 소극적 출입통제 0.8~1.2m / 적극적 침입방지 1.5~2.1m

② 음수대 : 그늘진 곳, 습한 곳 제외 / 지수전은 음수대 가까이 설치
- 어린이용 45~50cm, 성인용 60~70cm, 발판 10~15cm 기준

(4) 운동시설

장축을 남북 방향 / 그라운드의 장축 방향과 주풍향이 일치하도록
- 기울기 거의 없음(배수 구배 0.5% 정도) / 심토층 배수관은 트랙의 양측면, 라인의 바깥쪽 설치

3) 구조물 설계

(1) 범위

화단, 연못, 벽천, 분수, 옹벽, 옥외계단, 경사로, 플랜터 등

(2) 설계 원칙

안전, 수경, 상징성, 주변 환경과 조화

(3) 설계 요소

① 옥외 계단 : 높이 h, 너비 w일 때 2h+w=60~65cm
　　　　　　　단높이 18cm 이하, 단너비 26cm 이상 / 물매 : 30~35°
　㉠ 1인용 너비 90~110cm, 2인용 130cm, 계단의 높이 3~4m 이내
　㉡ 계단참 : 높이 2m 넘는 계단에는 2m 이내마다 너비 120cm 이상의 참
② 신체장애자 경사로 : 너비 1.2m 이상(최소 폭 90cm이상), 적정 너비는 1.8m
　㉠ 물매 5.5~8.3% 이내(1/18~1/12), 8% 이상일 경우 난간 설치(6% 이상에서는 거친 노면 포장 : 미끄러짐 방지)
　㉡ 연속 경사로의 길이는 30m마다 1.5m×1.5m 이상 참 설치
　㉢ 계단 따라서 자전거를 끌어올리는 식의 경사로는 25%까지 높여도 가능
③ 플랜터(길거리 대형 화분) : 교목 70~90cm, 관목 45~60cm 너비와 높이
④ 주차 공간
　㉠ 표면 배수를 위해 2% 물매
　㉡ 승용차 1대 주차공간은 2.3m 이상 × 5.0m 이상(장애인의 경우 3.3m 이상 × 5.0m)
　㉢ 경사진 대지에서는 단 차를 활용한 지하차고 설치
　㉣ 지하차고 설치 시 폭 3~4m, 길이 6~7m, 높이 2.2m~2.4m 확보
⑤ 수경시설
　㉠ 연못 : 바닥을 점토, 콘크리트 등으로 방수 / 수위 조절을 위한 월류구(over flow) 고려
　㉡ 분수 : 수심은 보통 35~60cm / 수조 너비는 분수 높이의 2배, 바람 영향 있는 곳은 분수 높이의 4배
　㉢ 벽천 : 실내나 옥외 벽에 물이 흘러내리게 만든 천 / 지형의 높이차 이용 / 좁은 공간, 경사지 벽면 이용

　　[TIP] 벽천(인공폭포)의 3요소
　　　　㉠ 토수구 : 청동 → 구리+주석(관), 황동 → 구리+아연
　　　　㉡ 벽면(FRP) : 유리섬유, 강화섬유
　　　　㉢ 수반(물받이) : 콘크리트 등의 받침(깊이는 0.5m 이상 유지)

⑥ 원로 폭 : 1인 최소 75cm, 2인 나란히 통행 1.5~2.0m, 횡단구배 2%(배수 목적), 종단 구배 10%

3 정원 설계

1) 주택 정원

전정(대문에서 현관 사이), 주정(거실 쪽, 가족 휴식 장소), 후정(사생활 보장), 작업정(시각적 차폐)

(1) 앞뜰 공간 구성

① 대문에서 현관에 이르는 공간(공공성 강한 성격), 인상적으로 설계, 4계절의 변화를 느끼도록
② 주요 시설물 : 포장된 원로, 조명등, 차고, 울타리 등
③ 원로는 입구로서의 단순성 강조
④ 현관까지의 원로 폭 : 1~1.5m, 자동차 통행의 경우 2.5m
⑤ 원로바닥 : 자연석, 판석, 화강석, 콘크리트, 벽돌

(2) 안뜰 공간 구성

① 응접실이나 거실 쪽에 면한 뜰로 옥외생활을 즐길 수 있는 곳
② 주요 시설물 : 퍼걸러, 정자, 목재 데크, 벤치, 야외 탁자, 바비큐장, 연못이나 벽천의 수경시설, 놀이 및 운동시설

(3) 작업뜰 공간 구성

① 부엌, 장독대, 세탁장소, 창고 등에 면해 위치한 곳
② 주요 시설물 : 장독대, 쓰레기통, 빨래 건조대, 채소밭, 창고
③ 통풍과 채광, 배수에 유의, 벽돌이나 타일로 포장
④ 경계부에 차폐를 위한 소교목 심기, 초화류 화단, 시각적 아름다움보다 기능적 측면 강조

(4) 뒤뜰 공간 구성

① 사생활 보장되도록 구성, 놀이터나 운동공간으로 조성
② 부지 좁은 경우 통로의 기능만
③ 채소나 과수 심기, 어린이놀이터나 운동공간으로 이용

2) 학교정원

겨울철에도 4시간 이상의 일조 필요, 마사토 등 배수 용이

(1) 학교 조경의 수목 선정 기준

① <u>생태적 특성</u> : 학교가 위치한 지역의 기후, 토양 등의 환경 조건에 맞도록 선정
② <u>경관적 특성</u> : 학교 이미지 개선에 도움이 되며 계절 변화를 느낄 수 있도록 개화시기와 꽃, 단풍 고려
③ <u>교육적 특성</u> : 교과서에 나오는 수목 선정, 학생과 교직원들이 선호하고 해가 되지 않는 수목
④ <u>경제적 특성</u> : 구입하기 쉬운 수목 선정, 병충해 적고 관리하기 쉬워 관리비 절감이 가능한 수목 선정

3) 공장정원

근로자에게 쾌적한 공간 / 주민에게 공기정화, 소음차단으로 친근감, 안정감 부여

4) 옥상정원

① <u>하중</u> → 옥상 정원의 식재 지역은 전체 면적의 1/3 이하
② <u>경량재 사용</u> : 건축물의 하중을 줄이고, 식재의 적정 토심을 유지하게 하기 위하여 단위 중량을 낮추고, <u>보비성이 없으나 다공질로 보수성, 통기성, 투수성 좋음.</u>
③ <u>경량토</u> : 버미큘라이트, 피트모스, 펄라이트, 회토류, 부엽토, 화산재(흙을 가열, 병충해 방지)
④ <u>토심 45~60cm</u>
⑤ <u>가장 좋은 나무 : 수수꽃다리(라일락), 영산홍, 철쭉, 회양목, 홍단풍, 반송, 곰솔 등</u>
⑥ 옥상 녹화용 방수층 및 방근층 시공 시 유의사항

요인	방법
바탕제의 거동에 의한 방수층의 파손	• 콘크리트 등 바탕제가 온도 및 진동에 의한 거동 시 방수층 파손이 없을 것 • 합성고분자계, 금속계 또는 복합계 재료 사용 • 거동 흡수, 절연층의 구성
배수층 설치를 통한 체류수의 원활한 흐름	• 방수층 위에 플라스틱계 배수판 설치
체류수에 의한 방수층의 화학적 열화	• 방수재의 종류 및 재질 선정 • 방수재 위에 수밀 코팅 처리
녹화 공사 및 조경 수목의 뿌리에 의한 방수층의 파손	• 방수재의 종류 및 재질 선정 • 방근층의 설치

5) 도시공원

(1) 도시공원의 기능

① 자연경관 보호
② 시민의 보건 휴양, 정서 생활 향상
③ 공해의 감소
④ 도시 발전, 공중의 안녕과 질서 및 공공 복리 증진

[TIP] 도시공원 및 녹지 등에 관한 법률
허가를 받지 아니하거나 허가받은 내용을 위반하여 도시공원 또는 녹지에서 시설·건축물 또는 공작물을 설치한 자는 1년 이하의 징역 또는 1천만 원 이하의 벌금 부과

[TIP] 도시공원 녹지 중 수림지 관리
하예 : 식재한 묘목의 생육을 방해하는 잡초목을 자르는 작업
제벌 : 산림에서 불필요한 수종을 제거하는 작업

[TIP] 녹지의 형태 구분

구분	특징
완충 녹지	대기 오염, 소음, 진동, 악취 등 공해와 각종 사고나 자연 재해 등을 방지하기 위하여 설치하는 녹지
경관 녹지	도시의 자연적 환경을 보전하거나 이를 개선하고 이미 자연이 훼손된 지역을 복원·개선함으로써 도시 경관을 향상시키기 위하여 설치하는 녹지
연결 녹지	도시 안의 공원, 하천, 산지 등을 유기적으로 연결하고 도시민에게 산책 공간의 역할을 하는 등 여가·휴식을 제공하는 선형의 녹지

[TIP] 공원 녹지 계통의 형식
- 분산식 : 녹지대가 분산 배치
- 환상식 : 도시를 중심으로 환상 상태로 조성
- 방사식 : 도시를 중심으로 외부로 방사상으로 조성, 내·외부의 관련 좋음, 재난 시 빠른 대피 가능
- 위성식 : 녹지 조성 후 녹지대에 소시가지 조성
- 평행식 : 띠 모양으로 평행하게 조성
- 방사환상식 : 방사식과 환상식을 절충한 형태로 가장 이상적

[도시공원의 유형과 특성]

구분			유치 거리	규모	공원시설 부지면적
생활권 공원	소공원		제한 없음	제한 없음	20% 이하
	어린이공원		250m 이하	1,500㎡ 이상	60% 이하
	근린	근린생활권 근린공원	500m 이하	1만㎡ 이상	40% 이하
		도보권 근린공원	1,000m 이하	3만㎡ 이상	40% 이하

구분		유치 거리	규모	공원시설 부지면적
공원	도시지역권 근린공원	제한 없음	10만㎡ 이상	40% 이하
	광역권 근린공원	제한 없음	100만㎡ 이상	40% 이하
주제공원	역사공원	제한 없음	제한 없음	제한 없음
	문화공원	제한 없음	제한 없음	제한 없음
	수변공원	제한 없음	제한 없음	40% 이하
	묘지공원	제한 없음	10만㎡ 이상	20% 이상
	체육공원	제한 없음	1만㎡ 이상	50% 이하
	도시농업공원	제한 없음	1만㎡ 이상	40% 이하

(2) 생활권 공원

① 소공원 : 어린이공원보다 작은 규모(규모의 제한 없음)

② 어린이 공원

㉠ 어린이의 보건, 정서생활 향상

㉡ 모험 놀이터, 교통공원, 복합놀이시설

㉢ 유치 거리 250m 이하, 면적 1,500㎡ 이상

㉣ 어린이 공원 공간 구성
- 동적 놀이 공간은 경사진 곳을 만들기 위해 낮은 동산을 조성, 동적, 정적 놀이공간은 구분하여 조성
- 놀이공간은 햇빛이 잘 드는 곳에 잔디밭, 모래밭을 설치
- 휴게 및 감독 공간은 잘 보이고 아늑한 곳에 조성

㉤ 놀이 면적은 전면적의 60% 이내
- 그네 : 대지 외곽에 배치하되 태양과 마주보지 않게 벽이나 울타리로 분리
- 미끄럼대 : 북향으로 하는 것이 바람직하며, 스테인리스 재료.
  남향은 뜨거움, 각도 30~35°
- 500세대 이상일 경우 음수전과 화장실은 반드시 설치

㉥ 어린이 공원 식재 설계 기준
- 병해충에 강하고, 유지관리가 용이한 수종
- 아름답고 냄새 및 가시가 없는 수종
- 보호자 및 보행자의 관찰이 가능하도록 밀식 피함.
- 녹음을 위한 낙엽성 교목

③ 근린공원 : 근린주구에만 설치하는 공원

1개 초등학교를 유지할 수 있는 인구 약 5,000명 정도, 면적은 반지름 400m 크기의 주거단위

㉠ 근린주구에 거주하는 모든 주민의 보건, 휴양, 정서생활 향상에 기여

㉡ 휴식, 운동, 동물원, 식물

㉢ 설계 기준
- 유치 거리 500m 이하, 공원 면적 10,000㎡ 이상
- 보다 광역적일 때는 유치 거리 1,000m, 공원 면적 30,000㎡ 이상
- 공원 면적의 40% 이내로 시설물 설치
- 필수 시설 : 도로, 광장, 관리시설, 주차장(4% 이하의 경사를 준다.)

(3) 주제 공원

생활권공원 외 다양한 목적으로 설치되는 공원

① <u>묘지공원 : 묘지 이용자에게 휴식 제공, 묘지와 공원시설을 혼합하여 설치하는 공원</u>
  <u>㉠ 위치 : 도시 외곽의 교통 편리한 곳</u>
  <u>㉡ 규모 : 100,000㎡ 이상(소도시나 납골당은 제외)</u>
  <u>㉢ 정숙하고 밝은 곳에 조성, 일반 교통 노선이 통과하지 않도록 함.</u>
  <u>㉣ 시설 : 놀이시설, 전망대, 화장실 등(시설 면적은 대상 면적의 20% 이상)</u>

② 역사공원 : 도시의 역사적 장소나 시설물, 유적 유물 등을 활용하여 도시민의 휴식, 교육 목적으로 설치

③ 문화공원 : 도시의 각종 문화적 특징 활용, 도시민의 휴식, 교육 목적

④ 수변공원 : 도시의 하천변, 호수변 등 수변 공간 활용

⑤ 체육공원 : 운동경기, 야외활동 등 체육활동, 시설 지역 면적은 대상 면적의 50% 이하, 규모 : 10,000㎡

6) 자연공원

(1) 자연공원의 성격

① <u>자연 풍경, 야생 그대로의 동식물상을 포함한 광대한 자연지역, 자연을 보호하면서 야외 레크리에이션으로 활용</u>

② <u>국립공원(환경부장관), 도립공원(특별시장, 광역시장, 특별자치시장, 도지사), 군립공원 (시장, 군수, 구청장)</u>

③ <u>자연공원법 분류 및 지정관리(**cf.** 지질공원 : 환경부장관 인증)</u>

[TIP] 우리나라 국립공원 : 지리산, 경주, 계룡산, 한려해상, 설악산, 속리산, 한라산, 내장산, 가야산, 덕유산, 오대산, 주왕산, 태안해안, 다도해 해상, 북한산, 치악산, 월악산, 소백산, 월출산, 변산반도, 무등산(총 21개)

(2) 자연공원의 발생

① 1865년 : 미국 캘리포니아 요세미티 공원 → 최초의 자연 공원(현재, 국립공원 지정)
② 1872년 : 미국 몬테나 주의 옐로스톤 국립공원 → 최초의 국립공원
③ 1967년 12월 : 지리산 국립공원 → 우리나라 최초의 국립공원
④ 1982년 6월 : 설악산 국립공원 → 유네스코에서 국제 생물권 보존지역 지정(2003년 한라산 등록)
⑤ 용도지구계획

공원자연보존지구	• 특별히 보호할 필요가 있는 지역 • 생물다양성이 특히 풍부한 곳 • 자연생태계가 원시성을 지니고 있는 곳 • 특별히 보호할 가치가 높은 야생 동식물이 살고 있는 곳 • 경관이 특히 아름다운 곳
공원자연환경지구	• 공원자연 보존지구의 완충공간으로 보전할 필요가 있는 지역
공원마을지구	• 마을이 형성된 지역으로서 주민생활을 유지하는 데 필요한 지역
공원문화유산지구	• 「문화재보호법」에 따른 지정문화재를 보유한 사찰과 「전통사찰의 보존 및 지원에 관한 법률」에 따른 전통사찰의 경내지 중 문화재의 보전에 필요하거나 불사에 필요한 시설을 설치하고자 하는 지역

7) 골프장 조경 설계

(1) 공간구성

① 남북 방향으로 설계, 방위(방향)는 잔디를 위해 남사면, 남동사면
② 18홀의 경우 : 쇼트홀 4홀, 미들홀 10홀, 롱홀 4홀
③ 9홀의 경우 : 쇼트홀 2홀, 미들홀 5홀, 롱홀 2홀

(2) 소요면적

평탄지 18홀 60~70만㎡, 구릉지 80~100만㎡

(3) 홀의 구성

표준으로 18홀(4개의 짧은 홀+10개의 중간 홀+4개의 긴 홀)

① 티(tee) : 출발점 지역(1~2% 경사, 면적 400~500㎡)
② 그린(green) : 종점 지역(2~5% 경사, 면적 600~900㎡), 벤트그래스 사용
③ 페어웨이(fair way) : 티와 그린 사이에 짧게 깎은 잔디 지역(2~10% 경사, 25% 이상 피함)
④ 러프(rough) : 페어웨이 주변의 풀을 깎지 않은 초지(거친 지역)
⑤ 하자드(hazard) : 장애지역, 연못, 하천, 계곡, 냇가 등의 장애 구역, 수목 등으로 코스의 변화성 부여
⑥ 벙커(bunker) : 모래웅덩이, 티에서 바라볼 수 있는 곳에 설계
  ㉠ 많이 쓰는 잔디 : 들잔디(티, 페어웨이, 러프)
  ㉡ 그린에 쓰이는 잔디 : 벤트그래스

8) 사적지 조경 설계

① 경내는 엄숙하고 전통적 분위기
② 경관 조성은 기존 경관 그대로 보존하면서 전통적 수종
③ 수목 식재 금지 구역 : 묘담 내, 묘역 앞 면, 성의 외곽, 회랑이 있는 사찰 내, 건물 가까이, 석탑 주변
④ 식재 구역 : 묘담 밖 배후 지역, 성곽 하층부, 후원 등
⑤ 계단 : 화강암이나 넓적한 자연석 이용(통나무 계단 등), 경사지는 화강암 장대석 사용
⑥ 모든 시설물에 시멘트를 노출시키지 않는다.

9) 기타 레크리에이션 시설

① 리조트 : 일상 생활권에서 일정 거리 이상 떨어져 자연환경 속 위치, 정적 공간+활동적 레크리에이션이 더해진 형태
② 마리나 : 계류 시설, 보관 수리 시설 등이 완비, 요트나 보트 이용 레크리에이션을 위한 해양성 유흥지
③ 해수욕장 : 맑은 날 많고, 기온 24℃ 이상, 수온 23~25℃, 풍속 5~10m/sec 이하
④ 스키장 : 북동향 사면 가장 좋음, 슬로프 면적 15° 경사면 기준으로 1인당 150㎡ 필요, 최소 100㎡(리프트 경사는 30°이하, 폭은 5~7m)

4 조경미학

1) 경관 구성 요소

(1) 경관 구성의 기본 요소(우세 요소) : 점, 선, 형태, 크기와 위치, 질감, 색채 등

① 점 – 사물을 형성하는 기본 요소(한 점 : 주의력 집중 / 두 점 : 시선 양쪽 분산)
② 선 – 직선(남성적, 단호함), 지그재그선(유동적, 활동적, 여러 방향 제시), 곡선(부드럽고 여성적, 우아함)
　　예 직선 가운데 중개물이 있으면 없는 때보다 길게 보임. 베르사이유 궁원은 직선이 지나치게 강해 압박감 발생
③ 형태 – 기하학적 형태(도시경관 / 직선적, 규칙적 구성)
　　　　자연적 형태(자연경관 / 곡선적, 불규칙적 구성) 자연경관의 산, 하천, 수목 등과 같은 자연적 형태
　　[TIP] 경관 구성에 가장 중요한 역할 : 지형
④ 크기와 위치 – 크기가 크고, 높은 곳에 위치할수록 지각 강도가 높아짐.
　스카이라인 – 물체가 하늘을 배경으로 이루어지는 윤곽선
⑤ 질감 – 물체의 표면이 빛을 받았을 때 생겨나는 밝고 어두움의 배합률에 따라 시각적으로 느껴지는 감각
　㉠ 지표 상태 : 잔디밭, 농경지, 숲, 호수 등 각각 독특한 질감
　㉡ 관찰 거리 : 멀어질수록 전체의 질감 고려
　㉢ 거칠다 ↔ 섬세하다(부드럽다)로 구분
　　예 소나무, 철쭉, 회양목 : 부드럽다(잎) – 작다 / 플라타너스, 오동나무, 칠엽수, 태산목 : 거칠다(잎) – 크다
⑥ 색채 – 따뜻한 색 : 빨강, 주황, 노랑(전진, 정열, 온화, 친근한 느낌)
　　　　– 차가운 색 : 초록, 파랑, 남색(후퇴, 지적, 냉정, 상쾌한 느낌)
　㉠ 생동하는 분위기 : 봄철의 노란 개나리꽃, 가을의 붉은 단풍
　㉡ 차분하고 엄숙한 분위기 : 침엽수림이나 깊은 연못의 검푸른 수면
⑦ 스파늉 – 점, 선, 면 등의 요소에 내재하고 있는 창조적인 운동을 의미하는 힘
　점, 선, 면 구성 요소가 2개 이상 배치되면 상호 관련에 의해 발생되는 동세
⑧ 농담 – 투명한 정도(연못보다 시냇물, 향나무보다 느티나무나 은행나무의 농도가 짙음)
⑨ 대비 – 색채나 형태, 질감 면에서 서로 달리하는 요소가 배열될 때의 아름다움
　　[TIP] 지각 강도 높음 : 낮음
　　　　(사선 : 수평선, 따뜻한 색 : 차가운 색, 동적 상태 : 정적 상태, 거친 질감 : 섬세하고 부드러운 질감)

2) **경관 구성의 가변 요소 : 광선, 기상, 계절, 시간 등**

　① 광선 – 형태의 지각을 가능하게 함
　② 기상 조건 – 경관 변화, 눈, 비, 안개

③ 계절 – 색채와 형태 분위기 변화
④ 시간 – 해 뜰 때, 낮은 활기, 저녁노을의 분위기
⑤ 기타 – 운동 거리, 관찰 거리, 규모 등이 경관 관여

3) 경관 요소

(1) 점, 선, 면적인 요소

① 점 – 외딴 집, 정자나무, 독립수, 분수, 음수대, 조각물, 휴지통
② 선 – 하천, 도로, 가로수, 냇물, 원로, 산울타리(서로 이질적인 요소가 만나서 생기는 경계 / 해안선, 수평선, 지평선)
③ 면 – 호수, 경작지, 초지, 전답, 운동장

(2) 수평, 수직적인 요소

① 수평 – 저수지, 호수, pool, 연못 등
② 수직 – 전신주, 굴뚝, 남산타워 등

(3) 닫힌 공간, 열린 공간

① 닫힌 공간 – 위요 공간(중간이 낮은 공간)
② 열린 공간 – 개방 공간

(4) 랜드마크 – 지형 공간(식별성이 높은 지형, 지물 등의 지표물 / 산, 탑, 빌딩 등)

통경선 – 프랑스의 비스타(vista), 좌우로의 시선 제한, 전방의 일정 지점으로 시선 집중

4) 경관 구성의 원리

(1) 경관의 유형

① 파노라마 경관(전 경관)
㉠ 시야가 제한 받지 않고 멀리 트인 경관, 자연의 웅장함과 아름다움을 느낌
㉡ 높은 곳에서 내려다보이는 경관(조감도적 성격)
② 지형 경관 : 인간적 척도(human scale)에 해당되지 않음.
㉠ 지형, 지물이 경관에서 지배적인 때, 설악산 울산바위
㉡ 산봉우리, 절벽, 주변 환경의 지표(Landmark 지형, 지물), 지형에 따라 신비함 경외
③ 위요 경관

㉠ 수목 또는 경사면 등의 주위 경관 요소들에 의해 울타리처럼 둘러싸인 경관, 숲속의 호수
㉡ 안정감, 포근함 등의 정적인 느낌을 주나 중심 공간의 경사도가 증가할수록 동적인 느낌
㉢ 시선의 주의력을 끌 수 있어 소규모의 지형도 경관으로서 의의를 갖게 함.

④ 초점 경관
㉠ 관찰의 시선이 경관 내의 어느 한 점으로 유도되도록 구성된 경관
㉡ Vista 경관, 통경선, 강한 시각적 통일성, 안정된 구도, 사람을 초점으로 끌어들이는 힘
㉢ Vista(통경선) : 시점으로부터 부지의 끝부분까지 시선을 집중하도록 한 것
주축선을 따라 설치된 원로의 양쪽에 짙은 수림을 조성하여 시선을 주축선으로 집중시키는 수법

⑤ 관개 경관
㉠ 터널 경관, 수림의 가지와 잎들이 천정을 이루고 수간이 교목의 수관 아래 형성되는 경관
㉡ 숲 속의 오솔길, 밀림 속의 도로, 노폭 좁은 곳의 가로수, 나뭇잎 사이의 햇빛과 그늘의 대비로 인한 신비

⑥ 세부 경관
사방으로 시야가 제한되고 협소한 경관 구성 요소들의 세부적 사항까지도 지각됨.

⑦ 일시적 경관
기상 변화, 수면에 투영된 영상, 동물의 일시적 출현, 무리지어 나는 철새, 계절(설경), 시간성, 자연의 다양성
예 기러기가 날아간다, 안개가 잔뜩 끼었다가 해가 뜨니 없어지더라.

(2) 경관구성의 기본 원칙

① 통일성
- 전체를 구성하는 요소들이 동일성(유사성)을 지니고 유기적으로 조직되며 전체가 시각적으로 통일된 하나로 보이는 것
- 통일성 부여 방법은 가깝게 반복하며 점진적으로 연결성 부여
- 이질적 극단적 변화는 혼란을 주며 통일성을 너무 강조하면 지루함을 느끼게 한다.
예 조경수의 60%까지 소나무로 배식하거나 향나무를 심어 전체를 하나의 힘찬 형태 및 색채 또는 선으로 통일시켰을 때 나타나는 아름다움

㉠ 조화 : 색채나 형태가 유사한 시각적 요소들이 어울리게 함(구릉지의 능선 ↔ 초가 지붕의 곡선)

모양이나 색깔 등이 비슷하면서도 실은 똑같지 않은 것끼리 균형을 유지하는 것
  예 일본의 다정 양식
ⓒ 강조 : 동질 사이에 상반되는 것을 넣어 시각적으로 산만함을 막고 통일감 부여
자연경관의 구조물(절벽과 암자, 호숫가의 정자)은 전체 경관에 긴장감을 주어 통일성이 높아짐.
ⓒ 균형과 대칭
  – <u>균형 : 형태감이나 색채감에서 양쪽의 크기나 무게가 한 쪽으로 치우침 없이 서로 평균이 되어 안정</u>
  – 대칭 균형 : 축을 중심으로 좌우상하로 균등 배치 / 정형식 정원
  – <u>비대칭 균형 : 모양은 다르지만 시각적으로 느껴지는 무게가 비슷하거나 시선을 끄는 정도가 비슷하게 분배되어 균형을 이루는 것(황금 비율) / 자연풍경식 정원 / 개성적, 세련미, 성숙미, 율동감, 유연성</u>
ⓔ <u>반복 : 동일하고 유사한 요소를 같은 양, 같은 간격으로 일정하게 되풀이하여 움직임과 율동감 느끼게 함.</u>
전체적으로 동질성 부여하여 통일성 이룸, 지나친 반복은 단조로움 초래

② 다양성
  ㉠ 비례 : 길이, 면적 등 물리적 크기의 비례에 규칙적인 변화를 주면 부분과 전체의 관계를 보다 풍부하게 한다.
    – 형태, 색채에 있어 양적으로나 혹은 길이와 폭의 대소에 따라 일정한 크기의 비율로 증가 또는 감소된 상태로 배치될 때, 한 부분과 전체에 대한 척도 사이의 조화
    – 피보나치 수열(0, 1, 1, 2, 3, 5, 8...), <u>황금비례(1 : 1.618)</u>, 모듈러(르 코르뷔제 휴먼 스케일을 디자인 원리로 사용), 삼재미(하늘, 땅, 사람의 조화), 수목의 배치나 정원석, 꽃꽂이 등에 널리 이용
  ㉡ 율동 : 각 요소들이 강약, 장단의 주기성이나 규칙성을 지니면서 전체적으로 연속적인 운동감을 나타낸다.
  리듬과 변화는 관련이 있으며 규칙적인 변화가 주기적으로 반복되면 리듬감이 형성된다.
  ㉢ 대비 : 상이한 질감, 형태, 색채를 서로 대조시킴으로서 변화를 두는 것, 특정 경관 부각, 단조로움 탈피, 형태상의 대비(수평면의 호수에 면한 절벽), 색채(녹색 잔디밭에 군식된 사루비아)
    예 소나무의 푸른 수관을 배경으로 한 분홍색 벚꽃
    직선과 곡선, 완만한 시내와 포플러 나무, 푸른 잎과 붉은 잎

ⓔ 점진(점이) : 유사한 것들이 반복되면서 자연적인 순서와 질서를 갖는 것, 점차 커지거나 서서히 작아진다.

※ 점층미
- 화단의 풀꽃을 엷은 빛깔에서 점점 짙은 빛깔로 맞춰 나감 (회화의 농담법)
- 형태, 색깔, 음향 등의 점진적 증가

ⓜ 착시 : 보는 위치, 배치 상태, 형태, 속도, 색채 등에 따라 길이, 방향, 위치, 면적, 속도, 색채 등이 실제와 다르게 느껴지는 부정확한 시각의 형태를 의미한다.

예 백색의 형체가 흑색보다 크고 먼저 보인다. 직선은 수직으로 높을 경우 수평으로 높을 때 보다 길게 느껴진다.

ⓗ 눈가림 : 변화와 거리감을 강조한 동양적인 수법, 좁은 정원을 더 깊이 있고 넓어 보이게 하는 방법이다.

ⓢ 차경 : 멀리 보이는 자연 풍경을 경관 구성 재료의 일부로 이용하는 것, 깊이 있는 정원 조성, 전망 좋은 곳 등

⑥ 색채

먼셀 표색계의 10색상환	
(색상환 그림: 5R 빨강, 5YR 주황, 5Y 노랑, 5GY 연두, 5G 녹색, 5BG 청록, 5B 파랑, 5PB 남색, 5P 보라, 5RP 자주)	• 서로 마주보는 색 빨강-청록, 주황-파랑, 노랑-남색, 연두-보라, 녹색-자주 • 5가지 주요 색상 빨강, 노랑, 녹색, 파랑, 보라

㉠ 구성 요소 : 색의 3요소
- 표기법 : HV/C 순서로 기록 5Y8/10 "5Y 8의 10"으로 읽음.

색상(Hue)	• 3원색의 판이한 차이(적색, 황색, 청색), 유채색에서만 볼 수 있음. • 감각에 따라 식별되는 색, 두 색상 중 빛의 반사율이 높은 쪽이 밝은 색 • R빨강, Y노랑, G초록, B파랑, P보라 5가지 색상으로 구성 • BG청록, PB남색(남보라), RP자주, YR주황, GY연두 5색상 추가하여 기본 10색상
명도(Value)	• 무채색의 검정을 0, 흰색을 10으로 나눈 것으로 11단계로 무채색의 기본적인 단계로 구성 • 색의 밝은 정도, 인지도

	• 흑과 백을 아래위로 놓고 감각적 척도에 따라 균일하게 내어놓은 것을 <u>Gray Scale</u>이라 함.
채도(Chroma)	• 색의 순수한 정도, <u>색의 포화 상태</u>, 색채의 강약을 나타내는 성질 • 무채 축을 0으로 하고 수평 방향을 차례로 번호가 커짐.

ⓛ 색의 진출

진출색	같은 위치이면서도 가깝게 보이는 현상 / 빨강, 주황, 다홍, 귤색, 노랑 / 온화, 친근, 정열적 느낌.
후퇴색	같은 위치이면서도 멀리 보이는 현상 / 청색, 파랑, 남색 / 차가운 느낌, 냉정하고 상쾌한 느낌.

ⓒ 색의 혼합
- <u>가법혼색(가산혼합)</u> : 빨강, 초록, 파랑은 색광의 3원색, 모두 합치면 백색광(명도 높아짐)
- 감법혼색(감산혼합) : 마젠타, 옐로우, 시안이 감법혼색의 3원색, 모두 합치면 검정에 가까운 색(명도 낮아짐)

ⓔ 색의 중량감
- 명도에 따라 좌우
- 가벼운 느낌의 색은 명도가 높은 색일수록 가볍게, 무거운 느낌의 색은 명도가 낮은 색일수록 무겁게 느껴짐.
- 가벼운 색(밝은 색)을 위로 하면 안정, 아래로 하면 불안
- 맑은 하늘, 흰 구름, 흰 종이, 색상환에서 난색 계열의 색은 가벼운 느낌.
- 쇳덩어리, 바위, 색상환에서 한색 계열의 색은 무거운 느낌.
- <u>중량감은 검정, 파랑, 빨강, 보라, 주황, 초록, 노랑, 하양의 순서</u>

ⓜ 색의 대비
- 계속대비 : 어떤 색을 계속 보다 다른 색을 보면 앞 색의 잔상으로 색이 달라져 보이는 현상
- 동시대비 : 두 색을 동시에 보았을 때 색이 달라져 보이는 현상

명도대비	채도대비	색상대비	면적대비	연변대비	명시성	주목성
어두운 바탕 위의 색이 더 밝아 보임. 흑인의 치아가 더 희게 보임.	바탕 채도 낮을수록 선명해 보임. 채도 다른 두 색 인접, 채도 높은 색 더 선명	바탕색 잔상의 영향으로 색상차가 크게 보이는 현상, 심리보색	같은 색이라도 면적이 클수록 명도와 채도가 높아보이는 현상	색과 색의 경계 부분, 흰색과 접하는 경계 부분의 회색이 더 어둡게 보임	멀리서도 눈에 잘 띄는 배색, 위험 알림. 색상, 명도, 채도 차가 클 때 명시도 높음.	색이 자극적이어서 눈에 잘 띄는 색, 보색끼리 배색하면 주목성 높음.

[TIP] 톤 온 톤(tone on tone) 배색 : 벽돌 건축물에 태양광선이 비추는 부분과 그늘진 부분에서 나타나는 배색

ⓑ 색채 이론
- 시인성(명시성) : 어떤 색이나 선, 형태 따위가 그 배경 및 주위와의 관계에서 분명하고 똑똑하게 보이는 정도로 대상이 잘 보이는 정도
대상물과 배경의 명도 차이 클수록, 톤의 차이 클수록 시인성 높음, 교통표지판 색상
- 유목성 : 색이 사람의 시선을 끄는 심리적인 특성, 빨강, 주황, 노랑이 녹색, 파랑보다 눈에 잘 띄는 특성
- 식별성 : 어떤 대상이 다른 것과 서로 구별되는 속성, 지도, 포스터 등 정보의 효과적인 전달에 이용
- 연색성 : 빛을 물체를 비추었을 때 나타나는 빛의 성질, 같은 색도의 물체라도 광원(光源)에 따라 그 색감이 달라지는 성질, 조명광에 의해 물체의 색이 결정되는 광원의 성질
- 메타메리즘 : 광원의 연색성과는 달리 서로 다른 두 가지 색이 하나의 광원 아래에서 같은 색으로 보이는 경우(조건등색)
  예 자연광 아래에서는 같은색으로 보이나 형광등 아래에서는 색이 달라보이는 현상
- 푸르키니에 현상 : 해가 지면서 어두워지면 적색과 황색 계통은 흐려지고, 청색 계통은 선명하게 나타나는 현상
- 잔상 : 자극(대상물)이 사라진 뒤에도 잠시 동안 그대로 망막(網膜)에 남아 있는 시각의 상(像). 잔상에는 눈에 비쳤던 색채의 자극이 없어진 뒤에도 색의 감각이 계속해서 남아 있는 정의 잔상(positive after image)과 그 자극을 제거한 다음 반대의 현상을 볼 수 있는 부의 잔상(negative after image)이 있고 이 잔상은 원래 자극의 세기, 관찰시간과 크기에 비례한다.

- ⓢ 지역색과 풍토색
    - 지역색 : 특정 지역의 습도, 하늘, 흙, 돌 등에 자연스럽게 어울리고 선호되는 색으로 그 지역 주민들이 선호하거나 정체성으로 대변한다.
    - 풍토색 : 환경적 특색을 지닌 지역적 특징의 색으로 토지, 자연이 인간과 어울려 형성된 특유의 풍토가 생활, 문화, 산업에 영향을 주는 색, 토지의 색, 지역의 태양빛, 흙의 색 등
- ⓞ 한국의 색
    - 오방색 : 청(동방), 적(남방), 황(중앙), 흑(북방), 백(서방)
    - 오간색 : 음양오행 사상에서 음에 해당되는 색으로 동, 서, 남, 북, 중앙 사이에 놓이는 색 동방과 중앙의 녹색 / 동방과 서방의 벽색 / 남방과 서방의 홍색 / 북방과 중앙의 유황색 / 북방과 남방의 자색
- ⓩ 인간이 볼 수 있는 가시광선의 파장 : 380~780nm
- ■ 앙각과 시계 : 사람이 서서 눈의 위치를 변경하지 않고 보았을 때 시야의 한계 범위

앙각	종으로 보이는 각도, 보통 18~45° 범위를 볼 수 있으며, 자연스로운 각은 27°
시계	횡으로 보이는 범위, 시점으로부터 중심축을 기준으로 30~45° 범위

- ■ 단순미와 반복미
- 단순미 : 아무 저항 없이 순조롭게 머릿속에 들어올 때 쾌감이 떠오른다.
    - 예 잔디밭, 형상수(토피어리), 독립수의 경관
- 반복미 : 단순미가 되풀이 될 때 발생, 조용하고 변화의 매력이 없다.
    - 예 길가의 가로수, 장식화분을 줄지어 놓았을 때(가로수 6~7m 간격으로 식재)

(3) 경관구성의 기법

① 경관의 형성 기법 : 경관의 기본 골격을 형성하는 요소
- 지형의 변화 : 굴곡의 완화 또는 강조 – 마운딩 설계
- 수목에 의한 구성 : 위요 공간과 교목의 하부에 시선을 열어주는 반투과적인 공간의 형성 기법
- 연못의 형태 : 가능하면 변화를 주어 물과 접촉하는 부분이 많을 것
- 구조물의 형태 : 스카이라인을 해치지 않는 범위에서 조화 추구

② 경관의 연결 기법
- 내, 외부 공간의 연결 – 테라스
- 계단에 의한 연결 – 위치와 방향, 사적 공간의 연결
- 연속적 공간의 구성 – 개방 공간 ~ 전이 공간 ~ 닫힌 공간

③ 경관의 수식 기법
- 패턴 : 1차적 패턴 – 가까이서 느끼는 것, 물체의 부분적인 패턴
  2차적 패턴 – 멀리서 보는 것, 전체의 집합적 패턴
- 인간적 척도 : 손으로 만지고 걷고 앉고 하는 등 인간 활동에 관련된 적절한 규모, 크기를 말함
  기념성 강조 – 의도적으로 큰 규모의 비인간적 척도 도입
- 높은 건물, 구조물 : 교목으로 완화 식재하여 상부를 차단하여 인간적 척도 공간 조성
- 위요, 관개, 세부경관 : 인간 척도 경관이 될 가능성 높다.(친근감)
- 슈퍼그래픽 : 건물벽 전체 건물군 전체를 화폭으로 생각하고 색채 디자인하는 것
- 환경조경 : 표지판 및 옥외 시설물 – 장소의 분위기에 맞도록 통일성 지니며 식별성도 있어야 함.

(4) 경관 형성 우세 원칙
① 대비효과 : 크기, 형태, 색상, 질감, 재료 등의 서로 다른 요소를 나란히 배치하여 서로 다른 점을 강하게 대비하여 두드러지게 하는 것
② 연속효과 : 동일한 요소를 반복함으로써 방향성과 질서, 통일감을 유도하여 사람들의 시선 끌도록 하는 것
③ 축의 설정 : 시점과 종점을 잇는 가상적인 선인 축으로 질서가 강조되어 힘과 질서가 느껴지지만 지나칠 경우 단조로움.
④ 수렴효과 : 축을 설정함으로써 얻어지는 효과로 강력한 시각적 통일감 형성하여 인공적 질서 강조
⑤ 조형효과 : 액자와 같은 틀을 형성하고 그 틀 속에서 경관을 바라보게 하여 불필요한 주변을 차단하고 조망하는 경관에 집중하도록 조성
⑥ 대등효과 : 시각적인 균형감을 부여하기 위한 수단으로 대칭적이거나 비대칭적인 요소를 나란히 배치하여 안정감 느끼게 하는 것

(5) 경관의 이미지(Kevin Lynch 주장)
① 도시 공간을 이루는 물리적 5가지 : 통로, 모서리, 지역, 결절점, 랜드마크
② 인간 환경의 전체적인 패턴의 이해와 식별성을 높이는 데 관계되는 개념
  ㉠ 통로(path) : 연속성, 방향성 제시, 길, 고속도로
  ㉡ 모서리(edges) : 지역과 지역을 갈라놓거나 관찰자가 통행이 단절되는 부분
  ㉢ 지역(district) : 용도면에서 분류(중심지역, 사대문안의 상업지역)

ⓔ 결절점(node) : 도로의 접합점(광장, 로터리)
ⓜ 랜드마크(landmark) : 눈에 뚜렷이 인지되는 식별성 높은 지표물, 주변 경관에 비해 지배적(시계탑, 63빌딩)

조경계획 및 설계

조경일반

01 조경의 설명으로 잘못 된 것은? [2010년2회]
① 급속한 공업화를 도모해서 인간생활을 편리하게 하는 것이다.
② 도시를 건강하고 아름답게 하는 것이다.
③ 옥외에서의 운동, 산책, 휴양 등의 효과를 목적으로 한다.
④ 도시에 자연을 도입하는 것이다.

해설 도시 조경의 목적
- 도시 환경에서 조경의 역할은 자원과 인공물의 조화를 통하여 건강하고 환경 친화적인 도시를 만들고 사회적 교류를 활성화시켜 인간적인 도시사회를 이룩하는 것이다.
- 도시의 정체성 확립을 통하여 개성 있고 아름답고 생태적으로 건강한 도시를 건설하는 것이다.

02 다음 중 조경에 관한 설명으로 옳지 않는 것은? [2013년1회]
① 우리의 생활환경을 정비하고 미화하는 일이다.
② 국토 전체 경관의 보존, 정비를 과학적이고 조형적으로 다루는 기술이다.
③ 주택의 정원만 꾸미는 것을 말한다.
④ 경관을 보존 정비하는 종합과학이다.

해설 우리나라 조경설계기준의 조경의 개념
- 조경은 경관을 조성하는 예술이다. 옥외 공간과 토지를 이용, 보다 기능적이고 경제적이며 시각적인 환경을 조성하고 보존하는 생태적 예술성을 띤 종합과학예술이다.
- 조경의 대상은 정원을 포함한 광범위한 옥외 공간을 대상으로 한다.

03 넓은 의미로의 조경을 가장 잘 설명한 것은? [2014년2회]
① 기술자를 정원사라 부른다.
② 궁전 또는 대규모 저택을 중심으로 한다.
③ 식재를 중심으로 한 정원을 만드는 일에 중점을 둔다.
④ 정원을 포함한 광범위한 옥외 공간 건설에 적극 참여한다.

해설 넓은 의미의 조경은, 정원을 포함한 옥외 공간을 대상으로 조형적으로 다루는 일이고 조경가는 조경을 하는 기술자를 말한다.

04 다음 중 좁은 의미의 조경 또는 조원으로 가장 적합한 설명은? [2016년4회]
① 복잡 다양한 근대에 이르러 적용되었다.
② 기술자를 조경가라 부르기 시작하였다.
③ 정원을 포함한 광범위한 옥외 공간 전반이 주 대상이다.
④ 식재를 중심으로 한 전통적인 조경기술로 정원을 만드는 일을 말한다.

해설
- 넓은 의미의 조경 : 정원을 포함한 옥외 공간 전반을 대상으로 하는 일
- 좁은 의미의 조경 : 식재를 중심으로 한 정원을 대상으로 하는 일

05 '조경가'에 관한 설명으로 부적합한 것은? [2017년 3회]
① 조경가와 건축가의 작업은 많은 유사성이 있다.
② 정원사와 같은 개념이다.
③ 미국의 옴스테드가 처음으로 용어를 사용했다.

정답 01. ① 02. ③ 03. ④ 04. ④ 05. ②

④ 경관을 조성하는 전문가이다.

[해설] 1856년 미국 뉴욕 맨하탄을 중심으로 옴스테드가 센트럴 파크를 건설하면서 도시 공원의 조성에 조경기술자들이 참여하게 되었다. 이 즈음부터 조경기술자는 단순히 정원의 식물을 가꾸는 것뿐만 아니라 광범위한 옥외 공간 설계에 토목, 건축, 도시 및 지역 계획 전문가와 공동으로 참여하게 되었다. 옴스테드는 Landscape gardener(정원사)라는 용어가 정원만을 대상으로 하는 좁은 의미로 사용되고 있어 자신이 하는 직업이 예술성을 지닌 실용적이고 기능적인 생활환경을 만든다는 측면에서 건축가의 작업과 유사성이 있음을 감안하여 Landscape architect(조경가)라는 용어를 사용하게 되었다.

06 조경의 내용 범위에 포함하기 어려운 것은?
[2010년1회]

① 자연보호 ② 도시지역의 확대
③ 경관보존 ④ 공원의 조성

[해설] 조경의 목적
- 인간의 생활환경을 편리하고 안정되게 하여 즐겁고 쾌적한 분위기를 조성할 수 있다.
- 인간이 이용하는 모든 옥외 공간과 토지를 이용하여 개발·창조함에 있어서 보다 기능적이고 경제적이며 시각적인 환경을 조성 및 보존한다.
- 조경은 유용하고 즐거움을 줄 수 있는 환경 조성에 목표를 두고 자원의 보전 및 관리를 고려하며, 문화적·과학적 지식의 응용을 통해 설계, 계획 혹은 토지의 관리 및 자연과 인공 요소를 구성하는 기술이다.

07 다음 조경의 효과로 가장 부적합한 것은?
[2014년4회]

① 공기의 정화 ② 대기오염의 감소
③ 소음 차단   ④ 수질오염의 증가

[해설] 6번 해설 참조

08 현대 도시환경에서 조경 분야의 역할과 관계가 먼 것은?
[2016년1회]

① 자연환경의 보호 유지
② 자연 훼손지역의 복구
③ 기존 대도시의 광역화 유도
④ 토지의 경제적이고 기능적인 이용 계획

[해설] 6번 해설 참조

09 사적인 정원 중심에서 공적인 대중 공원의 성격을 띤 시대는?
[2012년1회]

① 20세기 전반 미국
② 19세기 전반 영국
③ 17세기 전반 프랑스
④ 14세기 후반 에스파니아

[해설] 19세기 영국 정원
- 1830년대의 산업혁명으로 대규모 공업도시가 형성되고 인구가 도시로 유입됨에 따른 도시문제 해결을 위한 법이 제정된다.
- 왕가의 사유 정원을 대중에게 개방하며 공공적 성격의 정원이 시작된다.
- 버큰헤드 공원은 공적 위락용지와 사적 주택단지로 공원을 조성하였고 시민의 힘으로 설립된 최초의 공원으로 도시공원의 계기가 되고 미국의 센트럴 파크 조성에 영향을 미친다.

10 다음 중 19세기 서양의 조경에 대한 설명으로 옳은 것은?
[2015년1회]

① 1899년 미국 조경가협회(ASLA)가 창립되었다.
② 19세기 말 조경은 토목공학기술에 영향을 받았다.
③ 19세기 말 조경은 전위적인 예술에 영향을 받았다.
④ 19세기 초에 도시문제와 환경문제에 관한 법률이 제정되었다.

[해설] 9번 해설 참조
1830년대의 산업혁명으로 대규모 공업도시가 형성되고 인구가 도시로 유입됨에 따른 도시문제 해결을 위한 법이 제정된다.

정답 06. ② 07. ④ 08. ③ 09. ② 10. ④

CHAPTER 01 조경계획 및 설계 기출문제

11 1857년 미국 뉴욕에 중앙공원(Central park)을 설계한 사람은? [2014년2회]
① 하워드 ② 르 코르뷔제
③ 옴스테드 ④ 브라운

해설 옴스테드는 1856년, 미국 뉴욕 맨하탄 중심에 센트럴 파크를 설계한다.

12 다음 중 1858년에 조경가(Landscape architect)라는 말을 처음으로 사용하기 시작한 사람이나 단체는? [2012년5회]
① 르 노트르(Le Notre)
② 미국조경가협회(ASLA)
③ 세계조경가협회(IFLA)
④ 옴스테드(F.L.Olmsted)

해설
- 1858년 조경이라는 전문직업은 '자연과 인간에게 봉사하는 분야이다'라고 조경이라는 용어를 처음 사용한다.
- 옴스테드는 Landscape gardener 대신 Landscape architect라는 말을 처음 사용한다.

13 프레드릭 로 옴스테드가 도시 한복판에 근대 공원의 면모를 갖추어 만든 최초의 공원은? [2010년5회]
① 파리의 테일리 원
② 런던의 하이드 파크
③ 뉴욕의 센트럴 파크
④ 런던의 세인트 제임스 파크

해설 11번 해설 참조

14 19세기 미국에서 식민지시대의 사유지 중심의 정원에서 공공적인 성격을 지닌 조경으로 전환되는 전기를 마련한 것은? [2013년5회]
① 센트럴 파크
② 프랭클린 파크
③ 버큰헤드 파크
④ 프로스펙트 파크

해설 센트럴파크
- 1861년 옴스테드와 캘버트 보에 의해 조성된 최초의 공공적 성격의 도시공원이다.
- 면적이 약 3.41㎢이며 50만 그루 이상의 수목이 식재되었다.

15 다음 중 사적인 정원이 공적인 공원으로 역할전환의 계기가 된 사례는? [2016년2회]
① 에스테장 ② 베르사이유 궁
③ 켄싱턴 가든 ④ 센트럴 파크

해설 14번 해설 참조

16 센트럴 파크(Central park)에 대한 설명 중 틀린 것은? [2012년도4회]
① 19세기 중엽 미국 뉴욕에 조성되었다.
② 르 코르뷔제(Le corbusier)가 설계하였다.
③ 면적은 약 334헥타르의 장방형 슈퍼블록으로 구성되었다.
④ 모든 시민을 위한 근대적이고 본격적인 공원이다.

해설 14번 해설 참조

17 옴스테드와 캘버트 보가 제시한 그린스워드안의 내용이 아닌 것은? [2012년1회]
① 넓고 쾌적한 마차 드라이브 코스
② 차음과 차폐를 위한 주변식재
③ 평면적 동선체계
④ 동적 놀이를 위한 운동장

해설 센트럴 파크 그린스워드안(案)
센트럴 파크는 경관 설계 공모를 통해 1858년 조경가 프레더릭 로 옴스테드(FrederickLawOlmsted)와 건축가 캘버트 복스(CalvertVaux)가 공동 제안한 그린스워드 플랜(GreenswardPlan)이 선정된다.

정답 ▶ 11. ③ 12. ④ 13. ③ 14. ① 15. ④ 16. ② 17. ③

- 입체적인 동선 체계
- 차음, 차폐를 위한 되주부 식재
- 아름다운 자연 경관의 뷰와 비스타 조성
- 건강, 위락, 운동을 위한 드라이브 코스
- 산책, 만남을 위한 전형적인 몰(mall)과 대로
- 교육적 효과 위한 화단과 수목원
- 산책로와 보트타기, 스케이팅을 할 수 있는 넓은 호수

18 다음 중 조경가의 입장에서 가장 우선을 두어야 할 것은? [2011년4회]

① 공공을 위한 녹지의 조성
② 편리한 교통체계의 증설
③ 미개발지의 화려한 개발촉진
④ 상업위주의 도입시설 증설

해설 도시조경의 목적은 도시의 정체성 확립을 통하여 개성 있고 아름다우며 생태적으로 건강한 도시를 건설하는 것이므로 가장 우선을 두어야 하는 것은 공공을 위한 녹지 조성이다.

19 훌륭한 조경가가 되기 위한 자질에 대한 설명 중 틀린 것은? [2013년4회]

① 토양, 지질, 지형, 수문(水文) 등 자연과학적 지식이 요구된다.
② 인류학, 지리학, 사회학, 환경심리학 등에 관한 인문과학적 지식도 요구된다.
③ 건축이나 토목 등에 관련된 공학적인 지식도 요구된다.
④ 합리적인 사고보다는 감성적 판단이 더욱 필요하다.

해설 조경가의 자질
- 식물과 자연과학적 분야에 대한 지식 – 수목, 토양, 지질, 수문, 기후 등
- 공학적 지식 – 건축, 토목
- 아름다운 경관을 상상해낼 수 있는 창의력, 공간지각력, 표현할 수 있는 디자인 감각
- 인문사회과학적 지식 – 인류학, 지리학, 사회학, 환경심리학, 법규
- 컴퓨터 활용능력
- 원활한 의사소통과 원만한 대인관계

- 살아 있는 생명체를 다루고, 인간의 이용을 전제하므로 생명 존중의 사고, 안전과 신뢰에 기반하는 태도와 가치관

20 조경의 직무는 조경설계기술자, 조경시공기술자, 조경관리기술자로 크게 분류 할 수 있다. 그 중 조경설계기술자의 직무 내용에 해당하는 것은? [2012년2회]

① 병해충방제   ② 조경묘목생산
③ 식재공사   ④ 시공감리

해설 조경 직무별 직무 내용

구분	직무 내용
조경설계 기술자	• 도면제도, 전산응용설계 (CAD) • 기본계획수립, 세부디자인, 스케치 • 물량산출 및 시방서 작성, 시공감리
조경시공 기술자	• 공사업무, 식재공사시공, 시설물 공사시공 • 설계변경, 적산 및 견적 • 조경시설물 및 자재의 생산
조경관리 기술자	• 조경수목 생산 및 관리, 병충해 방제 • 피해수목 보호 및 처리, 전정 및 시비 • 공원녹지 관리 행정

21 컴퓨터를 사용하여 조경제도 작업을 할 때의 작업 특징과 가장 거리가 먼 것은? [2014년5회]

① 도덕성   ② 정확성
③ 응용성   ④ 신속성

해설 컴퓨터를 사용한 작업을 할 때는 정확성, 응용성, 신속성이 요구된다.

22 조경이 타 건설 분야와 차별화될 수 있는 가장 독특한 구성 요소는? [2011년1회]

① 지형   ② 암석
③ 식물   ④ 물

해설 조경은 타 건설 분야와 달리 수목, 지피 및 초화류 등 식물 재료를 활용한 공사가 많으며 가장 중요한 구성 요소이다.

정답 18. ① 19. ④ 20. ④ 21. ① 22. ③

23 우리나라에서 처음 조경의 필요성을 느끼게 된 가장 큰 이유는? [2012년2회]

① 급속한 자동차의 증가로 인한 대기오염을 줄이기 위해
② 공장 폐수로 인한 수질오염을 해결하기 위해
③ 인구증가로 인해 놀이, 휴게시설의 부족 해결을 위해
④ 고속도로, 댐 등 각종 경제개발에 따른 국토의 자연훼손의 해결을 위해

해설 우리나라는 경제개발계획에 따른 고속도로, 댐 등의 사회기반시설 건설, 간척한 해안 매립지에 중화학공업 육성 공장건설로 국토가 훼손이 심각해지면서 정부 주도로 자연환경보호와 경관관리의 필요성을 느껴 조경이 도입되었다.

조경양식과 발생 요인

24 조경양식에 대한 설명으로 틀린 것은? [2016년4회]

① 조경양식에는 정형식, 자연식, 절충식 등이 있다.
② 정형식 조경은 영국에서 처음 시작된 양식으로 비스타 축을 이용한 중앙 광로가 있다.
③ 자연식 조경은 동아시아에서 발달한 양식이며 자연 상태 그대로를 정원으로 조성한다.
④ 절충식 조경은 한 장소에 정형식과 자연식을 동시에 지니고 있는 조경양식이다.

해설 **정원 양식의 분류**
• 정형식 정원
 - 발달 : 서아시아, 유럽을 중심으로 발달
 - 종류 : 평면기하학식(프랑스), 노단식(이탈리아), 중정식(스페인)
 - 특징 : 건물에서 뻗은 강한 축 중심 좌우대칭형으로 구성한 기하학적(비스타), 입체적 정원, 터가르기, 원로, 수로 등에 직선, 원, 원호 등 주로 사용
• 자연식 정원
 - 발달 : 동아시아, 유럽의 18c영국
 - 특징 : 연못, 호수, 인공 동산의 우세 경관 요소를 도입하여 자연 그대로의 풍경 모방, 축소하여 재현
 - 종류 : 자연풍경식(영국, 독일), 회유임천식(중국), 고산수식(일본)
• 절충식 정원
 - 정형식 정원과 자연식 정원의 형태적 특성을 동시에 지님
 - 조선시대(기본 성격은 회유임천식 : 자연식 + 정형적 형태를 포용)

25 조경양식을 형태(정형식, 자연식, 절충식) 중심으로 분류할 때, 자연식 조경양식에 해당하는 것은? [2013년4회]

① 강한 축을 중심으로 좌우 대칭형으로 구성된다.
② 한 공간 내에서 실용성과 자연성을 동시에 강조하였다.
③ 주변을 돌 수 있는 산책로를 만들어서 다양한 경관을 즐길 수 있다.
④ 서아시아와 프랑스에서 발달된 양식이다.

해설 24번 해설 참조

26 서양의 대표적인 조경양식이 바르게 연결된 것은? [2015년5회]

① 이탈리아 – 평면기하학식
② 영국 – 자연풍경식
③ 프랑스 – 노단건축식
④ 독일 – 중정식

해설 24번 해설 참조

27 조경양식을 형태적으로 분류했을 때 성격이 다른 것은? [2012년1회]

① 중정식   ② 회유임천식

정답 23. ④ 24. ② 25. ③ 26. ② 27. ②

③ 평면기하학식 ④ 노단식

해설 24번 해설 참조

28 형태는 직선 또는 규칙적인 곡선에 의해 구성되고 축을 형성하며 연못이나 화단 등의 각 부분에도 대칭형이 되는 조경양식은? [2016년2회]

① 자연식 ② 풍경식
③ 정형식 ④ 절충식

해설 24번 해설 참조

29 다음 중 정형식 정원에 해당하지 않는 양식은? [2012년도4회]

① 회유임천식 ② 중정식
③ 평면기하학식 ④ 노단식

해설 24번 해설 참조

30 유럽정원은 어느 조경 수법을 바탕으로 발달하였는가? [2011년5회]

① 기하학식 ② 풍경식
③ 자연식 ④ 사의적 정원양식

해설 24번 해설 참조

31 주축선 양쪽에 짙은 수림을 만들어 주축선이 두드러지게 하는 비스타(vista) 수법을 가장 많이 이용한 정원은? [2012년2회]

① 영국정원 ② 프랑스정원
③ 이탈리아정원 ④ 독일정원

해설 **프랑스 정원의 특징**
- 비스타(통경선, 초점경관) : 좌우로의 시선이 숲 등에 의해 제한되고 정면의 한 점으로 모이도록 구성되어 주축선이 두드러지게 하는 수법
- 삼림 내의 소로를 적극적으로 이용하여 흥미로운 지점들 연결, 계속 다른 경치 볼 수 있도록 조성

- 축선을 중심으로 조성 / 운하(canal)
- 화려하고 장식적인 정원 : 산림으로 둘러싸인 내부 공간에 화단(파르테르 / 자수, 대칭, 구획, 감귤, 물 화단)

32 이탈리아 조경양식에 대한 설명으로 틀린 것은? [2014년4회]

① 별장이 구릉지에 위치하는 경우가 많아 정원의 주류는 노단식
② 노단과 노단은 계단과 경사로에 의해 연결
③ 축선을 강조하기 위해 원로의 교정이나 원점에 분수 등을 설치
④ 대표적인 정원으로는 베르사유 궁원

해설 **이탈리아 정원의 특징**
- 여러 개의 노단(테라스)을 이용하여 전망을 살림
- 강한 축을 중심으로 정형적인 대칭을 이룸
- 축을 따라 또는 축을 직교하여 분수, 연못 설치
- 지형 극복을 위해 노단과 경사지의 이용
- 베르사유 궁원은 프랑스의 정형식 정원이다.

33 보르 비 콩트(Vaux-le-Vicomte) 정원과 가장 관련 있는 양식은? [2015년1회]

① 노단식 ② 평면기하학식
③ 절충식 ④ 자연풍경식

해설 **보르 비 콩트 정원**(남북 1.2km, 동서 600m)
- 최초 평면기하학식 정원 / 건축 루이르보 / 조경은 앙드레 르 노트르
- 주축선 중심으로 비스타 형성, 총림, 장식 화단과 수로 위치, 산책로

34 자유로운 선이나 재료를 써서 자연 그대로의 경관 또는 그것에 가까운 것이 생기도록 조성하는 정원 양식은? [2010년2회]

① 건축식 ② 풍경식
③ 정형식 ④ 규칙식

해설 자연식 정원은 연못, 호수, 인공 동산의 우세 경관 요소를 도입하여 자연 그대로의 풍경 모방, 축소하여 재현한다.

정답 28. ③ 29. ① 30. ① 31. ② 32. ④ 33. ② 34. ②

CHAPTER 01 조경계획 및 설계 기출문제

35 형태와 선이 자유로우며, 자연재료를 사용하여 자연을 모방하거나 축소하여 자연에 가까운 형태로 표현한 정원 양식은? [2016년1회]

① 건축식　② 풍경식
③ 정형식　④ 규칙식

해설 34번 해설 참조

36 다음 중 넓은 잔디밭을 이용한 전원적이며 목가적인 정원 양식은 무엇인가?
[2013년5회]

① 다정식　② 회유임천식
③ 고산수식　④ 전원풍경식

해설 자연(전원)풍경식 – 영국, 독일에서 발달한 정원 양식으로 넓은 잔디밭을 이용한 전원적이며 목가적인 자연 풍경이 특징이다.

37 19세기 유럽에서 정형식 정원의 의장을 탈피하고 자연 그대로의 경관을 표현하고자 한 조경 수법은? [2012년1회]

① 노단식　② 자연풍경식
③ 실용주의식　④ 회교식

해설 영국의 자연풍경식 정원은 낭만주의 운동과 계몽주의 사상, 산업혁명으로 인한 경제 성장 및 영국 국민들의 심리적 요구에 의해 형성되었으며 넓은 목초지 등의 지형적인 영향과 목가적인 풍경을 바탕으로 발달한다.

38 자연 그대로의 짜임새가 생겨나도록 하는 사실주의 자연 풍경식 조경 수법이 발달한 나라는? [2011년4회]

① 프랑스　② 영국
③ 스페인　④ 이탈리아

해설 영국의 윌리엄 켐트는 '자연은 직선을 싫어한다'라는 신조어에 따라 정형적 직선적인 원로와 수로, 산울타리 등을 배척하고 불규칙적인 생김새의 사실주의 정원을 조성한다.

39 자연식 조경 중 물을 전혀 사용하지 않고 나무, 바위와 왕모래 등으로 상징적인 정원을 만드는 양식은? [2010년5회]

① 전원 풍경식　② 회유임천식
③ 고산수식　④ 중정식

해설 일본의 고산수식 정원은 물을 전혀 이용하지 않고 조성하는 정원으로 불교의 영향을 받아 수목은 산봉우리, 바위는 폭포, 왕모래는 물을 상징화해서 표현한다. 대표적인 예로 용안사의 방장 정원이 있다.

40 스페인 정원의 대표적인 조경양식은?
[2010년2회]

① 중정정원　② 원로정원
③ 공중정원　④ 비스타정원

해설 스페인 정원
- 중정식 정원으로 건물로 둘러싸인 내부
- 물을 중시하여 소규모 분수나 연못 중심
- 코르드바 지역에서 로마의 영향으로 파티오(patio; 중정)가 발달하고 회랑식 중정원의 기원이 됨

41 회교 문화의 영향을 입어 독특한 정원 양식을 보이는 곳은? [2011년2회]

① 스페인정원　② 프랑스정원
③ 영국정원　④ 이탈리아정원

해설 아랍 민족은 기원전 7세기경부터 서쪽으로는 스페인, 동쪽으로는 인더스 강 유역까지 진출하여 사라센 문명을 이루었으며 자신들의 회교문화에 기독교 문화, 비잔틴문화 등을 흡수하여 독특한 개성을 지닌 문화를 형성하였다.

42 중세 클로이스터 가든에 나타나는 사분원(四分園)의 기원이 된 회교 정원 양식은?
[2015년2회]

① 차하르 바그　② 페리스타일 가든
③ 아라베스크　④ 행잉 가든

정답 35. ② 36. ④ 37. ② 38. ② 39. ③ 40. ① 41. ① 42. ①

해설 **클로이스터 가든**
수도원에 정사각형 혹은 직사각형의 중정을 둘러서 세워진 건물을 서로 연결시키기 위해, 중정에 면한 건물의 앞면에 만들어지는 연립한 지붕이 있는 기둥회랑으로 어디서나 출입이 가능한 페리스타일 가든과 달리 원로의 출입구에서만 출입이 가능하며 차하르 바그의 영향을 받아 만들어 졌다. 차하르 바그는 회교 정원양식의 기본형이다.

43 르네상스 문화와 더불어 최초로 노단건축식 정원이 발달한 곳은? [2010년5회]

① 로마   ② 피렌체
③ 아테네   ④ 폼페이

해설 **이탈리아 정원의 시대별 발달**
- 15세기는 피렌체 지역의 메디치 가문을 중심으로 발달(빌라 메디치)
- 16세기는 교황 율리우스 2세의 영향으로 로마를 중심으로 발달(벨베데레온, 빌라 에스테, 빌라 란테)
- 17세기는 양모 산업의 발달과 더불어 베네치아를 중심으로 발달(이솔라벨라장)

44 조경양식 발생 요인 가운데 사회환경 요인이 아닌 것은? [2010년4회]

① 민족성   ② 사상
③ 종교   ④ 기후

해설 **조경양식의 발생 요인**
- 자연 환경 요인 – 지형, 기후, 식생, 수량, 암석 등(가장 중요한 요소 – 지형)
- 사회 환경 요인 – 사상과 종교, 민족성, 역사성, 시대상과 예술사조, 기타(정치, 경제, 건축, 예술 등)

45 이탈리아의 노단건축식 정원, 프랑스의 평면기하학식 정원 등은 자연 환경 요인 중 어떤 요인의 영향을 가장 크게 받아 발생한 것인가? [2016년4회]

① 기후   ② 지형
③ 식물   ④ 토지

해설 **지형과 지세에 의한 조경양식의 발생**
- 산악 지역 : 이탈리아, 경사지를 이용한 노단식 정원 조성
- 평탄 지역 : 프랑스, 건축물의 중앙 축선을 중심으로 한 좌우대칭적 평면기하학식 정원 발달
- 낮은 구릉지와 저습지역 : 영국, 경사진 잔디밭과 곡선으로 이루어진 원로 전개, 자연풍경식 발달

46 조경양식 중 노단식 정원 양식을 발전시키게 한 자연적인 요인은? [2013년4회]

① 지형   ② 기후
③ 식물   ④ 토질

해설 45번 해설 참조

47 정원양식의 발생 요인 중 자연환경 요인이 아닌 것은? [2011년2회]

① 기후   ② 지형
③ 식물   ④ 종교

해설 44번 해설 참조

48 다음 중 정원양식을 결정하는 사회적인 조건은? [2011년5회]

① 기상   ② 국민성
③ 식물   ④ 지형

해설 44번 해설 참조

49 이탈리아 바로크 정원 양식의 특징이라 볼 수 없는 것은? [2015년5회]

① 미원(maze)
② 토피아리
③ 다양한 물의 기교
④ 타일포장

해설 **이탈리아 바로크 정원**
- 특징 : 세부 기교 치중, 수(水)경, 토피아리 과다 사

정답 43. ② 44. ④ 45. ② 46. ① 47. ④ 48. ② 49. ④

용, 강렬한 명암 대비, 총림, 미원, 정원동굴(grotto)
- 후기 르네상스 조경 유적 : 감베라이아장, 알도브란디니장, 이솔라벨라장, 란셀로티장, 가르조니장
- 이솔라벨라장 : 이탈리아 르네상스 정원으로 10층의 테라스 최고 노단에 물 극장이 배치된 바로크 정원

한국조경

50 다음 중 백제 시대의 유적이 아닌 것은?
[2011년5회]
① 장안성 ② 궁남지
③ 몽촌토성 ④ 임류각

해설 장안성은 평양시 동쪽 지점에 있었던 고구려 후기의 도성으로 백제의 유적과 관계가 없음. 백제는 위례성(한성)에서 웅진(공주의 공산성, 임류각), 사비(부여의 궁남지, 석연지) 순으로 천도하는 과정에서 도읍지마다 유적지를 남겼다.

51 백제시대에 정원의 점경물로 만들어졌고, 물을 담아 연꽃을 심고 부들, 개구리밥, 마름 등의 부엽식물을 곁들이며 물고기도 넣어 키웠던 것은?
[2011년4회]
① 석연지 ② 석조전
③ 안압지 ④ 포석정

해설 석연지
- 백제 말 의자왕 때 정원용 첨경물로 화강암질의 돌을 둥근 어항과 같은 생김새로 만들어 그 안에 물을 담아 연꽃을 심음
- 궁남지 바라볼 수 있는 곳에 위치
- 조선시대의 세심석으로 발전

52 백제 무왕 35년(634년경)에 만들어진 조경 유적은?
[2010년5회]
① 안압지 ② 포석정
③ 안학궁 ④ 궁남지

해설 궁남지
- 우리나라 최초의 신선사상을 배경으로 한 지원으로 못의 형태는 방형(方形 : 네모반듯한 모양)

- 궁남 쪽에 연못을 파고 20여 리나 긴 수로로 물을 끌어와 조성, 주위 버드나무, 신선이 산다는 방장선산 상징, 못 안에는 봉래산을 상징하는 방장(섬)이 있고 연못 가운데의 포룡정을 향해 다리가 있음, 현존(부여)

53 연못의 모양(호안)이 다양하고 못 속에 대(남쪽), 중(북쪽), 소(중앙) 3개 섬이 타원형을 이루고 있는 정원은?
[2010년1회]
① 창덕궁의 부용지
② 부여의 궁남지
③ 경주의 안압지
④ 비원의 옥류천

해설 임해전 지원(안압지, 월지)
- 삼국사기, 동사강목에 기록 (cf. 안압지는 동국여지승람)
- 궁중에 못을 파고 산을 만들어 진금이수를 길렀다는 기록
  - 직선처리와 복잡 다양한 곡선처리(북쪽 굴곡 있는 해안, 동쪽 돌출하는 반도형, 남쪽과 서쪽은 직선, 바른층쌓기)
  - 면적 40,000㎡(약 5,100평), 연못 17,000㎡, 신선사상 배경으로 한 해안풍경묘사
  - 못 안의 대, 중, 소 세 개의 섬(신선사상), 임해전 동쪽에 가장 큰 섬과 작은 섬 위치
  - 거북 모양의 섬, 석가산은 무산십이봉 상징, 입수부에 도수조와 인공폭포 조성
  - 못의 관배수 시설, 반석 사용, 유속의 감소를 위한 수로의 정교함
- 임해전 : 정원을 바다로 표현, 직선과 다양한 곡선 처리

54 임해전이 주로 직선으로 된 연못의 서(W)고에 남북 축선상에 배치되어 있고, 연못 내 돌을 쌓아 무산 12봉을 본뜬 석가산을 조성한 통일신라시대에 건립된 조경유적은?
[2010년2회]
① 안압지 ② 부용지
③ 포석정 ④ 향원지

해설 53번 해설 참조

정답 ▶ 50. ① 51. ① 52. ④ 53. ③ 54. ①

55 다음 우리나라 조경 가운데 가장 오래된 것은? [2011년4회]

① 안압지(雁鴨池) ② 순천관(順天館)
③ 아미산정원   ④ 소쇄원(瀟灑園)

해설 안압지(통일신라) 〉 순천관(고려) 〉 아미산정원(조선 태조) 〉 소쇄원(조선 중종)

56 통일신라 문무왕14년에 중국의 무산12봉을 본 딴 산을 만들고 화초를 심었던 정원은? [2013년1회]

① 소쇄원   ② 향원지
③ 비원   ④ 안압지

해설 53번 해설 참조

57 통일신라시대의 안압지에 관한 설명으로 틀린 것은? [2011년1회]

① 물이 유입되고 나가는 입구와 출구가 한 군데 모여 있다.
② 신선사상을 배경으로 한 해안풍경을 묘사하였다.
③ 연못의 남쪽과 서쪽은 직선이고 동안은 돌출하는 반도로 되어 있으며, 북쪽은 굴곡 있는 해안형으로 되어 있다.
④ 연못 속에는 3개의 섬이 있는데 임해전의 동쪽에 가장 큰 섬과 가장 작은 섬이 위치한다.

해설 53번 해설 참조

58 다음 중 경주 월지(안압지;雁鴨池)에 있는 섬의 모양으로 가장 적당한 것은? [2014년5회]

① 사각형   ② 육각형
③ 한반도형 ④ 거북이형

해설 53번 해설 참조

59 고려시대 조경 수법은 대비를 중요시 하는 양상을 보인다. 어느 시대의 수법을 받아 들였는가? [2014년2회]

① 신라시대 수법
② 일본 임천식 수법
③ 중국 당시대 수법
④ 중국 송시대 수법

해설 고려시대의 조경 수법은 중국 정원 역사 가운데 가장 화려했던 송나라의 영향을 받아 화려한 관상 위주의 정원을 꾸미고 화원과 석가산 및 누각 등이 많이 나타남

60 다음 중 석가산과 원정, 화원 등의 특징을 가지며, 대표적 정원 유적으로 동지(東池), 만월대, 수창궁원, 청평사 문수원 정원 등이 있으며, 휴식과 조망을 위한 정자를 설치하기 시작하였고, 송나라의 영향으로 화려한 관상 위주의 이국적 정원을 조성한 시대는? [2011년5회]

① 고구려   ② 백제
③ 통일신라 ④ 고려

해설 고려시대 중국 문물의 교류를 통한 이국적 정원 조성
• 강한 대비, 호화, 사치스런 양식 발달, 격구장
• 화려한 관상위주의 정원 조성, 송나라 시대 수법 모방한 화원, 석가산, 누각 등이 나타남

61 다음 [보기]의 설명은 어느 시대의 정원에 관한 것인가? [2015년5회]

[보기]
• 석가산과 원정, 화원 등이 특징이다.
• 대표적 유적으로 동지(東池), 만월대, 수창궁원, 청평사 문수원 정원 등이 있다.
• 휴식·조망을 위한 정자를 설치하기 시작하였다.
• 송나라의 영향으로 화려한 관상위주의 이국적 정원을 만들었다.

정답 ▶ 55. ① 56. ④ 57. ① 58. ④ 59. ④ 60. ④ 61. ③

① 조선　　② 백제
③ 고려　　④ 통일신라

> **해설** 60번 해설 참조

62 중국 송시대의 수법을 모방한 화원과 석가산 및 누각 등이 많이 나타난 시기는?
[2011년1회]

① 신라시대　　② 백제시대
③ 고려시대　　④ 조선시대

> **해설** 60번 해설 참조

63 고려시대 궁궐의 정원을 맡아 관리하던 해당 부서는?
[2014년5회]

① 내원서　　② 상림원
③ 정원서　　④ 동산바치

> **해설**
> - 내원서 : 고려 충렬왕 때 궁궐의 원림 맡아 보는 관서
> - 상림원 : 조선 시대에, 궁중 정원의 꽃과 과실나무에 관한 일을 맡아보던 관아, (세조) 장원서로 개칭

64 우리나라 고려시대 궁궐 정원을 맡아보던 곳은?
[2013년5회]

① 내원서　　② 상림원
③ 장원서　　④ 원야

> **해설** 63번 해설 참조

65 고려시대 궁궐 정원을 맡아보던 관서는?
[2012년1회]

① 원야　　② 장원서
③ 상림원　　④ 내원서

> **해설** 63번 해설 참조

66 우리나라의 정원 양식이 한국적 색채가 짙게 발달한 시기는?
[2012년5회]

① 고조선시대　　② 삼국시대
③ 고려시대　　④ 조선시대

> **해설** 조선시대에는 중국 조경양식의 모방에서 벗어나 한국적 색채가 농후하게 발달, 정원기법 확립

67 우리나라에서 한국적 색채가 농후한 정원 양식이 확립되었다고 할 수 있는 때는?
[2013년5회]

① 통일신라　　② 고려전기
③ 고려후기　　④ 조선시대

> **해설** 66번 해설 참조

68 처사도(處士道)를 근간으로 한 은일사상이 가장 성행한 것은 어느 시대인가?
[2018년 2회]

① 고구려　　② 백제
③ 신라　　④ 조선

> **해설** 조선시대 별서정원
> - 별서정원 : 사대부나 양반계급에 속했던 사람이 세속을 벗어나 자연을 벗 삼고 풍류를 즐기며 전원생활을 하는 장소 → 은일사상
> - 양산보의 소쇄원, 윤선도의 보길도 부용동 원림, 다산초당, 도산서원 등

69 다음 중 경복궁 교태전 후원과 관계없는 것은?
[2013년1회]

① 화계가 있다.
② 상량정이 있다.
③ 아미산이라 칭한다.
④ 굴뚝은 육각형 4개가 있다.

> **해설** 경복궁 교태전 후원
> 교태전 후원에 단을 쌓아 선산인 아미산 상징하는 화계 조성, 꽃 심고 괴석, 석지, 물확, 굴뚝, 해시계 배치. 상량정은 창덕궁 낙석재 후원에 있는 누각

정답　62. ③　63. ①　64. ①　65. ④　66. ④　67. ④　68. ④　69. ②

70 경복궁 내 자경전의 꽃담 벽화문양에 표현되지 않은 식물은? [2016년2회]

① 매화   ② 석류
③ 산수유 ④ 국화

해설 자경전의 화문장과 십장생 굴뚝
- 대비가 거처하는 침전으로 가장 아름다운 화문담(꽃담)과 십장색 굴뚝
  - 십장생 굴뚝 : 십장생(해, 산, 구름, 바위, 소나무, 거북, 사슴, 학, 불로초, 물)과 포도, 연꽃, 대나무가 장식
  - 자경전 꽃담 벽화 : 꽃, 나비, 국화, 대나무, 석류, 천도, 매화 표현

71 아미산 후원 교태전의 굴뚝에 장식된 문양이 아닌 것은? [2010년2회]

① 반송   ② 매화
③ 호랑이 ④ 해태

해설 아미산 후원 교태전의 굴뚝에는 십장생, 사군자, 만자문 문양이 장식되어 있다. 반송이 아니라 소나무가 해당된다.

72 우리나라 고유의 공원을 대표할만한 문화재적 가치를 지닌 정원은? [2012년도4회]

① 경복궁의 후원 ② 덕수궁의 후원
③ 창경궁의 후원 ④ 창덕궁의 후원

해설 창덕궁 후원
지세에 따른 자연스러운 건물배치, 경복궁과 달리 후원의 자연지형을 적절히 이용한 궁궐안의 원림공간으로 우리나라 고유 공원을 대표할 만한 문화적 가치가 있고 유네스코 세계문화유산으로도 지정되어 있다.

73 다음 중 창덕궁 후원 내 옥류천 일원에 위치하고 있는 궁궐 내 유일의 초정은? [2013년2회]

① 부용정 ② 청의정
③ 관람정 ④ 애련정

해설 창덕궁 후원(금원, 비원, 북원)
- 주합루와 부용지 일원 : 후원 입구 가장 가까운 거리, 방지원도
- 연경당과 애련지 일원 : 연경당(민가 모방, 99칸 건물, 단청×), 계단식 화계로 철쭉류, 단풍나무, 소나무식재
- 관람정과 반도지 일원 : 반도지(한반도 모양 곡선지), 상지에 존덕정(6각지붕 정자), 하지에 관람정(부채꼴정자)
- 청의정과 옥류천 일원 : 후원의 가장 안쪽에 위치, 계류를 중심으로 5개의 정자, 인공폭포와 곡수거 만들어 위락공간화 한 장소

74 창덕궁 후원의 명칭이 아닌 것은? [2011년5회]

① 비원(秘苑) ② 북원(北苑)
③ 능원(陵苑) ④ 금원(禁園)

해설 73번 해설 참조

75 조선시대 창덕궁의 후원(비원, 秘苑)을 가리키던 용어로 가장 거리가 먼 것은? [2015년5회]

① 북원(北園) ② 후원(後苑)
③ 금원(禁園) ④ 유원(留園)

해설 73번 해설 참조

76 창경궁에 있는 통명전 지당의 설명으로 틀린 것은? [2014년4회]

① 장방형의 장대석으로 쌓은 석지이다.
② 무지개형 곡선 형태의 석교가 있다.
③ 괴석 2개와 앙련(仰蓮) 받침대석이 있다.
④ 물은 직선의 석구를 통해 지당에 유입된다.

해설 통명전 지당
- 통명전을 중심으로 한 후원과 서쪽의 석난지
- 네모난 방지로 되어 있고, 중간에 아치형의 석교가 놓임, 네 벽을 장대석으로 쌓아 올리고, 석난간 돌림, 물은 직선의 석구 통해 유입

정답 70. ③ 71. ① 72. ④ 73. ② 74. ③ 75. ④ 76. ③

77 다음 중 창경궁(昌慶宮)과 관련이 있는 건물은? [2016년4회]

① 만춘전 ② 낙선재
③ 함화당 ④ 사정전

해설 **낙선재**
창덕궁 인정전의 동남쪽, 창경궁과 경계를 이루는 곳에 자리 잡은 건물, 왕의 서재 겸 사랑채
- 만춘전 : 경복궁 사정전을 보좌하는 부속 건물로서 임금이 신하들과 나랏일을 의논하거나 연회를 베풀던 편전
- 함화당 : 경복궁에 있는 전각이며 침전으로 사용된 건물
- 사정전 : 경복궁에서 왕이 정사를 보는 대표적인 공간 건물

78 우리나라에서 최초의 유럽식 정원이 도입된 곳은? [2010년4회]

① 파고다 공원
② 덕수궁 석조전 앞 정원
③ 장충단 공원
④ 구 중앙정부청사 주위 정원

해설 **덕수궁**
- 석조전 : 우리나라 최초의 서양건물
- 침상원 : 우리나라 최초의 유럽식 정원, 분수와 연못을 중심으로 한 프랑스식 정형 정원

79 다음 중 서양식 전각과 서양식 정원이 조성되어 있는 우리나라 궁궐은? [2016년1회]

① 경복궁 ② 창덕궁
③ 덕수궁 ④ 경희궁

해설 78번 해설 참조

80 조선시대 정자의 평면 유형은 유실형(중심형, 편심형, 분리형, 배면형)과 무실형으로 구분할 수 있는데 다음 중 유형이 다른 하나는? [2012년도4회]

① 광풍각 ② 임대정
③ 거연정 ④ 세연정

해설 **정자의 평면 유형**
- 무실형(無室形) : 곽풍각(담양 소쇄원), 임대정(전남 화순), 세연정(전남 완도 보길도)
- 유실형(有室形) : 거연정(전남 광양)

81 조선시대 후원 양식에 대한 설명 중 틀린 것은? [2012년1회]

① 각 계단에는 향나무를 주로 한 나무를 다듬어 장식하였다.
② 중엽 이후 풍수지리설의 영향을 받아 후원양식이 생겼다.
③ 건물 뒤에 자리 잡은 언덕배기를 계단모양으로 다듬어 만들었다.
④ 경복궁 교태전 후원인 아미산, 창덕궁 낙선재의 후원 등이 그 예이다.

해설 **조선시대 후원**
- 풍수지리설의 영향
- 후원식 화계, 식재의 방위 및 수종 선택, 후원이 주가 되는 정원 수법(계단식 노단)
- 후원 장식 : 괴석, 굴뚝, 세심석

82 다음 후원 양식에 대한 설명 중 틀린 것은? [2016년1회]

① 한국의 독특한 정원 양식 중 하나이다.
② 괴석이나 세심석 또는 장식을 겸한 굴뚝을 세워 장식하였다.
③ 건물 뒤 경사지를 계단모양으로 만들어 장대석을 앉혀 평지를 만들었다.
④ 경주 동궁과 월지, 교태전 후원의 아미산원, 남원시 광한루 등에서 찾아볼 수 있다.

해설 81번 해설 참조

정답 77. ② 78. ② 79. ③ 80. ③ 81. ① 82. ④

83 우리나라 후원양식의 정원수법이 형성되는 데 영향을 미친 것이 아닌 것은?
[2012년도4회]

① 불교의 영향　② 음양오행설
③ 유교의 영향　④ 풍수지리설

해설 후원양식의 영향
- 풍수지리설의 영향 : 식재의 방위 및 수종 선택, 후원이 주가 되는 정원 수법(계단식 노단)
  후원 장식 : 괴석, 굴뚝, 세심석
- 신선사상 : 삼신산, 십장생의 불로장생, 연못 내 중도 설치
- 음양오행사상 : 정원 연못의 형태(방지원도)
- 유교사상 : 유교적 가지관, 거주공간을 사랑채와 안채로 구분

84 다음 중 왕과 왕비만이 즐길 수 있는 사적인 정원이 아닌 곳은?
[2013년4회]

① 덕수궁 석조전 전정
② 창덕궁 낙선재의 후원
③ 경복궁의 아미산
④ 덕수궁 준명당의 후원

해설 덕수궁 침상원(석조전 전정)
석조전 앞 좌우대칭적인 기하학식 정원, 우리나라 최초 유럽식 정원

85 조선시대 궁궐의 침전 후정에서 볼 수 있는 대표적인 것은?
[2014년4회]

① 자수 화단(花壇)
② 비폭(飛瀑)
③ 경사지를 이용해서 만든 계단식 노단
④ 정자수

해설 83번 해설 참조

86 우리나라 부유층의 민가정원에서 유교의 영향으로 부녀자들을 위해 특별히 조성된 부분은?
[2016년2회]

① 전정　② 중정
③ 후정　④ 주정

해설 민가의 후정은 유교에 영향을 받아 안채의 뒤쪽에 만들어진 정원이다.

87 조선시대 궁궐이나 상류주택 정원에서 가장 독특하게 발달한 공간은?
[2016년4회]

① 전정　② 후정
③ 주정　④ 중정

해설 후원(정)은 중국 조경양식의 모방에서 벗어나 풍수지리설의 영향을 받아 한국적 색채가 농후하게 발달한 정원기법이다.

88 다음 중 조성시기가 가장 빠른 것은?
[2011년5회]

① 대전 남간정사　② 강진 다산초당
③ 영양 서석지　　④ 서울 부암정

해설 조성 시기는 영양 서석지(1613광해군5년), 난간정사(1683숙종9년), 다산초당(1801순조1년), 부암정 순이다.

89 이격비의 〈낙양원명기〉에서 원(園)을 가리키는 일반적인 호칭으로 사용되지 않은 것은?
[2014년4회]

① 원지　② 원정
③ 별서　④ 택원

해설 별서는 사대부가 본가와 떨어진 초야에 집을 지어 세상 이목을 피하여 번거로움 없이 지내고자 택한 정원

90 조선시대 사대부나 양반 계급에 속했던 사람들이 시골 별서에 꾸민 정원의 유적이 아닌 것은?
[2010년5회]

① 정약용의 다산정원
② 퇴계 이황의 도산서원
③ 양산보의 소쇄원
④ 윤선도의 부용동원림

정답 83. ① 84. ① 85. ③ 86. ③ 87. ② 88. ③ 89. ③ 90. ②

CHAPTER 01 조경계획 및 설계 기출문제

해설 조선시대 대표적인 별서
별서(別墅) 정원은 사대부가 본가와 떨어진 초야에 집을 지어 세상의 이목을 피하여 번거로움 없이 지내고자 택한 정원으로 소쇄원, 다산초당, 부용동원림, 서석지, 임대정 원림 등이 해당된다.
- 소쇄원 : 전남 담양군 남면 소재 양산보 조성
  - 자연계류의 비탈면을 깎아 자연석으로 단과 담을 쌓아 자연식에 정형식을 가미함
  - 대봉대역(소쇄원 접근로)/매대역(계류 위 비탈면 계단식 정원, 오곡문과 제월정 사이)/광풍각(산수 속 정자)/애양단(오곡문 곁 마당)/오도(광풍각 뒤편 언덕)/수차
- 다산초당 : 전남 강진 정약용의 별장
  - 바닷가 괴석을 방지 안에 설치하여 석가산 구성 / 용천에서 물을 끌어 비폭(飛瀑)
- 부용동원림 : 전남 완도 소재 윤선도의 소유(세연정역 / 낭음계역 / 동천석실역)
  - 내침인 낙선재 / 동천식실(암벽 위에 소옥 짓고 암벽 밑에 석실 축조)

[서원]
- 고려말 주자학 도입 이후 사화 당쟁으로 인해 지방으로 낙향하여 은둔하며 성립
- 충효를 중심으로 인륜 내세워 교육 강화, 생활 규범 실천
- 경승지에 해당하는 계류가에 조성

91 부귀나 영화를 등지고 자연과 벗하며 농경하고 살기 위해세운 주거지를 별서(別墅)정원이라 한다. 우리나라의 현존하는 대표적인 것은? [2011년2회]
① 강릉의 선교장
② 윤선도의 부용동 원림
③ 구례의 운조루
④ 이덕유의 평천산장

해설 90번 해설 참조

92 조선시대의 정원 중 연결이 올바른 것은? [2011년1회], [2017년1회]
① 양산보 – 다산초당
② 윤선도 – 부용동 정원
③ 이유주 – 소쇄원
④ 정약용 – 운조루 정원

해설
- 정약용 – 다산초당
- 윤선도 – 부용동 정원
- 유이주 – 운조루 정원
- 양산보 – 소쇄원

93 사대부나 양반 계급에 속했던 사람이 자연 속에 묻혀 야인으로서의 생활을 즐기던 별서 정원이 아닌 것은? [2012년1회]
① 다산초당
② 부용동정원
③ 소쇄원
④ 방화수류정

해설 방화수류정
수원 화성의 네 개의 각루 중 동북각루의 이름이다. 이것은 1794년(정조 18) 화성의 동북 쪽에 군사지휘 소부로 만들었던 각루이다.

94 다음 중 별서의 개념과 가장 거리가 먼 것은? [2012년2회]
① 별장의 성격을 갖기 위한 것
② 수목을 가꾸기 위한 것
③ 은둔생활을 하기 위한 것
④ 효도하기 위한 것

해설 별서정원의 영향
- 유교사상 : 선비된 도리를 지키며 수신하는 은거지의 성격, 낙향한 선비들에게 별서는 이상적 생활 공간
cf. 노장사상 : 무위자연, 도(道), 자연에 은둔하여 산천을 가꾸고 즐기는 중국의 자연관과 밀접

95 다음 중 서원 조경에 대한 설명으로 틀린 것은? [2015년4회]
① 도산서당의 정우당, 남계성원의 지당에 연꽃이 식재된 것은 주렴계의 애련설의 영향이다.
② 서원의 진입공간에는 홍살문이 세워지고, 하마비와 하마석이 놓여진다.

정답 91.② 92.② 93.④ 94.② 95.③

③ 서원에 식재되는 수목들은 관상을 목적으로 식재되었다.
④ 서원에 식재되는 대표적인 수목은 은행나무로 행단과 관련이 있다.

[해설] 서원정원
- 식재
  - 행단에는 은행나무 식재
  - 회화나무(큰 벼슬), 소나무(유생의 기상과 절개), 향나무(제례에 필요한 향 소재)를 주로 식재
- 공간 조성 : 진입공간(홍살문, 서원 영역 표시), 관세대, 정료대, 성생단 등 조성

96 사적지 유형 중 "제사, 신앙에 관한 유적"에 해당하는 것은? [2015년2회]

① 도요지 ② 성곽
③ 고궁   ④ 사당

[해설] 사당 : 조상의 신주를 모시는 곳으로 가묘라고도 한다.

97 다음 중 사군자(四君子)에 해당되지 않는 것은? [2010년5회]

① 매화 ② 난초
③ 국화 ④ 소나무

[해설] 사군자는 매화, 난, 국화, 대나무이다.

98 다음 중 사절우(四節友)에 해당되지 않는 것은? [2012년도4회]

① 소나무 ② 난초
③ 국화   ④ 대나무

[해설] 사절우는 매화, 소나무, 국화, 대나무이다.

99 조선시대 선비들이 즐겨 심고 가꾸었던 사절우(四節友)에 해당하는 식물이 아닌 것은? [2014년4회], [2017년1회]

① 난초   ② 대나무
③ 국화   ④ 매화나무

[해설]
- 조선시대 선비들이 즐겨 심고 가꾸었던 사절우(四節友) : 매화, 소나무, 국화, 대나무
- 사군자 : 매화, 난, 국화, 대나무

100 조경식물에 대한 옛 용어와 현대 사용되는 식물명의 연결이 잘못된 것은? [2011년4회]

① 산다(山茶) – 동백
② 옥란(玉蘭) – 백목련
③ 자미(紫微) – 장미
④ 부거(芙渠) – 연(蓮)

[해설] 자미(紫微)는 백일홍이다.

101 다음 정원시설 중 우리나라 전통 조경시설이 아닌 것은? [2012년1회]

① 취병(산울타리)
② 화계
③ 벽천
④ 석지

[해설] 벽천은 낮은 벽체의 일부에 수도를 설치하여 그 밑에 꾸며 놓은 지천에 물을 흘러내리게 하는 시설로 우리나라 전통조경시설에 해당되지 않는다.

102 우리나라 전통조경의 설명으로 옳지 않은 것은? [2010년1회]

① 연못의 모양은 조롱박형, 목숨수자형, 마음심자형 등 여러 가지가 있다.
② 연못은 땅 즉 음을 상징하고 있다.
③ 둥근 섬은 하늘 즉 양을 상징하고 있다.
④ 신선사상에 근거를 두고 여기에 음양오행설이 가미되었다.

[해설] 전통조경에서 방지원도(방지 땅,음/원도 하늘,양)가 특징적이며 창덕궁 부용정, 경복궁 향원정, 정약용의 다산초당, 대구 달성 하엽정 등에서도 방지원도가 조성되었다. 반면 일본의 연못은 변화가 많은 다양한 형태로 조성된다.

정답 96. ④ 97. ④ 98. ② 99. ① 100. ③ 101. ③ 102. ①

CHAPTER 01 조경계획 및 설계 기출문제

103 우리나라 조경의 특징으로 가장 적합한 설명은? [2015년 2회]

① 경관의 조화를 중요시하면서도 경관의 대비에 중점
② 급격한 지형 변화를 이용하여 돌, 나무 등의 섬세한 사용을 통한 정신세계의 상징화
③ 풍수지리설에 영향을 받으며, 계절의 변화를 느낄 수 있음
④ 바닥포장과 괴석을 주로 사용하여 계속적인 변화와 시각적 흥미를 제공

해설 우리나라 조경의 특징
- 자연환경과의 조화 : 종교 및 사상 체계를 기반으로 주변 자연환경과 조화되도록 구성
- 수목에 상징성 부여(사군자 / 절개와 장수 상징하는 소나무 식재)
- 후원의 발달(은일하면서 경물을 읊은 민족성, 선비사상 내포)
- 방지원도의 연못 형태 : 단순미 추구
cf. 일본의 연못은 변화가 많은 다양한 형태
- 여백으로서의 마당 : 식재하지 않고 비워 둠
- 공간 처리에 있어서 직선(예 : 경복궁)을 디자인의 기본으로 함 / 직선적 윤곽 처리, 방지 – cf. 안압지(직선 + 곡선)
- 신선사상 배경 : 음양오행설 가미 – 경회루, 남원 광한루, 백제 궁남지, 신라 안압지
- 주정원은 후원(뒤뜰)이고, 낙엽 활엽수로 계절의 변화 즐김, 풍수지리의 영향
- 유교사상은 도연명의 안빈낙도, 순박한 민족성의 표현으로 자연과의 일체, 마음을 수양하는 정원
- 자연과의 일체감 형성 : 정원이 자연의 일부

104 조선시대 경승지에 세운 누각들 중 경기도 수원에 위치한 것은? [2012년도 4회]

① 연광정   ② 사허정
③ 방화수류정 ④ 영호정

해설 방화수류정
수원화성의 네 개의 각루 중 동북각루의 이름이다. 이것은 1794년(정조 18) 화성의 동북 쪽에 군사지휘소부로 만들었던 각루로, 화성의 북수문인 화홍문(華虹門)의 동측 구릉 정상 즉 용연(龍淵) 남측에 불쑥 솟은 바위 언덕인 용두(龍頭) 위에 있다.

105 오방색 중 황(黃)의 오행과 방위가 바르게 짝지어진 것은? [2012년 2회]

① 금(金) – 서쪽   ② 목(木) – 동쪽
③ 토(土) – 중앙   ④ 수(水) – 북쪽

해설 한국 전통 오방정색
청(木 동쪽, 봄) / 백(金 서쪽, 가을) / 적(火 남쪽, 여름) / 흑(水 북쪽, 겨울) / 황(土 중앙)

106 우리나라에서 세계문화유산으로 등록되어지지 않은 곳은? [2012년 5회]

① 경주역사유적지구
② 고인돌 유적
③ 독립문
④ 수원화성

해설 우리나라 세계문화유산으로 등록되어 있는 유산은 석굴암과 불국사, 해인사 장경판전, 조선 시대에 왕과 왕비의 제사를 지내던 종묘, 태종 때 지어진 궁궐인 창덕궁, 수원 화성, 그리고 고창·화순·강화 등에 있는 고인돌 유적 등이 있다.

107 서울 종로구의 구 원각사지에 조성된 탑골(파고다)공원을 설계한 사람은? [2018년 1회]

① 브라운   ② 파웰
③ 스티븐   ④ 케빈

해설 탑골공원은 영국의 브라운에 의해 설계되었다.

108 다음 중 조선시대 중엽 이후에 정원양식에 가장 큰 영향을 미친 사상은? [2013년 1회]

① 임천회유설   ② 신선설
③ 자연복귀설   ④ 음양오행설

해설 조선시대의 정원은 신선사상을 기초로 중엽 이후에는 풍수지리설과 음양오행의 영향을 받아 고유의 특징이 나타난다.

정답 103. ③ 104. ③ 105. ③ 106. ③ 107. ① 108. ④

109 조선시대 전기 조경관련 대표 저술서이며, 정원식물의 특성과 번식법, 괴석의 배치법, 꽃을 화분에 심는 법, 최화법(催花法), 꽃이 꺼리는 것, 꽃을 취하는 법과 기르는 법, 화분 놓는 법과 관리법 등의 내용이 수록되어 있는 것은? [2013년4회]

① 동사강목　　② 양화소록
③ 택리지　　　④ 작정기

해설 **양화소록**
- 조경식물에 관한 최초의 문헌
- 조선 세조 때 강희안(姜希顔)이 쓴 원예서로 사람들이 완상(玩賞)하여온 꽃과 나무 몇 십 종을 들어 그 재배법과 이용법을 설명하였다.

110 다음 고서에서 조경식물에 대한 기록이 다루어지지 않은 것은? [2016년2회]

① 고려사　　　② 악학궤범
③ 양화소록　　④ 동국이상국집

해설 악학궤범은 1493년(성종 24) 왕명에 따라 제작된 악전(樂典)이다. 가사가 한글로 실려 있으며 궁중음악은 물론 당악, 향악에 관한 이론 및 제도, 법식 등을 그림과 함께 설명하고 있다.

111 다음 중 ( ) 안에 해당하지 않는 것은? [2015년2회]

> 우리나라 전통조경 공간인 연못에는( ), ( ), ( )의 삼신산을 상징하는 세 섬을 꾸며 신선사상을 표현했다.

① 영주　　② 방지
③ 봉래　　④ 방장

해설 삼신산은 중국 전설에 나오는 세 신산으로 영주산, 봉래산, 방장산이다.

112 우리나라 조선 정원에서 사용되었던 홍예문의 성격을 띤 구조물이라 할 수 있는 것은? [2013년4회]

① 트렐리스　　② 정자
③ 아아치　　　④ 테라스

해설 홍예문은 1908년에 축조된 석문(石門)으로 윗부분을 무지개 모양(아치)으로 반쯤 둥글게 만든 문으로 응봉산 산허리를 잘라 높이 약 13m, 폭 약 7m의 화강암 석축을 쌓고 터널처럼 만든 석문(石門)이다.

113 다음 중 쌍탑형 가람배치를 가지고 있는 사찰은? [2015년4회]

① 경주 분황사　　② 부여 정림사
③ 경주 감은사　　④ 익산 미륵사

해설 **사찰조경**
- 사대부 억불, 국왕과 왕실은 불교 호의적
- 왕이나 왕비의 능침 수호, 돌아간 분의 명복 위해 능 근처에 원찰 세움
- 흥천사, 연경사, 개경사, 봉선사, 용주사, 신륵사
- 쌍탑형 가람배치를 가지고 있는 사찰은 경주 감은사

114 다음 중 전라남도 담양지역의 정자원림이 아닌 것은? [2015년5회]

① 소쇄원 원림　　② 명옥헌 원림
③ 식영정 원림　　④ 임대정 원림

해설
- 소쇄원 : 전남 담양군 남면 소재 양산보 조성
- 명옥헌 : 전남 담양군 고서면 소재 오희도 조성
- 식영정 : 전남 담양군 가사문학면 소재 임억령 조성
- 임대정 : 전남 화순군 남면 소재 민주현 조성

115 오방색 중 오행으로는 목(木)에 해당하며, 동방(東方)의 색으로 양기가 가장 강한 곳이다. 계절로는 만물이 생성하는 봄의 색이고 오륜은 인(仁)을 암시하는 색은? [2013년2회]

① 백(白)　　② 적(赤)
③ 황(黃)　　④ 청(靑)

해설 **한국 전통 오방정색**
청(木 동쪽, 봄) / 백(金 서쪽, 가을) / 적(火 남쪽, 여름) / 흑(水 북쪽, 겨울) / 황(土 중앙)

정답 109. ② 110. ② 111. ② 112. ③ 113. ③ 114. ④ 115. ④

동양조경

116 다음 설명 중 중국 정원의 특징이 아닌 것은?
[2013년5회]

① 차경수법을 도입하였다.
② 태호석을 이용한 석가산 수법이 유행하였다.
③ 사의주의보다는 상징적 축조가 주를 이루는 사실주의에 입각하여 조경이 구성되었다.
④ 자연경관이 수려한 곳에 인위적으로 암석과 수목을 배치하였다.

해설 **중국 정원의 특징**
- 경관의 조화보다는 대비에 초점, 비례성
- 자연과의 미와 인공의 미를 같이 사용 : 수려한 경관에 암석 수목 식재
- 원시적 공원 성격 : 수려한 경관에 누각, 정자(차경수법 사용)
- 건물 좌우, 뒤편 공지에 조성되는 정원 – 태호석을 이용한 석가산, 거석으로 주경관 구성
- 건축물로 둘러싸인 공간(중정) 내에 회화적 정원 : 벽돌 포장, 몇 그루 수목, 화분 배치
- 직선 + 곡선의 사용, 여러 비율을 혼합하여 사용
- 사실주의 보다는 사의주의적인 상징적 축조

117 다음 중국식 정원의 설명으로 가장 거리가 먼 것은?
[2014년5회]

① 대비에 중점을 두고 있으며, 이것이 중국정원이 특색을 이루고 있다.
② 사실주의 보다는 상징적 축조가 주를 이루는 사의주의에 입각하였다.
③ 다정(茶庭)이 정원구성 요소에서 중요하게 작용하였다.
④ 차경수법을 도입하였다.

해설 다정이 정원구성 요소에서 중요하게 적용된 나라는 일본(도산시대)이다.

118 중국정원의 가장 중요한 특색이라 할 수 있는 것은?
[2011년4회]

① 조화 ② 대비
③ 반복 ④ 대칭

해설 116번 해설 참조

119 동양정원에서 연못을 파고 그 가운데 섬을 만드는 수법에 가장 큰 영향을 준 것은?
[2011년2회]

① 자연지형 ② 기상요인
③ 신선사상 ④ 생활양식

해설 **신선사상**
- 중국 전국시대 말기에 생긴 불로장생(不老長生)에 관한 사상
- 고대 제(齊)나라의 명산(名山)을 대상으로 한 팔신(八神)의 제사가 있어, 봉래(蓬萊)·방장(方丈)·영주(瀛州)라고 하는 삼신산(三神山)의 존재를 믿었고 현실 세상에서 삼신산을 구현하고자 상징하는 연못에 섬을 만든다.

120 하나의 정원 속에 여러 비율로 꾸며 놓은 국부를 함께 가지고 있으며, 조화보다 대비를 한층 더 중요시 한 나라는?
[2010년1회]

① 한국 ② 영국
③ 독일 ④ 중국

해설 중국 정원은 자연미와 인공미, 직선과 곡선, 수평과 수직 등의 대비에 초점을 둔다.

121 괴석이라고도 불리는 태호석이 특징적인 정원요소로 사용된 나라는?
[2010년2회]

① 한국 ② 중국
③ 인도 ④ 일본

해설 중국의 정원에는 건물 좌우, 뒤편 공지에 조성되는 정원 – 태호석을 이용한 석가산, 거석으로 주경관 구성

정답 116. ③ 117. ③ 118. ② 119. ③ 120. ④ 121. ②

122 태호석 같은 구멍 뚫린 괴석을 세우는 수법이 유래된 나라는? [2017년1회]

① 일본 ② 중국
③ 한국 ④ 독일

해설 116번 해설 참조

123 다음 중 중국정원의 특징에 해당하는 것은? [2012년5회]

① 침전조정원 ② 직선미
③ 정형식 ④ 태호석

해설 116번 해설 참조

124 중국에서 자연식 정원의 대표적인 것 중 현존하지 않는 것은? [2011년5회]

① 북해공원 ② 이화원
③ 상림원 ④ 만수산

해설 상림원
- 무제, 장안 서쪽, 중국 최초 정원 : 동양에서 가장 오래 됨, 희귀 3,000여종 꽃나무 식재, 수렵장
- 곤명호 비롯한 6개의 대호수를 원내에 축조(상림원 곤명호 동쪽 양쪽 물가 견우직녀 석상 은하수 비유)

125 다음 중 "피서산장, 이화원, 원명원"은 중국의 어느 시대 정원인가? [2013년2회]

① 진 ② 당
③ 명 ④ 청

해설 청시대의 대표 정원
- 원명원 : 청나라 강희제가 조성한 대표적 정원(서양식), 건륭제가 원명원 40경으로 확대, 35% 수면
  - 영국 윌리암 챔버 : 우리의 눈과 마음을 즐겁게 하는 대자연의 아름다운 모든 물건을 수집하여 가장 감동적인 결과물로 완성
  - 켄트 큐 가든에 최초 중국식 정원 도입하는 계기
  - 건륭제는 서양식 건물 앞에 동양 최초 프랑스식 정원 조성 - 아편전쟁 때 불에 타 폐허
- 이화원(만수산 이궁) : 불에 탄 후 서태후가 재건, 현존 규모 중 최대(300ha)

- 황제의 여름 피서지인 승덕 열하의 피서산장 : 560만㎡ 규모, 강희제와 건륭제가 경치 36경 명명
- 곤명호 중심에 만수산이 있고 3/4이 수경(불광각 중심으로 한 水苑수원), 가장 보존 잘 된 고대정원
- 물과 산이 어우러진 원림, 신선사상

126 중국 청나라 시대 대표적인 정원이 아닌 것은? [2016년4회], [2017년1회]

① 원명원 이궁
② 이화원 이궁
③ 졸정원
④ 승덕피서산장

해설
- 졸정원 : 명시대 소주에 조영한 중국 대표적 사가 정원
- 원명원 이궁 : 청나라 강희제 조성한 대표적 정원(서양식)
- 이화원(만수산 이궁) : 불에 탄 후 서태후가 재건, 현존 규모 중 최대(300ha)
- 승덕 열하의 피서산장 : 청시대 560만㎡ 규모, 강희제와 건륭제가 경치 36경 명명

127 중국 옹정제가 제위 전 하사받은 별장으로 영국에 중국식 정원을 조성하게 된 계기가 된 곳은? [2015년4회]

① 원명원 ② 기창원
③ 이화원 ④ 외팔묘

해설 126번 해설 참조

128 다음 중 청(靑)나라 때의 대표적인 정원은? [2010년5회]

① 원명원 이궁 ② 온천궁
③ 상림원 ④ 사자림

해설
- 사자림 : 원시대
- 상림원 : 한시대
- 온천궁 : 당시대

정답 122. ② 123. ④ 124. ③ 125. ④ 126. ③ 127. ① 128. ①

129 청나라의 건륭제가 조영하였으며, 만수산과 곤명호로 구성되어 있는 정원은?

[2011년5회]

① 이화원　　② 졸정원
③ 원명호　　④ 서호

해설 125번 해설 참조

130 중국 청나라 때의 유적이 아닌 것은?

[2012년2회]

① 이화원　　② 졸정원
③ 자금성 금원　　④ 원명원 이궁

해설 졸정원
- 명시대 소주에 조영한 중국 대표적 사가정원
- 특징 : 3/5 이상이 수경, 심원(深遠)을 형성하며 경관대비, 차경미

131 중국 조경의 시대별 연결이 옳은 것은?

[2015년5회]

① 명 – 이화원(頤和園)
② 진 – 화림원(華林園)
③ 송 – 만세산(萬歲山)
④ 명 – 태액지(太液池)

해설
- 이화원(만수산 이궁) : 청나라, 불에 탄 후 서태후가 재건, 현존 규모 중 최대(300ha)
- 만세산 : 송나라, 휘종이 세자를 얻기 위해 쌓아 만든 가산, 항주의 봉황산을 본떠 만든 정원으로 간산으로 이름 변경
- 태액지원(건장궁) : 한나라, 봉래, 방장, 영주 세 섬을 축조하고 청동, 대리석으로 만든 조수(鳥獸)와 용어(龍魚)를 조각함

132 다음 중 중국 4대 명원(四大 名園)에 포함되지 않는 것은?

[2013년1회]

① 졸정원　　② 창랑정
③ 작원　　④ 사자림

해설 소주의 4대 정원
- 졸정원 : 명시대 중국을 대표하는 사가 정원
- 사자림 : 원시대 기암괴석으로 석가산을 만듦
- 창랑정 : 송시대 산과 물의 조화와 뛰어난 원림
- 유원 : 명시대 못 안에 '소봉래'라는 섬을 축조함

133 일본정원에서 가장 중점을 두고 있는 것은?

[2012년5회]

① 조화　　② 대비
③ 대칭　　④ 반복

해설 일본 조경의 특징
- 중국의 영향 받은 사의주의 자연풍경식 발달
- 조화에 비중
- 차경 수법 가장 활발
- 정원을 축소시켜 구성하는 축경식
- 기교와 관상적 가치에 치중한 세부적 표현

134 다음 중 일본정원과 관련이 가장 적은 것은?

[2014년1회]

① 축소 지향적
② 인공적 기교
③ 통경선의 강조
④ 추상적 구성

해설 통경선은 프랑스 평면기하학식 정원에서 주축을 강조하기 위한 수법으로 사용되었다.

135 자연 경관을 인공으로 축경화(縮景化)하여 산을 쌓고, 연못, 계류, 수림을 조성한 정원은?

[2012년5회]

① 중정식　　② 전원 풍경식
③ 고산수식　　④ 회유임천식

해설 회유임천식
정원의 중심에 연못이나 섬을 만들고 다리를 연결하여 주변을 회유하면서 감상할 수 있도록 조성한 정원으로 가마쿠라시대의 양식이다.

정답　129. ①　130. ②　131. ③　132. ③　133. ①　134. ③　135. ④

136 다음 중 일본에서 가장 먼저 발달한 정원양식은? [2013년1회]

① 다정식 ② 고산수식
③ 회유임천식 ④ 축경식

해설 **일본의 조경양식의 변화**
상고시대, 아스카시대(임천식) ⇒ 헤이안시대(침전식) ⇒ 가마쿠라시대(회유임천식) ⇒ 무로마치시대(고산수식) ⇒ 모모야마시대(다정양식) ⇒ 에도시대(회유식) ⇒ 메이지시대(축경식)

137 일본 정원의 발달순서가 올바르게 연결된 것은? [2011년4회]

① 축산고산수식 → 다정식 → 임천식 → 회유식
② 회유식 → 임천식 → 평정고산수식 → 축산고산수식
③ 다정식 → 회유식 → 임천식 → 평정고산수식
④ 임천식 → 축산고산수식 → 평정고산수식 → 다정식

138 다음 중 9세기 무렵에 일본 정원에 나타난 조경양식은? [2014년4회]

① 평정고산수식 ② 침전조양식
③ 다정양식 ④ 회유임천양식

해설 헤이안시대(8~11C)에 조경양식은 전기는 임천식, 중기는 침전조식(동삼조전), 후기는 정토식으로 구분되는데 9C 중기는 주건물을 침전으로 그 앞에 정원을 조성하는 침전조양식이 특징이다.

139 귤준망의 [작정기]에 수록된 내용이 아닌 것은? [2014년1회]

① 서원조 정원 건축과의 관계
② 원지를 만드는 법
③ 지형의 취급방법
④ 입석의 의장법

해설 **작정기(作庭記)**
• 일본 최초 조원지침서로 침전조 건물에 어울리는 조원법을 수록하였다.
• 원지를 만드는 법, 지형의 취급 방법, 입석 의장법 등의 내용이 수록되어 있다.

140 정토사상과 신선사상을 바탕으로 불교 선(禪)사상의 직접적 영향을 받아 극도의 상징성(자연석이나 모래 등으로 산수 자연을 상징)으로 조성된 14~15세기 일본의 정원 양식은? [2015년1회]

① 중정식 정원 ② 고산수식 정원
③ 전원풍경식 정원 ④ 다정식 정원

해설 **고산수 정원**
불교 선(禪)사상의 영향과 축소지향적 일본 민족성의 영향으로 경관의 상징화, 극도의 추상화하고 정원이 건물로부터 독립되는 회화적 표현이 특징이다.
(암석 : 폭포나 섬 형상화, 동물 움직임 표현 / 물 대신 모래 사용, 모래 무늬로 물 흐름, 바다 형상화)
• 정토사상, 신선사상이 배경

141 일본의 정원 양식 중 다음 설명에 해당하는 것은? [2015년4회]

• 15세기 후반에 바다의 경치를 나타내기 위해 사용하였다.
• 정원소재로 왕모래와 몇 개의 바위만으로 정원을 꾸미고, 식물은 일체 쓰지 않았다.

① 다정양식 ② 축산고산수양식
③ 평정고산수양식 ④ 침전조정원양식

해설 **평정고산수식**
• 15C 무로마치시대 후기
• 평지에 바위를 세우고 모래를 깔아 섬과 바닷물을 연상시키고, 바다의 경치를 추상화하여 표현
• 용안사 석정 : 교토, 모래 바탕 위 5,2,3,2,3 석조 배치(15개)

정답 136. ③ 137. ④ 138. ② 139. ① 140. ② 141. ③

CHAPTER 01 조경계획 및 설계 기출문제

142 14세기경 일본에서 나무를 다듬어 산봉우리를 나타내고 바위를 세워 폭포를 상징하며 왕모래를 깔아 냇물처럼 보이게 한 수법은?
[2011년1회]

① 침전식 ② 임천식
③ 축산고산수식 ④ 평정고산수식

해설 **축산고산수식**
- 15C 무로마치시대 초기
- 나무를 다듬어 산봉우리의 생김새를 얻게 하고 바위는 폭포로 상징하며, 왕모래를 깔아 냇물의 흐름 표현
- 대덕사 대선원 방장(方丈)정원

143 다음 중 고산수수법의 설명으로 알맞은 것은?
[2016년2회]

① 가난함이나 부족함 속에서도 아름다움을 찾아내어 검소하고 한적한 삶을 표현
② 이끼 낀 정원석에서 고담하고 한아를 느낄 수 있도록 표현
③ 정원의 못을 복잡하게 표현하기 위해 호안을 곡절시켜 심(心)자와 같은 형태의 못을 조성
④ 물이 있어야 할 곳에 물을 사용하지 않고 돌과 모래를 사용해 물을 상징적으로 표현

해설 140번 해설 참조

144 정원요소로 징검돌, 물통, 세수통, 석등 등의 배치를 중시하던 일본의 정원 양식은?
[2016년4회]

① 다정원
② 침전조 정원
③ 축산고산수 정원
④ 평정고산수 정원

해설 **다정원**
- 노지형 자연식으로 화목류 일체 사용하지 않고 음지식물 사용, 징검돌, 자갈, 쓰쿠바이, 세수통, 석등, 이끼 낀 원로가 특징이다.
- 와비(가난함이나 부족함 속에서도 아름다움 찾아 검소하고 한적히 삶), 사비(오래되어 이끼가 낀 정원석에 고담과 한아를 느낌) 이념을 분위기로 한 다정 양식

145 일본의 모모야마(桃山) 시대에 새롭게 만들어져 발달한 정원의 양식은?
[2011년2회]

① 홍교수법 ② 다정
③ 회유임천식 ④ 축산고산수식

해설 도산(모모야마)시대에는 다정양식이 발달하였다.

서양조경

146 '사자(死者)의 정원'이라는 묘지정원을 조성한 고대 정원은?
[2013년2회]

① 이집트 정원 ② 바빌로니아 정원
③ 페르시아 정원 ④ 그리스 정원

해설 **이집트 묘지정원 – 사자(死者)의 정원**
이집트인의 내세관에 기인하여 무덤 앞에 영혼의 휴식처로 소정원을 꾸밈

147 다음 중 고대 이집트의 대표적인 정원수는?
[2016년2회]

- 강한 직사광선으로 인하여 녹음수로 많이 사용
- 신성시하여 사자(死者)를 이 나무 그늘 아래 쉬게 하는 풍속이 있었음

① 파피루스 ② 버드나무
③ 장미 ④ 시커모어

해설 **시커모어**
- 고대 이집트인들이 신성시, 사자를 시커모어 그늘 아래에 쉬게 하는 풍속

- 이집트는 국토의 대부분이 사막이기 때문에 강한 햇빛을 가려줄 수 있는 수목을 신성시 함 : 원예 발달

148 이집트 하(下)대의 상징 식물로 여겨졌으며, 연못에 식재되었고, 식물의 꽃은 즐거움과 승리를 의미하여 신과 사자에게 바쳐졌다. 이집트 건축의 주두(柱頭) 장식에도 사용되었던 이 식물은? [2015년4회]

① 자스민　　② 무화과
③ 파피루스　④ 아네모네

해설 파피루스
이집트에서는 파피루스, 시커모어, 연꽃을 종교적, 상징적으로 많이 이용했다. 하(下)대의 상징 식물은 파피루스로 습지에 무리지어 자생하는 식물로 줄기의 껍질을 벗겨내고 속을 가늘게 찢은 뒤, 엮어 말려서 다시 매끄럽게 하여 파피루스라는 종이를 만들었다. 상(上)대의 상징 식물은 연꽃이다.

149 메소포타미아의 대표적인 정원은? [2016년4회]

① 베다사원
② 베르사이유 궁전
③ 바빌론의 공중정원
④ 타지마할 사원

해설 공중정원
- 서양 최초의 옥상정원(동양에서는 상림원이 최초) 바빌론의 왕 네부카드데자르 2세가 왕비 아미티스를 위해 축조하였다.(세계7대 불가사의)
- 지구라트에 연속된 계단식 테라스로 된 노대에 성토하여 꽃과 나무 식재 : 멀리서 보면 삼림으로 뒤덮인 산 형상

150 메소포타미아의 대표적인 정원은? [2012년2회]

① 마야사원
② 바빌론의 공중정원
③ 베르사이유 궁전
④ 타지마할 사원

해설 149번 해설 참조

151 고대 그리스 조경에 관한 설명 중 틀린 것은? [2011년2회]

① 히포다무스에 의해 도시계획에서 격자형이 채택되었다.
② 서민들의 정원은 발달을 보지 못하였으나 왕이나 귀족의 저택은 대규모이며 사치스러운 정원을 가졌다.
③ 구릉이 많은 지형에 영향을 받았다.
④ 짐나지움과 같은 공공적인 정원이 발달하였다.

해설 그리스 정원의 특징
- 지중해성 기후, 연중 온화, 쾌청, 옥외생활 즐김 - 정원 가꾸기에 활발하지 않았으며 도시 건설에 정원보다 건물이 중심이 됨
- 아고라 : 건물로 둘러싸여 상업 및 집회에 이용되는 옥외 공간, 광장을 말하며 로마시대는 포룸(Forum)
- 짐나지움 : 체육 훈련을 하는 자리(대중(공공)정원으로 발달)
- 구릉이 많은 지형에 영향을 받음
- 최초 도시계획가 : 히포데이무스(격자형 도시계획)
- 성림 : 신전 주위에 수목 식재, 성스러운 정원 조성

152 고대 그리스에서 아고라(agora)는 무엇인가? [2012년1회]

① 유원지　　② 농경지
③ 광장　　　④ 성지

해설 151번 해설 참조

153 그리스 시대 공공건물과 주랑으로 둘러싸인 열린 공간으로 다목적 열린 공간으로 무덤의 전실을 가르치기도 했던 곳은? [2013년2회]

① 테라스　　② 키넬
③ 포룸　　　④ 빌라

해설 포룸(Forum)

정답　148. ③　149. ③　150. ②　151. ②　152. ③　153. ③

- 지배계급을 위한 상징적 지역으로 완의 행진, 집단이 모여 토론할 수 있는 광장의 성격을 가진다.
- 둘러싸인 건물군에 의해 일반광장, 시장광장, 화제광장으로 구분된다.
- 아고라와 같은 개념의 대화 장소이나 시장기능이 제외되었다.

154 고대 그리스에서 청년들이 체육 훈련을 하는 자리로 만들어졌던 것은? [2015년1회]

① 페리스틸리움 ② 지스터스
③ 짐나지움 ④ 보스코

해설 151번 해설 참조

155 고대 로마의 대표적인 별장이 아닌 것은? [2016년1회]

① 빌라 투스카니
② 빌라 감베라이아
③ 빌라 라우렌티아나
④ 빌라 아드리아누스

해설 **로마의 별장**
- 라우렌틴장 : 전원풍과 도시풍의 혼합형 별장
- 토스카나장 : 작은 필리니 소유의 도시형 별장
- 아드리아누스장 : 아드리아누스 황제의 대별장
- 감베라이아장은 르네상스 시대의 빌라이다.

156 고대 로마의 정원 배치는 3개의 중정으로 구성되어 있었다. 그중 사적인 기능을 가진 제2 중정에 속하는 곳은? [2010년2회]

① 지스터스 ② 페리스틸리움
③ 아트리움 ④ 아고라

해설 **로마 주택 정원의 구성** : 2개의 중정과 1개의 후정
- 제1중정(아트리움) : 공적 공간, 손님이나 상담 – 거실 개념 / 무열주중정, 컴플루비움(천창), 임플루비움(빗물받이)
- 제2중정(페리스틸리움) : 가족, 사적 공간 – 방 개념 / 주랑식 중정, 포장되지 않음
- 후원(지스터스, 호르투스) : 수로 중심 좌우에 원로 화단, 산책로, 5점형 식재

157 로마의 조경에 대한 설명으로 알맞은 것은? [2014년1회]

① 집의 첫 번째 중정(Atrium)은 5점형 식재를 하였다.
② 주택정원은 그리스와 달리 외향적인 구성이었다.
③ 집의 두 번째 중정(Peristylium)은 가족을 위한 사적 공간이다.
④ 겨울 기후가 온화하고 여름이 해안기후로 사원하여 노단형의 별장(Villa)이 발달 하였다.

해설 156번 해설 참조

158 16세기 무굴제국의 인도정원과 가장 관련이 깊은 것은? [2016년4회]

① 타지마할 ② 퐁텐블로
③ 클로이스터 ④ 알함브라 궁원

해설 **타지마할 사원**
인도의 샤자한 왕 시대 왕비의 묘(높은 울담 / 수로가 넓은 정원을 4분원, 흰 대리석의 능묘, 물의 반사성으로 능묘를 더욱 돋보이게 설치)

159 다음 중 묘원의 정원에 해당하는 것은? [2014년2회]

① 타지마할 ② 알함브라
① 공중정원 ② 보르비콩트

해설 158번 해설 참조

160 인도 정원에 해당하는 것은? [2010년5회]

① 타자마할(Taj–mahal)
② 베르사이유(Versailles) 궁원
③ 알함브라(Alhambra)
④ 보르비콩트(Vaux–le–viconte)

해설 158번 해설 참조

정답 154. ③ 155. ② 156. ② 157. ③ 158. ① 159. ① 160. ①

161 중세 유럽의 조경 형태로 볼 수 없는 것은?
[2016년1회]

① 과수원　　② 약초원
③ 공중정원　④ 회랑식 정원

해설 공중정원
서양 최초의 옥상정원(동양에서는 상림원이 최초) 고대 바빌론의 왕 네부카드네자르 2세가 왕비 아미티스를 위해 축조하였다.(세계7대 불가사의)

162 서양의 각 시대별 조경양식에 관한 설명 중 옳지 않은 것은?
[2017년1회]

① 서아시아의 조경은 수렵원 및 공중정원이 형성되었다.
② 이집트는 상업 및 집회를 위한 공공정원이 유행하였다.
③ 고대 그리스에는 포럼과 유사한 옥외 공간이 형성되었다.
④ 고대 로마의 주택정원에는 지스터스(xystus)라는 가족을 위한 사적인 공간을 조성하였다.

해설
- 이집트는 신선정원과 사자(死者)의 정원이 특징적이다.
- 아고라는 고대 그리스 시대에 건물로 둘러싸여 상업 및 집회에 이용되는 옥외 공간, 광장을 말하며 포럼(Forum)은 로마시대의 아고라에 비해 시장 기능은 제외

163 다음 중 '사자의 중정(Court of Lion)'은 어느 곳에 속해 있는가?
[2014년5회]

① 알카자르　② 헤네랄리페
③ 알함브라　④ 타즈마할

해설 알함브라 궁원(홍궁 : 붉은벽돌) 중정의 구성
- 수로에 의해 4개의 중정 나뉨
- 이슬람 영향
  - 알베르카의 중정(도금향, 천인화 열식)
  - 사자의 중정(주랑식 중정, 가장 화려, 12마리 사자, 14세기 마호멧 5세 조성, 왕의 사정원)
- 기독교 영향
  - 다라하의 중정(린다라야, 회양목으로 가장자리에 식재 화단, 가장 여성스러움, 두 자매의 방에 딸림),
  - 레하의 중정(창격자, 사이프러스 식재)

164 이슬람 양식의 스페인 정원이 속하는 조경양식은?
[2018년 2회]

① 노단식
② 중정식
③ 자연풍경식
④ 평면기하학식

해설 스페인의 이슬람 정원의 특징
- 중정식 정원 발달
- 물과 분수의 풍부한 이용
- 섬세한 장식
- 대리석과 벽돌의 이용을 통한 기하학적 형태
- 다채로운 색채 도입

165 스페인의 코르도바를 중심으로 한 지역에서 발달한 정원양식은?
[2012년5회]

① atrium
② peristylium
③ patio
④ court

해설 파티오(Patio)
물을 중시하는 이슬람 세계의 특성과 스페인의 코르도바 지역에서 옛 로마의 별장과 유적의 영향을 받아 파티오(Patio : 중정)가 발달하였으며 회랑식 중정원의 기원이 됨.

166 중정(patio)식 정원의 가장 대표적인 특징은?
[2016년4회]

① 토피어리　② 색채 타일
③ 동물 조각품　④ 수렵장

해설 164번 해설 참조

정답　161. ③　162. ②　163. ③　164. ②　165. ③　166. ②

CHAPTER 01 조경계획 및 설계 기출문제

167 다음 정원의 개념을 잘 나타내는 중정은?
[2013년5회]

- 무어 양식의 극치라고 일컬어지는 알함브라(Alhambra)궁의 여러 개 정(Patio)중 하나이다.
- 4개의 수로에 의해 4분되는 파라다이스 정원이다.
- 가장 화려한 정원으로서 물의 존귀성이 드러난다.

① 사자의 중정   ② 창격자 중정
③ 연못의 중정   ④ Lindaraja Patio

해설 알함브라궁 사자의 중정
- 가장 화려한 중정
- 주랑식 중정으로 사자상 분수와 네 개의 수로가 연결
- 물을 시각적, 청각적으로 처리하여 물의 존귀성을 표현

168 다음 중 스페인의 파티오(patio)에서 가장 중요한 구성 요소는?
[2015년1회]

① 물   ② 원색의 꽃
③ 색채 타일 ④ 짙은 녹음

해설 중정식 정원은 도입요소 중 물을 가장 중시하며 대리석 면에 의한 형태, 다채로운 색채도입 순으로 중시한다.

169 수도원 정원에서 원로의 교차점인 중정 중앙에 큰 나무 한 그루를 심는 것을 뜻하는 것은?
[2014년4회]

① 파라다이소(Paradiso)
② 바(Bagh)
③ 트렐리스(Trellis)
④ 페리스탈리움(Peristylium)

해설
- 파라다이소(Paradiso) : 수도원 정원 원로의 교차점에 중정 중앙에 거목을 식재하거나 수반, 분수, 샘 설치
- 바(Bagh) : 무굴인도 정원의 캐시미르 지방의 별장
- 트렐리스(Trellis) : 격자형 울타리
- 페리스탈리움(Peristylium) : 로마시대의 주택정원의 제2중정

170 "수로의 중정", 캐널 양끝에는 대리석으로 만든 연꽃 모양의 분수반이 있고 물은 이곳을 통해 캐널로 흐르게 만든 파티오식 정원은?
[2011년5회]

① 알함브라 궁원   ② 헤네랄리페 궁원
③ 알카자르 궁원   ④ 나샤트바 궁원

해설 헤네랄리페 이궁(전체가 정원, 건축가의 정원, 높이 솟은 정원)
- 그라나다 왕들의 피서를 위한 은둔처
- 경사지의 계단식 처리와 기하학적 구성
- 수로가 있는 중정 : 연꽃 무늬 수반, 회양목 구성

171 스페인 정원에 관한 설명으로 틀린 것은?
[2016년2회]

① 규모가 웅장하다.
② 기하학적인 터 가르기를 한다.
③ 바닥에는 색채타일을 이용하였다.
④ 안달루시아(Andalusia) 지방에서 발달했다.

해설 164번 해설 참조

172 스페인 정원의 특징과 관계가 먼 것은?
[2014년4회]

① 건물로서 완전히 둘러싸인 가운데 뜰 형태의 정원
② 정원의 중심부는 분수가 설치된 작은 연못 설치
③ 웅대한 스케일의 파티오 구조의 정원
④ 난대, 열대수목이나 꽃나무를 화분에 심어 중요한 자리에 배치

해설 164번 해설 참조

정답 167. ① 168. ① 169. ① 170. ② 171. ① 172. ③

173 회교문화의 영향을 입어 독특한 정원 양식을 보이는 곳은? [2017년 2회]

① 영국정원 ② 프랑스정원
③ 스페인정원 ④ 이탈리아정원

해설 164번 해설 참조

174 다음 이슬람 정원 중 『알함브라 궁전』에 없는 것은? [2015년1회]

① 알베르카 중정
② 사자의 중정
③ 사이프레스의 중정
④ 헤네랄리페 중정

해설 알함브라 궁전은 알베르카의 중정, 사자의 중정, 다라하의 중정, 레하의 중정으로 구성되어 있다.

175 서양에서 정원이 건축의 일부로 종속되던 시대에서 벗어나 건축물을 정원양식의 일부로 다루려는 경향이 나타난 시대는? [2010년4회]

① 중세 ② 르네상스
③ 고대 ④ 현대

해설 르네상스시대의 조경 특징
봉건제도와 종교적 비판을 기반으로 인간 개성을 존중하고 자연의 아름다움을 존중하고 예술적으로 향유하며 정원이 건축의 일부로 종속되기 보다는 건축물을 정원의 일부로 보는 등 정원이 예술의 한 범주에 속하게 된다.

176 이탈리아 르네상스 시대의 조경 작품이 아닌 것은? [2010년4회]

① 빌라 토스카나(Villa Toscana)
② 빌라 란셀로티(Villa Lancelotti)
③ 빌라 메디치(Villa Medici)
④ 빌라 란테(Villa lante)

해설
• 빌라 토스카나(Villa Toscana) : 고대 로마의 조경
• 빌라 란셀로티(Villa Lancelotti) : 후기 르네상스 조경
• 빌라 메디치(Villa Medici) : 15C 빌라 조경
• 빌라 란테(Villa lante) : 16C 빌라 조경

177 16세기 이탈리아의 대표적인 정원인 빌라 에스테(Villad' Este)의 특징 설명으로 바르지 못한 것은? [2017년1회]

① 미로
② 연못
③ 자수화단
④ 사이프러스의 열쇠

해설 빌라 에스테
티볼리 위치, 리고리오 설계, 수경 올리비에리 설계
• 높이가 다른 네 개의 노단의 조화로 좋은 조망 확보 (각 노단 독립적), 물의 다양한 사용
• 평면적으로 강한 축을 중심으로 정형적 대칭
• 축을 따라 또는 축을 직교하여 분수, 연못, 벽천, 미로, 장식 화분, 자수화단 설치

178 다음 중 이탈리아 정원의 가장 큰 특징은? [2012년5회]

① 노단건축식 ② 평면기하학식
③ 자연풍경식 ④ 중정식

해설 이탈리아 조경의 특징
• 여러 개의 노단(테라스)을 이용하여 전망을 살림
• 강한 축을 중식으로 정형적인 대칭을 이룸
• 축을 따라 또는 축을 직교하여 분수, 연못 설치
• 지형 극복을 위해 노단과 경사지의 이용
• 엄격한 비례를 준수하고 축을 설정하고 원근법 도입

179 다음 중 이탈리아의 정원 양식에 해당하는 것은? [2013년4회]

① 평면기하학식
② 노단건축식
③ 자연풍경식
④ 풍경식

해설 178번 해설 참조

정답 173. ③ 174. ④ 175. ② 176. ① 177. ④ 178. ① 179. ②

180 이탈리아 정원양식의 특성과 가장 관계가 먼 것은? [2013년5회]
① 테라스 정원
② 노단식 정원
③ 평면기하학식 정원
④ 축선상에 여러 개의 분수 설치

해설 178번 해설 참조

181 앙드레 르노트르(Andre Le notre)가 유명하게 된 것은 어떤 정원을 만든 후부터인가? [2014년1회]
① 베르사이유(Versailles)
② 센트럴 파크(Central Prak)
③ 토스카나장(Villa Toscana)
④ 알함브라(Alhambra)

해설
- 베르사이유 궁원(면적 약 300ha)은 앙드레 르 노트르가 설계한 세계 최대 규모의 정형식 정원으로, 루이 14세의 왕권 과시하고자 건물 또는 연못 중심으로 태양 모습의 방사상의 축선 복합적으로 전개되어 있다.
- 센트럴파크는 옴스테드가 1858년 뉴욕시 중앙부에 344ha의 면적으로 조성한 최초의 도시 공원이다.
- 스페인 그라나다의 알함브라 궁원(홍궁 : 붉은벽돌)에는 알베르카의 중정, 사자(lion)의 중정, 다라하의 중정, 레하의 중정이 있다.
- 토스카나장(Villa Toscana)은 로마의 도시풍 여름용 별장이다.

182 프랑스의 르노트르가 유학하여 조경을 공부한 나라는? [2013년1회]
① 이탈리아 ② 영국
③ 미국 ④ 스페인

해설 앙드레 르 노트르
- 이탈리아 여행 중 노단식(露壇式) 정원을 배워 이탈리아 노단식 정원을 프랑스 지형과 풍토에 알맞은 평면기하학식 수법으로 조성
- 작품 : 생클루, 퐁텐블로 정원, 샹틸리 재설계, 보르 비 콩트, 베르사이유 궁원

183 프랑스 평면기하학식 정원을 확립하는데 가장 큰 기여를 한 사람은? [2016년1회]
① 르 노트르 ② 메이너
③ 브리지맨 ④ 비니올라

해설 182번 해설 참조

184 다음 중 프랑스 베르사유 궁원의 수경시설과 관련이 없는 것은? [2015년4회]
① 아폴로 분수 ② 물극장
③ 라토나 분수 ④ 양어장

해설 아폴로 분수는 베르사유 궁전 서쪽 끝에 라토나 분수는 중앙부에 위치한 분수이다.

185 다음 중 본격적인 프랑스식 정원으로서 루이 14세 당시의 니콜라스 푸케와 관련 있는 정원은? [2013년2회]
① 퐁텐블로(Fontainebleau)
② 보르 뷔 콩트(Vaux-le-Vicomte)
③ 베르사유(Versailles)공원
④ 생클루(Saint-Cloud)

해설 보르 비 콩트 정원(남북 1.2km, 동서 600m)
- 최초 평면기하학식 정원 / 건축 루이르보 / 조경은 앙드레 르 노트르
- 주축선 중심으로 비스타 형성, 총림, 장식 화단과 수로 위치, 산책로
- 니콜라스 푸케(루이 14세 시대에 재무장관)의 개인 정원

186 영국 정형식 정원의 특징 중 매듭화단이란 무엇인가? [2012년1회]
① 가늘고 긴 형태로 한쪽 방향에서만 관상할 수 있는 화단
② 수목을 전정하여 정형적 모양으로 만든 미로
③ 카펫을 깔아 놓은 듯 화려하고 복잡한

정답 180. ③ 181. ① 182. ① 183. ① 184. ④ 185. ② 186. ④

문양이 펼쳐진 화단
④ 낮게 깎은 회양목 등으로 화단을 기하학적 문양으로 구획한 화단

해설 매듭화단
- 튜터왕조 때 미원과 함께 유행한 정원
- 낮게 깎은 회양목 등으로 화단을 여러 가지 기하학적 문양으로 구획 짓는 것

187 영국 튜터왕조에서 유행했던 화단으로 낮게 깎은 회양목 등으로 화단을 여러 가지 기하학적 문양으로 구획 짓는 것은? [2016년 4회]
① 기식화단   ② 매듭화단
③ 카펫화단   ④ 경재화단

해설 186번 해설 참조

188 영국의 풍경식 정원은 자연과의 비율이 어떤 비율로 조성되었는가? [2014년 5회]
① 1 : 1   ② 1 : 5
③ 2 : 1   ④ 1 : 100

해설 영국의 풍경식 정원은 목가적인 풍경을 바탕으로 자연의 원형을 그대로 활용하므로 비율은 1 : 1이다.

189 다음 중 영국의 풍경식 정원가가 아닌 사람은? [2018년 1회]
① 스테판 스위처   ② 조셉 에디슨
③ 윌리암 캔트   ④ 윌리암 챔버

해설 영국의 풍경식 정원가
- 스테판 스위처 : 최초의 풍경식 조경가, 정원 울타리 없애고 정원범부를 주위 전원으로 확장
- 윌리암 캔트 : 근대 조경의 아버지 / 자연은 직선을 싫어한다. 영국 전원 풍경을 회화적으로 묘사, 캔싱턴 가든에 고사목 심기까지 도입
- 윌리암 챔버 : 큐 가든에 최초로 중국식 건물과 탑 축조, 브라운파 비판 / 동양 정원론에 중국 정원 소개
- 조셉 에디슨은 영국의 수필가 겸 시인

190 영국의 스토우(Stowe)원을 설계했으며, 정원 내에 하하(ha-ha)의 기교를 생각해낸 조경가는? [2010년 4회], [2017년 2회]
① 브리지맨   ② 윌리엄 켄트
③ 햄프리 랩턴 ④ 에디슨

해설 찰스 브리지맨
스토우 정원에 하하 개념 최초 도입, 치즈윅 하우스, 로스햄, 스투어 헤드 설계

191 정원의 개조 전후의 모습을 보여주는 레드북(Red book)의 창안자는? [2011년 1회]
① 란 셀로트 브라운(Lan Celot Brown)
② 험프리 랩턴(Humphrey Repton)
③ 윌리엄 켄트(William Kent)
④ 브리지맨(Bridge man)

해설 험프리 랩턴
풍경식 정원의 완성자, Landscape Gardener 칭호 최초 사용, Red Book

192 영국인 Brown의 지도하에 덕수궁 석조전 앞뜰에 조성된 정원 양식과 관계되는 것은? [2012년 2회]
① 보르비콩트 정원 ② 센트럴파크
③ 분구원   ④ 빌라 메디치

해설 덕수궁 석조전은 프랑스식 우리나라 최초의 정형식 정원이다.

193 버킹검의 「스토우 가든」을 설계하고, 담장 대신 정원 부지의 경계선에 도랑을 파서 외부로부터의 침입을 막은 ha-ha 수법을 실현하게 한 사람은? [2013년 5회]
① 켄트   ② 브리지맨
③ 와이즈맨 ④ 챔버

해설 찰스 브리지맨
스토우 정원에 하하 개념 최초 도입, 치즈윅 하우스, 로스햄, 스투어 헤드 설계

정답 187. ② 188. ① 189. ② 190. ① 191. ② 192. ① 193. ②

CHAPTER 01 조경계획 및 설계 기출문제

194 다음 중 정원에 사용되었던 하하(Ha-ha) 기법을 가장 잘 설명한 것은? [2016년2회]

① 정원과 외부사이 수로를 파 경계하는 기법
② 정원과 외부사이 언덕으로 경계하는 기법
③ 정원과 외부사이 교목으로 경계하는 기법
④ 정원과 외부사이 산울타리를 설치하여 경계하는 기법

해설 하하 기법
중세 프랑스의 군사용 호로서 정원에 물리적 경계 없이 정원을 바라볼 수 있게 정원 부지의 경계선에 깊은 도랑(수로)을 팜으로써 일명 가축을 보호하고 목장이나 산림, 경지를 전원풍경 속에 끌어들이자는 위도에서 온 것

195 브라운파의 정원을 비판하였으며 큐가든에 중국식 건물, 탑을 도입한 사람은? [2015년1회]

① Richard Steele
② Joseph Addison
③ Alexander Pope
④ William Chambers

해설 윌리엄 챔버
큐 가든에 최초로 중국식 건물과 탑 축조 / 동양 정원론에 중국 정원 소개

196 다음 중 독일의 풍경식 정원과 가장 관계가 깊은 것은? [2016년2회]

① 한정된 공간에서 다양한 변화를 추구
② 동양의 사의주의 자연풍경식을 수용
③ 외국에서 도입한 원예식물의 수용
④ 식물생태학, 식물지리학 등의 과학이론의 적용

해설 독일 정원의 특징
과학적 지식 이용으로 실용적 정원 발달 / 향토 수종 배식

197 미국 식민지 개척을 통한 유럽 각국의 다양한 사유지 중심의 정원양식이 공공적인 성격으로 전환되는 계기에 영향을 끼친 것은? [2016년1회]

① 스토우 정원
② 보르비콩트 정원
③ 스투어헤드 정원
④ 버컨헤드 공원

해설 공공정원(공적인 대중 공원)
1843년 버큰헤드 공원(조셉 펙스턴 계획), 시민들의 요구로 조성된 최초의 공원
• 산업 혁명 이후 개인 소유 정원을 일반에게 개방, 사적인 주택단지와 공적인 위락용으로 나눔(리젠트 공원과 동일)
• public park : 상류층 거주 지역에 존재, 하류층의 생활환경은 열악
• 미국 옴스테드의 공원 개념 형성과 공원 녹지 계획에 영향(센트럴파크 조성)
• 조셉 펙스턴 : 생물학자, 정원사, 런던 국제박람회장 건물 수정궁 설계(온실 구조)

198 사적인 정원이 공적인 공원으로 전환의 계기가 된 사례는? [2017년1회]

① 에스테장
② 켄싱턴가든
③ 베르사유궁
④ 센트럴파크

해설 197번 해설 참조

정답 ▶ 194. ① 195. ④ 196. ④ 197. ④ 198. ④

조경계획

199 모든 설계에서 가장 기본적인 도면은?
[2016년1회]

① 입면도 ② 단면도
③ 평면도 ④ 상세도

[해설] **평면도**
- 물체를 위에서 내려다 본 것을 가정하고 작도한 것, 조경 설계의 기본적 도면
- 배치도 : 계획의 전반적 사항 표시(시설물 위치, 도로, 식생, 지형, 부지경계, 축척, 방위 등)

200 다음 중 배치도에 표시하지 않아도 되는 사항은?
[2015년5회]

① 축척 ② 건물의 위치
③ 대지 경계선 ④ 수목 줄기의 형태

[해설] 199번 해설 참조

201 기본 설계도 중 위에서 수직 투영된 모양을 일정한 축척으로 나타내는 도면으로 2차원적이며, 입체감이 없는 도면은? [2011년1회]

① 평면도 ② 단면도
③ 입면도 ④ 투시도

[해설] 평면도는 물체를 수직 방향으로 내려다본 것을 가정하고 작도한 것으로 도면상에는 입체감이 없다.

202 설계안이 완공되었을 경우를 가정하여 설계내용을 실제 눈에 보이는 대로 절단한 면에서 먼 곳에 있는 것은 작게, 가까이 있는 것은 크고 깊이가 있게 하나의 화면에 그리는 것은?
[2011년2회]

① 평면도 ② 조감도
③ 투시도 ④ 상세도

[해설] **투시도**
- 설계안이 완성되었을 경우를 가정하여 설계내용을 실제 눈에 보이는 대로 입체적으로 나타낸 도면
- 유리창을 통해 바깥 풍경을 보면서 보이는 그대로 유리창에 그려낸 것과 같은 효과를 주는 도면
- 투시도에는 치수와 치수선을 표시하지 않음
- 보는 눈의 위치에 따라 평행투시(1소점 투시), 성각투시(2소점 투시), 경사투시(3소점 투시)로 구분

203 시공 후 전체적인 모습을 알아보기 쉽도록 그린 그림과 같은 형태의 도면은?
[2014년1회]

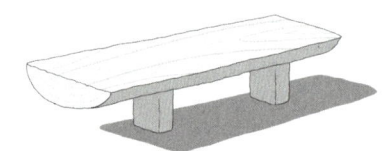

① 평면도 ② 입면도
③ 조감도 ④ 상세도

[해설] **조감도**
시점위치가 높음, 설계 대상지를 공중에서 수직으로 본 것을 입체적으로 표현

204 다음 중 눈높이나 눈보다 조금 높은 위치에서 보이는 공간을 실제 보이는 대로 자연스럽게 표현한 그림으로 나타내고자 하는 의도의 윤곽을 잡아 개략적으로 표현하고자 할 때, 즉 아이디어를 수집, 기록, 정착화 하는 과정에 필요하며, 디자이너에게 순간적으로 떠오르는 불확실한 아이디어의 이미지를 고정, 정착화시켜 나가는 초기 단계에 해당하는 그림은? [2013년4회]

① 입면도 ② 조감도
③ 투시도 ④ 스케치

[해설] **스케치**
- 눈높이보다 조금 높은 위치에서 보이는 공간을 표현하는 그림으로 투시도 작도법에 의하지 않고 공간 전체를 사실적으로 그린 그림
- 아이디어를 기록, 정착하는 초기 과정에 필요

정답 199. ③ 200. ④ 201. ① 202. ③ 203. ③ 204. ④

205 다음의 입체도에서 화살표 방향을 정면으로 할 때 평면도를 바르게 표현한 것은?

[2014년2회]

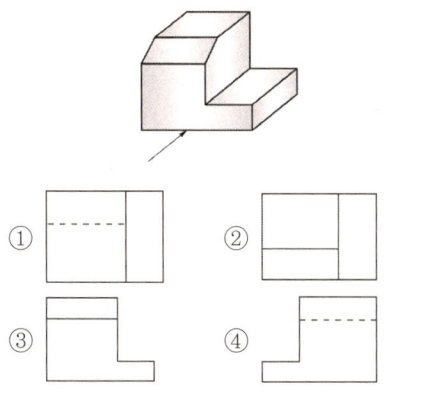

해설 평면도는 물체를 위에서 내려다 본 것을 가정하고 작도한 2차원적 도면이다.

206 다음 그림과 같은 정투상도(제3각법)의 입체로 맞는 것은?

[2016년4회]

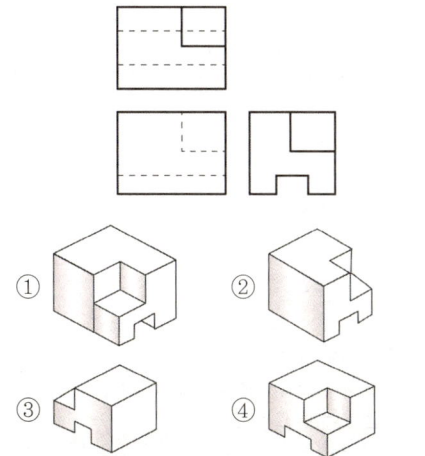

해설
- 정투상도는 직각을 이루로 있는 평면상에 물체로부터 수직선을 내려서 얻은 2개의 또는 그 이상의 방향에서 투상한 도면
- 제시된 그림은 정면도를 기점으로 위에서 본 평면과 우측에서 본 우측면의 모습을 투상한 것이다.

207 물체의 앞이나 뒤에 화면을 놓은 것으로 생각하고, 시점에서 물체를 본 시선과 그 화면이 만나는 각 점을 연결하여 물체를 그리는 투상법은?

[2014년4회]

① 사투상법　　② 투시도법
③ 정투상법　　④ 표고투상법

해설
- 사투상도법 : 기준선을 긋고 각 꼭짓점에서 기준선과 일정 각도를 이루는 사선을 나란히 그은 다음에 물체의 치수대로 그리는 방법
- 정투상도법 : 물체의 각 면을 투상면에 나란하게 놓고 직각 방향에서 본 물체의 모양을 나타내는 투상법
- 표고투상법 : 지형의 높고 낮음을 표시하는 것과 같이 기준면 위에 투상한 수직투상법
- 축측투상법 : 대상물의 좌표면이 투상면에 대하여 직각이나 물체가 경사를 가지는 투상법

208 물체를 투상면에 대하여 한쪽으로 경사지게 투상하여 입체적으로 나타낸 것으로 다음 그림과 같은 것은?

[2015년2회]

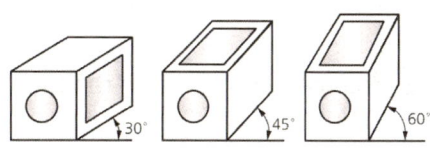

① 사투상도　　② 투시투상도
③ 등각투상도　④ 부등각투상도

해설 **축측투상도의 구분**
- 등각투상도 : 직육면체의 직각으로 만나는 3개의 모서리가 모두 120°를 이루는 투상도
- 부등각투상도 : 화면의 좌우와 상하의 각도가 각기 다른 축측 투상도
- 2등각투상도 : 3개의 축선이 서로 만나 이루는 세 각 중에서 두각은 같게, 나머지 한 각은 다르게 작도한 투상도

209 다음 설계 도면의 종류 중 2차원의 평면을 나타내지 않는 것은?

[2015년4회]

① 평면도　　② 단면도
③ 상세도　　④ 투시도

정답　205. ②　206. ②　207. ②　208. ①　209. ④

해설 투시도는 설계안이 완공되었을 경우를 가정해 설계 내용을 입체적으로 표현한 그림

210 조감도는 소점이 몇 개 인가? [2012년1회]
① 1개 ② 2개
③ 3개 ④ 4개

해설 소점은 물체가 기준이 되는 면, 즉 기면과 평행으로 무한히 멀어지면 수평선상 한 점에 모이점으로 조감도의 소점은 3개이다.

211 설계도서에 포함되지 않는 것은? [2013년1회]
① 설계도면 ② 현장사진
③ 물량내역서 ④ 공사시방서

해설 **설계도서**
공사의 시공에 필요한 설계도와 시방서(示方書) 및 이에 따르는 구조계산서와 설비관계의 계산서를 말하므로 현장사진은 포함되지 않음

212 일반 도시에서 가장 많이 사용되고 있는 이상적이 녹지 계통은? [2010년1회]
① 방사식 ② 환상식
③ 방사환상식 ④ 분산식

해설 **공원 녹지계통 형식**
- 분산식 : 녹지대가 분산 배치
- 환상식 : 도시를 중심으로 환상 상태도 조성
- 방사식 : 도시를 중심으로 외부로 방사상으로 조성
- 위성식 : 녹지 조성 후 녹지대에 소시가지 조성
- 평행식 : 띠 모양으로 평행하게 조성
- 방사환상식 : 방사식과 환상식을 절충한 형태로 가장 이상적임

213 녹지계통의 형태가 아닌 것은? [2011년2회]
① 환산형 ② 분산형(산재형)
③ 입체분리형 ④ 방사형

해설 212번 해설 참조

214 S.Gold(1980)의 레크리에이션 계획에 있어 과거의 일반 대중이 여가시간에 언제, 어디에서, 무엇을 하는가를 상세하게 파악하여 그들의 행동 패턴에 맞추어 계획하는 방법은? [2010년2회]
① 자원접근방법
② 활동접근방법
③ 경제접근방법
④ 행태접근방법

해설 **S.Gold(1980)의 레크리에이션 접근법**
- 자원접근법 : 물리적 자원 혹은 자연 자원이 레크리에이션의 유형과 양을 결정
- 활동접근법 : 과거 레크리에이션 활동의 참가 사례를 토대로 레크리에이션 기회 결정
- 행태접근법 : 언제, 어디서, 무엇, 누가 등 이용자의 구체적인 행동 패턴에 맞추어 계획
- 경제접근법 : 지역사회의 경제적 기반이 예산규모에 따라 결정되는 방법
- 종합접근법 : 4가지 접근법을 종합하여 긍정적 측면만 취하는 방법

215 기존의 레크리에이션 기회에 참여 또는 소비하고 있는 수요(需要)를 무엇이라 하는가? [2016년1회]
① 표출수요
② 잠재수요
③ 유효수요
④ 유도수요

해설 **레크리에이션 수요**
- 표출 수요 : 기존의 레크리에이션 기회에 참여 또는 소비하고 있는 수요
- 잠재 수요 : 사람들에게 잠재되어 있는 수요로 적당한 조건이 제공되면 참여 가능한 수요
- 유도 수요 : 광고, 선전, 교육 등을 통해 이용을 유도시킬 수 있는 수요
- 유효 수요 : 재화에 대한 욕구가 실제로 그 재화를 구입할 만큼의 구매력의 뒷받침이 있을 경우의 수요

정답 210. ③ 211. ② 212. ③ 213. ③ 214. ④ 215. ①

216 맥하그(Ian McHarg)가 주장한 생태적 결정론(ecological determinism)의 설명으로 옳은 것은? [2011년1회]

① 인간환경은 생태계의 원리로 구성되어 있으며, 따라서 인간사회는 생태적 진화를 이루어 왔다는 이론이다.
② 생태계의 원리는 조경설계의 대안결정을 지배해야 한다는 이론이다.
③ 자연계는 생태계의 원리에 의해 구성되어 있으며, 따라서 생태적 질서가 인간환경의 물리적 형태를 지배한다는 이론이다.
④ 인간행태는 생태적 질서의 지배를 받는다는 이론이다.

해설 맥하그(Ian McHarg)가 주장한 생태적 결정론은 자연계는 생태계의 원리에 의해 구성되어 있으며, 따라서 생태적 질서가 인간환경의 물리적 형태를 지배한다는 이론이다.

217 조경계획 과정으로 바르게 나열한 것은? [2018년 1회]

① 자료분석 및 종합 → 목표설정 → 기본계획 → 실시설계 → 기본설계
② 목표설정 → 기본설계 → 자료분석 및 종합 → 기본계획 → 실시설계
③ 기본계획 → 목표설정 → 자료분석 및 종합 → 기본설계 → 실시설계
④ 목표설정 → 자료분석 및 종합 → 기본계획 → 기본설계 → 실시설계

해설 조경 계획 및 설계의 과정
목표 설정→자료분석 및 종합→기본구상→기본계획→기본 설계→실시 설계

218 조경계획·설계에서 기초적인 자료의 수집과 정리 및 여러 가지 조건의 분석과 통합을 실시하는 단계를 무엇이라 하는가? [2016년1회]

① 목표 설정
② 현황분석 및 종합
③ 기본 계획
④ 실시 설계

해설 현황 분석 및 종합 단계는 계획의 기본구성에 초점을 맞추어 시간적, 경제적 여건을 감안한 자료 수집 단계이다.

219 좁은 의미의 조경계획으로 볼 수 없는 것은? [2018년 1회]

① 목표설정   ② 자료분석
③ 기본계획   ④ 기본설계

해설 조경 수행과정은 계획 → 설계 → 시공 → 관리로 나누어지며 조경계획 단계에서는 목표를 설정하고 자료를 수집, 분석, 종합하여 기본 계획을 수립한다. 기본설계는 자료를 활용하여 3차원적 공간을 창조하는 조경설계 단계이다.

220 계획 구역 내에 거주하고 있는 사람과 이용자를 이해하는 데 목적이 있는 분석 방법은? [2014년1회]

① 자연환경분석   ② 인문환경분석
③ 시각환경분석   ④ 청각환경분석

해설 인문환경분석(사회, 행태적 분석)
• 계획 구역 내 거주자와 이용자를 이해하기 위해 실시
• 인구, 교통, 토지이용, 시설물, 역사문화, 이용 행태, 선호도 등 분석

221 조경계획과정에서 인문환경분석의 요인이 아닌 것은? [2017년1회]

① 교통   ② 기후
③ 역사성   ④ 이용행태

해설 현황 분석
• 자연환경분석(물리, 생태적 분석) : 해당 지역의 자연 생태계를 파악하기 위해 실시
지형, 지질, 수문, 야생동물, 기후, 식생, 토양 등이 있다.

정답 216. ③ 217. ④ 218. ② 219. ④ 220. ② 221. ②

- 인문환경분석(사회, 행태적 분석) : 계획 구역 내 거주자와 이용자를 이해하기 위해 실시
  인구, 교통, 토지이용, 시설물, 역사문화, 이용 행태, 선호도

222 조경계획 과정에서 자연환경 분석의 요인이 아닌 것은? [2015년1회]

① 기후　　② 지형
③ 식물　　④ 역사성

해설 221번 해설 참조

223 이용자들의 이용행태를 조사하기 위해 가장 적합한 방법은 무엇인가? [2018년 1회]

① 면담조사　　② 사례조사
③ 설문조사　　④ 현장관찰법

해설 이용자들의 행동하는 양상을 살펴보기 위해서는 현장관찰법이 가장 유용하다. 설문조사, 면담조사, 사례조사는 주관적인 의견이 반영될 수 있으므로 객관적인 이용행태를 파악하는 데 어려움이 있다.

224 조경계획을 실시할 때 조사해야 할 자연환경 요소에 해당하지 않는 것은? [2017년1회]

① 기상　　② 식생
③ 교통　　④ 경관

해설 221번 해설 참조

225 미기후에 관련된 조사항목으로 적당하지 않은 것은? [2013년5회]

① 대기오염정도
② 태양복사열
③ 안개 및 서리
④ 지역온도 및 전국온도

해설 미기후
- 지형이나 풍향 등에 따라 부분적 장소의 독특한 기상 상태

- 태양복사열 정도, 공기유통정도, 안개, 서리해 유무, 일조시간, 대기오염 자료 등 조사

226 다음 중 미기후에 대한 설명으로 가장 거리가 먼 것은? [2011년1회]

① 계곡의 맨 아래쪽은 비교적 주택지로서 양호한 편이다.
② 야간에는 언덕보다 골짜기의 온도가 낮고, 습도는 높다.
③ 야간에 바람은 산위에서 계곡을 향해 분다.
④ 호수에서 바람이 불어오는 곳은 겨울에는 따뜻하고 여름에는 서늘하다.

해설 국지성 바람
- 낮에는 계곡에서 산 정상으로 밤에는 반대로 분다.
- 차가운 곳에서 따뜻한 곳으로 분다.
- 낮에는 해풍, 밤에는 육풍이 분다.
- 호수, 바다 바람은 겨울은 따뜻, 여름은 시원하다.

227 다음 중 도시화가 진전되면서 도시에 생기는 변화에 대한 설명으로 틀린 것은?
[2017년 3회]

① 도시화가 진전되면서 환경오염이 증대되고 있다.
② 도시화가 진전되면서 기온은 상승되고 있다.
③ 도시화된 지역이 넓어지면서 도시지역의 강우량은 줄어들었다.
④ 도시화되면서 하천의 범람 횟수는 더 많아지고 있다.

해설 도시화되면서 도로 등의 기반시설과 건물의 증가로 빗물이 땅속으로 스며들지 못하고 표면으로 유출되어 하천 범람 횟수가 많아진다.

228 조경계획 및 설계에 있어서 몇 가지의 대안을 만들어 각 대안의 장·단점을 비교한 후에 최종안으로 결정하는 단계는? [2015년1회]

① 기본구상　　② 기본계획

정답 222. ④　223. ④　224. ③　225. ④　226. ①　227. ③　228. ①

③ 기본설계 ④ 실시설계

해설 기본 구상 및 대안 작성 단계
- 종합한 자료들을 바탕으로 조경 계획에 필요한 기본적인 아이디어 도출
- 계획안에 대한 물리적, 공간적 윤곽이 드러나기 시작(버블 다이어그램으로 표현됨)
- 프로그램에 제시된 문제 해결을 위한 구체적 계획 개념 도출
- 대안작성(기본적인 측면에서 상이한 안을 만드는 것이 바람직함)
- 아이디어 도출 – 몇 개의 대안 제시 – 장단점 비교 평가 – 최종안 선택

229 수집한 자료들을 종합한 후에 이를 바탕으로 개략적인 계획안을 결정하는 단계는? [2014년4회]

① 목표설정 ② 기본구상
③ 기본설계 ④ 실시설계

해설 228번 해설 참조

230 설계자의 의도를 개략적인 형태로 나타낸 일종의 시각 언어로서 도면을 단순화시켜 상징적으로 표현한 그림을 의미하는 것은? [2011년2회]

① 조감도 ② 평면도
③ 다이어그램 ④ 상세도

해설 다이어그램은 설계자이 의도를 개략적인 형태로 나나낸 일종의 시각 언어로서 단순화시켜 상징화한 것으로 기본 구상 단계에서 계획안에 대한 물리적, 공간적 윤곽을 표현한다.

231 조경설계 과정에서 가장 먼저 이루어져야 하는 것은? [2012년1회]

① 평면도 작성
② 내역서 작성
③ 구상개념도 작성
④ 실시설계도 작성

해설 개념도는 개략적인 설계 구상을 형태화시키기 위하여 각종 다이어그램을 사용하여 작성한 도면으로 설계 초기에 이루어진다.

232 도시기본구상도의 표시기준 중 노란색은 어느 용지를 나타내는 것인가? [2016년4회]

① 주거용지 ② 관리용지
③ 보존용지 ④ 상업용지

해설 도시기본구상도의 표시기준

주거	노랑색	공업	보라색
농경지	갈색	업무	파란색
상업	빨간색	학교	파란색
공원	녹색	개발제한지역	연녹색
녹지	녹색		

233 마스터플랜(Master plan)이란? [2012년5회]

① 수목 배식도이다.
② 실시설계이다.
③ 기본계획이다.
④ 공사용 상세도이다.

해설 기본 계획(최종 작성안 : 마스터플랜)
- 마스터플랜, 큰 아이디어, 몇 개의 대안 비교 평가하여 최종안 선택
- 부문별 계획 : 토지이용계획, 교통동선계획, 시설물 배치 계획, 식재 계획, 하부구조계획, 집행계획 등

234 기본계획 수립 시 도면으로 표현되는 작업이 아닌 것은? [2012년5회]

① 식재계획 ② 시설물 배치계획
③ 집행계획 ④ 동선계획

해설 기본계획에 포함되는 내용은 토지이용계획, 교통동선계획, 시설물 배치 계획, 식재 계획, 하부구조계획, 집행계획 등이다. 집행계획은 투자계획, 법규검토, 유지관리계획으로 도면에 표기하지 않는다.

정답 ▶ 229. ② 230. ③ 231. ③ 232. ① 233. ③ 234. ③

235 조경의 기본계획에서 일반적으로 토지이용분류, 적지분석, 종합배분의 순서로 이루어지는 계획은? [2017년 3회]

① 동선계획 ② 시설물배치계획
③ 토지이용계획 ④ 식재계획

해설 기본계획단계의 부문별 계획은 토지이용계획, 교통동선계획, 시설물 배치 계획, 식재 계획, 하부구조계획, 집행계획 등으로 이루어지며 토지 본래의 잠재력과 이용행위의 관련성을 나타내는 토지이용계획은 다음의 순서로 이루어진다.
- 토지이용분류 : 예상되는 토지 이용의 종류 구분
- 적지분석 : 토지의 잠재력, 사회적 수요에 기초하여 각 용도별로 행해짐
- 종합배분 : 중복과 분산 없도록 각 공간의 수요를 고려하고 타 용도와의 기능적 관계 고려

236 다음 중 수문계획에서 고려하여야 할 것은? [2011년2회]

① 집수구역 ② 식생분포
③ 야생동물 ④ 식생구조

해설 수문계획을 위한 수문조사, 하천조사 내용에는 집수구역, 홍수, 범람지역, 지하수 유입지역 등이 있다.
- 방사형 : 화산 작용으로 형성, 원추형 산
- 수지형 : 우리나라 하천 화강암질 영향
- 창살형 : 습곡, 단층 등 지질학적 작용
- 집수구역 : 단위면적당 강우량 × 집수 면적 = 총 강우량

237 조경계획을 위한 경사분석을 할 때 등고선 간격 5m, 등고선에 직각인 두 등고선의 평면거리 20m로 조사 항목이 주어질 때 해당지역의 경사도는 몇 %인가? [2012년5회]

① 4% ② 10%
③ 25% ④ 40%

해설 경사도(G)% = D/L × 100 : D = 등고선 간격 L=등고선에 직각인 두 등고선 간의 평면 거리
5/20 × 100 = 25%

238 지표면이 높은 곳의 꼭대기 점을 연결한 선으로, 빗물이 이것을 경계로 좌우로 흐르게 되는 선을 무엇이라 하는가? [2016년4회]

① 능선
② 계곡선
③ 경사 변환점
④ 방향 변환점

해설 능선은 지표면이 높은 곳의 꼭대기 점을 연결한 선을 말한다.

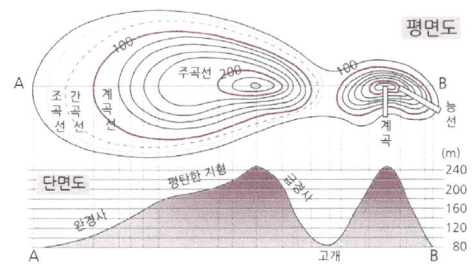

239 지형도에서 U자 모양으로 그 바닥이 낮은 높이의 등고선을 향하면 이것은 무엇을 의미하는가? [2012년2회]

① 계곡 ② 능선
③ 현애 ④ 동구

해설 238번 해설 참조

240 등고선 간격이 20m인 1/25,000 지도의 지도상 인접한 등고선에 직간인 평면거리가 2cm 인 두 지점의 경사도는? [2011년2회]

① 2% ② 4%
③ 5% ④ 10%

해설
- 도면상이 거리 2cm를 실제 거리로 환산하면 2cm × 25,000(축척)=50,000cm
- 경사도(G)% = D/L × 100 : D=등고선 간격 L=등고선에 직각인 두 등고선 간의 평면 거리
20/500 × 100 = 4%

정답 235. ③ 236. ① 237. ③ 238. ① 239. ② 240. ②

241 지형을 표시하는 데 가장 기본이 되는 등고선의 종류는?　　[2014년1회]

① 조곡선　　② 주곡선
③ 간곡선　　④ 계곡선

해설
- 주곡선 : 지형도 전체에 일정 높이의 간격으로 그려진 곡선
- 간곡선 : 주곡선 간격의 1/2 거리
- 조곡선 : 간곡선 간격의 1/2 거리
- 계곡선 : 주곡선의 다섯줄마다 굵은 선으로 긋는 선

242 다음 중 계곡선에 대한 설명 중 맞는 것은?　　[2013년2회]

① 간극선 간격의 1/2 거리의 가는 점선으로 그어진 것이다.
② 주곡선 간격의 1/2 거리의 가는 파선으로 그어진 것이다.
③ 주곡선은 다섯줄마다 굵은 선으로 그어진 것이다
④ 1/5,000의 지형도 축척에서 등고선은 10m 간격으로 나타난다.

해설 241번 해설 참조

243 다음 중 지형을 표시하는 데 가장 기본이 되는 등고선은?　　[2015년2회]

① 간곡선　　② 주곡선
③ 조곡선　　④ 계곡선

해설 241번 해설 참조

244 다음 중 등고선의 성질에 관한 설명으로 옳지 않은 것은?　　[2014년1회]

① 등고선 상에 있는 모든 점이 높이가 다르다.
② 등경사지는 등고선 간격이 같다.
③ 급경사지는 등고선의 간격이 좁고, 완경사지는 등고선 간격이 넓다.
④ 등고선은 도면의 안이나 밖에서 폐합되며 도중에 없어지지 않는다.

해설 등고선의 성질
- 등고선상의 모든 점은 같은 높이이다.
- 등경사지는 등고선 간격이 같다.
- 급경사지는 등고선의 간격이 좁고, 완경사지는 등고선 간격이 넓다.
- 등고선은 도면의 안이나 밖에서 서로 만나며 도중에 없어지지 않는다.
- 등고선이 도면 안에서 만나는 경우는 산꼭대기나 요지이다.
- 높이가 다른 두 등고선은 동굴이나 절벽의 지형이 아닌 곳에서는 교차하지 않는다.

245 다음 중 등고선의 성질에 대한 설명으로 맞는 것은?　　[2015년4회]

① 지표의 경사가 급할수록 등고선 간격이 넓어진다.
② 같은 등고선 위의 모든 점은 높이가 서로 다르다.
③ 등고선은 지표의 최대 경사선의 방향과 직교하지 않는다.
④ 높이가 다른 두등고선은 동굴이나 절벽의 지형이 아닌 곳에서는 교차하지 않는다.

해설 244번 해설 참조

246 다음 중 점토의 함량이 가장 많은 토성은?　　[2011년5회]

① 마사토(silt)
② 식양토(clay loam)
③ 식토(clay)
④ 양토(loam)

해설 토성분류방법
토양 삼각도표법 : 주로 토양의 구성 물질과 같이 어떤 물질을 세 가지 주요 성분 모래(사토), 미사(미사토), 점토(식토)들이 구성하는 경우, 이들 세 가지 구성 물질 각각의 전체에 대한 백분비를 나타내는 방법

정답 241. ②　242. ③　243. ②　244. ①　245. ④　246. ③

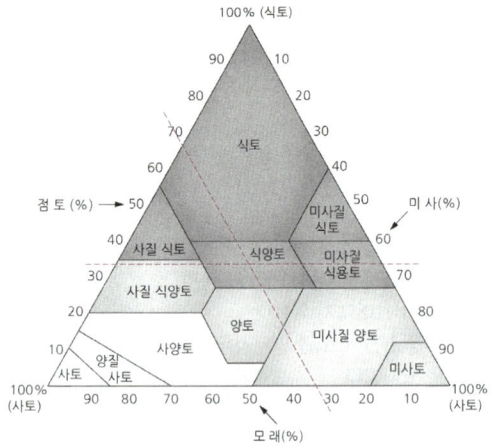

- 사토(대부분 모래), 사질양토(모래, 점토 50%), 식토(대부분 점토)

247 점질토와 사질토의 특성 설명으로 옳은 것은? [2011년1회]

① 압밀속도는 사질토가 점질토보다 빠르다.
② 내부마찰각은 사질토가 점질토보다 작다.
③ 투수계수는 사질토가 점질토보다 작다.
④ 건조 수축량은 사질토가 점질토보다 크다.

해설
- 압밀속도는 사질토가 점질토보다 빠르다.
- 내부마찰각은 사질토가 점질토보다 크다.
- 투수계수는 사질토가 점질토보다 크다.
- 건조 수축량은 점질토가 사질토보다 크다.

248 조경계획 및 설계과정에 있어서 각 공간의 규모, 사용재료, 마감방법을 제시해 주는 단계는? [2016년2회]

① 기본구상   ② 기본계획
③ 기본설계   ④ 실시설계

해설 기본설계
공간의 형태, 배치 및 규모, 시각적 특징, 기능성 등이 구체적으로 확정되는 단계
- 기본 계획의 각 부분을 더욱 구체적으로 발전, 각 공간의 정확한 규모, 사용 재료, 마감 방법 등

- 입체적 공간의 창조 : 배치설계도, 식재계획도, 시설물배치, 시설물 설계도 등의 도면 작성
- 설계 개요서, 개략 공사비, 시방서 등의 서류작성

249 다음 중 기본계획에 해당되지 않는 것은? [2015년4회]

① 땅가름   ② 주요시설배치
③ 식재계획 ④ 실시설계

해설 234, 250번 해설 참조

250 다음 단계 중 시방서 및 공사비 내역서 등을 주로 포함하고 있는 것은? [2011년2회]

① 기본구상   ② 기본계획
③ 기본설계   ④ 실시설계

해설 실시설계
- 설계안이 직접 현장에서 완성될 수 있도록 시공 상세도 작성하고 공사비 내역을 산출하는 단계
- 시공상세도(평면, 입면, 단면), 시방서, 공사비 내역서, 수량산출서, 일위대가표, 공정표 등의 서류 작성

251 조경 실시설계 단계 중 용어의 설명이 틀린 것은? [2016년1회]

① 시공에 관하여 도면에 표시하기 어려운 사항을 글로 작성한 것을 시방서라고 한다.
② 공사비를 체계적으로 정확한 근거에 의하여 산출한 서류를 내역서라고 한다.
③ 일반관리비는 단위작업당 소요 인원을 구하여 일당 또는 월급여로 곱하여 얻어진다.
④ 공사에 소요되는 자재의 수량, 품 또는 기계 사용량 등을 산출하여 공사에 소요되는 비용을 계산한 것을 적산이라고 한다.

해설
- 시방서(사양서) : 설계, 제조, 시공 등 도면으로 나타낼 수 없는 사항을 문서로 적어서 규정
  - 표준시방서 : 조경공사 시행의 적정을 기하기 위한 표준 시방

정답 247.① 248.③ 249.④ 250.④ 251.③

- 특기시방서 : 해당 공사만의 특별한 사항 및 전문적인 사항 기재, 표준시방서에 우선
- 내역서(적산)
  - 공사비 구성 : 순공사원가(재료비, 노무비, 경비), 일반관리비, 이윤, 세금
  - 수량산출 : 물량 집계
  - 품셈 : 단위 물량당 소요로 하는 노력(품과 물질을 수량으로 표시)
  - 일위대가표 : 공사 목적물 단위 물량당의 공사비를 산출한 것(단위 가격은 0.1원)
- 일반관리비 : 일반관리부문의 관리비, 순공사원가의 6%이내에서 계산(급료수당, 감가상각비, 지대, 집세, 수선비, 사무용 소모품비, 통신교통비, 보험료, 교제비 등)

252 공원의 주민참가 3단계 발전과정이 옳은 것은? [2015년2회]

① 비참가 → 시민권력의 단계 → 형식적 참가
② 형식적 참가 → 비참가 → 시민권력의 단계
③ 비참가 → 형식적 참가 → 시민권력의 단계
④ 시민권력의 단계 → 비참가 → 형식적 참가

[해설] 안시타인의 주민참가의 3단계
비참가의 단계(조작, 치료) → 형식참가의 단계(상담, 유화, 정보제공) → 시민 권력의 단계(자기관리, 파트너십, 권한 위양)

253 조경 프로젝트의 수행단계 중 주로 공학적인 지식을 바탕으로 다른 분야와는 달리 생물을 다룬다는 특수한 기술이 필요한 단계로 가장 적합한 것은? [2014년1회]

① 조경계획   ② 조경설계
③ 조경관리   ④ 조경시공

[해설] 조경시공 단계는 설계 도면에 따라 현장에서 공사 실시하는 과정으로 시설물 및 기반 조성을 위한 공학적 지식과 수목, 지피류 등 생물의 특성에 대한 이해가 필요하다.

254 주로 자료의 수집, 분석 종합에 초점을 맞추는 프로젝트의 수행단계는? [2017년1회]

① 조경관리   ② 조경시공
③ 조경계획   ④ 조경설계

[해설] 조경 프로젝트 수행단계는 조경 계획→조경 설계→조경 시공→조경관리로 이루어지는데 목표 설정, 자료수집, 분석 및 종합, 기본구상, 기본계획 등은 조경 계획단계에서 이루어진다.

조경설계

255 조경 제도 용품 중 곡선자라고 하여 각종 반지름의 원호를 그릴 때 사용하기 가장 적합한 재료는? [2012년도4회]

① 삼각자   ② T자
③ 원호자   ④ 운형자

[해설] 원호자
각종 반지름의 원호를 그릴 때 사용하는 자

256 수목을 표시를 할 때 주로 사용되는 제도 용구는? [2014년1회]

① 삼각자   ② 템플릿
③ 삼각축척   ④ 곡선자

[해설] 템플릿
원형 템플릿은 수목의 표현에 주로 이용되며 다각형 템플릿은 파고라, 벤치, 음수전 등 시설물에 이용

257 수목의 평면표현에 적합한 제도용구는? [2017년1회]

① 삼각스케일   ② 곡선자
③ 삼각자   ④ 템플릿

[해설] 제도 용구

- 원형 템플릿 : 수목의 표현 / 다각형 템플릿은 파고라, 벤치, 음수전 등 시설물에 이용
- 삼각자 : 직각 잡기, 45°와 60°(30°)가 한 쌍 / 삼각자 한 쌍으로 작도할 수 있는 각도 105°
- 직선자 : T자 대신으로 윤곽선
- 샤프 : 0.5mm 두 자루(HB, H), 홀더 or 0.9mm샤프
- 제도용지 : 복사지 A3용지 / 트레이싱 페이퍼 1 : $\sqrt{2}$ (A0 841×1,189 / A1 594×841 / A2 420×594 / A3 297×420)
- 곡선자 : 운형자, 자유곡선자
- 삼각 스케일 : 단면이 삼각형 모양, 1/100~1/600까지의 축척 표시, 도면의 확대나 축소
- 기타 : 제도용 빗자루, 지우개판, 마스킹테이프, 제도기

A0	811*1189	B0	1030*1456
A1	594*841	B1	728*1030
A2	420*594	B2	515*728
A3	297*420	B3	364*515
A4	210*297	B4	257*364
A5	148*210	B5	182*257

258 제도용구로 사용되는 삼각자 한 쌍(직각이등변삼각형과 직각삼각형)으로 작도할 수 있는 각도는? [2010년1회]

① 65° ② 95°
③ 105° ④ 125°

해설 삼각자 : 직각 잡기로 수직선과 사선의 작도에 이용되며, 45°와 60°(30°)가 한 쌍으로 두 삼각자의 조합으로 45°+60°=105°, 45°+30°=75° 등의 각도로 작도할 수 있다.

259 A2 도면의 크기 치수로 옳은 것은?(단, 단위는 mm이다.) [2011년5회]

① 210×297 ② 420×594
③ 594×841 ④ 841×1189

해설 종이 규격

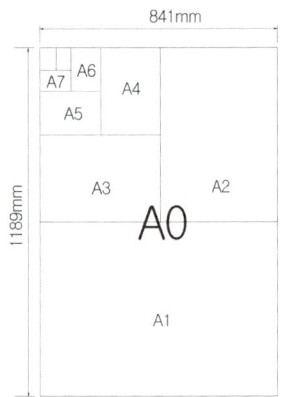

260 각종 기구(T자, 삼각자, 스케일 등)를 사용하여 설계자의 의사를 선, 기호, 문장 등으로 표시되어 전달하는 것은? [2010년4회], [2017년 2회]

① 모델링 ② 계획
③ 제도 ④ 제작

해설 제도
제도용구를 사용하여 설계자의 구상을 선, 기호, 문자 등으로 제도용지에 표시하는 일

261 오른손잡이의 선긋기 연습에서 고려해야 할 사항이 아닌 것은? [2016년2회]

① 수평선 긋기 방향은 왼쪽에서 오른쪽으로 긋는다.
② 수직선 긋기 방향은 위쪽에서 아래쪽으로 내려 긋는다.
③ 선은 처음부터 끝나는 부분까지 일정한 힘으로 한번에 긋는다.
④ 선의 연결과 교차부분이 정확하게 되도록 한다.

해설 선긋기 방법
- 선은 일관성과 통일성 유지 / 같은 목적으로 사용되는 선의 굵기, 진하기 동일
- 선 긋는 방향 왼쪽→오른쪽, 아래→위
- 선 처음부터 끝나는 부분까지 일정한 힘으로 / 선의 연결과 교차부분 정확하게
- 연필의 기울기는 제도판과 선을 긋는 방향으로 60° 정도로 유지한다.

정답 258. ③ 259. ② 260. ③ 261. ②

262 선의 분류 중 모양에 따른 분류가 아닌 것은?
[2010년4회]

① 실선
② 파선
③ 1점 쇄선
④ 치수선

해설 선의 종류별 용도

명칭	굵기(mm)	용도명칭
실선	전선 0.3~0.8	외형선, 단면선
	가는선 0.2이하	치수선, 치수보조선, 지시선, 해칭선
파선	반선, 전선의 1/2	숨은선
일점쇄선	0.2~0.8	중심선, 경계선, 절단선, 단면선
이점쇄선	0.2~0.8	가상선, 경계선

263 다음 중 설계도면을 작성할 때 치수선, 치수보조선에 이용되는 선의 종류는?
[2011년2회]

① 1점쇄선
② 2점쇄선
③ 파선
④ 실선

해설 262번 해설 참조

264 설계도면에서 선의 용도에 따라 구분할 때 "실선"의 용도에 해당되지 않는 것은?
[2013년4회]

① 치수를 기입하기 위해 사용한다.
② 지시 또는 기호 등을 나타내기 위해 사용한다.
③ 물체가 있을 것으로 가상되는 부분을 표시한다.
④ 대상물의 보이는 부분을 표시한다.

해설 실선은 외형선, 단면선, 치수선, 치수보조선, 지시선 등에 사용된다. 가상선은 이점쇄선을 사용한다.

265 제도에서 사용되는 물체의 중심선, 절단선, 경계선 등을 표시하는 데 가장 적합한 선은?
[2015년1회], [2010년2회]

① 실선
② 파선
③ 1점쇄선
④ 2점쇄선

해설 1점쇄선은 물체의 중심축, 대칭축, 물체 절단한 위치, 단면선, 대지경계선에 이용된다.

266 조경제도에서 단면도를 그리기 위해 평면도에 절단위치를 표시하고자 한다. 사용할 선의 종류는?(단, KS F1501을 기준으로 한다)
[2017년 3회]

① 실선
② 파선
③ 2점쇄선
④ 1점쇄선

해설 262번 해설 참조

267 물체의 절단한 위치 및 경계를 표시하는 선은?
[2013년5회]

① 실선
② 파선
③ 1점쇄선
④ 2점쇄선

해설 262번 해설 참조

268 식재 설계에서의 인출선과 선의 종류가 동일한 것은?
[2014년1회]

① 단면선
② 숨은선
③ 경계선
④ 치수선

해설 가는 실선은 치수선, 치수보조선, 지시선, 인출선, 해칭선에 이용된다.

269 다음 중 물체가 있는 것으로 가상되는 부분을 표시하는 선의 종류는?
[2013년2회]

① 1점쇄선
② 2점쇄신
③ 실선
④ 파선

정답 262. ④ 263. ④ 264. ③ 265. ③ 266. ④ 267. ③ 268. ④ 269. ②

해설 2점쇄선은 물체가 있을 것으로 가상되는 부분의 가상선에 이용된다.

270 실선의 굵기에 따른 종류(가는선, 중간선, 굵은선)와 용도가 바르게 연결되어 있는 것은?
[2012년 2회]

① 가는선 – 단면선
② 가는선 – 파선
③ 중간선 – 치수선
④ 굵은선 – 도면의 윤곽선

해설 **실선의 굵기별 용도**

명칭	굵기(mm)	용도 명칭	용도
실선	전선 0.3~0.8	외형선, 단면선	물체의 보이는 부분, 절단면의 윤곽선
	가는선 0.2이하	치수선, 치수보조선, 지시선, 해칭선	설명, 보조, 지시, 치수단면의 표시

굵은선과 가는선 용도외의 모두 선은 중간선으로 작도한다.

271 다음 선의 종류와 선긋기의 내용이 잘못 짝지어진 것은?
[2014년 1회]

① 파선 : 단면
② 가는실선 : 수목인출선
③ 1점쇄선 : 경계선
④ 2점쇄선 : 중심선

해설 262번 해설 참조

272 KS 규격에서 정하는 설계 도면상 표현되는 대상물의 치수를 보여주는 기본단위는 무엇인가?
[2010년 5회]

① 밀리미터(mm)　② 센티미터(cm)
③ 미터(m)　④ 인치(inch)

해설 **치수 표시**
- 단위는 mm로 표시
- 치수선은 치수보조선에 직각으로
- 가는 실선 사용
- 좌에서 우로, 아래에서 위로 읽을 수 있도록 기입

273 치수선 및 치수에 대한 기본적인 설명으로 부적합한 것은?
[2010년 1회]

① 치수선은 치수보조선에 직각이 되도록 긋는다.
② 단위는 mm로 하고, 단위 표시를 반드시 기입한다.
③ 치수의 기입은 치수선에 따라 도변에 평행하게 기입한다.
④ 치수를 표시할 때에는 치수선과 치수보조선을 사용한다.

해설 272번 해설 참조

274 제도에 이용되는 도형의 표기 방법 중 선의 형태에 관한 분류에 맞지 않는 것은?
[2017년 2회]

① 실선　② 파선
③ 쇄선　④ 굵은선

해설 262번 해설 참조

275 인출선에 대한 설명으로 옳지 않은 것은?
[2010년 5회]

① 도면의 내용물 자체에 설명을 기입할 수 없을 때 사용하는 선이다.
② 인출선의 긋는 방향과 기울기는 서로 다르게 하는 것이 효과적이다.
③ 수목명, 본수, 규격 등을 기입하기 위하여 주로 이용되는 선이다.
④ 인출선은 가는 실선을 사용하며, 한 도면 내에서는 그 굵기와 질은 동일하게 유지한다.

해설 **인출선**
- 대상 자체에 기입하지 못할 때 사용
- 수목명, 수량(본수), 규격 기입 위해 수목인출선 가장 많이 사용
- 인출선의 굵기(가는 실선), 긋는 방향, 기울기 통일
- 인출선의 교차는 피함

정답　270. ④　271. ④　272. ①　273. ②　274. ④　275. ②

276 식재 설계 시 인출선에 포함되어야 할 내용이 아닌 것은? [2011년1회]
① 수량 ② 수목명
③ 규격 ④ 수목성상

해설 275번 해설 참조

277 조경 식재 설계도를 작성할 때 수목명, 규격, 본수 등을 기입하기 위한 인출선 사용의 유의사항으로 올바르지 않는 것은? [2013년2회]
① 인출선의 수평부분은 기입사항의 길이와 맞춘다.
② 인출선의 방향과 기울기는 자유롭게 표기하는 것이다.
③ 가는 실선을 명료하게 긋는다.
④ 인출선 간의 교차나 치수선의 교차를 피한다.

해설 275번 해설 참조

278 도면상에서 식물 재료의 표기 방법으로 바르지 않은 것은? [2013년4회]
① 수목에 인출선을 사용하여 수종명, 규격, 관목, 교목을 구분하여 표시하고 총 수량을 함께 기입한다.
② 덩굴성 식물의 규격은 길이로 표시한다.
③ 같은 수종은 인출선을 연결하여 표시하도록 한다.
④ 수종에 따라 규격은 H×W, H×B, H×R 등의 표기방식이 다르다.

해설 인출선을 사용한 수목의 표기는 수목명, 수량, 규격을 표기하며 관목과 교목을 구별하여 표시하지는 않는다. 수목의 규격은 표기 방식에 따라 수고(H)와 근원지름(B), 흉고지름(R), 수관폭(W)을 조합하여 표기한다.

279 그림과 같이 AOB 직각을 3등분할 때 다음 중 선의 길이가 같지 않은 것은? [2014년2회]

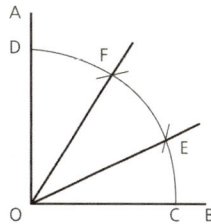

① CF ② EF
③ OD ④ OC

해설 AOB 직각을 3등분했기 때문에 삼각형 FOC는 정삼각형이 된다. 정삼각형의 세변의 길이는 같다.

280 도면 작업에서 원의 반지름을 표시할 때 숫자 앞에 사용하는 기호는? [2014년4회]
① ∅ ② D
③ R ④ △

해설 R은 반지름을 표시하는 기호이다.

281 다음 중 시설물 상세도의 표현 기호에 대한 설명이 틀린 것은? [2011년5회]
① D : 지름 ② H : 높이
③ R : 넓이 ④ THK : 두께

해설 상세도의 도면 기호
• E.L 표고 / G.L 지반고 / F.L 계획고 / W.L 수면 높이
• T, THK 재료 두께(mm)
• DN, UP(내려감, 올라감)
• RAMP 경사로
• EXP, JT 신축줄눈(Expansion Joint)
• D 지름, R 반지름
• H 높이 / EA 개수 / A 면적 / MH 맨홀 / WT 무게 / ST(Steel) 철재

정답 276. ④ 277. ② 278. ① 279. ② 280. ③ 281. ③

282 철근을 D13으로 표현했을 때, D는 무엇을 의미 하는가? [2012년5회]

① 둥근 철근의 길이
② 이형 철근의 길이
③ 둥근 철근의 지름
④ 이형 철근의 지름

해설 D10@300 이형철근 지름 10mm, 간격 300mm로 배근, D는 지름을 표시하는 기호이다.

283 실물을 도면에 나타낼 때의 비율을 무엇이라 하는가? [2014년2회]

① 범례
② 표제란
③ 평면도
④ 축척

해설
• 축척은 지표상의 실제 거리, 실물의 치수를 도면상에 줄여 나타낸 비율이다.
• 막대 축척으로 표제란 하단에 표시(막대축척 : 도면의 확대나 축소상에 편리)
• 현척(실물과 같은 크기) 1 : 1 / 배척(크게) 20 : 1 / 감척(작게) 1 : 200 A(도면에서의 크기) : B(물체의 실제 크기)
• 주택정원, 근린공원, 가로변 공원, 소공원일 경우 보통 1/100 축척 사용

284 '물체의 실제 치수'에 대한 '도면에 표시한 대상물'의 비를 의미하는 용어는? [2014년4회]

① 척도
② 도면
③ 표제란
④ 연각선

해설 283번 해설 참조

285 다음 중 방위각 150°를 방위로 표시하면 어느 것인가? [2014년1회]

① N 30°E
② S 30°E
③ S 30°W
④ N 30°W

해설 방위각과 방위
• 방위 : 어떤 지점으로부터 다른 지점을 바라 본 것을 말하며 목표하는 지점을 찾을 때 또는 자기의 현재의 위치와 방향을 찾을 때 이용
• 방위각 : 자침의 북쪽에서 오른쪽으로 잰 각

방위각	방위
0°~90°	N 방위각E
0°~90°	S 180° – 방위각E
0°~90°	S 방위각 – 180°W
0°~90°	N 360° – 방위각W

S 180° – 방위각E(S 180° – 150°E = S 30°E)

286 표제란에 대한 설명으로 옳은 것은? [2016년2회]

① 도면명은 표제란에 기입하지 않는다.
② 도면 제작에 필요한 지침을 기록한다.
③ 도면번호, 도명, 작성자명, 작성일자 등에 관한 사항을 기입한다.
④ 용지의 긴 쪽 길이를 가로 방향으로 설정할 때 표제란은 왼쪽 아래 구석에 위치한다.

해설
• 표제란 위치 : 오른쪽 끝에 상하로 길게 또는 특수하게 도면 하단부에 좌우로 길게
• 표제란 기입 : 공사명, 도면명, 범례, 수목수량표, 시설물수량표, 축척, 방위(북쪽이 위로 일반적)

287 도면의 작도 방법으로 옳지 않은 것은? [2015년5회]

① 도면은 될 수 있는 한 간단히 하고, 중복을 피한다.
② 도면은 그 길이 방향을 위아래 방향으로 놓은 위치를 정위치로 한다.
③ 사용 척도는 대상물의 크기, 도형의 복잡성 등을 고려, 그림이 명료성을 갖도록 선정한다.
④ 표제란을 보는 방향은 통상적으로 도면의 방향과 일치하도록 하는 것이 좋다.

해설 도면은 그 길이 방향을 좌우 방향으로 놓은 위치를 정위치로 한다.

정답 282. ④ 283. ④ 284. ① 285. ② 286. ③ 287. ②

288 1/100 축척의 설계 도면에서 1cm는 실제 공사현장에서는 얼마를 의미하는 것인가? [2010년4회]

① 1cm ② 1mm
③ 1m   ④ 10cm

해설
- 도면상의 길이 × 축척 = 실제 거리
- 1cm(도면상의 길이) × 100(축척) = 100cm(1m)

289 설계 도면에서 표제란에 위치한 막대 축척이 1/200이다. 도면에서 1cm는 실제 몇 m인가? [2011년4회]

① 0.5m ② 1m
③ 2m   ④ 4m

해설
- 도면상의 길이 × 축척 = 실제 거리
- 2cm(도면상의 길이) × 200(축척) = 200cm(2m)

290 실제 길이 3m는 축척 1/30 도면에서 얼마로 나타나는가? [2014년5회]

① 1cm   ② 10cm
③ 3cm   ④ 30cm

해설
- 도면상의 길이 = 축척 × 실제거리
- 1/30 × 300cm(3m) = 10cm

291 축척 1/500 도면의 단위면적이 10㎡인 것을 이용하여, 축척 1/1,000 도면의 단위면적으로 환산하면 얼마인가? [2016년4회]

① 20㎡
② 40㎡
③ 80㎡
④ 120㎡

해설 축척이 1/500에서 1/1,000로 변동되면 길이는 2배가 되고, 단위면적이 10㎡인 경우를 2m×5m라고 가정하면 가로, 세로 각각 2배가 되므로 (2×2)×(2×5) = 40㎡

292 축척 1/1,000의 도면의 단위 면적이 16㎡일 것을 이용하여 축척 1/2,000의 도면의 단위 면적으로 환산하면 얼마인가? [2011년1회]

① 32㎡   ② 64㎡
③ 128㎡ ④ 256㎡

해설 축척이 1/1,000에서 1/2,000로 변동되면 길이는 2배가 되고, 단위면적이 16㎡인 경우를 4m×4m라고 가정하면 가로, 세로 각각 2배가 되므로 (2×4)×(2×4) = 64㎡

293 축척 1/1,200의 도면을 1/600로 변경하고자 할 때 도면의 증가 면적은?

① 2배 ② 3배
③ 4배 ④ 6배

해설 축척이 1/1,200에서 1/600로 변동되면 길이는 2배가 되고, 가로, 세로 각각 2배가 되므로 면적은 4배가 된다.

294 축적이 1/5,000인 지도상에서 구한 수평 면적이 5㎠ 라면 지상에서의 실제면적은 얼마인가? [2014년1회]

① 1,250㎡   ② 12,500㎡
③ 2,500㎡   ④ 25,000㎡

해설
- 실제 거리 = 도면상의 길이 × 축척
- 실제 면적 = 도면상의 면적 × (축척)²
- 실제 면적 = 0.0005㎡(5㎠) × (5,000)²

295 다음 설계 기호는 무엇을 표시한 것인가? [2011년4회]

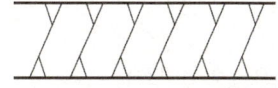

① 인조석 다짐
② 잡석 다짐
③ 보도블록 포장
④ 콘크리트 포장

해설

표기법	내용	표기법	내용
	지반		잡석다짐 (깬돌)
	석재 (가공)		잡석다짐 (자갈)
	금속 (대규모)		벽돌
LIC	금속 (소규모)		콘크리트 (무근)
	목재 (거친면)		자갈
	목재 (다듬은면)		모래
	와이어메시		콘크리트 (철근)

296 구조용 재료의 단면 도시기호 중 강(鋼)을 나타낸 것으로 가장 적합한 것은? [2014년5회]

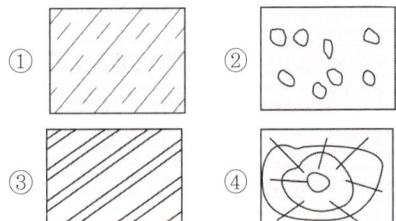

해설 ① 석재, ② 콘크리트, ③ 금속, ④ 목재 기호이다.

297 조경 시공재료의 기호 중 벽돌에 해당하는 것은? [2016년1회]

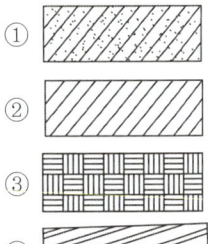

해설 ① 타일, ③ 지반, ④ 금속 기호이다.

298 건설재료의 골재의 단면표시 중 잡석을 나타낸 것은? [2016년2회]

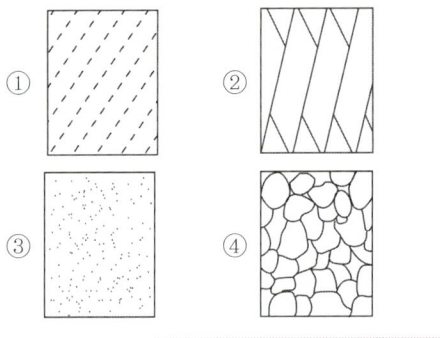

해설 ① 석재, ③ 모래, ④ 자갈 기호이다.

299 건설재료 단면의 경계표시 기호 중 지반면(흙)을 나타낸 것은? [2016년4회]

해설 지반의 표시 기호는 ④이다.

300 다음 중 정원에서의 눈가림 수법에 대한 설명으로 틀린 것은? [2013년2회]

① 눈가림은 변화와 거리감을 강조하는 수법이다.
② 이 수법은 원래 동양적인 수법이다.
③ 정원이 한층 더 깊이가 있어 보이게 하는 수법이다.
④ 좁은 정원에서는 눈가림수법을 쓰지 않는 것이 정원을 더 넓게 보이게 한다.

해설 눈가림수법은 변화와 거리감을 강조한 동양적인 수법으로 좁은 정원을 깊이 있고 더 넓어 보이게 하기 위한 방법이다.

정답 296. ③ 297. ② 298. ② 299. ④ 300. ④

301 조경수를 이용한 가로막이 시설의 기능이 아닌 것은? [2013년4회]

① 시선차단
② 보행자의 움직임 규제
③ 악취방지
④ 광선방지

해설 가로막이 식재는 시선차단 등 경관 조절과 유도, 경계 등 공간 조절, 광선방지 등의 환경 조절을 목적으로 한다.

302 정형식 배식 방법에 대한 설명이 옳지 않은 것은? [2012년2회]

① 교호식재 – 서로 마주보게 배치하는 식재
② 대식 – 시선축의 좌우에 같은 형태, 같은 종류의 나무를 대칭 식재
③ 열식 – 같은 형태와 종류의 나무를 일정한 간격으로 직선상에 식재
④ 단식 – 생김새가 우수하고, 중량감을 갖춘 정형수를 단독으로 식재

해설 정형식 식재 : 축선, 대칭식재, 비스타 구성
- 단식 : 수형이 우수하고 중량감을 갖춘 정형수를 단독으로 식재
- 대식 : 시선축의 좌우에 같은 형태, 같은 종류의 나무 두 그루를 한 짝으로 대칭 식재
- 열식 : 같은 형태와 종류의 나무를 일정한 간격의 직선상에 식재하는 수법
- 교호 식재 : 두 줄의 열식을 서로 어긋나게 배치하여 식재열의 폭을 늘리기 위한 수법
- 집단 식재(군식) : 수목을 집단적으로 일정한 간격을 두어 심어, 식재한 지역을 완전히 덮어 버리는 수법으로 하나의 덩어리로써 질량감을 필요로 하는 경우에 이용

303 다음 중 정형적 배식유형은? [2013년4회], [2017년1회]

① 부등변삼각형 식재
② 임의 식재
③ 군식
④ 교호 식재

해설 302번 해설 참조

304 배식설계에서 정형식 배식설계에 해당하는 것은? [2018년 1회]

① 대식
② 배경식재
③ 임의(랜덤)식재
④ 부등변 삼각형 식재

해설 302번 해설 참조

305 경관 구성의 기법 중 한 그루의 나무를 다른 나무와 연결시키지 않고 독립하여 심는 경우를 말하며, 멀리서도 눈에 잘 띄기 때문에 랜드마크의 역할도 하는 수목 배치 기법은? [2014년1회]

① 점식
② 열식
③ 군식
④ 부등변 삼각형 식재

해설 배식의 기법
공간의 분위기, 주변 환경, 설계자의 의도에 따라 선택
- 점식 : 큰나무 한 그루씩 심기(수형 좋은 대형목)
- 열식 : 줄을 긋고 줄 맞춰 심기(일열, 이열, 삼열 등) 정형식 조경양식
- 부등변삼각형 식재 : 크기나 종류가 다른 3가지를 거리가 다르게 식재, 자연풍경식 조경
- 군식 : 여러 그루를 심어 무리를 만듦, 홀수 식재
- 혼식 : 낙엽수와 상록수를 적절히 배합(군식의 한 유형)
- 배경식재 : 주의/집중 되는 부분은 관목과 화훼

306 일반적으로 수종 요구특성은 그 기능에 따라 구분되는데, 녹음식재용 수종에서 요구되는 특징으로 가장 적합한 것은? [2010년1회]

① 아래 가지가 쉽게 말라 죽지 않는 상록수
② 수형이 단정하고 아름다운 상록 침엽수
③ 생장이 빠르고 유지 관리가 용이한 관목류
④ 지하고가 높고 병충해가 적은 낙엽 활엽수

정답 301. ③ 302. ① 303. ④ 304. ① 305. ① 306. ④

> **해설** 녹음식재의 요구 특성
> - 지하고가 높은 낙엽활엽수
> - 병충해 기타 유해 요소 없는 수종
>
> 예) 느티나무, 회화나무, 피나무, 물푸레나무, 칠엽수, 가중나무, 느릅나무, 오동나무, 팽나무 등

307 가로수가 갖추어야 할 조건이 아닌 것은?
[2014년2회]

① 공해에 강한 수목
② 답압에 강한 수목
③ 지하고가 낮은 수목
④ 이식에 잘 적응하는 수목

> **해설** 가로수의 요구 특성
> - 배기가스나 건조에 강한 수목
> - 답압에 강한 수목
> - 지하고가 높은 수목
> - 이식에 잘 적응하는 수목

308 가로수로 적당하지 않은 나무는?
[2017년 2회]

① 반송   ② 느티나무
③ 은행나무   ④ 플라타너스

> **해설** 가로수의 조건
> - 잎의 크기가 클수록 좋다.
> - 지하고가 높은 낙엽활엽수가 적당하다.
> - 우선 기후와 풍토에 알맞은 수종이어야 한다.
> - 냄새나 사람에게 해로운 물질을 만들어내지 않아야 한다.
> - 불리한 환경에서도 살아남을 수 있고 병충해에 강한 나무가 가로수로 선택된다.

309 다음 중 방풍용수의 조건으로 옳지 않은 것은?
[2013년5회]

① 양질의 토양으로 주기적으로 이식한 천근성 수목
② 일반적으로 견디는 힘이 큰 낙엽활엽수보다 상록활엽수
③ 파종에 의해 자란 자생수종으로 직근(直根)을 가진 것
④ 대표적으로 소나무, 가시나무, 느티나무 등

> **해설** 방풍 식재의 요구 조건
> - 지엽이 치밀하고 가지나 줄기가 견고한 수종
> - 지하고가 낮은 심근성 수종
> - 아래 가지가 말라죽지 않는 상록수
>
> 예) 은행나무, 느릅나무, 독일가문비, 소나무, 잣나무, 화백, 사철나무, 향나무, 편백, 화백, 녹나무, 가시나무, 후박나무, 동백나무, 감탕나무, 곰솔(해안 방풍림, 내조력이 강함)

310 어린이공원에 심을 경우 어린이에게 해를 가할 수 있기 때문에 식재하지 말아야 할 수종은?
[2010년1회]

① 음나무   ② 느티나무
③ 일본목련   ④ 모란

> **해설** 어린이공원의 식재 설계 기준
> - 병해충에 강하고, 유지관리가 용이한 수종
> - 아름답고 냄새 및 가시가 없는 수종
> - 보호자 및 보행자의 관찰이 가능하도록 밀식 피함
> - 녹음을 위한 낙엽성 교목
> * 음나무는 가시가 있어 부적절하다.

311 다음 [보기]의 ( )안에 적합한 쥐똥나무 등을 이용한 산울타리용 관목의 식재간격은?
[2016년4회]

> [보기]
> 조경설계기준 상의 산울타리용 관목의 식재간격은 (~)m, 2~3줄을 표준으로 하되, 수목 종류와 식재장소에 따라 식재간격이나 줄 숫자를 적정하게 조정해서 시행해야 한다.

① 0.14~0.20   ② 0.25~0.75
③ 0.8~1.2   ④ 1.2~1.5

> **해설** 식재 간격
> 일반적 교목은 6m, 관목류 4본/m^2, 조릿대 10본/m^2, 맥문동 20~30본/m^2의 간격과 밀도를 유지한다.

정답 307. ③ 308. ① 309. ① 310. ① 311. ②

구분	식재 간격(m)	비고
대교목	6	느티나무
중소교목	4.5	단풍나무
작고 성장이 느린 관목	0.45~0.6	회양목
크고 성장이 보통인 관목	1.0~1.2	철쭉
성장이 빠른 관목	1.5~1.8	나무수국
산울타리용 관목	0.25~0.75	쥐똥나무
지피, 초화류	0.2~0.3	잔디

312 고속도로의 시선유도 식재는 주로 어떤 목적을 갖고 있는가? [2014년1회]

① 위치를 알려준다.
② 침식을 방지한다.
③ 속력을 줄이게 한다.
④ 전방의 도로 형태를 알려준다.

해설 고속도로의 시선유도 식재는 전방의 도로 형태에 따라 교통안전을 위한 기능식재이다.

313 지면보다 1.5m 높은 현관까지 계단을 설계하려 한다. 답면을 30cm로 적용할 때 필요한 계단 수는?(단, 2a+b=60cm로 지정한다.) [2010년1회]

① 10단 정도   ② 20단 정도
③ 30단 정도   ④ 40단 정도

해설
• 2a+30(답면 : 단너비)=60 이므로 높이 a=15cm
• 계단 1단의 높이가 15cm이므로 전체 1.5m 높이를 만들려면 10단 정도가 필요하다.

314 계단의 설계 시 고려해야 할 기준으로 옳지 않은 것은? [2013년1회]

① 계단의 높이가 5m 이상이 될 때에만 중간에 계단참을 설치한다.
② 진행 방향에 따라 중간에 1인용일 때 단너비 90~110cm 정도의 계단참을 설치한다.
③ 계단의 경사는 최대 30~35°가 넘지 않도록 해야 한다.
④ 단 높이를 h, 단 너비를 b로 할 때 2h+b=60~65cm가 적당하다.

해설 계단 설계 기준
• 높이h, 너비w일 때 2h+w=60~65cm
• 단높이 18cm 이하, 단너비 26cm 이상
• 물매 : 30~35°
• 1인용 너비 90~110cm, 2인용 130cm, 계단의 높이 3~4m 이내
• 계단참 : 높이 2m 넘는 계단에는 2m 이내마다 너비 120cm 이상의 참

315 다음 조경 구조물 중 계단의 설계 기준을 h(단 높이)와 b(단 너비)를 이용하여 바르게 나타낸 것은? [2011년5회]

① h+b=60~65cm
② h+2b=60~65cm
③ 2h+b=60~65cm
④ 2h+2b=60~65cm

해설 314번 해설 참조

316 다음 중 보행에 큰 어려움을 느낄 수 있는 지형에서 약 얼마의 경사도를 넘을 때 계단을 설치해야 하는가? [2010년5회]

① 3%   ② 5%
③ 8%   ④ 18%

해설 신체장애자 경사로 설계 기준
• 너비 1.2m 이상(최소 폭 90cm 이상), 적정 너비는 1.8m
• 물매 5.5~8.3%이내(1/18~1/12), 8% 이상일 경우 난간 설치(6% 이상에서는 거친 노면 포장 : 미끄러짐 방지)
• 연속 경사로의 길이는 30m마다 1.5m×1.5m 이상 참 설치
* 경사로 설계 기준에 물매의 기준은 5.5~8.3%이내이기 때문에 8.3% 이상에서는 계단을 설치하는 것이 바람직하다.

정답 312. ④ 313. ① 314. ① 315. ③ 316. ③

317 조경설계기준상 공동으로 사용되는 계단의 경우 높이가 2m를 넘는 계단에는 2m이내마다 당해 계단의 유효 폭 이상의 폭으로 너비 얼마 이상의 참을 두어야 하는가?
[2013년1회]

① 70cm ② 80cm
③ 100cm ④ 120cm

해설 314번 해설 참조

318 주택단지 안의 건축물 또는 옥외에 설치하는 계단의 경우 공동으로 사용할 목적인 경우 최소 얼마 이상의 유효 폭을 가져야 하는가? (단, 단 높이는 18cm 이하, 단 너비는 26cm 이상으로 한다.) [2012년5회]

① 100cm ② 120cm
③ 140cm ④ 160cm

해설 314번 해설 참조

319 공원설계 시 보행자 2인이 나란히 통행 가능한 최소 원로 폭은? [2010년4회]

① 4~5m ② 3~4m
③ 1.5~2m ④ 0.3~1.0m

해설 원로폭 설계 기준
- 1인 최소 75cm, 2인 나란히 통행 1.5~2.0m
- 횡단구배 2%(배수목적), 종단구배 10%

320 주차장법 시행규칙상 주차장의 주차단위구획 기준은?(단, 평행주차형식 외의 장애인전용 방식이다.) [2012년1회]

① 2.0m 이상×4.5m 이상
② 2.3m 이상×4.5m 이상
③ 3.0m 이상×5.0m 이상
④ 3.3m 이상×5.0m 이상

해설 주차공간 설계 기준
- 승용차 1대 주차공간은 2.3m 이상×5.0m 이상(* 장애인의 경우 3.3m 이상×5.0m)
- 경사진 대지에서는 단 차를 활용한 지하 차고 설치
- 지하차고 설치 시 폭 3~4m, 길이 6~7m, 높이 2.2m~2.4m 확보

321 노외주차장의 구조·설비기준으로 틀린 것은?(단, 주차장법 시행규칙을 적용한다.)
[2012년도4회]

① 노외주차장에서 주차에 사용되는 부분의 높이는 주차바닥면으로부터 2.1m 이상으로 하여야 한다.
② 노외주차장의 출입구 너비를 3.5m 이상으로 하여야 하며, 주차대수 규모가 50대 이상인 경우에는 출구와 입구를 분리하거나 너비 5.5m 이상의 출입구를 설치하여 소통이 원활하도록 하여야 한다.
③ 노외주차장의 출구와 입구에서 자동차의 회전을 쉽게 하기 위하여 필요한 경우에는 차로와 도로가 접하는 부분을 곡선형으로 하여야 한다.
④ 노외주차장의 출구 부근의 구조는 해당 출구로부터 2m를 후퇴한 노외주차장의 차로의 중심선상 1.0m의 높이에서 도로의 중심선에 직각으로 향한 왼쪽·오른쪽 각각 45도의 범위에서 해당 도로를 통행하는 자를 확인할 수 있도록 하여야 한다.

해설 노외주차장의 출구 부근의 구조는 해당 출구로부터 2m를 후퇴한 노외주차장의 차로의 중심선상 1.4m의 높이에서 도로의 중심선에 직각으로 향한 왼쪽·오른쪽 각각 60°의 범위에서 해당 도로를 통행하는 자를 확인할 수 있도록 하여야 한다.

322 조경설계기준상의 조경시설로서 음수대의 배치, 구조 및 규격에 대한 설명이 틀린 것은? [2015년1회]

정답 317. ④ 318. ② 319. ③ 320. ④ 321. ④ 322. ①

① 설치위치는 가능하면 포장지역보다는 녹지에 배치하여 자연스럽게 지반면보다 낮게 설치한다.
② 관광지·공원 등에는 설계대상 공간의 성격과 이용특성 등을 고려하여 필요한 곳에 음수대를 배치한다.
③ 지수전과 제수밸브 등 필요시설을 적정 위치에 제 기능을 충족시키도록 설계한다.
④ 겨울철의 동파를 막기 위한 보온용 설비와 퇴수용 설비를 반영한다.

해설 음수대 설치 기준
- 그늘진 곳, 습한 곳, 바람이 많이 부는 곳 제외
- 설치 위치는 녹지보다는 포장지역이 적합
- 지수전은 음수대 가까이 설치
- 어린이용 45~50cm, 성인용 60~70cm, 발판 10~15cm 기준

323 울타리는 종류나 쓰이는 목적에 따라 높이가 다른데 일반적으로 사람의 침입을 방지하기 위한 울타리의 경우 높이는 어느 정도가 가장 적당한가? [2011년4회]

① 20~30cm ② 50~60cm
③ 80~100cm ④ 180~200cm

해설 울타리 높이
설계 대상 공간의 성격과 울타리 기능에 적합한 형태와 구조, 규격으로 설계한다.

기능	울타리 높이
단순한 경계표시	0.5m 이하
소극적 출입통제	0.8~1.2m
적극적 침입방지	1.8~2.1m

324 "응접실이나 거실 쪽에 면하며, 주택정원의 중심이 되고, 가족의 구성단위나 취향에 따라 계획한다."와 같은 목적의 뜰은 주택정원의 어디에 해당하는가? [2012년2회]

① 안뜰 ② 앞뜰
③ 뒤뜰 ④ 작업뜰

해설 안뜰의 공간 구성
- 응접실이나 거실 쪽에 면한 뜰로 옥외 생활을 즐길 수 있는 곳
- 조망과 다목적 이용 고려
- 프라이버시 보호 : 가족 구성원의 사적 공간
- 휴식, 독서, 야외 식사
- 주요 시설물 : 퍼걸러, 정자, 목재 데크, 벤치, 야외 탁자, 바비큐

325 주택정원의 세부공간 중 가장 공공성이 강한 성격을 갖는 공간은? [2012년5회]

① 작업뜰 ② 안뜰
③ 앞뜰 ④ 뒤뜰

해설 앞뜰은 대문에서 현관에 이르는 공간으로 방문자의 왕래가 많고 처음 응대하는 공간이 되므로 주택정원에서는 공공성이 가장 강하다고 볼 수 있다.

앞뜰 공간 구성
- 대문에서 현관에 이르는 공간
- 인상적으로 설계, 4계절의 변화를 느끼도록
- 설치될 주요 시설물 : 포장된 원로, 조명등, 차고, 울타리 등
- 원로는 입구로서의 단순성 강조
- 현관까지의 원로 폭 : 1~1.5m, 자동차 통행의 경우 2.5m
- 원로바닥 : 자연석, 판석, 화강석, 콘크리트, 벽돌

326 단독 주택정원에서 일반적으로 장독대, 쓰레기통, 창고 등이 설치되는 공간은? [2012년도4회]

① 앞뜰 ② 작업뜰
③ 뒤뜰 ④ 안뜰

해설 작업뜰 공간 구성
- 부엌, 장독대, 세탁장소, 창고 등에 면해 위치한 곳
- 주요 시설물 : 장독대, 쓰레기 통, 빨래 건조장, 채소밭, 창고
- 통풍과 채광, 배수에 유의
- 벽돌이나 타일로 포장
- 경계부에 차폐를 위한 소교목 심기, 초화류 화단
- 시각적 아름다움보다 기능적 측면 강조

정답 323. ④ 324. ① 325. ③ 326. ②

327 주로 장독대, 쓰레기통, 빨래건조대 등을 설치하는 주택정원의 적합 공간은? [2014년2회]

① 안뜰　② 앞뜰
③ 작업뜰　④ 뒤뜰

[해설] 326번 해설 참조

328 다음 중 주택정원의 작업뜰에 위치할 수 있는 시설물로 가장 부적합한 것은? [2015년2회]

① 장독대　② 빨래 건조장
③ 파고라　④ 채소밭

[해설] 326번 해설 참조

329 주위가 건물로 둘러싸여 있어 식물의 생육을 위한 채광, 통풍, 배수 등에 주의해야 할 곳은? [2013년4회]

① 중정(中庭)　② 원로(園路)
③ 주정(主庭)　④ 후정(後庭)

[해설] 주위가 건물로 둘러싸여 있는 정원의 공간은 중정이며 중정의 공간 특성상 채광, 통풍, 배수에 주의가 필요하다.

330 주택정원거실 앞쪽에 위치한 뜰로 옥외생활을 즐길 수 있는 공간은? [2016년2회]

① 안뜰　② 앞뜰
③ 뒤뜰　④ 작업뜰

[해설] 324번 해설 참조

331 조선시대 중엽 이후 풍수설에 따라 주택조경에서 새로이 중요한 부분으로 강조된 것은? [2015년1회]

① 앞뜰(前庭)
② 가운데뜰(中庭)
③ 뒤뜰(後庭)
④ 안뜰(主庭)

[해설] 조선시대 후원
- 풍수지리설의 영향
- 후원식 화계, 식재의 방위 및 수종 선택, 후원이 주가 되는 정원 수법

332 조경의 대상을 기능별로 분류해볼 때 자연공원에 포함되는 것은? [2013년1회]

① 경관녹지
② 군립공원
③ 휴양지
④ 묘지공원

[해설] 자연공원
국립공원, 도립공원, 군립공원, 천연기념물보호구역 등
우리나라 국립공원
지리산, 경주, 계룡산, 한려해상, 설악산, 속리산, 한라산, 내장산, 가야산, 덕유산, 오대산, 주왕산, 태안해안, 다도해 해상, 북한산, 치악산, 월악산, 소백산, 월출산, 변산반도, 무등산(총 21개)

333 우리나라 최초의 국립공원은? [2011년2회]

① 지리산　② 내장산
③ 설악산　④ 한라산

[해설] 우리나라 최초의 국립공원은 지리산이다.

334 자연공원법상 자연공원이 아닌 것은? [2011년2회]

① 국립공원　② 도립공원
③ 군립공원　④ 생태공원

[해설] 332번 해설 참조

335 자연공원을 조성하려 할 때 가장 중요하게 고려해야 할 요소는? [2011년1회]

① 자연경관 요소

정답　327. ③　328. ③　329. ①　330. ①　331. ③　332. ②　333. ①　334. ④　335. ①

② 인공경관 요소
③ 미적 요소
④ 기능적 요소

해설 자연공원의 성격이 자연의 풍경, 야생 그대로의 동식물상을 포함한 광대한 자연지역으로 자연을 보호하면서 야외 레크리에이션으로 활용할 수 있도록 하는 것이므로 가장 중요한 부분은 자연경관 요소이다.

336 다음 조경의 대상 중 자연적 환경요소가 가장 빈약한 곳은? [2010년5회]

① 도립공원   ② 명승지, 천연기념물
③ 도시조경   ④ 국립공원

해설 국립공원, 도립공원, 군립공원, 천연기념물 등은 자연공원의 범주에 들어가는 대상으로 자연적 환경요소가 가장 중요하나 도시조경은 상대적으로 빈약하다.

337 다음 중 도시공원 및 녹지 등에 관한 법률 시행규칙에서 공원 규모가 가장 작은 것은? [2012년1회]

① 묘지공원
② 어린이공원
③ 광역권 근린공원
④ 체육공원

해설

	구분		유치거리	규모	공원시설 부지면적
생활권공원	소공원		제한 없음	제한 없음	20% 이하
	어린이공원		250m 이하	1,500㎡ 이상	60% 이하
	근린공원	근린생활권 근린공원	500m 이하	1만㎡ 이상	40% 이하
		도보권 근린공원	1,000m 이하	3만㎡ 이상	40% 이하
		도시지역권 근린공원	제한 없음	10만㎡ 이상	40% 이하
		광역권 근린공원	제한 없음	100만㎡ 이상	40% 이하

338 도시공원 및 녹지 등에 관한 법규에 의한 어린이 공원의 설계 기준으로 부적합한 것은? [2018년 1회]

① 유치거리는 250m 이하로 제한한다.
② 규모는 1,500m² 이상
③ 공원 시설 부지 면적은 60% 이하
④ 건물 면적은 10% 이하

해설 337번 해설 참조

339 도시공원 및 녹지 등에 관한 법률 시행규칙에 의한 도시공원의 구분에 해당되지 않는 것은? [2015년2회]

① 역사공원   ② 체육공원
③ 도시농업공원 ④ 국립공원

해설 **조경의 대상의 기능별 구분**
- 정원 : 주택정원, 아파트 등 공동주거단지와 학교정원, 옥상정원, 실내정원 등
- 도시공원과 녹지 : 어린이공원, 근린공원, 묘지공원, 도시자연공원, 체육공원, 완충녹지, 경관녹지, 광장 등
- 자연공원 : 국립공원, 도립공원, 군립공원, 천연기념물보호구역 등
- 문화재 : 목조와 석조 건축물, 궁궐 터, 전통민가, 사찰, 성터, 고분 등의 사적지
- 위락관광시설 : 골프장, 야영장, 경마장, 스키장, 해수욕장, 관광농원, 휴양지, 삼림욕장, 낚시터, 유원지 등
- 기타 시설 : 공업단지, 고속도로, 자전거도로 보행자 전용도로 등

340 조경분야의 기능별 대상 구분 중 위락관광시설로 가장 적합한 것은? [2015년4회]

① 오피스빌딩정원
② 어린이공원
③ 골프장
④ 군립공원

해설 339번 해설 참조

정답 336. ③ 337. ② 338. ④ 339. ④ 340. ③

341 조경을 프로젝트의 수행단계별로 구분할 때, 기능적으로 다른 분류에 해당하는 곳은?
[2010년2회]

① 휴양지　② 유원지
③ 골프장　④ 전통민가

해설　339번 해설 참조

342 조경을 프로젝트의 대상지별로 구분할 때 문화재 주변 공간에 해당되지 않는 곳은?
[2010년4회]

① 궁궐　② 사찰
③ 유원지　④ 왕릉

해설　339번 해설 참조

343 전통민가 조경이 프로젝트의 대상이 되는 분야는?
[2011년2회]

① 공원　② 문화재
③ 주거지　④ 기타시설

해설　339번 해설 참조

344 도시공원 및 녹지 등에 관한 법률 시행규칙상 도시공원 중 설치규모가 가장 큰 곳은?
[2010년2회]

① 체육공원
② 도시지역권 근린공원
③ 묘지공원
④ 광역권 근린공원

해설　337번 해설 참조

345 다음 중 설치기준의 제한은 없으며, 유치거리 500m 이하, 공원면적 10,000㎡ 이상으로 할 수 있으며, 주로 인근에 거주하는 자의 이용에 제공할 목적으로 설치 도시공원의 종류는?
[2012년2회]

① 도보권 근린공원
② 묘지공원
③ 어린이공원
④ 근린생활권 근린공원

해설　337번 해설 참조

346 정숙한 장소로서 장래 시가화가 예상되지 않는 자연녹지 지역에 10만제곱미터 규모이상 설치할 수 있는 기준을 적용하는 도시의 주제공원은?(단, 도시공원 및 녹지 등에 관한 법률 시행규칙을 적용한다.)
[2010년5회]

① 어린이공원
② 체육공원
③ 묘지공원
④ 도보권 근린공원

해설　**묘지공원**
묘지이용자에게 휴식 제공, 묘지와 공원시설 혼합하여 설치하는 공원
• 위치 : 도시 외곽의 교통 편리한 곳
• 규모 : 100,000㎡ 이상(소도시나 납골당은 제외)
• 정숙하고 밝은 곳에 조성, 일반 교통노선이 통과하지 않게
• 시설 : 놀이시설, 전망대, 화장실 등(시설 면적은 대상 면적의 20% 이상)

347 주거지역에 인접한 공장부지 주변에 공장경관을 아름답게 하고, 가스, 분진 등의 대기오염과 소음 등을 차단하기 위해 조성되는 녹지의 형태는?
[2011년1회]

① 차단녹지
② 완충녹지
③ 차폐녹지
④ 자연녹지

해설　녹지의 형태 구분

정답　341. ④　342. ③　343. ②　344. ④　345. ④　346. ③　347. ②

구분	특징
완충 녹지	대기 오염, 소음, 진동, 악취 등 공해와 각종 사고나 자연 재해 등을 방지하기 위하여 설치하는 녹지
경관 녹지	도시의 자연적 환경을 보전하거나 이를 개선하고 이미 자연이 훼손된 지역을 복원·개선함으로써 도시 경관을 향상시키기 위하여 설치하는 녹지
연결 녹지	도시 안의 공원, 하천, 산지 등을 유기적으로 연결하고 도시민에게 산책 공간의 역할을 하는 등 여가·휴식을 제공하는 선형의 녹지

348 도시공원 및 녹지 등에 관한 법률에서 정하고 있는 녹지가 아닌 것은? [2013년4회]

① 완충녹지   ② 경관녹지
③ 연결녹지   ④ 시설녹지

해설 도시공원 및 녹지 등에 관한 법률에서 녹지는 완충녹지, 경관녹지, 연결녹지로 구분된다.

349 도시 내부와 외부의 관련이 매우 좋으며 재난 시 시민들의 빠른 대피에 큰 효과를 발휘하는 녹지 형태는? [2016년2회]

① 분산식   ② 방사식
③ 환상식   ④ 평행식

해설 공원 녹지계통 형식
• 분산식 : 녹지대가 분산 배치
• 환상식 : 도시를 중심으로 환상 상태도 조성
• 방사식 : 도시를 중심으로 외부로 방사상으로 조성
• 위성식 : 녹지 조성 후 녹지대에 소시가지 조성
• 평행식 : 띠 모양으로 평행하게 조성
• 방사환상식 : 방사식과 환상식을 절충한 형태로 가장 이상적임

350 "서오능 시민 휴식공원 기본계획에는 왕릉의 보존과 단체이용객에 대한 개방이라는 상충되는 문제를 해결하기 위하여 ( )을(를) 설정함으로써 왕릉과 공간을 분리시켰다." ( ) 안에 들어갈 적절한 공간적 표현은? [2013년2회]

① 완충녹지   ② 휴게공간
③ 진입광장   ④ 동적공간

해설 완충녹지는 대기오염, 소음, 진동, 악취 등 공해와 각종 사고나 자연재해 등 상충되는 문제를 분리, 완충, 방지하기 위하여 설치하는 녹지

351 국토교통부장관이 규정에 의하여 공원녹지 기본계획을 수립 시 종합적으로 고려해야 하는 사항으로 가장 거리가 먼 것은? [2016년4회]

① 장래 이용자의 특성 등 여건의 변화에 탄력적으로 대응할 수 있도록 할 것
② 공원녹지의 보전·확충·관리·이용을 위한 장기발전방향을 제시하여 도시민들의 쾌적한 삶의 기반이 형성되도록 할 것
③ 광역도시계획, 도시·군기본계획 등 상위계획의 내용과 부합되어야 하고 도시·군기본계획의 부문별 계획과 조화되도록 할 것
④ 체계적·독립적으로 자연환경의 유지·관리와 여가활동의 장은 분리 형성하여 인간으로부터 자연의 피해를 최소화 할 수 있도록 최소한의 제한적 연결망을 구축할 수 있도록 할 것

해설 347번 해설 참조

352 도시공원 및 녹지 등에 관한 법률 시행규칙상 도시의 소공원 공원시설 부지면적 기준은? [2013년2회]

① 100분의 20 이하
② 100분의 30 이하
③ 100분의 40 이하
④ 100분의 60 이하

해설 337번 해설 참조

정답 348. ④ 349. ② 350. ① 351. ④ 352. ①

353 도시공원의 설치 및 규모의 기준상 어린이공원이 최대 유치거리는? [2014년5회]

① 100m ② 250m
③ 500m ④ 1,000m

해설 337번 해설 참조

354 도시공원 및 녹지 등에 관한 법규상 도시공원 설치 및 규모의 기준에서 어린이공원의 최소 규모는 얼마인가? [2010년1회]

① 500㎡ ② 1,000㎡
③ 1,500㎡ ④ 2,000㎡

해설 337번 해설 참조

355 어린이공원의 유치거리와 규모 기준으로 옳은 것은? [2011년5회]

① 150m 이하, 1500㎡ 이상
② 200m 이하, 1000㎡ 이상
③ 250m 이하, 1500㎡ 이상
④ 500m 이하, 10000㎡ 이상

해설 337번 해설 참조

356 다음 중 어린이 공원의 설계 시 공간구성 설명으로 옳은 것은? [2013년4회]

① 동적인 놀이공간에는 아늑하고 빛이 잘 드는 곳에 잔디밭, 모래밭을 배치하여 준다.
② 정적인 놀이공간에는 각종 놀이시설과 운동시설을 배치하여 준다.
③ 감독 및 휴게를 위한 공간은 놀이공간이 잘 보이는 곳으로 아늑한 곳으로 배치한다.
④ 공원 외곽은 보행자나 근처 주민이 들여다 볼 수 없도록 밀식한다.

해설 어린이공원의 공간구성
- 동적 놀이공간은 경사진 곳을 만들기 위해 낮은 동산을 조성한다.
- 놀이공간은 햇빛이 잘 드는 곳에 잔디밭, 모래밭을 설치한다.
- 휴게 및 감독 공간은 잘이고 아늑한 곳에 조성한다.
- 동적 놀이공간과 정적 놀이공간은 구분하여 조성한다.
- 보호자 및 보행자의 관찰이 가능하도록 밀식 피함

357 도시공원 및 녹지 등에 관한 법률에서 어린이공원의 설계기준으로 틀린 것은? [2014년1회]

① 유지거리는 250m 이하, 1개소의 면적은 1,500㎡ 이상의 규모로 한다.
② 휴양시설 중 경로당을 설치하여 어린이와의 유대감을 형성할 수 있다.
③ 유희시설에 설치되는 시설물에는 정글짐, 미끄럼틀, 시소 등이 있다.
④ 공원 시설 부지면적은 전체 면적의 60% 이하로 하여야한다.

해설 337번 해설 참조

358 도시공원 및 녹지 등에 관한 법률에 의한 어린이공원의 기준에 관한 설명으로 옳은 것은? [2013년1회]

① 공원구역 경계로부터 500미터 이내에 거주하는 주민 250명 이상의 요청 시 어린이공원 조성계획의 정비를 요청할 수 있다.
② 공원시설 부지면적은 전체 면적의 60% 이하로 한다.
③ 1개소 면적은 1,200㎡ 이상으로 한다.
④ 유치거리는 500미터 이하로 제한한다.

해설 337번 해설 참조

359 조경설계 기준상 휴게시설의 의자에 관한 설명으로 틀린 것은? [2012년5회]

정답 353. ② 354. ③ 355. ③ 356. ② 357. ② 358. ② 359. ③

① 의자의 길이는 1인당 최소 45cm를 기준으로 하되, 팔걸이 부분의 폭은 제외한다.
② 체류시간을 고려하여 설계하며, 긴 휴식에 이용되는 의자는 앉음판의 높이가 낮고 등받이를 길게 설계한다.
③ 등받이 각도는 수평면을 기준으로 85~95°를 기준으로 한다.
④ 앉음판의 높이는 34~46cm를 기준으로 하되 어린이를 위한 의자는 낮게 할 수 있다.

해설 벤치 설계 기준
- 폭 2.5m 이하 산책로 변에는 1.5~2m 포켓 공간에 배치 / 휴지통과의 이격거리는 0.9m, 음수전과는 1.5m
- 공공 공간에는 고정식, 정원 등 관리 쉬운 곳은 이동식 배치
- 등받이 각도 95~110°, 앉음판 H = 34~46cm, W = 38~45cm
- 의자의 길이는 1인당 최소 45cm를 기준으로 하되, 팔걸이 부분의 폭은 제외

360 휴게공간의 입지 조건으로 적합하지 않은 것은? [2013년4회]
① 보행동선이 합쳐지는 곳
② 기존 녹음수가 조성된 곳
③ 경관이 양호한 곳
④ 시야에 잘 띄지 않는 곳

해설 휴게공간의 입지조건
- 조망이 좋고 한적한 공간에 설치
- 통경선이 끝나는 부분이나 공원의 휴게 공간 및 산책로의 결절점에 설치
- 벤치, 퍼걸러, 정자, 휴지통 등의 시설물을 설치하며, 바닥은 포장하고, 녹음수를 식재하여 그늘을 제공한다.

361 학교조경에 도입되는 수목을 선정할 때 조경수목의 생태적 특성 설명으로 옳은 것은? [2013년4회]
① 구입하기 쉽고 병충해가 적고 관리하기가 쉬운 수목을 선정
② 교과서에서 나오는 수목이 선정되도록 하며 학생들과 교직원들이 선호하는 수목을 선정
③ 학교 이미지 개선에 도움이 되며, 계절의 변화를 느낄 수 있도록 수목을 선정
④ 학교가 위치한 지역의 기후, 토양 등의 환경에 조건이 맞도록 수목을 선정

해설 학교조경은 교육적 가치를 바탕으로 전체적으로 조화를 이룬 환경을 조성하며 교재원과 생산원 등의 유형이 있다. 교재원에는 자생식물을 식재하며 학생 1인당 1㎡ 이상의 면적이 필요하다.

362 다음 [보기]의 행위 시 도시공원 및 녹지 등에 관한 법률상의 벌칙 기준은? [2016년2회]

[보기]
- 위반하여 도시공원에 입장하는 사람으로부터 입장료를 징수한 자
- 허가를 받지 아니하거나 허가받은 내용을 위반하여 도시공원 또는 녹지에서 시설 · 건축물 또는 공작물을 설치한 자

① 2년 이하의 징역 또는 3천만 원 이하의 벌금
② 1년 이하의 징역 또는 1천만 원 이하의 벌금
③ 1년 이하의 징역 또는 500만 원 이하의 벌금
④ 1년 이하의 징역 또는 3천만 원 이하의 벌금

해설 허가를 받지 아니하거나 허가받은 내용을 위반하여 도시공원 또는 녹지에서 시설 · 건축물 또는 공작물을 설치한 자는 1년 이하의 징역 또는 1천만 원 이하의 벌금을 부과한다.

정답 360. ④ 361. ④ 362. ②

363 골프장 코스를 구성하는 요소 중 페어웨이와 그린 주변에 모래 웅덩이를 조성해 놓은 곳은? [2010년1회]

① 해저드 ② 러프
③ 벙커 ④ 티

해설 홀의 구성 : 표준으로 18홀(4개의 짧은 홀 + 10개의 중간 홀 + 4개의 긴 홀)
- 티(tee) : 출발점 지역(1~2% 경사, 면적 400~500㎡)
- 그린(green) : 종점 지역(2~5% 경사, 면적 600~900㎡), 벤트그래스 사용
- 페어웨이(fair way) : 티와 그린 사이에 짧게 깎은 잔디 지역(2~10% 경사, 25% 이상 피함)
- 러프(rough) : 페어웨이 주변의 풀을 깎지 않은 초지(거친 지역)
- 하자드(hazard) : 장애지역, 연못, 하천, 계곡, 냇가 등의 장애 구역, 수목 등으로 코스의 변화성 부여
- 벙커(bunker) : 모래웅덩이, Tee에서 바라볼 수 있는 곳에 설계

364 골프코스 중 출발지점을 무엇이라 하는가? [2010년2회]

① 티 ② 그린
③ 페어웨이 ④ 러프

해설 363번 해설 참조

365 골프장의 각 코스를 설계할 때 어느 방향으로 길게 배치하는 것이 가장 이상적인가? [2010년4회]

① 동서방향 ② 남북방향
③ 동남방향 ④ 북서방향

해설 골프장 공간구성
- 남북방향으로 설계 / 방위(방향)는 잔디를 위해 남사면, 남동사면
- 18홀의 경우 : 쇼트홀 4홀, 미들홀 10홀, 롱홀 4홀 / 9홀의 경우 : 쇼트홀 2홀, 미들홀 5홀, 롱홀 2홀

366 골프장에서 우리나라 들잔디를 사용하기가 가장 어려운 지역은? [2013년1회]

① 티 ② 그린
③ 페어웨이 ④ 러프

해설
- 들잔디가 많이 쓰이는 지역 : 티, 페어웨이, 러프
- 그린에 쓰이는 잔디 : 벤트그래스

367 다음 중 추위에 견디는 힘과 짧은 예취에 견디는 힘이 강하며, 골프장의 그린을 조성하기에 가장 적합한 잔디의 종류는? [2015년1회]

① 들잔디 ② 벤트그래스
③ 버뮤다그래스 ④ 라이그래스

해설 366번 해설 참조

368 골프코스에서 홀(hole)의 출발지점을 무엇이라 하는가? [2015년2회]

① 그린 ② 티
③ 러프 ④ 페어웨이

해설 363번 해설 참조

369 골프장에서 티와 그린 사이의 공간으로 잔디를 짧게 깎는 지역은? [2015년4회]

① 해저드 ② 페어웨이
③ 홀 커터 ④ 벙커

해설 페어웨이(fair way)
티와 그린 사이에 짧게 깎은 잔디 지역(2~10% 경사, 25% 이상 피함)

370 다음 중 옥상정원의 설계기준으로 옳지 않은 것은? [2011년5회]

① 건물구조에 영향을 미치는 하중문제를 우선 고려하여야 한다.
② 바람, 한발, 강우 등 자연재해로부터의 안정성을 고려하여야 한다.
③ 식재 토양의 깊이는 옥상이라는 점을 고려하여 가능한 깊어야 한다.

정답 363. ③ 364. ① 365. ② 366. ② 367. ② 368. ② 369. ② 370. ③

④ 열악한 생육환경에 견딜 수 있고, 경관 구조와 기능적인 면에 만족할 수 있는 수종을 선택하여야한다.

해설 옥상정원
- 하중 → 옥상 정원의 식재지역은 전체 면적의 1/3 이하
- 바람, 한발, 강우 등 자연재해로부터의 안정성을 고려
- 경량재 사용 → 버미큘라이트, 피트모스, 펄라이트(보비성이 없으나 다공질로 보수성, 통기성, 투수성 좋음), 화산재(흙을 가열, 병충해 방지)
- 토심 45~60cm
- 열악한 환경에 잘 견디는 수종 선택 : 수수꽃다리(라일락), 영산홍, 철쭉, 회양목, 홍단풍, 반송, 곰솔 등

371 옥상정원의 환경조건에 대한 설명으로 적합하지 않은 것은? [2017년 2회]

① 양분의 유실속도가 늦다.
② 토양수분의 용량이 적다.
③ 바람의 피해를 받기 쉽다.
④ 토양온도의 변동 폭이 크다.

해설 자연적인 지층과 단절된 화분과 같은 상태이므로 수분과 토양 온도의 변화가 매우 심하고 미생물의 활동도 미약하다. 또한 바람과 복사열에 노출되어 있어 바람의 피해와 양분의 유실속도가 빠르다.

372 다음 중 일반적으로 옥상정원 설계시 일반조경 설계보다 중요하게 고려할 항목으로 관련이 가장 적은 것은? [2014년1회]

① 토양층 깊이
② 방수 문제
③ 지주목의 종류
④ 하중 문제

해설 옥상조경을 설치할 때는 식생을 위한 최소, 최적 토양층의 깊이, 하중을 고려한 토양 및 수목 선택, 관수 및 우천시의 배수, 보수, 방수에 대한 고려가 필요하다.

373 옥상조경 토양경량제가 아닌 것은? [2011년2회]

① 펄라이트
② 버미클라이트
③ 피트모스
④ 마사토

해설 옥상 조경 시에는 하중을 고려하여 경량재를 사용해야 한다. 주로 사용되는 경량재는 버미큘라이트, 피트모스, 펄라이트(보비성이 없으나 다공질로 보수성, 통기성, 투수성 좋음), 화산재(흙을 가열, 병충해 방지) 등이 있다.

374 다음 중 옥상정원을 만들 때 배합하는 경량재로 사용하기 가장 어려운 것은? [2014년1회]

① 사질 양토
② 버미큘라이트
③ 펄라이트
④ 피트

해설 373번 해설 참조

375 다음 중 인공토양을 만들기 위한 경량재가 아닌 것은? [2013년4회]

① 펄라이트(perlite)
② 버미큘라이트(vermiculite)
③ 부엽토
④ 화산재

해설 373번 해설 참조

376 조경설계기준에서 인공지반에 식재된 식물과 생육에 필요한 최소 식재 토심으로 옳은 것은?(단, 배수구배는 1.5~2%, 자연토양을 사용) [2012년도4회]

① 잔디 : 15cm
② 초본류 : 20cm
③ 소관목 : 40cm
④ 대관목 : 60cm

해설 식물 생육에 필요한 토층의 깊이

정답 371. ① 372. ③ 373. ④ 374. ① 375. ③ 376. ①

구분	생존 최소 길이(cm)	생육 최소 길이(cm)
잔디 및 초본류	15	30
소관목	30	45
대관목	45	60
천근성 교목	60	90
심근성 교목	90	150

377 다음 중 몰(mall)에 대한 설명으로 옳지 않은 것은? [2013년1회]

① 원래의 뜻은 나무 그늘이 있는 산책길이란 뜻이다.
② 도시환경을 개선하는 방법이다.
③ 차량은 전혀 들어갈 수 없게 만들어진다.
④ 보행자 위주의 도로이다.

해설 몰(mall) 도심지 내 보행자의 쇼핑 거리를 중심으로 전개되는 공중보도(公衆步道) 및 산책로를 말하는데 원래는 나무 그늘이 있는 산책로를 뜻한다.
mall은 보행자 위주의 도로로 보행자의 통행 및 안전에 해가 되지 않는 범위에서 차량의 통행은 가능하다.

조경미학

378 회화에 있어서 이 농담법과 같은 수법으로 화단의 풀꽃을 엷은 빛깔에서 점점 짙은 빛깔로 맞추어 나갈 때 생기는 아름다움은? [2010년1회]

① 점층미   ② 단순미
③ 통일미   ④ 반복미

해설 조경미

구분	내용
반복미	• 같은 모양의 조경 재료를 반복해서 배열할 때 나타나는 아름다움 • 질서정연하고 차분한 감을 가지게 되며 통일감과 안정감이 있다.
점층미	• 형태나 선, 색깔, 음향 등이 점차적으로 증가 또는 감소하는 것 • 좁은 부지에서 실제 면적보다 10% 더 크고 넓게 묘사할 수 있다.
운율미	• 일정한 간격을 두고 들려오는 소리, 색채, 형태 등(예 : 파도소리, 폭포소리, 시냇물소리)
복잡미	• 개체가 모여 복잡한 집단을 이루며 미를 창조하는 것
단순미	• 개체가 특징이 있는 것으로 균형과 조화 속에 단순한 자태를 나타낸다.
차경(借景)	• 멀리 보이는 자연 풍경인 산이나 바다 섬, 산림 등을 경관구성 재료의 일부로 이용
차폐미	• 아름답지 못한 경관의 한 부분이 너무 노출되어 미적인 가치가 없을 때 수목이나 자연석 등 아름다운 재료를 이용하여 가려주는 방법

화단의 풀꽃 빛깔이 점차적으로 증가하므로 점층미에 해당한다.

379 화단의 초화류를 엷은 색에서 점점 짙은 색으로 배열할 때 가장 강하게 느껴지는 조화미는? [2012년도4회]

① 점층미   ② 균형미
③ 통일미   ④ 대비미

해설 378번 해설 참조

380 다음 중 점층(漸層)에 관한 설명으로 가장 적합한 것은? [2013년5회]

① 조경재료의 형태나 색깔, 음향 등의 점진적 증가
② 대소, 장단, 명암, 강약
③ 일정한 간격을 두고 흘러오는 소리, 다변화 되는 색채
④ 중심축을 두고 좌우 대칭

해설 378번 해설 참조

정답 377. ③ 378. ① 379. ① 380. ①

381 다음 중 단순미(單純美)와 가장 관련이 없는 것은? [2014년5회]
① 독립수
② 형상수(topiary)
③ 잔디밭
④ 자연석 무너짐 쌓기

해설 단순미는 개체가 자체 특징이 있는 것으로 균형과 조화 속에 단순한 자태를 나타내는 것으로 독립수, 잔디밭, 토피어리 등이 해당된다.

382 일본의 다정(茶庭)이 나타내는 아름다움의 미는? [2013년4회]
① 통일미   ② 대비미
③ 단순미   ④ 조화미

해설 다정 양식은 호화로운 정원과는 대조적으로 다도를 즐기는 다실과 주변공간을 조화롭게 하여 소박한 멋을 풍기는 정원의 형태로 조화미가 특징인 정원양식이다.

383 다음 중 주택정원에 사용하는 정원수의 아름다움을 표현하는 미적 요소로 가장 거리가 먼 것은? [2011년5회]
① 조형미   ② 형태미
③ 내용미   ④ 색채미

해설 조경미는 시청각적으로 보이는 선이나 형태, 거리, 질감, 방향감, 비례, 균형, 색채, 원근, 운율 등을 효과적으로 잘 활용할 때 이루어지는 조화로 느껴지는 내용미, 표현미, 형태미, 색채미를 말한다.

384 관찰자 시선의 중심선을 기준으로 형태감이나 색채감에서 양쪽의 크기나 무게가 안정감을 줄 때 나타나는 아름다움은? [2010년4회]
① 대비미
② 강조미
③ 균형미
④ 반복미

해설 균형과 대칭
• 균형 : 둘 이상의 힘이 한쪽에 치우침 없이 서로 평균이 되어 안정되는 것
• 대칭 균형 : 축을 중심으로 좌우상하로 균등 배치 / 정형식 정원
• 비대칭 균형 : 모양은 다르지만 시각적으로 느껴지는 무게가 비슷하거나 시선을 끄는 정도가 비슷하게 분배되어 균형을 이루는 것(황금 비율) / 자연풍경식 정원

385 미적 형태 자체로는 균형을 이루지 못하지만 시각적인 통합에 의해 균형을 이룬 것처럼 느끼게 하여, 동적인 감각과 변화 있는 개성적 감각, 세련미와 성숙미 그리고 운동감과 유연성을 주는 미적원리는? [2017년1회]
① 대비   ② 비대칭
③ 강조   ④ 비례

해설 비대칭(균형)
모양은 다르지만 시각적으로 느껴지는 무게가 비슷하거나 시선을 끄는 정도가 비슷하게 분배되어 균형을 이루는 것(황금비율) / 자연풍경식정원 / 개성적, 세련미, 성숙미, 율동감, 유연성

386 차경에 대한 설명 중 적당하지 않은 것은? [2010년1회]
① 멀리 바라보이는 자연 풍경을 경관 구성 재료 일부분으로 이용하는 수법이다.
② 차경을 이용할 때 정원은 깊이가 있게 된다.
③ 전망이 좋은 곳에서 쉽게 적용 시킬 수 있는 수법이다.
④ 축을 강조하는 정원 양식에서 특히 많이 사용된다.

해설 차경
차경은 멀리 보이는 자연 풍경을 경관 구성 재료의 일부로 이용하는 것으로 깊이 있는 정원을 조성하고자 할 때 사용되고 전망 좋은 곳에 적용시킬 수 있는 수법이다.

정답 381. ④ 382. ④ 383. ① 384. ③ 385. ② 386. ④

387 다음 중 차경(借景)을 가장 잘 설명한 것은?
[2011년4회]

① 멀리 보이는 자연 풍경을 경관 구성 재료의 일부로 이용하는 것
② 산림이나 하천 등의 경치를 잘 나타낸 것
③ 아름다운 경치를 정원 내에 만든 것
④ 연못의 수면이나 잔디밭이 한눈에 보이지 않게 하는 것

해설 386번 해설 참조

388 먼셀의 색상환에서 BG는 무슨 색인가?
[2012년2회]

① 연두색   ② 남색
③ 청록색   ④ 보라색

해설 먼셀의 10색상환
청색은 B, 녹색은 G로 BG는 청록색을 뜻한다.

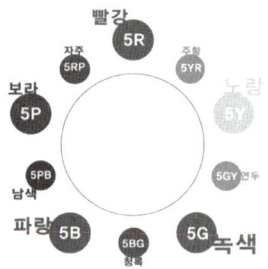

389 먼셀표색계의 10색상환에서 서로 마주보고 있는 색상의 짝이 잘못 연결된 것은?
[2014년2회]

① 빨강(R) – 청록(BG)
② 노랑(Y) – 남색(PR)
③ 초록(G) – 자주(RP)
④ 주황(YR) – 보라(P)

해설 서로 마주보는 색(388번 해설 참조)

390 먼셀 색체계의 기본색인 5가지 주요 색상으로 바르게 짝지어진 것은?
[2016년2회]

① 빨강, 노랑, 초록, 파랑, 주황
② 빨강, 노랑, 초록, 파랑, 보라
③ 빨강, 노랑, 초록, 파랑, 청록
④ 빨강, 노랑, 초록, 남색, 주황

해설 먼셀의 색상환
- R빨강, Y노랑, G초록, B파랑, P보라 5가지 색상으로 구성
- BG청록, PB남색(남보라), RP자주, YR주황, GY연두 5색상 추가하여 기본 10색상

391 다음 중 색의 3속성에 관한 설명으로 옳은 것은?
[2012년도4회]

① 그레이 스케일(gray scale)은 채도의 기준 척도로 사용된다.
② 감각에 따라 식별되는 색의 종명을 채도라고 한다.
③ 두 색상 중에서 빛의 반사율이 높은 쪽이 밝은 색이다.
④ 색의 포화상태 즉, 강약을 말하는 것은 명도이다.

해설 색의 3속성

색상(Hue)	• 3원색의 판이한 차이(적색, 황색, 청색), 유채색에서만 볼 수 있음 • 감각에 따라 식별되는 색
명도(Value)	• 색의 밝은 정도, 인지도 • 흑과 백을 아래 위로 놓고 감각적 척도에 따라 균일하게 내어놓은 것을 Gray Scale이라 함
채도(Chroma)	• 색의 순수한 정도, 색의 포화 상태, 색채의 강약을 나타내는 성질

392 다음 중 색의 삼속성이 아닌 것은?
[2015년4회]

① 색상   ② 명도
③ 채도   ④ 대비

해설 391번 해설 참조

정답 ▶ 387. ① 388. ③ 389. ④ 390. ② 391. ③ 392. ④

393 먼셀 표색계의 색채 표기법으로 옳은 것은?
[2015년5회]

① 2040-Y70R
② 5R 4/14
③ 2 : R-4.5-9s
④ 221c

해설 색의 3속성 표기
- 색상, 명도, 채도를 3차원적 입체로 표현
- 표기법 : HV/C 순서로 기록 5R 4/14 "5R 4의 14"으로 읽음
- 「5R 빨강, 명도 4, 채도 14」 색의 의미

394 잉크 인쇄에 사용되는 색료의 삼원색이 아닌 것은?
[2017년1회]

① 초록(그린)
② 황색(옐로)
③ 청록색(시안)
④ 붉은보라(마젠타)

해설 색료의 3원색 : 황색(옐로), 붉은보라(마젠타), 청록(시안)

395 상점의 간판에 세 가지의 조명을 동시에 비추어 백색광을 만들려고 한다. 이때 필요한 3가지 기본 색광은?
[2015년2회]

① 노랑(Y), 초록(G), 파랑(B)
② 빨강(R), 노랑(Y), 파랑(B)
③ 빨강(R), 노랑(Y), 초록(G)
④ 빨강(R), 초록(G), 파랑(B)

해설 색의 혼합
- 가법혼색(가산혼합) : 혼합한 2차색의 명도가 높아지는 혼색(빨강, 초록, 파랑은 색광의 3 원색을 모두 합치면 백색광)
- 감법혼색(감산혼합) : 혼합한 2차색의 명도가 낮아지는 혼색(마젠타, 노랑, 시안이 감법혼색의 3원색, 모두 합치면 검정에 가까운 색)

396 가법혼색에 관한 설명으로 틀린 것은?
[2016년4회]

① 2차색은 1차색에 비하여 명도가 높아진다.
② 빨강 광원에 녹색 광원을 흰 스크린에 비추면 노란색이 된다.
③ 가법혼색의 삼원색을 동시에 비추면 검정이 된다.
④ 파랑에 녹색 광원을 비추면 시안(cyan)이 된다.

해설 395번 해설 참조

397 파란색 조명에 빨간색 조명과 초록색 조명을 동시에 켰더니 하얀색으로 보였다. 이처럼 빛에 의한 색채의 혼합 원리는? [2015년4회]

① 가법혼색
② 병치혼색
③ 회전혼색
④ 감법혼색

해설 395번 해설 참조

398 다음 중 ( ) 안에 들어갈 각각의 내용으로 옳은 것은?
[2015년2회]

> 인간이 볼 수 있는( )의 파장은 약 ( )nm 이다.

① 적외선, 560~960
② 가시광선, 560~960
③ 가시광선, 380~780
④ 적외선, 380~780

해설

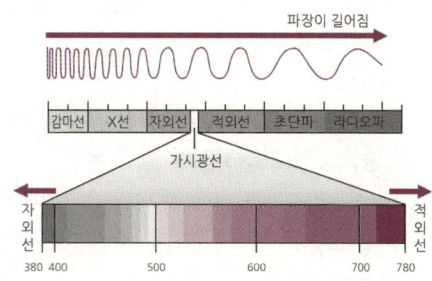

정답 393. ② 394. ① 395. ④ 396. ③ 397. ① 398. ③

399 다음 중 날씨가 어두워지면 제일 먼저 보이지 않는 색은? [2011년5회]

① 빨강 ② 파랑
③ 노랑 ④ 녹색

해설 푸르키니에 현상
색채의 지각에 있어서 조명이 어두워지면 파장이 긴 적색이 제일 먼저 보이지 않게 되며, 파장이 짧은 색이 마지막까지 눈에 보이게 되는 시지각적인 현상

400 해가 지면서 주위가 어둑해질 무렵 낮에 화사하게 보이던 빨간 꽃이 거무스름해져 보이고, 청록색 물체가 밝게 보인다. 이러한 원리를 무엇이라고 하는가? [2015년5회]

① 명순응 ② 면적 효과
③ 색의 항상성 ④ 푸르키니에 현상

해설 399번 해설 참조

401 형광등 아래서 물건을 고를 때 외부로 나가면 어떤 색으로 보일까 망설이게 된다. 이처럼 조명광에 의하여 물체의 색을 결정하는 광원의 성질은? [2010년2회]

① 직진성 ② 연색성
③ 발광성 ④ 색순응

해설 광원의 성질
• 직진성 : 빛은 곧게 앞으로 직진한다.
• 연색성 : 조명이 물체의 색상에 영향을 미치는 성질
• 발광성 : 외부의 어떤 자극에 의해 빛을 발하는 성질
• 색순응 : 색의 빛 자극을 보고 나타나는 일시적인 감도의 변화

402 다음 중 교통 표지판의 색상을 결정할 때 가장 중요하게 고려하여야 할 것은? [2015년2회]

① 심미성 ② 명시성
③ 경제성 ④ 양질성

해설 색채 이론
• 시인성(명시성) : 어떤 색이나 선, 형태 따위가 그 배경 및 주위와의 관계에서 분명하고 똑똑하게 보이는 정도로 대상이 잘 보이는 정도, 대상물과 배경의 명도 차이 클수록, 톤의 차이 클수록 시인성 높음, 교통표지판 색상
• 유목성 : 색이 사람의 시선을 끄는 심리적인 특성, 빨강, 주황, 노랑이 녹색, 파랑보다 눈에 잘 띄는 특성
• 식별성 : 어떤 대상이 다른 것과 서로 구별되는 속성, 지도, 포스터 등 정보의 효과적인 전달에 이용
• 연색성 : 빛을 물체에 비추었을 때 나타나는 빛의 성질. 같은 색도의 물체라도 광원(光源)에 따라 그 색감이 달라지는 성질. 조명광에 의해 물체의 색이 결정되는 광원의 성질

403 명암순응(明暗順應)에 대한 설명으로 틀린 것은? [2010년1회]

① 터널에 들어갈 때와 나갈 때의 밝기가 급격히 변하지 않도록 명암 순응 식재를 한다.
② 눈이 빛의 밝기에 순응해서 물체를 본다는 것을 명암순응이라 한다.
③ 맑은 날 색을 본 것과 흐린 날 색을 본 것이 같이 느껴지는 것이 명순응이다.
④ 명순응에 비해 암순응은 장시간을 필요로 한다.

해설 색순응
• 색의 빛 자극을 보고 나타나는 일시적인 감도의 변화
• 색광에 대하여 눈의 감수성이 순응하는 과정 또는 그런 상태
• 명순응 : 어두운 곳으로부터 밝은 곳으로 갑자기 나왔을 때 점차로 밝은 빛에 순응하게 되는 것
• 암순응 : 밝은 곳에서 어두운 곳으로 들어갔을 때 시간이 지남에 따라 차차 보이기 시작하는 현상
• 명순응에 비해 암순응은 장시간 필요

404 낮에 태양광 아래에서 본 물체의 색이 밤에 실내 형광등 아래에서 보니 달라보였다. 이러한 현상을 무엇이라 하는가? [2014년5회]

① 메타메리즘 ② 메타볼리즘

정답 399. ① 400. ④ 401. ② 402. ② 403. ③ 404. ①

③ 프리즘　④ 착시

해설 메타메리즘
광원의 연색성과는 달리 서로 다른 두 가지 색이 하나의 광원 아래에서 같은 색으로 보이는 경우(조건등색) 예) 자연광 아래에서는 같은 색으로 보이나 형광등 아래에서는 달라보이는 현상

405 다음 중 색의 잔상(殘像, after image)과 관련된 설명으로 틀린 것은? [2014년5회]

① 주어진 자극이 제거된 후에도 원래의 자극과 색, 밝기가 반대인 상이 보인다.
② 주위색의 영향을 받아 주위 색에 근접하게 변화하는 것이다.
③ 주어진 자극이 제거된 후에도 원래의 자극과 색, 밝기가 같은 상이 보인다.
④ 잔상은 원래 자극의 세기, 관찰시간과 크기에 비례한다.

해설 색의 잔상
• 빛의 자극이 제거된 후에도 시각기관에 어떤 흥분상태가 계속되어 시각이 잠시 남는 현상.
• 잔상은 원래 자극의 세기, 관찰시간과 크기에 비례한다.
• 색의 동화 : 주위색의 영향을 받아 주위 색에 근접하게 변화하는 것

406 색채와 자연환경에 대한 설명으로 옳지 않은 것은? [2016년2회]

① 풍토색은 기후와 토지의 색, 즉 지역의 태양빛, 흙의 색 등을 의미한다.
② 지역색은 그 지역의 특성을 전달하는 색채와 그 지역의 역사, 풍속, 지형, 기후 등의 지방색과 합쳐 표현된다.
③ 지역색은 환경색채계획 등 새로운 분야에서 사용되기 시작한 용어이다.
④ 풍토색은 지역의 건축물, 도로환경, 옥외광고물 등의 특징을 갖고 있다.

해설 지역색과 풍토색
• 지역색 : 특정 지역의 습도, 하늘, 흙, 돌 등에 자연스럽게 어울리고 선호되는 색으로 그 지역 주민들이 선호하거나 정체성으로 대변함
• 풍토색 : 환경적 특색을 지닌 지역적 특징의 색. 토지, 자연이 인간과 어울려 형성된 특유의 풍토가 생활, 문화, 산업에 영향을 주는 색, 토지의 색, 지역의 태양빛, 흙의 색 등

407 정원의 구성 요소 중 점적인 요소로 구별되는 것은? [2015년2회]

① 원로　② 산울타리
③ 냇물　④ 휴지통

해설 점, 선, 면적인 요소
• 점 – 외딴 집, 정자나무, 독립수, 분수, 음수대, 조각물, 휴지통 등
• 선 – 하천, 도로, 가로수, 냇물, 원로, 산울타리(서로 이질적인 요소가 만나서 생기는 경계 / 해안선, 수평선, 지평선) 등
• 면 – 호수, 경작지, 초지, 전답, 운동장 등

408 정원에서 미적 요소 구성은 재료의 짝지움에서 나타나는데 도면상 선적인 요소에 해당되는 것은? [2011년4회]

① 원로　② 연못
③ 분수　④ 독립수

해설 407번 해설 참조

409 다음 중 직선과 관련된 설명으로 옳은 것은? [2014년5회]

① 절도가 없어 보인다.
② 직선 가운데에 중개물(中介物)이 있으면 없는 때보다도 짧게 보인다.
③ 베르사이유 궁원은 직선이 지나치게 강해서 압박감이 발생한다.
④ 표현 의도가 분산되어 보인다.

정답　405. ②　406. ④　407. ④　408. ①　409. ③

> **[해설]** 경관구성 요소 선
> - 직선 : 남성적, 일정한 방향 제시
> - 지그재그선 : 유동적, 활동적, 여러 방향 제시
> - 곡선 : 부드럽고 여성적이며 우아한 느낌
> - 수평선 : 평화, 친근 등 평안한 느낌
> - 수직선 : 고상함, 극적임, 상승력, 위엄 등의 느낌

410 선의 방향에 따른 분류 중 수평선이 주는 느낌은? [2017년1회]

① 남성감 ② 활동감
③ 권위감 ④ 평화감

> **[해설]** 경관구성 요소 선
> - 수평선 : 편안함, 고요함
> - 수직선 : 권위감, 남성감, 엄숙함, 위엄
> - 직선 : 남성적, 단호함
> - 지그재그선 : 유동적, 활동적, 여러 방향 제시
> - 곡선 : 부드럽고 여성적, 우아함

411 다음 중 직선의 느낌으로 가장 부적합한 것은? [2016년4회]

① 여성적이다. ② 굳건하다.
③ 딱딱하다. ④ 긴장감이 있다.

> **[해설]** 410번 해설 참조

412 자유, 우아, 섬세, 간접적, 여성적인 느낌을 갖는 선은? [2015년4회]

① 직선 ② 절선
③ 곡선 ④ 점선

> **[해설]** 410번 해설 참조

413 다음 중 곡선의 느낌으로 가장 부적합한 것은? [2016년1회]

① 온건하다. ② 부드럽다.
③ 모호하다. ④ 단호하다.

> **[해설]** 410번 해설 참조

414 경관요소 중 높은 지각 강도(A)와 낮은 지각 강도(B)의 연결이 옳지 않은 것은? [2016년4회]

① A : 수평선, B : 사선
② A : 따뜻한 색채, B : 차가운 색채
③ A : 동적인 상태, B : 고정된 상태
④ A : 거친 질감, B : 섬세하고 부드러운 질감

> **[해설]** 지각(知覺)
> 주변 환경에 대한 정보를 인식해 그것을 해석하는 일련의 과정으로 지각에 영향을 주는 요인에는 대조(contrast)·강도(intensity)·동작(movement)·반복(repetition)·독특성(novelty) 등이 있다.
> - 높은 지각 강도 : 사선, 따뜻한 색, 동적인 상태, 거친 질감
> - 낮은 지각 강도 : 수평선, 차가운 색채, 고정된 상태, 부드러운 질감

415 경관 구성은 우세요소와 가변요소로 구분할 수 있는데, 다음 중 우세요소에 해당하지 않는 것은? [2011년1회]

① 형태 ② 위치
③ 질감 ④ 시간

> **[해설]** 경관구성의 우세 요소
> - 점 : 사물을 형성하는 기본 요소, 크기가 없고 위치만 갖는다.
>   - 한 점 : 주의력 집중
>   - 두 점 : 시선 양쪽 분산
> - 선
>   - 직선(남성적, 일정한 방향 제시)
>   - 지그재그선(유동적, 활동적, 여러 방향 제시)
>   - 곡선(부드럽고 여성적이며 우아한 느낌)
> - 형태
>   - 기하학적 형태(도시경관 / 직선적, 규칙적 구성)
>   - 자연적 형태(자연경관 / 곡선적, 불규칙적 구성)
>   자연경관의 산, 하천, 수목 등과 같은 자연적 형태
> - 크기와 위치 - 크기가 크고, 높은 곳에 위치할수록 지각 강도가 높아짐
>   스카이라인 - 물체가 하늘을 배경으로 이루어지는 윤곽선

정답 410. ④ 411. ① 412. ③ 413. ④ 414. ① 415. ④

- 질감 – 물체의 표면이 빛을 받았을 때 생겨나는 밝고 어두움의 배합률에 따라 시각적으로 느껴지는 감각
- 색채

416 경관의 시각적 구성 요소를 우세요소와 가변요소로 구분할 때 가변요소에 해당하지 않는 것은?　　　　　　　　　　　　　　[2011년4회]

① 광선　　② 기상조건
③ 질감　　④ 계절

해설 **경관구성의 가변 요소**
- 광선 – 형태의 지각을 가능하게 함
- 기상 조건 – 경관 변화, 눈, 비, 안개
- 계절 – 색채와 형태 분위기 변화
- 시간 – 해 뜰 때, 낮은 활기, 저녁노을의 분위기
- 기타 – 운동 거리, 관찰 거리, 규모 등이 경관 관여

417 "형태, 색채와 더불어 (　) 은(는) 디자인의 필수 요소로서 물체의 조성 성질을 말하며, 이는 우리의 감각을 통해 형태에 대한 지식을 제공한다." (　) 안에 들어갈 디자인 요소는?　　　　　　[2012년2회]

① 입체　　② 공간
③ 질감　　④ 광선

해설 질감은 물체의 표면이 빛을 받았을 때 생겨나는 밝고 어두움의 배합률에 따라 시각적으로 느껴지는 감각

418 질감(texture)이 가장 부드럽게 느껴지는 수목은?　　　　　　　　　　　　　　[2010년1회]

① 태산목
② 칠엽수
③ 회양목
④ 팔손이나무

해설 **질감**
- 물체 표면의 거칠고 매끄러운 정도의 시각적 특성
- 지표 상태 : 잔디밭, 농경지, 숲, 호수 등 각각 독특한 질감
- 관찰 거리 : 멀어질수록 전체의 질감 고려해야 함
- 거칠다 ↔ 섬세하다(부드럽다)로 구분

예) 소나무, 철쭉, 외양목 : 부드럽다(잎이 작다)
플라타너스, 오동나무, 칠엽수 · 태산목 : 거칠다 (잎이 크다.)

419 다음 중 온도감이 따뜻하게 느껴지는 색은?　　　　　　　　　　　　　　　[2013년2회]

① 주황색　　② 남색
③ 보라색　　④ 초록색

해설
- 따뜻한 색 : 빨강, 주황, 노랑(전진, 정열, 온화, 친근한 느낌)
- 차가운 색 : 초록, 파랑, 남색(후퇴, 지적, 냉정, 상쾌한 느낌)

420 추운 지역 실내를 장식할 때 온도감이 따뜻하게 느껴지도록 하는 색상은? [2017년 2회]

① 남색　　② 파랑색
③ 주황색　　④ 초록색

해설 419번 해설 참조

421 다음 중 가장 가볍게 느껴지는 색은?　　　　　　　　　　　　　　　[2012년1회]

① 파랑　　② 노랑
③ 초록　　④ 연두

해설
- 생동하는 분위기(가벼운 색) : 봄철의 노란 개나리꽃, 가을의 붉은 단풍 등
- 차분하고 엄숙한 분위기(무거운 색) : 침엽수림이나 깊은 연못의 검푸른 수면 등

422 짐을 운반하여야 한다. 다음 중 같은 크기의 짐을 어느 색으로 포장했을 때 가장 덜 무겁게 느껴지는가?　　　　　　[2014년4회]

① 다갈색　　② 크림색
③ 군청색　　④ 쥐색

해설 421번 해설 참조

정답　416. ③　417. ③　418. ③　419. ①　420. ③　421. ②　422. ②

423 다음 중 관용색명 중 색상의 속성이 다른 것은? [2014년5회]
① 풀색　　② 라벤더색
③ 솔잎색　④ 이끼색

해설 관용색명
- 예부터 습관적으로 사용하는 색명을 말한다.
- 하나하나의 고유 색명을 지닌 것으로서 동물, 식물, 자연 현상 등의 이름에서 유래된 명칭이 대부분이다.
- 풀색, 솔잎색, 이끼색은 연두계통이고 라벤더색은 보라계통색이다.

424 다음 중 정신 집중으로 요구하는 사무공간에 어울리는 색은? [2015년1회]
① 빨강　② 노랑
③ 난색　④ 한색

해설 한색(차가운 느낌의 색)
청색 계통으로 차가운 느낌을 주는 색이며 색상환에서 초록, 파랑, 보라 근처에 존재하는 색들로 자극적이지 않으며 차분하고 긴장 완화, 사색적 경험을 가능하게 하므로 정신 집중이 요구되는 사무실에 적합하다.

425 다음 제시된 색 중 같은 면적에 적용했을 경우 가장 좁아 보이는 색은? [2015년5회]
① 옅은 하늘색　② 선명한 분홍색
③ 밝은 노란 회색　④ 진한 파랑

해설 색의 진출

진출색	같은 위치이면서도 가깝게 보이는 현상 / 빨강, 주황, 다홍, 귤색, 노랑 / 온화, 친근, 정열적 느낌
후퇴색	같은 위치이면서도 멀리 보이는 현상 / 청색, 파랑, 남색 / 차가운 느낌, 냉정하고 상쾌한 느낌
팽창색	실제 면적보다 커져 보이는 색
수축색	실제 면적보다 작아져 보이는 색

일반적으로 팽창색은 진출색과 일치하며, 수축색은 후퇴색과 일치한다.

426 다음은 어떤 색에 대한 설명인가? [2015년2회]

신비로움, 환상, 성스러움 등을 상징하며 여성스러움을 강조하는 역할을 하기도 하지만 반면 비애감과 고독감을 느끼게 하기도 한다.

① 빨강　② 주황
③ 파랑　④ 보라

해설 색의 감정, 심리적 효과에 대한 내용으로 보라색은 우아, 선비, 고귀, 고독 등을 상징한다.

427 다음 중 인간적 척도(human scale)와 밀접한 관계를 갖기가 가장 어려운 경관은? [2010년4회]
① 관개경관　② 지형경관
③ 세부경관　④ 위요경관

해설 지형경관
- 인간적 척도(human scale)에 해당되지 않음
- 지형, 지물이 경관에서 지배적인 때, 설악산 울산바위
- 산봉우리, 절벽, 주변 환경의 지표(Landmark 지형, 지물), 지형에 따라 신비함 경외

428 넓은 초원과 같이 시야가 가리지 않고 멀리 터져 보이는 경관을 무엇이라 하는가? [2011년4회]
① 전경관　② 지형경관
③ 위요경관　④ 초점경관

해설 전경관(파노라마 경관)
- 시야가 제한 받지 않고 멀리 트인 경관, 자연의 웅장함과 아름다움을 느낌
- 높은 곳에서 내려다보이는 경관(조감도적 성격)

429 안정감과 포근함 등과 같은 정적인 느낌을 받을 수 있는 경관은? [2013년5회]
① 파노라마 경관　② 위요경관
③ 초점경관　④ 지형경관

정답 423. ② 424. ④ 425. ④ 426. ④ 427. ② 428. ① 429. ②

CHAPTER 01 조경계획 및 설계 기출문제

해설 **위요경관**
- 수목 또는 경사면 등의 주위 경관 요소들에 의해 울타리처럼 둘러싸인 경관, 숲속의 호수
- 안정감, 포근함 등의 정적인 느낌을 주나 중심 공간의 경사도가 증가할수록 동적인 느낌
- 시선의 주의력을 끌 수 있어 소규모의 지형도 경관으로서 의의를 갖게 함

430 다음 중 위요된 경관(enclosed landscape)의 특징 설명으로 옳은 것은? [2014년2회]
① 시선의 주의력을 끌 수 있어 소규모의 지형도 경관으로서 의의를 갖게 해준다.
② 보는 사람으로 하여금 위압감을 느끼게 하며 경관의 지표가 된다.
③ 확 트인 느낌을 주어 안정감을 준다.
④ 주의력이 없으면 등한시하기 쉬운 것이다.

해설 429번 해설 참조

431 수목 또는 경사면 등의 주위 경관 요소들에 의하여 자연스럽게 둘러싸여 있는 경관을 무엇이라 하는가? [2016년4회]
① 파노라마 경관 ② 지형경관
③ 위요경관 ④ 관개경관

해설 429번 해설 참조

432 다음 중 위요경관에 속하는 것은? [2012년5회]
① 숲속의 호수 ② 계곡 끝의 폭포
③ 넓은 초원 ④ 노출된 바위

해설 429번 해설 참조

433 다음 중 통경선(Vistas)의 설명으로 가장 적합한 것은? [2015년2회]
① 주로 자연식 정원에서 많이 쓰인다.
② 정원에 변화를 많이 주기 위한 수법이다.
③ 정원에서 바라볼 수 있는 정원 밖의 풍경이 중요한 구실을 한다.
④ 시점(視點)으로부터 부지의 끝부분까지 시선을 집중하도록 한 것이다.

해설 **초점경관**
- 관찰의 시선이 경관 내의 어느 한 점으로 유도되도록 구성된 경관
- Vista 경관, 통경선, 강한 시각적 통일성, 안정된 구도, 사람을 초점으로 끌어들이는 힘
- 주축선을 따라 설치된 원로의 양쪽에 짙은 수림을 조성하여 시선을 주축선으로 집중시키는 수법

434 주축선을 따라 설치된 원로의 양쪽에 짙은 수림을 조성하여 시선을 주축선으로 집중시키는 수법을 무엇이라 하는가? [2013년5회]
① 테라스(terrace) ② 파티오(patio)
③ 비스타(vista) ④ 퍼골러(pergola)

해설 433번 해설 참조

435 좌우로 시선이 제한되어 일정한 지점으로 시선이 모이도록 구성하는 경관 요소는? [2016년1회]
① 전망 ② 통경선(Vista)
③ 랜드마크 ④ 질감

해설 433번 해설 참조

436 다음 중 무리지어 나는 철새, 설경 또는 수면에 투영된 영상 등에서 느껴지는 경관은? [2010년5회], [2017년 2회]
① 일시경관 ② 관개경관
③ 초점경관 ④ 세부경관

해설 **일시적 경관**
기상 변화, 수면에 투영된 영상, 동물의 일시적 출현, 무리지어 나는 철새, 계절(설경), 시간성, 자연의 다양성 예) 기러기가 날아간다, 안개가 잔뜩 끼었다가 해가 뜨니 없어지더라 등

정답 ▶ 430. ① 431. ③ 432. ① 433. ④ 434. ③ 435. ② 436. ①

437 케빈 린치(K. Lynch)가 주장하는 경관의 이미지 요소 중에서 관찰자의 이동에 따라 연속적으로 경관이 변해가는 과정을 설명할 수 있는 것은? [2011년4회]

① edge(모서리)
② district(지역)
③ landmark(지표물)
④ path(통로)

해설 경관의 이미지(Kevin Lynch 주장)
- 도시 공간 이루는 물리적 5가지 : 통로, 모서리, 지역, 결절점, 랜드마크
- 인간 환경의 전체적인 패턴의 이해와 식별성을 높이는데 관계되는 개념
  - 통로(path) : 연속성, 방향성 제시, 길, 고속도로
  - 모서리(edges) : 지역과 지역을 갈라놓거나 관찰자가 통행이 단절되는 부분
  - 지역(district) : 용도면에서 분류(중심지역, 사대문안의 상업지역)
  - 결절점(node) : 도로의 접합점(광장, 로터리)
  - 랜드마크(landmark) : 눈에 뚜렷이 인지되는 식별성 높은 지표물, 주변경관에 비해 지배적(시계탑, 63빌딩)

438 주변 지역의 경관과 비교할 때 지배적이며, 특징을 가지고 있어 지표적인 역할을 하는 것을 무엇이라고 하는가? [2012년도4회]

① nodes
② landmarks
③ vista
④ districts

해설 437번 해설 참조

439 다음 중 식별성이 높은 지형이나 시설을 지칭하는 것은?

① 비스타(vista)
② 캐스케이드(cascade)
③ 랜드마크(landmark)
④ 슈퍼그래픽(super graphic)

해설 427번 해설 참조

440 경관 구성의 미적 원리를 통일성과 다양성으로 구분할 때, 다음 중 다양성에 해당하는 것은? [2012년2회]

① 조화
② 균형
③ 강조
④ 대비

해설
- 통일성 달성을 위한 수법 : 조화, 강조, 균형과 대칭, 반복
- 다양성 달성을 위한 수법 : 변화, 율동(리듬), 대비효과

441 경관 구성의 미적 원리는 통일성과 다양성으로 구분할 수 있다. 다음 중 통일성과 관련이 가장 적은 것은? [2011년1회]

① 율동
② 강조
③ 균형과 대칭
④ 조화

해설 440번 해설 참조

442 미적인 형 그 자체로는 균형을 이루지 못하지만 시각적인 힘의 통합에 의해 균형을 이룬 것처럼 느끼게 하여 동적인 감각과 변화 있는 개성적 감정을 불러일으키며, 세련미와 성숙미 그리고 율동감과 유연성을 주는 미의 원리는? [2013년2회]

① 집중
② 비례
③ 비대칭
④ 대비

해설 균형과 대칭
- 균형 : 형태감이나 색채감에서 양쪽의 크기나 무게가 한쪽에 치우침 없이 서로 평균이 되어 안정
- 대칭 (균형) : 축을 중심으로 좌우상하로 균등 배치 / 정형식 정원
- 비대칭 (균형) : 모양은 다르지만 시각적으로 느껴지는 무게가 비슷하거나 시선을 끄는 정도가 비슷하게 분배되어 균형을 이루는 것(황금 비율) / 자연풍경식 정원 / 개성적, 세련미, 성숙미, 율동감, 유연성

정답 437. ④ 438. ② 439. ③ 440. ④ 441. ① 442. ③

443 다음 [보기]에서 설명하는 것은? [2015년5회]

> [보기]
> • 유사한 것들이 반복되면서 자연적인 순서와 질서를 갖게 되는 것
> • 특정한 형이 점차 커지거나 반대로 서서히 작아지는 형식이 되는 것

① 점이(漸移) ② 운율(韻律)
③ 추이(推移) ④ 비례(比例)

해설 점진(점이)
유사한 것들이 반복되면서 자연적인 순서와 질서를 갖는 것, 점차 커지거나 서서히 작아짐

444 다음 중 조화(Harmony)의 설명으로 가장 적합한 것은? [2012년도4회]

① 서로 다른 것끼리 모여 서로를 강조시켜 주는 것
② 축선을 중심으로 하여 양쪽의 비중을 똑같이 만드는 것
③ 각 요소들이 강약, 장단의 주기성이나 규칙성을 가지면서 전체적으로 연속적인 운동감을 가지는 것
④ 모양이나 색깔 등이 비슷비슷하면서도 실은 똑같지 않은 것끼리 균형을 유지하는 것

해설 조화
• 색채나 형태가 유사한 시각적 요소들이 어울리게 함(구릉지의 능선 ↔ 초가지붕의 곡선)
• 모양이나 색깔 등이 비슷하면서도 실은 똑같지 않은 것끼리 균형을 유지하는 것

445 디자인 요소를 같은 양, 같은 간격으로 일정하게 되풀이하여 움직임과 율동감을 느끼게 하는 것으로 리듬의 유형 중 가장 기본적인 것은? [2013년1회]

① 점층 ② 반복
③ 방사 ④ 강조

해설 반복
• 동일한, 유사한 요소를 같은 양, 같은 간격으로 일정하게 되풀이하여 움직임과 율동감을 느끼게 함
• 전체적으로 동질성을 부여하여 통일성 이룸, 지나친 반복은 단조로움 초래

446 조경미의 원리 중 대비가 불러오는 심리적 자극으로 가장 거리가 먼 것은? [2014년2회]

① 반대 ② 대립
③ 변화 ④ 안정

해설 대비
• 상이한 질감 형태, 색채를 대조시킴으로써 변화를 두는 것, 특정 경관 부각, 단조로움 탈피
• 형태상 대비(수평면 호수에 면한 절벽), 색채(녹색 잔디밭에 군식된 사루비아)
예) 소나무의 푸른 수관을 배경으로 한 분홍색 벚꽃 직선과 곡선, 완만한 시내와 포플러 나무, 푸른잎과 붉은잎 등

447 도형의 색이 바탕색의 잔상으로 나타나는 심리보색의 방향으로 변화되어 지각되는 대비 효과를 무엇이라고 하는가? [2011년1회]

① 채도대비 ② 명도대비
③ 색상대비 ④ 동시대비

해설 색의 대비
• 계속대비 : 어떤 색을 계속 보다 다른 색을 보면 앞 색의 잔상으로 색이 달라져 보이는 현상
• 동시대비 : 두 색을 동시에 보았을 때 색이 달라져 보이는 현상

명도대비	채도대비	색상대비
어두운 바탕 위의 색이 더 밝아 보임 흑인의 치아가 더 희게 보임	바탕 채도 낮을수록 선명해 보임 채도 다른 두색 인접, 채도 높은 색 더 선명	바탕색의 잔상의 영향으로 색상차가 크게 보이는 현상, 심리보색

정답 ▶ 443. ① 444. ④ 445. ② 446. ④ 447. ③

면적 대비	연변 대비
같은 색이라도 면적이 클수록 명도와 채도가 높아보이는 현상	색과 색의 경계부분, 흰색과 접하는 경계부분의 회색이 더 어둡게 보임

448 다음 중 색의 대비에 관한 설명이 틀린 것은?
[2014년1회]

① 보색인 색을 인접시키면 본래의 색보다 채도가 낮아져 탁해 보인다.
② 명도 단계를 연속시켜 나열하면 각각 인접한 색끼리 두드러져 보인다.
③ 명도가 다른 두 색을 인접시키면 명도가 낮은 색은 더욱 어두워 보인다.
④ 채도가 다른 두 색을 인접시키면 채도가 높은 색은 더욱 선명해 보인다.

해설 447번 해설 참조

449 작은 색 견본을 보고 색을 선택한 다음 아파트 외벽에 칠했더니 명도와 채도가 높아져 보였다. 이러한 현상을 무엇이라고 하는가?
[2013년2회]

① 면적대비   ② 보색대비
③ 색상대비   ④ 한난대비

해설 447번 해설 참조

450 다음 중 『면적대비』의 특징 설명으로 틀린 것은?
[2015년1회]

① 면적의 크기에 따라 명도와 채도가 다르게 보인다.
② 면적의 크고 작음에 따라 색이 다르게 보이는 현상이다.
③ 면적이 작은 색은 실제보다 명도와 채도가 낮아져 보인다.
④ 동일한 색이라도 면적이 커지면 어둡고 칙칙해 보인다.

해설 447번 해설 참조

451 대형 건물의 외벽 도색을 위한 색채계획을 할 때 사용하는 컬러 샘플(color sample)은 실제의 색보다 명도나 채도를 낮추어서 사용하는 것이 좋다. 이는 색채의 어떤 현상 때문인가?
[2016년2회]

① 착시효과   ② 동화현상
③ 대비효과   ④ 면적효과

해설 면적효과
• 같은 색이라도 색 면적이 크고 작음에 따라서 색이 달라져 보이는 현상.
• 면적 효과에 의해서 서로 다른 면적의 색들이 명도나 채도가 증가된 것으로 지각된다.
• 큰 면적이 실제의 면적보다 밝게 또는 선명하게 되어 커져 보인다.
• 작은 면적은 실제의 면적보다 작아져 보이는 현상이다.
• 순색의 면적대비는 큰 면적보다는 작은 면적의 쪽이 더 효과적이다.

452 다음 설명의 ( )에 들어갈 각각의 용어는?
[2017년 3회]

• 면적이 커지면 명도와 채도가(㉠)
• 큰 면적의 색을 고를 때의 견본색은 원하는 색보다(㉡)색을 골라야 한다.

① ㉠ 높아진다   ㉡ 밝고 선명한
② ㉠ 높아진다   ㉡ 어둡고 탁한
③ ㉠ 낮아진다   ㉡ 밝고 선명한
④ ㉠ 낮아진다   ㉡ 어둡고 탁한

해설 같은 색이라도 면적이 클수록 명도와 채도가 높아 보인다.

453 어떤 두 색이 맞붙어 있을 때 그 경계 언저리에 대비가 더 강하게 일어나는 현상은?
[2014년2회]

정답 448. ① 449. ① 450. ④ 451. ④ 452. ② 453. ①

① 연변대비 ② 면적대비
③ 보색대비 ④ 한난대비

해설 447번 해설 참조

454 채도대비에 의해 주황색 글씨를 보다 선명하게 보이도록 하려면 바탕색으로 어떤 색이 가장 적합한가? [2014년5회]

① 빨간색 ② 노란색
③ 파란색 ④ 회색

해설 채도대비에 의해 바탕 채도가 낮을수록 선명해 보이므로 채도가 없는 회색(무채색)을 바탕색으로 사용한다.

455 회색의 시멘트 블록들 가운데에 놓인 붉은 벽돌은 실제의 색보다 더 선명해 보인다. 이러한 현상을 무엇이라고 하는가? [2015년2회]

① 색상대비 ② 명도대비
③ 채도대비 ④ 보색대비

해설 454번 해설 참조

456 다음 『채도대비』에 관한 설명 중 틀린 것은? [2016년1회]

① 무채색끼리는 채도대비가 일어나지 않는다.
② 채도대비는 명도대비와 같은 방식으로 일어난다.
③ 고채도의 색은 무채색과 함께 배색하면 더 선명해 보인다.
④ 중간색을 그 색과 색상은 동일하고 명도가 밝은 색과 함께 사용하면 훨씬 선명해 보인다.

해설
• 중간색을 그 색과 색상은 동일하고 명도가 밝은 색과 함께 사용하면 훨씬 탁하게 보인다.
• 채도대비는 명도대비와 같이 두 색을 동시에 보았을 때 색이 달라져 보이는 현상

457 벽돌로 만들어진 건축물에 태양광선이 비추어지는 부분과 그늘진 부분에서 나타나는 배색은? [2015년4회]

① 톤 인 톤(tone in tone) 배색
② 톤 온 톤(tone on tone) 배색
③ 까마이외(camaïeu) 배색
④ 트리콜로르(tricolore) 배색

해설
• 톤 온 톤(tone on tone) 배색 : 동일 색상 계열에서 명도와 채도 다르게 배색
• 톤 인 톤(tone in tone) 배색 : 유사 색상에서 동일톤의 색을 배색
• 까마이외(camaïeu) 배색 : 동일 색상 계열에서 명도와 채도를 달리 배식

458 위험을 알리는 표시에 가장 적합한 배색은? [2014년4회]

① 흰색-노랑 ② 노랑-검정
③ 빨강-파랑 ④ 파랑-검정

해설 명시성
• 멀리서도 눈에 잘 띄는 배색, 위험 알림
• 색상, 명도, 채도 차가 클 때 명시도 높음

459 다음 그림과 같이 구릉지의 맨 위쪽에 세워진 건물은 토지의 이용 방법 중 어떠한 것에 속하는가? [2011년2회]

① 대비 ② 보존
③ 강조 ④ 통일

해설 강조
• 동질 사이에 상반되는 것을 넣어 시각적으로 산만함을 막고 통일감 부여

정답 454. ④ 455. ③ 456. ④ 457. ② 458. ② 459. ③

- 자연경관의 구조물(절벽과 암자, 호숫가의 정자)은 전체 경관에 긴장감을 주어 통일성이 높아짐

460 황금비는 단변이 1일 때 장변은 얼마인가?

[2013년5회], [2017년1회]

① 1.681
② 1.618
③ 1.186
④ 1.861

해설 비례
- 길이, 면적 등 물리적 크기의 비례에 규칙적인 변화를 주게 되면 부분과 전체의 관계를 보다 풍부하게
  - 형태, 색채에 있어 양적으로나 혹은 길이와 폭의 대소에 따라 일정한 크기의 비율로 증가 또는 감소된 상태로 배치될 때 / 한 부분과 전체에 대한 척도 사이의 조화
  - 파보나치 수열(0,1,1,2,3,5,8...), 황금비례(1 : 1.618), 모듈러(르 코르뷔제 휴먼스케일을 디자인 원리로 사용

정답 > 460. ②

CHAPTER 02 조경재료

01 조경재료의 특성 및 분류

1) 기능

① 식물재료 : 수목, 지피식물, 초화류
　자연성(계절의 변화), 연속성(생장과 번식), 조화성(형태, 색채, 종류 등 다양하게 변화), 비규격성(개성미)
② 인공재료 : 석질, 목질, 물, 시멘트, 점토 제품, 금속 제품
　균일성(재질), 불변성, 가공성

2) 특성

① 자연재료 : 식물재료, 목질재료, 석질재료, 물 등 자연에서 산출되는 재료
② 토목, 건축재료 : 부지 조성, 휴게시설, 급배수시설, 전기시설, 장식물 등 토목과 건축에 사용되는 재료

3) 외관상 용도

① 평면재료 : 잔디 등 지피 덮는 재료
② 입체적 재료 : 조경 수목, 담장, 정원석, 퍼걸러, 조각상 등
③ 구획재료 : 땅을 가르거나 선에 효과적인 회양목, 경계석 등

4) 화학 조성에 따른 분류

① 무기재료 : 금속, 석재, 시멘트, 벽돌, 유기 등
② 유기재료 : 목재, 아스팔트, 섬유류, 플라스틱 등

5) 재료의 성질

① 강도 : 재료에 하중이 걸린 경우, 재료가 파괴되기까지의 변형저항 성질(하중속도, 하중시

간, 온도와 습도의 영향)

② 강성 : 물체가 외력을 받아도 모양이나 부피가 변하지 않는 단단한 성질
③ 전성 : 압축력이 가해질 때 재료가 파괴되지 않고 퍼지는 성질
④ 취성 : 강인성과 반대되는 성질로 여리고 약하여 쉽게 충격하중으로 파괴되는 성질
⑤ 인성 : 잡아당기는 힘에 견디는 성질
⑥ 전성 : 얇게 펴지는 성질
⑦ 연성 : 탄성 한계를 넘어서 파괴되지 않고 늘어나는 성질로 연성이 가장 큰 것은 금
⑧ 탄성 : 외력을 받아서 변형을 일으킨 뒤 외력을 제거하면 다시 원형으로 돌아가는 성질
⑨ 크리프 : 물체에 외력이 작용할 때 시간이 지나면서 변형이 증대해 가는 현상
⑩ 릴랙세이션 : 시간이 지나면서 응력이 감소하는 현상

02 식물 재료

1 조경 수목

1) 식물의 성상(나무 모양)에 따른 분류

① 나무의 고유 모양
   ㉠ 교목 : 뚜렷한 원줄기를 가지고 있음(대개 3~4m 이상) – 소나무, 왕벚나무, 느티나무, 목련
   ㉡ 관목 : 뿌리 부근에서 여러 줄기가 나옴(3~4m 이하) – 개나리, 영산홍, 철쭉, 회양목
   ㉢ 덩굴성 수목 : 스스로 서지 못하고 다른 물체를 감아 올라감.

종류	특성
교목	소나무, 곰솔, 잣나무, 전나무, 구상나무, 편백, 화백, 낙우송, 동백나무, 느티나무, 향나무, 단풍나무, 백목련, 녹나무, 은행나무, 자작나무, 회화나무, 버즘나무, 일본목련, 목련, 능수버들, 백합나무, 산수유, 떡갈나무 등
관목	개나리, 영산홍, 철쭉, 회양목, 옥향, 산당화, 화살나무, 사철나무, 무궁화, 팔손이, 협죽도, 진달래, 쥐똥나무, 꽝꽝나무, 명자나무, 박태기나무 등
만경목	등나무, 담쟁이덩굴, 능소화, 으름덩굴, 인동덩굴, 포도나무, 송악, 오미자 등

② 식물 잎의 모양에 따른 분류
   ㉠ 침엽수 : 겉씨 식물, 잎 좁음, 종자 바깥에 있음 – 소나무, 스트로브잣나무, 측백나무, 은행나무
   ㉡ 활엽수 : 속씨식물, 잎 넓음, 꽃 밑에 씨방이 형성 피복됨 – 느티나무, 단풍나무, 사철나

무, 위성류

ⓒ 지피식물 : 맥문동(수관 아래 지피 재료), 소나무 아래 – 영산홍, 철쭉, 조릿대

③ 잎의 생태에 따른 분류

㉠ 상록수 : 일년 내내 푸른 잎 – 회양목, 영산홍, 소나무, 사철나무, 측백나무(동백, 광나무, 아왜나무)

㉡ 낙엽수 : 잎 떨어짐 – 은행나무, 단풍나무, 느티나무, 배롱나무, 칠엽수(마로니에), 버즘나무(플라타너스)

구분	종류	특성
잎 모양	침엽수	소나무, 곰솔, 잣나무, 전나무, 구상나무, 구상나무, 편백, 화백, 낙우송, 메타세쿼이아 등
	활엽수	태산목, 후박나무, 먼나무, 굴거리나무, 단풍나무, 회양목, 층층나무, 상수리나무, 자작나무 등
잎 생태	상록수	소나무, 백송, 전나무, 섬잣나무, 독일가문비, 가시나무, 사철나무, 동백나무, 회양목, 아왜나무, 주목, 리기다소나무, 동백나무 등
	낙엽수	은행나무, 낙엽송, 칠엽수, 층층나무, 백목련, 단풍나무, 산수유, 메타세쿼이아 등

[TIP] 8가지 성상

상록수 — 침엽수 — 교목
낙엽수 — 활엽수 — 관목

① 상록침엽교목 : 소나무, 잣나무, 섬잣나무, 스트로브잣나무, 주목, 전나무, 독일가문비나무, 구상나무, 편백, 화백, 측백 등
② 상록침엽관목 : 반송, 눈향, 옥향, 눈주목 등
③ 상록활엽교목 : 가시나무, 태산목, 후박나무, 아왜나무, 동백나무, 먼나무, 굴거리나무 등
④ 상록활엽관목 : 사철나무, 회양목, 영산홍, 돈나무, 꽝꽝나무, 남천, 피라칸사, 다정큼나무, 호랑가시나무 등
⑤ 낙엽침엽교목 : 은행나무, 메타세쿼이아, 낙엽송, 낙우송
⑥ 낙엽침엽관목 : 해당 수종 없음
⑦ 낙엽활엽교목 : 느티나무, 플라타너스, 벚나무, 가중나무, 대추나무, 감나무, 살구나무, 매화나무, 계수나무, 이팝나무, 산수유, 백합나무 등
⑧ 낙엽활엽관목 : 개나리, 철쭉, 쥐똥나무, 매자나무, 명자나무, 조팝나무, 수국, 황매화, 박태기나무, 화살나무 등

[TIP] 만경목 : 등나무, 능소화, 담쟁이, 인동, 송악, 으름, 멀꿀, 다래, 칡, 덩굴장미, 으아리 등(스스로 서지 못하는 식물)

2) 관상면에 따른 분류

① 꽃 관상 : 매화, 목련, 동백, 박태기나무, 배롱나무, 등나무, 명자나무
② 열매 관상 : 피라칸사, 석류나무, 감나무, 일본목련, 화살나무
③ 잎 관상 : 벽오동, 주목, 은행나무, 단풍나무, 대나무, 화백
④ 단풍 관상 : 단풍나무, 붉나무, 복자기나무, 은행나무, 마가목, 팥배나무, 신나무, 화살나무
⑤ 줄기 관상 : 자작나무(흰색)

3) 이용 상에 따른 분류

① 산울타리 및 차폐용 : 지하고가 낮고 지엽이 치밀, 상록수, 전정에 강하고 아래 가지 오래 갈 것 - 사철나무, 측백나무, 서양측백나무, 개나리, 쥐똥나무, 탱자나무, 호랑가시, 꽝꽝나무, 무궁화
② 녹음수 : 큰 잎, 지하고가 높은 낙엽교목, 그늘 - 느티나무, 은행나무, 플라타너스, 백합나무, 회화나무, 칠엽수
③ 방음수 : 지하고가 낮고 잎이 치밀한 상록 교목 - 향나무, 녹나무, 아왜나무, 히말라야시다, 태산목, 구실잣밤나무
④ 방풍수 : 심근성, 줄기, 가지가 강한 것, 추녀높이 보다 높이 자랄 것(방풍림은 직각으로 길게 조성) - 해송, 편백, 삼나무, 느티나무, 가시나무, 박달나무, 아까시나무, 가문비나무
⑤ 방화수 : 수분이 많은 상록활엽수, 가지 많고 잎이 무성 - 상수리나무, 돈나무, 사철나무, 가시나무, 굴거리나무
⑥ 가로수
  ㉠ 목적 : 녹음, 시선유도, 도시환경(가로경관) 개선, 미기후 조절, 대기오염 정화, 섬광, 교통소음 차단 및 감소기능, 방풍, 방설, 방사, 방조, 방화대로서의 기능, 도시민의 사생활 보호
  ㉡ 식재기준 : 차도에서 0.65m 이상, 건물로부터 5~7m 이상, 수간거리 6~10m(교목 가로수 식재간격 8m 이상)
  ㉢ 수목형태 : 수고 3.5m 이상 교목, 흉고직경 6cm 이상(R8cm), 지하고 1.8m 이상, 수목보호대 차도로부터 1m 이상
  ㉣ 수종 : 벚나무, 은행나무, 느티나무, 플라타너스, 가중나무, 회화나무, 메타세쿼이아, 층층나무, 이팝나무
  ㉤ 조건 : 녹음제공, 관상 가치 있는 낙엽교목, 다듬기 작업에 양호, 공해, 답압에 강한 수종, 이식에 잘 적응하는 수종
  ㉥ 도로의 사고 방지 식재 : 명암 순응 식재, 차광 식재, 침입 방지 식재

⑦ 방사(防砂)·방진(防塵)용 : 수목 모래와 분진을 막아주기 위해서는 빠른 생장력과 뿌리 뻗음이 깊고, 지상부가 무성하면서 지엽이 바람에 상하지 않는 수목이 적합
⑧ 도시도로 녹지 수종 : 쥐똥나무, 벽오동, 향나무(고속도로 식재에서 차광률 가장 높은 수목)
⑨ 임해매립지 식재(염분 높은 토양은 마그네슘, 나트륨의 함량이 높음)
　㉠ 식재 구덩이의 염분 제거
　㉡ 염분을 막기 위한 심토층 배수관 부설
　㉢ 토양개량제로 토성 개량
　㉣ 지하수위 조절

4) 조경 수목의 특성

(1) 수형

나무 전체의 생김새, 수관(가지와 잎) + 수간(줄기와 뿌리 솟음)
① 수간의 모양에 따른 수목의 형태
　㉠ 직간 : 줄기가 직선으로 자람
　㉡ 사간 : 줄기가 비스듬히 자람
　㉢ 곡간 : 줄기가 자연스럽게 곡선으로 자람
　㉣ 쌍간 : 줄기가 아래에서 2개로 갈라져 자람
　㉤ 다간 : 줄기가 아래에서 여러 개로 갈라져 자람
　㉥ 현애 : 줄기가 아래로 늘어져 자람

원추형	낙우송, 삼나무, 전나무, 낙엽송, 메타세쿼이아, 독일가문비, 일본잎갈나무, 주목, 구상나무
우산형	편백, 화백, 반송, 층층나무, 왕벚나무
구형	녹나무, 가시나무, 수수꽃다리, 화살나무, 졸참나무
난형	백합나무, 동백나무, 태산목, 계수나무, 측백나무, 목련, 버즘나무, 모과나무, 꽃사과, 목서
원주형	포플러류, 무궁화, 부용, 자작나무, 미루나무
배상형	느티나무, 가중나무, 단풍나무, 배롱나무, 산수유, 자귀나무, 석류나무, 회화나무, 매화나무
능수형	능수버들, 용버들, 수양벚나무, 실편백, 능수단풍나무
만경형	능소화, 담쟁이덩굴, 등나무, 으름덩굴, 인동덩굴, 송악, 줄사철나무, 다래나무
포복형	눈향나무, 눈잣나무, 눈주목

[수목의 자연 수형]

[TIP] 토피어리
- 형상수로 맹아력이 강한 수목을 인위적으로 동물이나 기하학적 모양으로 만드는 것을 말함
- 향나무, 주목, 회양목 등

(2) 계절적 현상

① 싹틈
  ㉠ 눈은 지난해 여름에 형성되어 겨울을 나고 봄에 기온이 올라감에 따라 싹이 튼다.
  ㉡ 낙엽수가 상록수보다 일반적으로 일찍 싹이 트며 남부 지방은 중부보다 10~15일 정도 빠르다.

② 개화
  ㉠ 봄에 꽃피는 나무의 꽃눈은 개화 전년도 6~8월 사이에 분화, 일조량이 많고 기온 높아야 꽃눈 분화가 잘된다.
  ㉡ 초여름부터 가을에 꽃피는 나무의 꽃눈은 그해 자란 가지에서 꽃눈이 분화된다.(능소화, 무궁화, 배롱나무, 장미, 찔레)

구분	종류	시기
당년	능소화, 무궁화, 배롱나무, 장미, 찔레나무, 포도나무 등	여름
2년생 가지	벚나무, 개나리, 산수유, 목련, 생강나무, 매실나무 등	봄
3년생 가지	명자나무, 사과나무, 배나무	–

③ 결실
  ㉠ 붉은 색 열매가 가장 많고 10~11월 결실하는 나무가 많다.
  ㉡ 결실량 지나치게 많으면 다음해 꽃, 열매 부실해지므로 꽃이 진 후 열매 적당히 솎아주는 것이 좋다.

④ 단풍
  ㉠ 단풍이 선명하게 드는 환경은 따뜻하고 습도가 높은 봄을 거쳐, 적당한 강우량과 가을의 맑은 날이 계속되어 밤, 낮의 기온 차가 클 때이다.

붉은색	옻나무, 붉나무, 마가목, 감나무, 산딸나무, 화살나무, 신나무, 복자기나무, 단풍나무, 담쟁이
노란색	고로쇠나무, 은행나무, 일본잎갈나무, 메타세쿼이아, 느티나무, 백합나무, 갈참나무, 칠엽수, 벽오동, 배롱나무, 자작나무, 계수나무

⑤ 낙엽
  ㉠ 잎의 동화작용이 쇠약해지거나 환경조건, 영양상태가 나빠지면 생긴다.
  ㉡ 상록수는 1년 이상 묵은 잎이 낙엽이 되며 잎이 떨어지는 기간도 낙엽수에 비해 길다.

(3) 수세

① 생장속도

느린 수종	주목, 눈주목, 향나무, 눈향나무, 목서, 동백나무, 호랑가시나무, 남천, 회양목, 참나무류, 모과나무, 비자나무, 산딸나무, 마가목 등
빠른 수종	낙우송, 메타세쿼이아, 독일가문비, 서양측백, 소나무, 일본잎갈나무, 편백, 화백, 가시나무, 사철나무, 팔손이나무, 벽오동, 양버들, 은행나무, 일본목련, 자작나무, 칠엽수, 플라타너스, 회화나무, 단풍나무, 산수유, 무궁화, 삼나무 등

② 맹아력 강한 수종

교목	낙우송, 메타세쿼이아, 히말라야시더, 삼나무, 녹나무, 가시나무, 가중나무, 플라타너스, 회화나무
관목	개나리, 쥐똥나무, 무궁화, 수수꽃다리, 호랑가시나무, 광나무, 꽝꽝나무, 사철나무, 목서

③ 이식에 대한 적응성

어려운 수종	독일가문비, 전나무, 주목, 가시나무, 굴거리나무, 태산목, 후박나무, 다정큼나무, 피라칸사, 목련, 느티나무, 자작나무, 칠엽수, 마가목, 일본잎갈나무
쉬운 수종	낙우송, 메타세쿼이아, 편백, 화백, 측백, 가이즈까향나무, 은행나무, 플라타너스, 단풍나무류, 쥐똥나무, 박태기나무, 화살나무, 사철나무, 벽오동

(4) 색채

① 수피 색

  ㉠ 흰색 : 자작나무, 백송, 분비나무, 서어나무
  ㉡ 청록색 : 벽오동, 황매화, 식나무
  ㉢ 얼룩무늬 : 모과나무, 배롱나무, 노각나무, 플라타너스
  ㉣ 적갈색 : 소나무, 주목, 흰발채나무
  ㉤ 흑갈색 : 곰솔

② 꽃의 색채
　㉠ 백색 : 이팝나무, 고광나무, 조팝나무, 팥배나무, 산딸나무, 노각나무, 백목련, 탱자나무, 돈나무, 태산목, 치자나무, 호랑가시나무, 팔손이나무 등
　㉡ 적색 : 박태기나무, 배롱나무, 동백나무 등
　㉢ 황색 : 풍년화, 생강나무, 금목서, 산수유, 매자나무, 개나리, 백합나무, 황매화, 죽도화, 모감주나무 등
　㉣ 자주색 : 박태기나무, 수국, 오동나무, 멀구슬나무, 수수꽃다리, 등나무, 무궁화, 좀작살나무 등
　㉤ 주황색 : 능소화
③ 개화 시기별 꽃의 색채(적 : 빨강, 황 : 노랑, 백 : 흰색, 자 : 자주색, 홍 : 붉은색)
　㉠ 2월 : 매화(백/홍), 풍년화(황), 동백나무(적)
　㉡ 3월 : 매화(백/홍), 생강나무(황), 산수유(황), 개나리(황), 동백나무(적)
　㉢ 4월 : 호랑가시나무(백), 벚나무(담홍), 꽃아그배나무(담홍), 박태기나무(자), 이팝나무(백), 등나무(자), 으름덩굴(자), 목련(백/자), 조팝나무(백), 황매화(황)
　㉣ 5월 : 귀룽나무(백), 때죽나무(백), 튤립나무(황), 산딸나무(백), 일본목련(백), 고광나무(백), 병꽃나무(홍), 쥐똥나무(백), 다정큼나무(백), 돈나무(백), 인동덩굴(황), 이팝나무(백), 칠엽수(홍백)
　㉤ 6월 : 개쉬땅나무(백), 수국(자), 아왜나무(백), 태산목(백), 치자나무(백)
　㉥ 7월 : 노각나무(백), 자귀나무(담홍), 능소화(주황). 배롱나무(적,백), 회화나무(황), 무궁화(자, 백)
　㉦ 8월 : 배롱나무(적,백), 싸리나무(자), 무궁화(자,백)
　㉧ 9월 : 배롱나무(적,백), 싸리나무(자)
　㉨ 10월 : 금목서(황), 은목서(백)
　㉩ 11월 : 팔손이(백)
④ 열매
　㉠ 적색 : 주목, 산딸나무, 화살나무, 붉나무, 매자, 찔레, 피라칸사, 낙상홍, 꽃사과, 마가목, 산수유, 보리수나무, 팥배나무, 백당나무, 매발톱나무, 식나무, 사철나무, 호랑가시나무 등
　㉡ 황색(노란색) : 은행나무, 모과나무, 명자나무, 탱자나무 등
　㉢ 흑색(검정색) : 벚나무, 꽝꽝나무, 팔손이나무, 산초나무, 음나무, 쥐똥나무, 생강나무, 감탕나무, 동백나무 등
　㉣ 보라색 : 좀작살나무, 굴거리나무

(5) 향기

① 꽃의 향기 : 매화나무(3월), 수수꽃다리(4~5월), 장미(5~10월), 일본목련(6월), 함박꽃나무(6월), 인동덩굴(7월), 목서류(10월), 서향(3~4월) 등
② 열매의 향기 : 녹나무, 모과나무 등
③ 잎의 향기 : 녹나무, 생강나무, 미국측백, 계수나무, 백동백나무 등

(6) 질감

① 거친 것 : 큰 건물이나 서양식 건물에 잘 어울리며, 큰 잎을 가짐 – 칠엽수(마로니에), 버즘나무(플라타너스)
② 고운 것 : 한옥이나 좁은 정원에 잘 어울리며, 작은 잎을 가짐 – 철쭉, 소나무, 편백, 화백, 삼나무

5) 조경 수목과 환경

① 기온 : 천연 분포 – 온도 조건에 따라 삼림대 구분 / 식재 분포 – 인위적 식재로 이루어져 분포가 넓음

한랭지	독일가문비, 측백, 주목, 잣나무, 전나무, 잎갈나무, 분비나무, 종비나무 플라타너스, 네군도단풍, 목련, 마가목, 은행나무, 자작나무, 화살나무, 철쭉류, 쥐똥나무
온난지	가시나무, 녹나무, 동백나무, 후박나무, 굴거리나무, 아왜나무

㉠ 월 적산온도 : 월 평균기온을 다 더해 놓은 것
㉡ 온량 지수 : 월 평균기온 5℃ 이상 되는 달의 평균기온으로부터 5℃씩을 빼서 일년간의 기온을 합한 것
　예 3월 4℃, 4월 10℃, 5월 19℃(4월 5℃ + 5월 14℃ + ...)

② 광선과 수목

㉠ 광포화점 : 빛의 강도가 점차적으로 높아지면 동화작용량도 상승하지만 어느 한계를 넘으면 그 이상 강하게 해도 동화작용량이 상승하지 않는 한계점
㉡ 광보상점 : 광합성을 위한 CO_2의 흡수와 호흡작용에 의한 CO_2의 방출량이 같아지는 점
㉢ 적은 광량에서도 동화작용을 할 때 내음성이 있다고 함

[TIP] 음수와 양수
• 음수 : 동화 효율이 높아 약한 광선 밑에서도 생육할 수 있는 수종(생장을 위한 전광량의 50%)
• 양수 : 동화 효율이 낮아 충분한 광선 하에서만 생육할 수 있는 수종(생장을 위한 전광량의 70%)

내음성 수종	주목, 전나무, 독일가문비, 측백, 후박나무, 녹나무, 호랑가시나무, 굴거리나무, 회양목, 사철나무, 눈주목, 비자나무, 개비자나무, 동백나무, 독일가문비, 팔손이나무
호양성 수종	소나무, 해송, 메타세쿼이아, 일본잎갈나무, 삼나무 측백나무, 향나무, 가이즈까향나무, 플라타너스, 단풍나무, 느티나무, 자작나무, 위성류, 층층나무, 배롱나무, 벚나무, 감나무, 모과나무, 목련, 개나리, 철쭉, 박태기나무, 산수유, 쥐똥나무, 은행나무, 무궁화, 백목련, 가중나무

③ 바람 : 방풍림 위쪽 – 수고의 6배 내외의 거리 / 방풍림 아래쪽 – 수고의 25~30배 거리
  ㉠ 가장 큰 효과 : 아래 쪽 – 수고의 3~5배 해당지역 풍속 65% 감소
  ㉡ 내풍력 큰 수종 : 갈참나무, 느티나무, 떡갈나무, 상수리나무, 밤나무
④ 수분
  ㉠ 내습성 : 낙우송, 수양버들, 메타세쿼이아, 위성류, 수국, 오동나무
  ㉡ 내건성 : 소나무, 아카시아, 자작나무, 가죽나무
  ㉢ 내습, 내건성 : 꽝꽝나무, 사철나무, 자귀나무, 박태기나무, 플라타너스
⑤ 공해(아황산가스의 피해가 가장 큼)
  ㉠ 아황산가스 피해 : 직접 식물 체내로 침입하여 피해를 줄 뿐만 아니라 토양에 흡수되어 산성화시키고 뿌리에 피해를 주어 지력을 감퇴시킨다.
    • 증상 : 물에 젖은 듯한 모양, 침엽수는 적갈색 변색 / 활엽수는 끝 부분과 엽맥 사이 조직의 괴사

강한 수종	상록침엽	편백, 화백, 가이즈까향나무, 향나무
	상록활엽	가시나무, 굴거리나무, 녹나무, 태산목, 후박나무, 후피향나무
	낙엽활엽	가중나무, 벽오동, 버드나무류, 칠엽수, 플라타너스(양버즘)
약한 수종	상록침엽	소나무, 잣나무, 전나무, 삼나무, 히말라야시더, 잎갈나무, 독일가문비
	낙엽활엽	느티나무, 튤립나무(백합나무), 단풍나무, 벚나무, 수양벚나무, 자작나무

  ㉡ 자동차 배기가스 피해 : 일산화탄소(CO), 질소산화물(NO_X)가 광화학반응을 일으켜 O_3(오존), 또는 옥시던트를 만들어 피해를 주는데 이를 광화학 스모그현상이라 한다.

강한 수종	상록침엽	비자나무, 편백, 화백, 향나무, 가이즈까향나무, 눈향나무
	상록활엽	굴거리나무, 녹나무, 태산목, 후피향나무, 구실잣밤나무, 감탕나무, 졸가시나무, 다정큼나무, 식나무
	낙엽활엽	미루나무, 양버들, 왕버들, 능수버들, 벽오동, 가중나무, 은행나무, 플라타너스, 무궁화, 쥐똥나무

약한 수종	상록침엽	삼나무, 히말라야시더, 전나무, 소나무, 측백나무, 반송
	상록활엽	금목서, 은목서
	낙엽활엽	고로쇠나무, 목련, 튤립나무, 팽나무

[TIP] 대기오염에 의한 식물의 피해 증상
초기 잎에서 발생, 회백색 또는 갈색을 띤 반점이 생겨남, 덜 여문 상태에서 노화하여 잎이 작아지는 동시에 황화하고 옆면이 우둘투둘해진다.

⑥ 내염성 : 세포액이 탈수되어 원형질 분리, 염분 결정이 기공을 막아 호흡작용을 저해
※ 염분의 한계 농도 : 수목 0.05%, 잔디 0.1%

강한 수종	리기다소나무, 비자나무, 주목, 곰솔, 측백, 가이즈까향나무, 구실잣밤나무, 굴거리나무, 녹나무, 붉가시나무, 태산목, 후박나무, 감탕나무, 아왜나무, 먼나무, 후피향나무, 동백나무, 호랑가시나무, 팔손이나무, 위성류, 사철나무
약한 수종	독일가문비, 삼나무, 소나무, 히말라야시더, 목련, 단풍나무, 백목련, 자목련, 개나리

⑦ 토양 : 토양의 구성 – 광물질 45%, 유기질 5%, 수분 25%, 공기 25%(고상, 액상, 기상)
  ㉠ 유기물층, 표층, 하층, 기층, 기암(수목의 뿌리는 주로 표층과 하층에서 발달)
  ㉡ 수목의 생육에 알맞은 토양 : 식양토, 양토, 사양토
  ㉢ 식물 생육에 필요한 최소 토양 깊이

종류	생존, 생육 최소깊이
잔디 · 초본류	15~30cm
소관목류	30~45cm
대관목류	45~60cm
천근성 교목류	60~90cm
심근성 교목류	90~120cm

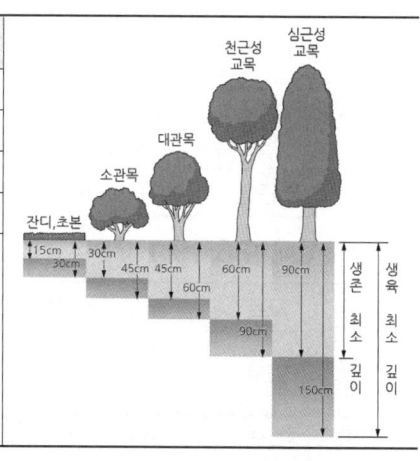

  ㉣ 비료목 : 근류균을 가진 수종으로 근류균에 의해 공중 질소의 고정 작용 역할을 하여 토양의 물리적 조건과 미생물적 조건을 개선
   • 콩과식물 : 아까시나무, 자귀나무, 싸리나무, 박태기나무, 회화나무, 골담초, 등나무, 칡
   • 자작나무 : 사방오리, 산오리, 오리나무
   • 보리수나무 : 보리수나무, 보리장나무
   • 다릅나무

[토양 수분]

내건성	소나무, 곰솔, 리기다소나무, 삼나무, 전나무, 비자나무, 서어나무, 가시나무, 귀룽나무, 오리나무류, 느티나무, 오동나무, 이팝나무, 자작나무, 진달래, 철쭉류
호습성	낙우송, 삼나무, 오리나무, 버드나무류, 수국, 주엽나무
내습성	메타세쿼이아, 전나무, 구상나무, 자작나무, 귀룽나무, 느티나무, 오리나무, 층층나무

[토양 양분]

척박지에 잘 견디는 수종	소나무, 곰솔, 향나무, 오리나무, 자작나무, 참나무류, 자귀나무, 싸리류, 등나무, 아까시나무
비옥지를 좋아하는 수종	삼나무, 주목, 측백, 가시나무류, 느티나무, 오동나무, 칠엽수, 회화나무, 단풍나무, 왕벚나무

[토양 반응]

강산성에 견디는 수종	소나무, 잣나무, 전나무, 편백, 가문비나무, 리기다소나무, 사방오리, 버드나무, 싸리나무, 신갈나무, 진달래, 철쭉, 아까시나무
염기성에 견디는 수종	낙우송, 단풍나무, 생강나무, 서어나무, 회양목

[토심에 따른 수종]

심근성 (이식 어려움)	소나무, 전나무, 주목, 곰솔, 가시나무, 백합나무, 은행나무, 모과나무, 백목련, 굴거리나무, 녹나무, 태산목, 후박나무, 동백나무, 느티나무, 참나무류, 칠엽수, 회화나무, 단풍나무류, 싸리나무, 말발도리, 섬잣나무
천근성	가문비나무, 독일가문비, 일본잎갈나무, 편백, 자작나무, 버드나무

[토성에 따른 수종] 일반적으로 사질양토, 양토에서 식물의 생육은 왕성하다.

사토	곰솔, 향나무, 돈나무, 다정큼나무, 위성류, 보리수나무, 자귀나무
양토	주목, 히말라야시더, 가시나무, 굴거리나무, 녹나무, 태산목, 감탕나무, 먼나무, 목련, 은행나무, 이팝나무, 칠엽수, 감나무, 단풍나무, 홍단풍, 마가목, 싸리나무
식토	소나무, 참나무류, 편백, 가문비나무, 구상나무, 참나무류, 서어나무, 벚나무

6) 조경 수목의 구비 조건과 규격

(1) 조경 수목이 갖추어야 할 조건

① 수형이 아름답고 실용적, 관상 가치와 형태미가 뛰어난 것
② 이식이 용이하여 이식 후 활착이 잘되는 수종

③ 불량한 환경에 대한 적응력이나 병충해에 대한 저항력이 강한 것
④ 번식과 재배가 잘되고, 다량으로 쉽게 구할 수 있을 것
⑤ 다듬기 작업에 견디는 성질이 좋고 관리에 용이할 것

[TIP] 실내 조경 식물의 선정 기준
- 가스에 잘 견디는 식물
- 낮은 광도에 견디는 식물
- 내건성과 내습성이 강한 식물
- 온도 변화에 민감하지 않은 식물

(2) 조경수목의 규격 표시

수고(H/m), 수관나비(W/m), 흉고지름(B/cm), 근원지름(R/cm), 지하고(BH/m)

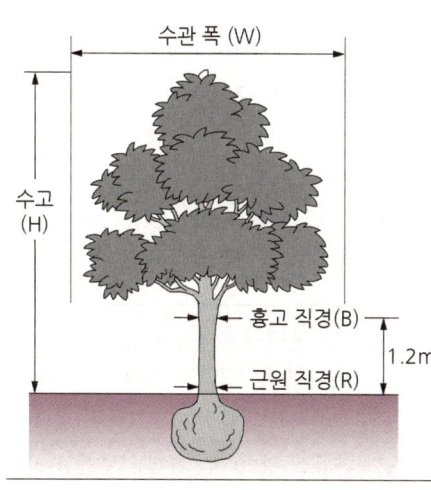

※ 순토측고기
- 2개의 눈금자가 있는데 왼쪽 눈금은 수평 거리가 20m, 오른쪽 눈금은 15m일 때 사용한다.
- 측정방법은 우선 나뭇가지의 거리를 측정하고 시공을 통하여 수목의 선단부와 측고기의 눈금이 일치하는 값을 읽는다. 이때 왼쪽 눈금은 수평거리에 대한 %값으로 계산하고, 오른쪽 눈금은 각도 값으로 계산하여 수고를 측정한다.
- 수고측정 뿐만 아니라 지형경사도 측정에도 사용된다.

※ 측고봉 : 수고를 직접 측정하는 기구로서 조립식 장대에 눈금이 새겨진 측정 도구
※ 하고측고기 : 삼각법에 의하여 수고를 측정할 수 있도록 제작되어 있는 기구
※ 윤척 : 수목 지름 측정 기구

① 수고 측정(H)

지표면으로부터 수관의 상단부까지의 높이를 측정한다. 이때, 웃자람 가지는 제외한다. 소철이나 야자류는 잎이 늘어지므로 줄기의 높이를 측정하며, 퍼걸러, 아치 등에 올라간 덩굴성 수목은 줄기의 길이를 측정한다. 측정 기구는 줄자, 측고기 등을 사용하고 측정단위는 [m]이다.

② 가슴 높이 지름 측정(B)

지표면으로부터 1.2m 높이의 지름을 측정한다. 측정하는 방향에 따라 지름의 차이가 많을 때에는 평균값을 규격으로 한다. 측정 기구는 윤척, 지름 테이프자 등을 사용하고, 측정단위는 [cm]이다.

③ 근원 지름 측정(R)

지표면 가까운 곳의 줄기 밑동을 측정한다. 측정 기구는 윤척, 지름 테이프 자를 사용하고, 측정 단위는 [cm]이다.

④ 수관폭 측정(W)

수관을 형성하는 너비를 수평으로 측정한다. 측정 기구는 줄자를 사용하고, 측정 단위는 [m]이다.

⑤ 수관 길이 측정(L)

원줄기가 길게 옆이나 아래로 휘어 자란 수목을 측정할 때 수관의 수평 길이를 측정하고, 측정 단위는 [m]이다.

⑥ 지하고 측정(BH)

지표면으로부터 수관을 형성하는 맨 아래 가지까지의 수직 높이를 측정한다. 측정 기구는 줄자를 사용하고, 측정 단위는 [m]이다.

⑦ 줄기 수 측정(가지)

일정한 나무 높이와 수관을 형성하고 있는 줄기 수를 헤아리며, 규격에 미달된 가지는 제외된다. 개나리, 장미, 수국 등과 같은 여러 개의 줄기가 서는 관목에 대하여 적용한다.

예) 3.소나무 H3.5×R15 / 30.회양목 H0.5×W0.3

[TIP] 규격 표시 방법

교목	수고(H)×수관폭(W)	전나무, 잣나무, 독일가문비
	수고(H)×수관폭(W)×근원직경(R)	소나무(조형미 중시되는 수종)
	수고(H)×근원직경(R)	목련, 느티나무, 모과나무, 감나무, 꽃사과나무
	수고(H)×흉고직경(B)	플라타너스, 왕벚나무, 은행나무, 튤립나무, 메타세쿼이아, 자작나무
관목	수고(H)×수관폭(W)	철쭉, 진달래
	수고(H)×주립수(지)	개나리, 쥐똥나무
묘목	간장(H, cm)×근원직경(R)×근장	
만경목	수고(H)×근원직경(R)	등나무

7) 조경 수목의 번식

(1) 실생묘 생산

① 종자 준비

㉠ 종자의 저장 : 건조 저장, 실온 저장, 밀봉 저장

㉡ 보습 저장 : 종자를 습기가 있는 상태로 저장하는 방법

- 보호 저장법 : 함수량 높은 녹말 종자를 모래와 섞어 얼리지 않고 저장 (건사저장, 저장 중 빗물이 들어가지 않아야 함)
- 냉습적법 : 종자를 보습재(이끼, 톱밥)와 섞어 3~5℃ 냉장고에 저장
- 노천 매장법 : 종자를 비나 눈을 맞을 수 있는 맨땅에 묻어 두는 방법 (발아 촉진을 겸한 저장 방법)
- 종자의 노천매장(그림)
    a. 배수가 잘되는 양지바른 곳에 깊이 50~80cm 구덩이 판다.
    b. 바닥에 10~15cm 잔자갈 깐 후 모래 3cm정도 깔아준다.
    c. 쥐 피해 막기 위해 철망을 바닥과 옆면에 설치한다.
    d. 종자와 모래를 1 : 2비율로 섞어 망사 자루에 넣는다.
    e. 모래 3~5cm 정도 덮고 철망을 설치한 후 흙 묻고 짚으로 덮는다.

② 종자의 정선법
  ㉠ 풍선법 : 풍구, 키, 선풍기, 종자풍선용 중력식 장치들로 종자와 잡물의 비중 차를 이용하여 선별하기(느티나무, 단풍나무, 회양목)
  ㉡ 사선법 : 체로 종자보다 크거나 작은 것 쳐서 가려내기
  ㉢ 수선법 : 깨끗한 물 사용하여 낙엽 종자의 경우 20~30시간 침수 후 가라 앉는 충실한 것 고르기(은행나무, 회화나무, 벚나무, 층층나무, 화살나무)
  ㉣ 입선법 : 1립씩 눈으로 감별하면서 손으로 선별하기

③ 파종과 판갈이
  ㉠ 파종상 만들기
    - 비옥한 사질양토 + 완숙 퇴비(㎡당 2~3kg) + 복합비료(120g) → 정지작업
    - 파종상 : 너비 1m, 높이 15~20cm, 고랑 너비 40~50cm, 길이 임의
  ㉡ 파종
    - 매우 작은 종자 : 마른 모래와 1 : 1 비율로 고루 섞기
      – 흩어뿌림 : 40 : 40 : 20 비율로 나누어 뿌리기
        · 가장자리 40%씩, 나머지 20% 중앙
        · 흙을 체로 쳐서 종자 지름 2~3배 덮기
        · 30~40kg 롤러로 굴리기
      – 줄뿌림 : 너비 10~15cm 간격으로 홈 내고 뿌리기
        · 당년에 크게 자라는 수종에 적용
      – 점뿌림 : 4~5cm 간격으로 구멍 내고 뿌리기
        · 굵은 종자에 적용

ⓒ 파종 후 관리
- 종자 유실 방지, 토양 수분 유지 : 짚 덮기, 비닐 터널
- 음수 : 차광막으로 해가림

④ 판갈이
㉠ 이식 간격은 눈금자에 맞추어 식재
㉡ 큰 묘목이 중앙, 작은 묘목은 가장자리
㉢ 이식 후 관수, 차광막 해가림

(2) 접목묘 생산

① 접목 번식 : 우량 형질의 식물체를 얻기 위해 식물의 가지, 눈 등의 접수를 채취하여 뿌리가 있는 대목에 유착시켜 독립된 개체를 얻는 방법(대목과 접수의 형성층이 맞아서 결합되어 생장)

② 접목 번식의 장단점
㉠ 접목 번식의 장점
- 동일 형질의 개체를 증식할 수 있다.
- 종자가 없거나 삽목이 어려운 식물을 증식시킬 수 있다.
- 개화와 결실을 빠르게 한다.
- 대목의 특성을 이용하여 수세를 조절하여 환경 적응성을 높이다.

㉡ 접목 번식의 단점
- 기술적으로 다소 어렵다.
- 일시에 다량의 묘목을 생산할 수 없다.
- 수명이 짧은 것이 있다.
- 친화성이 있는 것끼리만 가능하다.

③ 접목 시기
가지접 3~4월 초순, 눈접 6~9월(접수 : 휴면상태, 대목 : 활동시작)

④ 접목의 종류

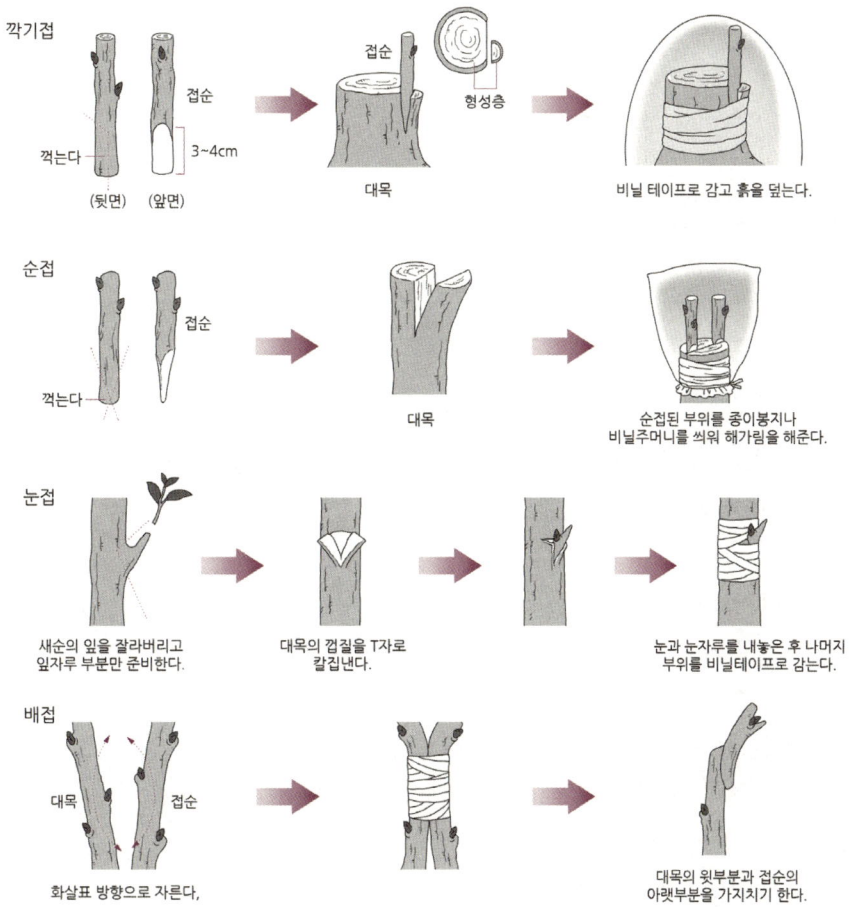

- 가지접
  - 깎기접(절접)
  - 쪼개접(할접) : 대목이 굵고 접수가 가늘 때 사용(소나무류)
  - 맞접(합접)
  - 안장접(안접)
  - 혀접(설접) : 접수, 대목의 굵기가 비슷하고, 조직이 유연할 때 사용(호두나무)
  - 박피접(박접) : 껍질 약간 벗기기, 작업 간편(밤나무)
- 눈접 : 접수 대신 눈을 떼서 대목의 껍질 벗겨내고 끼워붙이기
  - 적은 접수로 많은 묘목 생산, 한 대목에 여러 개 눈접, 실패율 낮음
- 유대접 : 줄기가 굳으면 접이 안 될 경우, 대목을 대립종자의 유경이나 유근을 사용하여 접목하는 방법으로 접목한 뒤에는 관계습도를 높게 유지해야 하며, 정식 후 근두암종병의 발병률이 높음

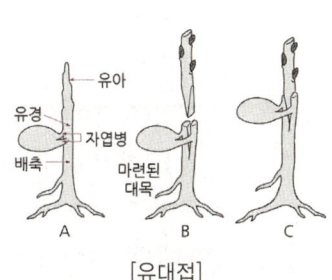

[유대접]

[예시] 섬잣나무 쪼개접

대목	접수	쪼개접 순서
		• 대목은 높이 7~10cm 정도에서 상단부 잘라내기 • 잘라낸 면 중앙에 접칼을 이용해 수직으로 3cm 자르기 • 채취한 접수는 길이 7cm 정도 조정, 아래 3~4cm 부분에서 쐐기형으로 깎기 • 갈라진 대목의 틈에 형성층이 일치하도록 접수를 끼워넣기 • 접목용 테이프를 아래에서 위로 감아주기

(3) 삽목묘 생산

① 삽목 번식 : 식물체의 일부분인 잎, 가지, 뿌리 등을 이용하여 삽목상에서 부정근, 부정아를 발생시켜 독립된 개체를 양성하는 방법

② 삽목 번식의 장단점

　㉠ 삽목 번식의 장점
　　• 모수와 동일한 형질의 개체 번식에 용이하다.
　　• 기술적으로 간단하다.
　　• 실생묘에 비해 개화, 결실이 빠르다.
　　• 변형이 일어난 부분의 형질을 동일하게 증식 가능하다.

　㉡ 삽목 번식의 단점
　　• 발근이 잘되지 않는 식물이 있다.
　　• 천근성이 되기 쉽고 건조에 약해질 수도 있다.
　　• 수명이 짧은 것이 있다.
　　• 왜성화 할 수도 있다.

③ 삽목의 종류

　㉠ 엽삽(잎꽂이)
　㉡ 경삽(가지꽂이) : 아삽(눈꽂이), 녹지삽(푸른가지꽂이), 숙지삽(익은가지꽂이)
　㉢ 근삽(뿌리꽂이)

[TIP] 삽목이 어려운 수종 : 사과나무, 배나무, 소나무, 오리나무

[예시] 개나리 숙지삽
　a. 전년에 자란 가지 1~2월 채취 땅속 저장하여 삽목 또는 3월 직접 채취

b. 채취한 가지 상단부 연약한 부위 버리고 15~20cm 자르기
c. 기부를 칼로 비껴 깎거나 쐐기형으로 깎아내기
d. 조정한 삽수 적당한 크기 다발 만들어 젖은 모래나 수태 묻어 음지에 보관
e. 기부에 발근제 처리
f. 꼬챙이로 미리 구멍 만들고, 삽수 꽂은 후 손가락으로 눌러주기(삽수 간격 10~20cm, 깊이 5~7cm)

(4) 취목묘 생산

① 휘묻이
  ㉠ 끝묻이(단순묻이) : 가지 눕혀 끝 부분 묻기
  ㉡ 빗살묻이 : 줄기나 가지를 길게 흙 속에 묻기
  ㉢ 파상묻이 : 줄기 전체를 흙 속에 묻지 않고 물결 모양으로 묻기

② 높이떼기
  ㉠ 떼어낼 가지 또는 줄기 선정(일반적으로 1~3년생 가지가 뿌리 발생 좋음)
  ㉡ 뿌리 발생시킬 부위 잎 제거 후 환상 박피
    - 너비 1~2cm 정도 칼자국 내어 껍질 벗겨 환상 박피
    - 목질부에 남아있는 형성층 부분 완전 제거 후 발근촉진제 바르기
  ㉢ 환상 박피 부분 두껍게 싸주기(젖은 이끼, 이끼+황토)
  ㉣ 검은 비닐로 다시 감싼 후 끈으로 고정
  ㉤ 비닐 표면까지 뿌리 나타나면 어미나무에서 떼어내어 식재

8) 조경 수목의 명명법

(1) 보통명

모든 민족 또는 종족들의 각각 그들 자신의 언어로 지어진 식물의 이름(俗名, 鄕名, 通名)

① 습성에서 온 이름 – 눈주목, 갯버들, 삼지닥나무
② 특징에서 온 이름 – 생강나무, 물푸레나무, 주목, 눈잣나무
③ 산지에서 온 이름 – 설악눈주목, 금강소나무, 광릉물푸레나무
④ 용도에서 온 이름 – 향나무, 오리나무, 도장나무(회양목)
⑤ 전설에서 온 이름 – 나도밤나무, 너도밤나무
⑥ 외래어에서 온 이름 – 플라타너스, 사쿠라, 메타세쿼이아

[TIP] 향명(鄕名) : 보통명과 유사한 개념으로 일종의 한 지방에서만 사용하는 방언에 가까운 식물 이름

(2) 학명(이명식(二名式), 변종과 품종은 학명 다음에 var. 또는 for.)

　① 전 세계에서 사용할 수 있는 명명법, 학명의 기원은 그리스어, 대부분 라틴어화한 형이 사용
　② 이명식 = 속명 + 종명 + 명명자
　　㉠ 속명 : (generic name, 대문자, 이탤릭체)
　　　식물의 일반적 종류, 식물 특성이 영속적이거나 비슷한 특징을 가진 것끼리 묶인 그룹
　　㉡ 종명 : (species name, 소문자, 이탤릭체)
　　　한 속의 각각 개체를 서로 구별할 수 있게 하는 수식적 용어

- 주목(Taxus cuspidata S. et Z.)

속명은 그리스어의 taxon(활)에서 온 것이고, 종명은 갑자기 뾰족해진 것을 뜻한다.

- 느티나무(Zelkova serrata Makino)

속명은 코카사스에서 자라는 식물이름 Zelkowa에서 유래한 것이고, 종명은 톱니가 있다는 뜻이다.

- 단풍나무(Acer palmatum Thunb.)

속명은 단풍나무의 라틴이름 acer에서 나온 것으로 이 말은 잎이 갈라지는 것을 의미하고, 종명은 장상(掌狀-손바닥모양)의 뜻이다.

- 감나무(Diospyros kaki Thunb.)

속명은 dios(쥬피터신) + pyros(곡물)의 합성어로서, 신의 식물이란 뜻으로 과일의 맛을 찬양한 것이고 종명은 일본어의 "가끼(감)"를 의미한다.

- 은행나무(Ginkgo biloba L.)

속명은 17세기 일본에서 사용되었던 일본어의 gin(은 - 銀), kyo(행 - 杏)에서 유래된 것이고, 종명은 bi(2) + loba(갈라지다)의 합성어이다.

2 지피식물

1) 지피식물의 종류

잔디류, 소관목류, 초본류, 넝쿨성 식물류, 조릿대류

2) 조건

치밀한 지표 피복 / 키가 작고 다년생 / 번식, 생장이 빠름 / 내답압성 / 병충해, 저항성이 강할 것

3) 특성

미적 효과, 운동 및 휴식 공간 제공, 기온조절, 동결 방지, 토양유실 방지, 흙먼지 방지

4) 한국 잔디

① 종류
- ㉠ 들잔디 : 골프장 사용 잔디 중 난지형, 가장 많이 이용, 강건, 내답압성
- ㉡ 금잔디(고려잔디) : 섬세, 유연
- ㉢ 빌로드 잔디 : 남해안 자생, 추위에 약함, 번식력 약함

    [TIP] 난지형 한국 잔디의 발아 적온은 30~33℃, 하루 5시간 이상 햇빛, 전광선의 70% 이상, 배수 잘되는 양토, 사양토

② 번식 : 떼, 종자

③ 떼심기
- ㉠ 규격 : 30 × 30cm, 두께 3cm
- ㉡ 시기 : 여름, 겨울 피해서 식재
- ㉢ 경사면 식재 시 : 떼꽂이 사용(윗부분 양끝에 1개씩)

④ 잔디 뗏밥주기
- ㉠ 목적 : 땅속 줄기가 땅위로 노출되는 것 방지하여 표면이 고르게 함
- ㉡ 난지형 : 6~8월에 흙을 5mm 채로 쳐서 주고 난 후 충분히 물을 줌
- ㉢ 뗏밥 두께 : 0.5~1cm

⑤ 거름주기
- ㉠ 시기 : 난지형(겨울에 잎이 마름)은 하절기, 한지형(사철 푸름)은 봄, 가을
- ㉡ 화학비료인 경우 연간 3~8회
- ㉢ 제초작업 후 비가 내리기 전에 주면 좋음

5) 서양 잔디

① 종류 : 난지형 – 버뮤다그래스(포기번식) / 한지형 – 벤트그래스, 켄터키블루그래스, 라이그래스

② 번식 : 대부분 종자 번식이며 버뮤다그래스가 포기 번식

  특성 : 한국 잔디에 비해 자주 깎고 더위, 병 등 관리에 손이 많이 감

6) 기타 지피식물

① 소관목류 : 눈향나무, 눈주목, 회양목, 둥근눈향나무
② 맥문동 : 초여름 연보라 꽃이 피며, 가을에 까만 열매, 뿌리는 약용
  음지에 강함(수호초도 있다), 번식은 뿌리, 종자 모두, 겨울 잎이 마르지 않음
③ 비비추, 원추리, 조릿대

3 초화류

1) 화단의 종류

(1) 평면화단

① 화문 화단 : 양탄자화단, 자수화단, 카펫화단, 모전화단
  넓은 잔디밭이나 광장, 원로의 교차점에 설치, 작은 초화를 사용하여 꽃무늬를 나타냄
  화려하고 복잡한 문양으로 세밀한 계획과 시공 요구(자수화단)
② 리본 화단 : 통로, 산울타리, 담장 등 건물 주변에 길고 좁게 만든 화단(帶狀花壇)
  넓은 부지의 원로, 보행로 등과 건물, 연못을 따라 설치된 너비가 좁고 긴 화단

(2) 입체 화단

① 기식 화단 : 잔디밭 중앙 광장의 중앙, 축의 교차점 / 중앙에는 키 큰 초화류 심고 주변부에
  적은 것 심기, 사방에서 감상, 작은 동산 이루는 것(모둠 화단)
  큰 면적의 화단은 바깥쪽부터 시작하여 중앙부 위로 심어 나가는 것이 좋음.
② 경재(境裁) 화단 : 도로 담장 산울타리를 배경으로 폭을 좁게 만듦(장방형)
  앞에 적은 것 뒤에 키 큰 것을 식재하여 한쪽에서만 감상하게 됨.
③ 노단 화단 : 테라스 화단 / 경사지를 계단모양으로 돌을 쌓고 축대 위에 초화 심음.

(3) 특수 화단

① 침상 화단 : sunken garden, 보도에서 1m 정도 낮은 평면에 기하학적 모양의 화단 설계,
  관상가치가 높음.
② 수재 화단 : water garden, 물 이용, 수생식물이나 수중식물 식재(연, 수련, 물옥잠 등)
③ 암석 화단 : 포석 화단, 바위 쌓아 식물을 심을 수 있는 노상 만들고 여러해살이 식물 식재
  (회양목, 애기냉이꽃, 꽃잔디)

2) 초화류 분류

① 봄뿌림(가을 화단용) : 맨드라미, 매리골드, 채송화, 백일홍
② 가을뿌림(봄 화단용) : 팬지 피튜니아, 금잔화, 패랭이꽃
③ 봄심기 알뿌리 : 다알리아, 칸나
④ 가을심기 알뿌리 : 튤립, 수선화, 백합
⑤ 수생초류 : 수련, 연꽃, 붕어마름, 부평초, 창포류
⑥ 겨울화단용 : 꽃양배추, 꽃잔디
⑦ 다년생(여러해살이) : 국화, 베고니아, 카네이션, 맥문동(상록다년생)
⑧ 수생식물 : 갈대, 물억세, 부들, 생이가래, 고랭이, 미나리 수련, 뚝사초, 골풀, 숫잔대, 쉽싸리

3) 계절에 따른 화단

봄화단	• 한해 : 팬지, 데이지, 프리뮬러, 금잔화 • 다년생 : 꽃잔디, 은방울꽃, 붓꽃 • 구근 : 튤립, 크로커스, 수선화, 히아신스
여름화단	• 한해 : 피튜니아, 천일홍, 맨드라미, 매리골드 • 다년생 : 붓꽃, 옥잠화, 작약 • 구근 : 글라디올러스, 칸나(홍초과, 잎 넓은 타원 길이30~40cm, 양끝 좁고 측맥 평행, 삭과, 근경)
가을화단	• 한해 : 매리골드, 맨드라미, 피튜니아, 코스모스, 샐비어 • 다년생 : 국화, 루드베키아 • 구근 : 다알리아
겨울화단	• 꽃양배추

4) 화단용 초화 조건

① 외모가 아름답고, 꽃이 많이 달릴 것
② 색채가 선명하고 개화기간이 길 것
③ 성질이 강건하고 재배와 이식 용이할 것
④ 건조와 병충해에 강할 것
⑤ 키가 되도록 작을 것

▣ 주요 기출 조경 수목의 특징

- 자귀나무 : 낙활교, 부채꼴형 수형, 야합수, 여름에 분홍꽃, 천근성, 이식 어려움
- 은행나무 : 겉씨식물, 자웅이주, 낙엽침엽교목, 귀화식물, 양수, 병해충 저항성 강, 산소배출량 높음, 이식용이, 낙침교, 아래로 깊게 갈라지는 회백색 수피, 암수딴그루, 5월초 잎과 함께 개화, 잎 호생, 총생한 듯 보임, 맥 차상으로 갈라짐, 염분에 약해 해안가 재배 피함, 내공해성, 내화성 수종
- 소철 : 겉씨식물, 자웅이주, 상록침엽관목, 귀화식물
- 복자기나무 : 시과(단풍나무과), 기수1쌍 우상복엽
- 위성류 : 낙엽활엽이지만 침엽수처럼 잎 좁아 부드러운 느낌
- 산수유 : 양수, 잎 대생, 잎 나오기 전 이른 봄(3월) 노란꽃, 빨간 열매, 낙활소교목, 층층나무과
  cf. 생강나무 : 노란꽃, 낙활관, 녹나무과, 잎 호생
- 소나무 : 단성화, 자웅동주, 공해 약함, 아황산가스 감수성 큼
  2엽(소나무, 해송, 방크스, 반송)
  3엽(백송, 리기다, 대왕송, 테다소나무)
  5엽(잣나무, 눈잣나무, 섬잣나무, 스트로브잣나무)

구분	내용
갖춘꽃	암술, 수술, 꽃잎, 꽃받침(4대 기관)을 모두 갖춘 꽃
안갖춘꽃	4개 기관 중 하나라도 갖추고 있지 않은 꽃
양성화(자웅동화)	암술과 수꽃이 따로 있는 꽃
단성화(자웅이화)	암꽃과 수꽃이 따로 있는 꽃
	자웅동주 : 암꽃과 수꽃이 한 개체에 있는 암수 한그루
	자웅이주 : 암꽃과 수꽃이 다른 개체에 있는 암수 딴그루

- 방크스 소나무 : 북미 도입, 침엽 2개씩 속생, 실편 잘 벌어지지 않으며 방풍, 차폐 식재용
- 곰솔 : 해송, 겨울눈은 흰색, 수피 흑갈색, 해안지역 분포, 줄기는 한해에 가지를 내는 층이 하나여서 나이 짐작 가능
- 고광나무 : 흰색 꽃
- 국수나무 : 낙엽관목, 5~6월 흰색 작은 꽃, 가을 붉은 단풍, 음지사면 식재
- 흰말채나무 : 층층나무과, 낙엽관목, 붉은색 수피, 황백색 꽃, 흰색 열매, 타원형 또는 난상 타원 잎 대생, 잎표면 작은 털
- 히말라야시다 : 설송, 소나무과, 삼나무, 잎갈나무와 비슷하나 상록성이여서 개잎갈나무, 가지 수평으로 펴지고 밑으로 쳐짐, 성목의 수간 질감이 거칠고 수피 회갈색으로 갈라져 벗겨짐, 천근성, 잎은 짧은 가지에서 30개 총생, 끝이 뽀족함
- 가죽나무 : 소태나무과, 날개 모양의 시과
  cf. 시과 : 과피가 얇은 막 모양으로 돌출, 날개를 이루어 멀리 바람타고 흩어지는 열매
    - 단풍나무, 느릅나무, 물푸레나무, 가중나무 등
- 마로니에 : 유럽 남부 원산, 열매 속 밤톨 같은 씨, 열매 표면에 가시, 장상복엽
  cf. 칠엽수 : 일본 원산, 가시 없음, 생장 다소 빠름, 목재 심변재 뚜렷함
- 박달나무 : Betula schmidtii Regel, 흑색 수피, 5월 개화, 암수한그루, 원추형, 심근성, 잎 질감

섬세, 녹음수
- 아그배나무, 꽃사과나무, 능금나무 : 멜루스(Malus)속
- 목련과 : 목련, 백목련, 태산목, 백합나무, 함박꽃나무, 자목련, 태산목(상록)
- 감탕나무과 : 호랑가시나무, 먼나무, 꽝꽝나무, 감탕나무, 낙상홍
- 노박덩굴과 : 노박덩굴, 화살나무, 참빛살나무, 사철나무(상록관목)
- 장미과 : 피라칸사, 해당화, 왕벚나무
- 단풍나무과 : 고로쇠나무, 복자기나무, 신나무
- 고로쇠나무 : 황색 단풍, 단엽
- 복자기나무 : 붉은 단풍, 복엽
- 물푸레나무과 : 미선나무, 광나무, 이팝나무
- 미선나무 : 원산지 한국, 자생지 천연기념물로 지종, 멸종위기 야생식물 2급 지정, 낙엽활엽관목, 거치 없고, 달걀형 잎 대생, 흰색 꽃, 열매 모양 둥근 부채
- 이팝나무 : 물푸레나무과, 낙엽활엽교목, 열매 타원형의 핵과, 5~6월 개화
  cf. 조팝나무 : 장미과, 4~5월 개화, 가지 윗부분 측아 모두 꽃, 낙엽활엽관목
- 귀룽나무 : 원산지 한국, 일본, Rosaceae과, 꽃 백색에 열매 흑색, 생장속도 빠르고 내공해성 강
- 인동과 : 분꽃나무(홍색 꽃, 향기), 백당나무(적색 열매), 아왜나무(상록활엽교목), 인동덩굴(9~10월 흑색 열매)
- 인동덩굴 : 줄기 오른쪽으로 길게 감아 올라감, 속이 빈 가지 붉은 갈색, 반상록활엽 덩굴성, 원산지 한국, 중국, 일본, 꽃은 1~2개씩 옆액에 달리며 포는 난형으로 길이 1~2cm
- 수수꽃다리 : Syringa oblata var.dilatata
- 호랑가시나무 : 감탕나무과, 상록소교목, 잎 호생, 두꺼우며 윤택, 육각형 잎 가장자리에 바늘 같은 각점, 구형의 열매 9~10월 적색, 자웅이주
- 목서 : 백색 꽃, 9~10월 개화, 타원형 열매 10월경 자색
- 식나무 : 층층나무과
- 물오리나무 : 자작나무과, 잎 호생, 타원상 달걀형, 길이 6~10cm×5.5~8.5cm, 예두 원저, 가장자리가 5~8개로 얕게 갈라지며 겹톱니가 있고 표면은 짙은 녹색, 맥 위에 잔털 있음
- 낙우송 : 습지 생육, 어려서부터 물속에서 키우면 기근 발달, 뿌리부분 물속에 잠겨도 생유가 가능, 잎 호생, 열매 둥근 달걀 모양, 종자 삼각형
- 메타세쿼이아 : 잎 대생, 각이 진 공 모양 열매, 종자 뾰족한 계란형, 극양수, 습기가 있는 비옥한 사질양토에 이상적, 내한성 강, 속성수, 싹트는 힘 왕성, 전정 가능, 큰 나무를 이식해도 말라죽는 일 적음
- 구상나무 : 소나무과, 우리나라 원산, 상록침엽교목, 길이 4~7cm, 지름 2~3cm 자갈색 열매 구과
- 팥배나무 : 6~10개의 흰색 꽃, 생장속도 빠름, 열매 조류유치용, 잎 가장자리에 이중 거치
- 왕벚나무 : 꽃이 화려하고 전정 싫어함, 대기오염에 약, 토질 가리는 결점, 열식 또는 군식으로 많이 식재
- 회양목 : 상록활엽관목, 잎이 두껍고 타원, 3~4월에 연한 황색 꽃, 9~10월에 갈색 삭과 열매, 내한성, 내조성, 공해에 강하다.강음수, 군식, 산울타리
- 능소화 : 낙엽활엽덩굴성, 잎 대생, 기수 1회 우상복엽, 나팔 모양 주홍색 화려한 꽃 8~9월 개화, 동양정원, 사찰 관상용
- 네군도단풍 : 잎 대생, 소엽 3~5장 복엽, 난형, 피침상 긴 타원형, 노란 단풍, 내조성, 녹음수,

공원의 속성수, 수피 냄새
- 모감주나무 : 무환자나무과 낙활소교목, 호생, 기수우상복엽, 작은 잎은 약간 혁질, 겹톱니, 종자 굵은 콩 크기의 까만 종자, 바람에 의해 산포되기 어려움, 염주의 재료, 매우 딱딱하고 단단함
- 서향 : 암수딴르루 3~4월 백색 또는 홍자색 꽃, 향기, 상록활엽관목, 천근성, 내염성 강, 잎 호생, 거치 없음
- 골담초 : 콩과, 5월 황색계통 꽃, 열매 협과, 척박한 토양에서도 잘 자라고 뿌리는 약재로 사용
- 복수초 : 여러해살이풀, 황색 꽃, 실생으로 심은 꽃은 크게 피고 다음해부터 작게 핌, 우리나라 1속 1종
- 가이즈까향나무 : 공해 강함, 공업지대 식재
- 향나무 : 사질 양토, 입지 조건에 대한 요구도 적고, 산성, 알칼리성, 석회암 위, 건조지 등 어디서나 잘 자람
- 가중나무 : 황폐하고 상층목 없을 때 무성, Tree of heaven, 공해에 강, 수관이 우산 펴든 모양, 열대 수목 같은 모양의 잎, 내한, 내조, 내건성 강, 해변가 양호, 대기오염에 강, 미국흰불나방의 피해 심함.
- 사철나무 : 내연, 내조, 내염 강, 습지, 건조지에 잘 견딤, 맹아력 좋고 수세 강
- 독일가문비 : 소나무과
- 측백나무과 : 편백, 향나무, 가이즈까향나무
- 느티나무 : 내한성 강, 내염성 약, 양수
- 은단풍나무 : 이식 어려움
- 백합나무 : 공해에 강하나 이식 곤란, 수령 짧음
- 일본목련 : 잎大, 거친 질감, 흰색 꽃 가지끝, 향기, 독립수
- 목련 : 약산성 토양, 집단 식재 피함, 뿌리 약해 강한 답압 피함, 이론상 전정하지 않음
- 함박꽃나무 : 흰꽃, 5~6월 개화, 향기, 낙활소교목, 산목련
- 태산목 : 생장은 다소 빠른 편, 높이 10~20m, 전정 없음, 이식 어려움
  상활교, 남부지방에 분포하며 꽃은 5~6월 개화, 가지 끝 유백색, 꽃이 진 자리에 잎이 자라는데 잎의 표면은 녹색, 광택 있고 두터움
- 능수버들 : 배기가스에 강, 생장 속도 빠름, 척박지에 가능, 원산지 한국
- 수양버들 : 소지 적갈색
- 족제비싸리 : 콩과, 낙활관
- 줄사철 : 노박덩굴과 상활덩굴성
- 으름덩굴 : 으름덩굴과 낙활만경목, 덩굴 줄기, 5장 작은 잎 달걀형, 끝 오목, 가장자리 밋밋, 10월 자갈색 소시지 모양 열매 익은 후 흰색 속살
- 가문비나무 : 소나무과 상침교
- 개나리 : 잎보다 먼저 개화, 염료식물, 벽면녹화, 울타리
- 사철나무 : 해풍과 염기에 강, 내음력과 공해에 강
- 박태기나무 : 4월 붉은 꽃잎보다 먼저, 콩과 낙활관
- 호랑가시 : 호생, 혁질, 윤채, 타원상 육각형, 각점 가시
- 꽝꽝나무 : 자웅이주(암수딴그루), 5~6월 백색꽃, 총상
- 은목서 : 가시 없는 대신 잎에 뾰족 톱니
- 주목 : 상침교, 우리나라 원산

- 산딸나무(잎 마주나기), 층층나무(잎 어긋나기)
- 때죽나무 : 열매는 머릿기름, 등잔기름 사용
- 대나무 : 내한성 없는 대나무 이식 적기 3~4월
- 명자나무 : 열매는 모과와 비슷, 훨씬 작고, 강한 향, 꽃이 많고 열매는 적음
- 금송 : 단정한 수형, 상침교, 수명이 길고 생장 매우 더딤, 묘목은 더디고 10년부터 급성장
- 자작나무 : 극양성, 높은 산 양지바른 곳 좋아함
- 식나무 : 10~12월에 적색 열매, 겨울동안 달려 있음
- 치자나무 : 6~7월 흰꽃, 1송이씩
- 철쭉 : 꽃은 잎과 함께 5월 개화, 3~7개씩 가지 끝, 향기
- 쥐똥나무 : 5~6월 흰꽃
- 찔레나무 : 5~6월 흰색, 연홍색 꽃, 원추화서, 낙활관
- 비자나무 : 내조성 강한 수종
- 돈나무 : 돈나무과 상활관, 5월 가지 끝 꽃, 6월 열매 1과1속1종
- 후피향나무 : 1과1속1종 상활교
- 매실나무 : 낙활교, 남부, 꽃 4월에 잎보다 먼저(백색,담홍색)
- 석류나무 : 잎 대생, 초여름 5~6월 붉은 색 개화, 양성화, 실생 및 무성번식, 이식 가능, 고사율 적음, 양지바른 사질양토 적합
- 탱자나무 : 줄기와 가지 곳곳 커다랗고 뾰족한 가시, 운향과, 3출복엽, 가을 노란열매, 진한 향기, 녹색 줄기가시
- 모과나무 : 5월 개화, 분홍색 꽃
- 오갈피나무 : 줄기나 가지에 큰 가시 드물게 나옴
- 비비추 : 백합과 숙근성 다년초, 꽃 7~8월, 연한 자주색
  잎 뿌리서 돋아 퍼지고 진한 녹색의 난상 심장형, 타원상 난형
- 맥문동(상록다년초)
- 자금우(상록소관목)
- 족제비고사리(상록 여러해살이 풀)
- 협죽도 : 상활관, 꽃 7~8월 개화, 적색, 백색, 꽃받침 5개로 깊게 갈라짐
- 개다래 : 양지, 음지 모두 생육, 내한성 강
- 상록덩굴 : 줄사철, 모람
- 양토, 천근성, 양수, 만경류 : 능소화, 등나무, 노박덩굴
- 무화과 : 뽕나무과의 낙엽관목
- 남천 : 매자나무과 상록관목, 잎 혁질, 3회 우상복엽, 가을에 붉은 단풍, 붉은 열매, 겨울철에 줄기 붉게 변함.

[TIP] 가시 있는 수종
음나무, 산초나무, 찔레꽃, 아까시나무, 주엽나무, 장미, 탱자나무, 매자나무, 명자나무

[TIP] 수목 뿌리의 역할
① 저장근 : 양분을 저장하여 비대해진 뿌리
② 부착근 : 줄기에서 새 근이 나와 다른 물체에 부착하는 뿌리

③ 기생근 : 다른 물체에 기생하기 위한 뿌리
④ 호흡근 : 공기 중에 뿌리를 뻗어 호흡하는 뿌리
⑤ 지주근 : 줄기의 아래쪽 마디에서 많은 부정근을 내어 식물체를 지탱하는 뿌리
⑥ 기생근 : 기주 식물의 조직 속에 침입하여 물과 양분을 흡수하는 뿌리

03 목질 재료

1 특징

1) 장점

① 외관이 아름답다.
② 재질이 부드럽고 촉감이 좋다.
③ 무게가 가벼우며 무게에 비해 강도가 크다.
④ 가공이 쉽고 열전도율이 낮다.(플라스틱, 돌 등)
⑤ 압축강도보다 인장강도가 크다.

2) 단점

부패성 / 함수율에 따라 변형(팽창, 수축 생김), 불에 타기 쉬움(내연성 없음)

3) 목재의 강도와 비중

(1) 목재의 강도

① 강도는 일반적으로 비중과 비례하며 비중이 클수록 강도가 크다.
② 외력이 섬유 방향으로 작용할 때 강도가 가장 강하다.
③ 목재의 강도 : 인장강도 > 휨강도 > 압축강도 > 전단강도
④ 압축강도 : 목재의 함수율이 크고 작음에 가장 영향이 큰 강도
⑤ 섬유포화점 이하에서는 함수율이 낮을수록 강도가 크다.
(섬유포화점 함수율은 30%로 이 이상에서는 강도 일정)

[TIP] 섬유포화점 : 목재 세포가 최대 한도의 수분을 흡착한 상태. 자유수가 존재하지 않고 세포막은 결합수로 포화된 상태

(2) 목재의 비중

① 함수율에 따라 목재의 무게를 측정한다.
② 비중이 클수록 강도가 높다.
③ 조직이 치밀할수록, 나이테 폭이 좁을수록 비중이 크다.
④ 변재보다는 심재가, 춘재보다는 추재가 비중이 크다.
⑤ 비중이 증가하면 외력에 대한 저항이 증대되고, 탄성계수가 증가한다.

4) 목재 함수율

① 목재의 부피에서 물의 양을 백분율로 계산한 것으로 목재 함수율에 따라 건전재, 기건재로 구분된다.
  ㉠ 건전재 : 목재의 함수율이 0%로 완전 건조한 상태
  ㉡ 기건재 : 공기 중의 습도와 목재의 습도가 평형 상태, 수분을 공기 중에서 제거, 15%의 함수율
  ㉢ 구조재는 15%, 가구재는 10%까지 건조
② 함수율 = 건조전 중량-건중량(건조후 중량) / 건중량(건조후 중량) × 100%
  예 목재의 함수율이 100g에서 건조하여 20g이 줄었다. 목재의 함수율은?
    100-80/80 × 100 = 25%
③ 목재가 함유하는 수분
  ㉠ 결합수 : 세포 내 단백질 분자와 결합되어 쉽게 제거할 수 없는 수분
  ㉡ 자유수(유리수) : 세포 간극 간 함유되어 있는 자유롭게 이동되는 수분

5) 목재의 치수

① 제재 치수 : 제재소에서 제재한 치수
② 제재 정치수 : 제재목을 지정 치수대로 한 것
③ 마무리 치수 : 절삭과 가공을 하여 조립이 완료된 상태 치수
  ㉠ 1재(才) = 1치×1치×12자(1치 = 3cm, 1자 = 30cm) / 1㎥ = 299.475재(약 300재)
  ㉡ 통나무(원목) 재적 계산 [길이 6m 미만일 때 : $D^2 \times h$
    D = 통나무의 말구지름(m), h = 통나무의 길이(m)]

6) 기타

① 원목의 4면을 따낸 목재를 조각재라 한다.

② 바니시와 페인트의 근본적인 차이는 안료에 있다.
③ 목구조의 보강 철물 : 볼트, 너트, 못, 나사못, 듀벨, 꺾쇠
cf. 고장력 볼트, 리벳 ; 철재의 접합, 결합에 사용

2 목재의 구조

① 춘재 : 봄, 여름 성장, 세포벽 얇고, 크기 큰 형태의 세포 형성, 빛깔이 엷고 재질 연함
② 추재 : 가을, 겨울 성장, 세포벽 두껍고 편평한 소형의 세포 형성, 짙은 색에 재질 치밀하고 단단
③ 나이테(연륜) : 수심을 중심으로 동심원의 층이 생김, 생장 연수를 나타냄
④ 심재 : 목질부 중 수심 부근에 있는 부분, 수축이 적음, 강도와 내구성이 큼, 이용가치 큼, 색이 진함
⑤ 변재 : 수피 가까이에 있는 부분, 수축이 큼, 강도나 내구성이 심재보다 작음, 색이 연함
⑥ 무른 나무 : 침엽수로 구조용, 공사용(예외 : 향나무, 낙엽송)
⑦ 굳은 나무 : 활엽수로 장식용(예외 : 포플러, 오동나무)
　　　　[TIP] 부름켜 : 성장하면서 목질이 형성하는 층(형성층)
⑧ 옹이 : 수목의 생장에 의해 목부 속에 들어있는 가지 부분으로 옹이가 있으면 인장강도는 떨어짐
⑨ 할렬(checks) : 건조 응력이 횡인장강도보다 클 때 섬유 방향으로 터지는 현상
목재는 외부부터 건조해지면 수축이 일어나고, 내부는 상대적으로 천천히 건조해지므로 외부에 갈라짐이 생김(할렬)

3 건조 및 방부

1) 건조 목적

목재의 수축 및 변형을 방지하고, 부패, 충해의 방지, 중량의 경감, 강도의 증대가 목적
기건상태에서 목재 표준 함수율 15%
① 갈라짐, 뒤틀림을 방지
② 탄성, 강도를 높이고 변색, 부패를 방지
③ 가공, 접착, 칠을 용이하게 함
④ 단열과 전기절연 효과가 높아짐
⑤ 중량 경감 및 강도, 내구성이 증진
　　　　[TIP] 건조된 소나무의 단위 중량은 590kg/㎥

2) 건조방법

자연 건조	• 야적법 : 원목이나 큰 각재를 들판에 던져놓고 건조 • 가옥적법 : 판재나 할재를 겹겹이 쌓아놓고 건조
인공 건조	• 중재법 : 스팀으로 건조 • 침재법 : 수중에 담갔다가 꺼내어 건조 • 자재법 : 용기에 넣고 쪄서 건조 • 훈재법 : 배기가스 또는 염소가스에 의한 건조 • 열풍건조법 • 진공건조법 • 약제건조법 : 건조실에 건조제인 염화칼륨, 황산, 산성 백토를 목재와 함께 넣어 건조

3) 방부

벌레 먹고, 갈라짐에 대한 내성 높이기, 균류 침입 저지, 목재를 균 생육에 부적당한 환경으로 만들기 위함

[TIP] 충해 – 흰개미(목재의 적)

① 목재의 방부법

목재의 방부법	
도포법	목재 표면에 페인트를 도포하거나 크레졸 유를 주입하는 방법
자비법	방부제를 끓여서 목재에 침투시키는 방법
침투법	목재에 염화아연, 황산동 수용액을 흡수시키는 방법
충전법	목재에 구멍을 뚫어 방부제를 넣어 놓는 방법

② 방부방법

표면탄화법	• 목재 표면을 태워 피막을 형성 • 일시적 방부 효과 : 태운면에 흡수량 증가
방부제칠법	• 유성방부제 : 크레오소트, 유성페인트(접촉 ○) • 수용성방부제 : 황산동, 염화아연 • 유용성방부제 : 유기계 방충제, PCP(직접 접촉 ×)

방부제처리법	• 도장법 : 목재 표면에 방수제나 살균제를 처리하는 방법으로 작업이 쉽고 비용이 적게 듦
	  – 방수용 도장제: 페인트, 니스, 콜타르
	  – 방부제: CCA방부제, 크레오소트 오일, 콜타르, 아스팔트
	• 표면 탄화법: 표면을 3~12mm 깊이로 태워 탄화시키는 것으로 흡수성이 증가하는 단점
	• 침투법: 상온에서 CCA, 크레오소트 오일 등에 목재를 담가 침투

- 주입법: 밀폐관 내에서 건조된 목재에 방부제를 가압하여 주입하는 방법으로 목재 방부제 처리방법 중 가장 효과적인 방법
- 약제도포법: 표면에 도포, 깊이 5~6mm로 간단
- 침지법: 방부액 속에 7~10일 정도 담금, 침투깊이 10~15mm
- 상압주입법: 방부액을 가압하고 목재를 담근 후 다시 상온액 중에 담금
- 가압주입법: 내용년수 장기간 요구되는 철도 침목에 사용(크레오소트 유 사용) 압력 탱크 속에서 7~12기압(고압)으로 가압하여 주입, 가장 효과적, 비용이 많이 듦
- 생리적 주입법: 벌목 전에 뿌리에 약액을 주입

③ 종류

유용성 방부제 (실외)	• 기름에 녹여서 사용 • 방수성과 침투성이 좋음, 값이 쌈 • 냄새, 색깔이 좋지 않음 • 크레오소트 유: 비휘발성 흑갈색 용액, 방부력이 우수하나 냄새가 심하여 미관에 관계없는 실외에 사용 석탄을 235~315℃에서 고온 건조하여 얻은 타르 제품으로서 독성이 적고 자극적인 냄새 • PCP: 열이나 약제에 안정적, 방부력이 매우 강하고 가격이 비쌈 • 콜타르: 흑색이고 침투가 약하므로 도포용으로 사용 • 유성 페인트, 아스팔트, 오일스테인 등 • 유기요오드 화합물
수용성 방부제 (실내)	• 물에 녹여 사용하는 방부제, 여러 종류의 화합물을 혼합 • C.C.A: 크롬, 구리, 비소의 혼합물, 가장 많이 사용되었으나 독성으로 사용 금지 • A.C.C: 구리와 크롬화합물, 광산의 갱목에 사용

[TIP] 방부제의 요구 조건
- 목재에 침투가 잘되고 방부성이 큰 것
- 목재에 접촉되는 금속이나 인체에 피해가 없을 것
- 목재의 인화성, 흡수성에 증가가 없을 것
- 목재의 강도가 커지고 중량에 영향을 미치지 않을 것

4 목재 압착 방법

① 열압법: 카제인 접착제나 대두접착제 등으로 접착하는 방식
② 냉압법: 요소수지 접착제나 석탄산수지접착제 등으로 접착하는 방법
③ 냉압 후 열압법: 보온실에서 냉압기를 사용해 미리 예비 압체한 후 열압기의 열판 사이에 넣어 접착제를 경화시키는 방식

[TIP] 목재의 가공
① 도장 : 목재의 표면에 페인트, 착색제, 광택제를 칠하는 작업
   도장 전에 목재의 갈라진 틈을 메워주는 눈막이, 밑칠 도료로서 샌딩실러를 하고 시공
② 퍼티 : 갈라진 목재 틈을 메우는 정형 실링재
   탄성 복원력이 적거나 거의 없고, 일정 압력을 받는 새시의 접합부 쿠션 겸 실링재로 사용

[TIP] 목재 접착제의 내수성 강도 : 페놀수지＞요소수지＞아교

5 목재의 제품

1) 합판

① 단판을 3,5,7 매 등의 홀수로 섬유방향이 직교하도록 접착제 붙여 만듦, 규격화되어 사용에 능률적
② 나무결이 아름답고 수축, 팽창의 변형이 없으며 강도가 고르고 넓은 판 이용이 가능함, 내구성, 내습성 큼
③ 합판(베니어판)의 제조 방법
- 로타리 베니어 : 원목을 회전하여 넓은 대팻날로 연속으로 벗기는 방식으로 이용 효율이 높음
- 슬라이스 베니어 : 끌을 상하로 이동하면서 얇게 절단하는 방식, 아름다운 결을 장식용으로 이용
- 쏘드 베니어 : 띠톱으로 얇게 쪼개어 단면을 만드는 방식

2) 집성목재(가공재)

① 섬유판, 조각판, 적층판
② 두께 15~50mm의 판자를 여러 장 겹쳐서 섬유 방향과 평행으로 접착(홀수 아니어도 됨, 접착제 : 요소수지)

3) 대나무

벌채 시기는 늦가을에서 초겨울 사이, 외측부분이 내측보다 우수

4) 섬유재

녹화마대(나무에 붕대 감은 듯한 마대), 볏집, 새끼줄, 밧줄 이용

5) 인조목

① 인공적으로 나무의 형태와 나뭇결(질감)을 만든 것, 실제 나무재료보다 튼튼, 유지관리 용이
② 목재 질감은 표출되지만 목재 촉감은 표현이 안 된다. 안료를 잘못 배합 시 표면에서 분말이 발생하고 시각적, 이용적 문제가 있다.

04 석질 재료

1 석재의 특징

1) 장점

불연성, 압축강도가 크고, 내구성, 강도, 내화학성, 내마모성이 크다. 또한 종류가 다양하고 외관과 색조가 풍부하다.

2) 단점

중량이 커 다루기 어렵고 가공이 곤란하며 가격이 비싸 경제적 부담이 크다. 열이 닿으면 화강암은 튀고, 석회암이나 대리석은 분해되어 강도가 약해진다. 천연물이므로 산지에 따라 다양한 색조와 질감이 있어 균일하지 않다.

2 석재의 종류

성인(成因)에 따른 분류 : 화성암, 퇴적암, 변성암

분류	종류
화성암	화강암, 안산암, 현무암, 섬록암 등
퇴적암	응회암, 사암, 점판암, 혈암, 석회암 등
변성암	편마암, 대리석, 사문암 등

1) 화성암

① 마그마가 식어서 만들어진 암석, 마그마의 식는 속도에 따라 결정의 크기가 달라짐
② 지표로 흘러나온 마그마는 빨리 식으면서 결정이 매우 작은 암석(화산암) : 현무암(어둡), 유문암(밝은)
③ 지하 깊은 곳에 있는 마그마는 천천히 식으면서 결정이 큰 암석(심성암) : 반려암(어둡), 화강암(밝은)
④ 화강암
- 우리나라 돌의 70%, 견고하고 대형재를 얻기 쉬우며 외관이 수려하여 장식재로 사용
- 흰색, 담회색, 조직이 균일하고 우수, 단단하고 강도가 큰 편, 내구성, 내마모성에 우수
- 경관석, 바닥포장, 계단, 경계석, 디딤돌, 석탑, 구조재, 콘크리트용 골재로도 사용, 내화성 약

2) 퇴적암(수성암)

퇴적물이 굳어져 만들어진 암석

① 암석이 부서져 만들어진 퇴적물은 크기에 따라 자갈(역암), 모래(사암), 진흙(셰일)으로 만들어진 퇴적암
② 퇴적암에는 종류나 크기가 다른 퇴적물이 쌓이면서 평행한 줄무늬인 층리가 나타남.
  cf. 변성암의 줄무늬는 압력을 받아 암석을 이루는 광물이 납작해지면서 만들어진 것(엽리)
③ 응회암 : 화산 활동으로 분출된 화산재가 쌓여 굳어진 퇴적암, 내화도는 크나 다공질이고 흡수성이 커 경도가 약함
④ 석회암 : 산호나 조개껍데기처럼 석회 물질로 이루어진 생물의 유해가 쌓이거나 물에 녹아 있던 석회 물질이 가라앉아 만들어진 퇴적암으로 내구연한은 약 40년으로 타 석재에 비해 짧음
⑤ 점판암 : 결이 미세하여 흡수성이 거의 없는 암석, 천연 슬레이트, 비석, 숫돌로 사용

3) 변성암

화성암이나 수성암이 높은 열과 압력을 받으면 성질이 변하여 새롭게 만들어진 암석
① 규암(←사암), 대리암(←석회암) 편마암(←편암←셰일), 편마암(←화강암)
② 대리석 : 무늬 화려, 가공 용이, 열이나 산에 약하고 마모에도 약하므로 실내용으로 사용, 석회질이 변성, 공극률 작음
③ 트래버틴 : 탄산칼슘이 가라앉아 생긴 석회암의 일종으로 퇴적암의 범주에 속하며 석회암이 변성된 암석은 대리석이다.
④ 사문암 : 감람석, 섬록암 등의 심성암이 변질, 암녹색 바탕에 흑백색의 아름다운 무늬, 경질이나 풍화성 때문에 내장 마감용으로 이용

3 가공석

```
거침 ------------------------------------------------ 부드러움
※ 가공 순서
   혹두기(쇠메) ⇒ 정다듬(정) ⇒ 도드락다듬(도드락망치) ⇒ 잔다듬(날망치) ⇒ 물갈기(광내기)
```

         쇠메   정   도드락망치   날망치

- 혹두기 : 쇠망치로 석재 표면의 큰 돌출 부분만 대강 떼어내는 정도의 거친 면 마무리 작업
- 정다듬 : 혹두기한 표면을 정으로 비교적 곱게 다듬는 작업, 거친다듬, 중다듬, 고운다듬
   cf. 버너 마감 : 석재가공 방법 중 화강암 표면의 기계로 켠 자국을 없애주고 자연스러운 느낌을 주므로 가장 널리 쓰이는 마감방법

① 각석 : 폭이 두께의 3배 미만, 폭 보다 길이가 긴 직육면체의 석재(쌓기용, 기초석, 경계석)
② 판석 : 두께가 15cm 미만, 폭이 두께의 3배 이상인 판 모양의 석재(디딤돌, 원로 포장용, 계단 설치용)
③ 마름돌 : 형태가 정형적인 곳에 사용, 시공비가 많음(미관과 내구성이 요구되는 구조물이나 쌓기용)
④ 견치돌 : 앞면은 정사각형, 면이 정사각형에 가깝고 면에 직각으로 잰 길이가 최소변의 1.5배 이상, 1개의 무게 70~100kg(주로 흙막이용 돌쌓기), 재두각추체, 전면은 정사각형, 뒷길이, 접촉면, 뒷면이 규격화 된 돌
접촉면의 폭은 전면 한 변 길이의 1/10 이상, 접촉면의 길이는 한 변 평균 길이의 1/2 이상인 석재
⑤ 사고석 : 고건축의 담장 등 옛 궁궐에서 사용, 길이는 최소변의 1.2배 이상
⑥ 잡석 : 크기가 지름 10~30cm 정도의 것이 크고, 작은 알로 골고루 섞여져 있으며, 형상이 고르지 못한 돌

4 자연석

1) 자연석의 모양

① 입석 : 세워서 쓰는 돌, 전후 좌우 어디서나 관상할 수 있는 자연석으로 키가 높아야 효과 있음
② 횡석 : 눕혀서 쓰는 돌, 불안감을 주는 돌을 받쳐서 안정감을 가지게 하기도 한다.
③ 평석 : 윗부분이 평평한 돌로 안정감을 주며 주로 앞부분에 배석한다.

④ 환석 : 둥근 생김새를 가진 돌을 말한다.
⑤ 각석 : 각이 진 돌로, 3각 및 4각 등이 있다.
⑥ 사석 : 비스듬히 세워서 사용하는 돌로 절벽과 같은 풍경을 나타낼 때 이용된다.
⑦ 와석 : 소가 누워 있는 것과 같은 돌로 횡석보다 더욱 안정감을 주며 뒷부분 돌의 연결 부분을 가려주기도 한다.
⑧ 괴석 : 석가산, 한국전통 조경 소재, 궁궐 후원 화계의 점경물, 괴상한 모양으로 생긴 돌로 제주도나 흑산도의 현무암 돌에서 볼 수 있다.

2) 자연석의 종류

① 산석 : 석가산용(50~100cm, 돌로 만든 가상의 산 <돌무더기>의 재료) – 산석 > 하천석
② 강석 : 하천석
③ 해석 : 바다석

3) 기타

① 호박돌 : 호박형의 천연석, 가공하지 않은 지름 18cm 이상의 돌
② 호박돌의 용도 : 수로의 사면보호, 연못 바닥, 원로 포장, 때로는 기초용으로 사용
③ 호박돌 쌓는 방법 : 육법 쌓기, 줄 눈 어긋나게 쌓기
④ 잡석 : 10~30cm 정도의 기초석
⑤ 조약돌 : 가공하지 않은 천연석, 7.5~20cm 정도의 돌
⑥ 자갈 : 0.5~7.5cm 정도로 석축의 뒤채움 돌
⑦ 왕모래 : 지름 3~9mm 석가산 밑에 냇물을 상징하거나 원로에 깔기도 한다.

[TIP] 암석의 특징
- 절리 : 암석에 비교적 규칙적으로 생긴 금으로 화성암에서는 용암이 냉각할 때 생기는 수축으로, 퇴적암이나 변성암에서는 지각 변동으로 생긴다.
- 석리 : 암석의 겉모습. 광물 입자들이 모여서 이루어진 작은 규모의 조직으로, 암석을 구성하고 있는 조암 광물질의 집합상태에 따라 생기는 눈의 모양이다.
- 층리 : 퇴적암에 있는 평행한 줄무늬로 알갱이의 크기나 색 따위가 서로 다른 퇴적 물질이 쌓여서 나타난다.

5 석재의 성질

① 석재의 비중 = 건조무게/표면건조포화상태무게 − 수중무게
② 석재의 중량 = 부피 × 비중
③ 석재의 강도 : 비중이 큰 것이 강도도 큼, 압축 강도가 큼

화강암(1,720) > 대리석(1,500) > 안산암(1,150) > 사암(450), 응회암(180) > 부석(30~18)

[TIP] 100cm×100cm×5cm 크기의 화강석 판석의 중량은?
(단, 화강석의 비중 기준은 2.56 ton/㎥이다.)
- 화강석 판석의 부피 1m×1m×0.05m = 0.05㎥
- 중량 = 2.56ton/㎥ × 0.05㎥ = 0.128ton = 128kg

05 점토질 재료

1) 종류
보통벽돌, 내화벽돌, 특수벽돌(이형벽돌, 경량벽돌, 포장용벽돌), 도관, 타일, 기와

2) 규격
표준형(190×90×57mm) 기존형(210×100×60mm, 굽는 특성 : 도자기식)

3) 점토 재료의 특성
- 점토는 여러 가지 암석이 풍화되어 분해된 물질로 생성된 것이다.
- 점토는 가소성이어서 물로 반죽하면 임의의 모양을 만들 수 있다.
- 건조시키면 굳어지고 불에 구우면 더욱 경화되는 성질이 있다.
- 화학 성분에 따라 내화성, 소성 시 비틀림 방지, 색채의 변화 등의 차이로 인해 용도에 맞게 선택된다.
- 가소성은 점토 입자가 미세할수록 좋고 미세 부분은 콜로이드로서의 특성을 갖는다.

① 벽돌 : 표준형 190×90×57mm / 기존형 210×100×60mm(굽는 특성 : 도자기식)
    cf. 보도블록 : 300×300×60mm(말리는 특성)
② 도관과 토관

도관	• 점토 주원료, 내 외면에 유약을 칠하여 소성한 관 • 투수율이 적으므로 배수, 하수관에 쓰임
토관	• 점토를 원료로 하여 모양 만든 후 유약 바르지 않고 소성한 관 • 표면이 거칠고 투수성이 크므로 연기나 공기 등의 환기관으로 사용

- 곧은관 : 플랜지관, 도장집관(플랜지 없음), 플랜지 – 연결 부위
- 이형관 : 굽은관(30, 45, 90도 3종), 가지관(편지관 60, 90도 2종)

③ 타일 : 양질의 점토에 장석, 규석, 석회석 등의 가루 배합 → 성형 후 유약 입혀 건조 → 소성
- 흡수성 적고, 휨과 충격에 강, 건축, 조경장식의 마무리재로 사용
- 테라코타 : 구운 흙, 장식용 점토 제품

  [TIP] 점토질 재료의 흡수율과 동해
  - 흡수율 자기<석기<도기<토기
  - 흡수율이 높으면 동해에 대한 피해가 크다.
  - 타일의 동해 방지 방법 : 붙임용 모르타르의 배합비 좋게, 소성온도 높은 것 사용, 줄눈 누름 충분히 하여 빗물 침투 방지

④ 도자기 제품 : 돌을 빻아 빚은 것을 1,300℃로 구워 만듦, 마찰, 충격에 견디는 힘 강, 야외탁자, 음수대, 계단타일

도기	• 1,100~1,200℃에서 소성 • 기계적 강도가 크지 않고 둔탁한 소리 • 세면대, 변기
자기	• 1,300℃ 이상의 온도에서 유리화 되도록 소성, 흰색 유리질, 반투명하며 흡수성 없음 • 기계적 강도가 상대적으로 크고 맑은 소리 • 식기류

[TIP] 점토 제품의 소성 공정 : 예비처리 – 원료조합 – 반죽 – 숙성 – 성형 – 시유(施釉) – 소성

06 시멘트 및 콘크리트 재료

시멘트 주재료 : 석회암, 광석찌꺼기, 진흙

1 시멘트

1) 단위

1포에 40kg, 시멘트 1㎥의 무게는 1,500kg

2) 물과의 반응과정

수화작용(시멘트와 물의 화학반응) → 응결 → 경화 → 수축

① 수화 : 시멘트에 물을 가하여 비비면 풀과 같은 상태인데 시간이 경과함에 따라 수경성 화합

물이 화학반응을 일으켜서 차츰 유동성을 잃고 고화하는 것
② 응결 : 수화 작용에 의해 고결된 상태(수량(水量), 온도, 분말도 등에 따라 응결시간 달라짐)
③ 경화 : 응결을 마친 시멘트 고결체의 조직이 더욱 치밀해지고 강도가 커지는 과정
④ 풍화 : 저장 중에 공기의 수분을 흡수하여 가벼운 수화작용을 일으키고 그 결과 생긴 수산화칼슘이 공기 중의 탄산가스와 결합하여 탄산칼슘을 만드는 작용
⑤ 수축 : 경화한 시멘트 풀은 건조시키면 수축하게 되는데, 경화에 동반한 수축, 건조에 의한 수축, 탄산화에 의한 수축이 있음

3) 시멘트 강도에 영향을 미치는 요인
① 사용수량이 많을수록(표준 밀도가 높을수록) 강도는 저하된다.
② 분말도(1g 입자의 표면적의 합계로 표시) : 분말도와 조기강도는 비례한다.
③ 풍화 : 시멘트는 제조 직후 강도가 제일 크고, 공기 중의 습기를 흡수하여 풍화되면서 강도는 저하된다.
④ 양생온도는 30℃까지는 온도가 높을수록 커지고 재령(28일)이 경과함에 따라 커진다.

4) 시멘트 종류
① 일반 시멘트(포틀랜드 시멘트) – 주성분 : 석회석, 점토(응결시간을 조절하기 위해 석고 첨가)

보통	• 일반적 시멘트, 일반적인 콘크리트 공사
중용열	• 수화열이 적어 균열 방지, 건조수축이 적음. • 콘크리트 발열량을 적게 만들어 내침식성, 내구성 양호, 수축률이 작아 댐 공사 적합 • 용도 : 매스콘크리트, 수밀콘크리트, 차폐용 콘크리트, 서중콘크리트, 방사선 차단용 콘크리트
조강	• 보통시멘트 7일 강도를 3일에 발휘(210kg/㎠ 이상의 강도), 저온에서도 강도 발휘 • 긴급공사, 한중콘크리트, 콘크리트 2차 제품
백색	• 구조재 축조에는 사용하지 않고 건축미장용으로 사용, 치장용, 컬러 시멘트 가능

② 혼합시멘트(용도 : 매스콘크리트, 수중콘크리트, 콘크리트 2차 제품)

고로슬래그 시멘트	• 광재(slag-용광로 재) 용광로에서 나온 광석 찌꺼기를 석고와 함께 시멘트에 섞은 것 • 균열이 적어 폐수시설, 하수도, 항만용 댐 공사에 유리(수밀성 양호, 해수에 저항성 큼) • 수화열이 적어 매스콘크리트에 적합, 화학 저항이 큼
플라이애시 시멘트	• 표면이 매끄러운 구형의 미세립의 석탄회 • 워커빌리티 양호, 수밀성 향상, 장기강도가 높음, 수화열 작음
(실리카) 포졸란시멘트	• 포졸란을 넣어 만든 시멘트(포졸란 : 실리카 시멘트에 혼합된 천연 및 인공인 것) • 워커빌리티 양호, 수밀성 향상, 장기강도가 높음, 수화열이 작음 • 포졸란 : 실리카질 물질(SiO_2)을 주성분으로 하여 그 자체는 수경성(hydraulicity)이 없으나 시멘트의 수화에 의해 생기는 수산화칼슘[$Ca(OH)_2$]과 상온에서 서서히 반응하여 불용성의 화합물을 만드는 광물질 미분말의 재료

③ 특수 시멘트(알루미나 시멘트)
   ㉠ 산, 염류, 해수 등의 화학적 작용에 대한 저항성이 크고, 내화성이 우수하다.
   ㉡ 조기강도가 크다.(재령 1일에 보통 포틀랜드시멘트 재령 28일 강도와 비슷)
   ㉢ 황산에 침식이 잘되는 포틀랜드시멘트의 결점을 보완하기 위해 만들었다.
   ㉣ 회갈색 또는 회흑색으로 한중 콘크리트에 적합하다.
   ㉤ 열분해 온도가 높아 내화용 콘크리트에 적합하나 가격이 비싸다.
   [TIP] 조강성이 강한 순서
   알루미나시멘트(1일 28일 강도) > 조강시멘트(7일) > 포틀랜드시멘트(28일) > 고로시멘트(5~6주) > 중용열시멘트(2~3개월)

5) 시멘트 저장

① 지표에서 30cm 이상 바닥을 띄우고 방습 처리한다.
② 출입구, 채광창 이외 공기의 유통을 막기 위해 개구부를 설치하지 않는다.
③ 3개월 이상 저장한 시멘트 또는 습기 받은 시멘트는 재시험실시 후 사용한다.
④ 시멘트는 입하 순서로 사용한다.
⑤ 창고 주위에는 배수 도랑을 만들어 우수의 침입을 방지한다.
⑥ 반입구와 반출구는 따로 두고 내부 통로를 고려하여 넓이를 정한다.
⑦ 시멘트는 13포대 이상 쌓기를 금지, 장기간 저장할 경우 7포대 이상 넘지 않게 한다.
⑧ 저장창고의 필요면적 $A = 0.4 \times N/n$
   (A : 시멘트 창고 소요면적, N : 저장하려는 포대수, n : 쌓기 단수 13포)
   예 시멘트 500포대를 저장할 수 있는 가설 창고의 최소 면적은?(쌓기 단수는 최대 13단)
   $0.4 \times 500/13 = 15.384...(15.4 m^2)$

6) 시멘트 시험

① 비중시험 : 류샤델리병에 시멘트를 넣어 부피 측정
② 분말도시험 : 블레인시험에 의해 분말도 측정
③ 응결시험 : 길모아장치를 이용한 시험
④ 안정성시험 : 오토클레이브를 이용한 안정성 시험

[TIP] 강열감량
- 시멘트가 풍화작용과 탄산화작용을 받은 정도를 나타내는 척도
- 고온으로 가열하여 시멘트 중량의 감소율로 판단. 풍화의 정도가 크면 감소율은 커짐

7) 시멘트 성분

① C_3A(알루미네이트) : 발열량이 가장 높다.
② C_3S(규산3석회) : 발열량이 중간이다.
③ C_4AF(알민산철4석회) : 발열량이 낮다.
④ C_2S(규산2석회) : 발열량이 낮다.

시멘트의 종류와 특징
1종 : 보통 포틀랜드 시멘트(Ordinary portland cement) 　공사에 가장 많이 사용되는 시멘트 　CaO(생석회)가 64.8% 함유 　강도가 28일 정도, 보통 현장 흔히 사용 　용도 – 콘크리트, 모르타르 등에 사용
2종 : 중용열 포틀랜드 시멘트(Moderate heat portland cement) 　SiO_2, Fe_2O_3를 많게 하여 1종 시멘트보다 수화열이 낮음 　콘크리트 균열제어가 가능 　경화 시 발열량 적음, 내식성, 수축률 적음 　용도 – 매스콘크리트 공사와 댐, 터널, 도로포장
3종 : 조강 포틀랜드 시멘트(Early strength portland cement) 　성분 중에 CaO · Al_2O_3 등을 많이 사용 　보통포틀랜드 시멘트보다 C_3S를 늘린 것 　분말도를 4,000~4,500cm^2/g가 되도록 미 분쇄 　수화속도가 빨라 1종 시멘트의 7일 강도가 3일 만에 발현 　공사기간을 단축 (조기강도 강함) 　저온에서 강도 발현성이 우수 　콘크리트의 수밀성이 높아 화학저항성, 　동결융해저항성이 우수 　용도 – 고강도 제품제조, 한중공사 및 긴급공사, 　　　　대교, 고속철도 침목

4종 : 저열 포틀랜드 시멘트(Low heat portland cement)
　중용열 포틀랜드 시멘트보다 C_2S의 생성량을 늘려서
　수화열이 보다 적도록 한 시멘트(수화열 매우 낮음)
　장기강도가 우수
　건조수축이 낮고 내구성이 우수
　용도 – 매스콘크리트 공사용, 지하저장 탱크
　　　　　대형 건축물의 기초로 이용

2 콘크리트 재료

1) 콘크리트 특성

① 장점 : 압축 강도가 큼, 내화성, 내수성, 내구적
② 단점 : 중량이 큼, 인장 강도가 작음(철근으로 인장력 보강), 수축에 의한 균열 발생

> [TIP] 콘크리트의 압축 강도는 인장 강도에 비해 10배 강함. 인장 강도를 보강하기 위해 철근 배근

> [TIP] 물＋시멘트＝시멘트 풀 / 물＋시멘트＋모래＝모르타르 / 물＋시멘트＋모래＋자갈＋(철근)＝콘크리트(철근 콘크리트)
> (단위 질량 : 모르타르 약 2,150kg/㎥, 철근 콘크리트 약 2,400kg/㎥, 무근 콘크리트 약 2,300kg/㎥)

> [TIP] 프리팩트 콘크리트
> 미리 골재를 거푸집 안에 채우고 특수 혼화제를 섞은 모르타르를 주입하여 골재의 빈틈을 메워 콘크리트를 만드는 방식

2) 콘크리트의 재료 및 배합

① 골재 : 콘크리트 부피의 60~80% 차지, 둥근 모양이 더 가치 높음
　㉠ 굵은 골재(자갈) : 5mm체에 중량비로 85% 이상 남는 골재
　㉡ 잔골재(모래) : 85% 이상 통과하는 골재
　㉢ 입도가 좋은 골재는 크고 작은 골재가 고르게 혼합된 것(공극이 작아져 강도 증가)

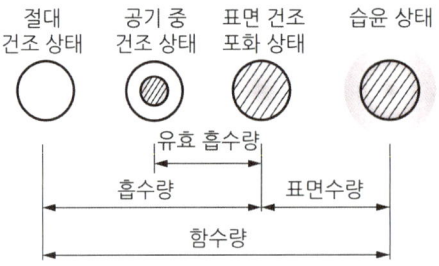

CHAPTER 02 조경재료

[TIP] 골재의 함수상태

절대건조상태	건조로(oven)에서 100~110℃ 온도로 일정한 중량이 될 때까지 완전히 건조
공기 중 건조상태	기건조상태, 골재 표면은 건조, 내부는 필요한 수량보다 작은 양의 물 포함, 흡수 가능한 상태
표면건조상태	골재 표면에는 수분이 없고, 내부의 공극은 수분으로 충만, 반죽 시 물 증감되지 않는 이상적인 상태
습윤상태	골재의 내부가 완전히 수분으로 채워져 있고, 표면에도 여분의 물을 포함한 상태

[TIP] 흡수율 : 골재가 현재 갖고 있는 수분의 양 $= \dfrac{표건상태질량 - 절건상태질량}{절건상태질량} \times 100$

Q1 굵은 골재의 절대 건조 상태의 질량이 1000g, 표면건조 포화 상태의 질량이 1100g, 수중 질량이 650g일 때 흡수율은 몇 %인가?

정답 $\dfrac{1100-1000}{1000} \times 100 = 10\%$

Q2 수중에 있는 골재를 채취했을 때 무게가 1000g, 표면건조 내부포화 상태의 무게가 900g, 대기건조 상태의 무게가 860g, 완전건조 상태의 무게가 850g일 때 함수율 값은?

정답 $\dfrac{1000-850}{850} \times 100 =$ 약 17.65%

② 혼화재료

혼화재	• 시멘트량의 5% 이상, 콘크리트 성질을 개량하기 위한 것 • 플라이애시, 포졸란, 고로슬래그
혼화제	• 시멘트량의 1% 이하 소량 사용, 배합계산에서 용적을 무시하는 것 • AE제, 감수제, 유동화제, 응결경화촉진제, 지연제, 방수제

[TIP] 혼화 재료 중 사용량이 비교적 많고, 자체 용적이 콘크리트 배합 계산에 관계함 : 포졸란, 플라이애시, 고로슬래그

③ 철근

원형 철근, 이형 철근(콘크리트와의 결합력 높이기 위해 표면에 돌기 있는 철근, 원형보다 40~50% 부착력 증가)

[TIP] 콘크리트 혼화제

표면 활성제	AE제	• 미세한 기포를 콘크리트 내에 균일 분포하여 유동성을 양호하게 하고 재료의 분리 막음 • 단위물량을 적게 하고 동결 융해에 대한 저항성 증가 • 압축강도 저하와 철근과의 부착강도 감소 단점
	분산제	• 내약품성이 커짐 • 수밀성이 향상되고 투수성이 감소 • 시멘트량과 단위 수량을 줄임 • 시멘트 입자를 분산시켜 워커빌리티를 좋게 함 • 물과 접촉 면적 증가 → 수화작용 촉진, 강도증진
급결제		• 물속 공사, 겨울철 공사 등 조기강도 촉진 • 염화칼슘, 염화마그네슘, 규산나트륨, 식염 등
지연제		• 수화작용을 지연시켜 응결 시간 지연 • 뜨거운 여름, 장기간 시공 시, 운반 시간이 길어질 경우 사용
감수제		• 유동성 多, 골재 분리 적음, 워커빌리티 증대
응결경화촉진제		• 물속 공사, 겨울철 공사 등에 필요한 조기강도 발생 촉진을 위해 사용 • 염화칼슘(시멘트 중량의 1%), 염화마그네슘, 규산나트륨(3%), 식염 등
방수제		• 물을 튀기는 성질을 가지도록 하는 방법 : 지방산 비누, 명반, 수지 등 • 콘크리트 속의 공극을 충전시키는 방법 : 소석회, 점토, 규산백토, 돌가루 등 • 도료를 사용해 콘크리트가 물에 접촉하는 것을 방지하는 방법 : 아스팔트, 타르, 파라핀유제 등 ※ 콘크리트 방수제 종류 • 무기질계 : 염화칼슘계, 규산소다계, 규산질분말계 • 유기질계 : 파라핀계, 지방산계, 고분자 에멀션계

07 | 금속 재료

1) 장점
인장 강도가 큼 / 강도에 비해 가벼움 / 불용성 / 균일성 / 공급 용이

2) 단점
가열시 역학적 성질 저하 / 부식 / 차가운 느낌 / 열전도율 큼 / 산, 알칼리에 큰 반응

3) 금속재료의 종류
① 금속 : 열전도율이 크다 / 산, 알칼리에 크게 반응한다.
  ㉠ 거푸집 : 콘크리트 틀, 일시적인 구조물
  ㉡ 거푸집 뿌리제 : 타르, 폐광(엔진오일)류, 모르타르, 식용유 등 – 콘크리트 틀 위에 폐강유
② 비철금속 : 알루미늄, 구리 / 황동(놋쇠) = 구리 + 아연 / 청동 = 구리 + 주석 / 스테인리스 스틸 = 강철 + 크롬(녹이 없음)
  ㉠ 알루미늄 : 원광석인 보크사이트 → 알루미나를 추출 → 전기 분해 과정을 통해 산소를 제거하여 얻어진 은백색의 금속
    전성과 연성, 전기전도성이 높고, 비중이 작고 부식 적으며 팽창률이 크고, 강도가 작다.
  ㉡ 납 : 비중이 크고 연질, 전성, 연성이 풍부하다.
  ㉢ 아연 : 철, 알루미늄, 구리 다음으로 많이 생산, 산 및 알칼리에 약하고 수중에서 내식성이 크다.
  ㉣ 동 : 상온의 건조 공기 중에서 변하지 않고, 습기가 많으면 광택을 잃고 녹청색으로 변색된다.

4) 금속제품의 종류
① 형강 : 철골 구조용, 특수 단면으로 압연(평강, L형강, T형강)
② 강판 : 강철로 만든 판, 강편을 롤러에 넣어 압연(후판, 박판, 양철 : 박판에 주석도금, 함석 : 박판에 아연도금)
③ 철선 : 연강의 강선을 압연하여 아연 도금한 것(철사 : 거푸집 잡아매기 및 철근 묶음)
④ 와이어로프 : 지름 0.26~5.0mm 가는 철선 몇 개 꼬아 기본 로프 만들고 이것을 다시 여러 개 꼬아 만든 것)

⑤ 스테인리스강 : 철과 크롬을 합금, 불활성가스 용접 – 녹이 없음

> [TIP] 철강의 종류
> - 순철 : 거의 100% 철, 연성과 전성 우수, 용접성 좋으며 탄소강에 비해 내식성 우수
> - 선철(주철) : 탄소량 3~3.6%, 철은 92~96% 함유하고 나머지는 크롬, 규소, 망간, 유황, 인 등으로 구성되어 내식성이 큼. 형틀에 부어 넣어 굳혀 창호철물, 자물쇠, 맨홀 뚜껑 등의 복잡한 형태의 주조 가능
> - 강 : 선철을 제강로에 넣어 거의 대부분의 탄소나 기타 성분을 감소시켜 정련한 것. 강은 질기고 늘어나는 성질이 있어 여러 가지 형의 판이나 각봉, 봉, 관 등을 만들 수 있어 가공성이 우수

5) 금속재료의 열처리 방법

① 풀림 : 강을 적당 온도로 가열 → 소정 시간까지 유지 → 로(爐) 내부에서 천천히 냉각

② 불림 : 강의 상태로 표준상태로 하기 위해 변태점 이상의 적정 온도로 가열 → 대기 중에서 냉각

③ 뜨임질 : 강도와 경도 증가시키는 담금질을 한 금속 재료에 적정 온도로 다시 가열 → 공기 중 서서히 냉각

④ 담금질 : 고온의 금속 또는 합금을 물 또는 기름 속에 담금 → 임계 영역 이상에서 강을 냉각시키는 방법

08 기타 재료

1) 플라스틱 재료

(1) 특성

① 소성(구부러짐), 가공성이 좋아 복잡한 모양 성형이 좋다.

② 내산성, 내알칼리성

③ 가볍고, 강도와 탄력성이 있다.

④ 착색, 광택이 좋다.

⑤ 절연재(전기가 안 통함)

⑥ 내열성 부족, 저온에서 잘 파괴된다.

⑦ 접착력이 크고 전성이 있다.

(2) 종류

① 유리섬유 강화 플라스틱(FRP : Fiberglass Reinforced Plastic)
  ㉠ 최근 가장 많이 쓰이는 플라스틱 제품
  ㉡ 강도가 약한 플라스틱에 강화제인 유리섬유를 넣어 강화시킨 제품
  ㉢ 벤치, 인공폭포, 인공 정원석, 미끄럼대의 슬라이더, 화분대, 수목 보호판 등에 이용
  ㉣ FRP 제조 과정 중 원료기체는 대기를 오염시키고 FRP 저수탱크 및 상수도파이프는 수질 오염, FRP폐기물은 환경오염원이 되고 있음
② 경질염화비닐관(PVCP : Poly Vinyl Chloride Pipe)
  흙 속에서도 부식되지 않으며 유수마찰이 적고 이음이 용이
③ 폴리에틸렌관(Pe Pipe) : 내한성이 커서 추운 지방의 수도관, 열가소성 수지

(3) 플라스틱 첨가제

① 가소제 : 소성을 향상 시켜주기 위해 첨가
② 안정제 : 기후나 환경에 의해 성질이 변화되지 않도록 첨가(열안정제, 광안정제 등)
③ 충진제 : 노화방지를 목적으로 첨가

2) 도장 재료

(1) 도장재료의 특징

① 구조재의 내식성, 방부성, 내마멸성, 방수성, 강도 등이 높아짐
② 광택, 미관을 높여주는 효과
③ 물체의 보호, 전도성 조절 등의 역할

(2) 도장재료의 종류

① 페인트
  ㉠ 유성 페인트 : 안료와 건조성 지방유를 혼합, 불투명 피막 생김
    • 희석제, 건조제, 보일드유(건성유 가열처리로 개량) 등 혼합
    • 내후성, 내마모성이 좋음, 알칼리성에 약함
  ㉡ 수성 페인트 : 소석고, 안료, 접착제를 혼합하거나 물에 녹여 사용
    • 광택이 없고 내장마감용, 안료와 물, 수용성 고착제 혼합
  ㉢ 에나멜 페인트 : 니스에 안료(물감)를 섞은 것, 건조 속도가 빠르며 광택이 좋음
  ㉣ 에멀션 페인트 : 물에 아스팔트, 유성 페인트, 수지성 페인트 등을 현탁시킨 유화액상 페인트

② 니스(바니시)
　㉠ 유성 바니시 : 목질부 도장, 코팅 두께 얇아 외부구조물에 부적합, 2~3회 도포, 투명하고 느리게 건조
　㉡ 휘발성 바니시(래커) : 무광택, 번쩍거리지 않게 표면 마감, 투명하고 빠르게 건조
　　• 초화면(硝化綿)과 같은 용제에 용해시킨 섬유계 유도체를 주성분으로 하고 여기에 합성수지, 가소제와 안료를 첨가한 도료, 스프레이 건 사용
　　• 건조가 빠르고 도막이 견고하며 광택이 좋고 연마가 용이하다. 불점착성·내마멸성·내수성·내유성·내후성 등이 강한 고급 도료
　　• 결점으로는 도막이 얇고 부착력이 약하다.
　㉢ 클리어래커 : 안료를 가하지 않는 투명 래커로 내후성, 내산성 및 내알칼리성이 강함
③ 방청 도료
　금속의 부식 방지 도료(연단 페인트, 광명단, 징크로메이트계 페인트, 워시플라이머)
　[TIP] 징크로메이트 : 알루미늄 녹막이 초벌칠에 적합한 도료(크롬산아연 안료, 알키드 수지 전색료)
④ 퍼티
　㉠ 유지 혹은 수지와 탄산칼슘, 연백 등의 충전재를 혼합하여 만든 접합제의 일종
　㉡ 유리창의 유리고정, 판의 이음매, 요철(凹凸) 등을 평활하게 할 때 채우거나 바름

3) 합성수지 도료

건조시간 빠르고 내산, 내알칼리성 있어 콘크리트 면에 바를 수 있다.

(1) 합성수지 도료의 장단점

　① 장점 : 강도에 비해 비중 작고, 건축물의 경량화에 적합, 투광성 양호, 착색이 자유롭고 가공 용이, 표면 평활, 장식적 마감재에 적합, 기밀성, 접착성이 크다.
　건조시간 빠르고 내산, 내알칼리성 있어 콘크리트 면에 바를 수 있다.
　② 단점 : 경도 및 내마모성 약함, 내화, 내열, 인화성이 없음, 열에 의한 신축이 크다.

(2) 합성수지 도료의 종류

　① 열가소성 수지 : 열을 가하면 연화 또는 용융(고체가 열에 의해 액체로 변하는 현상)하여 가소성, 점성이 발생한다.
　　㉠ 폴리에틸렌수지 : 상온에서 유백색의 탄성이 있는 열가소성수지로 얇은 시트, 벽체 발포, 온판 및 건축용 성형품으로 이용된다.
　　㉡ 염화비닐수지 : 강도, 전기전열성, 내약품성이 양호하고 가소재에 의하여 유연고무

와 같은 품질이 되며 고온, 저온에 약하고 바닥용 타일, 시트, 조인트 재료, 파이프, 접착제, 도료에 이용된다.
- ⓒ 아크릴수지 : 투명도가 높으므로 유기유리라는 명칭이 있고 착색이 자유로워 채광판, 도어판, 칸막이판 등에 이용된다.

② 열경화성 수지 : 열을 가해도 유동성이 없다.
- ㉠ 요소, 멜라민, 폴리에스테르, 실리콘, 우레탄, 페놀, 에폭시, 유리섬유 강화플라스틱(FRP)
- ㉡ 실리콘수지 : 열절연성이 크고 내약품성, 내후성이 좋으며 전기적 성능이 우수하여 주로 방수제, 도료, 접착제 등의 용도로 사용되며, 내연성, 전기적 절연성이 있고 유리섬유판, 텍스, 피혁류 등의 접착재로 이용된다.
- ㉢ 멜라민수지 : 내수성이 크고 열탕에서도 침식되지 않으며, 무색투명하고 착색이 자유로우면 아주 굳고 내수성, 내약품성, 내용제성이 뛰어나며, 알키드수지로 변성하여 도료, 내수베니어합판의 접착제 등에 이용된다.
- ㉣ 페놀수지 : 강도, 전기절연성, 내산성, 내수성 모두 양호하나 내 알칼리성이 약하고, 목재, 금속, 플라스틱 및 이들 이종재간의 접착에 사용된다.
- ㉤ 에폭시수지 : 액체 상태의 수지에 경화제 넣어 상용, 내산성, 내알칼리성이 우수하여 콘크리트의 접착제로 사용된다.
- ㉥ 불포화 폴리에스터·에폭시수지 등의 열경화성수지에 유리섬유, 카본 섬유 등 강화재를 결합한 복합재료로 경량·내식성·성형성(成型性) 등이 뛰어나 조경에서는 인공폭포, 인공암 등의 재료로 이용된다.

(3) 유리재료

[유리재료의 특징]

① 광학적 특성 : 가시광선의 투과성(유리성분, 두께, 종류에 따라 달라짐)
② 역학적 특성 : 내압성이 좋으나 휨, 긁힘, 충격에 약하다.
③ 화학적 특성 : 불활성, 내구성, 비침투성, 비흡수성, 풍화와 부식에 강하다(약산에서는 침식되지 않음).
④ 열성 : 절연 유리, 반사처리 유리, 색 유리 등은 태양열을 흡수하여 투과열을 줄인다.
⑤ 석영 유리의 굴절률은 약 1.46이고, 납 유리는 조성(組成) 중에 일산화 납을 함유하는 유리로 굴절률, 분산성이 높고, 광택이 우수한 특성을 가진다.

(4) 미장재료

표면노출제로 구조재의 부족한 요소를 감추고 외벽을 아름답게 나타내주는 재료

① 수경성(물과 화학 반응하여 굳어짐) : 시멘트 모르타르, 석고 플라스터
② 기경성(공기 속에서 완전히 경화) : 소석회, 돌로마이트 플라스터, 진흙, 회반죽, 벽토
③ 미장재료의 혼화재료
    ㉠ 해초풀 : 점성, 부착성 증진, 보수성 유지, 바탕 흡수 방지
    ㉡ 여물 : 강도보강, 수축, 균열 방지

(5) 역청재료

① 천연 아스팔트, 석유 아스팔트, 타르, 피치
② 도로의 포장 재료, 방수용 재료, 호안 재료, 토질 안정 재료, 주입 재료, 도료, 줄눈 재료, 절연재료로 사용한다.

(6) 섬유질 재료

① 녹화마대
    ㉠ 천연 식물섬유재, 수목 굴취 시 뿌리분 감기에 사용, 통기, 흡수, 보온, 부식성에 우수하며 사용이 간편하고 미관이 수려하다.
    ㉡ 효과 : 줄기 감기 시 새끼보다 시간과 품 절약, 인장 강도가 새끼의 5배, 가격이 저렴하고 하자율이 감소되며, 포트의 역할로 잔뿌리 형성에 도움이 된다.
② 볏짚
    ㉠ 수분 증발 억제, 잡초 발생 방지, 가뭄 해 방지, 겨울 지온보호, 동해 방지
    ㉡ 효과 : 이식목의 뿌리분 보호, 햇빛에 줄기 타는 것 방지, 천공성 해충의 침입 방지
③ 코이어 메시 : 야자껍질의 섬유를 실로 하여 만든 천연섬유, 절성토면의 보호에 사용

조경재료

조경재료의 특성 및 분류

01 조경 재료는 식물재료와 인공재료로 구분된다. 다음 중 식물재료의 특징으로 옳지 않은 것은? [2015년1회]
① 생장과 번식을 계속하는 연속성이 있다.
② 생물로서 생명 활동을 하는 자연성을 지니고 있다.
③ 계절적으로 다양하게 변화함으로써 주변과의 조화성을 가진다.
④ 기후변화와 더불어 생태계에 영향을 주지 못한다.

해설 **조경재료의 기능상 분류**
조경재료는 생명력을 가지고 있는지 여부에 따라 식물재료와 인공재료로 나눈다.

구분	종류	특성
식물재료	수목, 지피식물, 초화류 등	자연성, 연속성, 조화성, 비규격성
인공재료	목재, 석재, 시멘트, 콘크리트, 점토, 금속 등	균일성, 불변성, 가공성

02 다음 중 식물재료의 특성으로 부적합한 것은? [2012년도4회]
① 생장과 번식을 계속하는 연속성이 있다.
② 생물로서, 생명 활동을 하는 자연성을 지니고 있다.
③ 불변성과 가공성을 지니고 있다.
④ 계절적으로 다양하게 변화함으로써 주변과의 조화성을 가진다.

해설 식물재료는 자연성(계절의 변화), 연속성(생장과 번식), 조화성(형태, 색채, 종류 등 다양하게 변화), 비규격성(개성미)의 특성을 가지고 있다.

03 인조재료로 분류하기 어려운 조경재료는? [2017년1회]
① 우드칩(Wood chip)
② 태호석
③ 인조석
④ 슬레이트(Slate)

해설 **조경재료의 생산방법에 따른 분류**

구분	종류
천연재료	수목, 지피식물, 초화류, 석질, 목질
인조재료	시멘트, 점토제품, 금속제품

04 다음 건설재료 중 유기재료로 분류되는 것은? [2011년5회]
① 아스팔트(asphalt)
② 콘크리트(concrete)
③ 강(steel)
④ 알루미늄(aluminium)

해설 **조경재료의 화학조성에 따른 분류**

구분	종류
무기재료	금속, 석재, 시멘트, 벽돌, 유기 등
유기재료	목재, 아스팔트, 섬유류, 플라스틱 등

05 재료가 외력을 받아서 변형을 일으킨 뒤 외력을 제거하면 다시 원형으로 돌아가는 성질은? [2010년5회]
① 소성
② 연성
③ 탄성
④ 강성

정답 ▶ 01. ④ 02. ③ 03. ② 04. ① 05. ③

해설 재료의 성질
- 강도 : 재료에 하중이 걸린 경우, 재료가 파괴되기까지의 변형저항 성질
- 강성 : 물체가 외력을 받아도 모양이나 부피가 변하지 않는 단단한 성질
- 전성 : 압축력이 가해질 때 재료가 파괴되지 않고 퍼지는 성질
- 취성 : 강인성과 반대되는 성질로 여리고 약하여 쉽게 충격하중으로 파괴는 성질
- 인성 : 잡아당기는 힘에 견디는 성질
- 전성 : 얇게 펴지는 성질
- 연성 : 탄성 한계를 넘어서 파괴되지 않고 늘어나는 성질로 가장 큰 것은 금
- 탄성 : 외력을 받아서 변형을 일으킨 뒤 외력을 제거하면 다시 원형으로 돌아가는 성질
- 크리프 : 물체에 외력이 작용할 때 시간이 지나면서 변형이 증대해 가는 현상
- 릴랙세이션 : 시간이 지나면서 응력이 감소하는 현상

06 재료의 기계적 성질 중 작은 변형에도 파괴되는 성질을 무엇이라 하는가? [2011년1회]
① 취성   ② 소성
③ 강성   ④ 탄성

해설 05번 해설 참조

07 재료가 외력을 받았을 때 작은 변형만 나타내도 파괴되는 현상을 무엇이라 하는가? [2015년5회]
① 취성   ② 강성
③ 인성   ④ 전성

해설 05번 해설 참조

08 다음 중 작은 변형에도 쉽게 파괴되는 재료의 성질은? [2011년5회]
① 전성   ② 취성
③ 연성   ④ 인성

해설 05번 해설 참조

09 재료가 탄성한계 이상의 힘을 받아도 파괴되지 않고 가늘고 길게 늘어나는 성질은? [2013년5회]
① 취성(脆性)   ② 인성(靭性)
③ 연성(延性)   ④ 전성(廛性)

해설 05번 해설 참조

10 다음 재료 중 연성(延性 : Ductility)이 가장 큰 것은? [2014년4회]
① 금   ② 철
③ 납   ④ 구리

해설 05번 해설 참조

11 일정한 응력을 가할 때, 변형이 시간과 더불어 증대하는 현상을 의미하는 것은? [2013년4회]
① 취성   ② 크리프
③ 릴랙세이션   ④ 탄성

해설 05번 해설 참조

12 재료의 역학적 성질 중 "탄성"에 관한 설명으로 옳은 것은? [2013년2회]
① 재료가 하중을 받아 파괴될 때까지 높은 응력에 견디며 큰 변형을 나타내는 성질
② 물체에 외력을 가한 후 외력을 제거하면 원래의 모양과 크기로 돌아가는 성질
③ 물체에 외력을 가한 후 외력을 제거시켰을 때 영구변형이 남는 성질
④ 재료가 작은 변형에도 쉽게 파괴하는 성질

해설 05번 해설 참조

13 외력을 받아 변형을 일으킬 때 이어 저항하는 성질로서 외력에 대해 변형을 적게 일으키는 재료는 (㉠)가(이) 큰 재료이다. 이것은

정답 06. ① 07. ① 08. ② 09. ③ 10. ① 11. ② 12. ② 13. ②

탄성계수와 관계가 있으나 (ⓒ)와(과)는 직접적인 관계가 없다. 괄호 안에 들어갈 용어로 맞게 연결된 것은? [2014년4회]

① ㉠ 강도(strength)
　 ㉡ 강성(stiffness)
② ㉠ 강성(stiffness)
　 ㉡ 강도(strength)
③ ㉠ 인성(toughness)
　 ㉡ 강성(stiffness)
④ ㉠ 인성(toughness)
　 ㉡ 강도(strength)

해설 05번 해설 참조

14 다음 중 건축과 관련된 재료의 강도에 영향을 주는 요인이 아닌 것은? [2010년1회]

① 하중속도　② 하중시간
③ 재료의 색　④ 온도와 습도

해설 강도는 재료에 하중이 걸린 경우, 재료가 파괴되기까지의 변형저항 성질로 재료의 색과는 무관하다.

15 다음 중 건축과 관련된 재료의 강도에 영향을 주는 요인으로 가장 거리가 먼 것은? [2012년5회]

① 재료의 색
② 온도와 습도
③ 하중시간
④ 하중속도

해설 14번 해설 참조

16 다음 중 환경적 문제를 해결하기 위하여 친환경적 재료로 개발한 것은? [2015년2회]

① 시멘트　② 절연재
③ 잔디블록　④ 유리블록

해설 잔디블록은 블록 사이에 잔디가 자랄 수 있는 형태로 포장지역이만 녹지의 역할을 할 수 있는 친환경적인 재료로 볼 수 있다.

17 친환경적 생태하천에 호안을 복구하고자 할 때 생물의 종다양성과 자연성 향상을 위해 이용되는 소재로 가장 부적합한 것은? [2015년1회]

① 섶단　② 소형 고압블록
③ 돌망태　④ 야자롤

해설 소형 고압블록은 포장재로 골재와 시멘트를 배합하여 높은 압력을 가해 만든 인공포장재료로 자연성 향상 및 호안 시공 후 생물의 종다양성 향상을 기대하기 어렵다.

식물재료

18 조경의 목적을 달성하기 위해 식재되는 조경수목은 식재지의 위치나 환경 조건 등에 따라 적절히 선택되어지는데 다음 중 조경수목이 갖추어야 할 조건이 아닌 것은? [2010년5회]

① 희귀하여 가치가 있는 것
② 그 땅의 토질에 잘 적응할 수 있는 것
③ 쉽게 옮겨 심을 수 있을 것
④ 착근이 잘되고 생장이 잘되는 것

해설 조경 수목이 갖추어야 할 조건
• 수형이 아름답고 실용적일 것
• 이식이 쉽고 잘 자랄 것
• 불리한 환경에서 적응력이 클 것
• 다량으로 쉽게 구할 수 있을 것
• 병충해에 강할 것
• 다듬기 작업에 견디는 성질이 좋을 것

19 조경 수목은 식재기의 위치나 환경조건 등에 따라 적절히 선정하여야 한다. 다음 중 수목의 구비조건으로 가장 거리가 먼 것은? [2016년1회]

정답 14. ③　15. ①　16. ③　17. ②　18. ①　19. ④

① 병충해에 대한 저항성이 강해야 한다.
② 다듬기 작업 등 유지관리가 용이해야 한다.
③ 이식이 용이하며, 이식 후에도 잘 자라야 한다.
④ 번식이 힘들고 다량으로 구입이 어려워야 희소성 때문에 가치가 있다.

해설 조경 수목으로 부적합한 조건은 희귀하고, 값이 비싸 다량으로 구입하기 어렵거나, 번식이 어려운 수종 등이 있다.

20 다음 중 정원 수목으로 적합하지 않은 것은?
[2014년1회]

① 잎이 아름다운 것
② 값이 비싸고 희귀한 것
③ 이식과 재배가 쉬운 것
④ 꽃과 열매가 아름다운 것

해설 19번 해설 참조

21 다음 중 교목에 해당하는 수종은?
[2010년1회]

① 꼬리조팝나무   ② 꽝꽝나무
③ 녹나무   ④ 명자나무

해설 나무의 고유 모양
- 교목 : 뚜렷한 원줄기를 가지고 있음(대개 3~4m 이상)
- 관목 : 뿌리 부근에서 여러 줄기가 나옴(3~4m 이하)
- 덩굴성 수목 : 스스로 서지 못하고 다른 물체를 감아 올라감.

종류	특성
교목	소나무, 곰솔, 잣나무, 전나무, 구상나무, 편백, 화백, 낙우송, 동백나무, 느티나무, 향나무, 단풍나무, 백목련, 은행나무, 자작나무, 회화나무, 버즘나무, 녹나무 등
관목	개나리, 영산홍, 철쭉, 회양목, 옥향, 화살나무, 사철나무, 무궁화, 팔손이, 협죽도, 진달래, 주똥나무, 꽝꽝나무, 명자나무, 병꽃나무, 산당화, 박태기나무 등
만경목	등나무, 담쟁이덩굴, 능소화, 으름덩굴, 인동덩굴, 포도나무, 송악, 오미자 등

22 다음 중 교목으로만 짝지어진 것은?
[2011년4회]

① 전나무, 송악, 옥향
② 동백나무, 회양목, 철쭉
③ 백목련, 명자나무, 마삭줄
④ 녹나무, 잣나무, 소나무

해설 녹나무, 잣나무, 소나무, 전나무, 백목련, 동백나무는 교목으로 분류된다.

23 다음 중 수목의 분류상 교목으로 분류할 수 없는 것은?
[2011년2회], [2017년1회]

① 일본목련   ② 느티나무
③ 목련   ④ 병꽃나무

해설 일본목련, 목련, 느티나무는 교목으로 분류된다.

24 수목의 높이에 따른 분류 중 관목에 해당하는 수목은?
[2011년5회]

① 산당화   ② 능수버들
③ 백합나무   ④ 산수유

해설 산당화는 관목으로 분류된다.

25 다음 중 수목의 형태상 분류가 다른 것은?
[2015년2회]

① 떡갈나무   ② 박태기나무
③ 회화나무   ④ 느티나무

해설 나무 고유의 모양에 따라 교목과 관목으로 구분할 때 떡갈나무, 회화나무, 느티나무는 교목으로 분류되고 박태기나무는 관목으로 분류된다.

26 나무의 높이나 나무고유의 모양에 따른 분류가 아닌 것은?
[2015년4회]

① 교목
② 활엽수
③ 상록수
④ 덩굴성 수목(만경목)

정답 20. ② 21. ③ 22. ④ 23. ④ 24. ① 25. ② 26. ③

해설 줄기의 모양에 따라 교목과 관목, 만경목으로 구분하고, 잎의 모양에 따라 활엽수와 침엽수로 구분한다. 그러나 상록수와 낙엽수는 나무 고유의 모양에 따른 분류가 아니라 낙엽의 유무에 따른 구분이다.

27 상록수의 기능으로 부적합한 것은?

[2017년1회]

① 신록과 단풍으로 계절감을 준다.
② 겨울철에는 바람막이로 유용하다.
③ 계절의 변화 없이 생김새를 유지한다.
④ 시각적으로 불필요한 경관을 가려준다.

해설 잎의 생태에 따른 분류
- 상록수 : 일년 내내 푸른 잎의 나무로 차폐, 경계, 방풍, 방음 등으로 이용된다.
- 낙엽수 : 단풍이 들어 잎이 떨어지는 나무로 경관, 녹음 등으로 이용된다.

28 1년 내내 푸른 잎을 달고 있으며, 잎이 바늘처럼 뾰족한 나무를 가리키는 명칭은?

[2012년5회], [2017년1회]

① 상록활엽수
② 상록침엽수
③ 낙엽활엽수
④ 낙엽침엽수

해설 **수목의 8가지 성상**

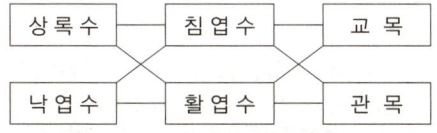

- 상록침엽교목 : 소나무, 잣나무, 섬잣나무, 스트로브잣나무, 주목, 전나무, 독일가문비나무, 구상나무, 편백, 화백, 측백 등
- 상록침엽관목 : 반송, 눈향, 옥향, 눈주목 등
- 상록활엽교목 : 가시나무, 태산목, 후박나무, 아왜나무, 동백나무, 먼나무, 굴거리나무 등
- 상록활엽관목 : 사철나무, 회양목, 영산홍, 돈나무, 꽝꽝나무, 남천, 피라칸사, 다정큼나무, 호랑가시나무, 광나무 등
- 낙엽침엽교목 : 은행나무, 메타세쿼이아, 낙엽송(일본잎갈나무), 낙우송
- 낙엽침엽관목 : 해당수종 없음
- 낙엽활엽교목 : 느티나무, 플라타너스, 벚나무, 가중나무, 대추나무, 감나무, 살구나무, 매화나무, 계수나무, 이팝나무, 산수유, 백합나무 등
- 낙엽활엽관목 : 개나리, 철쭉, 쥐똥나무, 매자나무, 명자나무, 조팝나무, 수국, 황매화, 박태기나무, 화살나무 등
※ 만경목 : 등나무, 능소화, 담쟁이, 인동, 송악, 으름, 멀꿀, 다래, 칡, 덩굴장미, 으아리 등(스스로 서지 못하는 식물)

29 다음 중 상록침엽수에 해당하는 수종은?

[2010년2회]

① 은행나무　② 전나무
③ 메타세쿼이아　④ 일본잎갈나무

해설 전나무는 상록침엽수로 분류된다.

30 다음 중 낙엽활엽교목으로 부채꼴형 수형이며, 야합수(夜合樹)라 불리기도 하며, 여름에 피는 꽃은 분홍색으로 화려하며, 천근성 수종으로 이식에 어려움이 있는 수종은?

[2012년2회]

① 서향　② 치자나무
③ 은목서　④ 자귀나무

해설 자귀나무는 낙엽활엽교목으로 분류되며 부채꼴형 수형이며, 야합수(夜合樹)라 불리기도 하며, 여름에 피는 꽃은 분홍색으로 화려하며, 천근성 수종으로 이식에 어려움이 있다.

31 다음 수종 중 상록활엽수가 아닌 것은?

[2013년4회]

① 굴거리나무　② 후박나무
③ 메타세쿼이아　④ 동백나무

해설 메타세쿼이아는 낙엽활엽수로 분류된다.

정답　27. ①　28. ②　29. ②　30. ④　31. ③

32 다음 중 은행나무의 설명으로 틀린 것은?
[2014년4회]

① 분류상 낙엽활엽수이다.
② 나무껍질은 회백색, 아래로 깊이 갈라진다.
③ 양수로 적윤지 토양에 생육이 적당하다.
④ 암수딴그루이고 5월초에 잎과 꽃이 함께 개화한

해설 은행나무는 낙엽침엽수로 분류된다. 은행나무는 잎은 활엽수의 형태를 가지고 있으나 침엽의 잎이 환경적응 과정에서 서로 붙게 되었고 겉씨식물이기 때문에 침엽수로 분류된다.

33 다음 그림과 같은 형태를 보이는 수목은?
[2015년5회]

① 일본목련   ② 복자기
③ 팔손이   ④ 물푸레나무

해설 종자의 모양으로 보아 단풍나무류에 해당되고 잎의 모양이 기수1쌍 우상복엽인 수목은 복자기나무이다.

34 다음 중 상록수로만 짝지어진 것은?
[2011년2회]

① 철쭉, 주목, 모과나무, 장미
② 사철나무, 아왜나무, 회양목, 독일가문비나무
③ 섬잣나무, 리기다소나무, 동백나무, 낙엽송
④ 소나무, 배롱나무, 은행나무, 사철나무

해설 사철나무, 아왜나무, 회양목, 독일가문비나무, 주목, 섬잣나무, 리기다소나무, 동백나무, 소나무, 사철나무는 상록수로 분류된다.

35 조경에 이용될 수 있는 상록활엽관목류의 수목으로만 짝지어진 것은?
[2014년5회]

① 황매화, 후피향나무
② 광나무, 꽝꽝나무
③ 백당나무, 병꽃나무
④ 아왜나무, 가시나무

해설 광나무, 꽝꽝나무는 상록활엽관목으로 분류된다.

36 활엽수이지만 잎의 형태가 침엽수와 같아서 조경적으로 침엽수로 이용하는 것은?
[2012년2회]

① 은행나무   ② 산딸나무
③ 위성류   ④ 이나무

해설 위성류는 활엽수로 분류되지만 외형적인 모양이 침엽수와 유사하여 조경에서 침엽수로 이용 가능하다.

37 낙엽활엽소 교목으로 양수이며 잎이 나오기 전 3월경 노란색으로 개화하고, 빨간 열매를 맺어 아름다운 수종은?
[2015년2회]

① 개나리   ② 생강나무
③ 산수유   ④ 풍년화

해설 산수유는 낙엽활엽소 교목으로 분류되며 빨간 열매를 맺는다. 생강나무도 꽃의 색과 개화 시기가 유사하지만 낙엽활엽관목으로 분류되면 열매는 적색이다.

38 다음 중 덩굴식물(vine)로만 구성되지 않은 것은?
[2010년1회]

① 담쟁이, 송악, 능소화, 인동덩굴
② 담쟁이, 칡, 개노박덩굴, 능소화
③ 등나무, 개노박덩굴, 멀꿀, 으름
④ 송악, 등나무, 능소화, 돈나무

정답 32. ① 33. ② 34. ② 35. ② 36. ③ 37. ③ 38. ④

해설 덩굴식물은 만경목이라고도 하며 스스로 서지 못하고 다른 물체를 감아 올라가는 수목을 말한다. 돈나무는 상록활엽관목으로 분류된다.

39 식물의 분류와 해당 식물들의 연결이 옳지 않은 것은? [2012년5회]

① 덩굴성 식물류 : 송악, 칡, 등나무
② 한국 잔디류 : 들잔디, 금잔디, 비로드잔디
③ 소관목류 : 회양목, 이팝나무, 원추리
④ 초본류 : 맥문동, 비비추, 원추리

해설 이팝나무는 교목이고, 원추리는 초본류로 분류된다. 소관목에는 눈향나무, 눈주목, 회양목, 둥근눈향나무 등이 있다.

40 소나무 꽃 특성에 대한 설명으로 옳은 것은? [2015년2회]

① 단성화, 자웅동주
② 단성화, 자웅이주
③ 양성화, 자웅동주
④ 양성화, 자웅이주

해설

구분	내용
갖춘꽃	암술, 수술, 꽃잎, 꽃받침(4대 기관)을 모두 갖춘 꽃
안갖춘꽃	4개 기관 중 하나라도 갖추고 있지 않은 꽃
양성화 (자웅동화)	암술과 수술을 모두 가지고 있는 꽃
단성화 (자웅이화)	암꽃과 수꽃이 따로 있는 꽃 자웅동주 : 암꽃과 수꽃이 한 개체에 있는 암수한그루 자웅이주 : 암꽃과 수꽃이 다른 개체에 있는 암수딴그루

41 소철과 은행나무의 공통점으로 옳은 것은? [2015년1회]

① 속씨식물
② 자웅이주
③ 낙엽침엽교목
④ 우리나라 자생식물

해설
- 소철 : 겉씨식물, 자웅이주, 상록침엽관목, 귀화식물
- 은행나무 : 겉씨식물, 자웅이주, 낙엽침엽교목, 귀화식물

42 다음 중 1속에서 잎이 5개 나오는 수종은? [2011년1회]

① 리기다소나무   ② 스트로브잣나무
③ 백송   ④ 방크스소나무

해설 침엽수의 속당 잎의 수

속당 잎수	종류
2	소나무, 곰솔, 방크스소나무
3	백송, 리기다소나무, 대왕송
5	잣나무, 스트로브잣나무, 섬잣나무

43 다음 일반적으로 봄에 가장 먼저 황색 계통의 꽃이 피는 수종은? [2010년4회]

① 등나무   ② 산수유
③ 박태기나무 ④ 벚나무

해설 꽃의 색채
- 백색 : 조팝나무, 팥배나무, 산딸나무, 노각나무, 백목련, 탱자나무, 돈나무, 태산목, 치자나무, 호랑가시나무, 팔손이나무, 고광나무, 이팝나무 등
- 적색 : 박태기나무, 배롱나무, 동백나무 등
- 황색 : 풍년화, 산수유, 매자나무, 개나리, 백합나무, 황매화, 죽도화, 모감주나무, 생강나무, 금목서 등
- 자주색 : 박태기나무, 수국, 오동나무, 멀구슬나무, 수수꽃다리, 등나무, 무궁화, 좀작살나무 등
- 주황색 : 능소화

정답 39. ③ 40. ① 41. ② 42. ② 43. ②

44 황색 계열의 꽃이 피는 수종이 아닌 것은?
[2011년1회]

① 풍년화
② 생강나무
③ 금목서
④ 등나무

해설 43번 해설 참조

45 다음 중 황색의 꽃을 갖는 수목은?
[2013년5회]

① 모감주나무 ② 조팝나무
③ 박태기나무 ④ 산철쭉

해설 43번 해설 참조

46 백색계통의 꽃을 감상할 수 있는 수종은?
[2015년1회]

① 개나리   ② 이팝나무
③ 산수유   ④ 맥문동

해설 43번 해설 참조

47 다음 중 고광나무(Philadelphus schrenkii)의 꽃 색깔은?
[2014년1회]

① 적색   ② 황색
③ 백색   ④ 자주색

해설 43번 해설 참조

48 가을에 그윽한 향기를 가진 등황색 꽃이 피는 수종은?
[2012년도4회]

① 팔손이나무 ② 생강나무
③ 금목서   ④ 남천

해설 43번 해설 참조

49 흰색 계열의 작은 꽃은 5~6월에 피고 가을에 붉은 계통의 단풍잎 또는 관상가치가 있으며 음지사면에 식재하면 좋은 수종은?
[2010년2회]

① 왕벚나무   ② 모과나무
③ 국수나무   ④ 족제비싸리

해설 국수나무는 낙엽관목으로 흰색 계열의 작은 꽃은 5~6월에 피고 가을에 붉은 계통의 단풍잎 또는 관상가치가 있으며 음지사면에 식재한다. 왕벚나무는 4~5월에 개화하는 낙엽교목이다.
꽃 피는 시기(적 : 빨강, 황 : 노랑, 백 : 흰색, 자 : 자주색, 홍 : 붉은색)
- 2월 : 매화(백/홍), 풍년화(황), 동백나무(적)
- 3월 : 매화(백/홍), 생강나무(황), 산수유(황), 개나리(황), 동백나무(적)
- 4월 : 호랑가시나무(백), 벚나무(담홍), 꽃아그배나무(담홍), 박태기나무(자), 이팝나무(백), 등나무(자), 으름덩굴(자), 목련(백/자), 조팝나무(백), 황매화(황)
- 5월 : 귀룽나무(백), 때죽나무(백), 튤립나무(황), 산딸나무(백), 일본목련(백), 고광나무(백), 병꽃나무(홍), 쥐똥나무(백), 다정큼나무(백), 돈나무(백), 인동덩굴(황), 이팝나무(백), 칠엽수(홍백), 국수나무(백)
- 6월 : 개쉬땅나무(백), 수국(자), 아왜나무(백), 태산목(백), 치자나무(백)
- 7월 : 노각나무(백), 자귀나무(담홍), 능소화(주황), 배롱나무(적,백), 회화나무(황), 무궁화(자,백)
- 8월 : 배롱나무(적,백), 싸리나무(자), 무궁화(자,백)
- 9월 : 배롱나무(적,백), 싸리나무(자)
- 10월 : 금목서(황), 은목서(백)
- 11월 : 팔손이(백)

50 다음 중 가로수로 식재하며, 주로 봄에 꽃을 감상할 목적으로 식재하는 수종은?
[2015년2회]

① 팽나무   ② 마가목
③ 협죽도   ④ 벚나무

해설 벚나무는 4~5월에 분홍색 또는 흰색으로 개화하는 낙엽교목으로 가로수, 정원수 등으로 식재된다.

정답 ▶ 44. ④ 45. ① 46. ② 47. ③ 48. ③ 49. ③ 50. ④

51 줄기의 색이 아름다워 관상가치를 가진 대표적인 수종의 연결로 옳지 않은 것은?
[2012년2회]

① 갈색계의 수목 : 편백
② 적갈색계의 수목 : 소나무
③ 흑갈색계의 수목 : 벽오동
④ 백색계의 수목 : 자작나무

해설 수피의 색
- 흰색 : 자작나무, 백송, 분비나무, 서어나무
- 청록색 : 벽오동, 황매화, 식나무
- 얼룩무늬 : 모과나무, 배롱나무, 노각나무, 플라타너스
- 적색수피 : 소나무, 주목, 흰말채나무 등
- 흑갈색수피 : 해송

52 수피에 아름다운 얼룩무늬가 관상 요소인 수종이 아닌 것은? [2016년4회]

① 노각나무   ② 모과나무
③ 배롱나무   ④ 자귀나무

해설 51번 해설 참조

53 나무줄기의 색채가 흰색계열이 아닌 수종은? [2013년2회]

① 자작나무   ② 모과나무
③ 분비나무   ④ 서어나무

해설 51번 해설 참조

54 다음 중 줄기의 색채가 백색 계열에 속하는 수종은? [2012년도4회]

① 노각나무   ② 해송
③ 모과나무   ④ 자작나무

해설 51번 해설 참조

55 수종과 그 줄기색(樹皮)의 연결이 틀린 것은? [2016년2회]

① 벽오동은 녹색 계통이다.
② 곰솔은 흑갈색 계통이다.
③ 소나무는 적갈색 계통이다.
④ 흰말채나무는 흰색 계통이다.

해설 51번 해설 참조

56 줄기의 색이 아름다워 관상가치 있는 수목들 중 줄기의 색계열과 그 연결이 옳지 않은 것은? [2012년5회]

① 청록색계의 수목 : 식나무(Aucuba japonica)
② 갈색계의 수목 : 편백(Chamaecyparis obtusa)
③ 적갈색계의 수목 : 서어나무(Carpinus laxiflora)
④ 백색계의 수목 : 백송(Pinus bungeana)

해설 51번 해설 참조

57 다음중 수종의 특성상 관상 부위가 주로 줄기인 것은? [2011년2회]

① 자작나무   ② 자귀나무
③ 수양버들   ④ 위성류

해설 자작나무는 흰색의 수피가 아름다워 관상용으로 많이 이용된다.

58 흰말채나무의 설명으로 옳지 않은 것은? [2012년도4회]

① 층층나무과로 낙엽활엽관목이다.
② 수피가 여름에는 녹색이나 가을, 겨울철의 붉은 줄기가 아름답다.
③ 노란색의 열매가 특징적이다.
④ 잎은 대생하며 타원형 또는 난상타원형이고, 표면에 작은 털, 뒷면은 흰색의 특징을 갖는다.

정답 51. ③ 52. ④ 53. ② 54. ④ 55. ④ 56. ③ 57. ① 58. ③

해설 **열매의 색**
- 적색 : 주목, 산딸나무, 화살나무, 남천, 매자, 찔레, 피라칸사, 꽃사과, 마가목, 산수유, 보리수나무, 팥배나무, 백당나무, 매발톱나무, 식나무, 사철나무, 호랑가시나무 등
- 황색(노란색) : 은행나무, 모과나무, 명자나무, 탱자나무 등
- 흑색(검정색) : 벚나무, 꽝꽝나무, 팔손이나무, 산초나무, 음나무, 쥐똥나무, 감탕나무, 동백나무, 생강나무 등
- 보라색 : 좀작살나무
- 흰색 : 흰말채나무
- 자색 : 굴거리나무

59 흰말채나무의 특징 설명으로 틀린 것은?
[2016년4회]

① 노란색의 열매가 특징적이다.
② 층층나무과로 낙엽활엽관목이다.
③ 수피가 여름에는 녹색이나 가을, 겨울철의 붉은 줄기가 아름답다.
④ 잎은 대생하며 타원형 또는 난상타원형이고, 표면에 작은 털이 있으며 뒷면은 흰색의 특징을 갖는다.

해설 **흰말채나무**
층층나무과 낙엽관목으로 수피는 붉은색이며 꽃은 황백색이며 열매는 흰색. 잎은 대생하며 타원형 또는 난상타원형이고, 표면에 작은 털이 있다.

60 흰말채나무의 특징 설명으로 틀린 것은?
[2011년1회]

① 잎은 대생하며 타원형 또는 난상타원형이고, 표면에 작은 털이 있으며 뒷면은 흰색의 특징을 갖는다.
② 수피가 여름에는 녹색이나 가을, 겨울철의 붉은 줄기가 아름답다.
③ 노란색의 열매가 특징적이다.
④ 층층나무과로 낙엽활엽관목이다.

해설 59번 해설 참조

61 수목을 관상적인 측면에서 본 분류 중 열매를 감상하기 위한 수종에 해당되는 것은?
[2012년5회]

① 은행나무 ② 모과나무
③ 반송 ④ 낙우송

해설 모과나무의 열매는 타원형 또는 달걀을 거꾸로 세운 모양으로 9월에 황색으로 익고 향기도 좋아 관상용으로 이용된다.

62 열매를 관상목적으로 하는 조경 수목 중 열매색이 적색(홍색) 계열이 아닌 것은?(단, 열매색의 분류 : 황색, 적색, 흑색) [2016년4회]

① 주목 ② 화살나무
③ 산딸나무 ④ 굴거리나무

해설 58번 해설 참조

63 홍색(紅色) 열매를 맺지 않는 수종은?
[2012년2회]

① 산수유 ② 쥐똥나무
③ 주목 ④ 사철나무

해설 쥐똥나무의 열매는 검정색이다.

64 다음 중 열매가 붉은색으로만 짝지어진 것은?
[2015년4회]

① 쥐똥나무, 팥배나무
② 주목, 칠엽수
③ 피라칸다, 낙상홍
④ 매실나무, 무화과나무

해설 **적색열매**
주목, 산딸나무, 화살나무, 매자, 찔레, 피라칸사, 꽃사과, 마가목, 산수유, 보리수나무, 팥배나무, 백당나무, 매발톱나무, 식나무, 사철나무, 호랑가시나무, 낙상홍 등

정답 59. ① 60. ③ 61. ② 62. ④ 63. ② 64. ③

65 다음 중 9월 중순~10월 중순에 성숙된 열매 색이 흑색인 것은? [2015년5회]
① 마가목 ② 살구나무
③ 남천   ④ 생강나무

해설 흑색(검정색) 열매
벚나무, 꽝꽝나무, 팔손이나무, 산초나무, 음나무, 쥐똥나무, 감탕나무, 동백나무, 생강나무 등

66 10월경에 붉은 계열의 열매가 관상 대상이 되는 수종이 아닌 것은? [2017년1회]
① 남천   ② 산수유
③ 왕벚나무 ④ 화살나무

해설 65번 해설 참조

67 수목과 열매의 색채가 맞게 연결된 것은? [2010년5회]
① 화살나무 – 청색계통
② 산딸나무 – 황색계통
③ 붉나무 – 검정색계통
④ 사철나무 – 적색계통

해설 적색열매
주목, 산딸나무, 매자, 찔레, 피라칸사, 꽃사과, 마가목, 산수유, 보리수나무, 팥배나무, 백당나무, 매발톱나무, 식나무, 사철나무, 호랑가시나무, 붉나무, 화살나무 등

68 단풍의 색깔이 선명하게 드는 환경을 올바르게 설명한 것은? [2010년1회]
① 바람이 세게 불고 햇빛을 적게 받을 때
② 날씨가 추워서 햇빛을 보지 못할 때
③ 가을의 맑은 날이 계속되고 밤, 낮의 기온 차가 클 때
④ 비가 자주 올 때

해설 단풍이 선명하게 드는 조건은 따뜻하고 습도가 높은 봄, 적당한 강우량, 건강하게 자란 잎이 가을의 맑은 날이 계속되고 밤, 낮의 기온 차가 클 때이다.

69 다음 중 붉은색(홍색)의 단풍이 드는 수목들로 구성된 것은? [2017년 3회]
① 낙우송, 느티나무, 백합나무
② 칠엽수, 참느릅나무, 졸참나무
③ 감나무, 화살나무, 붉나무
④ 잎갈나무, 메타세쿼이아, 은행나무

해설 단풍의 색

붉은색	옻나무, 붉나무, 마가목, 감나무, 산딸나무, 화살나무, 신나무, 복자기나무, 단풍나무, 담쟁이
노란색	고로쇠나무, 은행나무, 일본잎갈나무, 메타세쿼이아, 느티나무, 백합나무, 갈참나무, 칠엽수, 벽오동, 배롱나무, 자작나무, 계수나무

70 다음 수종들 중 단풍이 붉은색이 아닌 것은? [2012년1회]
① 신나무   ② 복자기
③ 화살나무 ④ 고로쇠나무

해설 붉은 단풍
옻나무, 붉나무, 마가목, 감나무, 산딸나무, 화살나무, 단풍나무, 담쟁이, 신나무, 복자기나무 등
* 고로쇠나무는 노란색 단풍색이다.

71 수목의 여러 가지 이용 중 단풍의 아름다움을 관상하려 할 때 적합하지 않은 수종은? [2013년5회]
① 신나무   ② 칠엽수
③ 화살나무 ④ 팥배나무

해설 관상면에 따른 분류
• 꽃 관상 : 매화, 목련, 동백, 박태기나무, 배롱나무, 등나무, 명자나무
• 열매 관상 : 피라칸사, 석류나무, 감나무, 일본목련, 화살나무, 모과나무, 팥배나무
• 잎 관상 : 벽오동, 주목, 은행나무, 단풍나무, 대나무, 화백
• 단풍 관상 : 단풍나무, 붉나무, 복자기나무, 은행나무, 마가목, 팥배나무

정답 ▶ 65. ④ 66. ③ 67. ④ 68. ③ 69. ③ 70. ④ 71. ④

• 줄기 관상 : 자작나무(흰색)
밭배나무는 밭을 닮은 열매와 배를 닮은 꽃을 갖았다는 이름의 유래처럼 열매의 관상가치가 높다.

72 가을에 단풍이 노란색으로 물드는 수종은?
[2010년2회]

① 붉나무   ② 화살나무
③ 담쟁이덩굴   ④ 붉은고로쇠나무

해설 고로쇠나무의 단풍은 노란색이다.

73 봄에 강한 향기를 지닌 꽃이 피는 수종은?
[2011년5회]

① 치자나무   ② 서향
③ 불두화   ④ 튤립나무

해설
• 꽃의 향기 : 매화나무(3월), 수수꽃다리(4~5월), 장미(5~10월), 일본목련(6월), 함박꽃나무(6월), 인동덩굴(7월), 목서류(10월), 서향(3~4월), 치자나무(6~7월) 등
• 열매의 향기 : 녹나무, 모과나무 등
• 잎의 향기 : 녹나무, 생강나무, 미국측백, 계수나무, 백동백나무 등

74 다음 중 가을에 꽃향기를 풍기는 수종은?
[2014년1회]

① 매화나무   ② 수수꽃다리
③ 모과나무   ④ 목서류

해설 73번 해설 참조

75 여름철에 강한 햇빛을 차단하기 위해 식재되는 수종을 가리키는 것은?
[2013년1회]

① 녹음수   ② 방풍수
③ 차폐수   ④ 방음수

해설
• 녹음수 : 여름에 햇빛을 차단해 그늘을 제공
• 방풍수 : 바람을 막아 줌
• 차폐수 : 불필요하나 시야를 막아 줌
• 방음수 : 소리를 막아 줌

76 정원의 한 구석에 녹음용수로 쓰기 위해서 단독으로 식재하려 할 때 적합한 수종은?
[2013년2회]

① 칠엽수   ② 박태기나무
③ 홍단풍   ④ 꽝꽝나무

해설 이용상에 따른 수목 분류
• 산울타리 및 차폐용 – 사철나무, 측백나무, 서양측백나무, 개나리, 쥐똥나무, 탱자나무
• 녹음수 : 큰 잎, 지하고가 높은 낙엽교목 – 느티나무, 은행나무, 플라타너스, 백합나무, 회화나무, 칠엽수
• 방음수 : 지하고가 낮고 잎이 치밀한 상록 교목 – 향나무, 녹나무, 히말라야시다, 태산목, 구실잣밤나무
• 방풍수 : 심근성, 줄기, 가지가 강한 것, 추녀높이보다 높이 자랄 것(방풍림은 직각으로 길게 조성) – 해송, 편백, 삼나무, 느티나무, 가시나무
• 방화수 : 수분이 많은 상록활엽수, 가지 많고 잎이 무성 – 상수리나무, 돈나무, 사철나무, 가시나무, 굴거리나무
• 가로수 : 가로경관, 미기후 조절, 대기오염 정화, 섬광, 교통소음 차단 및 감소기능, 방풍, 방설, 방사, 방조, 방화대로서의 기능, 도시민의 사생활 보호
• 도시도로 녹지 수종 : 쥐똥나무, 벽오동, 향나무(고속도로 식재에서 차광률 가장 높은 수목)

77 다음 중 가로수를 심는 목적이라고 볼 수 없는 것은?
[2012년1회]

① 시선을 유도한다.
② 방음과 방화의 효과가 있다.
③ 녹음을 제공한다.
④ 도시환경을 개선한다.

해설 가로수 식재 목적
가로경관, 미기후 조절, 대기오염 정화, 섬광, 교통소음 차단 및 감소기능, 방풍, 방설, 방사, 방조, 도시민의 사생활 보호, 시선유도 등을 위해 식재한다.
* 방화의 기능과는 거리가 있다.

78 "차량의 왕래가 빈번하여 많은 소음이 발생되는 곳에서 소음을 차단하거나 감소시키기 위하여 나무를 심어 녹지 공간을 만든다. 방

정답 72. ④   73. ②   74. ④   75. ①   76. ①   77. ②   78. ④

음용 수목으로는 잎이 치밀한 상록교목이 바람직하며, 지하고가 낮고 자동차의 배기가스에 견디는 힘이 강한 것이 좋다."에 해당하는 기능을 가진 가장 적합한 수종으로만 구성된 것은? [2010년1회]

① 산벚나무, 수국
② 꽃사과나무, 단풍나무
③ 은행나무, 느티나무
④ 녹나무, 아왜나무

해설 방음수
지하고가 낮고 잎이 치밀한 상록 교목 – 향나무, 녹나무, 히말라야시다, 태산목, 구실잣밤나무, 아왜나무 등

79 다음 중 방음용 수목으로 사용하기 부적합한 것은? [2011년4회]

① 은행나무   ② 구실잣밤나무
③ 아왜나무   ④ 녹나무

해설 78번 해설 참조

80 조경수목을 이용 목적으로 분류할 때 바르게 짝지어진 것은? [2010년5회]

① 방풍용 – 회양목
② 방음용 – 아왜나무
③ 가로수용 – 무궁화
④ 산울타리용 – 은행나무

해설 76번 해설 참조

81 쾌적한 가로환경과 환경보전, 교통제어, 녹음과 계절성, 시선유도등으로 활용하고 있는 가로수로 적합하지 않은 수종은? [2012년2회]

① 이팝나무   ② 은행나무
③ 메타세쿼이아 ④ 능소화

해설 76번 해설 참조

82 다음 중 가로수용으로 사용되기 가장 부적합한 수종은? [2010년5회]

① 은행나무   ② 사스레피나무
③ 가중나무   ④ 플라타너스

해설 가로수용 수목
벚나무, 은행나무, 느티나무, 가중나무, 회화나무, 메타세쿼이아, 이팝나무, 플라타너스
* 사스레피나무는 상록활엽관목으로 가로수용으로는 부적합하다.

83 가로수로서 갖추어야 할 조건을 기술한 것 중 옳지 않은 것은? [2012년5회]

① 강한 바람에도 잘 견딜 수 있는 수종
② 여름철 그늘을 만들고 병해충에 잘 견디는 수종
③ 사철 푸른 상록수
④ 각종 공해에 잘 견디는 수종

해설 가로수의 조건
• 자동차와 보행자에게 녹음제공
• 관상가치가 있는 낙엽교목
• 다듬기 작업이 양호한 수종
• 공해, 답압에 강한 수종
• 이식에 잘 적응하는 수종

84 일반적인 가로수 식재 수종의 설명으로 부적합한 것은? [2010년2회]

① 둥근 형태로 다듬어진 작은 수종이 적합하다.
② 대기오염에 저항력이 강하고 생장이 빠른 것이 적합하다.
③ 도시 중심가의 경우 직간의 높이는 2~2.3m 이상의 지하고를 가진 것을 택한다.
④ 가지가 고르게 자리 잡아 어느 방향으로 보아도 정형적인 수형을 가진 것이 좋다.

해설 가로수 아래로 자동차나 사람의 보행이 가능하도록 낙엽교목이 적합하다.

정답 79. ① 80. ② 81. ④ 82. ② 83. ③ 84. ①

85 조경수목의 이용 목적으로 본 분류 중 수형이나 잎의 모양 및 색깔이 아름다운 낙엽교목 이어야 하며, 다듬기 작업이 용이해야 하고, 병충해 및 공해에 강한 수목에 해당하는 것은? [2011년5회]

① 가로수 ② 방음수
③ 방풍수 ④ 산울타리

[해설] 83번 해설 참조

86 다음 중 가로수용으로 가장 적합한 수종은? [2015년4회]

① 회화나무 ② 돈나무
③ 호랑가시나무 ④ 풀명자

[해설] 가로수용 수목
벚나무, 은행나무, 느티나무, 가중나무, 회화나무, 메타세쿼이아, 이팝나무, 플라타너스

87 차량 통행이 많은 지역의 가로수로 가장 부적합한 것은? [2016년4회]

① 은행나무 ② 층층나무
③ 양버즘나무 ④ 단풍나무

[해설] 가로수용 수목
2~2.3m 이상의 지하고를 가진 수종을 택해야 한다.

88 다음 중 차폐식재로 사용하기 가장 부적합한 수종은? [2012년도4회]

① 계수나무 ② 서양측백
③ 호랑가시 ④ 쥐똥나무

[해설] 산울타리 및 차폐용 – 사철나무, 측백나무, 서양측백나무, 개나리, 쥐똥나무, 탱자나무, 호랑가시
계수나무는 낙엽교목수목으로 부적절하다.

89 정원수의 이용상 분류 중 보기의 설명에 해당되는 것은? [2017년 3회]

- 가지다듬기를 할 수 있을 것
- 아래 가지가 말라 죽지 않을 것
- 잎이 아름답고 가지가 치밀할 것

① 가로수 ② 녹음수
③ 방풍수 ④ 산울타리

[해설] 수목의 이용상 분류
- 산울타리 및 차폐용 : 지하고가 낮고 지엽이 치밀, 상록수로 전정에 강하고 아랫 가지 오래갈 것
  예) 사철나무, 측백나무, 서양측백나무, 개나리, 쥐똥나무, 탱자나무, 호랑가시, 꽝꽝나무, 무궁화
- 녹음수 및 가로수 : 큰 잎, 지하고가 높은 낙엽교목으로 그늘을 형성할 것
  예) 느티나무, 은행나무, 플라타너스, 백합나무, 회화나무, 칠엽수
- 방풍수 : 심근성으로 줄기와 가지가 강할 것
  예) 해송, 편백, 삼나무, 느티나무, 가시나무, 박달나무, 아까시나무, 가문비나무

90 다음 중 산울타리 수종으로 적합하지 않은 것은? [2015년4회]

① 편백 ② 무궁화
③ 단풍나무 ④ 쥐똥나무

[해설] 산울타리 및 차폐용 – 사철나무, 측백나무, 서양측백나무, 개나리, 쥐똥나무, 탱자나무, 호랑가시
* 산울타리는 지하고가 낮고 지엽이 치밀한 수종이 적합하나 단풍나무는 낙엽교목수목으로 부적절하다.

91 다음 중 산울타리 및 은폐용 수종으로 적당하지 않은 것은? [2010년5회]

① 꽝꽝나무
② 호랑가시나무
③ 사철나무
④ 눈향나무

[해설] 산울타리는 지하고가 낮고 지엽이 치밀하며 상록수가 적합하나 눈향나무는 수고가 너무 낮아 차폐, 은폐가 불가능하다.

정답 85. ① 86. ① 87. ④ 88. ① 89. ④ 90. ③ 91. ④

92 산울타리용 수종으로 부적합한 것은?

[2012년 5회]

① 개나리 ② 칠엽수
③ 꽝꽝나무 ④ 명자나무

해설 산울타리는 지하고가 낮고 지엽이 치밀하며 상록수가 적합하나 칠엽수는 낙엽교목수목으로 지하고가 높아 부적합하다.

93 산울타리에 적합하지 않은 식물 재료는?

[2012년 2회]

① 무궁화 ② 느릅나무
③ 측백나무 ④ 꽝꽝나무

해설 92번 해설 참조

94 다음 중 산울타리 수종이 갖추어야 할 조건으로 틀린 것은?

[2013년 4회]

① 전정에 강할 것
② 아래 가지가 오래갈 것
③ 지엽이 치밀할 것
④ 주로 교목활엽수일 것

해설 92번 해설 참조

95 방풍림(wind shelter) 조성에 알맞은 수종은?

[2016년 1회]

① 팽남, 녹나무, 느티나무
② 곰솔, 대나무류, 자작나무
③ 신갈나무, 졸참나무, 향나무
④ 박달나무, 가문비나무, 아까시나무

해설 **방풍수**
심근성, 줄기, 가지가 강한 것, 추녀높이 보다 높이 자랄 것(방풍림은 직각으로 길게 조성) – 해송, 편백, 삼나무, 느티나무, 가시나무, 박달나무, 가문비나무, 아까시나무 등

96 내풍성이 약하며 바람에 잘 쓰러지는 수종으로 가장 적합한 것은?

[2018년 1회]

① 갈참나무 ② 가시나무
③ 느티나무 ④ 미루나무

해설 **내풍성에 따른 수목의 분류**
- 바람에 강한 수종 : 소나무, 해송, 참나무류(갈참나무, 가시나무), 느티나무류 등
- 바람에 약한 수종 : 삼나무, 편백, 포플러, 사시나무, 자작나무, 수양버들, 미루나무 등

97 방사(防砂)·방진(防塵)용 수목의 대표적인 특징 설명으로 가장 적합한 것은?

[2015년 5회]

① 잎이 두껍고 함수량이 많으며 넓은 잎을 가진 치밀한 상록수여야 한다.
② 지엽이 밀생한 상록수이며 맹아력이 강하고 관리가 용이한 수목이어야 한다.
③ 사람의 머리가 닿지 않을 정도의 지하고를 유지하고 겨울에는 낙엽되는 수목이어야 한다.
④ 빠른 생장력과 뿌리뻗음이 깊고, 지상부가 무성하면서 지엽이 바람에 상하지 않는 수목이어야 한다.

해설 모래와 분진을 막아주기 위해서는 빠른 생장력과 뿌리뻗음이 깊고, 지상부가 무성하면서 지엽이 바람에 상하지 않는 수목이 적합하다.

98 실내조경 식물의 선정 기준이 아닌 것은?

[2012년 1회]

① 가스에 잘 견디는 식물
② 낮은 광도에 견디는 식물
③ 내건성과 내습성이 강한 식물
④ 온도 변화에 예민한 식물

해설 **실내조경 식물의 선정 기준**
- 가스에 잘 견디는 식물
- 낮은 광도에 견디는 식물

정답 92.② 93.② 94.④ 95.④ 96.④ 97.④ 98.④

- 내건성과 내습성이 강한 식물
- 온도 변화에 민감하지 않은 식물

99 줄기가 아래로 늘어지는 생김새의 수간을 가진 나무의 모양을 무엇이라 하는가?
[2016년4회]

① 쌍간 ② 다간
③ 직간 ④ 현애

해설 수간의 모양에 따른 수목의 수형
- 직간 : 줄기가 직선으로 자람
- 사간 : 줄기가 비스듬히 자람
- 곡간 : 줄기가 자연스럽게 곡선으로 자람
- 쌍간 : 줄기가 아래에서 2개로 갈라져 자람
- 다간 : 줄기가 아래에서 여러 개로 갈라져 자람
- 현애 : 줄기가 아래로 늘어져 자람

100 다음 중 수관의 형태가 "원추형"인 수종은?
[2016년1회]

① 전나무 ② 실편백
③ 녹나무 ④ 산수유

해설 수목의 자연 수형

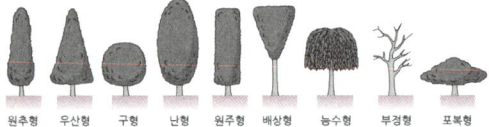

- 원추형 : 낙우송, 삼나무, 전나무, 낙엽송 등
- 우산형 : 편백, 화백, 반송, 층층나무, 왕벚나무 등
- 구형 : 녹나무, 가시나무, 수수꽃다리, 화살나무
- 난형 : 백합나무, 동백나무, 태산목, 계수나무 등
- 원주형 : 포플러류, 무궁화 등
- 배상형 : 느티나무, 가중나무, 단풍나무, 배롱나무 등
- 능수형 : 능수버들, 용버들, 수양벚나무 등

101 토피어리(topiary)란? [2015년1회]
① 분수의 일종
② 형상수(形狀樹)
③ 조각된 정원석
④ 휴게용 그늘막

해설 토피어리
형상수로 맹아력이 강한 수목을 인위적으로 동물이나 기하학적 모양으로 만드는 것을 말함(향나무, 주목, 회양목 등)

102 형상수로 이용할 수 있는 수종은?
[2012년2회]

① 주목   ② 명자나무
③ 단풍나무 ④ 소나무

해설 맹아력이 좋은 상록수로 주목, 회양목, 향나무 등이 주로 이용된다.

103 다음 중 형상수로 많이 이용되고, 가을에 열매가 붉게 되며, 내음성이 강하며, 비옥지에서 잘 자라는 특성을 가진 정원수는?
[2013년2회]

① 화살나무 ② 쥐똥나무
③ 주목   ④ 산수유

해설 102번 해설 참조

104 형상수(topiary)를 만들기에 가장 적합한 수종은?
[2016년2회]

① 주목   ② 단풍나무
③ 개벚나무 ④ 전나무

해설 102번 해설 참조

105 다음 중 수목을 기하학적인 모양으로 수관을 다듬어 만든 수형을 가리키는 용어는?
[2012년1회]

① 정형수 ② 형상수
③ 경관수 ④ 녹음수

해설 101번 해설 참조

정답 99. ④ 100. ① 101. ② 102. ① 103. ③ 104. ① 105. ②

CHAPTER 02 조경재료 기출문제

106 형상수(Topiary)를 만들기에 알맞은 수종은? [2012년5회]
① 느티나무　② 주목
③ 단풍나무　④ 송악

해설 102번 해설 참조

107 [보기]와 같은 특성을 갖는 수목는? [2017년1회]

[보기]
- 형상수로 많이 이용되고, 가을에 열매가 붉게 된다.
- 내음성이 강하며, 비옥지에서 잘 자란다.

① 주 목　② 산딸나무
③ 화살나무　④ 쥐똥나무

해설 주목
상록침엽수로 맹아력이 강해 형상수로 이용되며 열매는 핵과로 9~10월에 붉게 익는다. 내음성 수종이고 생장속도는 느리나 비옥지에서 잘 자란다.

108 다음중 인공적인 수형을 만드는데 적합한 수종이 아닌 것은? [2010년2회]
① 주목　② 벚나무
③ 쫭쫭나무　④ 아왜나무

해설 102번 해설 참조

109 다음 중 조경수목의 계절적 현상 설명으로 옳지 않은 것은? [2014년4회]
① 싹틈 : 눈은 일반적으로 지난 해 여름에 형성되어 겨울을 나고, 봄에 기온이 올라감에 따라 싹이 튼다.
② 개화 : 능소화, 무궁화, 배롱나무 등의 개화는 그 전년에 자란 가지에서 꽃눈이 분화하여 그 해에 개화한다.
③ 결실 : 결실량이 지나치게 많을 때에는 다음 해의 개화, 결실이 부실해지므로 꽃이 진 후 열매를 적당히 솎아준다.
④ 단풍 : 기온이 낮아짐에 따라 잎 속에서 생리적인 현상이 일어나 푸른 잎이 다홍색, 황색 또는 갈색으로 변하는 현상이다.

해설 개화
초여름부터 가을에 걸쳐 꽃이 피는 나무는 개화하는 그 해에 자란 가지에서 꽃눈이 분화하여 그 해안에 꽃이 피는 성질을 지니게 되는데, 능소화, 무궁화, 배롱나무, 장미, 찔레나무 등이 이에 속한다.

110 정원수는 개화 생리에 따라 당년에 자란 가지에 꽃 피는 수종, 2년생 가지에 꽃 피는 수종, 3년생 가지에 꽃 피는 수종으로 구분한다. 다음 중 2년생 가지에 꽃 피는 수종은? [2012년도4회]
① 살구나무　② 명자나무
③ 장미　④ 무궁화

해설 개화 생리

구분	종류	개화시기
당년	능소화, 무궁화, 배롱나무, 장미, 찔레나무, 포도나무 등	여름
2년생 가지	벚나무, 개나리, 산수유, 목련, 생강나무, 매실나무 등	봄
3년생 가지	명자나무, 사과나무, 배나무	–

111 다음 중 녹나무과(科)로 봄에 가장 먼저 개화하는 수종은? [2014년4회]
① 치자나무　② 호랑가시나무
③ 생강나무　④ 무궁화

해설 110번 해설 참조

112 다음 수목 중 봄철에 꽃을 가장 빨리 보려면 어떤 수종을 식재해야 하는가? [2012년1회]
① 말발도리　② 자귀나무
③ 매실나무　④ 금목서

정답 106. ② 107. ① 108. ② 109. ② 110. ① 111. ③ 112. ③

해설 **봄철에 감상할 수 있는 수종**
진달래, 영춘화, 박태기나무, 철쭉, 동백나무, 명자나무, 목련, 조팝나무, 산사나무, 매화나무, 개나리, 산수유, 수수꽃다리, 히어리, 배나무, 복사나무 등

113 여름에 꽃을 피우는 수종이 아닌 것은?
[2013년4회]

① 능소화 ② 조팝나무
③ 석류나무 ④ 배롱나무

해설 111번 해설 참조

114 다음 중 주택 정원에 식재하여 여름에 꽃을 감상할 수 있는 수종은? [2015년5회]

① 식나무 ② 능소화
③ 진달래 ④ 수수꽃다리

해설 110번 해설 참조

115 덩굴로 자라면서 여름(7~8월경)에 아름다운 주황색 꽃이 피는 수종은? [2012년5회]

① 등나무 ② 홍가시나무
③ 능소화 ④ 남천

해설 **능소화**
능소화과의 낙엽성 덩굴식물로 꽃은 7-8월에 피며 새로 난 가지 끝에 원추꽃차례로 주황색이다.

116 조경 수목의 꽃눈분화, 결실 등과 가장 관련이 깊은 것은? [2018년 3회]

① 질소와 탄소비율 ② 탄소와 칼륨비율
③ 질소와 인산비율 ④ 인산과 칼륨비율

해설 **C/N율**
• 유기물 중에 존재하는 탄소와 질소의 비율로 C/N율에 따라 생육과 개화 결실에 영향을 준다.
• C/N율이 높으면 개화를 유도하고 C/N율이 낮으면 영양생장이 계속된다.

117 곁눈 밑에 상처를 내어 놓으면 잎에서 만들어진 동화물질이 축적되어 잎눈이 꽃눈으로 변하는 일이 많다. 어떤 이유 때문인가?
[2012년도4회]

① T/R율이 낮아지므로
② C/N율이 낮아지므로
③ T/R율이 높아지므로
④ C/N율이 높아지므로

해설 질소보다 탄소의 비율이 많아지면 화아분화가 촉진된다.

118 다음 중 조경수목의 생장 속도가 빠른 수종은? [2013년5회]

① 둥근향나무 ② 감나무
③ 모과나무 ④ 삼나무

해설 **수목의 생장 속도**

느린 수종	주목, 눈주목, 향나무, 눈향나무, 목서, 동백나무, 호랑가시나무, 남천, 회양목, 참나무류, 모과나무, 산딸나무, 마가목, 감나무, 비자나무 등
빠른 수종	낙우송, 메타세쿼이아, 독일가문비, 서양측백, 소나무, 일본잎갈나무, 편백, 화백, 가시나무, 사철나무, 팔손이나무, 벽오동, 양버들, 은행나무, 일본목련, 자작나무, 칠엽수, 플라타너스, 회화나무, 단풍나무, 산수유, 무궁화, 삼나무 등

119 다음 조경식물 중 생장 속도가 가장 느린 것은? [2014년5회]

① 배롱나무 ② 쉬나무
③ 눈주목 ④ 층층나무

해설 118번 해설 참조

120 다음 중 조경수목의 생장 속도가 느린 것은?
[2015년1회]

① 모과나무 ② 메타세쿼이아
③ 백합나무 ④ 개나리

해설 118번 해설 참조

정답 113. ② 114. ② 115. ③ 116. ① 117. ④ 118. ④ 119. ③ 120. ①

121 다음 수목 중 일반적으로 생장속도가 가장 느린 것은? [2012년1회]

① 네군도단풍 ② 층층나무
③ 개나리   ④ 비자나무

해설 118번 해설 참조

122 다음 중 이식에 대한 적응성이 강하여 이식이 가장 쉬운 수종으로만 짝지어진 것은? [2010년5회]

① 소나무, 태산목
② 주목, 섬잣나무
③ 사철나무, 쥐똥나무
④ 백합나무, 감나무

해설 수목의 이식에 대한 적응력

어려운 수종	독일가문비, 전나무, 주목, 가시나무, 굴거리나무, 태산목, 후박나무, 다정큼나무, 피라칸사, 목련, 느티나무, 자작나무, 칠엽수, 마가목, 일본잎갈나무
쉬운 수종	낙우송, 메타세쿼이아, 편백, 화백, 측백, 가이즈까향나무, 은행나무, 플라타너스, 단풍나무류, 쥐똥나무, 박태기나무, 화살나무, 사철나무, 벽오동

123 다음 중 조경수의 이식에 대한 적응이 가장 쉬운 수종은? [2013년1회]

① 섬잣나무 ② 벽오동
③ 가시나무 ④ 전나무

해설 122번 해설 참조

124 다음 중 조경수의 이식에 대한 적응이 가장 어려운 수종은? [2016년1회]

① 편백   ② 미루나무
③ 수양버들 ④ 일본잎갈나무

해설 122번 해설 참조

125 심근성 수종에 해당하지 않은 것은? [2012년도4회]

① 은행나무 ② 현사시나무
③ 섬잣나무 ④ 태산목

해설 토심에 따른 수종
현사시나무는 버드나무과의 은백양과 수원사시나무의 교잡종으로 생장이 빠른 천근성 수목이다.

심근성	소나무, 전나무, 주목, 곰솔, 섬잣나무, 가시나무, 굴거리나무, 녹나무, 태산목, 후박나무, 동백나무, 느티나무, 참나무류, 칠엽수, 회화나무, 단풍나무류, 싸리나무, 말발도리, 은행나무
천근성	가문비나무, 독일가문비, 일본잎갈나무, 편백, 자작나무, 버드나무

126 다음 중 일반적인 토양의 상태에 따른 뿌리 발달의 특징 설명으로 옳지 않은 것은? [2012년1회]

① 척박지에서는 뿌리의 갈라짐이 적고 길게 뻗어 나간다.
② 건조한 토양에서는 뿌리가 짧고 좁게 퍼진다.
③ 비옥한 토양에서는 뿌리목 가까이에서 많은 뿌리가 갈라져 나가고 길게 뻗지 않는다.
④ 습한 토양에서는 호흡을 위하여 땅 표면 가까운 곳에 뿌리가 퍼진다.

해설 건조한 토양에서는 뿌리가 넓고 길게 퍼진다.

127 질감이 거칠어 큰 건물이나 서양식 건물에 가장 잘 어울리는 수종은? [2010년5회]

① 철쭉류   ② 소나무
③ 버즘나무 ④ 편백

해설 질감
• 거친 것 : 큰 잎 – 칠엽수(마로니에), 버즘나무(플라타너스)
• 고운 것 : 작은 잎 – 철쭉, 소나무, 편백, 화백, 삼나무

정답 121. ④ 122. ③ 123. ② 124. ④ 125. ② 126. ② 127. ③

128 다음 중 성목의 수간 질감이 가장 거칠고, 줄기는 아래로 처지며, 수피가 회갈색으로 갈라져 벗겨지는 것은? [2012년5회]

① 벽오동　　② 주목
③ 개잎갈나무　④ 배롱나무

해설 개잎갈나무는 히말라야시다, 설송이라고도 부르며 수피가 회갈색으로 갈라져 벗겨지고, 잎의 질감은 고우나 수간 전체의 질감은 거칠다.

129 다음 중 양수에 해당하는 낙엽관목 수종은? [2014년5회]

① 녹나무　　② 무궁화
③ 독일가문비　④ 주목

해설 광선에 따른 수목의 분류
- 음수(생장을 위한 전광량의 50%) – 사철나무, 회양목, 전나무, 주목, 눈주목, 비자나무, 개비자나무, 동백나무, 독일가문비, 팔손이나무
- 양수(생장을 위한 전광량의 70%) – 향나무, 소나무, 해송, 철쭉, 느티나무, 은행나무, 무궁화, 백목련, 가중나무, 일본잎갈나무, 자작나무
*무궁화는 양수이며 낙엽과목으로 분류된다.

130 다음 중 양수에 해당하는 수종은? [2016년2회]

① 일본잎갈나무　② 조록싸리
③ 식나무　　　　④ 사철나무

해설 양수(생장을 위한 전광량의 70%)
향나무, 소나무, 해송, 철쭉, 느티나무, 은행나무, 무궁화, 백목련, 가중나무, 일본잎갈나무, 자작나무

131 건물 주위에 식재 시 양수와 음수의 조합으로 되어 있는 수종들은? [2013년1회]

① 눈주목, 팔손이나무
② 자작나무, 개비자나무
③ 사철나무, 전나무
④ 일본잎갈나무, 향나무

해설 광선에 따른 수목의 분류
- 양수(생장을 위한 전광량의 70%) – 향나무, 소나무, 해송, 철쭉, 느티나무, 은행나무, 무궁화, 백목련, 가중나무, 일본잎갈나무, 자작나무
- 음수(생장을 위한 전광량의 50%) – 사철나무, 회양목, 전나무, 주목, 눈주목, 비자나무, 개비자나무, 동백나무, 독일가문비, 팔손이나무

132 다음 조경 수목 중 음수인 것은? [2012년2회]

① 향나무　　② 느티나무
③ 비자나무　④ 소나무

해설 음수(생장을 위한 전광량의 50%)
사철나무, 회양목, 전나무, 주목, 눈주목, 비자나무, 개비자나무, 동백나무, 독일가문비, 팔손이나무

133 다음 중 광선(光線)과의 관계 상 음수(陰樹)로 분류하기 가장 적합한 것은? [2016년4회]

① 박달나무　② 눈주목
③ 감나무　　④ 배롱나무

해설 132번 해설 참조

134 다음 중 강음수에 해당되는 식물종은? [2015년2회]

① 팔손이　　② 두릅나무
③ 회나무　　④ 노간주나무

해설 132번 해설 참조

135 수목은 생육조건에 따라 양수와 음수로 구분하는데, 다음 중 성격이 다른 하나는? [2014년1회]

① 무궁화
② 박태기나무
③ 독일가문비나무
④ 산수유

정답 128. ③　129. ②　130. ①　131. ②　132. ③　133. ②　134. ①　135. ③

CHAPTER 02 조경재료 기출문제

> **해설**
> - 양수(생장을 위한 전광량의 70%) - 향나무, 소나무, 해송, 철쭉, 느티나무, 은행나무, 무궁화, 백목련, 가중나무, 일본잎갈나무, 자작나무, 산수유, 박태기
> - 음수(생장을 위한 전광량의 50%) - 사철나무, 회양목, 전나무, 주목, 눈주목, 비자나무, 개비자나무, 동백나무, 독일가문비, 팔손이나무

136 줄기나 가지가 꺾이거나 다치면 그 부근에 있던 숨은 눈이 자라 싹이 나오는 것을 무엇이라 하는가? [2013년4회]

① 생장성 ② 휴면성
③ 맹아력 ④ 성장력

> **해설** 맹아력
> 줄기나 가지가 꺾이거나 상처 등 상해를 입으면 숨은 눈이 터져 나와 싹이 나오는 현상

137 조경 수목 중 아황산가스에 대해 강한 수종은? [2014년1회]

① 양버즘나무 ② 삼나무
③ 전나무   ④ 단풍나무

> **해설** 아황산가스에 대한 저항성
> 직접 식물 체내로 침입하여 피해를 줄 뿐만 아니라 토양에 흡수되어 산성화시키고 뿌리에 피해를 주어 지력을 감퇴시킨다.
>
> | | | |
> |---|---|---|
> | 강한 수종 | 상록침엽 | 편백, 화백, 가이즈까향나무, 향나무 |
> | | 상록활엽 | 가시나무, 굴거리나무, 녹나무, 태산목, 후박나무, 후피향나무 |
> | | 낙엽활엽 | 가중나무, 벽오동, 버드나무류, 칠엽수, 플라타너스(양버즘나무) |
> | 약한 수종 | 상록침엽 | 소나무, 잣나무, 전나무, 삼나무, 히말라야시더, 잎갈나무, 독일가문비 |
> | | 낙엽활엽 | 느티나무, 튤립나무, 단풍나무, 수양벚나무, 자작나무, 고로쇠나무 |

138 아황산가스에 민감하지 않은 수종은? [2015년5회]

① 소나무 ② 겹벚나무

③ 단풍나무 ④ 화백

> **해설** 137번 해설 참조

139 다음 중 아황산가스에 강한 수종이 아닌 것은? [2016년2회]

① 고로쇠나무 ② 가시나무
③ 백합나무   ④ 칠엽수

> **해설** 137번 해설 참조

140 다음 중 아황산가스에 견디는 힘이 가장 약한 수종은? [2015년1회]

① 삼나무   ② 편백
③ 플라타너스 ④ 사철나무

> **해설** 137번 해설 참조

141 다음 중 내염성이 가장 큰 수종은? [2016년2회]

① 사철나무 ② 목련
③ 낙엽송   ④ 일본목련

> **해설** 내염성에 따른 분류
> 세포액 탈수되어 원형질 분리, 염분 결정이 기공을 막아 호흡작용을 저해
>
> | | |
> |---|---|
> | 강한 수종 | 리기다소나무, 비자나무, 주목, 곰솔, 측백, 가이즈까향나무, 구실잣밤나무, 굴거리나무, 녹나무, 붉가시나무, 태산목, 후박나무, 감탕나무, 아왜나무, 먼나무, 후피향나무, 동백나무, 호랑가시나무, 팔손이나무, 위성류, 사철나무 |
> | 약한 수종 | 독일가문비, 삼나무, 소나무, 히말라야시더, 목련, 단풍나무, 백목련, 자목련, 개나리 |

142 염분에 견디는 힘이 가장 약한 수종은? [2018년 2회]

① 곰솔   ② 아왜나무
③ 일본목련 ④ 자귀나무

정답 136. ③ 137. ① 138. ④ 139. ③ 140. ① 141. ① 142. ③

해설 내염성이 강한 수종
- 상록침엽교목 : 주목, 섬잣나무, 곰솔, 히말라야시다 등
- 상록활엽교목 : 가시나무, 태산목, 후박나무, 먼나무, 동백나무, 아왜나무 등
- 낙엽교목 : 자귀나무, 아까시나무, 가죽나무, 벽오동, 감나무, 모감주나무, 이팝나무 등
- 낙엽관목 : 박태기나무, 사철나무, 쥐똥나무, 화살나무 등

143 다음과 같은 피해 특징을 보이는 대기오염 물질은? [2015년4회]

> - 침엽수는 물에 젖은 듯한 모양, 적갈색으로 변색
> - 활엽수 잎의 끝부분과 엽맥사이 조직의 괴사, 물에 젖은 듯한 모양(엽육조직 피해)

① 오존　　② 아황산가스
③ PAN　　④ 중금속

해설 아황산가스는 직접 식물 체내로 침입하여 피해를 줄 뿐만 아니라 토양에 흡수되어 산성화시키고 뿌리에 피해를 주어 지력을 감퇴시킨다.

144 임해공업단지의 조경용 수종으로 적합한 것은? [2018년 1회]

① 소나무　　② 목련
③ 사철나무　　④ 히말라야시다

해설 임해공업단지 식재
- 내염, 내조성이 있는 식물 / 척박한 땅에서도 잘 자라는 수종 / 토양 고정력 수종(비료목) 식재
예) 모감주나무, 해송, 후박나무, 박태기나무, 물푸레나무, 사철나무 등
- 염분의 한계 농도 : 수목 0.05%, 잔디 0.1%

염기에 강한 수종	리기다소나무, 비자나무, 주목, 곰솔, 측백, 가이즈까향나무, 구실잣밤나무, 굴거리나무, 녹나무, 붉가시나무, 태산목, 후박나무, 감탕나무, 아왜나무, 먼나무, 후피향나무, 동백나무, 호랑가시나무, 팔손이나무, 위성류, 사철나무
염기에 약한 수종	독일가문비, 삼나무, 소나무, 히말라야시더, 목련, 단풍나무, 백목련, 자목련, 개나리

145 자동차 배기가스에 강한 수목만으로 짝지어진 것은? [2014년4회]

① 화백, 향나무
② 삼나무, 금목서
③ 자귀나무, 수수꽃다리
④ 산수국, 자목련

해설 자동차 배기가스 피해에 따른 분류

강한 수종	상록침엽	편백, 화백, 가이즈까향나무, 향나무
	상록활엽	가시나무, 굴거리나무, 녹나무, 태산목, 후박나무, 후피향나무
	낙엽활엽	가중나무, 벽오동, 버드나무류, 칠엽수, 플라타너스
약한 수종	상록침엽	소나무, 잣나무, 전나무, 삼나무, 히말라야시더, 잎갈나무, 독일가문비
	낙엽활엽	느티나무, 튤립나무, 단풍나무, 수양벚나무, 자작나무, 고로쇠나무

146 토양수분과 조경 수목과의 관계 중 습지를 좋아하는 수종은? [2013년2회]

① 신갈나무　　② 소나무
③ 주엽나무　　④ 노간주나무

해설 토양 수분에 따른 분류

내건성	소나무, 곰솔, 리기다소나무, 삼나무, 전나무, 비자나무, 서어나무, 가시나무, 귀룽나무, 느티나무, 오동나무, 이팝나무, 자작나무, 진달래, 철쭉류, 노간주, 가중나무
호습성	낙우송, 주엽나무, 삼나무, 오리나무, 버드나무류, 수국
내습성	메타세쿼이아, 전나무, 구상나무, 자작나무, 귀룽나무, 느티나무, 오리나무, 층층나무

147 건조지에 가장 잘 견디는 수종은? [2017년1회]

① 낙우송　　② 능수버들
③ 오리나무　　④ 가중나무

정답 143. ② 144. ③ 145. ① 146. ③ 147. ④

CHAPTER 02 조경재료 기출문제

해설 146번 해설 참조

148 다음 중 비옥지를 가장 좋아하는 수종은?
[2012년1회]

① 소나무
② 아까시나무
③ 사방오리나무
④ 주목

해설 **토양 양분에 따른 분류**

척박지에 잘 견디는 수종	소나무, 곰솔, 향나무, 오리나무, 자작나무, 참나무류, 자귀나무, 싸리류, 등나무
비옥지를 좋아하는 수종	삼나무, 주목, 측백, 가시나무류, 느티나무, 오동나무, 칠엽수, 회화나무, 단풍나무, 왕벚나무

149 다음 중 식재 시 수목의 규격표기 방법이 다른 것은?
[2011년2회]

① 은행나무
② 메타세쿼이아
③ 잣나무
④ 벚나무

해설 **수목의 규격 표시 방법**

교목	수고(H)×수관폭(W)	전나무, 잣나무, 독일가문비
	수고(H)×수관폭(W)×근원직경(R)	소나무(조형미 중시되는 수종)
	수고(H)×근원직경(R)	목련, 느티나무, 모과나무, 감나무
	수고(H)×흉고직경(B)	플라타너스, 왕벚나무, 은행나무, 튤립나무, 메타세쿼이아, 자작나무
관목	수고(H)×수관폭(W)	철쭉, 진달래
	수고(H)×주립수(지)	개나리, 쥐똥나무
묘목	간장(H, cm)×근원직경(R)×근장	
만경목	수고(H)×근원직경(R)	등나무

150 조경 수목이 규격에 관한 설명으로 옳은 것은?(단, 괄호안의 영문은 기호를 의미한다)
[2012년2회]

① 수고(W) : 지표면으로부터 수관의 하단부까지의 수직높이
② 지하고(BH) : 지표면에서 수관이 맨 아래 가지까지의 수직높이
③ 흉고직경(R) : 지표면 줄기의 굵기
④ 근원직경(B) : 가슴 높이 정도의 줄기의 지름

해설
- 수고(H/m), 수관나비(W/m), 흉고지름(B/cm), 근원지름(R/cm), 지하고(BH/m)
- 수고 : 나무의 높이
- 수관나비(폭) : 나무의 폭
  - 가지와 잎이 뭉쳐 어우러진 부분이 수관
  - 그 폭이 수관나비
- 근원지름 : 뿌리 바로 윗부분 즉, 나무 밑둥 제일 아래 부분의 지름
- 흉고지름 : 가슴 높이의 줄기 지름을 측정한 값, 지상 1.2m 지점의 나무줄기의 지름을 측정한 값
- 지하고 : 바닥에서 수관 아래까지의 높이

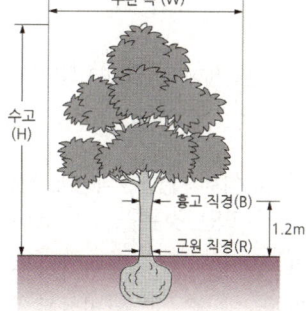

정답 148. ④ 149. ③ 150. ②

151 수목의 식재 시 해당 수목의 규격을 수고와 근원직경으로 표시하는 것은?(단, 건설공사 표준품셈을 적용한다.) [2013년4회]

① 현사시나무　② 목련
③ 자작나무　　④ 은행나무

해설 149번 해설 참조

152 수목의 규격을 "H×W"로 표시하는 수종으로만 짝지어진 것은? [2013년1회]

① 소나무, 느티나무
② 회양목, 잔디
③ 주목, 철쭉
④ 백합나무, 향나무

해설 "H×W"로 표시하는 수종은 상록교목과 관목이다.

153 수목의 가슴 높이 지름을 나타내는 기호는? [2013년2회]

① F　　② SD
③ B　　④ W

해설 수고(H/m), 수관나비(W/m), 흉고지름(B/cm), 근원지름(R/cm), 지하고(BH/m)

154 다음 수목 중 식재 시 근원직경에 의한 품셈을 적용할 수 있는 것은? [2012년1회]

① 아왜나무　② 꽃사과나무
③ 은행나무　④ 왕벚나무

해설 꽃사과나무는 수고와 근원직경으로 규격을 표시한다.

155 우리나라의 산림대별 특징 수종 중 식물의 분류학상 한대림에 해당되는 것은? [2013년1회]

① 아왜나무　　② 구실잣밤나무
③ 붉가시나무　④ 잎갈나무

해설 산림대별 주요 수종

구분		주요 수종
난대		녹나무, 동백나무, 사철나무, 가시나무류, 아왜나무, 멀구슬나무 등
온대	남부	곰솔, 대나무류, 팽나무, 굴피나무, 사철나무 등
	중부	신갈나무, 졸참나무, 서어나무, 단풍나무, 향나무, 전나무, 밤나무, 때죽나무, 소나무 등
	북부	박달나무, 신갈나무, 사시나무, 전나무, 잣나무, 거제수나무 등
한대		잣나무, 전나무, 주목, 가문비나무, 분비나무, 종비나무, 구상나무, 잎갈나무 등

156 다음 중 난대림의 대표 수종인 것은? [2013년2회]

① 녹나무　② 주목
③ 전나무　④ 분비나무

해설 155번 해설 참조

157 우리나라에서 식물의 천연분포를 결정짓는 가장 주된 요인은? [2013년5회]

① 광선　② 온도
③ 바람　④ 토양

해설 우리나라에서 식물의 천연 분포를 결정짓는 가장 주된 요인은 기후인자 이며, 그중 에서도 온도 조건이 식물의 분포를 결정한다.

158 다음 수목들은 어떤 산림대에 해당되는가? [2015년1회]

> 잣나무, 전나무, 주목, 가문비나무, 분비나무, 잎갈나무, 종비나무

① 난대림　　　② 온대 중부림
③ 온대 북부림　④ 한대림

해설 155번 해설 참조

정답　151. ②　152. ③　153. ③　154. ②　155. ④　156. ①　157. ②　158. ④

159 토양의 3상이 아닌 것은? [2013년2회]
① 임상 ② 기상
③ 액상 ④ 고상

해설 토양은 고상, 액상, 기상 3가지 상태로 구성되어 있다.

160 수목식재에 가장 적합한 토양의 구성비는? (단, 구성은 토양 : 수분 : 공기의 순서임) [2016년4회]
① 50% : 25% : 25%
② 50% : 10% : 40%
③ 40% : 40% : 20%
④ 30% : 40% : 30%

해설 고상, 액상, 기상의 구성비가 50% : 25% : 25% 일 때 수목의 식재 및 성장이 양호하다.

161 다음 토양층위 중 집적층에 해당되는 것은? [2013년2회]
① A 층 ② B 층
③ C 층 ④ D 층

해설 토양 단면도 : 토양은 광물성 입자, 유기물, 수분 공기 등 네 가지 주요 성분으로 구성
- A₀층(유기물층) : 낙엽과 분해물질 등 유기물 토양 고유의 층(L, F, H 3층으로 분리)
  - L층 : 낙엽층으로 신선한 낙엽이거나 낙엽지가 원래의 형태를 유지하고 있는 상태(부패되지 않음)
  - F층 : 분해층으로서 낙엽층의 하부에서 나타나며 일부는 분해 진행 중이나 원래 형태가 무엇인지 알 수 있는 상태
  - H층 : 부식층으로서 분해가 잘 되어 원래 형태를 구별할 수 없는 고분자화합물(식물조직이 불분명)
- A층(표층, 용탈층) : 광물 토양의 최상층으로 외계와 접촉되어 그 영향을 받는 층, 흑갈색, 식물 양분 풍부
- B층(집적층, 심토층) : 표층에 비해 부식 함량 적고 모래 풍화 충분히 진행된 갈색 토양
- C층(모재층) : 광물질이 풍화된 층, 지하수로 포화
- R층(모암층) : 암반구조

162 토양의 단면 중 낙엽이 대부분 분해되지 않고 원형 그대로 쌓여 있는 층은? [2014년1회]
① L층 ② F층
③ H층 ④ C층

해설 **L층**
낙엽층으로 신선한 낙엽이거나 낙엽지가 원래의 형태를 유지하고 있는 상태(부패되지 않음)

163 과습 지역 토양의 물리적 관리 방법이 아닌 것은? [2013년5회]
① 암거배수 시설설치
② 명거배수 시설설치
③ 토양치환
④ 석회시용

해설 석회시용은 산성토양을 중화하기 위한 화학적 성질 개선 방법이다.

164 다음 중 토양수분의 형태적 분류와 설명이 옳지 않은 것은? [2013년5회]
① 결합수(結合水) – 토양 중의 화합물의 한 성분
② 흡습수(吸濕水) – 흡착되어 있어서 식물이 이용하지 못하는 수분
③ 모관수(毛管水) – 식물이 이용할 수 있는 수분의 대부분
④ 중력수(重力水) – 중력에 내려가지 않고 표면장력에 의하여 토양입자에 붙어 있는 수분

해설 **중력수(자유수)**
중력에 의하여 자유롭게 흐르는 물, 지하수(pF 0~2.7)

165 토양수분 중 식물이 이용하는 형태로 가장 알맞은 것은? [2014년1회]

① 결합수　② 자유수
③ 중력수　④ 모세관수

해설　**토양수분**
- 결합수(화합수) : 토양에 결합되어 분리 안 됨(pF 7)
- 흡습수 : 토양 입자 표면에 피막처럼 흡착되어 있는 물(pF 4.5~7)
- 모관수 : 흡습수 둘레를 싸고 있는 물, 토양 공극 사이를 채우고 있는 수분, 식물유효수분(pF 2.7~4.5)
- 중력수(자유수) : 중력에 의하여 자유롭게 흐르는 물, 지하수(pF 0~2.7)

166 다음 중 토양 통기성에 대한 설명으로 틀린 것은? [2014년5회]

① 기체는 농도가 낮은 곳에서 높은 곳으로 확산작용에 의해 이동한다.
② 건조한 토양에서는 이산화탄소와 산소의 이동이나 교환이 쉽다.
③ 토양 속에는 대기와 마찬가지로 질소, 산소, 이산화탄소 등의 기체가 존재한다.
④ 토양생물의 호흡과 분해로 인해 토양 공기 중에는 대기에 비하여 산소가 적고 이산화탄소가 많다.

해설　기체는 농도가 높은 곳에서 낮은 곳으로 확산작용에 의해 이동한다.

167 토양에 따른 경도와 식물생육의 관계를 나타낼 때 나지화가 시작되는 값(kgf/cm²)은?(단, 지표면의 경도는 Yamanaka 경도계로 측정한 것으로 한다.) [2015년5회]

① 9.4 이상　② 5.8 이상
③ 13.0 이상　④ 3.6 이상

해설　**나지화**
바깥 힘에 대한 토양의 저항력을 말하며 이것은 토양 입자 사이의 응집력과 입자 간의 마찰력에 의해서 생기는 것으로서 나지화가 시작되는 값은 5.8 이상이다.

168 자연토양을 사용한 인공지반에 식재된 대관목의 생육에 필요한 최소 식재 토심은?(단, 배수구배는 1.5~2.0%이다) [2014년5회]

① 15cm　② 30cm
③ 45cm　④ 70cm

해설　식물의 생존, 생육 최소 토양 깊이

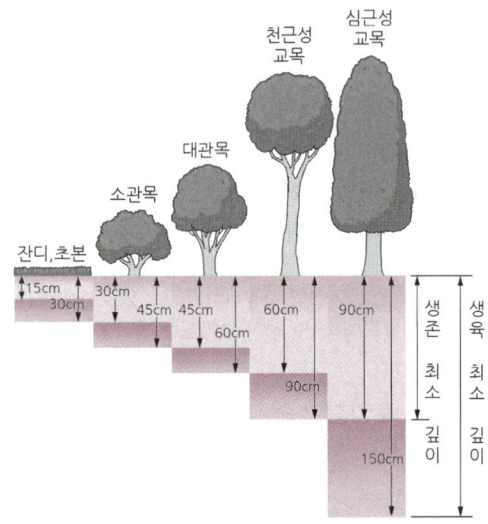

169 인공지반에 식재된 식물과 생육에 필요한 식재 최소 토심으로 가장 적합한 것은?(단, 배수구배는 1.5~2.0%, 인공토양 사용 시로 한다.) [2015년4회]

① 잔디, 초본류 : 15cm
② 소관목 : 20cm
③ 대관목 : 45cm
④ 심근성 교목 : 90cm

해설　식물의 생존, 생육 최소 토양 깊이

종류	생존, 생육 최소깊이
잔디・초본류	15~30cm
소관목류	30~45cm
대관목류	45~60cm
천근성 교목류	60~90cm
심근성 교목류	90~120cm

정답　165. ④　166. ①　167. ②　168. ③　169. ②

CHAPTER 02 조경재료 기출문제

170 토양의 물리성과 화학성을 개선하기 위한 유기질 토양 개량재는 어떤 것인가?
[2013년2회]

① 펄라이트
② 피트모스
③ 버미큘라이트
④ 제올라이트

해설 펄라이트, 버미큘라이트, 제올라이트는 광물질을 이용하여 인공적으로 만든 재료이며 피트모스는 이탄토, 습지, 늪 등에 수생식물류 및 그 밖의 것이 다소 부식화되어 쌓인 것으로 유기질 개량제에 해당된다.

171 토양의 입경조성에 의한 토양의 분류를 무엇이라고 하는가?
[2013년1회]

① 토양반응 ② 토양분류
③ 토성   ④ 토양통

해설 토성
토양의 무기성분을 입자의 지름에 따라 모래, 미사(침니, silt), 점토의 3군으로 구분하고 각 군의 함유비율에 따른 토양의 분류.

172 다음 설명의 ( ) 안에 가장 적합한 것은?
[2015년4회]

> 조경공사표준시방서의 기중 상 수목은 수고나부 가지의 약 ( ) 이상이 고사하는 경우에 고사목으로 판정하고, 지피·초본류는 해당 공사의 목적에 부합되는가를 기준으로 감독자의 육안검사 결과에 따라 고사여부를 판정한다.

① 1/2   ② 1/3
③ 2/3   ④ 3/4

해설 조경공사표준시방서의 기중 상 수목은 수고나부 가지의 약 2/3 이상이 고사하는 경우에 고사목으로 판정한다.

173 다음 그림은 수목의 번식방법 중 어떠한 접목법에 해당 하는가?
[2014년5회]

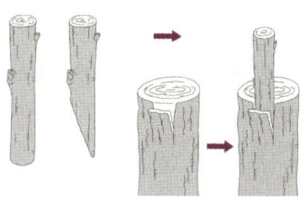

① 쪼개접   ② 깎기접
③ 안장접   ④ 박피접

해설 접목의 종류

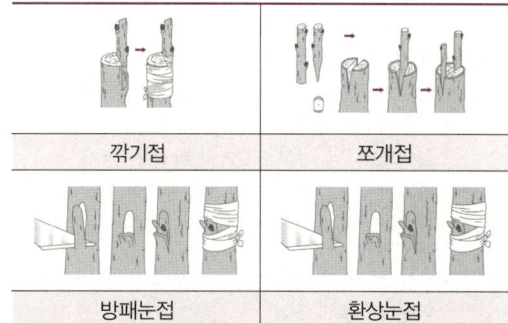

| 깎기접 | 쪼개접 |
| 방패눈접 | 환상눈접 |

174 대목을 대립종자의 유경이나 유근을 사용하여 접목하는 방법으로 접목한 뒤에는 관계습도를 높게 유지하며, 정식 후 근두암종병의 발병률이 높은 단점을 갖는 접목법은?
[2015년5회]

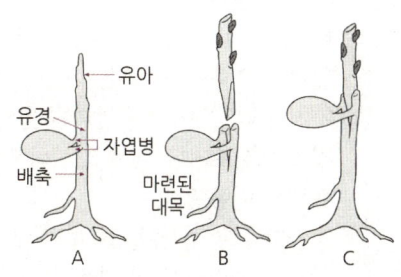

① 아접법   ② 유대접
③ 호접법   ④ 교접법

정답 ▶ 170. ② 171. ③ 172. ③ 173. ④ 174. ②

해설 유대접은 줄기가 굳으면 접이 안 될 경우, 어린대목에 접을 하는 방법으로 대목을 대립종자의 유경이나 유근을 사용하여 접목하는 방법이다.

175 꺾꽂이(삽목) 번식과 관련된 설명으로 옳지 않은 것은? [2013년5회]

① 실생묘에 비해 개화 – 결실이 빠르다.
② 봄철에는 새싹이 나오고 난 직후에 실시한다.
③ 왜성화 할 수도 있다.
④ 20~30℃의 온도와 포화상태에 가까운 습도조건이면 항상 가능하다.

해설 **삽목 번식의 장점**
- 모수와 동일한 형질의 개체 번식에 용이하다.
- 기술적으로 간단하다.
- 실생묘에 비해 개화, 결실이 빠르다.
- 변형이 일어난 부분의 형질을 동일하게 증식 가능하다.

삽목의 시기
- 온도(20~30℃)와 습도(포화상태)의 조건에서 어느때나 가능
- 봄 싹이 트기 전, 여름 장마철, 가을 휴면 전이 적기

176 다음 중 접붙이기 번식을 하는 목적으로 가장 거리가 먼 것은? [2013년4회]

① 씨뿌림으로는 품종이 지니고 있는 고유의 특징을 계승시킬 수 없는 수목의 증식에 이용된다.
② 바탕나무의 특성보다 우수한 품종을 개발하기 위해 이용된다.
③ 가지가 쇠약해지거나 말라 죽은 경우 이것을 보태주거나 또는 힘을 회복시키기 위해서 이용된다.
④ 종자가 없고 꺾꽂이로도 뿌리 내리지 못하는 수목의 증식에 이용된다.

해설 접목의 장단점

접목 번식의 장점	접목 번식의 단점
• 동일 형질의 개체를 일시에 다수 증식시킬 수 있다.	• 기술적으로 다소 어렵다.
• 종자가 없거나 삽목이 어려운 식물을 증식시킬 수 있다.	• 일시에 다량의 묘목을 생산할 수 없다.
• 개화와 결실을 빠르게 할 수 있다.	• 수명이 짧은 것이 있다.
• 대목의 특성을 이용하여 수세를 조절하고 환경에 대한 적응성을 높일 수 있다.	• 친화성이 있는 것끼리만 할 수 있다.

177 수종에 따라 또는 같은 수종이라도 개체의 성질에 따라 삽수의 발근에 차이가 있는데 일반적으로 삽목 시 발근이 잘되지 않는 수종은? [2012년2회]

① 오리나무   ② 무궁화
③ 개나리   ④ 꽝꽝나무

해설 사과나무, 배나무, 소사나무, 오리나무 등은 삽목이 잘되지 않는 수종이다.

178 가죽나무가 해당되는 과(科)는? [2016년4회]

① 운향과   ② 멀구슬나무과
③ 소태나무과 ④ 콩과

해설 소태나무과에는 소태나무(Picrasma quassioides)와 가죽나무(Ailanthus altissima)가 해당된다.

179 학명은 "Betula schmidtii Regel"이고, Schmidt birch 또는 단목(檀木)이라 불리기도 하며, 곧추 자라나 불규칙하며, 수피는 흑색이고, 5월에 개화하고 암수한그루이며, 수형은 원추형, 뿌리는 심근성, 잎의 질감이 섬세하여 녹음수로 사용 가능한 수종은? [2012년5회]

① 오리나무   ② 박달나무
③ 소사나무   ④ 녹나무

해설 **박달나무**
자작나무과에 속하는 낙엽활엽교목. 수피는 벗겨지지 않으며 검은 회색이며, 꽃은 5~6월에 핀다. 전라도를 제외하고는 전국에 다 분포한다.

정답 175. ② 176. ② 177. ① 178. ③ 179. ②

180 다음 중 멜루스(Malus)속에 해당되는 식물은? [2014년5회]
① 아그배나무   ② 복사나무
③ 팥배나무   ④ 쉬땅나무

해설 멜루스(Malus)속에는 아그배나무, 꽃사과나무, 능금나무 등이 있다

181 목련과(Magnoliaceae) 중 상록성 수종에 해당하는 것은? [2015년2회]
① 태산목   ② 함박꽃나무
③ 자목련   ④ 일본목련

해설 목련과에는 목련, 백목련, 태산목, 백합나무, 함박꽃나무, 자목련 등이 있는데 상록성이 수목은 태산목이 해당된다.

182 『Syringa oblata var.dilatata』는 어떤 식물인가? [2016년1회]
① 라일락   ② 목서
③ 수수꽃다리 ④ 쥐똥나무

해설 『Syringa oblata var.dilatata』는 수수꽃다리의 학명이다.

183 호랑가시나무(감탕나무과)와 목서(물푸레나무과)의 특징 비교 중 옳지 않은 것은? [2013년5회]
① 호랑가시나무의 잎은 마주나며 얇고 윤택이 없다.
② 목서의 꽃은 백색으로 9~10월에 개화한다.
③ 호랑가시나무의 열매는 0.8~1.0cm로 9~10월에 적색으로 익는다.
④ 목서의 열매는 타원형으로 이듬해 10월경에 암자색으로 익는다.

해설 호랑가시나무는 상록소교목으로 잎은 어긋나고 두꺼우며 윤택이 있다.

184 지력이 낮은 척박지에서 지력을 높이기 위한 수단으로 식재 가능한 콩과(科) 수종은? [2014년1회]
① 소나무   ② 녹나무
③ 갈참나무   ④ 자귀나무

해설 콩과수종에는 자귀나무, 박태기나무, 회화나무, 골담초, 싸리, 아카시아나무 등이 해당된다.

185 감탕나무과(Aquifoliaceae)에 해당하지 않는 것은? [2013년5회]
① 호랑가시나무 ② 먼나무
③ 꽝꽝나무   ④ 소태나무

해설 감탕나무과에는 호랑가시나무, 먼나무, 꽝꽝나무, 낙상홍, 감탕나무가 있다.

186 다음 노박덩굴(Celastraneae)과 식물 중 상록계열에 해당하는 것은? [2014년1회], [2017년1회]
① 노박덩굴   ② 화살나무
③ 참빗살나무 ④ 사철나무

해설 노박덩굴과는 세계의 열대 및 온대에 걸쳐 분포하고 있으며, 90~100여 속에 1,300여 종 가량이 알려져 있는데, 우리나라에는 노박덩굴, 화살나무, 사철나무, 참빗살나무, 섬회나무 등의 3속 16종이 분포하고 있다.

187 다음 인동과(科) 수종에 대한 설명으로 맞는 것은? [2014년5회]
① 백당나무는 열매가 적색이다.
② 분꽃나무는 꽃향기가 없다.
③ 아왜나무는 상록활엽관목이다.
④ 인동동굴의 열매는 둥글고 6~8월에 붉게 성숙한다.

해설
• 분꽃나무는 꽃은 홍색으로 향기가 있다.
• 아왜나무는 상록활엽소교목이다.
• 인동동굴의 열매는 9~10월 흑색으로 성숙한다.

정답 180. ① 181. ① 182. ③ 183. ① 184. ④ 185. ④ 186. ④ 187. ①

188 다음 중 인동덩굴(Lonicera japonica Thunb.)에 대한 설명으로 옳지 않은 것은?
[2016년1회]

① 반상록 활엽 덩굴성
② 원산지는 한국, 중국, 일본
③ 꽃은 1~2개씩 엽액에 달리며 포는 난형으로 길이는 1~2cm
④ 줄기가 왼쪽으로 감아 올라가며, 소지는 회색으로 가시가 있고 속이 빔

해설 인동덩굴의 줄기는 오른쪽으로 길게 벋어 다른 물체를 감으면서 올라간다. 가지는 붉은 갈색이고 속이 비어 있다.

189 단풍나무과(科)에 해당하지 않는 수종은?
[2016년2회]

① 고로쇠나무   ② 복자기
③ 소사나무   ④ 신나무

해설 소사나무는 자작나무과 소사나무속이다.

190 다음 [보기]의 설명에 해당하는 수종은?
[2015년4회]

[보기]
• "설송(雪松)"이라 불리기도 한다.
• 수종으로 바람에 약하며, 수관폭이 넓고 속성수로 크게 자라기 때문에 적지 선정이 중요하다.
• 줄기는 아래로 처지며, 수피는 회갈색으로 얇게 갈라져 벗겨진다.
• 잎은 짧은 가지에 30개가 총생, 3~4cm로 끝이 뾰족하며, 바늘처럼 찌른다.

① 잣나무   ② 솔송나무
③ 개잎갈나무   ④ 구상나무

해설 개잎갈나무
• 히말라야시다, 설송이라고도 불리며, 소나무과, 삼나무, 잎갈나무와 비슷하나 상록성이여서 개잎갈나무
• 가지 수평으로 펴지고 밑으로 처짐
• 성목의 수간 질감이 거칠고 수피 회갈색으로 갈라져 벗겨짐
• 천근성, 잎은 짧은 가지에서 30개 총생, 끝 뾰족

191 장미과 식물이 아닌 것은? [2014년4회]

① 피라칸다   ② 해당화
③ 아까시나무   ④ 왕벚나무

해설 아까시나무는 콩과이다.

192 다음 설명에 적합한 수목은? [2013년5회]

• 감탕나무과 식물이다.
• 자웅이주이다.
• 상록활엽수 교목으로 열매가 적색이다.
• 잎은 호생으로 타원상의 육각형이며 가장자리에 바늘 같은 각점(角點)이 있다.
• 열매는 구형으로서 지름 8~10mm이며, 적색으로 익는다.

① 감탕나무   ② 낙상홍
③ 먼나무   ④ 호랑가시나무

해설 호랑가시나무는 감탕나무과 자웅이주로 상록활엽교목으로 열매는 지름 8~10mm정도 크기로 적색이며 잎은 호생이다.

193 다음 중 물푸레나무과에 해당되지 않는 것은?
[2014년1회]

① 미선나무   ② 광나무
③ 이팝나무   ④ 식나무

해설 식나무는 층층나무과의 상록관목이다.

194 다음 중 자작나무과(科)의 물오리나무 잎으로 가장 적합한 것은? [2014년1회]

정답 188.④ 189.③ 190.③ 191.③ 192.④ 193.④ 194.①

CHAPTER 02 조경재료 기출문제

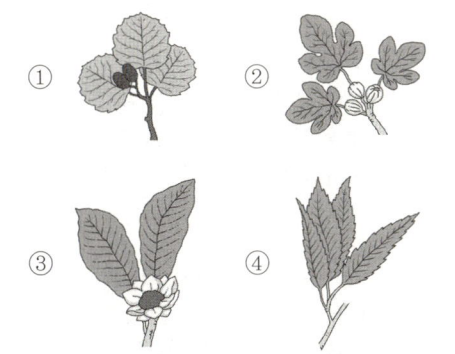

해설 물오리나무 잎은 어긋나기로 타원상 달걀꼴이며 길이 6~10cm×5.5~8.5cm로서 예두 원저이고 가장자리가 5-8개로 얕게 갈라지며 겹톱니가 있고 표면은 짙은 녹색이며 맥 위에 잔털이 있다.

195 다음 중 낙우송의 설명으로 옳지 않은 것은?
[2013년1회]

① 열매는 둥근 달걀 모양으로 길이 2~3cm 지름 1.8~3.0cm의 암갈색이다.
② 종자는 삼각형의 각모에 광택이 있으며 날개가 있다.
③ 잎은 5~10cm 길이로 마주나는 대생이다.
④ 소엽은 편평한 새의 깃 모양으로서 가을에 단풍이 든다.

해설 낙우송의 잎은 깃꼴로 갈라지고 줄 모양으로 뾰족하며 작은잎은 어긋난다.

196 다음 중 곰솔(해송)에 대한 설명으로 옳지 않은 것은?
[2014년4회]

① 동아(冬芽)는 붉은색이다.
② 수피는 흑갈색이다.
③ 해안지역의 평지에 많이 분포한다.
④ 줄기는 한해에 가지를 내는 층이 하나여서 나무의 나이를 짐작할 수 있다.

해설 곰솔의 겨울눈은 흰색이고 언저리에 부드러운 흰 털이 난다.

197 구상나무(Abies koreana Wilson)와 관련된 설명으로 틀린 것은?
[2014년5회]

① 열매는 구과로 원통형이며 길이 4~7cm, 지름 2~3cm의 자갈색이다.
② 측백나무과(科)에 해당한다.
③ 원추형의 상록침엽교목이다.
④ 한국이 원산지이다.

해설 구상나무는 소나무과로 우리나라가 원산지인 상록침엽교목이다.

198 다음 중 은행나무의 설명으로 틀린 것은?
[2014년4회]

① 분류상 낙엽활엽수이다.
② 나무껍질은 회백색, 아래로 깊이 갈라진다.
③ 양수로 적윤지 토양에 생육이 적당하다.
④ 암수딴그루이고 5월초에 잎과 꽃이 함께 개화한다.

해설 은행나무는 낙엽침엽교목이다.

199 팥배나무(Sorbus alnifolia K.Koch)의 설명으로 틀린 것은?
[2016년1회]

① 꽃은 노란색이다.
② 생장속도는 비교적 빠르다.
③ 열매는 조류 유인식물로 좋다.
④ 잎의 가장자리에 이중거치가 있다.

해설 팥배나무의 꽃은 흰색이며 6~10개의 꽃이 산방꽃차례로 달린다.

200 교목으로 꽃이 화려하며, 전정을 싫어하고 대기오염에 약하며, 토질을 가리는 결점이 있으며, 매우 다방면으로 이용되며, 열식 또는 군식으로 많이 식재되는 수종은?
[2014년4회]

① 왕벚나무 ② 수양버들
③ 전나무   ④ 벽오동

정답 195. ③ 196. ① 197. ② 198. ① 199. ① 200. ①

해설 왕벚나무는 꽃이 아름다워 관상용으로 많이 심겨지는 우리나라 원산의 낙엽교목이다. 전정을 싫어하고 토질을 가리는 결점이 있다.

201 이팝나무와 조팝나무에 대한 설명으로 옳지 않은 것은? [2014년2회]

① 이팝나무의 열매는 타원형의 핵과이다.
② 환경이 같다면 이팝나무가 조팝나무 보다 꽃이 먼저 핀다.
③ 과명은 이팝나무는 물푸레나뭇과(科)이고, 조팝나무는 장미과(科)이다
④ 성상은 이팝나무는 낙엽활엽교목이고, 조팝나무는 낙엽활엽관목이다.

해설 조팝나무의 개화시기는 4~5월로 5~6월인 이팝나무보다 빠르다.

202 가죽나무(가중나무)와 물푸레나무에 대한 설명으로 옳은 것은? [2015년1회]

① 가중나무와 물푸레나무 모두 물푸레나무과(科)이다.
② 잎 특성은 가중나무는 복엽이고 물푸레나무는 단엽이다.
③ 열매 특성은 가중나무와 물푸레나무 모두 날개 모양의 시과이다.
④ 꽃 특성은 가중나무와 물푸레나무 모두 한 꽃에 암술과 수술이 함께 있는 양성화이다.

해설 시과는 과피가 얇은 막 모양으로 돌출하여 날개를 이루어 바람을 타고 멀리 날아 흩어지는 열매이다. 풍매과실(風媒果實)의 일종으로 느릅나무, 물푸레나무, 단풍나무, 가죽나무 등에서 볼 수 있다.

203 다음 중 옻나무와 관련된 설명 중 가장 거리가 먼 것은? [2017년 3회]

① 열매는 핵과로 편 원형이며 연한 황색으로 10월에 익는다.
② 주로 숫나무가 암나무 보다 옻액이 많이 생산된다.
③ 독립 생장한 나무가 밀집 생장한 나무보다 옻액이 많이 생산된다.
④ 표피가 울퉁불퉁한 나무가 부드러운 나무 보다 옻액이 많이 생산된다.

해설 옻나무에 상처를 내면 진이 흐르는데 이를 모아 정제한 것이 옻이다. 옻나무는 5월말에 황록색 꽃이 피고, 열매는 핵과로 편구형이며 연한 황색으로 9~10월에 성숙한다.

204 마로니에와 칠엽수에 대한 설명으로 옳지 않은 것은? [2014년5회]

① 마로니에와 칠엽수는 원산지가 같다.
② 마로니에와 칠엽수 모두 열매 속에는 밤톨 같은 씨가 들어 있다.
③ 마로니에는 칠엽수와는 달리 열매 표면에 가시가 있다.
④ 마로니에와 칠엽수의 잎은 장상복엽이다.

해설 칠엽수는 일본 원산이고 마로니에(marronnier : 가시칠엽수)는 유럽남부가 원산이다.

205 회양목의 설명으로 틀린 것은? [2015년1회]

① 낙엽활엽관목이다.
② 잎은 두껍고 타원형이다.
③ 3~4월경에 꽃이 연한 황색으로 핀다.
④ 열매는 삭과로 달걀형이며, 털이 없으며 갈색으로 9~10월경에 성숙한다.

해설 회양목은 상록활엽관목 또는 소교목이다.

206 다음 중 미선나무에 대한 설명으로 옳은 것은? [2015년1회]

① 열매는 부채 모양이다.
② 꽃색은 노란색으로 향기가 있다.
③ 상록활엽교목으로 산야에서 흔히 볼 수 있다.

정답 201. ② 202. ③ 203. ④ 204. ① 205. ① 206. ①

④ 원산지는 중국이며 세계적으로 여러 종이 존재한다.

해설 미선나무는 낙엽활엽관목으로 꽃색이 흰색이고 우리나라가 원산지인 수목으로 열매의 모양이 둥근 부채를 닮아 미선나무라는 이름이 붙여졌다. 미선나무의 자생지는 천연기념물로 지정되어 보호받고 있으며, 멸종위기 야생식물 2급으로 지정되어 있다. 거치가 없는 달걀형 잎이 대생하고, 개나리 꽃모양의 흰색 꽃이 피는 낙엽활엽관목으로 볕이 잘 드는 산기슭에서 자란다.

207 미선나무(Abeliophyllum distichum Nakai)의 설명으로 틀린 것은? [2016년1회]
① 1속 1종
② 낙엽활엽관목
③ 잎은 어긋나기
④ 물푸레나무과(科)

해설 미선나무의 잎은 마주나고 달걀 모양의 달걀형이고 길이가 3~8cm, 폭이 5~30mm이며 끝이 뾰족하고 밑 부분이 둥글며 거치가 없다.

208 『피라칸사』와 『해당화』의 공통점으로 옳지 않은 것은? [2015년2회]
① 과명은 장미과이다.
② 열매가 붉은 색으로 성숙한다.
③ 성상은 상록활엽관목이다.
④ 줄기나 가지에 가시가 있다.

해설 피라칸사는 상록활엽관목이고 해당화는 낙엽활엽관목이다.

209 귀룽나무(Prunus padus L.)에 대한 특성으로 맞지 않는 것은? [2016년2회]
① 원산지는 한국, 일본이다.
② 꽃과 열매는 백색계열이다.
③ Rosaceae과(科) 식물로 분류된다.
④ 생장속도가 빠르고 내공해성이 강하다.

해설 귀룽나무의 꽃은 백색계열이고 열매는 흑색계열이다.

210 능소화(Campsis grandifolia K.Schum.)의 설명으로 틀린 것은? [2016년2회]
① 낙엽활엽덩굴성이다.
② 잎은 어긋나며 뒷면에 털이 있다.
③ 나팔모양의 꽃은 주홍색으로 화려하다.
④ 동양적인 정원이나 사찰 등의 관상용으로 좋다.

해설 능소화 잎은 마주나고 홀수 1회 깃꼴겹잎이다. 작은잎은 7~9개로 달걀 모양 또는 달걀 모양의 바소꼴이고 길이가 3~6cm이며 끝이 점차 뾰족해지고 가장자리에는 톱니와 더불어 털이 있다.

211 다음 중 어린가지의 색은 녹색 또는 적갈색으로 엽흔이 발달하고 있으며, 수피에서는 냄새가 나며 약간 골이 파여 있고, 단풍나무 중 복엽이면서 가장 노란색 단풍이 들며, 내조성, 속성수로서 조기녹화에 적당하며 녹음수로 이용가치가 높으며 폭이 없는 가로에 가로수로 심는 수종은? [2013년4회]
① 단풍나무
② 고로쇠나무
③ 복장나무
④ 네군도단풍

해설 단풍나무과 중에 3~5개의 복엽인 수종은 네군도단풍과 복자기나무이고 어린가지의 색은 녹색 또는 적갈색으로 엽흔이 발달하고, 수피에서는 냄새가 나며 약간 골이 파여 있는 수종은 네군도단풍이다.

212 다음 중 모감주나무(Koelreuteria paniculata Laxmann)에 대한 설명으로 맞는 것은? [2015년4회]
① 뿌리는 천근성으로 내공해성이 약하다.
② 열매는 삭과로 3개의 황색종자가 들어있다.
③ 잎은 호생하고 기수 1회 우상복엽이다.
④ 남부지역에서만 식재가능하고 성상은 상록활엽교목이다.

정답 207. ③ 208. ③ 209. ② 210. ② 211. ④ 212. ③

[해설] 모감주나무는 어긋나며(互生), 1회 또는 2회 기수우상복엽이며 작은잎(小葉)은 약간 가죽질(革質)이고 겹에움(缺刻狀)인 겹톱니(複鋸齒)가 있다.

213 서향(Daphne odora Thunb.)에 대한 설명으로 맞지 않는 것은? [2016년1회]

① 꽃은 청색계열이다.
② 성상은 상록활엽관목이다.
③ 뿌리는 천근성이고 내염성이 강하다.
④ 잎은 어긋나기하며 타원형이고, 가장자리가 밋밋하다.

[해설] 서향의 꽃은 암수딴그루로 3~4월에 개화하며 백색 또는 홍자색으로 향기가 있다.

214 다음 중 가시가 없는 수종은? [2014년5회]

① 음나무 ② 산초나무
③ 금목서 ④ 찔레꽃

[해설] 가시가 있는 수종은 음나무, 산초나무, 찔레꽃, 아까시나무, 주엽나무, 장미, 탱자나무, 매자나무, 명자나무 등이 있다.

215 골담초(Caragana sinica Rehder)에 대한 설명으로 틀린 것은? [2016년1회]

① 콩과(科) 식물이다.
② 꽃은 5월에 피고 단생한다.
③ 생장이 느리고 덩이뿌리로 위로 자란다.
④ 비옥한 사질양토에서 잘 자라고 토박지에서도 잘 자란다.

[해설] 골담초는 콩과이며 5월에 황색계통의 꽃이 피며 열매는 협과로 척박한 토지에서도 잘 자라며 뿌리는 약재로 많이 이용된다.

216 고로쇠나무와 복자기에 대한 설명으로 옳지 않은 것은? [2016년4회]

① 복자기의 잎은 복엽이다.
② 두 수종은 모두 열매는 시과이다.
③ 두 수종은 모두 단풍색이 붉은색이다.
④ 두 수종은 모두 과명이 단풍나무과이다.

[해설] 고로쇠나무의 단풍은 황색계열이고 복자기나무는 홍색계열이다.

217 다음 중 비료목(肥料.)에 해당되는 식물이 아닌 것은? [2015년2회]

① 다릅나무
② 곰솔
③ 싸리나무
④ 보리수나무

[해설] 지력을 증진시켜 임목의 생장을 촉진하기 위하여 식재하는 나무로 뿌리의 뿌리혹균[根瘤菌]에 의하여 질소함량이 많은 대사물질(代謝物質) 또는 분비물을 토양에 공급하는 수종이 있다. 다릅나무, 싸리나무, 보리수나무, 오리나무류 등이 해당된다.

218 다른 지방에서 자생하는 식물을 도입한 것을 무엇이라고 하는가? [2015년5회]

① 재배식물 ② 귀화식물
③ 외국식물 ④ 외래식물

[해설]
• 외래식물 : 외국에서 도입된 식물
• 귀화식물 : 우리나라에 들어와 토착화된 식물
• 외국식물 : 외국의 식물
• 재배식물 : 이용할 목적을 가지고 인위적으로 재배(栽培)하는 식물

219 다음 중 속명(屬名)이 Trachelospernnum이고, 영명이 Chineses Jasmine이며, 한자명이 백화등(白花藤)인 것은? [2017년 3회]

① 으아리 ② 인동덩굴
③ 줄사철 ④ 마삭줄

[해설] 백화등
협죽도과에 속하는 상록 덩굴식물로 마삭줄과 비슷하나 마삭줄에 비해 크기가 큰 식물로 백화마삭줄이

정답 213. ① 214. ③ 215. ③ 216. ③ 217. ② 218. ④ 219. ④

라고도 한다. 흰색의 꽃은 초여름에 취산꽃차례를 이루어 피고, 열매는 가을에 삭과로 익는다.

220 수목의 잎 조직 중 가스교환을 주로 하는 곳은? [2016년4회]

① 책상조직 ② 엽록체
③ 표피 ④ 기공

해설
- 표피 : 잎을 보호
- 기공 : 산소와 이산화탄소 교환
- 큐티클층 : 잎의 내부보호, 수분증발 억제
- 울타리조직 : 광합성
- 갯솜조직 : 기체의 이동통로
- 관다발 : 물질의 이동통로
- 물관 : 뿌리에서 흡수한 물과 무기양분 이동통로
- 체관 : 잎에서 만들어진 양분 이동통로

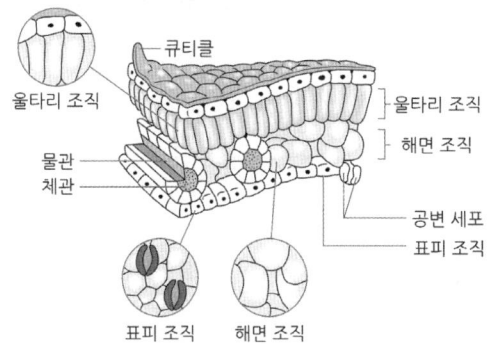

221 다음 지피식물의 기능과 효과에 관한 설명 중 옳지 않은 것은? [2015년2회]

① 토양유실의 방지
② 녹음 및 그늘 제공
③ 운동 및 휴식 공간 제공
④ 경관의 분위기를 자연스럽게 유도

해설 지피식물의 특성
- 미적 효과
- 운동 및 휴식 공간 제공
- 기온조절
- 동결방지
- 토양유실 방지
- 흙먼지 방지

222 다음 중 지피식물 선택 조건으로 부적합한 것은? [2014년5회]

① 병충해에 강하며 관리가 용이하여야 한다.
② 치밀하게 피복되는 것이 좋다.
③ 키가 낮고 다년생이며 부드러워야 한다.
④ 특수 환경에 잘 적응하며 희소성이 있어야 한다.

해설 지피식물의 조건
- 치밀한 지표 피복
- 키가 작고 다년생
- 번식, 생장이 빠름
- 내답압성
- 병충해, 저항성이 강할 것

223 다음 중 지피식물의 특성에 해당되지 않는 것은? [2015년4회]

① 지표면을 치밀하게 피복해야 함
② 키가 높고, 일년생이며 거칠어야 함
③ 환경조건에 대한 적응성이 넓어야 함
④ 번식력이 왕성하고 생장이 비교적 빨라야 함

해설 지피식물은 키가 작고 다년생이 적합하다.

224 공원식재 시공 시 식재할 지피식물의 조건으로 가장 거리가 먼 것은? [2016년4회]

① 관리가 용이하고 병충해에 잘 견뎌야 한다.
② 번식력이 왕성하고 생장이 비교적 빨라야 한다.
③ 성질이 강하고 환경조건에 대한 적응성이 넓어야 한다.
④ 토양까지의 강수 전단을 위해 지표면을 듬성듬성 피복하 피복하여야 한다.

해설 지피식물은 토양을 완전히 피복해야 한다.

정답 220. ④ 221. ② 222. ④ 223. ② 224. ④

225 다음 중 지피(地被)용으로 사용하기 가장 적합한 식물은? [2015년4회]

① 맥문동　② 등나무
③ 으름덩굴　④ 멀꿀

해설 지피식물의 조건에 부합되는 식물은 맥문동이다.

226 다음 조경용 소재 및 시설물 중에서 평면적 재료에 가장 적합한 것은? [2013년1회]

① 퍼걸러
② 분수
③ 잔디
④ 조경수목

해설 지피식물이 키가 작고 치밀하게 지표면을 피복하므로 평면적인 재료로 적합하다.

227 골프장에 사용되는 잔디 중 난지형 잔디는? [2013년5회]

① 들잔디
② 벤트그래스
③ 캔터키블루그래스
④ 라이그래스

해설 골프장에 주로 이용되는 난지형 잔디는 들잔디이다.

228 다음 중 한지형(寒地形) 잔디에 속하지 않는 것은? [2015년4회]

① 벤트그래스
② 버뮤다그래스
③ 라이그래스
④ 켄터키블루그래스

해설
- 한지형 잔디 : 벤트그래스, 캔터키블루그래스, 라이그래스 등
- 난지형 잔디 : 한국잔디(들잔디, 금잔디, 빌로드잔디), 버뮤다그래스

229 여름용(남방계) 잔디라고 불리며, 따뜻하고 건조하거나 습윤한 지대에서 주로 재배되는데 하루 평균기온이 10℃ 이상이 되는 4월 초순부터 생육이 시작되어 6~8월의 25~35℃ 사이에서 가장 생육이 왕성한 것은? [2016년4회]

① 켄터키블루그래스
② 버뮤다그래스
③ 라이그래스
④ 벤트그래스

해설 버뮤다그래스와 한국잔디는 겨울에 잎이 말라 죽는 하록형 잔디이다.

230 다음 중 난지형 잔디에 해당되는 것은? [2014년1회]

① 레드톱
② 버뮤다그래스
③ 켄터키 블루그래스
④ 톨 훼스큐

해설 228번 해설 참조

231 난지형 한국잔디의 발아적온으로 맞는 것은? [2014년1회]

① 15~20℃　② 20~23℃
③ 25~30℃　④ 30~33℃

해설 난지형 지형 잔디
- 하루 일조시간 5시간 이상의 햇빛이 드는 양지에 적합
- 배수가 잘되는 양토나 사질양토가 적합
- 발아적온은 30~33℃

232 우리나라 들잔디(zoysia japonica)의 특징으로 옳지 않은 것은? [2012년도4회]

① 번식은 지하경(地下莖)에 의한 영양번식을 위주로 한다.

② 척박한 토양에서 잘 자란다.
③ 더위 및 건조에 약한 편이다.
④ 여름에는 무성하지만 겨울에는 잎이 말라 죽어 푸른빛을 잃는다.

해설 들잔디는 난지형 잔디로 더위 및 건조에 강하고 답압에 강하다.

233 한국형 잔디의 특징을 잘못 설명한 것은?
[2017년 3회]

① 포복성이어서 밟힘에 강하다.
② 그늘에서도 잘 자란다.
③ 손상을 받으면 회복속도가 느리다.
④ 병해충과 공해에 비교적 강하다.

해설

구분	한국형 잔디 (난지형 잔디)	서양형 잔디 (한지형 잔디)
자라는 온도	25~35도	15~25도
장점	• 여름철에 잘 자란다. • 건조한 날씨에 잘 견딘다. • 밟는 등의 압력에도 잘 견딘다. • 조성과 유지관리에 비용이 적게 든다.	• 겨울철 내내 녹색을 유지한다. • 질감이 부드럽고 색감이 짙다. • 회복력이 좋다.
단점	• 저온에 성장이 멈추고 누렇게 변한다. • 연간 5~6개월 휴면한다. • 조성속도, 회복력이 느리다.	• 여름철에 질병이 발생하기 쉽고, 특히 장마철에는 생육이 불량해 누렇게 변하는 경우가 있다.
파종시기	봄	초봄, 초가을
잔디 종류	야지(들잔디), 중지	켄터키블루그래스, 페레니얼라그래스

234 서양 잔디의 특성 설명으로 가장 부적합한 것은?
[2018년 1회]

① 그늘에서도 비교적 잘 견딘다.
② 대부분 숙근성 다년초로 병충해에 강하다.
③ 일반적으로 씨뿌림으로 시공한다.
④ 상록성인 것도 있다.

해설 서양 잔디
난지형은 버뮤다그래스(포기번식), 한지형으로 벤트그래스, 켄터키블루그래스, 라이그래스 등이 있다. 버뮤다그래스는 포기 번식을 하고 대부분은 종자 번식하며, 한국 잔디에 비해 자주 깎고, 더위, 병해충 등 관리에 손이 많이 간다.

235 대취란 지표면과 잔디(녹색식물체) 사이에 형성되는 것으로 이미 죽었거나 살아있는 뿌리, 줄기 그리고 가지 등이 서로 섞여 있는 유기층을 말한다. 다음 중 대취의 특징으로 옳지 않은 것은?
[2014년 1회]

① 한겨울에 스캘핑이 생기게 한다.
② 대취층에 병원균이나 해충이 기거하면서 피해를 준다.
③ 탄력성이 있어서 그 위에서 운동할 때 안전성을 제공한다.
④ 소수성인 대취의 성질로 인하여 토양으로 수분이 전달되지 않아서 국부적으로 마른지역을 형성하며 그 위에 잔디가 말라 죽게 한다.

해설 잔디를 늦게 깎아 잔디 줄기나 포복경이 노출되는 현상을 스캘핑이라 하는데 대취는 지표면과 잔디(녹색식물체) 사이에 형성되는 유기층으로 서로 관계가 없다.

236 화단에 심겨지는 초화류가 갖추어야 할 조건으로 가장 부적합한 것은?
[2016년 2회]

① 가지수는 적고 큰 꽃이 피어야 한다.
② 바람, 건조 및 병·해충에 강해야 한다.
③ 꽃의 색채가 선명하고, 개화기간이 길어야 한다.
④ 성질이 강건하고 재배와 이식이 비교적 용이해야 한다.

해설 화단의 조건
• 외관이 아름다우며 꽃이 많이 달린다.
• 키가 되도록 작으며 개화기간이 길어야 한다.

정답 233. ② 234. ② 235. ① 236. ①

• 건조와 병해충에 강하여 환경에 대한 적응성이 크다.

237 일반적으로 봄 화단용 꽃으로만 짝지어진 것은? [2013년5회]

① 맨드라미, 국화 ② 데이지, 금잔화
③ 샐비어, 색비름 ④ 칸나, 메리골드

해설 계절에 따른 화단

봄화단	• 한해 : 팬지, 데이지, 프리뮬러, 금잔화 • 다년생 : 꽃잔디, 은방울꽃, 붓꽃 • 구근 : 튤립, 크로커스, 수선화, 히아신스
여름화단	• 한해 : 피튜니아, 천일홍, 맨드라미, 메리골드 • 다년생 : 붓꽃, 옥잠화, 작약 • 구근 : 글라디올러스, 칸나
가을화단	• 한해 : 메리골드, 맨드라미, 피튜니아, 코스모스, 샐비어 • 다년생 : 국화, 루드베키아 • 구근 : 다알리아
겨울화단	• 꽃양배추

238 겨울철 화단용으로 가장 알맞은 식물은? [2013년1회]

① 새비어 ② 꽃양배추
③ 팬지 ④ 피튜니아

해설 237번 해설 참조

239 겨울 화단에 식재하여 활용하기 가장 적합한 식물은? [2014년1회]

① 팬지 ② 메리골드
③ 달리아 ④ 꽃양배추

해설 237번 해설 참조

240 여러해살이 화초에 해당되는 것은? [2010년2회]

① 베고니아 ② 금어초
③ 맨드라미 ④ 금잔화

해설 화훼류 분류
• 봄뿌림(가을 화단용) : 맨드라미, 매리골드, 채송화, 백일홍
• 가을뿌림(봄 화단용) : 팬지 피튜니아, 금잔화, 패랭이꽃
• 봄심기 알뿌리 : 다알리아, 칸나
• 가을심기 알뿌리 : 튤립, 수선화, 백합
• 수생초류 : 수련, 연꽃, 붕어마름, 부평초, 창포류
• 겨울화단용 : 꽃양배추, 꽃잔디
• 다년생 : 국화, 베고니아, 카네이션

241 다음 중 상록용으로 사용할 수 없는 식물은? [2012년1회]

① 마삭줄 ② 불로화
③ 골고사리 ④ 남천

해설 불로화는 국화과의 한해살이 초화류로 분류된다.

242 겨울철에도 노지에서 월동할 수 있는 상록다년생 식물은? [2015년5회]

① 옥잠화 ② 샐비어
③ 꽃잔디 ④ 맥문동

해설 맥문동은 백합과의 상록여러해살이 초화류로 분류된다.

243 복수초(Adonis amurensis Regel & Radde)에 대한 설명으로 틀린 것은? [2015년4회]

① 여러해살이풀이다.
② 꽃색은 황색이다.
③ 실생 개체의 경우 1년 후 개화한다.
④ 우리나라에는 1속 1종이 난다.

해설 실생으로 심은 꽃은 그해에는 꽃이 크게 피고 다음 해부터는 꽃이 작게 핀다.

244 다음 중 홍초과에 해당하며, 잎은 넓은 타원형이며 길이 30~40cm 로서 양끝이 좁고 밑부분이 엽초로 되어 원줄기를 감싸며 측맥이

정답 237. ② 238. ② 239. ④ 240. ① 241. ② 242. ④ 243. ③ 244. ④

평행하고, 삭과는 둥글고 잔돌기가 있으며, 뿌리는 고구마 같은 굵은 근경이 있는 식물명은? [2012년1회]

① 히아신스 ② 튤립
③ 수선화   ④ 칸나

해설
- 근경(뿌리줄기) 땅속줄기가 수평으로 뻗어가면서 비대하여 구근을 형성하는 화훼는 칸나, 아이리스 등이 있다.
- 인경 : 수선화 히아신스, 튤립
- 괴경 : 시클라멘, 아네모네, 칼라
- 구경 : 글라디올러스, 프리지어

245 여름에 꽃피는 알뿌리 화초인 것은? [2013년2회]

① 수선화   ② 백합
③ 히아신스 ④ 글라디올러스

해설 칸나는 홍초과 여러해살이 화초로 꽃은 붉은색으로 (노란색, 백색, 분홍색, 주황색 등도 있음) 여름부터 가을까지 핀다. 열매는 흑색이고 둥글며 딱딱하며 뿌리는 근경이고, 잎은 넓은 타원형이다.

246 여름부터 가을까지 꽃을 감상할 수 있는 알뿌리 화초는? [2013년4회]

① 색비름 ② 금잔화
③ 칸나   ④ 수선화

해설 245번 해설 참조

247 습기가 많은 물가나 습원에서 생육하는 식물을 수생식물이라 한다. 다음 중 이에 해당하지 않는 것은? [2015년4회]

① 부처손, 구절초 ② 갈대, 물억새
③ 부들, 생이가래 ④ 고랭이, 미나리

해설 **수생식물**
갈대, 물억새, 부들, 생이가래, 고랭이, 미나리 수련, 뚝사초, 골풀, 숫잔대, 쉽싸리 등이 있다.

목질재료

248 일반적인 목재에 대한 특징 설명으로 부적합한 것은? [2010년1회]

① 촉감이 좋다.
② 열전도율이 빠르다.
③ 내화성이 약하다.
④ 친근감을 준다.

해설 **목재의 장단점**
- 장점
  - 외관이 아름답다.
  - 재질이 부드럽고 촉감이 좋다.
  - 무게가 가벼우며 무게에 비해 강도가 크다.
  - 가공이 쉽고 열전도율이 낮다.(플라스틱, 돌 등)
  - 압축강도 보다 인장강도가 크다.
- 단점
  - 부패성
  - 함수율에 따라 변형(팽창, 수축 생김), 불에 타기 쉬움(내연성 없음)

249 다음 중 목재에 관한 설명으로 틀린 것은? [2011년2회]

① 소리, 전기 등의 전도성이 크다.
② 건조가 불충분한 것은 썩기 쉽다.
③ 단열성이 크다.
④ 가공성이 좋다.

해설 248번 해설 참조

250 일반적인 목재의 특성 중 장점에 해당되는 것은? [2012년5회], [2017년1회]

① 충격의 흡수성이 크고, 건조에 의한 변형이 크다.
② 충격, 진동에 대한 저항성이 작다.
③ 열전도율이 낮다.
④ 가연성이며 인화점이 낮다.

해설 248번 해설 참조

정답 245. ④ 246. ③ 247. ① 248. ② 249. ① 250. ③

251 다음 중 목재의 장점에 해당하지 않는 것은?
[2016년1회]

① 가볍다.
② 무늬가 아름답다.
③ 열전도율이 낮다.
④ 습기를 흡수하면 변형이 잘된다.

해설 248번 해설 참조

252 목질 재료의 단점에 해당되는 것은?
[2015년4회]

① 함수율에 따라 변형이 잘된다.
② 무게가 가벼워서 다루기 쉽다.
③ 재질이 부드럽고 촉감이 좋다.
④ 비중이 적은데 비해 압축, 인장강도가 높다.

해설 248번 해설 참조

253 다음 중 야외용 조경 시설물 재료로서 가장 내구성이 낮은 재료는?
[2013년4회]

① 나왕재
② 미송
③ 플라스틱재
④ 콘크리트재

해설 나왕재는 유연하여 가공하기 쉬우나 이로 만든 가구나 건축구는 충해에 약하여 내구성이 떨어져 실내용 재로 주로 이용된다.

254 벤치 좌면 재료 가운데 이용자가 4계절 가장 편하게 사용 할 수 있는 재료는?
[2015년4회]

① 플라스틱　　② 목재
③ 석재　　　　④ 철재

해설 목재는 외관이 아름답고 재질이 부드럽고 촉감이 좋으며 가공이 쉽고 열전도율이 낮아 4계절 벤치의 재료로 적합하다.

재료명	장점	단점
목재	• 감촉이 부드럽고 친근감이 있다. • 온도변화가 크지 않다. • 무늬가 아름답고 수리가 쉽다.	• 파손, 훼손이 쉽다. • 습기에 약하고 썩기 쉽다. • 해충의 피해를 받으면 내구성이 약해진다.
철재	• 튼튼하고 가공하기 쉽다. • 안정감이 있다. • 내구성이 강하다.	• 기온에 민감하다. • 차고 딱딱한 느낌을 받는다. • 녹이 슬고, 수리가 어렵다.
석재	• 견고하고 내구성이 크다. • 외관이 아름답고 중량감이 있다. • 유지 관리가 쉽다.	• 제작이 힘들고, 비용이 많이 든다. • 온도에 민감하다. • 감촉이 딱딱하다.
콘크리트제	• 형태를 자유로이 할 수 있다. • 제작비가 싸고, 유지관리가 쉽다. • 내구성이 좋다.	• 감촉이 딱딱하다. • 온도에 민감하다. • 파손된 부분이 미관상 좋지 않다.
플라스틱제	• 자유로운 형태를 만들 수 있다. • 착색이 쉬워 아름다운 미관을 가진다. • 제작, 설치가 쉽다.	• 파손되면 보수가 어렵다. • 태양 광선에 장기간 노출되면 탈색된다. • 온도에 민감하다.

255 다음 중 성형 가공이 자유롭지만 온도변화에 약한 제품은?
[2011년2회]

① 금속제품　　② 목질제품
③ 콘크리트 제품　　④ 플라스틱제품

해설 플라스틱제품은 자유로운 형태를 만들 수 있고 착색이 쉬워 아름다운 미관을 가지지만 온도에 민감한 단점이 있다.

256 목재의 강도에 대한 설명으로 옳은 것은? (단, 가력방향은 섬유에 평행한다.)
[2010년5회]

① 인장강도가 압축강도보다 크다.
② 인장강도와 압축강도가 동일하다.
③ 휨강도와 전단강도가 동일하다.
④ 압축강도가 인장강도보다 크다.

해설 **목재의 강도**
인장강도 > 휨강도 > 압축강도 > 전단강도

정답　251. ④　252. ①　253. ①　254. ②　255. ④　256. ①

257 다음 중 목재의 함수율이 크고 작음에 가장 영향이 큰 강도는? [2015년2회]

① 인장강도　② 휨강도
③ 전단강도　④ 압축강도

해설 　목재의 함수율이 크고 작음에 따라 수축과 팽창이 일어나므로 가장 영향이 큰 강도는 압축강도다.

258 목재의 역학적 성질에 대한 설명으로 틀린 것은? [2015년5회]

① 옹이로 인하여 인장강도는 감소한다.
② 비중이 증가하면 탄성은 감소한다.
③ 섬유포화점 이하에서는 함수율이 감소하면 강도가 증대된다.
④ 일반적으로 응력의 방향이 섬유방향에 평행한 경우 강도(전단강도 제외)가 최대가 된다.

해설 　**목재의 비중**
- 목재의 비중은 함수율에 따라 목재의 무게를 측정함
- 비중이 클수록 강도가 높다
- 조직이 치밀할수록 나이테 폭이 좁을수록 비중이 크다
- 변재보다는 심재가, 춘재보다는 추재가 비중이 크다.
- 비중이 증가하면 외력에 대한 저항이 증대되고, 탄성 계수가 증가한다.

섬유포화점
- 섬유포화점 : 목재 세포가 최대한도의 수분을 흡착한 상태, 자유수가 존재하지 않고 세포막은 결합수로 포화된 상태
- 섬유포화점 이하에서는 함수율이 낮을수록 강도가 크다.(섬유포화점 함수율은 30%로 이 이상에서는 강도 일정)

259 목재의 두께가 7.5cm 미만에 폭이 두께가 4배 이상인 제재목은? [2017년1회]

① 합판
② 각재
③ 판재
④ 조각재

해설 　**판재**
원목을 가공하여 필요한 목재를 만들 때 두께가 7.5cm보다 작고, 너비가 두께보다 4배 이상인 판 형태의 목재로 만든 것

260 목재의 단면에서 수액이 적고 강도, 내구성 등이 우수하기 때문에 목재로서 이용가치가 큰 부위는? [2011년4회]

① 변재
② 변재와 심재 사이
③ 심재
④ 수피

해설 　**심재와 변재**
- 심재 : 목질부 중 수심 부근에 있는 부분, 수축이 적음, 강도와 내구성이 큼, 색이 진함.
- 변재 : 수피 가까이에 있는 부분, 수축이 큼, 강도나 내구성이 심재보다 작음, 색이 연함

261 목재의 심재와 비교한 변재의 일반적인 특징 설명으로 틀린 것은? [2011년1회]

① 흡수성이 크다.
② 재질이 단단하다.
③ 수축변형이 크다.
④ 내구성이 작다.

해설 　260번 해설 참조

262 목재의 심재에 대한 설명으로 틀린 것은? [2010년2회]

① 변재보다 내구성이 크다.
② 변재보다 강도가 크다.
③ 변재보다 비중이 크다.
④ 변재보다 신축이 크다.

해설 　260번 해설 참조

정답 257. ④　258. ②　259. ③　260. ③　261. ②　262. ④

263 목재의 심재와 변재에 관한 설명으로 옳지 않은 것은? [2013년1회]

① 심재의 색깔은 짙으며 변재의 색깔은 비교적 엷다.
② 심재는 변재보다 단단하여 강도가 크고 신축 등 변형이 적다.
③ 변재는 심재 외측과 수피 내측 사이에 있는 생활 세포의 집합이다.
④ 심재는 수액의 통로이며 양분의 저장소이다.

해설 260번 해설 참조

264 목재의 구조에는 춘재와 추재가 있는데 추재(秋材)를 바르게 설명한 것은? [2013년5회]

① 세포는 막이 얇고 크다.
② 빛깔이 엷고 재질이 연하다.
③ 빛깔이 짙고 재질이 치밀하다.
④ 춘재보다 자람의 폭이 넓다.

해설 춘재와 추재
- 춘재 : 봄, 여름 성장, 세포벽 얇고, 크기 큰 형태의 세포 형성, 빛깔이 엷고 재질 연함
- 추재 : 가을, 겨울 성장, 세포벽 두껍고 편평한 소형의 세포 형성, 짙은 색에 재질 치밀하고 단단

265 목재의 옹이와 관련된 설명 중 틀린 것은? [2010년4회]

① 옹이는 목재강도를 감소시키는 가장 흔한 결점이다.
② 죽은 옹이는 산 옹이 보다 일반적으로 기계적 성질이 미치는 영향이 적다.
③ 옹이가 있으면 인장강도는 증가한다.
④ 같은 크기의 옹이가 한 곳에 많이 모인 집중 옹이가 고루 분포된 경우보다 강도 감소에 끼치는 영향은 더욱 크다.

해설 옹이는 수목의 생장에 의해 목부 속에 들어 있는 가지 부분으로 옹이가 있으면 인장강도는 떨어진다.

266 목재의 강도에 대한 설명 중 가장 거리가 먼 것은? [2012년도4회]

① 목재는 외력이 섬유방향으로 작용할 때 가장 강하다.
② 휨강도는 전단강도보다 크다.
③ 비중이 크면 목재의 강도는 증가한다.
④ 섬유포화점에서 전건상태에 가까워짐에 따라 강도는 작아진다.

해설 섬유포화점 이하에서는 함수율이 낮을수록 강도가 커지므로(섬유포화점 함수율은 30%로 이 이상에서는 강도 일정) 건전상태에 가까워짐에 따라 강도는 커진다.

267 목재의 건조 조건목적과 가장 관련이 없는 것은? [2010년4회]

① 부패방지
② 사용 후의 수축, 균열방지
③ 강도증진
④ 무늬 강조

해설 목재의 건조 목적
- 갈라짐, 뒤틀림을 방지
- 탄성, 강도를 높이고 변색, 부패를 방지
- 가공, 접착, 칠을 용이하게 함
- 단열과 전기절연 효과가 높아짐
- 중량경감 및 강도, 내구성이 증진

268 건설재료용으로 사용되는 목재를 건조시키는 목적 및 건조방법에 관한 설명 중 틀린 것은? [2014년5회]

① 균류에 의한 부식 및 벌레의 피해를 예방한다.
② 자연건조법에 해당하는 공기건조법은 실외에 목재를 쌓아두고 기건상태가 될 때까지 건조시키는 방법이다.
③ 중량경감 및 강도, 내구성을 증진시킨다.
④ 밀폐된 실내에 가열한 공기를 보내서 건

정답 263. ④ 264. ③ 265. ③ 266. ④ 267. ④ 268. ④

조를 촉진시키는 방법은 인공건조법 중에서 증기건조법이다.

해설 목재 건조방법

대기건조법 (자연건조법)	• 직사광선과 비를 막고 통풍만으로 건조, 20cm 이상 굄목을 받친다. • 정기적으로 바꾸어 쌓는다.
건조전처리 (수액제거법)	• 침수법 : 원목을 1년 이상 방치, 뗏목으로 6개월 침수, 해수에 3개월 침수하여 수액 제거, 열탕가열(자비법) 증비법, 훈연법 등을 병용하여 제거기간 단축
인공건조법	• 건조가 빠르고 변형이 적으나 시설비, 가공비가 많이 든다. • 대류식(증기식), 열기송풍식, 고주파법 (진공법) 등이 있다.

* 밀폐된 실내에 가열한 공기를 보내서 건조를 촉진시키는 방법은 인공건조법 중에서 진공건조법이다.

269 기건상태에서 목재 표준함수율은 어느 정도인가? [2012년2회]

① 5%   ② 15%
③ 25% ④ 35%

해설 함수율
목재의 부피에서 물이 양을 백분율로 계산한 것으로 목재 함수율에 따라 건전재, 기건재로 구분된다.
• 건전재 : 목재의 함수율이 0%로 완전 건조한 상태
• 기건재 : 공기 중의 습도와 목재의 습도가 평행 상태로 15%의 함수율
• 구조재는 15%, 가구재는 10%까지 건조

270 일반적으로 건설재료로 사용하는 목재의비중이란 다음 중 어떤 상태의 것을 말하는가? (단, 함수율이 약 15% 정도 일 때를 의미한다.) [2011년2회]

① 진비중   ② 기건비중
③ 포수비중 ④ 절대비중

해설 기건비중
공기 속의 온도와 평형을 이룰 때까지 건조 상태로 존재하는 목재의 비중

271 일반적으로 목재의 비중과 가장 관련이 있으며, 목재성분 중 수분을 공기 중에서 제거한 상태의 비중을 말하는 것은? [2016년4회]

① 생목비중   ② 기건비중
③ 함수비중   ④ 절대 건조비중

해설 270번 해설 참조

272 목재가 통상 대기의 온도, 습도와 평형 된 수분을 함유한 상태의 함수율은? [2013년1회]

① 약 7%   ② 약 15%
③ 약 20%   ④ 약 30%

해설 기건재
공기 중의 습도와 목재의 습도가 평행 상태로 15%의 함수율

273 건조 전 질량이 113kg인 목재를 건조시켜서 100kg이 되었다면 함수율은? [2010년5회]

① 0.13%   ② 0.30%
③ 3.00%   ④ 13.00%

해설 함수율 = 건조 전 중량 – 건중량(건조 후 중량) / 건중량(건조 후 중량) × 100%
113 – 100/100 × 100% = 13%

274 질량 113kg의 목재를 절대건조시켜 100kg으로 되었다면 전건량기준 함수율은? [2014년4회]

① 0.13%   ② 0.30%
③ 3.00%   ④ 13.00%

해설 113 – 100/100 × 100% = 13%

275 목재의 기건 상태에서 건조 전의 무게가 250g이고, 절대건조 무게가 220g인 목재의 전건량 기준 함수율은? [2011년5회]

① 12.6%   ② 13.6%
③ 14.6%   ④ 15.6%

정답 269. ② 270. ② 271. ② 272. ② 273. ④ 274. ④ 275. ②

해설 250 − 220/220 × 100% = 13.6%

276 어떤 목재의 함수율이 50%일 때 목재중량이 3000g이라면 전건중량은 얼마인가?
[2015년2회]

① 1000g   ② 2000g
③ 4000g   ④ 5000g

해설 전건중량을 a라고 하면 $\frac{3000-a}{a} \times 100\% = 50\%$

277 목재가 함유하는 수분을 존재 상태에 따라 구분한 것 중 맞는 것은?
[2015년4회]

① 모관수 및 흡착수
② 결합수 및 화학수
③ 결합수 및 응집수
④ 결합수 및 자유수

해설 목재의 수분
- 결합수 세포내 단백질 분자와 결합되어 쉽게 제거할 수 없는 수분
- 자유수(유리수)는 세포 간극 간 함유되어 있는 자유롭게 이동되는 수분

278 섬유포화점은 목재 중에 있는 수분이 어떤 상태로 존재 하고 있는 것을 말하는가?
[2014년1회]

① 결합수만이 포함되어 있을 때
② 자유수만이 포함되어 있을 때
③ 유리수만이 포화되어 있을 때
④ 자유수와 결합수가 포화되어 있을 때

해설 섬유포화점
목재 세포가 최대한도의 수분을 흡착한 상태, 자유수가 존재하지 않고 세포막은 결합수로 포화된 상태

279 진비중이 1.5, 전건비중이 0.54 인 목재의 공극률은?
[2015년4회]

① 66%   ② 64%
③ 62%   ④ 60%

해설 공극률 = (1 − 전건비중/진비중) × 100 = 64%

280 다음 중 목재의 건조방법 중 나머지 셋과 다른 것은?
[2011년5회]

① 증기법   ② 훈연법
③ 수침법   ④ 자비법

해설
- 자연건조법 : 공기건조법, 수침법(침수법)
- 인공건조법 : 증기법, 훈연법, 고주파법, 자비법

281 목재의 건조방법은 자연건조법과 인공건조법으로 구분될 수 있다. 다음 중 인공건조법이 아닌 것은?
[2012년5회]

① 훈연 건조법   ② 고주파 건조법
③ 증기법   ④ 침수법

해설 목재의 건조방법

대기건조법 (자연건조법)	• 공기건조법 − 직사광선과 비를 막고 통풍만으로 건조, 20cm 이상 굄목을 받친다. − 정기적으로 바꾸어 쌓는다. • 침수법 − 원목을 1년 이상 방치, 뗏목으로 6개월 침수, 해수에 3개월 침수하여 수액 제거
인공건조법	※ 건조가 빠르고 변형이 적으나 시설비, 가공비가 많이 든다. • 찌는법 : 건조시간은 단축되나 목재의 크기에 재한을 받고 강도가 약해지며 광택이 줄어든다. • 증기법 : 건조실을 증기로 가열하여 건조시키는 방법으로 가장 많이 사용한다. − 살균 및 부식방지 효과 있으나 탄성이 저하된다. • 공기가열건조법 : 건조실 내의 공기를 가열하여 건조시키는 방법 • 훈연건조법 : 연소 가마를 건조 실내에 장치하여 톱밥 등을 태워서 건조시키는 방법으로 온도조절이 어렵고 화재의 위험이 있다. • 고주파건조법 : 목재의 두꺼운 판을 급속히 건조할 때 사용

정답 276. ② 277. ④ 278. ① 279. ② 280. ③ 281. ④

282 다음 중 목재 내 할렬(Checks)은 어느 때 발생하는가? [2013년1회]

① 함수율이 높은 목재를 서서히 건조할 때
② 건조 응력이 목재의 횡인장강도 보다 클 때
③ 목재의 부분별 수축이 다를 때
④ 건조 초기에 상대습도가 높을 때

해설 할렬은 건조응력이 횡인장강도보다 클 때 섬유방향으로 터지는 현상이다.
목재는 외부부터 건조해지고 건조해지면 수축이 일어나고, 내부는 상대적으로 천천히 건조해지므로 외부에 갈라짐이 생기는 현상(건조 응력)

283 압력 탱크 속에서 고압으로 방부제를 주입시키는 방법으로 목재의 방부처리 방법 중 가장 효과적인 것은? [2015년2회]

① 표면탄화법   ② 침지법
③ 가압주입법   ④ 도포법

해설

표면탄화법	• 목재 표면을 태워 피막을 형성 • 일시적 방부효과 : 태운면에 흡수량 증가
방부제칠법	• 유성 방부제 : 크레오소오트, 유성페인트(접촉 ○) • 수용성 방부제 : 황산동, 염화아연 • 유용성 방부제 : 유기계방충제, PCP(직접 접촉 ×)
방부제처리법	• 도포법 : 표면에 도포, 깊이 5~6mm로 간단 • 침지법 : 방부액 속에 7~10일 정도 담금, 침투깊이 10~15mm • 상압주입법 : 방부액을 가압하고 목재를 담근 후 다시 상온액 중에 담금 • 가압주입법 : 압력용기 속에서 7~12기압으로 가압하여 주입, 비용이 많이 듬, 크레오소트를 이용하여 철도 침목 등에 이용, 방부력이 가장 우수 • 생리적 주입법 : 벌목 전에 뿌리에 약액을 주입

284 목재의 방부처리 방법 중 일반적으로 가장 효과가 우수한 것은? [2012년2회]

① 가압 주입법   ② 도포법
③ 생리적 주입법 ④ 침지법

285 크레오소트유를 사용하여 내용 연수가 장기간 요구되는 철도 침목에 많이 이용되는 방부법은? [2010년5회]

① 가압주입법   ② 표면탄화법
③ 약제도포법   ④ 상암주입법

해설 283번 해설 참조

286 다음 중 방부 또는 방충을 목적으로 하는 방법으로 가장 부적합한 것은? [2016년2회]

① 표면탄화법   ② 약제도포법
③ 상압주입법   ④ 마모저항법

해설 283번 해설 참조

287 목재를 방부제 속에 일정기간 담가두는 방법으로 크레오소트(creosote)를 많이 사용하는 방부법은? [2014년5회]

① 직접유살법   ② 표면탄화법
③ 상압주입법   ④ 약제도포법

해설 **상압주입법**
방부액을 가압하고 목재를 담근 후 다시 상온액 중에 담금

288 목재의 방부법 중 그 방법이 나머지 셋과 다른 하나는? [2013년4회]

① 방청법   ② 침지법
③ 분무법   ④ 도포법

해설 방청법은 금속의 방청(녹방지)을 위해 도료를 처리하는 방법이다.

정답 282. ② 283. ③ 284. ① 285. ① 286. ④ 287. ③ 288. ①

289 목재에 수분이 침투되지 못하도록 하여 부패를 방지하는 방법으로 알맞은 것은?
[2018년 1회]

① 니스도장법　② 비닐포장법
③ 약제주입법　④ 표면탄화법

해설 목재 방부 처리
- 도포법 : 목재를 충분히 건조시킨 후 방부제를 도포하는 방법
- 주입법 : 방부제를 투입하는 방법
- 침지법 : 상온에서 목재를 방부제 용액에 7~10일 정도 담그는 것
- 표면 탄화법 : 목재의 표면을 3~12mm 깊이로 태워 탄화시키는 방법
- 도장법 : 목재의 표면에 방수제나 살균제를 처리하는 방법으로 작업이 쉽고 비용이 절감

290 목재 방부제에 요구되는 성질로 부적합한 것은?
[2012년1회]

① 목재의 인화성, 흡수성에 증가가 없을 것
② 목재의 강도가 커지고 중량이 증가될 것
③ 목재에 침투가 잘되고 방부성이 큰 것
④ 목재에 접촉되는 금속이나 인체에 피해가 없을 것

해설 방부제의 요구조건
- 목재에 침투가 잘되고 방부성이 큰 것
- 목재에 접촉되는 금속이나 인체에 피해가 없을 것
- 목재의 인화성, 흡수성에 증가가 없을 것
- 목재의 강도가 커지고 중량에 영향을 미치지 않을 것

291 다음 중 석탄을 235~315℃에서 고온 건조하여 얻은 타르 제품으로서 독성이 적고 자극적인 냄새가 있는 유성 목재 방부제는?
[2013년1회]

① 콜타르
② 크레오소트유
③ 플로오르화나트륨
④ 펜타클로르페놀(PCP)

해설 방부제의 종류

유용성방부제 (실외)	• 기름에 녹여서 사용 • 방수성과 침투성이 좋음, 값이 쌈 • 냄새, 색깔이 좋지 않음 • 크레오소트유 : 비휘발성 흑갈색 타르 용액, 방부력이 우수하나 냄새가 심하여 미관에 관계없는 실외에 사용 • PCP : 열이나 약제에 안정적, 방부력이 매우 강함, 가격이 비쌈. • 콜타르 : 흑색이고 침투가 약하므로 도포용으로 사용 • 유성 페인트, 아스팔트, 오일스테인 등 • 유기요오드 화합물
수용성방부제 (실내)	• 물에 녹여 사용하는 방부제, 여러 종류의 화합물을 혼합 • C.C.A : 크롬, 구리, 비소의 혼합물, 가장 많이 사용되었으나 독성으로 사용금지 • A.C.C : 구리와 크롬화합물, 광산의 갱목에 사용

292 목재를 방부 처리하고자 할 때 주로 사용되는 방부제는?
[2011년2회]

① 알코올　② 크레오소트유
③ 광명단　④ 니스

해설 291번 해설 참조

293 방부력이 우수하고 내습성도 있으며 값도 싸지만, 냄새가 좋지 않아서 실내에 사용할 수 없고, 미관을 고려하지 않은 외부에 사용하는 방부제는?
[2013년2회]

① 크레오소트
② 물유리
③ 광명단
④ 황암모니아

해설 크레오소트유
방부력이 우수하나 냄새가 심하여 미관에 관계없는 실외에 사용

CHAPTER 02 조경재료 기출문제

294 목재 방부제로서의 크레오소트유(creosote 油)에 관한 설명으로 틀린 것은?
[2015년1회]

① 휘발성이다.
② 살균력이 강하다.
③ 페인트 도장이 곤란하다.
④ 물에 용해되지 않는다.

해설 293번 해설 참조

295 목재의 방부재(preservate)는 유성, 수용성, 유용성으로 크게 나눌 수 있다. 유용성으로 방부력이 대단히 우수하고 열이나 약제에도 안정적이며 거의 무색제품으로 사용되는 약제는?
[2014년2회]

① PCP   ② 염화아연
③ 황산구리   ④ 크레오소트

해설 PCP
열이나 약제에 안정적, 방부력이 매우 강함, 가격이 비쌈

296 다음 중 수용성 목재 방부제이지만 성분상의 맹독성 때문에 사용을 금지하고 있는 것은?
[2010년5회]

① CCA계 방부제   ② 크레오소트유
③ 콜타르   ④ 오일스테인

해설 C.C.A
크롬, 구리, 비소의 혼합물로 가장 많이 사용되었으나 현재는 독성으로 사용금지 됨

297 다음 중 목재의 방화제(防火劑)로 사용될 수 없는 것은?
[2014년5회]

① 황산암모늄   ② 염화암모늄
③ 제2인산암모늄 ④ 질산암모늄

해설 방화제의 종류
염화암모늄, 황산암모늄, 인산암모늄, 붕산암모늄

298 건조된 소나무(적송)의 단위 중량에 가장 가까운 것은?
[2011년1회]

① 250kg/㎥   ② 360kg/㎥
③ 590kg/㎥   ④ 1100kg/㎥

해설 건조된 소나무의 단위 중량은 590kg/㎥

299 목재의 치수 표시방법으로 맞지 않는 것은?
[2015년5회]

① 제재 치수   ② 제재 정치수
③ 중간 치수   ④ 마무리 치수

해설 목재의 치수 표시
• 제재 치수 : 제재소에서 제재한 치수
• 제재 정치수 : 제재목을 지정 치수대로 한 것
• 마무리 치수 : 절삭과 가공을 하여 조립이 완료된 상태 치수

300 목구조의 보강철물로서 사용되지 않는 것은?
[2013년2회]

① 나사못   ② 듀벨
③ 고장력 볼트   ④ 꺽쇠

해설 고장력 볼트는 보통 볼트에 비하여 훨씬 높은 인장강도를 지닌 볼트로 일반적으로 철골구조 부재(部材)의 마찰접합에 사용된다.

301 목재를 연결하여 움직임이나 변형 등을 방지하고 거푸집의 변형을 방지하는 철물로 사용하기 가장 부적합한 것은?
[2014년4회]

① 볼트, 너트
② 못
③ 꺽쇠
④ 리벳

해설 리벳은 강철판·형강(形鋼) 등의 금속재료를 영구적으로 결합하는 데 사용되는 재료이다.

정답 ▶ 294. ① 295. ① 296. ① 297. ④ 298. ③ 299. ③ 300. ③ 301. ④

302 목재가공 작업 과정 중 소지조정, 눈막이(눈메꿈), 샌딩실러 등은 무엇을 하기 위한 것인가?　　　　　　　　　　　　[2015년1회]

① 도장　　　　② 연마
③ 접착　　　　④ 오버레이

해설 도장은 목재의 표면에 페인트, 착색제, 광택제를 칠하는 작업으로 도장전에 목재의 갈라진 틈을 메워주는 눈막이, 밑칠 도료로서 샌딩실러를 하고 시공한다.

303 다음 [보기]가 설명하는 건설용 재료는?
　　　　　　　　　　　　　　　　　　[2016년2회]

[보기]
- 갈라진 목재 틈을 메우는 정형 실링재이다.
- 단성복원력이 적거나 거의 없다.
- 일정 압력을 받는 새시의 접합부 쿠션 겸 실링재로 사용되었다

① 프라이머　　　② 코킹
③ 퍼티　　　　　④ 석고

해설 퍼티
- 갈라진 목재 틈을 메우는 정형 실링재이다.
- 단성복원력이 적거나 거의 없다.
- 일정 압력을 받는 새시의 접합부 쿠션 겸 실링재로 사용되었다.

304 다음 중 목재 접착 시 압착의 방법이 아닌 것은?　　　　　　　　　　　　　　[2015년4회]

① 도포법　　　② 냉압법
③ 열압법　　　④ 냉압 후 열압법

해설 목재의 압착 방법
- 열압법 : 카제인 접착제나 대두접착제 등으로 접착하는 방식
- 냉압법 : 요소수지 접착제나 석탄산수지 접착제 등로 접착하는 방법
- 냉압 후 열압법 : 보온실에서 냉압기를 사용해 미리 예비 압체한 후 열압기의 열판 사이에 넣어 접착제를 경화시키는 방식

305 다음 중 합판의 특징 설명으로 틀린 것은?
　　　　　　　　　　　　　　　　　　[2011년2회]

① 내구성, 내습성이 작다.
② 폭이 넓은 판을 얻을 수 있다.
③ 동일한 원재로부터 많은 정목판과 나무결 무늬판이 제조된다.
④ 팽창, 수축 등으로 생기는 변형이 거의 없다.

해설 합판
- 단판을 3,5,7 매 등의 홀수로 섬유방향이 직교하도록 접착제 붙여 만듬
- 나무결이 아름답다 / 수축, 팽창의 변형 없다 / 강도가 고르다 / 넓은 판 이용 가능 / 내구성, 내습성 크다

306 합판의 특징에 대한 설명으로 옳은 것은?
　　　　　　　　　　　　　　　　　　[2011년4회]

① 목재의 완전 이용이 불가능하다.
② 제품이 규격화되어 사용에 능률적이다.
③ 팽창, 수축 등으로 생기는 변형이 크다.
④ 섬유방향에 따라 강도의 차이가 크다.

해설 305번 해설 참조

307 합판의 특징으로 옳은 것은?　　[2011년5회]

① 열과 소리의 전도율이 크다.
② 팽창 수축 등으로 생기는 변형이 거의 없다.
③ 제품의 규격화가 어렵고, 사용이 비능률적이다.
④ 강도가 커 곡면으로 된 판을 얻기 힘들다.

해설 305번 해설 참조

308 다음 합판의 제조 방법 중 목재의 이용효율이 높고, 가장 널리 사용되는 것은?
　　　　　　　　　　　　　　　　　　[2012년도4회]

① 쏘드 베니어(sawed veneer)

정답 〉 302. ①　303. ③　304. ①　305. ①　306. ②　307. ②　308. ②

② 로타리 베니어(rotary veneer)
③ 슬라이스 베니어(sliced veneer)
④ 플라이우드(plywood)

해설 합판의 제조 방법
- 로타리 베니어 : 원목을 회전하여 넓은 대팻날로 연속으로 벗기는 방식으로 이용 효율이 높음
- 슬라이스 베니어 : 상하로 이동하면서 얇게 절단하는 방식
- 쏘드 베니어 : 띠톱으로 얇게 쪼개어 단면을 만드는 방식

309 다음 중 합판에 관한 설명으로 틀린 것은?
[2014년4회]

① 합판을 베니어판이라 하고, 베니어란 원래 목재를 얇게 한 것을 말하며, 이것을 단판이라고도 한다.
② 슬라이트 베니어(sliced veneer)는 끌로서 각목을 얇게 절단한 것으로 아름다운 결을 장식용으로 이용하기에 좋은 특징이 있다.
③ 합판의 종류에는 섬유판, 조각판, 적층판 및 강화적층재 등이 있다.
④ 합판의 특징은 동일한 원재로 부터 많은 정목판과 나무결 무늬판이 제조되며, 팽창 수축 등에 의한 결점이 없고 방향에 따른 강도차이가 없다.

해설 섬유판, 조각판, 적층판 등은 가공재(집성재)의 종류이다.

310 인조목의 특징이 아닌 것은? [2013년5회]

① 제작시 숙련공이 다루지 않으면 조잡한 제품을 생산하게 된다.
② 목재의 질감은 표출되지만 목재에서 느끼는 촉감을 맛 볼 수 없다.
③ 안료를 잘못 배합하면 표면에서 분말이 나오게 되어 시각적으로 좋지 않고 이용에도 문제가 생긴다.

④ 마모가 심하여 파손되는 경우가 많다.

해설 인조목은 인공적으로 나무의 형태와 나뭇결(질감)을 만든 것으로 실제 나무재료보다 튼튼해서 유지관리의 수고를 덜 수 있다.

석질재료

311 석재의 특성 중 장점에 해당되지 않는 것은?
[2011년2회]

① 외관은 장중하고 치밀하며 가공 시 아름다운 광택을 낸다.
② 화열에 닿으면 화강암 등은 균열이 생기고, 석회암이나 대리석과 같이 분해가 일어나기도 한다.
③ 불연성이며, 압축강도가 크고 내구성 내화성이 풍부하며 마모성이 적다.
④ 종류가 다양하고 같은 종류의 석재라도 산지나 조직에 따라 여러 외관과 색조가 나타난다.

해설 석질재료의 장단점

장점	• 외관이 아름답다. • 내구성과 강도가 크다. • 변형되지 않으며 가공성이 있다. • 가공 정도에 따라 다양한 용도로 사용가능하다. • 산지에 따라 다양한 색조와 질감을 갖는다. • 압축강도, 내구성, 내화학성이 크다. • 마모성이 적다.
단점	• 무거워 다루기 불편하다. • 타 재료에 비해 가공하기가 어렵다. • 가격이 비싸 경제적 부담이 크다. • 압축강도에 비해 휨강도나 인장강도가 작다. • 화열을 받을 경우 균열 또는 파괴되기 쉽다.

* 화열에 닿으면 화강암 등은 균열이 생기고, 석회암이나 대리석과 같이 분해가 일어나는 것은 단점에 해당한다.

정답 ▶ 309. ③ 310. ④ 311. ②

312 조경에 활용되는 석질재료의 특성으로 옳은 것은? [2015년5회]

① 열전도율이 높다.
② 가격이 싸다.
③ 가공하기 쉽다.
④ 내구성이 크다.

해설 석질재료는 압축강도, 내구성, 내화학성이 크다.

313 다음 중 조경시공에 활용되는 석재의 특징으로 부적합한 것은? [2014년5회]

① 색조와 광택이 있어 외관이 미려·장중하다.
② 내수성·내구성·내화학성이 풍부하다.
③ 내화성이 뛰어나고 압축강도가 크다.
④ 천연물이기 때문에 재료가 균일하고 갈라지는 방향성이 없다.

해설 석재는 천연물로 산지에 따라 다양한 색조와 질감을 갖고 기성품 같이 균일할 수 없다.

314 정원에 사용되는 자연석의 특징과 선택에 관한 내용 중 옳지 않은 것은? [2013년4회]

① 경도가 높은 돌은 기품과 운치가 있는 것이 많고 무게가 있어 보여 가치가 높다.
② 정원석으로 사용되는 자연석은 산이나 개천에 흩어져 있는 돌을 그대로 운반하여 이용한 것이다.
③ 돌에는 색채가 있어서 생명력을 느낄 수 있고 검은색과 흰색은 예로부터 귀하게 여겨지고 있다.
④ 부지 내 타물체와의 대비, 비례, 균형을 고려하여 크기가 적당한 것을 사용한다.

해설 돌에는 색채가 있어 생명력을 느낄 수 있고 검정색과 흰색은 예로부터 귀하게 여겨진다는 내용은 적절하지 않고 정원석으로도 적절하지 않다.

315 암석 재료의 특징에 관한 설명 중 틀린 것은? [2011년1회]

① 가격이 싸다.
② 외관이 매우 아름답다.
③ 내구성과 강도가 크다.
④ 변형되지 않으며, 가공성이 있다.

해설 석질재료는 가격이 비싸 경제적 부담이 크다.

316 암석을 구성하고 있는 조암 광물질의 집합상태에 따라 생기는 눈 모양을 무엇이라 하는가? [2017년 3회]

① 절리 ② 층리
③ 석목 ④ 석리

해설
• 절리 : 암석에 비교적 규칙적으로 생긴 금으로 화성암에서는 용암이 냉각할 때 생기는 수축으로, 퇴적암이나 변성암에서는 지각 변동으로 생긴다.
• 석리 : 암석의 겉모습. 광물 입자들이 모여서 이루어진 작은 규모의 조직을 말한다.
• 층리 : 퇴적암에 있는 평행한 줄무늬로 알갱이의 크기나 색 따위가 서로 다른 퇴적 물질이 쌓여서 나타난다.

317 돌이 풍화·침식되어 표면이 자연적으로 거칠어진 상태를 말하는 것은? [2018년 1회]

① 돌의 뜰녹
② 돌의 조면
③ 돌의 절리
④ 돌의 이끼바탕

해설 **석재 관련 용어**
• 뜰녹 : 돌이 오랜 세월에 걸쳐 풍화(風化)작용을 받아 표면에 무늬가 생기는 것으로 뜰녹은 석재 성분 중에 철이 산화한 것으로서, 화강암이나 안산암의 조면에 흔히 생김
• 절리 : 암석에 힘이 가해져서 생긴 갈라진 틈
• 조면 : 돌의 표면이 자연적으로 거칠어진 상태

정답 312. ④ 313. ④ 314. ③ 315. ① 316. ④ 317. ②

318 다음 석재의 역학적 성질 설명 중 옳지 않은 것은? [2015년2회]

① 공극률이 가장 큰 것은 대리석이다.
② 현무암의 탄성계수는 후크(Hooke)의 법칙을 따른다.
③ 석재의 강도는 압축강도가 특히 크며, 인장강도는 매우 작다.
④ 석재 중 풍화에 가장 큰 저항성을 가지는 것은 화강암이다.

해설 대리석은 석회암이 변성된 것으로 무늬가 화려하고 석질이 연해 가공하기 좋으며 공극률이 작다.

319 다음 중 석재의 비중을 구하는 식은?(단, A : 공시체의 건조무게(g), B : 공시체의 침수 후 표면 건조포화 상태의 공시체의 무게(g), C : 공시체의 수중무게(g)) [2010년1회]

① A/B+C   ② A/B−C
③ C/A−B   ④ B/A+C

해설
• 석재의 비중 = 건조무게/표면건조포화상태무게 − 수중무게
• 석재의 중량 = 부피×비중

320 석재의 분류방법 중 가장 보편적으로 사용되는 방법은? [2012년2회]

① 성인에 의한 방법
② 산출상태에 의한 방법
③ 조직구조에 의한 방법
④ 화학성분에 의한 방법

해설 성인에 의한 석재의 분류
석재는 성인(成因)에 따라 분류하는 것이 가장 일반적이다.

분류	종류
화성암	화강암, 안산암, 현무암, 섬록암 등
퇴적암	응회암, 사암, 점판암, 혈암, 석회암 등
변성암	편마암, 대리석, 사문암 등

321 화성암의 일종으로 돌 색깔은 흰색 또는 담회색으로 단단하고 내구성이 있어, 주로 경관석,바닥포장용,석탑,석등,묘석등에 사용되는 것은? [2010년2회]

① 석회암   ② 점판암
③ 화강암   ④ 응회암

해설 화강암
• 우리나라 돌의 70%차지
• 압축강도가 커 견고함
• 대형재를 얻기 쉬우며 외관이 수려함
• 내화성이 작음
• 바닥포장, 계단, 경계석, 디딤돌, 석탑 등에 이용

322 화강암(granite)의 특징 설명으로 옳지 않은 것은? [2011년4회]

① 외관이 아름답기 때문에 장식재로 쓸 수 있다.
② 조직이 균일하고 내구성 및 강도가 크다.
③ 내화성이 우수하여 고열을 받는 곳에 적당하다.
④ 자갈 · 쇄석 등과 같은 콘크리트용 골재로도 많이 사용 된다.

해설 내화성
콘크리트 > 석회암 > 대리석 > 유리 > 화강암 순이며 내화성이 높지 않으며 응회암, 사암, 안산암 등이 내화성이 비교적 크다.

323 다음 중 화성암 계통의 석재인 것은? [2012년2회]

① 화강암   ② 점판암
③ 대리석   ④ 사문암

해설 320번 해설 참조

정답 ▶ 318. ① 319. ② 320. ① 321. ③ 322. ③ 323. ①

324 다음 중 화성암에 해당하는 것은?
[2015년4회]

① 화강암　　② 응회암
③ 편마암　　④ 대리석

해설　응회암은 퇴적암, 편마암과 대리석은 변성암이다.

325 화성암의 심성암에 속하며 흰색 또는 담회색인 석재는?
[2014년1회]

① 화강암　　② 안산암
③ 점판암　　④ 대리석

해설　화성암의 냉각 장소에 따른 분류

분류	종류	비고
심성암	화강암, 반려함, 섬록암 등	지하에서 천천히 굳어 광물 결정 큼
반심성암	휘록암 등	
화산암	현무암, 안산암, 유문암 등	지표에서 빨리 식어 광물 결정 작음

326 다음 석재 중 조직이 균질하고 내구성 및 강도가 큰 편이며, 외관이 아름다운 장점이 있는 반면 내화성이 작아 고열을 받는 곳에는 적합하지 않은 것은?
[2013년2회]

① 응회암　　② 화강암
③ 편마암　　④ 안산암

해설　322번 해설 참조

327 화강암(granite)에 대한 설명 중 옳지 않은 것은?
[2013년5회]

① 내마모성이 우수하다.
② 구조재로 사용이 가능하다.
③ 내화도가 높아 가열시 균열이 적다.
④ 절리의 거리가 비교적 커서 큰 판재를 생산할 수 있다.

해설　내화성
콘크리트 > 석회암 > 대리석 > 유리 > 화강암 순으로 내화성이 높지 않으며 응회암, 사암, 안산암 등이 내화성이 비교적 크다.

328 화성암은 산성암, 중성암, 염기성암으로 분류가 되는데, 이때 분류 기준이 되는 것은?
[2015년1회]

① 규산의 함유량　　② 석영의 함유량
③ 장석의 함유량　　④ 각섬석의 함유량

해설　규산의 함유량에 따라 심성암 > 중성암 > 염기성암으로 분류된다.

329 기존의 퇴적암 또는 화성암이 지열, 지각의 변동에 의한 압력작용 및 화학작용 등에 의해 조직이 변화한 암석은?
[2011년5회]

① 화성암　　② 수성암
③ 변성암　　④ 석회질암

해설　**변성암**
화성암이나 수성암이 높은 열과 압력을 받으면 성질이 변하여 새롭게 만들어진 암석
• 규암(←사암), 대리암(←석회암) 편마암(←편암←셰일), 편마암(←화강암)
• 대리석 : 무늬 화려, 가공 용이, 열이나 산에 약하고 마모에도 약하므로 실내용으로 사용, 석회질이 변성

330 암석은 그 성인(成因)에 따라 대별되는데 편마암, 대리석 등은 어느 암으로 분류 되는가?
[2015년1회]

① 수성암　　② 화성암
③ 변성암　　④ 석회질암

해설　329번 해설 참조

331 변성암의 종류에 해당하는 것은?
[2016년4회]

① 사문암　　② 섬록암
③ 안산암　　④ 화강암

정답　324. ①　325. ①　326. ②　327. ③　328. ①　329. ③　330. ③　331. ①

분류	종류
변성암	편마암, 대리암, 사문암 등

332 석회암이 변화되어 결정화한 것으로 석질이 치밀하고 견고할 뿐 아니라 외관이 미려하여 실내장식재 또는 조각재료로 사용되는 것은? [2011년 2회]

① 응회암　② 사문암
③ 대리석　④ 점판암

해설 **대리석**
무늬 화려, 가공 용이, 열이나 산에 약하고 마모에도 약하므로 실내용으로 사용, 석회질이 변성

333 석재의 성인(成因)에 의한 분류 중 변성암에 해당되는 것은? [2016년 1회]

① 대리석　② 섬록암
③ 현무암　④ 화강암

해설 331번 해설 참조

334 다음 중 트래버틴(travertin)은 어떤 암석의 일종인가? [2013년 4회]

① 대리석　② 응회암
③ 화강암　④ 안산암

해설 트래버틴은 탄산칼슘이 가라앉아 생긴 석회암의 일종으로 퇴적암의 범주에 속하며 석회암이 변성된 암석은 대리석이다.

335 퇴적암의 종류에 속하지 않는 것은? [2010년 1회]

① 안산암　② 응회암
③ 역암　　④ 사암

해설
분류	종류
퇴적암	응회암, 사암, 점판암, 혈암, 석회암 등

336 석재의 분류는 화성암, 퇴적암, 변성암으로 분류할 수 있다. 다음 중 퇴적암에 해당되지 않는 것은? [2015년 2회]

① 사암　　② 혈암
③ 석회암　④ 안산암

해설 335번 해설 참조

337 다음 석재 중 일반적으로 내구연한이 가장 짧은 것은? [2013년 1회]

① 화강석　② 석회암
③ 대리석　④ 석영암

해설 **석회암**
산호나 조개껍데기처럼 석회 물질로 이루어진 생물의 유해가 쌓이거나, 물에 녹아있던 석회 물질이 가라앉아 만들어진 퇴적암으로 내구연한이 약 40년으로 타 석재에 비해 짧다.

338 주로 감람석, 섬록암 등의 심성암이 변질된 것으로 암녹색 바탕에 흑백색의 아름다운 무늬가 있으며, 경질이나 풍화성이 있어 외장재보다는 내장 마감용 석재로 이용되는 것은? [2014년 5회]

① 사문암　② 안산암
③ 점판암　④ 화강암

해설 석재의 성인에 따라 분류하면 안산암, 화강암은 화성암/점판암은 퇴적암/사문암은 변성암이다.

339 다음 중 주로 흙막이용 돌공사에 사용되는 가공석은? [2010년 1회]

① 각석　　② 판석
③ 마름돌　④ 견칫돌

해설 **가공석**
- 각석 : 폭이 두께의 3배 미만, 폭 보다 길이가 긴 직육면체의 석재(쌓기용, 기초석, 경계석)
- 판석 : 두께가 15cm 미만, 폭이 두께의 3배 이상인

정답 332. ③　333. ①　334. ①　335. ①　336. ④　337. ②　338. ①　339. ④

판 모양의 석재(디딤돌, 원로 포장용, 계단 설치용)
- 마름돌 : 형태가 정형적인 곳에 사용, 시공비가 많음(미관과 내구성이 요구되는 구조물이나 쌓기용)
- 견치돌 : 앞면은 정사각형, 면이 정사각형에 가깝고 면에 직각으로 잰 길이가 최소변의 1.5배 이상, 1개의 무게는 70~100kg(주로 흙막이용 돌쌓기 사용)
- 사고석 : 고건축의 담장 등 옛 궁궐에서 사용, 길이는 최소변의 1.2배 이상
- 잡석 : 크기가 지름 10~30cm 정도의 것이 크고, 작은 알로 골고루 섞여져 있으며, 형상이 고르지 못한 돌

340 돌을 뜰 때 앞면, 뒷면, 길이 접촉부 등의 치수를 지정해서 깨낸 돌을 무엇이라 하는가?
[2013년5회]

① 견치돌　　② 호박돌
③ 사괴석　　④ 평석

해설 339번 해설 참조

341 흙막이용 돌쌓기에 일반적으로 가장 많이 사용되는 것으로 앞면의 길이를 기준으로 하여 길이는 1.5배 이상, 접촉부 나비는 1/10 이상으로 하는 시공 재료는?　[2011년4회]

① 호박돌　　② 경관석
③ 판석　　　④ 견치돌

해설 339번 해설 참조

342 형상은 재두각추체에 가깝고 전면은 거의 평면을 이루며 대략 정사각형으로서 뒷길이, 접촉면의 폭, 뒷면 등이 규격화 된 돌로, 접촉면의 폭은 전면 1변의 길이의 1/10 이상이라야 하고, 접촉면의 길이는 1변의 평균 길이의 1/2 이상인 석재는?　[2013년4회]

① 각석　　　② 사고석
③ 견치석　　④ 판석

해설 339번 해설 참조

343 견치석에 관한 설명 중 옳지 않은 것은?
[2016년1회]

① 형상은 재두각추체(裁頭角錐體)에 가깝다.
② 접촉면의 길이는 앞면 4변의 제일 짧은 길이의 3배 이상이어야 한다.
③ 접촉면의 폭은 전면 1변의 길이의 1/10 이상이어야 한다.
④ 견치석은 흙막이용 석축이나 비탈면의 돌붙임에 쓰인다.

해설 339번 해설 참조

344 석재를 형상에 따라 구분할 때 견치돌에 대한 설명으로 옳은 것은?　[2012년도4회]

① 폭이 두께의 3배미만으로 육면체 모양을 가진 돌
② 치수가 불규칙하고 일반적으로 뒷면이 없는 돌
③ 두께가 15cm미만이고, 폭이 두께의 3배 이상인 육면체 모양의 돌
④ 전면은 정사각형에 가깝고, 뒷길이, 접촉면, 뒷면 등의 규격화 된 돌

해설 339번 해설 참조

345 암석의 규격재 종류 중 엄격한 규격에 맞추어 만들지 않고 견치돌과 비슷하게 크기가 지름 10~30cm 정도로 막 깨낸 돌로 흙막이용 돌쌓기 또는 붙임돌용으로 사용되는 것은?　[2011년5회]

① 각석　　　② 판석
③ 잡석　　　④ 마름돌

해설 잡석
지름 10~30cm 정도로 크고, 작은 돌이 골고루 섞여 있으며, 형상이 고르지 않은 돌

정답 340. ① 341. ④ 342. ③ 343. ② 344. ④ 345. ③

346 크기가 지름 20~30cm 정도의 것이 크고 작은 알로 고루 고루 섞여져 있으며 형상이 고르지 못한 큰 돌이라 설명하기도 하며, 큰 돌을 깨서 만드는 경우도 있어 주로 기초용으로 사용하는 석재의 분류명은? [2014년4회]

① 산석 ② 야면석
③ 잡석 ④ 판석

해설 345번 해설 참조

347 다음 그림과 같은 돌 쌓기에 가장 적합한 재료는? [2010년5회]

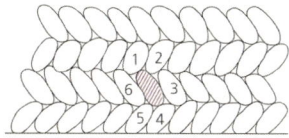

① 호박돌 ② 마름돌
③ 잡석   ④ 견치석

해설 호박돌
호박형의 천연석, 가공하지 않은 지름 18cm 이상의 돌

348 다음 중 조경공간의 포장용으로 주로 쓰이는 가공석은? [2014년5회]

① 강석(하천석) ② 견치돌(간지석)
③ 판석   ④ 각석

해설 판석
두께가 15cm 미만, 폭이 두께의 3배 이상인 판 모양의 석재(디딤돌, 원로 포장용, 계단 설치용)

349 두께15cm 미만이며, 폭이 두께의 3배 이상인 판 모양의 석재를 무엇이라고 하는가? [2013년1회]

① 각석   ② 판석
③ 마름돌 ④ 견치돌

해설 판석
두께가 15cm 미만, 폭이 두께의 3배 이상인 판 모양의 석재(디딤돌, 원로 포장용, 계단 설치용)

350 다음 중 석가산을 만들고자 할 때 적당한 돌은? [2010년4회]

① 잡석   ② 괴석
③ 호박돌 ④ 자갈

해설 괴석
괴상한 모양으로 생긴 돌로 석가산을 만들 때 주로 이용된다.

351 석가산을 만들고자 한다. 적당한 돌은? [2017년 3회]

① 잡석   ② 산석
③ 호박돌 ④ 자갈

해설 자연석의 종류는 산석, 강석, 해석으로 나뉜다.
• 산석 : 석가산용(50~100cm, 돌로 만든 가상의 산 〈돌무더기〉의 재료) – 산석 > 하천석
• 강석 : 하천석
• 해석 : 바다석
또한 호박돌은 호박형의 천연석으로 가공하지 않은 지름 18cm 이상의 돌을 말하고, 잡석은 10~30cm 정도의 기초석이며, 자갈은 0.5~7.5cm 정도의 크기로 석축의 뒤채움 돌로 많이 쓰인다.

352 한국의 전통조경 소재 중 하나로 자연의 모습이나 형상석으로 궁궐 후원 점경물로 석분에 꽃을 심듯이 꽂거나 화계 등에 많이 도입되었던 경관석은? [2014년4회]

① 각석 ② 괴석
③ 비석 ④ 수수분

해설 괴석
괴상한 모양으로 생긴 돌로 제주도나 흑산도의 현무암을 많이 이용하며 조선시대 후원에 도입되었다.

정답 346.③ 347.① 348.③ 349.② 350.② 351.② 352.②

353 소가 누워있는 것과 같은 돌로, 횡석보다 안정감을 주는 자연석의 형태는? [2014년5회]

① 와석 ② 평석
③ 입석 ④ 환석

해설 자연석의 모양
- 입석 : 세워서 쓰는 돌, 전후좌우 어디서나 관상할 수 있는 자연석으로 키가 높아야 효과 있음
- 횡석 : 눕혀서 쓰는 돌, 불안감을 주는 돌을 받쳐서 안정감을 가지게 하기도 한다.
- 평석 : 윗부분이 평평한 돌로 안정감을 주며 주로 앞부분에 배석한다.
- 환석 : 둥근 생김새를 가진 돌을 말한다.
- 각석 : 각이 진 돌로, 3각 및 4각 등이 있다.
- 사석 : 비스듬히 세워서 사용하는 돌로 절벽과 같은 풍경을 나타낼 때 이용된다.
- 와석 : 소가 누워 있는 것과 같은 돌로 횡석 보다 더욱 안정감을 주며 뒷부분 돌의 연결 부분을 가려주기도 함

354 자연석 중 전후·좌우 사방 어디에서나 볼 수 있으며, 키가 높아야 효과적인 돌의 형태는? [2018년 1회]

① 입석(立石) ② 횡석(橫石)
③ 평석(平石) ④ 와석(臥石)

해설 353번 해설 참조

355 경석(景石)의 배석(配石)에 대한 설명으로 옳은 것은? [2013년1회]

① 자연석 보다 다소 가공하여 형태를 만들어 쓰도록 한다.
② 원칙적으로 정원 내에 눈에 뜨이지 않는 곳에 두는 것이 좋다.
③ 차경(借景)의 정원에 쓰면 유효하다.
④ 입석(立石)인 때에는 역삼각형으로 놓는 것이 좋다.

해설 경석은 자연식 정원에 사용되는 자연석으로 경관을 아름답게 하기 위한 차경정원에 유효하다.

356 쇠망치 및 날메로 요철을 대강 따내고, 거친 면을 그대로 두어 부풀린 느낌으로 마무리 하는 것으로 중량감, 자연미를 주는 석재가공법은? [2016년2회]

① 혹두기 ② 정다듬
③ 도드락다듬 ④ 잔다듬

해설 석재의 가공방법
가공 순서(거침에서 부드러움 순)
혹두기(쇠메) ⇒ 정다듬(정) ⇒ 도드락다듬(도드락망치) ⇒ 잔다듬(날망치) ⇒ 물갈기(광내기)

357 석재의 가공 공정상 날망치를 사용하는 표면 마무리 작업은? [2011년1회]

① 혹떼기 ② 잔다듬
③ 정다듬 ④ 도드락다듬

해설 356번 해설 참조

358 암석에서 떼어 낸 석재를 가공할 때 잔다듬 기용으로 사용하는 도드락망치는? [2015년2회]

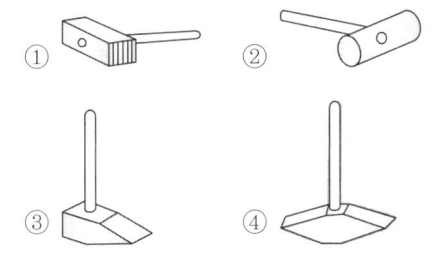

해설 석재 가공 도구

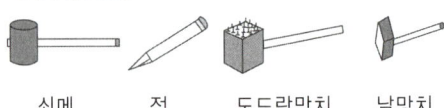

쇠메   정   도드락망치   날망치

359 석재가공 방법 중 화강암 표면의 기계로 켠 자국을 없애주고 자연스러운 느낌을 주므로 가장 널리 쓰이는 마감방법은? [2015년2회]

정답 353.① 354.① 355.③ 356.① 357.② 358.① 359.①

① 버너마감 ② 잔다듬
③ 정다듬 ④ 도드락다듬

해설 버너마감
고열의 불꽃을 이용하여 자연스러운 느낌을 주기 위해 돌의 표면을 가공하는 방식의 마감

360 암석 재료의 가공 방법 중 쇠망치로 석재 표면의 큰 돌출 부분만 대강 떼어내는 정도의 거친 면을 마무리하는 작업을 무엇이라 하는가? [2013년2회]

① 도드락다듬 ② 혹두기
③ 잔다듬 ④ 물갈기

해설 혹두기로 석재 표면의 큰 돌출 부분만 대강 떼어내는 정도의 가친 면을 마무리하는 작업

361 석재의 가공 방법 중 혹두기 작업의 바로 다음 후속작업으로 작업면을 비교적 고르고 곱게 처리할 수 있는 작업은? [2014년1회]

① 물갈기 ② 잔다듬
③ 정다듬 ④ 도드락다듬

해설 정다듬
혹두기한 표을 정으로 비교적 곱게 다듬는 작업으로 거친 다듬, 중다듬, 고운다듬으로 구부된다

점토질 재료

362 조경용으로 벽돌, 도관, 타일, 기와 등을 만드는 재료로 가장 적당한 것은? [2010년4회]

① 금속 ② 플라스틱
③ 점토 ④ 시멘트

해설 점토제품에는 별돌, 도관과 토관, 타일, 테라코타, 도자기 제품 등이 있다.

363 다음 중 점토에 대한 설명으로 옳지 않은 것은? [2012년도4회]

① 화학성분에 따라 내화성, 소성 시 비틀림 정도, 색채의 변화 등의 차이로 인해 용도에 맞게 선택된다.
② 가소성은 점토입자가 미세할수록 좋고 또한 미세부분은 콜로이드로서의 특성을 가지고 있다.
③ 습윤 상태에서는 가소성을 가지고 고온으로 구우면 경화되지만 다시 습윤 상태로 만들면 가소성을 갖는다.
④ 암석이 오랜 기간에 걸쳐 풍화 또는 분해되어 생긴 세립자 물질이다.

해설 점토재료의 특성
• 점토는 여러 가지 암석이 풍화되어 분해된 물질로 생성된 것이다.
• 점토는 가소성이어서 물로 반죽하면 임의의 모양을 만들 수 있다.
• 건조시키면 굳어지고 불에 구우면 더욱 경화되는 성질이 있다.
• 화학 성분에 따라 내화성, 소성 시 비틀림 방지, 색채의 변화 등의 차이로 인해 용도에 맞게 선택된다.
• 가소성은 점토 입자가 미세할수록 좋고 미세 부분은 콜로이드로서의 특성을 갖는다.

364 우리나라에서 사용되고 있는 점토벽돌은 기존형과 표준형으로 분류되는데 그중 기존형 벽돌의 규격은? [2010년4회]

① 20cm×9cm×5cm
② 21cm×10cm×6cm
③ 22cm×12cm×6.5cm
④ 19cm×9cm×5.7cm

해설 벽돌 규격
• 표준형 190×90×57mm
• 기존형 210×100×60mm(굽는 특성 : 도자기식)

365 한국산업표준(KS)에 규정된 벽돌의 표준형 크기는? [2011년1회]

① 190×90×57mm
② 195×90×60mm

정답 360. ② 361. ③ 362. ③ 363. ③ 364. ② 365. ①

③ 210×100×60mm

④ 210×95×57mm

해설 364번 해설 참조

366 건설공사 표준품셈에서 사용되는 기본(표준형) 벽돌의 표준 치수(mm)로 옳은 것은?
[2016년1회]

① 180×80×57 ② 190×90×57
③ 210×90×60 ④ 210×100×60

해설 364번 해설 참조

367 우리나라에서 사용하는 표준형 벽돌의 규격은?(단, 단위는 mm로 한다.) [2011년4회]

① 300×300×60 ② 190×90×57
③ 210×100×60 ④ 390×190×190

해설 364번 해설 참조

368 그림은 벽돌을 토막 또는 잘라서 시공에 사용할 때 벽돌의 형상이다. 다음 중 반토막 벽돌에 해당하는 것은? [2015년5회]

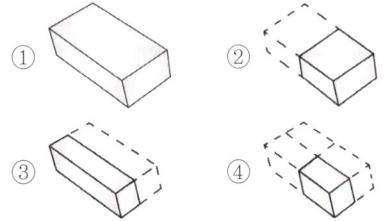

해설 벽돌의 분할과 분할에 따른 명칭

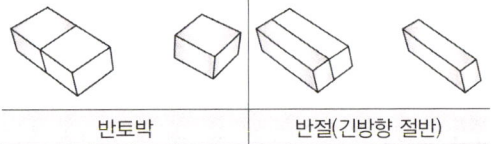

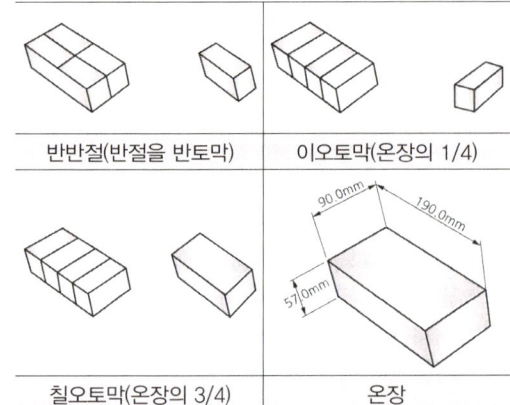

369 조경 소재 중 벽돌의 사용이 가장 부적합한 것은? [2017년1회]

① 경계벽   ② 담장
③ 테라스의 바닥 ④ 원로의 포장

해설 벽돌은 원로포장이나 벽체를 조성하기 위한 재료로 이용된다.

370 표면이 거칠고 투수율이 크므로 연기나 공기의 환기통으로 사용하는 관은? [2010년2회]

① 강관   ② 토관
③ 콘크리트관 ④ 테라코타

해설

도관	• 점토 주원료, 내 외면에 유약을 칠하여 소성한 관 • 투수율이 적으므로 배수, 하수관에 쓰임
토관	• 점토를 원료로 하여 모양 만든 후 유약 바르지 않고 소성한 관 • 표면이 거칠고 투수성이 크므로 연기나 공기 등의 환기관으로 사용

371 점토제품 중 돌을 빻아 빚은 것을 1,300℃ 정도의 온도로 구웠기 때문에 거의 물을 빨아들이지 않으며, 마찰이나 충격에 견디는 힘이 강한 것은? [2018년 1회]

① 벽돌제품   ② 토관제품
③ 타일제품   ④ 도자기제품

정답 366. ② 367. ② 368. ② 369. ③ 370. ② 371. ④

해설
- 도관은 점토를 주원료로 하고 내 외면에 유약을 칠하여 소성한 관으로 투수율이 적으므로 배수, 하수관에 쓰이고, 토관은 점토를 원료로 하여 모양 만든 후 유약 바르지 않고 소성한 관으로 표면이 거칠고 투수성이 크므로 연기나 공기 등의 환기관으로 사용
- 타일은 양질의 점토에 장석, 규석, 석회석 등의 가루 배합하여 성형 후 유약 입혀 건조, 소성한 제품으로 흡수성 적고, 휨과 충격에 강해 건축, 조경장식의 마무리재로 사용
- 도자기 제품은 돌을 빻아 빚은 것을 1,300℃로 구워 만든 것으로 마찰, 충격에 견디는 힘이 강해서 야외탁자, 음수대, 계단타일 등에 사용

372 점토, 석영, 장석, 도석 등을 원료로 하여 적당한 비율로 배합한 다음 높은 온도로 가열하여 유리화 될 때 까지 충분히 구워 굳힌 제품으로서, 대게 흰색 유리질로서 반투명하여 흡수성이 없고 기계적 강도가 크며, 때리면 맑은 소리를 내는 것은? [2013년1회]

① 토기 ② 자기
③ 도기 ④ 석기

해설 도자기 제품

도기	・1100℃~1200℃에서 소성 ・기계적 강도가 크지 않고 둔탁한 소리 ・세면대, 변기
자기	・1300℃이상의 온도에서 유리화 되도록 소성 ・기계적 강도가 상대적으로 크고 맑은 소리 ・식기류

373 점토제품 제조를 위한 소성(燒成) 공정순서로 맞는 것은? [2013년5회]

① 예비처리 – 원료조합 – 반죽 – 숙성 – 성형 – 시유(施釉) – 소성
② 원료조합 – 반죽 – 숙성 – 예비처리 – 소성 – 성형 – 시유
③ 반죽 – 숙성 – 성형 – 원료조합 – 시유 – 소성 – 예비처리
④ 예비처리 – 반죽 – 원료조합 – 숙성 – 시유 – 성형 – 소성

해설 점토 제품의 소성 공정
예비처리 – 원료조합 – 반죽 – 숙성 – 성형 – 시유(施釉) – 소성

374 타일의 동해를 방지하기 위한 방법으로 옳지 않은 것은? [2015년1회]

① 붙임용 모르타르의 배합비를 좋게 한다.
② 타일은 소성온도가 높은 것을 사용한다.
③ 줄눈 누름을 충분히 하여 빗물의 침투를 방지한다.
④ 타일은 흡수성이 높은 것일수록 잘 밀착됨으로 방지효과가 있다.

해설 점토질 재료의 흡수율과 동해
- 흡수율 자기<석기<도기<토기
- 흡수율이 높으면 동해에 대한 피해가 크다.
- 흡수율이 높은 제품은 동해에 대한 예방이 필요하다.

375 타일 붙임재료의 설명으로 틀린 것은? [2016년4회]

① 접착력과 내구성이 강하고 경제적이며 작업성이 있어야 한다.
② 종류는 무기질 시멘트 모르타르와 유기질 고무계 또는 에폭시계 등이 있다.
③ 경량으로 투수율과 흡수율이 크고, 형상・색조의 자유로움 등이 우수하나 내화성이 약하다.
④ 접착력이 일정기준 이상 확보되어야만 타일의 탈락현상과 동해에 의한 내구성의 저하를 방지할 수 있다.

해설 타일
양질의 점토에 장석, 규석, 석회석 등의 가루 배합 → 성형 후 유약 입혀 건조 → 소성
- 흡수성 적고, 휨과 충격, 내화성이 강하며 건축, 조경장식의 마무리재로 사용
- 테라코타 : 구운 흙, 장식용 점토 제품

정답 372. ② 373. ① 374. ④ 375. ③

시멘트 및 콘크리트 재료

376 다음에서 괄호 안에 들어갈 말로 옳게 나열된 것은? [2018년 1회]

> 콘크리트가 단단히 굳어지는 것은 시멘트와 물의 화학반응에 의한 것인데, 시멘트와 물이 혼합된 것을 (　)라 하고, 시멘트와 모래 그리고 물이 혼합된 것을 (　)라 한다.

① 콘크리트, 모르타르
② 모르타르, 콘크리트
③ 시멘트 풀, 모르타르
④ 모르타르, 시멘트 페이스트

해설 콘크리트 관련 용어
- 시멘트풀(시멘트 페이스트) : 시멘트와 물을 혼합한 것
- 모르타르 : 시멘트, 잔골재, 물을 비벼 혼합한 것
- 콘크리트 : 시멘트, 모래, 자갈 또는 부순 돌 등을 골고루 섞은 것을 물로 개어 굳힌 것

377 다음 시멘트에 관한 설명 중 틀린 것은? [2010년2회]

① 실리카 성분이 많아서 수화열이 작고 내구성이 좋아 댐과 같은 매시브한 콘크리트에 사용하는 것이 내황산염 포틀랜드 시멘트이다.
② 철분, 마그네시아가 적은 백색 점토와 석회석을 원료로 하고 소성연료는 중유를 사용하여 만들어지는 시멘트가 백색 포틀랜드시멘트이다.
③ 포틀랜드시멘트에는 보통, 조강, 중용열, 백색 등이 있다.
④ 시멘트의 제조방법에는 건식법, 습식법, 반습식법이 있다.

해설 일반 포틀랜드 시멘트의 종류

보통	• 일반적 시멘트, 일반적인 콘크리트 공사
중용열	• 수화열이 적어 균열 방지, 건조수축이 적음. • 콘크리트 발열량을 적게 만들어 내침식성, 내구성양호, 수축률이 작아 댐 공사 적합 • 용도 : 매스콘크리트, 수밀콘크리트, 차폐용 콘크리트, 서중콘크리트, 방사선차단용 콘크리트
조강	• 보통시멘트 7일 강도를 3일에 발휘(210kg/㎠ 이상의 강도), 저온에서도 강도 발휘 • 긴급공사, 한중콘크리트, 콘크리트 2차 제품
백색	• 구조재 축조에는 사용하지 않고 건축미장용으로 사용, 치장용, 컬러 시멘트 가능

※ 포졸란시멘트 : 실리카 성분이 많아서 워커빌리티가 양호하고 수밀성이 향상되며 수화열이 작음

378 다음과 같은 특징을 갖는 시멘트는? [2010년2회]

> • 산, 염류, 해수 등의 화학적 작용에 대한 저항성이 크고, 내화성이 우수하다.
> • 조기강도가 크다.(재령 1일에 보통포틀랜드 시멘트의 재령 28일 강도와 비슷함)
> • 한중 콘크리트에 적합하다.

① 포졸란 시멘트
② 플라이 애쉬 시멘트
③ 알루미나 시멘트
④ 실리카 시멘트

해설 특수 시멘트(알루미나 시멘트)
- 황산에 침식이 잘되는 포틀랜드 시멘트의 결점을 보완하기 위해 만들었다.
- 회갈색 또는 회흑색으로 초기 강도가 매우 크고 해수 및 기타 화학적 저항성이 크다.
- 열분해 온도가 높아 내화용 콘크리트에 적합하나 가격이 비싸다.

379 초기 강도가 매우 크고 해수 및 기타 화학적 저항성이 크며 열분해 온도가 높아 내화용 콘크리트에 적합한 시멘트는? [2011년1회]

① 플라이애시 시멘트

정답　376. ③　377. ①　378. ③　379. ③

② 조강 포틀랜드 시멘트
③ 알루미나 시멘트
④ 고로슬래그 시멘트

해설 혼합시멘트의 종류(용도 : 매스콘크리트, 수중콘크리트, 2차제품)

고로슬래그 시멘트	• 광재(slag – 용광로 재) 용광로에서 나온 광석 찌꺼기를 석고와 함께 시멘트에 섞은 것 • 균열이 적어 폐수시설, 하수도, 항만용 댐 공사에 유리 • 수화열이 작다, 화학저항이 크다.
플라이애시 시멘트	• 표면이 매끄러운 구형의 미세립의 석탄회 • 워커빌리티 양호, 수밀성 향상, 장기강도가 높음, 수화열 작음
(실리카) 포졸란 시멘트	• 포졸란을 넣어 만든 시멘트(포졸란 : 실리카 시멘트에 혼합된 천연 및 인공인 것) • 워커빌리티 양호, 수밀성 향상, 장기강도가 높음, 수화열이 작음

380 용광로에서 선철을 제조할 때 나온 광석 찌꺼기를 석고와 함께 시멘트에 섞은 것으로서 수화열이 낮고, 내구성이 높으며, 화학적 저항성이 큰 한편, 투수가 적은 특징을 갖는 것은? [2012년1회]

① 알루미나시멘트
② 조강 포틀랜드시멘트
③ 실리카시멘트
④ 고로시멘트

해설 379번 해설 참조

381 시멘트의 종류 중 혼합 시멘트에 속하는 것은? [2014년2회]

① 팽창 시멘트
② 알루미나 시멘트
③ 고로슬래그 시멘트
④ 조강포틀랜드 시멘트

해설 혼합시멘트에는 고로시멘트, 플라이애시시멘트, 실리카시멘트 등이 있다.

382 다음 시멘트의 종류 중 혼합 시멘트가 아닌 것은? [2013년1회]

① 알루미나 시멘트
② 플라이 애시 시멘트
③ 고로 슬래그 시멘트
④ 포틀랜드포졸란시멘트

해설 알루미나 시멘트는 특수 시멘트에 속한다.

383 알루미나 시멘트의 최대 특징으로 옳은 것은? [2016년1회]

① 값이 싸다.
② 조기강도가 크다.
③ 원료가 풍부하다.
④ 타 시멘트와 혼합이 용이하다.

해설 알루미나 시멘트는 일반 시멘트의 단점을 보완하기 위해 만든 특수시멘트로 초기 강도가 크며, 열분해 온도가 높아 내화용 콘크리트에 적합하나 가격이 비싸다.

384 다음 중 시멘트와 그 특성이 바르게 연결된 것은? [2015년4회]

① 조강포틀랜드시멘트 : 조기강도를 요하는 긴급공사에 적합하다.
② 백색포틀랜드시멘트 : 시멘트 생산량의 90% 이상을 점하고 있다.
③ 고로슬래그시멘트 : 건조수축이 크며, 보통시멘트보다 수밀성이 우수하다.
④ 실리카시멘트 : 화학적 저항성이 크고 발열량이 적다.

해설 377, 379번 해설 참조

385 실리카질 물질(SiO_2)을 주성분으로 하여 그 자체는 수경성(hydraulicity)이 없으나 시멘트의 수화에 의해 생기는 수산화칼슘[$Ca(OH)_2$]과 상온에서 서서히 반응하여 불용성의 화합물을 만드는 광물질 미분말의 재료는?

정답 380. ④ 381. ③ 382. ① 383. ② 384. ① 385. ④

① 실리카흄 ② 고로슬래그
③ 플라이애시 ④ 포졸란

[2014년1회]

해설 (실리카) 포졸란 시멘트
- 포졸란을 넣어 만든 시멘트(포졸란 : 실리카 시멘트에 혼합된 천연 및 인공인 것)
- 워커빌리티 양호, 수밀성 향상, 장기강도가 높음, 수화열이 작음

386 양질의 포졸란을 사용한 시멘트의 일반적인 특징 설명으로 틀린 것은? [2011년4회]

① 수밀성이 크다.
② 해수(海水)등에 화학 저항성이 크다.
③ 발열량이 적다.
④ 강도의 증진이 빠르나 장기강도가 작다.

해설 385번 해설 참조

387 양질의 포졸란(pozzolan)을 사용한 콘크리트의 성질로 옳지 않은 것은? [2013년2회]

① 워커빌리티 및 피니셔빌리티가 좋다.
② 강도의 증진이 빠르고 단기강도가 크다.
③ 수밀성이 크고 발열량이 적다.
④ 화학적 저항성이 크다.

해설 385번 해설 참조

388 알루민산 석회를 주 광물로 한 시멘트로 조기강도(24시간에 보통포틀랜드 시멘트의 28일 강도)가 아주 크므로 긴급공사 등에 많이 사용되며, 해안공사, 동절기 공사에 적합한 시멘트의 종류는? [2011년4회]

① 알루미나시멘트
② 백색포틀랜드시멘트
③ 팽창시멘트
④ 중용열포틀랜드시멘트

해설 특수 시멘트(알루미나 시멘트)
- 황산에 침식이 잘되는 포틀랜드 시멘트의 결점을 보완하기 위해 만들었다.
- 회갈색 또는 회흑색으로 초기 강도가 매우 크고 해수 및 기타 화학적 저항성이 크다.
- 열분해 온도가 높아 내화용 콘크리트에 적합하나 가격이 비싸다.

389 시멘트 공장에서 포틀랜드시멘트를 제조할 때 석고를 첨가하는 주요이유는?
[2010년2회]

① 시멘트의 장기강도 발현성을 높이기 위하여
② 시멘트의 급격한 응결을 조정하기 위하여
③ 시멘트의 건조수축을 작게 하기 위하여
④ 시멘트의 강도 및 내구성 증진을 위하여

해설 시멘트에 석고를 첨가하는 이유는 응결시간을 조절하기 위한 목적이다.

390 보통포틀랜드 시멘트와 비교했을 때 고로(高爐) 시멘트의 일반적 특성에 해당하지 않은 것은? [2012년도4회]

① 수화열이 적어 매스콘크리트에 적합하다.
② 해수(海水)에 대한 저항성이 크다.
③ 초기강도가 크다.
④ 내열성이 크고 수밀성이 양호하다.

해설 고로시멘트
- 광재(slag – 용광로 재) 용광로에서 나온 광석 찌꺼기를 석고와 함께 시멘트에 섞은 것
- 해수에 대한 저항성이 크고, 균열이 적어 폐수시설, 하수도, 항만용 댐 공사에 유리
- 수화열이 작다, 화학저항이 크다.
※ 조강성이 강한 순서
알루미나시멘트(1일 28일 강도)＞조강시멘트(7일)＞포틀랜드시멘트(28일)＞고로시멘트(5~6주)＞중용열시멘트(2~3개월)

정답 386. ④ 387. ② 388. ① 389. ② 390. ③

391 시멘트의 각종 시험과 연결이 옳은 것은?
[2013년1회]

① 분말도시험 – 루샤델리 비중병
② 비중시험 – 길모아 장치
③ 안정성시험 – 오토클레이브
④ 응결시험 – 블레인법

해설 **시멘트 시험**
- 비중시험 : 류샤델리병에 시멘트를 넣어 부피 측정
- 분말도시험 : 블레인시험에 의해 분말도 측정
- 응결시험 : 길모아장치를 이용한 시험
- 안정성시험 : 오토클레이브를 이용한 안정성 시험

392 시멘트의 응결에 대한 설명으로 옳지 않은 것은?
[2013년5회]

① 시멘트와 물이 화학 반응을 일으키는 작용이다.
② 수화에 의하여 유동성과 점성을 상실하고 고화하는 현상이다.
③ 시멘트 겔이 서로 응집하여 시멘트입자가 치밀하게 채워지는 단계로서 경화하여 강도를 발휘하기 직전의 상태이다.
④ 저장 중 공기에 노출되어 공기 중의 습기 및 탄산가스를 흡수하여 가벼운 수화반응을 일으켜 탄산화하여 고화되는 현상이다.

해설 **물과의 반응과정**
수화작용(시멘트와 물의 화학반응) → 응결 → 경화 → 수축
- 수화 : 시멘트와 물을 비비면 수경성 화합물이 화학반응을 일으켜 고화하는 반응
- 응결 : 시멘트풀이 유동성과 점성을 상실하고 고화하는 현상
- 경화 : 시간이 지남에 따라 점차 굳어져서 강도를 가지는 상태

393 시멘트의 성질 및 특성에 대한 설명으로 틀린 것은?
[2015년1회]

① 분말도는 일반적으로 비표면적으로 표시한다.
② 강도시험은 시멘트 페이스트 강도시험으로 측정한다.
③ 응결이란 시멘트 풀이 유동성과 점성을 상실하고 고화하는 현상을 말한다.
④ 풍화란 시멘트가 공기 중의 수분 및 이산화탄소와 반응하여 가벼운 수화반응을 일으키는 것을 말한다.

해설
- 분말도 : 분말도가 높을수록 수화작용이 빨라 초기강도가 높고 강도 증진도 빠르나 수축률이 커지고 내구성이 약해지기 쉽다.
- 강도시험은 휨시험과 압축시험으로 측정한다.

394 다음 중 시멘트의 응결시간에 가장 영향이 적은 것은?
[2014년5회]

① 온도
② 수량(水量)
③ 분말도
④ 골재의 입도

해설 시멘트이 응결은 수량(水量), 온도, 분말도 등에 따라 응결시간이 달라질 수 있다.

395 시멘트의 저장과 관련된 설명 중( ) 안에 해당하지 않는 것은?
[2015년5회]

- 시멘트는( )적인 구조로 된 사일로 또는 창고에 품종별로 구분하여 저장하여야 한다.
- 저장 중에 약간이라도 굳은 시멘트는 공사에 사용하지 않아야 한다.( )개월 이상 장기간 실시하여 그 품질을 확인한다.
- 포대시멘트를 쌓아서 저장하면 그 질량으로 인해 하부의 시멘트가 고결할 염려가 있으므로 시멘트를 쌓아올리는 높이는( )포대 이하로 하는 것이 바람직하다.
- 시멘트의 온도는 일반적으로( )정도 이하를 사용하는 것이 좋다.

① 13
② 6

③ 방습   ④ 50℃

[해설] 시멘트의 저장
- 지표에서 30cm 이상 바닥을 띄우고 방습처리한다.
- 출입구, 채광창 이외 공기의 유통을 막기 위해 개구부를 설치하지 않는다.
- 3개월 이상 저장한 시멘트 또는 습기 받은 시멘트는 재시험실시 후 사용한다.
- 시멘트는 입하 순서로 사용한다.
- 창고 주위에는 배수 도랑을 만들어 우수의 침입을 방지한다.
- 반입구와 반출구는 따로 두고 내부 통로를 고려하여 넓이를 정한다.
- 시멘트는 13포대 이상 쌓기를 금지, 장기간 저장할 경우 7포대 이상 넘지 않게 한다.
- 시멘트의 온도가 높을 때에는 50℃정도 이하로 낮춰 사용한다.
- 저장창고의 필요면적 A = 0.4 × N/n
  (A : 시멘트 창고 소요면적, N : 저장하려는 포대수, n : 쌓기단수 13포)

396 시멘트의 저장방법 중 주의사항에 해당하지 않는 것은? [2010년5회]

① 시멘트의 온도가 너무 높을 때는 그 온도를 낮추어서 사용해야 한다.
② 시멘트 창고 설치 시 주위에 배수도량을 두고 누수를 방지한다.
③ 저장 중 굳은 시멘트부터 가급적 빠른 시간 내에 공사에 사용한다.
④ 포대 시멘트는 땅바닥에서 30cm 이상 띄우고 방습 처리한다.

[해설] 3개월 이상 저장한 시멘트 또는 습기 받은 시멘트는 재시험실시 후 사용하여야 하며, 굳은 시멘트는 사용해서는 안 된다.

397 시멘트 보관 및 창고의 구비조건 설명으로 옳은 것은? [2011년5회]

① 시멘트 쌓기는 최대 높이 13포대로 한다.
② 간단한 나무구조로 통풍이 잘되게 한다.
③ 시멘트를 쌓을 마루높이는 지면에서 10cm정도로 유지한다.
④ 창고 둘레 주위에는 비가 내릴 때 물을 담아 공사 시 이용할 장소를 파 놓는다.

[해설] 395번 해설 참조

398 시멘트 500 포대를 저장할 수 있는 가설창고의 최소 필요 면적은? [2011년2회]

① 15.4m   ② 16.5
③ 18.5   ④ 20.4

[해설] A = 0.4 × N/n(0.4 × 500/13)
(A : 시멘트 창고 소요면적, N : 저장하려는 포대수, n : 쌓기단수 13포)

399 다음 시멘트의 성분 중 화합물상에서 발열량이 가장 많은 성분은? [2015년2회]

① C_3A ② C_3S
③ C_4AF ④ C_2S

[해설] 시멘트 성분
- C_3A(알루미네이트) : 발열량이 가장 높다.
- C_3S(규산3석회) : 발열량이 중간이다.
- C_4AF(알민산철4석회) : 발열량이 낮다.
- C_2S(규산2석회) : 발열량이 낮다.
보통포틀랜드 시멘트보다 C_3S를 늘린 것을 조강 포틀랜드 시멘트라고 하고 이는 수화 속도가 빨라 1종 시멘트의 7일 강도가 3일 만에 발편되어 공사 기간을 단축시킬 수 있다.

400 다음 중 시멘트가 풍화작용과 탄산화 작용을 받은 정도를 나타내는 척도로 고온으로 가열하여 시멘트 중량의 감소율을 나타내는 것은? [2015년5회]

① 경화   ② 위응결
③ 강열감량   ④ 수화반응

[해설] 강열감량
- 강열감량은 시멘트가 풍화작용과 탄산화 작용을 받은 정도를 나타내는 척도

정답 396. ③ 397. ① 398. ① 399. ① 400. ③

- 시멘트를 950±50℃로 항량(恒量)이 될 때까지 가열했을 때의 중량의 감소 백분율.
- 물, 이산화탄소, 이산화황, 암모늄염 등의 합계량
- 시멘트의 풍화가 진행한다거나 혼합물이 존재하면 이 값이 커진다. 중량의 감소율로 풍화의 정도가 크면 감소율은 커진다.

401 시멘트의 강열감량(ignition loss)에 대한 설명으로 틀린 것은? [2016년2회]

① 시멘트 중에 함유된 H_2O와 CO_2의 양이다.
② 클링커와 혼합하는 석고의 결정수량과 거의 같은 양이다.
③ 시멘트에 약 1000℃의 강한 열을 가했을 때의 시멘트 감량이다.
④ 시멘트가 풍화하면 강열감량이 적어지므로 풍화의 정도를 파악하는데 사용된다.

해설 400번 해설 참조

402 시멘트가 경화하는 힘의 크기를 나타내며, 시멘트의 분말도, 화합물 조성 및 온도 등에 따라 결정되는 것은? [2010년4회]

① 전성   ② 소성
③ 인성   ④ 강도

해설 시멘트 강도의 영향 인자
- 사용수량이 많을수록 강도는 저하된다.
- 분말도(1g 입자의 표면적의 합계로 표시) : 분말도와 조기강도는 비례한다.
- 풍화 : 시멘트는 제조 직후 강도 제일 크고, 공기 중의 습기를 흡수하여 풍화되면서 강도는 저하된다.
- 양생온도는 30℃까지는 온도가 높을수록 커지고 재령이 경과함에 따라 커진다.

403 콘크리트의 단위중량 계산, 배합설계 및 시멘트의 품질 판정에 주로 이용되는 시멘트의 성질은? [2013년4회]

① 비중   ② 압축강도
③ 분말도   ④ 응결시간

해설 시멘트이 비중은 약 3.05~3.15kg/㎥이다. 시멘트가 풍화되거나 혼화재료가 첨가되면 비중이 떨어진다.

404 콘크리트 혼화제에 대한 설명으로 옳지 않은 것은? [2018년 3회]

① 촉진제는 그라우트에 의한 지수공법 및 뿜어붙이기 콘크리트에 사용된다.
② 급결제를 사용한 콘크리트의 조기강도 증진은 매우 크나 장기강도는 일반적으로 떨어진다.
③ 지연제는 조기 경화현상을 보이는 서중 콘크리트나 수송거리가 먼 레디믹스트 콘크리트에 사용된다.
④ 콘크리트용 응결, 경화 조정제는 시멘트의 응결, 경화 속도를 촉진시키거나 지연시킬 목적으로 사용되는 혼화제이다.

해설 혼화제 : 혼화재료 중 사용량이 비교적 적어서 그 자체의 부피가 콘크리트 등의 비비기 용적에 계산되지 않는 것
- 응결, 경화 조정제 : 콘크리트의 응결을 촉진시키거나 지연시키기는 목적으로 사용
- 촉진제 : 시멘트의 수화작용을 촉진하는 혼화제, 조기강도의 증대 및 동결온도의 저하에 따른 한중 콘크리트에 사용
- 지연제 : 시멘트의 수화반응을 늦추어 응결시간을 길게 할 목적으로 사용, 서중 콘크리트 시공 시 워커빌리티의 저하를 방지, 레디믹스트 콘크리트의 운반거리가 멀어 운반이 장시간 소요되는 경우 유효함
- 급결제 : 시멘트의 응결 시간을 단축시켜 조기 강도가 필요한 콘크리트에 사용, 모르타르, 콘크리트의 뿜어붙이기 공법, 그라우트에 의한 지수공법 등에 사용

405 시멘트 액체 방수제의 종류가 아닌 것은? [2012년2회]

① 비소계   ② 규산소다계
③ 염화칼슘계 ④ 지방산계

해설 콘크리트 방수 방법
- 물을 튀기는 성질을 가지도록 하는 방법

정답 401. ④ 402. ④ 403. ① 404. ① 405. ①

- 콘크리트 속의 공극을 충전시키는 방법
- 도료를 사용해 물의 접촉을 방지하는 방법

콘크리트 방수제
- 무기질계 : 염화칼슘계, 규산소다계, 규산질분말계
- 유기질계 : 파라핀계, 지방산계, 고분자에멀션계

406 시멘트의 응결을 빠르게 하기 위하여 사용하는 혼화제는? [2014년1회]

① 지연제   ② 발포제
③ 급결제   ④ 기포제

해설 **혼화제의 종류**

표면활성제	AE제	• 유동성을 양호하게 하고 재료의 분리 막음 • 단위물량을 적게 하고 동결, 융해 저항성 큼 • 압축강도와 철근과 부착강도 감소 단점
	분산제	• 내약품성이 커짐 • 수밀성이 향상되고 투수성이 감소 • 시멘트량과 단위 수량을 줄임 • 시멘트 입자를 분산시켜 워커빌리티 좋게 함 • 물과 접촉면적 증가→수화작용 촉진, 강도 증진
급결제		• 물속 공사, 겨울철 공사 등 조기강도 촉진 • 염화칼슘, 염화마그네슘, 규산나트륨, 식염 등
지연제		• 수화작용을 지연시켜 응결 시간 지연 • 뜨거운 여름, 장기간 시공시, 운반 시간이 길어질 경우 사용

407 조경에서 사용되는 건설재료 중 콘크리트의 특징으로 옳은 것은? [2016년4회]

① 압축강도가 크다.
② 인장강도와 휨강도가 크다.
③ 자체 무게가 적어 모양변경이 쉽다.
④ 시공과정에서 품질의 양부를 조사하기 쉽다.

해설 **콘크리트의 특징**
- 장점 : 압축강도가 큼, 내화성, 내수성, 내구적
- 단점 : 중량이 큼, 인장강도가 작음(철근으로·인장력 보강), 수축에 의한 균열발생
※ 콘크리트의 압축강도는 인장강도에 비해 10배 강함, 인장강도를 보강하기 위해 철근 배근

408 미리 골재를 거푸집 안에 채우고 특수 혼화제를 섞은 모르타르를 펌프로 주입하여 골재의 빈틈을 메워 콘크리트를 만드는 형식은? [2011년4회]

① 한중콘크리트
② 프리스트레스트콘크리트
③ 서중콘크리트
④ 프리팩트콘크리트

해설 **프리팩트콘크리트**
미리 골재를 거푸집 안에 채우고 특수 탄화제를 섞은 모르타르를 주입하여 골재의 빈틈을 메워 콘크리트를 만드는 방식

409 굳지 않은 콘크리트의 성질을 표시하는 용어 중 거푸집 등의 형상에 순응하여 채우기 쉽고, 분리가 일어나지 않는 성질을 가리키는 것은? [2010년4회]

① 워커빌리티(workability)
② 컨시스턴시(consistency)
③ 플라스티서티(Plasticity)
④ 펌퍼빌리티(pumpability)

해설 **굳지 않은 콘크리트의 성질**
- 컨시스턴시(consistency 유동성, 반죽질기) : 수량(水量)의 다소에 따른 반죽의 되고 진 정도를 나타내는 것
- 워커빌리티(workability 시공성) : 콘크리트 칠 때 적당한 유동성과 점성이 있어 시공 부분에 잘 채워지고 분리를 일으키지 않는 정도, 작업의 난이 정도, 재료 분리에 저항하는 정도, 콘크리트의 시공성 나타냄
- 플라스티시티(plasticity 성형성) : 거푸집에 쉽게 다져넣을 수 있고 거푸집 제거하면 천천히 형상이 변하긴 하지만 허물어지거나 재료가 분리되지 않는 성질
- 피니셔빌리티(finishability 마감성) : 골재의 최대 치수, 잔골재율, 잔골재의 입도 반죽질기 등에 따라 마무리하는 난이 정도

정답 406. ③ 407. ① 408. ④ 409. ③

410 주로 수량의 다소에 따라서 반죽이 되고 진 정도를 나타내는 굳지 않은 콘크리트의 성질은? [2011년4회]

① workbility(워커빌리티)
② plasticity(성형성)
③ consistency(반죽질기)
④ finishability(피니셔빌리티)

해설 409번 해설 참조

411 콘크리트를 혼합한 다음 운반해서 다져 넣을 때까지 시공성의 좋고 나쁨을 나타내는 성질 즉 콘크리트의 시공성을 나타내는 것은? [2012년2회]

① 슬럼프시험
② 워커빌리티
③ 물·시멘트비
④ 양생

해설 워커빌리티는 주로 거푸집에 콘크리트를 칠 때의 시공 난이도를 말한다. 즉, 콘크리트를 칠 때 적당한 유동성과 점성이 있어 거푸집 구석구석의 각 시공 부분에 잘 채워지면서도 재료의 분리가 일어나지 않는 좋은 콘크리트 상태를 워커빌리티가 좋다고 한다. 워커빌리티에 영향을 주는 요소로는 반죽 질기, 골재 입도와 잔 골재율, 시멘트의 양, 혼화 재료, 비비기 방법과 시간, 온도 등이 있다.

412 콘크리트공사에서 워커빌리티의 측정법으로 부적합한 것은? [2017년 3회]

① 표준관입시험
② 구관입시험
③ 다짐계수시험
④ 비비(Vee-Bee)시험

해설 **콘크리트 워커빌리티 측정 방법**
- 슬럼프 시험
- 흐름 시험(flow test) : 유동성을 측정하는 방법으로 콘크리트에 상하운동을 주어 흘러 퍼지는 데에 따라 변형 저항 측정
- Vee-Bee 시험(진동대식 시험) : 포장 콘크리트와 같은 된 반죽 콘크리트의 반죽질기 측정하는데 적합
- 다짐계수 시험
- 리몰딩 시험
- 구 관입 시험(켈리볼 관입 시험) : 약 14kg(13.6kg) 구를 콘크리트 표면에 놓아 가라앉는 관입 깊이(값)를 측정
  슬럼프 값 = 관입값×1.5~2배
- 이리바렌 시험

413 굵은 골재의 최대치수, 잔골재율, 잔골재의 입도, 반죽질기 등에 따르는 마무리하기 쉬운 정도를 말하는 굳지 않은 콘크리트의 성질은? [2010년5회]

① Workability
② Plasticity
③ Consistency
④ Finishability

해설 **피니셔빌리티**(Finishability)
표면을 마무리하기 쉬운 정도, 즉 마감성을 나타내는 말이다.

414 블리딩 현상에 따라 콘크리트 표면에 떠올라 표면의 물이 증발함에 따라 콘크리트 표면에 남는 가볍고 미세한 물질로서 시공시 작업이음을 형성하는 것에 대한 용어로서 맞는 것은? [2012년1회]

① Laitance
② Plasticity
③ Workability
④ consistency

해설 **블리딩과 레이턴스**
재료의 선택이나 배합이 부적당한 경우에 시멘트 입자 및 골재와 물이 분리되어 먼지와 함께 위에 올라오는 현상을 블리딩이라고 하고 이것이 침전하고 말라붙어 표피를 형성한 것을 레이턴스라 한다. 레이턴스는 수밀성과 강도가 없어 콘크리트를 이어 칠 때에는 제거하고 시공해야 한다.

정답 ▶ 410. ③ 411. ② 412. ① 413. ④ 414. ①

415 거푸집에 쉽게 다져 넣을 수 있고 거푸집을 제거 하면 천천히 형상이 변화하지만 재료가 분리되거나 허물어지지 않는 굳지 않은 콘크리트의 성질은? [2012년5회]

① finishability ② workbility
③ consistency ④ plasticity

[해설] plasticity
거푸집에 쉽게 다져 넣을 수 있고, 거푸집을 제거하면 그 모양이 천천히 변하기는 하나 허물어지거나 재료가 분리되지 않는 성질을 말한다.

416 반죽질기의 정도에 따라 작업의 쉽고 어려운 정도, 재료의 분리에 저항하는 정도를 나타내는 콘크리트 성질에 관련된 용어는? [2010년1회]

① 성형성(plasticity)
② 마감성(finishability)
③ 시공성(workbility)
④ 레이턴스(laitance)

[해설] 워커빌러티에 영향을 주는 요소로는 반죽 질기, 골재 입도와 잔 골재율, 시멘트의 양, 혼화 재료, 비비기 방법과 시간, 온도 등이 있다.

417 콘크리트 시공연도와 직접 관계가 없는 것은? [2015년5회]

① 물 – 시멘트비
② 재료의 분리
③ 골재의 조립도
④ 물의 정도 함유량

[해설] 워커빌러티에 영향을 주는 요소로는 반죽 질기, 골재 입도와 잔 골재율, 물/시멘트비, 혼화 재료, 비비기 방법과 시간, 온도 등이 있다.

물 · 시멘트비(water cement ratio : $\frac{물}{시멘트} \times 100\%$)는 콘크리트 배합에서 시멘트에 대한 물의 중량 비율을 말한다. 따라서, 물 · 시멘트비는 시멘트 풀의 농도를 나타내게 되고 콘크리트의 강도와 내구성, 수밀성을 좌우하는 가장 중요한 사항이다. 일반적으로 물 · 시멘트 비는 40~70% 정도로 한다.

418 콘크리트 슬럼프값 측정순서로 옳은 것은? [2013년2회]

① 시료채취 → 콘에 채우기 → 다지기 → 상단 고르기 → 콘 벗기기 → 슬럼프값 측정
② 시료채취 → 콘에 채우기 → 콘 벗기기 → 상단 고르기 → 다지기 → 슬럼프값 측정
③ 시료채취 → 다지기 → 콘에 채우기 → 상단 고르기 → 콘 벗기기 → 슬럼프값 측정
④ 다지기 → 시료채취 → 콘에 채우기 → 상단 고르기 → 콘 벗기기 → 슬럼프값 측정

[해설] 슬럼프 시험
- 반죽질기를 측정하여 워커빌리티의 정도를 판정하기 위한 수단
- 슬럼프 콘에 콘크리트를 넣은 후 슬럼프 콘을 수직으로 올려 뺀 후 콘크리트가 내려앉은 높이 측정 (cm)
- 슬럼프 값이 작을수록 좋은 품질의 콘크리트
* 시료채취 → 콘에 채우기 → 다지기 → 상단 고르기 → 콘 벗기기 → 슬럼프값 측정

419 콘크리트 내구성에 영향을 주는 화학반응식 "$Ca(OH)_2 + CO_2 \rightarrow CaCO_3 + H_2O \uparrow$"의 현상은? [2014년5회]

① 알칼리 골재반응
② 동결융해현상
③ 콘크리트 중성화
④ 콘크리트 염해

정답 415. ④ 416. ③ 417. ② 418. ① 419. ③

해설 $Ca(OH)_2 + CO_2 \rightarrow CaCO_3 + H_2O$는 알칼리성인 콘크리트가 수소이온이 늘어나며 산화과정을 통해 평형을 이루어 중성화 되는 과정이다.

420 다음 설명에 해당하는 화학 반응식의 현상은? [2018년 2회]

- $Ca(OH)_2 + CO_2 \rightarrow CaCO_3 + H_2O \uparrow$
- 콘크리트 내구성에 영향을 준다.

① 동결융해현상
② 콘크리트 염해
③ 알칼리 골재 반응
④ 콘크리트 중성화

해설 **콘크리트 중성화**
공기 중의 탄산가스(CO_2) 또는 산성비가 콘크리트 중의 수산화칼슘($Ca(OH)_2$)과 화학반응하여 서서히 탄산칼슘($CaCO_3$)이 되면서 콘크리트의 알칼리성을 상실한다. 이와 같은 현상을 '콘크리트 중성화'라고 한다.

금속재료

421 일반적인 금속재료의 장점이라고 볼 수 없는 것은? [2010년4회]

① 여러 가지 하중에 대한 강도가 크다.
② 재질이 균일하고 불연재이다.
③ 각기 고유의 광택이 있다.
④ 가열에 강하고 질감이 따뜻하다.

해설 **금속재료의 장단점**
- 장점 : 인장강도가 큼 / 강도에 비해 가벼움, 불용성, 균일성, 공급 용이
- 단점 : 가열시 역학적 성질 저하, 부식, 차가운 느낌, 열전도율 큼, 산, 알칼리에 큰 반응

422 다음 금속 재료에 대한 설명으로 틀린 것은? [2016년1회]

① 저탄소강은 탄소함유량이 0.3% 이하이다.
② 강판, 형강, 봉강 등은 압연식 제조법에 의해 제조된다.
③ 구리에 아연 40%를 첨가하여 제조한 합금을 청동이라고 한다.
④ 강의 제조방법에는 평로법, 전로법, 전기로법, 도가니법 등이 있다.

해설 청동은 구리와 주석의 합금이고 황동(놋쇠)은 구리와 아연의 합금이다.

423 다음 중 내식성이 가장 높은 재료는? [2011년1회]

① 티탄   ② 동
③ 아연   ④ 스테인리스강

해설 **내식성과 부식**
- 부식이 일어나기 어려운 성질로 티탄이 가장 높다.
- 온도가 높을수록 부식이 양 증가
- 습도가 높을수록 부식의 속도 증가
- 자외선에 노출, 강할수록 부식의 속도 빠름

424 담금질을 한 강에 인성을 주기 위하여 변태점 이하의 적당한 온도에서 가열한 다음 냉각시키는 조작을 의미하는 것은? [2012년도4회]

① 불림   ② 뜨임질
③ 풀림   ④ 사출

해설 **금속재료의 열처리**
- 풀림 : 강을 적당 온도로 가열 → 소정 시간까지 유지 → 로(爐)내부에서 천천히 냉각
- 불림 : 강의 상태로 표준상태로 하기 위해 변태점 이상의 적정 온도로 가열 → 대기 중에서 냉각
- 뜨임질 : 강도와 경도 증가시키는 담금질을 한 금속 재료에 적정 온도로 다시 가열 → 공기 중 서서히 냉각
- 담금질 : 고온의 금속 또는 합금을 물 또는 기름 속에 담금 → 임계영역 이상에서 강을 냉각시키는 방법

정답 ▶ 420. ④   421. ④   422. ③   423. ①   424. ②

425 강을 적당한 온도(800~1000℃)로 가열하여 소정의 시간까지 유지한 후에 로(爐) 내부에서 천천히 냉각시키는 열 처리법은?

[2013년2회]

① 불림(normalizing)
② 뜨임질(tempering)
③ 풀림(annealing)
④ 담금질(quenching)

해설 **풀림**
적당하나 온도(900~1000℃)로 가열하여 소정의 시간까지 유지한 후에 로(爐)내부에서 천천히 냉각

426 비금속재료의 특성에 관한 설명 중 옳지 않은 것은?

[2013년2회]

① 아연은 산 및 알칼리에 강하나 공기 중 및 수중에서는 내식성이 작다.
② 동은 상온의 건조공기 중에서 변화하지 않으나 습기가 있으면 광택을 소실하고 녹청색으로 된다.
③ 납은 비중이 크고 연질이며 전성, 연성이 풍부하다.
④ 알루미늄은 비중이 비교적 작고 연질이며 강도도 낮다.

해설 **비철금속**
- 알루미늄 : 전성과 연성, 전기 전도성이 높고, 비중이 작고 부식이 적으며 팽창률이 크다. 원광석인 보크사이트 → 알루미나를 추출 → 전기 분해 과정을 통해 산소를 제거하여 얻어진 은백색의 금속
- 납 : 비중이 크고 연질, 전성, 연성이 풍부하다.
- 아연 : 철, 알루미늄, 구리 다음으로 많이 생산, 산 및 알칼리에 약하고 수중에서 내식성이 크다.
- 동 : 상온의 건조 공기 중에서 변하지 않고, 습기가 많으면 광택을 잃고 녹청색으로 변색된다.

427 비철금속을 주로 사용해야 하는 조경시설물은?

[2017년1회]

① 그네
② 철봉
③ 잔디 보호책
④ 수경장치물

해설 수경장치물은 물과 접촉이 많은 시설로 부식되기 쉬우므로 부식의 단점이 있는 금속 재료보다는 비철금속을 사용하는 것이 바람직하다.

428 92~96%의 철을 함유하고 나머지는 크롬, 규소, 망간, 유황, 인 등으로 구성되어 있으며 창호철물, 자물쇠, 맨홀 뚜껑 등의 재료로 사용되는 것은?

[2013년4회]

① 주철
② 강철
③ 선철
④ 순철

해설
- 선철 : 용광로에서 철광석을 녹여 나온 재료
- 주철 : 탄소량 3~3.6%, 철은 92~96% 함유하고 나머지는 크롬, 규소, 망간, 유황, 인 등으로 구성되어 내식성이 크다.
- 긴결 철물 : 두 재료를 연결하기 위한 재료료 볼트, 너트, 못 등

429 다음 중 공기 중에 환원력이 커서 산화가 쉽고, 이온화 경향이 가장 큰 금속은?

[2013년5회]

① Pb
② Fe
③ Al
④ Cu

해설
- 알루미늄 : 원광석인 보크사이트 → 알루미나를 추출 → 전기 분해 과정을 통해 산소를 제거하여 얻어진 은백색의 금속으로 전성과 연성, 전기 전도성이 높고, 비중이 작고 부식이 적으며 팽창률이 크다. 환원력이 커서 산화가 쉽고, 이온화 경향이 크다.
- 금속은 수용액에서 전자를 잃고 양이온이 되려는 성질을 띤다. 금속의 이온화 경향이 클수록 반응성이 커서 전자를 잃고 산화되기 쉽다.
- 다양한 금속의 이온화 경향 크기를 비교하면 Al > Fe > Pb > Cu

430 주철강의 특성 중 틀린 것은? [2014년1회]

① 선철이 주재료이다.
② 내식성이 뛰어나다.
③ 탄소 함유량은 1.7~6.6%이다.
④ 단단하여 복잡한 형태의 주조가 어렵다.

정답 425. ③ 426. ① 427. ④ 428. ① 429. ③ 430. ④

해설 **주철**
탄소량 3~3.6%, 철은 92~96% 함유하고 나머지는 크롬, 규소, 망간, 유황, 인 등으로 구성되어 내식성이 크다. 주조는 액체 상태의 재료를 형틀에 부어 넣어 굳혀 모양을 만드는 방법으로 주철강에 이용되는 방법이다.

431 금속을 활용한 제품으로서 철 금속 제품에 해당하지 않는 것은? [2015년2회]

① 철근, 강판
② 형강, 강관
③ 볼트, 너트
④ 도관, 가도관

해설 도관과 가도관은 점토제품에 해당되는 제품이다.

432 알루미늄의 일반적인 성질로 틀린 것은? [2016년4회]

① 열의 전도율이 높다.
② 비중은 약 2.7 정도이다.
③ 전성과 연성이 풍부하다.
④ 산과 알칼리에 특히 강하다.

해설 **알루미늄의 특성**
- 전성과 연성, 전기 전도성이 높고, 비중이 작고 부식이 적으며 팽창률이 크고, 강도가 작다.
- 산과 알칼리에 약하다.

433 강(鋼)과 비교한 알루미늄의 특징에 대한 내용 중 옳지 않은 것은? [2013년1회]

① 강도가 작다.
② 비중이 작다.
③ 열팽창율이 작다.
④ 전기 전도율이 높다.

해설 **알루미늄**
전성과 연성, 전기 전도성이 높고, 비중이 작고 부식이 적으며 팽창률이 크고, 강도가 작다.

기타재료

434 일반적인 플라스틱 제품의 특성으로 옳은 것은? [2010년1회]

① 내열성이 크고 내후성, 내광성이 좋다.
② 불에 타지 않으며 부식이 된다.
③ 마모가 적고 탄력성이 크므로 바닥재료 등에 적합하다.
④ 흡수성이 크고 투수성이 부족하여 방수제로는 부적합하다.

해설 **플라스틱의 특성**
- 소성(구부러짐), 가공성이 좋아 복잡한 모양 성형이 좋다.
- 내산성, 내알칼리성
- 가볍고, 강도와 탄력성이 있다.
- 착색, 광택이 좋다.
- 절연재(전기가 안 통함)
- 내열성 부족, 저온에서 잘 파괴된다.
- 접착력이 크고 전성이 있다.

435 다음 중 플라스틱 제품의 특징으로 옳은 것은? [2014년4회]

① 불에 강하다
② 비교적 저온에서 가공성이 나쁘다
③ 흡수성이 크고, 투수성이 불량하다
④ 내후성 및 내광성이 부족하다

해설 434번 해설 참조

436 플라스틱의 장점에 해당하지 않는 것은? [2014년2회]

① 가공이 우수하다.
② 경량 및 착색이 용이하다
③ 내수 및 내식성이 강하다
④ 전기 절연성이 없다.

해설 434번 해설 참조

정답 431.④ 432.④ 433.③ 434.③ 435.④ 436.④

437 플라스틱 제품의 특성이 아닌 것은?
[2013년4회]

① 내열성이 약하여 열가소성수지는 60℃ 이상에서 연화된다.
② 비교적 산과 알칼리에 견디는 힘이 콘크리트나 철 등에 비해 우수하다.
③ 접착이 자유롭고 가공성이 크다.
④ 열팽창계수가 적어 저온에서도 파손이 안 된다.

해설 434번 해설 참조

438 플라스틱 제품 제작 시 첨가하는 재료가 아닌 것은?
[2010년4회]

① 가소제 ② 안정제
③ 충진제 ④ A.E제

해설 플라스틱 첨가제
- 가소제 : 소성을 향상 시켜주기 위해 첨가
- 안정제 : 기후나 환경에 의해 성질이 변화되지 않도록 첨가(열안정제, 광안정제 등)
- 충진제 : 노화방지를 목적으로 첨가
- *A.E제 : 콘크리트 속에 무수한 미세 기포를 포함시켜 콘크리트의 워커빌리티(workability)를 좋게 하기 위한 혼합제를 말한다. 공기 연행제(空氣連行劑)라고도 한다.

439 일반적인 합성수지(plastics)의 장점으로 틀린 것은?
[2016년4회]

① 열전도율이 높다.
② 성형가공이 쉽다.
③ 마모가 적고 탄력성이 크다.
④ 우수한 가공성으로 성형이 쉽다.

해설 합성수지의 장단점
- 장점 : 강도에 비해 비중 작고, 건축물의 경량화에 적합, 투광성 양호, 착색이 자유롭고 가공 용이하여 장식적 마감재 적합, 표면 평활, 기밀성, 접착성이 크다.
- 단점 : 경도 및 내마모성 약함, 내화, 내열, 인화성이 없음, 열에 의한 신축이 큼

440 합성수지에 관한 설명 중 잘못된 것은?
[2013년5회]

① 기밀성, 접착성이 크다.
② 비중에 비하여 강도가 크다.
③ 착색이 자유롭고 가공성이 크므로 장식적 마감재에 적합하다.
④ 내마모성이 보통 시멘트콘크리트에 비교하면 극히 적어 바닥 재료로는 적합하지 않다.

해설 합성수지는 종류와 특성이 다양한데 다수는 바닥 재료로 부적합하지만 에폭시 등 일부 종류는 포장재료로 사용되기도 한다.

441 열경화성 수지의 설명으로 틀린 것은?
[2014년2회]

① 축합반응을 하여 고분자로 된 것이다.
② 다시 가열하는 것이 불가능하다
③ 성형품은 용제에 녹지 않는다.
④ 불소수지와 폴리에틸렌수지 등으로 수장재로 이용된다.

해설 열경화성수지는 중합반응에 의한 고분자이며, 폴리에틸렌수지는 열가소성수지에 해당된다.

442 열가소성 수지의 일반적인 설명으로 부적합한 것은?
[2010년2회]

① 수장재로 이용 된다.
② 냉각하면 그 형태가 붕괴되지 않고 고체로 된다.
③ 축합반응을 하여 고분자로 된 것이다.
④ 열에 의해 연화 된다.

해설
- 열가소성 수지 : 중합반응에 의한 고분자, 열을 가하면 연화 또는 용융하여 가소성, 점성 발생, 염화비닐수지, 아크릴, 폴리에틸렌, 폴리스틸렌, 폴리비닐수지, 초산비닐수지, 폴리카보네이트 수지 등
- 열경화성 수지 : 축합반응에 의한 고분자, 열을 가해도 유동성이 없음

정답 437. ④ 438. ④ 439. ① 440. ④ 441. ①,④ 442. ③

요소수지, 멜라민수지, 폴리에스테르수지, 실리콘, 우레탄, 유리섬유강화플라스틱(FRP), 페놀수지, 알키드수지, 에폭시수지 등

443 다음 중 열가소성 수지에 해당되는 것은?
[2015년4회]

① 페놀수지
② 멜라민수지
③ 폴리에틸렌수지
④ 요소수지

해설 442번 해설 참조

444 다음 중 상온에서 유백색의 탄성이 있는 열가소성수지로 얇은 시트, 벽체 발포 온판 및 건축용 성형품으로 이용되는 수지의 종류는?
[2011년5회]

① 페놀수지
② 아크릴수지
③ 폴리에틸렌수지
④ 멜라민수지

해설 **폴리에틸렌수지**
상온에서 유백색의 탄성이 있는 열가소성수지로 얇은 시트, 벽체 발포 온판 및 건축용 성형품으로 이용된다.

445 다음 설명에 적합한 열가소성수지는?
[2016년1회]

- 강도, 전기전열성, 내약품성이 양호하고 가소재에 의하여 유연고무와 같은 품질이 되며 고온, 저온에 약하다.
- 바닥용타일, 시트, 조인트 재료, 파이프, 접착제, 도료 등이 주용도이다.

① 페놀수지   ② 염화비닐수지
③ 멜라민수지 ④ 에폭시수지

해설 **염화비닐수지**
강도, 전기전열성, 내약품성이 양호하고 가소재에 의하여 유연고무와 같은 품질이 되며 고온, 저온에 약하고 바닥용타일, 시트, 조인트재료, 파이프, 접착제, 도료에 이용된다.

446 합성수지 중에서 파이프, 튜브, 물받이 통 등의 제품에 가장 많이 사용되는 열가소성수지는?
[2013년2회]

① 멜라민수지
② 페놀수지
③ 염화비닐수지
④ 폴리에스테르수지

해설 445번 해설 참조

447 다음 중 열경화성수지도료로 내수성이 크고 열탕에서도 침식되지 않으며, 무색투명하고 착색이 자유로우면 아주 굳고 내수성, 내약품성, 내용제성이 뛰어나며, 알키드수지로 변성하여 도료, 내수베니어합판의 접착제 등에 이용되는 것은?
[2012년1회]

① 멜라민수지 도료
② 프탈산수지 도료
③ 석탄산수지 도료
④ 염화비닐수지 도료

해설 **멜라민수지**
요소수지와 같으나 경도가 크고 내수성은 약하다.

448 다음 중 열경화성(축합형) 수지인 것은?
[2011년2회]

① 아크릴수지
② 멜라민수지
③ 폴리에틸수지
④ 플리염화비닐수지

해설 • 열가소성 수지 : 중합반응에 의한 고분자, 열을 가하면 연화 또는 용융하여 가소성, 점성 발생, 염화비닐수지, 아크릴, 폴리에틸렌, 폴리스틸렌, 폴

정답 443. ③ 444. ③ 445. ② 446. ③ 447. ① 448. ②

리비닐수지, 초산비닐수지, 폴리카보네이트 수지 등
- 열경화성 수지 : 축합반응에 의한 고분자, 열을 가해도 유동성이 없음
요소수지, 멜라민수지, 폴리에스테르수지, 실리콘, 우레탄, 유리섬유강화플라스틱(FRP), 페놀수지, 알키드수지, 에폭시수지 등

449 다음 중 열경화성 수지의 종류와 특징 설명이 옳지 않는 것은? [2013년1회]

① 우레탄수지 : 투광성이 크고 내후성이 양호하며 착색이 자유롭다.
② 실리콘수지 : 열절연성이 크고 내약품성, 내후성이 좋으며 전기적 성능이 우수하다.
③ 페놀수지 : 강도, 전기절연성, 내산성, 내수성 모두 양호하나 내 알칼리성이 약하다.
④ 멜라민수지 : 요소수지와 같으나 경도가 크고 내수성은 약하다.

해설 수지의 종류 및 특성
- 실리콘수지 : 열절연성이 크고 내약품성, 내후성이 좋으며 전기적 성능이 우수하여 주로 방수제, 도료, 접착제 등의 용도로 사용되며, 내연성, 전기적 절연성이 있고 유리섬유판, 텍스, 피혁류 등의 접착재로 이용된다.
- 페놀수지 : 강도, 전기절연성, 내산성, 내수성 모두 양호하나 내 알칼리성이 약하고, 목재, 금속, 플라스틱 및 이들 이종재간의 접착에 사용된다.
- 멜라민수지 : 내수성이 크고 열탕에서도 침식되지 않으며, 무색투명하고 착색이 자유로우면 아주 굳고 내수성, 내약품성, 내용제성이 뛰어나며, 알키드수지로 변성하여 도료, 내수베니어합판의 접착제 등에 이용된다.
- 폴리에틸렌수지 : 상온에서 유백색의 탄성이 있는 열가소성수지로 얇은 시트, 벽체 발포 온판 및 건축용 성형품으로 이용된다.
- 아크릴수지 : 투명도가 높으므로 유기유리라는 명칭이 있고 착색이 자유로워 채광판, 도어판, 칸막이판 등에 이용된다.
- 에폭시수지 : 액체 상태의 수지에 경화제 넣어 상용, 내산성, 내알칼리성이 우수하여 콘크리트의 접착제로 사용된다.

- 염화비닐수지 : 강도, 전기전열성, 내약품성이 양호하고 가소재에 의하여 유연고무와 같은 품질이 되며 고온, 저온에 약하고 바닥용타일, 시트, 조인트재료, 파이프, 접착제, 도료에 이용된다.

450 다음 접착제로 사용되는 수지 중 접착력이 제일 우수한 것은? [2010년2회]

① 페놀수지   ② 에폭시수지
③ 요소수지   ④ 멜라닌수지

해설 에폭시수지
액체 상태의 수지에 경화제 넣어 상용, 내산성, 내알칼리성이 우수하여 콘크리트의 접착제로 사용된다.

451 액체 상태나 용융상태의 수지에 경화제를 넣어 사용하며 내산, 내알칼리성 등이 우수하여 콘크리트, 항공기, 기계부품 등의 접착에 사용되는 것은? [2011년1회]

① 페놀계 접착제
② 실리콘계 접착제
③ 멜라민계 접착제
④ 에폭시계 접착제

해설 450번 해설 참조

452 투명도가 높으므로 유기유리라는 명칭이 있으며, 착색이 자유롭고 내충격 강도가 크고, 평판, 골판 등의 각종 형태의 성형품으로 만들어 채광판, 도어판, 칸막이벽 등에 쓰이는 합성수지는? [2013년2회]

① 아크릴수지
② 요소수지
③ 에폭시수지
④ 폴리스티렌수지

해설 아크릴수지
투명도가 높으므로 유기유리라는 명칭이 있고 착색이 자유로워 채광판, 도어판, 칸막이판 등에 이용된다.

정답 449. ① 450. ② 451. ④ 452. ①

453 투명도가 높으므로 유기유리라는 명칭이 있고 착색이 자유로워 채광판, 도어판, 칸막이판 등에 이용되는 것은? [2012년도4회]

① 알키드수지
② 폴리에스테르수지
③ 아크릴수지
④ 멜라민수지

해설 452번 해설 참조

454 다음 중 특히 내수성, 내열성이 우수하며, 내연성, 전기적 절연성이 있고 유리 섬유판, 텍스, 피혁류 등 모든 접착이 가능하고, 방수제로도 사용하고 500℃ 이상 견디는 유일한 수지이며, 주로 방수제, 도료, 접착제 용도로 쓰이는 합성수지는? [2013년4회]

① 페놀수지
② 에폭시수지
③ 실리콘수지
④ 폴리에스테르수지

해설 실리콘수지
열절연성이 크고 내약품성, 내후성이 좋으며 전기적 성능이 우수하여 주로 방수제, 도료, 접착제 등의 용도로 사용되며, 내연성, 전기적 절연성이 있고 유리섬유판, 텍스, 피혁류 등의 접착재로 이용된다.

455 500℃ 이상 견디는 수지로 특히 내수성, 내열성이 우수하며, 주로 방수제, 도료, 접착제 등의 용도로 사용되며, 내연성, 전기적 절연성이 있고 유리섬유판, 텍스, 피혁류 등의 접착이 가능한 합성수지는? [2010년4회]

① 폴리에틸렌수지 ② 멜라민수지
③ 푸란수지   ④ 실리콘수지

해설 실리콘수지
열절연성이 크고 내약품성, 내후성이 좋으며 전기적 성능이 우수하다.

456 종류로는 수용형, 용제형, 분말형 등이 있으며 목재, 금속, 플라스틱 및 이들 이종재(異種材) 간의 접착에 사용되는 합성수지 접착제는? [2014년5회]

① 페놀수지접착제
② 폴리에스테르수지접착제
③ 카세인접착제
④ 요소수지접착제

해설 페놀수지
강도, 전기절연성, 내산성, 내수성 모두 양호하나 내알칼리성이 약하고, 목재, 금속, 플라스틱 및 이들 이종재간의 접착에 사용된다.

457 다음 특징에 해당하는 열경화 수지의 종류는? [2018년 2회]

- 강도가 우수하며, 베이클라이트를 만든다.
- 내산성, 전기 절연성, 내약품성, 내수성이 좋다.
- 내알칼리성이 약한 결점이 있다.
- 내수합판, 접착제 용도로 사용된다.

① 요소 수지
② 페놀 수지
③ 아크릴 수지
④ 폴리에틸렌 수지

해설 456번 해설 참조

458 다음 목재 접착제 중 내수성이 큰 순서대로 바르게 나열 된 것은? [2013년1회]

① 아 교＞페놀수지＞요소수지
② 페놀수지＞요소수지＞아 교
③ 요소수지＞아 교＞페놀수지
④ 페놀수지＞아 교＞요소수지

해설 목재 접착제의 내수성 강도
페놀수지＞요소수지＞아 교

정답 453. ③ 454. ③ 455. ④ 456. ① 457. ② 458. ②

459 다음 중 인공 폭포, 인공암 등을 만드는데 사용되는 플라스틱 제품인 것은? [2011년1회]

① ILP ② FRP
③ MDF ④ OSB

해설 유리섬유 강화플라스틱(FRP)
불포화 폴리에스터 · 에폭시수지 등의 열경화성수지에 유리섬유, 카본 섬유 등 강화재를 결합한 복합재료로 경량 · 내식성 · 성형성(成型性) 등이 뛰어나 조경에서는 인공폭포, 인공암 등의 재료로 이용된다.

460 조경 시설물 중 유리섬유강화플라스틱(FRP)으로 만들기 가장 부적합한 것은?
[2012년1회], [2017년1회]

① 화분대 ② 수족관의 수조
③ 수목 보호판 ④ 인공암

해설 459번 해설 참조

461 인공폭포나 인공동굴의 재료로 가장 일반적으로 많이 쓰이는 경량소재는?
[2012년도4회]

① 복합 플라스틱 구조재(FRP)
② 레드우드(Red wood)
③ 스테인리스 강철(Staninless steel)
④ 폴리에틸렌(Polyethylene)

해설 459번 해설 참조

462 인공 폭포, 수목 보호판을 만드는데 가장 많이 이용되는 제품은? [2016년1회]

① 유리블록제품
② 식생호안블록
③ 콘크리트격자블록
④ 유리섬유강화플라스틱

해설 459번 해설 참조

463 안료를 가하지 않아 목재의 무늬를 아름답게 낼 수 있는 것은? [2015년5회]

① 유성페인트 ② 에나멜페인트
③ 클리어래커 ④ 수성페인트

해설 도장재료
• 페인트 : 유성 페인트(안료, 건성유, 희석제, 건조제 등 혼합), 수성 페인트(광택 없고 내장마감용)
• 니스 : 목질부 도장, 코팅 두께 얇아 외부구조물에 부적합 / 래커(무광택)
• 합성수지 도료 : 건조 시간 빠르고 내산, 내알칼리성 있어 콘크리트 면에 바를 수 있음
• 방청도료 : 금속의 부식 방지 도료(연단페인트, 광명단, 징크로메이트계 페인트, 워시프라이머)
  ※ 징크로메이트 : 알루미늄 녹막이 초벌칠에 적합한 도료(크롬산아연 안료, 알키드 수지 전색료)
• 퍼티 : 유지 혹은 수지와 탄산칼슘, 연백 등의 충전재 혼합하여 만든 것, 창유리 끼우는데 주로 사용
• 클리어래커 : 안료를 가하지 않는 투명 래커로 내후성, 내산성 및 내알칼리성이 강함

464 구조재료의 용도상 필요한 물리 화학적 성질을 강화 시키고 미관을 증진시킬 목적으로 재료의 표면에 피막을 형성 시키는 액체 재료를 무엇이라 하는가? [2013년1회]

① 도료 ② 착색
③ 강도 ④ 방수

해설 도료
페인트나 에나멜과 같이 고체 물질의 표면에 칠하여 고체막을 만들어 물체의 표면을 보호하고 아름답게 하는 유동성 물질을 말한다.

465 유성도료에 관한 설명 중 옳지 않은 것은?
[2011년1회]

① 보일드유와 안료를 혼합한 것이 유성페인트이다.
② 유성페인트는 내후성이 좋다.
③ 유성페인트는 내알칼리성이 양호하다.
④ 건성유 자체로도 도막을 형성할 수 있으

정답 459. ② 460. ② 461. ① 462. ④ 463. ③ 464. ① 465. ③

나 건성유를 가열 처리하여 점도, 건조성, 색채 등을 개량한 것이 보일드유이다.

해설 페인트
- 유성페인트 : 안료, 건성유, 희석제, 건조제, 보일드유(건성유 가열처리로 개량) 등 혼합, 내후성, 내마모성이 좋음, 알칼리성에 약함
- 수성페인트 : 광택 없고 내장마감용, 안료와 물, 수용석고착제 혼합

466 가연성 도료의 보관 및 장소에 대한 설명 중 틀린 것은? [2015년1회]
① 직사광선을 피하고 환기를 억제한다.
② 소방 및 위험물 취급 관련 규정에 따른다.
③ 건물 내 일부에 수용할 때에는 방화구조적인 방을 선택한다.
④ 주위 건물에서 격리된 독립된 건물에 보관하는 것이 좋다.

해설 가연성 도료의 보관은 환기가 양호한 장소가 적합하다.

467 다음 도료 중 건조가 가장 빠른 것은? [2014년1회]
① 오일페인트
② 바니시
③ 래커
④ 레이크

해설 래커
- 초화면(硝化綿)과 같은 용제에 용해시킨 섬유계 유도체를 주성분으로 하고 여기에 합성수지, 가소제와 안료를 첨가한 도료이다.
- 건조가 빠르고 도막이 견고하며 광택이 좋고 연마가 용이하며, 불점착성·내마멸성·내수성·내유성·내후성 등이 강한 고급 도료이다.
- 결점으로는 도막이 얇고 부착력이 약하다.

468 [보기]에 해당하는 도장공사의 재료는? [2016년4회]

[보기]
- 초화면(硝化綿)과 같은 용제에 용해시킨 섬유계 유도체를 주성분으로 하고 여기에 합성수지, 가소제와 안료를 첨가한 도료이다.
- 건조가 빠르고 도막이 견고하며 광택이 좋고 연마가 용이하며, 불점착성·내마멸성·내수성·내유성·내후성 등이 강한 고급 도료이다.
- 결점으로는 도막이 얇고 부착력이 약하다.

① 유성페인트
② 수성페인트
③ 래커
④ 니스

해설 467번 해설 참조

469 스프레이 건(spray gun)을 쓰는 것이 가장 적합한 도료는? [2012년1회]
① 에나멜
② 유성페인트
③ 수성페인트
④ 래커

해설 467번 해설 참조

470 크롬산아연을 안료로 하고, 알키드 수지를 전색료로 한 것으로서 알루미늄 녹막이 초벌칠에 적당한 도료는? [2012년2회]
① 광명단
② 파커라이징
③ 그라파이트
④ 징크로메이트

해설 징크로메이트는 알루미늄 녹막이 초벌칠에 적합한 도료이다.

471 유리의 주성분이 아닌 것은? [2012년1회]
① 규산
② 수산화칼슘
③ 석회
④ 소다

해설 유리의 성분
유리는 규산(SiO_2), 탄산석회, 소다 등의 원료를 용융된 상태에서 냉각하여 얻은 투명한 고체이다.

정답 ▶ 466. ① 467. ③ 468. ③ 469. ④ 470. ④ 471. ②

472 다음 중 유리의 제성질에 대한 일반적인 설명으로 옳지 않은 것은? [2013년4회]

① 약산에는 침식되지 않지만 염산, 황산, 질산 등에는 서서히 침식된다.
② 광선에 대한 성질은 유리의 성분, 두께, 표면의 평활도 등에 따라 다르다.
③ 열전도율 및 열팽창률이 작다.
④ 굴절률은 2.1~2.9 정도이고, 납을 함유하면 낮아진다.

해설 유리의 특성
- 광학적 특성 : 가시광선의 투과성(유리성분, 두께, 종류에 따라 달라짐)
- 역학적 특성 : 내압석이 좋으나 휨, 굽힘, 충격에 약함
- 화학적 특성 : 불연성, 내구성, 비침투성, 비흡수성, 풍화와 부식에 강함(약산에서는 침식되지 않음)
- 열성 : 절연유리, 반사처리유리, 색유리 등은 태양열을 흡수하여 투과율을 줄임
- 석영유리의 굴절률은 약 1.46이고, 납유리는 조성(組成) 중에 일산화납을 함유하는 유리로 굴절률, 분산성이 높고, 광택이 우수한 특성을 가진다.

473 미장재료 중 혼화재료가 아닌 것은? [2012년도4회]

① 방청제
② 착색제
③ 방수제
④ 방동제

해설 미장재료는 표면노출제로 구조재의 부족한 요소를 감추고 외벽을 아름답게 나타내주는 재료이다. 혼화재료는 주재료인 시멘트 모르타르, 회반죽, 벽토 등에 성질을 개선하기 위해 사용되는 방수제, 착색제, 방동제(동결온도 저하) 등이 있다. 방청제는 부식이 되기 쉬운 금속의 녹을 방지하기 위한 도료에 해당된다.

474 외벽을 아름답게 나타내는 데 사용하는 미장재료는? [2010년4회]

① 타르
② 벽토
③ 니스
④ 래커

해설 미장재료는 표면노출제로 구조재의 부족한 요소를 감추고 외벽을 아름답게 나타내주는 재료이다. 니스, 래커는 도장재료, 타르는 역청재료에 해당된다.

475 미장 공사 시 미장재료로 활용될 수 없는 것은? [2016년4회]

① 견치석
② 석회
③ 점토
④ 시멘트

해설 미장재료에는 시멘트모르타르, 회반죽, 벽토 등이 있다. 견치석은 흙막이 돌쌓기에 주로 이용되는 석재이다.

476 미장재료에 해당하는 것은? [2018년 1회]

① 니스
② 래커
③ 페인트
④ 회반죽

해설 미장재료
미장재료는 표면노출제로 구조재의 부족한 요소를 감추고 외벽을 아름답게 나타내주는 재료로 시멘트 모르타르, 회반죽, 벽토 등이 있다.

477 다음 중 목재에 유성페인트 칠을 할 때 가장 관련이 없는 재료는? [2014년5회], [2017년1회]

① 건조제
② 건성유
③ 방청제
④ 희석제

해설 방청제
금속의 부식 방지 도료 즉 금속의 녹을 방지하기 위한 재료로 목재와는 관련이 없다.

478 통기성, 흡수성, 보온성, 부식성이 우수하여 줄기감기용, 수목 굴취 시 뿌리감기용, 겨울철 수목보호를 위해 사용되는 마(麻) 소재의 친환경적 조경자재는? [2015년2회]

① 녹화마대
② 볏짚
③ 새끼줄
④ 우드칩

해설 녹화마대
천연식물 섬유인 황마를 사용하여 만든 것으로 통기

정답 472. ④ 473. ① 474. ② 475. ① 476. ④ 477. ③ 478. ①

성, 흡수성, 보온성, 부식성이 우수하여 줄기감기용, 수목 굴취 시 뿌리감기용, 겨울철 수목보호를 위해 사용된다.

479 녹화테이프, 녹화마대의 효과가 아닌 것은?
　　　　　　　　　　　　　　　　　　[2011년 5회]

① 시간과 노동력이 감소된다.
② 인장강도가 볏짚제품 보다 크다.
③ 미관에 좋고 가격이 저렴하다.
④ 천연소재로서 하자율이 많이 발생한다.

해설　녹화마대, 테이프는 방한 및 수피보호, 수분 증발 억제, 피소 방지 등을 위해 사용되는 볏짚이나 새끼줄을 대신하기 위해 만들어진 천연 섬유로 시공에 시간과 노력이 감소되고 미관이 좋으며 인장강도가 강하다.

480 다음 중 약한 나무를 보호하기 위하여 줄기를 싸주거나 지표면을 덮어주는데 사용되기에 가장 적합한 것은?
　　　　　　　　　　　　　　　　　　[2015년 4회]

① 볏짚　　　　② 새끼줄
③ 밧줄　　　　④ 바크(bark)

해설　볏짚은 수목의 줄기에 싸주어 방한 및 수피보호, 수분 증발 억제, 피소 방지, 해충의 잠복소로서 사용되고, 지표면에 덮어주는 멀칭재료로 사용되기도 한다.

481 다음 조경시설 소재 중 도로 절·성토면의 녹화공사, 해안매립 및 호안공사, 하천제방 및 급류 부위의 법면보호공사 등에 사용되는 코코넛 열매를 원료로 한 천연섬유 재료는?
　　　　　　　　　　　　　　　　　　[2016년 1회]

① 코이어 메시
② 우드칩
③ 테라소브
④ 그린블록

해설　**코이어 메시**
야자껍질의 섬유를 실로 하여 만든 천연섬유로 절성토면의 보호 등에 사용된다.

482 새끼(볏짚제품)의 용도 설명으로 가장 부적합한 것은?
　　　　　　　　　　　　　　　　　　[2016년 2회]

① 더위에 약한 수목을 보호하기 위해서 줄기에 감는다.
② 옮겨 심는 수목의 뿌리분이 상하지 않도록 감아준다.
③ 강한 햇볕에 줄기가 타는 것을 방지하기 위하여 감아준다.
④ 천공성 해충의 침입을 방지하기 위하여 감아준다.

해설　볏짚은 수목의 줄기에 싸주어 방한 및 수피보호, 수분 증발 억제, 피소 방지, 해충의 잠복소로 사용된다.

483 멀칭 재료는 유기질, 광물질 및 합성재료로 분류할 수 있다. 유기질 멀칭 재료에 해당하지 않는 것은?
　　　　　　　　　　　　　　　　　　[2016년 4회]

① 볏짚　　　　② 마사
③ 우드 칩　　 ④ 톱밥

해설　멀칭은 지상에 멀칭재를 덮어 토양의 침식을 방지하고 토양 수분유지, 온도조절, 토양 고결 억제, 잡초 방지, 유용미생물 번식촉진 등의 효과를 얻는 방법으로 볏짚, 우드칩, 톱밥 등이 사용된다. 마사토는 화강암이 풍화되어 생성된 흙을 말한다.

484 생태복원을 목적으로 사용하는 재료로서 가장 거리가 먼 것은?
　　　　　　　　　　　　　　　　　　[2012년 2회]

① 식생매트　　② 잔디블록
③ 녹화마대　　④ 식생자루

해설　녹화마대, 테이프는 방한 및 수피보호, 수분 증발 억제, 피소 방지 등을 위해 사용되는 볏짚이나 새끼줄을 대신하기 위해 만들어진 천연 섬유이다.

485 옥상녹화 방수 소재에 요구되는 성능 중 가장 거리가 먼 것은?
　　　　　　　　　　　　　　　　　　[2016년 2회]

① 식물의 뿌리에 견디는 내근성
② 시비, 방제 등에 견디는 내약품성

정답　479. ④　480. ①　481. ①　482. ①　483. ②　484. ③　485. ④

③ 박테리아에 의한 부식에 견디는 성능
④ 색상이 미려하고 미관상 보기 좋은 것

해설 옥상조경에는 식생을 위한 최소, 최적 토양층의 깊이, 하중을 고려한 토양 및 수목의 선택, 관수 및 우천시의 배수, 보수, 방수에 대한 고려가 필요하다. 특히 방수 소재는 식물에 견디는 내근성, 내약품성, 내부식성이 요구된다.

486 건설용 재료의 특징 설명으로 틀린 것은?
[2016년2회]

① 미장재료 – 구조재의 부족한 요소를 감추고 외벽을 아름답게 나타내 주는 것
② 플라스틱 – 합성수지에 가소제, 채움제, 안정제, 착색제 등을 넣어서 성형한 고분자 물질
③ 역청재료 – 최근에 환경 조형물이나 안내판 등에 널리 이용되고, 입체적인 벽면구성이나 특수지역의 바닥 포장재로 사용
④ 도장재료 – 구조재의 내식성, 방부성, 내마멸성, 방수성, 방습성 및 강도 등이 높아지고 광택 등 미관을 높여 주는 효과를 얻음

해설 역청재료는 천연탄화수소, 인조탄화수소 또는 이들의 비금속 유도체나 그의 혼합물로서 이황화탄소에 녹는 물질을 말한다. 도료용 역청재료에는 아스팔트, 타르 등이 있다.

정답 486. ③

CHAPTER 03 조경시공

01 조경시공의 기초

1 조경시공의 종류

- 기반조성공사 : 설계도에 따라 지표면 정지
- 시설물공사 : 조경구조물, 포장, 자연석, 놀이, 수경공사
- 식재공사 : 수목, 초화류 식재공사
- 유지관리공사 : 시공한 완성물에 대한 관리

[용어]

① 발주자 : 공사의 설계, 감독, 관리, 시공을 의뢰하는 사람(시공주)
② 시공자 : 공사를 입찰 받아 공사를 완성하는 사람
③ 감독관 : 발주자가 지정하며 공사진행을 감독하는 사람
④ 설계자 : 발주자와 설계계약을 체결해 설계도서를 작성하고 충분한 계획과 자료를 수집, 넓은 지식과 경험을 바탕으로 시방서 작성과 공사내역서를 작성하는 자
⑤ 감리자 : 공사가 설계서와 시방서대로 이루어지는지를 확인하는 사람
⑥ 현장대리인 : 시공자를 대리해 현장에 상주하는 기술자

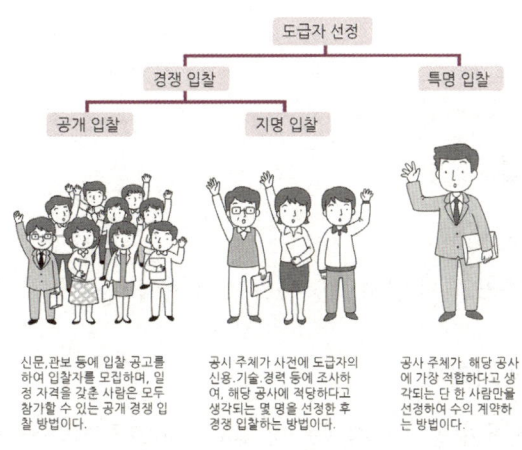

2 공사의 발주 방법(시공자 선정 방법)

1) 수의 계약(단독입찰, 특명입찰)

공사의 시공에 가장 적합하다고 인정되는 한명의 업자 선정하여 입찰

2) 경쟁 입찰(공모하여 낙찰)

① 일반 경쟁 입찰 : 일정 자격 갖춘 자가 공모 → 가장 유리한 조건제시자 낙찰(일반업자에게 균등 기회)
  ㉠ 장점 : 저렴한 공사비, 모든 공사 수주 희망자에게 기회 균등
  ㉡ 단점 : 낙찰자의 신용, 기술, 경험을 신뢰할 수 없음
② 지명 경쟁 입찰 : 자금력, 신용 등에서 적합하다 인정되는 소수를 선정 → 경쟁을 통해 낙찰자 선정
  ㉠ 장점 : 불성실한 자가 경쟁에 참가하여 공정한 경쟁을 방해하는 것을 제거
  ㉡ 단점 : 서로 담합하여 특정인에게 지명이 고정
③ 제한 경쟁 입찰 : 부적격자에게 낙찰될 우려를 줄이기 위해(일반＋지명)
  ㉠ 입찰참가의 자격을 실적, 공법, 도급액, 시공능력, 공사실적, 지역 등으로 제한
  ㉡ 일반 경쟁 입찰과 지명 경쟁 입찰의 단점을 보완하고 장점을 취하여 만든 중간적 위치에 있는 제도
④ 설계, 시공 일괄 입찰(Turn-key)
  ㉠ 설계와 시공계약을 단일의 계약 주체와 한꺼번에 수행
  ㉡ 발주자가 제시하는 공사의 기본계획 및 지침에 따라 설계서, 기타 도서를 작성하여 입찰서와 함께 제출

[계약 절차]

발주 방법 결정 → 공고 → 입찰 → 낙찰자 결정 → 계약 체결 → 계약이행 → 검사 및 준공

3 공사의 시행 방법

1) 직영 방법 : 발주자＝시공자

발주자 스스로 시공자가 되어 일체의 공사를 자기 책임 아래에 시행하는 것

2) 도급 방법 : 발주자≠시공자

발주자가 일정 시공자에게 공사의 시행을 의뢰하는 것, 도급계약을 체결하고 계약 약관 및 설계

도서에 의거하여 도급자가 공사를 완성, 발주자에게 인도하는 방법

① 일괄 도급 : 공사의 전부를 한 시공자에게 맡겨 공사를 시행하는 것(재료, 노무, 현장 시공 업무 일체를 일괄하여 시행)
② 분할 도급 : 공종별로 세분화하여 각기 다른 시공자를 선정하여 시행하는 것
③ 공동 도급 : 공동 출자 회사를 조직하여 한 회사의 입장에서 도급 및 시공을 하는 것
 (2개 이상 회사가 공동 투자하여 기업체 형성, 공사를 맡아 시행)
④ 설계시공 일괄도급(턴키 turn key) : 설계, 시공, 시운전 등 발주자가 필요로 하는 모든 것을 조달하여 준공한 후에 인도하는 방식

■ 하도급 : 수급인이 다시 제 3자에게 도급을 주는 것

구분	직영방식	도급방식
대상 업무	• 재빠른 대응이 필요한 업무 • 연속해서 행할 수 없는 업무 • 진척상황이 명확치 않고 검사하기 어려운 업무 • 금액이 적고 간편한 업무	• 장기에 걸쳐 단순작업을 행하는 업무 • 전문지식, 기능 자격을 요하는 업무 • 규모가 크고 노력, 재료 등을 포함한 업무 • 관리 주체가 보유한 설비로는 불가능한 업무
장점	• 관리책임이나 책임소재가 명확 • 긴급한 대응이 가능 • 관리 실태를 정확히 파악, 관리 효율 향상 • 임기응변의 조치가 가능 • 양질의 서비스 제공 가능	• 규모가 큰 시설의 관리에 적합 • 전문가를 합리적으로 이용함 • 관리의 단순화 가능 • 관리비 저렴, 장기적으로 안정 • 전문적 지식, 기능, 자격에 의한 양질의 서비스를 기할 수 있음
단점	• 일상적인 업무는 타성화되기 쉬움 • 직원의 배치 전환이 어려움 • 필요 이상의 인건비 지출	• 책임의 소재나 권한의 범위가 불명확함 • 전문업자를 충분하게 활용치 못할 수가 있음

4 시공관리의 3대 기능

① 품질관리 : 품질, 재료관리 및 인원 수요 공급에 대처한다.
 데밍(Deming's Cycle)의 관리 이론 : 계획(Plan) – 추진(Do) – 검토(Check) – 조치(Action)
② 원가관리 : 공사를 계약된 기간 내에 주어진 예산으로 완성시키기 위한 것으로 실행예산과 실제가격의 대비에서 차액의 원인을 분석·검토하고, 원가의 발생을 통제하며 원가자료를 작성한다.
③ 공정관리 : 횡선식 공정표, 공정곡선, 네트워크 기법으로 분류된다.

[Tip] 시공 계획의 4대 목표
좋게(품질), 싸게(원가), 빠르게(공정), 안전하게(안전)

cf. 공정과 공종
① 공정 : 공사 목적물을 완성하기까지 필요로 하는 여러 작업의 순서와 단계
② 공종 : 공정 과정에서 분리된 각 작업 단위

5 공정 계획

1) 공정표의 종류

	횡선식 공정표, 막대공정표(바차트)	기성고곡선, 곡선식 곡선, 바나나곡선	네트워크 공정표
표현	• 세로축에 공사명을 배열하고 가로축에 날짜를 표기하며, 공사명별 공사일수를 횡선의 길이로서 나타냄	• 세로에 공사량, 총인부 등을 표시하고, 가로에 월, 일수 등을 취하여 일정한 사선절선을 가짐 • s-curve / banana-curve	• 각 작업의 상호관계를 그물망(Net Work)으로 표현 • 이벤트 ○, 액티비티 →, 더미 ⇢ • 작업리스트→흐름도→애로우도→타임스케일도 작성의 순서로 함
특징	• 공정별 공사의 착수, 완료일이 명시되어 전체 공정 판단이 용이 • 공정표가 단순하여 경험이 적은 사람도 이해가 쉬움	• 작업의 관련성을 알 수 없으나 전체 공정의 진도파악과 시공 속도 파악이 용이 • banana 곡선에 의하여 관리의 목표가 얻어짐	• 상호간 작업관계가 명확 • 작업의 문제점 예측이 가능 • 최적비용으로 공기단축이 가능 • 공정표 작성에 숙련을 요함 • 종류 : PERT, CPM
용도	• 소규모 간단한 공사, 시급 공사	• 다른 방법과 병행, 보조적 수단	• 대형공사, 복잡하고 중요한 공사

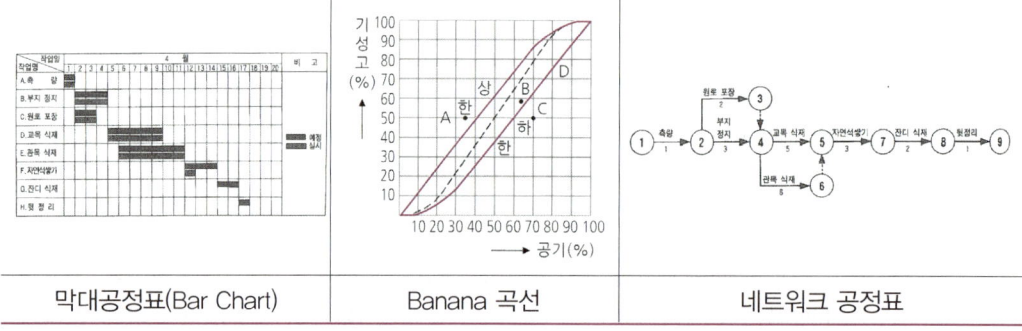

| 막대공정표(Bar Chart) | Banana 곡선 | 네트워크 공정표 |

■ 주공정선(Critical Path : CP) : 네트워크상 전체 공기를 규제하는 가장 긴 경로(여유시간 0), 굵은선 표시

Q1 다음 공정표에서 critical path에 해당되는 과정은?

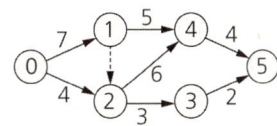

① 0−1−4−5 ② 0−2−3−5
③ 0−1−2−4−5 ④ 0−1−2−3−5

풀이 ① 16일 ② 9일 ③ 17일 ④ 12일
정답 ③

Q2 다음 네트워크 공정표를 보고 크리티컬 패스(Critical Path)를 나타내는 것은?

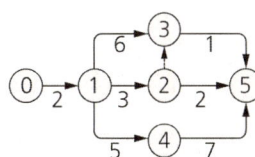

① 0−1−3−5 ② 0−1−2−4−5
③ 0−1−4−5 ③ 0−1−2−5

풀이 ① 9일 ② 경로 아님 ③ 14일 ④ 7일
정답 ③

Q3 다음의 크리티컬 패스(주공정선)를 바르게 계산한 것은?

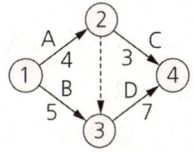

① 7일 ② 8일 ③ 11일 ④ 12일

풀이 ① 1-2-4 ② 1-3-4 ③ 1-2-3-4 ④ 1-3-4

정답 ④

2) 공정표 내용

가설공사	가설울타리, 가설 건물, 규준틀, 비계 등
기초공사	대지의 장애물 제거, 흙막이 지정(잡석지정, 말뚝박기 등)
주체공사	철근 콘크리트 공사, 목공사
마무리공사	돌공사, 타일, 테라코타, 미장, 도장, 창호, 유리, 장식공사
부대시설공사	위생, 난방, 환기, 전기, 가스, 급배수공사, 조경공사

■ 시방서 종류(표준시방서, 전문시방서, 공사시방서)

① 설계자가 설계 도면에 표현하기 어려운 사항을 자세히 기술하여 의사를 전달
② 공사의 개요, 절차 및 순서, 시공 시 주의사항, 시공 조건, 규격, 허용 범위, 재료의 종류 및 품질, 재료에 필요한 시험, 시공 방법의 정도 및 완성에 관한 사항 등 시공에 필요한 사항을 기록한 것
③ 표준시방서 : 시설물의 안전 및 공사 시행의 적정성과 품질 확보 등을 위하여 시설별로 정한 표준적인 시공 기준
④ 전문시방서 : 표준시방서 근거, 모든 공종 대상으로 발주처가 작성
⑤ 공사시방서 : 표준, 전문시방서를 기본, 개별공사의 특수성, 지역 여건, 공사방법 고려, 도급서류에 포함되는 계약 문서

■ 조경 적산

적산(공사비를 예측하는 작업 : 공사에 소요되는 재료의 수량과 노무의 품 산출, 여기에 단가를 넣어 산정한 재료비, 노무비, 경비, 일반관리비, 이윤 등을 합산하는 총 공사비 산정 과정)

(1) 수량 계산

① 시공 현장에서 소요되는 재료의 물량을 집계한 것, 적산 업무의 첫 단계
② 총공사비 산정에 가장 중요한 과정
　수목의 주수와 시공재료의 길이, 면적, 체적 및 시공기계의 경비를 산출하기 위한 시간 등이 포함

(2) 수량계산의 기준

① 수량은 C.G.S 단위를 사용한다. / m.kg.s(SI 단위, 국제단위계)
② 수량의 단위 및 소수위(소수점 몇자리~)는 표준품셈 단위표준에 의한다.
③ 수량의 계산은 지정 소수위 이하 1위까지 구하고, 끝수는 사사오입한다.
  예 소수점 둘째 자리 0.36675 – 0.37 / 0.36475 – 0.36
④ 계산에 쓰이는 분도는 분까지, 원주율, 삼각함수의 유효숫자는 세 자리(3위, 소수 셋째 자리)까지로 한다.
⑤ 플래니미터(면적계산기, 구적기) 사용 시 3회 이상 측정하여 평균값을 취한다.
⑥ 체적 계산은 유사 공식에 의함이 원칙이지만, 토사입적(토사체적)은 양단면적 평균값에 거리를 곱하여 산출한다.
⑦ 볼트의 구멍, 모따기, 물구멍, 이음줄눈의 간격, 포장공종의 1개소당 $0.1m^2$ 이하의 구조물자리, 철근 콘크리트 중의 철근, 콘크리트 구조물의 말뚝머리는 공제하지 않는다.(위에 해당하는 체적, 면적 공제하지 않음)
⑧ 절토량은 자연 상태의 설계도의 양으로 한다.

3) 재료의 단위 및 금액의 단위

(1) 재료의 단위

① 공사면적 : m^2, 소수 1위까지 사용
② 모래, 자갈, 모르타르, 콘크리트 : m^3, 소수 2위까지 사용
③ 목재 : m^3, 소수 3위까지 사용

(2) 금액의 단위

종목	단위	지위	비고
설계서의 총계	원	1,000	이하 버림(단, 만 원 이하일 때 100원까지)
설계서의 소계	원	1	미만 버림
설계서의 금액	원	1	미만 버림
일위대가표의 총계	원	1	미만 버림
일위대가표의 금액	원	0.1	미만 버림

4) 할증률 계산

① 재료의 할증 : 설계 수량과 계획 수량의 적산량에 운반, 저장, 절단, 가공 및 시공 과정에서 발생하는 손실량을 예측하여 부가하는 것

② 재료비 = 단가 × 총 소요량(할증률 포함)

재료		할증률(%)	재료		할증률(%)
목재	각재	5	도료		2
	각재(건축)	5-10	타일	모자이크	3
	판재	10		도기	3
	판재(건축)	10-20		자기	3
원석(마름돌용)		30	속빈시멘트블록		4
합판	일반용	3	경계블록		3
	수장용	5	호안블록		5
테라코타		3	벽돌	붉은벽돌	3
조경용 잔디		10		내화벽돌	3
수목		10		시멘트벽돌	5

5) 공사비 산출

① 공사비의 구성(총 공사원가)
  ㉠ 순공사원가, 일반관리비, 이윤, 세금
  ㉡ 순공사원가의 구성(순공사비 = 재료비 + 노무비 + 경비)
  • 재료비 : 직접재료비, 간접재료비
  • 노무비 : 직접노무비, 간접노무비
  • 경비 : 전력비, 운반비, 기계경비, 안전관리비, 특허권사용료, 외주가공비, 수도료, 광열비 등

② 공사원가 산정

순공사비	재료비	• 직접재료비 : 공사 목적물의 기본 구성 비용 • 간접재료비 : 공사에 보조적으로 소비되는 비용 • 작업부산물 : 시공 중 발생하는 작업 잔재류 중 환금이 가능한 것 • 할증산입 : 수목, 잔디 10%, 각재 5%, 판재 10%, 합판 3%, 붉은벽돌 3% • 재료비 = 직접재료비 + 간접재료비 – 작업부산물
	노무비	• 직접노무비 : 직접 작업에 참여하는 인부에게 드는 비용 • 간접노무비 : 현장에서 보조로 종사하는 감독자 등에게 드는 비용 ※ 간접노무비 = 직접노무비 × 15% 내외

경비	• 순공사비 중 재료비, 노무비를 제외한 비용 • 내용 : 수도광열비, 도서인쇄비, 기계경비, 전력비, 운반비, 소모품비, 통신비, 지급임차료, 가설비, 연구개발비, 산재보험료, 안전관리비, 품질관리비, 기술료, 특허권사용료, 외주가공비 등
일반관리비	• 회사가 사무실을 운영하기 위해 드는 비용 • 일반관리비＝순공사원가(재료비＋노무비＋경비)×5~6%
이윤	• (순공사원가＋일반관리비－재료비)×15% 내외 • (노무비＋경비＋일반관리비)×15%
총공사비	• 총공사비＝순공사비＋일반관리비＋이윤

02 식재공사

1 분뜨기

1) 굴취

※ 시기 : 10℃이하가 되면 생육이 정지되고 휴면하게 되므로 이 시기가 적기

(1) 굴취의 방법

① 나근 굴취법
뿌리를 절단한 후 뿌리에 기존 흙을 붙이지 않고 맨뿌리로 캐내는 방법
잔뿌리 많은 것, 활착 잘되는 것(철쭉, 회양목, 수국, 사철나무)

② 뿌리감기 굴취법
뿌리를 절단한 후 뿌리 주위에 기존의 흙을 붙여 새끼나 녹화마대 등으로 뿌리분을 만드는 방법

(2) 뿌리분의 크기

① 뿌리분의 크기는 수간 근원 지름의 4~6배
㉠ 수목은 근원 지름이 2~6배의 반지름 원 속에 뿌리가 있다.
㉡ 줄기의 밑동에 새끼를 한 바퀴 감아 길이의 1/2을 반지름으로 하여 그린 원을 크기로 한다.(상록수 : 근원 지름의 4배 / 낙엽수 : 근원 지름의 5~6배)
㉢ 작은 것은 적당히

ⓒ 뿌리분의 크기 : 상록활엽수 > 침엽수 > 낙엽활엽수
뿌리분의 지름(cm) = 24 + (N − 3)×d
N = 근원직경, d = 상수 / d (상록수 = 4, 낙엽수 = 5)
예 소나무 근원지름 15cm 경우, 24 + (15 − 3)×4 = 72cm
ⓓ 수목의 총중량 = 지상부와 지하부의 합
W 지하부(뿌리분)의 무게 = V 지하부(뿌리분)의 체적 × K 지하부(뿌리분)의 단위체적 중량
② 뿌리분의 깊이는 잔뿌리의 밀도가 현저히 감소하는 부위까지 한다.
③ 뿌리분의 둘레는 원형 수직으로 하고, 밑면은 둥글게 다듬어 팽이 모양이 되게 한다.
④ 뿌리분의 모양

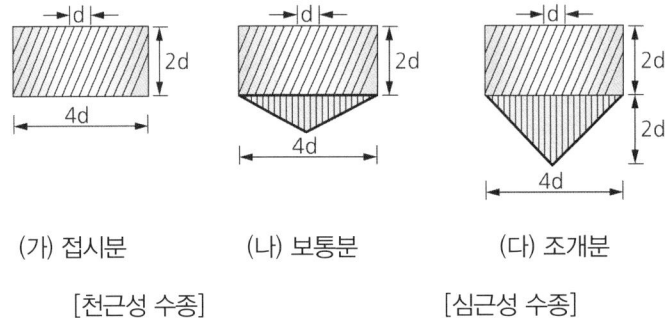

(가) 접시분　　　(나) 보통분　　　(다) 조개분

[천근성 수종]　　　　　　　　[심근성 수종]

- 천근성 수종(접시분) : 자작나무, 미루나무, 편백, 독일가문비, 향나무 등
- 심근성 수종(조개분) : 느티나무, 소나무, 회화나무, 주목, 섬잣나무, 태산목, 은행나무 등

(3) 뿌리분뜨기

① 뿌리분 크기를 표시하고 삽을 이용하여 수직으로 파 내려간다.(관목은 넓게, 교목은 깊게)
② 뿌리분감기할 때의 굴취 폭은 분 크기보다 30cm이상 크게 하여 분감기 작업을 할 수 있도록 한다.
③ 분감기는 뿌리분 깊이만큼 파낸 다음 실시하지만, 뿌리분 만들기가 어려울 경우 뿌리분 주위를 1/2 정도 파내려갔을 때부터 시작하고 나머지 흙을 다시 분감기해서 분이 깨지지 않도록 한다.
④ 절단한 뿌리를 가위나 칼로 깨끗이 다듬은 다음 방부제를 상처치료제(톱신페이스트, 카토파스타, 신교나라, 카타파스, 락발삼 등)를 발라 칼로스 발생으로 상처가 빨리 아물게 한다.

⑤ 녹화마대나 녹화 테이프로 뿌리분의 측면을 감고 새끼 끈, 반생, 고무바를 이용하여 위아래로 감아준다.

■ 뿌리분 새끼감기

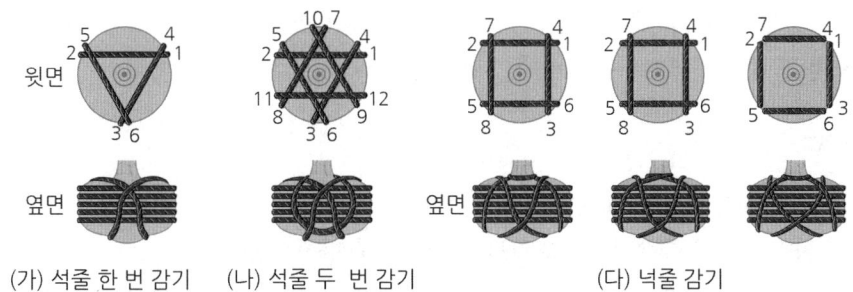

(가) 석줄 한 번 감기   (나) 석줄 두 번 감기   (다) 넉줄 감기

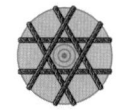 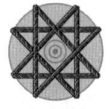

석줄 두번 걸기   넉줄 한번 걸기

(4) 운반

① 뿌리분 들어내기

㉠ 목도 운반 : 작은 나무
- 재료 : 참나무 / 길이 1.5m / 운반량 1인 50kg, 4인 200kg

㉡ 차량 운반 : 크레인, 포크레인, 체인블록, 레커(손수레)
- 뿌리분의 보토는 철저히 하고, 세근이 절단되지 않도록 한다.
- 수목 줄기는 간편하게 결박, 이중 적재 금지, 수목과 접촉하는 부위는 짚, 가마니 등 완충재를 깔아준다.
- 차량 이동 시 뿌리 부분은 차의 앞쪽에 가지 등 수관 부분은 뒤쪽을 향하게 한다.
- 증발을 최대한 억제하기 위해 물에 적신 거적이나 가마니로 감아준다.

2) 뿌리돌림

뿌리분 안에 미리 세근을 발달시켜 이식력을 높임(이식 전에 실시)

(1) 목적

① 잔뿌리 발달

② 이식 적응력 향상
③ 노목이나 쇠약목의 세력 갱신

(2) 시기

<u>이른 봄(3월 중순~4월 상순)</u>, 가을에 가능, 가을에 실시하는 것이 효과적(<u>이식 6개월~3년 전</u>)
- 낙엽활엽수 : 수액 이동전, 장마 후 신초 경화(굳을 때)
- 침엽, 상록활엽수 : 수액 이동 시작, 눈 뜨기 2주전

(3) 방법

① <u>근원 지름의 3~5배(일반 이식 4~6배 보다 좁게 잘라줌)</u>
　　이식에 필요한 뿌리분 크기보다 약간 작게(나타나는 뿌리 절단)
② 크기를 정한 후 흙을 파낼 때 나타나는 뿌리를 모두 절단하고 칼로 깨끗이 다듬기
③ 수목을 지탱하기 위해 3~4방향으로 한 개씩 남긴 곧은 뿌리 15cm 환상 박피
④ 흙 되묻을 때 부숙한 퇴비 시비
⑤ 전정 실시(T/R율 조정)
⑥ 관수(흙 고정), 지주목 설치

(4) 필요성

이식이 곤란한 수종을 이식하거나 비 이식 적기에 이식하기 위하여

2 이식(옮겨심기)

1) 이식 시기

(1) 증산량이 가장 적은 봄, 가을이 적기
(2) 이른 봄은 그 해의 기후 조건에 따라 이미 눈이 움직이는 경우도 있고, 가을 이식은 활착 여부를 알 수 없는 결점
(3) 침엽수류 상록활엽수는 이른 봄이 좋으나 추운 지방은 엄동기 피할 것(9~10월, 4~5월)
(4) <u>비적기라도 잔가지를 쳐서 잎의 수를 줄이고, 충분한 크기의 뿌리분을 붙이고 잎을 모두 따면 가능</u>
(5) <u>가능한 많은 흙을 뿌리에 붙인 채 굴취하고 뿌리분의 손상이 없도록 주의</u>
(6) <u>이식할 때 잎으로부터 증산되는 수분이 뿌리의 흡수 능력보다 적어야 함</u>
(7) 대체적인 이식 적기
　　가을의 5~10° 이하, 생육이 정지되는 휴면기

① 낙엽활엽수류(대체적으로 이식 시기가 동일)
　㉠ 가을 이식 : 잎이 떨어진 휴면 기간, 보통 10~11월
　㉡ 봄 이식 : 해토(땅이 녹는 시기) 직후부터 4월 상순까지(벚나무, 목련, 튤립, 자작나무 유리함)
　　• 내한성이 약하고 눈이 늦게 움직이는 수종 : 4월 중순(배롱나무, 석류나무, 백목련, 능소화)
　　• 봄에 눈 일찍 움직이는 수종 : 전년도 11~12월, 3월 중순(단풍나무, 버드나무, 명자나무, 매화나무)
　　• 세근이 많은 나무, 포장에서 자주 옮긴 나무, 뿌리돌림된 나무 : 초여름도 가능, 잎 모두 훑어내어 증산 억제
② 상록활엽수류(동백, 사철, 가시나무 등)
　㉠ 추위 벗어난 3월 하순~4월 중순, 6~7월 장마철(다른 수종은 물 많아서 안 됨)
　㉡ 추위에 대한 저항력 부족, 눈이 늦음
　㉢ 이식 적기는 3월 하순 ~ 4월 중순(낙엽활엽수보다 조금 늦게)
　㉣ 6~7월 장마 때(기온이 오르고 공중습도가 높을 때) / 세포분열이 잘 됨
③ 상록침엽수(냉기에 약함)
　㉠ 봄 – 해토 후~4월 상순, 가을 – 9월 하순~10월 하순
　㉡ 9월 하순~10월 하순(낙엽활엽수보다 1개월 정도 빠름) / 겨울에는 안함
　㉢ 심근성, 독성(소나무, 종비나무, 구상나무) : 3~4월, 8~9월
④ 낙엽침엽수 : 추위에 약하므로 늦가을보다 이른 봄에 이식(은행나무, 메타세쿼이아, 낙우송)
　㉠ 이식한 후 바로 다량 비료주면 나무 상처받음 / 작은 묘목 2주후, 보통 크기 2주~1개월 후 시비
　㉡ 이식한 경우 1~2년 묘목은 2년 이후, 성목은 3년 이후, 고목은 10년 이후 본래의 성장세를 나타낸다.
⑤ 대나무류 : 죽순 나오기 전, 3~4월
　㉢ 상록활엽수류와 침엽수류의 이식 적기 : 이른 봄

2) 습성

① C/N율은 1보다 커야 좋고, T/R율은 1이 최적이다.
② 잎으로부터 증산되는 수분이 뿌리의 흡수 능력보다 적어야 한다.

3) 가식

① 실제로 심기 전에 다른 곳에 임시로 심어 두는 것
② 방법 : 바람이 없고, 약간 습하며 그늘지고, 배수 양호하며, 본 식재지와 가까우면서 다른 공사에 영향을 주지 않는 장소에 땅을 조금만 파고 뿌리와 수관이 맞닿을 정도로 놓고 흙을 덮은 후 관수해 준다.

3 수목 식재

1) 식재 순서

(구덩이 파기 → 수목방향 정하기 → 묻기 → 물 죽쑤기 → 지주세우기 → 물집 만들기)

① 식재 장소 결정
  ㄱ 식재 예정지를 둘러보고 지형에 따라 구획
  ㄴ 식재 지역을 선정하고 면적을 추정하여 필요한 묘목의 수를 산정하는 등 식재에 필요한 준비(수목 및 양생제 반입 여부 확인, 공정표 및 시공도면, 시방서 검토, 수목 배식, 규격, 지하매설물 고려)
② 표토 걷기(유기물 층) / 따로 분리해서 거름으로 사용
③ 구덩이 파고(분의 1.5~3배) 거름, 표토 넣고 나무 앉히기(가지 많은 부분이 남쪽)
④ 속흙 넣고 물조임 : 물 죽쑤기(속흙의 2/3~3/4, 약 75%) / 흙조임(수분 꺼리는 수목 흙 넣어가며 다짐)

> [TIP]
> • 죽쑤기 : 물을 충분히 주고 나무 막대기 등으로 쑤셔 공극을 없애고 뿌리분과 흙을 밀착시킴
> • 흙침 : 물을 사용하지 않고 흙을 부드럽게 하여 바닥 부분부터 흙을 조금씩 넣어가며 말뚝으로 잘 다지는 방법
>   - 공기 배출을 하여 뿌리분과 흙을 밀착시킴
>   - 수분을 꺼리는 수목에 사용
>   예 건조한 곳에 사는 소나무, 향나무, 해송, 전나무, 서향, 소철 등

⑤ 나머지 흙 채우고 다지기
⑥ 물집(근원 지름의 5~6배) 만들고 관수
⑦ 멀칭(짚 덮기)
⑧ 전정

> [TIP] 수목 식재에 가장 적합한 토양의 구성비(토양 : 수분 : 공기 = 50 : 25 : 25 %)
> [TIP] 일반적인 식재 순서 : 교목 → 아교목 → 관목 → 초본류 및 잔디류

교목캐기 시공과정	
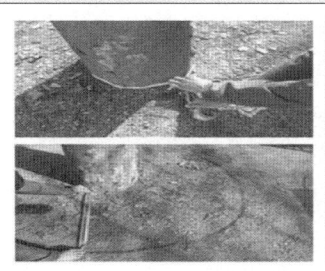 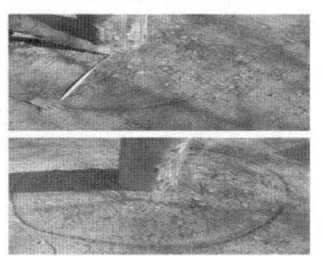	끈으로 근원 직경을 잰 후 끈을 반으로 접어 근원 직경에 대고 원을 그린다. (분 크기 재기)
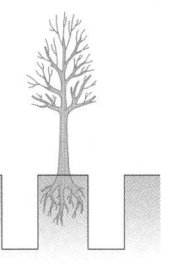 	뿌리분을 따라 수직으로 흙을 파내려 가는데 작업이 불편하지 않도록 60cm이상 되게 여유 있게 작업한다.
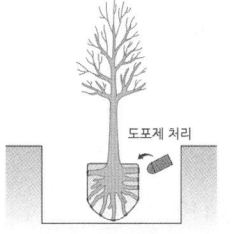 	흙 파내기 작업 후 분을 팽이 모양으로 만드는 작업 시 가위나 톱으로 뿌리를 잘라주고 자른 뿌리 부분에 뿌리 상처 도포제를 발라준다.
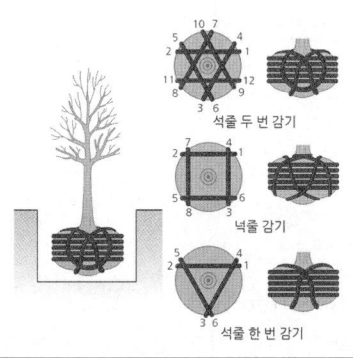  	
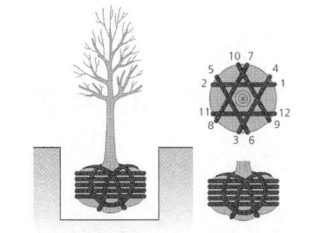 	뿌리분의 위쪽에서부터 아래로 향하여 새끼줄과 고무줄로 허리감기를 한 다음 위아래 감기를 한다. (석줄 두 번 감기)

2) 식재 후의 유지관리

(1) 이식 후 수목이 고사하는 경우

① 이식 후 충분히 관수하지 않았을 경우
② 이식 적기가 아닌 경우
③ 깊이 심었을 경우
④ 뿌리를 너무 많이 잘라냈을 경우
⑤ 이식 전후의 입지 조건이 전혀 다를 경우
⑥ 늙고 허약한 나무일 경우
⑦ 뿌리돌림이 반드시 필요한 수목을 그냥 옮겨 심을 경우
⑧ 뿌리 사이에 공간이 있어 바람이 들어가거나 햇볕에 말랐을 경우
⑨ 바람, 동물에 의해 요동이 있었을 경우
⑩ 지하에 각종 오염물이 있을 경우
⑪ 지엽의 증산량이 뿌리 흡수량보다 많을 경우
⑫ 미숙 퇴비(열을 많이 발생)나 계분을 과다하게 시비했을 경우
⑬ 배수가 불량한 토양일 경우 / 토양 침식(뿌리 노출)

(2) 수간의 수피감기

엽 면적이 큰 거대한 수목일수록 수간에서 수분 증산이 많음(12~22%)
① 수간에 진흙 발라주는 방법 : 수간에 진흙(점토 + 짚) 발라줌
② 수피감기의 효과 – 동해나 병충해 방지(이식나무는 저항력이 없다)
　㉠ 여름 햇볕에 줄기 타는 것 방지 / 수분 증산 억제 / 소나무 좀의 피해 방지(수피감기의 가장 큰 이유)
　㉡ 소나무류, 삼나무, 주목, 히말라야시다 등

(3) 멀칭

① 수피(바크), 낙엽, 볏짚, 풀, 분쇄목(우드칩) 등으로 수목 주위와 토양을 덮음
② **효과 : 수분 증발 억제, 잡초 발생 방지, 가뭄의 해 방지, 겨울 지온 보호, 동해 방지**

(4) 갈아엎기

삽, 괭이로 파 엎어 토양층에 공극이 생기게 하여 수분의 모세혈관을 차단(수분 증발 억제)

(5) 약제 살포

① 이식 수목은 뿌리 및 가지나 잎이 손상되어 쇠약한 상태로서 수분공급과 증산의 균형이 깨져 있으므로 수분 증산 억제제와 영양제를 뿌려주는 것이 좋음
② 상태가 나쁜 수목은 차광 시설을 설치해주고 영양제로 수간 주사 실시

(6) 관수

① 처음 식재 시 충분히 관수
② 뿌리 미 활착된 상태의 이른 봄, 초여름 가뭄 시, 봄에 싹틀 무렵
③ 관수의 효과
　㉠ 토양 중의 양분을 용해하고 흡수하여 신진대사를 원활하게 한다.
　㉡ 세포액의 팽압에 의해 체형을 유지한다.
　㉢ 증산으로 잎의 온도 상승을 막고 수목의 체온을 유지한다.
　㉣ 지표와 공중의 습도가 높아져 증발량이 감소한다.
　㉤ 토양의 건조를 막고 생육 환경을 좋게 형성하여 수목의 생장을 촉진시킨다.
　㉥ 식물체 표면의 오염 물질을 씻어내고 토양 중의 염류를 제거한다.

(7) 시비

① 이식 당시 시비를 금함(새 뿌리 내리면서 시비 시작)
② 미숙 퇴비나 거름을 과다하게 시비할 경우 수목이 고사
③ 과습 건조기 피하여 시비
④ 뿌리 활착기는 7월 하순까지이므로 7월 이후에는 칼륨, 인산만 시비
　(질소질 비료는 생장을 계속시켜 세포조직을 연약하게 하고 월동 시 동해를 입음)
⑤ 거름 주는 방법
　㉠ 유기질 비료는 효과가 천천히 나타나는 지효성이므로 밑거름으로 준다.
　㉡ 밑거름은 1년 1~2회, 낙엽진 후 땅이 얼기 전 늦가을이나 2~3월 땅이 녹은 후에 준다.
　㉢ 효과가 빨리 나타나는 덧거름은 싹이 트기 전, 꽃이 피기 전, 꽃눈 분화기에 주며, 한여름에는 시비하지 않는다.
　㉣ 산울타리는 수관선 바깥쪽으로 선상으로 땅을 파고 거름을 준다.

(8) 수목보호대

수목 둥치 주위가 밟히기 쉬운 가로수나 녹음수는 밟힌 토양으로 공기 유통이 불량하여 뿌리의 호흡이 곤란해지므로, 수목보호대를 설치하여 포장 지역 내에서도 가로수나 녹음수를 식재

(9) 지주목 세우기

① 수피와 지주가 닿은 부분은 녹화 테이프를 감아 수간보호 조치를 취한다.
② 지주목을 설치할 때에는 풍향과 지형 등을 고려한다.
③ 지주는 뿌리에 닿지 않도록 땅 속 깊이 견고히 고정되도록 박는다.
④ 지주목의 종류
　㉠ 단각지주 : 수고 1.2m 이하의 소교목
　㉡ 이각지주 : 수고 2m 이하의 교목
　㉢ 삼발이지주 : 수고 2m 이상의 나무에 적용, 설치 면적이 넓어 통행인이 적은 곳에 설치
　㉣ 삼각지주 : 가장 많이 사용, 통행인이 많은 곳에 삼각지주, 사각지주 설치
　㉤ 사각지주 : 미관상 아름답고 가장 견고함, 추가 비용 요구됨
　㉥ 울타리식 지주 : 지주목을 군데군데 박고 대나무나 철선을 가로로 대서 사용
　㉦ 피라미드형 지주 : 덩굴 식물을 올리는 용도(덩굴장미, 능소화, 클레마티스)
　㉧ 윤대지주 : 멋있게 하기 위해 대작용 국화를 재배하는 것처럼 만든 것(수양벚나무, 수양버들, 포도덩굴)
　㉨ 매몰형 지주 : 지상 설치가 어렵거나 통행에 지장이 될 때
　㉩ 당김줄형 지주(철선 사용) : 대형목이나 경관상 중요한 곳, 와이어로프를 세 방향으로 벌려 지하에 고정

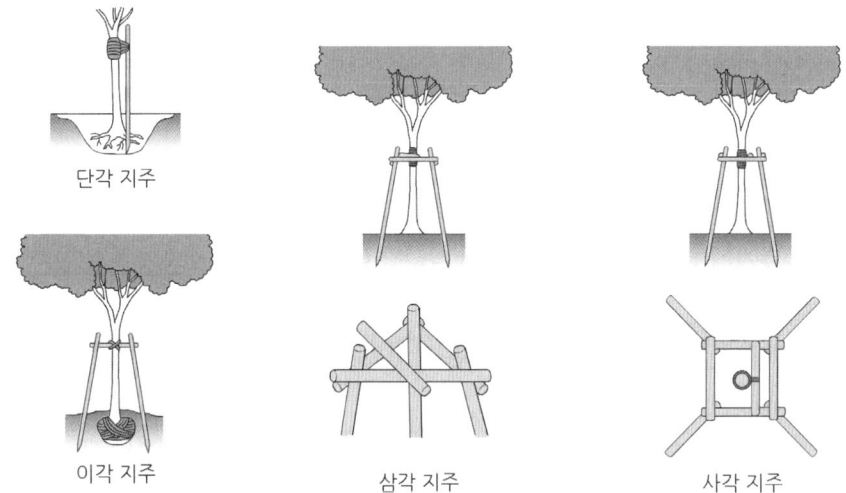

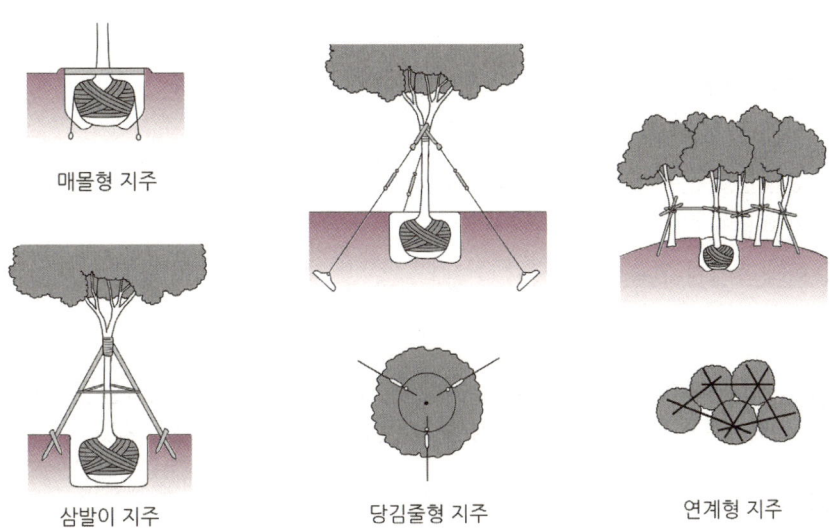

매몰형 지주 / 삼발이 지주 / 당김줄형 지주 / 연계형 지주

4 잔디 및 초화류 식재

1) 잔디 식재(서양잔디 : 파종, 한국잔디 : 떼심기), 토양산도 pH 5.5

(1) 떼심기 방법

규격 30×30cm, 두께 3cm, 연중 식재 가능하나 겨울은 피함
① 전면 붙이기의 이음매 간격(1~3cm)
   전체 면에 심기
② 이음매 붙이기의 이음매 간격(3~5cm)
   전체 면에 심되 간격이 전면 떼붙이기보다 넓게 심기
③ 어긋나게 붙이기의 이음매 간격(20~30cm)
   어긋나게 놓거나 서로 맞물려 어긋나게 배열
④ 줄떼 붙이기의 간격(줄 간격 15~30cm)
   떳장을 5, 10, 15, 20cm 폭으로 잘라서 그 간격을 15, 20, 30cm로 하여 심기

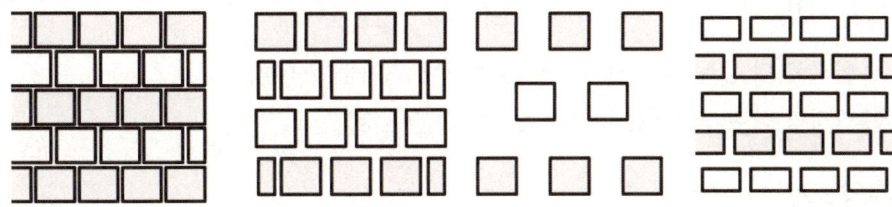

(가) 전면 떼붙이기   (나) 이음매 붙이기   (다) 어긋나게 붙이기   (라) 줄떼붙이기

(2) 떼 심기 주의점

① 줄눈, 가장자리 흙 채움, 뗏밥주기 실시, 뗏장 이음새 흙 충분히 채우기
② 식재 후 롤러로 진압, 충분한 관수
③ 경사면 시공 시 줄떼붙이기로 시공, 뗏장마다 2개 정도의 떼꽂이를 박아 고정시켜 흘러내리지 않도록
④ 아래쪽에서 위쪽으로 시공

> **Q1** 잔디 1매(30×30cm)에 1본의 꼬치가 필요하다. 경사 면적이 45㎡인 곳에 잔디를 전면 붙이기로 식재하려 한다면 이 경사지에 필요한 꼬치는 약 몇 본인가?

풀이 잔디식재 면적/잔디1매 면적 = 45㎡/0.09㎡ = 500본

2) 잔디 종자 파종

(1) 종류

잔디는 생육 온도에 따라 난지형, 한지형 잔디로 나눈다.

■ 우량 종자의 구비 조건 : 여러 번 교잡한 잡종 종자는 안 됨
- 본질적으로 우량한 인자를 가진 것
- 유전적으로 순수하고 이형종자가 섞이지 않은 것
- 충실하게 발달하여 생리적으로 좋은 종자(완숙종자)
- 병해충에 감염되지 않은 종자
- 발아력이 건전한 것, 신선한 햇 종자
- 잡초종자나 이물질이 섞이지 않은 것

(2) 파종 때의 발아 적온

난지형 잔디는 30~35℃, 한지형 잔디는 20~25℃ 정도이다.

(3) 파종 시기

① 한국 잔디 등 난지형 잔디 : 늦은 봄이나 초여름(5~6월)
② 한지형 잔디 : 늦여름과 초가을(8월 말~9월경)

(4) 토양 조건

① 배수 양호하고 비옥한 사질 양토, 토양 산도(pH) 5.5 이상

② 대부분의 잔디들은 pH 6.0~7.0 사이에서 가장 잘 생육하고 발병률도 적으며 미생물 활동도 왕성

(5) 시공순서

경운 → 시비(기비살포) → 정지 → 파종 → 전압 → 멀칭 → 관수

[TIP] 종자 뿜어 붙이기(분사 파종 공법)
① 급한 경사면이나 암반이 많은 절개면을 녹화하기 위해 개발된 공법
② 단시간에 많은 면적 시공, 비탈면, 경사면, 절개면의 안정과 녹화 목적
③ 하이드로시더나 모르타르건 등의 기구 이용하여 압축 공기나 압력수에 의해 종자, 피복제, 파이버(fiber), 침식방지제, 접착제, 거름(비료), 양생제, 색소, 물 등을 함께 섞어 경사면에 분사

3) 초화류 식재

(1) 화단의 설치 조건

① 채광 통풍 양호한 곳
② 배수가 잘되는 비옥한 사질 양토
③ 토양이 불량할 때에는 개량하거나 알맞은 토양으로 완전히 객토

(2) 화단 조성 방법

① 종자 파종 방법과 꽃모종 심는 방법이 있으나, 대부분 개화 직전의 꽃모종 갈아 심는 방법 이용
② 꽃모종은 밭에서 재배한 것과 포트에서 재배한 것 이용
　밭에서 재배한 모종은 심기 1~2시간 전 관수하면 캐낼 때 흙이 많이 붙어 분뜨기 용이
③ 초종별 특성에 맞추어 식재 간격 조정, 뿌리 활착과 줄기퍼짐이 좋음
④ 꽃묘는 줄이 바뀔 때마다 어긋나게 심기
⑤ 1년생 초화류 가장 많이 사용, 계절 변화 느끼도록 식재 구성, 연중 3~5회 실시

03 조경 시설물 공사

1 토공 시공

[TIP] 사면의 안정
- 흙쌓기, 흙깎기 등의 사면이 미끄럼을 일으키지 않는 것
- 흙덩어리의 점착력, 내부 마찰각, 흙의 단위 중량 등을 고려

1) 시공

(1) 절토

① 흙깎기(절토) – 흙 파내는 작업, 보통 토질에서 흙깎기 비탈면 경사 1 : 1

② 흙을 깎아 평탄한 부지나 각종 시설물의 기초를 다지는 작업

③ 흙깎기를 할 때는 안식각보다 작게 하여 비탈면의 안정을 유지

④ 식재공사가 포함된 경우의 흙깎기는 지표면 30~50cm 정도 깊이의 표토를 보존하여 식물 생육에 유용하도록 함

[TIP]
- 절취 – 시설물 기초를 위해 지표면의 흙을 약간(20cm) 걷어내는 일
- 터파기 – 절취 이상의 땅을 파내는 일(굴삭기, 불도저, 파워셔블, 백호 등)
- 준설 – 수중의 흙을 파내는 수중에서의 굴착

[TIP] 단단한 바위(경암) 흙깎기 비탈면 경사 1 : 03~0.8

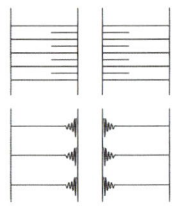
흙깎기 순서

(2) 성토

① 흙쌓기(성토) – 도로 제방이나 축제와 같이 흙을 쌓는 것
보통 30~60cm마다 다짐을 실시하며, 일반적인 흙쌓기 비탈면 경사 1 : 1.5

② 더돋기(여성토) – 성토 시 압축 및 침하에 의해 계획 높이보다 줄어드는 것 방지, 10~15% 더돋기

예) 흙을 이용하여 2m 높이 마운딩할 때 더돋기 고려하여 실제 쌓아야 하는 높이는? 2.2m(10% 더돋기)

성토면의 절단면 상태

③ 마운딩(造山, 築山 작업) – 조경에서 경관의 변화, 방음, 방풍, 방설을 목적으로 만든 작은 동산

㉠ 흙쌓기의 일종으로 자면의 형상을 변화시켜 수목 생장에 필요한 유효 토심을 확보하는 방법
㉡ 마운딩의 높이는 등고선으로 표시
㉢ 마운딩의 역할 : 배수 방향 조절, 자연스러운 경관 조성, 토지 이용상 공간 분할
㉣ 마운딩 공사 시 식재에 필요한 윗부분이 너무 다져져서 식물 뿌리의 활착에 지장을 주는 일이 없도록 유의

[TIP]
- 매립 – 저지대에 상당한 면적으로 성토하는 작업, 수중에서의 성토
- 축제 – 하천 제방, 도로, 철도 등과 같이 상당히 긴 성토
- 정지 – 부지 내에서의 성토와 절토
- 유용토 – 절토한 흙 중에서 성토에 쓰이는 흙

(3) 다짐

성토된 부분의 흙이 단단해지도록 다지는 일(전압 : 흙이나 포장 재료를 롤러로 굳게 다지는 작업)

(4) 취토

필요한 흙을 채취하는 일

(5) 사토

불량 토사나 잔여 토사를 갖다 버리는 일

■ 흙쌓기 공법

수평쌓기	수평층으로 흙을 쌓아 올리는 방법
전방쌓기	앞으로 전진하여 쌓아가는 방법
가교쌓기	다리를 가설하여 흙 운반 궤도차로 떨어뜨림

2) 비탈면 경사

① 1 : n 표시법 ⇒ 수직 높이 10m, 수평 거리 15m = 1 : 1.5 (성토경사 1 : 1.5 절토경사 1 : 1을 기준)

② % 표시법 ⇒ 10/15×100 ≒ 67%   수직/수평×100

③ 표시법 ⇒ $\tan\alpha = \tan 10/15 ≒ 34°$

※ 100% = 45°   1/1×100 = 100%   1할 = 10%

수직 10m 수평 100m 10 : 100 = 1 : 10 10/100×100 = 10%

④ 경사도 측정
  ㉠ 수평 단위당 토지의 높고 낮음
  ㉡ G=D/L×100(G : 경사도, D : 높이차, L : 두 지점간의 수평 거리)

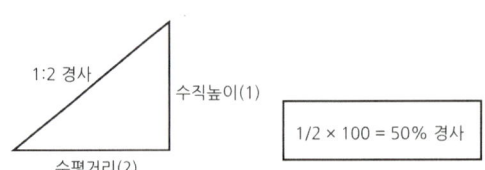

> **Q1** 다음과 같은 비탈 경사가 1 : 0.3의 절토면에 맞추어서 거푸집을 만들고자 할 때에 말뚝의 높이를 1.5m로 한다면 지표 AB간의 거리는 어느 정도로 하면 좋은가?
>
>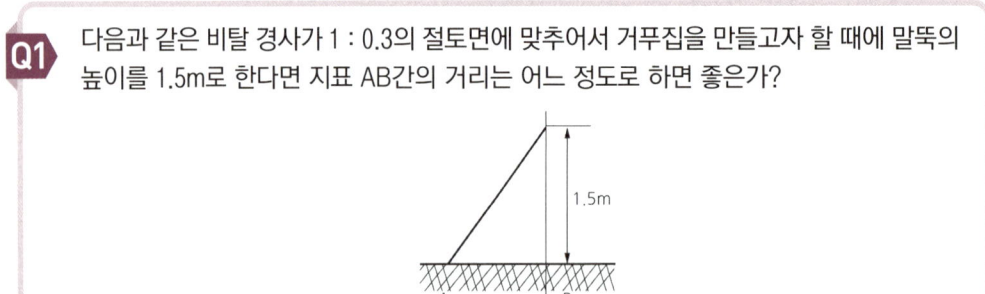
>
> **풀이** 1 : 0.3 = 1.5 : x
> **정답** 0.45m

3) 비탈면 조성과 보호

① 비탈면 조성
  ㉠ 자연 비탈면 : 물, 중력에 의한 침식 등으로 이루어진다.
  ㉡ 인공 비탈면 : 흙깎기와 흙쌓기에 의한 인공적 비탈면
② 성토비탈면이 더 완만한 경사를 유지해야 한다.
③ 비탈면이 길면 붕괴 우려가 있으므로 단을 만들어 안정을 도모한다.
④ 비탈 어깨와 비탈 밑은 예각을 피하려 라운딩 처리하여 안정성과 주변 자연 지형의 곡선과 잘 조화되도록 한다.

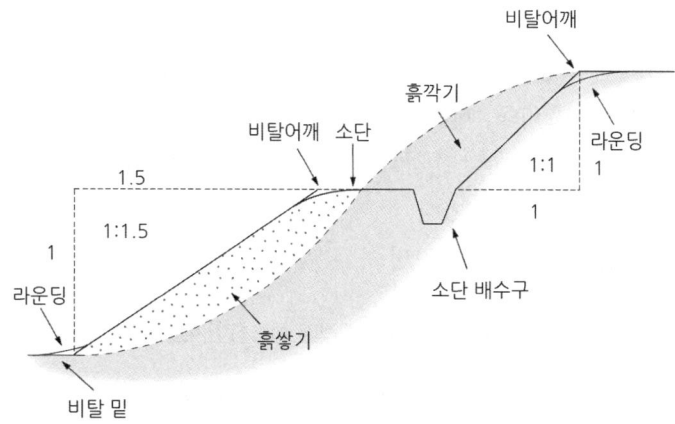

⑤ 비탈면 보호
   ㉠ 식물에 의한 보호 공법(비탈면 녹화 공법)
   - 잔디, 잡초 등의 초본류, 관목류로 비탈면을 피복하여 경관 형성 및 붕괴를 예방하는 방법
   - 떼심기 : 평떼붙이기는 물매 1 : 1보다 완만한 경사지나 평지에 적용
   - 종자 뿜어붙이기(seed spray) : 종자 + 비료 기계로 분사, 급경사지나 짧은 시간에 피복, 절성토 장소에 모두 사용
   - 비탈면 식수공법 : 상단부 칡으로 하향 식재, 하단부 등나무, 담쟁이덩굴로 상향 식재, 30cm 식혈과 객토
   - 식생 매트공 : 종자와 비료 등을 풀로 부착시킨 매트류로 비탈면을 전면적으로 피복하는 공법
     - 면상의 매트에 종자를 붙여 비탈면에 포설, 부착하여 일시적인 조기녹화를 도모하도록 시공한다.
     - 비탈면을 평평하게 끝손질한 후 매꽂이 등을 꽂아주어 떠오르거나 바람에 날리지 않도록 밀착한다.
     - 비탈면 상부 0.2m 이상을 흙으로 덮고 단부(端部)를 흙속에 묻어 넣어 비탈면 어깨로부터 물의 침투를 방지한다.
     - 긴 매트류로 시공할 때에는 비탈면의 위에서 아래로 길게 세로로 깔고 흙쌓기 비탈면을 다지고 붙일 때에는 수평으로 깔며 양단을 0.05m 이상 중첩한다.
   - 식생자루공 : 종자, 비료, 흙 등을 혼합해서 자루에 채운 식생자루를 비탈면에 판 수평구 속에 넣어 붙이는 공법
   - 줄떼심기공 : 다지기를 하여 비탈면을 선적으로 녹화하는 공법

ⓒ 구축물 보호 공법
- 콘크리트 격자틀 공법 : 정방형의 콘크리트 틀 블록을 격자상으로 조립, 격자틀 안 콘크리트, 조약돌, 호박돌, 떼 채우기도 한다.
- 콘크리트 블록 공법 : 비탈면 경사 1 : 0.5 이상인 급경사면, 안정성은 높으나 자연경관과 이질감이 있는 단점이 있다.
- 기타 : 벽돌쌓기 공법, 옹벽 공법

[TIP] 비탈면 녹화 : 비탈면의 토질과 환경 조건에 적응하여 생존할 수 있는 식물로 척박한 환경에서도 잘 사는 수종을 선택해야 한다.
- 잣나무, 소나무, 단풍나무 등 교목은 1 : 3보다 완만할 것
- 진달래, 철쭉 등 관목류는 1 : 2보다 완만할 것
- 묘목은 1 : 2정도의 경사

4) 토공용 기계

굴착기계	파워셔블, 백호우, 불도저, 트랙터 셔블, 드래그라인, 리퍼 등
적재기계	무한궤도식 로더, 차륜식 로더, 소형 로더
굴착·적재기계	셔블계 굴착기
굴착·운반기계	불도저, 스크레이퍼 도저, 스크레이퍼, 트랙셔블
운반기계	덤프트럭, 크레인, 트럭크레인, 지게차, 체인블록
배토, 정지기계	모터그레이더
다짐기계	탬퍼, 진동 컴팩터, 진동롤러

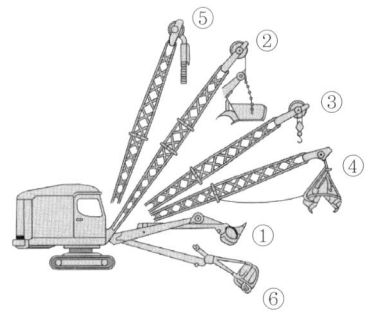

[셔블계 기계의 구조]
① 파워셔블 ② 드래그라인
③ 크레인 ④ 클램셸
⑤ 파일드라이브 ⑥ 백호우

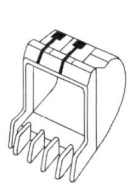 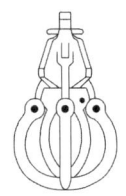 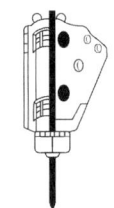 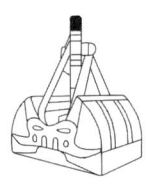

① 버킷 ② 멀티타인 ③ 브레이커 ④ 클램셸

① 버킷 : 흙의 굴착 및 적재 시 사용
② 멀티라인 : 쓰레기 등 적재 시 사용
③ 브레이커 : 암반 등을 깨는데 사용
④ 클램셸 : 조개 껍질처럼 양쪽으로 열리는 버킷을 흙을 집는 것처럼 굴착하는 기계
⑤ 파워셔블 : 높은 곳의 흙을 낮은 곳으로 깎아 내릴 때 사용
⑥ 타이어(차륜식) 로더 : 낮은 곳의 흙을 높은 곳을 적재 시 사용
⑦ 그레이더 : 운동장의 바닥 등을 평탄화 할 때 사용(모터그레이더 : 정지)
　※ 길이 2~3m, 너비 30~50cm 배토판으로 지면 긁어가며 작업
　배토판 상하좌우 조절, 각도 조절, 언덕 깎기, 눈치기, 도랑 파기 등 가능
⑧ 스크레이퍼 : 무른 땅의 흙을 파서 운반, 적재, 운반, 사토작업
⑨ 불도저 : 흙 모음
　※ 조경 공사 : 불도저, 백호우(굴삭기) 많이 쓰임
　※ 백호우(굴삭기, 드래그 쇼벨) : 지면보다 낮은 곳 굴착, 파는 힘 강력
　경질 지반도 적용, 기동성 좋음, 대형목 이식, 자연석 운반, 놓기, 쌓기
⑩ 드랙쇼벨(드래그라인) : 지면보다 낮은 면 굴착, 넓은 면적 가능하나 파는 힘 약함
　※ 예불기 : 풀 깎기 / 롤러 : 땅 다지기 / 체인블록 : 돌 운반 앉히기
　※ 와이어로프 : 돌쌓기용 암석 운반
　※ 트럭크레인 : 트럭에 크레인 설치, 이동하면서 중량물의 설치 가능

5) 토량의 변화

① 자연 상태의 흙을 파내면 공극이 증가되어 부피 증가, 자연 상태의 흙을 다지면 공극이 줄어 부피 감소

- 토량변화율 : 자연상태＝1 / 흐트러진 상태 L＝1.2 / 다져진 상태 C＝0.8

토질	부피증가율
모래	보통 15~20%
자갈	5~15%
진흙	20~45%
모래, 점토, 자갈, 혼합물	30%
암석 연암	25~60%
암석 경암	79~90%

토량의 증가율 L＝흐트러진 상태 토양(m^3) / 자연 상태 토양(m^3)
토량의 증가율 C＝다져진 상태 토양(m^3) / 자연 상태 토양(m^3)

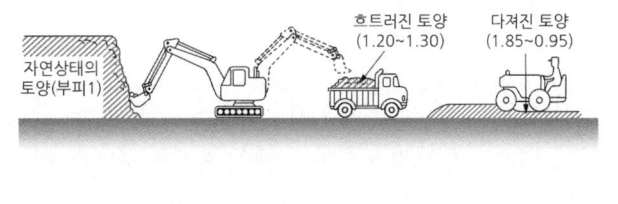

② 토량환산계수 적용 시
- $10m^3$의 자연 상태 토량에 대한 흐트러진 상태의 토량은 10×L(m^3)
- $10m^3$의 자연 상태 토량을 굴착한 후 흐트러진 다음 다짐 후의 토량은 10×C(m^3)
- $10m^3$의 성토에 필요한 원지반의 토량은 10×1/C(m^3)

토량변화율 L=1.2, 자연 상태의 흙 3㎥일 때 흙의 체적은?

정답 3.6㎥

 성토 4,500㎥를 축조하려 한다. 토취장의 토질은 점성토로 토량변화율은 L=1.20, C=0.90이다. 자연 상태의 토량을 어느 정도 굴착하여야 하는가?

정답 5,000㎥

 토공사에서 흐트러진 상태의 토량변화율이 1.1일 때 토공사에 터파기량이 10㎥, 되메우기량이 7㎥일 때 잔토처리량은?

정답 3.3㎥

6) 터파기, 되메우기, 잔토처리

① 터파기 : 절취 이상의 흙을 파내는 작업

    ㉠ 독립기초 터파기

$$V = \frac{h}{6}[(2a+a')b + (2a'+a)b']$$

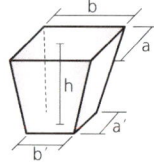

    ㉡ 줄기초 파기

$$V = \left(\frac{a+b}{2}\right)h \times (줄기초길이)$$

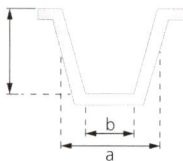

② 되메우기 : 파기 한 장소에 구조물을 설치한 후 파낸 흙을 다시 메우는 작업
    ㉠ 되메우기 토량=터파기 체적－기초 구조부 체적
    ㉡ 흙다지기를 할 필요성이 있는 경우
        되메우기 토량=(터파기 체적－기초구조부 체적)÷토량 변화율 C값

③ 잔토처리 : 터파기한 양의 일부 흙을 되메우기 하고 남은 잔여 토량을 버리는 작업
    ㉠ 일부 흙을 되메우고 잔토 처리 할 때
        잔토처리량=(터파기 체적－되메우기 체적)×토량변화율 L값

ⓒ 흙파기량을 전부 잔토 처리 할 때
　　잔토처리량 = 터파기 체적×토량 변화율 L값

7) 기초 공사

기초 : 기둥, 벽, 토대 및 동바리 등으로부터의 하중을 지반 또는 터다지기에 전하기 위해 두는 구조 부분 – 독립기초, 줄기초, 복합기초, 온통기초 등으로 구분

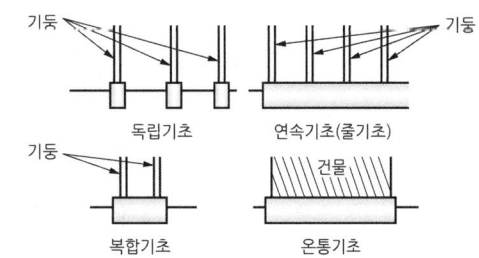

① 줄기초(연속기초) : 담장의 기초와 같이 길이로 길게 받치는 구조
② 독립기초 : 기둥 바로 밑에 설치된 가장 경제적인 기초, 부등침하 및 이동을 막기 위하여 기초보로 연결하는 구조
③ 온통기초 : 건축물의 전면 또는 광범위한 부분에 걸쳐서 기초 슬래브를 두는 경우의 기초

8) 안식각

안식각 : 휴식각, 휴지각 – 돌, 흙 등을 쌓았을 때 안정된 상태의 각도

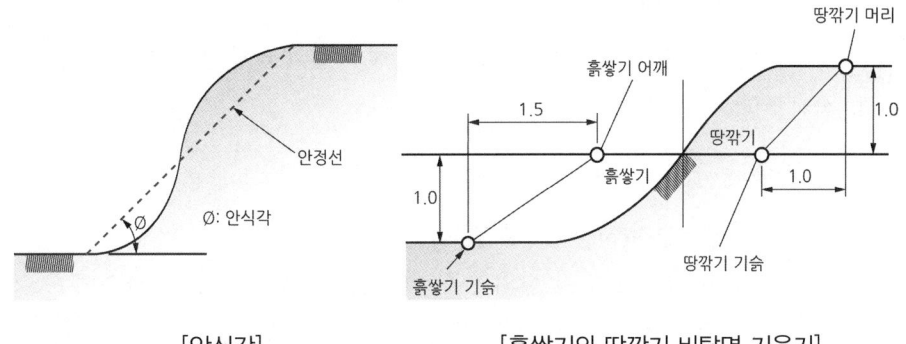

[안식각]　　　　　　[흙쌓기와 땅깎기 비탈면 기울기]

9) 토적 계산

(1) 세장한 모양의 토적 계산

값의 크기 : 양단면평균법 > 각주공식 > 중앙단면법
① 양단면 평균법
　양단면의 차가 클수록 실제의 체적보다 큰 값을 준다.

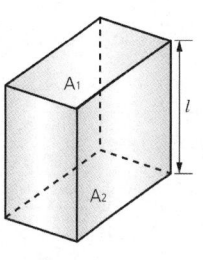

양단면평균법

$$V(체적) = \frac{l}{2}(A_1 + A_2)$$

A_1, A_2 : 양단면적 면적, l : 양단면 간의 거리

② 중앙단면법

$$V(체적) = A_m \cdot l$$

A_1, A_2 : 중앙단면, l : 양단면 간의 거리

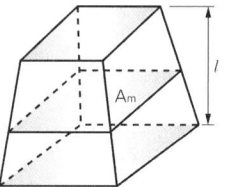

중앙평균법

③ 각주공식

양단면이 평행하고 측면이 평면일 때 사용

$$V(체적) = \frac{l}{6}(A_1 + 4A_m + A_2)$$

A_1, A_2 : 양단면적, A_m : 중앙단면, l : 양단면 간의 거리

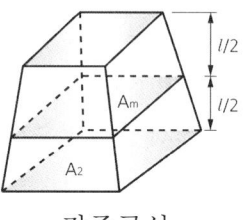

각주공식

(2) 점고법

넓은 지역의 매립, 땅고르기 등에 필요한 토공량 계산

① 구형분할(사각분할)

$$V(체적) = \frac{A}{4}(\sum h_1 + 2\sum h_2 + 3\sum h_3 + 4\sum h_4)$$

A : 수평단면적(사각형 1개 면적)

h_1, h_2, h_3, h_4 : 각 점의 수직고(꼭짓점이 면과 맞닿는 개수)

② 삼각분할

$$V(체적) = \frac{A}{3}(\sum h_1 + 2\sum h_2 + 3\sum h_3 + 8\sum h_8)$$

A : 수평단면적(사각형 1개 면적)

$h_1, h_2, \cdots h_7, h_8$: 각 점의 수직고(꼭짓점이 면과 맞닿는 개수)

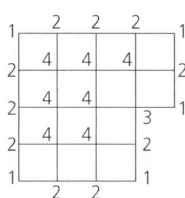
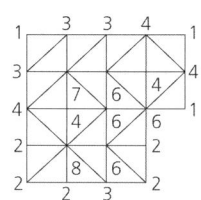

[구형분할] [삼각분할]

CHAPTER 03 조경시공

Q1 각주공식을 이용하여 토량을 구하면?

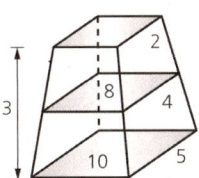

① 47.0m³   ② 95m³   ③ 110   ④ 282m³

정답 ②

Q2 다음의 터파기량은?(단, $V = h/6\{2a + a')b + (2a' + a)b'\}$)

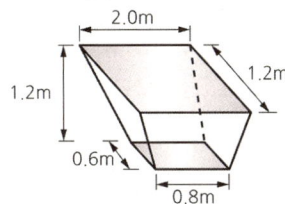

① 1.58m³   ② 15.8m³   ③ 1.56m³   ④ 15.6m³

정답 ①

Q3 다음과 같은 높이를 갖는 지형을 100m 높이로 정지작업을 할 때 절취해야 할 토량은?(단, 하나의 기본 구형은 5m×10m이다.)

100.4	100.6	100.3	100.3
100.5	100.5	100.4	100.4
100.3	100.4	100.3	100.2
100.3	100.6	100.5	

(단위 : m)

① 65m³   ② 98m³   ③ 126m³   ④ 165m³

정답 ④

Q4 평행하게 마주보는 두 면적이 각각 5.6㎡, 3.8㎡이고, 양단면간의 수평거리가 6m일 때 양단면 평균법에 의한 토적량은?

정답 28.2㎥

Q5 양단면 모양과 양단면의 거리가 오른쪽 그림과 같을 때, 양단면 평균법에 의해 토량을 산출한 값은?

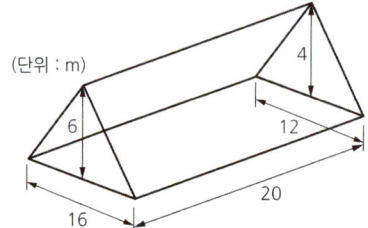

정답 720㎥

〈참고〉

식재 본수 계산 N=A/a×b(N : 식재할 묘목의 수 A : 조림지 면적 a : 묘목사이의 거리 b : 줄 사이의 거리)

Q1 1.5ha에 2m×2m의 간격으로 식재하려고 한다. 필요한 묘목 본수를 계산하시오.

정답 3,750(본)

Q2 200만㎡의 임지에 2m×2.5m의 간격으로 식재하려고 한다. 필요한 묘목 본수를 계산하시오.

정답 400,000(본)

Q3 밤나무를 5m×5m의 간격으로 3,600본을 식재하려고 한다. 소요되는 조림지 면적을 계산하시오.

정답 9(ha)

2 측량

지면상의 여러 점들의 위치를 결정하고 이를 수치나 도면으로 나타내거나 현지에서 측정하는 것

[TIP] 약측정 방법 : 목측, 시각법, 보측, 음측, 윤정계에 의한 방법 / 직접 거리 측정 방법 : 줄자측정

1) 오차의 원인

① 기계적 오차 : 기계의 조작 불완전, 조정 불완전, 부분적 수축 팽창, 성능 및 구조에 기인되어 일어나는 오차
② 개인적 오차 : 측량자의 시각 및 습성, 조작의 불량, 부주의, 과오, 그 밖에 감각의 불완전 등으로 일어나는 오차
③ 자연 오차 : 온도, 습도, 기압의 변화, 광선의 굴절, 바람 등의 자연 현상으로 인하여 일어나는 오차

2) 오차의 종류

과대오차	측정자 부주의에 의해 발생하는 오차이며 소거한다.
정오차 (누차, 누적오차)	오차의 발생 원인이 확실하고, 측정 횟수에 비례하여 일정한 크기와 방향으로 나타나 누차라고도 한다. 정오차는 계산하여 보정한다.
우연오차 (부정오차, 우차, 상차)	오차 발생 원인이 불분명하여 주의해도 없앨 수 없는 오차로 부정오차라 하며, 때로는 서로 상쇄되어 없어지기도 하므로 상차라 하고, 우연히 발생한다하여 우차라고도 한다.

3) 각종 측량방법

(1) 평판 측량

① 평판 측량 3요소

정준	수평 맞추기(평판이 수평이 되게 하는 것)
치심	중심 맞추기(측점과 평판 사이의 점이 일직선상에 위치)
표정(정위)	방향, 방위 맞추기, 평판을 고정시키는 작업(평판 측량의 오차 중 가장 큰 영향을 준다.)

② 평판 측량방법

방사법	장애물이 없을 때 한번에 세워 측량
전진법(도선법)	장애물이 많아 방법이 불가능할 때 / 정밀도가 높음
교회법(교선법)	광대한 지역에 2~3개의 미지점을 잡아 교선을 가지고 측정 / 작업이 신속

(2) 수준 측량(leveling)

① 여러 점의 표고 또는 고저차를 구하거나 목적하는 높이를 설정하는 측량, 기준점은 평균해수면

② 수준 측량에 사용되는 도구 : 레벨, 함척, 표척, 줄자, 야장(cf. 앨리데이드는 평판 측량에 이용)

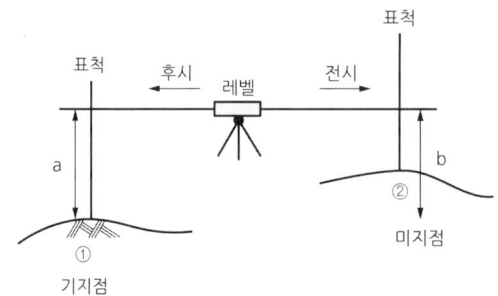

- 전시 : 구하고자 하는 점에 기계를 세워 읽은 값
- 후시 : 알고 있는 점에 표척을 세워 읽은 값
- 중간점 : 그 점의 표고를 구하고자 전시만 취한 점
- 전환점 : 기계를 옮기기 위한 점으로 전시와 후시를 동시에 취하는 점

[TIP] 용어 설명
- 기준면 : 높이의 기준이 되는 면이며, ±0m로 정한 면
- 수평면 : 어떤 한 면 위에 어느 점에서든지 수선을 내릴 때 그 방향이 지구의 중력방향을 향하는 면
- 지평면 : 어떤 한점에서 수평면에 접하는 평면

(3) 사진측량

① 영상을 이용하여 피사체의 정량적(위치, 형상), 정성적(특성)으로 해석하는 측량
② 항공사진의 축척

사진축척(M) : M = 1/m = l/L = f/H

(m : 축척의 분모 수, L : 지상거리, l : 화면거리, f : 초점거리, H : 촬영고도)

③ 항공사진측량은 영상을 이용하여 피사체의 정량적(위치, 형상), 정성적(특성)으로 해석하는 측량으로, 경비가 많이 든다.

 촬영고도가 2,000m이고 초점거리가 153mm인 사진기로 촬영한 항공사진 화면에서 3.8mm로 나타난 다리의 실제길이는 몇 m 인가?

정답 50m

 공중 촬영한 사진 1매의 크기가 25cm×30cm이다. 이때 축척이 1 : 5,000이면 사진 1매에 들어간 면적은?(ha로 계산 / 1ha = 10,000㎡)

정답 187ha

3 관수, 배수공사

1) 관수공사

공사 식물의 생장에 도움이 되도록 알맞은 양의 수분을 인위적으로 공급하는 시설 공사

(1) 관수방법

① 지표 관수법
  ㉠ 수로나 웅덩이를 설치하여 지표면에 흘러 보내거나 관수한다.
  ㉡ 균일 관수가 어려워 물의 낭비가 심하다.(용수 이용 효율 20~40%)
  ㉢ 현장의 상수관이나 물차에 호스 연결하여 관수하는 방법도 있다.
② 살수식 관수법(골프장에 주로 이용, 설치비 많이 듦, 용수 이용 효율 80%)
  ㉠ 자동식으로 고정된 스프링클러를 통해 자연강우효과(팝업 노즐 : 시각적으로 양호함)
  ㉡ 살수기 설계 시 고려사항
    • 관수량 조절 : 토양의 보수력, 살수 중의 수분 손실량, 잔디의 생육에 따른 증산량에 의해 좌우된다.
    • 살수기 배치 간격 : 정사각형, 정삼각형 배치가 일반적, 삼각형 배치가 가장 효율적 간격이 동일하면 일관된 강수율을 갖게 한다.

구분	배치 간격
무풍의 경우(약 3m/sec 이하)	살수직경의 60~65%
3~4m/sec	살수직경의 50%
4m/sec 이상	살수직경의 22~30%

분무살수기	고정된 동체와 분사공만으로 된 가장 간단한 살수기 비교적 다른 살수기 보다 저렴함
분무입상살수기	물이 흐를 때 동체가 입상관에 의해 분무공이 지표면 위로 올라오게 장치된 살수기 물이 흐르지 않으면 다시 지표면과 같은 높이
회전살수기	관개 지역에 살수하도록 회전하며 한 개 또는 여러 개의 분무공을 가짐 넓은 잔디지역에 사용함이 효과적
회전입상살수기	물이 흐르면 동체로부터 분무공이 올라와서 살수 대규모 살수 관개시설에서 가장 많이 사용

③ 점적식 관수법

  ㉠ 지정된 지역의 지표 또는 지하에 점적기의 구멍을 통해 낮은 압력수를 일정 비율로 관수
  ㉡ 물 이용 효율이 가장 높음, 용수 이용 효율 90%(교목과 관목의 관수에 주로 이용)

2) 배수 공사

(1) 배수계통

① 직각식(수직식) : 해안지역에서 하수를 강에 직각으로 연결시키는 방법
② 차집식 : 오수와 우수의 분리식, 비올 때 하천으로 방류하고, 맑은 날엔 오수를 직접 방류하지 않고 차집구로 하류에 위치한 하수처리장까지 유하시킴
③ 선형식 : 지형이 한 방향으로 규칙적인 경사지에 설치함
④ 방사식 : 지역이 광대하여 한 개소로 모으기 곤란할 때 사용되며, 최대 연장이 짧으며 소관경이므로 경비 절약, 처리장이 많다는 결점
⑤ 평행식 : 지형의 고저차가 있는 경우에 사용
⑥ 집중식 : 사방에서 한 지점으로 집중적으로 흐르게 해서 다음 지점으로 압송시킬 경우 사용

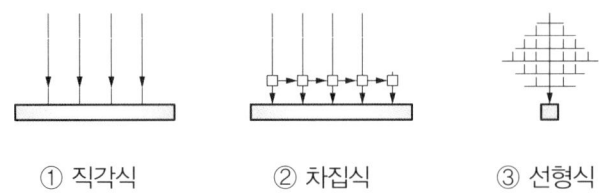

① 직각식 ② 차집식 ③ 선형식

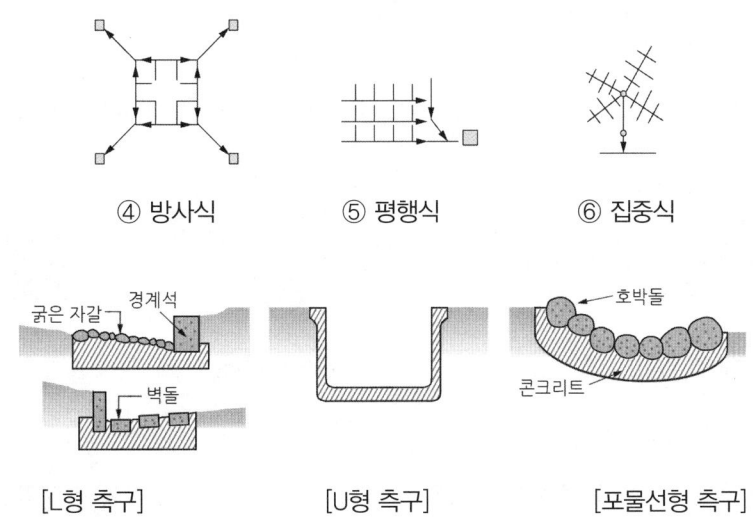

④ 방사식　　⑤ 평행식　　⑥ 집중식

[L형 측구]　　[U형 측구]　　[포물선형 측구]

(2) 배수 공사의 종류

① 표면 배수(명거배수)

　㉠ 배수구를 지표로 노출시킴, 지표수가 배수구나 측구로 유입

　㉡ 경사는 최소한 1 : 20~1 : 30(3~5%) 정도

　　• 측구 : 도로상의 물이나 인접부지 주변의 강수에 의한 물을 다른 배수처리 지점(집수구)으로 이동시키는 배수 도랑 (L형 측구, U형 측구, 포물선형 측구)

　　• 빗물받이 : 빗물 낙하, 지하 배수관으로 유입, 20~30m마다 설치

　　• 집수받이 : 겉도랑에서 흐르는 빗물을 지하 배수관으로 유입, 깊이 60cm 이상, 바닥에서 15cm 정도 지점 지하배수관과 연결

　　• 맨홀 : 큰 집수받이, 집수 외 통풍, 환기의 기능, 보통 원통형, 지름 90~180cm

② 지하 배수 (암거배수, 심토층 배수): 표면 배수 시설에 의해 이동시킨 물이 집수시설에 모아져 다시 지하 배수 시설에 의해 이동

　㉠ 속도랑 암거

　　• 벙어리 암거(맹암거 : 땅속 수로) 굵은 자갈 – 잔 자갈 – 굵은 모래 – 흙

　　• 유공관 암거(구멍이 있는 관) 굵은 자갈 및 유공관 – 잔 자갈 – 굵은 모래 – 흙

　　• 유공관 깊이 : 심근성 교목 1.3~1.8m / 천근성 교목 0.8~1.1m

　　• 유공관의 종단기울기 0.2~1.0%

[TIP] 배수관 : 동결 심도 아래쪽에 위치, 겨울철 동파 방지
　• 배수관 관의 지름이 작을수록 급경사로 설치

- 관에 소켓 있을 때 소켓이 관의 상류 향하게
- 관 내부는 매끄럽게 마감

[TIP] 하수도 시설기준에 따라 오수관거는 최소관경 200mm, 우수관거는 최소관경 250mm

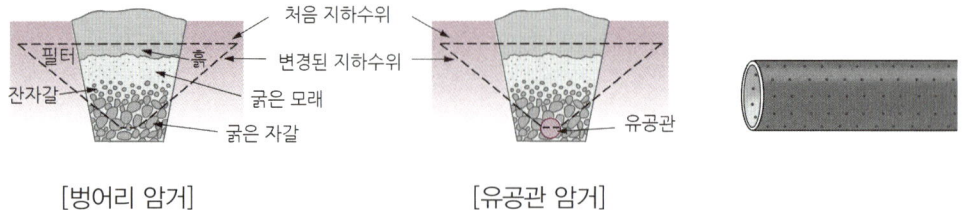

[벙어리 암거]   [유공관 암거]

■ 암거 배수망의 설치

- 어골형 : 주관을 중앙에 비스듬히 설치, 경기장, 평탄한 지역의 균일한 배수
- 자연형 : 전면 배수 요구되지 않는 지역, 지형의 등고선을 따라 주관과 지관을 설치하는 방법
- 절치형 : 비교적 좁은 면적의 전 지역 균일하게 배수할 때 이용
- 선형 : 주관, 지관의 구분 없이 관이 부채살 모양으로 1개의 지점으로 집중되게 설치

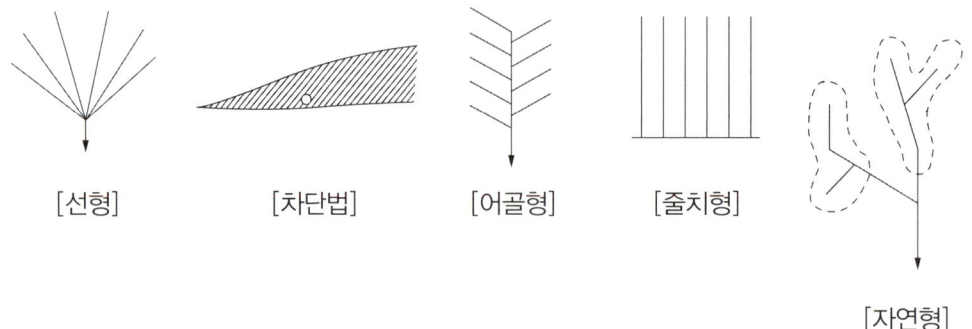

[선형]   [차단법]   [어골형]   [줄치형]

[자연형]

③ 비탈면 배수
  ㉠ 비탈면 어깨 배수구: 비탈면 인접지역에서 흘러 들어오는 것을 차단
  ㉡ 종배수구: 비탈면 자체에 내리는 강우를 흘러내리게 하는 것
  ㉢ 소단배수구: 비탈면 소단에 가로로 박아 종배수구에 연결하여 배수

4 콘크리트 공사

1) 콘크리트(재령 28일의 압축강도를 표준, 80%정도의 강도 생김)

① 시멘트 풀 : 물＋시멘트
② 모르타르 : 물＋시멘트＋모래

③ 콘크리트 : 물 + 시멘트 + 모래 + 자갈

부피율 철근 사용 시 1 : 2 : 4(시 : 모 : 자) / 철근 미사용 시 1 : 3 : 6

[TIP] • 부배합(↔빈배합) : 시멘트 양을 표준량보다 많이 넣는 것, 단위 시멘트량 300kg/m³이상(강도 저하됨)
- 콘크리트 장점 : 압축 강도가 큼(인장강도에 비해 10배 강), 내화, 내수, 내구성 재료 획득 운반 용이, 철근과의 부착력 좋음, 시공 유리, 유지비 저렴
- 콘크리트 단점 : 중량 큼, 인장강도 작음(인장강도 보강 위해 철근 배근), 수축에 의한 균열, 재시공 어려움
- 레미콘 제작 : 물 → 모래 → 시멘트 → 자갈 → 반죽 / 물은 시멘트의 40~70%
- 급결제(응결 강화 촉진제) : 물속 공사, 겨울철 공사 시 염화칼슘(시멘트 중량의 1% 첨가)
  - 문제점 : 균열, 부식

(1) 시멘트

수경성 재료, 콘크리트 속에서 접착제 역할, 보통 포틀랜드시멘트 사용

(2) 골재

잔골재(10mm체 모두 통과/모래), 굵은골재(No.4체에 거의 다 남음/자갈/지름 25~40mm)
① 표면건조 포화상태 : 골재의 표면에는 수분 거의 없으나 내부의 공극은 수분으로 가득차서 콘크리트 반죽 시 투입되는 물의 양이 골재에 의해 증감되지 않는 이상적인 골재의 상태
② 골재의 일반적 성질 : 견고, 밀도가 크고 강할 것, 둥근 모양, 입도가 균일한 것보다 크기가 다른 것이 좋음

골재의 입도가 크면 치밀하고 흡수량이 적고, 내구성이 큼

비중	비중 2.6 이상, 골재의 비중이 크면 치밀하고, 흡수량이 적고, 내구성이 크다, 단단하고 치밀
단위용적무게	잔골재는 1,450kg/m³, 굵은골재는 1,550~1,850kg/m³이다.
공극률	골재의 단위용적(m³)중의 공극을 백분율(%)로 나타낸 값 D : 진비중 W : 겉보기 단위용적중량(가비중) W_1 : 110℃로 건조하여 냉각시킨 중량 W_2 : 수중에서 충분히 흡수된 대로 수중에서 측정한 것 W_3 : 흡수된 시험편의 외부를 잘 닦아내고 측정한 것 $(1-\frac{W}{D}) \times 100$, 공극률=1-(단위용적중량/골재의 비중) × 100 예) 진비중이 2.6이고, 가비중이 1.2인 토양의 공극률은? 1-(1.2/2.6) × 100 = 약 53.8%
실적률	골재의 실제 공간이 차지하는 비율로 공극률+실적률=100%의 용적 실적률=100%-공극률

> 골재의 단위 용적 중의 실적 용적을 백분율로 나타낸 값
>
> 예) 단위용적중량이 1,700Kgf/m³, 비중이 2.6인 골재의 실적률은?
> ※ 실적률 = 단위용적중량/골재의 비중 × 100
> = 1.7t/m³/2.6 × 100 = 약 65.4%
>
> 예) 단위용적중량이 1.65 t/m³이고 굵은 골재 비중이 2.65일 때 이 골재의 실적률 (A)과 공극률(B)은?
> ※ 실적률 = 1.65/2.65 × 100 = 약 62.3%
> 공극률 = 100 - 62.3 = 약 37.7%

③ 경량 콘크리트에 사용되는 경량골재
- 천연경량골재 : 화산재, 경석, 용암 등
- 인공경량골재 : 팽창점토, 팽창혈암, 플라이애시
- 부산경량골재 : 석탄재, 팽창 슬래그 등

(3) 물

콘크리트는 물과 시멘트가 화학반응 일으켜 경화, 수분이 있는 동안 장기간에 걸쳐 강도 증가
물 – 결합재비는 원칙적으로 60% 이하

(4) 혼화재와 혼화제

① 혼화재 : 부피가 콘크리트 배합 계산에 관계함 / 천연시멘트, 포졸란, 플라이애시, 슬래그
  ㉠ 플라이애시 : 워커빌리티 개선, 단위수량 감소, 수화열 감소, 유동성 개선, 블리딩 현상 감소, 수밀성 향상
  - 비중은 보통 포틀랜드 시멘트보다 작음, 이산화규소(SiO_2)의 함유율이 가장 많은 비결정질 재료
  - 입자가 구형이고 표면조직이 매끄러워 단위수량을 감소시킨다.
  - 강알칼리성 수산화칼슘을 소비하게 만들어 중성화에 취약해져 중성화 속도를 빠르게 함
  ㉡ 실리카흄 : 시멘트 입자 사이에 실리카흄의 충진 효과에 의한 수밀성 향상 및 고강도화, 분산성 및 감수효과 향상, 알칼리 실리카 반응 억제 및 화학적 재료분리 저항성 향상
  ㉢ 포졸란 : 해수에 대한 화학적 저항성 및 수밀성 등 개선
  ㉣ 응결경화 촉진제 : 조기 강도가 필요한 콘크리트에 사용(염화칼슘)
  ㉤ 고로슬래그 : 수밀성 향상, 혼합 및 분산성 우수, 철근부식 억제 효과

[TIP] 고로 슬래그 시멘트콘크리트의 성질
- 수화발열속도의 저감 및 온도상승 억제 효과
- 장기강도의 향상
- 수밀성 향상
- 염화물 이온 침투 억제에 따른 철근 부식 억제 효과
- 화학저항성 향상
- 알칼리 실리카 반응 억제
- 블리딩이 작으며 유동성 우수
- 고강도 콘크리트 제조에 유효

② 혼화제 : 소량 재료 / 응결경화촉진제(수화열발생, 조기강도), AE제(공기연행제), 분산제(감수제), 지연제, 방수제

  ㉠ 지연제 : 수화반응 지연, 응결시간 늦추며 뜨거운 여름철, 장시간 시공 시, 운반 시간이 길 경우에 사용

  ㉡ 감수제 : 시멘트의 분말을 분산시켜 콘크리트의 워커빌리티를 얻기에 필요한 단위 수량을 감소시키는 것을 주목적으로 한 재료
  수밀성 향상, 투수성 감소, 필요한 단위 시멘트량 감소, 내약품성이 커짐

[TIP] AE 콘크리트
- AE제를 사용하여 콘크리트 속에 미세한 공기를 섞어 성질을 개선한 콘크리트
- 워커빌리티가 좋아지고, 동결 융해에 대한 저항성이 증가하며 압축강도와 철근과의 부착 강도가 감소
- 방수성이 뛰어나며 화학 작용에 대한 저항성이 크다.

[TIP] 공기량에 영향을 미치는 요인
- 결합제(시멘트) : 단위 시멘트량이 증가할수록 공기량은 감소함.
 플라이애시의 미연탄소분이 많을 경우 공기량은 감소함.
- 골재 : 골재의 형상이 편평할 때 공기량 감소함. 세립분이 증가함에 따라 공기량 증대함.
 잔골재율이 작아질수록 공기량은 감소함. 굵은골재 최대치수가 클수록 공기량은 감소함.
- 배합수 : pH가 낮을 때, 불순물이 많은 경우 공기량이 감소함.
- 비비기, 운반, 취급 : 슬럼프값이 현저히 작은 경우 공기량 감소함.
 혼합시간이 너무 짧거나 너무 길어지면 공기량이 감소함.
 콘크리트 온도 10℃ 증가에 공기량이 20~30% 감소함.

(5) 콘크리트 재료의 저장

 ① 잔골재 및 굵은 골재에 있어 종류와 입도가 다른 골재는 각각 구분하여 따로 따로 저장
 ② 시멘트가 경화를 완전히 정지하는 온도는 −10℃이나 실용적으로는 0℃ 이하면 강도는 증진이 없으며, 상온(25℃)보다 온도가 많이 높을 때는 강도가 감소
 ③ 혼화재는 방습적인 사일로 또는 창고 등에 품종별로 구분하여 저장하고 입하된 순서대로 사용

④ 혼화제는 먼지, 기타의 분순물이 혼입되지 않도록, 액상의 혼화제는 분리되거나 변질되거나 동결되지 않도록, 분말상의 혼화제는 습기를 흡수하거나 굳어지는 일이 없도록 저장

(6) 거푸집 소요 재료(거푸집 해체는 설치의 역순)

① 거푸집의 설치 : 기초 → 기둥 → 보받이 내력벽 → 큰보 → 작은보 → 바닥판 → 계단 → 외벽
  - 격리재(Separater) : 거푸집의 간격 일정하게 유지, 오그라드는 것 방지
  - 박리제(Form Oil) : 거푸집을 쉽게 제거하기 위해 표면에 바르는 물질, 비눗물, 폐유, 경유, 합성수지, 왁스
  - 긴장재, 긴결재(Form Tie) : 거푸집 형상 유지, 측압에 저항, 벌어지는 것 방지
  - 간격재, 굄재(Spacer) : 피복두께의 유지
  - Insert : 달대를 고정하기 위한 매입 철물, Wire Cliper : 철선 절단기구

② 거푸집 시공 시 주의 사항
  - 형상, 치수 정확, 처짐, 배부름, 뒤틀림 등의 변형 생기지 않게 할 것
  - 외력에 충분히 안전, 조립이나 제거 시 파손, 손상되지 않도록
  - 소요 자재 절약, 반복 사용 가능하도록
  - 거푸집널의 쪽매는 수밀하여 시멘트 풀이 새지 않도록 할 것
  - 경화 속도가 빠를수록 거푸집에 미치는 콘크리트의 측압이 작아짐

③ 거푸집에 작용하는 콘크리트 측압의 증가 요인
  - 측압 : 거푸집 내부 측면에 작용하는 압력, 즉 콘크리트가 거푸집을 밀어 내려는 압력
  - 거푸집 판은 콘크리트와 직접 접촉하여 구조물의 형태 유지와 표면을 조성하고, 콘크리트의 측압 등 하중을 최초로 전달받아 거푸집의 각 부재로 분산시키는 역할을 함
  - 콘크리트 측압 증가 요인 : 비중이 클수록, 타설 속도가 빠를수록, 타설 높이 높을수록, 슬럼프 값이 클수록, 다짐이 많을수록, 온도가 낮고 습도가 높을수록, 시공연도 좋을수록, 수평부재 < 수직부재

  [TIP] 콘크리트 크리프에 영향을 미치는 요인
  ① 클리프 : 콘크리트에 일정한 하중을 계속 가하면 하중 증가 없이 시간 경과에 따라 변형이 계속 증대되는 현상
  ② 클리프 증가 원인 : 하중 클수록, 강도 낮을수록(물 시멘트비가 클수록), 시멘트량과 단위수량 많을수록, 재령 짧을수록, 부재 단면치수 작을수록, 대기 습도 낮을수록, 온도 높을수록 커진다.

  [TIP]
  ① 레미콘 믹스 순서 : 물 → 시멘트 → 모래 → 자갈
     레미콘 규격 표시 : 굵은 골재 최대 치수 - 압축강도 - 슬럼프 순 예) 25 - 210 - 12

② 부배합(rich mix) : 표준 배합비보다 단위 시멘트 용량이 많은 것
③ 염화칼슘 : 추운 지방, 겨울철 양생(빨리 굳어지도록), 경화촉진재의 주성분
④ 한중 콘크리트는 4℃ 이하일 때 사용
⑤ 강도 : 시멘트가 경화하는 힘의 크기 / 콘크리트 강도 재령 28일(4주)의 압축강도 245kg/㎠를 표준 (조기강도 3일 or 7일)
⑥ 콘크리트 미끄럼대 설치 시 지면과의 각도는 35°

2) 굳지 않은 콘크리트 성질

① 컨시스턴시(cocsistency 유동성, 반죽질기) : 수량(水量)의 다소에 따른 반죽의 되고 진 정도를 나타낸다.
② 워커빌리티(workability 시공성) : 콘크리트 칠 때 적당한 유동성과 점성이 있어 시공 부분에 잘 채워지고 분리를 일으키지 않는 정도, 작업의 난이 정도, 재료 분리에 저항하는 정도, 콘크리트의 시공성을 나타낸다.
　　[TIP] 워커빌리티에 영향을 주는 요소 : 반죽질기, 골재 입도와 잔 골재율, 시멘트의 양, 혼화재료, 비비기 방법과 시간, 온도
③ 블리딩(bleeding) : 배합이 부적당한 경우 물이 분리되는 현상(피 흘린다는 의미), 곰보가 생긴다.(먼지와 함께 물이 위로 올라옴)
④ 레이턴스(laitance) : 블리딩에 의해 콘크리트 표면에서 침전하고 말라붙어 표피를 만든다.
⑤ 플라스티시티(plasticity 성형성) : 거푸집에 쉽게 다져넣을 수 있고 거푸집을 제거하면 천천히 형상이 변하지만 허물어지거나 재료가 분리되지 않는 성질이 있다.
⑥ 피니셔빌리티(finishability 마감성) : 골재의 최대 치수, 잔골재율, 잔골재의 입도, 반죽질기 등에 따라 마무리하는 난이 정도를 나타낸다.
　　cf. 반드시 워커빌리티와 일치하지는 않는다.

3) 슬럼프 시험

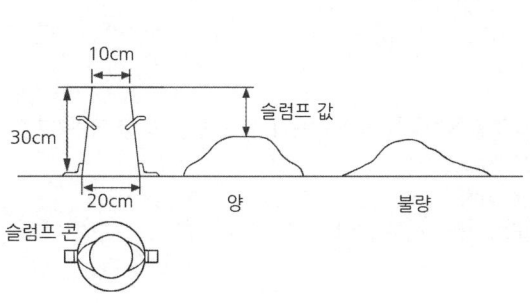
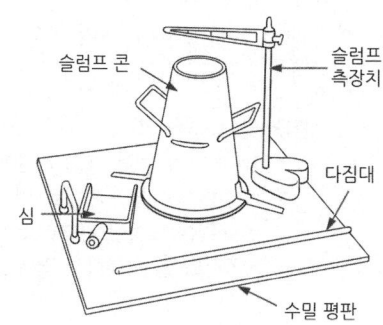

① 반죽질기를 측정하여 워커빌리티의 정도를 판정하기 위한 수단
② 슬럼프 콘에 콘크리트를 넣은 후 슬럼프 콘을 수직으로 올려 뺀 후 콘크리트가 내려앉은 높이 측정(cm)
③ 슬럼프 값이 작을수록 좋은 품질의 콘크리트
④ 시료 채취 → 비비기 → 콘에 채우기 → 다지기 → 상단 고르기 → 콘 벗기기 → 측정
⑤ 유동화제에 의한 유동화 콘크리트의 슬럼프 증가량 표준값 : 5~8cm

[TIP] 콘크리트 워커빌리티 측정방법
① 슬럼프 시험
② 흐름 시험(flow test) : 유동성을 측정하는 방법으로 콘크리트에 상하운동을 주어 흘러 퍼지는 데 따라 변형 저항 측정
③ Vee-Bee 시험(진동대식 시험) : 포장 콘크리트와 같은 된 반죽 콘크리트의 반죽질기를 측정하는 데 적합
④ 다짐계수 시험
⑤ 리몰딩 시험
⑥ 구 관입 시험(켈리볼 관입 시험) : 약 14kg(13.6kg) 구를 콘크리트 표면에 놓아 가라앉는 관입 깊이(값)를 측정
  슬럼프 값 = 관입값×1.5~2배
⑦ 이리바렌 시험

4) 콘크리트 배합의 표시

① 중량배합 - 각 재료를 무게(kg)로 표시(측정상 오차 거의 없음, 공장생산, 대규모 공사에 주로 사용)
  무게(중량)배합 : 콘크리트 1㎥ 안에 시멘트 387kg, 모래 660kg, 자갈 1,0404kg
② 용적배합 - 콘크리트 1㎥ 제작에 필요한 시멘트, 모래, 자갈을 부피로 계량 1 : 2 : 4, 1 : 3 : 6 등의 비율로 표시
  • 중량배합보다 정확하지 못하나 시공 상 간편하여 많이 사용됨
③ 시방배합 : 시방서나 책임기술자에 의해 지시된 배합
④ 현장배합 : 시방배합을 현장조건에 맞게 수정한 배합

[TIP] 물-시멘트 비
(W : 물의 중량 / C : 시멘트의 중량×100)→수화작용에 필요한 물의 양 32~37%
• 일반적인 물-시멘트 비 : 40~70%
• 수밀을 요하는 콘크리트 55% 이하
• 정밀도를 지정하지 않는 보통의 경우 70% 이하

5) 콘크리트 비비기와 치기

① 손 삽비비기 or 기계비비기(콘크리트 재료 1회분씩 혼합하는 배치 믹서 사용, 비비는 시간 1~2분)
② 비비기에서 치기까지 1시간 이내(신속), 1시간 넘으면 재료 분리, 슬럼프가 변하여 후에 균열 생길 수 있음
③ 붓는 순서 : 먼 곳 → 가까운 곳
④ 계획 구간 내에서는 연속 붓기하여 한번 완료
⑤ 곰보 생길 경우 물 넣지 않고 재비빔
⑥ 거푸집 안에 고루 넣어 평면이 되도록 함
⑦ 콘크리트 칠 때 온도 10~20℃
⑧ 얕은 곳에서 치기(1.5m 이상 높이에서 떨어뜨리는 것은 좋지 않음)

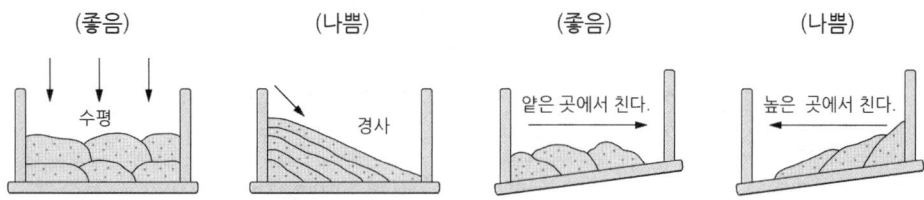

[콘크리트 치기 방법]

6) 콘크리트 다지기

① 목적: 곰보나 내부 공극 없애기
② 방법: 인력 또는 기계 사용
③ 진동시간 너무 길면 재료 분리되므로 한곳에 20~30초 정도 진동
④ 내부 진동기 사용 방법
  • 진동다지기를 할 때는 내부 진동기를 하층의 콘크리트 속으로 0.1m 정도 찔러 넣는다.
  • 내부 진동기는 연직으로 찔러 넣으며, 그 간격은 일반적으로 0.5m 이하로 한다.
  • 1개소당 진동시간은 다짐할 때 시멘트 페이스트가 표면 상부로 약간 부상할 때까지 한다.
  • 진동기의 형식, 크기 및 대수는 1회에 다짐하는 콘크리트의 전 용적을 충분히 다지는데 적합하도록 부재 단면의 두께 및 1시간당 최대 타설량, 굵은골재 최대치수, 배합, 특히 잔골재율, 콘크리트의 슬럼프 등을 고려하여 선정한다.
  • 얇은 벽 등 내부진동기 사용이 곤란한 장소에서는 거푸집 진동기를 사용한다.
  • 거푸집판에 접하는 콘크리트는 되도록 평탄한 표면이 얻어지도록 타설하고 다진다.

7) 콘크리트 양생(보양)

수화작용(응결,경화)이 충분히 계속되도록 보존하는 것

① 적절한 온도 : 20℃ 전후(15~30℃) 대체로 높을수록 수화 빨리 일어남
② 양생 : 수화작용, 수분, 온도 유지, 재령(양생기간) 7일 현저히~28일 충분, 길수록 좋은 콘크리트
③ 응결 : 수화 반응에 따라 응고되어 고형화 되는 것
- 보통 포틀랜드 시멘트(상온에서 1시간 이후 시작하여 10시간 이내 끝내기)

④ 경화 : 응결 후 강도가 증가되고 조직이 치밀해지는 과정
⑤ 양생방법
- 습윤양생
  - 보통 포틀랜드 시멘트, 최소 5일간 습윤상태 유지
  - 조강 포틀랜드 시멘트, 최소 3일간 유지(가마니 등으로 덮어 습윤상태 유지)
- 피막양생 : 표면에 반수막 생기는 피막 보양제, 넓은 지역
- 증기양생 : 단시일에 소요 강도 내기, 고온, 고압 증기로 양생, 추운 곳 시공 시, 한중콘크리트에 유리
- 전기양생 : 콘크리트에 저압 교류 통하게 하여 발생된 열로 양생
  - 재령 5일 될 때 까지 해수에 씻기지 않게
  - 일평균 기온 10℃일 때 보통 포틀 습윤양생 7일

	한중 콘크리트	서중 콘크리트
사용	평균기온 4℃ 이하	25℃ 초과
사용시멘트	조강 포틀랜드 시멘트 공기연행 콘크리트 사용	중용열 시멘트
혼화제	응결촉진제	응결지연제
양생	가열 보온 물-결합재비 60% 이하	cooling

8) 콘크리트 중성화

$$Ca(OH)_2 + CO_2 \rightarrow CaCO_3 + H_2O$$

알칼리성인 콘크리트가 수소이온이 늘어나며 산화과정을 통해 평형을 이루어 중성화 되는 과정

9) 철근 콘크리트 특성

① 철근 콘크리트는 거푸집을 만들고 철근을 배근한 후 콘크리트를 타설하여 굳힌 것이다.
② 콘크리트는 압축강도에 비해서 상대적으로 인장 강도가 약하기 때문에 철근으로 보강한다.
③ 무근 콘크리트에 비해 공사기간이 길며 내구성, 내화성이 좋다.

[TIP] 염분이 허용한도를 넘을 때 철근 콘크리트의 조치방안 – 아연도금 철근 사용, 방청제 사용, 살수 또는 침수법으로 염분 제거

10) 콘크리트 균열 방지법

① 단위 시멘트량을 감소
② 수화열이 낮은 시멘트를 선택
③ 콘크리트의 온도를 낮추어 사용
④ 1회 타설 높이를 줄이고 팽창제를 사용

[TIP] 콘크리트 비파괴검사 : 재료나 제품을 원형과 기능을 전혀 변화시키지 않고 내부 구조 및 상태 등을 알아내는 시험 – 철근 부식 유무, 콘크리트 부재의 크기, 콘크리트 강도 파악

5 석축 및 옹벽공사

1) 자연석 무너짐 쌓기

상석은 비교적 작고, 윗면을 평평하게 하고, 자연스럽게 높낮이가 있도록
① 기초될 밑돌은 땅 속에 1/2정도 깊이 묻히기(20~30cm)
② 하부 돌 > 상부 돌
③ 서로 맞닿는 면이 잘 맞물리는 돌로
④ 뒷부분은 굄돌과 뒤채움 돌
⑤ 돌틈 식재 : 돌과 돌 사이는 비옥한 양질의 흙을 채워 회양목, 철쭉 등의 관목류와 초화류
⑥ 보기 좋은 면이 앞면으로 오도록

2) 호박돌 쌓기 – 자연스러운 멋

① 호박돌은 안정성이 없으므로 찰쌓기 수법 사용
② 하루에 쌓는 높이는 보통 1.2m 이하
③ 십자(+) 줄눈, 연속줄눈, 통줄눈 생기지 않도록 어긋나게 놓기

[허튼층쌓기]

3) 마름돌 쌓기

① 찰쌓기 : 줄눈에 모르타르, 뒤채움에 콘크리트 사용
- 뒷면의 배수를 위해 2㎡ 마다 지름 3~6cm 배수관 설치
- 배수 불량할 경우 토압 증대되어 붕괴 우려
- 전면 기울기 1 : 0.2 이상
- **예** 배수구 PVC관 3㎡당 몇 개? 1개

② 메쌓기 : 모르타르, 콘크리트 사용 않고 쌓는 법
- 배수는 잘되나 견고하지 못해 높이에 제한
- 전면 기울기 1 : 0.3 이상

③ 골쌓기 : 파상줄눈, 하천공사 등에 견치석을 쌓을 때 이용
시간이 흐를수록 견고해지며, 일부분이 무너져도 전체에 파급되지 않음

④ 켜쌓기 : 수평줄눈, 골쌓기보다 약해 높이 쌓기는 곤란
돌의 크기가 균일하고 시각적으로 좋아 조경공간에 쓰임

[TIP] 돌 쌓는 방법
- 모르타르 배합비 / 보통(시멘트 : 모래) 1 : 2~1 : 3(중요1 : 1), 줄눈의 폭은 9~12mm 정도
- 하루에 1.5m(20줄 정도) 이하로 쌓는데, 보통은 1.2m 정도가 좋다(17줄 정도)

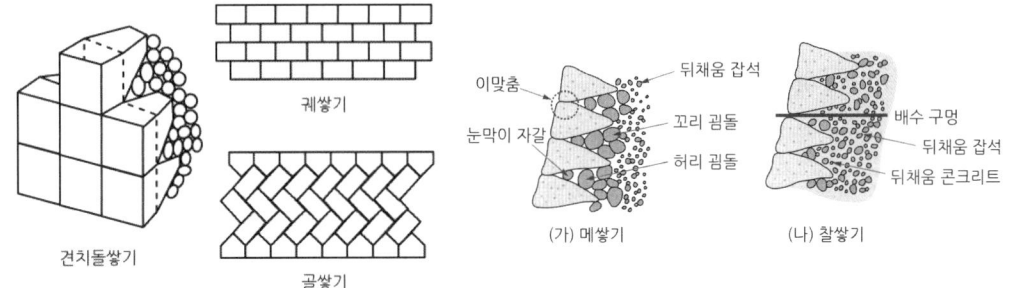

[TIP] 조경석 가로쌓기
- 상하, 좌우의 석재는 크기, 면 모양새가 서로 잘 어울리고 돌 틈이 크게 나지 않게 하며 잔돌을 끼우는 일이 적도로 가로로 길게 놓아 쌓는다.
- 설계도면 및 공사시방서에 명시가 없을 경우 높이 1.5m 이하일 때에는 메쌓기를 하고, 1.5m 이상인 경우와 상시 침수되는 연못, 호수 등은 찰쌓기로 한다.

[TIP] 허튼층쌓기 : 불규칙한 돌을 사용하여 가로, 세로 줄눈이 일정하지 않게 흐트러쌓는 것

4) 경관석(자연석) 놓기

① 시각적 초점되거나 중요하게 강조하고 싶은 장소에 자연석 1개 또는 3, 5, 7 등의 홀수 개로 구성
② 경관석 짜임 : 경관석을 몇 개 어울려 놓는 것, 중심이 되는 큰 주석과 보조의 부석의 조화
③ 경관석 다 놓은 후 관목이나 초화류 식재(회양목, 철쭉) – 주변과 조화
④ 전체 체적 계산하여 단위 중량 곱해서 전체 중량(ton) 산출

5) 디딤돌 놓기

① 보행의 편의와 지피식물의 보호
② 한 면이 넓적하고 평편한 자연석, 납작하면서 가운데 약간 두둑하여 빗물이 고이지 않게
③ 크기 : 지름 30~40cm(25~30cm) / 갈라지는 곳이나 시작 끝 부분 크게 50~60cm / 두께 10~20cm 타원형
④ 배치 : 크고 작은 것을 섞어 직선보다는 어긋나게 배치
⑤ 돌 사이의 간격 : 빠른 동선 보폭과 비슷함(남 60~70cm, 여 45~60cm), 원로와 같은 느린 동선 (35~40cm)
⑥ 돌의 좁은 방향이 걸어가는 방향(넓은 쪽이 보행 방향에 직각으로)
⑦ 높이는 지표보다 1.5~5cm 높게 해줌(3~5cm 높게, 5cm 내외)
⑧ 디딤돌이 움직이지 않게 굄돌, 모르타르, 콘크리트로 안정해 줌

> [TIP] 징검돌 놓기 : 물 위 노출 높이는 10~15cm를 원칙으로 함
> [TIP] 목도채 : 두 사람 이상이 짝, 밧줄에 막대기를 꿰어 어깨에 메고 나르는 일
> 목도줄 지름 2~3cm 굵기, 밧줄 6m, 보조용 밧줄 2~3m / 길이1.5m, 폭 6~7cm, 두께 4~5cm

6) 옹벽

중력식 옹벽	켄틸레버식 옹벽	부벽식 옹벽
• 상단이 좁고 하단이 넓은 형태 • 자중으로 토압에 저항하도록 설계 • 3m 내외의 낮은 옹벽 • 무근 콘크리트로 사용	• 5m 내외의 높지 않은 경우에 사용 • 철근 콘크리트 사용 • T자형, L자형 옹벽	• 안전성 중시 • 6m 이상의 높은 흙막이 벽에 사용

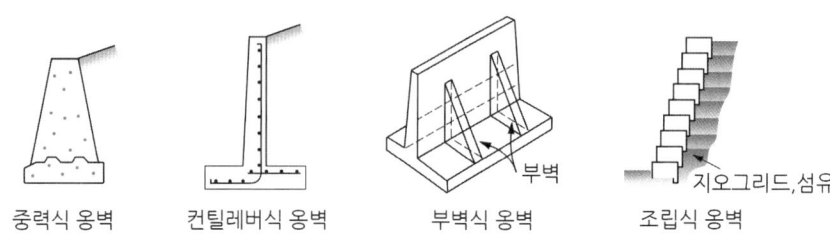

[옹벽의 종류]

7) 벽돌쌓기

(1) 벽돌쌓기 방법

① 벽돌은 정확한 규격, 잘 구워진 것이어야 한다.
② 벽돌 쌓기 전 흙, 먼지 등 제거, 10분 이상 물에 담가 놓아 모르타르가 잘 붙도록 한다.
③ 모르타르는 정확한 배합이어야 하고, 비벼 놓은 지 1시간 지난 모르타르는 사용하지 않는다.
④ 벽돌쌓기는 각 층은 압력에 직각으로 되게 하고, 압력 방향의 줄눈은 반드시 어긋나게 한다.(통줄눈 되지 않게)
⑤ 특별한 경우 이외는 네델란드식, 영국식 쌓기로 한다.
⑥ <u>하루 벽돌 쌓는 높이는 적정 1.2m 이하(최대 1.5m)</u>, 모르타르가 굳기 전 압력 가하지 않고, 1시간 경과 후 다시 쌓기
⑦ 벽돌 일 끝나면 치장 벽면에는 치장 줄눈 파기(민줄눈, 둥근줄눈, 빗줄눈, 오목줄눈)
⑧ 벽돌쌓기가 끝나면 물을 뿌려서 양생하고 일광직사를 피함
⑨ 벽돌 줄눈은 보통 1 : 3(시 : 모), 중요한 곳 1 : 2, 치장줄눈 1 : 1 또는 1 : 2

(2) 벽돌 형상에 따른 명칭

온장	반장	반절	반반절	칠오토막	이오토막

(3) 벽돌 쌓는 두께

① 0.5B(반 장 쌓기) : 90mm
② 1.0B(한 장 쌓기) : 190mm

③ 1.5B(한 장 반 쌓기) : 290mm
④ 2.0B(두 장 쌓기) : 390mm

Q1 표준형(190×90×57mm) 벽돌 사용, 줄눈 10mm, 한 장반 쌓기(1.5B)할 때 두께는?

정답 190 + 90 + 10 = 290mm

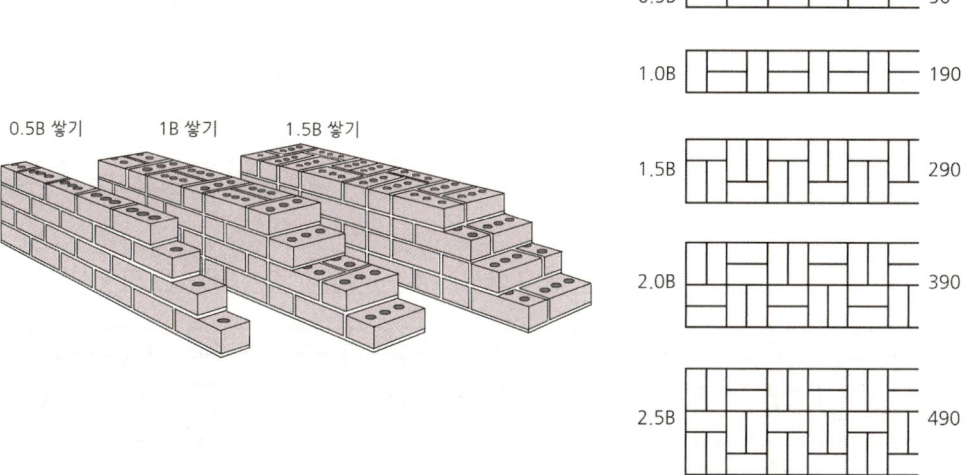

(4) 벽돌의 매수(1㎡당)

	0.5B	1.0B	1.5B	2.0B
기존형(210×100×60mm)	65	130	195	260
표준형(190×90×57mm)	75	149	224	298

(5) 벽돌 쌓는 방법(붉은벽돌 할증률 3%, 시멘트벽돌 할증률 5%)

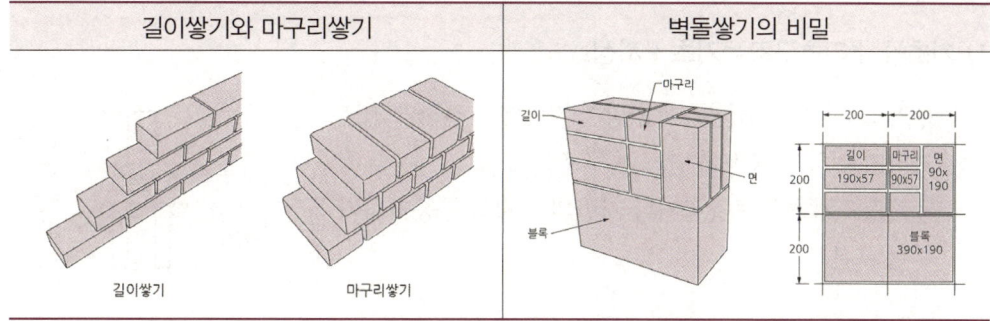

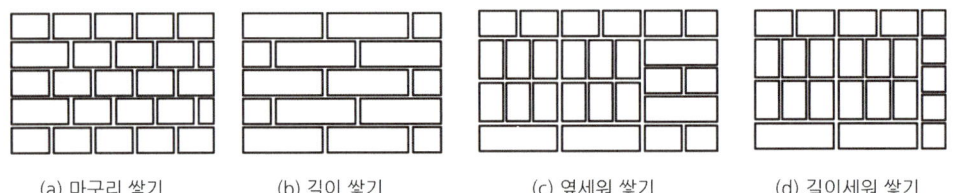

| 영국식 쌓기 | 네덜란드식 쌓기 | 프랑스식 쌓기 | 미국식 쌓기 |

① 영국식 쌓기 : 길이쌓기켜와 마구리쌓기켜를 반복해서 쌓는 방법, 가장 견고한 방법, 모서리 끝에 이오토막
② 네덜란드식 쌓기 : 영국식 쌓기와 같으나 시공이 편리하고 쌓을 때 모서리 끝에 칠오토막 써서 안정감(우리나라)
③ 프랑스식 쌓기 : 켜마다 길이와 마구리가 번갈아 나오는 방법, 영국식보다 아름다우나 견고성은 떨어짐
④ 미국식 쌓기 : 5켜까지 길이쌓기 그 위 1켜는 마구리 쌓기(뒷면은 영국식)

(a) 마구리 쌓기   (b) 길이 쌓기   (c) 옆세워 쌓기   (d) 길이세워 쌓기

- 길이 쌓기 : 0.5B 두께의 간이 벽에 사용
- 마구리 쌓기 : 원형 굴뚝, 벽두께 1.0B 쌓기 이상 쌓기
- 옆세워 쌓기 : 마구리를 세워 쌓는 것
- 길이세워 쌓기 : 길이를 세워 쌓는 것

6 기초공사와 포장공사

1) 기초공사(기초구조 = 기초 + 지정)

① 기초 : 상부구조물 무게를 받아 지반에 안전하게 전달하기 위하여 땅속에 만드는 구조물
② 지정 : 기초를 보강하거나 지반의 지지력을 증가시키는 부분

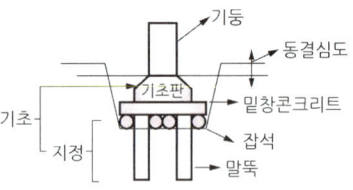

③ 기초의 종류

독립기초	각 기둥을 한 개씩 받치는 기초, 지반의 지지력이 강한 경우
복합기초	2개 이상의 기둥을 합쳐서 한 개의 기초로 받치는 것, 기둥 간격 좁은 경우
연속기초	줄기초, 담장의 기초와 같이 길게 띠 모양으로 받치는 기초
온통기초	전면기초, 구조물 바닥을 전면적으로 한 개의 기초로 받치는 것, 지반 지지력 약한 경우

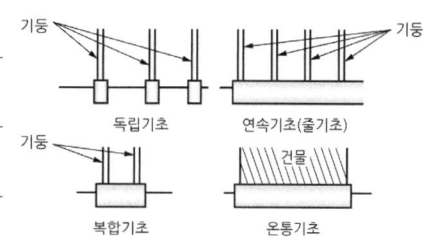

2) 포장공사

- 단순, 명쾌할 것, 다른 원로와 분리, 재료를 달리할 것, 외관 및 질감의 미적인 고려가 있을 것, 시공이 용이할 것. 자연 배수가 용이할 것, 보행 시 마찰력이 있어서 미끄러짐을 줄일 것, 표면 청소가 간단, 태양광선의 반사가 적을 것
- 원로의 폭 : 보도 1인용 0.7~0.9m 2인용 1.2m / 보도 차도 겸용 최소 1차선(3m) 폭은 유지

(1) 보도블록 포장(유색, 무색 등) : 시멘트 콘크리트 포장보다 질감 우수, 시공용이

① 장점 : 블록 표면 패턴 문양에 색채 넣어 시각적 효과 증진, 공사비가 저렴하다.

② 단점 : 줄눈이 모래로 채워져 결합력 약함, 콘크리트로 기층을 강화하고 그 위에 설치한다.

③ 시공 방법 : 기존 지반을 다지고 모래 4cm로 깔아서 포장
- 포장면은 경사를 주어 배수 고려
- 줄눈 2~5mm 가는 모래 살포
- 진동기로 다져서 요철이 없도록 마무리

(2) 소형 고압블록 포장(ILP)

① 재료의 다양성, 시공과 보수가 쉬움, 공사비·유지관리비 저렴, 연약 지반 시공용이

② 고압으로 성형된 소형 콘크리트 블록, 블록 상호가 맞물림으로 교통 하중을 분산시키는 우수한 포장 방법

③ 보도용 6cm, 차도용 8cm / 원로의 종단기울기는 5~6% 이하(최대 15% 넘지 않도록 한다.)

④ 시공 순서 : 경계 블록 터파기 – 경계 블록을 설치한 후 줄눈 넣기 – 원지반 다짐 – 모래깔기 – 블록깔기 – 블록 마감처리 – 진동기 다짐(콤팩터) – 모래 채우기

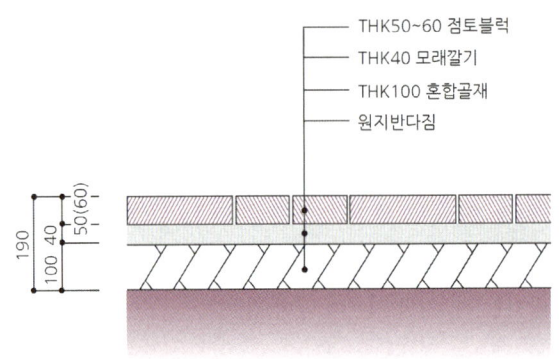

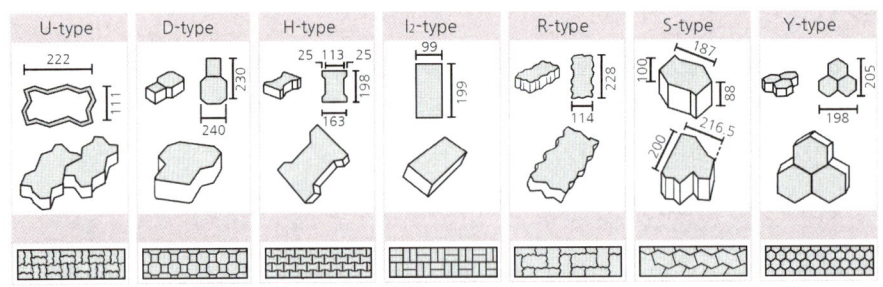

(3) 벽돌 포장 : 표준형(190×90×57mm) 기존형(210×100×60mm)

① 시공방법은 보도블록포장과 동일
② 장점 : 질감과 색상의 친근함, 보행감 좋음, 광선 반사가 심하지 않음
③ 단점 : 마모, 탈색되기 쉬우며 압축강도 약함, 벽돌 사이의 결합력이 약함
④ 보도용 : 두께 6mm, 차도용 : 두께 8cm

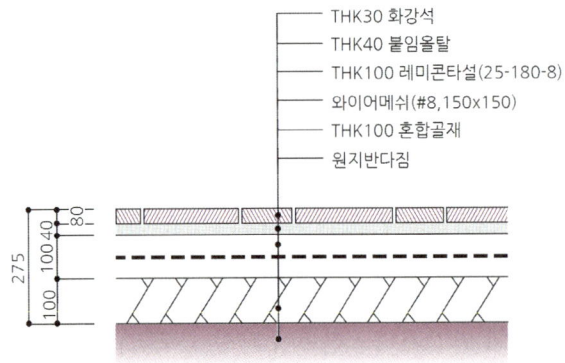

(4) 판석 포장

① 주로 보행동선 사용, 석재 가공법에 따라 다양한 질감, 포장 패턴의 구성이 용이

② 장점 : 시각적 효과가 우수한 포장
③ 단점 : 불투수성 재료를 사용하여 포장면의 유출량이 많아지므로 배수에 유의
④ 재료 : 점판암(천연 슬레이트), 화강석 등
⑤ 판석 고정 : 기층 잡석 다짐 후 콘크리트 – 모르타르로 고정시키는 것이 원칙(판석이 횡력에 약하기 때문)
⑥ 가장자리 화강암 경계석 설치(1 : 3 : 6 기초콘크리트) / 물매 고려, 시 : 모 = 1 : 3 반죽하여 판석 밑을 채우며 포장
⑦ 배치 : 큰 것 먼저, 사이에 작은 것, +자형 보다는 Y자형이 시각적으로 좋음, 고무망치로 두드려 뒷면이 채워지게 함
⑧ 판석 줄눈의 폭 : 보통 10~20mm, 깊이 5~10mm 정도

[TIP] 석재판(板石) 붙이기 시공법
- 습식 공법 : 모르타르를 벽면에 바르고 그 위에 돌을 붙이는 방법
- 건식 공법 : 돌을 붙일 때 물을 사용하지 않고 고정하는 방법
- GPC 공법 : 석재 뒷면에 철물을 고정시킨 후 콘크리트 타설하는 방법

(5) 콘크리트 포장

① 장점 : 내구성과 내마모성이 좋음
② 단점 : 파손된 곳의 보수가 어렵고, 보행감이 좋지 않음
③ 시공방법
  ㉠ 두께 10mm 이상, 철근이나 와이어메시로 보강
    - 물시멘트비 50% 이내, 골재 최대 치수 40mm 이하
  ㉡ 콘크리트 치기는 4℃ 이하, 30℃ 이상일 때, 우천 시는 피하기
    - 신축, 수축 줄눈 설치 / 30분 이상 작업지연 시공줄눈
  ㉢ 철근의 피복 두께 유지 목적 : 부착성, 내화성, 내근성, 내구성, 방청성, 유동성 유지, 구조 내력 확보
④ 포장 시 주의사항
  ㉠ 하중을 받는 곳은 철근, 덜 받는 곳은 와이어메시를 사용
  ㉡ 신축줄눈(이음)을 설치하여 포장 슬래브의 균열과 파괴를 예방
    채움재 : 나무 판재, 합성수지, 역청
  ㉢ 수축줄눈(포장 슬래브면을 일정 간격으로 잘라놓음)을 만들어 온도 변화로 표면에 불규칙하게 생기는 균열을 방지
  ㉣ 포장 마감은 흙손이나 빗자루로 표면을 긁어 미끄러운 표면에 요철을 주거나 광선의 반사를 방지

ⓜ 보조 기층을 튼튼히 해서 부동침하 방지

[TIP] 줄눈의 종류
- 신축줄눈 : 슬래브가 팽창과 수축에 견딜 수 있게 하기 위해서 타설부터 분리해서 만드는 줄눈
- 수축줄눈 : 연속 타설한 후 커팅에 의해 매스를 분리하여 크랙 유도하는 줄눈
  수축으로 표면 교열을 방지하기 위해 굳기 전에 표면을 일정간격으로 갈라놓은 것(지하주차장의 saw cutting)
- 시공줄눈 : 경화된 콘크리트에 새로운 콘크리트를 이어붓기함으로써 발생되는 줄눈(30분 이상 지연 시)

[TIP] 콜드 조인트
앞서 타설한 층의 콘크리트가 경화하기 시작한 후, 다음 층이 계속 타설됨으로써 생기는 불연속적인 접합면이다. 대량의 콘크리트를 타설할 때 운반 시간이 너무 걸려서 생기는 작업 중단이나 타설순서가 적절하지 않은 이유로 발생한다.

⑤ 포장 순서
ⓖ 포장 구역 측량, 말뚝 박아 각 포장 재료 높이를 표시 / 필요 깊이로 파고 원지반 다짐 후 잡석 넣고 다짐
ⓛ 거푸집 설치, 신축 줄눈판을 모르타르로 고정 6m 간격으로 설치
ⓒ 바닥 표면으로부터 콘크리트 두께의 1/3 되는 곳에 용접 철망 설치
ⓔ 30분 이내 콘크리트 치기 / 다짐기구로 다짐 후 나무밀대로 표면 정리, 30분 이내 거친 면 마무리
ⓜ 콘크리트 노출면 양생재료로 덮고, 최소 5일간 물 뿌려주며 양생

[TIP] 카프 : 흙에 시멘트와 다목적 토양재량제를 섞어 기층과 표층을 겸하는 간이포장 재료
- 토양경화제를 사용하여 현장의 흙에 상호 응결을 높여 다니고 굳혀서 내구성이 풍부한 표층을 만드는 기술

(6) 아스팔트 포장

돌가루와 아스팔트를 섞어 가열한 것을 식기 전에 다져 놓은 자갈층 위에 고르게 깔아 롤러로 다져 끝맺음한 포장

① 특징
ⓖ 투수성이 낮아 건축이나 토목 공사 시 방수재로 사용
ⓛ 점착성이 크고 부착성이 좋아 결합재, 접착재로 사용

② 아스팔트의 침입도 : 아스팔트 양부 판별에 중요한 경도 시험임
ⓖ 아스팔트의 컨시스턴스를 임의 관입저항으로 평가하는 방법
ⓛ 규정된 온도, 하중, 시간에 규정된 표준 침이 재료 속에 꿰뚫어 들어간 길이로 나타냄
ⓒ 침입도가 낮을수록 단단함

③ 아스팔트의 물리적 성질
　㉠ 신도 : 아스팔트의 늘어나는 정도, 연성을 나타내는 수치
　㉡ 감온성 : 아스팔트는 온도에 따른 콘시스턴시의 변화가 매우 크며 이 변화의 정도를 말함
　㉢ 무정형 물질 : 아스팔트는 명확한 녹는점을 나타내지 않는 무정형 물질
　㉣ 표면연화 : 아스팔트 양의 과잉이나 골재의 입도 불량일 때 발생

(7) 투수콘 포장

① 아스팔트 유제에 다공질 재료를 혼합하여 표면수의 통과를 가능하게 한 포장
② 보도나 광장 또는 자전거 도로, 하중을 많이 받지 않는 차도나 주차장
③ 장점 : 보행 감각 좋고 미끄러짐 눈부심 방지, 강우 때도 보행 불편 없음, 하수도 부담 경감, 식물 생육과 토양 미생물 보호
④ 단점 : 지하 매설물의 보수 및 교체 시 시공 어려움
⑤ 포장 시 주의사항
　㉠ 지반을 다지고 모래로 필터층을 만듦
　㉡ 지름 40mm 이하의 부순돌 골재로 기층 조성(공극률 높이고자 잔골재 거의 혼합하지 않음)
　㉢ 투수성 혼화재료를 깔고 다짐

(8) 석재타일 포장

① 화강석 질감이 나고 색상이 다양, 흡습성 없고 내구성과 내마모성 좋음
② 포장 구역 측량, 말뚝 박아 각 포장 재료의 높이 표시
③ 필요한 깊이로 터파기, 원지반 다짐, 잡석 넣고 다지기
④ 포장 구역에 거푸집 설치, 1 : 3 : 6 기초 콘크리트 두께 10cm 정도 치기
⑤ 석재 타일 붙이기 전 바닥면 청소, 고름 모르타르는 습윤 상태 유지(고름 모르타르 1 : 3, 붙임 모르타르 1 : 2)
⑥ 타일 붙이고 3~10시간 경과 후 줄눈파기, 24시간 경과 후 줄눈 바탕에 물 뿌리기, 줄눈용 시멘트로 치장줄눈
⑦ 노출면을 양생재료로 덮고 최소 3일간 양생

(9) 마사토 포장

자연스러운 느낌, 공원 산책로, 표토층 보존할 필요가 있는 지역의 포장

7 조경시설물 공사

<시설물의 종류>

구분	주요 시설물
유희시설	그네, 미끄럼틀, 시소, 모래터, 낚시터, 회전목마, 놀이용 전차, 야외 무도장, 정글짐 등
운동시설	축구장, 야구장, 배구장, 농구장, 테니스장, 육상 경기장, 궁도장, 철봉, 평행봉, 평균대, 족구장, 수영장, 사격장, 자전거 경기장, 수상 경기장, 롤러 스케이트장 등
경관시설	식재대, 잔디밭, 화단, 산울타리, 자연석, 조각물 등
수경시설	연못, 분수, 개울, 벽천, 인공폭포 등
휴양시설	휴게소, 벤치, 야외 탁자, 정자, 퍼걸러, 야영장, 덱 등
교양시설	식물원, 동물원, 온실, 축사, 수족관, 야외 음악당, 도서관, 기상 관측소, 기념비, 고분, 성터, 구가옥 등
편익시설	매점, 음식점, 간이 숙박시설, 주차장, 화장실, 시계탑, 음수대, 수세장, 집회 장소, 전망대, 자전거 주차대 등
관리시설	문, 차고, 창고, 게시판, 표지판, 조명시설, 쓰레기처리장, 볼라드, 휴지통, 수도 등
기반시설	도로, 보도, 광장, 옹벽, 석축, 비탈면, 배수시설, 관수시설 등

1) 놀이 및 운동시설

① 그네 : 놀이터의 중앙을 피하고, 가급적 부지의 외곽부분에 설치, 패인 자리 모래깔기, 북향 또는 동향으로 배치
  ㉠ 높이 2.3~2.6m(2인용), 길이 3.0~3.5m, 폭 4.5~5.0m
  ㉡ 지주 땅 속에 콘크리트 기초, 기초는 노출되지 않도록, 지주 각도 90~110°
  ㉢ 인지책 : 그네줄 길이의 1.5m 이상 떨어진 곳, 60cm 높이

② 미끄럼틀 : 북향(남향은 뜨거워짐), 스테인리스 접착 부위는 아르곤 가스 용접
  ㉠ 미끄럼판과 지면과의 각도 30~35°, 폭 40cm, 사다리(계단) 경사도 70°, 양쪽 손잡이 폭 50cm, 높이 15~20cm
  ㉡ 하강지점으로부터 130cm 정도의 활동 공간 확보

③ 모래터 : 둘레는 지표보다 15~20cm 가량 높이고, 모래 깊이는 30~40cm 정도로 유지
  ㉠ 양지에 설치하고(하루 4~5시간 정도 햇빛) 주기적으로 엎어줄 것
  ㉡ 밑바닥은 배수공을 설치하거나 잡석 묻어 빗물 빠지게 함

④ 시소 : 철재와 목재의 접착 부분은 방부제 도포, 좌판과 지면이 닿는 부분은 폐타이어 이용 충격완화

㉠ 복합(조합) 놀이시설 : 규격 다른 2~3개 미끄럼대, 흔들다리, 고정다리, 사다리, 줄타기, 놀이집 등 조합
㉡ 운동공간 : 4~10% 경사, 공원 전체 면적 중 운동시설이 차지하는 비율은 50%
㉢ 정구장 장축과 골프장의 페어웨이는 남북방향으로 설치, 야구장은 포수가 서남쪽을 향하게 배치

2) 휴게 및 편익시설

① 벤치 : 다리를 콘크리트로 만들었을 경우 최저 20cm 까지 묻어야 함
㉠ 앉음판의 높이 35~40cm, 너비 40cm
㉡ 앉음판과 등받이의 각도 105~110°

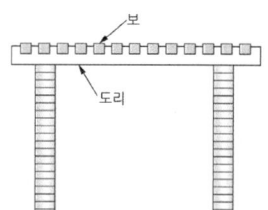

② 퍼걸러 : 높이 2.2~2.7m, 기둥 간격 1.8~2.7m,
㉠ 기둥~바깥으로 나가는 도리 길이 60cm, 보 간격 40~60cm, 도리~밖으로 나가는 보 길이 30cm 이상
㉡ 태양 광선을 차단, 그늘 제공 및 휴식, 콘크리트, 목재, 철재, 인조목 등을 사용
㉢ 특히 기둥은 벽돌쌓기나 마름돌쌓기로 하고, 콘크리트 위에 판석, 타일로 마감
㉣ 퍼걸러 천장 면은 등나무 등의 덩굴식물을 올리거나 그늘막을 덮기도 함

③ 휴지통 : 소형 다수배치, 벤치 2~4개소마다, 도로 20~60m 마다 1개씩, 휴지통 높이 60~80cm, 직경 50~60cm

④ 음수전 : 음수대의 받침 접시 경사 2%, 단시간에 완전 배수되도록, 수직 배수관은 겨울 동파의 위험이 있어 관리 어려움

3) 계단과 경사로

(1) 계단

일반적으로 15°가 넘는 경우 계단 설치 / 계단 경사 30~35° 정도가 적당

	H 발판높이(cm)	W 발판넓이(cm)
① 기울기 15° 이상 ② 2H+W=60~65cm(단 높이 높으면 답면 좁아야 함) ③ 높이 2m 이상이거나 중간에 방향이 꺾이면 계단참(120cm) 설치 　• 10~12계단 올라간 곳에 계단 2~3개의 폭으로 설치 ④ 통나무로 계단 만드는 경우 발판 넓이는 두 발자국	12	36 ~ 41
	15	30 ~ 35
	18	24 ~ 29

(2) 경사로

① 장애인 경사로의 경사율은 1/18(5.3%)이하, 최대 1/12(8.3%), 일반인 경사로의 경사율은 1/10(10%)

② 경사로 유효폭 1.2m 이상(1.2m 휠체어 1대 통과, 1.5m 휠체어 1대 + 보행자 1인, 2.0m 휠체어 2대)

③ 길이 30m 넘을 경우 30m 마다 1.5m 이상의 참 설치

4) 수경시설

신선함과 청량감, 온도감소 효과 시각적 아름다운 경관 요소

(1) 연못

수조의 너비는 분수 높이의 2배, 바람의 영향이 있는 곳은 분수 높이의 4배

① 방수 처리
- 수밀 콘크리트 후 방수처리
- 진흙다짐에 의한 방법
- 바닥 비닐 방수시트 깔고 점토 : 석회 : 시멘트를 7 : 2 : 1로 혼합 사용

② 호안부분 처리
- 자연형 연못 : 진흙다짐, 자연석 쌓기, 자갈 깔기, 인조목 말뚝 박기 등으로 처리
- 정형식 연못 : 마름돌, 판석, 벽돌, 타일, 페인트 등으로 치장 마감

[TIP] 사괴석 호안공
- 한국의 전통 연못은 사괴석을 이용하여 직선적인 호안을 조성
- 사괴석을 횡으로 연결하여 조성하는 방법과 다이아몬드 형식으로 엇물려가며 조성하는 두 가지 방법
- 석재가 풍부한 우리나라에서 가장 많이 사용되고 있는 방법

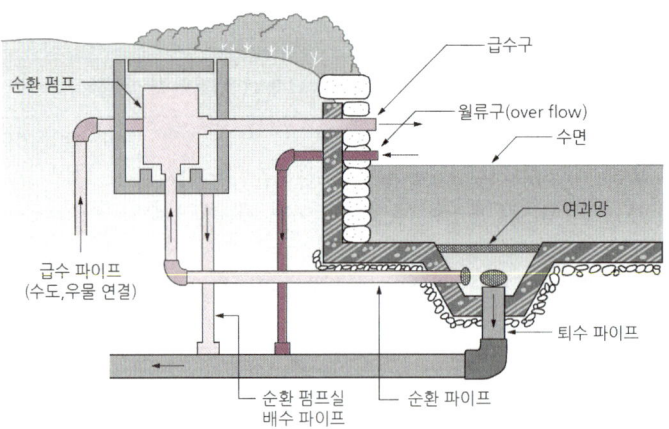

③ 공사지침
- 급수구 위치는 표면 수면보다 높게
- 월류구(overflow)는 수면과 같은 위치에 설치
- 퇴수구는 연못 바닥의 경사를 따라 배치 : 가장 낮은 곳
- 순환 펌프, 정수실 등은 노출되지 않게 관목 등으로 차폐
- 연못의 식재함 설치 : 어류 월동 보호소, 수초 식재

(2) 분수

종류 - 단일관 분수 / 분사식(spray) 분수 / 폭기식(공기＋물 교란되는 형태) 분수 / 모양 분수

(3) 벽천 (인공폭포) : 벽천 3요소 토수구, 수분, 벽체

① 물의 운동으로 모양, 소리를 즐김, 좁은 공간, 경사지나 벽면을 이용, 평지에 벽면을 만들어 설치, 수조, 순환 펌프 필요
② 근대 독일 구성식 조경에서 발달, 물을 떨어뜨려 모양과 소리를 즐길 수 있는 시설

(4) 도섭지

어린이들 물놀이를 위해 만든 얕은 물 놀이터

※ 동적인 수경 시설 : 폭포, 벽천, 캐스케이드, 분수 등
   정적인 수경 시설 : 연못, 호수, 풀 등

[TIP] 수경시설의 유지관리
- 물속 산소량을 많게 하기 위해 분수나 폭포 설치, 물이 유입되는 곳에 여과장치나 정화조 설치
- 급수구는 수면보다 높게, 월류구는 수면과 같게 입구에 이물질이 막히지 않게 항상 물이 조금씩 흐르게 유지
- 급수구와 배수구의 막힘 여부 확인, 겨울 전에 물을 빼고, 연못에 가라앉았던 이물질을 제거, 청소
- 녹스는 부분 정기적으로 녹막이 칠, 녹이 부식되어 녹물이 나오는 경우에는 교환
- 물새는 곳, 수중식물 및 어류의 상태 수시 점검

5) 기타 시설물

(1) 경계시설

볼라드 - 인도에 차가 못 들어오게 막은 것, 차도 경계부에서 2m 정도, 높이 30~70cm

(2) 트렐리스

격자 울타리, 덩굴식물 또는 작은 화분 걸기, 1.5m 높이의 격자 모양, 눈가림 구실, 정원 확장 효과

(3) 플랜터

폐타이어 화분 이용

(4) 테라스

거실이나 식당 등에서 직접 나갈 수도 있고 실내의 생활을 옥외로 연장할 수 있는 가족 단란의 장소로, 어린이들의 놀이터, 일광욕 등을 할 수 있는 장소로 활용

(5) 안내시설

① 높이 사람 눈높이와 같거나 약간 높은 130~160cm
② 가시성 : 황색 바탕에 검정 글씨, 백색 바탕에 청색 글씨, 적색 바탕에 백색 글씨

(6) 조명시설

① 조명의 조도(밝기) – 정원, 공원 0.5Lux 이상, 원로나 시설물 주변은 2.0Lux 이상
② 광원의 종류 : 열효율은 나트륨 등이 가장 높다.(가로등, 터널 등) 수명은 수은등이 가장 길다.
③ 수목과 잔디의 황록색을 살리는 데는 수은램프가 최적이다.

백열전구	화초나 단풍 드는 수목에 효과적, 컬러램프, 컬러필터 조합시켜 사용
할로겐전구	분수를 외곽에서 조명할 때 사용, 수명이 길고 소형으로 배광 효과적
형광등	소형 정원에 이용, 저렴하며 온도 낮은 장소에서는 램프 효율 저하
수은등	차가운 느낌, 수목과 잔디의 황록색을 살리는 데 가장 적합
나트륨등	따뜻한 오렌지색으로 물체의 투시성이 좋지만 설치비 많이 듦
메탈할라이드램프	식물재배용 전구, 화단 조명에 가장 좋음, 고효율이고 연색성 우수

종류	백열전구	할로겐전구	형광등	수은등	나트륨등
용량(W)	2~1,000	500~1,500	6~110	40~1,000	20~400
광색	적색	적색	백색	청백색	저압 : 등황/고압 : 황백
수명(h)	1,000~1,500	2,000~3,000	7,500	10,000	6,000
용도	좁은 장소, 강조조명	경기장, 광장 등 투광조명	옥내외 조명	천장 및 투과, 도로	도로 및 터널, 안개지역

[TIP] 고압나트륨등

발광색은 노란색으로 물체의 색을 구별하기 어렵지만, 미적 효과 연출이 용이하고 곤충이 모여들지 않는 방전등

CHAPTER 03 조경시공

조경시공의 기초

01 시공계획의 4대 목표를 구성하는 요소가 아닌 것은? [2010년1회]

① 원가   ② 안전
③ 관리   ④ 공정

해설 시공 계획의 4대 목표
품질 좋게, 원가 싸게, 공정 빠르게, 안전하게

02 시공관리의 3대 목적이 아닌 것은? [2015년1회]

① 원가관리   ② 노무관리
③ 공정관리   ④ 품질관리

해설 01번 해설 참조

03 시공관리의 주요 계획목표라고 볼 수 없는 것은? [2017년 2회]

① 우수한 품질
② 경제적 시공
③ 우수한 시각미
④ 공사기간의 단축

해설 01번 해설 참조

04 체계적인 품질관리를 추진하기 위한 데밍(Deming's Cycle)의 관리로 가장 적합한 것은? [2017년 3회]

① 계획(Plan) - 추진(Do) - 조치(Action) - 검토(Check)
② 계획(Plan) - 검토(Check) - 추진(Do) - 조치(Action)
③ 계획(Plan) - 조치(Action) - 검토(Check) - 추진(Do)
④ 계획(Plan) - 추진(Do) - 검토(Check) - 조치(Action)

해설 데밍(Deming's Cycle)의 관리 이론
1940년대 제품 품질 관리의 체계를 주장한 윌리엄 에드워즈 데밍의 이론으로 모든 품질 관리 사이클은 공정의 사전 계획(Plan) - 계획에 따른 실행, 추진(Do) - 지속적 관리, 검토(Check) - 계획과 실행의 차이를 조치(Action)하며 완성되고 이를 통해서 품질 향상과 실적 증가를 구현할 수 있다는 이론이다.

05 "공사 목적물을 완성하기까지 필요로 하는 여러 가지 작업의 순서와 단계를( )(이)라고 한다. 가장 효과적으로 공사 목적물을 만들 수 있으며 시간을 단축시키고 비용을 절감할 수 있는 방법을 정할 수 있다." 다음 ( )에 알맞은 것은? [2014년1회]

① 공종   ② 검토
③ 시공   ④ 공정

해설 공정은 공사 목적물을 완성하기까지 필요로 하는 여러 작업의 순서와 단계를 말하며, 공종은 공정 과정에서 분리된 각 작업 단위를 말한다.

06 공정관리기법 중 횡선식 공정표(bar chart)의 장점에 해당하는 것은? [2014년4회]

① 신뢰도가 높으며 전자계산기의 이용이 가능하다.
② 각 공정별의 착수 및 종료일이 명시되어 있어 판단이 용이하다
③ 바나나 모양의 곡선으로 작성하기 쉽다
④ 상호관계가 명확하며, 주 공정선의 일에는 현장인원의 중점배치가 가능하다.

정답 01. ③ 02. ② 03. ③ 04. ④ 05. ④ 06. ②

해설 횡선식 공정표

	횡선식공정표
표현	• 세로축에 공사명을 배열하고 가로축에 날짜를 표기하며, 공사명별 공사일수를 횡선의 길이로서 나타냄
특징	• 공정별 공사의 착수, 완료일이 명시되어 전체 공정 판단이 용이 • 공정표가 단순하여 경험이 적은 사람도 이해가 쉬움
용도	• 소규모 간단한 공사, 시급 공사

07 공사 일정 관리를 위한 횡선식 공정표와 비교한 네트워크(NET WORK) 공정표의 설명으로 옳지 않은 것은? [2012년5회]

① 일정의 변화를 탄력적으로 대처할 수 있다.
② 간단한 공사 및 시급한 공사, 개략적인 공정에 사용된다.
③ 공사 통제 기능이 좋다.
④ 문제점의 사전 예측이 용이하다.

해설 네트워크 공정표

	네트워크 공정표
표현	• 각 작업의 상호관계를 그물망(Net Work)로 표현 • 이벤트 ○, 액티비티 →, 더미 ⇢
특징	• 상호간의 작업관계가 명확 • 작업의 문제점 예측이 가능 • 최적비용으로 공기단축이 가능 • 공정표 작성에 숙련을 요함 • 종류 : PERT, CPM
용도	• 대형공사, 복잡하고 중요한 공사

08 공사의 설계 및 시공을 의뢰하는 사람을 뜻하는 용어는? [2015년5회]

① 설계자   ② 시공자
③ 발주자   ④ 감독자

해설 공사 관련 용어
• 발주자 : 공사의 설계, 감독, 관리, 시공을 의뢰하는 사람(시공주)
• 시공자 : 공사를 입찰 받아 공사를 완성하는 사람
• 감독관 : 발주자가 지정하며 공사진행을 감독하는 사람
• 설계자 : 발주자와 설계계약을 체결해 설계도서를 작성하고 충분한 계획과 자료를 수집, 넓은 지식과 경험을 바탕으로 시방서 작성과 공사내역서를 작성하는 자
• 감리자 : 공사가 설계서와 시방서대로 이루어지는지를 확인하는 사람
• 현장대리인 : 시공자를 대리해 현장에 상주하는 기술자

09 다음 중 공사 현장의 공사 및 기술관리, 기타 공사업무 시행에 관한 모든 사항을 처리하여야 할 사람은? [2012년1회]

① 공사 발주자   ② 공사 현장대리인
③ 공사 현장감독관 ④ 공사 현장감리원

해설 08번 해설 참조

10 다음 중 순공사원가에 속하지 않는 것은? [2015년1회]

① 재료비   ② 경비
③ 노무비   ④ 일반관리비

해설 순공사비 = 재료비 + 노무비 + 경비

11 다음 중 순공사원가에 해당되지 않는 것은? [2012년5회]

① 이윤   ② 재료비
③ 노무비 ④ 경비

해설 10번 해설 참조

12 다음 중 원가계산에 의한 공사비의 구성에서 『경비』에 해당하지 않는 항목은? [2015년5회]

① 안전관리비 ② 운반비
③ 가설비   ④ 노무비

정답 07. ② 08. ③ 09. ② 10. ④ 11. ① 12. ④

해설 순공사원가의 구성
- 재료비 : 직접재료비, 간접재료비
- 노무비 : 직접노무비, 간접노무비
- 경비 : 전력비, 운반비, 기계경비, 안전관리비, 특허권사용료, 외주가공비, 수도료, 광열비 등

13 공사원가에 의한 공사비 구성 중 안전관리비가 해당되는 것은? [2012년2회]
① 간접재료비   ② 간접노무비
③ 경비   ④ 일반관리비

해설 12번 해설 참조

14 직영공사의 특징 설명으로 옳지 않은 것은? [2012년1회]
① 시급한 준공을 필요로 할 때
② 공사내용이 단순하고 시공 과정이 용이할 때
③ 일반도급으로 단가를 정하기 곤란한 특수한 공사가 필요할 때
④ 풍부하고 저렴한 노동력, 재료의 보유 또는 구입 편의가 있을 때

해설 직영 공사

구분	직영방식
대상 업무	• 재빠른 대응이 필요한 업무 • 연속해서 행할 수 없는 업무 • 진척상황이 명확치 않고 검사하기 어려운 업무 • 금액이 적고 간편한 업무
장점	• 관리책임이나 책임소재가 명확 • 긴급한 대응이 가능 • 관리 실태를 정확히 파악, 관리 효율 향상 • 임기응변의 조치가 가능 • 양질의 서비스 제공 가능
단점	• 일상적인 업무는 타성화되기 쉬움 • 직원의 배치전환이 어려움 • 필요 이상의 인건비 지출

15 공사의 실시방식 중 공동 도급의 특징이 아닌 것은? [2012년2회]
① 여러 회사의 참여로 위험이 분산된다.
② 이해 충돌이 없고, 임기응변 처리가 가능하다.
③ 공사이행의 확실성이 보장된다.
④ 공사의 하자책임이 불분명하다.

해설 도급 공사

구분	도급방식
대상 업무	• 장기에 걸쳐 단순작업을 행하는 업무 • 전문지식, 기능 자격을 요하는 업무 • 규모가 크고 노력, 재료 등을 포함한 업무 • 관리주체가 보유한 설비로는 불가능한 업무
장점	• 규모가 큰 시설의 관리에 적합 • 전문가를 합리적으로 이용함 • 관리의 단순화 가능 • 관리비 저렴, 장기적으로 안정 • 전문적 지식, 기능, 자격에 의한 양질의 서비스를 기할 수 있음
단점	• 책임의 소재나 권한의 범위가 불명확함 • 전문업자를 충분하게 활용치 못할 수가 있음

16 도급공사는 공사실시 방식에 따른 분류와 공사비 지불방식에 따른 분류로 구분할 수 있다. 다음 중 공사 실시 방식에 따른 분류에 해당하는 것은? [2010년5회]
① 정액도급
② 실비청산보수가산도급
③ 단가도급
④ 분할도급

해설 도급 방법의 종류(공사실시방법에 따라)
- 일괄 도급 : 공사의 전부를 한 시공자에게 맡겨 공사를 시행하는 것
- 분할 도급 : 공종별로 세분화하여 각기 다른 시공자를 선정하여 시행하는 것
- 공동 도급 : 공동 출자 회사를 조직하여 한 회사의 입장에서 도급 및 시공을 하는 것
- 설계시공일괄 도급 : 설계, 시공, 시운전 등 발주자가 필요로 하는 모든 것을 조달하여 준공한 후에 인도하는 방식

정답 13. ③ 14. ① 15. ② 16. ④

17 단독도급과 비교하여 공동도급(joint venture) 방식의 특징으로 거리가 먼 것은?
[2011년1회]

① 2이상의 업자가 공동으로 도급함으로서 자금 부담이 경감된다.
② 대규모 공사를 단독으로 도급하는 것보다 적자 등의 위험 부담이 분담된다.
③ 공동도급에 구성된 상호간의 이해충돌이 없고 현장관리가 용이하다.
④ 각 구성원이 공사에 대하여 연대책임을 지므로 단독도급에 비해 발주자는 더 큰 안정성을 기대할 수 있다.

[해설] 공동 도급은 몇몇 회사가 공동으로 출자하는 형태이므로 회사 간의 이해 충돌이 생길 수 있다.

18 도급업자 입장에서 지급받을 수 있는 공사비 중 통상적으로 90% 까지 지불받을 수 있는 공사비의 명칭은? [2011년2회]

① 착공금(전도금)   ② 준공불(완공불)
③ 하자보증금   ④ 중간불(기성불)

19 도급받은 건설공사의 전부 또는 일부를 도급하기 위하여 수급인이 제 3자와 체결하는 계약을 무엇이라 하는가? [2011년5회]

① 하도급   ② 도급
③ 발주   ④ 재하도급

[해설] 하도급이란 수급인이 다시 제3자에게 도급을 주는 것을 말한다.

20 조경공사의 시공자 선정방법 중 일반 공개경쟁입찰 방식에 관한 설명으로 옳은 것은?
[2014년4회]

① 예정가격을 비공개로 하고 견적서를 제출하여 경쟁 입찰에 단독으로 참가하는 방식
② 계약의 목적, 성질 등에 따라 참가자의 자격을 제한하는 방식
③ 신문, 게시 등의 방법을 통하여 다수의 희망자가 경쟁에 참가하여 가장 유리한 조건을 제시한 자를 선정하는 방식
④ 공사 설계서와 시공도서를 작성하여 입찰서와 함께 제출하여 입찰하는 방식

[해설] 일반 경쟁 입찰
• 일정한 자격을 가준 도급 희망자를 공모하여 가장 유리한 조건을 제시한 사람을 낙찰자로 선정하는 방식
• 장점 : 저렴한 공사비, 모든 공사 수주 희망자에게 기회를 균등하게 제공함
• 단점 : 낙찰자의 신용, 기술, 경험을 신뢰할 수 없음

21 다음 입찰계약 순서 중 옳은 것은?
[2015년5회]

① 입찰공고 → 낙찰 → 계약 → 개찰 → 입찰 → 현장설명
② 입찰공고 → 현장설명 → 입찰 → 계약 → 낙찰 → 개찰
③ 입찰공고 → 현장설명 → 입찰 → 개찰 → 낙찰 → 계약
④ 입찰공고 → 계약 → 낙찰 → 개찰 → 입찰 → 현장설명

[해설] 계약 절차
발주 방법 결정 → 공고 → 입찰 → 낙찰자 결정 → 계약 체결 → 계약이행 → 검사 및 준공

22 다음 입찰의 순서로 옳은 것은? [2012년2회]

① 현장설명 → 개찰 → 입찰공고 → 입찰 → 낙찰 → 계약
② 입찰공고 → 입찰 → 낙찰 → 계약 → 현장설명 → 개찰
③ 입찰공고 → 현장설명 → 입찰 → 개찰 → 낙찰 → 계약
④ 입찰공고 → 입찰 → 개찰 → 낙찰 → 계약 → 현장설명

정답 17. ③ 18. ④ 19. ① 20. ③ 21. ③ 22. ③

해설 21번 해설 참조

23 다음 중 방위각 150°를 방위로 표시하면 어느 것인가? [2014년1회]

① N 30°E
② S 30°E
③ S 30°W
④ N 30°W

해설 **방위각**
북을 기준으로 어느 측선까지 시계 방향으로 잰 수평각임. 150°는 남쪽에서 동쪽방향으로 30° 이동한 값

24 설계도면에 표시하기 어려운 사항 및 공사수행에 관련된 제반 규정 및 요구사항 등을 구체적으로 글로 써서, 설계 내용의 전달을 명확히 하고 적정한 공사를 시행하기 위한 것은? [2010년2회]

① 현장설명서
② 계약서
③ 시방서
④ 적산서

해설 시방서란 공사 시행의 기초로 설계자가 설계도면에 표현하기 어려운 사항을 자세히 기술한 도서이다.

25 시방서의 기재사항이 아닌 것은? [2011년1회]

① 재료에 필요한 시험
② 재료의 종류 및 품질
③ 건물인도의 시기
④ 시공방법의 정도 및 완성에 관한 사항

해설 시방서에는 공사의 개요, 절차 및 순서, 시공 방법 및 주의사항, 재료의 선정 방법, 재료의 품질 시험 및 검사 등 시공에 필요한 사항을 기록한다.

26 다음 중 시방서에 포함되어야 할 내용으로 가장 부적합한 것은? [2014년4회]

① 재료의 종류 및 품질
② 시공방법의 정도
③ 재료 및 시공에 대한 검사
④ 계약서를 포함한 계약 내역서

해설 25번 해설 참조

27 표준시방서의 기재 사항으로 맞는 것은? [2015년4회]

① 공사량
② 입찰방법
③ 계약절차
④ 사용재료 종류

해설 **표준시방서**
- 시설물의 안전 및 공사 시행의 적정성과 품질 확보 등을 위하여 시설별로 정한 표준적인 시공 기준
- 시방서에 기재할 사항은 공사의 개요, 절차 및 순서, 시공 시 주의사항, 시공 조건, 규격, 허용 범위, 재료의 종류 및 품질, 재료에 필요한 시험, 시공 방법의 정도 및 완성에 관한 사항 등 시공에 필요한 사항을 기록한다.

28 조경현장에서 사고가 발생하였다고 할 때 응급조치를 잘못 취한 것은? [2013년5회]

① 기계의 작동이나 전원을 단절시켜 사고의 진행을 막는다.
② 현장에 관중이 모이거나 흥분이 고조되지 않도록 하여야 한다.
③ 사고 현장은 사고 조사가 끝날 때까지 그대로 보존하여 두어야한다.
④ 상해자가 발생시는 관계 조사관이 현장을 확인 보존 이후 전문의의 치료를 받게 한다.

해설 상해자가 발생하였을 경우에는 빠른 시간내에 전문의의 치료를 받게 해야 한다.

29 건설공사의 감리 구분에 해당하지 않는 것은? [2015년2회]

① 설계감리
② 시공감리
③ 입찰감리
④ 책임감리

해설 **건설공사의 감리 구분**
설계감리, 시공감리, 책임감리

정답 23. ② 24. ③ 25. ③ 26. ④ 27. ④ 28. ④ 29. ③

30 일반적인 공사 수량 산출 방법으로 가장 적합한 것은? [2015년1회]

① 중복이 되지 않게 세분화 한다.
② 수직방향에서 수평방향으로 한다.
③ 외부에서 내부로 한다.
④ 작은 곳에서 큰 곳으로 한다.

해설 **수량 산출 방법**
- 수량 산출 순서는 중복이 되지 않도록 세분화
- 수평 방향에서 수직 방향으로
- 시공 순서대로
- 내부에서 외부로
- 큰 곳에서 작은 곳 순으로

31 인간이나 기계가 공사 목적물을 만들기 위하여 단위물량 당 소요로 하는 노력과 품질을 수량으로 표현한 것을 무엇이라 하는가? [2016년2회]

① 할증　　② 품셈
③ 견적　　④ 내역

해설 **품셈**
1개 단위 공사에 필요한 노무자의 종류 및 그 소요 수량과 기계사용 시 그 종류와 소요량을 표시한 것

32 사람, 동물 또는 기계가 어떠한 일을 하는데 있어서 단위당 필요한 노력과 물질이 얼마가 되는지를 수량으로 작성해 놓은 것을 무엇이라 하는가? [2010년1회]

① 투자　　② 적산
③ 품셈　　④ 견적

해설 31번 해설 참조

33 표준품셈에서 수목을 인력시공 식재 후 지주목을 세우지 않을 경우 인력품의 몇 %를 감하는가? [2015년4회]

① 5%　　② 10%
③ 15%　　④ 20%

해설 표준 품셈에서 수목을 인력시공 식재 후 지주목을 세우지 않을 경우 인력품의 10%를 감하며, 기계시공의 경우에는 인력품의 20%를 감한다.

34 표준품셈에서 포함된 것으로 규정된 소운반 거리는 몇[m] 이내를 말하는가? [2013년2회]

① 10m　　② 20m
③ 30m　　④ 50m

해설 규정된 소운반 거리는 20m 이내의 거리를 말하며, 20m를 초과할 경우 초과분에 대하여 이를 별도로 계산한다.

35 설계도서 중 일위대가표를 작성할 때 일위대가표의 금액란의 금액 단위 표준은? [2010년5회]

① 0.01원　　② 0.1원
③ 1원　　④ 10원

해설 **일위대가표**
어떤 특정 공정의 일을 하기 위해 드는 단위당 재료비, 노무비, 경비를 나타낸 표로 금액 단위 표준은 0.1원이다.

36 수고 3m인 감나무 3주의 식재공사에서 조경공 0.25인, 보통 인부 0.20 인의 식재노무비 일위 대가는 얼마인가?(단, 조경공 40,000/일, 보통 인부 30,000/일) [2013년4회]

① 6,000원　　② 10,000원
③ 16,000원　　④ 48,000원

해설 일위 대가는 한 개 단위 당 가격으로 감나무 1주의 식재 공사에 대한 금액을 산정한다.
0.25 × 40,000 + 0.20 × 30,000 = 16,000원

37 '느티나무 10주에 600,000원, 조경공 1인과 보통공 2인이 하루에 식재한다'라고 가정할 때 느티나무 1주를 식재할 때 소용되는 비용은?(단, 조경공 노임은 60,000원/일, 보

정답　30. ①　31. ②　32. ③　33. ②　34. ②　35. ②　36. ③　37. ④

통공 노임은 40,000원/일 이다.) [2014년4회]
① 68,000원 ② 70,000원
③ 72,000원 ④ 74,000원

해설 느티나무 10주 비용 + 인건비/10
(600,000 + 60,000 + 2 × 40,000)/10 = 74,000원

38 조경시공의 일정계획을 수립할 때 사용되는 1일 평균 시공량 산정식으로 적합한 것은?
[2018년 3회]

① $\dfrac{공사량}{계약기간}$

② $\dfrac{공사량}{작업가능일수}$

③ $\dfrac{공사량}{(소요작업일수 \times 1/3)}$

④ $\dfrac{공사량}{(작업가능일수 \times 1/4)}$

해설 1일 평균 시공량은 공사량에서 작업가능일수를 나누어준다.

39 1/100 축척의 도면에서 가로 20m, 세로 50m의 공간에 잔디를 전면붙이기를 할 경우 몇 장의 잔디가 필요한가?(단, 잔디는 25×25cm 규격을 사용한다.) [2011년1회]
① 5500장 ② 11000장
③ 16000장 ④ 22000장

해설 가로길이 2000cm, 세로길이 5000cm 이므로
2000 × 5000/25 × 25 = 16000장

40 잔디 1매(30×30cm)에 1본의 꼬치가 필요하다. 경사 면적이 45㎡인 곳에 잔디를 전면 붙이기로 식재하려 한다면 이경사지에 필요한 꼬치는 약 몇 개 인가?(단, 가장 근사값을 정한다.) [2010년4회]
① 46본 ② 333본
③ 450본 ④ 495본

해설 잔디식재 면적/잔디1매 면적
45㎡/0.09㎡ = 500본

41 축척 1/100 도면에 0.6m×50m의 녹지면적을 H0.5×W0.3 규격의 수목으로 수관의 중복 없이 식재할 경우 약 몇 주가 필요한가?
[2010년5회]
① 225주 ② 334주
③ 520주 ④ 750주

해설 녹지면적/수목1주의 식재면적
0.6 × 50/0.3 × 0.3 = 약 334주

42 2.0B 벽두께로 표준형 벽돌쌓기를 실시할 때 기준량(㎡당)은? [2011년4회]
① 약 195장 ② 약 224장
③ 약 244장 ④ 약 298장

해설 벽돌 종류별 벽돌 매수(㎡당)

벽돌 종류별 벽돌 매수(㎡당)	0.5B	1.0B	1.5B	2.0B
기존형 (210×100×60mm)	65	130	195	260
표준형 (190×90×57mm)	75	149	224	298

43 벽돌(190×90×57)을 이용하여 경계부의 담장을 쌓으려고 한다. 시공면적 10㎡에 1.5B 두께로 시공할 때 약 몇 장의 벽돌이 필요한가?(단, 줄눈은 10mm이고, 할증률은 무시한다.) [2015년4회]
① 약 750장 ② 약 1490장
③ 약 2240장 ④ 약 2980장

해설 시공면적 × ㎡당 벽돌 매수
10 × 224 = 2240장

44 벽면적 4.8㎡ 크기에 1.5B두께로 붉은벽돌을 쌓고자 할 때 벽돌의 소요매수는?(단, 줄

정답 38. ② 39. ③ 40. ④ 41. ② 42. ④ 43. ③ 44. ③

눈의 두께는 10mm이고, 할증률을 고려한다.) [2013년5회]

① 925매   ② 963매
③ 1109매   ④ 1245매

해설   시공면적×㎡당 벽돌 매수×붉은벽돌 할증률 3%
4.8×224×1.03 = 1107.456

45 100cm×100cm×5cm 크기의 화강석 판석의 중량은?(단, 화강석의 비중 기준은 2.56 ton/㎥이다.) [2015년1회]

① 128kg   ② 12.8kg
③ 195kg   ④ 19.5kg

해설   화강석 판석의 부피 1m×1m×0.05m = 0.05㎥
중량 = 2.56ton/㎥×0.05㎥ = 0.128ton = 128kg

46 화강석의 크기가 20cm×20cm×100cm일 때 중량은?(단, 화강석의 비중은 평균 2.60이다.) [2018년 1회]

① 약 50kg   ② 약 100kg
③ 약 150kg   ④ 약 200kg

해설
- 석재의 중량 = 부피×비중
- 화강석의 부피 0.2m×0.2m×1m = 0.04㎥
- 화강석의 중량 = 2.60ton/㎥×0.04㎥ = 0.104ton = 104kg

47 표준형 벽돌을 사용하여 1.5B로 시공한 담장의 총 두께는?(단, 줄눈의 두께는 10mm이다) [2013년1회]

① 210mm   ② 270mm
③ 290mm   ④ 330mm

해설   표준형(190×90×57)이므로 1.5B 벽돌두께는
190 + 90 + 10 = 290mm

48 정원석을 쌓을 면적이 60㎡, 정원석의 평균 뒷길이 50cm, 공극률이 40%라고 할 때 실제적인 자연석의 체적은 얼마인가? [2013년2회]

① 12㎥   ② 16㎥
③ 18㎥   ④ 20㎥

해설   60㎡×0.5m×60%(체적) = 18㎥

49 벽돌수량 산출방법 중 면적산출시 표준형 벽돌로 시공 시 1㎡를 0.5B의 두께로 쌓으면 소요되는 벽돌량은?(단, 줄눈은 10mm로 한다) [2013년2회]

① 65매   ② 130매
③ 75매   ④ 149매

해설   42번 해설 참조

50 각 재료의 할증률로 맞는 것은? [2013년5회]

① 이형철근 : 5%
② 강판 : 12%
③ 경계블록(벽돌) : 5%
④ 조경용수목 : 10%

해설   **할증률**
- 할증률 3% : 붉은 벽돌, 내화 벽돌, 이형철근, 타일, 경계블록, 호안블록, 합판 등
- 할증률 5% : 목재(각재), 합판(수장용), 시멘트 벽돌 등
- 할증률 10% : 목재(판재), 강판, 조경용 수목, 잔디, 초화류 등

51 조경 공사에서 수목 및 잔디의 할증률은 몇 %인가? [2010년4회]

① 1%   ② 5%
③ 10%   ④ 20%

해설   50번 해설 참조

52 건설표준품셈에서 시멘트 벽돌의 할증율은 얼마까지 적용 할 수 있는가? [2011년1회]

정답   45. ①   46. ②   47. ③   48. ③   49. ③   50. ④   51. ③   52. ②

① 3% ② 5%
③ 10% ④ 15%

해설 50번 해설 참조

53 건설재료의 할증률이 틀린 것은?
[2015년 5회]

① 붉은 벽돌 : 3%
② 이형철근 : 5%
③ 조경용 수목 : 10%
④ 석재판붙임용재(정형돌) : 10%

해설 이형철근은 3%이다.

54 다음 중 재료의 할증률이 다른 것은?
[2014년 4회]

① 목재(각재)   ② 시멘트벽돌
③ 원형철근   ④ 합판(일반용)

해설 50번 해설 참조

55 다음 중 재료별 할증율(%)의 크기가 가장 작은 것은?
[2011년 5회]

① 조경용 수목   ② 경계블록
③ 잔디 및 초화류 ④ 수장용 합판

해설 **할증률**
수목 10%, 잔디 및 초화류 10%, 경계블록 3%, 수장용 합판 5%

재료		할증률(%)	재료		할증률(%)
목재	각재	5	타일	도료	2
	각재(건축)	5-10		모자이크	3
	판재	10		도기	3
	판재(건축)	10-20		자기	3
원석(마름돌용)		30	속빈시멘트블록		4
합판	일반용	3	경계블록		3
	수장용	5	호안블록		5
테라코타		3	벽돌	붉은벽돌	3
조경용잔디		10		내화벽돌	3
수목		10		시멘트벽돌	5

식재공사

56 다음 중 건설공사의 마지막으로 행하는 작업은?
[2016년 2회]

① 터닦기
② 식재공사
③ 콘크리트공사
④ 급·배수 및 호안공

해설 건설공사의 경우 기초공사, 토공사, 급·배수 및 호안공사, 시설물공사(콘크리트공사) 등이 끝난 후 식재공사를 마지막으로 한다.

57 조경공사에서 이식 적기가 아닌 때 식재공사를 하는 방법으로 틀린 것은?
[2010년 2회]

① 가지의 일부를 쳐서 증산량을 줄인다.
② 증산억제제를 나무에 살포한다.
③ 뿌리분을 작게 만들어 수분조절을 해준다.
④ 봄철의 이식 적기보다 늦어질 경우 이른 봄에 미리 굴취하여 가식한다.

해설 이식 적기가 아닐 경우 잔가지를 쳐서 잎의 수를 줄이고, 충분한 크기의 뿌리분을 붙이고 잎을 따면 가능하다.

58 수목의 생리상 이식 시기로 가장 적당한 시기는?
[2018년 1회]

① 뿌리활동이 시작되기 직전
② 뿌리활동이 시작된 후
③ 새 잎이 나온 후
④ 한창 생장이 왕성한 때

해설 일반적으로 이식에 적합한 시기는 증산량이 가장 적은 봄, 가을이 적기이다.
잎이 떨어진 휴면 기간이나 땅이 녹기 시작하는 해토 직후부터 4월 상순까지가 좋다.

정답 53.② 54.④ 55.② 56.② 57.③ 58.①

59 침엽수류와 상록활엽수류의 가장 일반적인 이식 적기는? [2010년5회]

① 이른 봄 ② 초여름
③ 늦은 여름 ④ 겨울철 엄동기

해설 침엽수류 상록활엽수의 이식 시기는 이른 봄이 좋으나 추운 지방은 엄동기 피할 것(9~10월, 4~5월)

60 수목을 이식할 때 고려사항으로 가장 부적합한 것은? [2015년5회]

① 지상부의 지엽을 전정해 준다.
② 뿌리분의 손상이 없도록 주의하여 이식한다.
③ 굵은 뿌리의 자른 부위는 방부처리 하여 부패를 방지한다.
④ 운반이 용이하게 뿌리분은 기준보다 가능한 한 작게 하여 무게를 줄인다.

해설 가능한 많은 흙을 뿌리에 붙인 채 굴취하고 뿌리분의 손상이 없도록 주의한다.

61 수목의 이식 전 세근을 발달시키기 위해 실시하는 작업을 무엇이라 하는가? [2016년2회]

① 가식 ② 뿌리돌림
③ 뿌리분 포장 ④ 뿌리외과수술

해설 **뿌리돌림**
이식을 위한 예비 조치로 굴취 전에 미리 뿌리를 잘라내거나 환상박피를 함으로써 세근이 많이 발달하도록 유도하여 이식력을 높인다. 노목이나 쇠약목의 세력 갱신에 필요함

62 수목을 옮겨심기 전에 뿌리돌림을 하는 이유로 가장 중요한 것은? [2011년4회]

① 무게를 줄여 운반이 쉽게 하기 위하여
② 잔뿌리를 발생시켜 수목의 활착을 돕기 위하여
③ 관리가 편리하도록
④ 수목내의 수분 양을 줄이기 위하여

해설 61번 해설 참조

63 조경식재 공사에서 뿌리돌림의 목적으로 가장 부적합한 것은? [2014년4회]

① 뿌리분을 크게 만들려고
② 이식 후 활착을 돕기 위해
③ 잔뿌리의 신생과 신장도모
④ 뿌리 일부를 절단 또는 각피하여 잔뿌리 발생촉진

해설 61번 해설 참조

64 조경수목 중 낙엽수류의 일반적인 뿌리돌림 시기로 가장 알맞은 것은? [2010년4회]

① 3월 중순~4월 상순
② 5월 상순~7월 상순
③ 7월 하순~8월 하순
④ 8월 상순~9월 상순

해설 **뿌리돌림 시기**
이식 시기로부터 6개월~3년 전에 봄이나 가을에 실시한다.

65 일반적으로 수목을 뿌리돌림 할 때, 분의 크기는 근원 지름의 몇 배 정도가 적당한가? [2010년2회]

① 2배 ② 4배
③ 8배 ④ 12배

해설 **뿌리돌림 시 뿌리분의 크기**
근원직경의 4배 되는 지점의 뿌리를 절단한다.

66 상록수를 옮겨심기 위하여 나무를 캐 올릴 때 뿌리분의 지름으로 가장 적합한 것은? [2012년도4회]

① 근원직경의 1/2배

정답 59. ① 60. ④ 61. ② 62. ② 63. ① 64. ① 65. ② 66. ④

② 근원직경의 1배
③ 근원직경의 3배
④ 근원직경의 4배

해설 65번 해설 참조

67 일반적으로 근원직경이 10cm인 수목의 뿌리분을 뜨고자할 때 뿌리분의 직경으로 적당한 크기는? [2013년5회]

① 20cm ② 40cm
③ 80cm ④ 120cm

해설 65번 해설 참조

68 뿌리돌림의 방법으로 옳은 것은? [2011년1회]

① 뿌리돌림을 하는 분은 이식할 당시의 뿌리분 보다 약간 크게 한다.
② 뿌리돌림 시 남겨 둘 곧은 뿌리는 15~20cm의 폭으로 환상 박피한다.
③ 노목은 피해를 줄이기 위해 한 번에 뿌리돌림 작업을 끝내는 것이 좋다.
④ 낙엽수의 경우 생장이 끝난 가을에 뿌리돌림을 하는 것이 좋다.

해설 **뿌리돌림의 방법**
- 근원직경의 4배 되는 지점의 뿌리를 절단
- 뿌리돌림하는 분은 이식 당시 뿌리분 보다 약간 작게 함
- 이식이 용이한 수종은 1회, 이식이 어려운 수종은 2~4회 나누어 연차적으로 실시함
- 바람에 넘어지는 것을 방지하기 위해 3~4 방향으로 자란 굵은 곁뿌리를 남겨두고 15~20cm 폭으로 환상 박피를 실시함
- 심근성 수종의 직근은 자르지 않음
- 뿌리돌림 후 가지와 잎을 솎아 지상부와 지하부의 균형을 맞추어야 함(T/R율 조절)

69 다음 중 큰 나무의 뿌리돌림에 대한 설명으로 가장 거리가 먼 것은? [2013년4회]

① 뿌리돌림을 한 후에 새끼로 뿌리분을 감아두면 뿌리의 부패를 촉진하여 좋지 않다.
② 굵은 뿌리를 3~4개 정도 남겨둔다.
③ 뿌리돌림을 하기 전 수목이 흔들리지 않도록 지주목을 설치하여 작업하는 방법도 좋다.
④ 굵은 뿌리 절단 시는 톱으로 깨끗이 절단한다.

해설 68번 해설 참조

70 다음 [보기]의 뿌리돌림 설명 중 ( )에 가장 적합한 숫자는? [2015년2회]

[보기]
- 뿌리돌림은 이식하기(㉠)년 전에 실시하되 최소(㉡)개월 전 초봄이나 늦가을에 실시한다.
- 노목이나 보호수와 같이 중요한 나무는(㉢)회 나누어 연차적으로 실시한다.

① ㉠ 1~2 ㉡ 12 ㉢ 2~4
② ㉠ 1~2 ㉡ 6 ㉢ 2~4
③ ㉠ 3~4 ㉡ 12 ㉢ 1~2
④ ㉠ 3~4 ㉡ 24 ㉢ 1~2

해설 68번 해설 참조

71 나무의 뿌리를 절단한 후 새로운 뿌리가 돋아 나오는 요인과 관계가 없는 것은? [2011년5회]

① C/N율 ② 토양수분
③ 온도   ④ B-9처리

해설 B-9 : 생장억제제

72 나무를 옮겨 심었을 때 잘려진 뿌리로부터 새 뿌리가 오게 하여 활착이 잘되게 하는데 가장 중요한 것은? [2012년1회]

정답 67. ② 68. ② 69. ① 70. ② 71. ④ 72. ②

① 온도와 지주목의 종류
② 잎으로부터의 증산과 뿌리의 흡수
③ C/N율과 토양의 온도
④ 호르몬과 온도

해설 이식할 때 잎으로부터 증산되는 수분이 뿌리의 흡수 능력보다 적어야 한다.

73 수목의 뿌리분 굴취와 관련된 설명으로 틀린 것은? [2014년5회]
① 수목 주위를 파 내려가는 방향은 지면과 직각이 되도록 한다.
② 분의 주위를 1/2 정도 파 내려갔을 무렵부터 뿌리감기를 시작한다.
③ 분의 크기는 뿌리목 줄기 지름의 3~4배를 기준으로 한다.
④ 분 감기 전 직근을 잘라야 용이하게 작업할 수 있다.

해설 뿌리분 굴취
- 관목은 넓게, 교목은 깊게
- 분의 크기는 수간 근원 지름의 4배 정도
- 수목 주위를 지면과 직각으로 파내려가다가 1/2 정도 파 내려갔을 때 뿌리감기를 시작

74 단풍나무를 식재 적기가 아닌 여름에 옮겨심을 때 실시해야 하는 작업은? [2013년5회]
① 뿌리분 크게 하고, 잎을 모조리 따내고 식재.
② 뿌리분 적게 하고, 가지를 잘라낸 후 식재
③ 굵은 뿌리는 자르고, 가지를 솎아내고 식재
④ 잔뿌리 및 굵은 뿌리 적당히 자르고 식재

해설 이식 적기가 아닐 경우 잔가지를 쳐서 잎의 수를 줄이고, 충분한 크기의 뿌리분을 붙이고 잎을 따면 가능하다.

75 심근성 수목을 굴취할 때 뿌리분의 형태는? [2013년2회]
① 접시분
② 사각형분
③ 조개분
④ 보통분

해설 뿌리분의 종류 및 모양

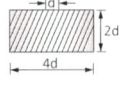 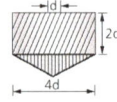 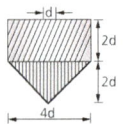

[접시분]   [보통분]   [조개분]
- 접시분 : 천근성 수종
- 보통분 : 일반 수종
- 조개분 : 심근성 수종

76 다음 중 뿌리분의 형태를 조개분으로 굴취하는 수종으로만 나열된 것은? [2011년2회]
① 소나무, 느티나무
② 버드나무, 가문비나무
③ 눈주목, 편백
④ 사철나무, 사시나무

해설 뿌리분 적용 수목
- 천근성 수종(접시분) : 자작나무, 미루나무, 편백, 독일가문비, 향나무 등
- 심근성 수종(조개분) : 느티나무, 소나무, 회화나무, 주목, 섬잣나무, 태산목, 은행나무 등

77 그림과 같은 뿌리분 새끼감기의 방법은? [2010년1회]

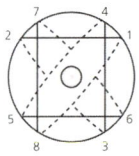

① 3줄 두번 걸기   ② 4줄 한번 걸기
③ 4줄 두번 걸기   ④ 4줄 세번 걸기

정답 73. ④ 74. ① 75. ③ 76. ① 77. ②

CHAPTER 03 조경시공 기출문제

78 새끼줄로 뿌리분을 감는 방법 중 석줄 두 번 걸기를 표현한 것은? [2010년4회]

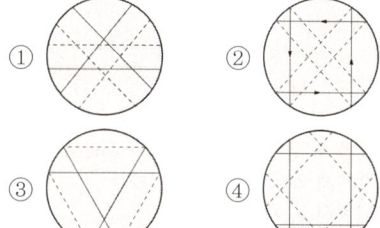

79 수목의 굴취 시 흉고직경에 의한 식재품을 적용한 것이 가장 적합한 수종은?
[2010년2회]

① 산수유　② 은행나무
③ 리기다소나무　④ 느티나무

해설 흉고직경으로 규격을 표현하는 수종은 지하고가 높은 수종이다. 은행나무, 왕벚나무, 백합나무 등이 해당된다.

80 수목의 총중량은 지상부와 지하부의 합으로 계산할 수 있는데, 그 중 지하부(뿌리분)의 무게를 계산하는 식은 W=V×K이다. 이 중 V가 지하부(뿌리분)의 체적일 때 K는 무엇을 의미하는가? [2011년1회]

① 뿌리분의 지름
② 뿌리분의 단위체적 중량
③ 뿌리분의 형상 계수
④ 뿌리분의 높이

해설 지하부 뿌리분의 무게+지하부 체적(V)× 뿌리분의 단위체적 중량(K)

81 뿌리분의 크기를 구하는 식으로 가장 적합한 것은?(단, N은 근원직경, n은 흉고직경, d는 상수이다) [2014년4회]

① $24+(N-3) \times d$
② $24+(N+3) \div d$
③ $24-(n-3)+d$
④ $24-(n-3)-d$

해설 뿌리분의 지름(cm)=$24+(N-3) \times d$

82 수목을 장거리 운반할 때 주의해야 할 사항이 아닌 것은? [2016년2회]

① 병충해 방제
② 수피 손상 방지
③ 분 깨짐 방지
④ 바람 피해 방지

해설 수목을 장거리 운반할 때 수분 증발을 최소화하고 분이 깨지지 않도록 주의해야 한다.

83 수목의 가식 장소로 적합한 곳은?
[2016년4회]

① 배수가 잘되는 곳
② 차량출입이 어려운 한적한 곳
③ 햇빛이 잘 안들고 점질 토양의 곳
④ 거센 바람이 불거나 흙 입자가 날려 잎을 덮어 보온이 가능한 곳

해설 가식
• 실제로 심기 전에 다른 곳에 임시로 심어 두는 것
• 방법 : 바람이 없고, 약간 습하며 그늘지고, 배수 양호하며, 본 식재지와 가까우면서 다른 공사에 영향을 주지 않는 장소에 땅을 조금만 파고 뿌리와 수관이 맞닿을 정도로 놓고 흙을 덮은 후 관수해 준다.

84 굴취해 온 수목을 현장의 사정으로 즉시 식재하지 못하는 경우 가식하게 되는데 그 가식 장소로 부적합한 곳은? [2011년5회]

① 식재할 때 운반이 편리한 곳
② 햇빛이 잘 드는 양지바른 곳
③ 배수가 잘되는 곳
④ 주변의 위험으로부터 보호받을 수 있는 곳

해설 83번 해설 참조

정답　78. ①　79. ②　80. ②　81. ①　82. ①　83. ①　84. ②

85 근원직경이 18cm 나무의 뿌리분을 만들려고 한다. 다음 식을 이용하여 소나무 뿌리분의 지름을 계산하면 얼마인가?(단, 공식 24+(N-3)×d, d는 상록수 4, 활엽수 5이다.) [2015년1회]

① 80cm ② 82cm
③ 84cm ④ 86cm

해설 소나무는 상록수이므로 d=4를 적용하여
24+(N-3)×d를 계산하면,
24+(18-3)×4=84

86 식재작업의 준비단계에 포함되지 않는 것은? [2015년5회]

① 수목 및 양생제 반입 여부를 재확인한다.
② 공정표 및 시공도면, 시방서 등을 검토한다.
③ 빠른 식재를 위한 식재지역의 사전조사는 생략한다.
④ 수목의 배식, 규격, 지하 매설물 등을 고려하여 식재 위치를 결정한다.

해설 식재할 곳을 결정하기 위해서는 식재 예정지를 둘러보고 지형에 따라 구획한다. 식재 지역을 선정하고 면적을 추정하여 필요한 묘목의 수를 산정하는 등 식재에 필요한 준비를 해야 한다.

87 다음 중 교목의 식재 공사 공정으로 옳은 것은? [2012년2회]

① 수목방향 정하기 → 구덩이파기 → 물 죽쑤기 → 묻기 → 지주세우기 → 물집 만들기
② 구덩이 파기 → 물 죽쑤기 → 지주세우기 → 수목방향 정하기 → 물집 만들기
③ 구덩이 파기 → 수목방향 정하기 → 묻기 → 물 죽쑤기 → 지주세우기 → 물집 만들기
④ 수목방향 정하기 → 구덩이 파기 → 묻기 → 지주세우기 → 물 죽쑤기 → 물집 만들기

해설 식재 순서
- 표토 걷기(유기물 층) / 따로 분리해서 거름으로 사용
- 구덩이 파고(분의 1.5배 이상) 거름, 표토 넣기
- 수목 방향 정해서 앉히기(가지 많은 부분이 남쪽)
- 물 죽쑤기(속흙의 2/3~3/4를 채운 후 물을 충분히 주면서 막대 기둥으로 쑤시기)
- 나머지 흙 채우고 다지기
- 지주세우기
- 물집 만들고 관수(물집은 직경의 5~6배)
- 멀칭(짚 덮기)
- 전정

88 일반적으로 식재할 구덩이 파기를 할 때 뿌리분의 크기의 몇 배 이상으로 구덩이를 파고 해로운 물질을 제거해야하는가? [2011년2회]

① 1.5 ② 2.5
③ 3.5 ④ 4.5

해설 87번 해설 참조

89 수목 식재 후 물집을 만드는데, 물집의 크기로 가장 적당한 것은? [2016년1회]

① 근원지름(직경)의 1배
② 근원지름(직경)의 2배
③ 근원지름(직경)의 3~4배
④ 근원지름(직경)의 5~6배

해설 87번 해설 참조

90 수목식재 시 수목을 구덩이에 앉히고 난 후 흙을 넣는데 수식(물죔)과, 토식(흙죔)이 있다. 다음 중 토식을 실시하기에 적합하지 않은 수종은? [2014년4회]

① 목련 ② 전나무
③ 서향 ④ 해송

정답 85. ③ 86. ③ 87. ③ 88. ① 89. ④ 90. ①

해설 **흙조임**
- 물을 사용하지 않고 흙을 부드럽게 하여 바닥 부분부터 흙을 조금씩 넣어가며 말뚝으로 잘 다지는 방법
- 공기 배출을 하여 뿌리분과 흙을 밀착시킴
- 수분을 꺼리는 수목에 사용 : 소나무, 해송, 전나무, 서향, 소철 등

91 다음 [보기]의 식물들이 모두 사용되는 정원 식재 작업에서 가장 먼저 식재를 진행해야 할 수종은? [2015년2회]

[보기]
소나무, 수수꽃다리, 영산홍, 잔디

① 잔디　② 영산홍
③ 수수꽃다리　④ 소나무

해설 일반적인 식재 순서는 교목→아교목→관목→초본류 및 잔디류이다.

92 비탈면의 녹화와 조경에 사용되는 식물의 요건으로 가장 부적합한 것은? [2015년5회]

① 적응력이 큰 식물
② 생장이 빠른 식물
③ 시비 요구도가 큰 식물
④ 파종과 식재시기의 폭이 넓은 식물

해설 비탈면 녹화는 비탈면의 토질과 환경 조건에 적응하여 생존할 수 있는 식물로 척박한 환경에서도 잘 사는 수종을 선택해야 함

93 비탈면의 기울기는 관목 식재 시 어느 정도 경사보다 완만하게 식재하여야 하는가? [2012년1회]

① 1 : 0.3 보다 완만하게
② 1 : 1 보다 완만하게
③ 1 : 2 보다 완만하게
④ 1 : 3 보다 완만하게

해설 **비탈면 식재**
- 잣나무, 소나무, 단풍나무 등 교목은 1 : 3보다 완만할 것
- 진달래, 철쭉 등 관목류는 1 : 2보다 완만할 것
- 묘목은 1 : 2정도의 경사

94 비탈면에 교목과 관목을 식재하기에 적합한 비탈면 경사로 모두 옳은 것은? [2011년4회]

① 교목 1 : 3 이하, 관목 1 : 2 이하
② 교목 1 : 3 이상, 관목 1 : 2 이상
③ 교목 1 : 2 이하, 관목 1 : 3 이하
④ 교목 1 : 2 이상, 관목 1 : 3 이상

해설 93번 해설 참조

95 일반적인 토양의 표토에 대한 설명으로 가장 부적합한 것은? [2015년4회]

① 우수(雨水)의 배수능력이 없다.
② 토양오염의 정화가 진행된다.
③ 토양미생물이나 식물의 뿌리 등이 활발히 활동하고 있다.
④ 오랜 기간의 자연작용에 따라 만들어진 중요한 자산이다.

해설 토양은 식물의 뿌리를 지탱해주는 역할을 한다. 또한 각종 미생물의 서식처이며 자체 정화, 배수 능력을 지니고 있어 수목의 뿌리 생육에 도움을 준다.

96 임해매립지 식재기반에서의 조경시공 시 고려하여야할 사항으로 거리가 먼 것은? [2013년2회]

① 염분제거
② 발생가스 및 악취 제거
③ 지하수위 조절
④ 배수관부설

해설 **임해매립지 식재 시 고려 사항**
- 식재 구덩이의 염분 제거
- 염분을 막기 위한 심토층 배수관 부설
- 토양개량제로 토성 개량

정답　91. ④　92. ③　93. ③　94. ①　95. ①　96. ②

97 염해지 토양의 가장 뚜렷한 특징을 설명한 것은? [2013년4회]

① 치환성 석회의 함량이 높다.
② 활성철의 함량이 높다.
③ 마그네슘, 나트륨 함량이 높다.
④ 유기물의 함량이 높다.

해설 염분이 높은 토양은 마그네슘, 나트륨 함량이 높다.

98 가로수는 키 큰 나무(교목)의 경우 식재간격을 몇 m이상으로 할 수 있는가?(단, 도로의 위치와 주위 여건, 식재수종의 수관폭과 생장속도, 가로수로 인한 피해 등을 고려하여 식재간격을 조정할 수 있다.) [2012년5회]

① 6m   ② 8m
③ 10m   ④ 12m

해설 가로수의 식재 방법
- 차도로부터의 간격 : 0.65m 이상
- 건물로부터의 간격 : 5~7m
- 수간 거리 : 6~10m

99 가로 2m×세로 50m의 공간에 H0.4×W0.5 규격의 영산홍으로 산울타리를 만들려고 하면 사용되는 수목의 수량은 약 얼마인가? [2015년4회]

① 50주   ② 100주
③ 200주   ④ 400주

해설 관목 식재량
- 영산홍의 폭은 0.5m 이므로 1m²당 4주 식재할 수 있음
- 식재 공간은 2m×50m = 100m² 임
- 100m² × 4그루 = 400주

100 화단 50m의 길이에 1열로 산울타리(H1.2×W0.4)를 만들려면 해당 규격의 수목이 최소한 얼마나 필요한가? [2015년5회]

① 42주   ② 125주
③ 200주   ④ 600주

해설 관목 식재량
산울타리의 폭은 0.4m 이고 1열로 50m를 식재해야 하므로 50m/0.4m = 125주

101 지주목 설치에 대한 설명으로 틀린 것은? [2016년4회]

① 수피와 지주가 닿은 부분은 보호조치를 취한다.
② 지주목을 설치할 때에는 풍향과 지형 등을 고려한다.
③ 대형목이나 경관상 중요한 곳에는 당김줄형을 설치한다.
④ 지주는 뿌리 속에 박아 넣어 견고히 고정되도록 한다.

해설 지주는 뿌리에 닿지 않도록 땅 속 깊이 견고히 고정되도록 박는다.

102 동일한 규격의 수목을 연속적으로 모아 심었거나 줄지어 심었을 때 적합한 지주 설치법은? [2015년2회]

① 단각지주   ② 이각지주
③ 삼각지주   ④ 연결형지주

해설 지주의 종류
- 단각지주 : 수고 1.2m 이하의 소교목
- 이각지주 : 수고 2m 이하의 교목
- 삼발이 지주 : 교목성 수목, 가장 안정되고 설치 방법도 간단하나 설치 면적이 많아 통행에 불편함
- 삼각지주 : 3개의 가로지른 나무 막대기를 설치하고 중간목을 대는 방법으로 가장 많이 사용함
- 당김줄형 : 대형 교목, 철선을 사용하여 지지함
- 연결형 : 각 수목의 주간에 각목 또는 대나무 등의 가로막대를 대고 주간과 결속하여 고정, 교목의 군식에 사용함

103 일반적으로 대형나무 및 경관적으로 중요한 곳에 설치하며, 나무줄기의 적당한 높이에서 고정한 와이어로프를 세 방향으로 벌려서 지하에 고정하는 지주설치방법은? [2010년2회]

정답 97. ③ 98. ② 99. ④ 100. ② 101. ④ 102. ④ 103. ②

① 삼발이형　② 당김줄형
③ 매몰형　　④ 연결형

해설 102번 해설 참조

104 다음 중 경관적 가치가 요구되는 곳에 있는 대형 수목의 지주 재료로 널리 쓰이는 것은?
[2010년1회]

① 대나무 지주대
② 철선 지주대
③ 철재 지주대
④ 박피 통나무 지주대

해설 당김줄형 지주는 철선을 사용하여 지지한다.

105 지주목 설치 요령 중 적합하지 않은 것은?
[2010년2회]

① 지상부의 지주는 페인트칠을 하는 것이 좋다.
② 통행인이 많은 곳은 삼발이형, 적은 곳은 사각지주와 삼각지주가 많이 설치된다.
③ 지주목을 묶어야할 나무줄기 부위는 타이어튜브나 마대 혹은 새끼 등의 완충재를 감는다.
④ 지주목의 아래는 뾰족하게 깎아서 땅속으로 30~50cm정도의 깊이로 박는다.

해설 삼발이형 지주는 설치 면적이 많아 통행이 불편하므로 통행인이 적은 곳에 설치해야 하며, 통행인이 많은 곳에는 삼각지주, 사각지주를 설치해야 한다.

106 다음 설명의 (　)안에 들어갈 시설물은?
[2016년1회]

> 시설지역 내부의 포장지역에도 (　)을/를 이용하여 낙엽성 교목을 식재하면 여름에도 그늘을 만들 수 있다.

① 볼라드(bollard)
② 휀스(fence)
③ 벤치(bench)
④ 수목 보호대(grating)

해설 **수목보호대**
수목 둥치 주위가 밟히기 쉬운 가로수나 녹음수는 밝힌 토양으로 공기 유통이 불량하여 뿌리의 호흡이 곤란해진다. 뿌리 보호대의 설치로 포장 지역 내에서도 가로수나 녹음수를 식재할 수 있다.

107 수목식재 후 지주목 설치 시에 필요한 완충 재료로서 작업능률이 뛰어나고 통기성과 내구성이 뛰어난 환경 친화적인 재료이며, 상열을 막기 위해 사용하는 것은? [2011년4회]

① 새끼　　② 고무판
③ 보온덮개　④ 녹화테이프

해설 수목과 지주목이 닿는 부분에 녹화테이프를 감아서 수피를 보호한다.

108 이식한 나무가 활착이 잘되도록 조치하는 방법 중 옳지 않은 것은? [2010년1회]

① 유기질, 무기질 거름을 충분히 넣고 식재한다.
② 현장 조사를 충분히 하여 이식 계획을 철저히 세운다.
③ 나무의 식재방향과 깊이는 최대한 이식 전의 상태로 한다.
④ 주풍향, 지형 등을 고려하여 안정되게 지주목을 설치한다.

해설 수목 이식 시 완숙된 유기질 거름을 적당히 넣고 식재한다. 미숙퇴비나 거름을 과다하게 시비할 경우 수목이 고사하는 경우도 발생한다.

109 나무를 옮길 때 잘려 진 뿌리의 절단면으로부터 새로운 뿌리가 돋아나는데 가장 중요한 영향을 미치는 것은? [2010년1회]

① 토양의 보비력
② 잎으로부터의 증산정도

정답　104. ②　105. ②　106. ④　107. ④　108. ①　109. ②

③ C/N율
④ 식물호르몬

해설   새로운 잔뿌리의 발생에 수분이 가장 중요한 역할을 한다.

110 다음 중 학교 조경의 수목 선정 기준에 가장 부적합한 것은?   [2012년2회]

① 생태적 특성   ② 경관적 특성
③ 교육적 특성   ④ 조형적 특성

해설   **학교 조경의 목적**
학생들에게 휴식 및 운동을 즐길 수 있는 옥외활동 장소를 마련해 주고 학생들이 건강하고 쾌적하게 학습을 할 수 있는 교육환경을 조성해주며 주변 환경의 정서 등을 고려하여 학교특성에 맞는 아름다운 녹지 및 경관을 조성하여야 한다.

111 다음 중 수목의 흉고직경을 측정할 때 사용하는 기구는?   [2011년5회]

① 윤척   ② 와이어제측고기
③ 덴드로메타   ④ 경척

해설   **윤척**
수목의 지름을 측정하는 기구임.

112 다음의 설명에 해당하는 장비는?   [2015년5회]

- 2개의 눈금자가 있는데 왼쪽 눈금은 수평 거리가 20m, 오른쪽 눈금은 15m일 때 사용한다.
- 측정방법은 우선 나뭇가지의 거리를 측정하고 시공을 통하여 수목의 선단부와 측고기의 눈금이 일치하는 값을 읽는다. 이 때 왼쪽 눈금은 수평거리에 대한 %값으로 계산하고, 오른쪽 눈금은 각도 값으로 계산하여 수고를 측정한다.
- 수고측정 뿐만 아니라 지형경사도 측정에도 사용된다.

① 윤척   ② 측고봉
③ 하고측고기   ④ 순토측고기

해설   **수고를 측정하는 기구**
- 측고봉 : 수고를 직접 측정하는 기구로서 조립식 장대에 눈금이 새겨진 측정 도구
- 하고측고기 : 삼각법에 의하여 수고를 측정할 수 있도록 제작되어 있는 기구
- 순토측고기 : 2개의 눈금자로 되어있고, 수간의 높이를 측정하는 기구로 휴대가 간편하고 측정하기 용이함

113 다음 중 인공지반을 만들려고 할 때 사용되는 경량토로 부적합한 것은?   [2012년2회]

① 버미큘라이트   ② 모래
③ 펄라이트   ④ 부엽토

해설   **경량토**
- 경량토는 건축물의 하중을 줄이고, 식재의 적정토심을 유지하게하기 위하여 단위중량을 낮추고, 보수성, 통기성, 보습성, 보비력 등을 높여 식물체에 영양공급을 원활하게 한다.
- 종류 : 버미큘라이트, 펄라이트, 피트모스, 회토류, 부엽토 등

114 인공 식재 기반 조성에 대한 설명으로 틀린 것은?   [2014년5회]

① 식재층과 배수층 사이는 부직포를 깐다.
② 건축물 위의 인공식재 기반은 방수처리한다.
③ 심근성 교목의 생존 최소 깊이는 40cm로 한다.
④ 토양, 방수 및 배수시설 등에 유의한다.

해설   **수목 생육에 필요한 최소 토양의 깊이(cm)**

형태상 분류	생존 최소 깊이	생육 최소 깊이
잔디, 초본류	15	30
소관목	30	45
대관목	45	60
천근성 교목	60	90
심근성 교목	90	150

정답   110. ④   111. ①   112. ④   113. ②   114. ③

115 옥상녹화용 방수층 및 방근층 시공 시 "바탕체의 거동에 의한 방수층의 파손" 요인에 대한 해결방법으로 부적합한 것은?
[2016년4회]

① 거동 흡수 절연층의 구성
② 방수층 위에 플라스틱계 배수판 설치
③ 합성고분자계, 금속계 또는 복합계 재료 사용
④ 콘크리트 등 바탕체가 온도 및 진동에 의한 거동 시 방수층 파손이 없을 것

해설 옥상녹화용 방수층 및 방근층 시공 시 유의사항

요인	방법
바탕제의 거동에 의한 방수층의 파손	• 콘크리트 등 바탕제가 온도 및 진동에 의한 거동 시 방수층 파손이 없을 것 • 합성고분자계, 금속계 또는 복합계 재료 사용 • 거동 흡수, 절연층의 구성
배수층 설치를 통한 체류수의 원활한 흐름	• 방수층 위에 플라스틱계 배수판 설치
체류수에 의한 방수층의 화학적 열화	• 방수재의 종류 및 재질선정 • 방수재 위에 수밀 코팅 처리
녹화공사 및 조경수목의 뿌리에 의한 방수층의 파손	• 방수재의 종류 및 재질선정 • 방근층의 설치

116 조경공사의 유형 중 환경생태복원 녹화공사에 속하지 않는 것은?
[2016년4회]

① 분수공사
② 비탈면녹화공사
③ 옥상 및 벽체녹화공사
④ 자연하천 및 저수지공사

해설 분수공사는 수경시설물 공사에 해당된다.

117 잔디공사 중 떼심기 작업의 주의사항이 아닌 것은?
[2016년1회]

① 뗏장의 이음새에는 흙을 충분히 채워준다.
② 관수를 충분히 하여 흙과 밀착되도록 한다.
③ 경사면의 시공은 위쪽에서 아래쪽으로 작업한다.
④ 뗏장을 붙인 다음에 롤러 등의 장비로 전압을 실시한다.

해설 경사면의 시공은 아래쪽에서 위쪽으로 작업한다.

118 다음 뗏장을 입히는 방법 중 줄붙이기 방법에 해당하는 것은?
[2012년5회]

해설 떼붙이기의 종류

전면떼 붙이기　이음매 붙이기　어긋나게 붙이기　줄떼 붙이기

119 잔디밭을 조성하려 할 때 뗏장붙이는 방법으로 틀린 것은?
[2013년1회]

① 뗏장붙이는 방법에는 전면붙이기, 어긋나게 붙이기, 줄붙이기 등이 있다.
② 경사면에는 평떼 전면 붙이기를 시행한다.
③ 줄 붙이기나 어긋나게 붙이기는 뗏장을 절약 하는 방법이지만 아름다운 잔디밭이 완성되기까지에는 긴 시간이 소요된다.
④ 뗏장 붙이기 전에 미리 땅을 갈고 정지(整地)하여 밑거름을 넣는 것이 좋다.

해설 경사면은 줄떼붙이기로 시공한다. 뗏장마다 2개 정도의 떼꽂이를 박아 고정시켜서 흘러내리지 않도록 한다.

120 잔디밭 조성 시 뗏장 심기와 비교한 종자파종 방법의 이점이 아닌 것은?
[2017년 2회]

① 비용이 적게 든다.

정답 115. ② 116. ① 117. ③ 118. ① 119. ② 120. ③

② 작업이 비교적 쉽다.
③ 잔디밭 조성에 짧은 시일이 걸린다.
④ 균일하고 치밀한 잔디를 얻을 수 있다.

해설 잔디 종자 파종의 장점은 비용이 적게 들고 작업이 용이하며 치밀하고 평탄한 잔디 조성이 가능하다. 단점은 잔디밭 조성 기간이 많이 소요되며 파종시기의 제약이 있다.

121 다음 [보기]의 잔디종자 파종 작업들을 순서대로 바르게 나열한 것은? [2012년5회]

① 정지작업 → 파종 → 전압 → 복토 → 기비살포 → 멀칭 → 경운
② 기비살포 → 파종 → 정지작업 → 복토 → 멀칭 → 전압 → 경운
③ 파종 → 기비살포 → 정지작업 → 복토 → 전압 → 경운 → 멀칭
④ 경운 → 기비살포 → 정지작업 → 파종 → 복토 → 전압 → 멀칭

해설 잔디종자 파종 순서
경운 → 시비 → 정지 → 파종 → 복토 → 전압 → 멀칭 → 관수

122 잔디밭을 만들 때 잔디 종자가 사용되는데 다음 중 우량 종자의 구비조건으로 부적합한 것은? [2011년1회]

① 완숙종자일 것
② 본질적으로 우량한 인자를 가진 것
③ 여러 번 교잡한 잡종 종자일 것
④ 신선한 햇 종자일 것

해설 우량종자의 구비 조건
- 우량 품종에 속하는 것
- 유전적으로 순수하고 이형 종자가 섞이지 않은 것
- 충실하게 발달하여 생리적으로 좋은 종자
- 병해충에 감염되지 않은 종자
- 발아력이 건전한 것
- 잡초종자나 이물질이 섞이지 않은 것

123 다음 중 비탈면을 보호하는 방법으로 짧은 시간과 급경사 지역에 사용하는 시공방법은? [2014년1회]

① 자연석 쌓기법
② 콘크리트 격자틀공법
③ 떼 심기법
④ 종자 뿜어 붙이기법

해설 종자뿜어 붙이기(분사파종)
경사가 심하거나 암반, 암석이 많은 비탈면을 녹화하기 위해 개발됨. 하이드로시더나 모르타르 건 등의 기계를 이용하여 압축 공기나 압력 수를 사용해 종자를 뿜어 붙여서 파종하는 방법

124 다음 설명에 해당하는 파종 공법은? [2016년2회]

- 종자, 비료, 파이버(fiber), 침식방지제 등 물과 교반하여 펌프로 살포 녹화한다.
- 비탈 기울기가 급하고 토양조건이 열악한 급경사지에 기계와 기구를 사용해서 종자를 파종한다.
- 한랭도가 적고 토양 조건이 어느 정도 양호한 비탈면에 한하여 적용한다.

① 식생매트공
② 볏짚거적덮기공
③ 종자분사파종공
④ 지하경 뿜어 붙이기공

해설 123번 해설 참조

125 다음 중 훼손지 비탈면의 초류종자 살포(종비토 뿜어 붙이기)와 가장 관계없는 것은? [2013년5회]

① 종자   ② 생육기반재
③ 지효성비료   ④ 농약

해설 종자, 비료, 파이버, 침식방지제 등을 물과 섞어 살포한다.

정답 121. ④ 122. ③ 123. ④ 124. ③ 125. ④

126 다음 그림과 같은 비탈면 보호공의 공종은?
[2013년5회]

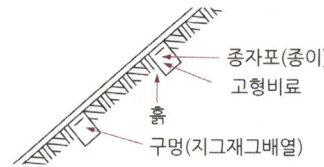

① 식생구멍공 ② 식생자루공
③ 식생매트공 ④ 줄떼심기공

127 다음 설명에 해당하는 공법은? [2016년1회]

- 면상의 매트에 종자를 붙여 비탈면에 포설, 부착하여 일시적인 조기녹화를 도모하도록 시공한다.
- 비탈면을 평평하게 끝손질한 후 매꽂이 등을 꽂아주어 떠오르거나 바람에 날리지 않도록 밀착한다.
- 비탈면 상부 0.2m 이상을 흙으로 덮고 단부(端部)를 흙속에 묻어 넣어 비탈면 어깨로부터 물의 침투를 방지한다.
- 긴 매트류로 시공할 때에는 비탈면의 위에서 아래로 길게 세로로 깔고 흙쌓기 비탈면을 다지고 붙일 때에는 수평으로 깔며 양단을 0.05m 이상 중첩한다.

① 식생대공
② 식생자루공
③ 식생매트공
④ 종자분사파종공

해설 **식생매트공**
종자와 비료 등을 풀로 부착시킨 매트류로 비탈면을 전면적으로 피복하는 공법
- 식생자루공 : 종자, 비료, 흙 등을 혼합해서 자루에 채운 식생자루를 비탈면에 판 수평구 속에 넣어 붙이는 공법
- 줄떼심기공 : 다지기를 하여 비탈면을 선적으로 녹화하는 공법

128 보도나 지면보다 낮게 위치하도록 하고 기하학적 무늬의 화단을 설치하여 한눈에 볼 수 있도록 조성한 화단으로서 시각적 중심부에는 분수나 조각물 등을 배치하는 화단은?
[2017년 3회]

① 옥상정원(Roof Garden)
② 공중정원(Hanging Garden)
③ 침상화단(Sunken Garden)
④ 기식화단(Mass Flower-Bed)

해설
- 침상화단(sunken garden)은 보도에서 1m 정도 낮은 평면에 기하학적 모양의 화단을 설계하여 관상가치 높다.
- 기식(寄植)화단은 잔디밭 중앙 광장의 중앙이나 축의 교차점에 조성하는 화단으로 중앙에는 키 큰 초화류 심고 주변부에 키가 작고 쉽게 갈아 심을 수 있는 초화류를 심어 사방에서 감상할 수 있도록 조성한 화단으로 중심부에 조각이나 괴석 등을 놓기도 한다.
- 경재(境栽)화단은 도로, 담장, 산울타리를 배경으로 폭이 좁게 만든 장방형의 화단으로 앞에 키가 작은 초화류를, 뒤에 키 큰 초화류를 식재하여 한쪽에서만 감상하도록 조성한다.
- 공중정원은 메소포타미아 문명(바빌로니아)이며, 세계 7대 불가사의로 최초의 옥상정원이다.

129 관상하기에 편리하도로고 땅을 1~2m 깊이로 파내려가 평평한 바닥을 조성하고, 그 바닥에 화단을 조성한 것은? [2012년도4회]

① 기식화단   ② 모둠화단
③ 양탄자화단 ④ 침상화단

해설 **침상화단**
기하학적인 정형식 화단의 일종으로 보도면보다 낮은 화단

130 건물이나 담장 앞 또는 원로에 따라 길게 만들어 지는 화단은? [2013년1회]

① 카펫화단   ② 침상화단
③ 모듬화단   ④ 경재화단

정답 126. ① 127. ③ 128. ③ 129. ④ 130. ④

해설 **화단의 종류**

종류	조성/공간	형태	조성 방법
경재화단	건물의 주변, 울타리나 담장 밑, 도로변을 따라 조성	길게 직사각형으로 만들어지는 화단	화단의 전면에서만 감상되기 때문에 화단 앞쪽은 키가 작은 것을 심고 뒤쪽으로 갈수록 큰 초화를 식재
모둠화단	화단 정원의 중앙, 잔디밭, 광장 등의 가운데에 조성	단독으로 설치하고 여러 가지 초화를 모아 식재	화단의 어느 방향에서도 관상하므로 중앙 부위를 높게 하고 가장자리를 낮게 함
리본화단	건물의 주변, 울타리나 담장 밑, 도로변을 따라 조성	리본처럼 가늘고 긴 형태로 만들어지는 화단	키가 작고 잎이나 꽃이 화려하고 아름다운 꽃을 선택함
자수화단	큰 광장이나 잔디밭 등에 조성	자수 놓은 것처럼 화려하고 복잡한 문양	화단 중에서 가장 규모가 크고 복잡하므로 세밀한 계획과 시공이 요구

131 다음 중 침상화단(Sunken garden)에 관한 설명으로 가장 적합한 것은? [2013년4회]
① 양탄자를 내려다보듯이 꾸민 화단
② 경계부분을 따라서 1열로 꾸민 화단
③ 관상하기 편리하도록 지면을 1~2m 정도 파내려가 꾸민 화단
④ 중앙부를 낮게 하기 위하여 키 작은 꽃을 중앙에 심어 꾸민 화단

해설 128번 해설 참조

132 화단을 조성하는 장소의 환경 조건과 구성하는 재료 등에 따라 구분할 때 "경재화단"에 대한 설명으로 바른 것은? [2010년4회]
① 양쪽 방향에서 관상할 수 있으며 키가 작고 잎이나 꽃이 화려하고 아름다운 것을 심어준다.
② 전면에서만 감상되기 때문에 화단 앞쪽은 키가 작은 것을, 뒤쪽으로 갈수록 큰 화초류를 심는다.
③ 화단의 어느 방향에서나 관상 가능하도록 중앙 부위는 높게, 가장 자리는 낮게 조성한다.
④ 가장 규모가 크고 화려하고 복잡한 문양 등으로 펼쳐진다.

해설 128, 130번 해설 참조

133 화단에 초화류를 식재하는 방법으로 옳지 않은 것은? [2012년5회]
① 식재하는 줄이 바뀔 때마다 서로 어긋나게 심는 것이 보기에 좋고 생장에 유리하다.
② 식재할 곳에 1m² 당 퇴비 1~2kg, 복합비료 80~120g을 밑거름으로 뿌리고 20~30cm 깊이로 갈아 준다.
③ 큰 면적의 화단은 바깥쪽부터 시작하여 중앙부위로 심어 나가는 것이 좋다.
④ 심기 한나절 전에 관수해 주면 캐낼 때 뿌리에 흙이 많이 붙어 활착에 좋다.

해설 화단의 중앙부로부터 바깥쪽으로 식재한다.

토공 시공

134 토공사(정지) 작업 시 일정한 장소에 흙을 쌓아 일정한 높이를 만드는 일을 무엇이라 하는가? [2016년4회]
① 객토   ② 절토
③ 성토   ④ 경토

해설 **토공사의 종류**
- 객토 : 새로운 흙을 넣어서 토층의 성질을 개선하는 것
- 절토 : 흙을 깎아내는 것
- 성토 : 흙을 쌓는 것

정답 131. ③ 132. ② 133. ③ 134. ③

CHAPTER 03 조경시공 기출문제

135 흙쌓기 작업 시 시간이 경과하면서 가라앉을 것을 예측하여 더돋기를 하는데 이때 일반적으로 계획된 높이보다 어느 정도 더 높이 쌓아올리는가? [2010년 2회]

① 1~5%   ② 10~15%
③ 20~25% ④ 30~35%

해설 더돋기의 표준
성토 시 압축 및 침하에 의해 계획 높이보다 줄어드는 것을 방지하기 위해 높이의 10% 정도를 더 쌓는 것을 말한다.

흙쌓기 높이	더돋기 높이
3m 미만	높이의 10%
3~6m 미만	높이의 8~10%

136 흙을 이용하여 2m 높이로 마운딩하려 할 때, 더돋기를 고려해 실제 쌓아야 하는 높이로 가장 적합한 것은? [2012년 5회]

① 2m   ② 2m 20cm
③ 3m   ④ 3m 30cm

해설 높이의 10% 정도를 더 쌓는다.
2m × 0.1 = 0.2m 따라서 2m + 0.2m = 2.2m

137 여성토에 대한 설명으로 가장 적합한 것은? [2018년 2회]

① 중앙분리대에 흙을 볼록하게 쌓아 올린다.
② 옹벽 앞에 계단처럼 콘크리트를 쳐서 옹벽을 보강한다.
③ 가라앉을 것을 예측하여 흙을 계획높이보다 더 높게 쌓는다.
④ 잔디에 주기적으로 토양을 넣어 뿌리가 노출되지 않도록 한다.

해설 여성토
흙쌓기에서 성토 완료 후 지반침하 및 성토체 침하를 예측하여 요구되는 성토고 확보를 위하여 작업 시 미리 흙을 더 높게 쌓는 것

138 다음 중 여성토의 정의로 가장 알맞은 것은? [2014년 1회]

① 가라앉을 것을 예측하여 흙을 계획높이보다 더 쌓는 것
② 중앙분리대에서 흙을 볼록하게 쌓아 올리는 것
③ 옹벽 앞에 계단처럼 콘크리트를 쳐서 옹벽을 보강하는 것
④ 잔디밭에서 잔디에 주기적으로 뿌려 뿌리가 노출되지 않도록 준비하는 토양

해설 137번 해설 참조

139 그림과 같은 축도기호가 나타내고 있는 것으로 옳은 것은? [2014년 2회]

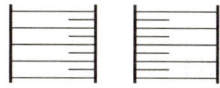

① 등고선   ② 성토
③ 절토   ④ 과수원

140 흙은 같은 양이라 하더라도 자연상태(N)와 흐트러진 상태(S), 인공적으로 다져진 상태(H)에 따라 각각 그 부피가 달라진다. 자연상태의 흙의 부피(N)를 1.0으로 할 경우 부피가 큰 순서로 적당한 것은? [2013년 5회]

① H>N>S   ② N>H>S
③ S>N>H   ④ S>H>N

해설 자연 상태의 흙을 파내면 공극 때문에 토량이 증가하고, 자연 상태의 흙을 다지면 공극이 줄어들어 토량이 감소함
- 자연 상태의 토량 변화율 = 1
- 흐트러진 상태의 토량 변화율 = 1.2
- 다져진 상태의 토량 변화율 = 0.8

141 토량의 변화에서 체적비(변화율)는 L과 C로 나타낸다. 다음 설명 중 옳지 않은 것은? [2014년 4회]

정답 ▶ 135. ② 136. ② 137. ③ 138. ① 139. ② 140. ③ 141. ①

① L값은 경암보다 모래가 더 크다
② C는 다져진 상태의 토량과 자연상태의 토량의 비율이다
③ 성토, 절토 및 사토량의 산정은 자연상태의 양을 기준으로 한다.
④ L은 흐트러진 상태의 토량과 자연상태의 토량의 비율이다.

해설 L(증가율) = 흐트러진 상태의 토량 / 자연 상태의 토량
• 모래 15%, 보통흙 20~30%, 암석 50~80% 정도 부피 증가
C(감소율) = 다져진 상태의 토량 / 자연 상태의 토량

142 경관에 변화를 주거나 방음, 방풍 등을 위한 목적으로 작은 동산을 만드는 공사의 종류는? [2015년2회]
① 부지정지 공사 ② 흙깎기 공사
③ 멀칭 공사 ④ 마운딩 공사

해설 마운딩
• 경관에 변화를 주거나 방음, 방풍, 방설 등을 위한 목적으로 작은 동산을 만드는 것
• 흙쌓기의 일종으로 자면의 형상을 변화시켜 수목생장에 필요한 유효 토심을 확보하는 방법
• 마운딩의 높이는 등고선으로 표시
• 마운딩의 역할 : 배수 방향 조절, 자연스러운 경관 조성, 토지 이용상 공간 분할

143 조경공사에서 작은 언덕을 조성하는 흙쌓기 용어는? [2010년1회]
① 사토 ② 절토
③ 마운딩 ④ 정지

해설 142번 해설 참조

144 마운딩(mounding)의 기능으로 옳지 않은 것은? [2013년5회]
① 유효토심확보
② 자연스러운 경관 연출
③ 공간연결의 역할
④ 배수방향조절

해설 142번 해설 참조

145 다음 중 흙깎기의 순서 중 가장 먼저 실시하는 곳은? [2014년5회]

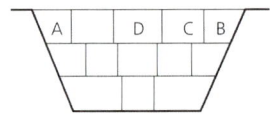

① A ② B
③ C ④ D

해설 흙쌓기 순서

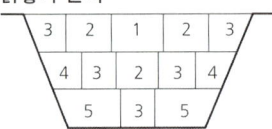

146 터파기 공사를 할 경우 평균부피가 굴착 전보다 가장 많이 증가하는 것은? [2011년4회]
① 모래 ② 보통흙
③ 자갈 ④ 암석

해설 모래 15%, 보통흙 20~30%, 암석 50~80% 정도 부피 증가

147 흙깎기(切土) 공사에 대한 설명으로 옳은 것은? [2012년2회]
① 보통 토질에서는 흙깎기 비탈면 경사를 1 : 0.5 정도로 한다.
② 식재공사가 포함된 경우의 흙깎기에서는 지표면 표토를 보존하여 식물생육에 유용하도록 한다.
③ 작업물량이 기준보다 작은 경우 인력보다는 장비를 동원하여 시공하는 것이 경제적이다.

CHAPTER 03 조경시공 기출문제

④ 흙깎기를 할 때는 안식각보다 약간 크게 하여 비탈면의 안정을 유지한다.

해설 흙깎기 공사
- 흙을 깎아 평탄한 부지나 각종 시설물의 기초를 다지는 작업
- 흙깎기를 할 때는 안식각보다 작게 하여 비탈면의 안정을 유지
- 보통 토질에서의 흙깎기 비탈면 경사 1 : 1 정도
- 식재공사가 포함된 경우의 흙깎기는 지표면 30~50cm 정도 깊이의 표토를 보존하여 식물 생육에 유용하도록 함

148 다음 중 기준점 및 규준틀에 관한 설명으로 틀린 것은? [2011년1회]

① 규준틀은 토공의 높이, 나비 등의 기준을 표시한 것이다.
② 규준틀은 공사가 완료된 후에 설치한다.
③ 기준점은 이동의 염려가 없는 곳에 설치한다.
④ 기준점은 최소 2개소 이상 여러 곳에 설치한다.

해설 기준점은 시공 시 그 측량의 기준점으로써 높이를 측정할 때 사용한다. 흔들리지 않게 고정하여서 2~3개소 설치한다.

149 다음 중 흙 쌓기에서 비탈면의 안정 효과를 가장 크게 얻을 수 있는 경사는? [2013년1회]

① 1 : 0.3   ② 1 : 0.5
③ 1 : 0.8   ④ 1 : 1.5

해설 흙쌓기
- 절토한 흙을 일정한 장소에 쌓는 것
- 보통 30~60cm 마다 다짐을 실시하며, 일반적인 흙쌓기의 경사는 1 : 1.5 이다.

150 다음 중 토사붕괴의 예방대책으로 틀린 것은? [2015년1회]

① 지하수위를 높인다.
② 적절한 경사면의 기울기를 계획한다.
③ 활동할 가능성이 있는 토석은 제거하여야 한다.
④ 말뚝(강관, H형강, 철근 콘크리트)을 타입하여 지반을 강화시킨다.

해설 지하수위를 낮추어야 한다.

151 사면(slope)의 안정계산 시 고려해야 할 요소 중 가장 거리가 먼 것은? [2011년5회]

① 흙의 내부 마찰각
② 흙의 점착력
③ 흙의 단위 중량
④ 흙의 간극비

해설 사면의 안정
흙쌓기, 흙깎기 등의 사면이 미끄럼을 일으키지 않는 것을 말하며, 경사면이 안정되어 있는 것은 흙덩어리의 점착력, 내부 마찰각, 흙의 단위 중량 등에 의해 발생된다.

152 토양침식에 대한 설명으로 옳지 않은 것은? [2014년1회]

① 토양의 침식량은 유거수량이 많을수록 적어진다.
② 토양유실량은 강우량보다 최대강우강도와 관계가 있다.
③ 경사도가 크면 유속이 빨라져 무거운 입자도 침식된다.
④ 식물의 생장은 투수성을 좋게 하여 토양유실량을 감소시킨다.

해설 토양의 침식 방지를 위해서는 유거수량을 줄여야 한다.

153 지형도에서 두 지점 사이의 고저차는 20m이고, 동일한 지형도에서 두 지점 사이의 수평거리는 100m일 때 경사도(%)는? [2010년5회]

정답 148. ④ 149. ④ 150. ① 151. ④ 152. ① 153. ②

① 10% ② 20%
③ 50% ④ 80%

> **해설** 경사도 측정
> • 수직높이/수평거리×100
> • 20m/100m ×100 = 20%

154 지형도 상에서 2점간의 수평거리가 200m이고, 높이차가 5m라 하면 경사도는 얼마인가? [2016년2회]

① 2.5% ② 5.0%
③ 10.0% ④ 50.0%

> **해설** 경사도 측정
> • 수직높이/수평거리×100
> • 5/200×100 = 2.5%

155 다음 중에서 경사도가 가장 완만한 것은? [2011년5회]

① 1 : 1 ② 1 : 2
③ 45% ④ 50°

> **해설** 경사도 비교
> • 50°는 45°(1 : 1) 보다 크므로 경사도가 가장 높음
> • 1 : 1 경사 = 100%, 1 : 2 경사 = 50% 이므로 45%가 가장 완만한 경사임

156 다음 중 구배(경사도)가 가장 큰 것은? [2017년 3회]

① 100% 경사 ② 45° 경사
③ 1할 경사 ④ 1 : 0.7

> **해설**
> • 1 : n 표시법 ⇒ 수직 높이 10m, 수평 거리 15m = 1 : 1.5
>   1 : 0.7 = 1/0.7×100 = 143%
> • 100% = 45° = 1 : 1 경사(1/1×100 = 100%)
> • 1할 = 10%.

157 다음 중 경사도에 관한 설명으로 틀린 것은? [2015년4회]

① 45° 경사는 1 : 1이다.
② 25% 경사는 1 : 4이다.
③ 1 : 2는 수평거리 1, 수직거리 2를 나타낸다.
④ 경사면은 토양의 안식각을 고려하여 안전한 경사면을 조성한다.

> **해설** 경사도 표현
> • 수직거리 : 수평거리
> • 각도
> • 수직높이/수평거리×100(%)

158 경사도(勾配)가 15%인 도로면상의 경사거리 135m에 대한 수평거리는? [2015년5회]

① 130.0m ② 132.0m
③ 133.5m ④ 136.5m

> **해설** 157번 해설 참조

159 비탈면 경사의 표시에서 1 : 2.5에서 2.5는 무엇을 뜻하는가? [2011년2회]

① 수직고
② 수평거리
③ 경사면의 길이
④ 안식각

> **해설** 157번 해설 참조

160 다음 중 건설 기계의 용도 분류상 굴착용으로 사용하기에 부적합한 것은? [2011년2회]

① 클램셸
② 파워쇼벨
③ 드래그라인
④ 스크레이퍼

> **해설** 토공용 기계

정답 154. ① 155. ③ 156. ④ 157. ③ 158. ③ 159. ② 160. ④

굴착기계	파워셔블, 백호우, 불도저, 트랙터셔블, 드래그라인, 리퍼 등
적재기계	무한궤도식 로더, 차륜식 로더, 소형 로더
굴착·적재기계	셔블계 굴착기
굴착운반기계	불도저, 스크레이퍼 도저, 스크레이퍼, 트랙셔블
운반기계	덤프트럭, 크레인, 트럭크레인, 지게차, 체인블록
정지기계	모터그레이더
다짐기계	탬퍼, 진동 컴팩터, 진동롤러

161 토공 작업 시 지반면보다 낮은 면의 굴착에 사용하는 기계로 깊이 6m 정도의 굴착에 적당하며, 백호우라고도 불리는 기계는?
[2012년2회]

① 파워 쇼벨 ② 드랙 쇼벨
③ 클램셸 ④ 드랙 라인

해설 쇼벨계 장비
- 장비에 부착된 버켓이 상하 운동을 하여 장비보다 높거나 낮은 곳의 흙을 굴착하여 퍼 올리는 장비
- 종류
  - 파워 쇼벨 : 높은 곳의 흙을 낮은 곳으로 깎아 내릴 때 사용
  - 드랙 라인 : 지면보다 낮은 곳 굴착 및 준설
  - 클램셸 : 구조물의 기초나 수중 굴착

162 다음 중 건설장비 분류상 "배토정지용 기계"에 해당되는 것은?
[2013년4회]

① 모터그레이더 ② 드래그라인
③ 램머 ④ 파워쇼벨

해설 160번 해설 참조

163 조경공사용 기계의 종류와 용도(굴삭, 배토정지, 상차, 운반, 다짐)의 연결이 옳지 않은 것은?
[2015년2회]

① 굴삭용 – 무한궤도식 로더
② 운반용 – 덤프트럭

③ 다짐용 – 탬퍼
④ 배토정지용 – 모터그레이더

해설 160번 해설 참조

164 다음 [보기]가 설명하는 특징의 건설장비는?
[2016년1회]

[보기]
- 기동성이 뛰어나고, 대형목의 이식과 자연석의 운반, 놓기, 쌓기 등에 가장 많이 사용된다.
- 기계가 서있는 지반보다 낮은 곳의 굴착에 좋다.
- 파는 힘이 강력하고 비교적 경질지반도 적용한다.
- Drag Shovel 이라고도 한다.

① 로더(Loader)
② 백호우(Back Hoe)
③ 불도저(Bulldozer)
④ 덤프트럭(Dump Truck)

165 다음 설명에 적합한 조경 공사용 기계는?
[2016년4회]

- 운동장이나 광장과 같이 넓은 대지나 노면을 판판하게 고르거나 필요한 흙 쌓기 높이를 조절하는데 사용
- 길이 2~3m, 나비 30~50cm의 배토판으로 지면을 긁어 가면서 작업
- 배토판은 상하좌우로 조절할 수 있으며, 각도를 자유롭게 조절할 수 있기 때문에 지면을 고르는 작업 이외에 언덕 깎기, 눈치기, 도랑파기 작업 등도 가능

① 모터 그레이더 ② 차륜식 로더
③ 트럭 크레인 ④ 진동 컴팩터

정답 161. ② 162. ① 163. ① 164. ② 165. ①

166 다음 설명의 ( )안에 적합한 것은? [2016년1회]

> ( )란 지질 지표면을 이루는 흙으로, 유기물과 토양 미생물이 풍부한 유기물층과 용탈층 등을 포함한 표층 토양을 말한다.

① 표토 ② 조류(algae)
③ 풍적토 ④ 충적토

167 모래밭(모래터) 조성에 관한 설명으로 가장 부적합한 것은? [2013년4회]

① 적어도 하루에 4~5시간의 햇볕이 쬐고 통풍이 잘되는 곳에 설치한다.
② 모래밭의 깊이는 놀이의 안전을 고려하여 30cm 이상으로 한다.
③ 가장자리는 방부 처리한 목재 또는 각종 소재를 사용하여 지표보다 높게 모래막이 시설을 해준다.
④ 모래밭은 가급적 휴게시설에서 멀리 배치한다.

[해설] 놀이터(모래터)를 이용하는 아이들을 관찰할 수 있는 휴게시설이 근처에 있어야 한다.

168 자연상태의 토량 1000㎥을 굴착하면, 그 흐트러진 상태의 토양은 얼마가 되는가?(단, 토량변화율을 L=1.25, C=0.9라고 가정한다.) [2010년2회]

① 900㎥ ② 1000㎥
③ 1125㎥ ④ 1250㎥

[해설] 흐트러진 상태의 토양 = 자연상태의 토량 × 토량변화율(L)

169 시설물의 기초부위에서 발생하는 토공량의 관계식으로 옳은 것은? [2012년5회]

① 잔토처리 토량 = 기초 구조부 체적 − 터파기 체적
② 잔토처리 토량 = 되메우기 체적 − 터파기 체적
③ 되메우기 토량 = 터파기 체적 − 기초 구조부 체적
④ 되메우기 토량 = 기초 구조부 체적 − 터파기 체적

[해설] 되메우기 토량 = 터파기 체적 − 기초 구조부 체적

170 토공사에서 터파기할 양이 100㎥, 되메우기 양이 70㎥일 때 실질적인 잔토처리량(㎥)은?(단, L=1.1, C=0.8이다.) [2016년1회]

① 24 ② 30
③ 33 ④ 39

[해설] 잔토처리량
= (터파기 체적 − 되메우기 체적) × 토량변화율(L)
= (100 − 70) × 1.1 = 33

171 다음 그림과 같이 수준 측량을 하여 각 측점의 높이를 측정하였다. 절토량 및 성토량이 균형을 이루는 계획고는? [2015년1회]

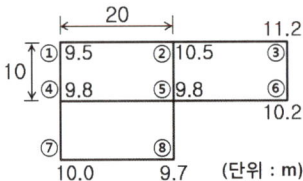

① 9.59m
② 9.95m
③ 10.05m
④ 10.50m

[해설] (9.5 + 10.5 + 9.8 + 9.8)/4 = 9.9
(10.5 + 11.2 + 10.2 + 9.8)/4 = 10.425
(9.8 + 9.8 + 10.0 + 9.7)/4 = 9.825
균형 값은 (9.9 + 10.425 + 9.825)/3 = 10.05m

정답 166. ① 167. ④ 168. ④ 169. ③ 170. ③ 171. ③

CHAPTER 03 조경시공 기출문제

172 토공사에서 흐트러진 상태의 토양 변환율이 1.1 일 때 터파기량이 10m³, 되메우기량이 7m³ 이라면 잔토처리량은? [2010년4회]

① 3m³   ② 3.3m³
③ 7m³   ④ 17 m³

해설 잔토처리량
= (터파기 체적 − 되메우기 체적) × 토량변화율(L)
= (10 − 7) × 1.1 = 3.3

173 다음 그림과 같은 땅깎기 공사 단면의 절토 면적은? [2013년2회]

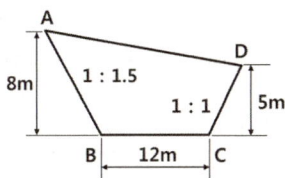

① 60   ② 96
③ 112   ④ 128

해설 면적 = 삼각형면적 + 사다리꼴면적

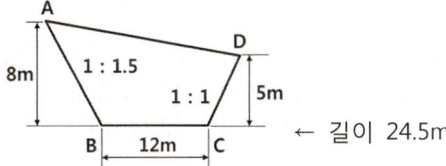

= {24.5 × 3 × 1/2} + {(12 + 24.5) × 5 × 1/2}
= 36.75 + 91.25 = 128

174 다음 그림과 같은 삼각형의 면적은? [2014년5회]

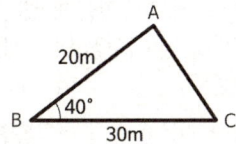

① 115m²   ② 193m²
③ 230m²   ④ 386m²

해설 삼각형 넓이 = 1/2 × 20 × 30 × sin40° = 약 192.836

175 기초 토공사비 산출을 위한 공정이 아닌 것은? [2014년4회]

① 터파기   ② 되메우기
③ 정원석 놓기 ④ 잔토처리

해설 정원석 놓기는 석공사의 공정이다.

176 "용적률 = (A) / 대지면적 × 100" 식의 'A' 에 해당하는 것은? [2012년5회]

① 건축연면적   ② 건축면적
③ 1호당면적   ④ 평균층수

해설 용적률은 대지면적에 대한 건축연면적의 비율을 말한다.

측량

177 다음 중 측량의 3대 요소가 아닌 것은? [2015년5회]

① 각측량   ② 거리측량
③ 세부측량 ④ 고저측량

해설 측량의 3대 요소
거리, 방향, 높이

178 측량 시에 사용하는 측정기구와 그 설명이 틀린 것은? [2015년2회]

① 야장 : 측량한 결과를 기입하는 수첩
② 측량 핀 : 테이프의 길이마다 그 측점을 땅 위에 표시하기 위하여 사용되는 핀
③ 폴(pole) : 일정한 지점이 멀리서도 잘 보이도록 곧은 장대에 빨간색과 흰색을 교대로 칠하여 만든 기구

정답 ▶ 172. ② 173. ④ 174. ② 175. ③ 176. ① 177. ③ 178. ④

④ 보수계(pedometer) : 어느 지점이나 범위를 표시하기 위하여 땅에 꽂아 두는 나무 표지

해설 보수계
몸에 지니고 걸으면 진동에 의하여 기계적으로 걸음 수를 측정할 수 있는 기계

179 평판 측량의 3요소가 아닌 것은?
[2015년4회]

① 수평 맞추기[정준]
② 중심 맞추기[구심]
③ 방향 맞추기[표정]
④ 수직 맞추기[수준]

해설 평판 측량 3요소

정준	수평 맞추기(평판이 수평이 되게 하는 것)
구심 (차심)	중심 맞추기(측점과 평판 사이의 점이 일직선상에 위치)
표정	방향, 방위 맞추기, 평판을 고정시키는 작업(평판 측량의 오차 중 가장 큰 영향을 준다.)

180 평판 측량에서 평판을 정치하는데 생기는 오차 중 측량 결과에 가장 큰 영향을 줌으로 특히 주의해야 할 것은? [2013년1회]

① 중심 맞추기 오차
② 수평 맞추기 오차
③ 앨리데이드의 수준기에 따른 오차
④ 방향 맞추기 오차

해설 179번 해설 참조

181 평판 측량의 3요소에 해당하지 않은 것은?
[2010년1회]

① 정준   ② 구심
③ 수준   ④ 표정

해설 179번 해설 참조

182 다음 중 현장 답사 등과 같은 높은 정확도를 요하지 않는 경우에 간단히 거리를 측정하는 약측정 방법에 해당하지 않는 것은?
[2016년1회]

① 목측   ② 보측
③ 시각법   ④ 줄자측정

해설 약측정 방법으로는 목측, 시각법, 보측, 음측, 윤정계에 의한 방법 등이 있다. 줄자측정은 직접 거리 측정 방법이다.

183 다음 평판 측량 방법과 관계가 없는 것은?
[2010년5회]

① 방사법   ② 전진법
③ 좌표법   ④ 교회법

해설 평판 측량 방법

방사법	• 장애물이 없을 때 한번에 세워 측량
전진법 (도선법)	• 장애물이 많아 방법이 불가능할 때 사용 • 정밀도가 높음
교회법 (교선법)	• 광대한 지역에 2~3개의 미지점을 잡아 교선을 가지고 측정 • 작업이 신속함

184 비교적 좁은 지역에서 대축척으로 세부 측량을 할 경우 효율적이며, 지역 내에 장애물이 없는 경우 유리한 평판 측량방법은?
[2011년4회]

① 방사법   ② 전진법
③ 전방교회법 ④ 후방교회법

해설 183번 해설 참조

185 평판 측량에서 도면상에 없는 미지점에 평판을 세워 그 점(미지점)의 위치를 결정하는 측량방법은? [2013년4회]

① 측방교선법 ② 복전진법
③ 원형교선법 ④ 후방교선법

정답 179. ④ 180. ④ 181. ③ 182. ④ 183. ③ 184. ① 185. ④

186 수준 측량과 관련이 없는 것은? [2012년1회]
① 야장
② 앨리데이드
③ 레벨
④ 표척

> 해설 **수준 측량**
> - 여러 점의 표고 또는 고저차를 구하거나 목적하는 높이를 설정하는 측량, 기준점은 평균해수면
> - 수준 측량에 사용되는 재료 : 레벨, 표척, 야장 등
> - 앨리데이드는 평판 측량에 사용된다.

187 수준 측량의 용어 설명 중 높이를 알고 있는 기지점에 세운 표척눈금의 읽은 값을 무엇이라 하는가? [2015년2회]
① 후시
② 전시
③ 전환점
④ 중간점

> 해설 **수준 측량 용어**
> - 전시 : 구하고자 하는 점에 기계를 세워 읽은 값
> - 후시 : 알고 있는 점에 표척을 세워 읽은 값
> - 중간점 : 그 점의 표고를 구하고자 전시만 취한 점
> - 전환점 : 기계를 옮기기 위한 점으로 전시와 후시를 동시에 취하는 점

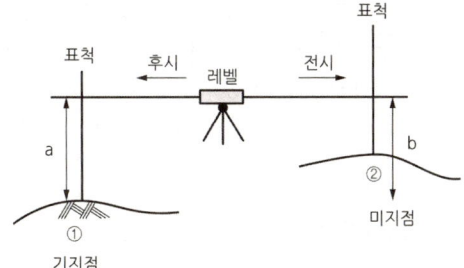

188 수준 측량에서 표고(標高 : elevation)라 함은 일반적으로 어느 면(面)으로부터 연직거리를 말하는가? [2016년1회]
① 해면(海面)
② 기준면(基準面)
③ 수평면(水平面)
④ 지평면(地平面)

> 해설 **용어 설명**
> - 기준면 : 높이의 기준이 되는 면이며, ±0m로 정한 면
> - 수평면 : 어떤 한 면 위에 어느 점에서든지 수선을 내릴 때 그 방향이 지구의 중력방향을 향하는 면
> - 지평면 : 어떤 한 점에서 수평면에 접하는 평면

189 측량에서 활용되는 정지된 평균해수면을 육지까지 연장하여 지구전체를 둘러쌌다고 사상한 곡면? [2013년5회]
① 타원체면
② 지오이드면
③ 물리적 지표면
④ 회전타원체면

190 항공사진 측량 시 낙엽수와 침엽수, 토양의 습윤도 등의 판독에 쓰이는 요소는? [2011년2회]
① 질감
② 음영
③ 색조
④ 모양

191 항공사진측량의 장점 중 틀린 것은? [2012년1회]
① 동적인 대상물의 측량이 가능하다.
② 좁은 지역 측량에서 50% 정도의 경비가 절약 된다.
③ 분업화에 의한 작업능률성이 높다.
④ 축척 변경이 용이하다.

> 해설 항공사진측량은 영상을 이용하여 피사체의 정량적(위치, 형상), 정성적(특성)으로 해석하는 측량으로, 경비가 많이 든다.

관수, 배수공사

192 살수기 설계 시 배치 간격은 바람이 없을 때 기준으로 살수 작동 최대 간격을 살수직경의 몇 %로 제한하는가? [2011년2회]
① 45~55%
② 60~65%
③ 70~75%
④ 80~85%

정답 186. ② 187. ① 188. ② 189. ② 190. ③ 191. ② 192. ②

해설	살수기의 배치 간격
구분	배치 간격
무풍의 경우 (약 3m/sec 이하)	살수직경의 60~65%
3~4m/sec	살수직경의 50%
4m/sec 이상	살수직경의 22~30%

193 배수공사 중 지하층 배수와 관련된 설명으로 옳지 않은 것은? [2012년2회]

① 속도랑의 깊이는 심근성보다 천근성 수종을 식재할 때 더 깊게 한다.
② 큰 공원에서는 자연 지형에 따라 배치하는 자연형 배수방법이 많이 이용된다.
③ 암거배수의 배치형태는 어골형, 평행형, 빗살형, 부채살형, 자유형 등이 있다.
④ 지하층 배수는 속도랑을 설치해 줌으로써 가능하다.

해설 속도랑의 깊이는 심근성 교목 1.3~1.8m, 천근성 교목 0.8~1.1m

194 다음 중 L형 측구의 팽창줄눈 설치 시 지수판의 간격은? [2015년1회]

① 20m 이내
② 25m 이내
③ 30m 이내
④ 35m 이내

195 일반적으로 표면 배수 시 빗물받이는 몇 M마다 1개씩 설치하는 것이 효과적인가? [2010년4회]

① 1~10m ② 20~30m
③ 40~50m ④ 60~70m

해설 빗물받이
빗물을 하수본관으로 흘려보내기 위하여 측구에 설치하는 시설로 20~30m마다 설치

196 다음 중 정구장과 같이 좁고 긴 형태의 전 지역을 균일하게 배수하려는 암거 방법은? [2010년4회]

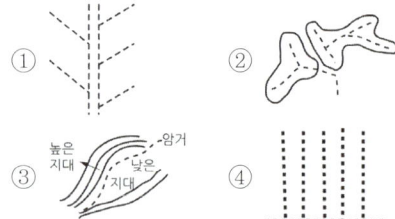

해설 암거 배수망의 설치
• 어골형 : 주관을 중앙에 비스듬히 설치, 경기장, 평탄한 지역의 균일한 배수
• 자연형 : 전면 배수 요구되지 않는 지역, 지형의 등고선을 따라 주관과 지관을 설치하는 방법
• 절치형 : 비교적 좁은 면적의 전 지역 균일하게 배수할 때 이용
• 선형 : 주관, 지관의 구분 없이 관이 부채살 모양으로 1개의 지점으로 집중되게 설치

197 다음 [보기]와 같은 특징을 갖는 암거배치 방법은? [2017년 3회]

> • 중앙에 큰 맹암거를 중심으로 하여 작은 맹암거를 좌우에 어긋나게 설치하는 방법
> • 경기장 같은 평탄한 지형에 적합하며, 전 지역의 배수가 균일하게 요구되는 지역에 설치
> • 주관을 경사지에 배치하고 양측에 설치

① 빗살형 ② 부채살형
③ 어골형 ④ 자연형

해설 196번 해설 참조

198 지하층의 배수를 위한 시스템 중 넓고 평탄한 지역에 주로 사용되는 것은? [2013년1회]

① 자연형 ② 차단법
③ 어골형, 평행형 ④ 줄치형, 선형

해설 196번 해설 참조

정답 193. ① 194. ① 195. ② 196. ④ 197. ③ 198. ③

199 암거는 지하수위가 높은 곳, 배수 불량 지반에 설치한다. 암거의 종류 중 중앙에 큰 암거를 설치하고, 좌우에 작은 암거를 연결시키는 형태로 넓이에 관계없이 경기장이나 어린이놀이터와 같은 소규모의 평탄한 지역에 설치할 수 있는 것은? [2013년2회]

① 빗살형 ② 어골형
③ 부채살형 ④ 자연형

해설 196번 해설 참조

200 중앙에 큰 맹암거를 중심으로 하여 작은 맹암거를 좌우에 어긋나게 설치하는 방법으로 평탄한 지역에 가장 적합한 형태로 설치되고 있는 맹암거 배치 형태는? [2010년5회]

① 어골형 ② 빗살형
③ 부채살형 ④ 자유형

해설 196번 해설 참조

201 중앙에 큰 암거를 설치하고 좌우에 작은 암거를 연결시키는 형태로, 경기장과 같이 전 지역의 배수가 균일하게 요구되는 곳에 주로 이용되는 형태는? [2012년도4회]

① 자연형 ② 차단법
③ 어골형 ④ 즐치형

해설 196번 해설 참조

202 다음 설명에 해당하는 배수 설치 유형은? [2018년 2회]

> 대규모 공원과 같이 완전한 배수가 요구되지 않는 지역에서 등고선을 고려하여 주관을 설치하고, 주관을 중심으로 양측에 지관을 지형에 따라 필요한 곳에 설치하였다.

① 빗살형 ② 어골형
③ 자유형 ④ 부채살형

해설 암거배수망의 종류
- 어골형 : 중앙에 큰 맹암거를 중심으로 하여 작은 맹암거를 좌우에 어긋나게 설치하는 방법. 전 지역에서 배수가 균일하게 요구되는 지역에 설치함
- 자유형 : 대규모 공원과 같이 완전한 배수가 요구되지 않는 지역에서 사용, 지형에 따라 설치하며 주관을 중심으로 양측에 지관을 설치하는 방법
- 빗살형 : 소면적의 지역에 균일하게 배수가 요구되는 지역, 지역 경계 근처에 주관을 설치하고 한쪽 측면에 지관을 설치하는 방법
- 부채살형 : 주관, 지관의 구분 없이 관이 부채살 모양으로 1개의 지점으로 집중되게 설치하는 방법, 주관과 지관의 구분 없이 같은 크기의 관 사용함

203 지역이 광대해서 하수를 한 개소로 모으기가 곤란할 때 배수지역을 수개 또는 그 이상으로 구분해서 배관하는 배수 방식은? [2012년1회]

① 직각식 ② 차집식
③ 방사식 ④ 선형식

해설 배수 방식
- 직각식 : 해안지역에서 하수를 강에 직각으로 연결시키는 방법
- 차집식 : 오수와 우수의 분리식, 비올 때 하천으로 방류하고, 맑은 날엔 오수를 직접 방류하지 않고 차집구로 하류에 위치한 하수처리장까지 유하시킴
- 선형식 : 지형이 한 방향으로 규칙적인 경사지에 설치함
- 방사식 : 지역이 광대하여 한 개소로 모으기 곤란할 때 사용되며, 최대연장이 짧으며 소관경이므로 경비 절약, 처리장이 많다는 결점

204 다음 배수관 중 가장 경사를 급하게 설치해야 하는 것은? [2012년1회]

① $\phi 100mm$
② $\phi 200mm$
③ $\phi 300mm$
④ $\phi 400mm$

해설 배수관 지름이 작을수록 급경사로 설치한다.

정답 199. ② 200. ① 201. ③ 202. ③ 203. ③ 204. ①

205 하수도시설기준에 따라 오수관거의 최소관경은 몇 mm를 표준으로 하는가?　[2012년도4회]

① 100mm　② 150mm
③ 200mm　④ 250mm

해설　하수도시설기준에 따라 오수관거는 최소관경 200mm, 우수관거는 최소관경 250mm

206 토양환경을 개선하기 위해 유공관을 지면과 수직으로 뿌리 주변에 세워 토양 내 공기를 공급하여 뿌리호흡을 유도하는데, 유공관의 깊이는 수종, 규격, 식재지역의 토양 상태에 따라 다르게 할 수 있으나, 평균 깊이는 몇 미터 이내로 하는 것이 바람직한가?　[2016년1회]

① 1m　② 1.5m
③ 2m　④ 3m

207 토양유실 및 배수기능이 저하되지 않도록 인공지반 조성 시 배수층과 토양층 사이에 여과와 분리를 위해 설치하는 것은?　[2017년1회]

① 점토
② 자갈
③ 토목섬유
④ 합성수지 배수관

해설　인공지반 조성 시 배수층은 계획된 깊이와 나비로 굵은 돌과 자갈, 모래, 유공관 등을 차례대로 채워 넣고 토목섬유(편물(編物)·직물·부직포(不織布) 등)를 설치한 후 토양층을 조성한다.

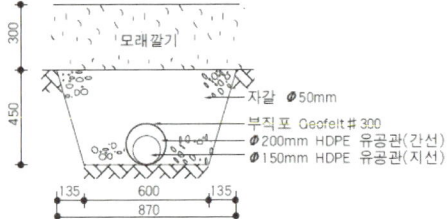

콘크리트공사

208 다음 콘크리트와 관련된 설명 중 옳은 것은?　[2012년5회]

① 콘크리트는 원칙적으로 공기연행제를 사용하지 않는다.
② 콘크리트의 굵은 골재 최대 치수는 20mm 이다.
③ 물-결합재비는 원칙적으로 60% 이하이어야 한다.
④ 강도는 일반적으로 표준양생을 실시한 콘크리트 공시체의 재령 30일 일 때 시험값을 기준으로 한다.

해설　**콘크리트 특성**
- 콘크리트는 공기연행제를 사용하여 미세한 공기의 거품을 콘크리트 속에 고르게 분포시켜 워커빌리티를 좋게 한다.
- 콘크리트의 굵은 골재 최대 치수는 40mm이다.
- 콘크리트 강도는 재령 28일의 압축강도를 표준으로 한다.

209 무근 콘크리트와 비교한 철근 콘크리트의 특성으로 옳은 것은?　[2016년1회]

① 공사기간이 짧다.
② 유지관리비가 적게 소요된다.
③ 철근 사용의 주목적은 압축강도 보완이다.
④ 가설공사인 거푸집 공사가 필요 없고 시공이 간단하다.

해설　**철근 콘크리트의 특성**
- 철근 콘크리트는 거푸집을 만들고 철근을 배근한 후 콘크리트를 타설하여 굳힌 것이다.
- 콘크리트는 압축강도에 비해서 상대적으로 인장강도가 약하기 때문에 철근으로 보강한다.
- 무근 콘크리트에 비해 공사기간이 길며 내구성, 내화성이 좋다.

정답　205. ③　206. ①　207. ③　208. ③　209. ②

CHAPTER 03 조경시공 기출문제

210 콘크리트에 사용되는 재료의 저장에 관한 설명으로 틀린 것은? [2011년5회]

① 잔골재 및 굵은 골재에 있어 종류와 입도가 다른 골재는 각각 구분하여 따로따로 저장한다.
② 시멘트의 온도가 너무 높을 때는 그 온도를 65℃정도 이하로 낮춘 다음 사용한다.
③ 혼화재는 방습적인 사일로 또는 창고 등에 품종별로 구분하여 저장하고 입하된 순서대로 사용하여야 한다.
④ 혼화제는 먼지, 기타의 분순물이 혼입되지 않도록, 액상의 혼화제는 분리되거나 변질되거나 동결되지 않도록, 또 분말상의 혼화제는 습기를 흡수하거나 굳어지는 일이 없도록 저장하여야 한다.

[해설] 시멘트가 경화를 완전히 정지하는 온도는 -10℃이나 실용적으로는 0℃ 이하면 강도는 증진이 없으며, 상온(25℃)보다 온도가 많이 높을 때는 강도가 감소한다.

211 콘크리트용 골재로서 요구되는 성질로 틀린 것은? [2014년1회]

① 단단하고 치밀할 것
② 필요한 무게를 가질 것
③ 알의 모양은 둥글거나 입방체에 가까울 것
④ 골재의 낱알 크기가 균등하게 분포할 것

[해설] 콘크리트용 골재의 특성
- 견고, 밀도가 크고 강할 것
- 내구성이 커서 풍화가 잘 안될 것
- 일반적인 골재 비중은 2.60 이상일 것
- 비중이 큰 골재는 흡수량이 큼
- 골재는 깨끗하고 유해 물질이 없어야 함
- 입도가 균일한 것보다 크기가 다른 것이 좋음

212 좋은 콘크리트를 만들려면 좋은 품질의 골재를 사용해야 하는데, 좋은 골재에 관한 설명으로 옳지 않은 것은? [2012년2회]

① 납작하거나 길지 않고 구형이 가까울 것
② 골재의 표면이 깨끗하고 유해 물질이 없을 것
③ 굳은 시멘트 페이스트보다 약한 석질일 것
④ 굵고 잔 것이 골고루 섞여 있을 것

[해설] 211번 해설 참조

213 다음 골재의 입도(粒度)에 대한 설명 중 옳지 않은 것은? [2012년1회]

① 입도란 크고 작은 골재알(粒)이 혼합되어 있는 정도를 말하며 체가름 시험에 의하여 구할 수 있다.
② 입도가 좋은 골재를 사용한 콘크리트는 공극이 커지기 때문에 강도가 저하한다.
③ 입도시험을 위한 골재는 4분법(四分法)이나 시료분취기에 의하여 필요한 량을 채취한다.
④ 입도곡선이란 골재의 체가름 시험결과를 곡선으로 표시한 것이며 입도곡선이 표준입도곡선 내에 들어가야 한다.

[해설] 골재의 입도가 크면 치밀하고 흡수량이 적고, 내구성이 크다.

214 콘크리트 혼화재의 역할 및 연결이 옳지 않은 것은? [2016년4회]

① 단위수량, 단위시멘트량의 감소 : AE감수제
② 작업성능이나 동결융해 저항성능의 향상 : AE제
③ 강력한 감수효과와 강도의 대폭 증가 : 고성능감수제
④ 염화물에 의한 강재의 부식을 억제 : 기포제

정답 ▶ 210. ② 211. ④ 212. ③ 213. ② 214. ④

해설 혼화재료 : 콘크리트의 성질 개선, 사용량 감소를 목적으로 사용함
- 혼화재
  - 부피가 콘크리트 배합 계산에 관계함
  - 종류 : 천연시멘트, 포졸란, 플라이애시, 슬래그 등
- 혼화제
  - 혼화재료 중 사용량이 비교적 적어서 그 자체의 부피가 콘크리트 등의 비비기 용적에 계산되지 않아도 좋은 것
  - 종류 : AE제, 지연제, 감수제, 급결제 등

215 콘크리트용 혼화재료에 관한 설명으로 옳지 않은 것은? [2016년4회]
① 포졸란은 시공연도를 좋게 하고 블리딩과 재료분리 현상을 저감시킨다.
② 플라이애시와 실리카흄은 고강도 콘크리트 제조용으로 많이 사용된다.
③ 알루미늄 분말과 아연 분말은 방동제로 많이 사용되는 혼화제이다.
④ 염화칼슘과 규산소오다 등은 응결과 경화를 촉진하는 혼화제로 사용된다.

해설 **혼화재료 종류**
- 플라이애시 : 워커빌리티 개선, 단위수량 감소, 수화열 감소
- 실리카흄 : 시멘트 입자 사이에 실리카흄의 충진 효과에 의한 수밀성 향상 및 고강도화
- 포졸란 : 해수에 대한 화학적 저항성 및 수밀성 등 개선
- 응결경화 촉진제 : 조기 강도가 필요한 콘크리트에 사용(염화칼슘)

216 혼화재의 설명 중 옳은 것은? [2012년2회]
① 종류로는 포졸란, AE제 등이 있다.
② 혼화재료는 그 사용량이 비교적 많아서 그 자체의 부피가 콘크리트의 배합계산에 관계된다.
③ 종류로는 슬래그, 감수제 등이 있다.
④ 혼화재는 혼화제와 같은 것이다.

해설 215번 해설 참조

217 운반 거리가 먼 레미콘이나 무더운 여름철 콘크리트의 시공에 사용하는 혼화제는? [2010년1회]
① 경화촉진제   ② 감수제
③ 방수제   ④ 지연제

해설 **지연제**
시멘트의 응결 시간을 늦기 위하여 사용하는 재료로 장시간 운반에 용이함.

218 콘크리트의 혼화재료중 혼화재에 해당하는 것은? [2010년1회]
① AE제(공기연행제)
② 분산제(감수제)
③ 응결촉진제
④ 고로슬래그

해설 215번 해설 참조

219 일반적으로 추운 지방이나 겨울철에 콘크리트가 빨리 굳어지도록 주로 섞어 주는 것은? [2011년4회]
① 석회   ② 염화칼슘
③ 붕사   ④ 마그네슘

해설 응결경화 촉진제 : 염화칼슘

220 콘크리트 혼화제 중 내구성 및 워커빌리티(workability)를 향상시키는 것은? [2014년4회]
① 감수제   ② 경화촉진제
③ 지연제   ④ 방수제

해설 **감수제**
시멘트의 분말을 분산시켜 콘크리트의 워커빌리티를 얻기에 필요한 단위수량을 감소시키는 것을 주목적으로 한 재료

정답 215. ③ 216. ② 217. ④ 218. ④ 219. ② 220. ①

221 다음 중 콘크리트 타설시 염화칼슘의 사용 목적은? [2012년5회]

① 고온증기 양생
② 황산염에 대한 저항성 증대
③ 콘크리트의 조기 강도
④ 콘크리트의 장기 강도

해설 215번 해설 참조

222 콘크리트용 혼화재료로 사용되는 고로슬래그 미분말에 대한 설명 중 틀린 것은? [2014년4회]

① 고로슬래그 미분말을 사용한 콘크리트는 보통콘크리트보다 콘크리트 내부의 세공성이 작아져 수밀성이 향상된다.
② 고로슬래그 미분말은 플라이애시나 실리카흄에 비해 포틀랜드시멘트와의 비중차가 작아 혼화재로 사용할 경우 혼합 및 분산성이 우수하다.
③ 고로슬래그 미분말을 혼화재로 사용한 콘크리트는 염화물이온 침투를 억제하여 철근부식 억제효과가 있다.
④ 고로슬래그 미분말의 혼합률을 시멘트 중량에 대하여 70% 혼합한 경우 중성화 속도가 보통콘크리트의 2배 정도 감소된다.

해설 고로슬래그 시멘트콘크리트의 성질
- 수화발열속도의 저감 및 온도상승 억제 효과
- 장기강도의 향상
- 수밀성 향상
- 염화물 이온 침투 억제에 따른 출근 부식 억제 효과
- 화학저항성 향상
- 알칼리 실리카 반응 억제
- 블리딩이 작으며 유동성 우수
- 고강도 콘크리트 제조에 유효

223 콘크리트의 균열발생 방지법으로 옳지 않은 것은? [2013년4회]

① 콘크리트의 온도상승을 작게 한다.
② 물시멘트비를 작게 한다.
③ 단위 시멘트량을 증가시킨다.
④ 발열량이 적은 시멘트와 혼화제를 사용한다.

해설 콘크리트의 균열 방지법
- 단위 시멘트량을 감소
- 수화열이 낮은 시멘트를 선택
- 콘크리트의 온도를 낮추어 사용
- 1회 타설 높이를 줄이고 팽창제를 사용

224 해사 중 염분이 허용한도를 넘을 때 철근 콘크리트의 조치방안으로 옳지 않은 것은? [2013년5회]

① 아연도금 철근을 사용한다.
② 방청제를 사용하여 철근의 부식을 방지한다.
③ 살수 또는 침수법을 통하여 염분을 제거한다.
④ 단위시멘트량이 적은 빈배합으로 하여 염분과의 반응성을 줄인다.

해설 빈배합의 특징
- 수화열이 적어 균열발생이 적음
- 알칼리 골재 반응이 줄음 - 알칼리 반응이 높아야 염분 배출이 높아짐.
- 배합 시 비빔시간이 길어짐
- 구조체 강도가 저하
- 재료분리 현상 발생

225 콘크리트의 재료분리 현상을 줄이기 위한 방법으로 옳지 않은 것은? [2013년5회]

① 플라이애시를 적당량 사용한다.
② 세장한 골재보다는 둥근 골재를 사용한다.
③ 중량골재와 경량골재 등 비중차가 큰 골재를 사용한다.
④ AE제나 AE감수제 등을 사용하여 사용 수량을 감소시킨다.

정답 221. ③ 222. ④ 223. ③ 224. ④ 225. ③

해설 콘크리트의 워커빌리티가 좋지 않을 때 재료의 분리 현상이 일어남
- 시멘트의 양이 많거나 미세한 입자는 워커빌리티가 좋아짐
- 입자가 모나거나 납작한 것은 워커빌리티를 해침
- 둥근 모양의 골재는 모가 난 골재보다 워커빌리티를 좋게 함
- AE제, 분산제, 감수제는 워커빌리티를 증가시킴

226 콘크리트의 크리프(creep)현상에 관한 설명으로 옳지 않은 것은? [2013년5회]

① 부재의 건조 정도가 높을수록 크리프는 증가한다.
② 양생, 보양이 나쁠수록 크리프는 증가한다.
③ 온도가 높을수록 크리프는 증가한다.
④ 단위수량이 적을수록 크리프는 증가한다.

해설 콘크리트 크리프에 영향을 미치는 요인
- 크리프 : 콘크리트에 일정한 하중을 계속 가하면 하중 증가 없이 시간 경과에 따라 변형이 계속 증대되는 현상
- 크리프 증가 원인 : 하중 클수록, 강도 낮을수록(물시멘트 비가 클수록), 시멘트량과 단위수량 많을수록, 재령 짧을수록, 부재 단면치수 작을수록, 대기 습도 낮을수록, 온도 높을수록 커진다.

227 콘크리트에 사용되는 골재에 대한 설명으로 옳지 않은 것은? [2012년도4회]

① 잔 것과 굵은 것이 적당히 혼합된 것이 좋다.
② 불순물이 묻어 있지 않아야 한다.
③ 형태는 매끈하고 편평, 세장한 것이 좋다.
④ 유해물질이 없어야 한다.

해설 둥근 골재가 좋다.

228 콘크리트용 혼화재로 실리카흄(Silicafume)을 사용한 경우 효과에 대한 설명으로 잘못된 것은? [2013년1회]

① 알칼리 골재반응의 억제 효과가 있다.
② 내화학 약품성이 향상된다.
③ 단위수량과 건조수축이 감소된다.
④ 콘크리트의 재료분리 저항성, 수밀성이 향상된다.

해설 실리카흄(혼화재)의 특성
- 금속 실리콘 또는 규소 합금을 제조할 때에 발생하는 부산물
- 분산성 및 감수 효과 향상
- 수밀성 향상 및 고강도화
- 알칼리 실리카 반응 억제 및 화학적 저항성 향상

229 콘크리트의 흡수성, 투수성을 감소시키기 위해 사용하는 방수용 혼화제의 종류(무기질계, 유기질계)가 아닌 것은? [2012년도4회]

① 염화칼슘
② 고급지방산
③ 실리카질 분말
④ 탄산소다

230 AE콘크리트의 성질 및 특징 설명으로 틀린 것은? [2012년5회]

① 콘크리트 경화에 따른 발열이 커진다.
② 수밀성이 향상 된다.
③ 일반적으로 빈배합의 콘크리트일수록 공기연행에 의한 워커빌리티의 개선효과가 크다.
④ 입형이나 입도가 불량한 골재를 사용할 경우에 공기연행의 효과가 크다.

해설 AE 콘크리트
- AE제를 사용하여 콘크리트 속에 미세한 공기를 섞어 성질을 개선한 콘크리트이다.
- 워커빌리티가 좋아지고, 동결 융해에 대한 저항성이 증가하며 압축강도와 철근과의 부착 강도가 감소한다. 또한 방수성이 뛰어나며 화학 작용에 대한 저항성이 크다.

정답 226. ④ 227. ③ 228. ③ 229. ④ 230. ①

231 콘크리트의 연행공기량과 관련된 설명으로 틀린 것은? [2015년2회]
① 사용 시멘트의 비표면적이 작으면 연행공기량은 증가한다.
② 콘크리트의 온도가 높으면 공기량은 감소한다.
③ 단위잔골재량이 많으면, 연행공기량은 감소한다.
④ 플라이애시를 혼화재로 사용할 경우 미연소 탄소 함유량이 많으면 연행공기량이 감소한다.

해설 공기량에 영향을 미치는 요인
- 결합제(시멘트) : 단위 시멘트량이 증가할수록 공기량은 감소함. 플라이애시의 미연탄소분이 많을 경우 공기량은 감소함
- 골재 : 골재의 형상이 편평할 때 공기량 감소함. 세립분이 증가함에 따라 공기량 증대함. 잔골재율이 작아질수록 공기량은 감소함. 굵은골재 최대치수가 클수록 공기량은 감소함.
- 배합수 : pH가 낮을 때, 불순물이 많은 경우 공기량이 감소함.
- 비비기, 운반, 취급 : 슬럼프값이 현저히 작은 경우 공기량 감소함. 혼합시간이 너무 짧거나 너무 길어지면 공기량이 감소함. 콘크리트 온도 10℃ 증가에 공기량이 20~30% 감소함.

232 구조용 경량콘크리트에 사용되는 경량골재는 크게 인공, 천연 및 부산경량골재로 구분할 수 있다. 다음 중 인공경량골재에 해당되지 않는 것은? [2015년5회]
① 화산재   ② 팽창혈암
③ 팽창점토 ④ 소성플라이애시

해설
- 천연경량골재 : 화산재, 경석, 용암 등
- 인공경량골재 : 팽창점토, 팽창혈암, 플라이애시
- 부산경량골재 : 석탄재, 팽창 슬래그 등

233 콘크리트용 혼화재료로 사용되는 플라이애시에 대한 설명 중 틀린 것은? [2012년5회]

① 플라이애시의 비중은 보통포틀랜드 시멘트보다 작다.
② 포졸란 반응에 의해서 중성화 속도가 저감된다.
③ 플라이애시는 이산화규소(SiO_2)의 함유율이 가장 많은 비결정질 재료이다.
④ 입자가 구형이고 표면조직이 매끄러워 단위수량을 감소시킨다.

해설 플라이애시
- 미분탄 보일러의 연소 가스로부터 집진기에 의해 회수된 미세한 입상의 난사
- 워커빌리티 개선, 단위수량 감소, 수화열 감소, 유동성 개선, 블리딩 현상 감소, 수밀성 향상
- 강알칼리성 수산화칼슘을 소비하게 만들어 중성화에 취약해져 중성화 속도를 빠르게 함

234 감수제를 사용하였을 때 얻는 효과로써 적당하지 않은 것은? [2011년1회]
① 수밀성이 향상되고 투수성이 감소된다.
② 소요의 워커빌리티를 얻기 위하여 필요한 단위수량을 약 30%정도 증가시킬 수 있다.
③ 동일 워커빌리티 및 강도의 콘크리트를 얻기 위하여 필요한 단위 시멘트량을 감소시킨다.
④ 내약품성이 커진다.

해설 감수제
시멘트의 분말을 분산시켜서 콘크리트의 워커빌리티를 얻기에 필요한 단위수량을 감소시키는 것을 주목적으로 한 재료

235 유동화제에 의한 유동화 콘크리트의 슬럼프 증가량의 표준 값으로 적당한 것은? [2015년5회]
① 2~5cm   ② 5~8cm
③ 8~11cm ④ 11~14cm

정답 ▶ 231. ③ 232. ① 233. ② 234. ② 235. ②

해설 유동화제에 의한 유동화 콘크리트 슬럼프 증가량의 표준값 : 5~8cm

236 골재알의 모양을 판정하는 척도인 실적률(%)을 구하는 식으로 옳은 것은? [2013년1회]

① 100 – 조립률(%)
② 조립률(%) – 100
③ 공극률(%) – 100
④ 100 – 공극률(%)

해설 실적률(%) = 100 – 공극률(%)

237 용기에 채운 골재 절대용적의 그 용기 용적에 대한 백분율로 단위 질량을 밀도로 나눈 값의 백분율이 의미하는 것은? [2015년5회]

① 골재의 실적률
② 골재의 입도
③ 골재의 조립률
④ 골재의 유효흡수율

해설 골재의 실적률이란 골재의 단위 용적 중의 실적용적을 백분율(%)로 나타낸 값

238 단위용적중량이 1,700kg/m³, 비중이 2.6인 골재의 실적률은? [2011년5회]

① 4.42%   ② 6.53%
③ 65.4%   ④ 152.9%

해설 실적률 = 단위용적중량/골재의 비중 × 100
= 1.7t/m³/2.6 × 100 = 약 65.4%

239 다음 [보기]의 조건을 활용한 골재의 공극률 계산식은? [2015년5회]

[보기]
• D : 진비중 W : 겉보기 단위용적 중량
• W_1 : 110℃로 건조하여 냉각시킨 중량
• W_2 : 수중에서 충분히 흡수된 대로 수중에서 측정한 것
• W_3 : 흡수된 시험편의 외부를 잘 닦아내고 측정한 것

① $\dfrac{W_1}{W_3 - W_2}$

② $\dfrac{W_3 - W_1}{W_1} \times 100$

③ $(1 - \dfrac{D}{W_2 - W_1}) \times 100$

④ $(1 - \dfrac{W}{D}) \times 100$

해설 공극률이란 골재의 단위용적(m³)중의 공극을 백분율(%)로 나타낸 값이다.
공극률 = 1 – (단위용적 중량/골재의 비중) × 100

240 진비중이 2.6 이고, 가비중이 1.2 인 토양의 공극률은 약 얼마인가? [2011년5회]

① 34.2%   ② 46.5%
③ 53.8%   ④ 66.4%

해설 1 – (1.2/2.6) × 100 = 약 53.8%

241 단위용적 중량이 1.65 t/m³이고 굵은 골재 비중이 2.65일 때 이 골재의 실적률(A)과 공극률(B)은 각각 얼마인가? [2012년1회]

① A : 62.3%, B : 37.7%
② A : 69.7%, B : 30.3%
③ A : 66.7%, B : 33.3%
④ A : 71.4%, B : 28.6%

해설 실적률 = 1.65/2.65 × 100 = 약 62.3%
공극률 = 100 – 62.3 = 약 37.7%

242 골재의 표면에는 수분이 없으나 내부의 공극은 수분으로 가득차서 콘크리트 반죽 시에 투입되는 물의 량이 골재에 의해 증감되지 않는 이상적인 골재의 상태를 무엇이라 하는가? [2011년4회]

① 습윤상태
② 표면건조 포화상태
③ 공기 중 건조상태
④ 절대 건조상태

해설 **골재의 함수 상태**
- 절대 건조 상태 : 건조로에서 100~110℃의 온도로 일정한 중량이 될 때까지 완전히 건조한 상태
- 공기 중 건조 상태 : 골재의 표면은 건조하나 내부에서 포화하는데 필요한 수량보다 작은 양의 물을 포함한 상태로서 물을 가하면 약간 흡수할 수 있는 상태
- 표면 건조 포화 상태 : 골재의 표면에는 수분이 없으나 내부의 공극은 수분으로 충만된 상태로서 콘크리트 반죽 시에 물 양이 골재에 의하여 증감되지 않는 이상적인 상태
- 습윤 상태 : 골재의 내부가 완전히 수분으로 채워져 있고 표면에는 여분의 물을 포함하고 있는 상태

243 골재의 함수상태에 대한 설명 중 옳지 않은 것은? [2014년1회]

① 절대건조상태는 105±5℃ 정도의 온도에서 24시간 이상 골재를 건조시켜 표면 및 골재알 내부의 빈틈에 포함되어 있는 물이 제거된 상태이다.
② 공기 중 건조 상태는 실내에 방치한 경우 골재입자의 표면과 내부의 일부가 건조된 상태이다.
③ 표면건조포화상태는 골재입자의 표면에 물은 없으나 내부의 빈틈에 물이 꽉 차있는 상태이다.
④ 습윤 상태는 골재 입자의 표면에 물이 부착되어 있으나 골재 입자 내부에는 물이 없는 상태이다.

해설 242번 해설 참조

244 골재의 함수상태에 관한 설명 중 틀린 것은? [2015년4회]

① 골재를 110℃정도의 온도에서 24시간 이상 건조시킨 상태를 절대건조 상태 또는 노건조 상태(oven dry condition)라 한다.
② 골재를 실내에 방치할 경우, 골재입자의 표면과 내부의 일부가 건조된 상태를 공기 중 건조상태라 한다.
③ 골재입자의 표면에 물은 없으나 내부의 공극에는 물이 꽉 차있는 상태를 표면건조포화상태라 한다.
④ 절대건조 상태에서 표면건조 상태가 될 때까지 흡수되는 수량을 표면수량(surface moisture)이라 한다.

해설 242번 해설 참조

245 표면건조 내부 포수상태의 골재에 포함하고 있는 흡수량의 절대 건조상태의 골재 중량에 대한 백분율은 다음 중 무엇을 기초로 하는가? [2012년도4회]

① 골재의 흡수율 ② 골재의 함수율
③ 골재의 표면수율 ④ 골재의 조립률

해설 **골재의 흡수율**
골재의 절건 상태의 흡수량

246 굵은 골재의 절대 건조 상태의 질량이 1000g, 표면건조포화 상태의 질량이 1100g, 수중질량이 650g 일 때 흡수율은 몇 %인가? [2016년2회]

① 10.0%   ② 28.6%
③ 31.4%   ④ 35.0%

해설 흡수율 = $\dfrac{\text{표건상태질량} - \text{절건상태질량}}{\text{절건상태질량}} \times 100$

$= \dfrac{1100 - 1000}{1000} \times 100 = 10\%$

정답 242. ② 243. ④ 244. ④ 245. ① 246. ①

247 수중에 있는 골재를 채취했을 때 무게가 1000g, 표면건조 내부 포화상태의 무게가 900g, 대기건조 상태의 무게가 860g, 완전건조 상태의 무게가 850g일 때 함수율 값은? [2013년4회]

① 4.65% ② 5.88%
③ 11.11% ④ 17.65%

해설 함수율 : 골재가 현재 갖고 있는 수분의 량
$\dfrac{\text{습윤골재무게} - \text{절건상태질량}}{\text{절건상태질량}} \times 100$
$= \dfrac{1000 - 850}{850} \times 100 = $ 약 17.65%

248 골재의 표면수는 없고, 골재 내부에 빈틈이 없도록 물로 차 있는 상태는? [2014년4회]

① 절대건조상태
② 기건상태
③ 습윤상태
④ 표면건조 포화상태

해설 242번 해설 참조

249 다음 중 같은 밀도(密度)에서 토양공극의 크기(size)가 가장 큰 것은? [2015년4회]

① 식토 ② 사토
③ 점토 ④ 식양토

해설 토양 공극의 크기
식토＜식양토＜양토＜사양토＜사토
← 점토함량이 높음

250 콘크리트의 시공단계 순서가 바르게 연결된 것은? [2016년4회]

① 운반 → 제조 → 부어넣기 → 다짐 → 표면마무리 → 양생
② 운반 → 제조 → 부어넣기 → 양생 → 표면마무리 → 다짐
③ 제조 → 운반 → 부어넣기 → 다짐 → 양생 → 표면마무리
④ 제조 → 운반 → 부어넣기 → 다짐 → 표면마무리 → 양생

해설 콘크리트 시공 순서
제조 → 운반 → 부어넣기 → 다짐 → 표면 마무리 → 양생

251 콘크리트의 배합 방법 중에 1 : 2 : 4, 1 : 3 : 6 과 같은 형태의 배합 방법으로 가장 적합한 것은? [2011년2회]

① 용적 배합 ② 중량 배합
③ 복식 배합 ④ 표준계량 배합

해설 콘크리트 배합법의 표시
- 중량(무게) 배합 : 각 재료를 무게(kg)로 표시(측정상 오차 거의 없음, 공장생산, 대규모 공사에 주로 사용) 콘크리트 1㎥ 안에 시멘트 387kg, 모래 660kg, 자갈 1,0404kg
- 용적 배합 : 콘크리트 1㎥ 제작에 필요한 시멘트, 모래, 자갈을 부피로 계량 1 : 2 : 4, 1 : 3 : 6 등 비율로 표시함. 중량 배합보다 정확하지 못하나, 시공상 간편하여 많이 쓰임

252 용적 배합비 1 : 2 : 4 콘크리트 1㎥ 제작에 모래가 0.45㎥ 필요하다. 자갈은 몇 ㎥ 필요한가? [2014년1회]

① 0.45㎥ ② 0.5㎥
③ 0.90㎥ ④ 0.15㎥

해설 2 : 4 = 0.45 : 0.9
모래 : 자갈

253 콘크리트 1㎥에 소요되는 재료의 양을 L로 계량하여 1 : 2 : 4 또는 1 : 3 : 6 등의 배합 비율로 표시하는 배합을 무엇이라 하는가? [2014년4회]

① 표준계량 배합 ② 용적배합
③ 중량배합 ④ 시험중량배합

정답 247. ④ 248. ④ 249. ② 250. ④ 251. ① 252. ③ 253. ②

해설 251번 해설 참조

254 콘크리트의 표준배합 비가 1 : 3 : 6 일 때 이 배합비의 순서에 맞는 각각의 재료를 바르게 나열한 것은? [2014년5회]

① 자갈 : 시멘트 : 모래
② 모래 : 자갈 : 시멘트
③ 자갈 : 모래 : 시멘트
④ 시멘트 : 모래 : 자갈

해설 251번 해설 참조

255 콘크리트의 배합의 종류로 틀린 것은? [2015년5회]

① 시방배합 ② 현장배합
③ 시공배합 ④ 질량배합

해설 **콘크리트 배합의 종류**
• 시방 배합 : 시방서나 책임기술자에 의해 지시된 배합
• 현장 배합 : 시방 배합을 현장조건에 맞게 수정한 배합
• 질량 배합 : 각 재료를 무게(kg)로 표시

256 콘크리트용 골재의 흡수량과 비중을 측정하는 주된 목적은? [2012년5회]

① 혼화재료의 사용여부를 결정하기 위하여
② 콘크리트의 배합설계에 고려하기 위하여
③ 공사의 적합여부를 판단하기 위하여
④ 혼합수에 미치는 영향을 미리 알기 위하여

해설 콘크리트 배합설계에 있어 시멘트의 비중, 골재의 비중, 입도, 흡수량, 단위 용적중량, 마모율 등 사용재료의 품질을 시험해야 한다.

257 레미콘 규격이 25−210−12로 표시되어 있다면 ⓐ−ⓑ−ⓒ 순서대로 의미가 맞는 것은? [2016년1회]

① ⓐ 슬럼프, ⓑ 골재최대치수, ⓒ 시멘트의 양

② ⓐ 물 · 시멘트비, ⓑ 압축강도, ⓒ 골재최대치수
③ ⓐ 골재최대치수, ⓑ 압축강도, ⓒ 슬럼프
④ ⓐ 물 · 시멘트비, ⓑ 시멘트의 양, ⓒ 골재최대치수

해설 레미콘 규격은 굵은 골재 최대 치수 − 압축강도 − 슬럼프 순으로 나타낸다.

258 콘크리트 부어 넣기의 방법이 옳은 것은? [2011년4회]

① 비빔장소에서 먼 곳으로부터 가까운 곳으로 옮겨가며 붓는다.
② 계획된 작업구역 내에서 연속적인 붓기를 하면 안 된다.
③ 한 구역 내에서는 콘크리트 표면이 경사지게 붓는다.
④ 재료가 분리된 경우에는 물을 부어 다시 비벼 쓴다.

해설 **콘크리트 부어 넣기(치기)**
• 비비기에서 치기까지 1시간 이내 신속하게 처리한다.
• 비빔장소를 먼 곳에서 가까운 곳으로 이동하며 작업한다.
• 계획 구간 내에서는 연속 붓기를 하여 한번에 완료한다.
• 곰보 생길 경우 물을 넣지 않고 재비빔한다.
• 한 구역 내에서 콘크리트는 수평이 되게 붓는다.

259 다음 설명에 해당하는 것은?

> 콘크리트가 굳은 후 거푸집 판을 콘크리트면에서 잘 떨어지게 하기 위해 거푸집 판에 이것을 칠한다.

① 쉘락   ② 동바리
③ 박리제   ④ 프라이머

해설 콘크리트를 거푸집 안에 넣을 때 거푸집에 박리제(페유)를 칠해 콘크리트가 달라붙지 않도록 한다.

정답 254. ④ 255. ③ 256. ② 257. ③ 258. ① 259. ③

260 다음 중 거푸집에 미치는 콘크리트의 측압 설명으로 틀린 것은? [2012년1회]

① 붓기 속도가 빠를수록 측압이 크다.
② 수평부재가 수직부재보다 측압이 작다.
③ 경화속도가 빠를수록 측압이 크다.
④ 시공연도가 좋을수록 측압은 크다.

해설 경화 속도가 빠를수록 측압이 작아진다.

261 다음 중 콘크리트의 공사에 있어서 거푸집에 작용하는 콘크리트 측압의 증가 요인이 아닌 것은? [2016년1회]

① 타설 속도가 빠를수록
② 슬럼프가 클수록
③ 다짐이 많을수록
④ 빈배합일 경우

해설 **측압**
- 거푸집 내부 측면에 작용하는 압력, 즉 콘크리트가 거푸집을 밀어 내려는 압력
- 거푸집 판은 콘크리트와 직접 접촉하여 구조물의 형태 유지와 표면을 조성하고, 콘크리트의 측압 등 하중을 최초로 전달받아 거푸집의 각 부재로 분산시키는 역할을 함
- 콘크리트 측압 증가 요인 : 비중이 클수록, 타설 속도가 빠를수록, 슬럼프값이 클수록, 다짐이 많을수록, 온도가 낮고 습도가 높을수록

262 콘크리트의 측압은 콘크리트 타설 전에 검토해야할 매우 중요한 시공요인이다. 다음 중 콘크리트 측압에 영향을 미치는 요인에 대한 설명으로 틀린 것은? [2010년2회]

① 콘크리트의 슬럼프가 커질수록 측압은 커지게 된다.
② 콘크리트의 온도가 높을수록 측압은 커지게 된다.
③ 콘크리트의 타설 높이가 높으면 측압은 커지게 된다.
④ 콘크리트의 타설 속도가 빠르면 측압은 커지게 된다.

해설 261번 해설 참조

263 거푸집에 미치는 콘크리트의 측압에 관한 설명으로 틀린 것은? [2011년1회]

① 수평부재가 수직부재보다 측압이 작다.
② 경화속도가 빠를수록 측압이 크다.
③ 시공연도가 좋을수록 측압은 크다.
④ 붓기 속도가 빠를수록 측압이 크다.

해설 261번 해설 참조

264 콘크리트 공사 중 거푸집 상호간의 간격을 일정하게 유지시키기 위한 것은? [2013년4회]

① 스페이서(spacer)
② 세퍼레이터(seperator)
③ 캠버(camber)
④ 긴장기(form tie)

해설 세퍼레이터는 거푸집과 거푸집 사이에 넣어서 거푸집 간격을 일정하게 유지시켜 줄 때 사용하는 것

265 다음 중 거푸집을 빨리 제거하고 단시일에 소요강도를 내기 위하여 고온, 증기로 보양하는 것으로 한중콘크리트에도 유리한 보양법은? [2011년1회]

① 습윤보양   ② 증기보양
③ 전기보양   ④ 피막보양

해설 **콘크리트 보양(양생) 방법**
- 습윤양생 : 수중 또는 살수 보양하여 습윤상태를 유지하는 것
- 피막양생 : 표면에 피막 보양제를 뿌려 수분 증발을 방지하는 것, 포장 콘크리트 보양 적합
- 증기양생 : 단시일에 소요 강도 내기, 고온, 고압 증기로 양생, 추운 곳 시공 시
- 전기양생 : 콘크리트에 저압 교류 통하게 하여 발생된 열로 양생한 것

정답 260. ③   261. ④   262. ②   263. ②   264. ②   265. ②

266 콘크리트 다지기에 대한 설명으로 틀린 것은? [2014년5회]

① 진동다지기를 할 때에는 내부 진동기를 하층의 콘크리트 속으로 작업이 용이하도록 사선으로 0.5m 정도 찔러 넣는다.
② 콘크리트 다지기에는 내부진동기의 사용을 원칙으로 하나, 얇은 벽 등 내부진동기의 사용이 곤란한 장소에서는 거푸집 진동기를 사용해도 좋다.
③ 내부진동기의 1개소당 진동시간은 다짐할 때 시멘트 페이스트가 표면 상부로 약간 부상하기까지 한다.
④ 거푸집판에 접하는 콘크리트는 되도록 평탄한 표면이 얻어지도록 타설하고 다져야 한다.

해설 내부 진동기 사용 방법
- 진동다지기를 할 때에는 내부 진동기를 하층의 콘크리트 속으로 0.1m 정도 찔러 넣는다.
- 내부 진동기는 연직으로 찔러 넣으며, 그 간격은 일반적으로 0.5m 이하로 한다.
- 1개소당 진동시간은 다짐할 때 시멘트 페이스트가 표면 상부로 약간 부상할 때까지 한다.
- 진동기의 형식, 크기 및 대수는 1회에 다짐하는 콘크리트의 전 용적을 충분히 다지는데 적합하도록 부재단면의 두께 및 1시간당 최대 타설량, 굵은골재 최대치수, 배합, 특히 잔골재율, 콘크리트의 슬럼프 등을 고려하여 선정한다.

267 내부 진동기를 사용하여 콘크리트 다지기를 실시할 때 내부 진동기를 찔러 넣는 간격은 얼마 이하를 표준으로 하는 것이 좋은가? [2016년2회]

① 30cm ② 50cm
③ 80cm ④ 100cm

해설 266번 해설 참조

268 콘크리트의 응결, 경화 조절의 목적으로 사용되는 혼화제에 대한 설명 중 틀린 것은? [2014년4회]

① 콘크리트용 응결, 경화 조절제는 시멘트의 응결·경화속도를 촉진시키거나 지연시킬 목적으로 사용되는 혼화제이다.
② 촉진제는 그라우트에 의한 지수공법 및 뿜어 붙이기 콘크리트에 사용된다.
③ 지연제는 조기 경화현상을 보이는 서중 콘크리트나 수송거리가 먼 레디믹스트 콘크리트에 사용된다.
④ 급결제를 사용한 콘크리트의 초기강도 증진은 매우 크나 장기강도는 일반적으로 떨어진다.

해설 뿜어 붙이기 콘크리트의 재료 및 배합
- 보통포틀랜드시멘트가 표준, 굵은골재 최대 치수에 신경써야 함.
- 급결재를 사용하여 리바운드 및 분진량을 감소
- 부착이 충분치 않은 경우 철망으로 보강
- 큰 응력이 발생하는 개소에는 강섬유를 혼입

269 서중 콘크리트는 1일 평균기온이 얼마를 초과하는 것이 예상되는 경우 시공하여야 하는가? [2015년2회]

① 25℃ ② 20℃
③ 15℃ ④ 10℃

270 다음 중 콘크리트의 파손 유형이 아닌 것은? [2014년5회]

① 단차(faulting)
② 융기(blow-up)
③ 균열(crack)
④ 양생(curing)

해설 양생(보양)
콘크리트를 치고 다짐한 후 일정 기간 동안 온도, 하중, 충격, 파손 등에 있어 유해한 영향을 받지 않도록 충분히 보호·관리하는 것

정답 266. ① 267. ② 268. ② 269. ① 270. ④

271 콘크리트를 친 후 응결과 경화가 완전히 이루어지도록 보호하는 것을 가리키는 용어는? [2013년2회]

① 파종 ② 양생
③ 다지기 ④ 타설

272 한중 콘크리트의 양생에 관한 설명으로 옳지 않은 것은? [2011년5회]

① 물 – 결합재비는 원칙적으로 60% 이하로 하여야 한다.
② 골재가 동결되어 있거나 골재에 빙설이 혼입되어 있는 정도의 골재는 그대로 사용할 수 있다.
③ 하루의 평균기온이 4℃ 이하가 예상되는 조건일 때는 콘크리트가 동결할 염려가 있으므로 한중 콘크리트 시공하여야 한다.
④ 한중 콘크리트에는 공기연행 콘크리트를 사용하는 것을 원칙으로 한다.

해설 한중 콘크리트

	한중 콘크리트
사용	평균기온 4℃이하
사용시멘트	조강포틀랜드 시멘트
혼화제	응결촉진제
양생	가열 보온

273 비파괴검사에 의하여 검사할 수 없는 것은? [2010년2회]

① 철근부식유무
② 콘크리트 부재의 크기
③ 콘크리트 배합비
④ 콘크리트 강도

해설 비파괴 검사란 재료나 제품을 원형과 기능을 전혀 변화시키지 않고 내부 구조 및 상태 등을 알아내는 시험을 말한다.

274 콘크리트 공사의 시공과정 중 휴식시간 등으로 응결하기 시작한 콘크리트에 새로운 콘크리트를 이어 칠 때 일체화가 저해되어 발생하는 줄눈의 형태는? [2011년1회]

① 익스팬션 조인트(expansion joint)
② 콘트랙션 조인트(contraction joint)
③ 콜드 조인트(cold joint)
④ 컨트롤 조인트(control joint)

해설 콜드 조인트
앞서 타설한 층의 콘크리트가 경화하기 시작한 후, 다음 층이 계속 타설됨으로써 생기는 불연속적인 접합면임. 대량의 콘크리트를 타설할 때 운반 시간이 너무 걸림으로써 생기는 작업 중단이나 타설 순서가 적절하지 않은 이유로 발생한다.

275 다음 그림과 같은 콘크리트 제품의 명칭으로 가장 적합한 것은? [2012년5회]

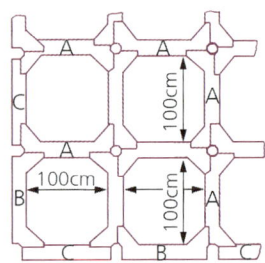

① 기본블록 ② 견치블록
③ 격자블록 ④ 힘줄블록

석축 및 옹벽공사

276 큰 돌을 운반하거나 앉힐 때 주로 쓰이는 기구는? [2011년2회]
① 예불기 ② 스크레이퍼
③ 체인블록 ④ 롤러

해설 석공사 장비
- 예불기 : 소형 원동기에 의하여 구동되는 둥근톱, 특수날 등에 의하여 잡초, 관목들을 자르는 기계
- 스크레이퍼 : 날을 사용하여 땅이나 노반을 긁고, 그 파편을 통에 담아 처리하는 기계
- 롤러 : 지면을 평평하게 다지는 기계

277 조경공사의 돌쌓기용 암석을 운반하기에 가장 적합한 재료는? [2016년2회]
① 철근 ② 쇠파이프
③ 철망 ④ 와이어로프

해설 와이어로프
강선을 모아서 만든 로프로, 무거운 것을 올리거나 당길 때 일반 밧줄로는 안 되기 때문에 사용한다.

278 다음 중 무거운 돌을 놓거나, 큰 나무를 옮길 때 신속하게 운반과 적재를 동시에 할 수 있어 편리한 장비는? [2012년도4회]
① 트럭크레인 ② 모터그레이더
③ 체인블록 ④ 콤바인

해설 트럭크레인
트럭에 크레인을 설치한 것으로 이동하면서 중량물의 설치가 가능하다.

279 작업현장에서 작업물의 운반 작업 시 주의사항으로 옳지 않은 것은? [2016년2회]
① 어깨높이 보다 높은 위치에서 하물을 들고 운반하여서는 안 된다.
② 운반시의 시선은 진행방향을 향하고 뒷걸음 운반을 하여서는 안 된다.
③ 무거운 물건을 운반할 때 무게 중심이 높은 하물은 인력으로 운반하지 않는다.
④ 단독으로 긴 물건을 어깨에 메고 운반할 때에는 뒤쪽을 위로 올린 상태로 운반한다.

해설 뒤쪽은 보이지 않으므로 앞을 올리고 뒤는 내린 상태로 운반한다.

280 경사진 지형에서 흙이 무너지는 것을 방지하기 위하여 토양의 안식각을 유지하며 크고 작은 돌을 자연스러운 상태가 되도록 쌓아 올리는 방법은? [2016년2회]
① 평석쌓기
② 견치석쌓기
③ 디딤돌쌓기
④ 자연석 무너짐쌓기

해설 자연석 무너짐 쌓기
- 암석이 자연적으로 무너져 내려 안정되게 쌓여 있는 모습으로 쌓는 것
- 기초될 밑돌은 땅 속에 1/2정도 깊이 묻히기(20~30cm)
- 상부 돌 보다는 하부 돌을 큰 것으로
- 서로 맞닿는 면이 잘 맞물리는 돌로
- 뒷부분은 굄돌과 뒤채움 돌
- 돌과 돌 사이는 양질의 흙 채우기
- 돌틈 식재 : 비옥한 흙을 채워 회양목, 철쭉 등의 관목류와 초화류 식재

281 자연석 무너짐 쌓기에 대한 설명으로 부적합한 것은? [2011년1회]
① 돌과 돌이 맞물리는 곳에는 작은 돌을 끼워 넣지 않도록 한다.
② 크고 작은 돌이 서로 삼재미가 있도록 좌우로 놓아 나간다.
③ 돌을 쌓은 단면의 중간이 볼록하게 나오는 것이 좋다.
④ 제일 윗부분에 놓이는 돌은 돌의 윗부분이 수평이 되도록 놓는다.

해설 280번 해설 참조

정답 276. ③ 277. ④ 278. ① 279. ④ 280. ④ 281. ③

282 자연석(조경석) 쌓기의 설명으로 옳지 않은 것은? [2012년1회]

① 크고 작은 자연석을 이용하여 잘 배치하고, 견고하게 쌓는다.
② 사용되는 돌의 선택은 인공적으로 다듬은 것으로 가급적 벌어짐이 없이 연결될 수 있도록 배치한다.
③ 자연식으로 서로 어울리게 배치하고 자연석 틈 사이에 관목류를 이용하여 채운다.
④ 맨 밑에는 큰 돌을 기초석을 배치하고, 보기 좋은 면이 앞면으로 오게 한다.

해설 280번 해설 참조

283 무너짐 쌓기를 한 후 돌과 돌 사이에 식재하는 식물 재료로 가장 적합한 것은? [2016년2회]

① 장미　② 회양목
③ 화살나무　④ 꽝꽝나무

해설 280번 해설 참조

284 일반적으로 돌쌓기 시공 상 유의할 점으로 틀린 것은? [2010년2회]

① 돌끼리 접촉이 좋도록 하고, 굄돌을 사용하여 안정되게 놓는다.
② 밑돌은 가장 큰 돌을, 아래부위에 쌓을수록 비교적 큰 돌을 쌓아 안전도를 높인다.
③ 모르타르 배합비는 보통 1:2~1:3으로 한다.
④ 줄눈 두께는 9~12mm로 통줄눈이 되도록 한다.

해설 통줄눈이 되지 않도록 어긋나게 놓아야 한다.

285 돌쌓기 시공상 유의해야 할 사항으로 옳지 않은 것은? [2012년도4회]

① 석재는 충분하게 수분을 흡수시켜서 사용해야 한다.
② 하루에 1~1.2m 이하로 찰쌓기를 하는 것이 좋다.
③ 서로 이웃하는 상하층의 세로줄눈을 연속하게 된다.
④ 돌쌓기 시 뒤채움을 잘하여야 한다.

해설 연속줄눈, 통줄눈이 되지 않도록 한다.

286 다음 중 호박돌 쌓기의 방법 설명으로 부적합한 것은? [2011년2회]

① 표면이 깨끗한 돌을 사용한다.
② 크기가 비슷한 것이 좋다.
③ 불규칙하게 쌓는 것이 좋다.
④ 기초공사 후 찰쌓기로 시공한다.

해설 호박돌 쌓기
- 자연스러운 멋을 내고자 할 때 사용
- 안정성이 없으므로 찰쌓기 방법을 적용
- 하루 쌓는 높이를 12m 이하
- 규칙적인 모양으로 쌓는 것이 보기 좋고 안전성이 있음
- 십자줄눈이 생기지 않도록 주의, 줄눈이 어긋나게 되도록 쌓기
- 쌓기 중에 모르타르를 돌의 표면에 묻지 않도록 하며, 돌 틈 사이에서 흘러나온 모르타르는 굳기 전에 제거

287 다음 중 호박돌 쌓기의 방식으로 가장 적합한 것은? [2011년5회]

① 육법쌓기　② 무너짐쌓기
③ 수평쌓기　④ 세로쌓기

해설 호박돌 쌓기는 육법쌓기(6개의 돌에 의해 둘러 쌓이는 생김새) 방법으로 쌓는다.

CHAPTER 03 조경시공 기출문제

288 다음 중 호박돌 쌓기에 이용되는 쌓기법으로 가장 적합한 것은? [2013년5회]

① +자 줄눈 쌓기
② 줄눈 어긋나게 쌓기
③ 평석 쌓기
④ 이음매 경사지게 쌓기

해설 286번 해설 참조

289 돌쌓기의 종류 중 찰쌓기에 대한 설명으로 옳은 것은? [2017년 3회]

① 뒤채움에 콘크리트를 사용하고, 줄눈에 모르타르를 사용하여 쌓는다.
② 돌만을 맞대고 쌓고 잡석, 자갈 등으로 뒤채움을 하는 방법이다.
③ 마름돌을 사용하여 돌 한 켠의 가로줄눈이 수평적 직선이 되도록 쌓는다.
④ 막돌, 깬돌, 깬잡석을 사용하여 줄눈을 파상 또는 골을 지어 가며 쌓는 방법이다.

해설
- 찰쌓기는 줄눈에 모르타르를, 뒤채움에 콘크리트를 사용하여 쌓고, 배수가 불량할 경우 토압이 증대되어 붕괴 우려가 있으므로 배수를 위해 2㎡ 마다 지름 3~6cm의 배수관을 설치한다.
- 메쌓기는 모르타르, 콘크리트를 사용하지 않고 쌓는 방법으로 배수는 잘되나 견고하지 못해 높이에 제한이 있다.
- 골쌓기는 파상줄눈을 보이며 하천공사 등에 견치석을 쌓을 때 이용한다. 시간이 흐를수록 견고해지며, 일부분이 무너져도 전체에 파급되지 않는 돌쌓기이다.
- 켜쌓기는 수평줄눈을 보이며 골쌓기보다 약해 높이 쌓기는 곤란하지만, 돌의 크기가 균일하고 시각적으로 좋아 조경공간에 많이 쓰인다.

290 다음 그림은 어떤 돌쌓기 방법인가? [2015년5회]

① 층지어쌓기
② 허튼층쌓기
③ 귀갑무늬쌓기
④ 마름돌 바른층쌓기

해설 허튼층쌓기
불규칙한 돌을 사용하여 가로, 세로줄눈이 일정하지 않게 흐트려 쌓는 것

291 다음 중 경관석 놓기에 관한 설명으로 가장 부적합한 것은? [2016년4회]

① 돌과 돌 사이는 움직이지 않도록 시멘트로 굳힌다.
② 돌 주위에는 회양목, 철쭉 등을 돌에 가까이 붙여 식재한다.
③ 시선이 집중하기 쉬운 곳, 시선을 유도해야 할 곳에 앉혀 놓는다.
④ 3, 5, 7 등의 홀수로 만들며, 돌 사이의 거리나 크기 등을 조정배치 한다.

해설 경관석 놓기 방법
- 시각적 초점이 되거나 중요하게 강조하고 싶은 장소에 경관이 뛰어난 자연석을 1개 또는 여러 개 배치
- 해당 장소에 알맞은 중량감, 외형, 색상, 질감 등을 고려
- 경관석의 수량은 보통 3, 5, 7 등 홀수로 하며 돌 사이의 거리나 크기 등을 짜임새 있게 조정
- 주변에 관목, 초화류 등을 식재
- 경관석은 충분한 크기와 중량감이 있어야 함

정답 288. ② 289. ① 290. ② 291. ①

292 경관석 놓기의 설명으로 옳은 것은?
[2013년4회]

① 일반적으로 3, 5, 7 등 홀수로 배치한다.
② 경관석은 항상 단독으로만 배치한다.
③ 같은 크기의 경관석으로 조합하면 통일감이 있어 자연스럽다.
④ 경관석의 배치는 돌 사이의 거리나 크기 등을 조정 배치하여 힘이 분산되도록 한다.

해설 291번 해설 참조

293 자연석(경관석) 놓기에 대한 설명으로 틀린 것은?
[2015년2회]

① 경관석의 크기와 외형을 고려한다.
② 경관석 배치의 기본형은 부등변삼각형이다.
③ 경관석의 구성은 2, 4, 8 등 짝수로 조합한다.
④ 돌 사이의 거리나 크기를 조정하여 배치한다.

해설 291번 해설 참조

294 경관석을 여러 개 무리지어 놓는 것에 대한 설명 중 틀린 것은?
[2011년4회]

① 크기가 서로 다른 것을 조합한다.
② 홀수로 조합한다.
③ 일직선상으로 놓는다.
④ 경관석 여러 개를 무리지어 놓는 것을 경관석 짜임이라 한다.

해설 경관석 배치의 기본형은 부등변 삼각형이다.

295 디딤돌 놓기의 방법 설명으로 틀린 것은?
[2010년4회]

① 디딤돌 시작하는 곳, 끝나는 곳, 갈라지는 곳에는 다른 것에 비해 큰 디딤돌을 놓는다.
② 디딤돌의 긴지름은 보행자 진행 방향과 수직을 이루어야 한다.
③ 디딤돌의 간격은 보폭을 고려해야 한다.
④ 디딤돌 놓기는 직선 위주로 놓는다.

해설 디딤돌 놓기
- 보행자의 편의를 돕고 지피 식물을 보호
- 한 면이 넓적하고 평평한 자연석, 화강석판, 천연 슬레이트 등의 판석 등을 많이 이용
- 크고 작은 것을 섞어서 놓고, 어긋나게 배치
- 돌 사이의 간격은 빠른 동선이 필요한 곳은 보폭과 비슷(남 60~70cm, 여 45~60cm), 원로와 같은 느린 동선(35~40cm)
- 디딤돌 크기는 30~40cm, 갈라지는 곳이나 시작 끝 부분은 50~60cm, 두께는 10~20cm 정도
- 높이는 지표보다 3~5cm 높게
- 돌의 좁은 방향이 걸어가는 방향
- 디딤돌이 움직이지 않게 굄돌, 모르타르, 콘크리트로 안정시킴

296 원로의 디딤돌 놓기에 관한 설명으로 틀린 것은?
[2012년1회]

① 디딤돌은 주로 화강암을 넓적하고 둥글게 기계로 깎아 다듬어 놓은 돌만을 이용한다.
② 디딤돌은 보행을 위하여 공원이나 저원에서 잔디밭, 자갈 위에 설치하는 것이다.
③ 징검돌은 상·하면이 평평하고 지름 또한 한 면의 길이가 30~60cm, 높이가 30cm 이상인 크기의 강석을 주로 사용한다.
④ 디딤돌의 배치간격 및 형식 등은 설계도면에 따르되 윗면은 수평으로 놓고 지면과의 높이는 5cm 내외로 한다.

해설 295번 해설 참조

297 디딤돌로 사용하는 돌중에서 보행 중 군데군데 잠시 멈추어 설수 있도록 설치하는 돌의

정답 292. ① 293. ③ 294. ③ 295. ④ 296. ① 297. ④

크기(지름)로 가장 적당한 것은?(단, 성인 기준으로 한다.) [2010년4회]

① 10~15cm ② 20~25cm
③ 30~35cm ④ 50~55cm

해설 295번 해설 참조

298 성인이 이용할 정원의 디딤돌 놓기 방법으로 틀린 것은? [2011년2회]

① 디딤돌 및 징검돌의 장축은 진행방향에 직각이 되도록 배치한다.
② 납작하면서도 가운데가 약간 두둑하여 빗물이 고이지 않는 것이 좋다.
③ 디딤돌의 간격은 느린 보행 폭을 기준하여 35~50cm 정도가 좋다.
④ 디딤돌은 가급적 사각형에 가까운 것이 자연미가 있어 좋다.

해설 한 면이 넓적하고 평평한 타원형의 자연석으로 납작하면서 가운데 약간 두둑하여 빗물이 고이지 않는 것이 좋다. 돌 사이의 간격은 빠른 동선 보폭과 비슷하게 배치하며(남 60~70cm, 여 45~60cm), 원로와 같은 느린 보행 폭을 기준으로 할 경우(35~40cm)가 좋다. 크고 작은 것을 섞어 직선보다는 어긋나게 배치하며 디딤돌의 좁은 방향이 걸어가는 방향과 같게, 즉 넓은 방향이 보행 방향에 직각이 되도록 놓는다.

299 디딤돌(징검돌) 놓기에 대한 설명으로 옳지 못한 것은? [2010년5회]

① 정원에서 디딤돌의 크기가 30~40cm인 경우에는 디딤돌의 상면이 지표면보다 3cm 정도 높게 배치한다.
② 디딤돌 놓는 방향은 걸어가는 방향으로 디딤돌의 넓은 방향이 되도록 하고 지면보다 낮게 한다.
③ 공원에서 징검돌의 상단은 수면보다 15cm 정도 높게 배치하고, 한 면의 길이가 30~60cm 정도로 되게 한다.
④ 디딤돌로 사용되는 자연석은 윗면이 편평한 것으로 석질이 단단하여 쉽게 마멸되지 않아야 한다.

해설 298번 해설 참조

300 디딤돌 놓기 공사에 대한 설명으로 틀린 것은? [2014년5회]

① 시작과 끝 부분, 갈라지는 부분은 50cm 정도의 돌을 사용한다.
② 넓적하고 평평한 자연석, 판석, 통나무 등이 활용된다.
③ 정원의 잔디, 나지 위에 놓아 보행자의 편의를 돕는다.
④ 같은 크기의 돌을 직선으로 배치하여 기능성을 강조한다.

해설 295번 해설 참조

301 수변의 디딤돌(징검돌) 놓기에 대한 설명으로 틀린 것은? [2016년4회]

① 보행에 적합하도록 지면과 수평으로 배치한다.
② 징검돌의 상단은 수면보다 15cm 정도 높게 배치한다.
③ 디딤돌 및 징검돌의 장축은 진행방향에 직각이 되도록 배치한다.
④ 물 순환 및 생태적 환경을 조성하기 위하여 투수지역에서는 가벼운 디딤돌을 주로 활용한다.

해설 투수지역에는 무서운 디딤돌을 활용하여 움직이지 않도록 한다.

302 설계도면에서 특별히 정한 바가 없는 경우에는 옹벽 찰쌓기를 할 때 배수구는 PVC관(경질염화 비닐관)을 3m³당 몇 개가 적당한가? [2010년1회]

① 1개 ② 2개
③ 3개 ④ 4개

해설 **찰쌓기**
- 줄눈에 모르타르, 뒤채움에 콘크리트 사용
- 뒷면의 배수를 위해 2㎡ 마다 지름 3~6cm 배수관 설치
- 배수 불량할 경우 토압 증대되어 붕괴 우려
- 전면 기울기 1 : 0.2 이상

303 다음 중 조경석 가로 쌓기 작업이 설계도면 및 공사시방서에 명시가 없을 경우 높이가 메쌓기는 몇 m 이하로 하여야 하는가?
[2015년2회]

① 1.5　　② 1.8
③ 2.0　　④ 2.5

해설 **조경석 가로 쌓기**
- 상·하, 좌·우의 석재는 크기, 면 모양새가 서로 잘 어울리고 돌 틈이 크게 나지 않게 하며 잔돌을 끼우는 일이 적도로 가로로 길게 놓아 쌓는다.
- 설계도면 및 공사시방서에 명시가 없을 경우 높이 1.5m이하일 때에는 메쌓기를 하고, 1.5m 이상인 경우와 상시 침수되는 연못, 호수 등은 찰쌓기로 한다.

304 석재판[板石] 붙이기 시공법이 아닌 것은?
[2015년1회]

① 습식공법　　② 건식공법
③ FRP공법　　④ GPC공법

해설
- 습식 공법 : 모르타르를 벽면에 바르고 그 위에 돌을 붙이는 방법
- 건식 공법 : 돌을 붙일 때 물을 사용하지 않고 고정하는 방법
- GPC 공법 : 석재 뒷면에 철물을 고정시킨 후 콘크리트 타설하는 방법

305 다음 그림과 같이 쌓는 벽돌 쌓기의 방법은?
[2010년5회]

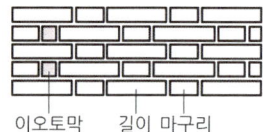
이오토막　길이 마구리

① 미국식 쌓기　　② 영국식 쌓기
③ 영롱 쌓기　　④ 프랑스식 쌓기

해설 **프랑스식 쌓기**
켜마다 길이와 마구리가 번갈아 나오는 방법. 영국식보다 아름다우나 견고성은 떨어짐

306 벽돌쌓기 시공에서 벽돌 벽을 하루에 쌓을 수 있는 최대 높이는 몇 m 이하인가?
[2011년1회]

① 1.0m　　② 1.2m
③ 1.5m　　④ 2.0m

해설 하루 벽돌 쌓는 높이는 적정 1.2m이하(최대 1.5m)로 한다.

307 치장벽돌을 사용하여 벽체의 앞면 5~6켜까지는 길이쌓기로 하고 그 위 한 켜는 마구리쌓기로 하여 본 벽돌벽에 물려 쌓는 벽돌쌓기 방식은?
[2011년1회]

① 영식 쌓기　　② 화란식 쌓기
③ 불식 쌓기　　④ 미식 쌓기

해설 **미국식 쌓기**

308 벽돌쌓기 방법 중 가장 견고하고 튼튼한 것은?
[2012년도4회]

① 미국식 쌓기　　② 영국식 쌓기
③ 네덜란드식 쌓기　④ 프랑스식 쌓기

해설 **영국식 쌓기**
길이쌓기와 마구리쌓기를 한 켜씩 번갈아 쌓아 올리는 방식으로 벽의 끝이나 모서리에는 이오토막, 반절을 사용하여 통줄눈을 최소화한 것으로, 가장 견고한 방법이다.

정답　303. ①　304. ③　305. ④　306. ③　307. ④　308. ②

309 벽돌쌓기의 여러 가지 기법 가운데 가장 튼튼하게 쌓을 수 있는 것은? [2011년5회]

① 영국식 쌓기 ② 미국식 쌓기
③ 네덜란드식 쌓기 ④ 프랑스식 쌓기

해설 308번 해설 참조

310 벽돌쌓기법에서 한 켜는 마구리쌓기, 다음 켜는 길이쌓기로 하고 모서리 벽 끝에 이오토막을 사용하는 벽돌쌓기 방법인 것은? [2013년4회]

① 미국식쌓기 ② 영국식쌓기
③ 프랑스식쌓기 ④ 마구리쌓기

해설 308번 해설 참조

311 한 켜는 마구리쌓기, 다음 켜는 길이쌓기로 하고 길이켜의 모서리와 벽 끝에 칠오토막을 사용하는 벽돌쌓기 방법은? [2012년도4회]

① 프랑스식 쌓기
② 미국식 쌓기
③ 네덜란드식 쌓기
④ 영국식 쌓기

해설 네덜란드식 쌓기
입면도에서 보면 영국식 쌓기와 같으나, 벽의 모서리나 끝에 칠오토막을 사용함. 시공이 쉽고 모서리가 튼튼하게 축조되므로 우리나라에서도 많이 이용함

312 벽면에 벽돌 길이만 나타나게 쌓는 방법은? [2013년2회]

① 네덜란드식 쌓기
② 길이 쌓기
③ 옆세워 쌓기
④ 마구리 쌓기

해설 벽돌 쌓기의 종류
• 마구리 쌓기 : 벽의 길이 방향에 직각으로 벽돌의 길이를 놓아 각 켜 모두가 마구리면이 보이도록 쌓는 방법
• 길이 쌓기 : 벽의 길이 방향으로 벽돌의 길이를 나란히 놓고 각 켜 모두가 길이 방향만이 벽 표면에 나타나도록 쌓는 방법
• 옆세워 쌓기 : 벽면에 마구리를 세워 쌓는 방법
• 길이세워 쌓기 : 길이를 세워 쌓는 방법

313 벽돌쌓기 시공에 대한 주의사항으로 틀린 것은? [2012년1회]

① 굳기 시작한 모르타르는 사용하지 않는다.
② 붉은 벽돌은 쌓기 전에 충분한 물 축임을 실시한다.
③ 1일 쌓기 높이는 1.2m를 표준으로 하고, 최대 1.5m이하로 한다.
④ 벽돌벽은 가급적 담장의 중앙부분을 높게 하고 끝부분을 낮게 한다.

해설 벽돌은 각부가 가급적 평균한 높이로 쌓아 올라가고, 벽면의 일부를 높게 쌓지 않아야 함.

314 다음 중 치장 줄눈용 모르타르의 배합비는? [2010년1회]

① 1 : 1 ② 1 : 2
③ 1 : 3 ④ 1 : 5

해설 벽돌 줄눈은 모르타르 배합비(시멘트 : 모래)는 보통은 1 : 3, 중요한 곳은 1 : 2, 치장줄눈 1 : 1로 함

315 벽돌쌓기에서 사용되는 모르타르의 배합비 중 가장 부적합한 것은? [2012년1회]

① 1 : 1 ② 1 : 2
③ 1 : 3 ④ 1 : 4

해설 314번 해설 참조

316 벽 뒤로부터의 토압에 의한 붕괴를 막기 위한 공사는? [2013년5회]

① 옹벽 쌓기 ② 기슭막이
③ 견치석 쌓기 ④ 호안공

정답 309. ① 310. ② 311. ③ 312. ② 313. ④ 314. ① 315. ④ 316. ①

해설 **옹벽 쌓기**
절·성토 비탈면의 토사 유출과 무너짐을 방지하기 위한 벽식 구조물

317 옹벽 자체의 자중으로 토압에 저항하는 옹벽의 종류는? [2016년2회]

① L형 옹벽
② 역T형 옹벽
③ 중력식 옹벽
④ 반중력식 옹벽

해설 **중력식 옹벽**
- 상단이 좁고 하단이 넓은 형태
- 자중으로 토압에 저항하도록 설계
- 3m 내외의 낮은 옹벽
- 무근 콘크리트로 사용

기초공사와 포장공사

318 2개 이상의 기둥을 합쳐서 1개의 기초로 받치는 것은? [2014년4회]

① 줄기초
② 독립기초
③ 복합기초
④ 연속기초

해설 **기초의 종류**

독립기초	각 기둥을 한 개씩 받치는 기초, 지반의 지지력이 강한 경우
복합기초	2개 이상의 기둥을 합쳐서 한 개의 기초로 받치는 것, 기둥 간격 좁은 경우
연속기초	줄기초, 담장의 기초와 같이 길게 띠 모양으로 받치는 기초
온통기초	전면기초, 구조물 바닥을 전면적으로 한 개의 기초로 받치는 것, 지반 지지력 약한 경우

319 조경 구조물에 줄기초라고 부르며, 담장의 기초와 같이 길게 띠 모양으로 받치는 기초를 가리키는 것은? [2010년1회]

① 독립기초
② 복합기초
③ 연속기초
④ 온통기초

해설 318번 해설 참조

320 다음 중 보도 포장재료로서 부적당한 것은? [2012년5회]

① 외관 및 질감이 좋을 것
② 자연 배수가 용이할 것
③ 내구성이 있을 것
④ 보행 시 마찰력이 전혀 없을 것

해설 보행 시 마찰력이 있어야 미끄러짐이 줄어든다.

321 조경용 포장재료는 보행자가 안전하고, 쾌적하게 보행할 수 있는 재료가 선정되어야 한다. 다음 선정기준 중 옳지 않은 것은? [2014년4회]

① 내구성이 있고, 시공·관리비가 저렴한 재료
② 재료의 질감·색채가 아름다운 것
③ 재료의 표면 청소가 간단하고, 건조가 빠른 재료
④ 재료의 표면이 태양광선의 반사가 많고, 보행 시 자연스런 매끄러운 소재

해설 포장 재료는 태양광선의 반사가 적어야 보행 시 눈부심이 줄어든다.

322 보행에 지장을 주어 보행 속도를 억제하고자 하는 포장 재료는? [2012년1회]

① 아스팔트
② 콘크리트
③ 블록
④ 조약돌

해설 보행 속도를 억제하기 위해서는 표면이 거친 재료를 사용해야 한다.

정답 317.③ 318.③ 319.③ 320.④ 321.④ 322.④

323 빠른 보행을 필요로 하는 곳에 포장 재료로 사용되기 가장 부적합한 곳은? [2013년 2회]

① 콘크리트   ② 조약돌
③ 소형 고압 블록   ④ 아스팔트

해설 빠른 보행속도가 필요한 곳에는 부드러운 재료를 사용해야 한다.

324 원로의 시공계획 시 일반적인 사항을 설명한 것 중 틀린 것은? [2012년 5회]

① 원칙적으로 보도와 차도를 겸할 수 없도록 하고, 최소한 분리시키도록 한다.
② 보행자 2인이 나란히 통행 가능한 원로 폭은 1.5~2.0m 이다.
③ 원로는 단순 명쾌하게 설계, 시공이 되어야 한다.
④ 보행자 한사람 통행 가능한 원로 폭은 0.8~1.0m이다.

해설 원로의 폭
• 보도 1인용 0.7~0.9m 2인용 1.5m
• 보도 차도 겸용 최소 1차선(3m) 폭은 유지

325 경사가 있는 보도교의 경우 종단 기울기가 얼마를 넘지 않도록 하며, 미끄럼을 방지하기 위해 바닥을 거칠게 표면처리 하여야 하는가? [2012년 1회]

① 3°   ② 5°
③ 8°   ④ 15°

326 다음 중 소형 고압 블록 포장의 시공방법이 아닌 것은? [2010년 5회]

① 보도의 가장 자리는 보통 경계석을 설치하여 형태를 규정짓는다.
② 기존 지반을 잘 다진 후 모래를 3~5cm 정도 깔고 보도블록을 포장한다.
③ 일반적으로 원로의 종단 기울기가 5% 이상인 구간의 포장은 미끄럼방지를 위하여 거친 면으로 마감한다.
④ 보도블록의 최종 높이는 경계석의 높이 보다 약간 높게 설치한다.

해설 소형 고압블록 포장
• 고압으로 성형된 소형 콘크리트 블록으로, 블록 상호가 맞물려 하중을 분산시키는 포장 방법
• 재료의 다양성, 시공과 보수가 쉬움, 공사비, 유지관리비 저렴, 연약 지반 시공 용이
• 종단 기울기가 5% 이상인 구간의 포장은 미끄럼 방지 처리(거친면 마무리)
• 시공 순서 : 경계 블록 터파기 – 경계블록 설치한 후 줄눈 넣기 – 원지반 다짐 – 모래깔기 – 블록깔기 – 블록 마감처리 – 진동기 다짐(콤팩터) – 모래 채우기
• 보도블록의 최종 높이는 경계석의 높이와 같게 한다.

327 소형고압블록 포장의 시공방법에 대한 설명으로 옳은 것은? [2014년 4회]

① 차도용은 보도용에 비해 얇은 두께 6cm의 블록을 사용한다.
② 지반이 약하거나 이용도가 높은 곳은 지반위에 잡석으로만 보강한다.
③ 블록깔기가 끝나면 반드시 진동기를 사용해 바닥을 고르게 마감한다.
④ 블록의 최종 높이는 경계석보다 조금 높아야 한다.

해설 326번 해설 참조

328 다음 보도블록 포장공사의 단면 그림 중 블록 아랫부분은 무엇으로 채우는 것이 좋은가? [2012년 1회]

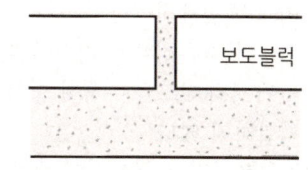

① 모래   ② 자갈

정답 323.② 324.① 325.③ 326.④ 327.③ 328.①

③ 콘크리트　　　④ 잡석

해설 326번 해설 참조

329 조경공사에서 바닥포장인 판석시공에 관한 설명으로 틀린 것은? [2010년1회]

① 기층은 잡석다짐 후 콘크리트로 조성한다.
② 가장자리에 놓을 판석은 선에 맞춰 절단하여 사용한다.
③ 판석은 점판암이나 화강석을 잘라서 사용한다.
④ Y형의 줄눈은 불규칙하므로 통일성 있게 +자형의 줄눈이 되도록 한다.

해설 판석의 배치
- 큰 것 먼저, 사이에 작은 것
- +자형 보다는 Y자형이 시각적으로 좋음, 고무망치로 두드려 뒷면 채워지게
- 판석 줄눈의 폭 : 보통 10~20mm, 깊이 5~10mm 정도

330 돌가루와 아스팔트를 섞어 가열한 것을 식기 전에 다져 놓은 자갈층 위에 고르게 깔아 롤러로 다져 끝맺음한 포장 방법은? [2010년4회]

① 소형 고압 블록포장
② 콘크리트포장
③ 아스팔트포장
④ 마사토포장

331 다음 중 아스팔트의 일반적인 특성 설명으로 옳지 않은 것은? [2015년1회]

① 비교적 경제적이다.
② 점성과 감온성을 가지고 있다.
③ 물에 용해되고 투수성이 좋아 포장재로 적합하지 않다.
④ 점착성이 크고 부착성이 좋기 때문에 결합재료, 접착재료로 사용한다.

해설 아스팔트의 다른 용도로는 투수성이 매우 낮다는 성질을 이용하여 건축이나 토목공사 시 방수재로 사용이 된다.

332 아스팔트의 양부를 판단하는데 적합한 것은? [2011년1회]

① 연화도　　　② 침입도
③ 시공연도　　④ 마모도

해설 아스팔트의 침입도
아스팔트 양부판별에 중요한 경도 시험임. 규정된 온도, 하중, 시간에 규정의 침이 재료 속에 꿰뚫어 들어간 길이로 나타낸다. 침입도가 낮을수록 단단하다.

333 아스팔트의 물리적 성질과 관련된 설명으로 옳지 않은 것은? [2016년2회]

① 아스팔트의 연성을 나타내는 수치를 신도라 한다.
② 침입도는 아스팔트의 콘시스턴시를 임의 관입저항으로 평가하는 방법이다.
③ 아스팔트에는 명확한 융점이 있으며, 온도가 상승하는데 따라 연화하여 액상이 된다.
④ 아스팔트는 온도에 따른 컨시스턴시의 변화가 매우 크며, 이 변화의 정도를 감온성이라 한다.

해설
- 신도 : 아스팔트의 늘어나는 정도
- 감온성 : 온도 변화에 따른 침입도가 변화하는 성질 아스팔트는 명확한 녹는점을 나타내지 않는 무정형 물질이다.
- 표면 연화 : 아스팔트 양의 과잉이나 골재의 압도가 불량할 때 발생한다.

334 아스팔트 포장에서 아스팔트 양의 과잉이나 골재의 입도불량일 때 발생하는 현상은? [2011년4회]

① 균열　　　　② 국부침하
③ 파상요철　　④ 표면연화

정답 329. ④　330. ③　331. ③　332. ②　333. ③　334. ④

해설 333번 해설 참조

335 흙에 시멘트와 다목적 토양개량제를 섞어 기층과 표층을 겸하는 간이포장 재료는?
[2013년2회]

① 칼라 세라믹 ② 카프
③ 우레탄   ④ 콘크리트

해설 **카프**
토양 경화제를 사용하여 현장의 흙에 상호 응결을 높여 다니고 굳혀서 내구성이 풍부한 표층을 만드는 기술

336 내구성과 내마멸성이 좋아 일단 파손된 곳은 보수가 어려우므로 시공 때 각별한 주의가 필요하다. 다음과 같은 원로 포장 방법은?
[2016년2회]

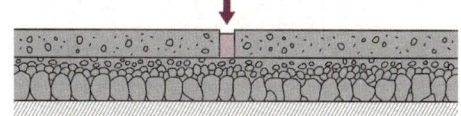

① 마사토 포장   ② 콘크리트 포장
③ 판석 포장   ④ 벽돌 포장

해설 **콘크리트 포장**
- 장점 : 내구성과 내마모성이 좋음
- 단점 : 파손된 곳의 보수 어렵고, 보행감이 좋지 않음
- 두께 10mm 이상, 철근이나 와이어메시로 보강 가능함
- 물시멘트비 50% 이내, 골재 최대 치수 40mm 이하로 함
- 철근 콘크리트의 슬럼프 값의 범위는 5~12cm임
- 콘크리트 치기는 4℃이하, 30℃이상일 때 실시
- 신축, 수축 줄눈 설치해야 함

337 콘크리트 포장에 관한 설명 중 옳지 않은 것은?
[2015년5회]

① 보조 기층을 튼튼히 해서 부동침하를 막

아야한다.
② 두께는 10cm 이상으로 하고, 철근이나 용접철망을 넣어 보강한다.
③ 물 · 시멘트의 비율은 60% 이내, 슬럼프의 최대값은 5cm 이상으로 한다.
④ 온도변화에 따른 수축 · 팽창에 의한 파손 방지를 위해 신축줄눈과 수축줄눈을 설치한다.

해설 336번 해설 참조

338 철근의 피복두께를 유지하는 목적으로 틀린 것은?
[2016년2회]

① 철근량 절감
② 내구성능 유지
③ 내화성능 유지
④ 소요의 구조내력확보

해설 **철근의 피복두께**
- 철근 외표면과 콘크리트 외측까지의 거리
- 목적 : 부착성, 내화성, 내근성, 방청성, 유동성, 구조내력확보

339 다음 중 공원의 산책로 등 자연의 질감을 그대로 유지하면서도 표토층을 보존할 필요가 있는 지역의 포장으로 알맞은 것은?
[2010년5회]

① 타일 포장
② 마사토 포장
③ 인터록킹 블록포장
④ 판석 포장

해설 **마사토 포장**
자연스러운 느낌의 포장 재료로 공원의 산책로 포장에 사용한다.

정답 335. ② 336. ② 337. ③ 338. ① 339. ②

조경시설물공사

340 다음 도시공원 시설 중 유희시설에 해당되는 것은? [2011년4회]

① 야영장　② 잔디밭
③ 도서관　④ 낚시터

해설　시설물의 종류

구분	주요 시설물
유희시설	그네, 미끄럼틀, 시소, 모래터, 낚시터, 회전목마, 놀이용 전차, 야외 무도장, 정글짐 등
운동시설	축구장, 야구장, 배구장, 농구장, 테니스장, 육상 경기장, 궁도장, 철봉, 평행봉, 평균대, 족구장, 수영장, 사격장, 자전거 경기장, 수상 경기장, 롤러 스케이트장 등
경관시설	식재대, 잔디밭, 화단, 산울타리, 자연석, 조각물 등
수경시설	연못, 분수, 개울, 벽천, 인공폭포 등
휴양시설	휴게소, 벤치, 야외 탁자, 정자, 퍼걸러, 야영장, 덱 등
교양시설	식물원, 동물원, 온실, 축사, 수족관, 야외 음악당, 도서관, 기상 관측소, 기념비, 고분, 성터, 구가옥 등
편익시설	매점, 음식점, 간이 숙박시설, 주차장, 화장실, 시계탑, 음수대, 수세장, 집회장소, 전망대, 자전거 주차대 등
관리시설	문, 차고, 창고, 게시판, 표지판, 조명시설, 쓰레기처리장, 볼라드, 휴지통, 수도 등
기반시설	도로, 보도, 광장, 옹벽, 석축, 비탈면, 배수시설, 관수시설 등

341 다음 중 휴게시설물로 분류할 수 없는 것은? [2015년4회]

① 퍼걸러(그늘시렁)
② 평상
③ 도섭지(발물놀이터)
④ 야외탁자

해설　도섭지는 수경시설에 속한다.

342 도시공원 및 녹지 등에 관한 법률 시행규칙에 의해 편익시설로 분류되는 것은? [2017년 2회]

① 퍼걸러　② 자연체험장
③ 정글짐　④ 전망대

해설　시설물의 종류

구분	시설물의 종류
휴게시설	퍼걸러, 원두막, 정사, 벤치, 그늘집(shelter), 야외탁자, 정자 등
놀이시설	그네, 미끄럼틀, 모래터, 시소, 정글짐, 회전무대, 조합놀이대 등
편익시설	자전거보관대, 우체통, 시계탑, 화분대, 음수대, 화장실, 전망대 등
운동시설	운동장, 축구장, 농구장, 배구장, 배드민턴장, 철봉, 평행봉 등
관리시설	담장, 시설 및 녹지 보호책, 쓰레기처리장, 볼라드, 휴지통 등
조명시설	정원등, 공원등, 수목 및 시설조명등 등
안내시설	게시판, 각종 표지판, 교통안내표지판, 상업광고 안내표지판 등
수경시설	연못, 벽천, 분수, 도섭지, 인공개울 등
환경조형시설	기념물, 환경조각, 석탑, 상징탑, 부조 등

343 정원에서 간단한 눈가림 구실을 할 수 있는 시설물로 가장 적합한 것은? [2011년4회]

① 파고라　② 트렐리스
③ 정자　④ 테라스

해설　트렐리스
덩굴 식물이 타고 올라가도록 만든 격자 구조물임

344 거실이나 응접실 또는 식당 앞에 건물과 잇대어서 만드는 시설물은? [2012년1회]

① 모래터　② 트렐리스
③ 정자　④ 테라스

해설　테라스
거실이나 식당 등에서 직접 나갈 수도 있고 실내의 생활을 옥외로 연장하여 의자 등을 놓고 가족 단란의 장

정답　340. ④　341. ③　342. ④　343. ②　344. ④

소로, 어린이들의 놀이터, 일광욕 등을 할 수 있는 장소로 쓰인다.

345 건물과 정원을 연결시키는 역할을 하는 시설은? [2012년5회]

① 테라스 ② 트렐리스
③ 퍼걸러 ④ 아치

해설 344번 해설 참조

346 덩굴식물이 시설물을 타고 올라가 정원적인 미를 살릴 수 있는 시설물이 아닌 것은? [2010년4회]

① 파골라 ② 테라스
③ 아치   ④ 트렐리스

해설 344번 해설 참조

347 조경 시설물 중 관리 시설물로 분류되는 것은? [2012년1회]

① 축구장, 철봉   ② 조명시설, 표지판
③ 분수, 인공폭포 ④ 그네, 미끄럼틀

해설 342번 해설 참조

348 주택정원의 시설구분 중 휴게시설에 해당되는 것은? [2016년1회]

① 벽천, 폭포
② 미끄럼틀, 조각물
③ 정원등, 잔디등
④ 퍼걸러, 야외탁자

해설 342번 해설 참조

349 도시공원 및 녹지 등에 관한 법률 시행규칙에 의해 도시공원의 효용을 다하기 위하여 설치하는 공원시설 중 편익시설로 분류 되는 것은? [2010년4회]

① 야유회장   ② 자연체험장
③ 정글짐   ④ 전망대

해설 342번 해설 참조

350 야외용 의자 제작 시 2인용을 기준으로 할 때 얼마정도의 길이가 필요한가?(단, 여유 공간을 포함한다.) [2010년4회]

① 60cm 정도   ② 120cm 정도
③ 180cm 정도 ④ 200cm정도

해설 **벤치 규격**
- 2인용 벤치 : 1.2m
- 앉음면 높이 : 45cm 내외, 어른과 어린이 겸용 35~40cm
- 등받이 각도 : 수평면을 기준으로 96~110°

351 어른과 어린이 겸용벤치 설치 시 앉음면(좌면, 坐面)의 적당한 높이는? [2015년5회]

① 25~30cm   ② 35~40cm
③ 45~50cm   ④ 55~60cm

해설 350번 해설 참조

352 등나무 등의 덩굴식물을 올려 가꾸기 위한 시렁과 비슷한 생김새를 가진 시설물로 여름철 그늘을 지어 주기 위한 것은? [2011년5회]

① 플랜터(planter) ② 파고라(pergola)
③ 볼라드(bollard) ④ 래더(ladder)

353 파고라 설치와 관련한 설명으로 부적합한 것은? [2010년2회]

① 높이에 비해 넓이가 약간 넓게 축조한다.
② 불결하고 외진 곳을 피하여 배치한다.
③ 파고라는 그늘을 만들기 위한 목적이다.
④ 보행동선과의 마찰을 피한다.

정답 345.① 346.② 347.② 348.④ 349.④ 350.② 351.② 352.② 353.④

해설 **파고라**
- 태양광선을 차단하여 그늘을 제공하고 휴식할 수 있게 하는 것
- 높이 : 2.2~2.5m 정도
- 기둥 사이의 거리 : 1.8~2.7m 정도
- 배치
  - 경관의 초점이 되는 곳
  - 조망이 좋고 한적한 곳
  - 통경선이 끝나는 부분이나 공원의 휴게 공간 및 산책로의 결절점

354 퍼걸러(pergola) 설치 장소로 적합하지 않은 것은? [2012년1회]

① 주택 정원의 가운데
② 건물에 붙여 만들어진 테라스 위
③ 통경선의 끝 부분
④ 주택 정원의 구석진 곳

해설 353번 해설 참조

355 어린이 놀이 시설물 설치에 대한 설명으로 옳지 않은 것은? [2012년2회]

① 미끄럼대의 미끄럼판의 각도는 일반적으로 30~40도 정도의 범위로 한다.
② 모래터는 하루 4~5시간의 햇볕이 쬐고 통풍이 잘되는 곳에 위치한다.
③ 시소는 출입구에 가까운 곳, 휴게소 근처에 배치하도록 한다.
④ 그네는 통행이 많은 곳을 피하여 동서방향으로 설치한다.

해설 그네는 햇빛을 마주하지 않도록 북향 또는 동향으로 배치한다.

356 다음 중 콘크리트 소재의 미끄럼대를 시공할 경우 일반적으로 지표면과 미끄럼판의 활강 부분이 수평면과 이루는 각도로 가장 적합한 것은? [2011년2회]

① 15
② 35
③ 55
④ 70

해설 미끄럼틀판과 지면과의 각도는 30~35°가 되도록 설치한다.

357 다음 중 음수대에 관한 설명으로 옳지 않은 것은? [2012년도4회]

① 양지 바른 곳에 설치하고, 가급적 습한 곳은 피한다.
② 표면재료는 청결성, 내구성, 보수성을 고려한다.
③ 음수전의 높이는 성인, 어린이, 장애인 등 이용자의 신체특성을 고려하여 적정 높이로 한다.
④ 유지관리상 배수는 수직 배수관을 많이 사용하는 것이 좋다.

해설 수직 배수관은 겨울에 동파의 위험이 있어 관리가 어렵다.

358 다음 그림의 가로 장치물 중 볼라드로 가장 적합한 것은? [2015년2회]

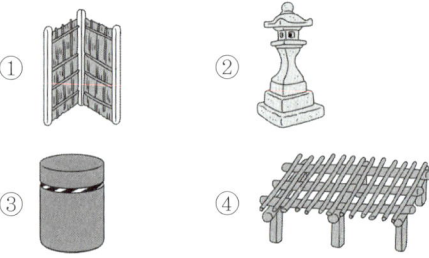

해설 **볼라드**
보행자용 도로나 잔디에 자동차의 진입을 막기 위해 설치되는 장애물로서 보통 철제의 기둥모양이나 콘크리트로 되어 있다.

정답 354.① 355.④ 356.② 357.④ 358.③

359 창살울타리(Trellis)는 설치 목적에 따라 높이가 차이가 결정되는데 그 목적이 적극적 침입방지의 기능일 경우 최소 얼마 이상으로 하여야 하는가? [2012년5회]

① 50cm ② 1m
③ 1.5m ④ 2.5m

해설 기능에 따른 울타리의 높이
- 단순한 경계 표시 기능 : 0.5m 이하
- 소극적 출입 통제 기능 : 0.8~1.2m
- 적극적 침입 방지 기능 : 1.5~2.1m

360 동일 면적에서 가장 많은 주차 대수를 설계할 수 있는 주차방식은? [2010년5회]

① 직각주차방식 ② 30° 주차방식
③ 45° 주차방식 ④ 60° 주차방식

해설 동일 면적에서는 직각주차장이 가장 많은 주차를 할 수 있다.

361 운동시설 배치 계획 시 방향을 가장 고려하지 않아도 되는 것은? [2018년 2회]

① 스쿼시장 ② 축구장
③ 테니스장 ④ 골프장의 각 코스

해설 운동시설을 배치
- 야외 운동 시설의 경우 햇빛을 마주하지 않도록 북향 또는 동향으로 배치한다.
- 실내 운동 시설의 경우에는 배치 방향을 고려하지 않아도 된다.

362 우리나라의 조선시대 전통정원을 꾸미고자 할 때 다음 중 연못시공으로 적합한 호안공은? [2012년도4회]

① 편책 호안공 ② 마름돌 호안공
③ 자연석 호안공 ④ 사괴석 호안공

해설 한국의 전통 연못은 사괴석을 이용하여 직선적인 호안을 조성하였다. 사괴석을 횡으로 연결하여 조성하는 방법과 다이아몬드 형식으로 엇물려가며 조성하는 두 가지 방법이 있는데, 이러한 방법은 석재가 풍부한 우리나라에서 가장 많이 사용되고 있는 방법이다.

363 연못의 급배수에 대한 설명으로 부적합한 것은? [2010년4회]

① 항상 일정한 수위를 유지하기 위한 시설을 퇴수구라 한다.
② 배수공은 연못 바닥의 가장 깊은 곳에 설치한다.
③ 순환펌프 시설이나 정수 시설을 설치 시 차폐식재를 하여가려 준다.
④ 급배수에 필요한 파이프의 굵기는 강우량과 급수량을 고려해야 한다.

해설 항상 일정한 수위를 유지하기 위한 시설은 월류구이다.

364 근대 독일 구성식 조경에서 발달한 조경시설물의 하나로 실용과 미관을 겸비한 시설은? [2012년1회]

① 분수 ② 캐스케이드
③ 연못 ④ 벽천

해설 벽천
물을 떨어뜨려 모양과 소리를 즐길 수 있도록 하는 시설로 좁은 공간, 경사지나 벽면 이용, 평지에 벽면을 만들어 설치한다.

365 주택정원에 설치하는 시설물 중 수경시설에 해당하는 것은? [2011년4회]

① 퍼걸러 ② 미끄럼틀
③ 정원등 ④ 벽천

해설 수경시설의 종류
연못, 분수, 벽천, 캐스케이드 등

366 물의 이용 방법 중 동적인 것은? [2013년2회]

① 연못 ② 호수
③ 캐스케이드 ④ 풀

정답 359. ③ 360. ① 361. ① 362. ④ 363. ① 364. ④ 365. ④ 366. ③

해설
- 동적인 수경 시설 : 폭포, 벽천, 캐스케이드, 분수 등
- 정적인 수경 시설 : 연못, 호수, 풀 등

367 정적인 상태의 수경경관을 도입하고자 할 때 바른 것은? [2013년1회]

① 하천　　② 계단 폭포
③ 호수　　④ 분수

해설 366번 해설 참조

368 다음 중 어린이들의 물놀이를 위해서 만든 얕은 물 놀이터는? [2015년5회]

① 도섭지　　② 포석지
③ 폭포지　　④ 천수지

해설 **도섭지**
아동용의 물놀이를 대상으로 한 얕은 연못의 일종임

369 다음 중 관리해야 할 수경 시설물에 해당되지 않는 것은? [2015년5회]

① 폭포　　② 분수
③ 연못　　④ 덱(deck)

해설 366번 해설 참조

정답 367. ③　368. ①　369. ④

조경관리

주거지(개인, 공동주택단지), 공원(도시공원, 자연공원), 위락휴양시설(골프장, 유원지, 휴양지), 문화재(사찰, 궁궐, 전통민가, 왕릉)

01 조경관리 일반

1 조경관리

기능성, 안전성, 관리성(수익성 없음)

1) 조경관리 계획의 수립 절차

관리목표 결정 – 관리계획수립 – 관리조직결정 – 각 관리 조직의 업무 확정 및 협조체계 수립 – 관리업무 수행

2) 조경관리의 구분

조경이 이루어진 공간의 모든 <u>시설물과 식물</u>이 설계자의 의도에 <u>운영</u>되고, <u>이용</u>하는 사람들이 요구하는 기능을 항상 <u>유지</u>하면서 충분히 발휘될 수 있도록 관리하는 것이다.

유지관리	<u>조경수목과 시설물을 항상 이용에 용이하게 점검 보수</u>하여 구성요소의 설치 목적에 따른 기능이 공공을 위한 서비스 제공을 원활히 하는 것이다.
운영관리	이용 가능한 구성요소를 더 효과적이고 안전하고 또 더 많은 사람이 이용하기 위한 방법으로 예산, 재무제도, 조직, 재산 등의 관리가 있다.
이용관리	<u>이용자의 행태와 선호를 조사, 분석</u>하여 그 시대와 사회에 맞는 <u>적절한 이용프로그램</u>을 개발하여 홍보하며, 또 이용의 기회를 증대시킨다. <u>안전관리, 이용지도, 홍보, 행사 프로그램 주도, 주민참여유도</u>

(1) 유지관리

식물+시설물+건축물(이용에 용이하게 점검 보수), 좁은 뜻의 조경관리는 유지관리

(2) 운영관리

예산 + 조직(예산, 재무제도, 조직, 재산)

① 양의 변화 : 이용자 수, 이용형태 분석
- 군식지 생태적 조건 변화에 따른 갱신, 내구연한에 의한 교체, 부족 시설 증설 : 출입구, 매점, 화장실
- 이용에 의해 손상이 생기는 시설 보충 : 잔디, 벤치 등

② 질의 변화 : 생활환경의 쾌적성(어메니티) 기능 요구
- 대기오염, 지표면 폐쇄(포장)로 인한 토양 수분 부족, 토양 조건 약화, 귀화식물 증대(양의 변화가 아니라, 자생종 줄어듦)
- 야간 조명으로 일장효과 장해(가로등 아래 코스모스 단일식물, 개화 안됨)
- 포장면과 건축물 증가로 복사열 급증과 일조량 감소
- 토지형질 변경, 식물의 무계획적인 벌채 등으로 인한 자연조건의 급변

  [TIP] 단위 연도당 예산 a = T(작업 전체 비용) × P(작업률 : 3년에 1회일 경우 1/3, 1년에 2회일 경우 2)

  [TIP] 식물관리비 = 식물수량 × 작업횟수 × 작업단가(식물단가 아님) × 작업률
  cf. 식물단가 적용 안함

  [TIP] 경비 = 조성비의 0.8~1.2%

③ 운영 관리의 방식
- 직영방식 : 관리 주체가 직접 운영관리
- 도급방식 : 관리 전문 용역회사나 단체에 위탁하는 방식

구분	직영방식	도급방식
대상 업무	• 재빠른 대응이 필요한 업무 • 연속해서 행할 수 없는 업무 • 진척상황이 명확치 않고 검사하기 어려운 업무 • 금액이 적고 간편한 업무	• 장기에 걸쳐 단순작업을 행하는 업무 • 전문지식, 기능 자격을 요하는 업무 • 규모가 크고 노력, 재료 등을 포함한 업무 • 관리주체가 보유한 설비로는 불가능한 업무
장점	• 관리책임이나 책임소재가 명확 • 긴급한 대응이 가능 • 관리 실태를 정확히 파악, 관리 효율 향상 • 임기응변의 조치가 가능 • 양질의 서비스 제공 가능	• 규모가 큰 시설의 관리에 적합 • 전문가를 합리적으로 이용함 • 관리의 단순화 가능 • 관리비 저렴, 장기적으로 안정 • 전문적 지식, 기능, 자격에 의한 양질의 서비스를 기할 수 있음
단점	• 일상적인 업무는 타성화 되기 쉬움 • 직원의 배치전환이 어려움 • 필요 이상의 인건비 지출	• 책임의 소재나 권한의 범위가 불명확함 • 전문업자를 충분하게 활용치 못할 수가 있음

(3) 이용관리

이용자지도 + 행사 + 홍보 + 의견청취 + 안전관리 + 주민참여 + 교육

① 안전관리
  ㉠ 설치하자 : 시설구조 자체 결함(손끼임), 시설설치미비(고정×), 시설배치미비(그네, 벤치 충돌)
  ㉡ 관리하자 : 시설물 노후·파손, 위험 장소의 안전대책 미비(연못의 휀스), 이용시설 외 시설 쓰러짐·떨어짐(블록, 간판, 맨홀 뚜껑열림), 위험물 방치(유리조각, 소각처리제, 고사목에 텐트), 개찰구 사고, 동물 도망
    예 공원 내 이동식 축구 골대 넘어져 부상 : 관리하자(고정식이면 설치하자)
  ㉢ 이용자, 보호자, 행사 개최자 등의 부주의에 의한 사고 : 그네 거꾸로 올라감, 휀스 있는 연못에 빠진 아이, 관객이 백 네트에 올라감(행사 주최자의 관리 불충분)
  ㉣ 자연 재해

② 사고 처리 과정 : 사고 발생 통보→사고자응급처치→병원호송→관계자통보→사고상황 파악→책임명확화

③ 주민 참가 : 내셔널트러스트(역사적 명승지 및 자연적 경승지를 위한 내셔널 트러스트로 영국의 로버드 헌터경 등 3인에 의해 주창, 국민에 의한 국토 보존)
  • 주민참가 과정 : 비참가의 단계(치료, 조작) → 형식 참가 단계(유화, 상담, 정보제공) → 시민권력의 단계(자치관리, 권한위양, 파트너십)

④ 레크리에이션
  ㉠ 레크리에이션 수용 능력을 결정하는 인자

가변적 결정인자	고정적 결정인자
• 대상지의 성격, 크기, 형태 • 대상지 이용의 영향에 대한 회복능력 • 기술과 시설 도입으로 인한 수용 능력 자체의 확장가능성	• 특정 활동에 대한 참여자의 반응정도 • 특정 활동에 필요한 사람의 수 • 특정 활동에 필요한 공간의 최소 면적

  ㉡ 레크리에이션 관리체계의 3가지 기본 요소
    이용자 관리, 자연자원 기반, 서비스 관리

■ 레크리에이션 관리의 목표 및 기본 전략

구분	내용
완전방임형	이용자는 이용하고 훼손지는 스스로 회복을 기대, 자연파괴에 따른 더 이상 적용될 수 없는 개념, 오늘날은 적용 안 됨
폐쇄 후 자연회복형	회복에 오랜 시간이 소요, 자원중심형의 자연지역적인 경우에 적용
폐쇄 후 육성관리	빠른 회복을 위하여 적당한 육성 관리, 짧은 폐쇄기, 회복기에도 최대 효과, 이용자 불편 적음
순환식 개방에 의한 휴식기간 확보	충분한 시설과 공간이 추가적으로 확보되어야 회복을 위한 휴식기간을 순환적으로 가질 수 있음, 자연공원의 휴식년제
계속적 개방, 이용 상태 하에서 육성관리	가장 이상적인 관리 전략, 최소한의 손상이 발생하는 경우에 한해서 유효한 방법 자연적 생산력이 크고 안정된 부지에 적용

■ 연간 관리 작업의 종류

구분	내용
정기작업	청소, 점검, 수목의 전정, 병해충 방제, 페인트칠 등의 정기적 작업
부정기작업	죽은 나무 제거 및 보식, 시설물 등의 부정기적으로 해야 할 작업
임시작업	태풍, 홍수 등 기상재해로 인한 피해 등의 작업

■ 관리의 시간적 계획

구분	기간	작업 내용
장기계획	15~30년 간격	시설 구조물
단기계획	2~3년 간격	페인트칠, 보수 계획
연간계획	1년 간격	식물관리(전정), 병충해 방제 등

[TIP] 조경 시설물 보수 사이클
분수의 전기, 기계 등의 조정 점검 : 1년 / 벤치 도장 : 2~3년 / 시계탑 분해점검 1~3년 / 분수물 교체, 낙엽 제거 : 반년~1년

[TIP] 공원 행사 개최 방법 : 기획 → 제작 → 실시 → 평가

[TIP] 도시 공원의 식물 관리비 계사 산출 근거 : 작업률, 식물의 수량, 작업 회수

02 │ 조경 수목관리

1 조경 수목의 정지(training) 및 전정(pruning) 관리

1) 목적에 따른 전정

- 미관상 : 수형에 불필요한 가지 제거로 수목의 자연미 높임, 인공수형의 경우 조형미
- 실용상 : 방화, 방풍, 차폐 등 역할, 가로수 하기 전정(통풍 원활, 태풍의 피해 방지)
- 생리상 : 지엽 밀생 수목, 쇠약해진 수목, 개화 결실 촉진, 이식한 수목

  [TIP] 목적에 따른 전정 시기
  - 수형 위주의 전정 : 3~4월 중순, 10~11월 말
  - 개화 목적의 전정 : 꽃이 진 후
  - 결실 목적의 전정 : 수액이 유동하기 전
  - 수형의 축소 : 이른 봄 수액이 유동하기 전

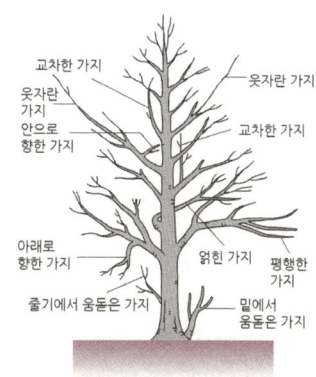

[잘라주여야 할 가지]

2) 전정의 종류

(1) 생장을 돕기 위한 전정

① 묘목을 기를 때 키가 빨리 자라도록 하기 위해 곁가지를 적당히 자르거나, 과일나무나 오동나무 등의 세력이 약한 묘목 밑동을 베어 내어 강한 곁가지를 발생시켜 새로 기르는 방법이다.

② 뿌리목에서 나오는 많은 곁 움을 그대로 두게 되면 나무의 세력이 약해지게 되므로 제거해야 본 줄기가 건강하게 자란다.

③ 병해충의 피해를 입은 가지, 말라 죽은 가지, 부러진 가지 등을 잘라내는 것도 이에 속한다.

(2) 생장을 억제하기 위한 전정

① 녹음수가 좁은 정원에서 필요 이상으로 자라지 않도록 줄기나 가지를 자르거나, 향나무, 회양목 등 산울타리처럼 일정한 모양으로 유지시키기 위한 전정이다.

② 소나무 순자르기, 활엽수의 잎 따기도 생장을 억제하는 전정의 방법이다.

(3) 개화, 결실을 돕기 위한 전정

① 개화와 결실을 촉진하기 위하여 과일나무에 전정을 하는 경우와 꽃나무류의 개화를 촉진하기 위하여실시하는 전정이다.

② 감나무 등 과일나무는 그냥 놓아두면 해거리 현상이 심하지만, 매년 알맞게 전정을 해주

면 열매가 해마다 고르게 잘 맺는다.

③ 장미와 같은 꽃나무류에서 한 가지에 너무 많은 꽃봉오리가 있을 때 솎아내거나 열매가 열리지 않게 잘라 냄으로써 다음 꽃이 빨리 피게 하는 것도 해당된다.

> [TIP] 개화 촉진 정원수 관리
> - 개화 시기에는 시비하지 않는다.
> - 토양 표면이 마르거나 건조할 때에 물을 준다.
> - 햇빛을 충분히 받도록 한다.
> - 너무 많은 꽃봉오리는 솎아낸다.

(4) 생리를 조정하는 전정

① 나무를 옮길 때 가지와 잎을 그대로 둔 상태로 식재하면 지하부와 지상부의 생리적 균형이 깨지기 쉬우므로, 가지와 잎을 알맞게 잘라주는 방법이다.
② 맹아력(식물에 새로 싹이 트는 힘)을 고려해야 한다.
③ 느티나무, 버즘나무 등과 같이 맹아력이 강한 나무는 상당히 큰 가지를 잘라도 훌륭한 새 가지가 생기나, 소나무와 같이 맹아력이 약한 수종은 주의해야 한다.

(5) 세력을 갱신하는 전정

① 맹아력이 강한 나무가 늙어서 생기를 잃거나 꽃맺음이 나빠지는 겨울에 줄기나 가지를 잘라내어 새 줄기나 가지로 갱신하는 것이다.
② 늙은 과일나무, 장미, 배롱나무, 팔손이 등의 밑동을 자르면 새로운 줄기가 나와 새로운 형태의 나무를 만들 수 있다.

3) 수종별 전정시기

어떤 성상의 수종도 새 눈이 자라는 시기와 한여름은 전정 NO!

(1) 낙엽수

① 휴면기 12~2월(손상 적고, 가지의 관찰이 용이)
② 단풍나무, 벚나무 12월 안에 끝(휴면에서 빨리 깸, 1월 중순 활동, 수액 흐름)
③ 배롱나무, 자귀나무, 무궁화, 능소화(휴면에서 늦게 깸, 3월에 가지치기)

(2) 상록활엽수

① 광합성이 왕성한 시기가 적기(상록수는 겨울 전정하면 감기 걸림)
② 3~4월 상순(햇가지나기 전), 6~7월 상순(여름눈 자라기 전), 9월(여름눈 성장 멈춤)
③ 상록수 잎 수명 2~5년

(3) 꽃나무류

① 꽃이 진 후
② 등나무는 4~5월 개화, 7월 꽃눈 분화(꽃눈 맺히는 짧은 가지 확인하며 전정)
③ 철쭉은 다음 해에 꽃을 보기 위해서는 꽃이 지고 난 후 6월 중순 이전에 전정 끝
④ 철쭉의 꽃눈 형성 시기 6월 말부터 7월경

[TIP] 꽃이 피지 않는 경우
꽃눈 분화 후 전정 / 전정 안 해서 햇빛 부족으로 꽃눈 생성 안 됨 / 어린 나무의 경우 영양 생장 후 생식 생장(꽃피우기보다 성장 우선)

(4) 침엽수

① 3~4월(싹이 막 자라기 시작하는 봄)
② 반드시 잎이 있는 부분 남기고 가지치기
③ 침엽수는 윗부분 가지일수록 생장력 왕성, 위에서 1/3까지는 가지 조금 깊게 전정
④ 소나무 : 순자르기(5월), 잎따기, 잎솎기(11~12월)

[TIP] 계절에 따른 수목의 전정

계절	시기	특징
봄	3~5월	• 새로운 가지와 잎이 나오는 생장기이므로 수세 약함 • 상록수의 모양 만들기에 적합한 시기 • 꽃 피는 나무는 꽃이 진 후 전정 • 소나무 순자르기(4~6월)
여름	6~8월	• 웃자람 가지, 혼잡한 가지, 바람 피해목 등 전정 • 꽃눈 분화(6~8월)이전에 전정 끝내기(등나무는 두세 마디만 남기고 자르거나 끝 잘라내기) • 바람 피해 우려목인 플라타너스, 현사시, 수양버들 전정
가을	9~11월	• 여름에 자라난 웃자람 가지나 혼잡한 가지 전정 • 상록활엽수의 전정 적기 • 휴면시기가 빠른 수종은 겨울 전정과 같은 전정

겨울	11~3월
	휴면기
		• 대부분의 수목은 겨울(11~3월)에 전정
		• 겨울 전정의 장점
		  -낙엽수의 경우 가지 배치나 수형 양호, 작업 용이, 병해충 피해 가지 발견 쉬움
		  -휴면기로 전정의 영향 거의 없으며 부정아 발생 없이 멋있는 수형 오래 감상 가능
		• 겨울 전정의 고려사항
		  -봄에 싹이 빠른 수종은 전정 빨리(단풍나무), 늦은 수종은 전정 약간 늦게 (배나무)
		  -상록수는 동해 우려 있으므로 강전정 피하기, 눈 많은 곳은 눈 녹은 후 전정

[TIP] 전정을 하지 않는 수종
- 침엽수 : 독일가문비, 금송, 히말라야시다, 나한백
- 상록활엽수 : 동백나무, 치자나무, 굴거리나무, 녹나무, 태산목, 만병초, 팔손이, 산다화, 월계수, 남천, 다정큼나무
- 낙엽활엽수 : 느티나무, 팽나무, 수국, 벚나무, 회화나무, 백목련, 참나무류, 백합나무

[TIP]
- 수목의 꽃눈 분화는 C/N율과 관련
- C/N율 : 식물체 내의 C와 N의 비율, 가지의 생장, 꽃눈 형성 및 열매에 영향을 줌
- C/N율이 높으면 개화 유도, 낮으면 영양생장 계속

[TIP] C/N율이 높아지면(질소보다 탄소의 비율이 많아지면) 화아분화가 촉진됨.
- 곁눈 밑에 상처를 내어 놓으면 잎에서 만들어진 동화물질이 축적되어 잎눈이 꽃눈으로 변하는 일 많아짐.

4) 수목의 생장 습성

① 정부 우세성(정아우세) : 곁눈보다 가지의 끝눈이 우세하게 신장하는 것, 교목이 관목보다 정아우세 현상이 더 강하다.
② 밑가지 우세 및 선단지 열세의 법칙 : 줄기의 밑 부분 가지가 윗부분보다 굵게 자라고 윗부분은 약하게 자란다.
③ 수액 상승의 법칙 : 나무의 수분과 양분은 수평보다 수직이동이 강함. 즉 가지가 수평이 되면 세력이 약해지고, 위로 뻗으면 수세가 강하게 자란다.
④ T/R율 : 뿌리에서 흡수하는 물의 양과 잎에서 증산하는 물의 양이 같아야 정상적인 생육을 하므로, 뿌리를 많이 자르면 가지도 잘라주어야 한다.
⑤ 활엽수가 침엽수에 비해 강전정에 잘 견딘다.
⑥ 수목의 개화 습성

당년생 가지에 개화(여름개화)	장미, 무궁화, 협죽도, 나무수국, 배롱나무, 싸리, 능소화, 아카시아, 감나무, 등나무, 불두화
2년생 가지에 개화(봄개화)	매화나무, 수수꽃다리, 개나리, 박태기나무, 벚나무, 수양버들, 복숭아, 목련, 진달래, 철쭉, 생강나무, 산수유, 앵두나무, 살구나무
3년생 가지에 개화	사과나무, 배나무, 명자나무(산당화)
가지 끝에 꽃눈 부착(정아)	자목련, 치자나무, 철쭉류, 백당화
곁눈에 꽃눈 부착(측아)	명자나무, 목서류, 벚나무, 매화나무, 복숭아나무, 조팝나무
가지 끝과 곁눈에 꽃눈 부착	개나리, 동백, 모란, 수국, 무궁화, 싸리, 능소화

⑦ 뿌리의 생장기 : 3~4월 시작, 6~7월경 최고 생장, 두 번째로 9월 상순에 생장 활발
⑧ 지상부의 생장

1회 신장형	• 4~6월경에 새싹이 나와 자라다가 생장이 멈춘 후 양분의 축적이 일어나는 형태 • 소나무, 잣나무, 은행나무, 너도밤나무, 낙엽과수류
2회 신장형	• 6~8월 또는 8~9월에 또 한 차례의 신장 생장이 일어난 후 양분이 축적되는 형태 • 철쭉류, 사철나무, 쥐똥나무, 편백, 화백, 삼나무

5) 정지(training), 전정(pruning)의 요령

① 정지, 전정의 대상 : 밀생지, 교차지, 도장지, 역지, 병지, 수하지, 평행지, 윤생지, 정면으로 향한 가지, 대생지

[TIP]
- 정자(trimming) : 나무 전체 모양을 일정 양식에 따라 다듬는 것, 식재 목적에 적합한 수형이나 가지 만듦.
- 정지(training) : 나무 수형을 영구유지, 보존하기 위해 기능과 관리 목적에 알맞은 수형 만드는 작업
- 전정(pruning) : 관상, 개화결실, 생육상태 조절 등의 목적으로 불필요한 가지, 생육 방해 가지, 줄기의 일부를 잘라내는 작업

② 요령
  ㉠ 주지선정
  ㉡ 정부 우세성을 고려해 상부는 강하게, 하부는 약하게 전정
  ㉢ 위에서 아래로, 오른쪽에서 왼쪽으로 돌아가면서 전정
  ㉣ 굵은 가지는 가능한 수간에 가깝게, 수간과 나란히 자름
  ㉤ 수관 내부는 환하게 솎아내고, 외부는 수관선에 지장 없게 함
  ㉥ 뿌리 자람의 방향과 가지의 유인을 고려
  ㉦ 가지 끝을 자를 경우 아래쪽으로 향한 눈이 있는 바로 위쪽 전정

③ 목적에 따른 전정 시기
  ㉠ 수형 위주의 전정 : 3~4월 중순, 10~11월말
  ㉡ 개화 목적 전정 : 개화 직후

  [TIP] 개화 촉진 정원수 관리
  - 개화 시기에는 시비하지 않는다.
  - 토양 표면이 마르거나 건조할 때에 물을 준다.
  - 햇빛을 충분히 받도록 한다.
  - 너무 많은 꽃봉오리는 솎아낸다.

  ㉢ 결실 목적 전정 : 수액이 이동하기 전

ⓐ 수형을 축소 또는 왜화 : 이른 봄 수액이 유동하기 전
④ 산울타리 전정
  ㉠ 시기 : 일반 수목은 장마철과 가을, 화목류는 꽃이 진 후, 덩굴 식물은 가을
  ㉡ 횟수 : 생장이 완만한 수종은 연 2회, 맹아력이 강한 수종은 연 3~4회
  ㉢ 방법 : 식재 후 3년 지난 이후에 전정, 높은 울타리는 옆에서 위로 전정, 상부는 깊게, 하부는 얕게, 높이 1.5m 이상일 경우 윗부분은 좁은 사다리꼴 전정
⑤ 정지, 전정 후 처리 방법
  ㉠ 부후균의 침입을 받기 쉽기 때문에 우스플론(소독약)과 메르크론 1000배액으로 소독
  ㉡ 크레오소드, 그리스유, 페인트, 접랍 등 유성도료로 방수 처리하거나 빗물이 닿지 않도록 뚜껑 덮어줌.
  [TIP] 수목을 전정한 뒤 절단 부위에 상처치료 도포(톱신페이스트, 카토파스타, 신교나라, 카타파스, 락발삼 등)
  칼로스 발생으로 상처가 빨리 아물게 함.
⑥ 전정 방법
  ㉠ 적아(눈지르기) : 눈 움직이기 전 불필요한 눈 제거, 전정 불가능한 수목에 이용(모란, 벚나무, 자작나무 등)
  ㉡ 적심(순자르기) : 지나치게 자라는 가지 신장을 억제하기 위해 신초의 끝부분을 따버림, 순 굳기 전 실시
    • 소나무, 잣나무 같은 수종에 실시
    • 소나무류(맹아력 약, 양수) 순자르기
      – 5~6월경 5~10cm로 자란 새순을 2~3개 정도 남기고 중심순을 포함하여 손으로 제거
      – 남긴 순도 자라는 힘이 지나칠 경우 1/2~1/3 정도만 남기고 따 버림
    [TIP] 소나무류의 잎따기, 잎솎기, 묵은 잎 따내기 : 8월경, 순자르기로 충분한 효과를 보지못한 경우에 실시
  ㉢ 적엽(잎따기) : 지나치게 우거진 잎이나 묶은 잎 따주기(단풍나무, 벚나무류 이식 부적기에 이식 시 수분증발 억제)
  ㉣ 유인 : 가지 생장 정지시켜 도장을 억제, 착화 좋게, 줄기 유인하여 원하는 수형으로 만들기
  ㉤ 굵은 가지의 전정
    밑동에서 10~15cm 정도 되는 곳에 아래쪽으로부터 굵기 1/3정도 되는 깊이까지 톱으로 상처를 만든 후 이 위치보다 높은 곳을 위로부터 자른 후 가지가 떨어져 나가면 NTP 방식으로 전정
  [TIP] 지륭 안에 가지보호대라는 화학적 방어층 있음(활엽수 : 페놀 / 침엽수 : 테르펜, 부후균이 줄기내로 침입, 확산하는 것 억제)

CHAPTER 04 조경관리

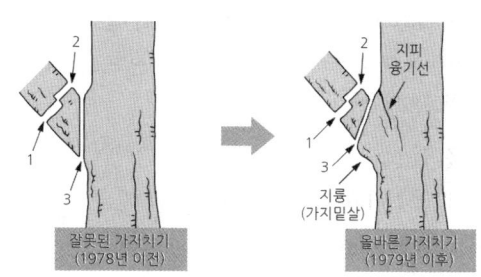

자연표면적 가지치기(NTP)가 도입되기 전의 잘못된
가지치기(왼쪽)와 도입 후의 올바른 가지치기(오른쪽)

ⓑ 마디 위 자르기 : 가지가 밖으로 잘 퍼지도록 반드시 바깥눈 7~10mm에서 눈과 평행하게 비스듬히 자르기

ⓐ 단근(뿌리돌림) : 이식하기 6개월~3년 전(이식하기 전 뿌리분보다 안쪽 뿌리를 잘라서 잔뿌리 나오게)

- 시기 : 땅이 풀린 후(3월 중순)부터 4월 상순
- 목적 : 수목의 지하부와 지상부 균형유지, 뿌리 노화 방지, 아래 가지 발육 및 꽃눈 수 늘림, 수목 도장 억제
- 뿌리 자르기 전 낙엽수는 전체 가지의 1/3, 상록수는 1/2 정도 자르기
- 근원 지름의 3~5배(일반 이식 4~6배 보다 좁게 잘라줌)
  45~50cm 깊이로 도랑 파내려 가기

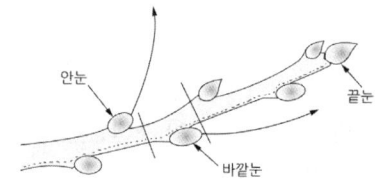

- 지탱하기 위해 굵은 뿌리 중 일부(4~5개 굵은 뿌리)는 절단하지 않고, 15cm 정도(뿌리 직경의 2~3배 길이)로 환상박피, 형성층까지 벗기기
- 나머지 뿌리는 모두 절단(자르는 각도 : 직각 or 아래쪽으로 45°)
- 굵은 뿌리는 자른 후 절단면 다듬어 부패방지, 잔뿌리는 전정가위 이용
- 발근이 어려운 수목, 노쇠목, 귀중목 등 절단부, 박피 상단면에 발근촉진제
- 뿌리돌림 끝나면 파낸 흙 다시 메우기 / 완숙된 부엽토(흙+퇴비+닭똥+부엽토) 섞어주기
- 공극 없애기 위해 잘 다지기, 멀칭, 줄기 새끼감기, 가 지주 설치하기 등

[TIP] 보통 수목은 식재 후 3년까지 뿌리돌림 안 해도 됨. 3년 이상 수목은 뿌리돌림 해야 안전
[TIP] 수목 뿌리는 지상부 가지 폭과 비슷하게 뻗어나 있음 → 뿌리전체 굴취 할 수 없으므로 뿌리 중간 잘라 잔뿌리 발생

◎ 조경용 산울타리 전정
- 장마 때와 가을에 각각 1회씩, 1년 2회(생장 빠르고 움돋는 힘 강하면 1년 3~4회)
- 산울타리 양쪽에 지주 세우고 수평으로 줄치기
- 산울타리가 사람 키 보다 낮을 때는 윗면 먼저 → 옆면 4중, 높을 때는 옆면 먼저 자르기
- 1.5m 이상 산울타리는 위는 약간 좁게, 아래는 넓게 사다리꼴 보양이 되도록 전정
- 전정하는 깊이는 지난해 전정한 면 보다 약간 높여서 전정

2 시비관리

1) 양분의 역할과 결핍현상

① 식물성분에 필수적인 다량원소 : C, H, O, N, P, K, Ca, S, Mg
② 식물성분에 필수적인 미량원소 : Mn, Zn, B, Cu, Fe, Mo, Cl
③ 비료의 3요소 : N, P, K(4요소 Ca)
④ 복합비료의 표시 : 질소 – 인산 – 칼륨의 성분으로 표시
⑤ 21 – 17 – 18 질소 21%, 인산 17%, 칼륨 18%

- 질소(N) : 수목신장생장, 광합성(엽록소)작용 촉진

역할	• 왕성한 영양생장, 뿌리, 잎, 줄기 등 수목 생장에 도움 • 질소(N) : 생장, 밀도 등 잔디의 품질에 지대한 영향을 미친다. 질소가 결핍되면 생장이 느리고 생산력이 떨어진다. 식물체가 황화현상이 발생하며 엽색이 누렇게 되는 경우가 많다. → 요소
결핍현상	• 활엽수 : 황록색으로 변함, 잎 수 적어지고 두꺼워짐, 조기낙엽 • 침엽수 : 침엽이 짧고 황색을 띰

- 인(P) : 새로운 눈, 조직, 종자에 많이 함유, 조직 튼튼, 세포분열촉진

역할	• 새로운 눈이나 조직, 종자에 많이 함유, 조직을 튼튼히 함, 세포분열 촉진함. • 인산(P) : 뿌리끝, 어린잎 등 생장 기능이 활발한 부분에 많이 집적되어 있다. 결핍되면 생장이 느리고 조직이 연약해지기 쉽다. → 용성인비
결핍현상	• 생육 초기 뿌리의 발육이 저해되고 잎이 암록색으로 변함. • 활엽수 : 정상 잎 보다 크기 작고, 조기낙엽, 꽃 수 적고 열매 크기 작아짐. • 침엽수 : 침엽이 구부러지며 나무 하부에서 상부로 점차 고사

- 칼륨(K) : 생장 왕성한 부분에 많이 함유

역할	• 생장이 왕성한 부분에 많이 함유, 뿌리나 가지 생육 촉진, 병해, 서리 한발에 대한 저항성 증가 • 칼륨(K) : 뿌리나 가지 생육을 촉진하고 병해, 서리 한발에 대한 저항성을 증가시킨다. 칼륨의 결핍은 마디 사이가 짧아지고 잎 끝부분이 괴사한다. → 염화칼륨
결핍현상	• 활엽수 : 잎 황화현상, 잎 끝이 말라감. • 침엽수 : 침엽이 황색 또는 적갈색으로 변하며 끝부분이 괴사

- 칼슘(Ca)

역할	• 세포막을 강건하게 만들며 잎에 많이 존재, 분열 조직의 생장, 뿌리 끝의 발육에 필수적 • 칼슘(Ca) : 잎을 강건하게 만들며 잎에 많이 존재하며 뿌리 끝의 발육에 필수적이다. 결핍증은 어린잎에서 먼저 발생하면서 부정형의 흰색 반점이 다량 발생하면서 괴사한다. → 과인산석회
결핍현상	• 활엽수 : 잎의 백화, 괴사현상, 어린잎 작아지고, 엽선부분 뒤틀림, 새가지 잎 끝 고사, 뿌리 짧아져 고사 • 침엽수 : 정단 부분 생육 정지, 잎 끝부분 고사

- 마그네슘(Mg)

역할	광합성에 관여하는 효소의 활성을 높임
결핍현상	• 활엽수 : 잎 얇아지며 부스러지기 쉽고 조기낙엽, 잎 가장자리 황백현상, 열매 작아짐 • 침엽수 : 잎 끝 황색

- 황(S) : 단백질, 아미노산, 효소의 구성성분(체내 이동성 낮음)

결핍현상	• 활엽수 : 잎 짙은 황록색, 수종에 따라 잎 작아짐, 질소부족현상과 동일 증상 • 침엽수 : 질소 부족현상과 동일 증상

[TIP] 결핍 증상
- Fe(철) : 어린 잎에 엽맥만 남기고 황백화 되며 심한 경우 엽맥도 연두색으로 변한다. 체내 이동성이 낮아서 결핍증은 생장점 가까운 부위부터 발생한다.
- Cu(구리) : 생장이 억제되고, 어린잎이 비틀리며, 정단분열조직이 괴사되는 증상을 보인다. 백화현상이 오래된 잎에서 새로운 잎으로 퍼진다.
- Mn(망간) : 황색반점이 생기며, 엽맥은 황색과 녹색 그물모양을 형성한다.
- Zn(아연) : 엽맥 사이의 퇴색이 진행되면서 점차 잎 가장자리는 황화하고 갈변하며, 잎이 외측을 향해 조금씩 말리게 된다.

2) 비료의 종류

이식 당시에는 시비하지 않고, 뿌리 활착 후 새 뿌리 내리면 시비(이식 한 달 후), 다습 건조기 피하기

(1) 무기질 비료의 종류

질소질 비료	황산암모늄(유안), 요소, 질산암모늄, 석회질소
인산질 비료	과린산석회, 용성인비, 용과린, 중과린산석회(중과석)
칼리질 비료	염화칼륨, 황산칼륨, 초목회
석회질 비료(칼슘)	생석회, 소석회, 탄산석회, 황산석회

[TIP] 석회질 비료
① 생석회 : 토양 물리적 성질 개선
② 소석회 : 비료용 석회로 가장 많이 이용
③ 황산석회 : 석고 탄산염의 원인이 되는 알칼리성 토양 개량
④ 탄산석회 : 농용 석회

(2) 비효의 속도에 따른 분류

속효성 비료	황산암모늄, 염화칼리 등과 같이 물에 넣으면 빨리 녹으며, 흙에 사용했을 때 수목이 빨리 흡수할 수 있는 비료로 대개의 화학 비료
완효성 비료	석회질소, 깻묵, 두엄과 같이 토양 중에 있는 미생물의 작용에 의해 서서히 분해되어 양분이 녹아 나오는 비료를 말하며, 화학비료도 있음
지효성 비료	퇴비와 같이 양분의 방출 정도가 늦어 서서히 공급되는 비료

(3) 시비 종류

숙비(기비, 밑거름) 식물심기전	• 지효성 유기질 비료(두엄, 계분, 퇴비, 골분, 어분) • 낙엽 후 10~11월(휴면기), 2~3월(근부활동기) • 일반적으로 보통 토양의 경우 1년 양의 70%를 주어 서서히 효과 기대
추비(화비, 덧거름) 생장왕성기	• 속효성 무기질비료(N, P, K 등 복합비료) / 7월 이후에는 시비하지 않음(동해방지) • 생장기인 3월 싹 틀 때, 꽃이 진 직후나 열매 딴 후 수세회복이 목적 / 소량 시비 / 질소질 비료

(4) 생리적 반응에 의한 비료의 분류

비료가 물에 녹았을 때의 고유의 성분이 아니라 식물 뿌리의 흡수 작용 또는 미생물 작용을 받은 뒤에 토양에 잔존하는 성분에 의해 나타나는 산도

산성 비료	황산암모늄, 염화암모늄, 황산칼륨, 염화칼륨 등
중성 비료	과인산석회, 중과인산석회, 요소, 석회질소 등
염기성비료	용성인비 등

3) 시비방법

(1) 표토시비법

작업 신속, 비료 유실 심함, 속효성, 질소 시비

(2) 토양 내 시비법

- 지효성, 구덩이 파고 시비, 용해하기 어려운 비료 시비하는데 효과적
- 시비용 구덩이 깊이 20cm, 폭 20~30cm, 간격 0.6~1m(근원직경의 3~7배 정도 띄워 파기)

① 전면시비 : 식재 전 토양 전면에 비료 깔고 경운, 수목 밀식된 경우 토양 전면에 시비
② 윤상시비 : 수관 폭 형성하는 가지 끝에 수관선을 기준으로 환상 시비(구덩이 깊이 20~25cm, 폭 20~30cm)
③ 방사상시비 : 수관선을 중심으로 하여 길이는 수관 폭의 1/3 정도로 시비
④ 점상(천공)시비 : 수관선 상에 깊이 20cm 정도의 구멍을 군데군데 내어 시비
⑤ 선상시비 : 산울타리처럼 군식된 수목은 도랑처럼 길게 파서 시비
⑥ 관목시비 : 소규모 군식(윤상, 점상) / 대규모 군식(무기질 비료일 경우 균일하게 전면에 살포)

> [TIP] 방사상, 대상(뿌리 상하기 쉬운 노목), 윤상(어린 나무), 점상(천공), 전면(시비 후 갈아엎음), 선상(산울타리) 시비법

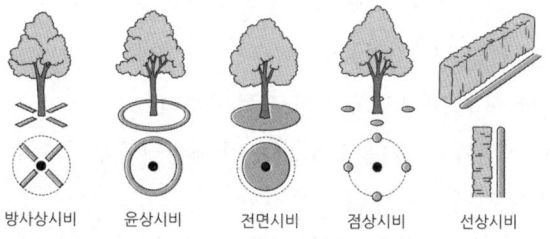

방사상시비 　윤상시비 　전면시비 　점상시비 　선상시비

(3) 엽면 시비법

① 물에 희석하여 직접 잎에 살포, 미량 원소 부족 시 효과 빠름
② 농도 약하게, 묽은 농도로 희석(물 100ℓ 당 60~120㎖), 횟수 자주, 뿌리 장애 받았을 때 적합
③ 쾌청한 날(광합성 왕성할 때) 아침이나 저녁에 살포(맑은 날 오전), 잎 뒷면 흡수 빠름

(4) 수간주사

① 4~9월 증산 작용이 왕성한 맑은 날에 실시
② 미량 원소 투여에 효과적, 철분, 아연 결핍증 치료
   ㉠ 주사액은 형성층까지 닿아야 함, 수간 주입기 높이 150~180cm
   ㉡ 지면에서 5~10cm 올라온 곳에 구멍 한 곳, 그 곳에서 5~10cm 올라간 반대편에 또 구멍 한 곳 뚫기
   ㉢ 구멍지름(드릴 두께) 5mm, 깊이 3~4cm, 구멍의 각도 20~30°

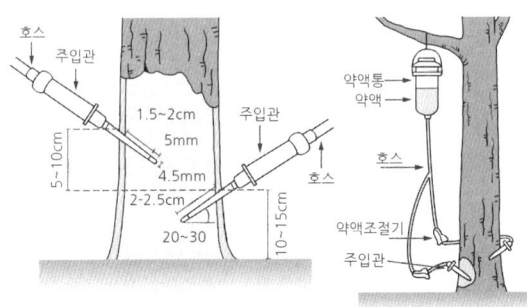

4) 조경 수목의 시비

① 일반적 시비 : 1년 1~2회, 낙엽이 진 후 땅이 얼기 전 늦가을이나 2~3월 땅이 녹은 다음, 휴면기이 늦가을이 효과적

   [TIP] 시비 효과가 봄에 나타나게 하려면 겨울눈이 트기 4~6주 전인 늦은 겨울이나 이른 봄에 토양에 시비한다.

② 화학비료 시비 : 덧거름(추비), 흙 건조할 때는 땅 적신 후 시비, 비가 온 뒤 이슬 맺혀있을 때는 시비하지 않음. 나무 잎이나 뿌리에 닿지 않도록 하고, 조금씩 여러 번 나누어 시비, 10cm 정도 구덩이 파고 거름 넣고 흙덮기
   고형 비료 시비할 때는 10~15cm 깊이로 묻어주기
   ㉠ 질소질 비료 : 밑거름, 덧거름으로 나누어 해빙직후부터 시비, 늦게 주면 웃자라 동해 입기 쉬움, 7월 이후 시비하지 않기
   2차 생장을 하지 않는 나무는 초여름 또는 8월 이후 늦여름 시비하면 저장 양분으로 축적, 다음 해 봄 생장에 효과적

   ※ 고정생산은 당해년도 성장분을 전년도 겨울눈에서 미리 준비하기 때문에 가을에 수고생장을 멈추는 생장을 말한다. 즉 고정생장을 하는 나무는 전년도 환경에 영향을 받는다. 봄 일찍 줄기 생장을 끝마치게 되고 생장량이 적다. 적송, 잣나무, 가문비나무, 솔송나무, 너도밤나무, 참나무 등이 해당된다. 고정생장 수종은 가을철에 시비를 하여 겨울 동해를 예방할 수 있다.

ⓒ 인산질 비료 : 유기질 비료와 함께 전량 밑거름 시비, 비교적 깊게 시비하는 것이 효과적 과인산석회와 인산질 비료(계분)는 섞어서 시비 가능
　　ⓒ 칼륨질 비료 : 전량의 1/3 밑거름 시비, 나머지는 봄~가을에 3~4회로 나누어 덧거름으로 시비
　　ⓔ 황산암모늄과 과린산석회의 혼용 금지
　　　※ 양료 요구도(비옥도): 열매가 많이 달리고, 잎의 크기가 클수록 양분의 이용도가 크다.
　　　　유실수 〉 활엽수 〉 침엽수 〉 소나무류

3 관수

1) 관수방법

① 수목류의 관수는 가물 때 실시하되 5회/연 이상, 3~10월경의 생육기간 중 실시, 장기 가뭄 시 추가 조치
② 기온이 5℃ 이상이며, 토양의 온도가 10℃ 이상인 날이 10일 이상 지속될 때 실행
③ 관수량은 관목 10cm 이상, 교목 30cm 이상 토양이 젖도록 관수 (땅이 흠뻑 젖도록 충분히 공급)
④ 수관폭의 1/3 정도 또는 뿌리분 크기보다 약간 넓게 높이 10cm 정도의 물집을 만들어 공급
⑤ 토양의 건조 시나 한발 시에는 이식한 수목에 계속하여 수분 유지
⑥ 강한 직사광선을 피해 일출·일몰 시에 관수가 원칙 (아침이나 오후 늦은 시간 실시)

지표 관수법(분수 관수)	살수식 관수법	점적 관수법
일정 간격으로 구멍이 나 있는 플라스틱 파이프나 유공 튜브에 압력이 가해진 물을 분출시켜 수분을 공급하는 방법	수송관 끝에 각종 노즐을 부착하고 일정 수압의 물을 보내 수분을 공급하는 방법	마이크로 플라스틱 튜브 끝에서 물이 조금씩 공급되도록 하여 원하는 곳에 소량의 물을 지속적으로 공급하는 방법

[TIP] • 관수 후 수분 흡수 이용률에 영향 주는 직접 요인
　　　　- 근계 발달, 대기온도, 토양 깊이
　　　• 식물의 관수량 결정 요인
　　　　- 토양의 포장용수량, 침투율, 유효수분 함수량

4 멀칭

① 방법 : 뿌리분 지름의 3배, 지면 아래로 5~10cm 표토 걷어서 정리, 최소 5~7cm 높이, 최고 15cm 넘지 않게
② 재료 : 피트모스, 바크, 짚, 쇄석, 우드칩, 소나무잎 등
③ 효과

- 토양수분유지
- 토양구조의 개선
- 토양온도 조절(겨울철 필수)
- 잡초 발생 억제
- 염분농도조절
- 토양 비옥도 증진
- 토양 굳어짐 방지
- 토양침식과 수분손실 방지
- 태양열의 복사와 반사 감소
- 병충해 발생 억제

5 월동관리

① 동해의 우려가 있는 수종과 온난지역에서 생육한 수목의 한랭지역 식재 시 기온이 5℃ 이하이면 조치
② 한랭 기온에 의한 동해방지를 위한 짚 싸주기
③ 토양 동결로 인한 뿌리 동해 방지를 위한 뿌리 덮개
④ 관목류의 동해방지를 위한 방한 덮개
⑤ 한·풍해를 방지하기 위한 방풍 조치
⑥ 잔디의 동해방지를 위한 뗏밥주기

■ 월동 관리 방법의 종류 및 요령

① 수목 줄기 감기
- 새끼나 녹화 마대 등을 돌려 감기 좋도록 풀어 묶어 놓는다.
- 줄기 밑에서부터 감되, 감는 틈이 벌어지지 않도록 촘촘히 목적하는 높이까지 감아 올라간다.

② 짚 싸기
- 가지를 모아 끈으로 묶는다.
- 줄기 밑에서부터 짚을 대어 가면서 가는 새끼로 짚을 묶고, 다시 줄기 위로 짚을 싸서 올라간다.

③ 방풍막 설치
- 가을에 식재한 관목류는 차고 건조한 바람으로 인한 고사를 막기 위해 방풍막을 설치한다.
- 바람이 심한 곳에 식재된 수목이나 동백나무, 히말라야시다 등 내한성이 약한 상록수목을

보호하기 위하여 수목 주위에 지지대를 박고 바깥쪽으로 방풍막을 두른다.

④ 피복법
- 당년에 식재한 이식목은 짚, 왕겨 등으로 뿌리 부분을 보온한다.
- 서리로부터의 보호를 위해 관목이나 소교목을 덮개로 덮어 준다.
- 장미는 뿌리 부근에 멀칭재를 깔아주거나 주변의 흙을 끌어 모아 복토를 한다.
- 초화류 화단에는 짚으로 덮어 준다.

6 지주목

1) 지주목 설치의 효과 및 문제점

(1) 설치 효과

① 수고 생장 보조
② 수간의 굵기가 균일할 수 있도록 보조
③ 뿌리 부분의 생육적절화
④ 바람에 의한 피해 감소
⑤ 수목상부의 단위횡단면당 내연력 증대

(2) 문제점

① 지지된 부분의 수목에 대한 상처 및 발육 부진
② 목질부의 생육이 원활하지 못하여 부러질 가능성 존재
③ 설치비용과 인력의 과다 소요 및 수형의 가치 감소

2) 지주목의 종류

① 수목보호용 지주 : 자동차, 통행인 또는 잔디깎기 기계 등으로부터 수목보호 – 금속제 지주목 적당
② 수목지지용 지주: 뿌리나 뿌리분을 고착시키거나 곧바로 설 수 있도록 사용
③ 수간보조용 지주: 수간부위가 약하여 곧바로 서지 못하거나 바람·눈·비 등에 의해 쉽게 넘어지는 수목에 사용

[TIP] 지주목의 재결속: 준공 후 1년경과 시 재결속 1회 실시 – 주풍향 고려

7 상처치료 및 외과수술

1) 상처치료

① 절단면이나 수피의 상처를 통해서 균류, 박테리아 또는 기생충 등의 감염으로부터 방지
② 절단면이나 상처 난 곳은 예리한 도구를 사용하여 매끄럽게 처리
③ 상처면 둘레의 유합조직이 해마다 계속적으로 형성되어 치유(연 1cm정도 유합 조직 생성)
④ 매끄럽게 처리한 절단면에 즉시 상처치료제 도포하여 부패 예방

2) 외과 수술

(1) 가장 효과적인 시기

수목 생장이 왕성하여 유합 조직의 형성이 잘되는 5~8월

(2) 순서

① 부후부 제거 (공동 내부의 병 환부의 썩은 조직을 깎아내고 깨끗이 청소)
② 목재 부후균 및 충해 서식을 막기 위해 살균제, 살충제 살포
  - 살균제 : 에틸알코올(70%), 포르말린, 크레오소트, 톱신페스트, 염화제2수은(승홍) 등
  - 살충제 : 스미치온, 다이아톤, 파라티온, 이황화탄소, 메틸브로마이드, 에피홈 등
③ 방수, 방부처리 : 방부제를 이용하여 부후균이 침입하지 못하도록 방부처리(생략가능)
  - 방수제 : 인공수지
  - 방부제 : 펜타글린, 구리, 중크롬산칼륨, 크롬, 비소 등
④ 공동 내부 건조처리 (물기 조금이라도 있으면 썩음의 원인), 블로워 사용
⑤ 형성층 노출 (기술 많이 필요), 형성층 마르지 않게 바로 상처도포제 발라줌
⑥ 공동 메우기(공동충전) : 인공수지(폴리우레탄폼 4배 부풀기, 금 생김 2년 후 보수)
  - 공동충전제(합성수지) : 우레탄고무, 에폭시레진, 폴리우레탄, 폴리에스테르수지 등의 인공수지
    - 비발포성 : 부피 늘어나지 않음, 에폭시수지, 폴리우레탄고무(중요문화재), 가격 고가
    - 발포성 : 부피 늘어남, 커다란 공동 채울 때 좋음, 공동 구석까지 채워짐, 폴리우레탄폼은 작업은 용이하나 약함
⑦ 충전된 인공 수지의 겉모양 다듬기(충전제 높이는 노출된 형성층보다 낮게)
⑧ 바깥 2~3cm 만 실리콘 + 코르크반죽 발라주기 (가격 때문)
⑨ 성형 매트 처리 (인공수피) 매트처리 → 인공수피처리(코르크가루+실리콘) → 산화방지처리
  - 에폭시수지, 페놀수지, 폴리에스테르수지, 알키드수지, 실리콘수지

- 목질부의 수분 침입 방지, 충진물과 목질부의 분리 방지, 견고성 위해 인공수피
- 실리콘 : 코르크 가루 = 1 : 4 / 바닥에 생긴 공동은 시멘트로 채우고 실리콘 막기

3) 뿌리의 보호

① 성토로 인해 묻히게 된 나무 둘레의 흙을 파 올리고 나무줄기를 중심으로 일정한 넓이로 지면까지 돌담을 쌓아서 원래의 지표를 유지하여 근계의 활동을 원활하게 해 주는 것
② 돌담을 쌓을 때는 뿌리의 호흡을 위해 반드시 메담쌓기(Dry Well, 건정 또는 마른 우물)
③ 절토 시 돌 옹벽을 쌓아 뿌리 보호
④ 수목 뿌리 보호판 설치 : 가로수나 녹음수는 밟힌 토양으로 인한 공기 유통의 불량으로 뿌리의 호흡이 곤란
⑤ 늙은 나무나 쇠약해진 나무는 뿌리의 기능이 약하므로, 뿌리 보호판 설치 등 적절한 보호조치

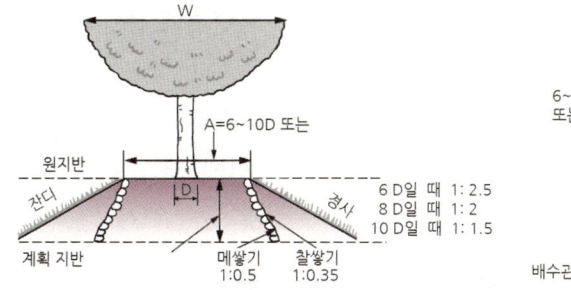

[절토지역(돌, 석축 옹벽)]

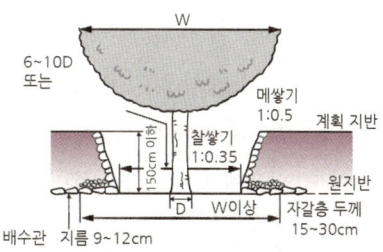

[성토지역(나무우물)메담쌓기]

[TIP] 노거수 관리
상처치료, 뿌리보호, 공동처리, 양분공급(수간주사, 엽면시비), 지주목설치(밑으로 처진 가지 받쳐줌), 전정, 멀칭

[TIP] 쇠조임(당김줄 설치)
가지의 약한 분지점을 보완하거나 가지가 굵어 이미 찢어진 곳을 봉합하기 위하여 쇠막대기를 이용하여 수간이나 가지를 관통시켜서 찢어진 가지를 붙들어 매는 작업이다.

8 조경 수목의 생육 장해

1) 저온의 해(寒害한해)

한해(저온피해), 동해(식물체 온도 0℃ 이하, 식물체 조직 내에 결빙이 일어나서 그 조직 및 식물체 전체가 죽게 되는 피해)

(1) 동해

① 한겨울 빙점 이하에서 나타나는 식물 피해(저온 순화되지 못한 경우)
② 추위로 세포막벽 표면에 결빙현상, 원형질 분리, 식물체가 죽음에 이르는 것
③ 잎이 흐물거리며 말림, 전체 빠른 시일에 흰색 띤 갈색으로 변함, 동아에서 새싹 안 나와도 잠아가 숨어있으니 5월말까지 가지자르기 않기

> [TIP] 냉해 : 빙점 이상의 온도에서 나타나는 피해

㉠ 발생지역 : 오목한 지형, 온도차 심한 북쪽경사면, 유목에 많이 발생, 배수 불량, 겨울철 질소과다지역
㉡ 서리의 해(霜害상해)
- 만상(늦서리, 晚霜 spring frost) : 봄 늦게 수목의 피해, 새순만 피해, 봄철 호르몬 왕성 잠아에서 새순
- 조상(첫서리, 이른 서리, 早霜 autumn frost) : 나무가 휴면기에 접어들기 전의 서리로 피해를 입는 경우
- 아직 내한성 갖지 않을 때 와서 피해 큼, 늦여름 시비 자제, 가을 생장 일찍 정지
㉢ 동상(凍霜 winter frost) : 겨울 동안 휴면상태에서 생긴 피해

> [TIP] 상해가 발생하기 쉬운 경우
> - 오목한 지형에 있는 수목에서 많이 발생한다.
> - 북쪽 경사면보다는 일교차가 심한 남쪽 경사면이 더 많이 발생한다.
> - 맑고 바람 없는 날 많이 발생한다.
> - 다 자란 수목보다 어린 수목에서 많이 발생한다.
> - 건조한 토양보다 과습한 토양에서 많이 발생한다.
> - 북서쪽이 터진 곳이나 북서쪽의 경사면, 높은 지역에서 많이 발생한다.

(2) 피해현상

상렬(霜裂)	• 수액이 얼어 부피 증대되어 수간 외층이 냉각, 수축하면서 수선방향으로 갈라짐 (수직적 분리) • 겨울철 수간 동결할 때 변재가 심재보다 더 심하게 수축하며 수직방향으로 갈라지는 현상 • 짚(마대)으로 수간감기, 피복법, 흰 페인트
cup-shakes	• 상렬과 반대되는 현상, 수간 외층이 태양광선에 의해 온도가 높았다 떨어짐으로 인해 외층 조직 팽창
상해옹이(상종)	• 수간의 남쪽, 서쪽에 발생, 지면 가까이에 있는 수피와 신생 조직이 저온에 의해 피해
서릿발(霜柱상주)	• 지표면이 빙점이하의 저온으로 냉각될 때 모관수가 얼고 이것이 반복되어 얼음 기둥이 위로 점차 올라오는 현상

(3) 예방법

① 방한조치(짚싸기, 방한덮개, 멀칭, 증산억제제살포, 수피보호, 강전정하지 않기)
② 훈연법, 연소법으로 지표면의 온도 높여줌, 전정과 거름주기 일찍 끝내기, 상록수 주변 영하 되기 전에 관수하기
③ 통풍, 배수 양호한 곳에 식재, 멀칭, 남서쪽 수피가 햇볕 직접 받지 않게 짚싸기, 동해 방지 위한 짚싸기는 9~10월 적기

2) 고온의 해

일소(日燒)
sun scald
	• 여름철 직사광선으로 잎이 갈색으로 변하거나 수피가 열을 받아 갈라지는 현상
	• 껍질이 얇고 코르크층이 발달하지 않은 수종, B15~20cm나무의 서쪽, 남서쪽 향한 줄기 피해(오동나무, 일본목련, 느티나무, 버즘나무, 가문비나무, 배롱나무, 단풍나무 피해 ↑)
	• 하목식재(수하식재), 새끼감기
	  – 잎이 열에 의해 타서 마름, 수관 바깥쪽 남서향의 양엽은 음엽보다 건조에 견디는 힘이 높지만 일사량이 높을 경우 과다 증산
	  – 잎 가장자리에서부터 갈색으로 말라감(수분공급하는 엽맥에서 가장 멀리 있기 때문), 토양에 잔디, 유기물 멀칭, 물주머니

피소(皮燒) 볕데기	• 여름철 석양에 줄기가 열을 받아 수피 일부에 급격한 수분증발이 생겨 형성층이 고사하고 수피가 말라죽는 현상
	• 흉고직경 15~20cm 이상의 수종과 서쪽, 남서쪽에 위치하는 임목에 피해 많음
	  – 줄기가 고온의 직사광선을 받을 때 수피 부분의 수분이 증발하면서 수피 조직이 말라 죽는 현상, 피해 부위가 갈라지는 증상. 더운 여름 남서쪽 수피 열에 의한 피해–목부 피해 후 수피 고사 또는 오후 내내 줄기 데우다 저녁 온도 급격 하강, 수피 터짐, 줄기 밑둥부터 시작
	  – 형성층 벗겨짐, 목부 노출, 수피 지저분(벚나무, 단풍, 목련, 매화, 물푸레 수피 얇은 수종 피해 큼) 노출된 곳으로 목재부후균 침입
	  – 수목테이프, 녹화마대로 줄기 감싸기, 흰색 도포제나 페인트–도시림에 어려움, 나무 건강 증진시켜 예방, 관수로 수피온도 낮춤

한해(旱害) drought injury	• 여름철에 높은 기온과 가뭄으로 토양에 습도가 부족해 식물 내에 수분이 결핍되는 현상 • 호습성(낙우송), 천근성(오리나무, 버드나무) 수종은 주의 요함 • 유기질 비료 심층 시비, 지표면 피복하여 수분 증발 방지, 나무 주변 김매기, 줄기 감기, 관수

[TIP] 위조한계점 : 위조가 지속된 후에 수분공급이 이루어지더라도 회복되지 않는 경우

3) 바람으로부터의 보호

(1) 조풍(潮風)의 해

① 소금기 지니고 바다에서 불어오는 바람(염풍)으로 잎 기공에 침입하여 원형질 분리
② 피해 범위 : 바닷가로부터 8~10km, 잎이 갈색 또는 흑색으로 변함
③ 조풍에 강한 수종 : 해송, 은행나무, 사철나무, 비자나무, 후박나무, 동백나무(활엽수 > 침엽수, 상록활엽수 > 낙엽활엽수)
④ 조풍에 약한 수종 : 소나무, 삼나무, 편백, 화백, 선나무, 벚나무

(2) 주풍(主風=상풍常風)의 해

① 10~15m/s 정도로 한 쪽으로만 부는 바람
② 우리나라 봄, 여름 온화한 남동풍, 가을, 겨울 춥고 강한 북서계절풍
③ 피해 : 임목 생장량 감소, 수형 불량, 풍속이 커짐에 따라 피해 증가, 생리적 장해, 병리적 영향

(3) 폭풍의 해

① 진행속도 29m/s 이상인 바람, 강우 동반, 7~8월 태풍계절에 발생
② 활엽수, 천근성 수종, 늙은 나무, 키가 크고 가지가 많은 나무, 밀식된 나무에 피해

(4) 풍해

① 방풍림의 효과
  • 수고의 위쪽 : 방풍림 높이의 10배 / 수고의 아래쪽 : 방풍림 높이의 25~30배
  • 최고 효과 : 수고의 5~6배 되는 곳에서 풍속의 65% 감속
② 방풍림 조성
  • 식재 간격 1.5~2.0m, 7~8열 식재, 수림대의 전체 너비는 10~20m 되도록 조성
③ 풍해 예방
  • 가지치기 및 지주 설치

4) 공해로부터의 보호

(1) 피해 증상

급성 피해		만성 피해	
발 생	배기가스의 농도가 높을 때 발생	발 생	배기가스의 농도가 낮을 때 오랜 기간에 걸쳐 엽록소를 파괴, 황화 현상

	급성 피해		만성 피해
침엽수	잎 끝이 노란색이나 적갈색으로 변하고 심하면 떨어져 수관이 엉성, 쇠약해져 고사	활엽수	잎이 갈색으로 변하며, 나무가 죽지는 않으나 세력이 떨어지고 생장이 더딤
활엽수	잎 가장자리 또는 잎맥 사이에 황백색, 회백색, 갈색 반점, 기공 부근과 해면 조직 파괴		

(2) 아황산가스(SO_2)

① 엽록소의 파괴, 황화현상, 심하면 고사, 토양에 침입하여 지력 약화
② 일사에 의해 기공 열리는 여름철, 공중습도 높고, 공기 성분 윤택할 때 피해 큼

(3) 기타 배기가스

① 오존(O_3) : 잎 황백화 및 적색화, 어린잎보다 성숙한 잎에 피해 큼
② 옥시탄(PAN) : 잎 뒷면이 은백색에서 갈색으로 변함
③ 질소산화물(NH_2) : 엽맥 세포들의 붕괴로 백색 또는 황갈색으로 괴사

(4) 공해에 대한 수목의 저항성

어리거나 늙은 수목이 약함, 척박한 곳의 수종이 공해에 약함, 기온 높고 날씨 맑은 날 공해 多, 침엽수 약함

(5) 완화 대책

① 저항성 있는 수종 선택(은행나무, 편백, 가이즈까향나무, 플라타너스 등)
② 잎을 주기적으로 물로 세척 : 분진과 같은 미립자 제거
③ 적절한 관수로 기공이 자주 열리게 하지 않는 것이 좋음
④ 생장 왕성 시 생장억제제를 살포하여 생장 둔화시킴
⑤ 질소질 비료를 적게 주며, 인산질과 칼륨질 비료를 사용, 석회질(칼슘질) 비료 사용

구분	수종
배기가스에 강한 수종	편백, 화백, 향나무, 가시나무류, 식나무, 은행나무, 태산목, 돈나무, 꽝꽝나무, 사철나무, 물푸레나무, 가중나무, 플라타너스 등
배기가스에 약한 수종	가문비나무, 삼나무, 소나무, 오엽송, 목서류, 일본잎갈나무, 전나무, 반송, 느티나무, 목련, 단풍나무, 히말라야시더 등

03 잔디 및 초화류 관리

1 잔디 및 잡초 관리

1) 잔디 관리

(1) 잔디 종류

난지형 잔디	[한국잔디] 주로 난지형, 키 15cm 이하인 완전 포복형 잔디, 5~9월 푸른 잎 상태, 그늘에서 생장 어려움 • 건조, 고온, 척박지에 생육 / 산성토양에 잘 견딤 / 답압, 병해충, 공해에 강 • 종자번식 어렵고, 완전 포복경과 지하경에 의해 옆으로 퍼짐, 조성시간 많이 소요, 회복 속도 느림 • 들잔디(한국에서 가장 많이 식재, 황금충류 피해 많음, 녹병 발생 많음, 깎기 높이 2~3mm, 뗏밥 5~7월) 고려잔디, 빌로드잔디, 갯잔디

종류	잎폭(mm)	내한성	생육 정도	용도
들잔디	4~6	강함	왕성, 가장 많이 식재	공원, 경기장, 비탈면, 묘지
금잔디	1.2~2	약함	왕성	정원, 골프장
빌로드잔디	1이하	매우 약함	중	남부지방 정원
갯잔디	3~5	중간	약	해안 조경

	[버뮤다그래스] • 5~9월 푸름, 대전 이남에서만 월동 가능, 내답압성 크고, 관리 용이, 손상에 회복 빨라 경기장용으로 사용
한지형 잔디	[서양잔디] 상록성 다년생, 주로 종자번식 [켄터키블루그래스] • 여름 고온기 이용 제한, 건조에 약, 자주 관수, 골프장 페어웨이, 경기장, 일반 잔디밭에 가장 많이 사용 [벤트그래스] • 엽폭 1~2mm로 매우 가늘어 치밀하고 고움, 병이 많이 발생, 자주 관수, 3~12월 푸른 상태, 골프장 그린 [톨페스큐] 내한성 가장 강, 건조에 약, 분얼에 의한 포기번식 가능 • 엽폭 5~10mm로 넓어 거친 질감, 고온건조에 강, 병충해에 강, 내한성 약, 토양조건에 잘 적응, 시설용 잔디 [라이그래스] • 분얼형, 건조에 강

(2) 잔디의 환경

구분		종류	생육적온(℃)	생육정지온도(℃)
온도	난지형	들잔디, 금잔디, 빌로드잔디, 버뮤다그래스	25~35	10이하
	한지형	켄터키블루그래스, 벤트그래스, 페스큐그래스, 라이그래스	13~20	1~7
일조		하루 일조 시간 5시간 이상 되는 곳에서 생육 양호		
토양		사양토, 토양산도는 pH5.5~7.0 적당		
토양수분		25% 정도 적합, 관수는 새벽이 가장 좋고, 저녁 관수도 무방		

(3) 잔디깎기

이용 편리, 잡초 방제, 잔디 분얼 촉진, 통풍 양호, 병충해 예방, 경기력 향상

① 시기 : 한국잔디 6~8월, 서양잔디 5,6월과 9,10월
② 깎는 높이 : 한 번에 초장의 1/3이상 깎지 않음
　㉠ 골프장 그린 10mm이하(5~7mm) 매일, 티 10~12mm 주2~3회, 페어웨이 20~25mm 주1~2회, 러프 45~50mm 주2~4회
　㉡ 축구경기장 10~20mm 월2~3회, 정원 및 공원 25~40mm 월1~2회
③ 깎은 잔디는 곧바로 빗자루와 레이크를 이용하여 제거한다.
④ 장기 가뭄이 지속될 경우 수분스트레스를 최소화하기 위하여 깎기 높이를 상향 조정한다. 깎는 높이가 낮을 경우에는 토양 표면의 증발량이 증가하게 되고 뿌리가 짧아짐으로써 유효 수분량이 줄어들어 관수량이 늘어나게 된다.
⑤ 난지형 잔디는 7~8월 고온기에 생육이 잘되므로 월 2~3회 깎아준다.(5~6월에는 월 1~2회 깎아줌)

(4) 잔디깎기 기계의 종류

핸드모어	50평(150㎡) 미만의 잔디밭 관리에 용이
그린모어	골프장 그린, 테니스 코트 관리용, 잔디 깎은 면 섬세하게 유지, 0.5mm 단위로 높이 조절 가능
로터리모어	50평(150㎡) 이상의 골프장 러프, 공원의 수목 하부, 다소 거칠어도 되는 부분에 사용
어프로치모어	잔디 면적이 넓고 품질이 좋아야 하는 지역
갱모어	5,000평(15,000㎡) 이상의 골프장, 운동장, 경기장, 경사지, 평탄지 모두 균일 가능, 트랙터 등에 견인

[TIP] 기계 작업이 가능한 비탈면의 경사 1 : 3보다 완만

[TIP] 예취기 작업 시 작업자 상호간의 최소 안전거리 : 10m

(5) 제초 방제

① 접촉성 제초제 : 식물 부위에 닿아 흡수되나 근접한 조직에만 이동, 부분적으로 제초
② 이행성 제초제 : 식물 생리에 영향을 끼쳐 식물체를 고사시키며, 대부분의 선택성 제초제가 해당

[TIP] 선택성 제초제(2, 4-D, 반벨), 비선택성 제초제(근사미, 그라목손)

[TIP] 잔디밭에서 가장 문제시 되는 잡초 : 크로바, 바랭이류

(6) 시비 및 관수

① 시비
  ㉠ N : P : K = 3 : 1 : 2가 적당(질소성분이 가장 중요), 질소질 비료 1회 주는 양 m^2당 4g 넘지 않게
  ㉡ 생육이 늘어나기 시작할 때, 생육이 앞으로 예상 될 때 시비하는 것이 원칙
  ㉢ 비배관리 시 다른 모든 요소가 충분해도 한 요소가 부족하면 식물 생육은 부족한 요소에 지배받음
  ㉣ 잔디 깎는 횟수가 많아지면 시비 횟수도 많아짐, 1년 2~8회, 골프장이나 경기장은 여러 번 나누어 시비
  ㉤ 난지형 잔디는 봄과 여름(한국잔디는 5~8월에 집중 시비), 한지형 잔디는 봄과 가을

② 관수
  ㉠ 관수 시기 : 오후 6시 이후 저녁이나 일출 전, 여름은 저녁이나 야간, 겨울은 오전 중
  ㉡ 관수 후 10시간 정도 잔디가 마를 수 있도록 조절
  ㉢ 1일 8mm정도 소모되고 소모량의 80% 정도 관수
  ㉣ 시린지(syringe) : 여름 고온 시 기후 건조할 때 잔디표면에 물을 분무해서 온도를 낮추는 방법

(7) 배토(topdressing 뗏밥주기)

① 노출된 지하줄기 보호, 지표면 평탄, 잔디 표층상태 좋게, 부정근, 부정아를 발달시켜 잔디 생육 원활
② 모래 함유 25~30%정도, 직경 0.2~2mm 정도의 모래 사용
③ 가는 모래(세사) : 밭 흙 : 유기물 = 2 : 1 : 1(1 : 1 : 1)로 섞은 다음 5mm체를 통과한 것 사용

④ 잔디 생육 가장 왕성한 시기에 실시(난지형 생육왕성한 6~8월 각1회씩 총3회, 한지형 이른 봄, 가을)

⑤ 소량으로 자주 실시, 일반적으로 2~4mm 두께로 사용, 15일 후 다시 줌, 연간 1~2회, 골프장과 경기장은 연 3~5회(일반적으로 0.2~0.4cm, 가정 정원 0.5~1cm, 골프장은 0.3~0.7cm)

⑥ 뗏밥에 토양개량제 혼합하여 토양 개량의 효과 얻을 수도 있음

(8) 통기작업

① 코링 : 이용으로 단단해진 토양을 지름 0.5~2mm정도의 원통형 모양을 2~5cm 깊이로 제거함

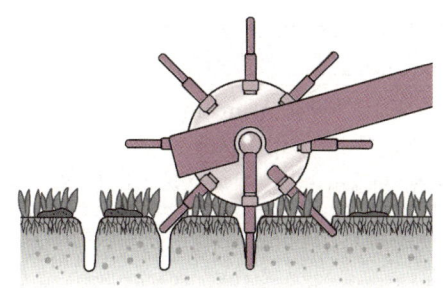

② 슬라이싱 : 칼로 토양 베어주는(코링보다 약한 개념) 작업, 잔디의 밀도 높임, 상처가 작아 피해 작음
잔디의 포복경, 지하경도 잘라주는 효과, 레노베이어, 론에어 등의 장비 사용

③ 스파이킹 : 끝이 뾰족한 못과 같은 장비로 구멍을 내는 것, 회복에 걸리는 시간이 짧음(론 스파이크)

④ 버티컬모잉 : 슬라이싱과 유사

(9) 잔디 생육을 불량하게 하는 요인

① 취(thatch) : 잘려진 잎, 말라 죽은 잎이 땅 위에 쌓여 있는 상태, 탄력성, 병원균이나 해충이 기거하며 피해, 스폰지 같은 구조가 되어 물과 거름이 땅에 스며들기 힘들어짐

② 매트(mat) : 태취 밑에 검은 펠트와 같은 모양으로 썩은 잔디의 땅속 줄기와 같은 질긴 섬유 물질이 쌓여 있는 상태

③ 스캘핑 : 잔디를 늦게 깎아 잔디 줄기나 포복경이 노출되는 현상

(10) 잔디의 병충해 방제

[TIP] 잔디의 주요 병해 : 라지패치, 춘고병, 녹병, 탄저병, 브라운패치 등

① 한국 잔디의 병

고온성 병	[라지패치] • 토양전염병, 병징이 원형 또는 공동형, 그 반경이 수십cm~수m에 달함 • 여름 장마철 전후로 발병이 예상, 축적된 태취, 고온다습 시 발생 [녹병, 붉은 녹병] 한국잔디류에 가장 많이 발병 • 여름~초가을 잎에 적갈색 가루 입혀진 모습(엽초에 동황색 반점), 기온 떨어지면 없어짐 • 담자균류에 속하는 곰팡이로 년2회 발생 • 질소 부족 시, 배수 불량, 그늘지고 습한 조건, 답압에 발생, 5~6월 9~10월에 발생 • 헥사코나졸수화제 5% 살포, 테부코나졸(유), 지네므제, 디지코나졸수화제, 다이젠, 석회황합제 사용
저온성 병	[푸사리움 패치] Fusarium • 한국 잔디에 多, 이른봄 발병, 전년도 질소질 비료 과용 시 발생 • 30~50cm 병반, 새 눈 안 나오고 죽음 / 수은제, 티람제, 캡탄제

② 한지형 잔디의 병

고온성 병	[브라운 패치](=엽부병, 입고병). 주로 6~9월경 벤트그래스에 발병, 갈색 병반 • 여름 고온 다습 시 발생, 병반 1m정도의 원형 및 부정형 황갈색 병반, 산성 토양, 질소비료 과용시 • 태취 축적이 문제, 토양 전염, 전파력 매우 빠름 / 수은제, 티람제, 카드뮴제 [면부병] Pythium blight • 배수와 통풍 중요, 병에 걸린 잎 물에 젖은 것처럼 땅에 눕고, 미끈한 감촉, 토양 썩는 냄새 [헬민토스포리움] Helminthosporium • 고온 다습시, 장마철에 20~30cm정도의 둥근 반점, 확산 속도가 빠름 [Dollar spot] • 잎과 줄기에 담황색의 반점(지름 2~10cm정도)이 무수히 동전처럼 나타나 잎과 줄기 고사 • 6~7월 / 티람제, 페나리몰
저온성 병	[설부병] Snow mold

③ 한국 잔디의 피해 해충

병명	발병 시기	병징	방제약
황금충류	4~9월	한국잔디 多, 풍뎅이와 비슷, 애벌레가 잔디뿌리 가해	페니트로티온 유제, 아세페인트 분제
도둑나방 (야도충)	5~6월 10~11월	애벌레가 밤에만 나와 식물체 가해	페니트로티온 유제, 아세페인트 분제
땅강아지		뿌리에 해를 주며, 초여름에 피해가 큼	드린제, 비소제
진딧물, 응애류	4~5월 10~11월	잎과 줄기의 수액을 빨아먹음	드린제, 인제, 염소제

2) 잡초 관리

(1) 잡초의 특성

① 생육 환경에 대하여 적응성이 크다.
② 재생 능력이 강하고 번식 능력이 크다.
③ 종자의 휴면성이 강하고 수명이 길다.
④ 잡초 종자는 주로 광 발아성으로 땅 위로 올라와야 발아할 수 있고 발생기간이 길다. 땅속 깊이 묻히면 장기간 휴면상태로 지내다 흙 파헤쳐져 종자가 지표 가까이 나오면 광에 감응하여 발아 시작(계절적 휴면형 잡초 종자의 감응 조건)
⑤ 땅을 가리지 않으며 흡비력이 강하다.
⑥ 밀생하는 성질이 있으며 한곳에 모여서 산다.
⑦ <u>임계 경합기간(critical period of competition) : 작물 – 잡초간이 경합에서 작물이 경합에 가장 민감한 시기</u>

(2) 정원에 발생하는 잡초

하계1년생 잡초	봄~여름 발아, 종자는 이듬해 봄까지 토양 속에서 휴면 / 명아주, 강아지풀, 바랭이, 쇠비름
동계1년생 잡초	가을에 주로 발아, 늦봄 또는 초여름에 결실 / 냉이, 망초, 속속이풀, 벼룩나물
2년생 잡초	2년 만에 고사(1년은 생장, 다음해 개화 결실) / 야생당근, 엉겅퀴속의 잡초
여러해살이 잡초	2년 이상 생장 / 쑥, 쇠뜨기, 질경이, 띠, 메, 소루쟁이, 클로버

(3) 잡초의 종류

① 피 : 벼과에 속하는 일년생 초본식물로 종자로 번식한다.
② 너도방동사니 : 지하경이 길게 뻗는다. 개화 후에 지하경 끝에 괴경을 발달시켜 월동한다.
③ 올미 : 땅속으로 달리는 줄기를 뻗으며, 덩이줄기에서 모내기철에 발아한다.
④ 가래 : 뿌리줄기로부터 가느다란 비늘줄기가 나와 낱개로 떨어지면서 다시 생장한다.
⑤ 사마귀풀
  ㉠ 연못, 냇가 등 습지에서 자란다. 줄기의 땅을 기는 부분에서는 마디마다 수염뿌리가 돋는다. 논 잡초로서 종자로 번식하며 줄기의 재생력이 강하여 제초 시 줄기가 남아 있으면 마디로부터 뿌리가 내려 재생한다.
  ㉡ 일년생 광역 잡초, 논잡초로 발생할 경우 기계 수확이 곤란하고 줄기기부가 비스듬히 땅을 기며 뿌리 내리는 잡초

[TIP] 잡초의 서식처
- 얕은 물이나 습지, 논 : 매자기, 벗풀, 마디꽃, 뚝새풀, 물달개비, 가막사리, 가래 등
- 쑥은 밭, 길가, 황무지, 양지 등에서 서식하고, 여러해살이 식물로 땅속줄기를 길게 뻗으며 가뭄에도 죽지 않고 살아 남기위해 습기를 찾아 땅속 깊숙이 파고 들어가는 구조이기 때문에, 말라죽지 않고 생존할 수 있다.
- 논이나 습지에 발생하는 잡초 : 올미, 가래, 너도방동사니 / 밭에 발생하는 잡초 : 바랭이

(4) 잡초의 방제법

① 재배적 방제법 : 잔디 식재, 비닐 피복 등을 통하여 잡초 발생 억제
② 물리적 방제법 : 인력(베기, 뽑기, 태우기, 경운) 제거, 잡초의 발아나 침범을 여러 재료를 이용하여 차단
③ 화학적 방제법 : 제초제 사용, 시간적, 경제적으로 효율적이나 위험 뒤따름

(5) 제초제의 특성과 종류

제초제의 분류		작용 및 종류
기작에 따른 분류	접촉성 제초제	식물 부위에 닿아 흡수되어 부분적으로 살초 / 그라목손(파라코제)
	이행성 제초제	잎, 줄기, 뿌리에 흡수되어 식물 전체를 살초 / 근사미(글리포세이트 액제), 2,4-D
이용에 따른 분류	발아 전 처리제	발아 전에 효율적으로 방제(일년생잡초)
	경엽 처리제	생육 중 경엽에 처리(다년생잡초) / 2,4-D, MCPP, 디캄바(반벨)
	비선택성 제초제	작물과 잡초 비선택적으로 살초 / 근사미(글리포세이트 액제), 그라목손(파라코액제)

CHAPTER 04 조경관리

(6) 제초제 사용 시 주의사항

① 날씨 좋은 날 빨리 말려서 고착
- 약제는 비가 오기 전후에 살포하면 약해, 약제의 유실
- 가뭄이나 심한 태풍 시 약액이 쉽게 침투, 약해

② 혼용할 수 없는 농약
- 목적이 다른 농약을 둘 또는 그 이상 혼용하면 약해가 일어나거나 분해되어 효과 없음
  (ex. 살충제와 살균제, 접촉제와 독제)

③ 농약 혼용 시 주의 사항
- 혼용 가부표를 반드시 확인, 2종 혼용을 원칙으로 다종 약제의 혼용은 피함
- 표준 희석 배수 준수, 고농도로 희석하지 않음
- 한 약제를 먼저 물에 완전히 섞은 후 다음 약제를 차례대로 추가하여 섞기
  (수화제 → 액화제 → 가용성 → 분제 → 전착제 → 유제의 순으로 조제)
- 조제한 살포액은 당일에 사용, 침전물이 생긴 희석액은 사용하지 않음
- 강알칼리성 약제와 산성약제와의 혼용은 피함

④ 농약에 대한 잡초의 저항성이 생기지 않도록 다른 약제로 혼용해서 사용

2 초화류의 유지 관리

1) 토양 관리

(1) 토양 조건

통기성, 배수성, 보수성, 보비성 양호한 토양

(2) 토양개량제

유기물질(토탄류, 짚, 왕겨, 줄기, 목재부산물, 동식물 노폐물), 굵은 골재, 펄라이트, 버미큘라이트, 소성점토

(3) 토양 배합 - 밭토양 : 유기물질(1/3) : 굵은골재

2) 식물별 시비방법

① 묘상 : 두엄을 주로 하여 인산, 칼륨, 칼슘 등을 적당히 사용하거나 복합비료 사용
② 1~2년생 초화류 : 퇴비를 밑거름으로 한 후, 생육 기간이 긴 것은 속효성 비료를 시비, 개화기간이 긴 것은 시비량 증량

③ 숙근초화 : 유기질 비료로 깻묵, 쌀겨, 어비(어박) 등을 많이 시비하고, 개화기간이 길므로 거름기가 끊이지 않도록 덧거름 시비
④ 구근류 : 인산과 칼륨이 부족하기 않도록 유의
⑤ 화목류 : 두엄을 밑거름으로 넉넉히 시비하고 생육에 따라 질소 및 인산 시비

3) 초화류의 시비

① 초종을 고려하여 시비량과 시비횟수를 결정
② 화단 초화류는 집약적 관리가 요구되므로 가능한 한 유기질비료를 기비로 연간 1회, 화학비료를 추비로 연간 2~3회 시비
③ 기비는 유기질 비료를 1년에 1차례 1~2kg/m^2의 기준으로 시비
④ 추비는 화학비료를 연간 2~3회씩 1회당 질소, 일산, 칼륨 성분이 각각 5g/m^2이상 되도록 시비

4) 월동 관리

지대 가장 낮고 움푹 들어간 지역 / 내한성 강한 식물이나 품종 이용 / 보온막 설치(비닐, 짚) / 가온

5) 관수 시기 및 방법

① 초화류의 관수 빈도는 생육기에 2~6회/주
② 자연석 쌓은 곳 자주 관수 / 봄가을 오전 9~10시, 여름 건조 상태에 따라 오전·오후 2회 관수, 겨울 물데워 10~11시 관수
③ 꽃이 물에 젖지 않도록 근원부분에 관수, 토양이 충분히 젖도록 최소 5cm 이상 관수

CHAPTER 04 조경관리

04 병충해 관리

1 조경 수목의 병해

1) 병해 용어

병원이 생물, 바이러스일 때 병원체 / 세균, 진균일 때 병원균

식물병의 발병요인 : 식물(기주식물), 병원균, 환경

① 주인 : 병 발생의 주된 원인
② 유인 : 병 발생의 2차적 원인
③ 기주식물 : 병원체가 이미 침입하여 정착한 병든 식물
④ 감수성 : 수목이 병이 걸리기 쉬운 성질
⑤ 전반 : 병원체가 여러 가지 방법으로 기주 식물에 도달하는 것

물에 의한 전반	향나무 적성병균(붉은병무늬병), 묘목 입고병, 근두암종병(뿌리혹병)
바람에 의한 전반	잣나무 털녹병, 밤나무 흰가루병(백분병), 밤나무 줄기마름병(동고병)
곤충, 소동물에 의한 전반	오동나무, 대추나무 빗자루병, 포플러 모자이크병
토양에 의한 전반	묘목의 입고병, 근두암종병
묘목에 의한 전반	잣나무 털녹병
종자에 의한 전반	오리나무 갈색무늬병균(종자표면), 호두나무 갈색부패병균

⑥ 감염 : 병원체가 그 내부에 정착하여 기생 관계가 성립되는 과정
⑦ 잠복기간 : 감염에서 병징이 나타나기까지, 발병하기까지의 기간
⑧ 병징 : 병든 식물 자체의 조직 변화(색깔의 변화, 천공, 위조, 괴사, 위축, 비대, 기관탈락, 빗자루모양, 궤양)
⑨ 표징 : 병원체가 병든 식물체상의 환부에 나타나 병의 발생을 알림(진균의 경우)
⑩ 병환 : 병원체가 새로운 기주 식물에 감염하여 병을 일으키고 병원체를 형성하는 일련의 연속적 과정

　㉠ 병원체 영양기관 : 균사체, 균사속, 균핵, 자좌 / 병원체 생식기관 : 포자
　㉡ 1차 전염원 : 균핵, 난포자, 균사속　cf. 분생포자는 아님

> **[TIP]** 조경공사표준시방서의 기준 상 수목은 수관부 가지의 약 3/4 이상이 고사하는 경우에 고사목으로 판정하고, 지피・초본류는 해당 공사의 목적에 부합되는가를 기준으로 감독자의 육안검사 결과에 따라 고사여부를 판정한다.

2) 병원의 분류

(1) 전염성(생물성 원인)

① 표징 나타나지 않는 병 : 비전염성병, 바이러스, 파이코플라즈마, 선충에 의한 병

병원체	표징	병의 예
바이러스	없음	모자이크병
파이토플라즈마	없음	대추나무 빗자루병, 오동나무 빗자루병, 뽕나무 오갈병
세균	거의 없음	뿌리혹병, 근두암종병, 유조직병, 시듦병, 세균성 흑병
진균	균사, 균사속, 포자, 버섯 등	엽고병, 녹병, 모잘록병, 벚나무 빗자루병, 흰가루병, 가지마름병, 그을음병, 잎잘록병, 잣나무 털녹병
선충	없음	소나무 시듦병

② 진균 : 조균, 자낭균, 담자균(진균에 의한 병 : 잣나무 털녹병, 잣나무 잎떨림병, 낙엽성 가지끝마름병)

③ 곰팡이가 식물에 침입하는 방법
   ㉠ 직접적인 침입 : 흡기로 침입, 각피 아래만 침입, 세포간 균사로 침입, 흡기를 가진 세포 간 균사로 침입
   ㉡ 자연개구를 통한 침입 : 기공 침입, 피목 침입, 수공 침입
   ㉢ 상처를 통한 침입 : 상처 침입, 주근과 측근 사이의 균열을 통한 침입

   [TIP] 로버트 코흐의 4원칙
   • 미생물은 반드시 환부에 존재
   • 미생물은 분리되어 배지 상에서 순수배양
   • 순수 배양된 미생물을 접종하여 동일한 병 발생
   • 발병한 피해부에서 접종에 사용한 미생물과 동일한 성질을 가진 미생물이 재분리
   → 어떤 병이 특정 미생물에 의해 일어난다는 것 입증, 병원체를 확인할 때 적용되는 원칙

(2) 비전염성(비생물성 원인, 환경요인)

① 부적당한 토양 조건 : 토양 수분 과부족, 양분 결핍 및 과잉, 토양 중 유해물질, 통기성 불량, 산도 부적합
② 부적당한 기상 조건 : 지나친 고온 및 저온, 광선 부족, 건조와 과습, 바람, 폭우, 서리
③ 유해물질에 의한 병 : 대기오염, 토양오염, 염해, 농약의 해
④ 농기구 등에 의한 기계적 상해
⑤ 해빙염(염화칼슘, 염화나트륨)의 피해 : 장기적으로 수목의 쇠락(decline)으로 이어짐

㉠ 수목의 가지나 잎, 침엽 등에 바람이나 빗물 등에 의해 비산된 염이 축적되어 나타나는 피해
㉡ 토양 내에 염이온이 첨가되면 유효토양수분을 감소시켜 수목의 흡수 능력을 변화시키고 생장감소를 유발
㉢ 잎이 작아지고 황화현상, 잎 가장자리의 갈변, 작은 가지의 마름 또는 고사 증상이 나타남
㉣ 상록수가 낙엽수보다 더 큰 피해

(3) 발병 부위에 따른 분류

잎, 꽃, 과실	흰가루병, 붉은별무늬병, 녹병, 균핵병, 갈색무늬병, 탄저병, 회색곰팡이병
줄기	줄기마름병, 가지마름병, 암종병
수목 전체	시들음병, 세균성 연부병, 바이러스 모자이크병, 흰비단병
뿌리	흰빛날개무늬병, 뿌리썩음병, 근두암종병, 선충

3) 식물병의 방제법

① 비배관리 : 질소질 비료를 과용하면 동해 또는 상해를 받기 쉽다.
② 환경 조건의 개선 : 토양 전염병은 과습할 때 피해가 크므로 배수, 통풍을 조절한다.
③ 전염원의 제거 : 감염된 가지나 잎을 소각하거나 땅속에 묻는다.
④ 중간 기주의 제거 : 두 기주식물 중 경제적 가치가 낮은 쪽이 중간 기주이다.

병명	기주식물	
	녹병포자·녹포자세대	중간기주(여름포자·겨울포자세대)
잣나무 털녹병	잣나무	송이풀, 까치밥나무
소나무 혹병	소나무	참나무류(졸참나무, 신갈나무)
배나무 적성병	배나무	향나무(여름포자세대가 없음)
포플러나무 녹병	포플러	낙엽송

[TIP] 기주교대 : 이종기생균이 그 생활사를 완성하기 위해 기주를 바꾸는 것

[TIP] 녹병의 기주교대

병명	기주식물	중간기주
잣나무 털녹병	잣나무, 스트로브잣나무	송이풀, 까치밥나무
소나무 혹병	소나무	졸참나무, 신갈나무
소나무 잎녹병		황벽나무, 참취, 잔대
소나무 줄기녹병		작약, 목단
향나무 녹병	향나무	배나무
전나무 녹병	전나무	뱀고사리
배나무 적성병	배나무, 모과나무	향나무
포플러 잎녹병	포플러	낙엽송
오리나무 잎녹병	오리나무	낙엽송

⑤ 윤작 실시 : 연작에 의해 피해가 증가하는 수병(침엽수의 입고병, 오리나무 갈색무늬병, 오동나무 탄저병)
⑥ 식재 식물의 검사
⑦ 종자나 토양 소독(가장 직접적, 효과적 : 클로로피크린, 포르말린, PCNB제, 유황, 티람제, 소석회 등)
⑧ 검역 및 내병성 품종의 이용

4) 약제 종류

(1) 살포시기에 따른 분류

보호살균제	침입 전에 살포하여 병으로부터 보호하는 약제(동제)
직접살균제	병환부위에 뿌려 병균을 죽이는 것(유기수은제)
치료제	병원체가 이미 기주식물의 내부조직에 침입한 후 작용

(2) 주요 성분에 따른 분류

① 동제(보르도액) : 보호살균제
   ㉠ 석회유액과 황산동액으로 조제 a-b식으로 부름(a : 황산동, b : 생석회)
   ㉡ 약해 방지 위해 석회유액 먼저 희석 후 황산동액을 혼합(가열되어 약해를 받을 수 있음)
   ㉢ 사용할 때 마다 조제하여야 효과적
   ㉣ 바람이 없는 약간 흐린 날 식물체 표면에 골고루 살포하며 전착제를 사용해 효과를 높임
   ㉤ 삼나무 붉은마름병, 소나무 묘목 잎마름병, 활엽수 각종 반점병, 잿빛곰팡이병, 녹병 등

지상부를 침해하는 병

ⓑ 흰가루병, 토양전염성병에는 효과 없음

② 유기수은제 : 병원균에 의한 전염성병을 방제할 목적(직접살균제), 독성문제로 사용금지

③ 황제

  ㉠ 무기황제 : 석회황합제(흰가루병, 녹병, 깍지벌레), 황(흰가루병, 녹병)

  ㉡ 유기황제 : 지네브제(다이젠M-45, 파제이트), 마네브제(다이젠M-22) : 탄저병, 녹병, 낙엽송 끝마름병

  - 퍼밤제(퍼메이트), 지람제(저얼레이트) : 녹병, 흰가루병, 점무늬병
  - 티람제(아라산, 티오산) : 종자소독, 토양소독
  - 아모밤제(다이센스테인리스) : 녹병, 흰가루병, 잿빛 곰팡이병

④ 유기합성살균제 : PCNB제, CPC제(변색 및 부후방지), 캡탄제(종자소독, 잿빛 곰팡이병, 모잘록병 방제)

⑤ 항생물질계

  ㉠ 파이토플라즈마에 의한 수병 치료에 효과

  ㉡ 테트라사이클린계 : 오동나무, 대추나무 빗자루병, 뽕나무 오갈병(물1L에 약재 5g 섞어 사용)

  ㉢ 사이클론헥시마이드 : 잣나무 털녹병, 낙엽성 끝 마름병, 소나무 잎녹병

5) 조경 수목의 주요 병해

(1) 흰가루병

① 병상 및 환경

- 잎에 흰 곰팡이 형성, 광합성을 방해, 미적 가치를 크게 해침
- 자낭균에 의한 병으로 활엽수에 광범위하게 퍼짐(기주선택성을 보임)
- 주야의 온도차가 크고, 기온이 높고 습기가 많으면서 통풍이 불량한 경우에 신초부위에서 발생
- 수목에 치명적인 병은 아니지만 발생하면 생육이 위축되고 외관이 나쁘게 되는 병으로 장미, 단풍나무, 배롱나무, 벚나무 등에 많이 발생하며, 병든 낙엽을 모아 태우거나 땅속에 묻음으로써 전염원을 차단하는 것이 필수적이며, 통기불량, 일조부족, 질소과다 등이 발병유인인 병

  [TIP] 자낭구
  흰가루병에 걸려 가을이 되면 병환부에 흰가루가 섞여서 미세한 흑색의 알맹이가 다수 형성되는 것

② 방제
- 일광 통풍 좋게 함, 석회황합제 살포, 여름엔 수화제(파이토플라즈마, 지오판, 베노밀), 2주 간격으로 살포, 4-4식 보르도액, 병든 가지는 태우거나 땅 속에 묻어서 전염원을 없앰.
- 봄 새눈 나오기 전 석회황합제, 여름에 파이토플라즈마, 지오판 수화제, 베노밀 수화제

(2) 그을음병

① 병상 및 환경
- 진딧물이나 깍지벌레 등의 흡즙성 해충이 배설한 분비물을 이용해서 병균이 자람.
- 잎, 가지, 줄기를 덮어서 광합성을 방해하고 미관을 해침.
- 자낭균에 의한 병으로 사철나무, 쥐똥나무, 라일락, 대나무 등에서 관찰

② 방제

일광 통풍을 좋게 함, 진딧물이나 깍지벌레 등의 흡즙성 해충을 방제, 파이토플라즈마, 지오판수화제 살포

(3) 붉은별 무늬병(적성병)

① 병상 및 환경
- 6~7월 모과나무, 배나무, 명자나무의 잎과 열매에 녹포자퇴(녹균포자)의 형상이 생김.
- 병든 잎 조기 낙엽(장미과에 속하는 조경수에 피해)

② 방제

파이토플라즈마, 폴리옥신 수화제 살포, 중간기주제거(과수원 근처 2km 이내엔 향나무 식재하지 않음)

(4) 갈색무늬병(갈반병)

① 병상 및 환경
- 자낭균에 의해 생기며 활엽수에 흔히 발견
- 잎에 작은 갈색 점무늬가 나타나고 점차 커지고 불규칙하거나 둥근 병반을 만듦.
- 6~7월부터 병징이 나타나서 조기 낙엽되어 수세가 약해짐.

② 방제

병든 잎 수시로 태우거나 묻어버림, 초기엔 파이토플라즈마, 베노밀 수화제를 2주 간격으로 살포, 보르도액

(5) 빗자루병

① 병상 및 환경

- 병든 잎과 가지가 왜소해지면서 빗자루처럼 가늘게 무수히 갈라짐.
- 파이토플라즈마에 의한 빗자루병 : 대추나무, 오동나무, 붉나무 등 발견, 마름무늬 매미충의 매개충에 의해 전염 전신병
- 자낭균(진균)에 의한 빗자루병 : 벚나무, 대나무에서 발견

② 방제

- 병든 식물 제거, 석회유 도포, 옥시테트라사이클린
- 파이토플라즈마에 의한 빗자루병 : 메프 수화제나 비피유제로 6~10월 2주 간격 살포, 옥시테트라사이클린계 수간주사, 병든부위 자른 후 소각, 8-8식 보르도액 살포
- 자낭균에 의한 빗자루병 : 이른 봄 병든 가지 잘라 태우거나 꽃이 진 후 보르도액이나 만코지 수화제 2~3회 살포

(6) 줄기마름병(동고병)

① 병상 및 환경

수피에 외상이 생겨 병원균이 침입하여 줄기와 가지가 말라 고사

② 방제

전정 후 상처치료제와 방수제 사용

(7) 모잘록병(입고병)

① 병상 및 환경

- 토양으로부터 종자, 어린 묘에 감염되며 토양이 과습할 때 발생
- 침엽수(소나무, 전나무, 낙엽송, 가문비나무)에 많이 발생

② 방제

- 토양이나 종자 소독, 토양 배수관리 철저, 통기성을 좋게 함
- 질소과용을 금지하고 인산질 비료를 충분히 사용하고 완전히 썩은 퇴비를 줌

(8) 잣나무 털녹병

중간기주인 송이풀, 까치밥나무와 격리

    cf. 잎녹병 : 중간기주 식물 제거, 만코지 수화제

(9) 탄저병

① 잎, 어린 신초, 열매 등(묘목의 줄기와 잎에 발생)
② 피해부위 : 오동나무(어린 실생묘), 동백나무(잎, 열매), 사철나무(조기 낙엽)

> **[TIP]** 사철나무 탄저병
> - 5~6월경 잎맥, 잎자루, 어린 줄기에 담갈색 또는 회갈색의 둥근 점무늬가 형성된다.
> - 병엽소각, 해충구제, 비배 관리를 철저히 한다.
> - 만코지 수화제 500배액을 6월에 10일 간격으로 살포한다.

(10) 소나무 혹병

가지나 줄기에 혹을 형성하며 해마다 비대해져서 30cm 이상으로 자란다. 12~2월에 혹의 표면에 황갈색 즙액(녹병정자)이 흘러나오고, 4~5월에 노란색 가루(녹포자)가 나타나서 중간기주인 참나무류로 이동한다. 9~11월에 중간기주에서 날아온 담자포자가 소나무에 침입해 월동한다.

(11) 향나무 녹병

2~3월경 잎, 가지 및 줄기에 암갈색 돌기가 형성된다. 4월에 비가 오면 겨울포자퇴가 부풀어서 오렌지색 젤리 모양이 되어 담자포자를 형성한다.

(12) 장미 검은무늬병

봄부터 잎에 작은 흑갈색 반점이 나타나고 점차 확대되어 5~15mm 크기의 원형 병반이 되며, 원형 병반의 외곽은 노란색으로 변하면서 잎이 일찍 떨어진다.

(13) 참나무 시들음병

① 건강한 참나무가 급속히 말라 죽는 병
② 매개충인 광릉긴나무좀과 병원균 강의 공생 작용에 의해 발병함(곰팡이가 도관을 막아 수분, 양분 차단)
③ 방제 : 매개충의 생활사에 따른 복합방제를 실시함, 피해목은 벌채, 훈증처리
④ 피해수목 : 갈참나무, 신갈나무, 졸참나무 등
⑤ 우리나라 2004년 경기도 성남시에서 처음 발견

(14) 소나무 재선충병

소나무, 잣나무, 해송 등에 기생해 나무를 갉아먹는 선충이다. 솔수염하늘소, 북방수염하늘소 등 매개충에 기생하며 매개충을 통해 나무에 옮긴다.

> **[TIP]** 솔수염하늘소
> 소나무류 목질부 속에서 애벌레 상태로 월동한 뒤, 4월 무렵에 수피와 가까운 곳에 용실을 만들고 번데기

가 된다. 성충은 5월 하순부터 7월 하순에 걸쳐(최성기 6~7월) 6mm 정도의 둥근 구멍을 뚫고 밖으로 나와, 소나무의 어린 가지 수피를 갉아 먹는다.

(15) 검은점무늬병(흑점병)

파이토플라즈마(다이젠M – 45), 디치수화제(델란), 프로피수화제(안트라콜)

※ 세계 3대 수목병
잣나무 털녹병, 느릅나무 시들음병, 밤나무 줄기마름병

병명	피해 수종	병징	방제법
잎마름병	소나무, 곰솔, 잣나무, 주목 등	• 봄철에 침엽 윗부분에 띠 모양의 황색 반점이 형성된 후에 갈색으로 변하면서 반점 합쳐짐	• 병든 묘목 발생 초기에 태움 • 5월하순~8월까지 2주 간격 구리제 살포
털녹병	잣나무	• 4월 중하순경 줄기에 흰색 또는 황백색의 주머니가 형성되고, 6월 하순 이후에는 나무 껍질이 파열됨	• 잣나무 높이의 1/3까지 가지치기, 묘포에 8월하순부터 구리제 2~3회 살포
흰가루병	밤나무, 참나무류, 느티나무, 물푸레나무, 감나무, 장미, 배롱나무 등	• 잎과 새 가지에 흰 가루가 생겨 위축됨 • 참나무류는 가을에 검은색 미립점이 형성됨	• 봄 새눈 나오기 전 석회황합제 1~2회 살포, 여름에 파이토플라즈마, 지오판 수화제, 베노밀 수화제 등 2주 간격 살포
잎녹병	잣나무, 소나무, 전나무 등	• 4월 상순부터 1개월 동안 침엽에 황색 또는 황백색 주머니가 나란히 형성됨	• 중간기주인 등골나물류, 쑥부쟁이, 모싯대 제거 • 9~10월 만코지 수화제 2주 간격으로 2~3회 살포
그을음병	소나무류, 주목, 감귤, 배롱나무, 감나무 등	• 생육이 불량한 나무의 잎, 줄기에 그을음이 부착됨 • 깍지벌레, 진딧물의 배설물에 발생함	• 4월상순, 9월상순 메티온수화제, 기계유제, 마라톤 살포하여 해충 구제
부란병	사과나무, 꽃아그배나무 등	• 나무 껍질이 갈색으로 부풀어 오르고 쉽게 벗겨지며 알코올 냄새가 남	• 환부를 잘 드는 칼로 도려 내고 70% 알코올 소독 후 도포제 바름 • 낙엽 후 겨울철 8-8식 보르도액 살포, 동해, 피소 피해 주의
줄기마름병	밤나무, 포플러류, 자작나무, 벚나무, 은행나무 등	• 나무 껍질이 파열되고 환부 표면에 균체가 형성됨 • 밤나무는 나무 껍질 밑에 부채꼴 균사체가 형성됨	• 환부 절단 소각, 절단면에 도포제 바름 • 벚나무는 이른 봄 석회황합제, 8-8식 보르도액 살포

병명	기주식물	증상	방제법
탄저병	오동나무, 호두나무, 물푸레나무, 감나무, 대추나무 등	• 5~6월경 잎맥, 잎자루, 어린 줄기에 담갈색 또는 회갈색의 둥근 점무늬가 형성됨	• 병엽소각, 해충 구제, 비배 관리 철저 • 4-4식 보르도액, 만코지 수화제 500배액을 6월 상순에 10일 간격으로 살포
빗자루병	전나무, 오동나무, 대추나무, 벚나무, 대나무, 살구나무 등	• 균이 잎과 줄기에 침입하여 피해를 줌 • 연약한 가는 가지와 잎이 총생함 • 잎은 소형으로 담황록색임 • 대나무는 마디 수가 많고 바늘 모양의 소엽이 착생됨	• 5~9월 2,000ppm의 옥시테트라사이클린 주당 500~1000㎖씩 1~2회 수간주입 • 병든 식물 제거, 환부 제거, 석회유 도포 • 6월상순~9월하순 매개충 구제
갈색무늬병	포플러류, 오리나무, 아카시아, 느티나무, 자작나무, 밤나무, 대나무 등	• 7월 상순부터 늦가을에 잎에 갈색 무늬가 생기고, 병든 잎은 8월 중순에 일찍 떨어짐 • 지면에서 가까운 잎에 발생함	• 눈 트기 전 4-4식 보르도액 2주 간격으로 3~5회 살포 • 장마이후 만코비, 캡탄 살포 • 이병엽 제거 및 해충 구제
자줏빛날개무늬병	호두나무, 은행나무 등	• 뿌리에 자갈색 균사가 망상으로 부착하여, 표피와 줄기 사이가 부패함	• 병든 뿌리 제거 후 식재 • 토양 소독
검은점무늬병	살구나무, 벚나무 등	• 잎과 열매에 검은 점무늬가 생김 • 열매에는 함몰한 검은 점무늬에 검은곰팡이가 형성됨	<u>• 생육기에 폴리옥신, 갭타폴 수화제, 보르도액 살포</u>
세균성 구멍병	벚나무, 살구나무, 자두나무 등	• 5~6월경 발생하여 8~9월에 피해가 극심함 • 잎에 원형의 갈색 점무늬가 형성된 후 병 환부가 탈락하여 구멍이 형성됨	• 병든 잎 모아 소각 • 잎 전개시 4-4식 보르도액 살포, 개화 후 2회 정도 퍼메이트, 다이센 살포
뿌리썩음병	소나무류, 삼나무, 낙엽송, 전나무, 밤나무, 오동나무 등	• 뿌리 및 줄기에 발생함 • 나무껍질 속에 흰색 균사를 형성함 • 가을에는 환부에 버섯이 형성됨	• 병든 나무는 캐내고 토양 소독 • 미분해된 낙엽은 넣지 말고 식재 • 이병주 조기 발견 및 굴취 제거

[TIP] 발병 부위에 따른 병해의 분류
- 줄기에 발생하는 병 : 줄기마름병, 가지마름병, 암종병
- 잎, 꽃, 과일에 발생하는 병 : 흰가루병, 탄저병, 회색곰팡이병, 붉은별무늬병, 녹병, 균핵병, 갈색무늬병
- 나무 전체에 발생하는 병 : 흰비단병, 시들음병, 세균성 연부병, 바이러스 모자이크병
- 뿌리에 발생하는 병 : 흰빛날개무늬병, 자주빛날개무늬병, 뿌리썩음병, 근두암종병

2 조경 수목의 충해

1) 곤충의 형태

① 머리(입틀 : 저작구, 흡수구, 눈, 촉각), 가슴(세쌍다리6개, 두쌍날개), 배로 구성(침샘1쌍, 소화기관, 기문)

가슴이나 배에 기문이라는 구멍, 이 구멍 통해 기관호흡을 하고 해충방제 시 약제가 체내 침입하여 죽게 함

② 변태 : 알에서 부화한 유충이 여러 차례 탈피하여 성충으로 변하는 현상
  ㉠ 완전변태 : 알 → 애벌레 → 번데기 → 성충
  ㉡ 불완전변태 : 알 → 애벌레 → 성충

2) 가해 습성에 따른 조경수의 해충 분류

가해습성	주요 해충
흡즙성	응애, 진딧물, 깍지벌레, 방패벌레, 슬립스, 매미
식엽성	미국흰불나방, 솔나방, 텐트나방, 풍뎅이류, 오리나무 잎벌레, 집시나방, 독나방, 버들재주나방, 회양목명나방, 황금충류
천공성	소나무좀, 하늘소류, 박쥐나방
충영(벌레혹)형성	솔잎혹파리

3) 흡즙성 해충

(1) 깍지벌레류

콩 꼬투리 모양의 보호깍지로 싸여 있고, 왁스물질 분비하는 작은 곤충(몸길이 2~8mm)

① 피해 : 가지에 붙어 즙액 빨아 가지의 생장 저해, 수세 약해짐 / 분비물 때문에 2차적 그을음병 유발

② 방제

화학적 방제	기계유제 살포, 침투성 농약을 타서 함께 살포, 활력이 왕성한 나무에서는 질소비료 삼가
생물학적 방제	무당벌레류, 풀잠자리

(2) 응애류

몸길이 0.5mm 이하로 아주 작은 절지동물(거미강)

① 피해 : 즙액 빨아 먹으며 잎에 황색 반점, 반점 많이 지면 잎 전체가 황갈색으로 변함, 생장 감퇴, 고사

② 육안으로 보이지 않아 응애 피해를 다른 병으로 잘못 진단하는 경우 자주 있음

③ 방제

화학적 방제	같은 약제의 계속 이용을 피함(같은 농약의 연용 피함), 토양침투성 살충제를 주위 흙 속 주입 발생지역에 4월 중순부터 1주일 간격으로 2~3회 살포(살비제) 테디온유제, 디코폴유제
생물학적 방제	천적 : 무당벌레, 풀잠자리, 거미

(3) 진딧물류

① 피해 : 광범위하게 피해, 즙액 빨아먹고 감로를 생산, 개미와 벌 모여들어 2차적 그을음병

② 월동난에서 부화한 유종이 수목의 줄기 및 가지에 기생하며 잎이 마르고 수세약화

③ 방제

화학적 방제	살충용 비누를 타서 동력분무기로 분사, 메타유제, 아시트수화제, 마라톤유제, 개미 박멸
생물학적 방제	천적 : 풀잠자리, 무당벌레류, 꽃등애류, 기생벌, 기생파리, 사마귀유충, 부전나비유충

4) 방패벌레

성충 몸길이 4mm 이내 되는 작은 곤충, 위에서 내려다보면 방패모양

① 피해 : 활엽수 잎의 뒷면에서 즙액 빨아먹음, 연 2~5회까지 종에 따라 다르며 버즘나무, 철쭉, 배나무, 물푸레나무에 연 2회 가해

② 화학적 방제 : 메프유제, 나크 수화제를 수관에 7~10일 간격으로 2~3회 살포

4) 식엽성 해충

(1) 미국흰불나방

성충 몸 흰색, 야간 불빛에 잘 모여 얻은 이름, 미국 원산

① 피해 : 1년 1회(5~6월), 2회(7~8월) 발생, 겨울철 번데기 상태로 월동, 성충 수명은 3~4일
  ㉠ 가로수와 정원수에 피해 심함, 포플러, 버즘나무 등 160여종의 활엽수 잎 먹음, 초본류도 먹음
  ㉡ 8월 중순경 양버즘나무 줄기에 잠복소를 설치하여 방제
  ㉢ 1화기 유충은 6월 하순까지 집단생활 하므로 벌레집을 제거하는 것이 효율적, 2화기 피해 심함
  ㉣ 성충의 활동시기에 유아등이나 흡입포충기 설치하여 유인 살포
  ㉤ 알 기간에 잎 덩어리 붙어 있는 잎 채취하여 소각, 잎 가해하는 군서 유충 소살

② 방제

화학적 방제	디프유제, 메트수화제, 파프수화제, 디플루벤주론수화제(양버즘나무의 흰불나방 구제)
생물학적 방제	긴등기 생파리, 송충알벌, 검정명주 딱정벌레, 나방살이납작맵시벌, 비티(Bt)수화제 수관에 살포

(2) 솔나방

① 피해 : 송충이와 애벌레가(유충이) 솔잎을 갉아 먹어 피해가 크며 말라 죽음
  가을에 잠복소, 소나무, 곰솔, 리기다소나무, 잣나무, 낙엽송에 피해

② 방제

화학적 방제	4~6월, 8~11월 유충 가해 시기에 비티수화제(마라톤 유제 1,000배액) 살포 7~8월 성충을 등화 유인하여 살포
생물학적 방제	맵시벌, 고치벌

(3) 오리나무잎벌레

① 피해 : 유충과 성충이 동시에 잎 갉아먹음, 애벌레는 굼벵이로 뿌리 가해, 엄지벌레인 풍뎅이는 밤에 잎 가해한다.

② 방제 : 5~7월 하순에 트리클로르폰제 1,000배액 살포, 천적인 무당벌레를 이용한다.

(4) 기타

회양목 명나방, 매미나방(집시나방), 잎벌류

5) 천공성 해충

(1) 소나무좀

성충 몸길이 5mm보다 작은 곤충

① 피해
- 수세 약한 나무 집중적 가해(이식 수목 피해), 소나무류에만 기생, 연1회 발생, 성충으로 월동, 3월 말~4월 초 수피에 구멍 내고 들어가 알을 산란
- 유충은 쇠약한 나무나 벌채목에 구멍 뚫어 가해, 성충은 신초에 구멍 뚫어 말려 죽인다.
- 연 1회 발생하지만 봄과 여름 두번 가해한다. 월동한 성충이 3월 말~4월 초에 월동처에서 나와 쇠약목, 벌채목의 수피 밑에 침입하여 갱도를 뚫고 갱도 양측에 약 60여 개의 알을 낳는다. 부화한 유충은 갱도와 직각 방향으로 파먹어 들어간다. 유충 기간은 약 20일이고 2회 탈피한다.

② 방제
- 봄철 수목 이식 시 수간에 살충제 살포, 성충의 산란을 막거나 훈증으로 죽인다.
- 베프유제와 다수진 유제 혼합하여 5~7일 간격으로 3~5회 살포

(2) 바구미

성충 몸길이 10mm이내의 곤충

① 피해
- 소나무, 곰솔, 잣나무류, 가문비나무 등 쇠약한 수목 벌채한 원목을 가해
- 연1회 발생, 성충으로 월동, 4월 수피 얇은 곳에 구멍 뚫고 알(1~2개)을 산란, 부화한 유충은 형성층 가해

② 방제
- 나무 수세 튼튼하게, 다른 쇠약목이나 벌채 원목으로 유인하여 산란 후 5월 중순에 껍질 벗겨 소각
- 약제방제는 4월 중순부터 메프, 파프 유제를 10일 간격으로 2~3회 살포

(3) 하늘소

① 피해
- 유충이 형성층을 가해, 수세 쇠약해져 고사, 줄기가 부러진다.

- 측백나무 하늘소 : 향나무류, 측백나무, 편백, 삼나무 가해(연1회 발생, 성충의 발생 및 산란은 3~4월)
- 똥을 줄기 밖으로 배출하지 않기 때문에 발견 어려움, 방제 적기 : 봄
- 기생성 천적인 좀벌류, 맵시벌류, 기생파리류로 생물학적 방제
- 알락 하늘소 : 단풍나무, 버즘나무, 튤립나무, 벚나무 외에 많은 활엽수 가해

② 방제
- 유충기에 메프유제를 고농도 살포, 침입공이 발견되면 철사를 넣어 죽인다.
- 산란기에 수간 밑동을 비닐로 싸거나 석회유를 도포

(4) 박쥐나방

박쥐처럼 저녁에 활동

① 피해
- 버드나무류, 포플러류, 버즘나무, 단풍나무, 과수 등에서 줄기 가해, 바람에 쉽게 부러지게 만든다..
- 지표면에서 알로 월동한 후 5월에 부화하여 잡초의 지제부를 먹다가 수목으로 이동하여 가지, 줄기를 파먹는다.

② 방제
벌레집을 제거하고 구멍에 메프 수화제 주입, 조경수 주변에 풀깎기, 주변에 살충제 섞은 톱밥 멀칭

6) 충영형성해충(혹 형성)[cf. 혹응애류(충영형성), 응애류(흡즙성)]

(1) 솔잎혹파리

성충 몸길이 2.5mm의 아주 작은 파리

① 피해
- 소나무와 곰솔 등 2엽송 잎의 기부에 혹 형성
- 유충(땅속에서 월동)이 솔잎 기부에 벌레혹(충영)을 형성하고 수액 빨아 먹으며 잎이 더 이상 자라지 못하고 갈색으로 조기낙엽, 1년 1회 발생, 우리나라 1929년 창덕궁 후원, 전남 목포에서 처음 발견

② 방제

화학적 방제	침투성 포스팜(다이메크론) 50% 유제를 6월에 수간주사(약해에 주의) 스미치온 500배액을 산란기(6월중)에 수관에 살포
생물학적 방제	산솔새가 유충을 잡아먹으므로 산솔새 보호, 천적 : 솔잎혹파리먹좀벌, 혹파리등뿔먹좀벌

(2) 밤나무 혹벌

① 피해

유충이 밤나무 눈에 기생, 충영 형성, 새순이 자라지 못하게 하여 결실에 장애

② 방제

성충이 탈출하기 전에 벌레 혹을 제거하여 소각

③ 천적

꼬리좀벌, 노랑꼬리좀벌, 배잘록왕꼬리좀벌, 상수리좀벌, 큰다리남색좀벌류

[TIP] 한국 3대 해충 : 흰불나방, 솔잎혹파리, 솔나방

[TIP] 소나무 해충 : 솔나방, 소나무좀, 솔잎혹파리, 솔수염하늘소

[TIP] 유충과 성충이 동시에 나무 잎에 피해주는 해충 : 느티나무벼룩바구미, 버들꼬마잎벌레, 큰이십팔점박이무당벌레

[TIP] 주둥무늬차색풍뎅이
연 1회 발생한다. 월동한 성충이 5~6월에 출현하여 잎을 식해한다. 성충은 야행성이며 불빛에 잘 몰려들고, 산란은 흙 속에 한다. 유충은 부식질이나 잡초의 뿌리를 가해한다.

[참고] 주광성(phototaxis) : 곤충이 빛에 반응하여 일정한 방향으로 이동하려는 행동습성
- 주촉성(thigmotaxis) 접촉 자극에 대한 주성
- 주화성(chemotaxis) : 농도의 차가 자극이 되어 일어나는 주성
- 주지성(geotaxis) : 중력이 자극이 되어 일어나는 주성

CHAPTER 04 조경관리

구분	해충명	가해 수목	가해 상태	방 제 법
즙을 빨아 먹는 해충	응애류	소나무, 벚나무, 전나무, 과수류, 꽃아그배나무류	잎 뒷면에 숨어서 뾰족한 입으로 즙을 흡입하며, 노란색 반점이 생겨 황화현상이 일어남	• 4월 중순경부터 살비제(테디온, 디코폴 유제 등)를 잎 뒷면에 7~10일 간격으로 2~3회 살포 • 천적인 무당벌레, 풀잠자리가 감소되지 않도록 보호 • 토양 침투성 살충제를 뿌려 주위의 흙 속에 주입
	깍지벌레류	소나무, 벚나무, 물푸레나무, 배롱나무	잎이나 가지에 붙어 즙액을 빨아먹어 잎이 황변하게 되고, 2차적으로 그을음병이 유발됨	• 휴면기인 12~4월 사이에 기계유제 25배액을 1주 간격으로 2~3회 살포 • 메티온 40% 유제 1,000배액을 4월부터 1주 간격으로 2~3회 살포 • 토양 침투성 살충제 토양 주입
	진딧물류	벚나무, 장미, 무궁화, 아카시아, 소나무, 포플러류 등	잎이나 가지에 붙어 즙을 빨아먹어 황화현상이 일어나고, 그을음병이 유발됨	• 발생초기(4월 하순~~5월)에 마라톤 50%, 아세트 수화제, 메타 25% 유제, 피리모 50% 수화제 1,000배액 살포 • 그 밖에 진딧물 농약과 토양 침투성 살충제 토양 주입
잎을 갉아 먹는 해충	미국흰불나방	플라타너스, 벚나무, 포플러류, 오동나무, 아카시아, 호두나무, 대추나무 등	잎이나 가지에 거미줄을 치고, 유충이 집단으로 갉아먹음 어느 정도 크면 분산해서 가해함	• 5~10월 유충 시기에 디프 50% 1,000배액을 살포하거나 집단 유충을 채취하여 소각 • 8월 중순경 피해 나무 수관에 짚이나 거적을 감아 유인하여 소각
	솔나방	소나무, 해송, 잣나무, 낙엽송, 리기다소나무 등	유충(송충이)이 솔잎을 갉아먹어 피해가 크면 말라죽음	• 4~6월, 8~11월 유충 가해시기에 비티 수화제, 마라톤 50% 유제, 1,000배액 살포 • 10월경 수관에 짚이나 거적을 감아 월동 유충이 들어가게 하여 소각 • 7월 중순~8월 상순경 성충을 등화 유인 살포
	텐트나방	벚나무, 포플러류, 매호나무, 명자나무, 복사나무, 참나무류	4월 하순경 가지의 분기점에 거미줄로 텐트치고 그 속에 집단 서식, 밤에 잎 가해	
	오리나무잎벌레	오리나무류, 박달나무	유충과 성충이 동시에 잎 갉아먹음 애벌레는 굼벵이로 뿌리 가해, 엄지벌레인 풍뎅이는 밤에 잎 가해	• 유충 가해기인 5월 하순~7월 하순에 트리클로르폰(디프)제 1,000배액 살포 • 4월 하순~5월 상순, 7~8월에 성충 방제

	집시나방	장미, 단풍나무 느릅나무, 참나무류, 뽕나무, 사과나무	유충이 잎 갉아먹음	
	독나방	장미, 느티나무, 버드나무, 아까시나무, 사과나무, 참나무류	유충이 잎 뒷면 갉아먹으며 1령기에 잎맥 남겨 그물 모양됨. 나방 날개의 가루나 유충의 털이 살에 닿으면 통증	• 4~5월, 8~10월 유충 가해기에 트리클로르폰(디프)제 살포 • 성충 우화기인 6~7월 등화유살 • 군서하는 유충을 피해 잎과 함께 채취하여 태움
	버들재주나방	미루나무, 버드나무	처음 잎을 말고 갉아먹으나 성숙 후 말지 않고 그물 모양으로 갉아먹음	
구멍을 뚫는 해충	향나무하늘소 측백나무하늘소	측백나무, 향나무	유충이 줄기 부름켜 부위를 식해하며, 벌레 똥을 밖으로 배출하지 않음 생육이 쇠약한 나무에 주로 가해	• 피해 가지는 10~2월 절단 소각 • 봄에 성충이 수피에 산란할 때 페니트로티온(메프) 50% 유제 1,000배액 2~3회 살포
	소나무좀	소나무류	유충이 쇠약한 나무나 벌채목에 구멍을 뚫어 가해함 성충은 신초에 구멍 뚫어 말려 죽임	• 쇠약한 나무 조기 제거 • 좀 피해목 벌채, 소각 • 천적의 이용
	버들바구미	포플러류	유충이 나무껍질 밑을 둥글게 갉아 먹음 성숙 유충은 목질부에 구멍 뚫고 갉아먹음 성충은 줄기 즙액 빨아먹음	
	박쥐나방	버드나무, 미루나무, 단풍나무, 플라타너스, 아까시나무, 오동나무	처음에는 유충이 형성층을 고리 모양으로 가해, 이후 줄기 중심부로 파고 들어가 위아래로 갱도 만들어 가해	
벌레혹해충	솔잎혹파리	소나무, 곰솔	유충이 잎의 밑 부분에 혹 만들고 그 속에서 즙액 빨아먹음	• 침투성 살충제 사용 • 6~7월 중순경 다이메크론 나무줄기에 수간주사 • 피해목 9월 이전에 벌채 • 천적기생벌인 솔잎혹파리먹좀벌, 혹파리살이먹좀벌 등 방사

7) 해충의 방제

(1) 법적 규제
식물 검역 통해 해충의 국내 반입 사전에 봉쇄

(2) 저항성 수종 선택
병충해가 적고 환경내성이 있는 품종선택(주목, 개나리, 튤립나무 등)

(3) 종 다양성 유지
다양한 수종 선택

(4) 환경 조절
적절한 시비, 배수, 관수, 솎아베기(간벌), 가지치기, 낙엽 가지, 지피류 등 해충의 월동장소 제거

(5) 생물학적 방제(천적 이용)
① 해충 잡아먹는 포식성 곤충, 기생성 곤충 이용 : 무당벌레, 풀잠자리가 진딧물을 잡아먹음
② 나방류에 기생하는 병균 이용 : 체내에 병을 일으키는 박테리아를 살포, 비티(Bt)수화제
③ 해충에 기생하는 곤충을 이용 : 먹좀벌을 방사하여 솔잎혹파리 방제

(6) 화학적 방제
① 약제 삭포, 도포에 의한 방제, 기계유 유제는 깍지벌레 효과, 살충용 비누는 진딧물 효과
② 가급적 일찍 발견해야 방제 효과 높음, 발생 전에 살포, 병해충이 발생하는 과정이나 습성 미리 알아두기

(7) 기계적 방제
손제초, 경운법, 포살, 해충을 유인하여 죽이기(유살법), 소살법, 토양 피복, 멀칭

(8) 재배적 방제
윤작과 혼작, 내충성 품종 이용

(9) 물리적 방제
토양소독, 종자소독, 트랩 설치

3 농약 관리

1) 사용 목적에 따른 농약의 분류

살균제 (분홍색)	• 병을 일으키는 곰팡이와 세균을 구제 / 다이센 M-45, 보르도액, 석회황합제 • 직접살균제, 종자소독제, 토양소독제, 과실방부제 등 / 분홍색포장재
살충제 (초록색)	• 해충 구제하기 위한 약(해충 방제) / 디프테렉스, 스미티온, 파라티온에틸, DDVP • 소화중독제, 접촉독제, 침투이행성살충제 등 / 초록색포장재
살비제	• 곤충에 대한 살충력은 없으며 응애목에 속하는 해충 방제
살선충제	• 토양에서 식물 뿌리에 기생하는 선충 방제
살서제	• 쥐, 두더지 등의 설치류 방제
제초제 (붉은색)	• 잔디 제외한 잡초방제 / 노란색포장재 cf. 비선택성 제초제(수목, 잡초 모두 살초) / 붉은색포장재
식물생장조절제 (청색)	• 생장촉진, 낙과방지, 발근촉진용 / 생장억제, 생장, 맹아, 개화결실억제 / 청색포장재 • 옥신, 지베렐린, 시토키닌, ABA, 에틸렌
보조제 (흰색)	• 농약이 해충의 몸이나 농작물 표면에 잘 묻도록 하여 약효를 높여주는 약제 / 흰색포장재

살균제 (내성균/탄저병 등 균주제거)	살충제 (진딧물 등의 해충제거)	살비제 (응애류 제거)	살선 충제 (토양/식물체내 선충제거)
제초제 (유해 잡초류 제거)	식물성장조정제	혼합제 (다양한 병충병균 혼화 제거)	보조제 (농약의 약효를 높이는 농약)

2) 살충제의 형태

① 침투성살충제 : 약제를 식물체의 뿌리, 줄기, 잎 등에서 흡수시켜 식물 전체에 약제가 분포되게 하여 흡즙성 곤충이 흡즙하면 죽게 하는 형태
② 소화중독제 : 약제를 식물체의 줄기, 잎 등에 살포하여 부착시켜 식엽성 해충이 먹이와 함께 약제를 섭취하여 독작용을 일으키는 형태
③ 접촉살충제 : 해충의 몸 표면에 직접 살포하거나 살포된 물체에 해충이 접촉되어 약제가 체내에 침입, 독작용을 일으키는 약제
④ 지속성접촉제 : 해충에 직접 닿지 않아도 식물체에 계속 남아 있어 다른 곤충에 피해를 준다. 천적 등 방제 대상이 아닌 곤충류에 가장 피해를 주기 쉬운 농약이다.
⑤ 화학불임제 : 곤충의 먹이에 약제를 가해서 수컷이나 암컷이 불임이 되게하여 번식을 방제하는 목적으로 쓰이는 약제
⑥ 기피제 : 해충에 자극을 주어 가까이 오지 못하도록 하는 약제
⑦ 유인제 : 해충을 유인하여 한곳으로 모이게 하는 약제, 해충을 유인하여 방제할 목적으로 사용하는 약제

3) 약제의 종류

① 포스파미돈액제 : 살충제로 진딧물, 깍지벌레, 솔잎혹파리 등의 구제에 사용된다.
② 시마진 수화제(씨마진), 알라클로르유제, 패러 디클로라이드액, 글리포세이트암모늄 액제, 디캄바액제(반벨, 클로바토끼풀 제초) : 제초제
  ㉠ 글리포세이트액제(41%)에는 근사미, 근자비 등의 비선택성 제초제의 원료이며, 초지조성예정지 등에 사용된다.
  ㉡ 상승효과(Synergistic effect) : 두 종류 이상의 제초제를 혼합하여 얻은 효과가 단독으로 처리한 반응을 각각 합한 것보다 높을 때의 효과
③ 메피 클로라이드액제(나왕), 아토닉액제(생육촉진, 뿌리발근촉진), 다미노자이드 수화제(줄기신장억제), 지베렐린산 수용제(생장촉진) : 생장조정제
④ 옥시테트라사이클린수화제(빗자루병), 베노밀수화제, 캡탄수화제, 아시벤졸라-에스-메틸 파이토플라즈마, 결정석회황합제, 티오파네이트메틸수화제, 트리아디메폰수화제(바리톤), 디니코나젤수화제(빈나리) : 살균제
⑤ 디플루벤주론수화제, 트리클로르폰수화제(디피록스)(나방류), 포스파미돈액제(진딧물, 솔잎혹파리, 솔껍질깍지벌레), 메티다티온유제(수프라사이드), 카바릴수화제(세빈)(미국흰불나방), 페니트로티온수화제 : 살충제

4) 농약의 분류

① 주성분 조성에 따른 분류

유기인계 농약, 카바메이트계 농약, 유기 염소계 농약, 유황계 농약, 동계 농약, 유기비소계 농약, 항생물질계 농약, 피레스로이드계 농약, 페녹시계 농약, 트리아진계 농약, 요소계 농약 등

② 사용목적 및 작용 특성에 따른 분류

살균제, 살충제, 살비제, 살선충제, 제초제, 식물생장조정제, 보조제 등

③ 형태에 따른 분류

농약 분류	제제 형태	사용 형태	특성
유제	용액	유탁액	기름에만 녹는 원제를 유기 용매에 녹인 후 계면활성제 첨가
액제	용액	수용액	수용성 원제를 물에 녹인 용액, 겨울 동파 위험
수화제	분말	현탁액	물에 녹지 않는 원제를 증량제, 계면활성제와 섞어 만든 분말
수용제	분말	수용액	원제를 증량제와 섞어서 만든 분말, 물에 녹여서 사용
분제	분말	분말	원제에 증량제와 보조제를 섞어서 만든 분말, 가루가 멀리 날림
입제	입제	입제	원제에 증량제와 보조제 섞어 만든 입자가 큰 입제
훈증제	기, 액, 고체	기체	비등점이 낮은 원제를 액체, 고체, 압축 가스 형태로 용기에 충전
도포제	연고	연고	원제를 풀처럼 만들어 놓은 연고임

㉠ 유제, 수화제 및 수용제, 분제, 입제, 액제, 액상수화제, 미립제, 훈증제, 정제 등
- 유제(물에 희석하면 우윳빛)
- 용액(물에 희석해도 색 변화 없음) 두 종류 이상의 물질이 고르게 섞여 있는 혼합물
- 수용액 : 용매를 물로 하여 만들어진 용액
- 유탁액 : 소량의 소수성 용매에 원제를 용해하고 유화제를 사용하여 물에 유화시킨 액
- 현탁액 : 액체 속에 미소한 고체의 입자가 분산해서 떠 있는 것, 흙탕물, 먹물, 페인트 등
- 수화제(분말, 물에 섞으면 현탁액)
- 분제(입자 지름 61~46㎛로 분쇄한 미립 분말), 잔효성이 유제에 비해 짧음, 유효성분 농도 1~5% 정도,

㉡ 유효성분을 고체증량제와 소량의 보조제를 혼합 분쇄한 미분말
- 농약 보조제 : 증량제, 협력제, 유화제

[TIP] • 농약량 : 유제, 액제는 ㎖, 수화제는 g단위로 표기
- 1L = 1,000㎖ = 1,000g = 1,000cc
- 1g = 1,000mg = 1,000,000㎍
- 1g = 1㎖ = 1cc
- 1ppm = 1mg/1ℓ = 1g/1,000,000mg

5) 소요 약량 계산

(1) ha당 원액 소요량

ha당 사용량 / 사용 희석 배수 = 사용할 농도(%) × 살포량 / 원액 농도

> 농약량 : 유제, 액제는 ㎖, 수화제는 g단위로 표기
> 1L=1,000㎖=1,000g=1,000cc
> 1g=1,000mg=1,000,000㎍
> 1g=1㎖=1cc
> 1ppm=1mg/1ℓ =1g/1,000,000mg

(2) 배액 계산

① 보통 1,000배액이나 500배 혹은 2,000배 용액도 사용
② 관리지역의 잎에 약액이 충분히 묻을 수 있도록 총 소요량을 먼저 추정
   소요약량 = 총 소요량(물의 양) / 희석 배수
   예 물 100L를 가지고 1,000배액 만들 경우 약량 : 100L(100,000㎖)/1,000 = 100㎖
   예 농약 20㎖를 가지고 1,000배액 만들 경우 물의 양 : 물의 양 = 약량(㎖) × 희석 배수 = 20㎖ × 1,000배액 = 20,000㎖(20L)

(3) 희석할 물의 양 = (원액의 농도/희석 할 농도 − 1) × 원액의 용량 × 원액의 비중
= (농약 주성분 농도/추천농도 − 1) × 소요 농약량 × 비중

6) 농약 살포법

① <u>분무법</u> : 분무기 이용, 분무액에 압력을 주어 노즐(분출구멍)로 분출
② <u>도포법</u> : 수간과 줄기 표면의 상처에 침투성 약액을 바라 조직 내로 약효 성분이 흡수되게 하는 방법
③ <u>관주법</u> : 약액을 흙속이나 나무 줄기에 주입하는 방법
④ 도말법 : 종자에 분말로 된 약제를 골고루 묻혀 처리하는 방법
⑤ 살분법 : 분제 살포, 인력살분기 이용 시 회전수는 1분에 50~80회로 천천히 걸어가며 살포
⑥ 살립법 : 입제 살포, 보통 손으로 살포
⑦ 토양처리법 : 토양 표면이나 토양 속에 서식하는 병해충 및 잡초 방제를 목적으로 처리

7) 농약의 혼용

(1) 장단점

장점	단점
• 농약의 살포횟수를 줄여 방제비용 절감 • 서로 다른 병해충의 동시방제를 통한 약효 상승 • 동일 약제의 연용에 의한 내성 또는 저항성 발달 억제 • 약제 간 상승 작용에 의한 약효 증진	• 약제에 따라 다른 약제와 혼용 시 농약 성분의 분해에 의한 약효 저하 • 농작물의 약해 발생

(2) 농약 혼용 시 주의사항

① 혼용 시 침전물이 생기면 사용하지 않는다.
② 고농도로 살포하면 사람에게 약해가 생길 수 있다.
③ 농약의 혼용은 반드시 농약 혼용 가부표를 참고한다.
④ 농약을 혼용하여 조제한 약제는 될 수 있는 한 즉시 살포한다.
⑤ 비나 눈이 올 때는 사용하지 않는다.
⑥ 적용 대상에 표시되지 않은 식물에는 사용하지 않는다.
⑦ 살포할 때는 보안경과 마스크를 착용하며, 피부가 노출되지 않도록 한다.

> [TIP] 농약의 보관 시 주의 사항
> • 분말제제는 흡습되면 물리성에 영향이 있다.
> • 농약의 혼용은 반드시 농약 혼용 가부표를 참고한다.
> • 농약은 고온에서 분해가 촉진된다.
> • 유제는 유기용제의 혼합으로 화재의 위험성이 있다.
>
> [TIP] 농약의 물리적 성질
> • <u>고착성</u> : 살포한 약액이 식물체 상에서 건조하여 바람, 비 또는 이슬 등에 유실되지 않도록 부착하는 성질
> • 부착성 : 살포한 약액이 식물체나 충체에 붙는 성질
> • 침투성 : 약제가 식물체나 충체에 스며드는 성질
> • 현수성 : 약액 내에 골고루 퍼져있게 하는 성질

05 조경 시설물 관리

1 재료별 유지 관리 방법

※ 조경시설물의 사용연수(내구연한)
철재(철재시소, 파고라 10년), 목재벤치(7년), 원로의 모래자갈포장(10년), 아스팔트포장(15년)

※ 시설물의 점검 보수
공원 내 목재벤치의 좌판 도장보수(2~3년)

1) 목재의 유지 관리

(1) 손상의 종류

손상의 종류	손상의 성질	보수 방법의 예
인위적인 힘	고의로 물리적 힘을 가하거나 사용에 의한 손상	파손 부분 교체 및 보수
온도와 습도	건조 불충분 목재에 남아있는 수액으로 부패	파손 부분 제거 후 나무 못 박기, 퍼티 채움, 교체
균류	균 분비물이 목질 융해, 균은 이를 양분으로 섭취 목재 부패됨(20~30℃ 함수율 20% 이상 균 발육 왕성)	유상방균제, 수용성 방부제 살포 부패된 부분 제거, 나무 못박기, 퍼티 채움
충류	습윤한 목재 충류에 의한 피해 받기 쉬움	유기염소, 유기인 계통의 방충제 살포 부패된 부분 제거, 나무 못 박기, 퍼티 채움, 교체

(2) 충해와 방충제

① 건조재 가해 충류 : 가루나무좀과, 개나무좀과, 빗살수염벌레과, 하늘소과
② 습윤재 가해 충류 : 흰개미류
③ 목재 방충제 : 유기염소, 유기인, 붕소, 불소 계통 등

(3) 균류와 방균제

온도, 습도 등을 통제하여 번식 억제

(4) 갈라졌을 경우

피복된 페인트 제거 → 갈라진 틈 퍼티로 채움 → 샌드페이퍼로 문지르고 마무리 → 부패방지 위해 조합 페인트, 바니시 포장

(5) 죔 부분이나 땅에 묻힌 부분이 부식되지 않도록 방부제 및 모르타르 처리

(6) 통풍 양호, 빗물 고임 방지, 건조되기 쉬운 간단한 구조로 제작, 강한 햇빛, 높은 온도 피하고, 습하지 않게

2) 콘크리트의 유지관리

(1) 균열부의 보수

① 표면실링(sealing) 공법 : 0.2mm 이하의 균열부에 적용, 표면 청소 후 에어컴프레셔로 먼지 제거, 에폭시계 도포
② V자형 절단 공법 : 표면실링보다 효과적인 공법으로 누수 있는 곳에 실시, 폴리우레탄폼계
③ 고무압식 주입공법 : 주입구와 주입파이프 중간에 고무튜브 설치, 시멘트 반죽이나 고무유액 혼입
  ㉠ 콘크리트의 균열이 생긴 곳은 처음 콘크리트 비율과 같게 하여 보수하고, 3주 이상 건조시킨 후 수성 페인트를 칠한다.
  ㉡ 도장은 3년에 1회 정도, 보수면의 도장은 3주 이상 충분히 건조한 후 칠함

3) 철재의 유지관리

① 도장 벗겨진 곳, 파손심한 곳, 볼트너트 풀어진 부분, 부식된 곳, 갈라지거나 비틀어진 곳 점검
  ㉠ 인위적 힘에 의한 파손(휘거나, 닳아서 손상, 용접부위의 파열) : 나무망치로 원상 복구, 부분절단 후 교체
  ㉡ 온도, 습도에 의한 부식 : 샌드페이퍼로 닦아낸 후 도장
  ㉢ 녹슬어 도장 벗겨진 곳 녹막이(광명단) 두 번 칠한 다음 유성 페인트칠, 파손 부분 교체
② 녹닦기(샌드페이퍼 등) – 연단(광명단) 2회 칠하기 – 에나멜페인트 칠하기
  회전 축에 정기적으로 그리스 주입, 베어링 마멸 여부를 점검한 후 조치

4) 석재의 유지관리

① 파손 부분의 보수

- 접착 부위를 에틸알코올로 세척, 접착제(에폭시계, 아크릴계)로 접착
- 접착 후 완전 경화될 때까지 24시간 정도 고무로프로 고정
- 접착이 완료 된 후 노출된 접착제는 세척제로 닦아내고 면다듬질 실시
- 접착수지의 두께는 약 2mm 이상으로 하고, 접착제 사용은 상온 7℃ 이상에서 실시

② 균열 부분의 보수
- 균열 폭이 작은 경우: 표면실링공법 적용
- 균열 폭이 큰 경우: 고무압식공법 적용

5) 합성수지 도기재 관리

저온의 충격에 의한 파손 주의, 파손된 제품은 부분 보수가 곤란하므로 교체

2 시설물 유지관리

1) 놀이시설

① 해안 염분, 대기오염 높은 지역에서는 철재, 알루미늄 등에 방청처리, 스테인리스 제품 사용
② 바닥모래는 지름 1mm 이상인 굵은 모래, 충분히 건조된 것 사용
③ 그네 발판과 지표면의 거리는 35~45cm 정도, 미끄럼대 착지면과 지표면과의 거리는 10cm 정도 유지
④ 사용재료에 균열발생 등 파손 우려 있거나 파손된 시설물은 사용하지 못하도록 보호 조치
⑤ 보수 및 교체

철재	• 녹슨 부분 샌드페이퍼 문질러 녹 제거, 방청 처리(광명단, 도료) 후 유성페인트 칠 (녹막이칠) • 앵커볼트, 볼트, 너트의 이완 시 조임, 오래된 부품 교체, 회전 부분에 정기적인 그리스 주입
목재	• 균류와 충해에 의한 파손 부위는 방균제, 방충제 처리 • 정기적 도색, 도장 벗겨진 곳은 방부처리, CCA(크롬, 구리, 비소) 방부제 • 목재와 기초 콘크리트 부재와의 접합 부분에 모르타르 등으로 보수, 이음 부분 스테인리스
콘크리트	• 3년에 1번 정도 재도장, 보수면의 도장은 3주 이상 충분히 건조한 후 칠함 • 균열 생긴 곳은 실(seal)재 주입하고 봉합, 부식 퇴색된 곳은 솔로 문질러 페인트 벗기고 칠
합성수지	• 성형 용이, 마모되기 쉬우며, 자외선이나 온도에 따라 변하기 쉬움 • 벌어져 금이 생긴 경우 부분 보수 또는 전면 교체, 접착제로 붙이고 샌드페이퍼로 문지르기

2) 편익시설

(1) 벤치 및 야외탁자
① 노인, 주부 등이 장시간 머무르는 곳은 목재벤치, 그늘이나 습기가 많은 장소는 콘크리트나 석재로 교체
② 바닥에 물이 고인 경우 배수시설 설치 후 포장
③ 이용 빈도가 높은 경우 접합부분의 볼트, 너트를 충분히 조이고 풀림방지용접 실시

(2) 휴지통 관리
① 기초의 노출부분은 흙 넣고 다지며, 그을린 부분은 보수 후 재도장
② 본체 뚜껑 지지부속이 꺾이고 굽은 것은 보수나 교체

(3) 음수대 관리
① 3계절형인 곳에는 겨울철에 게이트밸브 잠그고 물 빼내며, 빙점이하의 경우 물 빼내어 동파방지
② 마감면에 인조석, 테라초 바르기, 타일, 석재 붙이기

3) 옥외 조명
① 광원의 유형 : 백열등, 형광등, 수은등, 나트륨등, 할로겐등, 메탈할라이드
② 등주의 재료

등주 재료	제작	장점	단점
알루미늄	알루미늄 합금	부식에 대한 저항성 강 유지관리, 설치 용이, 비용저렴	내구성 약, 펜던트 부착 곤란
콘크리트재	철근 콘크리트와 압축 콘크리트의 원심적 기계과정에 의해 제조	유지관리 용이, 부식에 강, 내구성 강	무거움, 타부속물 부착 곤란
목재	미송과 육송 등으로 제조	초기 유지관리 용이	부패를 막기 위해 방부처리
철재	합금, 강철혼합으로 제조	내구성 강, 펜던트 부착 용이	부식 피하기 위해 방청처리

4) 표지판의 유지관리
① 유형 : 유도표지, 안내표지, 해설표지, 도로표지

② 유지관리 : 포장도로, 공원 등 월 1회, 비포장도로 월 2회 청소, 2~3년에 1회 재도장, 보통 세제로 청소

3 포장관리

1) 토사 포장

(1) 포장방법

① 바닥 고른 후 자갈, 깬돌, 모래, 점토의 혼합물을 30~50cm 깔아 다짐
② 노면자갈의 최대 굵기는 30~50mm 이하가 이상적, 노면 총 두께의 1/3이하
③ 점질토 5~10% 이하, 모래질 15~30%, 자갈 55~75% 정도가 적당

(2) 점검 및 파손 원인

① 지나친 건조 및 심한 바람 / 강우에 의한 배수불량, 흡수로 인한 연약화 / 수분 동결이나 해동될 때 질퍽거림
② 차량 통행량 증가 및 중량화로 노면의 약화 및 지지력 부족

(3) 개량 공법

① 지반치환공법 : 동결심도 하부까지 모래질이나 자갈 모래로 환토
② 노면치환공법 : 노면자갈을 보충하여 지지력 보완
③ 배수처리공법 : 횡단구배 유지, 측구의 배수, 맹암거로 지하수위 낮추기

2) 아스팔트 포장

(1) 포장구조

노상 위에 보조기층(모래, 자갈), 기층, 중간층 및 표층의 순서로 구성

(2) 파손 상태 및 원인

① 균열 : 아스팔트량 부족, 지지력 부족, 아스팔트 혼합비가 나쁠 때
② 국부적 침하 : 노상의 지지력 부족 및 부동침하, 기초 노체의 시공 불량
③ 요철 : 노상, 기층 등이 연약해 지지력이 불량, 아스콘 입도 불량
④ 연화 : 아스팔트량 과잉, 골재 입도 불량, 텍코트의 과잉 사용 시
⑤ 박리 : 아스팔트 및 골재가 떨어져 나가는 현상, 아스팔트 부족 시

(3) 보수 방법

① 패칭 공법 : 균열, 국부침하, 부분 박리에 적용

파손 부분을 사각형으로 따내어 제거 → 깨끗이 쓸어내고 텍코팅 → 롤러, 래머, 콤팩터 등으로 다지기 → 표면에 모래, 석분 살포 → 표면 온도가 손을 댈 수 있을 정도일 때 교통 개방

② 표면처리 공법 : 차량 통행이 적고, 균열 정도, 범위가 심각하지 않을 경우 메우거나 덮어 씌워 재생

덧씌우기 공법(overlay) : 기존 포장을 재생, 새 포장으로 조성

3) 시멘트콘크리트 포장

(1) 포장구조

① 기층 위에 표층으로서 시멘트콘크리트 판을 시공한 포장
② 5~7m 간격으로 줄눈을 설치하여 온도 변화, 함수량 변화에 의한 파손 방지
③ 종류 : 무근포장, 철근(6mm 철망) 포장

(2) 파손 원인

① 시공불량, 물시멘트 비·다짐·양생의 결함, 줄눈을 사용하지 않아 균열 발생
② 노상 또는 보조기층의 결함(지지력 부족, 배수시설부족, 동결융해로 지지력 부족)
③ 파손의 상태 : 균열, 융기(가운데가 두두룩하게 솟음), 단차, 마모에 의한 바퀴자국, 박리, 침하

(3) 시공 방법

① 패칭 공법 : 파손이 심해 보수 불가능할 때
② 모르타르 주입공법 : 포장판과 기층의 공극을 메워 포장판을 들어올려 기층의 지지력 회복
③ 덧씌우기 공법 : 전면적으로 파손될 염려가 있을 경우
④ 충전법 : 청소 → 접착제살포 → 충전재주입 → 건조 모래 살포
⑤ 꺼진 곳 메우기 : 균열부 청소 → 아스팔트유제 도포 → 아스팔트 모르타르(균열폭 2cm 이하) 또는 아스팔트 혼합물로 메우기

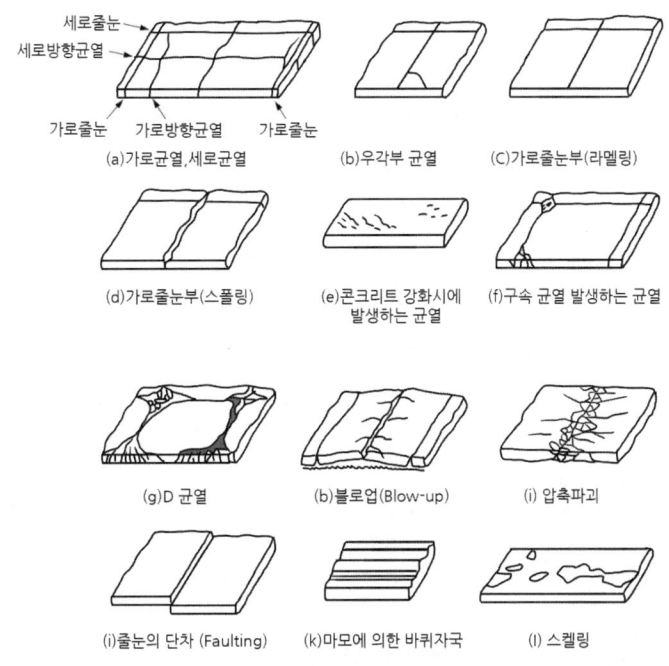

4) 블록 포장

(1) 포장 유형

시멘트콘크리트재료(콘크리트 평판블록, 벽돌블록, 인터로킹블록) / 석재료(화강석 평판블록, 판석 블록)

(2) 포장 구조

① 모래층만 4cm 정도 깔고 평판 블록 부설
② 이음새 폭 : 3~5mm, 보통 5mm

(3) 파손 형태와 원인

블록모서리 파손, 블록 자체 파손, 블록 포장 요철, 단차, 만곡(활처럼 굽어진 완만한 곡선)

(4) 보수 및 시공 방법

보수 위치 결정 → 블록 제거 → 안정모래층 보수 → 기계 전압(compacter, rammer) → 모래층 수평 고르기 후 블록 깔기 → 이음새에 가는 모래 뿌리기 → 다짐

4 배수관리

1) 배수 유형

① 표면배수: 강우에 의해 발생하여 지표면을 따라 흐르는 물이나 인접지역에서 단지 내로 유입하여 들어오는 물을 처리하는 배수형태
② 지하배수: 지반 내의 배수를 목적으로 지표면 밑의 지하수위를 저하시키거나 지하에 고인 물이나 지면으로부터 침투하는 물을 배수하는 형태
③ 비탈면배수: 강우에 의한 빗물이나 표류수 등을 비탈면으로 유입되지 않게 하거나 빗물을 유도하여 안전하게 비탈면 밖으로 배수하는 형태
④ 구조물배수: 교량, 터널, 고가도로, 지하도 등 큰 구조물에 대한 배수관리

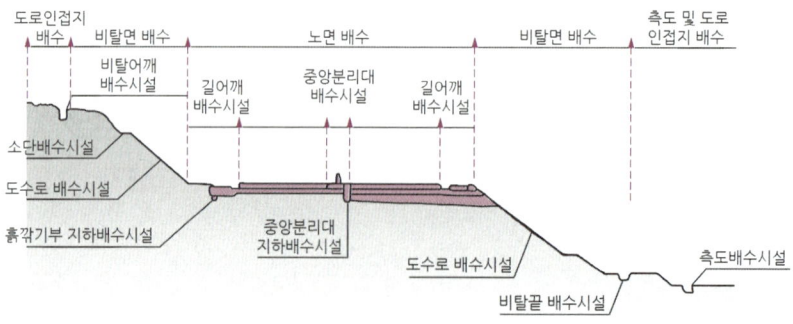

2) 배수 시설의 보수 방법

① 표면배수시설
- 측구: 정기적인 점검과 청소(낙엽, 유출토사, 먼지, 오니 등)
- 집수구와 맨홀
  - 태풍철, 해빙기 전에는 반드시 청소
  - 지표면의 토사지나 황폐한 구릉의 경사면, 나지 및 자갈밭 등은 청소횟수 증가
  - 노면상의 집수구나 맨홀 등이 주변보다 솟아올라와 있거나 움푹 들어가 있는 경우 즉시 보수
  - 뚜껑이 분실, 파손된 경우 보수 전에 표지판 및 울타리 설치 후 즉시 보수나 교체
- 배수관 및 구거
  - 먼지나 오니 등에 의해 통수단면이 좁아진 경우 필요에 따라 개량
  - 관거, 구거의 누수나 체수가 발견될 때 원인 조사 및 보수
  - 기초불량, 경사변화, 이음새 누수가 있을 시 재 설치나 개량

② 지하배수시설
- 설치 일자와 위치, 구조 등을 명시한 도면 비치
- 배수의 유출구는 항상 주의 점검
- 현저한 기능 저하 시 재설치, 기존의 위치와 다른 위치에 설치
- 지표 또는 노면파손의 상황으로 보아 지하배수가 불충분하다 판단될 경우 새로 설치

③ 비탈면배수시설
- 높은 성토비탈면의 소단배수구 및 절성토 비탈면 상단의 어깨배수구의 정기적 점검 및 청소
- 비탈면 종배수구를 U형 콘크리트 제품으로 설치한 경우 부등침하로 이음매 결함 시 즉시 보수

5 배비탈면, 옹벽 관리

1) 비탈면 관리

(1) 공법별 식생공 유지관리

시공법		피복 완성기간	피복완성까지의 관리		식생안정까지의 관리
서양 잔디 사용 공법	종자 뿜어 붙이기공법	2~3개월	하절기 한발 때 살수, 가을 시공일 경우 다음해 봄 추비	성적이 불량할 경우 추비, 아주 나쁜 곳은 보파손질	2~3년간은 연 1회 추비	식생의 변화에 주의, 나지 생기면 추비
	기타공법	3~6개월	–		
들 잔디 사용 공법	줄떼공법	1년	시공 시 서양 잔디 씨앗병용 및 시비		거의 관리 필요 없지만 토질 불량하거나 생육상태 나쁠 경우 퇴비 시행
	평떼공법	–	–		

(2) 토질별 식생공 유지관리

비탈면 토질		피복완성까지의 관리	식생안정까지의 관리
연약토의 성토 및 절토	사질토	발아불량에 주의, 피복속도 빠름, 피복시기를 호우기 내에 맞추지 못하면 침식방지제 병용	피복을 파손할 위험 및 약간의 나지가 생기면 조기에 추비 시행
	점질토	생장은 느리나 동토기까지 피복되는 것이 바람직함	거의 관리가 필요 없음
경질토의 절토		시공 직후의 수분부족, 비료기가 빨리 떨어지며, 살수, 추비를 충분히 함	식생안정 시까지 오래 걸리며, 추비는 수년간 계속 필요

2) 옹벽의 보수 방법

① 옹벽을 재설치하여야 하는 경우
- 땅 무너짐과 같은 대규모 붕괴에 의해 지형 자체가 변경된 경우
- 노후나 대규모 파손으로 보강이나 보수가 불가능한 경우
- 기초 보강에 많은 비용이 들고 보수해도 안전성이 보장되지 않는 경우

② 석축 옹벽 보수
- 석축 일부에 균열: 뒷면에 침수되어 토압 증가되면 배수구 설치로 토압 감소
- 석축 일부에 구멍: 뒷면에 이상 없으면 구멍 콘크리트로 채우고 이상 있으면 재시공
- 석축 전체가 앞으로 넘어지려고 할 때: 석축 앞에 콘크리트 옹벽 설치, 세굴이 원인일 경우 세굴 부분 채우고 콘크리트나 사석으로 앞부분 성토

③ 콘크리트 옹벽 보수
- P.C 앵커공법: 기존 지반의 암질이 좋을 때 P.C 앵커로 넘어짐 방지
- 부벽식 콘크리트옹벽공법: 기초가 침하될 우려가 없을 때 부벽식 콘크리트 옹벽 설치
- 말뚝에 의한 압성토 공법: 옹벽이 활동을 일으킬 때 옹벽 전면에 수평으로 암을 따서 압성토하는 공법
- 그라우팅 공법: 옹벽에 보링기로 구멍을 뚫고 충전재를 삽입하고 뒷면의 지하수를 배수구멍에 유도시켜 토압을 경감시키는 방법

CHAPTER 04 조경관리

조경관리 일반

01 일반적인 조경관리에 해당되지 않는 것은?
[2012년도4회]

① 이용관리 ② 생산관리
③ 운영관리 ④ 유지관리

해설 조경관리의 구분
- 유지관리 : 식물, 시설물, 건축물 등을 이용에 불편함이 없도록 관리하는 것
- 운영관리 : 예산, 재무제도, 조직, 재산 등을 관리하는 것
- 이용관리 : 이용자 지도, 행사, 홍보, 의견청취, 안전관리, 주민참여, 교육 등

02 다음 중 관리하자에 의한 사고에 해당되지 않는 것은?
[2012년5회]

① 시설의 노후, 파손에 의한 것
② 시설의 구조자체의 결함에 의한 것
③ 위험장소에 대한 안전대책 미비에 의한 것
④ 위험물 방치에 의한 것

해설 안전 관리 사고의 종류
- 관리 하자 : 시설물 노후·파손, 위험 장소의 안전대책 미비, 이용시설 외 시설 쓰러짐, 위험물 방치, 개찰구 사고, 동물 도망 등
- 설치 하자 : 시설구조 자체 결함, 시설설치미비, 시설배치미비 등
- 이용자, 보호자, 주최자 등의 부주의 : 그네 거꾸로 올라감, 휀스에 있는 연못에 빠진 아이, 관객이 백네트에 올라가는 행위 등

03 안전관리 사고의 유형은 설치, 관리, 이용자·보호자·주최자 등의 부주의, 자연재해 등에 의한 사고로 분류된다. 다음 중 관리하자에 의한 사고의 종류에 해당하지 않는 것은?
[2014년5회]

① 위험장소에 대한 안전대책 미비에 의한 것
② 시설의 노후 및 파손에 의한 것
③ 시설의 구조 자체의 결함에 의한 것
④ 위험물 방치에 의한 것

해설 2번 해설 참조

04 안전사고방지대책에 대한 설명으로 옳지 않은 것은?
[2018년 1회]

① 위험한 장소에는 감시원, 지도원의 배치를 한다.
② 정기적인 순시 점검과 시설이용을 관찰·지도한다.
③ 구조나 재질에 결함이 있으면 철거하거나 개량 조치를 한다.
④ 공원은 휴양, 휴식시설이므로 안전사고는 이용자 자신의 과실이다.

해설 2번 해설 참조

05 다음 중 주요 기능의 공정에서 옥외 레크리에이션의 관리체계와 거리가 먼 것은?
[2013년2회]

① 이용자관리 ② 공장관리
③ 서비스관리 ④ 자원관리

해설 레크리에이션 관리체계의 3가지 기본 요소
이용자 관리, 자원 관리, 서비스 관리

06 관리업무 수행 중 도급방식의 대상으로 옳은 것은?
[2015년2회]

① 긴급한 대응이 필요한 업무
② 금액이 적고 간편한 업무

정답 01. ② 02. ② 03. ③ 04. ④ 05. ② 06. ④

③ 연속해서 행할 수 없는 업무
④ 규모 크고, 노력, 재료 등을 포함하는 업무

해설 운영 관리의 방식
- 직영 방식 : 관리 주체가 직접 운영 관리
- 도급 방식 : 관리 전문 용역회사나 단체에 위탁하는 방식

구분	대상업무
직영 방식	• 재빠른 대응이 필요한 업무 • 연속해서 행할 수 없는 업무 • 진척상황이 명확치 않고 검사하기 어려운 업무 • 금액이 적고 간편한 업무
도급 방식	• 장기에 걸쳐 단순작업을 행하는 업무 • 전문지식, 기능 자격을 요하는 업무 • 규모가 크고 노력, 재료 등을 포함한 업무 • 관리주체가 보유한 설비로는 불가능한 업무

07 현대적인 공사 관리에 관한 설명 중 가장 적합한 것은? [2015년5회]

① 품질과 공기는 정비례한다.
② 공기를 서두르면 원가가 싸게 된다.
③ 경제속도에 맞는 품질이 확보 되어야 한다.
④ 원가가 싸게 되도록 하는 것이 공사 관리의 목적이다.

해설
- 공사기간과 품질이 정비례한다고 보기 어렵다.
- 공사기간이 단축된다고 하여 식물, 시설물의 원가가 싸게 되지는 않는다.
- 공사 관리는 공사의 적절 및 원활한 진척을 목적으로 한다.

08 시공관리의 주요 계획 목표라고 볼 수 없는 것은? [2010년4회]

① 우수한 품질   ② 공사기간의 단축
③ 우수한 시각미   ④ 경제적 시공

09 공원 행사의 개최 순서대로 나열한 것은? [2012년2회]

① 기획 → 제작 → 실시 → 평가
② 평가 → 제작 → 실시 → 기획
③ 제작 → 평가 → 기획 → 실시
④ 제작 → 실시 → 기획 → 평가

해설 공원 행사 개최 방법
기획 → 제작 → 실시 → 평가

10 이용지도의 목적에 따른 분류에 해당되지 않는 것은? [2010년5회]

① 공원녹지의 보전
② 적절한 예산의 배정
③ 안전 · 쾌적 이용
④ 유효이용

11 조경관리 방식 중 직영방식의 장점에 해당하지 않는 것은? [2015년1회]

① 긴급한 대응이 가능하다.
② 관리 실태를 정확히 파악할 수 있다.
③ 애착심을 가지므로 관리효율의 향상을 꾀한다.
④ 규모가 큰 시설 등의 관리를 효율적으로 할 수 있다.

해설 직영방식

구분	직영방식
대상 업무	• 재빠른 대응이 필요한 업무 • 연속해서 행할 수 없는 업무 • 진척상황이 명확치 않고 검사하기 어려운 업무 • 금액이 적고 간편한 업무
장점	• 관리책임이나 책임소재가 명확하다. • 긴급한 대응이 가능하다 • 관리 실태를 정확히 파악, 관리 효율이 향상된다. • 임기응변의 조치가 가능하다. • 양질의 서비스 제공이 가능하다.
단점	• 일상적인 업무는 타성화되기 쉽다. • 직원의 배치전환이 어렵다. • 필요 이상의 인건비가 지출될 수 있다.

12 도시공원의 식물 관리비 계산 시 산출근거와 관련이 없는 것은? [2014년5회]

정답 07. ③ 08. ③ 09. ① 10. ② 11. ④ 12. ②

① 작업률　　② 식물의 품종
③ 식물의 수량　④ 작업회수

13 조경관리에서 계절적, 시간적 조건에 영향을 받지 않는 것은? [2017년 2회]

① 배수 관리　　② 잔디 관리
③ 초화류 관리　④ 자연석 관리

해설　잔디, 초화류, 자연석 등은 자연재료로 계절이나 시기의 조건에 영향을 받는다.

14 조경관리에서 주민참가의 단계는 시민 권력의 단계, 형식참가의 단계, 비참가의 단계 등을 구분된다. 다음 중 시민권력의 단계로 적합하지 않은 것은? [2018년 1회]

① 유화(Placation)
② 권한위양(Delegated power)
③ 파트너십(Partnership)
④ 자치관리(Citizen Control)

해설　안시타인의 주민참가의 3단계
비참가의 단계(조작, 치료) → 형식참가의 단계(상담, 유화,정보 제공) → 시민권력의 단계(자기관리, 파트너십, 권한 위양)

조경 수목 관리

15 조경수목의 관리를 위한 작업 가운데 정기적으로 해주지 않아도 되는 것은? [2011년4회]

① 전정(剪定) 및 거름주기
② 병충해 방제
③ 잡초제거 및 관수(灌水)
④ 토양개량 및 고사목 제거

해설　연간 관리 작업의 종류
• 정기작업 : 청소, 점검, 수목의 전정, 시비, 병해충 방제, 페인트칠 등
• 부정기작업 : 죽은 나무 제거 및 보식, 토양 개량, 시설물 등의 부정기적인 작업
• 임시작업 : 태풍, 홍수 등 기상재해로 인한 피해 보수

16 조경 수목의 연간 관리작업 계획표를 작성하려고 한다. 다음 중 작업 내용의 분류상 성격이 다른 하나는? [2011년5회]

① 병해충 방제　② 시비
③ 뗏밥 주기　　④ 수관 손질

해설　15번 해설 참조

17 조경 수목의 관리 계획에는 정기 관리작업, 부정기 관리작업, 임시 관리작업으로 분류할 수 있다. 그 중 정기 관리작업에 속하는 것은? [2011년2회]

① 고사목 제거　② 토양 개량
③ 세척　　　　④ 거름주기

해설　15번 해설 참조

18 목적에 알맞은 수형으로 만들기 위해 나무의 일부분을 잘라주는 관리방법을 무엇이라 하는가? [2015년2회]

① 관수　　② 멀칭
③ 시비　　④ 전정

해설　전정은 수목의 미관상, 실용상, 생리상의 목적에 맞도록 수목의 일부분을 잘라 수형을 유지시키고 생장을 조절해 주는 것

19 수목을 목적에 알맞은 수형으로 만들기 위해 나무의 일부분을 잘라주는 것을 무엇이라 하는가? [2010년5회]

① 근접　　② 전정
③ 갱신　　④ 순자르기

해설　• 근접 : 뿌리나 뿌리목을 가지고 하는 접붙이기
• 갱신 : 새롭게 살리는 것
• 순자르기 : 생장점이 있는 새순을 잘라 제거하는 것

정답　13. ①　14. ①　15. ④　16. ③　17. ④　18. ④　19. ②

20 정원수 전정의 목적으로 부적합한 것은?
[2011년1회]

① 채광, 통풍을 도움으로서 병해충의 피해를 미연에 방지한다.
② 지나치게 자라는 현상을 억제하여 나무의 자라는 힘을 고르게 한다.
③ 움이 트는 것을 억제하여 나무를 속성으로 생김새를 만든다.
④ 강한 바람에 의해 나무가 쓰러지거나 가지나 손상되는 것을 막는다.

해설 **전정의 목적**
- 미관상 : 수형에 불필요한 가지 제거로 수목의 자연미를 높이고 인공수형의 경우 조형미를 높인다.
- 실용상 : 방화, 방풍, 차폐 등의 역할, 가로수 여름 전정을 통해 통풍 원활, 태풍의 피해를 방지한다.
- 생리상 : 지엽 밀생 수목, 쇠약해진 수목, 개화 결실 촉진, 이식한 수목의 생리 조정을 한다.

21 다음 중 전정의 목적 설명으로 옳지 않은 것은?
[2012년5회]

① 미관에 중점을 두고 한다.
② 실용적인 면에 중점을 두고 한다.
③ 생리적인 면에 중점을 두고 한다.
④ 희귀한 수종의 번식에 중점을 두고 한다.

해설 20번 해설 참조

22 다음 중 전정의 효과로 적합하지 않은 것은?
[2011년2회]

① 도장지의 처리로 생육을 고르게 한다.
② 화목류의 적절한 전정은 개화, 결실을 촉진시킨다.
③ 수목의 생장을 촉진시킨다.
④ 수관 내부의 일조 부족에 의한 허약한 가지와 병충해 발생의 원인을 제거한다.

해설 **전정의 효과**
불필요한 가지를 제거하여 조형미를 높이고 수목 전체에 햇빛을 고르게 받도록 하여 건강하게 자라도록 유도한다. 또한 가지사이 통풍을 원활하게 하여 풍해와 설해에 대한 저항력을 높이고 병해충의 서식처를 제거한다. 도장지나 허약한 가지 등을 제거하여 영양분의 손실을 막고 꽃나무의 경우 개화, 결실을 촉진한다.

23 향나무, 주목 등을 일정한 모양으로 유지하기 위하여 전정을 하여 형태를 다듬었다. 이러한 작업은 어떤 목적을 위한 가지다듬기인가?
[2010년1회]

① 세력을 갱신하는 가지다듬기
② 생리조정을 위한 가지다듬기
③ 생장조장을 돕는 가지다듬기
④ 생장을 억제하는 가지다듬기

해설 생장을 억제하기 위한 전정 : 일정한 형태로 유지시키거나 일정한 공간에 필요 이상으로 자라지 않게 하기 위해서 실시함

24 좁은 정원에 식재된 나무가 필요 이상으로 커지지 않게 하기 위하여 녹음수를 전정하는 것은?
[2010년4회]

① 생리조절을 위한 전정
② 갱신을 위한 전정
③ 생장을 돕기 위한 전정
④ 생장을 억제하는 전정

해설 23번 해설 참조

25 개화, 결실을 목적으로 실시하는 정지 · 전정의 방법으로 틀린 것은?
[2014년5회]

① 약지는 짧게, 강지는 길게 전정하여야 한다.
② 묵은 가지나 병충해 가지는 수액유동 후에 전정한다.
③ 개화결실을 촉진하기 위하여 가지를 유인하거나 단근작업을 실시한다.
④ 작은 가지나 내측으로 뻗은 가지는 제거한다.

정답 20. ③ 21. ④ 22. ③ 23. ④ 24. ④ 25. ②

해설 묵은 가지나 병충해에 걸린 것은 수액이 유동하기 전에 제거해야 한다.

26 다음 중 과일나무가 늙어서 꽃 맺음이 나빠지는 경우에 실시하는 전정은 어느 것인가? [2015년5회]
① 생리를 조절하는 전정
② 생장을 돕기 위한 전정
③ 생장을 억제하는 전정
④ 세력을 갱신하는 전정

해설 세력 갱신을 위한 전정
너무 늙은 나무나 개화가 불량한 나무의 묵은 가지를 잘라주어 새로운 가지를 나오게 해 수목에 활기를 불어 넣는 전정

27 다음 가지 다듬기 중 생리조정을 위한 가지 다듬기는? [2013년1회]
① 이식한 정원수의 가지를 알맞게 잘라냈다.
② 병해충 피해를 입은 가지를 잘라 내었다.
③ 향나무를 일정한 모양으로 깎아 다듬었다.
④ 늙은 가지를 젊은 가지로 갱신하였다.

해설 생리 조정을 위한 전정
• 이식할 때 뿌리 손상으로 지엽이 말라 죽는 것을 방지하기 위한 전정한다.
• 맹아력이 약한 수종은 수형을 고려하여 가지를 부분적으로 속아낸 정도에서 제거한다.
[보기] ② → 생장 조정을 위한 전정
③ → 조형을 위한 전정
④ → 세력 갱신을 위한 전정

28 조경수 전정의 방법이 옳지 않은 것은? [2012년1회]
① 전체적인 수형의 구성을 미리 정한다.
② 충분한 햇빛을 받을 수 있도록 가지를 배치한다.
③ 병해충 피해를 받은 가지는 제거한다.
④ 아래에서 위로 올라가면서 전정한다.

해설 조경수 전정 방법
위에서 아래로, 바깥에서 안으로 전정한다.

29 수목의 전정작업 요령에 관한 설명으로 옳지 않은 것은? [2013년5회]
① 상부는 가볍게, 하부는 강하게 한다.
② 우선나무의 정상부로부터 주지의 전정을 실시한다.
③ 전정작업을 하기 전 나무의 수형을 살펴 이루어질 가지의 배치를 염두에 둔다.
④ 주지의 전정은 주간에 대해서 사방으로 고르게 굵은가지를 배치하는 동시에 상하(上下)로도 적당한 간격으로 자리 잡도록 한다.

해설 상부는 강하게, 하부는 약하게 전정한다.

30 나무의 특성에 따라 조화미, 균형미, 주위 환경과의 미적 적응 등을 고려하여 나무 모양을 위주로 한 전정을 실시하는데, 그 설명으로 옳은 것은? [2012년5회]
① 상록수의 전정은 6월~9월이 좋다.
② 조경수목의 대부분에 적용되는 것은 아니다.
③ 전정 시기는 3월 중순~6월 중순, 10월 말~12월 중순이 이상적이다.
④ 일반적으로 전정작업 순서는 위에서 아래로 수형의 균형을 잃은 정도로 강한 가지, 얽힌 가지, 난잡한 가지를 제거한다.

해설 상록활엽수의 전정은 3~4월, 9월이 좋다.
• 조경수목 대부분이 전정을 한다.
• 전정 시기는 수종별로 차이가 있다.

31 전정시기와 방법에 관한 설명 중 옳지 않은 것은? [2011년5회]
① 여름전정은 수광(受光)과 통풍을 좋게

정답 26.④ 27.① 28.④ 29.① 30.④ 31.③

할 목적으로 행한다.
② 상록활엽수는 가을전정이 적기(適期)이다.
③ 상록활엽수는 겨울전정 시에 강전정을 하여야 한다.
④ 화목류의 봄 전정은 꽃이 진 후에 하는 것이 좋다.

해설 상록활엽수의 전정 시기
광합성이 왕성한 시기가 적기이다. 3~4월 상순, 6~7월 상순, 9월이 적기이다. 상록활엽수는 동해의 우려가 있으므로 강전정은 피해야 한다.

32 수목의 키를 낮추려면 다음 중 어떠한 방법으로 전정하는 것이 가장 좋은가?
[2013년5회]

① 수액이 유동하기 전에 약전정을 한다.
② 수액이 유동한 후에 약전정을 한다.
③ 수액이 유동하기 전에 강전정을 한다.
④ 수액이 유동한 후에 강전정을 한다.

해설 목적에 따른 전정 시기
- 수형 위주의 전정 : 3~4월 중순, 10~11월 말
- 개화 목적의 전정 : 꽃이 진 후
- 결실 목적의 전정 : 수액이 유동하기 전
- 수형의 축소 : 이른 봄 수액이 유동하기 전

33 낙엽수의 휴면기 겨울 전정(12~3월)의 장점으로 틀린 것은?
[2010년4회]

① 가지의 배치나 수형이 잘 드러나므로 전정하기가 쉽다
② 굵은가지를 잘라 내어도 전정의 영향을 거의 받지 않는다.
③ 병충해의 피해를 입은 가지의 발견이 쉽다.
④ 막눈 발생을 유도하며 새가지가 나오기 전까지 수종고유의 아름다운수형을 감상할 수 있다.

해설 • 겨울 전정의 장점

- 낙엽수의 경우 가지 배치나 수형 양호, 작업 용이, 병해충 피해 가지 발견 쉬움
- 휴면기로 전정의 영향 거의 없으며 부정아 발생 없이 멋있는 수형 오래 감상 가능
• 겨울 전정의 고려사항
- 봄에 싹이 빠른 수종은 전정 빨리(단풍나무), 늦은 수종은 전정 약간 늦게(배나무)
- 상록수는 동해의 우려있으므로 강전정 피하기, 눈 많은 곳은 눈 녹은 후 전정

34 다음 중 일반적으로 전정시 제거해야 하는 가지가 아닌 것은?
[2013년5회]

① 도장한 가지　② 바퀴살 가지
③ 얽힌 가지　　④ 주지(主枝)

해설 잘라주어야 할 가지
도장지, 안쪽으로 향한 가지, 아래로 향한 가지, 밑에서 움돋는 가지, 얽힌 가지, 웃자란 가지, 병충해 피해 입은 가지, 고사지, 평행지 등

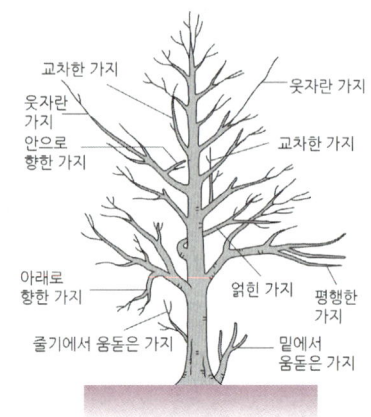

35 제거대상 가지로 적당하지 않은 것은?
[2011년4회]

① 얽힌 가지
② 병해충 피해 입은 가지
③ 세력이 좋은 가지
④ 죽은 가지

해설 34번 해설 참조

정답 32. ③　33. ④　34. ④　35. ③

36 다음 중 수목의 전정 시 제거해야 하는 가지가 아닌 것은? [2013년4회]
① 밑에서 움돋는 가지
② 아래를 향해 자란 하향지
③ 교차한 교차지
④ 위를 향해 자라는 주지

해설 34번 해설 참조

37 다음 중 굵은 가지 절단 시 제거하지 말아야 하는 부위는? [2015년1회]
① 목질부　② 지피융기선
③ 지륭　　④ 피목

해설 **지륭**
줄기와 접한 가지의 기부 하단을 둘러싸면서 부풀어 오른 부분을 지륭이라고 한다.

38 다음 중 봄에 꽃이 피는 진달래 등의 꽃나무류 전정시기로 가장 적당한 것은? [2010년2회]
① 꽃이 진 직후
② 장마이후
③ 늦가을
④ 여름의 도장지가 무성할 때

해설 **꽃나무류 전정 시기**
• 꽃이 진 후 전정한다.
• 꽃이 피지 않는 경우는 꽃눈 분화 후 전정한다.

39 다음 중 철쭉, 개나리 등 화목류의 전정시기로 가장 알맞은 것은? [2016년1회]
① 가을 낙엽 후 실시한다.
② 꽃이 진 후에 실시한다.
③ 이른 봄 해동 후 바로 실시한다.
④ 시기와 상관없이 실시할 수 있다.

해설 38번 해설 참조

40 다음 중 철쭉류와 같은 화관목의 전정시기로 가장 적합한 것은? [2015년4회]
① 개화 1주 전
② 개화 2주 전
③ 개화가 끝난 직후
④ 휴면기

해설 38번 해설 참조

41 꽃이 피고 난 뒤 낙화할 무렵 바로 가지다듬기를 해야 하는 좋은 수종은? [2012년5회]
① 사과나무　② 철쭉
③ 명자나무　④ 목련

해설 **철쭉의 전정**
철쭉은 다음해에 꽃을 보기 위해서는 꽃이 지고 난 후 6월 중순 이전에 전정을 끝내야 한다. 그 이유는 철쭉의 꽃눈 형성 시기가 6월 말부터 7월경이기 때문이다.

42 그해에 자란 가지에서 꽃눈이 분화하여 그해에 개화하기 때문에 2~3년 된 가지 등을 깊이 전정해도 좋은 수종은? [2010년2회]
① 배롱나무　② 매화나무
③ 명자나무　④ 개나리

해설 **수목의 개화 습성**
• 당년생 가지에 개화 : 장미, 무궁화, 나무수국, 배롱나무, 능소화, 아카시아, 감나무, 등나무 등
• 2년생 가지에 개화 : 매화나무, 수수꽃다리, 개나리, 박태기나무, 벚나무, 과실나무 등
• 3년생 가지에 개화 : 사과나무, 배나무, 명자나무 등
• 가지 끝과 곁눈에 꽃눈 부착 : 개나리, 동백, 모란, 수국, 무궁화 등

43 다음 중 전정을 할 때 큰 줄기나 가지자르기를 삼가야 하는 수종은? [2012년1회], [2017년1회]
① 오동나무　② 현사시나무
③ 벚나무　　④ 수양버들

정답　36. ④　37. ③　38. ①　39. ②　40. ③　41. ②　42. ①　43. ③

해설 **전정을 하지 않는 수종**
낙엽활엽수 : 느티나무, 팽나무, 수국, 벚나무, 회화나무, 백목련, 참나무류, 백합나무 등

44 다음 중 일반적으로 살아있는 가지를 자를 경우 수종별 상처부위의 부후 위험성이 가장 적은 수종은? [2010년 4회]

① 왕벚나무　② 소나무
③ 목련　　　④ 느릅나무

해설 부후란 부후균류의 침입에 의해 목질이 분해되어 조직이 파괴되는 현상으로 벚나무, 목련 등은 강 전정 시 전정부위의 상처가 아물지 않아 병해충 등에 노출되어 부패 및 병의 위험성이 높아진다. 반면 소나무는 송진으로 부후균의 침입을 방지할 수 있다.

45 다음 중 굵은 가지를 전정하였을 때 다른 수종들보다 전정부위를 반드시 도포제를 발라주어야 하는 것은? [2011년 2회]

① 잣나무　　② 메타세콰이어
③ 느티나무　④ 자목련

해설 44번 해설 참조

46 다음 그림 중 수목의 가지에서 마디 위 다듬기의 요령으로 가장 좋은 것은? [2011년 2회]

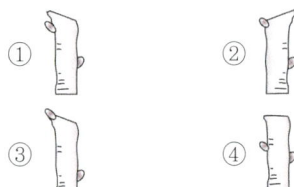

해설 **마디 위 자르기 요령**
가지가 밖으로 잘 퍼지도록 바깥눈 7~10mm에서 눈과 평행하게 비스듬히 자른다.

47 마디 위 가지 자르기 방법으로 알맞게 설명한 것은? [2018년 1회]

① 자를 가지의 안쪽 눈과 평행한 방향으로 자른다.
② 자를 가지의 안쪽 눈 바로 위를 비스듬히 자른다.
③ 자를 가지의 바깥쪽 눈과 평행하게 멀리서 자른다.
④ 자를 가지의 바깥쪽 눈 바로 위를 비스듬히 자른다.

해설 **마디 위 자르기 요령**
가지가 밖으로 잘 퍼지도록 바깥눈 7~10mm에서 눈과 평행하게 비스듬히 자른다.

48 조형(造形)을 목적으로 한 전정을 가장 잘 설명한 것은? [2013년 1회]

① 도장지를 제거하고 결과지를 조정한다.
② 나무 원형의 특징을 살려 다듬는다.
③ 밀생한 가지를 솎아준다.
④ 고사지 또는 병지를 제거한다.

해설 조형을 위한 전정은 수목이 지니는 특성 및 자연과의 조화미, 개성미, 수형 등으로 미적 효과를 높이는 것으로, 수목 고유의 모양을 살려 전정해 주도록 한다

49 생 울타리를 전지·전정하려고 한다. 태양의 광선을 골고루 받게 하여 생 울타리 밑가지 생육을 건전하게 하려면 생 울타리의 단면 모양은 어떻게 하는 것이 가장 적합한가? [2013년 1회]

① 팔각형
② 원형
③ 삼각형
④ 사각형

해설 산울타리 전정은 식재 후 3년 지난 이후에 전정하도록 하고, 높은 울타리는 옆에서 위로 전정, 상부는 깊게 하부는 얕게, 높이 1.5m 이상일 경우 윗부분은 좁은 사다리꼴로 전정하여 태양 광선이 골고루 받게 한다. 보기 중에 윗부분이 좁은 형태는 삼각형이다.

정답 44. ② 45. ④ 46. ① 47. ④ 48. ② 49. ③

50 산울타리를 전지, 전정 하려고 한다. 태양의 광선을 가장 골고루 받지 못하는 산울타리 단면의 모양은? [2010년1회]
① 원주형　② 원뿔형
③ 역삼각형　④ 달걀형

해설 역삼각형의 경우 높은 곳의 가지와 잎이 넓고 치밀하기 때문에 아래 가지까지 햇빛을 받기 어려움

51 소나무의 순따기 설명으로 올바른 것은? [2011년5회]
① 원하지 않는 순을 제거 후 남은 것 중에서 자라는 힘이 지나친 것은 1/8~1/10 정도만 남기고 따 버린다.
② 필요하지 않다고 생각되는 방향으로 자라는 순은 밑동으로부터 따 버린다.
③ 가지가 길게 자라게 하기 위해 실시한다.
④ 새순이 나오는 이른 봄 3~4월에 주로 실시한다.

해설 **소나무 순따기(순자르기)**
소나무류는 가지 끝에 여러 개의 눈이 있어, 봄에 그대로 두면 중심의 눈이 길게 자라고 나머지 눈은 사방으로 뻗어, 마치 바퀴살 같은 모양을 이루어 운치가 없게 된다. 생장을 억제하여 원하는 모양을 만들기 위해서 5~6월에 2~3개의 순을 남기고 중심 되는 순을 포함한 나머지는 따 버린다. 남긴 순은 자라는 힘이 지나치다고 생각될 때 1/3~1/2 정도만 남겨 두고 끝 부분을 손으로 따 버린다.

52 다음 중 소나무의 순자르기 방법으로 가장 거리가 먼 것은? [2014년1회]
① 수세가 좋거나 어린나무는 다소 빨리 실시하고, 노목이나 약해 보이는 나무는 5~7일 늦게 한다.
② 손으로 순을 따 주는 것이 좋다.
③ 5~6월경에 새순이 5~10cm 자랐을 때 실시한다.
④ 자라는 힘이 지나치다고 생각될 때에는 1/3~1/2 정도 남겨두고 끝 부분을 따 버린다.

해설 51번 해설 참조

53 소나무류의 순자르기에 대한 설명으로 옳은 것은? [2015년1회]
① 10~12월에 실시한다.
② 남길 순도 1/3~1/2 정도로 자른다.
③ 새순이 15cm 이상 길이로 자랐을 때에 실시한다.
④ 나무의 세력이 약하거나 크게 기르고자 할 때는 순자르기를 강하게 실시한다.

해설 51번 해설 참조

54 소나무 순자르기에 대한 설명으로 틀린 것은? [2015년5회]
① 매년 5~6월경에 실시한다.
② 중심 순만 남기고 모두 자른다.
③ 새순이 5~10cm의 길이로 자랐을 때 실시한다.
④ 남기는 순도 힘이 지나칠 경우 1/2~1/3 정도로 자른다.

해설 51번 해설 참조

55 소나무의 순자르기, 활엽수의 잎 따기 등에 해당하는 전정법은? [2013년4회]
① 생리를 조절하는 전정
② 생장을 돕기 위한 전정
③ 생장을 억제하기 위한 전정
④ 세력을 갱신하는 전정

해설 51번 해설 참조

정답　50. ③　51. ②　52. ①　53. ②　54. ②　55. ③

56 소나무류의 순따기에 알맞은 적기는?
[2013년1회]

① 1월~2월　② 3월~4월
③ 5월~6월　④ 7월~8월

> 해설　51번 해설 참조

57 소나무류는 생장조절 및 수형을 바로잡기 위하여 순따기를 실시하는데 대략 어느 시기에 실시하는가?
[2013년5회]

① 3~4월　② 5~6월
③ 9~10월　④ 11~12월

> 해설　51번 해설 참조

58 소나무류의 잎 솎기는 어느 때 하는 것이 가장 좋은가?
[2014년1회]

① 12월경　② 2월경
③ 5월경　④ 8월경

> 해설　소나무 관리 시, 순 따기(5~6월)로 충분한 효과를 보지 못한 경우 묵은 잎 제거와 잎 따기, 잎 뽑기는 8월경에 실시한다.

59 눈이 트기 전 가지의 여러 곳에 자리 잡은 눈 가운데 필요로 하지 않은 눈을 따버리는 작업을 무엇이라 하는가?
[2013년2회]

① 열매따기　② 눈따기
③ 순자르기　④ 가지치기

60 적심(摘心;candle pinching)에 대한 설명으로 틀린 것은?
[2014년5회]

① 수관이 치밀하게 되도록 교정하는 작업이다.
② 참나무과(科) 수종에서 주로 실시한다.
③ 촛대처럼 자란 새순을 가위로 잘라주거나 손끝으로 끊어준다.
④ 고정 생산하는 수목에 실시한다.

> 해설　적심
> • 생육중인 가지의 선단 생장점을 잘라주어 곁가지의 발생을 많게 하는 것으로 순자르기라고도 한다. 소나무, 잣나무와 같은 수종에서 실시한다.
> • 고정생산은 당해 년도 성장분을 전년도 겨울눈에서 미리 준비하기 때문에 가을에 수고생장을 멈추는 생장을 말한다. 즉 고정생장을 하는 나무는 전년도 환경에 영향을 받는다. 반면에 자유생장을 하는 일반적인 활엽수는 가을까지 수고생장을 계속한다. 따라서 자유생장을 하는 수종은 당해년도의 환경을 영향을 받는다.

61 개화를 촉진하는 정원수관리에 관한 설명으로 옳지 않은 것은?
[2013년5회]

① 햇빛을 충분히 받도록 해준다.
② 물을 되도록 적게 주어 꽃눈이 많이 생기도록 한다.
③ 깻묵, 닭똥, 요소, 두엄 등을 15일 간격으로 시비한다.
④ 너무 많은 꽃봉오리는 솎아낸다.

> 해설　개화 촉진 정원수 관리
> • 개화 시기에는 시비하지 않는다.
> • 토양 표면이 마르거나 건조할 때에 물을 준다.
> • 햇빛을 충분히 받도록 한다.
> • 너무 많은 꽃봉오리는 솎아낸다.

62 조경수목 중 탄수화물의 생성이 풍부할 때 꽃이 잘 필 수 있는 조건에 맞는 탄소와 질소의 관계로 가장 적당한 것은?
[2010년4회]

① $N > C$　② $N + C$
③ $N < C$　④ $N \geq C$

> 해설　C/N율은 식물체 내의 탄수화물과 질소의 비율을 말한다. C/N율에 따라 생육과 개화 결실에 영향을 미친다. C/N율이 높으면 개화를 유도하고 C/N율이 낮으면 영양생장이 계속된다.

정답　56. ③　57. ②　58. ④　59. ②　60. ②　61. ③　62. ③

63 다음 중 교목류의 높은 가지를 전정하거나 열매를 채취할 때 주로 사용할 수 있는 가위는? [2013년4회]

① 갈쿠리 전정가위
② 조형 전정가위
③ 순치기가위
④ 대형 전정가위

64 전정도구 중 주로 연하고 부드러운 가지나 수관 내부의 가늘고 약한 가지를 자를 때와 꽃꽂이를 할 대 흔히 사용하는 것은? [2014년1회]

① 대형전정가위
② 적심가위 또는 순치기가위
③ 적화, 적과가위
④ 조형 전정가위

65 수목을 전정한 뒤 수분증발 및 병균 침입을 막기 위하여 상처 부위에 칠하는 도포제로 사용할 수 있는 것은? [2010년2회]

① 유황
② 석회
③ 톱신페이스트
④ 다이센 M

해설 수목을 전정한 뒤 절단 부위에 상처치료 도포제(톱신페이스트, 카토파스타, 신교나라, 카타파스, 락발삼 등)를 발라 칼로스 발생으로 상처가 빨리 아물게 한다.

66 추위에 의하여 나무의 줄기 또는 수피가 수선 방향으로 갈라지는 현상을 무엇이라 하는가? [2010년4회]

① 고사
② 피소
③ 상렬
④ 괴사

해설 식물의 생육 장애
• 저온의 해 : 상렬, 상종, 상주 등
• 고온의 해 : 일소, 피소, 한해 등

67 다음 기상 피해 중 어린 나무에서는 피해가 거의 생기지 않고 흉고직경 15~20cm 이상인 나무에서 피해가 많다. 피해방향은 남쪽과 남서쪽에 위치하는 줄기부위이다. 특히 남서 방향의 1/2부위가 가장 심하며 북측은 피해가 없다. 피해 범위는 지제부에서 지상 2m 높이 내외인 것은? [2011년2회]

① 볕데기
② 한해
③ 풍해
④ 설해

해설 볕데기(피소)
나무 줄기가 강렬한 태양 직사광선을 받았을 때 수피의 일부에 급격한 수분증발이 생겨 형성층이 고사하고 그 부분의 수피가 말라 죽는 현상으로, 흉고직경 15~20cm 이상의 수종과 서쪽 남서쪽에 위치하는 임목에 피해가 많다.

68 더운 여름 오후에 햇빛이 강하면 수간의 남서쪽 수피가 열에 의해서 피해(터지거나 갈라짐)을 받을 수 있는 현상을 무엇이라 하는가? [2014년4회]

① 피소
② 상렬
③ 조상
④ 만상

해설 피소
여름철 석양에 줄기가 열을 받아서 갈라지는 현상

69 다음 중 줄기의 수피가 얇아 옮겨 심은 직후 줄기감기를 반드시 하여야 되는 수종은? [2012년도4회]

① 배롱나무
② 소나무
③ 향나무
④ 은행나무

해설 배롱나무
수고 5~6m 정도로 구불구불 굽어지며 자란다. 수피는 옅은 갈색으로 매끄러우며 얇게 벗겨지면서 흰색의 무늬가 생긴다. 주로 관상용으로 심어 기르며 추위에 약하다.

정답 63. ① 64. ② 65. ③ 66. ③ 67. ① 68. ① 69. ①

70 줄기의 수피가 얇아 옮겨 심은 직후 줄기감기를 해줘야하는 수종은? [2017년1회]

① 향나무　② 잣나무
③ 배롱나무　④ 은행나무

해설 **수간의 수피감기 효과**
- 동해나 병충해 방지(이식나무는 저항력이 없다)
- 여름 햇빛에 줄기 타는 것 방지 : 수피가 얇은 수목 (배롱나무, 단풍나무 등)
- 수분 증산 억제 : 이식한 수목 등
- 소나무 좀의 피해 방지(수피감기의 가장 큰 이유) : 소나무류, 삼나무, 주목, 히말라야시다 등

71 바람의 피해로부터 보호하기 위해 굵은 가지치기를 실시하지 않아도 되는 수종으로 가장 적합한 것은? [2010년1회]

① 독일가문비나무　② 수양버들
③ 자작나무　④ 느티나무

해설 **전정을 하지 않는 수종**
- 침엽수 : 독일가문비, 금송 히말라야시다, 나한백
- 상록활엽수 : 동백나무, 치자나무, 굴거리나무, 녹나무, 태산목, 만병초, 팔손이 등
- 낙엽활엽수 : 느티나무, 팽나무, 수국, 벚나무, 회화나무, 백목련, 참나무류, 백합나무 등

72 모과나무, 벽오동, 배롱나무 등의 수목에 사용하는 월동방법으로 가장 적당한 것은? [2010년1회]

① 흙묻기　② 짚싸기
③ 연기 씌우기　④ 시비 조절하기

해설 **동해를 예방하는 방법**
짚싸기, 방한덮개 설치, 동해 방지책 설치 등

73 배롱나무, 장미 등과 같은 내한성이 약한 나무의 지상부를 보호하기 위하여 사용되는 가장 적합한 월동 조치법은? [2013년4회]

① 새끼감기　② 짚싸기
③ 연기씌우기　④ 흙묻기

해설 72번 해설 참조

74 줄기감기를 하는 목적이 아닌 것은? [2010년5회]

① 수분 증발을 활성화 시키고자
② 병해충의 침입을 막고자
③ 강한 태양 광선으로부터 피해를 방지하고자
④ 물리적 힘으로부터 수피의 손상을 방지하고자

해설 줄기감기를 통해 수분 증발을 억제시킬 수 있다

75 다음 중 바람에 대한 이식 수목의 보호조치로 가장 효과가 없는 것은? [2011년5회]

① 큰 가지치기　② 지주목 세우기
③ 수피감기　④ 방풍막 치기

해설 수피감기는 이식 후 수분증발 억제 효과가 크다.

76 이식한 수목의 줄기와 가지에 새끼로 수피감기 하는 이유로 가장 거리가 먼 것은? [2014년1회]

① 경관을 향상시킨다.
② 수피로부터 수분 증산을 억제한다.
③ 병해충의 침입을 막아준다.
④ 강한 태양광선으로부터 피해를 막아 준다.

해설 **수피감기의 목적**
- 소나무좀 예방
- 수분증산 방지
- 동해나 병충해 방주
- 피소 방지

77 소나무류를 옮겨 심을 경우 줄기를 진흙으로 이겨 발라 놓은 주요한 이유가 아닌 것은? [2011년4회]

정답　70. ③　71. ④　72. ②　73. ②　74. ①　75. ③　76. ①　77. ④

① 해충을 구제하기 위해
② 수분의 증산을 억제
③ 일시적인 나무의 외상을 방지
④ 겨울을 나기 위한 월동 대책

해설 겨울을 나기 위한 월동 대책으로는 줄기감기가 있다.

78 다음 중 한발이 계속될 때 짚 깔기나 물주기를 제일 먼저 해야 될 나무는? [2012년도4회]

① 소나무   ② 향나무
③ 가중나무 ④ 낙우송

해설 낙우송
낙우송은 물속에서도 자라기도 하는데, 땅위로 튀어나온 뿌리는 물을 좋아하는 낙우송이 질퍽한 땅속에서는 공기가 통하지 않으므로 숨을 쉬기 위해서이다.

79 저온의 해를 받은 수목의 관리방법으로 적당하지 않은 것은? [2014년4회]

① 멀칭
② 바람막이 설치
③ 강전정과 과다한 시비
④ will-pruf(시들음 방지제) 살포

해설 저온의 해를 받은 수목의 관리방법
짚싸기, 방한덮개, 멀칭, 증산억제제 살포, 수피보호, 강전정하지 않기, 시비작업 일찍 끝내기 등

80 수목의 한해(寒害)에 관한 설명 중 옳지 않은 것은? [2010년5회]

① 동면(冬眠)에 들어가는 수종들은 특히 한해(寒害)에 약하다.
② 이른 서리는 특히 연약한 가지에 많은 피해를 준다.
③ 추위에 의해 나무의 줄기나 껍질이 수선방향으로 갈라지는 현상을 상렬이라 한다.
④ 서리에 의한 피해는 일반적으로 침엽수가 낙엽수보다 강하다.

해설 동면에 들어가는 수목은 휴면 상태이므로 한해에 강하다.

81 상해(霜害)의 피해와 관련된 설명으로 틀린 것은? [2012년도4회]

① 성목보다 유령목에 피해를 받기 쉽다.
② 일차(日差)가 심한 남쪽 경사면 보다 북쪽 경사면이 피해가 심하다.
③ 분지를 이루고 있는 우묵한 지형에 상해가 심하다.
④ 건조한 토양보다 과습한 토양에서 피해가 많다.

해설 상해가 발생하기 쉬운 경우
• 오목한 지형에 있는 수목에서 많이 발생한다.
• 북쪽 경사면보다는 일교차가 심한 남쪽 경사면이 더 많이 발생한다.
• 맑고 바람 없는 날 많이 발생한다.
• 다 자란 수목보다 어린 수목에서 많이 발생한다.
• 건조한 토양보다 과습한 토양에서 많이 발생한다.
• 북서쪽이 터진 곳이나 북서쪽의 경사면, 높은 지역에서 많이 발생한다.

82 이른 봄 늦게 오는 서리로 인한 수목의 피해를 나타내는 것은? [2013년2회]

① 조상(弔喪)   ② 만상(晩霜)
③ 동상(凍傷)   ④ 한상(寒傷)

83 다음 중 멀칭의 기대 효과가 아닌 것은? [2015년4회]

① 표토의 유실을 방지
② 토양의 입단화를 촉진
③ 잡초의 발생을 최소화
④ 유익한 토양미생물의 생장을 억제

해설 멀칭
수피, 낙엽, 볏짚, 풀, 분쇄목 등을 사용하여 토양을 피복 보호해서 식물의 생육을 돕는 역할을 하는 것이다.

정답 ▶ 78. ④ 79. ③ 80. ① 81. ② 82. ② 83. ④

84 분쇄목인 우드칩(wood chip)을 멀칭재료로 사용할 때의 효과가 아닌 것은? [2010년4회]

① 미관효과우수 ② 잡초억제기능
③ 배수억제효과 ④ 토양개량효과

해설 83번 해설 참조

85 가지가 굵어 이미 찢어진 경우에 도복 등의 위험을 방지하고자 하는 방법으로 가장 알맞은 것은? [2014년5회]

① 지주설치
② 쇠조임(당김줄 설치)
③ 외과수술
④ 가지치기

해설 쇠조임은 약한 분지점을 보완하거나 찢어진 곳을 봉합하기 위하여 쇠막대기를 이용하여 수간이나 가지를 관통시켜서 찢어진 가지를 붙들어 매는 작업이다.

86 관수의 효과가 아닌 것은? [2012년5회]

① 지표와 공중의 습도가 높아져 증산량이 증대된다.
② 토양 중의 양분을 용해하고 흡수하여 신진대사를 원활하게 한다.
③ 증산작용으로 인한 잎의 온도 상승을 막고 식물체 온도를 유지한다.
④ 토양의 건조를 막고 생육 환경을 형성하여 나무의 생장을 촉진시킨다.

해설 관수의 효과
- 토양 중의 양분을 용해하고 흡수하여 신진대사를 원활하게 한다.
- 세포액의 팽압에 의해 체형을 유지한다.
- 증산으로 잎의 온도 상승을 막고 수목의 체온을 유지한다.
- 지표와 공중의 습도가 높아져 증발량이 감소한다.
- 토양의 건조를 막고 생육 환경을 좋게 형성하여 수목의 생장을 촉진시킨다.
- 식물체 표면의 오염 물질을 씻어내고 토양중의 염류를 제거한다.

87 일반적으로 수목에 거름을 주는 요령으로 맞는 것은? [2010년2회]

① 유기질 비료는 속효성이므로 덧거름을 준다.
② 밑거름은 늦가을부터 이른 봄 사이에 준다.
③ 효력이 빠른 거름은 3월경 싹이 틀 때, 꽃이 졌을 때, 그리고 열매 따기 전 여름에 준다.
④ 산울타리는 수관선 바깥쪽으로 방사상으로 땅을 파고 거름을 준다.

해설 거름 주는 방법
- 유기질 비료는 효과가 천천히 나타나는 지효성이므로 밑거름으로 준다.
- 밑거름은 1년 1~2회, 낙엽진 후 땅이 얼기 전 늦가을이나 2~3월 땅이 녹은 후에 준다.
- 효과가 빨리 나타나는 덧거름은 싹이 트기 전, 꽃이 피기 전, 꽃눈분화기에 주며, 한여름에는 시비하지 않는다.
- 산울타리는 수관선 바깥쪽으로 선상으로 땅을 파고 거름을 준다.

88 다음 중 시비시기와 관련된 설명 중 틀린 것은? [2015년1회]

① 온대지방에서는 수종에 관계없이 가장 왕성한 생장을 하는 시기가 봄이며, 이 시기에 맞게 비료를 주는 것이 가장 바람직하다.
② 시비효과가 봄에 나타나게 하려면 겨울눈이 트기 4~6주 전인 늦은 겨울이나 이른 봄에 토양에 시비한다.
③ 질소비료를 제외한 다른 대량원소는 연중 필요할 때 시비하면 되고, 미량원소를 토양에 시비할 때에는 가을에 실시한다.
④ 우리나라의 경우 고정생장을 하는 소나무, 전나무, 가문비나무 등은 9~10월보다는 2월에 시비가 적절하다.

정답 84. ③ 85. ② 86. ① 87. ② 88. ④

> **해설** 고정생산은 당해년도 성장분을 전년도 겨울눈에서 미리 준비하기 때문에 가을에 수고생장을 멈추는 생장을 말한다. 즉 고정생장을 하는 나무는 전년도 환경에 영향을 받는다. 봄 일찍 줄기 생장을 끝마치게 되고 생장량이 적다. 적송, 잣나무, 가문비나무, 솔송나무, 너도밤나무, 참나무 등이 해당된다. 고정생장 수종은 가을철에 시비를 하여 겨울 동해를 예방할 수 있다.

89 조경수목에 유기질 거름을 주는 방법으로 틀린 것은? [2011년5회]

① 거름을 주는 양은 식물의 종류와 크기, 그 곳의 기후와 토질, 생육기간에 따라 각기 다르므로 자라는 상태를 보고 정한다.
② 거름 주는 시기는 낙엽이 진 후 땅이 얼기 전 늦가을에 실시하는 것이 가장 효과적이다.
③ 약간 덜 썩은 유기질 거름은 지속적으로 나무뿌리에 양분을 공급함으로 중간 정도 썩은 것을 사용한다.
④ 나무에 따라 거름 줄 위치를 정한 후 수관선을 따라 나비 20~30cm, 깊이 20~30cm 정도가 되도록 구덩이를 판다.

> **해설** 유기질 거름은 완전히 썩은 것을 사용해야 한다.

90 비료의 3요소가 아닌 것은? [2013년1회]

① 칼슘(Ca) ② 칼륨(K)
③ 인산(P)   ④ 질소(N)

> **해설** 비료의 3요소
> • 질소(N), 인산(P), 칼륨(K)
> 비료의 4요소
> • 질소(N), 인산(P), 칼륨(K), 칼슘(Ca)

91 다음 중 비료의 3요소에 해당하지 않는 것은? [2014년5회]

① N ② K
③ P ④ Mg

> **해설** 90번 해설 참조

92 식물의 생육에 필요한 필수 원소 중 다량원소가 아닌 것은? [2010년2회]

① Mg ② H
③ Ca ④ Fe

> **해설** 생육에 필요한 필수원소
> • 다량원소(9개) : 수소(H), 탄소(C), 산소(O), 질소(N), 인(P), 칼륨(K), 칼슘(Ca), 마그네슘(Mg), 황(S)
> • 미량원소(7개) : 철(Fe), 망간(Mn), 붕소(B), 구리(Cu), 몰리브덴(Mo), 염소(Cl), 아연(Zn)

93 수목의 필수원소 중 다량원소에 해당하지 않는 것은? [2015년1회]

① H   ② K
③ Cl ④ C

> **해설** 92번 해설 참조

94 다음 중 식물체의 생리기능을 돕는 미량원소가 아닌 것은? [2010년5회]

① Mn ② Zn
③ Fe ④ Ng

> **해설** 92번 해설 참조

95 식물이 필요로 하는 양분요소 중 미량원소로 옳은 것은? [2014년4회]

① O   ② K
③ Fe ④ S

> **해설** 92번 해설 참조

96 질소와 칼륨 비료의 효과로 부적합한 것은? [2010년1회]

① N : 개화 촉진

정답 89. ③ 90. ① 91. ④ 92. ④ 93. ③ 94. ④ 95. ③ 96. ①

② N : 수목 생장 촉진
③ K : 뿌리, 가지 생육촉진
④ K : 각종 저항성촉진

해설 양분의 역할
- N : 왕성한 영양생장, 뿌리, 잎, 줄기 등 수목 생장에 도움
- P : 새로운 눈이나 조직, 종자에 많이 함유, 조직을 튼튼히 함, 세포분열 촉진함
- K : 생장이 왕성한 부분에 많이 함유, 뿌리나 가지 생육 촉진, 병해, 서리 한발에 대한 저항성 증가

97 세포분열을 촉진하여 식물체의 각 기관들의 수를 증가, 특히 꽃과 열매를 많이 달리게 하고, 뿌리의 발육, 녹말생산, 엽록소의 기능을 높이는데 관여하는 영양소는? [2010년4회]

① N　　　　② P
③ K　　　　④ ca

해설 96번 해설 참조

98 양분결핍 현상이 생육초기에 일어나기 쉬우며, 새잎에 황화 현상이 나타나고 엽맥 사이가 비단무늬 모양으로 되는 결핍 원소는?
[2013년4회]

① Cu　　　② Mn
③ Zn　　　④ Fe

해설 결핍증상
- Fe(철) : 어린잎에 엽맥만 남기고 황백화되며 심한 경우 엽맥도 연두색으로 변한다. 체내 이동성이 낮아서 결핍증은 생장점 가까운 부위부터 발생한다.
- Cu(구리) : 생장이 억제되고, 어린잎이 비틀리며, 정단분열조직이 괴사되는 증상을 보인다. 백화현상이 오래된 잎에서 새로운 잎으로 퍼진다.
- Mn(망간) : 황색반점이 생기며, 엽맥은 황색과 녹색 그물모양을 형성한다.
- Zn(아연) : 엽맥 사이의 퇴색이 진행되면서 점차 잎 가장자리는 황화하고 갈변하며, 잎이 외측을 향해 조금씩 말리게 된다.

99 비료는 화학적 반응을 통해 산성비료, 중성비료, 염기성비료로 분류되는데, 다음 중 산성비료에 해당하는 것은? [2011년1회]

① 요소　　　　② 용성인비
③ 황산암모늄　　④ 과인산석회

해설 생리적 반응에 의한 비료의 분류
- 비료가 물에 녹았을 때의 고유의 성분이 아니라 식물 뿌리의 흡수 작용 또는 미생물 작용을 받은 뒤에 토양에 잔존하는 성분에 의해 나타나는 산도
- 산성 비료 : 황산암모늄, 염화암모늄, 황산칼륨, 염화칼륨 등
- 중성 비료 : 과인산석회, 중과인산석회, 요소, 석회질소 등
- 염기성 비료 : 용성인비 등

100 다음 중 생리적 산성비료는? [2015년2회]

① 요소　　　　② 용성인비
③ 석회질소　　　④ 황산암모늄

해설 99번 해설 참조

101 잔디의 생육상태가 쇠약하고, 잎이 누렇게 변할 때에는 어떤 비료를 주는 것이 가장 효과적인가? [2010년2회]

① 과인산석회　　② 요소
③ 용성인비　　　④ 염화칼륨

해설 비료 성분
- 질소(N) : 생장, 밀도 등 잔디의 품질에 지대한 영향을 미친다. 질소가 결핍되면 생장이 느리고 생산력이 떨어진다. 식물체가 황화현상이 발생하며 엽색이 누렇게 되는 경우가 많다. → 요소
- 인산(P) : 뿌리끝, 어린잎 등 생장 기능이 활발한 부분에 많이 집적되어 있다. 결핍되면 생장이 느리고 조직이 연약해지기 쉽다. → 용성인비
- 칼륨(K) : 뿌리나 가지 생육을 촉진하고 병해, 서리 한발에 대한 저항성을 증가시킨다. 칼륨의 결핍은 마디 사이가 짧아지고 잎 끝부분이 괴사한다. → 염화칼륨
- 칼슘(Ca) : 잎을 강건하게 만들며 잎에 많이 존재하며 뿌리 끝의 발육에 필수적이다. 결핍증은 어린

정답 97. ② 98. ④ 99. ③ 100. ④ 101. ②

잎에서 먼저 발생하면서 부정형의 흰색 반점이 다량 발생하면서 괴사한다. → 과인산석회

102 식물의 아래 잎에서 황화현상이 일어나고 심하면 잎 전면에 나타나며, 잎이 작지만 잎수가 감소하며 초본류의 초장이 작아지고 조기 낙엽이 비료 결핍의 원인이라면 어느 비료 요소와 관련된 설명인가? [2014년4회]

① P   ② N
③ Mg   ④ K

> **해설** 질소질 비료(N)
> • 역할 : 왕성한 영양생장, 뿌리, 잎, 줄기 등 수목 생장에 도움을 준다.
> • 결핍현상 : 잎이 황록색으로 변함. 잎 수가 적어지고 두꺼워지며 조기에 낙엽이 된다.

103 과다 사용 시 병에 대한 저항력을 감소시키므로 특히 토양의 비배관리에 주의해야 하는 무기성분은? [2014년5회]

① 질소   ② 규산
③ 칼륨   ④ 인산

> **해설** 101번 해설 참조

104 다음 복합비료 중 주성분 함량이 가장 많은 비료는? [2015년4회]

① 21-21-17   ② 11-21-11
③ 18-18-18   ④ 0-40-10

> **해설** 복합비료의 표시
> 질소-인산-칼륨의 성분으로 표시한다.

105 복합비료의 표시가 21-17-18 일 때 설명으로 옳은 것은? [2011년5회]

① 칼륨 21%, 인산 17%, 질소 18%
② 질소 21%, 인산 17%, 칼륨 18%
③ 인산 21%, 질소 17%, 칼륨 18%
④ 인산 21%, 칼륨 17%, 질소 18%

> **해설** 104번 해설 참조

106 다음 복합비료 중 주성분 함량이 가장 많은 비료는? [2013년2회]

① 0-40-10   ② 11-21-11
③ 18-18-18   ④ 21-21-217

> **해설** 104번 해설 참조

107 일반적인 식물 간 양료 요구도(비옥도)가 높은 것부터 차례로 나열 된 것은? [2015년1회]

① 활엽수 > 유실수 > 소나무류 > 침엽수
② 유실수 > 침엽수 > 활엽수 > 소나무류
③ 유실수 > 활엽수 > 침엽수 > 소나무류
④ 소나무류 > 침엽수 > 유실수 > 활엽수

> **해설** 열매가 많이 달리고, 잎의 크기가 클수록 양분의 이용도가 크다.

108 조경수목에 공급하는 속효성 비료에 대한 설명으로 틀린 것은? [2016년1회]

① 대부분의 화학비료가 해당된다.
② 늦가을에서 이른 봄 사이에 준다.
③ 시비 후 5~7일 정도면 바로 비효가 나타난다.
④ 강우가 많은 지역과 잦은 시기에는 유실 정도가 빠르다.

> **해설** 속효성 비료는 덧거름으로 주며 생육 상태가 나쁜 경우와 개화·결실 후 수목의 수세를 회복시킬 경우에 준다.

109 다음 중 질소질 속효성 비료로서 주로 덧거름으로 쓰이는 비료는? [2011년4회]

① 생석회   ② 깻묵
③ 황산암모늄 ④ 두엄

정답 102. ② 103. ① 104. ① 105. ② 106. ④ 107. ③ 108. ② 109. ③

해설 **무기질 비료의 종류**
- 질소질 비료 : 황산암모늄, 요소, 질산암모늄, 석회질소
- 인산질 비료 : 과린산석회, 중과린산석회, 용성인비, 용과린
- 칼리질 비료 : 염화칼륨, 황산칼륨
- 석회질 비료 : 생석회, 소석회, 탄산석회, 황산석회

110 다음 중 정원수의 덧거름으로 가장 적합한 것은? [2012년도4회]

① 두엄   ② 생석회
③ 요소   ④ 쌀겨

해설 덧거름으로는 질소질 비료를 사용한다.
밑거름으로는 유기질 비료, 인산질 비료를 사용한다.
유기질 비료에는 두엄, 생석회, 쌀겨 등이 있다.

111 조경 수목에 거름 주는 방법 중 윤상 거름주기 방법으로 옳은 것은? [2011년4회]

① 수목의 밑동부터 일정한 간격을 두고 도랑처럼 길게 구덩이를 파서 거름 주는 방식이다.
② 수목의 밑동으로부터 밖으로 방사상 모양으로 땅을 파고 거름을 주는 방식이다.
③ 수관폭을 형성하는 가지 끝 아래의 수관선을 기준으로 환상으로 둥글게 하고 거름 주는 방식이다.
④ 수관선상에 구멍을 군데군데 뚫고 거름 주는 방식으로 주로 액비를 비탈면에 줄 때 적용한다.

해설 **거름 주는 방법**
- 전면 시비 : 토양 표면에 비료를 깔고 갈아엎어줌
- 윤상 시비 : 수관 외주선의 지상 투영 부분에 도랑을 파서 시비
- 격윤상 시비 : 일정한 간격으로 거름을 주는 방법, 다음 해에는 구덩이 위치 변경
- 방사상 시비 : 수목의 밑동으로부터 밖으로 방사상 모양으로 땅을 파서 시비
- 선상 시비 : 산울타리 시비 시 울타리 옆을 따라 길게 구덩이를 파서 시비

112 산울타리처럼 수목이 대상으로 군식되었을 때 거름 주는 방법으로 가장 적당한 것은? [2012년2회]

① 전면 거름주기   ② 방사상 거름주기
③ 천공 거름주기   ④ 선상 거름주기

해설 111번 해설 참조

113 산울타리처럼 수목이 대상으로 군식되었을 때 거름 주는 방법으로 적당한 것은? [2013년2회]

① 선상거름주기   ② 방사상 거름주기
③ 전면거름주기   ④ 천공거름주기

해설 111번 해설 참조

114 토양 및 수목에 양분을 처리하는 방법의 특징 설명이 틀린 것은? [2015년5회]

① 액비관주는 양분흡수가 빠르다.
② 수간주입은 나무에 손상이 생긴다.
③ 엽면시비는 뿌리 발육 불량 지역에 효과적이다.
④ 천공시비는 비료 과다투입에 따른 염류 장해발생 가능성이 없다.

해설 **천공시비**
수관선상에 깊이 20cm 정도의 구멍을 군데군데 뚫고 거름을 주는 방법이다.

115 수목에 영양공급 시 그 효과가 가장 빨리 나타나는 것은? [2013년2회]

① 엽면시비   ② 유기물시비
③ 토양천공시비   ④ 수간주사

해설 **엽면시비**
물에 희석하여 직접 잎에 살포하며 미량 원소 부족 시 효과가 빠르다. 묽은 농도로 희석하여 쾌청한 날 아침이나 저녁에 살포한다.

정답 110. ③ 111. ③ 112. ④ 113. ① 114. ④ 115. ①

CHAPTER 04 조경관리 기출문제

116 도시공원 녹지 중 수림지 관리에서 그 필요성이 가장 떨어지는 것은? [2016년2회]
① 시비(施肥)   ② 하예(下刈)
③ 제벌(除伐)   ④ 병충해 방제

해설
- 하예 : 식재한 묘목의 생육을 방해하는 잡초목을 자르는 작업
- 제벌 : 산림에서 불필요한 수종을 제거하는 작업

117 수목 외과수술의 시공 순서로 옳은 것은? [2014년4회]

┌─────────────────────────────┐
│ ㉠ 동공 가장자리의 형성층 노출   │
│ ㉡ 부패부 제거   │
│ ㉢ 표면경화처리   │
│ ㉣ 동공충진   │
│ ㉤ 방수처리   │
│ ㉥ 인공수피 처리   │
│ ㉦ 소독 및 방부처리   │
└─────────────────────────────┘

① ㉠-㉥-㉡-㉢-㉣-㉤-㉦
② ㉡-㉦-㉠-㉥-㉣-㉢-㉣
③ ㉠-㉡-㉢-㉣-㉤-㉥-㉦
④ ㉡-㉠-㉦-㉣-㉤-㉢-㉥

해설 **수목 외과수술 시공 순서**
부패부 제거→동공다듬기→소독 및 방부처리→동공충전→방수처리→표면경화처리→인공수피처리

118 수목 동공의 외과수술 순서로 가장 적절한 것은? [2011년5회]
① 부패부 제거 → 동공 가장자리의 형성층 노출 → 방수처리 → 동공충전 → 표면경화 처리 → 소독 및 방부처리 → 인공수피 처리
② 부패부 제거 → 동공 가장자리의 형성층 노출 → 소독 및 방부처리 → 동공충전 → 방수처리 → 표면경화 처리 → 인공수피 처리
③ 부패부 제거 → 소독 및 방부처리 → 동공 가장자리의 형성층 노출 → 방수처리 → 동공충전 → 표면경화 처리 → 인공수피 처리
④ 부패부 제거 → 동공 가장자리의 형성층 노출 → 동공충전 → 방수처리 → 소독 및 방부처리 → 표면경화 처리 → 인공수피 처리

119 다음 수목의 외과 수술용 재료 중 동공 충전물의 재료로 가장 부적합한 것은? [2013년2회]
① 에폭시 수지
② 불포화 폴리에스테르 수지
③ 우레탄 고무
④ 콜타르

120 수목 줄기의 썩은 부분을 도려내고 구멍에 충진 수술을 하고자 할 때 가장 효과적인 시기는? [2011년4회]
① 1~3월   ② 5~8월
③ 10~12월   ④ 시기는 상관없다.

해설 수목의 외과 수술은 수목의 생장이 왕성하여 유합 조직의 형성이 잘되는 5~8월에 실시한다.

121 수간에 약액 주입 시 구멍 뚫는 각도로 가장 적절한 것은? [2013년1회]
① 수평   ② 0~10°
③ 20~30°   ④ 50~60°

정답 116. ① 117. ④ 118. ② 119. ④ 120. ② 121. ③

잔디 및 초화류 관리

122 잔디밭 관리에 대한 설명으로 옳은 것은?
[2010년1회]

① 1년에 1~3회만 깎아준다.
② 질소질 비료의 과용은 붉은녹병을 유발한다.
③ 겨울철에 뗏밥을 준다.
④ 여름철 물주기는 한낮에 한다.

해설 잔디밭 깎는 횟수는 정원 및 공원의 경우에도 월 1~2회 정도여야 하며, 뗏밥 주는 시기는 잔디 생육이 가장 왕성한 시기에 실시함(난지형 잔디 6~8월 각 1회씩 총 3회, 한지형 잔디 이른 봄, 가을), 여름철 관수는 저녁이나 야간, 겨울은 오전 중에 실시함.

123 골프장의 잔디밭에 뗏밥 넣기의 두께로 가장 적당한 것은?
[2010년2회]

① 0.1~0.2cm   ② 0.3~0.7cm
③ 1.0~1.5cm   ④ 1.6~2.5cm

해설 잔디밭 뗏밥 넣기 두께
- 일반적으로 0.2~0.4cm
- 가정 정원 0.5~1cm
- 골프장 0.3~0.7cm

124 잔디깎기의 목적으로 옳지 않은 것은?
[2015년5회]

① 잡초 방제   ② 이용 편리 도모
③ 병충해 방지 ④ 잔디의 분얼억제

해설 잔디깎기는 잔디의 분얼을 촉진한다.

125 잔디깎기의 설명이 잘못된 것은?
[2010년1회]

① 일정한 주기로 깎아준다.
② 잘려진 잎은 한곳에 모아서 버린다.
③ 가뭄이 계속 될 때는 짧게 깎아준다.
④ 일반적으로 난지형 잔디는 고온기에 잘 자라므로 여름에 자주 깎아 주어야 한다.

해설 잔디깎기
- 시기 : 한국 잔디(난지형 잔디) 6~8월, 서양 잔디(한지형 잔디) 5,6월과 9,10월
- 깎은 잔디는 곧바로 빗자루와 레이크를 이용하여 제거한다.
- 장기 가뭄이 지속될 경우 수분스트레스를 최소화하기 위하여 깎기 높이를 상향 조정한다. 깎는 높이가 낮을 경우에는 토양 표면의 증발량이 증가하게 되고 뿌리가 작아짐으로써 유효수분량이 줄어들어 관수량이 늘어나게 된다.
- 난지형 잔디는 7~8월 고온기에 생육이 잘되므로 월 2~3회 깎아준다.(5~6월에는 월 1~2회 깎아줌)

126 일반적인 주택정원의 잔디 깎는 높이로 가장 적합한 것은?
[2011년5회]

① 1~5mm   ② 5~15mm
③ 15~25mm ④ 25~40mm

해설 잔디 깎는 높이
- 골프장 그린 : 10mm 이하
- 골프장 티 : 10~12mm
- 골프장 퍼어웨이 : 20~25mm
- 골프장 러프 : 45~50mm
- 정원 및 공원 : 25~40mm

127 비탈면의 잔디를 기계로 깎으려면 비탈면의 경사가 어느 정도보다 완만하여야 하는가?
[2016년1회]

① 1 : 1보다 완만해야한다.
② 1 : 2보다 완만해야한다.
③ 1 : 3보다 완만해야한다.
④ 경사에 상관없다.

128 예불기(예취기) 작업 시 작업자 상호 간의 최소 안전거리는 몇 m 이상이 적합한가?
[2016년2회]

① 4m   ② 6m
③ 8m   ④ 10m

정답 122. ② 123. ② 124. ④ 125. ③ 126. ④ 127. ③ 128. ④

129 잔디밭의 관수시간으로 가장 적당한 것은?
　　　　　　　　　　　　　　　　　[2012년도4회]
① 오후 2시 경에 실시하는 것이 좋다.
② 정오경에 실시하는 것이 좋다.
③ 오후 6시 이후 저녁이나 일출 전에 한다.
④ 아무 때나 잔디가 타면 관수한다.

해설 잔디의 관수는 이른 오전이나 저녁에 주고, 한낮은 피한다.

130 골프장 잔디의 거름주기 요령으로 옳지 않은 것은?
　　　　　　　　　　　　　　　　　[2010년5회]
① 시비 시기는 잔디에 따라 다르지만 대체적으로 생육량이 늘어나기 시작할 때, 즉 생육이 앞으로 예상 때 비료를 주는 것이 원칙이다.
② 일반적으로 관리가 잘 된 기존 골프장의 경우 질소, 인산, 칼륨의 비율을 5 : 2 : 1 정도로 하여 시비할 것을 권장하고 있다.
③ 비배관리 시 다른 모든 요소가 충분히 있어도 한 요소가 부족하면 식물생육은 부족한 원소에 지배를 받는다.
④ 한국잔디의 경우에는 보통 5~8월에 집중적인 시비를 실시한다.

해설 일반적으로 잔디의 시비는 N : P : K = 3 : 1 : 2가 적당하다.

131 다음 중 들잔디의 관리 설명으로 옳지 않은 것은?
　　　　　　　　　　　　　　　　　[2013년1회]
① 해충은 황금충류가 가장 큰 피해를 준다.
② 들잔디의 깎기 높이는 2~3cm로 한다.
③ 뗏밥은 초겨울 또는 해동이 되는 이른 봄에 준다.
④ 병은 녹병의 발생이 많다.

해설 잔디의 뗏밥주기
잔디 생육이 가장 왕성한 시기에 실시한다. 난지형 잔디의 경우 5~7월에 각 1회씩 총3회, 한지형 잔디는 이른 봄, 가을에 실시한다.

132 난지형 잔디에 뗏밥을 주는 가장 적합한 시기는?
　　　　　　　　　　　　　　　　　[2013년4회]
① 3~4월　　② 5~7월
③ 9~10월　　④ 11~1월

해설 잔디의 뗏밥주기
잔디 생육이 가장 왕성한 시기에 실시한다. 난지형 잔디의 경우 5~7월에 각 1회씩 총3회, 한지형 잔디는 이른 봄, 가을에 실시한다.

133 다져진 잔디밭에 공기 유통이 잘되도록 구멍을 뚫는 기계는?
　　　　　　　　　　　　　　　　　[2013년1회]
① 론 모우어(lawn mower)
② 론 스파이크(lawn spike)
③ 레이크(rake)
④ 소드 바운드(sod bound)

해설 통기작업
• 스파이킹 : 끝이 뾰족한 못과 같은 장비로 구멍을 내는 것
• 론 모우어 : 잔디 깎는 기계
• 소드 바운드 : 잔디의 썩지 않은 뿌리가 겹쳐 스폰지와 같은 층을 이루고 있는 것

134 다음 중 잔디에 가장 많이 발생하는 병과 그에 따른 방제법이 맞는 것은?　[2011년2회]
① 흰가루병 : 디코플수화제(5%) 살포
② 근부병 : 다이아지논분제 살포
③ 녹병 : 헥사코나졸수화제(5%) 살포
④ 엽진병 : 다이아지논유제 살포

해설 잔디의 주요 병해
라지패치, 춘고병, 녹병, 탄저병, 브라운패치 등

135 잔디의 잎에 갈색 병반이 동그랗게 생기고, 특히 6~9월경에 벤트그래스에 주로 나타나는 병해는?
　　　　　　　　　　　　　　　　　[2013년5회]

① 녹병　　② 브라운패치
③ 황화병　　④ 설부병

> [해설] **브라운패치**
> - 여름 고온 다습 시 발생하고 1m 정도의 원형 및 부정형 황갈색 병반이 나타난다.
> - 토양전염, 전파력이 매우 빠르다.

136 다음 중 한국 잔디류에 가장 많이 발생하는 병은?　　[2015년1회]

① 녹병　　② 탄저병
③ 설부병　　④ 브라운 패치

> [해설] 135번 해설 참조

137 잔디의 병해 중 녹병의 방제약으로 옳은 것은?　　[2016년2회]

① 파이토플라즈마(수)
② 테부코나졸(유)
③ 에마멕틴벤조에이트(유)
④ 글루포시네이트암모늄(액)

> [해설] **잔디 녹병 방제약**
> 석회황합제, 지네므제, 디니코나졸수화제, 테부코나졸(유) 등이다.

138 잔디재배 관리방법 중 칼로 토양을 베어주는 작업으로, 잔디의 포복경 및 지하경도 잘라주는 효과가 있으며 레노베이어, 론에어 등의 장비가 사용되는 작업은?　　[2015년4회]

① 스파이킹　　② 롤링
③ 버티컬 모잉　　④ 슬라이싱

> [해설] **잔디 통기 작업**
> - 코링 : 단단해진 토양을 지름 0.5~2mm 정도의 원통형 모양을 2~5cm 깊이로 제거함
> - 슬라이싱 : 칼로 토양을 절단나는 작업으로 잔디의 밀도를 높임
> - 스파이킹 : 끝이 뾰족한 못과 같은 장비로 구멍을 내는 것
> - 버티컬모잉 : 빽빽하게 자란 잔디의 밀도를 줄여주는 것

139 다음 중 잡초의 특성으로 옳지 않은 것은?　　[2014년1회]

① 재생 능력이 강하고 번식 능력이 크다.
② 종자의 휴면성이 강하고 수명이 길다.
③ 생육 환경에 대하여 적응성이 작다.
④ 땅을 가리지 않고 흡비력이 강하다.

> [해설] **잡초의 특성**
> - 생육 환경에 대하여 적응성이 크다.
> - 재생 능력이 강하고 번식 능력이 크다.
> - 잡초 종자는 주로 광발아성으로 땅 위로 올라와야 발아할 수 있고 발생기간이 길다.
> - 땅을 가리지 않으며 흡비력이 강하다.
> - 밀생하는 성질이 있으며 한곳에 모여서 산다.

140 다음 중 일년생 광엽 잡초로 논 잡초로 많이 발생할 경우는 기계수확이 곤란하고 줄기기부가 비스듬히 땅을 기며 뿌리가 내리는 잡초는?　　[2013년1회]

① 가막사리　　② 사마귀풀
③ 메꽃　　④ 한련초

> [해설] **사마귀풀**
> 사마귀풀은 연못, 냇가 등 습지에서 자란다. 줄기의 땅을 기는 부분에서는 마디마다 수염뿌리가 돋는다. 논 잡초로서 종자로 번식하며 줄기의 재생력이 강하여 제초 시 줄기가 남아 있으면 마디로부터 뿌리가 내려 재생한다.

141 다음 중 밭에 많이 발행하여 우생하는 잡초는?　　[2013년4회]

① 올미　　② 바랭이
③ 가래　　④ 너도방동사니

> [해설] **논이나 습지에서 사는 잡초**
> 올미, 가래, 너도방동사니

정답　136. ①　137. ②　138. ④　139. ③　140. ②　141. ②

142 계절적 휴면형 잡초 종자의 감응 조건으로 가장 적합한 것은? [2011년4회]

① 온도　② 일장
③ 습도　④ 광도

해설　잡초는 광 발아성 종자로서 잡초종자가 땅속 깊이 묻히면 장기간 휴면상태로 지내다가 흙이 파헤쳐져 종자가 지표 가까이 나오면 종자가 광에 감응하여 발아가 시작된다.

143 작물-잡초 간의 경합에 있어서 임계 경합기간(critical period of competition)이란? [2012년도4회]

① 작물이 경합에 가장 민감한 시기
② 잡초가 경합에 가장 민감한 시기
③ 경합이 끝나는 시기
④ 경합이 시작되는 시기

144 주로 종자에 의하여 번식되는 잡초는? [2012년도4회]

① 피　② 너도방동사니
③ 올미　④ 가래

해설　잡초의 종류
- 피 : 벼과에 속하는 일년생 초본식물로 종자로 번식한다.
- 너도방동사니 : 지하경이 길게 뻗는다. 개화 후에 지하경 끝에 괴경을 발달시켜 월동한다.
- 올미 : 땅 속으로 달리는 줄기를 뻗으며, 덩이줄기에서 모내기철에 발아한다.
- 가래 : 뿌리줄기로부터 가느다란 비늘줄기가 나와 낱개로 떨어지면서 다시 생장한다.

잡초의 번식
- 종자번식 잡초 : 피, 바랭이, 뚝새풀 등
- 영양번식 잡초 : 미나리, 올방개, 가래 등
- 종자 및 영양번식 잡초 : 올미, 산딸기, 너도방동사니 등

145 다음 중 가뭄에 잔디보다 강하며, 토양산도의 영향이 적어 잔디밭에 발생되는 잡초는? [2010년2회]

① 쑥　② 매자기
③ 벗풀　④ 마디꽃

해설　잡초의 서식처
- 얕은 물이나 습지, 논 : 매자기, 벗풀, 마디꽃, 뚝새풀, 물달개비, 가막사리, 가래 등
- 쑥은 밭, 길가, 황무지, 양지 등에서 서식하고, 여러해살이 식물로 땅속줄기를 길게 뻗으며 가뭄에도 죽지 않고 살아 남기위해 습기를 찾아 땅속 깊숙이 파고 들어가는 구조이기 때문에, 말라죽지 않고 생존할 수 있다.

병충해 관리

146 식물병의 발병에 관여하는 3대 요인과 가장 거리가 먼 것은? [2011년4회]

① 일조부족
② 병원체의 밀도
③ 야생동물의 가해
④ 기주식물의 감수성

해설　식물병의 발병 요인
식물, 병원균, 환경

147 병의 발생에 필요한 3가지 요인을 정량화하여 삼각형의 각 변으로 표시하고 이들 상호관계에 의한 삼각형의 면적을 발병량으로 나타내는 것을 병삼각형이라 한다. 여기에 포함되지 않는 것은? [2015년1회]

① 병원체　② 환경
③ 기주　④ 저항성

해설　146번 해설 참조

148 코흐의 4원칙에 대한 설명 중 잘못된 것은? [2015년5회]

① 미생물은 반드시 환부에 존재해야 한다.

정답　142. ②　143. ①　144. ①　145. ①　146. ③　147. ④　148. ④

② 미생물은 분리되어 배지상에서 순수 배양되어야 한다.
③ 순수 배양한 미생물은 접종하여 동일한 병이 발생되어야 한다.
④ 발병한 피해부에서 접종에 사용한 미생물과 동일한 성질을 가진 미생물이 반드시 재분리 될 필요는 없다.

해설 코흐의 4원칙
- 병든 생물체에 병원체로 의심되는 특정 미생물이 존재해야 한다.
- 그 미생물은 기주생물로부터 분리되어 배지에서 순수배양 되어야 한다.
- 순수 배양한 미생물을 동일 기주에 접종하였을 때 동일한 병이 발생되어야 한다.
- 병든 생물체로부터 접종할 때 사용하였던 미생물과 동일한 특성의 미생물이 재분리 배양되어야 한다.

149 식물명에 대한 『코흐의 원칙』의 설명으로 틀린 것은? [2015년4회]
① 병든 생물체에 병원체로 의심되는 특정 미생물이 존재해야 한다.
② 그 미생물은 기주생물로부터 분리되고 배지에서 순수배양 되어야 한다.
③ 순수배양한 미생물을 동일 기주에 접종하였을 때 동일한 병이 발생되어야 한다.
④ 병든 생물체로부터 접종할 때 사용하였던 미생물과 동일한 특성의 미생물이 재분리되지만 배양은 되지 않아야 한다.

해설 148번 해설 참조

150 오늘날 세계 3대 수목병에 속하지 않는 것은? [2012년1회]
① 잣나무 털녹병
② 소나무류 리지나뿌리썩음병
③ 느릅나무 시들음병
④ 밤나무 줄기마름병

해설 세계 3대 수목병
잣나무 털녹병, 느릅나무 시들음병, 밤나무 줄기마름병

151 다음 설명과 관련이 있는 잔디의 병은? [2010년4회]

- 17~22℃ 정도의 기온에서 습윤 시 잘 발생
- 질소질 비료 성분이 부족한 지역에서 발생하기 쉬움
- 담자균류에 속하는 곰팡이로서 년 2회 발생
- 디니코나졸수화제를 살포하여 방제

① 흰가루병 ② 그을음병
③ 잎마름병 ④ 녹병

해설
- 잔디의 주요 병해 : 라지패치, 춘고병, 녹병, 탄저병, 브라운패치 등
- 녹병 : 5~6월, 9~10월에 발병한다. 배수가 불량하거나 그늘지고 습한 조건, 질소질 비료 성분이 부족한 지역에서 발생한다. 잎에 황색 반점과 가루가 발생하는 증상을 보인다.

152 식물의 주요한 표징 중 병원체의 영양기관에 의한 것이 아닌 것은? [2015년1회]
① 균사 ② 균핵
③ 포자 ④ 자좌

해설 표징이란 병원체가 병든 식물의 표면에 나타나 눈으로 가려낼 수 있을 때를 말하며, 병원체 영양기관에는 균사체, 균사속, 균핵, 자좌가 있다. 포자는 병원체 생식기관이다.

153 이종기생균이 그 생활사를 완성하기 위하여 기주를 바꾸는 것을 무엇이라고 하는가? [2014년5회]

① 기주교대
② 중간기주
③ 이종기생
④ 공생교환

정답 149. ④ 150. ② 151. ④ 152. ③ 153. ①

154 1차 전염원이 아닌 것은? [2016년4회]
① 균핵   ② 분생포자
③ 난포자   ④ 균사속

155 곰팡이가 식물에 침입하는 방법은 직접침입, 연개구로 침입, 상처침입으로 구분할 수 있다. 다음 중 직접침입이 아닌 것은?
[2016년1회]
① 피목 침입
② 흡기로 침입
③ 세포 간 균사로 침입
④ 흡기를 가진 세포 간 균사로 침입

해설 **곰팡이가 식물에 침입하는 방법**
- 직접적인 침입 : 흡기로 침입, 각피 아래만 침입, 세포 간 균사로 침입, 흡기를 가진 세포 간 균사로 침입
- 자연개구를 통한 침입 : 기공 침입, 피목 침입, 수공 침입
- 상처를 통한 침입 : 상처 침입, 주근과 측근 사이의 균열을 통한 침입

156 오동나무 탄저병에 대한 설명으로 옳은 것은? [2010년1회]
① 주로 뿌리에 발생하여 뿌리를 썩게 한다.
② 주로 열매에 많이 발생한다.
③ 담자균이 균사상태로 줄기에서 월동한다.
④ 주로 묘목의 줄기와 잎에 발생한다.

해설 **탄저병**
- 피해수종 : 오동나무, 호두나무, 물푸레나무, 감나무, 대추나무 등
- 병징 : 5~6월경 잎맥, 잎자루, 어린 줄기에 담갈색 또는 회갈색 둥근 점무늬가 형성됨

157 사철나무 탄저병에 관한 설명으로 틀린 것은? [2013년4회]
① 상습발생지에서는 병든 잎을 모아 태우거나 땅 속에 묻고, 6월경부터 살균제를 3~4회 살포한다.
② 관리가 부실한 나무에서 많이 발생하므로 겨름주기와 가지치기 등의 관리를 철저히 하면 문제가 없다.
③ 흔히 그을음병과 같이 발생하는 경향이 있으며 병징도 혼동될 때가 있다.
④ 잎에 크고 작은 점무늬가 생기고 차츰 움푹 들어가면서 진전되므로 지저분한 느낌을 준다.

해설 **사철나무 탄저병**
- 5~6월경 잎맥, 잎자루, 어린 줄기에 담갈색 또는 회갈색의 둥근 점무늬가 형성된다.
- 병엽 소각, 해충 구제, 비배 관리를 철저히 한다.
- 만코지 수화제 500배액을 6월에 10일 간격으로 살포한다.

158 수목의 흰가루병은 가을이 되면 병환부에 흰 가루가 섞여서 미세한 흑색의 알맹이가 다수 형성되는데 다음 중 이것을 무엇이라 하는가? [2011년1회]
① 균사(菌絲)
② 자낭구(子囊球)
③ 분생자병(分生子柄)
④ 분생포자(分生胞子)

해설 **흰가루병 병상**
- 잎에 흰 곰팡이 형성, 광합성을 방해, 미적 가치를 크게 해친다.
- 자낭균에 의한 병으로 활엽수에 광범위하게 퍼진다.
- 주야의 온도차가 크고, 기온이 높고 습기가 많으면서 통풍이 불량한 경우에 신초부위에서 발생한다.

159 수목에 치명적인 병은 아니지만 발생하면 생육이 위축되고 외관이 나쁘게 되는 병으로 장미, 단풍나무, 배롱나무, 벚나무 등에 많이 발생하며, 병든 낙엽을 모아 태우거나 땅속에 묻음으로써 전염원을 차단하는 것이 필수적이며, 통기불량, 일조부족, 질소과다 등이 발병유인인 병은? [2011년5회]
① 흰가루병   ② 녹병

정답 154. ② 155. ① 156. ④ 157. ③ 158. ② 159. ①

③ 빗자루병　　④ 그을음병

해설 158번 해설 참조

160 대추나무 빗자루병에 대한 설명으로 틀린 것은?
[2016년4회]

① 마름무늬매미충에 의하여 매개 전염된다.
② 각종 상처, 기공 등의 자연개구를 통하여 침입한다.
③ 잔가지와 황록색의 아주 작은 잎이 밀생하고, 꽃봉오리가 잎으로 변화된다.
④ 전염된 나무는 옥시테트라사이클린 항생제를 수간주입 한다.

해설 파이토플라즈마에 의해 발생된다.

161 흰가루병의 방제 방법으로 옳은 것은?
[2017년 2회]

① 토양을 건조시킨다.
② 진딧물을 제거한다.
③ 병든 낙엽을 모아 태우거나 땅속에 묻는다.
④ 캡탄 같은 곰팡이 제거제를 토양에 살포한다.

해설 **흰가루병 방제 방법**
- 일광 및 통풍을 좋게 한다.
- 석회황합제 살포, 여름엔 수화제(파이토플라즈마, 지오판, 베노밀), 2주 간격으로 살포한다.
- 4-4식 보르도액, 병든 가지는 태우거나 땅 속에 묻어서 전염원을 없앤다.

162 일반적으로 빗자루병이 가장 발생하기 쉬운 수종은?
[2012년5회]

① 향나무　　② 대추나무
③ 동백나무　　④ 장미

해설 **빗자루병 피해 수종**
전나무, 오동나무, 대추나무, 벚나무, 대나무, 살구나무 등

163 다음 중 파이토플라즈마(phytoplasma)에 의한 나무 병이 아닌 것은?
[2010년1회], [2017년1회]

① 뽕나무 오갈병
② 대추나무 빗자루병
③ 벚나무 빗자루병
④ 오동나무 빗자루병

해설 **병원의 분류**
- 전염성(생물성 원인)
  - 바이러스 : 모자이크병
  - 파이토플라즈마 : 대추나무 빗자루병, 오동나무 빗자루병, 뽕나무 오갈병
  - 세균병 : 뿌리혹병, 근두암종병, 유조직병, 시듦병, 세균성 혹병
  - 진균 : 흰가류병, 잎잘록병, 벚나무 빗자루병, 가지마름병, 잣나무털녹병 등
- 비전염성(비생물성 원인, 환경 요인)
  - 토양 조건 : 수분의 과부족, 양분 결핍 또는 과잉, 유해 물질, 통기성 불량 토양산도의 부적합
  - 기상 조건 : 지나친 고온 또는 저온, 광선 부족, 건조 또는 과습, 바람, 폭우, 서리 등
  - 유해 물질 : 대기오염, 토양오염, 염해, 농약 등

164 파이토플라즈마에 의한 수목병이 아닌 것은?
[2015년5회]

① 벚나무 빗자루병
② 붉나무 빗자루병
③ 오동나무 빗자루병
④ 대추나무 빗자루병

해설 163번 해설 참조

165 다음 중 파이토플라즈마에 의한 수목 병은?
[2013년1회]

① 밤나무뿌리혹병
② 낙엽송끝마름병
③ 뽕나무오갈병
④ 잣나무털녹병

해설 163번 해설 참조

정답　160. ②　161. ③　162. ②　163. ③　164. ①　165. ③

166 다음 중 파이토플라즈마에 의한 빗자루병에 잘 걸리는 수종은? [2010년5회]
① 소나무 ② 대나무
③ 오동나무 ④ 낙엽송

해설 163번 해설 참조

167 파이토플라즈마에 의한 주요 수목병에 해당하지 않는 것은? [2017년 3회]
① 오동나무 빗자루병
② 뽕나무 오갈병
③ 대추나무 빗자루병
④ 소나무 시들음병

해설 파이토플라즈마에 의한 병은 표징이 없으며 대추나무 빗자루병, 오동나무 빗자루병, 뽕나무 오갈병 등이 있다.

168 대추나무에 발생하는 전신병으로 마름무늬매미충에 의해 전염되는 병은? [2015년4회]
① 갈반병 ② 잎마름병
③ 혹병 ④ 빗자루병

해설 병든 잎과 가지가 왜소해지면서 빗자루처럼 가늘게 무수히 갈라지는 증상을 보이는 빗자루병은 대추나무, 오동나무, 붉나무 등에 발견되고 마름무늬 매미충에 의해 전염되는 전신병인 파이토플라즈마에 의한 빗자루병과 벚나무, 대나무에서 발생하는 자낭균(진균)에 의한 빗자루병이 있다.

169 다음 중 오리나무 갈색무늬병균의 전반에 대한 설명으로 옳은 것은? [2010년2회]
① 종자의 표면에 부착해서 전반된다.
② 바람에 의해서 전반된다.
③ 곤충 및 소동물에 의해서 전반된다.
④ 물에 의해서 전반된다.

해설 **병원균의 전반 방법**
• 종자 : 오리나무갈색무늬병균, 호두나무갈색부패병균
• 바람 : 잣나무털녹병균, 밤나무줄기마름병균, 밤나무흰가루병균
• 곤충 및 소동물 : 오동나무빗자루병, 대추나무빗자루병
• 물 : 뿌리혹병, 묘목의 모잘록병균, 향나무적성병

170 다음 중 소나무 혹병의 중간 기주는? [2011년2회]
① 송이풀
② 배나무
③ 참나무류
④ 향나무

해설 **소나무 혹병**
병징 : 가지나 줄기에 혹을 형성하며 해마다 비대해져서 30cm 이상으로 자란다. 12~2월에 혹의 표면에 황갈색 즙액(녹병정자)이 흘러나오고, 4~5월에 노란색 가루(녹포자)가 나타나서 중간기주인 참나무류로 이동한다. 9~11월에 중간기주에서 날아온 담자포자가 소나무에 침입해 월동한다.

171 소나무 혹병의 환부가 4~5월경에 터져서 흩어져 나오는 포자는? [2010년4회]
① 녹포자
② 녹병포자
③ 여름포자
④ 겨울포자

해설 170번 해설 참조

172 우리나라에서 발생하는 수목의 녹병 중 기주교대를 하지 않는 것은? [2015년1회]
① 소나무 잎녹병
② 후박나무 녹병
③ 버드나무 잎녹병
④ 오리나무 잎녹병

해설 녹병 기주교대
잣나무 털녹병

병명	기주식물	중간기주
잣나무 털녹병	잣나무, 스트로브잣나무	송이풀, 까치밥나무
소나무 혹병	소나무	졸참나무, 신갈나무
소나무 잎녹병		황벽나무, 참취, 잔대
소나무 줄기녹병		작약, 목단
향나무 녹병	향나무	배나무
전나무 녹병	전나무	뱀고사리
배나무 적성병	배나무, 모과나무	향나무
포플러 잎녹병	포플러	낙엽송

173 봄에 향나무의 잎과 줄기에 갈색의 돌기가 형성되고 비가 오면 한천모양이나 젤리모양으로 부풀어 오르는 병은? [2016년2회]

① 향나무 가지마름병
② 향나무 그을음병
③ 향나무 붉은별무늬병
④ 향나무 녹병

해설 향나무 녹병
2~3월경 잎, 가지 및 줄기에 암갈색 돌기가 형성된다. 4월에 비가 오면 겨울포자퇴가 부풀어서 오렌지색 젤리 모양이 되어 담자포자를 형성한다.

174 장미 검은무늬병은 주로 식물체 어느 부위에 발생하는가? [2016년2회]

① 꽃   ② 잎
③ 뿌리   ④ 식물전체

해설 장미 검은무늬병
봄부터 잎에 작은 흑갈색 반점이 나타나고 점차 확대되어 5~15mm 크기의 원형 병반이 되며, 원형 병반의 외곽은 노란색으로 변하면서 잎이 일찍 떨어진다.

175 다음 중 식엽성(食葉性) 해충이 아닌 것은? [2013년1회]

① 복숭아명나방   ② 미국흰불나방
③ 솔나방   ④ 텐트나방

해설 식엽성 해충
미국흰불나방, 솔나방, 텐트나방, 오리나무잎벌레, 집시나방, 독나방, 버들재주나방

176 흡즙성 해충으로 버즘나무, 철쭉류, 배나무 등에서 많은 피해를 주는 해충은? [2015년2회]

① 오리나무잎벌레
② 솔노랑잎벌
③ 방패벌레
④ 도토리거위벌레

해설
• 오리나무잎벌레 – 식엽성 해충
• 솔노랑잎벌 – 식엽성 해충
• 도토리거위벌레 – 흡즙성 해충(도토리 가해)

177 흡즙성 해충의 분비물로 인하여 발생하는 병은? [2013년5회]

① 흰가루병   ② 혹병
③ 그을음병   ④ 점무늬병

해설 그을음병
• 소나무, 주목, 감귤, 배롱나무, 감나무 등에 피해를 준다.
• 생육이 불량한 나무의 잎, 줄기에 그을음이 부착하며, 깍지벌레, 진딧물의 배설물에 의해 발생한다.
• 4월 상순, 9월 상순 메티온 수화제, 기계유제, 마라톤을 살포하여 해충을 구제한다.

178 진딧물이나 깍지벌레의 분비물에 곰팡이가 감염되어 발생하는 병은? [2014년4회]

① 흰가루병
② 녹병
③ 잿빛곰팡이병
④ 그을음병

해설 177번 해설 참조

정답 173. ④ 174. ② 175. ① 176. ③ 177. ③ 178. ④

CHAPTER 04 조경관리 기출문제

179 진딧물, 깍지벌레와 관계가 가장 깊은 것은?
[2011년2회]

① 흰가루병 ② 빗자루병
③ 줄기마름병 ④ 그을음병

해설 177번 해설 참조

180 다음 식물에 발생하는 병 중 어린 가지와 열매 등이 검게 그을리게 되는 병은?
[2017년 3회]

① 흰가루병 ② 녹병
③ 그을음병 ④ 탄저병

해설 177번 해설 참조

181 잎응애(spider mite)에 관한 설명으로 옳지 않은 것은?
[2013년5회]

① 무당벌레, 풀잠자리, 거미 등의 천적이 있다.
② 절지동물로서 거미강에 속한다.
③ 5월부터 세심히 관찰하여 약충이 발견되면, 다이아지논 입제 등 살충제를 살포한다.
④ 육안으로 보이지 않기 때문에 응애 피해를 다른 병으로 잘못 진단하는 경우가 자주 있다.

해설 응애류
- 잎 뒷면에 숨어서 뾰족한 입으로 즙을 흡입하며, 노란색 반점이 생겨 황화 현상이 일어난다.
- 4월 중순경부터 살비제(테디온, 디코폴 유제 등)를 잎 뒷면에 7~10일 간격으로 2~3회 살포한다.
- 천적인 무당벌레, 풀잠자리가 감소되지 않도록 보호한다.

182 응애(mite)의 피해 및 구제법으로 틀린 것은?
[2010년1회]

① 같은 농약의 연용을 피하는 것이 좋다.
② 살비제를 살포하여 구제한다.

③ 침엽수에는 피해를 주지 않으므로 약제를 살포하지 않는다.
④ 발생지역에 4월 중순부터 1주일 간격으로 2~3회 정도 살포 한다.

해설 응애류는 소나무, 벚나무, 전나무, 과수류 등을 가해하며, 잎 뒷면에 숨어서 뾰족한 입으로 즙을 흡입하며, 노란색 반점이 생겨 황화 현상이 일어남. 방제법으로는 4월 중순경부터 살비제를 잎 뒷면에 1주일 간격으로 2~3회 살포함. 천적인 무당벌레, 풀잠자리가 감소되지 않도록 보호함. 토양 침투성 살충제를 뿌려 주위의 흙속에 주입함.

183 해충 중에서 잎에 주사 바늘과 같은 침으로 식물체내에 있는 즙액을 빨아 먹는 종류가 아닌 것은?
[2010년1회]

① 응애 ② 깍지벌레
③ 측백하늘소 ④ 매미

해설 가해 습성에 따른 조경수의 해충 분류

가해습성	주요 해충
흡즙성	응애, 진딧물, 깍지벌레, 방패벌레, 슬립스, 매미 등
식엽성	흰불나방, 풍뎅이류, 잎벌, 집시나방, 회양목명나방, 황금충류 등
천공성	소나무좀, 하늘소류, 박쥐나방 등

184 8월 중순경에 양버즘나무의 피해 나무줄기에 잠복소를 설치하여 가장 효과적인 방제가 가능한 해충은?
[2010년1회]

① 진딧물류 ② 미국흰불나방
③ 하늘소류 ④ 버들재주나방

해설 해충의 종류

해충명	가해 수목	가해 상태
진딧물류	벚나무, 장미, 무궁화, 아카시아, 소나무, 포플러류 등	잎이나 가지에 붙어 즙을 빨아 먹어 황하현상이 일어나고, 그을음병이 유발됨.
미국흰불나방	플라타너스,	잎이나 가지에

정답 179. ④ 180. ③ 181. ③ 182. ③ 183. ③ 184. ②

	벚나무, 포플러류, 오동나무, 아카시아, 호두나무, 대추나무 등	거미줄을 치고, 유충이 집단으로 갉아먹음. 어느 정도 크면 잠복소를 설치해 가해함.
하늘소류	측백나무, 향나무	유충이 줄기 부름켜 부위를 식해하며, 벌레 똥을 밖으로 배출하지 않음. 생육이 쇠약한 나무에 주로 가해함.
버들재주나방	미루나무, 버드나무	처음 잎을 말고 갉아먹으나 성숙 후 말지 않고 그물 모양으로 갉아먹음.

185 미국흰불나방에 대한 설명으로 틀린 것은?
[2015년4회]

① 성충으로 월동한다.
② 1화기 보다 2화기에 피해가 심하다.
③ 성충의 활동시기에 피해지역 또는 그 주변에 유아등이나 흡입포충기를 설치하여 유인 포살한다.
④ 알 기간에 알 덩어리가 붙어 있는 잎을 채취하여 소각하며, 잎을 가해하고 있는 군서 유충을 소살한다.

해설 184번 해설 참조

186 수목 해충의 잠복소를 설치하는 가장 적당한 시기는?
[2017년1회]

① 3월 하순경   ② 5하순경
③ 7하순경   ④ 9월 하순경

해설 **해충의 잠복소**
월동을 위해 해충이 나무에서 내려오게 되는데 이때 짚이나 새끼 등으로 나무줄기에 따뜻한 공간을 만들어주어 겨울을 날 수 있도록 유인하고 봄에 제거하여 포살하는 방법으로 9월 하순경에 설치하는 것이 적당하다.

187 잠복소를 설치하는 목적으로 가장 적합한 것은?
[2017년 3회]

① 동해의 방지를 위해
② 월동벌레를 유인하여 봄에 태우기 위해
③ 겨울의 가뭄 피해를 막기 위해
④ 동해나 나무의 생육조절을 위해

해설 잠복소는 주로 지푸라기 같은 보온성이 있는 소재를 나무의 줄기에 감아주는 작업인데 이곳에서 벌레들이 겨울을 난다고 해 잠복소라고 한다.
• 흡즙성 해충과 천공성 해충들은 늦가을이 되어 활동이 더이상 불가능해지면 수목에서 지내다가 동면을 위해 줄기를 타고 땅을 향해 이동한다. 이 시기 전에 설치해놓으면 해충들이 땅까지 내려가지 않고 잠복소에서 겨울을 나게 된다. 이런 상태로 겨울을 지내고 해충들이 겨울잠에서 깨어 나 활동하기 전 잠복소를 수거해 소각하면 자연적인 해충 방제가 된다.
• 주로 소나무를 비롯한 병충해가 많은 교목들을 중심으로 실시하며 11월 초순부터 중순까지 설치해 2월말 정도에 수거하여 소각하는 것이 일반적이다.

188 가해 수종으로는 향나무, 편백, 삼나무 등이 있고, 똥을 줄기 밖으로 배출하지 않기 때문에 발견하기 어렵고, 기생성 천적인 좀벌류, 맵시벌류, 기생파리류로 생물학적 방제를 하는 해충은?
[2012년5회]

① 장수하늘소
② 미끈이하늘소
③ 측백나무하늘소
④ 박쥐나방

해설 **측백나무하늘소**
• 수세가 쇠약한 나무에 주로 피해를 주며, 구멍 밖으로 똥과 톱밥을 배출하지 않아 피해목이 고사한 후에야 발견된다.
• 방제법 : 3월 하순~4월 상순에 줄기와 수관에 페니트로티온 유제(50%) 1,000배액을 2~3회 살포한다. 기생성 천적인 좀벌류, 맵시벌류, 기생파리류 등을 보호한다.

정답 185. ① 186. ④ 187. ② 188. ③

CHAPTER 04 조경관리 기출문제

189 참나무 시들음병에 관한 설명으로 틀린 것은? [2014년5회]
① 곰팡이가 도관을 막아 수분과 양분을 차단한다.
② 솔수염하늘소가 매개충이다.
③ 피해목은 벌채 및 훈증처리 한다.
④ 우리나라에서는 2004년 경기도 성남시에서 처음 발견되었다.

해설 참나무 시들음병
- 건강한 참나무가 급속히 말라 죽는 병
- 매개충인 광릉긴나무좀과 병원균 강의 공생 작용에 의해 발병함
- 방제 : 매개충의 생활사에 따른 복합방제를 실시함
- 피해수목 : 갈참나무, 신갈나무, 졸참나무 등

190 다음 중 소나무재선충의 전반에 중요한 역할을 하는 곤충은? [2010년2회]
① 북방수염하늘소 ② 노린재
③ 혹파리류   ④ 진딧물

해설 소나무재선충은 소나무, 잣나무, 해송 등에 기생해 나무를 갉아먹는 선충이다. 솔수염하늘소, 북방수염하늘소 등 매개충에 기생하며 매개충을 통해 나무에 옮는다.

191 소나무류 가해 해충이 아닌 것은? [2014년1회]
① 알락하늘소   ② 솔잎혹파리
③ 솔수염하늘소   ④ 솔나방

해설 알락하늘소
어른벌레와 애벌레 모두 버드나무류를 비롯한 가로수의 해충으로, 나무가 쇠약해져 말라죽거나 바람이 불면 줄기가 부러지기도 한다. 또 잔가지의 수피를 고리 모양으로 갉아먹기 때문에 가지가 말라죽기도 한다.

192 솔수염하늘소의 성충이 최대로 출연하는 최성기로 가장 적합한 것은? [2012년1회]
① 3~4월   ② 4~5월
③ 6~7월   ④ 9~10월

해설 솔수염하늘소
소나무류 목질부 속에서 애벌레 상태로 월동한 뒤, 4월 무렵에 수피와 가까운 곳에 용실을 만들고 번데기가 된다. 성충은 5월 하순부터 7월 하순에 걸쳐 6mm 정도의 둥근 구멍을 뚫고 밖으로 나와, 소나무의 어린 가지 수피를 갉아 먹는다.

193 측백나무 하늘소 방제로 가장 알맞은 시기는? [2011년1회]
① 봄   ② 여름
③ 가을   ④ 겨울

해설 측백나무 하늘소 방제법
- 피해 가지는 10~2월 절단 소각
- 봄에 성충이 수피에 산란할 때 페니트로티온(메프) 50% 유제 1,000배액 2~3회 살포

194 솔잎혹파리에 대한 설명 중 틀린 것은? [2013년2회], [2017년1회]
① 유충으로 땅속에서 월동한다.
② 우리나라에서는 1929년에 처음 발견되었다.
③ 유충은 솔잎을 밑부에서부터 갉아 먹는다.
④ 1년에 1회 발생한다.

해설 솔잎혹파리
- 소나무, 곰솔 등을 가해한다.
- 유충이 잎의 밑 부분에 혹을 만들고 그 속에서 즙액을 빨아먹는다.
- 침투성 살충제를 사용하고, 6~7월 다이메크론을 나무 줄기에 수간주사한다. 천적기생벌인 솔잎혹파리먹좀벌, 혹파리살이먹좀벌 등을 방사한다.

195 우리나라에서 1929년 서울의 비원(秘苑)과 전남 목포지방에서 처음 발견된 해충으로 솔잎 기부에 충영을 형성하고 그 안에서 흡즙해 소나무에 피하를 주는 해충은? [2014년5회]
① 솔잎벌   ② 솔잎혹파리
③ 솔나방   ④ 솔껍질깍지벌레

정답 ▶ 189. ② 190. ① 191. ① 192. ③ 193. ① 194. ③ 195. ②

해설 **솔잎혹파리**
- 피해 : 솔잎의 생장이 정지되고 건강한 잎이 작아지며 말라죽음. 1년에 1회 발생함
- 방제법 : 6월 상순~7월 중순에 살충제를 2~3회 살포, 9월 이전에 피해목을 벌채함

196 다음 해충 중 성충의 피해가 문제되는 것은? [2012년도4회]

① 뽕나무하늘소 ② 밤나무순혹벌
③ 솔나방 ④ 소나무좀

해설 **소나무좀**
유충은 쇠약한 나무나 벌채목에 구멍을 뚫어 가해하고, 성충은 신초에 구멍을 뚫어 말려 죽인다.

197 소나무좀의 생활사를 기술한 것 중 옳은 것은? [2015년1회]

① 유충은 2회 탈피하며 유충기간은 약 20일이다.
② 1년에 1~3회 발생하며 암컷은 불완전변태를 한다.
③ 부화약충은 잎, 줄기에 붙어 즙액을 빨아 먹는다.
④ 부화한 애벌레가 쇠약목에 침입하여 갱도를 만든다.

해설 **소나무좀**
연 1회 발생하지만 봄과 여름에 두 번 가해한다. 월동한 성충이 3월 말~4월 초에 월동처에서 나와 쇠약목, 벌채목의 수피 밑에 침입하여 갱도를 뚫고 갱도 양측에 약 60여 개의 알을 낳는다. 부화한 유충은 갱도와 직각 방향으로 파먹어 들어간다. 유충 기간은 약 20일이고 2회 탈피한다.

198 솔나방의 생태적 특성으로 옳지 않은 것은? [2012년도4회]

① 1년에 1회로 성충은 7~8월에 발생한다.
② 식엽성 해충으로 분류된다.
③ 줄기에 약 400개의 알을 낳는다.
④ 유충이 잎을 가해하며, 심하게 피해를 받으면 소나무가 고사하기도 한다.

해설 **솔나방**
- 유충이 솔잎을 갉아먹어 피해가 크며 말라죽는다. → 식엽성 해충
- 4~6월, 8~11월 유충 가해 시기에 비티 수화제, 마라톤%0%유제를 1,000배액 살포
- 7~8월 성충을 등화 유인하여 살포한다.

199 다음 중 유충과 성충이 동시에 나무 잎에 피해를 주는 해충이 아닌 것은? [2015년2회]

① 느티나무벼룩바구미
② 버들꼬마잎벌레
③ 주둥무늬차색풍뎅이
④ 큰이십팔점박이무당벌레

해설 **주둥무늬차색풍뎅이**
연 1회 발생한다. 월동한 성충이 5~6월에 출현하여 잎을 식해한다. 성충은 야행성이며 불빛에 잘 몰려들고, 산란은 흙 속에 한다. 유충은 부식질이나 잡초의 뿌리를 가해한다.

200 병·해충의 화학적 방제 내용으로 틀린 것은? [2010년4회]

① 병해충을 일찍 발견해야 방제효과가 크다.
② 될 수 있으면 발생 후에 약을 뿌려준다.
③ 병해충이 발생하는 과정이나 습성을 미리 알아두어야 한다.
④ 약해에 주의한다.

해설 화학적 방제는 병해충이 발생하는 과정이나 습성을 미리 알고 발생 예찰을 통해 병이 발생하기 전에 예방 차원에서 하는 것이 가장 효과적이다.

201 해충의 방제방법 중 기계적 방제에 해당되지 않는 것은? [2014년4회]

① 포살법 ② 진동법
③ 경운법 ④ 온도처리법

정답 196. ④ 197. ① 198. ③ 199. ③ 200. ② 201. ④

해설 기계적 방제
손제초, 경운법, 포살, 해충을 유인하여 죽이는 것, 토양 피복, 멀칭 등

202 솔잎혹파리에는 먹좀벌을 방사시키면 방제 효과가 있다. 이러한 방제법에 해당하는 것은? [2010년1회]

① 기계적 방제법   ② 생물적 방제법
③ 물리적 방제법   ④ 화학적 방제법

해설 해충의 방제
- 환경 조절 : 적절한 시비, 배수, 관수, 솎아베기, 가지치기, 해충의 월동장소 제거 등
- 화학적 방제 : 약제 살포, 도포에 의한 방제 등
- 생물학적 방제(천적 이용)
  ① 해충을 잡아먹는 포식성 곤충, 기생성 곤충 이용 : 무당벌레, 풀잠자리가 진딧물을 잡아먹음
  ② 나방류에 기생하는 병균 이용 : 체내에 병을 일으키는 박테리아를 살포, 비티(Bt)수화제
  ③ 해충에 기생하는 곤충을 이용 : 먹좀벌레

203 천적을 이용해 해충을 방제하는 방법은? [2016년1회]

① 생물적 방제   ② 화학적 방제
③ 물리적 방제   ④ 임업적 방제

해설 202번 해설 참조

204 내충성이 강한 품종을 선택하는 것은 다음 중 어느 방제법에 속하는가? [2012년도4회]

① 화학적 방제법
② 재배학적 방제법
③ 생물적 방제법
④ 물리적 방제법

해설 병해충 방제법
- 화학적 방제법 : 농약 사용
- 재배적 방제법 : 윤작과 혼작, 내충성 품종 이용
- 물리적 방제법 : 토양소독, 종자소독, 트랩 설치
- 생물적 방제법 : 천적 이용

205 다음 중 조경 수목의 병해와 방제 방법이 맞는 것은? [2010년2회]

① 잎녹병 – 페니트로티온 수화제(메프치온)
② 빗자루병 – 배수구 설치
③ 검은점무늬병 – 파이토플라즈마(다이센엠 – 45)
④ 흰가루병 – 트리클로르폰 수화제(드프록스)

해설 주요 조경 수목의 병해와 방제 방법
- 잎녹병 : 중간기주인 식물 제거, 만코지 수화제
- 빗자루병 : 병든 식물 제거, 석회유 도포, 옥시테트라사이클린
- 흰가루병 : 봄 새눈 나오기 전 석회황합제, 여름에 파이토플라즈마, 지오판 수화제, 베노밀 수화제
  – 잣나무 털녹병, 낙엽성 끝 마름병, 소나무 잎녹병 : 사이클로헥시마이드
  – 검은점무늬병(흑점병) ; 파이토플라즈마(다이젠M – 45), 디치 수화제(델란), 프로피 수화제(안트라콜)

206 살충제에 해당되는 것은? [2016년4회]

① 베노밀 수화제
② 페니트로티온 유제
③ 글리포세이트암모늄 액제
④ 아시벤졸라 – 에스 – 메틸 · 파이토플라즈마

해설
- 베노밀 수화제 : 살균제
- 글리포세이트암모늄 액제 : 제초제
- 아시벤졸라 – 에스 – 메틸 · 파이토플라즈마 : 살균제

207 다음 중 살충제에 해당하는 것은? [2011년5회]

① 시마진 수화제
② 아토닉 액제
③ 옥시테트라사이클린 수화제
④ 포스파미돈 액제

정답 202. ② 203. ① 204. ② 205. ② 206. ② 207. ④

해설 **약제의 종류**
- 포스파미돈 액제 : 살충제로 진딧물, 깍지벌레, 솔잎혹파리 등의 구제에 사용된다.
- 시마진 수화제 : 제초제
- 아토닉 액제 : 생장조정제(생육촉진, 뿌리발근촉진)
- 옥시테트라사이클린 수화제 : 살균제(빗자루병)

208 오리나무잎벌레의 천적으로 가장 보호되어야 할 곤충은? [2011년4회]
① 벼룩좀벌 ② 침노린재
③ 무당벌레 ④ 실잠자리

해설 **오리나무잎벌레**
- 가해 상태 : 유충과 성충이 동시에 잎 갉아먹음. 애벌레는 굼벵이로 뿌리에 가해, 엄지벌레인 풍뎅이는 밤에 잎을 가해한다.
- 방제법 : 5~7월 하순에 트리클로르폰제 1,000배액 살포, 천적인 무당벌레를 이용한다.

209 진딧물의 방제를 위하여 보호하여야 하는 천적으로 볼 수 없는 것은? [2016년2회]
① 무당벌레류 ② 꽃등애류
③ 솔잎벌류 ④ 풀잠자리류

해설 **진딧물의 천적**
무당벌레류, 풀잠자리류, 꽃등애류, 각종 기생벌, 기생파리, 사마귀 유충과 부전나비 유충 등

210 양버즘나무(플라타너스)에 발생된 흰불나방을 구제하고자 할 때 가장 효과가 좋은 약제는?
① 디플루벤주론 수화제
② 결정석회황합제
③ 포스파미돈 액제
④ 티오파네이트메틸 수화제

해설
- 디플루벤주론수화제 : 나방류 적용 살충제
- 결정석회황합제 : 살균제
- 포스파미돈액제 : 진딧물, 솔잎혹파리, 솔껍질깍지벌레 적용 살충제
- 티오파네이트메틸수화제 : 살균제

211 다음 중 루비깍지벌레의 구제에 가장 효과적인 농약은? [2010년5회]
① 메피콰클로라이드 액제(나왕)
② 트리아디메폰 수화제(바리톤)
③ 트리클로르폰 수화제(디피록스)
④ 메티다티온 유제(수프라사이드)

해설 **농약의 종류**
- 메피콰클로라이드 액제(나왕) – 식물생장조정제
- 트리아디메폰 수화제(바리톤) – 살균제
- 트리클로르폰 수화제(디피록스) – 나방류 살충제
- 메티다티온 유제(수프라사이드) – 깍지벌레류 살충제

212 다음 중 미국흰불나방 구제에 가장 효과가 좋은 것은? [2013년4회]
① 카바릴 수화제(세빈)
② 디니코나졸 수화제(빈나리)
③ 디캄바 액제(반벨)
④ 시마진 수화제(씨마진)

해설
- 카바릴 수화제 : 살충제
- 디니코나젤 수화제 : 살균제
- 디캄바 액제 : 제초제
- 시마진 수화제 : 제초제

213 다음중 제초제가 아닌 것은? [2010년4회]
① 시마진 수화제
② 페니트로티온 수화제
③ 알라클로르 유제
④ 패러콰디클로라이드액

해설 페니트로티온 수화제는 살충제이다.

214 다음 제초제 중 잡초와 작물 모두를 살멸 시키는 비선택성 제초제는? [2013년1회]
① 디캄바 액제
② 글리포세이트 액제

정답 208. ③ 209. ③ 210. ① 211. ④ 212. ① 213. ② 214. ②

③ 팬티온 유제
④ 에테폰 액제

해설 글리포세이트 액제(41%)에는 근사미, 근자비 등의 비선택성 제초제의 원료이며, 초지조성 예정지 등에 사용한다.

215 잔디밭에 많이 발생하는 잡초인 클로바(토끼풀)를 제조하는데 가장 효율적인 것은?
[2013년2회]

① 디코폴 수화제　② 디캄바 액제
③ 베노밀 수화제　④ 캡탄 수화제

해설
- 디코폴 수화제 – 살충제
- 베노밀 수화제 – 살균제
- 캡탄 수화제 – 살균제
- 디캄바 액제 – 제초제

216 두 종류 이상의 제초제를 혼합하여 얻은 효과가 단독으로 처리한 반응을 각각 합한 것보다 높을 때의 효과는? [2012년5회]

① 독립효과(Independent effect)
② 부가효과(additive effect)
③ 상승효과(Synergistic effect)
④ 길항효과(Antagonistic effect)

217 관상용 열매의 착색을 촉진시키기 위하여 살포하는 농약은? [2011년5회]

① 다미노자이드 수화제
② 에테폰 액제
③ 글리포세이트 액제
④ 지베렐린산 수용제

해설 약제의 종류
- 다미노자이드 수화제 : 줄기신장억제
- 글리포세이트 액제 : 제초제
- 지베렐린산 수용제 : 생장 촉진

218 다음 방제 대상별 농약 포장지 색깔이 옳은 것은? [2014년5회]

① 살균제 – 초록색
② 살충제 – 노란색
③ 제초제 – 분홍색
④ 생장 조절제 – 청색

해설 농약 포장지 색깔
- 살균제 : 분홍색
- 살충제 : 초록색
- 제초제 : 붉은색
- 생장조절제 : 청색
- 보조제 : 흰색

219 농약은 라벨과 뚜껑의 색으로 구분하여 표기하고 있는데, 다음 중 연결이 바른 것은?
[2015년1회]

① 제초제 – 노란색
② 살균제 – 녹색
③ 살충제 – 파란색
④ 생장조절제 – 흰색

해설 218번 해설 참조

220 농약의 사용 시 확인할 농약 방제 대상별 포장지와 색깔과 구분이 올바른 것은?
[2010년5회]

① 살균제 – 청색
② 제초제 – 분홍색
③ 살충제 – 초록색
④ 생장조절제 – 노란색

해설 218번 해설 참조

221 농약제제의 분류 중 분제(粉劑, dusts)에 대한 설명으로 틀린 것은? [2016년1회]

① 잔효성이 유제에 비해 짧다.
② 작물에 대한 고착성이 우수하다.

정답 215. ②　216. ③　217. ②　218. ④　219. ①　220. ③　221. ②

③ 유효성분 농도가 1~5% 정도인 것이 많다.
④ 유효성분을 고체증량제와 소량의 보조제를 혼합 분쇄한 미분말을 말한다.

해설 분제
입자 지름 61~46㎛로 분쇄한 미립 분말

222 수간과 줄기 표면의 상처에 침투성 약액을 발라 조직 내로 약효성분이 흡수되게 하는 농약 사용법은? [2014년5회]
① 도포법　　② 관주법
③ 도말법　　④ 분무법

해설 농약 살포법
- 분무법 : 분무기를 이용, 분무액에 압력을 주어 노즐로 분출하는 방법
- 관주법 : 약액을 흙속이나 나무줄기에 주입하는 방법
- 도포법 : 나무줄기에 약액을 발라두는 방법
- 도말법 : 종자에 분말로 된 약제를 골고루 묻혀 처리하는 방법

223 곤충이 빛에 반응하여 일정한 방향으로 이동하려는 행동습성은? [2016년4회]
① 주광성(phototaxis)
② 주촉성(thigmotaxis)
③ 주화성(chemotaxis)
④ 주지성(geotaxis)

해설
- 주촉성 : 접촉 자극에 대한 주성
- 주화성 : 농도의 차가 자극이 되어 일어나는 주성
- 주지성 : 중력이 자극이 되어 일어나는 주성

224 다음 중 천적 등 방제대상이 아닌 곤충류에 가장 피해를 주기 쉬운 농약은? [2014년1회]
① 훈증제　　② 전착제
③ 침투성 살충제　　④ 지속성 접촉제

해설 잔효성이 긴 지속성 접촉제는 해충에 직접 닿지 않아도 식물체에 계속 남아 있어 다른 곤충에 피해를 준다. 천적 등 방제 대상이 아닌 곤충류에 가장 피해를 주기 쉬운 농약이다.

225 해충의 체(體) 표면에 직접 살포하거나 살포된 물체에 해충이 접촉되어 약제가 체내에 침입하여 독(毒) 작용을 일으키는 약제는? [2016년2회]
① 유인제　　② 접촉살충제
③ 소화중독제　　④ 화학불임제

해설 살충제의 종류
- 유인제 : 해충을 유인하여 한곳으로 모이게 하는 약제
- 소화중독제 : 약제를 식물체의 줄기, 잎에 살포하여 부착시켜 식엽성 해충이 먹이와 함께 약제를 섭취하여 독작용을 일으키는 살충제
- 화학불임제 : 곤충의 먹이에 약제를 가해서 수컷이나 암컷이 불임이 되게 하여 번식을 방제하는 목적으로 쓰이는 약제

226 약제를 식물체의 뿌리, 줄기, 잎 등에 흡수시켜 깍지벌레와 같은 흡즙성 해충을 죽게 하는 살충제의 형태는? [2011년1회]
① 소화중독제　　② 침투성 살충제
③ 기피제　　④ 유인제

해설 살충제의 형태
- 침투성 살충제 : 약제를 식물체의 뿌리, 줄기, 잎 등에서 흡수시켜 식물 전체에 약제가 분포되게 하여 흡즙성 곤충이 흡즙하면 죽게 하는 형태
- 소화중독제 : 약제를 식물체의 줄기, 잎 등에 살포하여 부착시켜 식엽성 해충이 먹이와 함께 약제를 섭취하여 독작용을 일으키는 형태
- 기피제 : 해충에 자극을 주어 가까이 오지 못하도록 하는 약제
- 유인제 : 해충을 유인하여 방제할 목적으로 사용하는 약제

227 농약을 유효 주성분의 조성에 따라 분류한 것은? [2014년1회]
① 입제
② 훈증제
③ 유기인계
④ 식물생장 조정제

정답 222. ① 223. ① 224. ④ 225. ② 226. ② 227. ③

CHAPTER 04 조경관리 기출문제

> **해설** 농약의 분류
> - 주성분 조성에 따른 분류
>   유기인계 농약, 카바메이트계 농약, 유기 염소계 농약, 유황계 농약, 동계 농약, 유기비소계 농약, 항생물질계 농약, 피레스로이드계 농약, 페녹시계 농약, 트리아진계 농약, 요소계 농약 등
> - 사용목적 및 작용 특성에 따른 분류
>   살균제, 살충제, 살비제, 살선충제, 제초제, 식물생장조정제, 보조제 등
> - 형태에 따른 분류
>   유제, 수화제 및 수용제, 분제, 입제, 액제, 액상수화제, 미립제, 훈증제, 정제 등

228 농약 취급 시 주의 사항으로 부적합한 것은?
[2017년1회]

① 작업 중에 식사 또는 흡연을 금한다.
② 피로하거나 건강이 나쁠 때는 작업하지 않는다.
③ 농약을 살포할 때는 방독면과 방호용 옷을 착용하여야 한다.
④ 농약은 변질될 수 있으므로 즉시 주변에 버리거나 다른 용기에 담아 둔다.

> **해설** 사용하고 남은 농약병, 봉투는 영농폐기물로 분류되어 마을별로 설치된 수거 장소에 버려야 하고, 쓰고 남은 농약은 폐기물관리법에 의해 처리해야 한다.

229 살비제(acaricide)란 어떤 약제를 말하는가?
[2015년1회]

① 선충을 방제하기 위하여 사용하는 약제
② 나방류를 방제하기 위하여 사용하는 약제
③ 응애류를 방제하기 위하여 사용하는 약제
④ 병균이 식물체에 침투하는 것을 방지하는 약제

> **해설** 사용 목적에 따른 농약의 분류
> - 살균제 : 병을 일으키는 곰팡이와 세균 방제
> - 살충제 : 해충 방제
> - 살비제 : 응애목에 속하는 해충 방제
> - 살서제 : 쥐, 두더지 등의 설치류 방제
> - 살선충제 : 토양에서 식물 뿌리에 기생하는 선충 방제

230 응애만을 죽이는 농약의 종류에 해당하는 것은?
[2010년4회]

① 살충제   ② 살균제
③ 살비제   ④ 살서제

> **해설** 229번 해설 참조

231 농약의 사용목적에 따른 분류 중 응애류에만 효과가 있는 것은?
[2014년4회]

① 살충제   ② 살균제
③ 살비제   ④ 살초제

> **해설** 229번 해설 참조

232 농약 혼용 시 주의하여야 할 사항으로 틀린 것은?
[2015년2회]

① 혼용 시 침전물이 생기면 사용하지 않아야 한다.
② 가능한 한 고농도로 살포하여 인건비를 절약한다.
③ 농약의 혼용은 반드시 농약 혼용가부표를 참고한다.
④ 농약을 혼용하여 조제한 약제는 될 수 있으면 즉시 살포하여야 한다.

> **해설** 농약 사용 시 고농도로 살포하면 즉시 살포할 경우 사람에게 약해가 생길 수 있다.

233 농약의 물리적 성질 중 살포하여 부착한 약제가 이슬이나 빗물에 씻겨 내리지 않고 식물체 표면에 묻어있는 성질을 무엇이라 하는가?
[2015년2회]

① 고착성(tenacity)

정답 228. ④ 229. ③ 230. ③ 231. ③ 232. ② 233. ①

② 부착성(adhesiveness)
③ 침투성(penetrating)
④ 현수성(suspensibility)

해설 농약의 물리적 성질
- 고착성 : 살포한 약액이 식물체 상에서 건조하여 바람, 비 또는 이슬 등에 유실되지 않도록 부착하는 성질
- 부착성 : 살포한 약액이 식물체나 충체에 붙는 성질
- 침투성 : 약제가 식물체나 충체에 스며드는 성질
- 현수성 : 약액 내에 골고루 퍼져 있게 하는 성질

234 다음 중 제초제 사용의 주의사항으로 틀린 것은? [2015년4회]
① 비나 눈이 올 때는 사용하지 않는다.
② 될 수 있는 대로 다른 농약과 섞어서 사용한다.
③ 적용 대상에 표시되지 않은 식물에는 사용하지 않는다.
④ 살포할 때는 보안경과 마스크를 착용하며, 피부가 노출되지 않도록 한다.

해설 혼용 가능한 약제인지 확인 후 혼합한다.

235 잡초제거를 위한 제초제 중 잔디밭에 사용할 때 각별한 주의가 요구되는 것은?
① 선택성 제초제
② 비선택성 제초제
③ 접촉형 제초제
④ 호르몬형 제초제

해설 제초제의 종류
- 접촉성 제초제 : 식물 부위에 닿아 흡수되나 근접한 조직에만 이동, 부분적으로 제초
- 이행성 제초제 : 식물 생리에 영향을 끼쳐 식물체를 고사시키며, 대부분의 선택성 제초제가 해당
- 선택성 제초제(2,4-D, 반벨) : 특정 잡초에 대해서만 제초 효과를 내는 약제
- 비선택성 제초제(근사미, 그라목손) : 모든 식물을 죽이는 약제(잔디밭에 사용 시 잔디가 죽을 수 있으므로 주의해야 한다.)

236 해충의 방제방법 중 기계적 방제방법에 해당하지 않는 것은? [2015년4회]
① 경운법   ② 유살법
③ 소살법   ④ 방사선이용법

해설 기계적 방제
손제초, 경운법, 포살, 해충을 유인하여 죽이는 것, 토양 피복, 멀칭 등

237 다음 중 농약의 혼용사용 시 장점이 아닌 것은? [2012년1회]
① 약효 상승
② 약효지속기간 연장
③ 약해 증가
④ 독성 경감

238 농약보관 시 주의하여야 할 사항으로 옳은 것은? [2011년4회]
① 분말제제는 흡습되어도 물리성에는 영향이 없다.
② 유제는 유기용제의 혼합으로 화재의 위험성이 있다.
③ 고독성 농약은 일반 저독성 약제와 혼적하여도 무방하다.
④ 농약은 고온보다 저온에서 분해가 촉진된다.

해설
- 분말 제제는 흡습되면 물리성에 영향이 있다.
- 농약의 혼용은 반드시 농약 혼용가부표를 참고한다.
- 농약은 고온에서 분해가 촉진된다.

239 다음 중 농약의 보조제가 아닌 것은? [2012년도4회]
① 증량제   ② 협력제
③ 유인제   ④ 유화제

해설 유인제는 해충 따위를 유인하여 방제할 목적으로 사용하는 약제이다.

정답 234. ② 235. ② 236. ④ 237. ③ 238. ② 239. ③

240 소량의 소수성 용매에 원제를 용해하고 유화제를 사용하여 물에 유화시킨 액을 의미하는 것은? [2012년5회]

① 용액 ② 유탁액
③ 수용액 ④ 현탁액

해설
- 용액 : 두 종류 이상의 물질이 고르게 섞여 있는 혼합물
- 수용액 : 용매를 물로 하여 만들어진 용액
- 현탁액 : 액체 속에 미소한 고체의 입자가 분산해서 떠 있는 것. 흙탕물 · 먹물 · 페인트 등

241 다수진 25% 유제 100cc를 0.05%로 희석하려 할 때 필요한 물의 양은? [2011년2회]

① 5L ② 25L
③ 50L ④ 100L

해설 약제의 양 × (약제농도/희석농도) = 물의 양
100mL × (25%/0.05%) = 50000mL = 50L

242 비중이 1.15인 이소푸로치오란 유제(50%) 100ml로 0.05% 살포액을 제조하는 데 필요한 물의 양은? [2012년도4회]

① 104.9L ② 110.5L
③ 114.9L ④ 124.9L

243 Methidathion(메치온) 40% 유제를 1,000배 액으로 희석해서 10a 당 6말(20L/말)을 살포하여 해충을 방제하고자 할 때 유제의 소요량은 몇 mL인가? [2012년5회]

① 100 ② 120
③ 150 ④ 240

해설
- 살포액의 양 = 120L = 120,000mL
- 유제의 소요량 = 120,000/1,000배액 = 120mL

244 농약 살포작업을 위해 물 100L를 가지고 1,000배액을 만들 경우 얼마의 약량이 필요한가? [2013년2회]

① 50mL ② 100mL
③ 150mL ④ 200mL

해설
- 물의 양 100,000mL
- 약제의 양 100,000/1,000배액 = 100mL

245 물 200L를 가지고 제초제 1,000배액을 만들 경우 필요한 약량은 몇 mL인가? [2015년2회]

① 10 ② 100
③ 200 ④ 500

해설 소요약량 = 총 소요량/희석 배수
200L = 200,000mL, 200,000/1,000 = 200mL

246 40%(비중 = 1)의 어떤 유제가 있다. 이 유제를 1,000배로 희석하여 10a 당 9L를 살포하고자 할 때, 유제의 소요량은 몇 mL인가? [2015년2회]

① 7 ② 8
③ 9 ④ 10

해설 ha당 원액 소요량 = ha당 사용량/사용희석배수
9L = 9,000mL, 9,000/1,000 = 9mL

247 페니트로티온 45% 유제 원액 100cc를 0.05%로 희석 살포액을 만들려고 할 때 필요한 물의 양은 얼마인가?(단, 유제의 비중은 1.0이다.) [2015년4회]

① 69,900cc ② 79,900cc
③ 89,900cc ④ 99,900cc

248 20L 들이 분부기 한 통에 1000배액의 농약 용액을 만들고자 할 때 필요한 농약의 약량은? [2015년1회]

① 10㎖ ② 20㎖
③ 30㎖ ④ 50㎖

정답 240. ② 241. ③ 242. ③ 243. ② 244. ② 245. ③ 246. ③ 247. ③ 248. ②

해설 소요약량 = 총 소요량/희석배수
20L = 20,000mL, 20,000/1,000 = 20mL

249 25% A유제 100mL를 0.05%의 살포액으로 만드는 데 소요되는 물의 양(L)으로 가장 가까운 것은?(단, 비중은 1.0 이다.) [2016년2회]

① 5　　② 25
③ 50　　④ 100

해설 희석할 물의 양 = 원액의 용량 × {(원액의 농도/희석할 농도) − 1} × 원액의 비중
100mL × {(25%/0.05%) − 1} × 1 = 약 50,000mL
약 50L

250 제초제 1,000ppm은 몇 %인가? [2014년4회]

① 0.01%　　② 0.1%
③ 1%　　④ 10%

해설 1% = 10,000ppm 이므로 1,000ppm은 0.1% 이다.

시설물관리

251 조경시설물의 관리원칙으로 옳지 않은 것은? [2013년5회]

① 여름철 그늘이 필요한 곳에 차광시설이나 녹음수를 식재한다.
② 노인, 주부 등이 오랜 시간 머무는 곳은 가급적 석재를 사용한다.
③ 바닥에 물이 고이는 곳은 배수시설을 하고 다시 포장한다.
④ 이용자의 사용빈도가 높은 것은 충분히 조이거나 용접한다.

해설 오랜 시간 머무는 곳의 시설물 재료는 목재를 사용한다.

252 조경시설물 유지관리 연관 작업계획에 포함되지 않는 작업 내용은? [2016년1회]

① 수선, 교체
② 개량, 신설
③ 복구, 방제
④ 제초, 전정

해설 제초, 전정 작업은 조경 식물 유지관리 연간 작업에 해당된다.

253 다음 중 시설물의 사용연수로 가장 부적합한 것은? [2015년4회]

① 철재 시소 : 10년
② 목재 벤치 : 7년
③ 철재 파고라 : 40년
④ 원로의 모래자갈 포장 : 10년

해설 철재 시설물의 경우 10년 정도의 내구연한을 권장한다.

254 공원 내에 설치된 목재벤치 좌판(座板)의 도장보수는 보통 얼마 주기로 실시하는 것이 좋은가? [2013년4회]

① 계절이 바뀔 때　　② 6개월
③ 매년　　④ 2~3년

255 철재(鐵材)로 만든 놀이 시설에 녹이 슬어 다시 페인트칠을 하려고 한다. 그 작업 순서로 옳은 것은? [2011년2회]

① 에나멜페인트 칠하기 − 녹 닦기 − 연단 칠하기
② 연단(광명단) 칠하기 − 녹 닦기 − 바니시 칠하기
③ 수성페인트 칠하기 − 바니시 칠하기 − 녹 닦기
④ 녹 닦기(샌드페이퍼 등) − 연단(광명단) 칠하기 − 에나멜페인트 칠하기

정답　249. ③　250. ②　251. ②　252. ④　253. ③　254. ④　255. ④

해설 녹 제거를 위한 페인트 칠 작업 순서
샌드페이퍼 등으로 녹을 제거하고 금속의 녹 방지용 도료의 안료인 연단(광명단) 칠한 뒤 에나멜 페인트를 칠하여 마무리 한다.

256 철재 시설물의 손상부분을 점검하는 항목으로 가장 부적합한 것은? [2014년4회]

① 용접 등의 접합부분
② 충격에 비틀린 곳
③ 부식된 곳
④ 침하된 곳

해설 철재 시설물의 경우 도장이 벗겨진 곳, 파손이 심한 곳, 볼트와 너트가 풀어진 경우, 부식이 된 경우, 갈라지거나 비틀어진 곳을 점검한다.

257 조경 목재시설물의 유지관리를 위한 대책 중 적절하지 않는 것은? [2015년5회]

① 통풍을 좋게 한다.
② 빗물 등의 고임을 방지한다.
③ 건조되기 쉬운 간단한 구조로 한다.
④ 적당한 20~40℃ 온도와 80% 이상의 습도를 유지시킨다.

해설 목재 시설물의 경우 통풍이 잘되고 강한 햇빛과 높은 온도는 피하며, 습하지 않도록 관리해주는 것이 좋다.

258 목재 시설물에 대한 특징 및 관리 등의 설명으로 틀린 것은? [2015년1회]

① 감촉이 좋고 외관이 아름답다.
② 철재보다 부패하기 쉽고 잘 갈라진다.
③ 정기적인 보수와 칠을 해주어야 한다.
④ 저온 때 충격에 의한 파손이 우려된다.

해설 저온 때 충격에 의한 파손을 주의해야 하는 것은 합성수지 시설물의 특징이다.

259 합성수지 놀이시설물의 관리 요령으로 가장 적합한 것은? [2014년5회]

① 정기적인 보수와 도료 등을 칠해 주어야 한다.
② 자체가 무거워 균열 발생 전에 보수한다.
③ 회전하는 축에는 정기적으로 그리스를 주입한다.
④ 겨울철 저온기 때 충격에 의한 파손을 주의한다.

260 수경시설(연못)의 유지관리에 관한 내용으로 옳지 않은 것은? [2016년4회]

① 겨울철에는 물을 2/3 정도만 채워둔다.
② 녹이 잘 스는 부분은 녹막이 칠을 수시로 해준다.
③ 수중식물 및 어류의 상태를 수시로 점검한다.
④ 물이 새는 곳이 있는지의 여부를 수시로 점검하여 조치한다.

해설 겨울철에는 동파되는 것을 방지하기 위해 물을 완전히 빼고 가라앉았던 이물질을 제거한 후 청소한다.

261 다음 각종 재료의 관리에 대한 설명으로 틀린 것은? [2010년5회]

① 철재에 녹이 슨 부분은 녹을 제거한 후 2회에 걸쳐 광명단 도료를 칠한다.
② 철재 시설의 회전부분에 마찰음이 나지 않도록 그리스를 주입한다.
③ 목재가 갈라진 경우에는 내부를 퍼티로 채우고 샌드페이퍼로 문질러 준 후 페인트로 마무리 칠한다.
④ 콘크리트의 균열이 생긴 곳은 유성페인트를 칠한다.

해설 콘크리트의 균열이 생긴 곳은 처음 콘크리트 비율과 같게 하여 보수하고, 3주 이상 건조시킨 후 수성 페인트를 칠한다.

정답 256. ④ 257. ④ 258. ④ 259. ④ 260. ① 261. ④

262 가로 조명등의 재료별 특징에 관한 설명으로 틀린 것은? [2017년1회]

① 강철 조명등은 내구성이 강하지만 부식이 잘된다.
② 나무 조명등은 미관적으로 좋고 초기의 유지가 용이하다
③ 알루미늄 조명등은 부식에 약하지만 비용이 저렴한 편이다.
④ 콘크리트 조명등은 유지가 용이하고, 내구성이 강하지만 설치 시 무게로 인해 장비가 요구된다.

해설 조명등 재료별 특징
- 강철은 내구성은 좋으나 부식에 약하다.
- 나무는 미관적으로 좋으나 내구성이 약하다.
- 알루미늄은 부식에 강하나 비용이 비싸다.
- 콘크리트는 내구성이 강하나 무게가 무거워 시공이 어렵다.

263 겨울철에 제설을 위하여 사용되는 해빙염(deicing salt)에 관한 설명으로 옳지 않은 것은? [2014년1회]

① 염화칼슘이나 염화나트륨이 주로 사용된다.
② 장기적으로는 수목의 쇠락(decline)으로 이어진다.
③ 흔히 수목의 잎에는 괴사성 반점(점무늬)이 나타난다.
④ 일반적으로 상록수가 낙엽수보다 더 큰 피해를 입는다.

해설 해빙염
- 수목의 가지나 잎, 침엽 등에 바람이나 빗물 등에 의해 비산된 염이 축적되어 나타나는 피해
- 토양 내에 염이온이 첨가되면 유효토양수분을 감소시켜 수목의 흡수 능력을 변화시키고 생장감소를 유발
- 잎이 작아지고 황하현상, 잎 가장자리의 갈변, 작은 가지의 마름 또는 고사 증상이 나타남

정답 262. ③ 263. ③

PART 02

조경기능사 필기
모의고사
문제 & 해설

Craftsman Landscape Architecture

CONTENTS

제1회 | 모의고사 문제 ·········· 555
제2회 | 모의고사 문제 ·········· 562
제3회 | 모의고사 문제 ·········· 569

제1회 | 모의고사 정답 & 해설 ·········· 577
제2회 | 모의고사 정답 & 해설 ·········· 585
제3회 | 모의고사 정답 & 해설 ·········· 591

제1회 모의고사 문제

01 다음 조경의 목적으로 가장 부적절한 것은?
① 공기 정화
② 환경 보전
③ 인간 생활 편리
④ 비경제적 환경 조성

02 공적 위락용지와 사적 주택단지로 버큰헤드 공원을 조성하였고 시민의 힘으로 설립된 최초의 공원으로 도시공원의 계기가 되는 시기와 국가는?
① 20세기 전반 미국
② 19세기 전반 영국
③ 17세기 전반 프랑스
④ 14세기 후반 에스파니아

03 조경양식을 형태중심으로 분류할 때, 정형식 조경양식에 해당하는 것은?
① 강한 축을 중심으로 좌우 대칭형으로 구성된다.
② 한 공간 내에서 실용성과 자연성을 동시에 강조하였다.
③ 주변을 돌 수 있는 산책로를 만들어서 다양한 경관을 즐길 수 있다.
④ 동아시아와 18c 영국에서 발달된 양식이다.

04 스페인 정원의 대표적인 조경양식은?
① 중정정원
② 원로정원
③ 공중정원
④ 비스타정원

05 녹지의 수목을 수고가 작은 것에서 점점 큰 것으로 배열할 때 가장 강하게 느껴지는 조화미는?
① 점층미
② 균형미
③ 통일미
④ 대비미

06 시야가 제한 받지 않고 멀리 트인 경관으로 자연의 웅장함을 느낄 수 있는 경관은?
① 파노라마 경관
② 위요 경관
③ 초점 경관
④ 지형 경관

07 다음 중 통경선(Vistas)의 설명으로 가장 적합한 것은?
① 주로 자연식 정원에서 많이 쓰인다.
② 정원에 변화를 많이 주기 위한 수법이다.
③ 사방으로 시야가 제한되고 협소한 경관 구성요소들의 세부적 사항까지도 지각된다.
④ 관찰의 시선이 경관 내의 어느 한 점으로 유도되도록 구성된다.

08 다음 중 강조의 설명으로 가장 적합한 것은?
① 동질사이에 상반되는 것을 넣어 시각적으로 산만함을 막고 통일감 부여하는 것
② 축선을 중심으로 하여 양쪽의 비중을 똑같이 만드는 것
③ 각 요소들이 강약, 장단의 주기성이나 규칙성을 가지면서 전체적으로 연속적인 운동감을 가지는 것
④ 모양이나 색깔 등이 비슷비슷하면서도 실은 똑같지 않은 것끼리 균형을 유지하는 것

09 도형의 색이 바탕색의 잔상으로 나타나는 심리보색의 방향으로 변화되어 지각되는 대비효과를 무엇이라고 하는가?
① 채도대비 ② 명도대비
③ 색상대비 ④ 동시대비

10 연못의 모양(호안)이 다양하고 못 속에 대(남쪽), 중(북쪽), 소(중앙) 3개 섬이 타원형을 이루고 있는 정원은?
① 창덕궁의 부용지
② 부여의 궁남지
③ 경주의 안압지
④ 비원의 옥류천

11 경복궁 교태전 후원과 관계없는 것은?
① 화계가 있다.
② 청의정이 있다.
③ 아미산이라 칭한다.
④ 굴뚝은 육각형 4개가 있다.

12 조선시대 후원양식에 대한 설명 중 틀린 것은?
① 각 계단에는 식재를 하지 않고 여백으로 비워두었다.
② 중엽이후 풍수지리설의 영향을 받아 후원양식이 생겼다.
③ 괴석이나 세심석으로 장식하였고 장식굴뚝 세웠다.
④ 경복궁 교태전 후원인 아미산, 창덕궁 낙선재의 후원 등이 그 예이다.

13 우리나라 전통조경의 설명으로 옳지 않은 것은?
① 방지원도의 연못 형태가 있다.
② 자연 환경과의 조화를 이루도록 조성되었다.
③ 마당에는 다양한 수목을 식재하고 상징성을 부여하였다.
④ 신선사상에 근거를 두고 여기에 음양오행설이 가미되었다.

14 청나라 강희제가 조성한 대표적 정원으로 켄트 큐가든에 중국식 정원을 조성하게 된 계기가 된 곳은?
① 원명원 ② 기창원
③ 이화원 ④ 외팔묘

15 일본정원에 대한 설명으로 옳지 않은 것은?
① 경관의 조화보다는 대비에 초점을 두었다.
② 정원을 축소시켜 구성하는 축경식이 발달했다.
③ 중국의 영향 받은 사의주의 자연풍경식이 발달했다.
④ 기교와 관상적 가치에 치중한 세부적 표현

16 다음 중 알베르카의 중정은 어느 곳에 속해 있는가?
① 알카자르 ② 헤네랄리페
③ 알함브라 ④ 타즈마할

17 버킹검의 「스토우 가든」을 설계하고, 담장 대신 정원 부지의 경계선에 도랑을 파서 외부로부터의 침입을 막은 ha-ha 수법을 실현하게 한 사람은?
① 켄트 ② 브리지맨
③ 와이즈맨 ④ 챔버

18 물체의 각 면을 투상면에 나란하게 놓고 직각 방향에서 본 물체의 모양을 나타내는 투상법은?
① 사투상법 ② 투시도법
③ 정투상법 ④ 표고투상법

19 조경계획 및 설계에 있어서 종합한 자료들을 바탕으로 몇 가지의 대안을 만들어 조경 계획에 필요한 기본적인 아이디어를 도출하는 단계는?

① 기본구상 ② 기본계획
③ 기본설계 ④ 실시설계

20 지형을 표시하는데 기본선으로 지형도 전체에 일정 높이의 간격으로 그려지는 등고선의 종류는?

① 조곡선 ② 주곡선
③ 간곡선 ④ 계곡선

21 축척 1/500 도면의 단위면적이 20㎡인 것을 이용하여, 축척 1/1000 도면의 단위면적으로 환산하면 얼마인가?

① 20㎡ ② 40㎡
③ 80㎡ ④ 120㎡

22 정형식 배식 방법에 대한 설명이 옳지 않은 것은?

① 교호식재 – 두 줄의 열식을 서로 어긋나게 식재
② 대식 – 수목을 집단적으로 일정한 간격을 두어 심어 식재
③ 열식 – 같은 형태와 종류의 나무를 일정한 간격으로 직선상에 식재
④ 단식 – 생김새가 우수하고, 중량감을 갖춘 정형수를 단독으로 식재

23 대문에서 현관에 이르는 공간으로 인상적이고 4계절의 변화를 느낄 수 있도록 조성하는 주택정원의 공간은?

① 안뜰 ② 앞뜰
③ 뒤뜰 ④ 작업뜰

24 도시공원 및 녹지 등에 관한 법률 시행규칙상 도시공원 중 설치규모가 가장 작은 곳은?

① 소공원
② 도시지역권 근린공원
③ 묘지공원
④ 광역권 근린공원

25 외력에 의하여 영구 변형을 하지 않고 파괴되는 성질로 이성과 반대되는 재료의 성질은?

① 전성 ② 취성
③ 연성 ④ 인성

26 조경의 목적을 달성하기 위해 식재되는 조경 수목이 갖추어야 할 조건이 아닌 것은?

① 희귀하여 가치가 있는 것
② 그 땅의 토질에 잘 적응할 수 있는 것
③ 쉽게 옮겨 심을 수 있을 것
④ 착근이 잘되고 생장이 잘되는 것

27 다음 중 수목의 형태상 분류가 다른 것은?

① 회화나무 ② 화살나무
③ 버즘나무 ④ 후박나무

28 백색계통의 꽃을 감상할 수 있는 수종은?

① 개나리 ② 팥배나무
③ 산수유 ④ 박태기나무

29 흰말채나무의 특징 설명으로 틀린 것은?

① 흰색의 열매가 특징적이다.
② 층층나무과로 낙엽활엽교목이다.
③ 수피가 여름에는 녹색이나 가을, 겨울철의 흰색 줄기가 아름답다.
④ 잎은 대생하며 타원형 또는 난상타원형이고, 표면에 작은 털이 있다.

30 정원의 한 구석에 녹음용수로 쓰기 위해서 단독으로 식재하려 할 때 적합한 수종은?
① 회화나무 ② 측백나무
③ 사철나무 ④ 박태기나무

31 다음 중 양수에 해당하는 낙엽관목 수종은?
① 녹나무 ② 철쭉
③ 독일가문비 ④ 주목

32 조경 수목 중 아황산가스에 대해 강한 수종은?
① 칠엽수 ② 삼나무
③ 전나무 ④ 단풍나무

33 수목의 규격을 "H×B"로 표시하는 수종으로만 짝지어진 것은?
① 소나무, 느티나무
② 회양목, 잔디
③ 자작나무, 은행나무
④ 백합나무, 향나무

34 다음 설명에 적합한 수목은?

> • 감탕나무과 식물이다.
> • 자웅이주이다.
> • 낙엽활엽수 관목으로 열매가 적색이다.
> • 잎은 어긋나고 타원형이고 잎 끝이 뾰족하고 단 톱니가 있다.
> • 열매는 구형으로서 적색으로 익는다.

① 감탕나무 ② 낙상홍
③ 먼나무 ④ 호랑가시나무

35 단풍나무 중 복엽이면서 수피는 회백색이고 가지는 붉은색으로 5월에 개화하는 수종은?
① 신나무 ② 고로쇠나무
③ 단풍나무 ④ 복자기나무

36 일반적으로 여름 화단용 꽃으로만 짝지어진 것은?
① 맨드라미, 피튜니아
② 데이지, 금잔화
③ 샐비어, 코스모스
④ 튤립, 수선화

37 목재의 단면에서 수피 가까이에 있는 부분으로 수축이 크고 강도나 내구성이 작으며 색이 연한 부위는?
① 변재
② 변재와 심재 사이
③ 심재
④ 수피

38 건조 전 질량이 115kg인 목재를 건조시켜서 100kg이 되었다면 함수율은?
① 0.15% ② 0.50%
③ 5.00% ④ 15.00%

39 목재 방부제로서 비휘발성 흑갈색 용액, 방부력이 우수하나 냄새가 심하여 미관에 관계없는 실외에 사용하는 것은?
① PCP ② 콜타르
③ 유성페인트 ④ 크레오소트유

40 다음 중 화성암 계통의 석재인 것은?
① 현무암 ② 응회암
③ 대리석 ④ 석회암

41 형태가 정형적인 곳이나 미관과 내구성이 요구되는 구조물이나 쌓기용으로 사용되는 가공석은?
① 각석 ② 판석
③ 마름돌 ④ 견칫돌

42 암석 재료의 가공 방법 중 쇠망치로 석재 표면의 큰 돌출 부분만 대강 떼어내는 정도의 거치 면을 마무리하는 작업을 무엇이라 하는가?
① 도드락다듬 ② 혹두기
③ 잔다듬 ④ 물갈기

43 일반 시멘트의 단점을 보완하기 위해 만든 특수시멘트로 초기 강도가 크며, 열분해 온도가 높아 내화용 콘크리트에 적합한 시멘트는?
① 포틀랜드 시멘트
② 알루미나 시멘트
③ 포졸란 시멘트
④ 고로슬래그 시멘트

44 굳지 않은 콘크리트의 성질을 표시하는 용어 중 사용 물량의 여하에 따르는 반죽질기 성질을 가리키는 것은?
① 워커빌리티(workability)
② 컨시스턴시(consistency)
③ 플라스티서티(Plasticity)
④ 펌퍼빌리티(pumpability)

45 직영공사의 대상 업무가 아닌 것은?
① 빠른 대응이 필요한 업무
② 연속해서 행할 수 없는 업무
③ 진척상황이 명확치 않고 감사하기 어려운 업무
④ 금액이 크고 복잡한 업무

46 뿌리돌림의 방법으로 옳은 것은?
① 뿌리돌림을 하는 분은 이식할 당시의 뿌리분 보다 약간 작게 한다.
② 이식이 어려운 수종은 한 번에 뿌리돌림을 실시한다.
③ 노목은 피해를 줄이기 위해 한 번에 뿌리돌림 작업을 끝내는 것이 좋다.
④ 낙엽수의 경우 생장이 끝난 가을에 뿌리돌림을 하는 것이 좋다.

47 가로 2m×세로 50m의 공간에 H0.4×W0.5 규격의 영산홍으로 산울타리를 만들려고 하면 사용되는 수목의 수량은 약 얼마인가?
① 100주 ② 200주
③ 400주 ④ 800주

48 다음 중 건설 기계의 용도 분류상 정지용으로 사용되는 것은?
① 백호우 ② 파워쇼벨
③ 드래그라인 ④ 모터그레이더

49 골재의 내부가 완전히 수분으로 채워져 있고 표면에는 여분의 물을 포함하고 있는 골재의 상태는?
① 습윤상태
② 표면건조 포화상태
③ 공기 중 건조상태
④ 절대 건조상태

50 다음 중 경관석 놓기에 관한 설명으로 가장 부적합한 것은?[2016년4회]
① 경관석은 충분한 크기와 중량감이 있는 것을 사용한다.
② 해당 장소에 알맞은 중량감, 외형, 색상, 질감 등을 고려한다.
③ 시선이 집중하기 쉬운 곳, 시선을 유도해야 할 곳에 앉혀 놓는다.
④ 1, 2, 4 등의 짝수로 만들며, 돌 사이의 거리나 크기 등을 조정배치 한다.

51 벽돌쌓기 방법 중 시공이 편리하고 쌓을 때 모서리 끝에 칠오토막을 써서 안정감을 주는 쌓기 방법은?

① 미국식 쌓기
② 영국식 쌓기
③ 네덜란드식 쌓기
④ 프랑스식 쌓기

52 오수와 우수의 분리식, 비올 때 하천으로 방류하고, 맑은 날엔 오수를 직접 방류하지 않고 차집구로 하류에 위치한 하수처리장까지 유하시킴 배수 방식은?

① 직각식　　② 차집식
③ 방사식　　④ 선형식

53 정원수 전정의 목적으로 부적합한 것은?

① 채광, 통풍을 도움으로서 병해충의 피해를 미연에 방지한다.
② 지나치게 자라는 현상을 억제하여 나무의 자라는 힘을 고르게 한다.
③ 수목의 개화 특성에 따라 개화, 결실의 양을 줄어들게 한다.
④ 강한 바람에 의해 나무가 쓰러지거나 가지나 손상되는 것을 막는다.

54 낙엽수의 휴면기 겨울 전정(12~3월)의 장점으로 틀린 것은?

① 가지의 배치나 수형이 잘 드러나므로 전정하기가 쉽다
② 굵은가지를 잘라 내어도 전정의 영향을 거의 받지 않는다.
③ 병충해의 피해를 입은 가지의 발견이 쉽다.
④ 막눈 발생을 유도하며 많은 잔가지를 발생시킬수 있다.

55 소나무의 순따기 설명으로 올바른 것은?

① 남긴 순은 1/5~1/7 정도만 남겨 두고 끝부분을 손으로 따 버린다.
② 2~3개의 순을 남기고 중심 되는 순을 포함한 나머지는 따 버린다.
③ 가지가 길게 자라게 하기 위해 실시한다.
④ 새순이 나오는 이른 봄 3~4월에 주로 실시한다.

56 상해(霜害)의 피해와 관련된 설명으로 틀린 것은?

① 다 자란 수목보다 어린 수목에서 많이 발생한다.
② 북쪽 경사면보다는 일교차가 심한 남쪽 경사면이 더 많이 발생한다.
③ 남서쪽이 터진 곳이나 남쪽의 경사면, 높은 지역에서 많이 발생한다.
④ 건조한 토양보다 과습한 토양에서 피해가 많다.

57 옆맥 사이의 퇴색이 진행되면서 점차 옆 가장자리는 황화하고 갈변하며, 잎이 외측을 향해 조금씩 말리게 되는 결핍 원소는?

① Cu　　② Mn
③ Zn　　④ Fe

58 사철나무 탄저병에 관한 설명으로 틀린 것은?[2013년4회]

① 상습발생지에서는 병든 잎을 모아 태우거나 땅 속에 묻고, 6월경부터 살균제를 3~4회 살포한다.
② 관리가 부실한 나무에서 많이 발생하므로 겨름주기와 가지치기 등의 관리를 철저히 하면 문제가 없다.
③ 줄기에서 수액이 나오며 부패한 냄새가 나는 경향이 있다.

④ 잎에 크고 작은 점무늬가 생기고 차츰 움푹 들어가면서 진전되므로 지저분한 느낌을 준다.

59 약제를 식물체의 줄기, 잎 등에 살포하여 부착시켜 식엽성 해충이 먹이와 함께 약제를 섭취하여 독작용을 일으키는 살충제의 형태는?
① 소화중독제
② 침투성살충제
③ 기피제
④ 유인제

60 물 100L를 가지고 제초제 1000배액을 만들 경우 필요한 약량은 몇 mL인가?
① 10
② 100
③ 200
④ 500

제2회 모의고사 문제

01 조경의 발달과정에 대한 설명으로 옳은 것은?
① 조경의 역사는 산업혁명 이후부터 시작되었다.
② 고대 이후의 조경은 자연에 순응하며, 실용적이었다.
③ 근세 이전에는 공공을 위한 정원이 발달하였다.
④ 산업혁명 이후 도시 내 녹지를 조성하고자 하였다.

02 조경에서 공학적 지식과 생물을 다루는 특별한 기술이 필요한 수행 단계는?
① 조경계획
② 조경시공
③ 조경관리
④ 조경설계

03 자연식 조경양식에 대한 설명으로 옳지 않은 것은?
① 동아시아와 영국에서 발달하였다.
② 자연을 모방하거나 축소한 형태이다.
③ 강력한 축을 중심으로 좌우 대칭인 형태이다.
④ 연못이나 호수 또는 인공 동산 등의 우세 경관 요소를 도입하였다.

04 중세시대 성곽과 해자로 둘러싸인 성곽 정원이 발생하도록 가장 큰 영향을 미친 요인은?
① 기후   ② 종교
③ 지형   ④ 역사성

05 회색 구조물이 흰 건물 배경보다 검은 건물 배경 앞에 놓았을 때 더욱 밝아 보이는 현상을 무엇이라 하는가?
① 동시 대비
② 명도 대비
③ 채도 대비
④ 보색 대비

06 다음 중 가장 차가운 느낌을 주는 경관은?
① 파란 바다가 보이는 풍경
② 담장 앞의 노란 개나리
③ 붉은색 벽돌과 지붕
④ 화단의 주황색 매리골드

07 다음 중 통경선(vista)의 설명으로 옳지 않은 것은?
① 주로 정형식 정원에서 많이 쓰인다.
② 정원에 변화를 많이 주기 위한 수법이다.
③ 시점으로부터 부지의 끝부분까지 시선을 집중하도록 한 것이다.
④ 주축선을 따라 설치된 원로의 양쪽에 짙은 수림을 조성하도록 한다.

08 우리나라 정원의 특징으로 옳지 않은 것은?
① 신선사상을 배경으로 한다.
② 완만한 구릉과 경사지에 위치한다.
③ 건물과 자연을 철저히 분리시켰다.
④ 순박한 민족성으로 자연과 일체감을 갖는다.

09 다음 특징에 해당하는 조경 유적은?

- 674년경 5100평으로 대·중·소 3개의 섬
- 물가는 다듬은 돌로 호안 석축
- 못가에는 석가산을 쌓아 기화요초 심음
- 유속의 감소를 위한 수로의 형태가 정교함

① 궁남지 ② 부용지
③ 향원지 ④ 안압지

10 조선 시대 궁궐의 정원을 맡아 관리하던 해당 부서로 옳지 않은 것은?

① 내원서 ② 상림원
③ 장원서 ④ 원유사

11 다음 설명에 해당하는 정원은?

- 왕의 여름 별궁
- 경사지의 계단식 처리와 기하학적인 구성
- 수로의 중정에는 건물 입구까지 이르는 길 양쪽에 늘어선 분수들이 아치 모양을 이룸

① 무굴 정원
② 헤네랄리페
③ 사자의 중정
④ 알함브라 궁원

12 프랑스 정원의 특징으로 옳지 않은 것은?

① 장식적인 평면상의 구성이 특징이다.
② 산림 내에 소로를 적극적으로 이용하였다.
③ 도시를 떠난 전원별장에서 정원이 발달하였다.
④ 산림에 둘러싸인 내부 공간은 장식적인 화단으로 꾸몄다.

13 실용적 차원에서 인정받고 있으며 시민에게 대여하여 식물재배 및 위락을 위한 공간으로 활용하도록 한 정원 유형은?

① 묘원 ② 바그
③ 빌라 ④ 분구원

14 중국 소주의 4대 정원에 해당하지 않는 것은?

① 유원 ② 이화원
③ 사자림 ④ 졸정원

15 일본 정원의 특징에 해당하지 않는 것은?

① 대비의 미 ② 자연풍경식
③ 인공적 기교 ④ 축소 지향적

16 다음의 중국 정원을 시대 순서대로 올바르게 연결한 것은?

① 상림원 → 화청궁 → 졸정원 → 원명원
② 졸정원 → 원명원 → 상림원 → 화청궁
③ 화청궁 → 졸정원 → 상림원 → 원명원
④ 원명원 → 상림원 → 화청궁 → 졸정원

17 다음의 시설물을 평면적 기호로 표현한 것은?

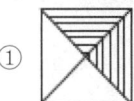 

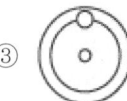 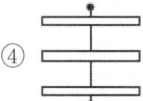

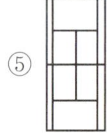

18 표제란에 들어갈 내용으로 옳지 않은 것은?
① 범례　② 방위
③ 축척　④ 도면 내용

19 조경 배식 방법 중 정형식 배식 방법에 해당하는 것은?
① 교호 식재
② 배경 식재
③ 임의 식재
④ 부등변 삼각형 식재

20 전기, 통신, 상하수도, 쓰레기 등과 관련된 계획은?
① 식재 계획
② 토지 이용 계획
③ 하부 구조 계획
④ 시설물 배치 계획

21 조경 재료 중 인공 재료의 특징으로 옳은 것은?
① 생장과 번식을 계속하는 연속성이 있다.
② 계절의 변화에 영향을 받지 않으며 균일하다.
③ 생물로서 생명 활동을 하는 자연성을 지니고 있다.
④ 표준화하기가 어려우며 생육을 위해 적합한 환경이 요구된다.

22 재료가 시간이 지나면서 인장 응력이 감소하는 성질을 무엇이라 하는가?
① 취성
② 탄성
③ 크리프
④ 릴랙세이션

23 여름에 꽃을 피우는 수종은?
① 개나리
② 배롱나무
③ 수수꽃다리
④ 박태기나무

24 다음 중 1속에서 잎이 3개 나오는 수종은?
① 백송　② 곰솔
③ 소나무　④ 섬잣나무

25 이용 목적에 따라 수목의 조건이 옳지 않은 것은?
① 방음용 – 잎이 치밀한 상록 교목
② 방풍용 – 천근성이며 가지가 많은 관목
③ 경관 장식용 – 꽃, 열매가 아름다운 수목
④ 차폐용 – 상록수로서 가지와 잎이 치밀한 수목

26 다음 중 모감주나무(Koelreuteria paniculata Laxmann)에 대한 설명으로 옳지 않은 것은?
① 잎은 호생하고 기수1회우상복엽이다.
② 뿌리는 천근성으로 내공해성이 약하다.
③ 열매가 완전하게 익으면 3개로 갈라져서 검은 종자가 나온다.
④ 꽃은 7월에 피고 원추꽃차례의 가지에 수상으로 달린다.

27 다음 중 목재의 특징으로 옳지 않은 것은?
① 열전도율이 높아 변형이 쉽다.
② 무게가 가볍고 가공이 용이하다.
③ 색깔 및 무늬 등 외관이 아름답다.
④ 부위에 따라 재질이 고르지 못하고 불에 타기 쉽다.

28 목재의 기건 상태에서 건조 전의 무게가 500g이고, 절대건조 무게가 400g인 목재의 전건량 기준 함수율은?
① 15%   ② 20%
③ 25%   ④ 30%

29 목재의 방부제 중 그 성질이 나머지 셋과 다른 하나는?
① PCP   ② 콜타르
③ C.C.A   ④ 크레오소트유

30 다음 중 석재의 역학적 성질에 대한 설명 중 옳지 않은 것은?
① 공극률이 가장 큰 것은 대리석이다.
② 현무암의 탄성 계수는 후크의 법칙을 따른다.
③ 석재의 강도는 압축 강도가 특히 크며, 인장 강도는 매우 작다.
④ 석재 중 풍화에 가장 큰 저항성을 가지는 것은 화강암이다.

31 판 모양으로 떼어 낼 수 있어 바닥 포장용, 계단 설치용, 디딤돌, 지붕 재료로 쓰이는 퇴적암의 종류는?
① 화강암   ② 점판암
③ 안산암   ④ 응회암

32 그림은 벽돌을 토막 또는 잘라서 시공에 사용할 때 벽돌의 형상이다. 다음 중 반절 벽돌에 해당하는 것은?

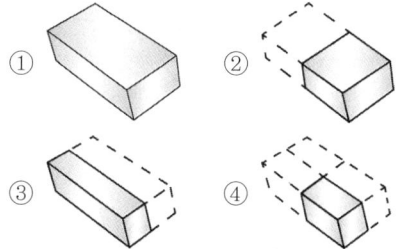

33 양질의 점토를 구운 것이란 뜻으로 토기류 및 여러 가지 형상의 조각이나 장식용 제품에 쓰이는 타일의 종류는?
① 테라코타   ② 클링커 타일
③ 스크래치 타일   ④ 모자이크 타일

34 시멘트의 강도에 영향을 주는 요인에 대한 설명으로 옳지 않은 것은?
① 표준 밀도가 높고 사용수량이 많을수록 강도는 저하된다.
② 분말도가 높으면 수화작용 빠르고 조기 강도가 크다.
③ 시멘트는 공기 중의 습도를 흡수하여 풍화되면서 강도가 증가한다.
④ 양생 온도 30℃까지는 온도가 높을수록 강도가 커진다.

35 플라이애시(fly ash) 시멘트에 대한 설명으로 옳지 않은 것은?
① 플라이애시를 섞으면 콘크리트의 시공 연도가 커지고, 건조 수축이 적어진다.
② 모르타르 및 콘크리트 등의 화학적 저항성이 강하며 장기 강도가 좋아진다.
③ 댐 콘크리트나 매스콘크리트에 사용된다.
④ 고철에서 선철을 만들 때 나오는 광재를 공기 중에서 냉각시켜 잘게 부순 것을 포틀랜드 시멘트와 혼합한 것이다.

36 다음 중 혼합 시멘트에 해당되지 않는 것은?

① 슬래그 시멘트
② 중용열 시멘트
③ 플라이애시 시멘트
④ 포졸란 시멘트

37 금속과 부식되는 환경의 관계가 옳지 않은 것은?

① 온도가 높을수록 녹의 양은 증가한다.
② 습도가 높을수록 부식 속도는 빨라진다.
③ 자외선에 노출되면 부식이 빨라진다.
④ 도장이나 수선 시기는 겨울보다 여름에 유리하다.

38 비철금속 제품에 해당하는 것은?

① 형강
② 강봉
③ 볼트
④ 스테인리스

39 플라스틱 제품의 특징으로 옳지 않은 것은?

① 착색이 자유롭고 광택이 좋다.
② 가벼우며 강도와 탄력이 크고 견고하다.
③ 열팽창계수가 적어 저온에서도 파손이 안 된다.
④ 비교적 산과 알칼리에 견디는 힘이 우수하다.

40 인공폭포나 인공동굴 등을 만드는데 가장 많이 이용되는 제품은?

① 우레탄
② 폴리에틸렌
③ 스테인리스 강철
④ 유리섬유강화플라스틱

41 조경 시공에서 기초 작업의 성격을 띠고, 설계도에 따라 지표면을 다듬는 일을 하는 공사의 종류는?

① 식재 공사
② 시설물 공사
③ 기반 조성 공사
④ 유지 관리 공사

42 다음의 목적에 해당하는 시공 관리는?

> 기본 목표는 지속적으로 공정표를 검토하여 당초 수립된 계획이 지연되지 않도록 하는 것이다. 현장에서 수행되는 공사는 기상 조건, 노동 인력 등 가변적이므로 적절히 대처하여 전체의 공사가 공사 기한을 지킬 수 있도록 해야 한다.

① 공정 관리
② 품질 관리
③ 운가 관리
④ 안전 관리

43 콘크리트 비비기와 치기에 대한 설명으로 옳은 것은?

① 4℃ 이하에서는 양생기간이 길어진다.
② 기계 비비기는 소규모 공사에 주로 쓰인다.
③ 고온건조 시 3일 이내에 모든 작업을 끝낸다.
④ 35℃ 이상의 양생온도는 후기강도를 높여준다.

44 콘크리트의 재료 중 물에 대한 설명으로 옳은 것은?

① 강도나 내구력에 큰 영향을 끼친다.
② 시멘트와 수화반응을 일으켜 경화한다.
③ 물의 알칼리 성분은 경화에 도움을 준다.
④ 오염되지 않은 하천물이나 수돗물을 사용한다.

45 메쌓기에 대한 설명으로 옳은 것은?
① 뒤채움에 콘크리트를 사용한다.
② 쌓아올릴 때 줄눈에 모르타를 사용한다.
③ 전면 기울기는 1:0.3 이상을 표준으로 한다.
④ 뒷면에 2㎡마다 배수관을 설치해 주어야 한다.

46 연못의 구조를 위에서 아래 순서로 나열한 것은?
① 급수구 → 월류구 → 여과망 → 퇴수파이프
② 급수구 → 여과망 → 월류구 → 퇴수파이프
③ 월류구 → 급수구 → 퇴수파이프 → 여과망
④ 월류구 → 퇴수파이프 → 급수구 → 여과망

47 뿌리돌림에 대한 설명으로 옳은 것은?
① 이식하는 그 해의 여름에 실시한다.
② 뿌리분의 둘레를 수평으로 파내려간다.
③ 보호수 같이 중요한 수목은 한번에 실시한다.
④ 곧은 뿌리와 굵은 곁뿌리는 절단하지 않는다.

48 수목 이식 시 뿌리분의 크기를 비교한 것으로 옳은 것은?
① 상록활엽수 < 낙엽활엽수 < 침엽수
② 낙엽활엽수 < 침엽수 < 상록활엽수
③ 침엽수 < 상록활엽수 < 낙엽활엽수
④ 상록활엽수 < 침엽수 < 낙엽활엽수

49 덩굴장미나 능소화 등의 지주목으로 가장 적합한 것은?
① 단각형   ② 연결형
③ 피라미드형   ④ 당김줄형

50 벽돌(190×90×57)을 이용하여 경계부의 담장을 쌓으려고 한다. 시공면적 15㎡에 1.0B 두께로 시공할 때 약 몇 장의 벽돌이 필요한가?(단, 줄눈은 10mm이고, 할증률은 무시한다.)
① 약 720장
② 약 1,470장
③ 약 2,235장
④ 약 2,985장

51 은행나무 10주에 400,000원, 조경공 1인과 보통공 2인이 하루에 식재한다고 할 때, 은행나무 1주를 식재할 때 소요되는 비용은?(단, 조경공 노임은 80,000원/일, 보통공 노임은 60,000원/일)
① 60,000원
② 65,000원
③ 70,000원
④ 75,000원

52 수목의 생장 원리에 대한 설명으로 옳지 않은 것은?
① 곁눈보다 정상부의 눈이 우세하게 신장한다.
② 줄기의 밑부분 가지가 윗부분보다 굵게 자란다.
③ 관목이 교목 보다 정상부 눈이 우세하게 신장한다.
④ 수목의 수분과 양분은 수평보다 수직 이동이 강하다.

53 수목의 전정 방법에 대한 설명으로 옳은 것은?
① 굵은 가지는 한번에 잘라준다.
② 가지의 안쪽 눈 바로 위에서 잘라준다.
③ 소나무의 순자르기는 9~10월에 한다.
④ 꽃나무의 수관 다듬기는 꽃이 진 직후에 한다.

54 다음 설명에 해당하는 조경 수목의 병은?

- 뿌리 및 줄기에 발생함
- 나무껍질 속에 흰색 균사를 형성함
- 가을에는 환부에 버섯이 형성됨
- 소나무류, 삼나무, 낙엽송, 전나무 등에서 발병

① 잎마름병   ② 그을음병
③ 빗자루병   ④ 뿌리썩음병

55 들잔디의 뗏밥 주는 시기로 옳은 것은?
① 잔디의 싹이 나오는 봄철
② 잔디의 생육이 끝난 겨울
③ 잔디의 생육이 왕성한 6~8월
④ 겨울철 언 땅이 녹기 시작할 때

56 꽃 모종 심기에 대한 설명으로 옳은 것은?
① 저녁보다는 한낮에 실시한다.
② 흐린 날이나 비 내리는 날에 실시한다.
③ 화단의 중앙은 외곽부분 보다 밀식한다.
④ 화단의 외곽에서 중앙 부분으로 식재한다.

57 비료는 화학적 반응을 통해 산성비료, 중성비료, 염기성비료로 분류되는데, 다음 중 염기성비료에 해당하는 것은?
① 요소   ② 용성인비
③ 황산암모늄   ④ 과인산석회

58 다음 중 제초제에 해당하는 것은?
① 베노밀 수화제
② 시마진 수화제
③ 페니트로티온 유제
④ 옥시테트라사이클린 수화제

59 건축 시설물의 관리 내용으로 옳지 않은 것은?
① 주위 경관과 조화를 이룰 수 있도록 관리한다.
② 화장실은 항상 청결이 유지되도록 해야 한다.
③ 하수구는 배수가 잘되고 곤충의 서식에 지장이 없도록 관리해야 한다.
④ 노후하거나 파손된 건축물은 본래의 기능이 유지되도록 관리해야 한다.

60 조경 시설물 중 교양 시설에 해당하는 것은?
① 모래터   ② 식물원
③ 게시판   ④ 휴게소

제3회 모의고사 문제

01 향나무, 주목 등을 일정한 모양으로 유지하기 위하여 전정을 하여 형태를 다듬었다. 이러한 작업은 어떤 목적을 위한 가지다듬기인가?
① 세력을 갱신하는 가지다듬기
② 생리조정을 위한 가지다듬기
③ 생장조장을 돕는 가지다듬기
④ 생장을 억제하는 가지다듬기

02 조경의 직무는 조경설계기술자, 조경시공기술자, 조경관리기술자로 크게 분류 할 수 있다. 그 중 조경설계기술자의 직무내용에 해당하는 것은?
① 공원녹지관리행정
② 설계변경
③ 적산 및 견적
④ 시공감리

03 단독 주택정원의 공간 구성에 대한 설명으로 틀린 것은?
① 가족의 프라이버시를 위해 앞뜰 조성 시 대문에서 현관이 가려지도록 한다.
② 안뜰의 옥외거실 공간은 정사각형의 비례로 조성한다.
③ 옥외 거실 공간의 가장자리를 따라 동선을 배치한다.
④ 뒤뜰의 부지가 좁은 경우 단순한 통로 기능만 갖게 한다.

04 주택단지 조경에 대한 설명으로 틀린 것은?
① 자동차 주차의 대부분을 지하주차장으로 하면서 조경면적이 50% 이상 증가하고 있다.
② 지하주차장 상부 콘크리트위에 만든 인공지반이라 식물의 생육에 불리하다.
③ 주택단지 주변의 산, 하천 등과 단지 내 공원을 연결하여 녹지망을 구성한다.
④ 건물과 나뭇가지 사이를 1.5m 이상 간격을 두는 등 범죄예방설계가 강조된다.

05 주택단지 내 식재 설계의 요령으로 틀린 것은?
① 건물 가까이는 상징성 있는 상록 교목을 식재한다.
② 단지 진입로를 따라 가로수를 열식하여 방향 유도한다.
③ 단지 안의 도로망을 따라 공간을 구별할 수 있는 나무를 심는다.
④ 입구 부근에는 지표 식재로 대형수목을 식재한다.

06 대기 오염, 소음, 진동, 악취 등 공해와 각종 사고, 자연재해 등을 방지하기 위해 설치하는 녹지는?
① 경관녹지 ② 완충녹지
③ 연결녹지 ④ 안전녹지

07 다음에서 설명하는 공원은?

- 뉴욕 도심에 위치한 자이언의 작품
- 좁고 길쭉한 공간에 길에서 벽천 설치, 양쪽 건물 벽을 아이비로 덮고 아까시나무 식재
- 조끼주머니(vest pocket)의 의미

① 센트럴파크 ② 버큰헤드파크
③ 팔레이파크 ④ 브라이언트파크

08 근린공원의 종류 중 10,000㎡ 이상의 규모로, 유치거리 500m 이하의 인근에 거주하는 사람들의 이용을 목적으로 조성된 공원은?

① 도보권 근린공원
② 근린생활권 근린공원
③ 도시지역권 근린공원
④ 광역권 근린공원

09 마을 공동체 공간인 커뮤니티 가든의 특징이 아닌 것은?

① 소수의 주민이 참여하므로 공원 안에서 만나는 주민의 연대감이 상대적으로 낮다.
② 텃밭을 가꾸고 먹거리 생산하며 만남과 소통의 장을 만든다.
③ 자연적인 원예 치유를 체험하고 지역만의 고유한 문화를 만들어간다.
④ 농업에 대한 도시민들의 인식을 전환시키는 역할을 할 수 있다.

10 조선시대 조경이 특징이 아닌 것은?

① 직선과 곡선의 지안을 조합시킨 수법이 독특한 동궁과 월지를 조영했다.
② 성문과 간선 도로망을 주례고공기의 원칙에 따라 건설했다.
③ 상림원을 장원서로 고쳐 원유를 관리하도록 하였다.
④ 향리에 은거하며 자연을 벗 삼아 생활하는 별서정원이 발달하였다.

11 다음 중 경복궁의 조경공간은?

① 주합루와 부용지
② 교태전과 아미산
③ 연경당과 애련지
④ 청의정과 옥류천

12 세상의 이목을 피하고자 경승지나 전원지를 택해 풍수사상 관점에서 장소를 입지한 별서정원 중 경북에 조성된 것은?

① 소쇄원
② 서석지
③ 명옥헌
④ 임대정

13 자연을 즐기고 정신 수양을 하는 동시에 교육과 토론이 장이 되는 공간으로 대체로 이층 구조를 띄고 공적 공간으로 사용되었던 곳은?

① 촉석루
② 거연정
③ 연경당
④ 상림원

14 우리나라 전통 조경 요소 중 식물에 대한 내용으로 가장 적절한 것은?

① 인격 도야의 상징으로 줄기가 곧은 소나무를 선호하였다.
② 수목은 대부분 화계나 화단에 식재하였다.
③ 자손 번성을 목적으로 큰 나무를 안마당에 심었다.
④ 동물 침입을 막기 우해 무궁화, 탱자나무를 심었다.

15 생태적 특성을 고려하고 지형 조건을 한계성을 극복하기 위해 홍만선의 산림경제에 권장된 식재 방위로 적합한 것은?

① 동쪽에 사과나무와 살구나무
② 서쪽에 치자나무와 느릅나무
③ 남쪽에 복숭아나무와 버드나무
④ 북쪽에 매화나무와 대추나무

16 우리나라 전통 조경 요소에 대한 설명으로 바르지 않은 것은?

① 조선 중기 이후 산의 형태로 축소, 재현한 점경물인 석가산 기법이 점차 확대됨
② 괴석을 세우는 석분에 불로장생을 희망하는 영주(寧州)라는 글자를 새김
③ 석상은 크고 넓적한 돌을 일정 두께로 다듬어 받침대를 괴어 만듦
④ 경관 조망점을 중시하는 정자는 마룻바닥을 한층 높게 개방형으로 꾸밈

17 중국의 정원 양식 중 시대상 가장 나중에 조성된 내용은?

① 영대(靈臺)를 만들고 포(圃)를 징발하여 유(囿)를 두었다.
② 태액지를 파고 못 속에 영주, 봉래, 방장 섬을 축조하였다.
③ 북산정, 하풍사면정, 부채모양 정자 여수동좌헌 등의 조경요소가 있는 졸정원이 조성되었다.
④ 이격비의 낙양명원기에 독락원, 대자사원, 오씨원 등의 명원이 소개되었다.

18 침전조계 정원 조영법을 기록한 작정기가 영향을 끼치고 침전형 정원, 극락정토풍의 정원이 조경된 시대는?

① 평안(헤이안)시대
② 겸창(가마쿠라)시대
③ 실정(무로마치)시대
④ 도산(모모야마)시대

19 다음 중 고대 이집트의 대표적인 정원수는?

- 강한 직사광선으로 인하여 녹음수로 많이 사용
- 신성시하여 사자(死者)를 이 나무 그늘 아래 쉬게 하는 풍습이 있었음

① 파피루스   ② 사이프러스
③ 종려나무   ④ 시커모어

20 다음 중 서양의 중세 시대에 조성된 정원문화가 아닌 것은?

① 수로가 있는 헤네랄리페
② 회랑으로 둘러싸인 수도원
③ 매듭화단과 미로정원
④ 타지마할과 니샤트 바그

21 액자와 같은 틀 속에서 경관을 바라볼 때 조망하는 경관에 더 집중할 수 있는 경관 우세 원칙은?

① 대비 효과   ② 축의 설정
③ 집중 효과   ④ 조형 효과

22 다음 중 화학 조성에 의한 조경 재료의 분류는?

① 수장 재료   ② 설비 재료
③ 유기 재료   ④ 구조 재료

23 다음 중 식물재료의 특성은?

① 소규모 다공종의 특성을 갖는다.
② 외부 공간에 사용되므로 내구성이 요구된다.
③ 녹화 및 생태 복원 등에 사용되어 친환경성을 갖는다.
④ 주변과의 조화성을 갖지만 표준화하기 어렵다.

24 황색 단풍이 아름다운 조경 수목으로만 짝지어진 것은?
① 감나무, 산딸나무
② 화살나무, 메타세쿼이아
③ 튤립나무, 계수나무
④ 마가목, 고로쇠나무

25 그해에 자란 가지에서 꽃눈이 분화하여 초여름부터 가을에 걸쳐 꽃이 피는 수종이 아닌 것은?
① 산딸나무 ② 능소화
③ 무궁화   ④ 배롱나무

26 다음 중 이식이 어려운 수종의 개수는?

> 소나무, 전나무, 주목, 목련, 튤립나무, 자작나무, 편백, 낙우송, 메타세쿼이아, 쥐똥나무, 느티나무

① 5개 ② 6개
③ 7개 ④ 8개

27 줄기가 아름다워 관상가치를 가진 대표적인 수종의 연결로 옳지 않은 것은?
① 청록색의 수피 : 물푸레나무
② 붉은색의 수피 : 흰말채나무
③ 흑갈색의 수피 : 벽오동
④ 코르크층 수피 : 황벽나무

28 수목의 생육에 가장 적합하지 않은 토양의 종류는?
① 식양토
② 양토
③ 식토
④ 사양토

29 토양층이 깊은 곳에 식재해야하는 심근성 수종은?
① 버드나무   ② 자작나무
③ 독일가문비 ④ 소나무

30 수목의 규격 측정 요령으로 틀린 것은?
① 수고 측정 시 수관 꼭대기에 돌출한 웃자람가지는 제외한다.
② 타원형 수관은 최대 층의 수관축을 중심으로 한 최단 및 최장의 너비를 합하여 나눈 것을 수관폭으로 한다.
③ 흉고직경 합의 70%가 수목 최대 흉고직경보다 클 때는 최대치를 그 수목의 흉고직경으로 한다.
④ 근원 직경의 측정 부위가 원형이 아닌 경우 최대치와 최소치를 합하여 평균값을 택한다.

31 목재의 비중이 커서 가장 강도가 큰 수종은?
① 느티나무 ② 소나무
③ 오동나무 ④ 박달나무

32 목재의 성질에 대한 설명으로 바른 것은?
① 대기 중 건조가 잘된 목재의 함수율은 12~18%
② 압축, 인장 강도는 섬유결에 직각일 때 가장 큼
③ 심재는 변재에 비하여 비중과 강도가 작음
④ 널결이 곧은결보다 변형이 작고 마모에 강함

33 외날망치나 양날망치로 일정 방향이나 평행선으로 나란히 찍어 다듬어 평탄하게 마무리하는 석재 가공 단계는?
① 정다듬   ② 잔다듬
③ 도드락다듬 ④ 혹두기

34 다음에서 설명하는 금속 재료의 종류는?

> 철광석을 코크스 및 석회암과 혼합하여 고로에서 정제한 것

① 선철 ② 황동
③ 주철 ④ 스테인리스강

35 금속재료의 부식을 방지하기 위한 방법이 아닌 것은?

① 합성수지로 도장
② 아황산가스 분사
③ 법랑 마감
④ 인산염 용액으로 피막형성

36 열을 가하면 연화되면서 가소성과 점성이 생기지만 이것을 냉각하면 굳어지는 성질이 있어 2차 성형이 가능한 열가소성 수지는?

① 폴리에틸렌 ② 멜라민수지
③ 에폭시수지 ④ 폴리우레탄

37 노천매장의 방법으로 틀린 것은?

① 종자 채취 후 바로 탈각과 정선하여 매장한다.
② 배수가 좋은 사질 양토의 경사지를 택한다.
③ 종자 매장 전 입고병 약제로 소독한다.
④ 춥지 않은 겨울에 발아를 대비하여 양지에 한다.

38 동선의 설계 과정 중 가장 먼저 고려할 사항은?

① 동선 체계 수립
② 동선 폭과 회전반지름 결정
③ 진입구의 위치 선정
④ 포장 재료의 선정 및 표현

39 자금력과 신용 등에서 적합하다고 인정되는 소수를 선정하여 그들의 경쟁을 통한 입찰에 의해 낙찰자를 선정하는 방식은?

① 일반 경쟁 입찰 ② 지명 경쟁 입찰
③ 제한 경쟁 입찰 ④ 수의 계약

40 안정된 토공사를 위한 설명으로 틀린 것은?

① 흙깎기를 할 때는 안식각보다 약간 크게 하여 비탈면의 안정을 도모한다.
② 토량의 균형을 위해 흙깎기의 양을 흙쌓기의 양에 맞추는 것이 경제적이다.
③ 비탈면의 경사는 수직 높이를 1로 보고, 이에 대한 수평 거리의 비율로 나타낸다.
④ 흙쌓기를 할 때는 30~60cm마다 다짐하고 계획고를 유지하기 위해 더돋기한다.

41 콘크리트 구성 재료에 대한 설명으로 바른 것은?

① 5mm 체에 85% 이상 남는 것을 잔골재, 모래라고 한다.
② 표면에 두 줄의 돌기와 마디가 있어 부착력이 좋은 이형 철근은 ∮으로 나타낸다.
③ 사용량이 적어 콘크리트 배합 계산에 무시되는 것은 혼화재이다.
④ 콘크리트는 수분이 있는 동안에는 장기간에 걸쳐 강도가 점진적으로 증가한다.

42 목재의 이음 및 접합에 대한 설명으로 틀린 것은?

① 목재의 이음은 엇갈려 배치되게 한다.
② 이음과 맞춤은 가능한 힘을 적게 받는 곳에 한다.
③ 목재의 긴결재는 용융 아연도금한 것을 사용한다.
④ 접합부분은 표면보다 돌출되도록 하여 캡을 씌운다.

43 목공사의 방법으로 바르지 못한 것은?
① 목재 기둥은 지표면에서 5cm 이상 떨어뜨려 감잡이쇠를 이용하여 기초에 연결 지지한다.
② 옥외 공간의 목재 도장은 오일스테인 2회 정도 바른다.
③ 목재 데크의 하부 구조는 장선과 멍에로 구분한다.
④ 목재 데크의 기초는 구조적 안정성이 높은 독립 기초로 한다.

44 소형고압블록 포장 방법으로 바르지 못한 것은?
① 보도용은 두께 6cm, 차도용은 8cm 블록 사용한다.
② 이용도가 높은 곳은 잡석 위에 콘크리트를 쳐서 기층을 강화한다.
③ 보도의 가장자리에 경계석을 설치하고 보도블록의 최종 높이는 경계석 보다 살짝 내려 깐다.
④ 포장하는 원로 종단 기울기는 5~6%, 최대 15%가 넘지 않게 한다.

45 배수공사에 대한 설명으로 옳지 않은 것은?
① 유공관 암거는 지하에 도랑파고 모래, 자갈 등으로 채워 큰 공극을 만드는 땅속 수로이다.
② 유공관 깊이는 심근성 수목 식재 시 1.3~1.8m, 천근성 수목 식재 시 0.8~1.1m로 한다.
③ 유공관의 종단 기울기는 0.2~1.0%로 하며 속도랑 설치간격은 10~20m이다.
④ 빗물받이 통의 안지름은 30cm이상, 바닥에는 15cm정도 깊이로 모래나 침적물이 고이도록 한다.

46 목재의 가공 및 제작 과정이다.(ㄴ)에 해당하는 작업은?

목재 구입-(ㄱ)-(ㄴ)-(ㄷ)-(ㄹ)-방부처리-양생

① 박피, 제재, 깎기
② 용도별 절단
③ 구멍뚫기, 모다듬기
④ 건조

47 교목을 열식이나 군식하여 수관에 의해 상부에는 연결된 공간이 만들어지고 수관 밑으로는 시선이 개방되도록 한 공간은?
① 개방공간
② 관개공간
③ 위요공간
④ 수직공간

48 조경 수목의 거름주기에 대한 설명으로 틀린 것은?
① 뿌리의 양분 흡수 속도는 5~35℃까지는 지온이 상승함에 따라 빨라진다.
② 광합성 작용은 20~30℃에서 가장 왕성하다.
③ 수목의 생장에 가장 결핍되기 쉬운 것은 인 성분이다.
④ 속효성 비료는 뿌리 활동이 왕성한 3월 싹 틀 때 덧거름으로 준다.

49 나무껍질이 갈색으로 부풀어 오르고 쉽게 벗겨지며 알코올 냄새가 나는 병징을 보이는 수목병은?
① 잎마름병
② 탄저병
③ 부란병
④ 털녹병

50 발병 부위에 따라 병해를 분류할 때 뿌리에 발생하는 병이 아닌 것은?
① 흰빛날개무늬병
② 뿌리썩음병
③ 근두암종병
④ 바이러스 모자이크병

51 다음 중 즙을 빨아 먹는 해충은?
① 미국 흰불나방   ② 회양목 명나방
③ 깍지벌레   ④ 소나무좀

52 배기가스에 대한 저항성이 강한 수종으로 짝지어진 것은?
① 은행나무, 편백
② 플라타너스, 소나무
③ 전나무, 단풍나무
④ 사철나무, 박태기나무

53 다음 중 여러해살이 잡초의 개수는?

> 바랭이, 강아지풀, 질경이, 쇠뜨기, 갈대, 억새, 쇠비름

① 2개   ② 3개
③ 4개   ④ 5개

54 잔디의 발아와 발근이 부진하고 생육이 불량하며 잎이 진한 녹색으로 변하고 생장이 멈추는 증상을 보인다면 부족한 비료의 성분은?
① 질소   ② 인산
③ 칼륨   ④ 칼슘

55 실내 식물의 비료 요구량이 가장 많은 것은?
① 고사리   ② 치자나무
③ 제라륨   ④ 안스리움

56 조경관리 중 운영관리에서 수행해야 하는 내용은?
① 주민 참여 유도
② 예산, 재무 관리
③ 행사 프로그램 주도
④ 시설물의 점검과 보수

57 조경 수목의 전정 시기에 대한 설명으로 옳지 않은 것은?
① 상록활엽수는 이른 봄인 3월과 9~10월에 전정한다.
② 침엽수는 한겨울을 피한 11~12월과 이른 봄에 전정한다.
③ 자작나무, 단풍나무 등과 같은 수종은 이른 봄에 전정한다.
④ 낙엽활엽수는 잎이 단단해진 7~8월과 이른 봄에 전정한다.

58 조경 수목의 전정 요령으로 옳지 않은 것은?
① 소나무는 2~3개의 순을 남기고 중심 순을 포함한 나머지는 모두 따버린다.
② 마디 위를 자를 때는 안쪽 눈 위에서 눈과 평행한 방향으로 비스듬히 자른다.
③ 굵은 가지를 자를 때는 무게에 의하여 가지가 부러지지 않도록 여러 번에 걸쳐서 자른다.
④ 지상부의 생장이 왕성하여 꽃이 피지 않는 덩굴성 식물인 등나무는 눈을 2개 정도만 남기고 가지를 전정한다.

59 풍해를 예방하기 위한 대책으로 옳지 않은 것은?
① 수관의 크기를 작게 유지한다.
② 수피에 흰 도포제를 발라준다.
③ 심근성 상록 수종을 식재한다.
④ 가지치기를 주기적으로 한다.

60 잔디깎기의 효과로 적절하지 않은 것은?
① 분얼을 억제하여 밀도를 낮춘다.
② 통풍이 잘되어 병해를 줄일 수 있다.
③ 잔디면을 고르게 하여 미적 경관을 좋게 한다.
④ 편평한 잔디밭을 만들어 경기력을 향상시킨다.

모의고사 정답 및 해설

제1회 모의고사 정답 및 해설

1	2	3	4	5	6	7	8	9	10
④	②	①	①	①	①	④	④	③	③
11	12	13	14	15	16	17	18	19	20
②	①	③	①	①	③	②	②	①	②
21	22	23	24	25	26	27	28	29	30
③	②	③	②	②	①	②	②	③	①
31	32	33	34	35	36	37	38	39	40
②	①	③	②	④	④	④	②	④	①
41	42	43	44	45	46	47	48	49	50
③	②	②	③	④	①	④	④	①	④
51	52	53	54	55	56	57	58	59	60
③	②	③	④	③	③	③	③	①	②

01
조경의 발달과정
- 인간의 생활환경을 편리하고 안정되게 하여 즐겁고 쾌적한 분위기를 조성할 수 있다.
- 인간이 이용하는 모든 옥외 공간과 토지를 이용하여 개발·창조함에 있어서 보다 기능적이고 경제적이며 시각적인 환경을 조성 및 보존한다.
- 조경은 유용하고 즐거움을 줄 수 있는 환경 조성에 목표를 두고 자원의 보전 및 관리를 고려하며, 문화적·과학적 지식의 응용을 통해 설계, 계획 혹은 토지의 관리 및 자연과 인공요소를 구성하는 기술이다.

02
19세기 영국 정원
- 1830년대의 산업혁명으로 대규모 공업도시가 형성되고 인구가 도시로 유입됨에 따른 도시문제 해결을 위한 법이 제정된다.
- 왕가의 사유정원을 대중에게 개방하며 공공적 성격의 정원이 시작된다.
- 버큰헤드 공원은 공적 위락용지와 사적 주택단지로 공원을 조성하였고 시민의 힘으로 설립된 최초의 공원으로 도시공원의 계기가 되고 미국의 센트럴 파크 조성에 영향을 미친다.

03
조경양식의 형태에 따른 분류
- 정형식 정원
  - 발달 : 서아시아, 유럽을 중심으로 발달
  - 종류 : 평면기하학식(프랑스), 노단식(이탈리아), 중정식(스페인)
  - 특징 : 건물에서 뻗는 강한 축 중심 좌우대칭형으로 구성한 기하학적(비스타), 입체적 정원, 터 가르기, 원로, 수로 등에 직선, 원, 원호 등 주로 사용
- 자연식 정원
  - 발달 : 동아시아, 유럽의 18c영국
  - 특징 : 연못, 호수, 인공 동산의 우세 경관 요소를 도입하여 자연 그대로의 풍경 모방, 축소하여 재현
  - 종류 : 자연풍경식(영국, 독일), 회유임천식(중국), 고산수식(일본)
- 절충식 정원
  - 정형식 정원과 자연식 정원의 형태적 특성을 동시에 지님
  - 조선시대(기본 성격은 회유임천식 : 자연식 + 정형적 형태를 포용)

04
스페인 정원의 특징
- 중정식 정원으로 건물로 둘러싸인 내부
- 물을 중시하여 소규모 분수나 연못 중심
- 코르도바 지역에서 로마의 영향으로 파티오(patio;중정)가 발달하고 회랑식 중정원의 기원이 됨

05

구분	내용
반복미	• 같은 모양의 조경 재료를 반복해서 배열할 때 나타나는 아름다움 • 질서정연하고 차분한 감을 가지게 되며 통일감과 안정감이 있다.
점층미	• 형태나 선, 색깔, 음향 등이 점차적으로 증가 또는 감소하는 것 • 좁은 부지에서 실제 면적보다 10% 더 크고 넓게 묘사할 수 있다.
운율미	• 일정한 간격을 두고 들려오는 소리, 색채, 형태 등(예 : 파도소리, 폭포소리, 시냇물소리)
복잡미	• 개체가 모여 복잡한 집단을 이루며 미를 창조하는 것

단순미	• 개체가 특징이 있는 것으로 균형과 조화 속에 단순한 자태를 나타낸다.
차경(借景)	• 멀리 보이는 자연 풍경인 산이나 바다 섬, 산림 등을 경관구성 재료의 일부로 이용
차폐미	• 아름답지 못한 경관의 한 부분이 너무 노출되어 미적인 가치가 없을 때 수목이나 자연석 등 아름다운 재료를 이용하여 가려주는 방법

06
파노라마 경관(전 경관)
- 시야가 제한 받지 않고 멀리 트인 경관, 자연의 웅장함과 아름다움을 느낌
- 높은 곳에서 내려다보이는 경관(조감도적 성격)

07
초점 경관
- 관찰의 시선이 경관 내의 어느 한 점으로 유도되도록 구성된 경관
- Vista 경관, 통경선, 강한 시각적 통일성, 안정된 구도, 사람을 초점으로 끌어들이는 힘
- Vista(통경선) : 시점으로부터 부지의 끝부분까지 시선을 집중하도록 한 것
주축선을 따라 설치된 원로의 양쪽에 짙은 수림을 조성하여 시선을 주축선으로 집중시키는 수법

08
통일성 달성을 위한 수법
- 조화 : 색채나 형태가 유사한 시각적 요소들이 어울리게 함(구릉지의 능선 ↔ 초가지붕의 곡선)
- 강조 : 동질 사이에 상반되는 것을 넣어 시각적으로 산만함을 막고 통일감 부여
- 균형과 대칭
  - 균형 : 형태감이나 색채감에서 양쪽의 크기나 무게가 한쪽에 치우침 없이 서로 평균이 되어 안정
  - 대칭 균형 : 축을 중심으로 좌우상하로 균등 배치 / 정형식 정원
  - 비대칭 균형 : 모양은 다르지만 시각적으로 느껴지는 무게가 비슷하거나 시선을 끄는 정도가 비슷하게 분배되어 균형을 이루는 것
- 반복 : 동일한, 유사한 요소를 같은 양, 같은 간격으로 일정하게 되풀이하여 움직임과 율동감을 느끼게 함.

09
색의 대비
- 계속대비 : 어떤 색을 계속 보다 다른 색을 보면 앞 색의 잔상으로 색이 달라져 보이는 현상
- 동시대비 : 두 색을 동시에 보았을 때 색이 달라져 보이는 현상

명도대비	채도대비	색상대비
어두운 바탕위의 색이 더 밝아 보임 흑인의 치아가 더 희게 보임	바탕 채도 낮을수록 선명해 보임 채도 다른 두색 인접, 채도 높은색 더 선명	바탕색의 잔상의 영향으로 색상차가 크게 보이는 현상, 심리보색

면적대비	연변대비
같은 색이라도 면적이 클수록 명도와 채도가 높아보이는 현상	색과 색의 경계부분, 흰색과 접하는 경계부분의 회색이 더 어둡게 보임

10
임해전 지원(안압지, 월지)
- 삼국사기, 동사강목에 기록 (cf. 안압지는 동국여지승람)
- 안압지 : 궁중에 못을 파고 산을 만들어 진금이수를 길렀다는 기록
  - 직선처리와 복잡 다양한 곡선처리(북쪽 굴곡 있는 해안, 동쪽 돌출하는 반도형, 남쪽과 서쪽은 직선, 바른층쌓기)
  - 면적 40,000㎡(약 5,100평), 연못 17,000㎡, 신선사상 배경으로 한 해안풍경묘사
  - 못 안의 대, 중, 소 세 개의 섬(신선사상), 임해전 동쪽에 가장 큰 섬과 작은 섬 위치
  - 거북 모양의 섬, 석가산은 무산십이봉 상징, 입수부에 도수조와 인공폭포 조성
  - 못의 관배수 시설, 반석 사용, 유속의 감소를 위한 수로의 정교함
- 임해전 : 정원을 바다로 표현, 직선과 다양한 곡선 처리

11
- 경복궁 교태전 후원(아미산원)
  - 교태전 후원에 단을 쌓아 선산인 아미산 상징하는 화계 조성
  - 괴석, 석지, 물확, 6각형 굴뚝 4개(십장생무늬), 해시계 배치, 꽃나무(쉬나무, 말채나무, 돌배나무)
- 창덕궁 후원(금원, 비원, 북원)
  - 주합루와 부용지 일원 : 후원 입구 가장 가까운 거리, 방지원도

- 연경당과 애련지 일원 : 연경당(민가 모방, 99칸 건물, 단청×), 계단식 화계로 철쭉류, 단풍나무, 소나무식재
- 관람정과 반도지 일원 : 반도지(한반도 모양 곡선지), 상지에 존덕정(6각지붕 정자), 하지에 관람정(부채꼴정자)
- 청의정(초정)과 옥류천 일원 : 후원의 가장 안쪽에 위치, 계류를 중심으로 5개의 정자, 인공폭포와 곡수거 만들어 위락공간화 한 장소

12
조선시대 후원(은일하면서 경물을 읊은 민족성, 선비사상 내포), 경복궁 교태전 후원, 창덕궁 낙선재 후원, 덕수궁 준명당 후원, 풍수지리의 영향, 주정원의 역할, 장대석 쌓아 낙엽 활엽수식재(계절변화), 괴석이나 세심석, 장식굴뚝 세움, 후원양식에 불교, 음양오행설, 풍수지리설의 영향

13
한국조경의 특징
- 자연 환경과의 조화 : 종교 및 사상 체계를 기반으로 주변 자연환경과 조화되도록 구성
- 수목에 상징성 부여(사군자 / 절개와 장수 상징하는 소나무 식재)
- 후원의 발달(은일하면서 경물을 읊은 민족성, 선비사상 내포),
  - 경복궁 교태전 후원, 창덕궁 낙선재 후원, 덕수궁 준명당 후원
  - 풍수지리의 영향, 주정원의 역할, 장대석 쌓아 낙엽 활엽수식재(계절변화), 괴석이나 세심석, 장식굴뚝 세움
  - 후원양식에 불교, 음양오행설, 풍수지리설의 영향
- 방지원도의 연못 형태 : 단순미 추구 cf. 일본의 연못은 변화가 많은 다양한 형태
- 여백으로서의 마당 : 식재하지 않고 비워 둠
- 공간 처리에 있어서 직선(예:경복궁)을 디자인의 기본으로 함 / 직선적 윤곽 처리, 방지 - cf. 안압지(직선+곡선)
- 신선사상배경 : 음양오행설 가미 - 경회루, 남원 광한루, 백제 궁남지, 신라 안압지(봉래산, 방장산, 영주산)
- 유교사상은 도연명의 안빈낙도, 순박한 민족성의 표현으로 자연과의 일체, 마음을 수양하는 정원

14
- 원명원 : 청나라 강희제 조성한 대표적 정원(서양식), 건륭제가 원명원 40경으로 확대, 35% 수면
  - 영국 윌리엄 챔버 : 우리의 눈과 마음을 즐겁게 하는 대자연의 아름다운 모든 물건을 수집하여 가장 감동적인 결과물로 완성
  - 켄트 큐가든에 최초 중국식 정원 도입하는 계기
  - 건륭제는 서양식 건물 앞에 동양 최초 프랑스식 정원 조성 - 아편전쟁 때 불에 타 폐허

15
일본 조경의 특징
- 중국의 영향 받은 사의주의 자연풍경식 발달
- 조화에 비중, 축소지향적, 인공적 기교, 추상적 구성
- 차경 수법 가장 활발

16
그라나다의 알함브라 궁원(홍궁:붉은벽돌) 중정의 구성
수로에 의해 4개의 중정 나뉨
- 이슬람 영향
  - 알베르카의 중정(도금향, 천인화 열식)
  - 사자의 중정(주랑식 중정, 가장 화려, 12마리 사자, 14세기 마호멧 5세 조성, 왕의 사정원)
- 기독교 영향
  - 다라하의 중정(린다라야, 회양목으로 가장자리에 식재 화단, 가장 여성스러움, 두 자매의 방에 딸림),
  - 레하의 중정(창격자, 사이프러스 식재)

17
찰스 브리지맨
스토우 정원에 하하 개념 최초 도입, 치즈윅 하우스, 로스햄, 스투어 헤드 설계

18
- 사투상도 : 기기준선을 긋고 각 꼭짓점에서 기준선과 일정 각도를 이루는 사선을 나란히 그은 다음에 물체의 치수대로 그리는 방법
- 정투상도 : 물체의 각 면을 투상면에 나란하게 놓고 직각 방향에서 본 물체의 모양을 나타내는 투상법
- 표고투상법 : 지형의 높고 낮음을 표시하는 것과 같이 기준면 위에 투상한 수직 투상법

19
기본 구상 및 대안 작성 단계
- 종합한 자료들을 바탕으로 조경 계획에 필요한 기본적인 아이디어 도출
- 계획안에 대한 물리적, 공간적 윤곽이 드러나기 시작(버블 다이어그램으로 표현됨)
- 프로그램에 제시된 문제 해결을 위한 구체적 계획 개념 도출
- 대안작성(기본적인 측면에서 상이한 안을 만드는 것이 바람직함)
- 아이디어 도출 - 몇 개의 대안 제시 - 장단점 비교 평가 - 최종안 선택

20
- 주곡선 : 지형도 전체에 일정 높이의 간격으로 그려진 곡선
- 간곡선 : 주곡선 간격의 1/2 거리

- 조곡선 : 간곡선 간격의 1/2 거리
- 계곡선 : 주곡선의 다섯줄마다 굵은 선으로 긋는 선

21
축척이 1/500에서 1/1000로 변동되면 길이는 2배가되고, 단위면적이 10m²인 경우를 4m×5m라고 가정하면 가로, 세로 각각 2배가 되므로(2×4)×(2×5)=80m²

22
정형식 식재 : 축선, 대칭식재, 비스타 구성
- 단식 : 수형이 우수하고 중량감을 갖춘 정형수를 단독으로 식재
- 대식 : 시선축의 좌우에 같은 형태, 같은 종류의 나무 두 그루를 한 짝으로 대칭 식재
- 열식 : 같은 형태와 종류의 나무를 일정한 간격의 직선상에 식재하는 수법
- 교호 식재 : 두 줄의 열식을 서로 어긋나게 배치하여 식재 열의 폭을 늘리기 위한 수법
- 집단 식재(군식) : 수목을 집단적으로 일정한 간격을 두어 심어, 식재한 지역을 완전히 덮어 버리는 수법으로 하나의 덩어리로써 질량감을 필요로 하는 경우에 이용

23
앞뜰 공간 구성
- 대문에서 현관에 이르는 공간
- 인상적으로 설계, 4계절의 변화를 느끼도록
- 설치될 주요 시설물 : 포장된 원로, 조명등, 차고, 울타리 등
- 원로는 입구로서의 단순성 강조
- 현관까지의 원로 폭 : 1~1.5m, 자동차 통행의 경우 2.5m
- 원로바닥 : 자연석, 판석, 화강석, 콘크리트, 벽돌

24

구분			유치거리	규모	공원시설 부지면적
생활권공원	소공원		제한 없음	제한 없음	20% 이하
	어린이공원		250m 이하	1,500m² 이상	60% 이하
	근린공원	근린생활권 근린공원	500m 이하	1만m² 이상	40% 이하
		도보권 근린공원	1,000m 이하	3만m² 이상	40% 이하
		도시지역권 근린공원	제한 없음	10만m² 이상	40% 이하
		광역권근린공원	제한 없음	100만m² 이상	40% 이하

25
재료의 성질
- 강도 : 재료에 하중이 걸린 경우, 재료가 파괴되기까지의 변형저항 성질(하중속도, 하중시간, 온도와 습도의 영향)
- 강성 : 물체가 외력을 받아도 모양이나 부피가 변하지 않는 단단한 성질
- 전성 : 압축력이 가해질 때 재료가 파괴되지 않고 퍼지는 성질
- 취성 : 외력에 의하여 영구 변형을 하지 않고 파괴되는 성질로 이성과 반대
- 인성 : 잡아당기는 힘에 견디는 성질
- 전성 : 얇게 펴지는 성질
- 연성 : 탄성 한계를 넘어서 파괴되지 않고 늘어나는 성질로 가장 큰 것은 금
- 탄성 : 외력을 받아서 변형을 일으킨 뒤 외력을 제거하면 다시 원형으로 돌아가는 성질

26
조경 수목이 갖추어야 할 조건
- 수형이 아름답고 실용적일 것
- 이식이 쉽고 잘 자랄 것
- 불리한 환경에서 적응력이 클 것
- 다량으로 쉽게 구할 수 있을 것
- 병충해에 강할 것
- 다듬기 작업에 견디는 성질이 좋을 것

27
나무 고유의 모양에 따라 교목과 관목으로 구분할 때 후박나무, 회화나무, 단풍나무는 교목으로 분류되고 화살나무는 관목으로 분류된다.

28
백색 꽃이 피는 수종 : 조팝나무, 팥배나무, 산딸나무, 노각나무, 백목련, 탱자나무, 돈나무, 태산목, 치자나무, 호랑가시나무, 팔손이나무 등

29
흰말채나무
층층나무과 낙엽관목으로 수피는 붉은색이며 꽃은 황백색이며 열매는 흰색, 잎은 대생하며 타원형 또는 난상타원형이고, 표면에 작은 털이 있다.

30
이용상에 따른 수목 분류
- 산울타리 및 차폐용 – 사철나무, 측백나무, 서양측백나무, 개나리, 쥐똥나무, 탱자나무
- 녹음수 : 큰 잎, 지하고가 높은 낙엽교목 – 느티나무, 은행

나무, 플라타너스, 백합나무, 회화나무
- 방음수 : 지하고가 낮고 잎이 치밀한 상록 교목 - 향나무, 녹나무, 히말라야시다, 태산목, 구실잣밤나무
- 방풍수 : 심근성, 줄기, 가지가 강한 것, 추녀높이 보다 높이 자랄 것(방풍림은 직각으로 길게 조성) - 해송, 편백, 삼나무, 느티나무, 가시나무
- 방화수 : 수분이 많은 상록활엽수, 가지 많고 잎이 무성 - 상수리나무, 돈나무, 사철나무, 가시나무, 굴거리나무
- 가로수 : 가로경관, 미기후 조절, 대기오염 정화, 섬광, 교통소음 차단 및 감소기능, 방풍, 방설, 방사, 방조, 방화대로서의 기능, 도시민의 사생활 보호
- 도시도로 녹지 수종 : 쥐똥나무, 벽오동, 향나무(고속도로 식재에서 차광률 가장 높은 수목)

31
광선에 따른 수목의 분류
- 음수(생장을 위한 전광량의 50%) - 사철나무, 회양목, 전나무, 주목, 눈주목, 비자나무, 개비자나무, 동백나무, 독일가문비, 팔손이나무
- 양수(생장을 위한 전광량의 70%) - 향나무, 소나무, 해송, 철쭉, 느티나무, 은행나무, 무궁화, 백목련, 가중나무, 일본잎갈나무, 자작나무

32
아황산가스에 대한 저항성
직접 식물 체내로 침입하여 피해를 줄 뿐만 아니라 토양에 흡수되어 산성화시키고 뿌리에 피해를 주어 지력을 감퇴시킨다.

강한 수종	상록침엽	편백, 화백, 가이즈까향나무, 향나무
	상록활엽	가시나무, 굴거리나무, 녹나무, 태산목, 후박나무, 후피향나무
	낙엽활엽	가중나무, 벽오동, 버드나무류, 칠엽수, 플라타너스
약한 수종	상록침엽	소나무, 잣나무, 전나무, 삼나무, 히말라야시더, 잎갈나무, 독일가문비
	낙엽활엽	느티나무, 튤립나무, 단풍나무, 수양벚나무, 자작나무, 고로쇠나무

33
"H×B"로 규격 표시하는 수종은
플라타너스, 왕벚나무, 은행나무, 튤립나무, 메타세쿼이아, 자작나무 등

34
낙상홍
- 감탕나무과 식물이다.
- 자웅이주이다.
- 낙엽활엽수 관목으로 열매가 적색이다.
- 잎은 어긋나고 타원형이고 잎 끝이 뾰족하고 단 톱니가 있다.
- 열매는 구형으로서 적색으로 익는다.

35
단풍나무과 중에 3~5개의 복엽인 수종은 네군도단풍과 복자기나무이고 수피는 회백색이고 가지는 붉은색으로 5월에 개화하는 수종은 복자기이다.

36
계절에 따른 화단

봄화단	• 한해 : 팬지, 데이지, 프리뮬러, 금잔화 • 다년생 : 꽃잔디, 은방울꽃, 붓꽃 • 구근 : 튤립, 크로커스, 수선화, 히아신스
여름화단	• 한해 : 피튜니아, 천일홍, 맨드라미, 매리골드 • 다년생 : 붓꽃, 옥잠화, 작약 • 구근 : 글라디올러스, 칸나
가을화단	• 한해 : 매리골드, 맨드라미, 피튜니아, 코스모스, 샐비어 • 다년생 : 국화, 루드베키아 • 구근 : 다알리아
겨울화단	• 꽃양배추

37
심재와 변재
- 심재 : 목질부 중 수심 부근에 있는 부분, 수축이 적음, 강도와 내구성이 큼, 색이 진함.
- 변재 : 수피 가까이에 있는 부분, 수축이 큼, 강도나 내구성이 심재보다 작음, 색이 연함.

38
함수율 = 건조전중량 - 건중량(건조후중량)/건중량(건조후중량)×100%
115 - 100/100×100% = 15%

39
목재 방부제

유용성 방부제 (실외)	• 기름에 녹여서 사용 • 방수성과 침투성이 좋음, 값이 쌈 • 냄새, 색깔이 좋지 않음 • 크레오소트유 : 비휘발성 흑갈색 용액, 방부력이 우수하나 냄새가 심하여 미관에 관계없는 실외에 사용 • PCP : 열이나 약제에 안정적, 방부력이 매우 강함, 가격이 비쌈.

	• 콜타르 : 흑색이고 침투가 약하므로 도포용으로 사용 • 유성 페인트, 아스팔트, 오일스테인 등 • 유기요오드화합물
수용성 방부제 (실내)	• 물에 녹여 사용하는 방부제, 여러 종류의 화합물을 혼합 • C.C.A : 크롬, 구리, 비소의 혼합물, 가장 많이 사용되었으나 독성으로 사용금지 • A.C.C : 구리와 크롬화합물, 광산의 갱목에 사용

40

분류	종류
화성암	화강암, 안산암, 현무암, 섬록암 등
퇴적암	응회암, 사암, 점판암, 혈암, 석회암 등
변성암	편마암, 대리석, 사문암 등

41
가공석
- 각석 : 폭이 두께의 3배 미만, 폭 보다 길이가 긴 직육면체의 석재(쌓기용, 기초석, 경계석)
- 판석 : 두께가 15cm 미만, 폭이 두께의 3배 이상인 판 모양의 석재(디딤돌, 원로 포장용, 계단 설치용)
- 마름돌 : 형태가 정형적인 곳에 사용, 시공비가 많음(미관과 내구성이 요구되는 구조물이나 쌓기용)
- 견치돌 : 앞면은 정사각형, 면이 정사각형에 가깝고 면에 직각으로 잰 길이가 최소변의 1.5배 이상, 1개의 무게는 70~100kg(주로 흙막이용 돌쌓기 사용)
- 사고석 : 고건축의 담장 등 옛 궁궐에서 사용, 길이는 최소변의 1.2배 이상
- 잡석 : 크기가 지름 10~30cm 정도의 것이 크고, 작은 알로 골고루 섞여져 있으며, 형상이 고르지 못한 돌

42
혹두기로 석재 표면의 큰 돌출 부분만 대강 떼어 내는 정도의 가친 면을 마무리하는 작업

43
알루미나 시멘트는 일반 시멘트의 단점을 보완하기 위해 만든 특수시멘트로 초기 강도가 크며, 열분해 온도가 높아 내화용 콘크리트에 적합하나 가격이 비싸다.

44

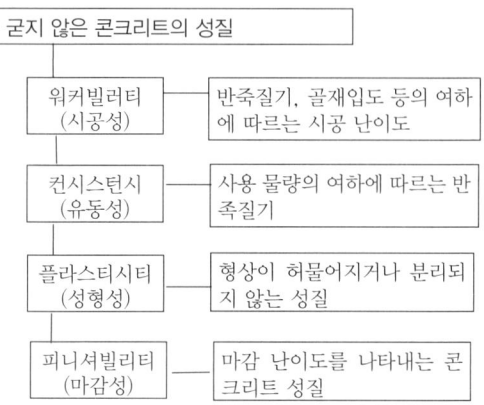

45
직영 공사

구분	직영 방식
대상 업무	• 재빠른 대응이 필요한 업무 • 연속해서 행할 수 없는 업무 • 진척상황이 명확치 않고 검사하기 어려운 업무 • 금액이 적고 간편한 업무
장점	• 관리책임이나 책임소재가 명확함 • 긴급한 대응이 가능 • 관리 실태를 정확히 파악, 관리 효율 향상 • 임기응변의 조치가 가능 • 양질의 서비스 제공 가능
단점	• 일상적인 업무는 타성화되기 쉬움 • 직원의 배치전환이 어려움 • 필요 이상의 인건비 지출

46
뿌리돌림의 방법
- 근원 직경의 4배 되는 지점의 뿌리를 절단
- 뿌리돌림 하는 분은 이식 당시 뿌리분보다 약간 작게 함
- 이식이 용이한 수종은 1회, 이식이 어려운 수종은 2~4회 나누어 연차적으로 실시함
- 바람에 넘어지는 것을 방지하기 위해 3~4 방향으로 자란 굵은 곁뿌리를 남겨두고 15~20cm 폭으로 환상 박피를 실시함
- 심근성 수종의 직근은 자르지 않음
- 뿌리돌림 후 가지와 잎을 솎아 지상부와 지하부의 균형을 맞추어야 함(T/R율 조절)

47
관목 식재량
- 영산홍의 폭은 0.5m 이므로 1㎡당 4주 식재할 수 있음
- 식재 공간은 4m × 50m=200㎡ 임
- 200㎡ × 4그루=800주

48
토공용 기계

굴착기계	파워셔블, 백호우, 불도저, 트랙터셔블, 드래그라인, 리퍼 등
적재기계	무한궤도식 로더, 차륜식 로더, 소형 로더
굴착·적재기계	셔블계 굴착기
굴착·운반기계	불도저, 스크레이퍼 도저, 스크레이퍼, 트랙셔블
운반기계	덤프트럭, 크레인, 트럭크레인, 지게차, 체인블록
정지기계	모터그레이더
다짐기계	탬퍼, 진동 컴팩터, 진동롤러

49
골재의 함수 상태
- 절대 건조 상태 : 건조로에서 100~110℃의 온도로 일정한 중량이 될 때까지 완전히 건조한 상태
- 공기 중 건조 상태 : 골재의 표면은 건조하나 내부에서 포화하는데 필요한 수량보다 작은 양의 물을 포함한 상태로서 물을 가하면 약간 흡수할 수 있는 상태
- 표면 건조 포화 상태 : 골재의 표면에는 수분이 없으나 내부의 공극은 수분으로 충만된 상태로서 콘크리트 반죽 시에 물 양이 골재에 의하여 증감되지 않는 이상적인 상태
- 습윤 상태 : 골재의 내부가 완전히 수분으로 채워져 있고 표면에는 여분의 물을 포함하고 있는 상태

50
경관석 놓기 방법
- 시각적 초점이 되거나 중요하게 강조하고 싶은 장소에 경관이 뛰어난 자연석을 1개 또는 여러 개 배치
- 해당 장소에 알맞은 중량감, 외형, 색상, 질감 등을 고려
- 경관석의 수량은 보통 3, 5, 7 등 홀수로 하며 돌 사이의 거리나 크기 등을 짜임새 있게 조정
- 주변에 관목, 초화류 등을 식재
- 경관석은 충분한 크기와 중량감이 있어야 함

51
벽돌쌓기 방법
- 영국식 쌓기 : 길이쌓기 켜와 마구리쌓기 켜를 반복해서 쌓는 방법, 가장 견고한 방법, 모서리 끝에 이오토막
- 네델란드식 쌓기 : 영국식 쌓기와 같으나 시공이 편리하고 쌓을 때 모서리 끝에 칠오토막 써서 안정감(우리나라)
- 프랑스식 쌓기 : 켜마다 길이와 마구리가 번갈아 나오는 방법, 영국식보다 아름다우나 견고성은 떨어짐
- 미국식 쌓기 : 5켜까지 길이쌓기 그 위 1켜는 마구리 쌓기 (뒷면은 영국식)

52
배수 방식
- 직각식 : 해안지역에서 하수를 강에 직각으로 연결시키는 방법
- 차집식 : 오수와 우수의 분리식, 비올 때 하천으로 방류하고, 맑은 날엔 오수를 직접 방류하지 않고 차집구로 하류에 위치한 하수처리장까지 유하시킴
- 선형식 : 지형이 한 방향으로 규칙적인 경사지에 설치함
- 방사식 : 지역이 광대하여 한 개소로 모으기 곤란할 때 사용되며, 최대연장이 짧으며 소관경이므로 경비 절약, 처리장이 많다는 결점

53
전정의 목적
- 미관상 : 수형에 불필요한 가지제거로 수목의 자연미를 높이고 인공수형의 경우 조형미를 높인다.
- 실용상 : 방화, 방풍, 차폐 등의 역할, 가로수 여름 전정을 통해 통풍 원활, 태풍의 피해를 방지한다.
- 생리상 : 지엽 밀생 수목, 쇠약해진 수목, 개화 결실 촉진, 이식한 수목의 생리 조정을 한다.

54
겨울전정의 장점
겨울 전정의 경우 휴면기간 중이므로 막눈이 발생하지 않고, 새 가지가 나오기 전까지는 전정한 아름다운 수형을 오래도록 감상할 수 있다.

55
소나무 순따기(순자르기)
소나무류는 가지 끝에 여러 개의 눈이 있어, 봄에 그대로 두면 중심의 눈이 길게 자라고 나머지 눈은 사방으로 뻗어, 마치 바퀴살 같은 모양을 이루어 운치가 없게 된다. 생장을 억제하여 원하는 모양을 만들기 위해서 5~6월에 2~3개의 순을 남기고 중심 되는 순을 포함한 나머지는 따 버린다. 남긴 순은 자라는 힘이 지나치다고 생각될 때 1/3~1/2 정도만 남겨 두고 끝부분을 손으로 따 버린다.

56
상해가 발생하기 쉬운 경우
- 오목한 지형에 있는 수목에서 많이 발생한다.

- 북쪽 경사면보다는 일교차가 심한 남쪽 경사면이 더 많이 발생한다.
- 맑고 바람 없는 날 많이 발생한다.
- 다 자란 수목보다 어린 수목에서 많이 발생한다.
- 건조한 토양보다 과습한 토양에서 많이 발생한다.
- 북서쪽이 터진 곳이나 북서쪽의 경사면, 높은 지역에서 많이 발생한다.

57
결핍증상
- Fe(철) : 어린잎에 엽맥만 남기고 황백화되며 심한 경우 엽맥도 연두색으로 변한다. 체내 이동성이 낮아서 결핍증은 생장점 가까운 부위부터 발생한다.
- Cu(구리) : 생장이 억제되고, 어린잎이 비틀리며, 정단분열 조직이 괴사되는 증상을 보인다. 백화현상이 오래된 잎엣 새로운 잎으로 퍼진다.
- Mn(망간) : 황색반점이 생기며, 엽맥은 황색과 녹색 그물 모양을 형성한다.
- Zn(아연) : 엽맥 사이의 퇴색이 진행되면서 점차 잎 가장자리는 황화하고 갈변하며, 잎이 외측을 향해 조금씩 말리게 된다.

58
사철나무 탄저병
- 5~6월경 잎맥, 잎자루, 어린 줄기에 담갈색 또는 회갈색의 둥근 점무늬가 형성된다.
- 병엽소각, 해충구제, 비배 관리를 철저히 한다.
- 만코지 수화제 500배액을 6월에 10일 간격으로 살포한다.

59
살충제의 형태
- 침투성 살충제 : 약제를 식물체의 뿌리, 줄기, 잎 등에서 흡수시켜 식물 전체에 약제가 분포되게 하여 흡즙성 곤충이 흡즙하면 죽게 하는 형태
- 소화중독제 : 약제를 식물체의 줄기, 잎 등에 살포하여 부착시켜 식엽성 해충이 먹이와 함께 약제를 섭취하여 독작용을 일으키는 형태
- 기피제 : 해충에 자극을 주어 가까이 오지 못하도록 하는 약제
- 유인제 : 해충을 유인하여 방제할 목적으로 사용하는 약제

60
농약의 희석
소요약량 = 총 소요량/희석배수
100L=100,000mL, 100 000/1,000 = 100mL

제2회 모의고사 정답 및 해설

1	2	3	4	5	6	7	8	9	10
④	②	③	④	②	①	②	③	④	①
11	12	13	14	15	16	17	18	19	20
②	③	④	②	①	①	①	④	②	③
21	22	23	24	25	26	27	28	29	30
②	④	③	②	②	①	③	④	③	①
31	32	33	34	35	36	37	38	39	40
②	③	①	③	④	②	④	①	③	④
41	42	43	44	45	46	47	48	49	50
③	①	①	③	②	①	④	②	②	③
51	52	53	54	55	56	57	58	59	60
①	③	④	④	④	③	②	②	③	②

01
조경의 발달과정
조경의 역사는 인류가 정주 생활을 시작한 원시시대부터 시작하였다. 초기의 조경 기술은 왕 또는 귀족 계급의 궁전과 저택의 정원을 중심으로 발전하였다. 산업 혁명 이후 도시화가 빠르게 진행되면서 도시 내에 녹지 또는 자연 경관을 조성하고자 하는 노력이 시작되었다. 근세 이전은 주로 개인의 정원에 국한된 사적인 조경이 발전해 왔으나, 오늘날에는 도시공원, 녹지와 같은 공적인 조경을 중심으로 발전하였다.

02
조경의 분야
조경 시공은 수목의 식재, 시설물 배치 등에 관련된 업무로 공학적 지식과 생물을 다루는 특별한 기술이 필요하다.

03
조경양식의 형태에 따른 분류
- 정형식 정원
  - 발달 : 서아시아, 유럽을 중심으로 발달
  - 종류 : 평면기하학식(프랑스), 노단식(이탈리아), 중정식(스페인)
  - 특징 : 건물에서 뻗는 강한 축 중심 좌우대칭형으로 구성한 기하학적(비스타), 입체적 정원, 터 가르기, 원로, 수로 등에 직선, 원, 원호 등 주로 사용
- 자연식 정원
  - 발달 : 동아시아, 유럽의 18c영국
  - 특징 : 연못, 호수, 인공 동산의 우세 경관 요소를 도입하여 자연 그대로의 풍경 모방, 축소하여 재현
  - 종류 : 자연풍경식(영국, 독일), 회유임천식(중국), 고산수식(일본)
- 절충식 정원
  - 정형식 정원과 자연식 정원의 형태적 특성을 동시에 지님

04
조경 발생 요인
중세시대는 전쟁으로 인한 폐쇄적인 역사성으로 인해 성곽과 해자로 둘러싸인 성곽 정원이 발생하였다.

05
색의 대비
- 명도 대비 : 같은 명도의 색이 배경색에 의해 다르게 보이는 현상
- 채도 대비 : 채도가 다른 두 색이 서로의 영향으로 인하여 채도가 높은 색은 더 높게, 채도가 낮은 색은 더 낮게 보이는 현상
- 보색 대비 : 색상차가 가장 많이 나는 보색끼리 대비했을 경우 서로의 색이 더욱 뚜렷하게 보이는 현상
- 동시 대비 : 서로 가까이 놓여진 2개 이상의 색을 동시에 볼 때 일어나는 색채 대비

06
색
- 따뜻한 색 계통(빨강, 주황, 노랑) : 정열적, 온화, 친근한 느낌, 가깝게 보임
- 차가운 색 계통(초록, 파랑, 남색) : 지적, 내정, 상쾌한 느낌, 후퇴해 보임

07
통경선
통경선을 통해 질서가 생기고 짜임새 있는 공간으로 통일된다.

08
우리나라 정원의 특징
- 자연주의에 의한 자연풍경식 정원
- 자연을 존중하여 인간을 자연에 동화시키는 조성 원리
- 공간 구성이 단조로움 : 연못의 경우 방지 형태
- 수목을 낙엽활엽수로 식재하여 계절 변화를 즐김
- 신선사상, 음양오행사상, 풍수지리사상 등이 배경

09
안압지(월지)
- 문무왕 15년(674) 원지를 파고, 20년(679)에 동궁을 축조
- 신선사상을 배경으로 해안 풍경을 묘사한 정원
- 임해전은 정원을 바다로 표현하고자 한 구상이며, 직선과 다양한 곡선 처리를 함

10
시대별 조경관리서
- 고구려 : 궁원
- 고려 : 내원서
- 조선 : 상림원(태조), 산택사(태종), 장원서(세조), 원유사(연산군)

11
헤네랄리페
헤네랄리페는 왕의 여름 별궁으로 경사지의 계단식 처리와 기하학적으로 구성되어 있다. 수로의 중정은 건물 입구까지 이르는 길 양쪽에 늘어선 분수들이 아치 모양일 이루고 있고, 흰 벽의 밝은 광선과 아케이드의 깊은 그늘, 분수의 물보라와 소리, 좌우에 식재된 꽃과 수목의 향기 등은 천국의 파라다이스를 느끼게 해준다.

12
프랑스 정원
프랑스는 왕과 귀족의 저택에서 유명한 정원이 나타났고, 이탈리아는 도시를 떠난 전원별장에서 정원이 발달하였다.

13
분구원
독일 정원의 한 형태인 분구원은 한 단위가 200㎡ 정도 되는 소정원을 시민에게 대여하여 채소, 과수, 꽃 등의 재배와 위락을 위한 공간으로 현재까지도 실용적 측면에서 시행되고 있다.

14
중국 정원
중국 소주의 4대 정원에는 졸정원, 유원, 사자림, 창랑정이 있다. 이화원은 청시대 북경지역에 설립된 중국 황실의 여름 별궁이다.

15
일본 정원의 특징
일본 정원은 조화를 중시한다. 대비의 미를 중시한 것은 중국 정원의 특징이다.

16
중국 정원
상림원(한나라) → 화청궁(당나라) → 졸정원(명나라) → 원명원(청나라)

17
시설물의 평면 기호
위 시설물은 퍼걸러이고, 평면 기호 표시는 ①번이다. ②는 등벤치, ③은 음수대, ④는 시소, ⑤는 배드민턴장 평면 기호이다.

18
표제란의 내용
표제란에 들어갈 내용에는 공사명, 도면명, 범례(수목 수량표, 시설물 수량표), 방위, 축척이 있다.

19
조경 배식 방법
- 정형식 배식 : 단식, 대식, 열식, 교호 식재, 정형식 군식 등
- 자연식 배식 : 부등변삼각형 식재, 임의 식재, 모아심기, 배경 식재 등

20
하부 구조 계획
하부 구조 계획은 전기, 전화, 상하수도, 가스, 쓰레기 처리 등의 공급 처리 시설에 관련된 계획이다.

21
조경 재료의 기능상 분류
조경재료는 생명력을 가지고 있는지 여부에 따라 식물재료와 인공재료로 나눈다. 식물재료는 생명력이 있고, 인공재료는 생명력이 없다.

구분	종류	특성
식물재료	수목, 지피식물, 초화류 등	자연성, 연속성, 조화성, 비규격성
인공재료	목재, 석재, 시멘트, 콘크리트, 점토, 금속 등	균일성, 불변성, 가공성

22
재료의 성질
- 취성 : 외력에 의하여 영구 변형을 하지 않고 파괴되는 성질로 이성과 반대
- 탄성 : 외력을 받아서 변형을 일으킨 뒤 외력을 제거하면 다시 원형으로 돌아가는 성질
- 크리프 : 물체에 외력이 작용할 때 시간이 지나면서 변형이 증대해 가는 현상
- 릴랙세이션 : 시간이 지나면서 인장 응력이 감소하는 현상

23
꽃의 계절에 따른 분류
- 봄꽃 : 진달래, 영춘화, 박태기나무, 철쭉, 동백나무, 명자나무, 목련, 조팝나무, 산사나무, 매화나무, 개나리, 산수유, 수수꽃다리, 히어리, 배나무, 복사나무 등
- 여름꽃 : 배롱나무, 협죽도, 자귀나무, 능소화, 치자나무, 마가목, 산딸나무, 층층나무, 수국, 무궁화 백정화 등
- 가을꽃 : 무궁화, 부용, 협죽도, 은목서, 호랑가시나무 등
- 겨울꽃 : 팔손이나무, 비파나무 등

24
침엽수의 속당 잎의 수

속당 잎수	종류
2	소나무, 곰솔, 방크스소나무
3	백송, 리기다소나무, 대왕송
5	잣나무, 스트로브잣나무, 섬잣나무

25
방풍용 수목
방풍용 수목은 강한 풍압에 견딜 수 있도록 심근성이면서 줄기와 가지가 강인하고 지엽이 치밀한 상록수가 바람직하다.

26
모감주나무의 특징
뿌리는 심근성으로 가로수로도 식재한다.

27
목재의 장단점
- 장점
  - 외관이 아름답다.
  - 재질이 부드럽고 촉감이 좋다.
  - 무게가 가벼우며 무게에 비해 강도가 크다.
  - 가공이 쉽고 열전도율이 낮다.(플라스틱, 돌 등)
  - 압축강도 보다 인장강도가 크다.
- 단점
  - 부패성
  - 함수율에 따라 변형(팽창, 수축 생김), 불에 타기 쉬움(내연성 없음)

28
함수율 계산
- 함수율 = 건조 전 중량 − 건중량(건조 후 중량)/건중량(건조 후 중량)×100%
- 500 − 400/400×100% = 25%

29
방부제의 종류

유용성방부제 (실외)	• 기름에 녹여서 사용 • 방수성과 침투성이 좋음, 값이 쌈 • 냄새, 색깔이 좋지 않음 • 크레오소트유 : 비휘발성 흑갈색 용액, 방부력이 우수하나 냄새가 심하여 미관에 관계없는 실외에 사용 • PCP : 열이나 약제에 안정적, 방부력이 매우 강함, 가격이 비쌈. • 콜타르 : 흑색이고 침투가 약하므로 도포용으로 사용 • 유성페인트, 아스팔트, 오일스테인 등 • 유기요오드화합물
수용성방부제 (실내)	• 물에 녹여 사용하는 방부제, 여러 종류의 화합물을 혼합 • C.C.A : 크롬, 구리, 비소의 혼합물, 가장 많이 사용되었으나 독성으로 사용금지 • A.C.C : 구리와 크롬화합물, 광산의 갱목에 사용

30
석재의 역학적 성질
장식용으로 사용되는 치밀한 석회암을 대리석이라 한다. 공극률이 큰 것은 흡수율 또한 크고 흡수에 의한 동결 융해의 반복으로 동결과 해빙되기 쉽고 내구성이 적다. 따라서 대리석은 공극률이 작다.

31
석재의 종류
퇴적암은 암석의 분쇄물 등이 물속에 침전되어 지열과 지압으로 다시 굳어진 것으로 수성암이라고도 한다. 점판암은 퇴적암의 종류로 회갈색, 청회색, 암회색으로 불에 강하다.

32
벽돌의 분할에 따른 명칭

반토박	반절(긴 방향 절반)
반반절(반절을 반토막)	이오토막(온장의 1/4)

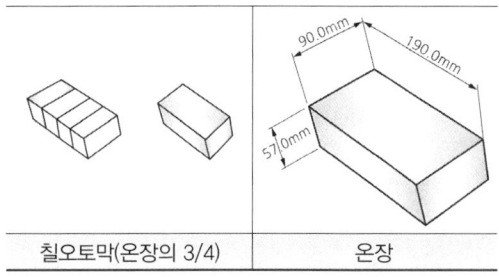

| 칠오토막(온장의 3/4) | 온장 |

33
타일의 종류
- 클링커 타일 : 요철 무늬를 넣어 바닥 등에 붙이는 타일, 주로 외장 바닥재 용도로 이용
- 스크래치 타일 : 표면에 거친 무늬를 넣은 것
- 모자이크 타일 : 크기가 작은 것으로 아름다운 문양을 만들기에 편리

34
시멘트 강도
시멘트는 제조 직후 강도가 제일 크며, 점점 공기 중의 습도를 흡수하여 풍화되면서 강도는 저하된다.

35
시멘트의 종류
고로 시멘트(슬래그 시멘트) : 고철에서 선철을 만들 때 나오는 광잴ㄹ 공기 중에서 냉각시켜 잘게 부순 것을 포틀랜드 시멘트, 클링커와 혼합해 적당히 분쇄해 분말로 만든 것이다.

36
시멘트의 종류
- 일반 시멘트 : 보통 포틀랜드 시멘트, 조강 포틀랜드 시멘트, 백색 포틀랜드 시멘트, 중용열 포틀랜드 시멘트, 저열 포틀랜드 시멘트, 내황산염 포틀랜드 시멘트 등
- 혼합 시멘트 : 고로 시멘트, 플라이애시 시멘트, 포졸란 시멘트 등

37
금속과 부식되는 환경
도장이나 수선 시기는 여름보다 온도가 낮은 겨울에 유리하다.

38
금속 제품
- 철금속 : 철선, 와이어로프, 형강, 강봉, 강판, 리벳, 볼트, 듀벨 등
- 비철금속 : 놋쇠, 청동, 구리, 스테인리스 등

39
플라스틱의 특징
- 소성(구부러짐), 가공성이 좋아 복잡한 모양 성형이 좋다.
- 내산성, 내알칼리성
- 가볍고, 강도와 탄력성이 있다.
- 착색, 광택이 좋다.
- 절연재(전기가 안 통함)
- 내열성 부족, 저온에서 잘 파괴된다.
- 접착력이 크고 전성이 있다.
- 비교적 산과 알칼리에 견디는 힘이 강하다.

40
유리섬유강화플라스틱(FRP)
불포화 폴리에스터·에폭시수지 등의 열경화성수지에 유리섬유, 카본 섬유 등 강화재를 결합한 복합재료로 경량·내식성·성형성(成型性) 등이 뛰어나 조경에서는 인공폭포, 인공암 등의 재료로 이용된다.

41
조경 시공 공사의 종류
설계도에 따라 지표면을 정지하는 공사는 기반 조성 공사이다. 식재공사는 수목 및 초화류를 식재하는 공사를 말하며, 시설물 공사는 조경 구조물, 포장, 자연석, 각종 시설물을 설치하기 위한 공사를 말하며, 유지 관리 공사는 시공한 완성물에 대한 관리 공사를 말한다.

42
공정 관리
전체 공사 기한의 단축 및 엄수를 위한 시공 관리는 공정 관리이다.

43
콘크리트 비비기와 치기
양생 온도는 대체로 높을수록 수화가 빠르게 일어나지만 적당한 온도는 15~30℃이다. 35℃ 이상이 되면 수화 작용이 급속해져서 초기 강도는 좋지만 그 후의 강도 증진이 떨어지고 균열이 생길 우려가 있다. 또, 4℃ 이하에서는 양생 기간이 길어지고 강도가 떨어지며, 영하로 떨어지면 콘크리트가 동결되어 강도가 매우 낮아진다.

44
콘크리트 재료
콘크리트는 물과 시멘트가 화학 반응을 일으켜 경화되며, 수분이 있는 동안은 장기간에 걸쳐 강도가 점진적으로 증가한다. 어떤 종류의 물을 사용하느냐에 따라 콘크리트의 강도나 내구력이 달라진다.

45
마름돌쌓기 종류
- 메쌓기

- 콘크리트나 모르타르를 사용하지 않고 쌓는 방식
- 배수는 잘되나 견고하지 못해 높이에 제한이 있음
- 전면 기울기는 1 : 0.3 이상이 표준, 하루에 쌓기는 2m 이하로 제한
• 찰쌓기
- 줄눈에 모르타르를 사용하고 뒤채움에 콘크리트를 사용하는 방식
- 견고하나 배수가 불량해지면 토압이 증대되어 붕괴 우려가 있음
- 뒷면에 배수를 위해 2m²마다 지름 3~6cm의 배수관을 설치
- 전면 기울기는 1 : 0.2 이상이 표준이며, 하루에 쌓기는 1~1.2m

46
연못의 구조
• 급수구의 위치는 표면 수면보다 높게
• 월류구는 수면과 같은 위치에 설치
• 퇴수구는 연못 바닥의 경사를 따라 배치(가장 낮게)

47
뿌리돌림
• 이식 시기로부터 6개월~3년 전에 봄이나 가을에 실시한다.
• 이식이 용이한 수종은 1회, 어려운 수종은 2~4회 나누어 연차적으로 실시한다.
• 바람에 넘어지는 것을 방지하기 위해 3~4방향으로 자란 굵은 곁뿌리를 하나씩 남겨두고 환상박피를 시행한다.

48
뿌리분의 크기
• 일반적으로 이식력이나 발근력이 약한 것은 더 크게 분을 만든다.
• 상록수이고 잎이 큰 경우 수분 증발이 많기 때문에 뿌리분이 커야 한다.

49
지주목의 종류
• 단각형 : 수고 1.2m 이하의 소교목
• 당김줄형 : 대형 교목, 철선을 사용하여 지지함
• 연결형 : 각 수목의 주간에 각목 또는 대나무 등의 가로막대를 대고 주관과 결속하여 고정, 교목의 군식에 사용
• 피라미드형 : 덩굴 식물을 올릴 경우에 사용

50
벽돌의 개수
• 시공면적 × m²당 벽돌 매수
• 15 × 149 = 2235장

51
식재 비용 산출
• (은행나무 10주 비용 + 인건비)/10
• (400,000 + 80,000 + 120,000)/10 = 60,000원

52
수목의 생장 원리
교목이 관목 보다 정상부 눈이 우세하게 신장한다.

53
수목 전정 방법
• 굵은 가지의 경우 여러 번의 걸쳐 잘라준다.
• 가지의 바깥눈 바로 위에서 잘라준다.
• 소나무의 순자르기는 5~6월에 실시한다.

54
뿌리썩음병

피해수종	소나무류, 삼나무, 낙엽송, 전나무, 밤나무, 오동나무 등
병징	• 뿌리 및 줄기에 발생함 • 나무껍질 속에 흰색 균사를 형성함 • 가을에는 환부에 버섯이 형성됨
방제법	• 병든 나무는 캐내고 토양 소독 • 미분해 된 낙엽은 넣지 말고 식재 • 이병주 조기 발견 및 굴취 제거

55
잔디 뗏밥 주는 시기
일반적으로 잔디의 생육이 왕성한 6~8월에 준다.

56
화단의 꽃모종 심기
• 한낮을 피하고 오전이나 저녁에 심는다.
• 화단의 중앙에서 외곽부분으로 식재한다.
• 화단의 중앙은 외곽부분 보다 밀식한다.
• 비 오는 날은 피하여 식재한다.

57
생리적 반응에 의한 비료의 분류
비료가 물에 녹았을 때의 고유의 성분이 아니라 식물 뿌리의 흡수 작용 또는 미생물 작용을 받은 뒤에 토양에 잔존하는 성분에 의해 나타나는 산도
• 산성 비료 : 황산암모늄, 염화암모늄, 황산칼륨, 염화칼륨 등
• 중성 비료 : 과인산석회, 중과인산석회, 요소, 석회질소 등
• 염기성 비료 : 용성인비 등

58

약제의 종류
- 베노밀 수화제 : 살균제
- 페니트로티온 유제 : 살충제
- 옥시테트라사이클린 수화제 : 살균제

59

건축 시설물의 관리
항상 아름다운 미관을 유지할 수 있도록 관리하며, 보수를 할 경우에는 주위 경관과 조화를 이루도록 하고, 화장실은 항상 청결이 유지되도록 관리하고, 하수구는 배수가 잘되도록 하여 냄새가 나지 않도록 하고, 모기 등 곤충들의 서식지가 되지 않도록 하고, 노후하거나 파손된 건축물은 본래의 기능이 유지되도록 보수를 철저히 하도록 한다.

60

조경 시설물의 종류

구분	주요 시설물
유희시설	그네, 미끄럼틀, 시소, 모래터, 낚시터, 회전목마, 놀이용 전차, 야외 무도장, 정글짐 등
운동시설	축구장, 야구장, 배구장, 농구장, 테니스장, 육상 경기장, 궁도장, 철봉, 평행봉, 평균대, 족구장, 수영장, 사격장, 자전거 경기장, 수상 경기장, 롤러 스케이트장 등
경관시설	식재대, 잔디밭, 화단, 산울타리, 자연석, 조각물 등
수경시설	연못, 분수, 개울, 벽천, 인공폭포 등
휴양시설	휴게소, 벤치, 야외 탁자, 정자, 퍼걸러, 야영장, 덱 등
교양시설	식물원, 동물원, 온실, 축사, 수족관, 야외 음악당, 도서관, 기상 관측소, 기념비, 고분, 성터, 구가옥 등
편익시설	매점, 음식점, 간이 숙박시설, 주차장, 화장실, 시계탑, 음수대, 수세장, 집회장소, 전망대, 자전거 주차대 등
관리시설	문, 차고, 창고, 게시판, 표지판, 조명시설, 쓰레기처리장, 볼라드, 휴지통, 수도 등
기반시설	도로, 보도, 광장, 옹벽, 석축, 비탈면, 배수시설, 관수시설 등

제3회 모의고사 정답 및 해설

1	2	3	4	5	6	7	8	9	10
④	④	①	①	①	②	③	②	①	①
11	12	13	14	15	16	17	18	19	20
②	②	①	④	②	①	③	①	④	③
21	22	23	24	25	26	27	28	29	30
④	②	②	③	①	②	③	③	④	④
31	32	33	34	35	36	37	38	39	40
④	①	②	①	②	②	①	④	③	①
41	42	43	44	45	46	47	48	49	50
④	④	④	③	①	②	②	①	②	④
51	52	53	54	55	56	57	58	59	60
③	①	③	②	③	②	③	②	②	①

01
- 생장을 돕기 위한 전정
  뿌리 곁움 제거, 병해충 피해가지, 말라죽은 가지, 부러진 가지 제거
- 생장 억제하기 위한 전정
  향나무, 회양목, 산출타리 수목 다듬기, 소나무 순자르기, 활엽수 잎따기
- 개화 결실을 돕기 위한 전정
  과수의 해거리 현상 방지, 꽃나무류의 꽃봉오리 솎아내기
- 생리 조정하기 위한 전정
  이식할 때 지하부와 지상부의 균형을 맞추기 위한 전정
- 세력 갱신을 위한 전정
  수목이 늙어 생기를 잃을 경우 줄기나 가지를 잘라 새 줄기나 가지로 갱신하는 것

02
- 조경설계기술자의 직무 내용
  - 도면제도, 전산응용설계
  - 기본계획수립, 세부디자인, 스케치
  - 물량 산출 및 시방서 작성, 시공 감리

03
- 전정(앞뜰)은 대문과 현관사이의 공간으로 바깥의 공적인 분위기에서 사적인 분위기로의 전이 공간이며, 주택의 첫 인상을 좌우하는 공간이다.
- 주정(안뜰)은 응접실이나 거실 쪽에 면한 뜰로 옥외생활을 즐길 수 있는 곳이며, 휴식과 단란이 이루어지는 공간으로 가장 특색 있게 꾸밀 수 있는 중요한 공간이다.
- 중정(가운데뜰)은 건물 안이나 건물의 안채와 바깥채 사이에 있는 뜰을 말한다.
- 후정(뒤뜰)은 조용하고 정숙한 분위기로 외부에서 시각적, 기능적으로 차단하여 사생활(프라이버시)이 최대한 보장되도록 조성한 공간이다. 채소나 과수 심기, 어린이 놀이터나 운동공간으로 조성할 수 있으나 부지가 좁은 경우 통로의 기능만을 갖기도 한다.

04
최근 들어 친환경 녹지 공간에 대한 요구가 증대되고 자동차 주차의 대부분을 지하주차장으로 하는 단지가 증가함에 따라 조경 면적이 70% 이상 대폭 증가하고 있는 추세이다.

05
주택 단지 내 건물 가까이에는 차폐나 겨울철 방풍을 위해 식재가 필요한 곳이 아니라면 상록성 교목의 식재를 피하는 것이 좋고, 계절적인 변화를 느낄 수 있는 꽃이나 단풍, 열매가 좋은 나무를 선택하는 것이 좋다. 단지 입구 부근에는 상징성을 나타낼 수 있는 지표 식재로 대형 수목을 식재하고, 진입로를 따라 가로수를 열식하여 방향을 유도한다.

06
- 완충녹지 : 대기오염, 소음, 진동, 악취 등 공해와 각종 사고, 자연재해 등을 방지하기 위해 설치
- 경관녹지 : 자연이 훼손된 지역 복원, 개선하여 도시 경관을 향상시키기 위해 설치
- 연결녹지 : 도시 안의 공원, 하천, 산지 등을 유기적으로 연결하고 산책 공간의 역할을 하는 등 여가, 휴식을 제공하는 선형의 녹지

07
미국의 다른 도시를 비롯한 세계 각국의 소공원 조성에 영향을 끼침.

08

구분	유치거리	규모	시설면적
근린생활권 근린공원	500m 이하	1만㎡ 이상	40% 이하
도보권 근린공원	1,000m 이하	3만㎡ 이상	40% 이하
도시지역권 근린공원	제한 없음	10만㎡ 이상	40% 이하
광역권 근린공원	제한 없음	100만㎡ 이상	40% 이하

09
커뮤니티 가든은 공한지나 빈 땅을 활용하여 주민이 함께 만들고 가꾸는 공공정원의 형식으로 만들어질 수 있다. 텃밭이자 공동체 만남과 소통의 장을 통하여 이웃 간의 강한 연대감을 갖게 되어 지역만의 고유한 문화가 만들어지는 공간이 될 수 있다.

10
경주 동궁과 월지는 삼국을 통일한 문무왕이 조영한 것으로 직선과 곡선의 지안을 조합시킨 수법이 독특하며 경주 남산 서쪽의 포석정지는 정자가 있었던 것으로 추측되지만 현재는 전복 형태의 곡수거만 남아있다.

11
- 경복궁에는 왕비의 정침인 교태전 후원에 단을 쌓아 선산(仙山)인 아미산을 상징하는 화계를 조성하여 꽃을 심고 괴석, 수조, 굴뚝 등을 배치하였다.
- 창덕궁 후원은 주합루와 부용지 일원, 연경당과 애련지 일원, 관람정과 관람지 일원, 청의정과 옥류천 일원으로 구성하였다.

12
소쇄원(전남 담양), 서석지(경북 영양), 명옥헌원림(전남 담양), 임대정원림(전남 화순), 보길도 원림(전남 완도)

13
누(樓)와 정(停)의 차이점은 누는 대체로 이층 구조이고 공적 공간으로 사용하며, 정자는 규모가 작고 사각, 육각, 팔각 등의 다양한 형태이며 사적 공간으로 이용하였다. 대표적인 누정으로는 광한루, 촉석루, 거연정 등이 있다.

14
- 우리나라 전통 조경에서 식물의 선정은 인격 도야의 상징인 소나무, 대나무, 매화나무, 국화, 연꽃 등을 선호하였고, 계절미를 느낄 수 있는 낙엽활엽수가 많이 도입되었으며, 줄기가 곧은 것보다 운치 있는 곡선, 자연스럽게 자란 타원형 수목, 과실수와 화목류를 선호하였다.
- 수목은 대부분 땅에 구덩이를 파고 직접 심었으며 큰 나무를 안마당에 심는 것을 꺼렸다. 또한 집 주위에는 소나무와 대나무를, 문 앞에는 회화나무와 대추나무를 심기 권장하였고, 석류는 많은 자손을 얻으며, 문 밖 동쪽 버드나무를 심으면 가축이 번성한다고 했다.

15
- 홍만선의 산림경제에 권장된 식재 방위
  - 동쪽 : 복숭아나무와 버드나무
  - 남쪽 : 매화나무와 대추나무
  - 서쪽 : 치자나무와 느릅나무
  - 북쪽 : 사과나무와 살구나무

16
석가산은 감상 가치가 있는 여러 개의 돌을 쌓아 산의 형태로 축소, 재현한 점경물과 관상가치가 있고 재질이 단단한 화강암을 활용하였다. 조선시대 중기 이후 석가산 기법은 점차 줄어들고 좁은 뜰에 도입이 용이한 기이한 형태의 괴석을 점경물로 즐기는 경향이 나타났다.

17
- 은주시대 : 영대(靈臺)를 만들고 포(圃)를 징발하여 유(囿)를 두었다.
- 진한시대 : 태액지를 파고 못 속에 영주, 봉래, 방장 섬을 축조하였으며 조수(鳥獸)와 용어(龍魚)조각을 배치하였다.
- 송시대 : 이격비의 낙양명기에 독락원, 대자사원, 오씨원 등의 명원이 소개되었고, 대표적인 원림으로 산수의 조화가 뛰어난 창랑정이 있다.
- 명시대 : 북산정, 하풍사면정, 부채모양 정자 여수동좌헌 등의 조경요소가 있는 졸정원이 조성되었으며, 계성의 원야의 기록으로 당시 원림 문화를 이해할 수 있다.
- 청시대 : 강희제는 원명원을 조성하였고, 건륭제는 원명원에 동양 최초의 프랑스식 정원을 꾸몄으나 아편전쟁때 물에 타 폐허가 되었다. 원명원 서쪽의 이화원은 화재를 입었지만 서태후에 의해 재건되었다.

18
- 일본서기에 노자공이 수미산과 오교 제작 기록, 곡수연
  → 비조시대(아스카)
- 침전조계 정원 조영법 기록한 작정기, 극락정토풍 정원
  → 평안시대(헤이안)
- 회유식, 석조 조경술, 몽창소석의 정토 사상, 서방사
  → 겸창시대(가마쿠라)
- 선(禪) 사상을 보여주는 고산수식, 대덕사, 용안사
  → 실정시대(무로마치)
- 땅가름이나 석조 기법이 호방하고 화려, 와비 사비 이념을 분위기로 초암을 둔 자연풍의 다정 양식
  → 도산시대(모모야마)
- 회유식 정원, 계리궁, 수학원 이궁
  → 강호시대(에도)
- 프랑스, 영국자연풍식 영향, 암석원 도입, 경도의 무린암
  → 명치시대(메이지)

19
고대 이집트 주택정원의 식물로는 연꽃, 파피루스, 종려나무 등이 종교적, 상징적, 장식적인 목적으로 식재되었다. 특히 시커모어는 고대 이집트인들이 신성시하였다.

20
매듭화단과 미로정원은 근세 영국의 튜더왕조 때 이탈리아와 프랑스의 영향을 받기 시작하면서 화려한 정형식 정원의 구성요소로 유행하였다.

21
- 대비 효과 : 크기나 형태, 색상이나 질감, 재료 등의 서로 다른 요소를 나란히 배치하면 서로 다른 점이 강하게 나타난다.
- 연속 효과 : 형태나 색상, 동일한 질감이나 재료 등의 요소를 반복함으로써 방향성과 질서, 통일감을 유도한다.
- 축의 설정 : 축은 시작점과 끝선을 잇는 가상적인 선으로, 인공적 질서가 강조되어 힘이 느껴지고 질서가 있지만, 지나칠 경우 단조로울 수 있다.
- 집중 효과 : 축을 설정함으로써 얻어지는 효과로서 강력한 시각적 통일감을 형성하여 인공적인 질서를 강조한다.
- 대등 효과 : 대칭적이거나 비대칭적인 요소를 나란히 배치함으로써 안정감을 얻을 수 있다.

22
구분		주요 재료
생산방법		천연재료, 인공재료
화학조성	무기재료	금속재료, 비금속재료
	유기재료	천연재료, 합성수지
사용목적 및 용도		구조재료, 수장재료, 설비재료
공사 구분		목공사용 재료, 철근 콘크리트 공사용 재료

23
식물재료의 특성은 자연에서 생산되므로 표준화하기 어려우며 생육을 위하여 적합한 환경이 요구된다. 가, 나, 다는 인공 재료의 특성이다.

24
다홍색	단풍나무류, 마가목, 화살나무, 감나무, 붉나무, 담쟁이덩굴, 산딸나무, 옻나무 등
황색	은행나무, 일본잎갈나무, 메타세쿼이아, 튤립나무, 느티나무, 갈참나무, 칠엽수, 벽오동, 배롱나무, 계수나무, 자작나무, 고로쇠나무 등

25
초여름부터 가을에 걸쳐 꽃이 피는 나무는 개화하는 그 해에 자란 가지에서 꽃눈이 분화하여 그 해 안에 꽃이 피는 성질을 지니게 되는데, 능소화, 무궁화, 배롱나무, 장미, 찔레나무 등이 이에 속한다.

26
이식이 어려운 수종으로 소나무, 전나무, 주목, 독일가문비, 섬잣나무, 가시나무, 굴거리나무, 목련, 튤립나무, 칠엽수, 감나무, 자작나무 등이 있다.

27
- 흰색 수피 : 자작나무
- 흰색 및 청록색의 수피 : 물푸레나무, 양버즘나무, 모과나무, 백송
- 붉은색 수피 : 흰말채나무
- 초록색 수피 : 벽오동
- 코르크층 수피 : 황벽나무

28
토양 입자의 굵기에 따라 모래, 미사, 점토로 구분하는데, 이러한 토양입자의 양적 비율 즉 조성에 따라 식토, 식양토, 양토, 사양토, 사토 등으로 구분하고 토양의 물리적 성질이 결정된다. 수목의 생육에는 식양토, 양토, 사양토가 좋다.

29
심근성 수목으로는 소나무, 곰솔 전나무, 주목, 일본목련, 동백나무, 느티나무, 백합나무, 상수리나무, 은행나무, 칠엽수, 백목련 등이 있다.

30
지표면으로부터 1.2m 높이의 수간 지름을 흉고직경이라고 하는데, 각 수간 흉고직경 합의 70%가 그 수목의 최대 흉고직경보다 클 때는 흉고직경 합의 70%를 흉고직경으로 한다.

31
대기 중에 잘 건조된 목재의 비중(기건 비중)은 수종에 따라 다른데, 오동나무 0.31, 삼나무 0.37, 소나무 0.53, 느티나무 0.74, 떡갈나무 0.82, 대추나무, 박달나무, 상수리나무는 0.8이상으로 비중이 큰 것일수록 강도가 세다.

32
목재의 압축 및 인장 강도는 섬유결과 평행할 때 가장 크고, 직각 방향일 때 가장 작다. 또한 구조재로 사용하는 부위는 변재와 심재부분인데, 변재는 심재에 비하여 비중과 강도가 작고, 신축이 크며, 내구성이 약하다. 한편 목재의 절단 방향에 따라 절단면에 나타나는 무늬가 다른데 평행선 모양의 곧은결이 물결보양의 널결보다 변형이 작고 마모에 강하다.

33
- 혹두기 : 쇠망치로 석재 표면의 큰 돌출 부분만 대강 떼어내는 정도, 거친 면의 마무리 작업
- 정다듬 : 정으로 비교적 고르고 곱게 다듬는 것

- 도드락 다듬 : 도드락 망치를 사용하여 1~3회 곱게 다듬는 것
- 잔다듬 : 외날망치나 양날망치로 일정 방향이나 평행선으로 나란히 찍어 다듬어 평탄하게 마무리하는 것
- 물갈기 : 다듬면을 연마기나 숫돌로 매끈하게 갈아내는 방법으로 화강암, 대리석 등을 최종적으로 마무리할 때 물을 사용하기 때문에 물갈기라고 함

34
- 선철 : 철광석을 코크스 및 석회암과 혼합하여 고로에서 정제한 것
- 강철 : 탄소 함유량 0.04~1.7%, 고온에서 유연해져 단조하기 용이하여 구조용재로 가장 많이 사용하지만 녹이 잘 슬어 내식성이 약함
- 주철 : 탄소 함유량이 1.7% 이상으로 경질이어서 압연이나 단조 등의 기계적 가공이 불가능하지만 주조성이 높아 복잡한 형상의 제품을 제조할 수 있음
- 스테인리스 강 : 크롬과 니켈을 함유하여 철금속이 대기 중에서 녹슬기 쉬운 성질을 개선한 특수강

35
금속 재료의 부식을 방지하기 위해서는 페인트 및 합성수지로 도장, 아연이나 주석으로 도금, 법랑 마감, 인산염 용액에 담가 피막 형성, 콘크리트 피복 등의 방법을 사용할 수 있다.

36
- 열가소성 수지 : 열을 가하며 연화되고 용융되어 2차 성형이나 자유로운 성형이 가능하다. 그러나 강도 및 연화점이 낮아 구조재나 외부 공간에 노출된 곳에는 사용하기 어렵다. 아크릴산수지, 염화비닐(PVC), 폴리에틸렌(PE), 폴리스틸렌, 폴리프로필렌(PP), 폴리카보네이트 등
- 열경화성 수지 : 열을 가하면 굳어져서 더 이상 가열해도 연화되거나 녹지 않지만 강도가 높아 유리섬유 등과 함께 사용하면 구조적 성질을 나타내며 내후성이 높아진다. 페놀수지, 요소수지, 멜라민수지, 에폭시수지, 폴리우레탄 등

37
노천매장 시 이상 기후에 의하여 춥지 않은 겨울에는 매장한 곳에서 발아할 염려가 있기 때문에 음지 쪽에 매장한다.

38
동선의 설계과정은 진입구의 위치 선정 – 위계를 둔 동선 체계의 수립 – 동선 폭과 회전반지름 결정 – 포장 재료의 선정 및 표현 순으로 이루어진다.

39
- 일반 경쟁 입찰 : 도급 희망자를 공모하여 가장 유리한 조건을 제시한 자를 낙찰자로 선정
- 지명 경쟁 입찰 : 자금력과 신용 등에서 적합하다고 인정되는 소수를 선정하여 그들의 경쟁을 통한 입찰에 의해 낙찰자를 선정
- 제한 경쟁 입찰 : 부적격자에게 낙찰될 우려를 줄이기 위하여 지역을 제한하거나 시공 능력, 도급 한도액, 공사 실적 등을 정하여 입찰하는 방식
- 수의 계약 : 발주자가 필요하다고 판단되는 사업이나 기술, 시공 방법의 특수성, 시간적 제한성이 있는 경우 단독 입찰하는 방식

40
토공사를 할 때 흙이 가라앉거나 무너져 지반의 안정이 깨지는 부작용을 방지하고 안정을 유지하기 위해서 비탈면의 경사가 안식각보다 작게 시공한다. 보통 흙의 안식각은 30~35°이다.

41
- 5mm 체에 85% 이상 통과하는 것을 잔골재, 모래라고 하고, 85% 이상 남는 것을 굵은 골재, 자갈이라 한다.
- 표면에 두 줄의 돌기와 마디가 있어 부착력이 좋은 이형철근은 D로 표기하고, 단면이 원형인 원형철근은 ∮으로 나타낸다.
- 혼화재료 중 사용량이 비교적 많아서 그 자체의 부피가 콘크리트 배합의 계산에 관계되는 혼화재료를 혼화재라고 하고 사용량이 비교적 적어 그 자체의 용적이 배합 계산에 무시되는 것을 혼화제라 한다.

42
목재의 접합 부분이나 끼워 맞추기 등에서 돌출 부분이 표면보다 돌출되지 않도록 하고, 불가피한 경우에는 돌출 부위에 캡을 씌운다.

43
데크의 기초 공사는 구조적 안정성이 높은 줄기초로 하는 것이 좋으며, 데크의 상판을 받치는 하부 구조는 일반적으로 장선과 멍에로 구분하는데 이는 각 다른 규격의 구조용 각관으로 설치한다. 또한 상판의 목재는 방부 처리한 상태로 시공하고, 시공 후 침투성 방부도료를 덧칠해주면 효과가 더 좋다.

44
보도의 가장자리는 보통 경계석을 설치하여 마감하고, 보도블록의 최종 높이는 경계석의 높이와 일치시킨다. 줄눈은 가능한 좁게 하고 깔기가 끝나면 다짐기로 다져서 요철 부분이 없이 바닥이 고르게 되도록 마무리한다.

45

지하에 도랑파고 모래, 자갈, 호박돌 등으로 채워 큰 공극을 만들고 공극 사이로 주변의 물이 스며들어 흐르도록 하는 땅속수로를 벙어리 암거라고 한다.
또한 유공관 암거는 자갈을 채운 도랑에 배수 효율을 높이기 위해 작은 구멍이 있는 관을 설치하여 구멍을 통해 들어간 물이 관을 통해 빠르게 배수되게 하는 방법이다.

46

(ㄱ) 용도별 절단
(ㄴ) 박피, 제재, 깎기
(ㄷ) 구멍뚫기, 따내기, 모 다듬기 등 1차 가공
(ㄹ) 건조

47

- 개방공간 : 낮은 관목이나 지피식물을 식재하여 사방이 열리도록 만드는 공간
- 위요공간 : 식재 형태에 의한 상부 공간은 수관에 의하여 관개 공간이 조성되어 있고 수관 밑 공간의 측면은 중관목과 소관목으로 닫혀 있는 공간
- 수직공간 : 공간의 양측면에 수관 폭이 넓지 않고 키가 큰 수목을 식재하여 상부로는 공간이 개방되어 있고, 측면은 열식 또는 군식한 수목에 의하여 차단되어 있는 공간

48

수목의 생장에 가장 중요하고 결핍되기 쉬운 것은 질소 성분이다.

49

부란병은 사과나무, 꽃아그배나무 등에서 주로 발생하며 방제법으로는 환부를 칼로 도려내고 70% 알코올로 소독한 후 도포제를 바른다. 낙엽 후 겨울철에 8-8식 보르도액을 살포하고 동해와 피소 피해에 주의해야 한다.

50

발병부위	병해
줄기	줄기마름병, 가지마름병
잎, 꽃, 과일	흰가루병, 탄저병, 회색곰팡이병, 적성병, 녹병, 균핵병, 갈색무늬병
나무 전체	흰비단병, 시들음병, 세균성 연부병, 바이러스 모자이크병
뿌리	흰빛날개무늬병, 자줏빛날개무늬병, 뿌리썩음병, 근두암종병

51

- 즙을 빨아 먹는 해충(흡즙성)
  응애류, 깍지벌레류, 진딧물류
- 잎을 갉아먹는 해충(식엽성)
  미국흰불나방, 회양목 명나방
- 구멍을 뚫는 해충(천공성)
  하늘소, 소나무좀

52

배기가스에 강한 수종은 편백, 은행나무, 향나무류, 녹나무, 태산목, 플라타너스, 쥐똥나무, 아왜나무, 졸가시나무, 사철나무, 벽오동, 미루나무, 능수버들, 참느릅나무, 후피향나무 등이 있다.

53

- 1년생 잡초 : 바랭이, 강아지풀, 새포아풀, 방동사니, 좀개갓냉이, 개여뀌, 마디풀, 괭이밥, 개망초, 쇠비름, 명아주, 깨풀, 별꽃, 달의장풀 등
- 여러해살이 잡초 : 쑥, 토끼풀, 쇠뜨기, 질경이, 반하, 개밀, 메, 소리쟁이, 갈대, 억새 등

54

잔디의 비료 부족 증상

성분	비료 부족 증상
질소	생육이 부진하고, 잎이 누렇게 변하며, 과잉일 때에는 연약해짐
인산	잔디의 발아와 발근이 부진하고, 생육이 불량하며, 잎이 진한 녹색으로 변하고, 생장이 멈춤
칼륨	생육이 부진하고, 잎이 누렇게 변하며, 현저할 때에는 잎에 백색 반점이 생김

55

비료 요구량이 많은 실내 식물은 제라늄, 포인세티아, 아스파라거스, 백합 등의 양지식물이며 비교적 비료 요구량이 적은 식물은 고사리류, 치자나무, 철쭉류, 양란류 등 음지식물이다.

56

- 유지관리 : 수목, 초화류, 잔디, 야생 식물, 기반 시설물, 편익 및 유희 시설물, 건축물 등의 관리
- 운영관리 : 예산, 재무제도, 조직, 재산 등의 관리
- 이용관리 : 안전관리, 이용지도, 홍보, 행사 프로그램 주도, 주민 참여 유도

57

성숙한 자작나무와 단풍나무는 이른 봄에 가지를 치면 수액이 흘러나와 상처 치유를 지연 시킬 수 있으므로 늦가을에서 겨울 초기에 잎이 완전히 나온 후 전정하여 수액이 나오는 시기를 피해야 한다.

58
마디 위 자르기는 바깥쪽 눈 7~10㎜ 위쪽에서 눈과 평행한 방향으로 비스듬히 자르는 것이 가장 좋다. 마디 위를 많이 남겨두면 양분의 손실이 생기고, 너무 비스듬히 자르면 상처가 크고 증산량이 많다. 또한 눈과 너무 가깝게 자를 경우 말라 죽을 염려가 있다.

59
- 풍해를 예방하기 위해서는 가지치기를 주기적으로 하여 위험한 가지를 미리 제거하고 이식한 수목을 반드시 지주를 설치해 준다. 또한 방풍림은 바람이 불어오는 방향에 대하여 직각으로 길게 조성해야 하며, 너비는 10~20m, 식재 간격은 1.5~2m로 정삼각형 식재하고 7~8줄의 식재 열을 이루도록 한다.
- 수피에 새끼나 녹화마대 또는 수목테이프를 감아 주거나 흰 도포제(석회유황합제)를 발라주는 것은 수목이 뜨거운 직사광선을 받았을 때 수피의 일부에서 급속한 수분 증산이 일어나 형성층 조직이 파괴되어 껍질이 말라죽는 현상인 피소의 예방법이다.

60
잔디깎기는 균일한 잔디면을 제공할 뿐 아니라 분얼을 촉진하여 밀도를 높이고, 잡초 발생을 줄일 수 있다.

PART 03

조경기능사 필기
기출복원문제
문제 & 해설

Craftsman Landscape Architecture

CONTENTS

제1회	기출복원문제	599
제2회	기출복원문제	606
제3회	기출복원문제	613
제1회	기출복원문제 정답 & 해설	620
제2회	기출복원문제 정답 & 해설	626
제3회	기출복원문제 정답 & 해설	632

제1회 기출복원 문제

01 조경의 대상을 기능별로 구분할 때 자연공원에 해당하는 것은?
① 근린공원   ② 묘지공원
③ 국립공원   ④ 도시자연공원

02 조경 설계 기술자의 직무 내용으로 적절한 것은?
① 설계 변경
② 시공 감리
③ 조경 수목 생산
④ 공원녹지 관리 행정

03 조경 양식 발생 요인 중 성격이 다른 것은?
① 지중해 중심 남부 유럽 일대 광장과 같은 공공 조경 발달
② 대륙적 기질을 지닌 중국인들이 인공적 질서와 힘 과시
③ 전정과 같은 인위적 기교를 기피하고 자연 그대로를 받아들이고자 하는 조선조 선비들의 경향
④ '자연으로 돌아가라'를 설파한 계몽주의적 영향에 의한 자연풍경식 정원

04 다음에서 설명하는 조경 유적지는?

- 면적 5,100평 연못에 삼신도인 3개의 섬 배치
- 동북쪽 물가-무산 12봉 상징, 굴곡진 곡선
- 서남쪽 물가-임해전 배치, 직선적 구성
- 관배수를 위한 시설 갖춤

① 졸정원   ② 상림원
③ 궁남지   ④ 안압지

05 조경 양식의 발생 요인을 표로 나타낸 것이다. 발생 요인과 그 예를 옳게 연결한 것은?

조경 발생 요인		그 예
자연적 요인	㉠	사막 그늘과 물 사용
	㉡	프랑스 평면기하학식 정원
사회적 요인	㉢	중세의 수도원 정원
	㉣	일본의 고산수 정원
	㉤	영국 자연풍경식 정원

① ㉠-지형
② ㉡-기후
③ ㉢-예술사조
④ ㉣-민족성

06 16세기 무굴제국의 인도정원과 가장 관련 깊은 것은?
① 레크미르
② 타지마할
③ 퐁텐블로
④ 체하르바그

07 버킹엄의 스토우 가든을 설계하고, 담장 대신 정원 부지의 경계선에 도랑을 파서 외부로부터의 침입을 막는 Ha-Ha 수법을 실현하게 한 사람은?
① 윌리엄 챔버
② 험프리 랩튼
③ 윌리엄 캔트
④ 찰스 브리지맨

08 조선시대 조경 양식에 대한 설명으로 적절한 것은?

① 무왕 35년 우리나라 최초로 신선사상을 배경으로 한 궁남지가 조성되었다.
② 그림자가 비추는 영지(影池)로서의 기능을 하는 구품연지는 타원형의 인공연못이다.
③ 사찰정원인 청평사의 문수원 남지는 사다리꼴의 장방형지이다.
④ 창덕궁에 부채꼴 모양의 정자인 관람정과 6각 겹지붕 정자인 존덕정이 있다.

09 일본의 조경 양식 중 시대상 가장 나중에 조성된 것은?

① 대덕사 대선원 정원
② 동삼조전
③ 용안사의 석정
④ 가쓰라 이궁

10 중세 이슬람의 정원 도시로 소정원을 이어 도시 자체가 거대한 정원으로 조영된 형태의 조경 양식은?

① 아샤발 바그   ② 벨베데레원
③ 이스파한   ④ 버큰헤드파크

11 토양 단면 모식도의 구성 요소를 위에서 아래로 바르게 배열한 것은?

① 유기물층 – 표층 – 집적층 – 모재층 – 모암층
② 유기물층 – 표층 – 집적층 – 모암층 – 모재층
③ 표층 – 유기물층 – 모재층 – 모암층 – 집적층
④ 표층 – 집적층 – 유기물층 – 모재층 – 모암층

12 산림경관의 유형 중 교목의 수관 아래에 형성되는 경관은?

① 위요경관   ② 초점경관
③ 세부경관   ④ 관개경관

13 기본 계획 단계에서 실시하는 부문별 계획으로 적절하지 않은 것은?

① 집행계획   ② 토지이용계획
③ 부지조성계획 ④ 교통동선계획

14 다음에서 설명하는 투상도의 종류는?

> • 물체를 투상면에 대하여 한쪽으로 경사지게 투상하여 입체적으로 나타낸 투상도
> • 수평선에 대하여 30, 45, 60°의 각도로 경사를 주어 그린 그림

① 사투상도   ② 정투상도
③ 등각투상도 ④ 투시투상도

15 대향에서 오는 차량이나 측도로부터의 광선을 차단하기 위해 사철나무, 가이즈까향나무 등의 상록수를 식재하는 고속도로 식재기법은?

① 쿠션식재   ② 차광식재
③ 진입방지식재 ④ 명암순응식재

16 다음에서 설명하는 식재지반 조성방법은?

> 샌드파일공법에 의해 철 파이프를 오니층(더러운 흙) 아래에 자리 잡은 다음, 원래 지표층까지 넣어 흙을 파낸 후 파이프 속에 모래 등으로 채운 후 철 파이프를 빼내는 방법

① 성토법   ② 객토법
③ 사주법   ④ 사구법

17 조경시설물의 설계 기준에 대한 설명으로 적절한 것은?

① 그네 높이 1.5~1.7m
② 퍼걸러 높이 1.2~1.6m
③ 미끄럼판 기울기 45~50°
④ 단순 경계표시를 위한 울타리 높이 0.5m

18 수목수량표의 작성 양식이 적절한 것은?

	성상	수목명	규격	수량
①	상록교목	스트로브잣나무	H5.0×B30	3
②	낙엽교목	소나무	H3.0×W2.0	5
③	낙엽교목	중국단풍	H2.5×R6	5
④	낙엽관목	영산홍	H0.4×R10	20

19 옥상 조경에 대한 설명으로 적절하지 않은 것은?

① 흙은 하중을 고려하여 펄라이트 같은 경량토를 혼합 사용한다.
② 옥상 정원의 식재 지역은 전체 면적은 1/2 이하로 한다.
③ 하중을 고려한 토심은 45~60cm가 적합하다.
④ 방수층 위에 플라스틱계 배수판을 설치하여 체류수의 원활한 흐름을 유도한다.

20 자연공원의 용도 지구 중 공원자연보존지구의 완충공간으로 보전할 필요가 있는 지역으로 지정한 것은?

① 공원마을지구
② 공원생물권보존지구
③ 공원자연환경지구
④ 공원문화유산지구

21 종자를 한립씩 눈으로 감별하면서 손으로 선별하는 정선법은?

① 풍선법   ② 사선법
③ 수선법   ④ 입선법

22 다음 중 가을에 뿌려 봄 화단을 조성하는 초화류로만 짝지어진 것은?

① 팬지, 피튜니아, 금잔화
② 피튜니아, 메리골드, 채송화
③ 금잔화, 백일홍, 패랭이꽃
④ 맨드라미, 메리골드, 채송화

23 퇴적암의 종류 중 퇴적물의 크기가 가장 작은 것은?

① 역암   ② 사암
③ 셰일   ④ 석회암

24 왕벚나무의 규격을 [H×B]로 표시한 이유로 가장 적절한 것은?

① 수간부의 지름이 비교적 일정하게 성장하는 경우
② 수간이 지엽들에 의해 식별이 어려운 경우
③ 뿌리분과 흉고 부분의 차이가 많은 경우
④ 수관 폭이 넓은 대부분의 낙엽활엽교목

25 목재의 특징을 〈보기〉에서 모두 고르면?

> ㄱ. 심재는 비중과 강도가 높고 신축이 작다.
> ㄴ. 목재는 비중이 큰 것일수록 강도가 높다.
> ㄷ. 섬유포화점 이상에서는 함수율이 감소함에 따라 강도가 증가한다.
> ㄹ. 널결이 곧은결보다 변형이 작고 마모에 강하다.

① ㄱ, ㄴ   ② ㄴ, ㄷ
③ ㄷ, ㄹ   ④ ㄱ, ㄹ

26 다음 설명과 같은 골재의 함수 상태는?

> 골재의 표면에는 수분이 없고, 내부의 공극은 수분이 충분해서 반죽할 때 물이 증감되지 않는 이상적인 상태

① 습윤상태
② 절대건조상태
③ 표면건조상태
④ 공기 중 건조상태

27 미세한 기포를 콘크리트 내에 균일 분포하여 유동성을 양호하게 하고 재료의 분리를 막는 콘크리트 혼화제는?

① 분산제
② 지연제
③ AE제
④ 응결경화촉진제

28 강의 열처리 방법 중 조직을 개선하고 결정을 미세화하기 위해 800~1,000℃로 가열하여 소정의 시간까지 유지한 후에 대기 중에서 냉각하는 것을 무엇이라 하는가?

① 불림
② 풀림
③ 담금질
④ 뜨임질

29 안료가 들어가지 않으며, 주로 목재면의 투명도장에 쓰이는 도료로서 내후성이 좋지 않아 외부에 사용하기에 적당하지 않고 내부용으로 주로 사용되는 것은?

① 에나멜페인트
② 클리어래커
③ 유성페인트
④ 수성페인트

30 굵은 골재의 단위용적중량이 1.7kg/L, 절건밀도가 2.65g/cm³일 때, 이 골재의 공극률은?

① 25%
② 28%
③ 36%
④ 42%

31 수목이 성장 중 세로 방향의 외상으로 수피가 말려들어간 것을 뜻하는 흠의 종류는?

① 옹이
② 할렬
③ 썩정이
④ 껍질박이

32 치장벽돌을 사용하여 벽체의 앞면 5켜까지는 길이쌓기로 하고 그 위 1켜는 마구리쌓기로 본 벽돌벽에 물려 쌓는 벽돌쌓기 방식은?

① 영국식 쌓기
② 네덜란드식 쌓기
③ 프랑스식 쌓기
④ 미국식 쌓기

33 대량의 콘크리트를 타설할 때 작업 중단이나 타설 순서의 부적절 등으로 응결하기 시작한 콘크리트에 새로운 콘크리트를 이어 칠 때 일체화가 저해되어 발생하는 줄눈의 형태는?

① 콜드 조인트(cold joint)
② 컨트롤 조인트(control joint)
③ 익스팬션 조인트(expansion joint)
④ 컨트랙션 조인트(contraction joint)

34 표준형 벽돌을 사용하여 줄눈 10cm로 시공할 때 2.0B벽돌 벽의 두께는?(단, 공간 쌓기는 아니다.)

① 210cm
② 390cm
③ 320cm
④ 430cm

35 철재(鐵材)로 만든 놀이 시설에 녹이 슬어 다시 페인트칠을 하려고 한다. 그 작업 순서로 옳은 것은?

① 에나멜페인트 칠하기 – 녹 닦기 – 연단 칠하기
② 연단(광명단) 칠하기 – 녹 닦기 – 바니시 칠하기

③ 수성페인트 칠하기 – 바니시 칠하기 – 녹 닦기
④ 녹 닦기(샌드페이퍼 등) – 연단 (광명단) 칠하기 – 에나멜페인트 칠하기

36 약제를 식물체의 뿌리, 줄기, 잎 등에 흡수시켜 깍지벌레와 같은 흡즙성 해충을 죽게 하는 살충제의 형태는?

① 소화중독제   ② 침투성살충제
③ 기피제   ④ 유인제

37 다음 중 뿌리분의 형태를 조개분으로 굴취하는 수종으로만 나열된 것은?

① 소나무, 느티나무
② 버드나무, 가문비나무
③ 눈주목, 편백
④ 사철나무, 사시나무

38 비탈면에 교목과 관목을 식재하기에 적합한 비탈면 경사로 모두 옳은 것은?

① 교목 1 : 3 이하, 관목 1 : 2 이하
② 교목 1 : 3 이상, 관목 1 : 2 이상
③ 교목 1 : 2 이하, 관목 1 : 3 이하
④ 교목 1 : 2 이상, 관목 1 : 3 이상

39 터파기 공사를 할 경우 평균 부피가 굴착 전보다 가장 많이 증가하는 것은?

① 모래   ② 보통흙
③ 자갈   ④ 암석

40 목재의 기건 상태에서 건조 전의 무게가 250g이고, 절대건조 무게가 220g인 목재의 전건량 기준 함수율은?

① 12.6%   ② 13.6%
③ 14.6%   ④ 15.6%

41 재료별 할증률(%)의 크기가 가장 큰 것은?

① 수목
② 마름돌용 원석
③ 조경용 잔디
④ 수장용 합판

42 조경 수목의 시비방법으로 적절하지 않은 것은?

① 낙엽이 진 후 땅이 얼기 전 늦가을이나 2~3월 땅이 녹은 다음이 효과적이다.
② 화학비료는 밑거름(기비)로 식재 전 한 번에 충분히 시비하는 것이 좋다.
③ 고형비료를 시비할 때는 10~15cm 깊이로 묻어준다.
④ 질소질 비료를 늦게 주면 웃자라 동해입기 쉬우므로 7월 이후 시비하지 않는다.

43 사용 목적에 따라 농약을 분류할 때 살충제에 해당하는 것은?

① 글리포세이트암모늄 액제
② 지베렐린산 수용제
③ 포스파미돈 액제
④ 베노밀수화제

44 그림과 같은 배수계통의 종류는?

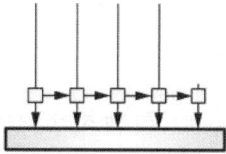

① 직각식   ② 차집식
③ 평행식   ④ 집중식

45 지형도에서 S자 곡선이 인접한 경우 U자 모양이 낮은 곳으로 내민 부분은 무엇을 의미하는가?

① 계곡 ② 능선
③ 凹사면 ④ 凸사면

46 그림과 같은 뿌리분 새끼감기 방법은?

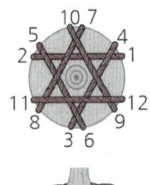

① 두줄 세 번 걸기 ② 석줄 한 번 감기
③ 석줄 두 번 감기 ④ 넉줄 한 번 걸기

47 양단면의 모양과 거리가 아래 그림과 같을 때, 양단면 평균법에 의해 토량을 산출한 값은?

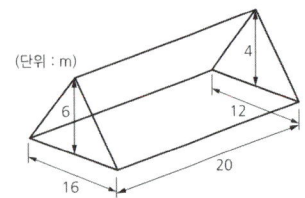

① 480m² ② 720m²
③ 800m² ④ 960m²

48 다음 중 미선나무에 대한 설명으로 적절하지 않은 것은?

① 물푸레나무과로 우리나라 특산 식물이다.
② 4월에 잎보다 먼저 총상꽃차례의 흰 꽃이 핀다.
③ 대생인 잎은 끝이 뾰족하며 가장자리가 밋밋하다.
④ 둥글고 납작한 삭과의 열매는 부채와 닮았다.

49 한중 콘크리트에 대한 설명으로 적절하지 않은 것은?

① 사용   평균기온 4℃ 이하
② 사용시멘트   조강포틀랜드 시멘트
③ 혼화제   응결지연제
④ 양생   가열 보온

50 그림과 같이 단단해진 토양을 원통형 모양으로 제거하는 잔디의 통기작업은?

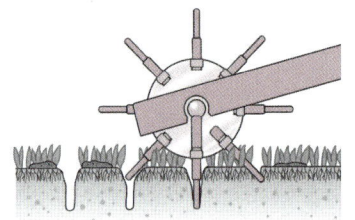

① 코링 ② 슬라이싱
③ 스파이킹 ④ 버티컬모잉

51 수목이 휴면기에 접어들기 전의 첫서리, 이른 서리의 피해를 무엇이라 하는가?

① 조상 ② 만상
③ 상렬 ④ 상주

52 표준형 벽돌로 10m²의 공간을 0.5B의 두께로 쌓을 때 소요되는 벽돌의 수량은?(단, 줄눈은 10mm로 한다)

① 130매 ② 650매
③ 149매 ④ 750매

53 다음과 같은 병징을 나타내는 수목의 병해는?

- 사과나무, 꽃아그배나무에 주로 피해
- 나무껍질이 갈색으로 부풀어 오르고 쉽게 벗겨지며 알코올 냄새가 남

① 잎녹병 ② 부란병
③ 탄저병 ④ 적성병

54 콘크리트 공사에 필요한 거푸집의 재료로 거푸집의 형상을 유지하고 측압에 저항해서 벌어지는 것을 방지하기 위한 것은?

① 간격재(spacer)
② 격리재(separator)
③ 박리재(form oil)
④ 긴장재(form tie)

55 토공용 기계 중 굴착용 기계에 해당하지 않는 것은?

① 파워셔블 ② 백호우
③ 드래그라인 ④ 모터그레이더

56 접목 번식의 목적으로 가장 적절하지 않은 것은?

① 종자파종으로는 품종이 지니고 있는 고유의 특징을 계승시킬 수 없는 수목의 증식에 이용된다.
② 대목의 특성보다 우수한 품종을 개발하기 위해 이용된다.
③ 가지가 쇠약해지거나 말라 죽은 경우 이것을 보태주거나 또는 힘을 회복시키기 위해서 이용된다.
④ 종자가 없고 삽목으로도 뿌리 내리지 못하는 수목의 증식에 이용된다.

57 다음에서 설명하는 살충제의 종류는?

약제를 식물체의 줄기, 잎 등에 살포하여 부착시켜 식엽성 해충이 먹이와 함께 약제를 섭취하여 독작용을 일으키는 형태

① 침투성살충제 ② 접촉살충제
③ 소화중독제 ④ 화학불임제

58 표면 청소 후 에어컴프레셔로 먼지를 제거하고 에폭시계를 도포하는 것으로 0.2mm 이하의 균열부에 적용되는 보수방법은?

① 퍼티 채우기
② 표면실링공법
③ V자형 절단 공법
④ 고무압식 주입공법

59 다음에서 설명하는 옹벽의 보수 방법은?

옹벽에 보링기로 구멍을 뚫고 충전재를 삽입하고 뒷면의 지하수를 배수 구멍에 유도시켜 토압을 경감시키는 방법

① P.C 앵커공법
② 부벽식 콘크리트 옹벽공법
③ 그라우팅 공법
④ 말뚝에 의한 압성토 공법

60 5m 내외의 높지 않은 곳에 다음 그림과 같이 설치하는 옹벽의 종류는?

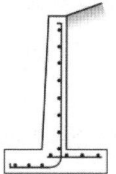

① 중력식 옹벽 ② 부벽식 옹벽
③ 조립식 옹벽 ④ 캔틸레버식 옹벽

제2회 기출복원 문제

01 조경가에 대한 설명으로 알맞은 것은?
① 주택의 정원만을 꾸미는 전문가를 말한다.
② 옥외 공간을 건설할 때 다른 분야와 상관없이 단독으로 참여하는 전문가이다.
③ 미국의 브라만테가 뉴욕의 센트럴 파크를 설계할 때 처음 경관건축가라는 뜻으로 사용하였다.
④ 예술성을 지닌 실용적, 기능적인 생활환경을 창조한다.

02 20세기 우리나라 조경에 대한 설명으로 옳지 않은 것은?
① 1967년 한국 공원법이 제정되었다.
② 1973년에 대학에 조경학과가 신설되었다.
③ 1900년대 초반 "조경" 용어를 사용하였다.
④ 경제개발에 따른 국토훼손으로 조경의 필요성이 대두되었다.

03 이탈리아 조경의 특징으로 옳지 않은 것은?
① 높이가 다른 여러 개의 노단을 잘 조화시켜 전망을 살렸다.
② 강한 축을 중심으로 정형적 대칭을 이룬다.
③ 좌우로 시선이 숲 등에 의해 제한되고 정면의 한 점으로 모이도록 구성하였다.
④ 원로의 교점에는 분수, 연못, 벽천, 장식 화분 등을 배치하였다.

04 벨베데레원, 빌라에스테와 가장 관련 있는 양식은?
① 노단식   ② 절충식
③ 자연풍경식   ④ 평면기하학식

05 중세 클로이스터 가든에 나타나는 사분원(四分園)의 기원이 된 회교 정원 양식은?
① 차하르 바그
② 페리스타일 가든
③ 아라베스크
④ 행잉 가든

06 다음 중 단순미(單純美)와 가장 관련이 없는 것은?
① 기념비
② 형상수(topiary)
③ 잔디밭
④ 소나무 군식

07 메타메리즘에 대한 설명으로 옳은 것은?
① 광원의 연색성과는 달리 서로 다른 두 가지 색이 하나의 광원 아래에서 같은 색으로 보이는 경우
② 해가 지면서 어두워지면 적색과 황색 계통은 흐려지고, 청색 계통은 선명하게 나타나는 현상
③ 자극이 사라진 뒤에도 잠시 동안 그대로 망막에 남아 있는 시각의 상태
④ 색이 사람의 시선을 끄는 심리적인 특성

08 질감(texture)이 가장 부드럽게 느껴지는 수목은?
① 태산목
② 칠엽수
③ 철쭉
④ 팔손이나무

09 다음 설명의 ( )에 들어갈 각각의 용어는?

- 면적이 커지면 명도와 채도가 (㉠)
- 큰 면적의 색을 고를 때의 견본색은 원하는 색보다 (㉡)색을 골라야 한다.

① ㉠ 높아진다 ㉡ 밝고 선명한
② ㉠ 높아진다 ㉡ 어둡고 탁한
③ ㉠ 낮아진다 ㉡ 밝고 선명한
④ ㉠ 낮아진다 ㉡ 어둡고 탁한

10 통일신라 시대의 대표적인 조경 유적이 아닌 것은?

① 순천관 ② 안압지
③ 포석정지 ④ 석연지

11 창경궁에 있는 통명전 지당의 설명으로 틀린 것은?

① 장방형으로 장대석으로 쌓은 석지이다.
② 무지개형 곡선 형태의 석교가 있다.
③ 괴석 1개와 십장생무늬의 받침대석이 있다.
④ 물은 직선의 석구를 통해 지당에 유입된다.

12 조선시대의 정원 중 연결이 바른 것은?

① 양산보 – 운조루 정원
② 정약용 – 다산초당
③ 유이주 – 부용동 정원
④ 윤선도 – 소쇄원

13 영국의 켄트 큐가든에 최초의 중국식 정원을 도입하는 계기가 된 중국 정원은?

① 원명원 ② 기창원
③ 이화원 ④ 외팔묘

14 중국 정원의 특징으로 옳은 것은?

① 태호석을 이용한 석가산 수법이 유행하였다.
② 풍경, 수목, 명승고적 등을 그대로 정원에 축소시켜 구성하였다.
③ 상징적 축조가 주를 이루는 사실주의에 입각하여 조경이 구성되었다.
④ 다실 중심으로 소박한 상록활엽수의 멋을 풍기는 양식, 윤곽선 처리에 곡선을 사용하였다.

15 다음 중 9세기 무렵에 일본 정원에 나타난 조경양식은?

① 다정양식
② 침전조양식
③ 평정고산수식
④ 회유임천양식

16 모모야마 시대의 대표적 다정에 해당하지 않는 것은?

① 연암
② 고봉암
③ 삼보원
④ 후락원

17 브라운파의 정원을 비판하였으며 큐가든에 중국식 건물, 탑을 도입한 사람은?

① Richard Steele
② Joseph Addison
③ Alexander Pope
④ William Chambers

18 물체를 투상면에 대하여 한쪽으로 경사지게 투상하여 입체적으로 나타낸 것으로 다음 그림과 같은 것은?

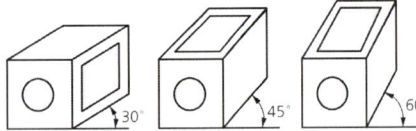

① 사투상도
② 투시투상도
③ 등각투상도
④ 부등각투상도

19 녹지 조성 후 녹지대에 소시가지를 조성하는 녹지 계통은?

① 위성식 ② 분산식
③ 환상식 ④ 방사식

20 조경 계획을 실시할 때 조사해야 할 자연환경 요소에 해당하지 않는 것은?

① 지형 ② 기후
③ 교통 ④ 경관

21 오른손잡이의 선긋기 연습에서 고려해야 할 사항으로 옳지 않은 것은?

① 수평선 긋기 방향은 왼쪽에서 오른쪽으로 긋는다.
② 수직선 긋기 방향은 위쪽에서 아래쪽으로 내려 긋는다.
③ 선은 처음부터 끝나는 부분까지 일정한 힘으로 한 번에 긋는다.
④ 연필의 기울기는 제도판과 선을 긋는 방향으로 60° 정도로 유지한다.

22 설계도면에서 선의 용도에 따라 구분할 때 "실선"의 용도에 해당되지 않는 것은?

① 치수를 기입하기 위해 사용한다.
② 지시 또는 기호 등을 나타내기 위해 사용한다.
③ 물체가 있을 것으로 가상되는 부분을 표시한다.
④ 대상물의 보이는 부분을 표시한다.

23 도면 작업에서 원의 지름을 표시할 때 숫자 앞에 사용하는 기호는?

① ∅ ② D
③ R ④ T

24 축척 1/1,200의 도면을 1/400로 변경하고자 할 때 도면의 증가 면적은?

① 2배 ② 3배
③ 6배 ④ 9배

25 경관 구성의 기법 중 한 그루의 나무를 다른 나무와 연결시키지 않고 독립하여 심는 경우를 말하며, 멀리서도 눈에 잘 띄기 때문에 랜드마크의 역할도 하는 수목 배치 기법은?

① 점식
② 열식
③ 군식
④ 부등변 삼각형 식재

26 녹음용 수종으로 적당하지 않는 수목은?

① 반송 ② 느티나무
③ 칠엽수 ④ 회화나무

27 생울타리용 관목의 식재간격은?

① 0.14~0.20 ② 0.25~0.75
③ 0.8~1.2 ④ 1.2~1.5

28 계단의 설계 시 고려해야 할 기준으로 옳지 않은 것은?
① 계단의 높이가 2m를 넘을 때에는 계단참을 설치한다.
② 진행 방향에 따라 중간에 1인용일 때 단 너비 90~110cm 정도의 계단참을 설치한다.
③ 계단의 경사는 최소 45를 넘도록 설계한다.
④ 단 높이를 h, 단 너비를 b로 할 때 2h+b = 60~65cm가 적당하다.

29 울타리는 종류나 쓰이는 목적에 따라 높이가 다른데 일반적으로 단순한 경계 표시를 위한 울타리의 경우 높이는 어느 정도가 가장 적당한가?
① 20~30cm ② 60~80cm
③ 80~120cm ④ 180~200cm

30 도시공원 및 녹지 등에 관한 법규에 의한 어린이 공원의 설계 기준으로 부적합한 것은?
① 유치거리는 250m 이하로 제한한다.
② 규모는 1,500m^2 이상
③ 공원 시설 부지 면적은 60% 이하
④ 건물 면적은 10% 이하

31 물체에 외력이 작용할 때 시간이 지나면서 변형이 증대해 가는 현상을 무엇이라 하는가?
① 취성   ② 크리프
③ 릴랙세이션 ④ 탄성

32 조경 수목은 식재기의 위치나 환경조건 등에 따라 적절히 선정하여야 한다. 다음 중 수목의 구비조건으로 가장 거리가 먼 것은?
① 병충해에 대한 저항성이 강해야 한다.
② 다듬기 작업 등 유지관리가 용이해야 한다.
③ 이식이 용이하며, 이식 후에도 잘 자라야 한다.
④ 값이 비싸고 희귀한 것이어야 한다.

33 수목의 성상이 상록 – 활엽 – 교목에 해당하는 수종은?
① 은행나무 ② 사철나무
③ 후박나무 ④ 메타세쿼이어

34 백색계통의 꽃을 감상할 수 있는 수종은?
① 개나리   ② 이팝나무
③ 산수유   ④ 맥문동

35 10월경에 노란색 계열의 열매가 관상 대상이 되는 수종은?
① 주목   ② 산수유
③ 왕벚나무 ④ 모과나무

36 방풍림(wind shelter) 조성에 알맞은 수종은?
① 팽남, 녹나무, 느티나무
② 곰솔, 대나무류, 자작나무
③ 신갈나무, 졸참나무, 향나무
④ 박달나무, 가문비나무, 아까시나무

37 목재의 역학적 성질에 대한 설명으로 틀린 것은?
① 옹이로 인하여 인장강도는 증가한다.
② 비중이 증가하면 탄성계수가 증가한다.
③ 섬유포화점 이하에서는 함수율이 감소하면 강도가 증대된다.
④ 일반적으로 응력의 방향이 섬유방향에 평행한 경우 강도(전단강도 제외)가 최대가 된다.

38 질량 113kg의 목재를 절대건조시켜서 100kg으로 되었다면 전건량기준 함수율은?

① 0.13% ② 0.30%
③ 3.00% ④ 13.00%

39 일반적으로 형태가 정형적인 곳에 사용하며 시공비가 많이 소요되서 미관과 내구성이 요구되는 구조물이나 쌓기용에 사용되는 가공석은?

① 각석 ② 판석
③ 마름돌 ④ 견칫돌

40 쇠망치 및 날메로 요철을 대강 따내고, 거친 면을 그대로 두어 부풀린 느낌으로 마무리 하는 것으로 중량감, 자연미를 주는 석재가 공법은?

① 혹두기 ② 정다듬
③ 도드락다듬 ④ 잔다듬

41 공정관리기법 중 네트워크 공정표의 장점에 해당하는 것은?

① 일정의 변화를 탄력적으로 대처할 수 있다.
② 각 공정별의 착수 및 종료일이 명시되어 있어 판단이 용이하다.
③ 간단한 공사 및 시급한 공사, 개략적인 공정에 사용하기 좋다.
④ 공정표가 단순하여 경험이 적은 사람도 이해가 쉽다.

42 공사의 실시방식 중 공동 도급의 특징이 아닌 것은?

① 여러 회사의 참여로 위험이 분산된다.
② 이해 충돌이 없고, 임기응변 처리가 가능하다.
③ 공사이행의 확실성이 보장된다.
④ 공사의 하자책임이 불분명하다.

43 다음 중 현장 답사 등과 같은 높은 정확도를 요하지 않는 경우에 간단히 거리를 측정하는 약측정 방법에 해당하지 않는 것은?

① 보측
② 음측
③ 윤정계 사용
④ 줄자측정

44 수목을 이식하기 위해 뿌리돌림을 하는 이유로 가장 적절한 것은?

① 잔뿌리를 발생시켜 수목의 활착을 돕기 위하여
② 뿌리분을 작게 만들어 관리가 편리하도록
③ 무게를 줄여 운반이 쉽게 하기 위하여
④ 수목 내의 수분 양을 줄이기 위하여

45 시방서에 기재할 내용으로 적당하지 않은 것은?

① 시공방법의 정도
② 재료의 종류 및 품질
③ 계약서를 포함한 계약 내역서
④ 시공방법의 정도 및 완성에 관한 사항

46 다음 조경 식물들이 모두 사용되는 정원 식재 작업에서 가장 먼저 식재를 진행해야 할 수종은?

> 잣나무, 수수꽃다리, 회양목, 잔디

① 잔디
② 회양목
③ 수수꽃다리
④ 잣나무

47 인공 식재 기반 조성에 대한 설명으로 틀린 것은?
① 식재층과 배수층 사이는 부직포를 깐다.
② 건축물 위의 인공식재 기반은 방수처리 한다.
③ 심근성 교목의 생존 최소 깊이는 40cm 로 한다.
④ 토양, 방수 및 배수시설 등에 유의한다.

48 잔디공사 중 떼심기 작업의 주의사항이 아닌 것은?
① 뗏장의 이음새에는 흙을 충분히 채워준다.
② 관수를 충분히 하여 흙과 밀착되도록 한다.
③ 경사면의 시공은 위쪽에서 아래쪽으로 작업한다.
④ 뗏장을 붙인 다음에 롤러 등의 장비로 전압을 실시한다.

49 잔디밭 중앙 광장의 중앙이나 축의 교차점에 조성하는 화단으로 중앙에는 키 큰 초화류를 심고 주변부에는 키가 작고 쉽게 갈아심을 수 있는 초화류를 심어 사방에서 감상할 수 있도록 조성한 화단은?
① 옥상정원(Roof Garden)
② 공중정원(Hanging Garden)
③ 침상화단(Sunken Garden)
④ 기식화단(Mass Flower-Bed)

50 흙깎기(切土) 공사에 대한 설명으로 옳은 것은?
① 보통 토질에서는 흙깎기 비탈면 경사를 1 : 0.5 정도로 한다.
② 식재공사가 포함된 경우의 흙깎기에서는 지표면 표토를 보존하여 식물생육에 유용하도록 한다.
③ 작업물량이 기준보다 작은 경우 인력보다는 장비를 동원하여 시공하는 것이 경제적이다.
④ 흙깎기를 할 때는 안식각보다 약간 크게 하여 비탈면의 안정을 유지한다.

51 다음 중 구배(경사도)가 가장 큰 것은?
① 100% 경사   ② 45° 경사
③ 1할 경사   ④ 1 : 0.7

52 소형 고압 블록 포장의 시공방법으로 옳지 않은 것은?
① 보도의 가장 자리는 보통 경계석을 설치하여 형태를 규정짓는다.
② 기존 지반을 잘 다진 후 모래를 3~5cm 정도 깔고 보도 블럭을 포장한다.
③ 일반적으로 원로의 종단 기울기가 5% 이상인 구간의 포장은 미끄럼방지를 위하여 거친면으로 마감한다.
④ 보도블록의 최종 높이는 경계석의 높이보다 약간 높게 설치한다.

53 아스팔트의 물리적 성질과 관련된 설명으로 옳지 않은 것은?
① 아스팔트의 늘어나는 정도를 신도라고 한다.
② 침입도는 아스팔트의 컨시스턴시를 임의 관입저항으로 평가하는 방법이다.
③ 아스팔트에는 명확한 융점이 있으며, 온도가 상승하는데 따라 연화하여 액상이 된다.
④ 아스팔트는 온도에 따른 컨시스턴시의 변화가 매우 크며, 이 변화의 정도를 감온성이라 한다.

54 콘크리트용 골재가 갖추어야 할 성질로 옳지 않은 것은?

① 단단하고 치밀할 것
② 무게가 가벼울 것
③ 알의 모양은 둥글거나 입방체에 가까울 것
④ 골재의 낱알 크기가 다르게 분포할 것

55 단위용적중량이 1.65t/m³이고 굵은 골재 비중이 2.65일 때 이 골재의 실적률(A)과 공극률(B)은 각각 얼마인가?

① A : 62.3%, B : 37.7%
② A : 69.7%, B : 30.3%
③ A : 66.7%, B : 33.3%
④ A : 71.4%, B : 28.6%

56 콘크리트의 공사에 있어서 거푸집에 작용하는 콘크리트 측압의 증가 요인으로 알맞지 않은 것은?

① 타설 속도가 빠를수록
② 슬럼프가 클수록
③ 다짐이 많을수록
④ 빈배합일 경우

57 다음 그림은 어떤 돌쌓기 방법인가?

① 층지어쌓기
② 허튼층쌓기
③ 귀갑무늬쌓기
④ 마름돌 바른층쌓기

58 토양유실 및 배수기능이 저하되지 않도록 인공지반 조성 시 배수층과 토양층 사이에 여과와 분리를 위해 설치하는 것은?

① 점토
② 자갈
③ 토목섬유
④ 합성수지 배수관

59 도시공원 및 녹지 등에 관한 법률 시행규칙에 의해 관리시설로 분류되는 것은?

① 퍼걸러
② 자연체험장
③ 볼라드
④ 전망대

60 다음 그림과 같은 땅깎기 공사 단면의 절토 면적은?

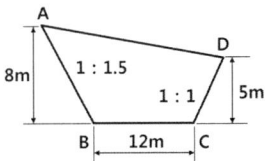

① 60
② 96
③ 112
④ 128

Craftsman Landscape Architecture

제3회 기출복원 문제

01 넓은 의미로의 조경을 가장 잘 설명한 것은?
① 기술자를 정원사라 부른다.
② 궁전 또는 대규모 저택을 중심으로 한다.
③ 식재를 중심으로 한 정원을 만드는 일에 중점을 둔다.
④ 정원을 포함한 광범위한 옥외공간 건설에 적극 참여 한다.

02 프레드릭 로 옴스테드가 도시 한복판에 근대공원의 면모를 갖추어 만든 최초의 공원은?
① 파리의 테일리 원
② 런던의 하이드 파크
③ 뉴욕의 센트럴 파크
④ 런던의 세인트 제임스 파크

03 자유로운 선이나 재료를 써서 자연 그대로의 경관 또는 그것에 가까운 것이 생기도록 조성하는 정원양식은?
① 건축식   ② 풍경식
③ 정형식   ④ 규칙식

04 조경양식 발생 요인 가운데 사회 환경 요인이 아닌 것은?
① 민족성   ② 사상
③ 종교   ④ 기후

05 관찰자 시선의 중심선을 기준으로 형태감이나 색채감에서 양쪽의 크기나 무게가 안정감을 줄 때 나타나는 아름다움은?
① 대비미   ② 강조미
③ 균형미   ④ 반복미

06 다음 중 색의 3속성에 관한 설명으로 옳은 것은?
① 그레이 스케일(gray scale)은 채도의 기준척도로 사용된다.
② 감각에 따라 식별되는 색의 종명을 채도라고 한다.
③ 두 색상 중에서 빛의 반사율이 높은 쪽이 밝은 색이다.
④ 색의 포화상태 즉, 강약을 말하는 것은 명도이다.

07 다음 중 직선과 관련된 설명으로 옳은 것은?
① 절도가 없어 보인다.
② 직선 가운데에 중개물(中介物)이 있으면 없는 때보다도 짧게 보인다.
③ 베르사이유 궁원은 직선이 지나치게 강해서 압박감이 발생한다.
④ 표현 의도가 분산되어 보인다.

08 "형태, 색채와 더불어 ( )은(는) 디자인의 필수 요소로서 물체의 조성 성질을 말하며, 이는 우리의 감각을 통해 형태에 대한 지식을 제공한다." ( ) 안에 들어갈 디자인 요소는?
① 입체   ② 공간
③ 질감   ④ 광선

09 다음 중 가장 가볍게 느껴지는 색은?
① 파랑   ② 노랑
③ 초록   ④ 연두

10 넓은 초원과 같이 시야가 가리지 않고 멀리 터져 보이는 경관을 무엇이라 하는가?
① 전경관　② 지형경관
③ 위요경관　④ 초점경관

11 다음 [보기]의 설명은 어느 시대의 정원에 관한 것인가?

[보기]
- 석가산과 원정, 화원 등이 특징이다.
- 대표적 유적으로 동지(東池), 만월대, 수창궁원, 청평사 문수원 정원 등이 있다.
- 휴식·조망을 위한 정자를 설치하기 시작하였다.
- 송나라의 영향으로 화려한 관상위주의 이국적 정원을 만들었다.

① 조선　② 백제
③ 고려　④ 통일신라

12 다음 중 창덕궁 후원 내 옥류천 일원에 위치하고 있는 궁궐내 유일의 초정은?
① 부용정　② 청의정
③ 관람정　④ 애련정

13 다음 중 별서의 개념과 가장 거리가 먼 것은?
① 별장의 성격을 갖기 위한 것
② 수목을 가꾸기 위한 것
③ 은둔생활을 하기 위한 것
④ 효도하기 위한 것

14 동양정원에서 연못을 파고 그 가운데 섬을 만드는 수법에 가장 큰 영향을 준 것은?
① 자연지형　② 기상요인
③ 신선사상　④ 생활양식

15 일본 정원의 발달순서가 올바르게 연결된 것은?
① 축산고산수식 → 다정식 → 임천식 → 회유식
② 회유식 → 임천식 → 평정고산수식 → 축산고산수식
③ 다정식 → 회유식 → 임천식 → 평정고산수식
④ 임천식 → 축산고산수식 → 평정고산수식 → 다정식

16 16세기 무굴제국의 인도정원과 가장 관련이 깊은 것은?
① 타지마할
② 퐁텐블로
③ 클로이스터
④ 알함브라 궁원

17 스페인의 코르도바를 중심으로 한 지역에서 발달한 정원양식은?
① atrium　② peristylium
③ patio　④ court

18 조경계획 과정으로 바르게 나열한 것은?
① 자료분석 및 종합 → 목표설정 → 기본계획 → 실시설계 → 기본설계
② 목표설정 → 기본설계 → 자료분석 및 종합 → 기본계획 → 실시설계
③ 기본계획 → 목표설정 → 자료분석 및 종합 → 기본설계 → 실시설계
④ 목표설정 → 자료분석 및 종합 → 기본계획 → 기본설계 → 실시설계

19 지표면이 높은 곳의 꼭대기 점을 연결한 선으로, 빗물이 이것을 경계로 좌우로 흐르게 되는 선을 무엇이라 하는가?
① 능선   ② 계곡선
③ 경사 변환점   ④ 방향 변환점

20 다음 중 점토의 함량이 가장 많은 토성은?
① 마사토(silt)
② 식양토(clay loam)
③ 식토(clay)
④ 양토(loam)

21 다음 단계 중 시방서 및 공사비 내역서 등을 주로 포함하고 있는 것은?
① 기본구상   ② 기본계획
③ 기본설계   ④ 실시설계

22 실선의 굵기에 따른 종류(가는선, 중간선, 굵은선)와 용도가 바르게 연결되어 있는 것은?
① 가는선 – 단면선
② 가는선 – 파선
③ 중간선 – 치수선
④ 굵은선 – 도면의 윤곽선

23 인출선에 대한 설명으로 옳지 않은 것은?
① 도면의 내용물 자체에 설명을 기입할 수 없을 때 사용하는 선이다.
② 인출선의 긋는 방향과 기울기는 서로 다르게 하는 것이 효과적이다.
③ 수목명, 본수, 규격 등을 기입하기 위하여 주로 이용되는 선이다.
④ 인출선은 가는 실선을 사용하며, 한 도면 내에서는 그 굵기와 질은 동일하게 유지한다.

24 다음 중 시설물 상세도의 표현 기호에 대한 설명이 틀린 것은?
① D : 지름
② H : 높이
③ R : 넓이
④ THK : 두께

25 도면의 작도 방법으로 옳지 않은 것은?
① 도면은 될 수 있는 한 간단히 하고, 중복을 피한다.
② 도면은 그 길이 방향을 위아래 방향으로 놓은 위치를 정위치로 한다.
③ 사용 척도는 대상물의 크기, 도형의 복잡성 등을 고려, 그림이 명료성을 갖도록 선정한다.
④ 표제란을 보는 방향은 통상적으로 도면의 방향과 일치하도록 하는 것이 좋다.

26 구조용 재료의 단면 도시기호 중 강(鋼)을 나타낸 것으로 가장 적합한 것은?

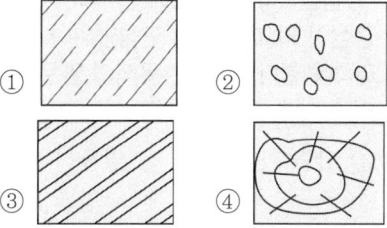

27 다음 중 정형적 배식유형은?
① 부등변삼각형식재
② 임의식재
③ 군식
④ 교호식재

28 일반적으로 수종 요구특성은 그 기능에 따라 구분되는데, 녹음식재용 수종에서 요구되는 특징으로 가장 적합한 것은?

① 아래 가지가 쉽게 말라 죽지 않는 상록수
② 수형이 단정하고 아름다운 상록 침엽수
③ 생장이 빠르고 유지 관리가 용이한 관목류
④ 지하고가 높고 병충해가 적은 낙엽 활엽수

29 계단의 설계 시 고려해야 할 기준으로 옳지 않은 것은?

① 계단의 높이가 5m 이상이 될 때에만 중간에 계단참을 설치한다.
② 진행 방향에 따라 중간에 1인용일 때 단 너비 90~110cm 정도의 계단참을 설치한다.
③ 계단의 경사는 최대 30~35°가 넘지 않도록 해야 한다.
④ 단 높이를 h, 단 너비를 b로 할 때 2h+b =60~65cm가 적당하다.

30 "응접실이나 거실 쪽에 면하며, 주택정원의 중심이 되고, 가족의 구성단위나 취향에 따라 계획한다."와 같은 목적의 뜰은 주택정원의 어디에 해당하는가?

① 안뜰   ② 앞뜰
③ 뒤뜰   ④ 작업뜰

31 다음 중 어린이 공원의 설계 시 공간구성 설명으로 옳은 것은?

① 동적인 놀이 공간에는 아늑하고 햇빛이 잘 드는 곳에 잔디밭, 모래밭을 배치하여 준다.
② 정적인 놀이공간에는 각종 놀이시설과 운동시설을 배치하여 준다.
③ 감독 및 휴게를 위한 공간은 놀이공간이 잘 보이는 곳으로 아늑한 곳으로 배치한다.
④ 공원 외곽은 보행자나 근처 주민이 들여다 볼 수 없도록 밀식한다.

32 골프코스 중 출발지점을 무엇이라 하는가?

① 티   ② 그린
③ 페어웨이   ④ 러프

33 옥상정원의 환경조건에 대한 설명으로 적합하지 않은 것은?

① 양분의 유실속도가 늦다.
② 토양수분의 용량이 적다.
③ 바람의 피해를 받기 쉽다.
④ 토양온도의 변동폭이 크다.

34 재료가 외력을 받아서 변형을 일으킨 뒤 외력을 제거하면 다시 원형으로 돌아가는 성질은?

① 소성   ② 연성
③ 탄성   ④ 강성

35 다음 중 교목으로만 짝지어진 것은?

① 전나무, 송악, 옥향
② 동백나무, 회양목, 철쭉
③ 백목련, 명자나무, 마삭줄
④ 녹나무, 잣나무, 소나무

36 다음 중 줄기의 색채가 백색 계열에 속하는 수종은?

① 노각나무
② 해송
③ 모과나무
④ 자작나무

37 정원수의 이용상 분류 중 보기의 설명에 해당되는 것은?

- 가지 다듬기를 할 수 있을 것
- 아래가지가 말라 죽지 않을 것
- 잎이 아름답고 가지가 치밀할 것

① 가로수 ② 녹음수
③ 방풍수 ④ 생울타리

38 형상수(Topiary)를 만들기에 알맞은 수종은?
① 느티나무 ② 주목
③ 단풍나무 ④ 송악

39 다음 중 지피(地被)용으로 사용하기 가장 적합한 식물은?
① 맥문동 ② 등나무
③ 으름덩굴 ④ 멀꿀

40 목재의 심재와 변재에 관한 설명으로 옳지 않는 것은?
① 심재의 색깔은 짙으며 변재의 색깔은 비교적 엷다.
② 심재는 변재보다 단단하여 강도가 크고 신축 등 변형이 적다.
③ 변재는 심재 외측과 수피 내측 사이에 있는 생활세포의 집합이다.
④ 심재는 수액의 통로이며 양분의 저장소이다.

41 목재의 방부처리 방법 중 일반적으로 가장 효과가 우수한 것은?
① 가압 주입법
② 도포법
③ 생리적 주입법
④ 침지법

42 다음 중 화성암 계통의 석재인 것은?
① 화강암 ② 점판암
③ 대리석 ④ 사문암

43 타일 붙임재료의 설명으로 틀린 것은?
① 접착력과 내구성이 강하고 경제적이며 작업성이 있어야 한다.
② 종류는 무기질 시멘트 모르타르와 유기질 고무계 또는 에폭시계 등이 있다.
③ 경량으로 투수율과 흡수율이 크고, 형상·색조의 자유로움 등이 우수하나 내화성이 약하다.
④ 접착력이 일정기준 이상 확보되어야만 타일의 탈락현상과 동해에 의한 내구성의 저하를 방지할 수 있다.

44 다음 중 시멘트와 그 특성이 바르게 연결된 것은?
① 조강포틀랜드시멘트 : 조기강도를 요하는 긴급공사에 적합하다.
② 백색포틀랜드시멘트 : 시멘트 생산량의 90% 이상을 점하고 있다.
③ 고로슬래그시멘트 : 건조 수축이 크며, 보통시멘트보다 수밀성이 우수하다.
④ 실리카시멘트 : 화학적 저항성이 크고 발열량이 적다.

45 블리딩 현상에 따라 콘크리트 표면에 떠올라 표면의 물이 증발함에 따라 콘크리트 표면에 남는 가볍고 미세한 물질로서 시공 시 작업이음을 형성하는 것에 대한 용어로서 맞는 것은?
① Laitance ② Plasticity
③ Workability ④ Consistency

46 플라스틱 제품 제작 시 첨가하는 재료가 아닌 것은?

① 가소제
② 안정제
③ 충진제
④ A.E제

47 도급공사는 공사실시 방식에 따른 분류와 공사비 지불방식에 따른 분류로 구분할 수 있다. 다음 중 공사 실시 방식에 따른 분류에 해당하는 것은?

① 정액도급
② 실비청산보수가산도급
③ 단가도급
④ 분할도급

48 다음 중 큰 나무의 뿌리돌림에 대한 설명으로 가장 거리가 먼 것은?

① 뿌리돌림을 한 후에 새끼로 뿌리분을 감아 두면 뿌리의 부패를 촉진하여 좋지 않다.
② 굵은 뿌리를 3~4개 정도 남겨둔다.
③ 뿌리돌림을 하기 전 수목이 흔들리지 않도록 지주목을 설치하여 작업하는 방법도 좋다.
④ 굵은 뿌리 절단 시는 톱으로 깨끗이 절단한다.

49 다음 중 뿌리분의 형태를 조개분으로 굴취하는 수종으로만 나열된 것은?

① 소나무, 느티나무
② 버드나무, 가문비나무
③ 눈주목, 편백
④ 사철나무, 사시나무

50 동일한 규격의 수목을 연속적으로 모아 심었거나 줄지어 심었을 때 적합한 지주 설치법은?

① 단각지주
② 이각지주
③ 삼각지주
④ 연결형지주

51 지형도상에서 2점간의 수평거리가 200m이고, 높이차가 5m라 하면 경사도는 얼마인가?

① 2.5%   ② 5.0%
③ 10.0%   ④ 50.0%

52 다음 중 아스팔트의 일반적인 특성 설명으로 옳지 않은 것은?

① 비교적 경제적이다.
② 점성과 감온성을 가지고 있다.
③ 물에 용해되고 투수성이 좋아 포장재로 적합하지 않다.
④ 점착성이 크고 부착성이 좋기 때문에 결합재료, 접착재료로 사용한다.

53 콘크리트 혼화재의 역할 및 연결이 옳지 않은 것은?

① 단위수량, 단위시멘트량의 감소 : AE감수제
② 작업성능이나 동결융해 저항성능의 향상 : AE제
③ 강력한 감수효과와 강도의 대폭 증가 : 고성능감수제
④ 염화물에 의한 강재의 부식을 억제 : 기포제

54 다음 설명에 해당하는 배수 설치 유형은?

> 대규모 공원과 같이 완전한 배수가 요구되지 않는 지역에서 등고선을 고려하여 주관을 설치하고, 주관을 중심으로 양측에 지관을 지형에 따라 필요한 곳에 설치하였다.

① 빗살형 ② 어골형
③ 자유형 ④ 부채살형

55 토공사에서 흐트러진 상태의 토양 변환율이 1.1일 때 터파기량이 10m³, 되메우기량이 7m³이라면 잔토처리량은?

① 3m³ ② 3.3m³
③ 7m³ ④ 17m³

56 낙엽수의 휴면기 겨울 전정(12~3월)의 장점으로 틀린 것은?

① 가지의 배치나 수형이 잘 드러나므로 전정하기가 쉽다
② 굵은가지를 잘라내어도 전정의 영향을 거의 받지 않는다.
③ 병충해의 피해를 입은 가지의 발견이 쉽다.
④ 막눈 발생을 유도하며 새가지가 나오기 전까지 수종 고유의 아름다운 수형을 감상할 수 있다.

57 다음 중 줄기의 수피가 얇아 옮겨 심은 직후 줄기감기를 반드시 하여야 되는 수종은?

① 배롱나무 ② 소나무
③ 향나무   ④ 은행나무

58 식물의 아래 잎에서 황화현상이 일어나고 심하면 잎 전면에 나타나며, 잎이 작지만 잎수가 감소하며 초본류의 초장이 작아지고 조기 낙엽이 비료 결핍의 원인이라면 어느 비료 요소와 관련된 설명인가?

① P   ② N
③ Mg ④ K

59 다음 중 파이토플라스마(phytoplasma)에 의한 나무 병이 아닌 것은?

① 뽕나무 오갈병
② 대추나무 빗자루병
③ 벚나무 빗자루병
④ 오동나무 빗자루병

60 수목 해충의 잠복소를 설치하는 가장 적당한 시기는?

① 3월 하순경   ② 5월 하순경
③ 7월 하순경   ④ 9월 하순경

모의고사 정답 및 해설

제1회 기출복원 정답 및 해설

1	2	3	4	5	6	7	8	9	10
③	②	①	④	④	②	④	④	④	③
11	12	13	14	15	16	17	18	19	20
①	④	③	①	②	②	②	③	②	③
21	22	23	24	25	26	27	28	29	30
④	①	④	①	①	②	③	①	②	③
31	32	33	34	35	36	37	38	39	40
④	④	②	④	②	②	①	①	④	②
41	42	43	44	45	46	47	48	49	50
②	②	③	②	②	④	④	③	③	①
51	52	53	54	55	56	57	58	59	60
①	④	②	④	④	②	③	②	③	④

01
조경 대상의 기능별 구분
- 정원 : 주택정원, 아파트 등 공동주거단지와 학교정원, 옥상정원, 실내정원 등
- 도시공원과 녹지 : 어린이공원, 근린공원, 묘지공원, 도시자연공원, 체육공원, 완충녹지, 경관녹지, 광장 등
- 자연공원 : 국립공원, 도립공원, 군립공원, 천연기념물보호구역 등
- 문화재 : 목조와 석조 건축물, 궁궐 터, 전통민가, 사찰, 성터, 고분 등의 사적지
- 위락관광시설 : 골프장, 야영장, 경마장, 스키장, 해수욕장, 관광농원, 휴양지, 삼림욕장, 낚시터, 유원지 등
- 기타 시설 : 공업단지, 고속도로, 자전거도로 보행자 전용도로 등

02

구 분	직무내용
조경설계 기술자	• 도면제도, 전산응용설계(CAD) • 기본계획수립, 세부디자인, 스케치 • 물량산출 및 시방서 작성, 시공감리
조경시공 기술자	• 공사업무, 식재공사시공, 시설물 공사시공 • 설계변경, 적산 및 견적 • 조경시설물 및 자재의 생산
조경관리 기술자	• 조경수목 생산 및 관리, 병충해 방제 • 피해수목 보호 및 처리, 전정 및 시비 • 공원녹지 관리 행정

03
조경 양식의 발생 요인 중 ①은 자연환경요인인 기후에 의해 발생한 양식이고, 나머지는 사회 환경 요인 중 민족성에 의해 발생한 정원 양식임

04
임해전 지원(안압지, 월지)
- 궁중에 못을 파고 산을 만들어 진금이수를 길렀다는 기록
- 직선처리와 복잡 다양한 곡선처리
  (북쪽 굴곡 있는 해안, 동쪽 돌출하는 반도형, 남쪽과 서쪽은 직선, 바른층쌓기)
- 면적 40,000m²(약 5,100평), 연못 17,000m²
- 신선사상 배경으로 한 대, 중, 소 세 개의 섬
- 거북 모양의 섬, 석가산은 무산십이봉 상징
- 못의 관배수 시설(입수부, 배수부 분리), 반석 사용, 유속의 감소를 위한 수로의 정교함
- 입수부에 도수조와 인공폭포 조성

05
- ㉠ – 기후
- ㉡ – 지형
- ㉢ – 종교

06
- 인도 무굴정원 : 스페인 정원 양식과 유사, 풍부한 수량 이용한 수로
- 열대 지방이므로 녹음수가 중요시되고, 연못은 장식, 목욕, 종교적 행사를 위한 주요소
- 물, 그늘, 꽃이 중심이 되고 높은 담을 설치
- 무굴 인도 정원의 장소별 정원 유형
  ㉠ 캐시미르 지방 : 고원지대, 경치 수려, 물 풍부, 별장(bagh) 발달
    – 아샤발 바그, 샬리마르 바그
    – 니샤트 바그 : 무굴제국 중 가장 화려, 12단 테라스, 중앙부에 캐스케이드 위치
  ㉡ 아그라, 델리 지방 : 평지
    – 아크바르 대제의 능묘
    – 타지마할 사원(16세기 무굴제국의 인도정원) : 샤자한 왕비의 묘
      (높은 울담, 수로가 넓은 정원을 4분원, 흰 대리석의 능묘, 물의 반사성으로 능묘 더욱 돋보이게 설치)

07
- 찰스 브릿즈맨 : 스토우 정원에 하하 개념 최초 도입, 치즈윅 하우스, 로스햄, 스투어 헤드 설계
- 윌리엄 캔트 : 근대 조경의 아버지, 자연은 직선을 싫어한다. 영국 전원 풍경을 회화적으로 묘사, 캔싱턴 가든에 고사목 심기까지 도입
- 란셀로트 브라운 : 풍경식 정원의 거장, 부드러운 기복의 잔디밭, 잔잔한 수면, 우거진 나무 숲 조성
  영국정원 수정(스토우원, 블렘하인 궁 등)
- 험프리 랩튼 : 풍경식 정원의 완성자, Landscape Gardener 최초 사용, Red Book(정원 개조 전후 모습)
- 윌리엄 챔버 : 큐 가든에 최초로 중국식 건물과 탑 축조, 동양 정원론에 중국 정원 소개

08
① 백제시대 방형의 연못
② 신라 불국사의 청운교와 백운교 앞이 타원형 연못
③ 석가산 기법을 도입한 고려시대 사찰 정원
④ 조선시대 창덕궁 후원에 조성된 정자

09
① 대덕사 대선원 정원 : 무로마치(실정)시대 축산고산수정원
② 동삼조전 : 헤이안(평안)시대 중기 침전조 정원
③ 용안사의 석정 : 무로마치(실정)시대 평정고산수정원
④ 가쓰라 이궁 : 에도(강호)시대 다정양식
  시대상 배열 : ② - ① - ③ - ④

10
① 아샤발 바그 : 인도 무굴 캐시미르 지방의 별장
② 벨베데레원 : 이탈리아 16C 빌라 정원
④ 버큰헤드파크 : 영국에서 시민들의 요구로 조성된 최초의 공적 대중 공원

11
유기물층(L층, F층, H층) – 표층(용탈층) – 집적층(심토층) – 모재층 – 모암층

12
① 위요경관 : 수목, 경사면 등의 주위 경관요소들에 의해 울타리처럼 둘러싸인 듯한 경관
② 초점경관 : 관찰자의 시선이 어느 한 점으로 유도되도록 구성된 경관으로 시각적 통일성 지닌 안정된 구조
③ 세부경관 : 사방으로 시야 제한, 관찰자가 가까이 접근하여 상세히 보며 감상

13
- 기본계획 : 기본골격, 마스터플랜, 몇 개의 대안 비교 평가하여 최종안 선택
- 부문별계획 : 토지이용계획, 교통동선계획, 시설물배치계획, 식재계획, 하부구조계획, 집행계획

14
- 투시투상도 : 물체의 앞 또는 뒤에 화면을 높고 시점에서 물체를 본 시선이 화면과 만나는 각 점을 연결하여 눈에 비치는 모양과 같게 물체를 그린 것
- 등각투상도 : 직육면체의 직각으로 만나는 2개의 모서리가 모두 120°를 이루는 투상도
- 부등각투상도 : 화면의 중심으로 좌우와 상하의 각도가 각기 다른 축측 투상도

15
- 쿠션 식재 : 차선 밖으로 튀어 나간 차량의 충력 완화를 위한 식재
  가지에 탄력성의 큰 관목류가 적합(무궁화, 찔레)
- 진입방지식재 : 위험방지를 위해 금지된 곳으로 사람이나 동물이 진입하거나 횡단하는 행위를 막기 위한 식재
- 명암순응식재 : 터널 주위에서 암순응(명 → 암)단축을 목적으로 하는 식재

16
성토법	타지역에서 반입한 흙을 성토하는 방법
객토법	지반을 파내고 외부에서 반입한 토양 교체 : 전면객토, 대상객토 등
사구법	오니층에 가라앉은 가장 낮은 중심부에서 주변부를 통해 배수구를 파놓은 다음 이 배수구 속에 모래흙을 혼합하여 넣고 수목을 식재하는 방법

17
- 소극적 출입통제 울타리 0.8~1.2m
- 적극적 침입방지 울타리 1.5~2.1m

① 그네 높이 2.3~2.5m
② 퍼걸러 높이 2.2~2.6m
③ 미끄럼판 활주판과 지면각도 30~35°

18
① 스트로브잣나무 규격표시 H×W
② 소나무는 상록교목
④ 영산홍 낙엽관목의 규격표시 H×W

19
② 옥상 정원의 식재 지역은 전체 면적은 1/3 이하로 한다.

20

공원자연 보존지구	• 특별히 보호할 필요가 있는 지역 • 생물다양성이 특히 풍부한 곳 • 자연생태계가 원시성을 지니고 있는 곳 • 특별히 보호할 가치가 높은 야생 동식물이 살고 있는 곳 • 경관이 특히 아름다운 곳
공원자연 환경지구	공원자연보존지구의 완충공간으로 보전할 필요가 있는 지역
공원 마을지구	마을이 형성된 지역으로서 주민생활을 유지하는 데 필요한 지역
공원문화 유산지구	「문화재보호법」에 따른 지정문화재를 보유한 사찰과 「전통사찰의 보존 및 지원에 관한 법률」에 따른 전통사찰의 경내지 중 문화재의 보전에 필요하거나 불사에 필요한 시설을 설치하고자 하는 지역

21
• 풍선법 : 풍구, 키, 선풍기, 종자풍선용 중력식 장치들로 종자와 잡물의 비중 차를 이용하여 선별하기 (느티나무, 단풍나무, 회양목)
• 사선법 : 체로 종자보다 크거나 작은 것 쳐서 가려내기
• 수선법 : 깨끗한 물 사용하여 낙엽 종자의 경우 20~30시간 침수 후 가라 앉는 충실한 것 고르기(은행나무, 회화나무, 벚나무, 층층나무, 화살나무)

22
• 가을뿌림(봄 화단용) : 팬지, 피튜니아, 금잔화, 패랭이꽃
• 봄뿌림(가을 화단용) : 맨드라미, 메리골드, 채송화, 백일홍

23

퇴적물의 크기가 점점 작아진다.

24
② H×W
③ H×R
④ H×R

25
• 섬유포화점 이하에서는 함수율이 낮을수록 강도가 크다.
• 외피에서 수심을 중심으로 향해 절단하였을 때에 곧은결(결 모양이 섬유질 방향 : 나무가 자란 방향)이 되는데, 이때가 가장 변형이 적고, 널결로 제재하였을 경우 심재 쪽에서 변재방향으로 변형이 일어난다.

26
① 습윤상태 : 골재의 내부가 완전히 수분으로 채워져 있고, 표면에도 여분의 물을 포함한 상태
② 절대건조상태 : 건조 오븐에서 100~110℃ 온도로 일정한 중량이 될 때까지 완전히 건조
④ 공기 중 건조상태 : 기건조상태, 골재의 표면은 건조하고 내부는 필요한 수량보다 작은 양의 물을 포함하여 흡수가 가능한 상태

27
① 분산제 : 수밀성 향상, 투수성 감소, 시멘트 입자를 분산시켜 워커빌리티를 좋게 함
② 지연제 : 수화작용을 지연시켜 응결시간 지연, 장기간 시공 시 또는 운반 시간이 길어질 경우 사용
④ 응결경화촉진제 : 물속 공사, 겨울철 공사 등에 필요한 조기강도 발생 촉진을 위해 사용

28
② 풀림 : 강을 적정 온도로 가열하고 소정시간까지 유지한 후 로(爐) 내부에서 천천히 냉각
③ 담금질 : 고온의 금속 또는 합금을 물 또는 기름 속에 담그는 방법으로 임계영역 이상에서 강을 냉각시키는 방법
④ 뜨임질 : 강도와 경도를 증가시키는 담금질을 한 금속 재료에 적정 온도로 다시 가열한 후 공기 중에서 서서히 냉각시키는 방법

29
① 에나멜 페인트 : 니스에 안료(물감)를 섞은 것으로 건조 속도가 빠르며 광택이 좋음
③ 유성 페인트 : 안료와 건조성 지방유를 혼합한 것으로 불투명 피막이 생기고, 내후성, 내마모성이 좋으나 알칼리성에 약함
④ 수성 페인트 : 안료와 물, 수용성 고착제를 혼합한 것으로 광택이 없고 내장마감용으로 사용함

30
• 공극률 = 1 − (단위용적중량/골재의 비중)×100
  1.7/2.65 = 0.6415
  1 − 0.6415 = 0.3585 × 100 = 35.85

31
- 갈라짐 : 목질부의 수축에 따라 생김
- 옹이 : 줄기에서 가지가 뻗어나간 부분으로 옹이가 있으면 인장강도는 떨어짐
- 지선 : 목재 재부에서 수지가 흘러나와 생긴 곳
- 썩정이 : 부패균이 목재 내부에 침입하여 섬유질을 파괴시켜 썩은 것
- 껍질박이 : 껍질에 입은 상처가 아물고 남은 흉터
- 할렬 : 건조 응력이 횡 인장강도보다 클 때 섬유 방향으로 터지는 현상

32
- 영국식쌓기 : 길이쌓기켜와 마구리쌓기켜를 반복해서 쌓는 방법, 가장 견고한 방법, 모서리 끝에 이오토막
- 네델란드식쌓기 : 영국식 쌓기와 같으나 시공이 편리하고 쌓을 때 모서리 끝에 칠오토막 써서 안정감 (우리나라)
- 프랑스식쌓기 : 켜마다 길이와 마구리가 번갈아 나오는 방법, 영국식보다 아름다우나 견고성은 떨어짐
- 미국식쌓기 : 5켜까지 길이쌓기 그 위 1켜는 마구리쌓기 (뒷면은 영국식)

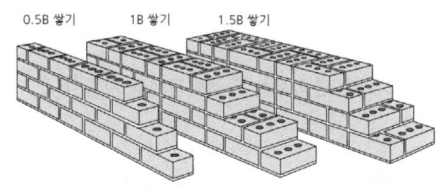

33
줄눈의 종류
- 신축줄눈 : 슬래브가 팽창과 수축에 견딜 수 있게 하기 위해서 타설부터 분리해서 만드는 줄눈
- 수축줄눈 : 연속 타설한 후 커팅에 의해 매스 분리하여 크랙 유도하는 줄눈, 수축으로 표면 균열 방지하기 위해 굳기 전에 표면을 일정간격으로 갈라놓은 것
- 시공줄눈 : 경화된 콘크리트에 새로운 콘크리트를 이어붓기함으로써 발생되는 줄눈(30분 이상 지연 시)

34
벽돌 쌓는 두께
- 0.5B(반장 쌓기) : 90mm
- 1.0B(한장 쌓기) : 190mm
- 1.5B(한장 반 쌓기) : 290mm
- 2.0B(두장 쌓기) : 390mm

35
페인트 칠하기
- 목재는 갈라진 구멍, 흠, 틈 등을 퍼티로 땜질하고 24시간 후 초벌칠을 한다.
- 콘크리트, 모르타르면의 틈은 석고로 땜질하고, 유성, 수성 페인트를 칠한다.

36
- 소화중독제 : 약제를 식물체의 줄기, 잎 등에 살포하여 부착시켜 식엽성 해충이 먹이와 함께 약제를 섭취하여 독작용을 일으키는 형태
- 기피제 : 해충에 자극을 주어 가까이 오지 못하도록 하는 약제
- 유인제 : 해충을 유인하여 한 곳으로 모이게 하는 약제

37
- 접시분(천근성수종) : 자작나무, 미루나무, 편백, 독일가문비, 향나무 등
- 조개분(심근성수종) : 느티나무, 소나무, 회화나무, 주목, 섬잣나무, 태산목 등

38
비탈면 녹화
비탈면의 토질과 환경 조건에 적응하여 생존할 수 있는 식물로 척박한 환경에서도 잘 사는 수종을 선택해야 함
- 잣나무, 소나무, 단풍나무 등 교목은 1 : 3보다 완만할 것
- 진달래, 철쭉 등 관목류는 1 : 2보다 완만할 것
- 묘목은 1 : 2 정도의 경사

39

토 질		부피증가율
모래		보통 15~20%
자갈		5~15%
진흙		20~45%
모래, 점토, 자갈, 혼합물		30%
암석	연암	25~60%
	경암	79~90%

42
함수율
(건조전중량-건조후중량)/건조후중량×100%
= (250 − 220)/220 × 100 = 13.6

41
할증률
- 수목 : 10%, 조경용 잔디 : 10%
- 시멘트벽돌 5%, 붉은 벽돌 3%
- 마름돌용 원석 30%
- 일반용 합판 3%, 수장용 합판 5%

42
화학비료는 덧거름(추비)으로 조금씩 여러 번 나누어 시비하고 수목의 잎이나 뿌리에 직접 닿지 않도록 한다.

43
글리포세이트암모늄 액제(제초제), 지베렐린산 수용제(생장조절제), 베노밀 수화제(살균제)

44
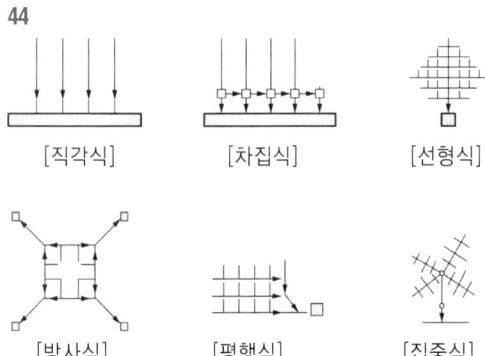

45
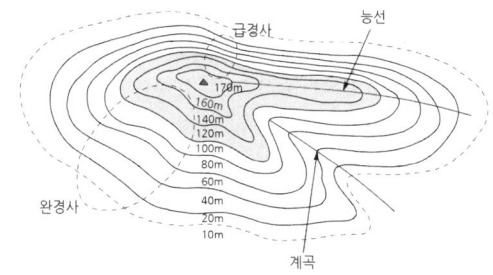

[계곡과 능선, 완경사와 급경사]

46
뿌리분 새끼감기

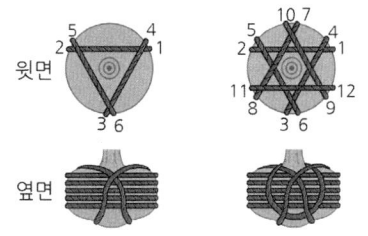

(가) 석줄 한 번 감기   (나) 석줄 두 번 감기

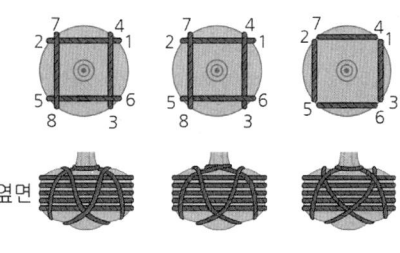

(다) 넉줄 감기

47
양단면 평균법에 의한 토적 계산

$$V(체적) = \frac{l}{2}(A_1 + A_2)$$
$$= 20/2(24 + 48) = 720$$

A_1, A_2 : 양단면적 면적, l : 양단면 간의 거리

48
9월에 둥글고 납작한 시과의 열매는 끝이 오목하게 패었고, 열매 모양이 미선이라는 둥근 부채와 닮아서 미선나무이다.

49
한중콘크리트의 혼화제는 응결촉진제를 사용한다.

50
- 코링 : 지름 0.5~2mm 정도의 원통형 모양을 2~5cm 깊이로 제거하는 작업
- 슬라이싱 : 칼로 베어주는 작업, 잔디의 밀도를 높이고 상처가 작아 피해 적음
- 스파이킹 : 끝이 뾰족한 못과 같은 장비로 구멍 내는 작업으로 회복 시간이 짧음
- 버티컬모잉 : 슬라이싱과 유사

51
- 만상(늦서리) : 봄 늦게 수목의 새순만 피해, 봄철 호르몬 왕성한 잠아에서 새순
- 상렬 : 겨울철 수간이 동결할 때 변재가 심재보다 더 심하게 수축하며 수직방향으로 갈라지는 현상
- 상주(서릿발) : 지표면이 빙점이하의 저온으로 냉각될 때 모관 수가 얼고 이것이 반복되어 얼음 기둥이 위로 점차 올라오는 현상

52

	0.5B	1.0B	1.5B	2.0B
기존형 (210×100×60mm)	65	130	195	260
표준형 (190×90×57mm)	75	149	224	298

- 1m²당 표준형 벽돌 75매 소요(0.5B)×10m²

53
부란병의 방제법은 환부를 잘 드는 칼로 도려내고 70% 알코올 소독 후 도포제를 바른다. 또, 낙엽 후 겨울철 8-8식 보르도액을 살포하고 동해나 피소의 피해를 주의한다.

54
- 격리재(Separator) : 거푸집의 간격 일정하게 유지, 오그라드는 것 방지
- 박리제(Form Oil) : 거푸집을 쉽게 제거하기 위해 표면에 바르는 물질, 비눗물, 폐유, 경유, 합성수지, 왁스
- 긴장재, 긴결재(Form Tie) : 거푸집 형상 유지, 측압에 저항, 벌어지는 것 방지
- 간격재, 굄재(Spacer) : 피복 두께의 유지
- Insert : 달대를 고정하기 위한 매입 철물
- Wire Cliper : 철선 절단기구

55
토공용 기계의 종류

굴착기계	파워셔블, 백호우, 불도저, 트랙셔블, 드래그라인, 리퍼 등
적재기계	무한궤도식 로더, 차륜식 로더, 소형 로더
굴착·적재기계	셔블계 굴착기
굴착·운반기계	불도저, 스크레이퍼 도저, 스크레이퍼, 트랙셔블
운반기계	덤프트럭, 크레인, 트럭크레인, 지게차, 체인블록
정지기계	모터그레이더
다짐기계	탬퍼, 진동 컴팩터, 진동롤러

56
접목 번식은 대목의 특성을 이용하여 수세를 조절하고 환경 적응성을 높여주는 장점이 있다.

57
① 침투성 살충제 : 약제를 식물체의 뿌리, 줄기, 잎 등에서 흡수시켜 식물 적체에 약제가 분포되게 하여 흡즙성 곤충이 흡즙하면 죽게 하는 형태
② 접촉살충제 : 해충의 몸 표면에 직접 살포하거나 살포된 물체에 해충이 접촉되어 약제가 체내에 침입, 독작용을 일으키는 약제
④ 화학불임제 : 곤충의 먹이에 약제를 가하여 수컷이나 암컷이 불임이 되게 하여 번식을 방제하는 목적으로 쓰이는 약제

58
① 퍼티채우기 : 균류의 피해로 목재가 갈라졌을 경우 틈을 퍼티로 채우고 샌드페이퍼로 문지른 후 부패를 방지하기 위해 페인트나 바니시 도포
③ V자형 절단 공법 : 표면 실링보다 효과적인 공법으로 폴리우레탄폼계로 누수가 있는 곳에 실시
④ 고무압식 주입공법 : 주입구과 주입 파이프 중간에 고무튜브를 설치하고 시멘트 반죽이나 고무유액을 혼입하는 방법

59
① P.C 앵커공법 : 기존 지반의 암질이 좋을 때 P.C 앵커로 넘어짐 방지
② 부벽식 콘크리트 옹벽공법 : 기초가 침하될 우려가 없을 때 설치
④ 말뚝에 의한 압성토 공법 : 옹벽이 활동을 일으킬 때 옹벽 전면에 수평으로 암을 따서 압성토하는 공법

60
옹벽의 종류

중력식 옹벽   컨틸레버식 옹벽

부벽식 옹벽   조립식 옹벽 (지오그리드, 섬유)

제2회 기출복원 정답 및 해설

1	2	3	4	5	6	7	8	9	10
④	③	③	①	①	④	①	③	②	①
11	12	13	14	15	16	17	18	19	20
③	②	①	①	②	④	④	①	①	③
21	22	23	24	25	26	27	28	29	30
②	③	②	④	①	①	④	③	①	④
31	32	33	34	35	36	37	38	39	40
②	④	③	②	④	③	①	④	③	①
41	42	43	44	45	46	47	48	49	50
①	②	④	①	③	④	③	③	④	②
51	52	53	54	55	56	57	58	59	60
④	④	④	③	②	①	④	②	③	④

01
조경의 개념
조경은 경관을 조성하는 예술이다. 옥외공간과 토지를 이용, 보다 기능적이고 경제적이며 시각적인 환경을 조성하고 보존하는 생태적 예술성을 띤 종합과학예술이다.

02
우리나라 조경의 발달
- 1967년 한국 공원법 제정, 1970년대 초반 "조경" 용어 사용
- 경제개발계획에 따른 고속도로, 댐 등의 사회기반시설 건설, 간척한 해안 매립지에 중화학공업육성 공장건설로 국토 훼손으로 우리나라 조경 필요성이 대두됨
- 1973년 대학에 조경학과 신설 : 조원 분야에서 조경학으로 탈바꿈하는 선언적 의미임
- 1973년 서울대학교, 영남대학교 : 조경학과 신설, 서울대학교 환경대학원 신설

03
이탈리아 정원의 특징
- 여러 개의 노단(테라스)을 이용하여 전망을 살림
- 강한 축을 중심으로 정형적인 대칭을 이룸
- 축을 따라 또는 축을 직교하여 분수, 연못 설치
- 지형 극복을 위해 노단과 경사지의 이용

베르사유의 궁은 프랑스의 정형식 정원이다.

04
- 16세기 이탈리아 조경 : 노단건축식
- 벨베데레원 : 16세기 초 대표적 정원, 교황의 여름 거주지, 노단식의 시초, 기하학적 대칭축
- 빌라 에스테 : 티볼리 위치, 리고리오 설계, 수경 올리비에리 설계

05
클로이스터 가든
수도원에 정사각형 혹은 직사각형의 중정을 둘러서 세워진 건물을 서로 연결시키기 위해, 중정에 면한 건물의 앞면에 만들어지는 연립한 지붕이 있는 기둥회랑으로 어디서나 출입이 가능한 페리스타일 가든과 달리 원로의 출입구에서만 출입이 가능하며 차하르 바그의 영향을 받아 만들어 졌다. 차하르 바그는 회교 정원양식의 기본형이다.

06
단순미
단순미는 개체가 자체가 특징이 있는 것으로 균형과 조화 속에 단순한 자태를 나타내는 것으로 독립수, 잔디밭, 토피어리 등이 해당된다.

07
메타메리즘
광원의 연색성과는 달리 서로 다른 두 가지 색이 하나의 광원 아래에서 같은 색으로 보이는 경우(조건등색) 예) 자연광 아래에서는 같은 색으로 보이나 형광등 아래에서는 색이 달라 보이는 현상

08
질감
- 물체 표면의 거칠고 매끄러운 정도의 시각적 특성
- 지표상태 : 잔디밭, 농경지, 숲, 호수 등 각각 독특한 질감
- 관찰거리 : 멀어질수록 전체의 질감 고려해야 함
- 거칠다 ↔ 섬세하다(부드럽다)로 구분
  예) 소나무, 철쭉 : 부드럽다(잎) – 작다
  플라타너스, 오동나무 : 거칠다(잎) – 크다

09
면적 대비
같은 색이라도 면적이 클수록 명도와 채도가 높아보이는 현상

10
순천관
고려 시대의 객관정원

11
통명전
- 통명전을 중심으로 한 후원과 서쪽의 석난지(중도형 장방지) 있음
- 통명전 지당 : 네모난 방지로 되어있고, 중간에 아치형의

석교가 놓여짐, 네 벽을 장대석으로 쌓아 올리고, 석난간 돌림, 물은 직선의 석구 통해 유입, 괴석 2개와 양련(仰蓮) 받침대석이 있음.

12
조선시대 정원
- 정약용 : 다산초당
- 윤선도 : 부용동 정원
- 유이주 : 운조루 정원
- 양산보 : 소쇄원

13
원명원
- 청나라 강희제 조성한 대표적 정원 (서양식), 건륭제가 원명원 40경으로 확대, 35% 수면
- 영국 윌리암 챔버 : 우리의 눈과 마음을 즐겁게 하는 대자연의 아름다운 모든 물건을 수집하여 가장 감동적인 결과물로 완성
- 켄트 큐가든에 최초 중국식 정원 도입하는 계기
- 건륭제는 서양식 건물 앞에 동양 최초 프랑스식 정원 조성 : 아편전쟁 때 불에 타 폐허

14
중국 정원의 특징
- 경관의 조화보다는 대비에 초점, 비례성
- 자연과의 미와 인공의 미를 같이 사용 : 수려한 경관에 암석 수목 식재
- 원시적 공원 성격 : 수려한 경관에 누각, 정자(차경수법 사용)
- 건물 좌우, 뒤편 공지에 조성되는 정원 – 태호석을 이용한 석가산, 거석으로 주경관 구성
- 건축물로 둘러싸인 공간(중정)내에 회화적 정원 : 벽돌 포장, 몇 그루 수목, 화분 배치
- 직선+곡선의 사용, 여러 비율을 혼합하여 사용
- 사실주의 보다는 사의주의적인 상징적 축조

15
일본의 조경 양식의 변화
헤이안(평안) 시대(8~11c)에 조경양식은 전기는 임천식, 중기는 침전조식(동삼조전), 후기는 정토식으로 구분되는데 9c 중기는 주 건물을 침전으로 그 앞에 정원을 조성하는 침전조양식이 특징이다.

16
모모야마 시대
- 다정원 : 노지형 자연식, 화목류를 일체 사용하지 않고 음지식물을 사용. 징검돌, 자갈, 스쿠바이, 세수통, 석등, 이끼 낀 원로

- 대표적 다정 : 고전직부의 연암, 소굴원주의 고봉암, 삼보원

17
윌리엄 챔버
큐 가든에 최초로 중국식 건물과 탑 축조 / 동양 정원론에 중국 정원 소개

18
투상도의 종류
- 사투상도 : 기준선을 긋고 각 꼭지점에서 기준선과 일정 각도를 이루는 사선을 나란히 그은 다음에 물체의 치수대로 그리는 방법
- 투시투상도 : 물체의 앞 또는 뒤에 화면을 놓고 물체를 본 시선이 화면과 만나는 각 점을 연결하여 우리 눈에 비치는 모양과 같게 나타낸 것
- 등각투상도 : 직육면체의 직각으로 만나는 3개의 모서리가 모두 120°를 이루는 투상도
- 부등각투상도 : 화면의 좌우와 상하의 각도가 각기 다른 축측 투상도

19
공원 녹지계통 형식
- 분산식 : 녹지대가 분산 배치
- 환상식 : 도시를 중심으로 환상 상태도 조성
- 방사식 : 도시를 중심으로 외부로 방사상으로 조성
- 위성식 : 녹지 조성 후 녹지대에 소시가지 조성
- 평행식 : 띠 모양으로 평행하게 조성
- 방사환상식 : 방사식과 환상식을 절충한 형태로 가장 이상적임

20
현황 분석
- 자연환경분석(물리, 생태적 분석) : 해당 지역의 자연 생태계를 파악하기 위해 실시
  지형, 지질, 수문, 야생동물, 기후, 식생, 토양 등이 있다.
- 인문환경분석(사회, 행태적 분석) : 계획 구역 내 거주자와 이용자를 이해하기 위해 실시
  인구, 교통, 토지이용, 시설물, 역사문화, 이용 행태, 선호도

21
선긋기 방법
- 선은 일관성과 통일성 유지 / 같은 목적으로 사용되는 선의 굵기, 진하기 동일
- 선 긋는 방향 왼쪽 → 오른쪽, 아래 → 위
- 선 처음부터 끝나는 부분까지 일정한 힘으로 / 선의 연결과 교차부분 정확하게
- 연필의 기울기는 제도판과 선을 긋는 방향으로 60° 정도로

유지한다.

22
실선은 외형선, 단면선, 치수선, 치수보조선, 지시선 등에 사용된다. 가상선은 이점쇄선을 사용한다.

23
D은 지름을 표시하는 기호이다.

24
축척
축척이 1/1,200에서 1/400로 변동되면 길이는 3배가 되고, 가로, 세로 각각 3배가 되므로 면적은 9배가 된다.

25
배식의 기법
공간의 분위기, 주변 환경, 설계자의 의도에 따라 선택
- 점식 : 큰 나무 한 그루씩 심기(수형 좋은 대형목)
- 열식 : 줄을 긋고 줄 맞춰 심기(일열, 이열, 삼열 등) 정형식 조경양식
- 부등변삼각형 식재 : 크기나 종류가 다른 3가지를 거리가 다르게 식재, 자연풍경식 조경
- 군식 : 여러 그루를 심어 무리를 만듦, 홀수 식재
- 혼식 : 낙엽수와 상록수를 적절히 배합(군식의 한 유형)
- 배경식재 : 주의/집중되는 부분은 관목과 화훼

26
녹음식재의 요구 특성
- 지하고가 높은 낙엽활엽수
- 병충해 기타 유해 요소 없는 수종
  예) 느티나무, 회화나무, 피나무, 물푸레나무, 칠엽수, 가중나무, 느릅나무, 오동나무, 팽나무 등

27
식재 간격
일반적 교목은 6m, 관목류 4본/m^2, 조릿대 10본/m^2, 맥문동 20~30본/m^2의 간격과 밀도를 유지한다.

구분	식재 간격(m)	비고
대교목	6	느티나무
중소교목	4.5	단풍나무
작고 성장이 느린 관목	0.45~0.6	회양목
크고 성장이 보통인 관목	1.0~1.2	철쭉
성장이 빠른 관목	1.5~1.8	나무수국
산울타리용 관목	0.25~0.75	쥐똥나무
지피, 초화류	0.2~0.3	잔디

28
계단 설계 기준
- 높이 h, 너비 w일 때 2h + w = 60~65cm
- 단높이 18cm 이하, 단너비 26cm 이상
- 물매 : 30~35°
- 1인용 너비 90~110cm, 2인용 130cm, 계단의 높이 3~4m 이내
- 계단참 : 높이 2m 넘는 계단에는 2m 이내마다 너비 120cm 이상의 참

29
울타리 높이
설계 대상 공간의 성격과 울타리 기능에 적합한 형태와 구조, 규격으로 설계 한다.

기능	울타리 높이
단순한 경계표시	0.5m이하
소극적 출입통제	0.8~1.2m
적극적 침입방지	1.8~2.1m

30
어린이 공원 유치 거리
어린이 공원의 유치거리 250m 이하, 면적은 1,500m^2 이상이며 놀이면적은 전면적의 60% 이내이다.

31
재료의 성질
- 강도 : 재료에 하중이 걸린 경우, 재료가 파괴되기까지의 변형저항 성질
- 강성 : 물체가 외력을 받아도 모양이나 부피가 변하지 않는 단단한 성질
- 전성 : 압축력이 가해질 때 재료가 파괴되지 않고 퍼지는 성질
- 취성 : 외력에 의하여 영구 변형을 하지 않고 파괴되는 성질로 이성과 반대
- 인성 : 잡아당기는 힘에 견디는 성질
- 전성 : 얇게 펴지는 성질
- 연성 : 탄성 한계를 넘어서 파괴되지 않고 늘어나는 성질로 가장 큰 것은 금
- 탄성 : 외력을 받아서 변형을 일으킨 뒤 외력을 제거하면 다시 원형으로 돌아가는 성질
- 크리프 : 물체에 외력이 작용할 때 시간이 지나면서 변형이 증대해 가는 현상
- 릴랙세이션 : 시간이 지나면서 응력이 감소하는 현상

32
조경 수목이 갖추어야 할 조건

- 수형이 아름답고 실용적일 것
- 이식이 쉽고 잘 자랄 것
- 불리한 환경에서 적응력이 클 것
- 다량으로 쉽게 구할 수 있을 것
- 병충해에 강할 것
- 다듬기 작업에 견디는 성질이 좋을 것

33
수목의 8가지 성상

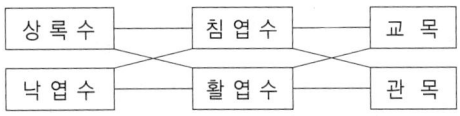

- 상록활엽교목 : 가시나무, 태산목, 후박나무, 아왜나무, 동백나무, 먼나무, 굴거리나무 등

34
백색 꽃이 피는 수종
이팝나무, 팥배나무, 산딸나무, 노각나무, 백목련, 탱자나무, 돈나무, 태산목, 치자나무, 호랑가시나무, 팔손이나무 등

35
열매의 색
- 적색 : 주목, 산딸나무, 화살나무, 붉나무, 매자, 찔레, 피라칸사, 낙상홍, 꽃사과, 마가목, 산수유, 보리수나무, 팥배나무, 백당나무, 매발톱나무, 식나무, 사철나무, 호랑가시나무 등
- 황색(노란색) : 은행나무, 모과나무, 명자나무, 탱자나무 등
- 흑색(검은색) : 벚나무, 꽝꽝나무, 팔손이나무, 산초나무, 음나무, 쥐똥나무, 생강나무, 감탕나무, 동백나무 등
- 보라색 : 좀작살나무, 굴거리나무

36
방풍수
심근성, 줄기, 가지가 강한 것, 추녀높이 보다 높이 자랄 것 (방풍림은 직각으로 길게 조성) – 해송, 편백, 삼나무, 느티나무, 가시나무, 발달나무, 가문비나무, 아까시나무 등

37
목재의 비중
- 목재의 비중은 함수율에 따라 목재의 무게를 측정함.
- 비중이 클수록 강도가 높다.
- 조직이 치밀할수록 나이테 폭이 좁을수록 비중이 크다.
- 변재보다는 심재가, 춘재보다는 추재가 비중이 크다.
- 비중이 증가하면 외력에 대한 저항이 증대되고, 탄성계수를 증가한다.
- 섬유포화점 이하에서는 함수율이 낮을수록 강도가 크다.

(섬유포화점 함수율은 30%로 이 이상에서는 강도 일정)

38
113 − 100/100 × 100% = 13%

39
가공석
- 각석 : 폭이 두께의 3배 미만, 폭 보다 길이가 긴 직육면체의 석재(쌓기용, 기초석, 경계석)
- 판석 : 두께가 15cm 미만, 폭이 두께의 3배 이상인 판 모양의 석재(디딤돌, 원로 포장용, 계단 설치용)
- 마름돌 : 형태가 정형적인 곳에 사용, 시공비가 많음(미관과 내구성이 요구되는 구조물이나 쌓기용)
- 견치돌 : 앞면은 정사각형, 면이 정사각형에 가깝고 면에 직각으로 잰 길이가 최소변의 1.5배 이상, 1개의 무게는 70~100kg(주로 흙막이용 돌쌓기 사용)
- 사고석 : 고건축의 담장 등 옛 궁궐에서 사용, 길이는 최소변의 1.2배 이상
- 잡석 : 크기가 지름 10~30cm 정도의 것이 크고, 작은 알로 골고루 섞여져 있으며, 형상이 고르지 못한 돌

40
석재의 가공 방법

거침 ──────────── 부드러움
※ 가공 순서 : 혹두기(쇠메) ⇒ 정다듬(정) ⇒ 도드락다듬(도드락망치) ⇒ 잔다듬(날망치) ⇒ 물갈기(광내기)

41
네트워크 공정표

구분	네트워크 공정표
표현	• 각 작업의 상호관계를 그물망(Net Work)로 표현 • 이벤트 ○, 액티비티 →, 더미 ⇢
특징	• 상호간의 작업관계가 명확 • 작업의 문제점 예측이 가능 • 최적 비용으로 공기단축이 가능 • 공정표 작성에 숙련을 요함 • 종류 : PERT, CPM
용도	• 대형공사, 복잡하고 중요한 공사

42
도급 공사

구분	도급방식
대상 업무	• 장기에 걸쳐 단순작업을 행하는 업무 • 전문지식, 기능 자격을 요하는 업무 • 규모가 크고 노력, 재료 등을 포함한 업무 • 관리주체가 보유한 설비로는 불가능한 업무
장점	• 규모가 큰 시설의 관리에 적합 • 전문가를 합리적으로 이용함 • 관리의 단순화 가능 • 관리비 저렴, 장기적으로 안정 • 전문적 지식, 기능, 자격에 의한 양질의 서비스를 기할 수 있음
단점	• 책임의 소재나 권한의 범위가 불명확함 • 전문업자를 충분하게 활용치 못할 수가 있음

43
약측정 방법
목측, 시각법, 보측, 음측, 윤정계에 의한 방법 등이 있다. 줄자측정은 직접 거리 측정 방법이다.

44
뿌리돌림
이식을 위한 예비 조치로 굴취 전에 미리 뿌리를 잘라 내거나 환상박피를 함으로써 세근이 많이 발달하도록 유도하여 이식력을 높인다. 노목이나 쇠약목의 세력 갱신에 필요함

45
시방서의 내용
공사의 개요, 절차 및 순서, 시공 방법 및 주의사항, 재료의 선정 방법, 재료의 품질 시험 및 검사 등 시공에 필요한 사항을 기록한다.

46
일반적인 식재 순서
교목 → 아교목 → 관목 → 초본류 및 잔디류이다.

47
수목 생육에 필요한 최소 토양의 깊이(cm)

형태상 분류	생존 최소 깊이	생육 최소 깊이
잔디, 초본류	15	30
소관목	30	45
대관목	45	60
천근성 교목	60	90
심근성 교목	90	150

48
잔디공사 방법
경사면의 시공은 아래쪽에서 위쪽으로 작업한다.

49
화단의 종류
• 침상화단(sunken garden)은 보도에서 1m 정도 낮은 평면에 기하학적 모양의 화단을 설계하여 관상가치 높다.
• 기식(寄植)화단은 잔디밭 중앙 광장의 중앙이나 축의 교차점에 조성하는 화단으로 중앙에는 키 큰 초화류 심고 주변부에 키가 작고 쉽게 갈아심을 수 있는 초화류를 심어 사방에서 감상할 수 있도록 조성한 화단으로 중심부에 조각이나 괴석 등을 놓기도 한다.
• 경재(境栽)화단은 도로, 담장, 산울타리를 배경으로 폭이 좁게 만든 장방형의 화단으로 앞에 키가 작은 초화류를, 뒤에 키 큰 초화류를 식재하여 한쪽에서만 감상하도록 조성한다.
• 공중정원은 메소포타미아 문명(바빌로니아)이며, 세계 7대 불가사의로 최초의 옥상정원이다.

50
흙깎기 공사
• 흙을 깎아 평탄한 부지나 각종 시설물의 기초를 다지는 작업
• 흙깎기를 할 때는 안식각보다 작게 하여 비탈면의 안정을 유지
• 보통 토질에서의 흙깎기 비탈면 경사 1:1 정도
• 식재공사가 포함된 경우의 흙깎기는 지표면 30~50cm 정도 깊이의 표토를 보존하여 식물 생육에 유용하도록 함

51
경사도 측정
• 1 : n 표시법 ⇒ 수직 높이 10m, 수평 거리 15m = 1:1.5
 1 : 0.7 = 1/0.7 × 100 = 143%
• 100% = 45° = 1:1 경사(1/1 × 100 = 100%)
• 1할 = 10%,

52
소형고압블록 포장
• 고압으로 성형된 소형 콘크리트 블록으로, 블록 상호가 맞물려 하중을 분산시키는 포장 방법
• 재료의 다양성, 시공과 보수가 쉬움, 공사비, 유지관리비 저렴, 연약 지반 시공 용이
• 종단 기울기가 5% 이상인 구간의 포장은 미끄럼 방지 처리 (거친면 마무리)
• 시공 순서 : 경계 블록 터파기 – 경계블록 설치한 후 줄눈 넣기 – 원지반 다짐 – 모래깔기 – 블록깔기 – 블록 마감처리 – 진동기 다짐(콤팩터) – 모래 채우기
• 보도 블록의 최종 높이는 경계석의 높이와 같게 한다.

53
아스팔트의 물리적 성질
- 신도 : 아스팔트의 늘어나는 정도
- 감온성 : 온도 변화에 따른 침입도가 변화하는 성질
- 아스팔트는 명확한 녹는점을 나타내지 않는 무정형 물질이다.

54
콘크리트용 골재의 특성
- 견고, 밀도가 크고 강할 것
- 내구성이 커서 풍화가 잘 안될 것
- 일반적인 골재 비중은 2.60 이상일 것
- 비중이 큰 골재는 흡수량이 큼
- 골재는 깨끗하고 유해 물질이 없어야 함
- 입도가 균일한 것보다 크기가 다른 것이 좋음

55
실적률과 공극률 계산
- 실적률 = 1.65/2.65 × 100 = 약 62.3%
- 공극률 = 100 − 62.3 = 약 37.7%

56
측압
- 거푸집 내부 측면에 작용하는 압력, 즉 콘크리트가 거푸집을 밀어 내려는 압력
- 거푸집 판은 콘크리트와 직접 접촉하여 구조물의 형태 유지와 표면을 조성하고, 콘크리트의 측압 등 하중을 최초로 전달받아 거푸집의 각 부재로 분산시키는 역할을 함
- 콘크리트 측압 증가 요인 : 비중이 클수록, 타설 속도가 빠를수록, 슬럼프 값이 클수록, 다짐이 많을수록, 온도가 낮고 습도가 높을수록

57
허튼층쌓기
불규칙한 돌을 사용하여 가로, 세로줄눈이 일정하지 않게 흐트러서 쌓는 것

58
배수층 설치

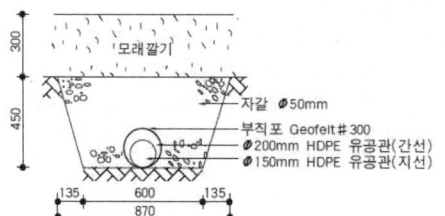

인공지반 조성시 배수층은 계획된 깊이와 나비로 굵은 돌과 자갈, 모래, 유공관 등을 차례대로 채워 넣고 토목섬유(편물(編物)·직물·부직포(不織布) 등)를 설치한 후 토양층을 조성한다.

59
시설물의 종류

구 분	시설물의 종류
휴게시설	퍼걸러, 원두막, 정자, 벤치, 그늘집(shelter), 야외탁자, 정자 등
놀이시설	그네, 미끄럼틀, 모래터, 시소, 정글짐, 회전무대, 조합놀이대 등
편익시설	자전거보관대, 우체통, 시계탑, 화분대, 음수대, 화장실, 전망대 등
운동시설	운동장, 축구장, 농구장, 배구장, 배드민턴장, 철봉, 평행봉 등
관리시설	담장, 시설 및 녹지 보호책, 쓰레기처리장, 볼라드, 휴지통 등
조명시설	정원등, 공원등, 수목 및 시설조명등 등
안내시설	게시판, 각종 표지판, 교통안내표지판, 상업광고 안내표지판 등
수경시설	연못, 벽천, 분수, 도섭지, 인공개울 등
환경조형시설	기념물, 환경조각, 석탑, 상징탑, 부조 등

60
면적
= 삼각형 면적 + 사다리꼴 면적

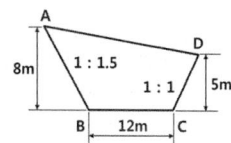

= {24.5 × 3 × 1/2} + {(12 + 24.5) × 5 × 1/2}
= 36.75 + 91.25 = 128

제3회 기출복원 정답 및 해설

1	2	3	4	5	6	7	8	9	10
④	③	②	④	③	③	③	③	②	①
11	12	13	14	15	16	17	18	19	20
③	②	②	③	④	①	③	④	①	③
21	22	23	24	25	26	27	28	29	30
④	④	②	③	②	③	④	④	①	①
31	32	33	34	35	36	37	38	39	40
③	①	②	③	④	④	④	②	①	④
41	42	43	44	45	46	47	48	49	50
①	②	③	①	①	②	④	①	①	④
51	52	53	54	55	56	57	58	59	60
①	④	④	③	②	④	①	②	③	④

01
조경의 의미
조경은 정원을 포함한 옥외공간을 대상으로 조형적으로 다루는 일이고 조경가는 조경을 하는 기술자를 말한다.

02
센트럴 파트
옴스테드는 1856년, 미국 뉴욕 맨해튼 중심에 센트럴 파크를 설계한다.

03
자연식 정원
자연식 정원은 연못, 호수, 인공 동산의 우세 경관 요소를 도입하여 자연 그대로의 풍경 모방, 축소하여 재현한다.

04
조경양식의 발생 요인
- 자연환경요인 : 지형, 기후, 식생, 수량, 암석 등(가장 중요한 요소 – 지형)
- 사회환경요인 : 사상과 종교, 민족성, 역사성, 시대상과 예술사조, 기타(정치, 경제, 건축, 예술 등)

05
균형과 대칭
- 균형 : 둘 이상의 힘이 한쪽에 치우침 없이 서로 평균이 되어 안정되는 것
- 대칭균형 : 축을 중심으로 좌우상하로 균등 배치 / 정형식 정원
- 비대칭균형 : 모양은 다르지만 시각적으로 느껴지는 무게가 비슷하거나 시선을 끄는 정도가 비슷하게 분배되어 균형을 이루는 것 (황금비율) / 자연풍경식 정원

06
색의 3속성

색상 (Hue)	• 3원색의 판이한 차이(적색, 황색, 청색), 유채색에서만 볼 수 있음 • 감각에 따라 식별되는 색
명도 (Value)	• 색의 밝은 정도, 인지도 • 흑과 백을 아래 위로 놓고 감각적 척도에 따라 균일하게 내어놓은 것을 Gray Scale이라 함
채도 (Chroma)	색의 순수한 정도, 색의 포화 상태, 색채의 강약을 나타내는 성질

07
경관구성 요소 선
- 직선 : 남성적, 일정한 방향 제시
- 지그재그선 : 유동적, 활동적, 여러 방향 제시
- 곡선 : 부드럽고 여성적이며 우아한 느낌
- 수평선 : 평화, 친근 등 평안한 느낌
- 수직선 : 고상함, 극적임, 상승력, 위엄 등의 느낌

08
질감
질감은 물체의 표면이 빛을 받았을 때 생겨나는 밝고 어두움의 배합률에 따라 시각적으로 느껴지는 감각

09
- 생동하는 분위기(가벼운 색) : 봄철의 노란 개나리꽃, 가을의 붉은 단풍
- 차분하고 엄숙한 분위기(무거운 색) : 침엽수림이나 깊은 연못의 검푸른 수면

10
전 경관(파노라마 경관)
- 시야가 제한 받지 않고 멀리 트인 경관, 자연의 웅장함과 아름다움을 느낌
- 높은 곳에서 내려다보이는 경관(조감도적 성격)

11
고려의 정원 특성
중국 문물의 교류를 통한 이국적 정원 조성
- 강한 대비, 호화, 사치스런 양식 발달, 격구장
- 송의 영향, 화려한 관상위주의 정원 조성, 송나라 시대 수법 모방한 화원, 석가산, 누각 등이 나타남

12
창덕궁 후원(금원, 비원, 북원)

- 주합루와 부용지 일원 : 후원 입구 가장 가까운 거리, 방지원도
- 연경당과 애련지 일원 : 연경당(민가 모방, 99칸 건물, 단청×), 계단식 화계로 철쭉류, 단풍나무, 소나무식재
- 관람정과 반도지 일원 : 반도지(한반도 모양 곡선지), 상지에 존덕정(6각지붕정자), 하지에 관람정(부채꼴 정자)
- 청의정과 옥류천 일원 : 후원의 가장 안쪽에 위치, 계류를 중심으로 5개의 정자, 인공폭포와 곡수거를 만들어 위락 공간화 한 장소

13
별서정원
- 유교사상 : 선비된 도리를 지키며 수신하는 은거지의 성격, 낙향한 선비들에게 별서는 이상적 생활공간
  cf. 노장사상 : 무위자연, 도(道), 자연에 은둔하여 산천을 가꾸고 즐기는 중국의 자연관과 밀접
  노장사상은 도가의 중심인물인 노자(老子)와 장자(莊子)에 의하여 형성된 사상
  노자는 도의 개념 철학사상 처음 제기 (사람은 땅을 법칙 삼아, 땅은 하늘을, 하늘은 도를, 도는 자연을~)
- 사절우로 선비의 절개 상징 : 매화나무, 소나무, 국화, 대나무 / 사군자 : 매, 란, 국, 죽
- 연못에 연꽃 재식 : 군자의 상징을 연꽃에 비유한 중국 송나라 유학자인 주돈이의 애련설과 관련

14
신선사상
- 중국 전국시대 말기에 생긴 불로장생(不老長生)에 관한사상
- 고대 제(齊)나라의 명산(名山)을 대상으로 한 팔신(八神)의 제사가 있어, 봉래(蓬萊)·방장(方丈)·영주(瀛州)라고 하는 삼신산(三神山)의 존재를 믿었고 현실 세상에서 삼신산을 구현하고자 상징하는 연못에 섬을 만든다.

15
일본의 조경 양식의 변화
상고시대, 비조 : 아스카시대(임천식) ⇒ 평안 : 헤이안시대(침전식) ⇒ 겸창 : 가마쿠라시대(회유임천식) ⇒ 실정 : 무로마치시대(고산수식) ⇒ 도산 : 모모야마시대(다정양식) ⇒ 강호 : 에도시대(회유식) ⇒ 명치 : 메이지시대(축경식)

16
타지마할
샤자한 왕 시대의 샤자한 왕비의 묘(높은 울담 / 수로가 넓은 정원을 4분원, 흰 대리석의 능묘, 물의 반사성으로 능묘 더욱 돋보이게 설치)

17
파티오
물을 중시하는 이슬람 세계의 특성과 스페인의 코트르바 지역에서 옛 로마의 별장과 유적의 영향을 받아 파티오(Patio : 중정)가 발달하였으며 회랑식 중정원의 기원이 됨

18
조경 계획 및 설계의 과정
목표 설정 → 자료 분석 및 종합 → 기본구상 → 기본계획 → 기본 설계 → 실시 설계

19
능선
능선은 지표면이 높은 곳의 꼭대기 점을 연결한 선으로, 빗물이 이것을 경계로 좌우로 흐르게 되는 선을 말한다.

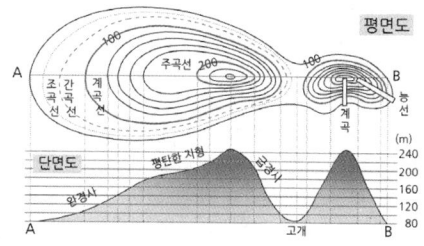

20
토성 분류 방법
토양 삼각도표법 : 주로 토양의 구성 물질과 같이 어떤 물질을 세 가지 주요 성분 모래(사토), 미사(미사토), 점토(식토)들이 구성하는 경우, 이들 세 가지 구성 물질 각각의 전체에 대한 백분비를 나타내는 방법

21
실시 설계
설계안이 직접 현장에서 완성될 수 있도록 시공 상세도 작성하고 공사비 내역을 산출하는 단계로 시공상세도(평면, 입면, 단면), 시방서, 공사비 내역서, 수량산출서, 일위대가표, 공정표 등의 서류 작성

22
선의 종류별 용도

명칭	굵기(mm)	용도명칭
실선	전선 0.3~0.8	외형선, 단면선
	가는선 0.2이하	치수선, 치수보조선, 지시선, 해칭선

파선	반선, 전선의 1/2	숨은선
일점쇄선	0.2~0.8	중심선, 경계선, 절단선, 단면선
이점쇄선	0.2~0.8	가상선, 경계선

23
인출선
- 대상 자체에 기입하지 못할 때 사용
- 수목명, 수량, 규격 기입 위해 수목인출선 가장 많이 사용
- 인출선의 굵기(가는 실선), 긋는 방향, 기울기 통일
- 인출선의 교차는 피함

24
상세도의 도면 기호
- E.L 표고 / G.L 지반고 / F.L 계획고 / W.L 수면높이
- T, THK 300 재료두께(mm)
- DN, UP(내려감, 올라감)
- RAMP 경사로
- EXP, JT 신축줄눈(Expansion Joint)
- D10@300 철근 지름, 간격(R 반지름) 10mm 철근을 간격 300mm로 배근
- H 높이 / EA 개수 / A 면적 / MH 맨홀 / WT 무게 / ST(Steel) 철재

25
도면의 작도
도면은 그 길이 방향을 좌우 방향으로 놓은 위치를 정위치로 한다.

26
구조용 재료의 단면 표시
① 석재, ② 콘크리트, ③ 금속, ④ 목재 기호이다.

27
정형식 식재 : 축선, 대칭식재, 비스타 구성
- 단식 : 수형이 우수하고 중량감을 갖춘 정형수를 단독으로 식재
- 대식 : 시선축의 좌우에 같은 형태, 같은 종류의 나무 두 그루를 한 짝으로 대칭 식재
- 열식 : 같은 형태와 종류의 나무를 일정한 간격의 직선상에 식재하는 수법
- 교호 식재 : 두 줄의 열식을 서로 어긋나게 배치하여 식재 열의 폭을 늘리기 위한 수법
- 집단 식재 (군식) : 수목을 집단적으로 일정한 간격을 두어 심어, 식재한 지역을 완전히 덮어 버리는 수법으로 하나의 덩어리로써 질량감을 필요로 하는 경우에 이용

28
녹음식재의 요구 특성
- 지하고가 높은 낙엽활엽수
- 병충해 기타 유해 요소 없는 수종
  예) 느티나무, 회화나무, 피나무, 물푸레나무, 칠엽수, 가중나무, 느릅나무, 오동나무, 팽나무 등

29
계단 설계 기준
- 높이h, 너비w일 때 2h + w = 60~65cm
- 단높이 18cm 이하, 단너비 26cm 이상
- 물매 : 30~35°
- 1인용 너비 90~110cm, 2인용 130cm, 계단의 높이 3~4m 이내
- 계단참 : 높이 2m 넘는 계단에는 2m이내마다 너비 120cm 이상의 참

30
앞뜰 공간 구성
- 대문에서 현관에 이르는 공간
- 인상적으로 설계, 4계절의 변화를 느끼도록
- 설치될 주요 시설물 : 포장된 원로, 조명등, 차고, 울타리 등
- 원로는 입구로서의 단순성 강조
- 현관까지의 원로 폭 : 1~1.5m, 자동차 통행의 경우 2.5m
- 원로 바닥 : 자연석, 판석, 화강석, 콘크리트, 벽돌

31
어린이공원의 공간구성
- 동적놀이공간은 경사진 곳을 만들기 위해 낮은 동산을 조성한다.
- 놀이공간은 햇빛이 잘드는 곳에 잔디밭, 모래밭을 설치한다.
- 휴게 및 감독 공간은 잘이고 아늑한 곳에 조성한다.
- 동적놀이공간과 정적놀이공간은 구분하여 조성한다.
- 보호자 및 보행자의 관찰이 가능하도록 밀식을 피한다.

32
홀 구성
표준으로 18홀(4개의 짧은 홀 + 10개의 중간 홀 + 4개의 긴 홀)
- 티(tee) : 출발점 지역(1~2% 경사, 면적 400~500m²)
- 그린(green) : 종점 지역(2~5% 경사, 면적 600~900m²), 벤트그래스 사용
- 페어웨이(fair way) : 티와 그린 사이에 짧게 깎은 잔디 지역(2~10% 경사, 25%이상 피함)
- 러프(rough) : 페어웨이 주변의 풀을 깎지 않은 초지(거친 지역)

- 해저드(hazard) : 장애지역, 연못, 하천, 계곡, 냇가 등의 장애 구역, 수목 등으로 코스의 변화성 부여
- 벙커(bunker) : 모래웅덩이, tee에서 바라볼 수 있는 곳에 설계

33
온상정원의 환경조건
자연적인 지층과 단절된 화분과 같은 상태이므로 수분과 토양 온도의 변화가 매우 심하고 미생물의 활동도 미약하다. 또한 바람과 복사열에 노출되어 있어 바람의 피해와 양분의 유실속도가 빠르다.

34
재료의 성질
- 강도 : 재료에 하중이 걸린 경우, 재료가 파괴되기까지의 변형저항 성질
- 강성 : 물체가 외력을 받아도 모양이나 부피가 변하지 않는 단단한 성질
- 전성 : 압축력이 가해질 때 재료가 파괴되지 않고 퍼지는 성질
- 취성 : 외력에 의하여 영구 변형을 하지 않고 파괴되는 성질로 이성과 반대
- 탄성 : 외부의 힘에 의해 변형된 물체가 이 힘이 제거되었을 때 원래의 상태로 되돌아가려고 하는 성질

35
수간에 따른 분류
녹나무, 잣나무, 소나무, 전나무, 백목련, 동백나무는 교목으로 분류된다.

36
수피의 색
- 흰색 : 자작나무, 백송, 분비나무, 서어나무
- 청록색 : 벽오동, 황매화, 식나무
- 얼룩무늬 : 모과나무, 배롱나무, 노각나무, 플라타너스
- 적색수피 : 소나무, 주목, 흰말채나무 등

37
수목의 이용상 분류
- 생울타리 및 차폐용 : 지하고가 낮고 지엽이 치밀, 상록수로 전정에 강하고 아래가지가 오래갈 것
  예) 사철나무, 측백나무, 서양측백나무, 개나리, 쥐똥나무, 탱자나무, 호랑가시, 꽝꽝나무, 무궁화
- 녹음수 및 가로수 : 큰 잎, 지하고가 높은 낙엽교목으로 그늘을 형성할 것
  예) 느티나무, 은행나무, 플라타너스, 백합나무, 회화나무, 칠엽수

- 방풍수 : 심근성으로 줄기와 가지가 강할 것
  예) 해송, 편백, 삼나무, 느티나무, 가시나무, 박달나무, 아까시나무, 가문비나무

38
맹아력
형상수를 만들기 위해서는 맹아력이 강한 수종이어야 하며 주목, 회양목, 향나무 등이 주로 이용된다.

39
지피식물의 조건
지피식물의 조건에 부합되는 식물은 맥문동이다.

40
심재와 변재
- 심재 : 목질부 중 수심 부근에 있는 부분, 수축이 적음, 강도와 내구성이 큼, 색이 진함
- 변재 : 수피 가까이에 있는 부분, 수축이 큼, 강도나 내구성이 심재보다 작음, 색이 연함

41
목재의 방부 처리

표면탄화법	• 목재 표면을 태워 피막을 형성 • 일시적 방부효과 : 태운 면에 흡수량 증가
방부제칠법	• 유성방부제 : 크레오소트, 유성페인트 (접촉 ○) • 수용성방부제 : 황산동, 염화아연 • 유용성방부제 : 유기계방충제, PCP (직접 접촉 ×)
방부제처리법	• 도포법 : 표면에 도포, 깊이 5~6mm로 간단 • 침지법 : 방부액 속에 7~10일 정도 담금, 침투깊이 10~15mm • 상압주입법 : 방부액을 가압하고 목재를 담근 후 다시 상온액 중에 담금 • 가압주입법 : 압력 용기 속에서 7~12 기압으로 가압하여 주입, 비용이 많이 듦, 크레오소트를 이용하여 철도 침목 등에 이용, 방부력이 가장 우수하여 일반적으로 이용됨. • 생리적 주입법 : 벌목 전에 뿌리에 약액을 주입

42
암석의 분류

분류	종류
화성암	화강암, 안산암, 현무암, 섬록암 등
퇴적암	응회암, 사암, 점판암, 혈암, 석회암 등
변성암	편마암, 대리석, 사문암 등

43
타일
양질의 점토에 장석, 규석, 석회석 등의 가루 배합 → 성형 후 유약 입혀 건조 → 소성
- 흡수성 적고, 휨과 충격, 내화성이 강하며 건축, 조경장식의 마무리재로 사용
- 테라코타 : 구운 흙, 장식용 점토 제품

44
시멘트의 종류

조강	• 보통시멘트 7일 강도를 3일에 발휘(210kg/cm^2 이상의 강도), 저온에서도 강도 발휘 • 긴급공사, 한중콘크리트, 콘크리트 2차 제품
백색	구조재 축조에는 사용하지 않고 건축미장용으로 사용, 치장용, 컬러 시멘트 가능
고로 슬래그 시멘트	• 광재(slag - 용광로 재) 용광로에서 나온 광석 찌꺼기를 석고와 함께 시멘트에 섞은 것 • 균열이 적어 폐수시설, 하수도, 항만용 댐 공사에 유리 • 수화열이 작다, 화학저항이 크다.
(실리카) 포졸란 시멘트	• 포졸란을 넣어 만든 시멘트(포졸란 : 실리카 시멘트에 혼합된 천연 및 인공인 것) • 워커빌리티 양호, 수밀성 향상, 장기강도가 높음, 수화열이 작음

45
레이턴스
재료의 선택이나 배합이 부적당한 경우에 시멘트 입자 및 골재와 물이 분리되어 먼지와 함께 위에 올라오는 현상을 블리딩이라고 하고 이것이 침전하고 말라붙어 표피를 형성한 것을 레이턴스라 한다. 레이턴스는 수밀성과 강도가 없어 콘크리트를 이어 칠 때에는 제거하고 시공해야 한다.

46
플라스틱 첨가제
- 가소제 : 소성을 향상 시켜주기 위해 첨가
- 안정제 : 기후나 환경에 의해 성질이 변화되지 않도록 첨가(열안정제, 광안정제 등)
- 충진제 : 노화방지를 목적으로 첨가
- A.E제 : 콘크리트 속에 무수한 미세 기포를 포함시켜 콘크리트의 워커빌리티(workability)를 좋게 하기 위한 혼합제를 말한다. 공기연행제(空氣連行劑)라고도 한다.

47
도급 방법의 종류
- 일괄 도급 : 공사의 전부를 한 시공자에게 맡겨 공사를 시행하는 것
- 분할 도급 : 공종별로 세분화하여 각기 다른 시공자를 선정하여 시행하는 것
- 공동 도급 : 공동 출자 회사를 조직하여 한 회사의 입장에서 도급 및 시공을 하는 것
- 설계시공·일괄 도급 : 설계, 시공, 시운전 등 발주자가 필요로 하는 모든 것을 조달하여 준공한 후에 인도하는 방식

48
뿌리돌림의 방법
- 근원 직경의 4배 되는 지점의 뿌리를 절단
- 뿌리돌림 하는 분은 이식 당시 뿌리분 보다 약간 작게 함
- 이식이 용이한 수종은 1회, 이식이 어려운 수종은 2~4회 나누어 연차적으로 실시함
- 바람에 넘어지는 것을 방지하기 위해 3~4 방향으로 자란 굵은 곁뿌리를 남겨두고 15~20cm 폭으로 환상 박피를 실시함
- 심근성 수종의 직근은 자르지 않음
- 뿌리돌림 후 가지와 잎을 솎아 지상부와 지하부의 균형을 맞추어야 함(T/R율 조절)

49
뿌리분 적용 수목
- 천근성 수종(접시분) : 자작나무, 미루나무, 편백, 독일가문비, 향나무 등
- 심근성 수종(조개분) : 느티나무, 소나무, 회화나무, 주목, 섬잣나무, 태산목, 은행나무 등

50
지주의 종류
- 단각지주 : 수고 1.2m 이하의 소교목
- 이각지주 : 수고 2m 이하의 교목
- 삼발이 지주 : 교목성 수목, 가장 안정되고 설치 방법도 간단하나 설치 면적이 많아 통행에 불편함
- 삼각지주 : 3개의 가로지른 나무 막대기를 설치하고 중간목을 대는 방법으로 가장 많이 사용함
- 당김줄형 : 대형 교목, 철선을 사용하여 지지함
- 연결형 : 각 수목의 주간에 각목 또는 대나무 등의 가로막대를 대고 주간과 결속하여 고정, 교목의 군식에 사용함

51
경사도 측정
- 수직높이/수평거리×100
- 5/200×100 = 2.5%

52
아스팔트
아스팔트의 다른 용도로는 투수성이 매우 낮다는 성질을 이용하여 건축이나 토목공사 시 방수재로 사용이 된다.

53
혼화재료
※ 혼화재료 : 콘크리트의 성질 개선, 사용량 감소를 목적으로 사용함
- 혼화재
  - 부피가 콘크리트 배합 계산에 관계함
  - 종류 : 천연 시멘트, 포졸란, 플라이애쉬, 슬래그 등
- 혼화제
  - 혼화재료 중 사용량이 비교적 적어서 그 자체의 부피가 콘크리트 등의 비비기 용적에 계산되지 않아도 좋은 것
  - 종류 : AE제, 지연제, 감수제, 급결제 등

54
암거배수망의 종류
- 어골형 : 중앙에 큰 맹암거를 중심으로 하여 작은 맹암거를 좌우에 어긋나게 설치하는 방법. 전 지역에서 배수가 균일하게 요구되는 지역에 설치함
- 자유형 : 대규모 공원과 같이 완전한 배수가 요구되지 않는 지역에서 사용, 지형에 따라 설치하며 주관을 중심으로 양측에 지관을 설치하는 방법
- 빗살형 : 소면적의 지역에 균일하게 배수가 요구되는 지역, 지역 경계 근처에 주관을 설치하고 한쪽 측면에 지관을 설치하는 방법
- 부채살형 : 주관, 지관의 구분 없이 관이 부채살 모양으로 1개의 지점으로 집중되게 설치하는 방법, 주관과 지관의 구분 없이 같은 크기의 관 사용함

55
잔토처리량
= (터파기 체적 − 되메우기 체적)×토량변화율(L)
= (10 − 7)×1.1 = 3.3

56
- 겨울 전정의 장점
  - 낙엽수의 경우 가지 배치나 수형 양호, 작업 용이, 병해충 피해 가지 발견 쉬움
  - 휴면기로 전정의 영향 거의 없으며 부정아 발생 없이 멋있는 수형 오래 감상 가능
- 겨울 전정의 고려사항
  - 봄에 싹이 빠른 수종은 전정 빨리(단풍나무), 늦은 수종은 전정 약간 늦게(배나무)
  - 상록수는 동해의 우려가 있으므로 강전정 피하기, 눈 많은 곳은 눈 녹은 후 전정

57
배롱나무
수고 5~6m 정도로 구불구불 굽어지며 자란다. 수피는 옅은 갈색으로 매끄러우며 얇게 벗겨지면서 흰색의 무늬가 생긴다. 주로 관상용으로 심어 기르며 추위에 약하다. 수피가 얇아 피소에 대한 대책이 필요하다.

58
질소질 비료(N)
- 역할 : 왕성한 영양생장, 뿌리, 잎, 줄기 등 수목 생장에 도움
- 결핍현상 : 잎이 황록색으로 변함. 잎 수가 적어지고 두꺼워지며 조기에 낙엽이 된다.

59
병원의 분류
- 전염성(생물성 원인)
  - 바이러스 : 모자이크병
  - 사이토플라즈마 : 대추나무 빗자루병, 오동나무 빗자루병, 뽕나무 오갈병
  - 세균병 : 뿌리혹병, 근두암종병, 유조직병, 시듦병, 세균성 혹병
  - 진균 : 흰가류병, 잎잘록병, 벚나무 빗자루병, 가지마름병, 잣나무털녹병 등
- 비전염성(비생물성 원인, 환경 요인)
  - 토양 조건 : 수분의 과부족, 양분 결핍 또는 과잉, 유해물질, 통기성 불량 토양산도의 부적합
  - 기상 조건 : 지나친 고온 또는 저온, 광선 부족, 건조 또는 과습, 바람, 폭우, 서리 등
  - 유해 물질 : 대기오염, 토양오염, 염해, 농약 등

60
해충의 잠복소
월동을 위해 해충이 나무에서 내려오게 되는데 이때 짚이나 새끼 등으로 나무줄기에 따뜻한 공간을 만들어주어 겨울을 날 수 있도록 유인하고 봄에 제거하여 포살하는 방법으로 9월 하순경에 설치하는 것이 적당하다.

MEMO

NCS기반 단기완성
조경기능사 필기

발　　행	2020년 3월 27일 초판 발행 2021년 1월 10일 1차 개정
저　　자	NCS조경시험연구회
발 행 인	최영민
발 행 처	피앤피북
주　　소	경기도 파주시 신촌2로 24
전　　화	031-8071-0088
팩　　스	031-942-8688
전자우편	pnpbook@naver.com
출판등록	2015년 3월 27일
등록번호	제406-2015-31호

정가 : 27,000원

- 이 책의 내용, 사진, 그림 등의 전부나 일부를 저작권자나 발행인의 승인없이 무단복제 및 무단 전사하여 이용할 수 없습니다.
- 파본 및 낙장은 구입하신 서점에서 교환하여 드립니다.

ISBN 979-11-91188-07-3　93520

※ 출제기준은 피앤피북 홈페이지 [게시판-공지&자료]에서 다운로드 가능합니다.